知北 直宏 著
日本マイクロソフト株式会社 監修

標準テキスト
Windows Server 2012 R2
構築・運用・管理パーフェクトガイド

SB Creative

■本書内に記載されている会社名、商品名、製品名などは一般に各社の登録商標または商標です。本書中では®、™マークは明記しておりません。
■本書の出版にあたっては正確な記述に努めましたが、本書の内容に基づく運用結果について、著者およびSBクリエイティブ株式会社は一切の責任を負いかねますのでご了承ください。

©2014　本書の内容は著作権法上の保護を受けています。著作権者・出版権者の文書による許諾を得ずに、本書の一部または全部を無断で複写・複製・転載することは禁じられております。

はじめに

　本書は、2013年秋に発売された「Windows Server 2012 R2」によるサーバー環境の構築・運用・管理を行うための解説書です。一人でも多くの方に「本当にわかりやすい！」、「買ってよかった！」と思っていただけるよう、各操作手順を詳しく掲載するとともに、解説内容や紙面構成にさまざまな工夫を行っております。また本書では、日本マイクロソフト株式会社の多数のサポートエンジニアの方々に技術監修をしていただきました。これにより、深い技術情報までを解説できていると自負しております。

　本書では全体を次の8つのPartに分けてWindows Serverを構築・運用・管理する際に必要となる情報・手順を詳しく解説しています。多くの方々にご好評いただきました前著『標準テキスト Windows Server 2008 R2』と同様に、本書においても可能な限り多くの画面ショットを掲載しています。これは実際に操作する際の参考になります。

　「**Part 1 Windows Server 2012 R2の概要と導入**」、「**Part 2 Windows Server 2012 R2の基本管理**」では、Windows Server 2012 R2の特徴や導入方法、ライセンスの考え方といった基礎知識に加えて、ディスクやファイルシステム、ユーザー管理、ネットワーク機能の管理や実装方法などを解説しています。

　「**Part 3 Active Directoryの構築**」、「**Part 4 Active Directoryの管理**」、「**Part 5 Active Directoryの高度な管理機能**」では、組織がWindows Serverを導入する目的の筆頭に挙げることが多い「Active Directory」について、その機能や設計方法、導入方法を解説しています。最近ニーズが高まっているPKI環境の構築方法も解説しています。

　「**Part 6 Hyper-Vの構築**」では近年のWindows Serverで最も多くの機能拡張が行われたHyper-Vについて解説しています。Hyper-Vの概念や基本機能だけでなく、組織で仮想化基盤を本格的に利用する際に欠かせない「Hyper-Vクラスター」や、容易にDR対策を実現できる「Hyper-Vレプリカ」についても詳しく解説しています。

　「**Part 7 各種サーバーサービスの構築と管理**」では、WSUSやDHCPサーバーなど、組織では必須ともいえるサーバーサービスを設計、導入、管理する方法を解説しています。前バージョンのWindows Serverにはなかった新機能についても多数解説しています。

　「**Part 8 セキュリティ管理と障害復旧**」ではWindows Server 2012 R2を安定稼働させるためのパフォーマンス監視やセキュリティ対策、そしてバックアップやリストアの方法を解説しています。

　本書が少しでも、Windows Serverの管理者である皆さまのお役に立ったのであればこの上なく幸せです。また本書をきっかけに、さらに高度な内容の書籍やドキュメントを手にとったという方がおられましたら、なお幸せです。

　最後に、技術監修を担当してくださった日本マイクロソフト株式会社のサポートエンジニアの方々と取りまとめをしてくださった田村様、多くの助言をくださったエバンジェリスト部門、マーケティング部門、MVP事務局の皆さま、また、前作に続きご指導いただいたSBクリエイティブ株式会社の岡本晋吾様、そしていつも応援してくれている妻と息子に深く感謝いたします。

2014年9月
知北直宏

Windows Server 2012 R2
CONTENTS

Part 01 Windows Server 2012 R2の概要と導入　23

Chapter 01　Windows Server 2012 R2の概要と導入計画　24

01 Windows Server 2012 R2の概要　24
- 01-01　Windows Server 2012 R2の新機能　24
  - Column　Windows Server 2012 R2の新機能と非推奨機能　28
- 01-02　Windows Server 2012 R2 のエディション　28
  - Column　「Datacenter」と「Standard」の違い　29
- 01-03　System Center 2012 R2との連携　29

02 Windows Server 2012 R2のライセンス　30
- 02-01　サーバーライセンスとは　31
- 02-02　CALとは　32
- 02-03　特殊なライセンス　35
- 02-04　ライセンスの購入方法　35
- 02-05　ライセンス認証　36

Chapter 02　Windows Server 2012 R2の導入　38

01 システム要件と導入シナリオ　38
- 01-01　Windows Server 2012 R2のシステム要件　38
- 01-02　導入シナリオ　39
- 01-03　導入前の確認項目　39
  - Column　Windows Server 2012 R2の評価　40

02 クリーンインストールの実行　40

03 Windows Server 2012 R2の初期構成　43
- 03-01　ネットワークの構成　43
- 03-02　コンピューター名の設定　45
- 03-03　ワークグループ／ドメイン名の設定　47
- 03-04　リモート管理の有効化　48
- 03-05　リモートデスクトップの有効化　48
- 03-06　自動更新の設定とWindows Updateの実行　49

03-07　ライセンス認証の実行 …………………………………………………… 50
04　役割と機能の追加 ………………………………………………………………… 51
04-01　［役割と機能の追加ウィザード］による追加 ……………………… 52
Column　ベストプラクティスアナライザーとWindows Updateの実行 ……… 55
Column　役割と機能 …………………………………………………………… 55
05　基本的なサーバー管理ツール ………………………………………………… 56
06　Windows PowerShellによる管理 …………………………………………… 57
06-01　PowerShellコマンドレットの実行 ………………………………… 57
Column　Windows PowerShellの追加情報 ………………………………… 59
Column　Sysprepによるテンプレートの作成 ……………………………… 60

Part 02　Windows Server 2012 R2の基本管理　61

Chapter 03　ストレージの管理　62

01　ストレージの基礎知識 …………………………………………………………… 62
01-01　メディアのタイプ ………………………………………………………… 62
01-02　バスのタイプ ……………………………………………………………… 62
01-03　RAID ……………………………………………………………………… 63
01-04　パーティションとディスク ……………………………………………… 66
02　ストレージ管理の基本 …………………………………………………………… 68
02-01　物理ディスクの管理 ……………………………………………………… 68
02-02　仮想ハードディスクの管理 ……………………………………………… 70
03　記憶域スペースの管理 …………………………………………………………… 73
03-01　記憶域スペースのコンポーネントやテクノロジー …………………… 73
03-02　記憶域スペースの設計要件 ……………………………………………… 75
03-03　記憶域スペースの注意点 ………………………………………………… 76
03-04　記憶域スペースの構築 …………………………………………………… 77
03-05　記憶域スペースの管理 …………………………………………………… 81
04　ボリュームの管理 ………………………………………………………………… 83
04-01　ボリュームの作成 ………………………………………………………… 84
04-02　ボリュームサイズの管理（拡張・縮小・削除）……………………… 85
05　パーティションスタイルの管理 ……………………………………………… 88
Column　ドライブレターの変更とアクセスパスの追加 …………………… 89
06　ファイルシステムの管理 ……………………………………………………… 89
06-01　ファイルシステムの変換 ………………………………………………… 89
06-02　NTFS圧縮 ………………………………………………………………… 91
06-03　データ重複除去機能 ……………………………………………………… 93
Column　Windows Server 2012 R2の暗号化機能 ………………………… 97

Chapter 04 ネットワークの管理 …… 98

01 ネットワーク環境の構築 …… 98
- 01-01 TCP/IPの基本設定 …… 99
  - Column Windows PowerShellコマンドレットによるIPアドレスの設定 …… 102
- 01-02 TCP/IP の詳細設定 …… 103

02 TCP/IPの確認とテスト …… 104

03 NICチーミングの構成 …… 107
- 03-01 NICチーミングの設計要件 …… 108
- 03-02 NICチーミングの構成 …… 110
  - Column NICチーミング環境でのVLANの構成方法 …… 112

Chapter 05 ユーザーとグループの管理 …… 114

01 ローカルユーザーの管理 …… 114
- 01-01 デフォルトのローカルユーザー …… 114
- 01-02 ローカルユーザーの作成 …… 115
- 01-03 ローカルユーザーへの権限付与 …… 116
- 01-04 ローカルユーザーの無効化 …… 119
- 01-05 ローカルユーザーの削除 …… 120
- 01-06 ユーザーアカウントのロックアウト …… 120
- 01-07 ユーザーアカウントのパスワードの変更 …… 123
  - Column Administrator のパスワードのリカバリー …… 124

02 ローカルグループの管理 …… 124
- 02-01 ローカルグループの作成 …… 125
- 02-02 ローカルグループの削除 …… 126
- 02-03 ローカルグループにローカルユーザーを追加する …… 126
  - Column コマンドによるローカルユーザー管理 …… 128

Part 03 Active Directoryの構築 …… 129

Chapter 06 Active Directoryの概要 …… 130

01 Active Directoryの概要 …… 130
- 01-01 ディレクトリサービスとは …… 130
- 01-02 Active Directoryのメリット …… 131
- 01-03 Active Directoryの追加機能 …… 132
- 01-04 Active Directoryの5つのサービス …… 132
  - Column 標的型攻撃とActive Directory …… 133

02 Active Directoryの構成要素と設計方針 …… 134
- 02-01 フォレストとドメイン …… 134

02-02	信頼関係	137
02-03	フォレストとドメインの機能レベル	138
02-04	ディレクトリデータベースと複製	141
02-05	サイト	142
02-06	ドメインコントローラー	143
02-07	グローバルカタログ	144
02-08	操作マスター	145
02-09	DNSサーバー	146
02-10	NTPサーバー	147
02-11	その他の構成要素	148
02-12	Active Directoryに参加するクライアントの要件	149
02-13	設計要件のまとめ	150

03 Active Directoryの管理ツール …… 151

Chapter 07 Active Directoryの構築手順 — 153

01 1台目のドメインコントローラーの構築 — 153
- 01-01 IPアドレスとコンピューター名の設定 …… 153
- 01-02 ドメインコントローラーの新規構築 …… 154
- 01-03 ドメインコントローラーの構築後の確認 …… 158
- 01-04 DNSサーバーの設定 …… 159
- 01-05 NTPサーバーの設定 …… 163
  - Column 外部のNTPサーバーについて …… 164

02 ドメインコントローラーの追加 — 164
- 02-01 IPアドレスとコンピューター名の設定とドメインへの参加 …… 164
- 02-02 追加のドメインコントローラーの構築 …… 165
- 02-03 参照先DNSの変更 …… 167
- 02-04 1台目のドメインコントローラーの設定変更 …… 168

03 必要な機能の追加・設定 — 169
- 03-01 Active Directoryの監査 …… 169
- 03-02 Active Directoryのごみ箱機能 …… 171

04 ドメインへの参加 — 171
- 04-01 ネットワークの設定 …… 171
- 04-02 ドメインへの参加の手順 …… 172
  - Column オフラインでのドメイン参加 …… 173
- 04-03 ドメインへのログオン …… 174

05 ベストプラクティスアナライザーの実行 — 175

Chapter 08 Active Directoryの削除 — 176

01 ドメインコントローラーの降格 — 176
- 01-01 Active Directoryドメインサービスのアンインストール …… 176

CONTENTS

	Column	Windows PowerShellによるドメインコントローラーの降格操作	180
01-02	役割の削除		180
	Column	ドメインコントローラーの強制削除	182

02 Active Directoryの削除 …… 183

- 02-01 クライアントコンピューターのドメインからの離脱 …… 184
- 02-02 Active Directoryの削除 …… 185
  - Column Windows PowerShellによるActive Directoryの削除 …… 187
  - Column クラウド時代のActive Directory環境 …… 188

Part 04 Active Directoryの管理　189

Chapter 09　サイトの構築と管理　190

01 サイトの概要 …… 190
- 01-01 サイト分割の必要性 …… 190
  - Column サイト分割時の注意点 …… 191

02 サイトの構築 …… 191
- 02-01 サイトの作成と設定 …… 192
- 02-02 サブネットの作成と設定 …… 194
- 02-03 サイトリンクの作成と設定 …… 196
  - Column KCC とコスト …… 198

03 サイトの管理 …… 198
- 03-01 ディレクトリ複製の管理 …… 198
  - Column ブリッジヘッドサーバーの設定 …… 199

Chapter 10　RODCの構築と管理　200

01 RODCの概要 …… 200
- 01-01 RODCの特徴 …… 200
- 01-02 RODC構築の前提条件と注意点 …… 202

02 RODCの構築 …… 202
- 02-01 RODCのためのスキーマの拡張 …… 203
- 02-02 RODCの新規構築 …… 203

03 RODCの管理 …… 205
- 03-01 資格情報のキャッシュ設定 …… 206
  - Column 資格情報の事前キャッシュ …… 209
- 03-02 資格情報のキャッシュ設定の確認 …… 209

04 RODC の管理の委任 …… 211
- 04-01 管理者の委任 …… 211
  - Column 管理者の役割の分離 …… 212

05 RODCの削除 …… 212

Chapter 11　OUの作成と管理　214

01　OUの概要　214
- 01-01　OUの種類　214
- 01-02　OUの設計方針　215

02　OUの管理　218
- 02-01　OUの作成　218
- 02-02　OUの移動　219
- 02-03　OUの削除　220

03　OUの制御の委任　221
- 03-01　制御の委任　221
- 03-02　委任状況の確認　222
  - Column　Windows PowerShellやコマンドによるOUの管理　224

Chapter 12　アカウントの管理　225

01　ユーザーアカウントの管理　255
- 01-01　デフォルトのユーザーアカウント　255
- 01-02　ユーザーアカウントの作成　255
  - Column　ユーザー名のネーミングルール　227
  - Column　ユーザーアカウントの移動と変更　228
- 01-03　ユーザーアカウントのパスワードリセット　228
- 01-04　ユーザーアカウントの無効化　229
- 01-05　ユーザーアカウントの削除　230

02　グループアカウントの管理　230
- 02-01　デフォルトのグループアカウント　231
- 02-02　グループアカウントの作成　231
  - Column　グループ名のネーミングルール　233
- 02-03　メンバーの追加と削除　233
  - Column　グループのスコープや種類の変更　234
- 02-04　グループアカウントの削除　234

03　コンピューターアカウントの管理　234
- 03-01　コンピューターアカウントの作成　235
  - Column　コンピューター名のネーミングルール　236
- 03-02　コンピューターアカウントのリセット　237
- 03-03　コンピューターアカウントの移動・無効化・削除　237
- 03-04　一般ユーザーによるコンピューターアカウントの作成　237
  - Column　オブジェクトのデフォルトコンテナーの管理　239

04　サービスアカウントの管理　239
- 04-01　KDSルートキーの作成　240
- 04-02　gMSAの作成　241
- 04-03　gMSAのサービスへの割り当て　242
  - Column　Windows PowerShellやコマンドによるアカウントの管理　243

Chapter 13 グループポリシーの管理　245

- **01 グループポリシーの概要** …… 245
  - 01-01　GPOとは …… 245
- **02 GPOの管理** …… 247
  - 02-01　GPOの作成 …… 247
    - Column　スターターGPOの利用 …… 248
  - 02-02　GPOの編集 …… 248
  - 02-03　GPOの設定内容の確認 …… 250
  - 02-04　GPOのレプリケーション状態の確認 …… 251
  - 02-05　GPOの状態の変更 …… 251
  - 02-06　GPOのリンク設定 …… 252
  - 02-07　GPOの無効化と削除 …… 254
  - 02-08　ポリシーの継承と優先順位の設定 …… 255
  - 02-09　GPOのフィルタリング …… 258
    - Column　グループポリシーのシミュレーションと結果確認 …… 261
- **03 「ポリシー」と「基本設定」** …… 262
  - Column　グループポリシーの基本設定を行う前に …… 262
  - 03-01　「ポリシー」の設定方法 …… 262
    - Column　Microsoft Officeの管理用テンプレートファイル …… 264
  - 03-02　「基本設定」の設定方法 …… 264
- **04 グループポリシーの更新** …… 267
  - 04-01　グループポリシーの手動更新 …… 267
  - 04-02　グループポリシーのリモート更新 …… 268
    - Column　グループポリシーの更新間隔の変更 …… 269
- **05 GPOのバックアップ・リストア** …… 270
  - 05-01　GPOのバックアップ …… 270
  - 05-02　GPOのリストア …… 271

Chapter 14 ユーザー環境の管理　273

- **01 セキュリティ関連の管理** …… 273
  - 01-01　パスワードポリシーの管理 …… 273
  - 01-02　アカウントロックアウトポリシーの管理 …… 276
  - 01-03　きめ細かなパスワードポリシー …… 277
  - 01-04　Windowsファイアウォールの管理 …… 278
- **02 ソフトウェアのインストールの管理** …… 279
  - 02-01　ソフトウェアインストール機能とは …… 280
  - 02-02　ソフトウェアインストール機能によるインストール …… 281
  - 02-03　パッケージの編集 …… 285
  - 02-04　ソフトウェアインストール機能のプロパティの編集 …… 287
  - 02-05　パッケージの削除 …… 288
  - 02-06　パッケージの再展開 …… 289
- **03 ファイルサービスに関わる管理** …… 289

03-01	共有フォルダーのドライブマップ	290
03-02	フォルダーリダイレクトの設定	291
	Column 移動ユーザープロファイルとユーザープロファイルディスク	295
	Column Active Directory管理センターによる管理操作	296

Part 05 Active Directoryの高度な管理機能 　297

Chapter 15　Active Directoryの高度な管理　298

01 機能レベルの昇格と確認　298
- 01-01　ドメインの機能レベルの昇格　298
- 01-02　フォレストの機能レベルの昇格　299
- 01-03　機能レベルの確認　300
  - **Column** Windows PowerShellによる機能レベルの管理　300

02 操作マスターの管理　301
- 02-01　スキーママスターの確認と転送　301
- 02-02　ドメイン名前付けマスターの確認と転送　304
- 02-03　ドメイン単位の操作マスターの確認と転送　306
- 02-04　コマンドによる操作マスターの管理　308
  - **Column** グローバルカタログサーバーの管理　310

03 仮想化されたドメインコントローラーの複製　310
- 03-01　クローン機能の利用条件　311
- 03-02　ドメインコントローラーの複製　311

04 SYSVOLの複製方法の管理　315
- 04-01　SYSVOLの複製方法の変更　315

Chapter 16　Active Directoryの保守　319

01 Active Directory環境のバックアップ　319
- 01-01　バックアップを取得するタイミング　319
- 01-02　バックアップの対象と取得方法　321

02 Active Directory環境の復元　323
- 02-01　2つの復元方法　323
  - **Column** USNとオブジェクトの復元　324
- 02-02　ディレクトリサービス復元モードでの起動　324
- 02-03　「権限のない復元」の実行　326
- 02-04　「権限のある復元」の実行　328

03 Active Directoryのごみ箱機能の利用　330
- 03-01　削除処理の流れ　330
- 03-02　Active Directoryのごみ箱機能の使用条件　331
- 03-03　Active Directoryのごみ箱機能の有効化　332
- 03-04　Active Directoryのごみ箱機能によるオブジェクトの復元　332

Column 仮想マシンのスナップショットによる復元 ················· 333

Chapter 17 Active Directoryのマイグレーション 334

01 マイグレーションの概要 ················· 334
01-01 マイグレーションの方法 ················· 334
02 Active Directoryのマイグレーションの実行例 ················· 336
Column objectVersion属性の値とスキーマのバージョン ················· 340

Chapter 18 AD CSによるPKI環境の構築 344

01 AD CSの概要 ················· 344
01-01 AD CSの構成要素と設計方針 ················· 344
01-02 CAの構成要素と設計方針 ················· 345
02 AD CSによるPKI環境の構築 ················· 346
02-01 AD CSとCAの構成の決定 ················· 346
02-02 AD CSの役割の追加 ················· 347
02-03 CAの構成 ················· 348
02-04 「証明書の自動登録」機能の有効化 ················· 351
03 AD CSの管理 ················· 352
03-01 自動的な証明書の登録 ················· 352
03-02 MMCを使用した証明書の登録 ················· 355
03-03 証明機関Web登録を使用した証明書の登録 ················· 359
03-04 証明書の失効処理 ················· 367
03-05 CAのバックアップと復元 ················· 369
Column コマンドによるAD CSやCAの管理 ················· 370

Part 06 Hyper-Vの構築 371

Chapter 19 Hyper-Vの概要 372

01 サーバーの仮想化とは ················· 372
01-01 仮想化のメリット ················· 372
01-02 仮想化の実現方法 ················· 373
Column ハイパーバイザー型の仮想化ソフトウェアの種類 ················· 374
02 Hyper-V の概要 ················· 375
02-01 Hyper-Vの新機能 ················· 375
Column ネットワーク関連の機能拡張 ················· 377
02-02 Hyper-Vの動作要件 ················· 377
02-03 サポートしているゲストOS ················· 379
02-04 ゲストOSのライセンス ················· 380

Chapter 20　Hyper-Vの構築手順　　381

01 Hyper-Vの構築　　381
- 01-01　構築準備　　381
- 01-02　Hyper-Vの役割の追加　　381
- 01-03　Hyper-Vの構成　　383
  - Column　親パーティションに関する注意点　　384
- 01-04　Hyper-Vの基本設定　　384
- 01-05　仮想スイッチの設定　　386
  - Column　仮想スイッチ　　387
- 01-06　Hyper-VにおけるNICチーミング　　388

02 仮想マシンの新規作成と基本設定　　389
- 02-01　仮想マシンの世代の選択　　389
- 02-02　仮想マシンにおけるハードウェアのポイント　　390
- 02-03　仮想マシンの新規作成　　391
- 02-04　ゲストOSのインストール　　394
- 02-05　統合サービスの組み込み　　395
  - Column　P2VとV2V　　396

03 Hyper-Vの管理　　396
- 03-01　仮想マシンの基本操作　　396
- 03-02　仮想マシンの拡張セッション　　397
- 03-03　仮想マシンの詳細設定　　397
- 03-04　仮想マシンでのNICチーミングの構成　　401
- 03-05　仮想マシンのバックアップ　　402
- 03-06　仮想マシンのエクスポート　　403
- 03-07　仮想マシンのインポート　　404

Chapter 21　Hyper-VレプリカによるDR対策　　406

01 Hyper-Vレプリカの概要　　406
- 01-01　Hyper-Vレプリカの構成　　406
- 01-02　Hyper-Vレプリカの設計要素　　407

02 Hyper-Vレプリカの構築　　410
- 02-01　レプリカサーバーの準備　　411
- 02-02　仮想マシンのレプリケーションの有効化　　413
  - Column　Hyper-Vホストクラスター環境での利用　　417

03 Hyper-Vレプリカの管理　　418
- 03-01　監視　　418
- 03-02　計画フェールオーバー機能　　418
- 03-03　フェールオーバー機能　　419
- 03-04　レプリケーションの反転　　420
- 03-05　テストフェールオーバー機能　　422
  - Column　Microsoft Azure Site Recoveryによる自動フェールオーバー　　424

Chapter 22 ライブマイグレーション環境の構築とHyper-Vクラスター … 425

- **01** ライブマイグレーションとは … 425
  - 01-01 ライブマイグレーションの構成パターン … 425
  - 01-02 ライブマイグレーションの要件 … 427
- **02** ライブマイグレーション環境の構築と実行 … 428
  - 02-01 共有記憶域を使用しないライブマイグレーション … 428
  - 02-02 ライブマイグレーションの実行 … 430
    - Column 共有記憶域を使用するライブマイグレーション環境の構築と運用 … 432
- **03** Hyper-Vホストクラスター環境の構築 … 432
  - 03-01 Hyper-Vホストクラスター環境の設計要件 … 432
    - Column Hyper-VのネットワークとVLAN … 434
  - 03-02 Hyper-Vホストクラスター環境の構築例 … 435
  - 03-03 クラスターネットワークの構成 … 437
  - 03-04 共有記憶域への接続およびクラスターディスクの追加とCSVの有効化 … 438
  - 03-05 仮想マシンの新規作成 … 439
    - Column 既存の仮想マシンの利用 … 441
  - 03-06 仮想マシンの設定 … 442
  - 03-07 動作試験 … 443
  - 03-08 Hyper-Vホストクラスター環境の管理 … 444
    - Column SCVMMによるHyper-V環境の管理操作 … 444
- **04** Hyper-Vゲストクラスター … 444
  - 04-01 Hyper-Vゲストクラスター環境の構築 … 445
    - Column ライブマイグレーションの3つの構成パターンの比較 … 449
    - Column Windows Serverのサポートライフサイクル … 450

Part 07 各種サーバーサービスの構築と管理 … 451

Chapter 23 Windows Server Essentialsエクスペリエンスの活用 … 452

- **01** Essentialsエクスペリエンスの概要 … 452
  - 01-01 Essentialsエクスペリエンスとは … 452
- **02** Essentialsエクスペリエンスのセットアップ … 453
  - 02-01 Essentialsエクスペリエンスの導入によって組み込まれる役割と機能 … 453
  - 02-02 システム要件と事前準備 … 454
  - 02-03 Essentialsエクスペリエンスの有効化 … 455
  - 02-04 Essentialsエクスペリエンスの初期構成と管理 … 457
- **03** クライアントのセットアップと利用 … 458
  - 03-01 コネクターソフトウェアのセットアップ … 459
  - 03-02 クライアントからの利用 … 460
    - Column EssentialsエクスペリエンスによるOffice 365との連携 … 461

Chapter 24　WSUSサーバーの構築と管理　462

01 WSUSの概要　462
- 01-01　WSUSの構成要素　462
- 01-02　更新プログラムのクラス　463
- 01-03　WSUSの要件　463

02 WSUSサーバーの構築　465
- 02-01　WSUSの役割の追加　465
- 02-02　WSUSの初期構成　466

03 WSUSの導入直後に行う管理項目　468
- 03-01　自動更新の設定　469
  - Column　Windows Updateサイトからの更新プログラムの制御　472
- 03-02　コンピューターグループの作成　473
- 03-03　更新ビューの作成　474
- 03-04　電子メール通知の設定　475
  - Column　ワークグループ環境でWSUSを使用する方法　476

04 更新プログラムのリリース時に行う管理項目　476
- 04-01　更新プログラムの承認　476
- 04-02　自動承認の設定　477

05 定期的に行う管理項目　478
- 05-01　レポートの作成　478
- 05-02　サーバークリーンアップウィザードの実行　479

Chapter 25　DNSサーバーの構築と管理　480

01 DNSの概要　480
- 01-01　Windows Server 2012 R2のDNSサーバー　480
- 01-02　DNSサーバーの設計要件　481
  - Column　WINSサーバーの必要性　484

02 DNSサーバーの構築　484
- 02-01　静的IPアドレスの確認　484
- 02-02　DNSサーバーのセットアップ　485

03 DNSサーバーの管理　485
- 03-01　DNSサーバーの基本設定　485
- 03-02　DNSサーバーの詳細設定　487
- 03-03　フォワーダーの管理　489
  - Column　Windows PowerShellによるDNSサーバーの管理　491

04 DNSゾーンとドメインの管理　491
- 04-01　プライマリゾーンの作成　491
  - Column　Active Directory統合ゾーンの設定　494
- 04-02　リソースレコードの管理　496
  - Column　BINDからの移行　503
- 04-03　セカンダリゾーンの作成　504
- 04-04　ゾーン転送の設定　506

	04-05	サブドメインの作成	508
	04-06	サブドメインの委任	509
	Column	スタブゾーンとGlobalNamesゾーン	510
	04-07	エージングと清掃	511

05 DNSクライアントの設定と確認 … 513
- 05-01 NSLOOKUPコマンドの利用 … 513
- 05-02 IPCONFIGコマンドの利用 … 515
  - Column Windows PowerShellのDNSクライアント機能 … 516

Chapter 26 DHCPサーバーの構築と管理 … 517

01 DHCPの概要 … 517
- 01-01 DHCPの仕組み … 517
- 01-02 DHCPサーバーの設計要件 … 518
  - Column DHCPサーバーの冗長化 … 520

02 DHCPサーバーの構築 … 521
- 02-01 DHCPサーバーのセットアップ … 521
- 02-02 IPv4スコープの新規作成 … 522
- 02-03 DHCPの確認 … 525

03 DHCPサーバーの管理 … 526
- 03-01 IPv4スコープの設定変更 … 526
- 03-02 予約の設定 … 528
- 03-03 DHCPオプションの設定 … 529
- 03-04 フィルター機能の利用 … 530
- 03-05 ポリシーベースの割り当ての利用 … 532
  - Column DHCPデータベースのバックアップと復元 … 535
- 03-06 Windows PowerShellによる管理 … 535

04 DHCPフェールオーバーの利用 … 537
- 04-01 DHCPフェールオーバーのモード … 537
- 04-02 DHCPフェールオーバーの構築 … 538
- 04-03 DHCPフェールオーバーの管理 … 540
  - Column IPAMの利用 … 541

Chapter 27 ファイルサーバーの構築と管理 … 542

01 ファイルサーバーの設計要件 … 542

02 ファイルサーバーの構築 … 543
- Column ファイルサーバーの移行 … 544

03 共有フォルダーの作成 … 544
- 03-01 ［新しい共有ウィザード］による共有設定 … 545
- 03-02 簡易なSMB共有の作成 … 545
  - Column フォルダーの［共有］タブによる共有フォルダーの作成 … 547

04 アクセス許可の詳細設定 … 548

04-01	アクセス許可の種類	548
04-02	アクセス許可の設計方針	550
04-03	共有フォルダーアクセス許可の変更方法	551
04-04	NTFS アクセス許可の変更方法	552
	Column デフォルトの共有と隠し共有	554

05 監査の管理 …… 554
| 05-01 | 監査機能の設定 | 555 |

06 クォータの管理 …… 557
| 06-01 | クォータテンプレート | 557 |
| 06-02 | クォータの作成 | 559 |

07 ファイルスクリーンの管理 …… 560
07-01	ファイルスクリーンテンプレート	560
07-02	ファイルスクリーンの作成	562
07-03	ファイルスクリーンの例外の作成	562

08 ファイルの分類とタスク管理 …… 563
| 08-01 | 分類管理機能とファイル管理タスク機能の特徴 | 563 |
| 08-02 | 分類管理機能とファイル管理タスク機能の設定 | 564 |

09 記憶域レポートの管理 …… 573
| 09-01 | 記憶域レポートの作成 | 573 |

10 ファイルサーバーのその他の管理 …… 575
10-01	Windows Searchサービス	575
10-02	シャドウコピー	575
	Column デフラグ	576
10-03	NTFS ディスククォータ	576

11 DFSの管理と構築 …… 578
11-01	DFSの構成	578
11-02	DFSの構築	580
11-03	DFS名前空間の構築	580
	Column DFSレプリケーション	583
	Column SMB3.0	584

Chapter 28 ダイナミックアクセス制御の利用　585

01 ダイナミックアクセス制御の概要 …… 585
01-01	ダイナミックアクセス制御の機能	585
01-02	ダイナミックアクセス制御の動作要件	586
01-03	ダイナミックアクセス制御の設計例	587

02 ダイナミックアクセス制御の構築 …… 588
02-01	準備	588
02-02	構成	591
02-03	公開	597
02-04	ファイルサーバーでの設定	598
02-05	動作確認	601

Chapter 29 iSCSIによるストレージエリアネットワークの構築　602

01 iSCSIの概要　602
- 01-01　SANの種類とiSCSI機能　603

02 iSCSIターゲットの構築　603
- 02-01　iSCSIターゲットの「役割」のインストール　604
- 02-02　仮想ディスクとiSCSIターゲットの追加　605

03 iSCSIイニシエーターの利用　609
- 03-01　iSCSIイニシエーターの起動と接続　609
- 03-02　ディスクの有効化とボリュームの作成　610
  - Column　iSCSIターゲットの管理　611

Chapter 30 WebサーバーとFTPサーバーの構築と管理　612

01 IISの概要　612

02 IISのインストール　613

03 IISの管理　615
- 03-01　IISマネージャーの基本構成　615
- 03-02　Webサイトの開始と停止　616
- 03-03　Webサイトの追加　616
- 03-04　仮想ディレクトリの追加　618
- 03-05　ディレクトリの参照設定　618
- 03-06　構成バックアップの作成と復元　619

04 IISの監視（ログ記録の管理）　620

05 IISのセキュリティ管理　621
- 05-01　IISの認証設定　621
- 05-02　URL承認機能の利用　623
- 05-03　IPやドメインの制限　625

06 FTPサーバーの構築　627
- 06-01　FTPサーバーの役割の追加　627
- 06-02　FTPサイトの追加　628
- 06-03　ファイアウォール機能の確認と設定変更　630

07 FTPによるWebサイトの制御　630

Chapter 31 Server Coreの利用　632

01 Server Coreとは　632
- 01-01　Server Coreで利用可能な役割と機能　633
- 01-02　Server Coreとフルインストールとの違い　633

02 Server Coreインストールの方法と構成　635
- 02-01　Server Coreインストール後の初期設定　636

03 Server Coreの管理　637

03-01	Server Coreの基本管理	637
03-02	役割や機能の追加と削除	639
03-03	フルインストールとの切り替え	641

Chapter 32　NAPによる検疫ネットワークの構築と管理　643

01 NAPとは　643

01-01	NAPの特徴と機能	644
01-02	NAPの動作イメージ	644
01-03	NAPのコンポーネント	645
	Column　WSHAとWSHV	646
01-04	NAPのポリシー	647
01-05	NAPの強制オプション	648
01-06	NAPの展開順序	649

02 NAP DHCPの構築　650

02-01	役割の追加	650
02-02	ネットワークポリシーサーバーの構成	651
02-03	WSHVの設定	654
02-04	DHCPサーバーの構成	655
02-05	グループポリシーによるNAPクライアントの設定	659
	Column　手動でNAPクライアントを設定する方法	663

03 NAP DHCPの動作確認　664

03-01	NAP非対応時の動作確認	664
03-02	NAP準拠時の動作確認	665
03-03	NAP非準拠時の動作確認	666
03-04	自動修復の動作確認	667
03-05	NAPに関するログの確認	668

Chapter 33　DirectAccess環境の構築　670

01 DirectAccessの概要　670

01-01	Windows Server 2012 R2のDirectAccess	670
01-02	DirectAccessのコンポーネント	672
	Column　「組織内ネットワークに接続していない」と「インターネットに接続できる」の判断方法	673
01-03	DirectAccessの通信と暗号化	673
	Column　IPv6移行テクノロジ	674
01-04	DirectAccessのシステム要件	674

02 DirectAccessの設計　675

02-01	DirectAccessの設計要素	676
02-02	展開方法	677

03 DirectAccess環境の構築　678

03-01	事前準備	679
03-02	役割の追加	680

03-03 ［作業の開始ウィザード］を使用した初期構成 ･････････････････････ 681
03-04 ［リモートアクセス管理コンソール］による構成 ･･･････････････････ 685
03-05 設定内容の確認 ･･ 685

04 DirectAccessクライアントの利用 ････････････････････････････････ 686

05 DirectAccessの管理 ･･･ 687
05-01 DirectAccessの状態の確認 ･････････････････････････････････････ 687
05-02 リモートクライアントの状態の確認 ･･････････････････････････････ 688
Column IPv6テクノロジの無効化 ･･････････････････････････････････ 689

Chapter 34 NLBクラスターの構築と管理   690

01 NLBクラスターの概要 ･･･ 690
01-01 NLBクラスターの対象 ･･･ 691
01-02 NLBクラスターの動作の仕組み ･････････････････････････････････ 691
01-03 NLBクラスターの設計要素 ･････････････････････････････････････ 692
Column ネットワーク機器に関する制約 ････････････････････････････ 694

02 NLBクラスターの構築 ･･ 695
02-01 準備 ･･･ 696
02-02 ネットワーク負荷分散の機能の追加 ･･････････････････････････････ 696
02-03 新しいNLBクラスターの作成 ･･･････････････････････････････････ 697
02-04 NLBクラスターにホストを追加 ･････････････････････････････････ 700
02-05 動作確認 ･･･ 702

03 NLBクラスターの管理 ･･ 702
03-01 トラフィック処理の停止と開始 ･･････････････････････････････････ 702
03-02 ログの管理 ･･･ 703
Column Windows PowerShellコマンドレットによるNLBの管理 ･･････････ 703

Chapter 35 フェールオーバークラスターの構築と管理   704

01 フェールオーバークラスターの概要 ････････････････････････････････ 704
01-01 フェールオーバークラスターの基本動作 ･･････････････････････････ 705
01-02 クラスター化できる役割と機能 ･････････････････････････････････ 706
01-03 フェールオーバークラスターの設計要素 ･･････････････････････････ 706
Column iSCSIネットワークの冗長化 ･･････････････････････････････ 708

02 フェールオーバークラスターの構築 ････････････････････････････････ 708
02-01 事前準備 ･･･ 710
02-02 共有記憶域（Witness）の追加 ･･････････････････････････････････ 710
02-03 フェールオーバークラスタリング機能の追加 ･･･････････････････････ 711
02-04 フェールオーバークラスターの検証テスト ･････････････････････････ 712
02-05 フェールオーバークラスターの作成 ･･････････････････････････････ 714
02-06 クラスターのネットワーク構成 ･･････････････････････････････････ 715

03 クラスター化されたファイルサーバーの構築 ････････････････････････ 717
Column 2種類のクラスター化されたファイルサーバー ･････････････････ 717

03-01	共有記憶域（ファイルサーバー用）の追加	718
03-02	クラスターへの共有記憶域の追加	718
03-03	ファイルサーバーの役割の追加	719
03-04	クラスター化されたファイルサーバーの構成	719
03-05	新しい共有の設定	721
03-06	動作確認	724
	Column 一定時間内に許容されるエラーの回数	724

04 フェールオーバークラスターの管理　724

04-01	フェールオーバーの実行	725
04-02	起動と停止	725
	Column クラスター対応更新機能（Cluster-Aware Updating）	726
04-03	クラスターイベントの確認	727
	Column コマンドによるフェールオーバークラスターの管理	727

Part 08 セキュリティ管理と障害復旧　729

Chapter 36　パフォーマンス監視　730

01 パフォーマンス監視の概要　730

01-01	リアルタイムのパフォーマンス監視	731
01-02	長期のパフォーマンス監視	734
01-03	パフォーマンスモニターによるパフォーマンス監視	734

02 パフォーマンスモニターの使用方法　737

03 データコレクターセットの利用　738

03-01	データコレクターセットの作成	739
03-02	データコレクターセットの編集	740
03-03	手動でのパフォーマンスデータの収集	741
03-04	データコレクターセットによるその他の情報の収集	742
03-05	警告するデータコレクターセットの作成	742
	Column Windows Sysinternals の利用	744

Chapter 37　セキュリティ管理　745

01 更新プログラムの管理　745

01-01	更新プログラムの適用方法	746
01-02	更新プログラムの適用状況の確認	747
	Column マルウェア対策の必要性	747

02 Windowsファイアウォールの利用　747

02-01	Windowsファイアウォールの基本管理	748
02-02	ネットワークの場所とプロファイル	748
02-03	受信の規則と送信の規則	749

02-04　規則の追加 ……………………………………………………………… 750
　　　02-05　Windowsファイアウォールの無効化 ………………………………… 753
　　　　　　　Column　SCW（Security Configuration Wizard）の利用 …………… 754

Chapter 38　バックアップと回復　755

01　VSS（Volume Shadow Copy Service） ………………………………… 755
　　01-01　VSSの仕組み ……………………………………………………… 755
　　01-02　ボリュームのシャドウコピーの有効化 …………………………… 757
　　01-03　シャドウコピーを使用した回復 …………………………………… 759
　　01-04　上書きしたファイルを元に戻す …………………………………… 759
　　01-05　削除したファイルの復元 ………………………………………… 760
　　01-06　ボリュームのシャドウコピーの無効化 …………………………… 761
02　Windows Serverバックアップ ………………………………………… 761
　　02-01　バックアップと回復のポリシー …………………………………… 762
　　02-02　Windows Serverバックアップのインストール ………………… 763
03　単発バックアップの実行 ………………………………………………… 764
　　　　　　　Column　バックアップのオプション ……………………………… 765
04　スケジュールバックアップの設定 ……………………………………… 767
05　バックアップパフォーマンスの最適化 ………………………………… 771
06　Windows Serverバックアップによる回復 …………………………… 772
07　Windows PowerShellによるバックアップの管理 …………………… 775
　　　　　　　Column　Azure Backupの利用 …………………………………… 776

Chapter 39　障害復旧　777

01　障害発生時の対処 ………………………………………………………… 777
　　01-01　イベントビューアーのログの確認と保存 ………………………… 778
　　01-02　システム構成ユーティリティによる診断 ………………………… 779
　　01-03　トラブルシューティングツールの利用 …………………………… 781
　　01-04　更新プログラムのアンインストール ……………………………… 782
　　01-05　ハードディスクの診断 …………………………………………… 782
　　01-06　メモリの診断 ……………………………………………………… 784
02　Windows回復環境の利用 ……………………………………………… 785
　　02-01　Windows回復環境へのアクセス方法 …………………………… 785
　　02-02　Windows回復環境の機能 ………………………………………… 787
03　詳細ブートオプションの利用 …………………………………………… 787
　　03-01　詳細ブートオプションの起動方法 ………………………………… 788
04　システムイメージファイルの回復 ……………………………………… 790
　　04-01　システムイメージファイルの回復の実行 ………………………… 790
　　04-02　ネットワーク共有フォルダーからの回復 ………………………… 792

　　索引 ………………………………………………………………………… 793

Part 01

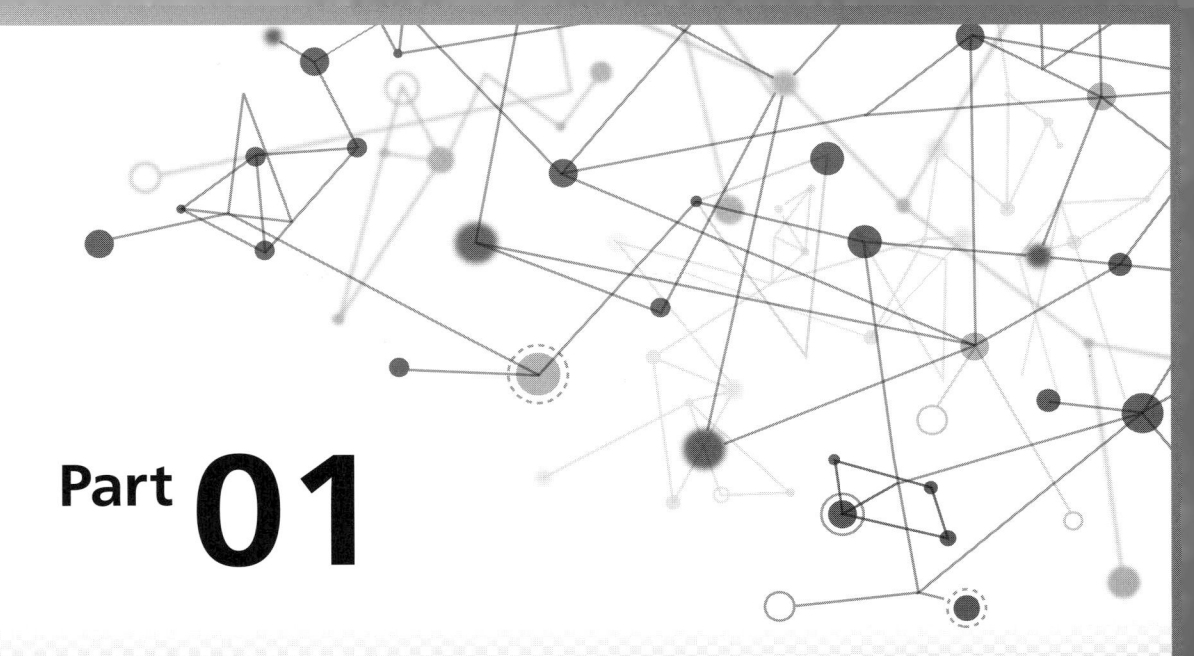

Windows Server 2012 R2の概要と導入

Chapter 01　Windows Server 2012 R2 の概要と導入計画
Chapter 02　Windows Server 2012 R2 の導入

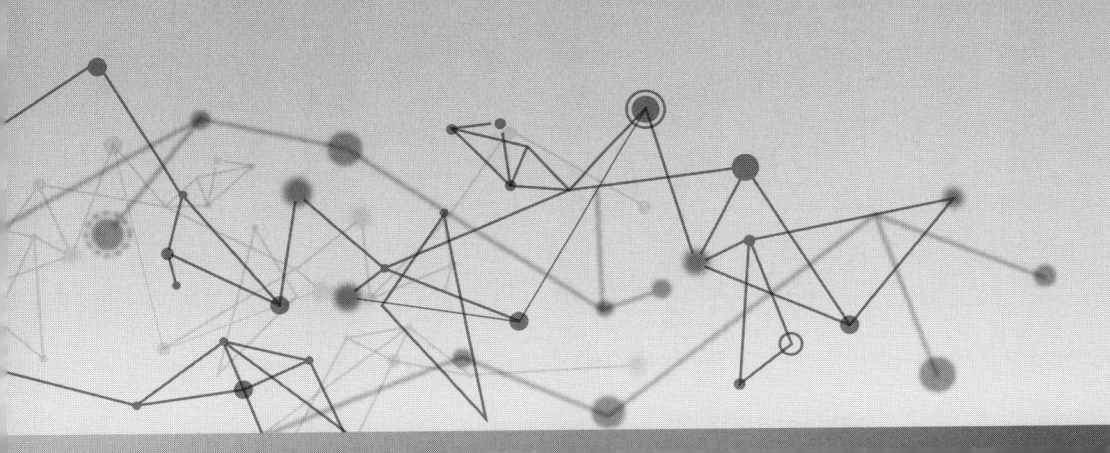

Chapter 01 Windows Server 2012 R2の概要と導入計画

本章では、Windows Server 2012 R2の特徴や概要を紹介します。また、Windows Server 2012 R2を利用するために必要なライセンスや、Windows Server 2012 R2の4つのエディションの違いなどについても紹介します。

01 Windows Server 2012 R2の概要

Windows Server 2012 R2は、2012年にメジャーリリースされたWindows Server 2012のリリースアップデート版として2013年11月に発売されたサーバー OSです。

Windows Server 2012 R2の最大の特徴は、Windows Server 2012が持つ強力なセキュリティや信頼性、パフォーマンスをベースとしながらも、多くの機能を拡張し、安定性を増していることです。

01-01 Windows Server 2012 R2の新機能

Windows Server 2012 R2で追加された新機能や特徴を、以下の5つのキーワードに分類して簡単に紹介します。

- エンタープライズクラスの仮想化機能
- 管理性の向上とクラスター機能強化
- 柔軟なストレージ機能
- Microsoft Azure とのハイブリッドクラウドを構築可能
- 最新のワークスタイルを実現

エンタープライズクラスの仮想化機能

Windows Server 2012 R2は、仮想化テクノロジーである「Hyper-V」を標準搭載しています。Hyper-Vを使用すると、WindowsサーバーやWindowsクライアント、Linuxなど、さまざまなOSを**仮想化環境上**で実行できます。この機能は**VDI**（Virtual Desktop Infrastructure：仮想デスクトップインフラストラクチャ）環境を構築する際にも欠かせない機能です。

Windows Server 2012 R2では、Windows Server 2012で採用された「**Hyper-V レプリカ**」がさらに強化されて、よりビジネスの継続性に役立てられるようになりました。例えば、Hyper-Vサーバー上で動作している仮想マシンを他のHyper-Vサーバーに非同期レプリケー

ションする間隔は、従来は「**5分**」で固定されていましたが、新たに「**30秒**」や「**15分**」も選択できるようになりました。

　また、マイクロソフトのクラウドサービスであるMicrosoft Azureの「**Site Recovery**」を契約することで、仮想マシンをクラウドにレプリケーションして、障害や災害発生時に動作させるといったDR対策（Disaster Recovery）も実現できるようになりました。

■ Hyper-Vレプリカ

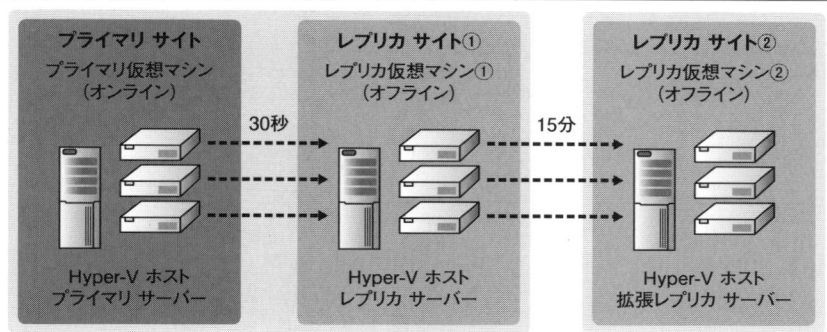

　本書では以下の各章でHyper-Vの詳細や仮想化環境の構築方法、Hyper-Vレプリカやクラスター環境の構築方法について解説しています。

- Chapter 19　Hyper-V の概要（⇒ P.372）
- Chapter 20　Hyper-V の構築手順（⇒ P.381）
- Chapter 21　Hyper-V レプリカによる DR 対策（⇒ P.406）
- Chapter 22　ライブマイグレーション環境の構築と Hyper-V クラスター（⇒ P.425）

管理性の向上とクラスター機能強化

　Windows Server 2012 R2には、単一およびマルチサーバー環境の管理を効率化させるための管理機能が数多く実装されています。

　管理操作の中心的役割を担う「**サーバーマネージャー**」に複数のWindows Server 2012 R2コンピューターを登録しておけば、それらを集中管理できます。また、数千のコマンドレット（コマンド）群からなる「**Windows PowerShell**」を使用すると、管理タスクの自動化も可能です。

　また、以前のWindows Serverでは上位エディションでしか実装できなかった「**フェールオーバークラスタリング**」機能を、Windows Server 2012以降では標準的なエディションである「Standard」でも実装できるようになりました。これにより、ファイルサーバー、Hyper-Vサーバー、データベース、基幹アプリケーションなど、多くの機能を高可用性構成にできます。

　他にも、Windows Server 2012 R2で機能強化された「**共有VHDXファイル**」機能によって、

Hyper-V上の仮想マシンによる「ゲストクラスター」を構築する際のストレージの選択肢が増えています。

■ フェールオーバークラスター

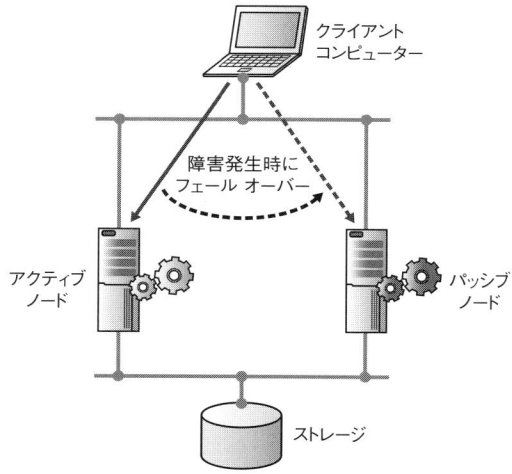

本書では以下の各章でWindows Server 2012 R2の管理方法の基本や、フェールオーバークラスター環境の構築方法について解説しています。

- Chapter 02　Windows Server 2012 R2 の導入 (⇒ P.38)
- Chapter 35　フェールオーバークラスターの構築と管理 (⇒ P.704)

柔軟なストレージ機能

　Windows Server 2012 R2は、高いパフォーマンスと可用性を兼ね備えたストレージ機能を標準搭載しています。この機能を利用すれば、安価なストレージ装置を活用できるため、増え続けるデータに合わせて容量を追加していく必要のあるストレージ環境のコスト削減を実現できます。

　また、Windows Server 2012で実装された「**記憶域プール**」機能を使用すると、複数の物理ドライブを1つの大きな記憶域に見せかけることができ、そこから仮想的なストレージを切り出して、ファイルサーバーやHyper-Vサーバーなどで利用することができます。

　さらにWindows Server 2012 R2には、利用頻度の高いファイルを高速・低容量のSSDに、利用頻度の低いファイルを低速・大容量のハードディスクに自動的に配置することができる「**記憶域階層**」機能も用意されています。

　他にも、重複データをブロックレベルで除去できる「**重複排除**」機能などもあり、これらによって大容量・低コストのストレージ環境を構築できるようになっています。

　本書では次の各章で記憶域プールや記憶域階層、そしてiSCSIによるSAN (Storage Area

Network）環境の構築について解説しています。

- Chapter 03　ストレージの管理（⇒ P.62）
- Chapter 29　iSCSIによるストレージエリアネットワークの構築（⇒ P.602）

Microsoft Azureとのハイブリッドクラウドを構築可能

　Windows Server 2012 R2では、マイクロソフトのパブリッククラウドサービスである「**Microsoft Azure**」と組み合わせることで、オンプレミス※とクラウドの両方に存在するデータやアプリケーションに対して、コンピューターやスマートフォン、タブレットといった、さまざまなデバイスから利用できる柔軟なプラットフォームを提供することができます（ハイブリッドクラウド環境）。例えば、オンプレミスのHyper-V環境に構築したサーバーの仮想マシンを、Microsoft Azureの仮想マシン機能に移して実行させることができます。

　他にも、Microsoft Azureの仮想ネットワーク機能を使用して組織のネットワークとVPN接続することで、クラウド上のサービスをあたかも社内ネットワーク上にあるかのように見せかけて利用できます。

　さらに、Microsoft Azureが提供する「**オンラインバックアップ**」機能を使用すると、Windows Server 2012 R2コンピューター上の重要なファイルを、クラウドにバックアップすることも可能です。

　　　※オンプレミス（On-Premises：自社運用型）とは、情報システムを管理者自身（または自社）の管轄内に設置して運用する形態のことです。クラウドの対語でもあります。

最新のワークスタイルを実現

　Windows Server 2012 R2には、ブランチオフィスやパブリックスペース、自宅といったさまざまな場所からシームレスに組織の作業環境やデータにアクセスできる環境を提供するための機能として「**DirectAccess**」機能や「**Webアプリケーションプロキシ**」機能などが用意されています。また、**BYOD**※からの組織のリソースへのアクセス認証をよりセキュアにできる「**ワークプレースジョイン**」機能なども用意されています。Windows Server 2012 R2の標準機能のみで**VDI**（Virtual Desktop Infrastructure：仮想デスクトップインフラストラクチャ）環境を構築することもできます。

　上記のような、最新のワークスタイルを実現するためのID管理の基盤となるのが「**Active Directory**」です。Windows Server 2012からは仮想化対応が強化され、また、「**ダイナミックアクセス制御**」と呼ばれる新しいアクセス制御方式も採用されています。

　本書では次の各章でActive Directoryやそれに関わる機能、そしてダイナミックアクセス制御やDirectAccessについて解説しています。

　　　※BYOD（Bring Your Own Device）とは、その名の通り、各社員が個人所有の情報デバイスを社内に持ち込み、それを業務利用することです。

- Chapter 06　Active Directoryの概要（⇒ P.130）
- Chapter 18　AD CSによるPKI環境の構築（⇒ P.344）
- Chapter 28　ダイナミックアクセス制御の利用（⇒ P.585）
- Chapter 33　DirectAccess環境の構築（⇒ P.670）

Column　Windows Server 2012 R2の新機能と非推奨機能

　Windows Server 2012 R2には、本書ではすべてを紹介しきれないほど多数の新機能があります。Windows Server 2012 R2の新機能と、そのベースとなったWindows Server 2012の新機能については以下のマイクロソフトのサイトで詳細を確認してください。

Windows Server 2012の新機能
http://technet.microsoft.com/ja-jp/library/hh831769.aspx

Windows Server 2012 R2の新機能
http://technet.microsoft.com/ja-jp/library/dn250019.aspx

　一方で、削除された機能や、今後の使用が非推奨となった機能も存在します。これらの機能はWindows Server 2012 R2のサポート期間は支障なく利用可能ですが、将来のバージョンでは利用できなくなる可能性があります。この点を考慮して実装の計画を立ててください。

Windows Server 2012 R2で削除された機能または推奨されなくなった機能
http://technet.microsoft.com/ja-jp/library/dn303411.aspx

01-02　Windows Server 2012 R2のエディション

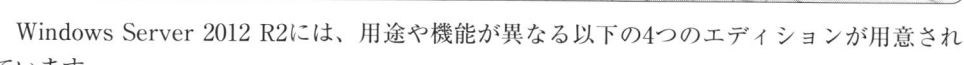

　Windows Server 2012 R2には、用途や機能が異なる以下の4つのエディションが用意されています。

■ Windows Server 2012 R2のエディション

エディション	用途	特徴	ライセンスモデル
Datacenter	高度に仮想化されたプライベートおよびハイブリッドクラウド環境	すべての機能を実装。1ライセンスで実行できる仮想インスタンスは無制限	プロセッサ＋CAL
Standard	低密度または仮想化されていない環境	すべての機能を実装。1ライセンスで実行できる仮想インスタンスは2つ	プロセッサ＋CAL
Essentials	スモールビジネス環境向けサーバー	機能制限あり。2基のプロセッサまでサポート。1ライセンスで実行できる仮想インスタンスは1つ	サーバー（25ユーザー）
Foundation	経済的な多目的サーバー	機能制限あり。OEM提供のみ。1基のプロセッサのみサポート	サーバー（15ユーザー）

> **Column** 「Datacenter」と「Standard」の違い
>
> 　Windows Server 2012がリリースされた時点で、それまでの「Enterprise」エディションは消滅しています。また「Datacenter」エディションと「Standard」エディションの機能差もほぼなくなりました。
> 　例えば、以前は上位エディションでしか実行できなかった「**フェールオーバークラスタリング**」機能も「Standard」エディションでも実行できるようになりました。
> 　「Datacenter」と「Standard」の違いは、**1ライセンスで実行できる仮想インスタンス数**です。「Datacenter」では実行できる仮想インスタンス数が**無制限**であるため、多数の仮想マシンを実行する可能性があるHyper-Vサーバーなどでの利用に適しています。
> 　一方、「Standard」では実行できる仮想インスタンス数が**2つまで**であるため、スタンドアロンサーバーや、仮想マシンを少数しか実行しないHyper-Vサーバーに適しています。
>
> **URL** Windows Server 2012 R2 Products and Editions Comparison
> http://www.microsoft.com/en-us/download/details.aspx?id=41703

01-03　System Center 2012 R2との連携

　OSであるWindows Server 2012 R2と、クラウドおよびデータセンターの管理ソリューションである**System Center 2012 R2**を組み合わせると、管理コストを抑えながらも高度な管理を実現できます。マイクロソフトはこれらを併せて「**クラウドOS**」と呼んでいます。

　多くのWindows Server 2012 R2サーバーを稼働させる環境や、プライベートクラウド、ハイブリッドクラウド環境などを利用する際には導入を検討してください。

　System Center 2012 R2は下表のように多数の製品から構成されています。

> **Tips** System Center 2012 R2の機能の詳細については以下のサイトで確認してください。
>
> **URL** System Center 2012 R2
> https://www.microsoft.com/ja-jp/server-cloud/products/system-center-2012-r2/

■ System Center 2012 R2 を構成する製品

製品名	用途	説明
System Center App Controller	クラウド管理	**SCAC** と略す。プライベートクラウドとMicrosoft Azureやサービスプロバイダーのクラウドを一元管理できる、アプリケーションオーナー向けの統合管理環境を提供する。SCACのセルフサービスポータルを使って、プライベートクラウドとパブリッククラウドの統合管理が可能
System Center Virtual Machine Manager	仮想環境の一元管理	**SCVMM** と略す。仮想化ホストやネットワーク、ストレージなどのリソース（ファブリック）の構成と管理、仮想マシンやサービスの作成と展開など、仮想化環境の統合管理が可能。System Center 2012 R2では、仮想ネットワークによるテナントの分離や、マルチテナントエッジゲートウェイのプロビジョニングといった、マルチテナントインフラ構築のための機能が強化されている

■ System Center 2012 R2 を構成する製品（続き）

製品名	用途	説明
System Center Service Manager	IT サービス管理	**SCSM** と略す。ITIL や MOF に基づく IT サービス管理のベストプラクティスの導入を支援し、問題解決、構成変更、資産のライフサイクル管理に必要なプロセスを提供する。 また CMDB（構成管理データベース）により、SCOM、SCCM、Active Directory のデータを自動的に連携させることもできる
System Center Orchestrator	IT プロセスオートメーション	**SCO** と略す。さまざまなタスクを相互に接続することで、IT プロセスの自動化や標準化を実現する。 運用コストの低減や、人的ミスの低減によるサービス品質向上を可能とする。マイクロソフトやサードパーティが提供する「統合パック（IP）」や、Runbook Designer によって、ドラッグ＆ドロップ操作で各種システムの制御やタスク連携のための処理を定義、実行可能
System Center Data Protection Manager	バックアップと復元	**SCDPM** と略す。ディスクベース、テープベースのバックアップと復元を実現するデータ保護ソリューション。Windows Server 2012 R2 などのサーバー製品だけでなく、クライアント PC などのデータ保護も可能。 また、Microsoft Azure と連携して、クラウド上にバックアップデータを保持することも可能
System Center Operations Manager	稼働監視 / ログ収集	**SCOM** と略す。障害やパフォーマンス監視、問題を未然に防ぐプロアクティブ監視、ログ監査など、IT 基盤を統合的に管理、監視、運用するための機能を提供する。 各種製品用に準備された「管理パック」を使うことにより、専門的な知識がなくても、物理環境および仮想環境、各種プラットフォーム上のアプリケーションやネットワーク機器、ハイブリッドクラウドなどを監視し、問題の検出から解決までの時間短縮を実現する。System Center 2012 R2 では、Microsoft Azure との連携を強化
System Center Configuration Manager	構成管理 / 更新管理	**SCCM** と略す。OS とアプリケーションの展開、ハードウェアとセキュリティに関する構成情報の収集や、更新プログラムの管理やマルウェア対策など、デバイスの導入から運用まで、ライフサイクル全体にわたり運用効率を効率化する。また、アプリケーションの配布なども可能
System Center Endpoint Protection	マルウェア対策	**SCEP** と略す。ウイルス、スパイウェア、ルートキットなど、既知および未知の脅威からサーバーやクライアントを保護するためのマルウェア対策ソリューション。SCEP と SCCM を統合することにより、デスクトップ管理とセキュリティ管理の集約を実現

02 Windows Server 2012 R2のライセンス

　Windows Server 2012 R2 Datacenter と Standard のライセンスについて解説します。これらのOSを利用するには「**サーバーライセンス**」と「**CAL**（Client Access License）」の2種類のライセンスが必要です。ライセンス違反とならないよう、本章の記載内容やマイクロソフトの情報を参考に必要なライセンス数を算出し、調達してください。

02 Windows Server 2012 R2のライセンス

■ 必要なライセンス

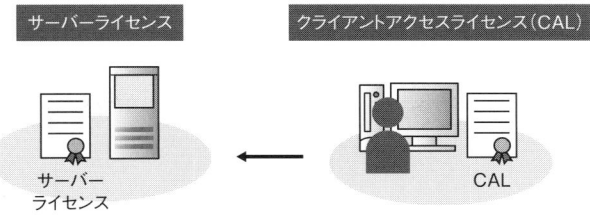

> **重要！** Windows Server 2012 R2のDatacenterとStandardは、サーバーに搭載されているプロセッサごとにカウントする「プロセッサライセンス」を採用しています。どちらのエディションも、1ライセンスごとに単一ハードウェア上の2つの物理プロセッサを使用できます。
> ライセンスに関する情報は変更されることがあるので、新たにWindows Server 2012 R2を導入する場合や、サーバーやクライアントを増やす場合は、その都度マイクロソフトのライセンスに関する情報を確認することをお勧めします。
>
> **URL** Windows Server 2012 R2 / System Center 2012 R2 ライセンス早わかりガイド
> https://www.microsoft.com/ja-jp/server-cloud/buy/licensing-guide/

02-01 サーバーライセンスとは

サーバーライセンスは、Windows Server 2012 R2の「**インスタンス**」をコンピューター上で実行するために必要なライセンスです。インスタンスとは、以下のように定義されています。

> **ソフトウェアのセットアップまたはインストール手順を実行すること。または、既存のインスタンスを複製することによって作成されるソフトウェアのイメージ。**

サーバーライセンスは、Windows Server 2012 R2のインスタンスを実行する特定のサーバーに割り当てる必要があり、同じサーバーライセンスを他のサーバーに割り当てることはできません。また、恒久的なハードウェアの故障のような状況を除いて、割り当て済みのサーバーライセンスを、割り当てから90日以内に他のサーバーに再割り当てすることもできません。

■ サーバーライセンス

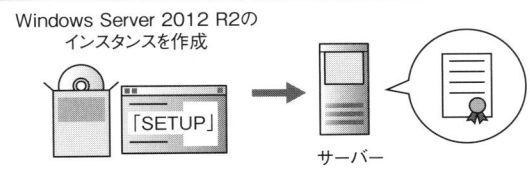

なお、サーバーライセンスは「**物理マシン**」はもちろんのこと、Hyper-Vの上で動作する「**仮想マシン**」のインスタンスにも必要です。

02-02 CALとは

　CALは、ユーザーがPCやタブレット、スマートフォンなどの各種デバイスを使用してWindows Server 2012 R2のインスタンスにアクセスするために必要なライセンスです。**ユーザーまたはデバイスごと**に取得する必要があります。

> **Tips**　Windows Server 2012 R2固有のCALは提供されていません。Windows Server 2012のCALを持っていれば、Windows Server 2012 R2にアクセスできます。

■ CAL

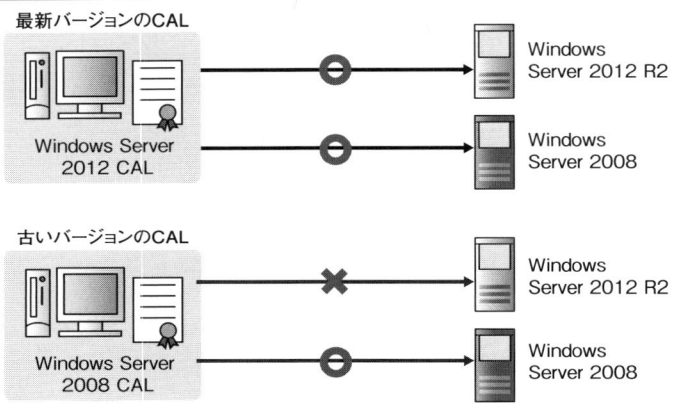

　CALには2つの「**種類**」と、2つの「**割り当て方法**」があり、組織の規模や利用形態に合わせてそれらを選択することができます。

● CAL の種類

　CALには下表の2種類があります。なお、これらは混在させることもできますが、管理性が低下するので、可能な限りどちらか一方に統一することをお勧めします。

■ CAL の種類

種類	説明
ユーザー CAL	「**ユーザー**」に対して CAL を割り当てる。1 人のユーザーが複数のデバイス(複数の PC やタブレットやスマートフォンなど)を利用することが多い場合に選択する
デバイス CAL	「**デバイス**」に対して CAL を割り当てる。複数のユーザーが 1 つのデバイス(1 台の PC など)を利用することが多い場合に選択する

◉ CALの割り当て方法

CALの割り当て方法には、「**デバイスごとまたはユーザーごとの割り当て**」と「**サーバーインスタンスごとの割り当て**」の2つがあります。

● デバイスごとまたはユーザーごとの割り当て

　Windows Server 2012 R2にアクセスするデバイスやユーザーごとにCALを1つ用意するモードです。「per device or per user mode」や「接続デバイス数または接続ユーザー数モード」とも呼ばれます。

　CALを取得したデバイスやユーザーは、組織内のすべてのWindows Server 2012 R2にアクセスできます。サーバーが複数台存在していて、今後も増える可能性がある場合はこのモードを選択したほうが良いでしょう。

■ デバイスごとまたはユーザーごとの割り当て

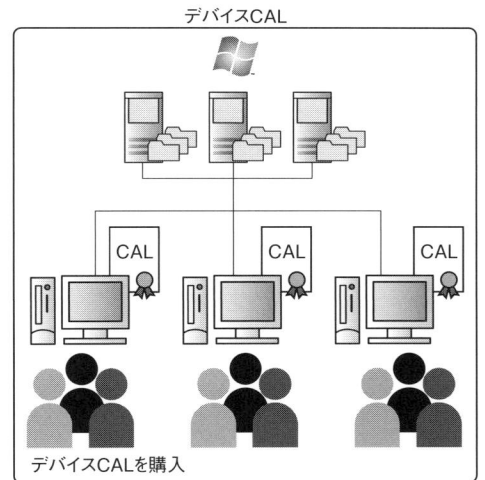
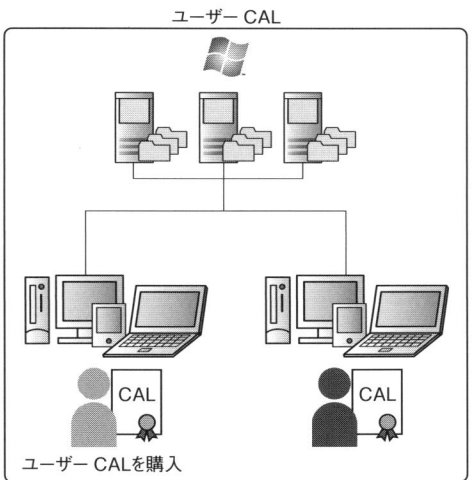

● サーバーインスタンスごとの割り当て

　1台のWindows Server 2012 R2に同時にアクセスするデバイスやユーザーの最大数を決定したうえで、該当数分のCALをサーバーのインスタンスごとに用意するモードです。「per server mode」や「同時使用数モード」とも呼ばれます。サーバーが1～2台程度と少なく、アクセス頻度が低い場合はこのモードを選択したほうが良いでしょう。

■ サーバーインスタンスごとの割り当て

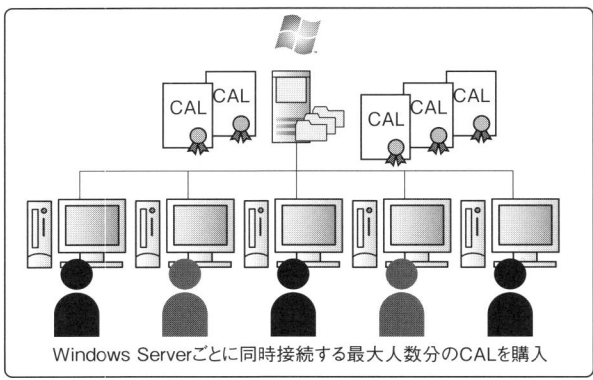

Windows Serverごとに同時接続する最大人数分のCALを購入

CALの種類と割り当て方法の選択方法

　CALには2つの「種類」、2つの「割り当て方法」があるため、その組み合わせは4通り存在します。4通りのうち、どの組み合わせを選択するのかを決定するには、まず「CALの種類」を選択します。先に紹介したように、1人のユーザーが複数のデバイスを利用することが多い場合には「**ユーザーCAL**」を、複数のユーザーが1つのデバイスを利用することが多い場合には「**デバイスCAL**」を選択すると良いでしょう。

　次に「CALの割り当て方法」を選択します。サーバーが複数台存在していて、今後も増える可能性がある場合には「**デバイスごとまたはユーザーごとの割り当て**」を、サーバーが1～2台程度と少なく、アクセス頻度が低い場合には「**サーバーインスタンスごとの割り当て**」を選択します。

■ CALの種類とモードの選択

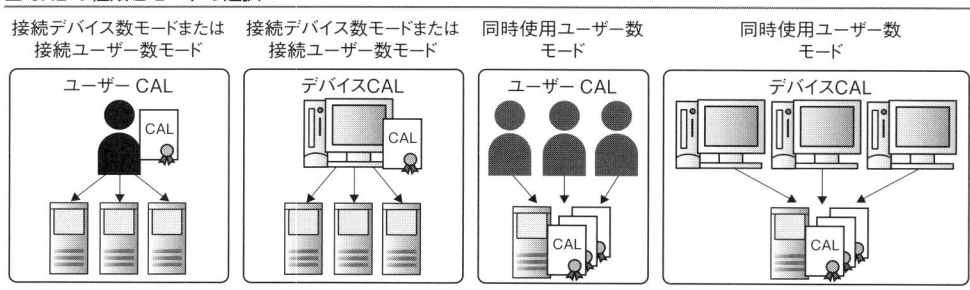

　なお、1回に限り「サーバーインスタンスごとの割り当て」から「デバイスごとまたはユーザーごとの割り当て」へ切り替えることができるので、どちらのモードを選択すれば良いかわからない場合は、とりあえず「サーバーインスタンスごとの割り当て」を選択しておき、運用状況を見てから変更すると良いでしょう。

◉ CAL が不要なケース

以下のケースではCALは不要です。ただし、Windows Server 2012 R2のDatacenterやStandardエディションをオンプレミス環境で利用するほとんどの場合でCALは必要になるはずです。CALの未調達によるライセンス違反が発生しないよう、十分に注意してください。

- Web ワークロードまたは HPC ワークロードを実行している Windows Server 2012 R2 にアクセスする場合
- Windows Server 2012 R2 Essentials にアクセスする場合（ただし 25 名以下）
- Windows Server 2012 R2 Foundation にアクセスする場合（ただし 15 名以下）
- エクスターナルコネクタ ライセンスをサーバーごとに取得していて、外部ユーザーがアクセスする場合
- 管理目的でサーバーソフトウェアのインスタンスにアクセスする、最大 2 台までのデバイスまたは最大 2 人までのユーザー
- 仮想化のホストとしてのみ使用している Windows Server 2012 R2 サーバーへのアクセス※

※仮想マシンのWindows ServerへのアクセスにはCALが必要です。

02-03 特殊なライセンス

システムの利用形態によっては、下表に紹介する特殊なライセンスやCALも存在します。

■ 特殊なライセンス

ライセンス	説 明
エクスターナルコネクタ ライセンス (EC)	組織に属していない「**外部ユーザー**」が Windows Server 2012 R2 サーバーを利用する際に必要な CAL。外部からアクセスするユーザーは、このライセンスで特定の物理サーバー上のすべてのインスタンス（仮想環境も含む）にアクセスできる。多くの外部ユーザーがアクセスする場合はこのライセンスを購入することでコストを抑えられる。 なお、このライセンスの対象となる「外部ユーザー」とは、Windows Server 2012 R2 のサーバーライセンスを所有している組織や関連会社の取引先または顧客である。**その組織や関連会社の従業員を含めることはできない**
リモートデスクトップ サービス CAL (RDS CAL)	Windows Server 2012 R2 のリモートデスクトップサービス（RDS）を利用する場合は、CAL に加えてこのライセンスが必要。また、これについてもエクスターナルコネクタライセンスが用意されている
Rights Management サービス CAL (RMS CAL)	Windows Server 2012 R2 の Active Directory Rights Management サービス（AD RMS ⇒ P.133）を利用する場合は、CAL に加えてこのライセンスが必要。また、これについてもエクスターナルコネクタライセンスが用意されている

02-04 ライセンスの購入方法

ライセンスの購入方法には次表の3タイプがあります。構築するシステムの状況に応じて適切な購入方法を選択してください。

■ ライセンスの購入方法

購入方法	説　明
パッケージ製品	パッケージ製品を購入する方法。購入するライセンス数が少ない(3ライセンス未満)場合に選択する
プリインストールモデル	ハードウェアにあらかじめWindows Server 2012 R2がプリインストールされた状態で購入する方法。なおこの方法では、セットアップの手間を省くことができるが、プリインストールされたハードウェアから、ライセンスを別のハードウェアに移して使用することはできない
ボリュームライセンス	まとめてライセンスを購入したい場合(3ライセンス以上)に選択する購入方法。ボリュームディスカントによって安価になることや、ライセンス管理が容易になるなど、さまざまなメリットがある。目的や用途によって「Open License」、「Select Plus」、「Enterprise Agreement」など、多数のプログラムから選択できる

　ここで紹介した3つの購入方法では、いずれの場合でも「**ソフトウェアアシュアランス(SA)**」というオプション契約を追加購入できます。このオプション契約を購入すると、契約期間中は対象システムの最新バージョンが利用できる「アップグレード特典」や、購入ライセンス数によってサポートやトレーニングを受ける権利などが提供されます。
　また、CALでもソフトウェアアシュアランスを追加購入しておけば、ライセンス費用の予算化が容易になり、ライセンス違反も未然に防げます。

02-05　ライセンス認証

　Windows Server 2012 R2やWindows 8.1などを利用するには、ライセンスを購入するだけでなく、「**ライセンス認証・アクティベーション**」(システムに登録して認証を受けること)が必要です。**ボリュームライセンス**でライセンスを調達した場合は、下表の3つのライセンス認証方法から選択します。

■ ライセンス認証方法

ライセンス認証	説　明
マルチライセンス認証キー(MAK)ライセンス認証	これは「**MAK** (Multiple Activation Key)」というキーを、コンピューターごとに入力して、インターネット経由や電話で認証を受ける方法。最も基本的な方法だが、対象の台数が多い場合には作業負荷が上がり、また、キーの漏えいの懸念もある
キー管理サービス(KMS)ライセンス認証	組織内に「KMS (Key Management Server)ホスト」と呼ばれる役割を持ったコンピューターを用意しておき、そこにキーを登録しておく方法。KMSホストのアドレスなどを組織内のDNSサーバーのSRVレコードに登録することで、各コンピューターは自動的にKMSホストを見つけて、認証を受けることができる。認証を受ける側が一定台数にならないと機能しないなどいくつかの制約があるが、特にWindows 7などが混在している環境では有効なライセンス認証方法
Active Directoryによるライセンス認証	これは「**ADBA** (Active Directory-Based Activation)」とも呼ばれ、Active Directoryを使ってコンピューターのライセンス認証まで行う方法。KMSと同様に、各コンピューターにキーを入力する必要はない。ただし、Active Directoryドメインに参加している必要があり、またWindows 7以前のコンピューターでは利用できない、などの制約がある

なお、アクティベーションに関しては、仮想化環境の運用についても検討が必要です。アクティベーションは、Hyper-Vサーバー上の仮想マシンで実行しているWindows Server 2012 R2コンピューターでも必要です。

Windows Server 2012 R2 DatacenterをHyper-Vサーバーにした場合に限り、「**AVAM**（Automatic Virtual Machine Activation）」機能を利用できます。これはHyper-Vサーバー上で動作するWindows Server 2012 R2仮想マシンのアクティベーションを自動化する機能です。

> **Tips** AVAM（Automatic Virtual Machine Activation）の詳細については以下のサイトを参照してください。
>
> **URL** Automatic Virtual Machine Activation
> http://technet.microsoft.com/ja-jp/library/dn303421.aspx

> **Tips** ボリュームライセンスの認証の詳細については以下のサイトを参照してください。
>
> **URL** ボリューム ライセンス認証の計画
> http://technet.microsoft.com/ja-jp/library/jj134042.aspx
>
> **URL** Office 2013 の KMS のライセンス認証
> http://technet.microsoft.com/ja-jp/library/ee624357.aspx

Chapter 02 Windows Server 2012 R2の導入

本章では、Windows Server 2012 R2を導入するためのシステム要件や、導入シナリオ、アップグレードインストールの注意点などを解説します。また、「クリーンインストール」と呼ばれるモードによるインストール方法や、インストール完了直後に行うべき初期設定について解説します。

01 システム要件と導入シナリオ

Windows Server 2012 R2を導入するには、求められるシステム要件を満たしたサーバーハードウェアを用意したうえで、目的に合わせた導入シナリオを検討することが必要です。

01-01 Windows Server 2012 R2のシステム要件

Windows Server 2012 R2のシステム要件は以下の通りです。

■ Windows Server 2012 R2 のシステム要件

コンポーネント	要 件
最小プロセッサー	1.4GHz 以上の x64 プロセッサー
最小メモリ	512MB。インストール時は 800MB 必要
最小ディスク容量	32GB。なお、ネットワークを介してインストールする場合や、16GB 以上のメモリが搭載されている場合は追加のディスク領域が必要
ネットワークアダプター	ギガビット（10/100/1000baseT）イーサネットアダプター
ドライブ	DVD-ROM ドライブ
ディスプレイと周辺機器	Super VGA（800 × 600）以上の解像度のモニタ、キーボード、マウスなど

なお、この要件を満たしているからといって、Windows Server 2012 R2の機能のすべてを満足に利用できるというわけではありません。特にHyper-V（⇒P.377）を使用する場合は追加の要件を満たしている必要があります。サーバーハードウェアを選定する際には、必ずハードウェアベンダーの情報を参照して対応状況を確認してください。

なお、Microsoft Azureなどのパブリッククラウドの IaaS（Infrastructure as a Service）で実行する場合は、さらに追加の制約や注意点があります。稼働させる環境に併せて要件を見極めることが重要です。

01-02 導入シナリオ

Windows Server 2012 R2をサーバーにインストールする導入シナリオはいくつかあります。ここでは代表的な2つの方法を紹介します。

●インストールメディアからのブートによるインストール

Windows Server 2012 R2の配布メディア（DVD）やイメージファイル（ISOファイル）を使用してサーバーを起動し、インストールする方法です。「**クリーンインストール**」とも呼ばれます。この方法によるインストール手順は**P.40**で詳しく解説します。

●アップグレードインストール

アップグレードインストールとは、他のWindows OSがインストール済みの場合に、Windows Server 2012 R2のインストールメディアを使用して、そのOSをWindows Server 2012 R2にアップグレードするインストール方法です。

> **Tips** Windows Server 2012 R2へのアップグレードインストールがサポートされているOSは以下の2種類です。
>
> - Windows Server 2008 R2 SP1
> - Windows Server 2012
>
> アップグレードできるエディションや、Active Directoryドメインコントローラーのアップグレードなど、各種詳細や注意点については、以下のサイトを確認してください。
>
> **URL** Upgrade Options for Windows Server 2012 R2
> http://technet.microsoft.com/ja-jp/library/dn303416.aspx

> **重要!** ハードウェアベンダーが販売しているWindows Server 2012 R2対応のサーバーハードウェアを利用する場合は、必ずそのベンダーが提供しているドキュメントに目を通してからインストール作業を開始してください。

01-03 導入前の確認項目

Windows Server 2012 R2をインストールする前に、事前に確認・準備しておくべき項目がいくつかあります。あらかじめこれらの項目を決定しておけば、インストール作業をスムーズに実行できます。

■ 導入前の確認項目

確認項目	説　明
インストールメディアとプロダクトキー	Windows Server 2012 R2 をインストールするためのメディアや ISO ファイル、およびプロダクトキー
エディション	インストールする Windows Server 2012 R2 のエディション。Standard、Datacenter など
インストールモード	フルインストールするのか、Server Core インストールするのかを決定する。明確な理由がない限り、フルインストールを選択したほうが無難。なお、Windows Server 2012 以降ではインストール後にモードを変更できる※
パーティション構成	ディスクのパーティション構成。少なくとも 2 つのパーティションを用意することを推奨。1 つは OS 用の C ドライブ。もう 1 つはアプリケーションのデータ用の D ドライブ。また、C ドライブのサイズにも注意が必要。フルインストールの場合は少なくとも 32GB を割り当てる必要がある
Administrator パスワード	Administrator ユーザーのパスワード
コンピューター名	サーバーを識別するためのコンピューター名。15 文字以内を推奨。インストール時はインストーラーによってランダムな英数字の仮のコンピューター名が自動設定されるので、インストール終了後に設定を変更する
日付と時刻	サーバーの設置場所に適したタイムゾーン
ネットワーク設定	IP アドレスなどのネットワークに関する設定。インストール時は DHCP によって自動的に IP アドレスが割り当てられるが、インストール終了後に固定アドレスを設定する
ワークグループとドメイン名	サーバーが所属するワークグループやドメイン名。インストール終了後に設定を変更する※※

※ Server Core インストールの方法や機能・管理については「Chapter 31 Server Core の利用」(⇒P.632)を参照してください。
※※ ワークグループとドメインの違いについては「Chapter 05 ユーザーとグループの管理」(⇒P.114)を参照してください。

Column　Windows Server 2012 R2 の評価

マイクロソフトは、Windows Server 2012 R2の**180日限定評価版**を提供しています。製品購入前に評価を行いたい場合は利用してください。製品版への乗り換えも可能です。

URL Window Server 2012 R2 評価版のダウンロード
http://technet.microsoft.com/ja-jp/evalcenter/dn205286.aspx

URL Windows Server 2012 R2 のアップグレード オプション
http://technet.microsoft.com/ja-jp/library/dn303416.aspx

02　クリーンインストールの実行

　ここからは最も一般的と考えられる、クリーンインストール（インストールメディアからブートしてインストールする方法）でWindows Server 2012 R2を新規に導入する手順を解説します。本書の例では評価版を使用しています。

Windows Server 2012 R2のインストールメディアをサーバーにセットして電源を入れ、以下の手順を実行してください。

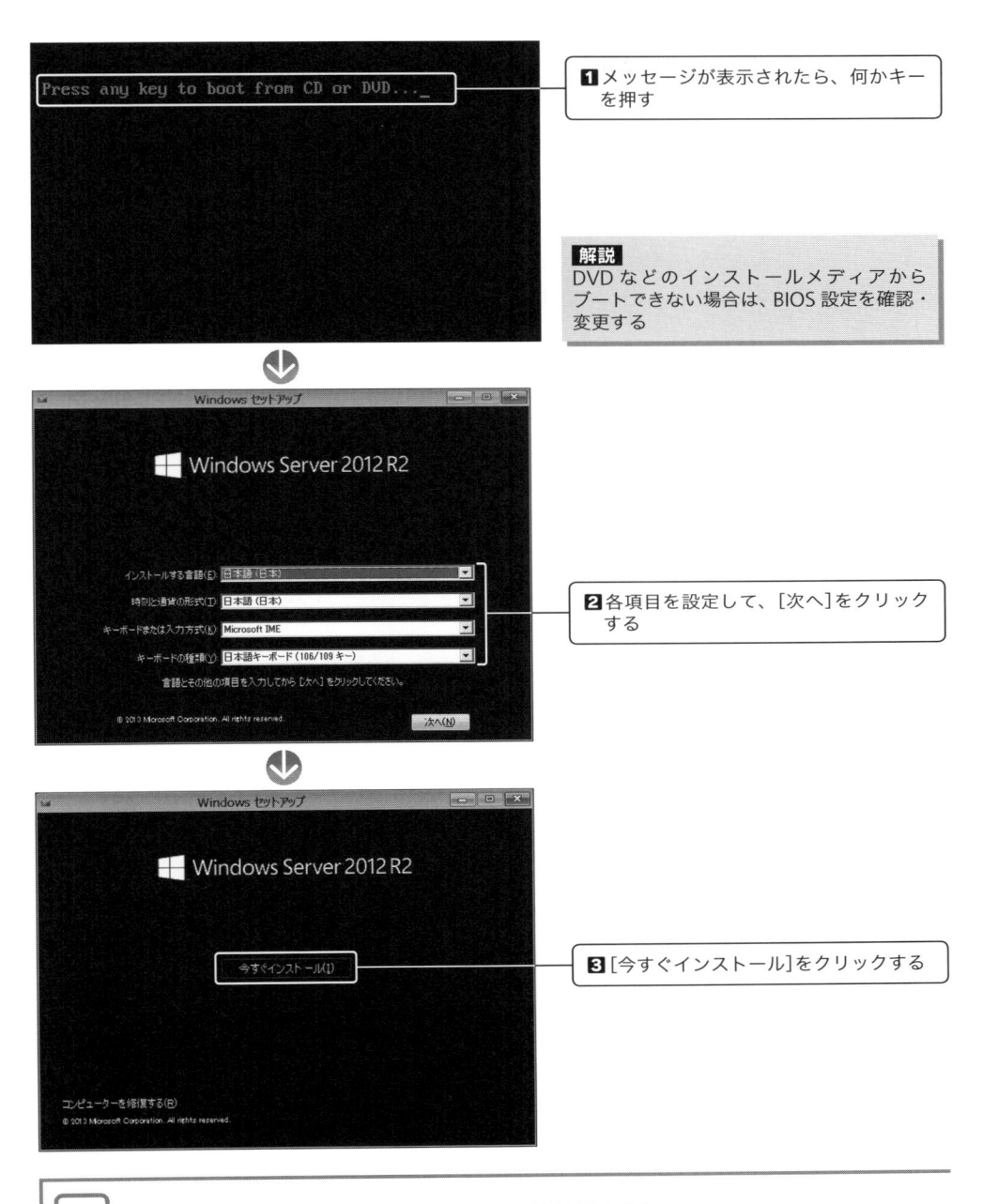

1 メッセージが表示されたら、何かキーを押す

解説
DVDなどのインストールメディアからブートできない場合は、BIOS設定を確認・変更する

2 各項目を設定して、[次へ]をクリックする

3 [今すぐインストール]をクリックする

Tips 製品版では、ここでプロダクトキーを入力する画面が表示されます。

Part 01 Windows Server 2012 R2の概要と導入

4 エディションとインストールオプションを選択して、[次へ]をクリックする

解説
すべての役割と機能がサポートされているGUIを持ったフルインストールを行う場合には、[GUI 使用サーバー]を選択する

5 ライセンス条項を確認し、同意する場合のみ[同意します]にチェックを入れて、[次へ]をクリックする

6 今回はクリーンインストールを行うので[カスタム:Windowsのみをインストールする(詳細設定)]をクリックする

解説
アップグレードインストールについては P.39 を参照

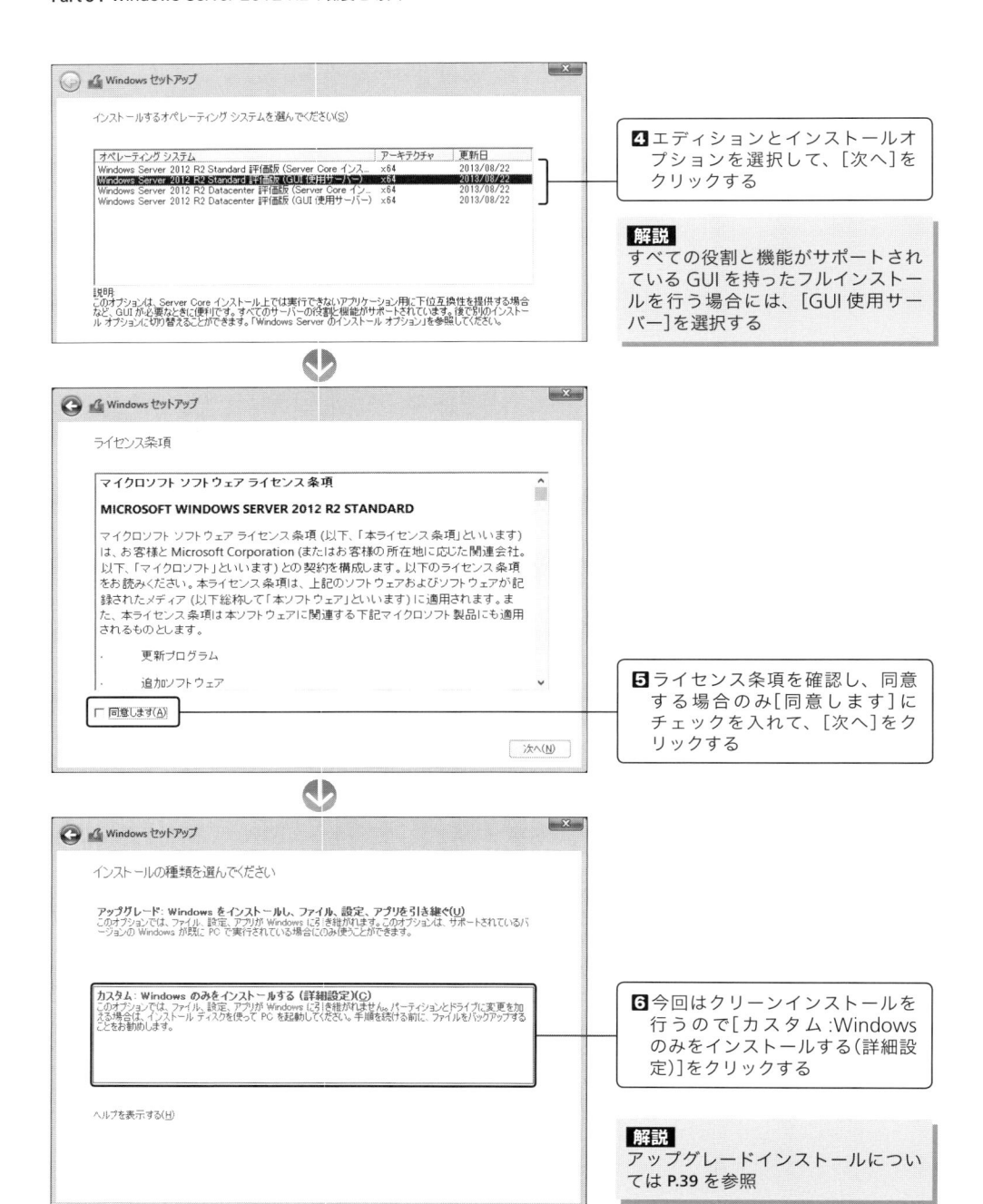

Tips インストール中に実行するコマンドがある場合は、ここで[Shift]+[F10]キーを押すと、コマンドプロンプトを表示できます。

7 インストール先のドライブを選択して、[次へ]をクリックする

8 インストールが開始され、自動的に何度か再起動される

> **Tips** この段階でパーティションの削除や作成、フォーマットを実行できます。また [ドライバーの読み込み] をクリックすると、CD-ROM／DVD-ROMやUSBデバイスからディスクドライバーを追加できます。

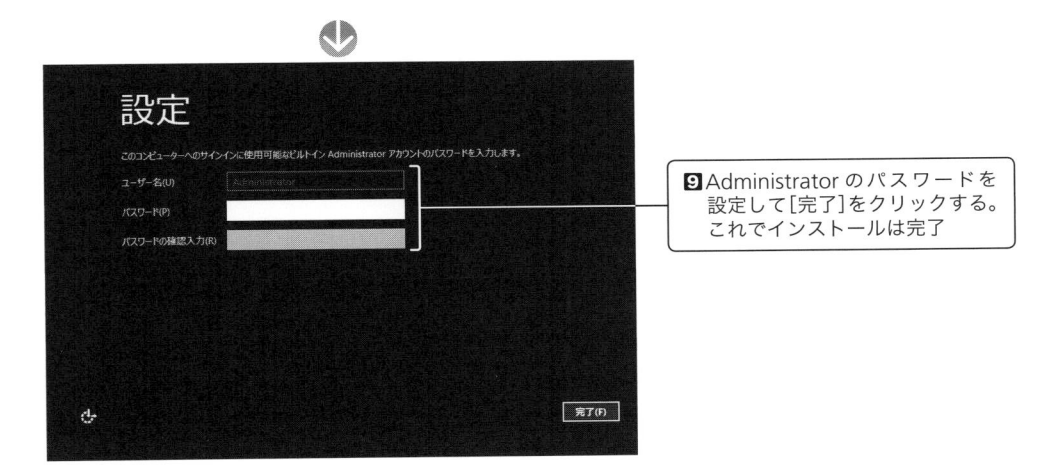

9 Administrator のパスワードを設定して[完了]をクリックする。これでインストールは完了

03 Windows Server 2012 R2の初期構成

　インストールが完了したら、続いて初期設定などを行います。これらの作業は「**サーバーマネージャー**」を使用して実行します。

03-01 ネットワークの構成

　インストール中はDHCPによって自動的にIPアドレスが割り当てられているので、固定IPアドレスに変更します。サーバーマネージャーを開いて、次の手順を実行します。

Part 01 Windows Server 2012 R2の概要と導入

1 [ローカルサーバー]を開く

2 [イーサネット]の右側のリンクをクリックする

3 接続設定のアイコンを右クリックして[プロパティ]をクリックする

4 IPv4 の固定 IP アドレスを設定する場合は[インターネットプロトコルバージョン 4（TCP/IPv4）]を選択する

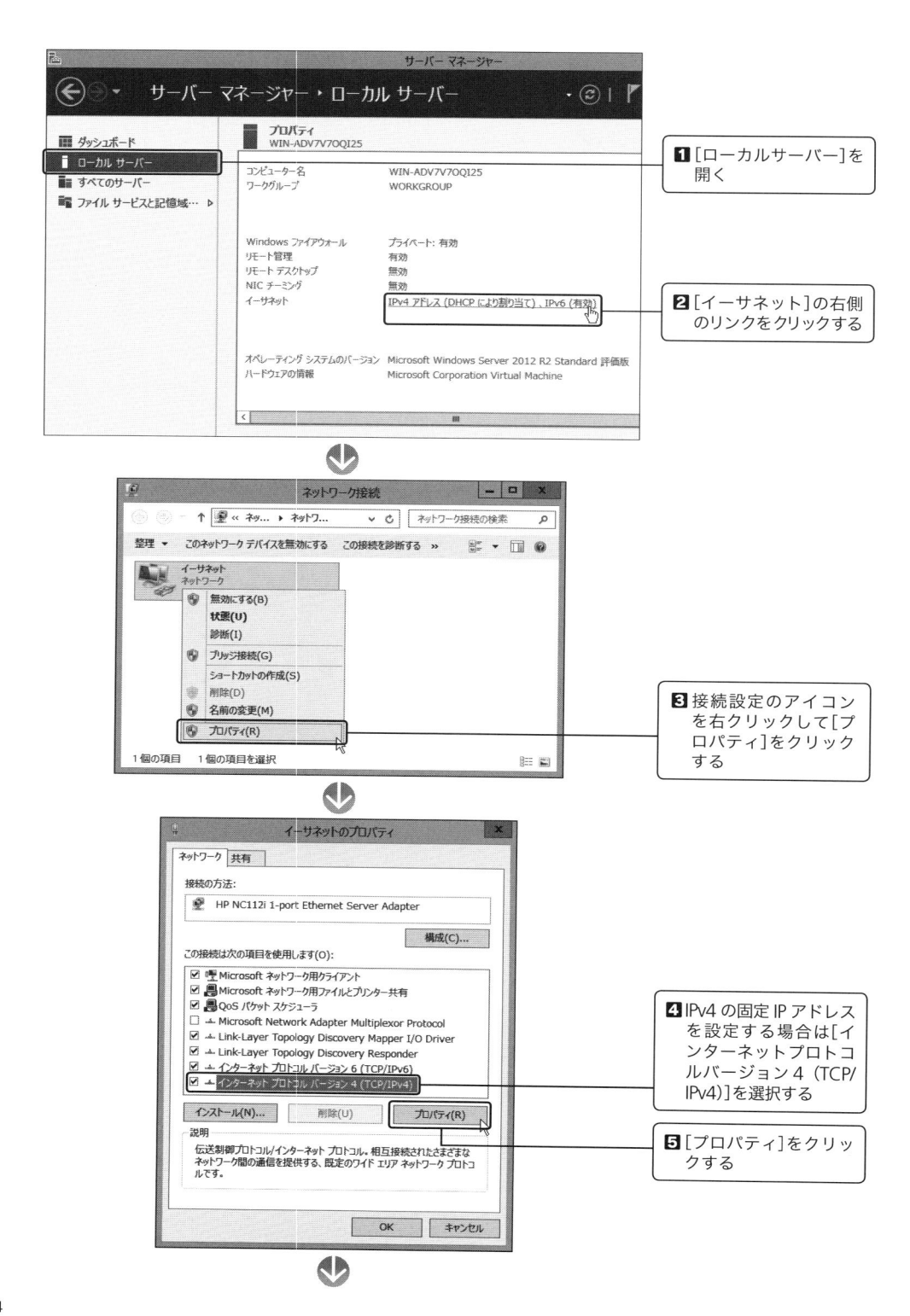

5 [プロパティ]をクリックする

03 Windows Server 2012 R2の初期構成

インターネット プロトコル バージョン 4 (TCP/IPv4)のプロパティ

全般

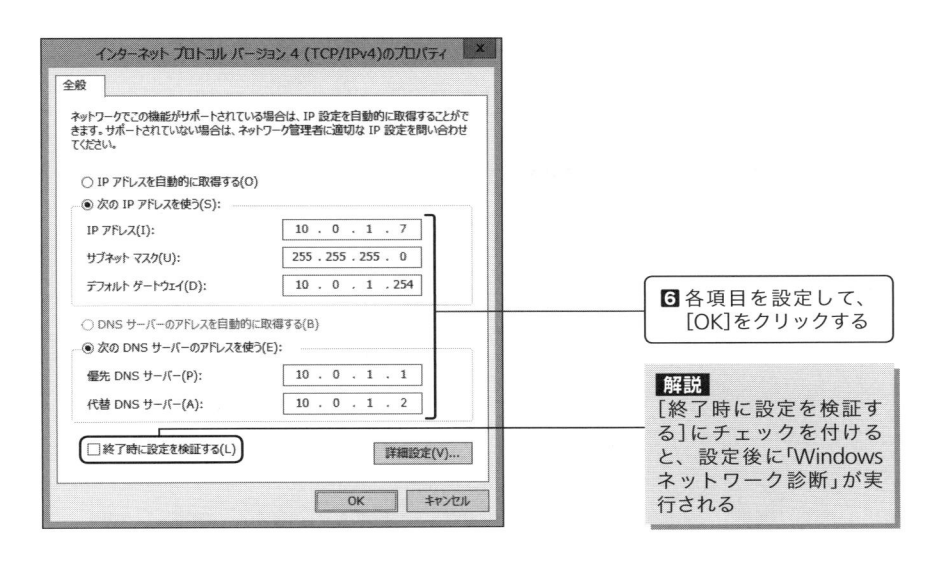

ネットワークでこの機能がサポートされている場合は、IP 設定を自動的に取得することができます。サポートされていない場合は、ネットワーク管理者に適切な IP 設定を問い合わせてください。

○ IP アドレスを自動的に取得する(O)
◉ 次の IP アドレスを使う(S):
- IP アドレス(I): 10 . 0 . 1 . 7
- サブネット マスク(U): 255 . 255 . 255 . 0
- デフォルト ゲートウェイ(D): 10 . 0 . 1 . 254

○ DNS サーバーのアドレスを自動的に取得する(B)
◉ 次の DNS サーバーのアドレスを使う(E):
- 優先 DNS サーバー(P): 10 . 0 . 1 . 1
- 代替 DNS サーバー(A): 10 . 0 . 1 . 2

☐ 終了時に設定を検証する(L)   詳細設定(V)...

OK   キャンセル

❻ 各項目を設定して、[OK]をクリックする

解説
[終了時に設定を検証する]にチェックを付けると、設定後に「Windowsネットワーク診断」が実行される

| Tips | TCP/IP設定の詳細や、Windows PowerShellコマンドレットによる設定方法については「Chapter 04 ネットワークの管理」(⇒P.98) を参照してください。 |

03-02 コンピューター名の設定

　インストール時は、コンピューター名にはランダムな英数字が自動設定されます。サーバーマネージャーを使用して別の名前に変更します。

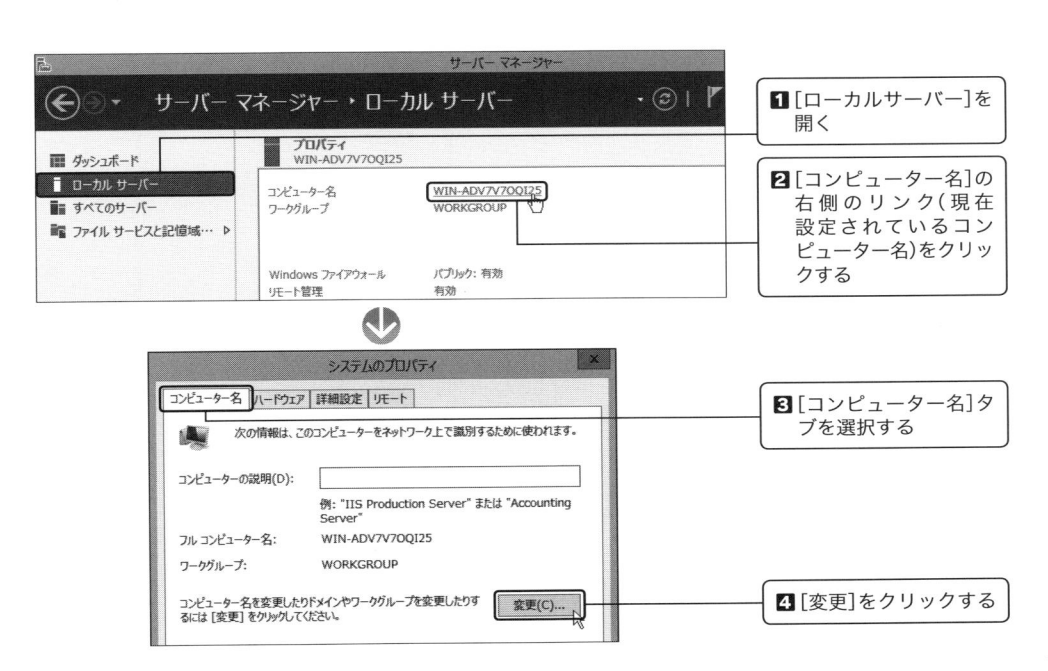

サーバー マネージャー ▸ ローカル サーバー

- ダッシュボード
- ローカル サーバー
- すべてのサーバー
- ファイル サービスと記憶域 ▸

プロパティ
WIN-ADV7V7OQI25

コンピューター名　WIN-ADV7V7OQI25
ワークグループ　　WORKGROUP

Windows ファイアウォール　パブリック: 有効
リモート管理　　　　　　　有効

❶ [ローカルサーバー]を開く

❷ [コンピューター名]の右側のリンク(現在設定されているコンピューター名)をクリックする

システムのプロパティ

コンピューター名 | ハードウェア | 詳細設定 | リモート

次の情報は、このコンピューターをネットワーク上で識別するために使われます。

コンピューターの説明(D):
　　　　　　　　例: "IIS Production Server" または "Accounting Server"
フル コンピューター名: WIN-ADV7V7OQI25
ワークグループ: WORKGROUP

コンピューター名を変更したりドメインやワークグループを変更したりするには [変更] をクリックしてください。　　変更(C)...

❸ [コンピューター名]タブを選択する

❹ [変更]をクリックする

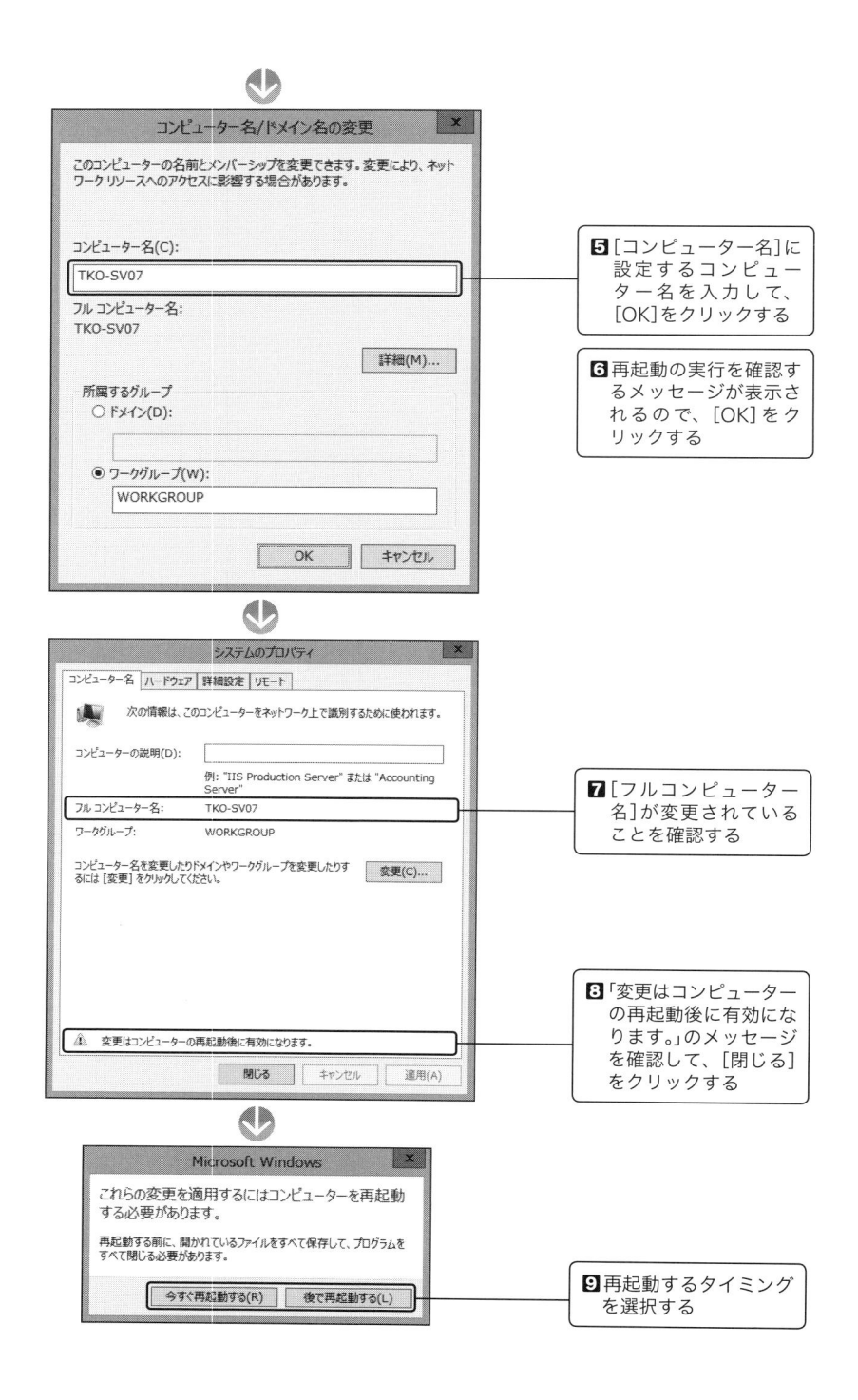

Part 01 Windows Server 2012 R2の概要と導入

5 [コンピューター名]に設定するコンピューター名を入力して、[OK]をクリックする

6 再起動の実行を確認するメッセージが表示されるので、[OK]をクリックする

7 [フルコンピューター名]が変更されていることを確認する

8 「変更はコンピューターの再起動後に有効になります。」のメッセージを確認して、[閉じる]をクリックする

9 再起動するタイミングを選択する

03-03 ワークグループ／ドメイン名の設定

ワークグループ名の変更や、ドメイン（Active Directoryドメイン）への参加を行う場合は、以下の手順を実行します。

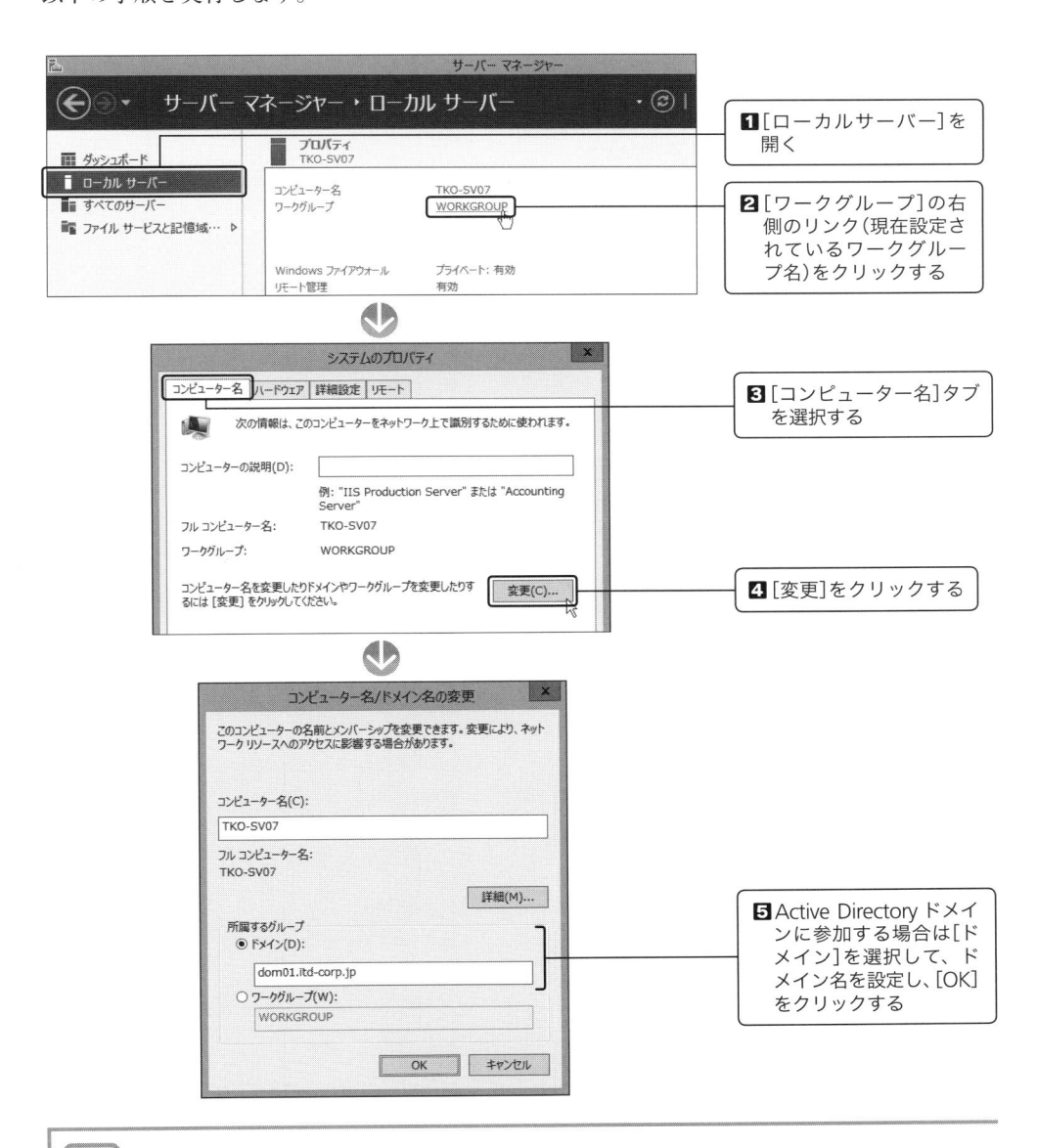

1 [ローカルサーバー]を開く

2 [ワークグループ]の右側のリンク（現在設定されているワークグループ名）をクリックする

3 [コンピューター名]タブを選択する

4 [変更]をクリックする

5 Active Directory ドメインに参加する場合は[ドメイン]を選択して、ドメイン名を設定し、[OK]をクリックする

> **Tips** 以降の操作は「コンピューター名の変更」(⇒P.45)と同様です。コンピューターの再起動も必要です。

03-04 リモート管理の有効化

　Windows Server 2012 R2では、**サーバーマネージャー**を使用して複数のサーバーをリモート管理することができます。リモート管理を有効化するには、サーバーマネージャーを使用して、以下の手順を実行します。

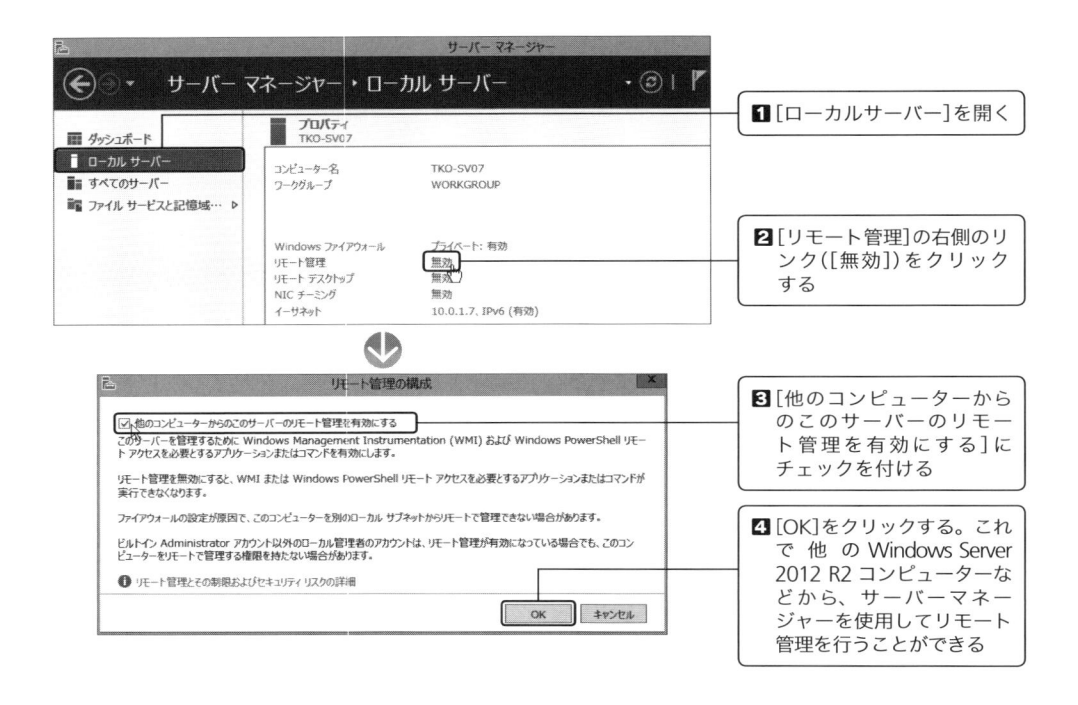

1 [ローカルサーバー]を開く

2 [リモート管理]の右側のリンク([無効])をクリックする

3 [他のコンピューターからのこのサーバーのリモート管理を有効にする]にチェックを付ける

4 [OK]をクリックする。これで他のWindows Server 2012 R2コンピューターなどから、サーバーマネージャーを使用してリモート管理を行うことができる

03-05 リモートデスクトップの有効化

　Windowsコンピューターは「**リモートデスクトップ**」を使用して遠隔操作できます。そのためには事前に「操作される側のWindowsコンピューター」のリモートデスクトップを有効にしておく必要があります。リモートデスクトップを有効化するには、サーバーマネージャーを使用して、以下の手順を実行します。

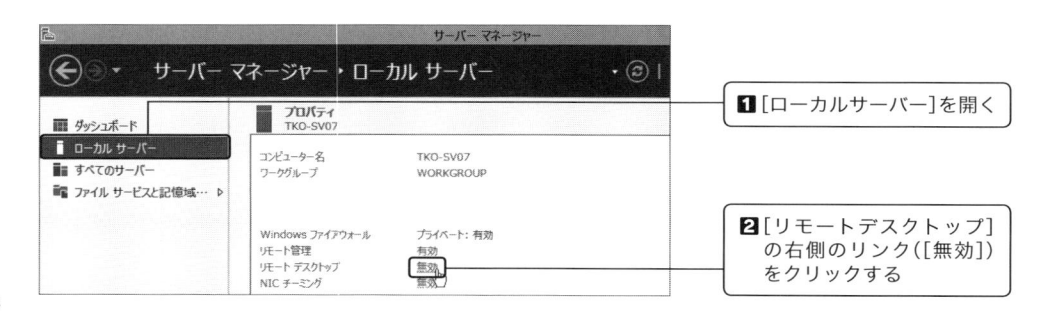

1 [ローカルサーバー]を開く

2 [リモートデスクトップ]の右側のリンク([無効])をクリックする

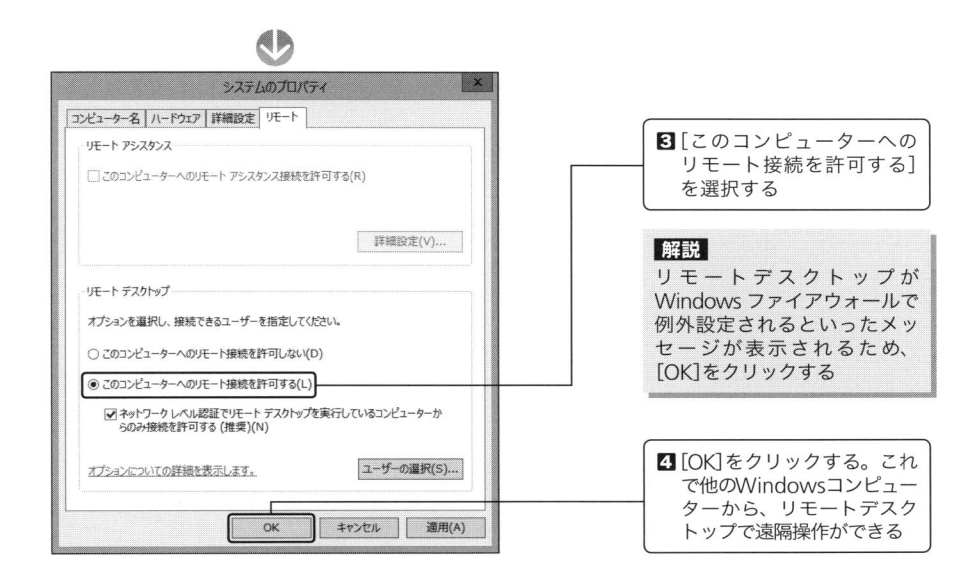

03-06 自動更新の設定と Windows Update の実行

マイクロソフトは、製品に不具合や脆弱性が発見された際にそれらを改善する「**更新プログラム**」をインターネット経由で提供しています。ここでは、更新のプログラムの自動的な適用可否の設定を行います。また、インストールの完了後、できるだけ早い段階で最新の更新プログラムを適用します。サーバーマネージャーを開いて、以下の手順を実行します。

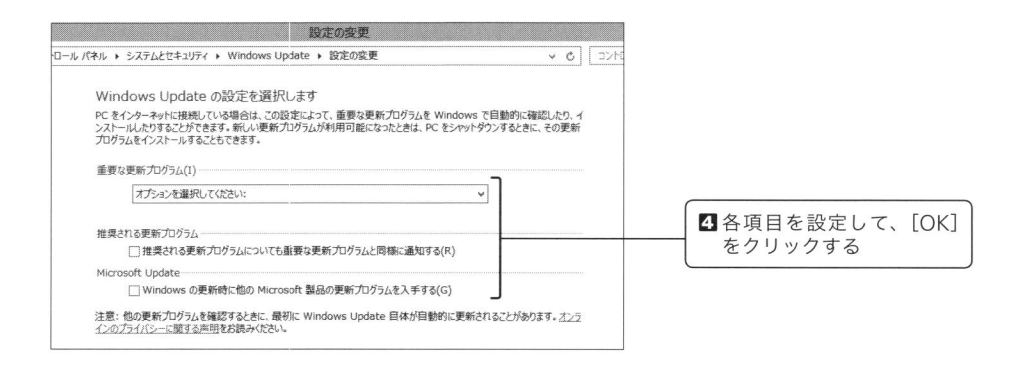

Part 01 Windows Server 2012 R2の概要と導入

4 各項目を設定して、[OK]をクリックする

> **重要!** 更新プログラムのインストール方法として、[更新プログラムを自動的にインストールする]が推奨になっていますが、これを選択すると管理者に確認することなく、自動的に更新プログラムが適用されて再起動が行われます。サーバーが勝手に再起動することも問題ですが、事前にテストしていないプログラムがインストールされるのはさらに大きな問題です。設定するコンピューターをサーバーとして利用する場合は、他のオプションを選択することをお勧めします。

5 最新の更新プログラムがある場合は[更新プログラムのインストール]をクリックしてインストールを行い、再起動を要求された場合はそれにしたがう

> **Tips** Windows Server 2012 R2は、リリースされた直後から毎月多数の更新プログラムがリリースされており、それらを適用することで、安定性の高い、セキュアなOSになります。特にOSのインストール直後は必ずWindows Updateを行って、最新の更新プログラムを適用してください。
> また、更新プログラムによっては一度にすべてを適用できていないものもあります。そのため、再起動後に再度Windows Updateを実行してください。
> なお、更新プログラムは定期的(毎月など)に適用することが推奨されていますが、適用する際は事前に十分な試験を行ってください。

03-07 ライセンス認証の実行

必要に応じて、ライセンス認証を忘れずに行っておきましょう。サーバーマネージャーを開いて、次の手順を実行します。

1 [ローカルサーバー]を開く

2 [プロダクトID]の右側のリンク([ライセンス認証されていません])をクリックする

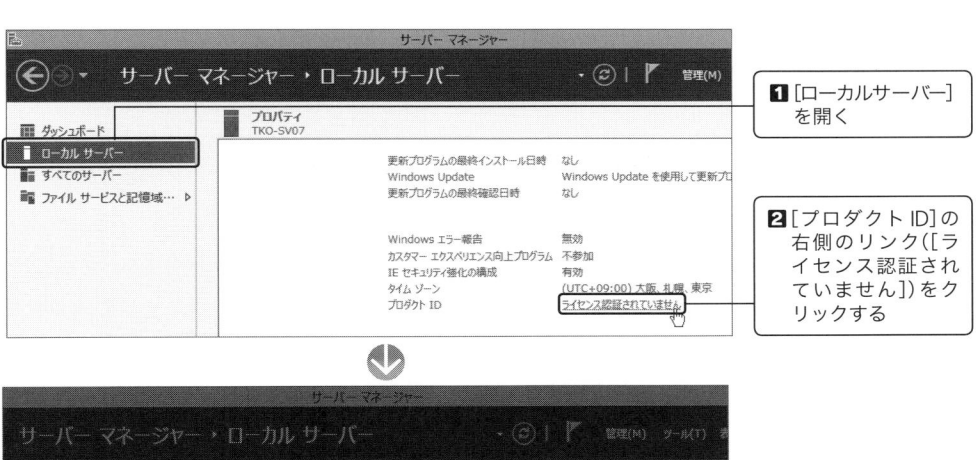

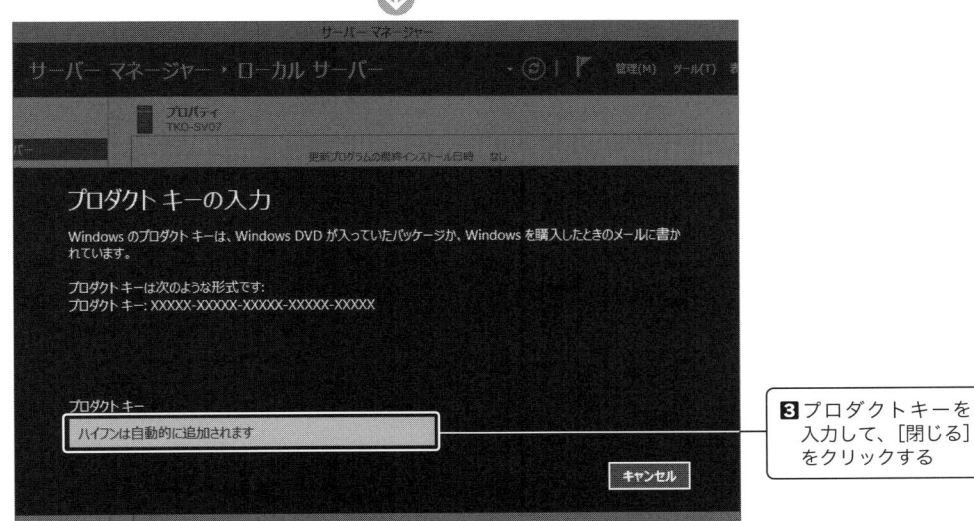

3 プロダクトキーを入力して、[閉じる]をクリックする

> **Tips** Windows Server 2012 R2のインストールや初期設定が完了したら、可能な限り早急にアンチウイルスソフトウェアをインストールしてください。
> なお、アンチウイルスソフトウェアのインストール後は、以下のナレッジベースで紹介されているようなファイルやフォルダーを検出対象から除外しておくことを強くお勧めします。
>
> **Virus scanning recommendations for Enterprise computers 他**
>
> **URL** http://support.microsoft.com/kb/822158/en-us
> http://support.microsoft.com/kb/961804/en-us

04 役割と機能の追加

　Windows Server 2012 R2では、各サーバーコンポーネントは「**役割**」や「**機能**」として搭載されており、必要なものだけを追加できるようになっています。また、不要になったものは削除できます。ここからは役割と機能の追加手順について解説します。

> **Tips** 役割や機能の追加操作・削除操作は、本書の以降の各章でも頻繁に行います。以降の章ではそれぞれの解説内容における重要点のみ解説していますので、役割や機能の追加・削除に関する細かい手順についてはここでしっかりと習得しておいてください。

04-01 [役割と機能の追加ウィザード]による追加

各サーバーコンポーネントは、サーバーマネージャーから[**役割と機能の追加ウィザード**]を実行することで追加できます。ここでは1つの例として「Active Directoryドメインサービス」の役割を追加する手順を解説します。

サーバーマネージャーを開き、以下の手順を実行します。

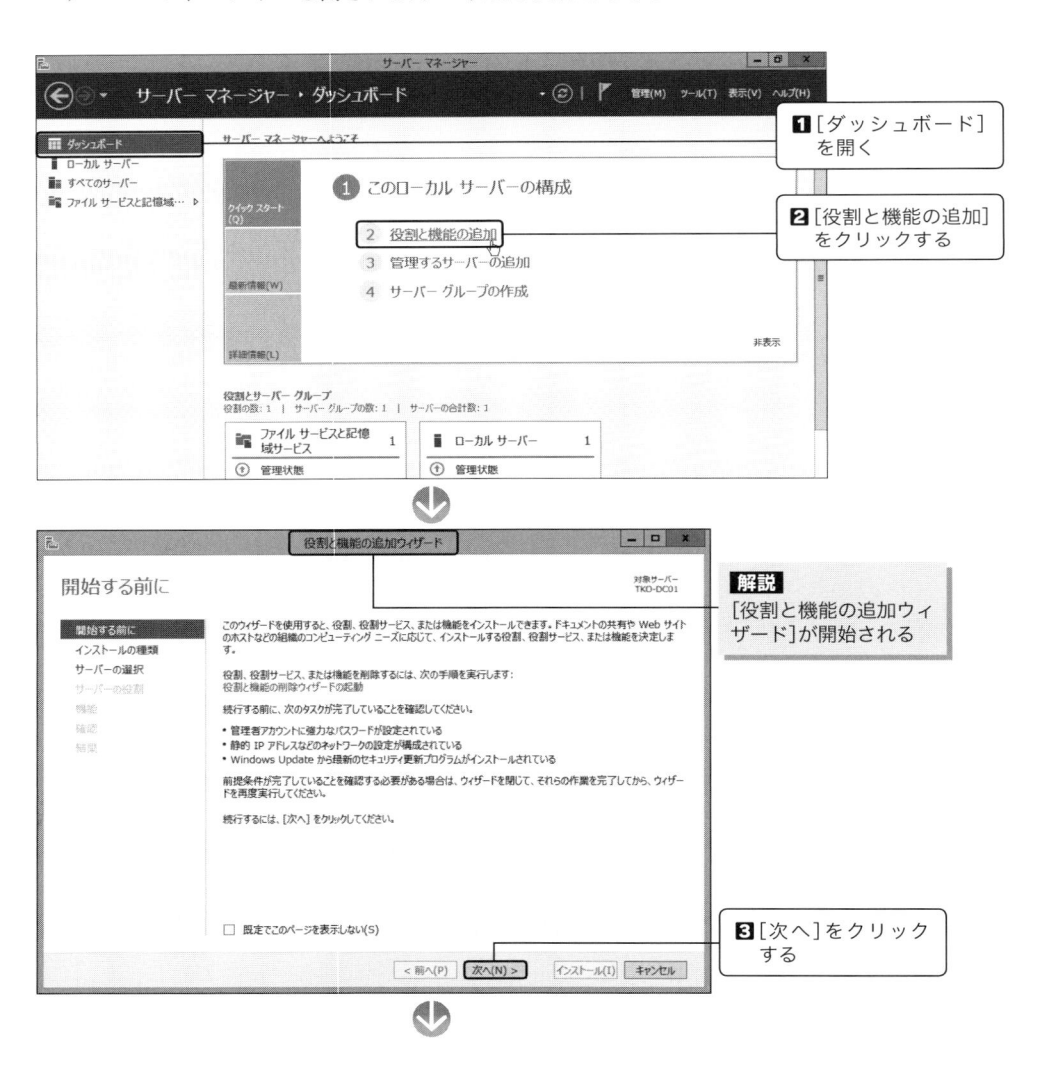

❶ [ダッシュボード]を開く

❷ [役割と機能の追加]をクリックする

解説 [役割と機能の追加ウィザード]が開始される

❸ [次へ]をクリックする

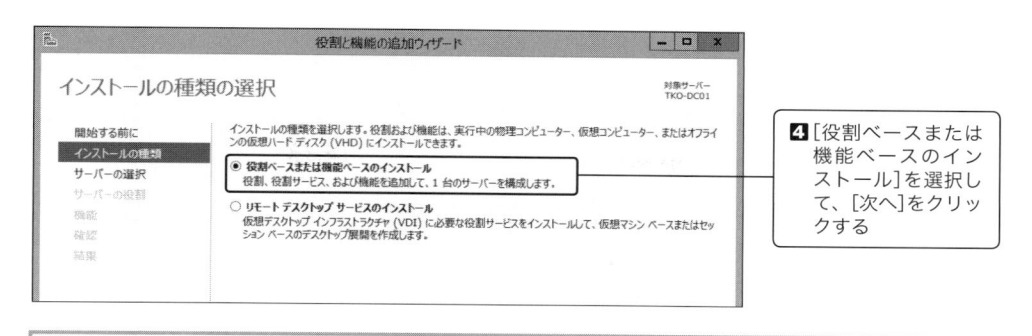

04 役割と機能の追加

[役割と機能の追加ウィザード — インストールの種類の選択]

4 [役割ベースまたは機能ベースのインストール]を選択して、[次へ]をクリックする

> **Tips** 一般的な役割や機能を追加する場合は上記のように[役割ベースまたは機能ベースのインストール]を選択します。一方、VDI（仮想デスクトップインフラストラクチャ）環境などを構築する場合は[リモートデスクトップサービスのインストール]を選択します。

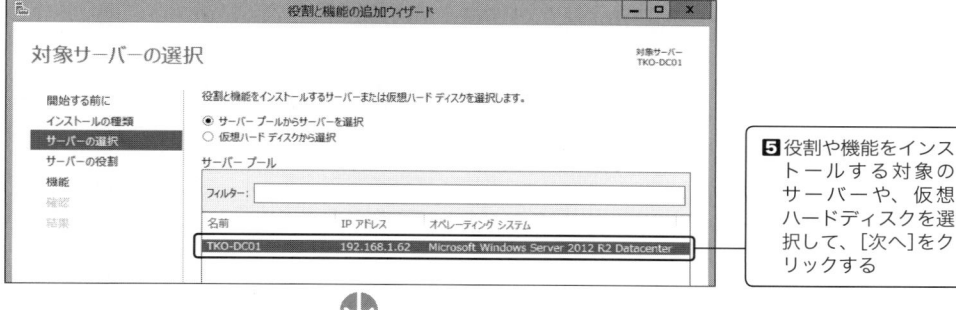

[役割と機能の追加ウィザード — 対象サーバーの選択]

5 役割や機能をインストールする対象のサーバーや、仮想ハードディスクを選択して、[次へ]をクリックする

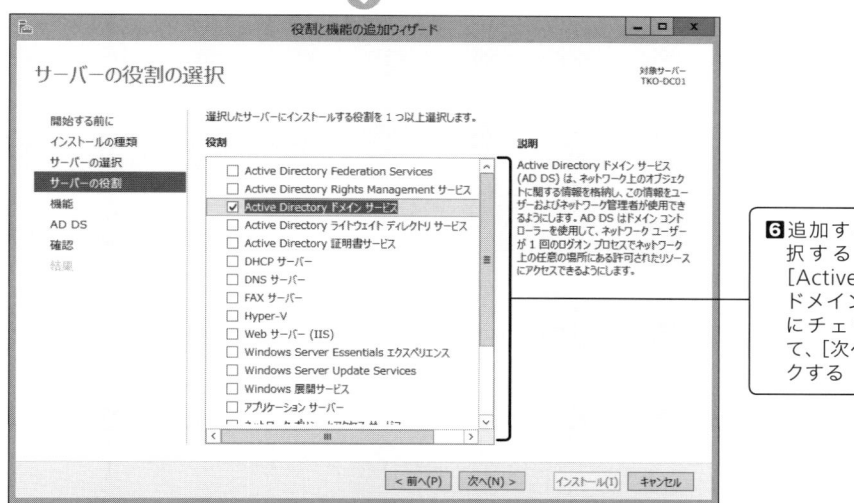

[役割と機能の追加ウィザード — サーバーの役割の選択]

6 追加する役割を選択する。ここでは[Active Directoryドメインサービス]にチェックを付けて、[次へ]をクリックする

02 Windows Server 2012 R2の導入

53

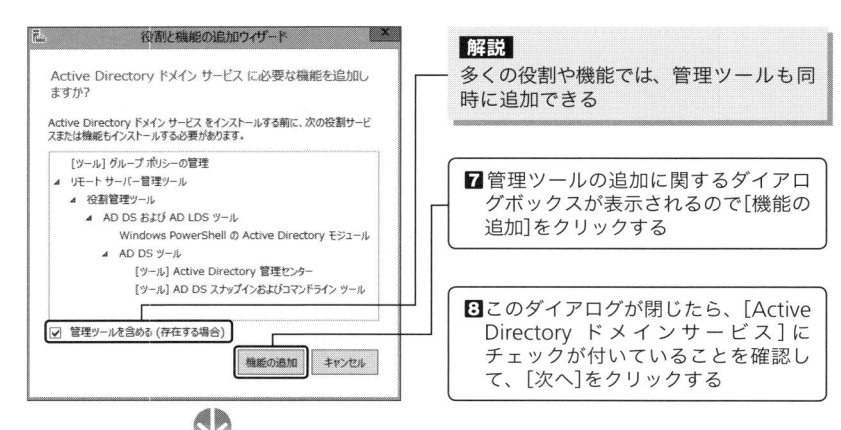

Part 01 Windows Server 2012 R2の概要と導入

解説
多くの役割や機能では、管理ツールも同時に追加できる

❼管理ツールの追加に関するダイアログボックスが表示されるので[機能の追加]をクリックする

❽このダイアログが閉じたら、[Active Directory ドメインサービス]にチェックが付いていることを確認して、[次へ]をクリックする

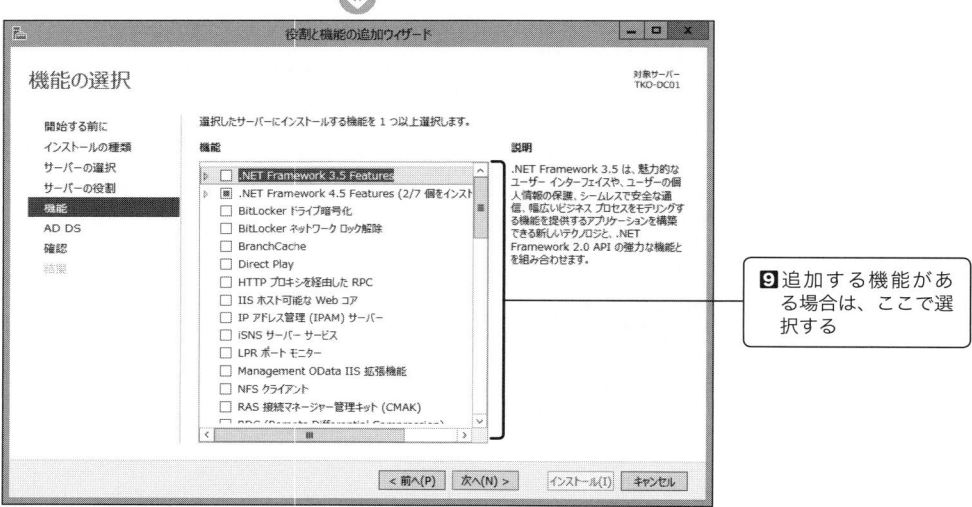

❾追加する機能がある場合は、ここで選択する

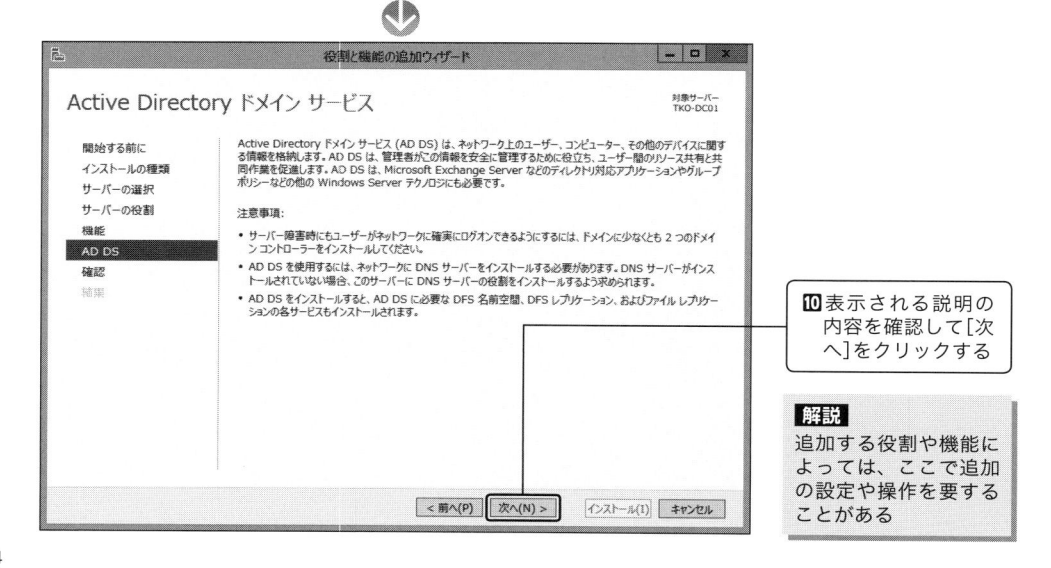

❿表示される説明の内容を確認して[次へ]をクリックする

解説
追加する役割や機能によっては、ここで追加の設定や操作を要することがある

04 役割と機能の追加

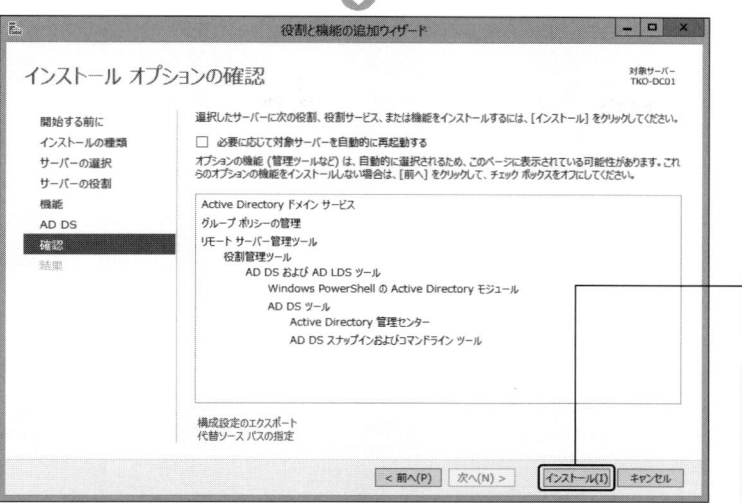

11 インストールオプションを確認して、[インストール]をクリックする

解説
追加する役割や機能によっては、インストール後に再起動を要するものがある

Column　ベストプラクティスアナライザーと Windows Update の実行

　Windows Server 2012 R2のインストールや初期構成、役割や機能の追加が完了したら、**ベストプラクティスアナライザー**を使用してサーバーの状態を確認することをお勧めします。この機能はサーバーマネージャーの[ローカルサーバー]から実行できます。なお、問題点が指摘された場合は適宜対応してください。
　また、役割や機能の種類、そしてそれらの管理ツールによっては、追加後でなければ適用できない更新プログラムがあります。そのため、新たに何らかの役割や機能を追加した場合は、必ずWindows Updateを実行して更新プログラムの確認や適用を行ってください。

Column　役割と機能

　役割とは、コンピューターの主な動作、目的、用途を実現化するためのソフトウェアコンポーネントです。例えば「Active Directoryドメインサービス」、「Hyper-Vサーバー」、「ファイルサーバー」、「DHCPサーバー」のように、複数のユーザーやコンピューターに対してサービスを提供するものです。役割は1つ、または複数の「役割サービス」と呼ばれるサブコンポーネントによって構成されています。
　機能とは、それ単体で利用することよりも、役割の支援や強化を行うことを目的として用意されたソフトウェアコンポーネントです。例えば、フェールオーバークラスタリング機能によって、「Hyper-Vサーバー」や「ファイルサーバー」などの多くの役割の高可用性を実現できます。

URL 役割、役割サービス、および機能
http://technet.microsoft.com/ja-jp/library/cc754923.aspx

05 基本的なサーバー管理ツール

　サーバーの具体的な管理方法は次章以降で詳しく解説しますが、その前にここでWindows Server 2012 R2の管理操作を行う基本的な管理ツールをいくつか紹介します。

● サーバーマネージャー

　Windows Server 2012 R2コンピューターの各種管理作業の多くは「**サーバーマネージャー**」で実行できます。本書でも主にこのツールを使用して手順を解説しています。

　サーバーマネージャーを使用するには、管理者権限のユーザーでサインインして作業を行います。各種管理ツールはサーバーマネージャーの［ツール］メニューから起動できます❶。

　また［管理］メニューの［サーバーの追加］を実行すると、複数のサーバーを登録して管理できます❷。

　なお、**管理される側のコンピューター**で動作している役割や機能を管理するには、**管理する側のコンピューター**に、対応する管理ツールをインストールしておく必要があります。

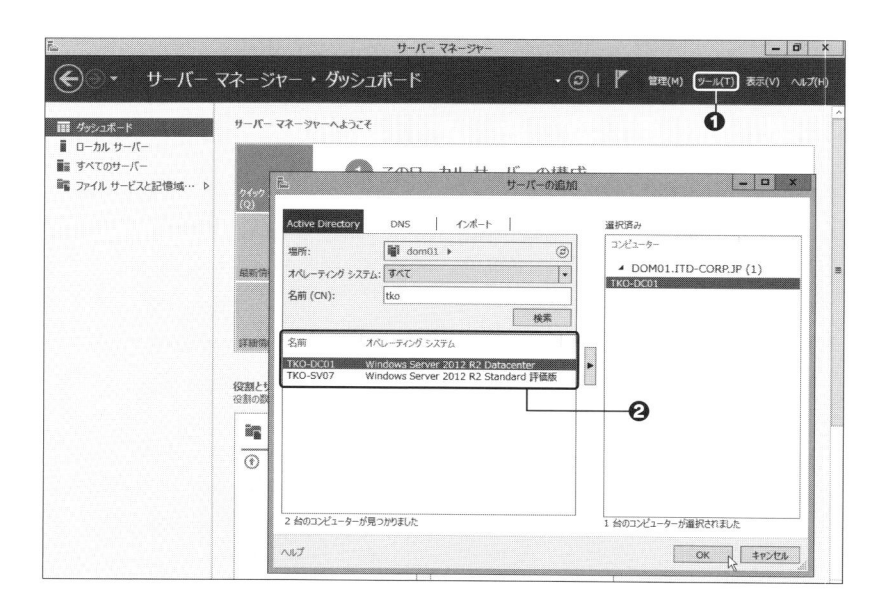

● リモートデスクトップ

　リモートデスクトップを使用すると、Windows 8.1などの管理者が普段使用しているクライアントコンピューターからサーバーにアクセスできます。リモート管理を行うには、Windows Server 2012 R2コンピューター側のリモートデスクトップの設定を有効にしたう

えで、クライアントコンピューターで以下のコマンドを実行します。

> **書式** リモートデスクトップの利用
>
> ```
> mstsc /v:〈クライアントのIPアドレスまたはコンピューター名〉
> ```

リモートデスクトップを有効にする方法についてはP.48を参照してください。

Windows 8.1 用のリモートサーバー管理ツール

RSAT（Remote Server Administration Tools）と呼ばれる、Windows 8.1などのクライアントOS用のリモートサーバー管理ツールをマイクロソフトのダウンロードサイトから入手してインストールすると、クライアントからWindows Server 2012 R2コンピューターを管理できます。

> **URL** Windows 8.1 用のリモート サーバー管理ツール
>
> http://www.microsoft.com/ja-jp/download/details.aspx?id=39296

06 Windows PowerShellによる管理

Windows PowerShellとは、Windows Server 2012 R2に標準搭載されているコマンドラインシェル（およびスクリプト言語）です。数千にも及ぶ「**PowerShellコマンドレット**」が用意されており、これらを単体、または組み合わせて実行することで、システム管理を行うことが可能です。

Windows Server 2012 R2では新たに「**Windows PowerShell DSC**（Desired State Configuration）」という、サーバーの構成や管理に役立つ機能が追加されるなど、さらに重要性を増しています。

Windows Server 2012 R2の機能の中には、PowerShellコマンドレットを使用しないと構成できない機能（GUIのツールでは構成できない機能）も多数あるため、Windows Server 2012 R2を管理するうえでは重要な機能といえます。なお、PowerShellコマンドレット群だけでなく、昔ながらのコマンド群も実行できます。

06-01 PowerShell コマンドレットの実行

PowerShellコマンドレットを実行するには、タスクバーや［スタート］画面から［Windows PowerShell］を起動します。

目的のコマンドレットを見つける方法

　PowerShellコマンドレット群の多くは、「Get-NetIPAddress」のように**動詞―名詞**の構成になっているため（"Get"する―"NetIPAddress"を、の形）、比較的容易に目的のコマンドレットを見つけることができます。

　また、以下のように任意の文字列を指定してGet-Commandコマンドレットを実行することで、その文字列を含むコマンドレットの一覧を表示できます。

実行例 ▶ 名前に"Service"を含むコマンドレットの一覧表示

```
Get-Command *service*
```

コマンドレットの使い方を調べる方法

　目的のコマンドレットが見つかったら、次は使い方を調べます。多くのコマンドレットは実行時に指定できる多数のパラメーター（オプション）を持っています。

　コマンドレットの実行例はGet-Helpコマンドレットで確認できます。例えば、Restart-Serviceコマンドレットの実行例を確認する場合は以下のコマンドを実行します。

実行例 ▶ Restart-Service コマンドレットの実行例の確認

```
Get-Help Restart-Service -Examples
```

　また、コマンドレットのパラメーターの詳細はShow-Commandコマンドレットで確認できます。例えば、Restart-Serviceコマンドレットのパラメーターを確認する場合は以下のコマンドを実行します。

実行例 ▶ Restart-Service コマンドレットのパラメーターの確認

```
Show-Command Restart-Service
```

> **Tips** Show-Commandコマンドレットを、パラメーターを指定せずに実行すると、モジュール別のコマンドレット一覧をGUIで確認して、そのまま実行できます。

　上記のコマンドを実行すると次の画面が表示されます。この画面を見るとパラメータを確認できます。画面内で「*」が付いているのは指定が必須のパラメーターです。

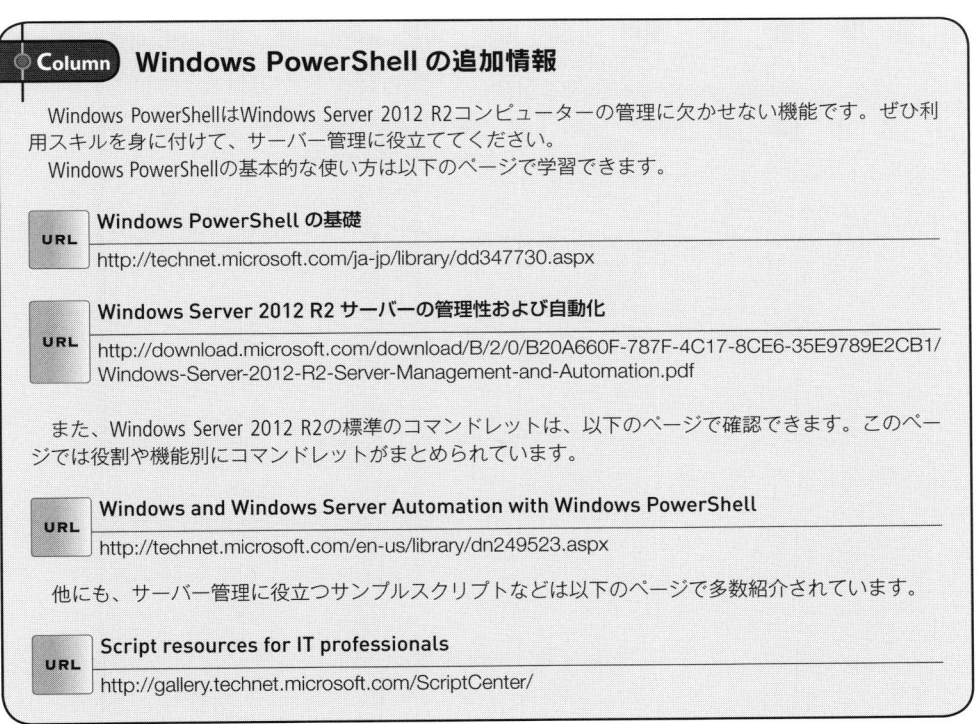

Column Windows PowerShell の追加情報

　Windows PowerShellはWindows Server 2012 R2コンピューターの管理に欠かせない機能です。ぜひ利用スキルを身に付けて、サーバー管理に役立ててください。
　Windows PowerShellの基本的な使い方は以下のページで学習できます。

URL Windows PowerShell の基礎
http://technet.microsoft.com/ja-jp/library/dd347730.aspx

URL Windows Server 2012 R2 サーバーの管理性および自動化
http://download.microsoft.com/download/B/2/0/B20A660F-787F-4C17-8CE6-35E9789E2CB1/Windows-Server-2012-R2-Server-Management-and-Automation.pdf

　また、Windows Server 2012 R2の標準のコマンドレットは、以下のページで確認できます。このページでは役割や機能別にコマンドレットがまとめられています。

URL Windows and Windows Server Automation with Windows PowerShell
http://technet.microsoft.com/en-us/library/dn249523.aspx

　他にも、サーバー管理に役立つサンプルスクリプトなどは以下のページで多数紹介されています。

URL Script resources for IT professionals
http://gallery.technet.microsoft.com/ScriptCenter/

> **Column** **Sysprepによるテンプレートの作成**
>
> 　同一構成のWindowsコンピューターを複数作成する場合は、**Sysprep**（システム準備ツール）が便利です。このツールを使用して「元となるWindowsコンピューターの各設定」をテンプレート化し、それを複数の物理マシンや仮想マシンにコピーすれば、簡単に同一構成のWindowsコンピューターを作成できます。
> 　Sysprepは「%WINDIR%¥system32¥sysprep」フォルダーにあります。GUIでの操作も可能ですが、細かく設定したい場合はコマンドラインから実行します。例えば、Hyper-V仮想マシンとして動作しているWindows Server 2012 R2コンピューターをテンプレートとして利用する場合は以下のパラメーターを指定してSysprepを実行します。
>
> **実行例 ▶ Sysprep の実行**
>
> ```
> Sysprep /generalize /oobe /quit /mode:vm
> ```
>
> 　コマンドの実行後に仮想マシンをエクスポートすれば、それを仮想マシンのテンプレートとして利用できます。上記のように「/mode:vm」オプションを指定すると、デバイスの初期化処理が省略されるため、処理を高速に実行できます（オプションがサポートされているのは仮想マシンとして動作しているWindows Server 2012以降のサーバーとWindows 8以降のクライアントのみ）。
> 　ただし、中にはSysprepに対応していない「役割」もあるので注意が必要です。対応していない役割は、テンプレートの展開後に、改めて追加することが必要です。対応状況は以下のサイトで確認できます。
>
> **URL** Sysprep Support for Server Roles
> http://technet.microsoft.com/en-us/library/hh824835.aspx

Part 02

Windows Server 2012 R2の基本管理

Chapter 03　ストレージの管理
Chapter 04　ネットワークの管理
Chapter 05　ユーザーとグループの管理

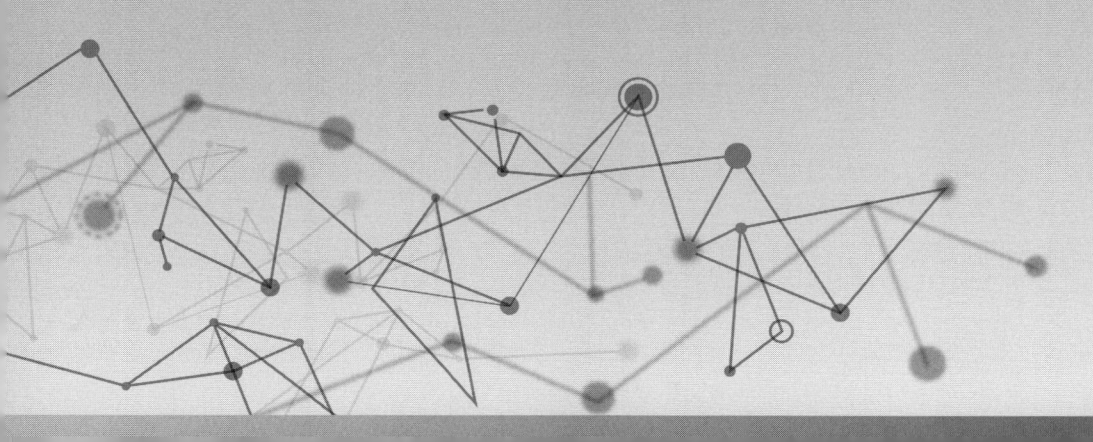

Chapter 03 ストレージの管理

本章では、ストレージ（ディスクやパーティションなど）の管理について解説します。また、Windows Server 2012から実装されている、ストレージの仮想化機能ともいえる「記憶域スペース」についても解説します。

01 ストレージの基礎知識

ストレージはコンピューターにおける重要なハードウェアコンポーネントの1つです。ストレージがなければコンピューターとして成り立たないといっても過言ではありません。

ここでは、ストレージ管理を行う際に必要となるメディアやバスのタイプ、RAIDなどの基礎知識について解説します。

01-01 メディアのタイプ

ストレージを構成する物理ディスクのメディアのタイプには**HDD**（Hard Disk Drive）と**SSD**（Solid State Drive）があります。

HDDには大容量かつコストパフォーマンスが高いという特徴があり、SSDにはアクセスが高速といった特徴があります。

メディアのタイプの選定に関しては唯一の最適解は存在しないため、選定時にはそれぞれの特徴を理解したうえで、ストレージやサーバーの用途、コストに合わせてHDDやSSDを用意することが大切です。これらを組み合わせたハイブリッド構成も検討できます。

01-02 バスのタイプ

物理ディスクにアクセスするための経路である「**バス**」には以下のようにいくつかの種類があります。

● SATA（Serial ATA）

SATAは、従来から主にパソコンで利用されている規格である「**ATA**」をシリアル接続することで、複数ディスク接続時のパフォーマンス向上を図ったバスです。このバスに接続する**SATAディスク**は、低価格、大容量、高コストパフォーマンスといった特徴を持ちます。

SATAディスクは**1日に8時間程度**の稼働が想定されているので、部門ファイルサーバーな

ど、ユーザー数が少なく、かつ日中の業務時間程度しか稼働しないようなサーバーでの利用に向いています。

● SAS (Serial Attached SCSI)

SASは、SCSI規格のデバイスをシリアル接続するためのバスです。このバスに接続する**SASディスク**の最大の特徴は信頼性と障害復旧性が高いことです。24時間連続稼働するメールサーバーや、多くのユーザーがアクセスする全社ファイルサーバーなどの利用に向いています。ただし、SATAディスクと比較するとディスクそのものや各種オプションが高額になるという課題もあります。

● USB (Universal Serial Bus)

USBは、サーバーなどのWindowsコンピューターはもちろん、今では多くのスマートフォンやタブレットでもサポートされている汎用的なバスです。手軽に取り外せるなどのメリットがあります。

一方、USBはSATAやSASよりもパフォーマンスが劣るため、サーバーのストレージとして利用する場合はアクセススピードを求めない用途に限定されます。またUSBには「USB 2.0」や「USB 3.0」といった複数の規格がありますが、サーバーのストレージとして利用する場合はパフォーマンスの高い「USB 3.0」を選択してください。

01-03　RAID

RAID(Redundant Arrays of Independent Disks)は、複数台のディスクを組み合わせて構成する、冗長性のある「**アレイ**」(複数のディスクを論理的に1つにまとめる技術)です。「冗長性がある」とは、具体的には「**1つのディスクが故障しても他のディスクによってシステム全体としては動作し続けることができる**」という意味です。

複数のユーザーが利用する機会の多いサーバーの場合、ディスク障害によるサーバーの停止は大きなダメージにつながります。また、少しでもディスクパフォーマンスを向上させたいものです。そういった課題を解決するためにRAIDを利用します。

RAIDには実現方法によっていくつかのタイプがあります。ここでは主にサーバーで利用される以下の3つのRAIDを紹介します。

● RAID-0

RAID-0は「**ストライピング**」と呼ばれる技術を用いて、データを複数のディスクに分散して読み書きする方法です。この方法では、ディスクI/Oを分散できるのでパフォーマンスが向上します。

一方で、**RAID-0を構成するディスクが1つでも故障するとデータ全体が消失する**という大きなデメリットがあります。「耐障害性を犠牲にしてでもパフォーマンスを向上したい」場合に利用するタイプのRAIDです。

■ RAID-0

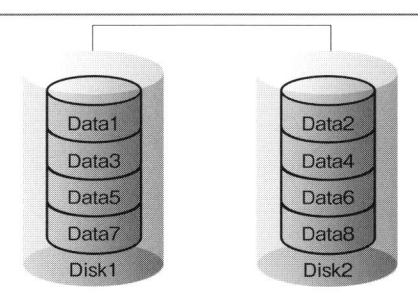

RAID-1

　RAID-1は「**ミラーリング**」と呼ばれる技術を用いて、2つのディスクに同じデータを読み書きする方法です。この方法では、完全に同じデータが2つのディスクに保存されるので耐障害性が向上します。
　一方で、**保存できるデータ量はディスク容量全体の半分になる**というデメリットがあります。

■ RAID-1

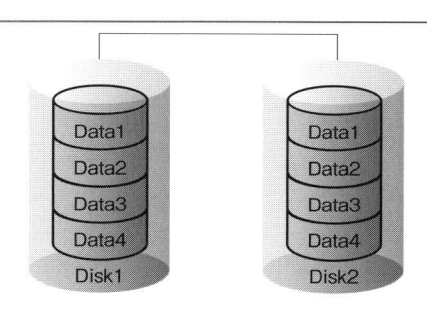

RAID-5

　RAID-5は、RAID-0のようにデータを分散してディスクに書きますが、その際に特定の計算式で「**パリティ**」と呼ばれるデータを生成して、そのデータを別のディスクに書く方法です。**3個以上のディスク**で構成します。
　この方法では、仮に1個のディスクが故障しても、残る2つに書かれたデータとパリティを使用して、故障したディスクに保存されていたデータを補完できます。また、故障したディスクを交換した後は、そこに元のデータを書き戻すこともできます。
　このように、RAID-5を構成すると耐障害性を高め、かつ複数ディスクに読み書きすることによるパフォーマンスの向上が見込めることから、多くのサーバーで利用されています。

■ RAID-5

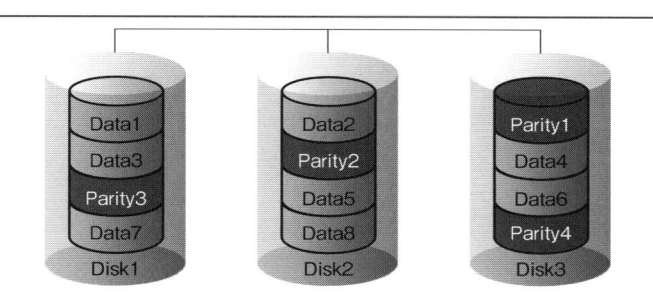

なお、RAID-5にもデメリットはあります。RAID-5では、仮に100GBのディスクを3個用意しても、1/3はパリティになるため、そこに実際に書くことができるデータ量は200GB（100GB×2/3）になります。4個であれば3/4、5個であれば4/5をデータ保存用に利用できます。また、パリティの計算処理のため、パフォーマンスがRAID-0よりも劣ります。

> **Tips** RAID-1を構成したディスクのペアを複数セット用意して、それらをRAID-0でストライピング構成にする方法もあります（**RAID1+0**と呼ぶことがあります）。この方法では、多くのディスクを用意する必要がありますが、耐障害性とパフォーマンスを向上させたディスクシステムを構築できます。また、RAID-5では1つしか生成されないパリティを、2つ生成することで耐障害性をさらに高める構成もあります（**RAID-6**と呼ぶことがあります）。これは4個以上のディスクで構成します。

RAID の構成方法

RAIDを実現するコンピューター側の構成方法には、「**ハードウェアRAID**」と「**ソフトウェアRAID**」の2種類があります。

●ハードウェア RAID

ハードウェアRAIDは、ハードウェアレベルでRAIDを構成する方法です。ハードウェアRAIDを構成するには、対象のRAID（RAID-0やRAID-5など）をサポートしたデバイス（アレイコントローラーなど）を用意する必要があるためコストはかかりますが、以下のように多数のメリットがあります。

- ハードウェアで RAID 処理を行うため高速
- キャッシュを搭載している機器であればパフォーマンスが向上する
- ホットプラグ対応の機器であれば、システム稼働中に故障ディスクを交換できる
- ホットスペア対応の機器であれば、予備ディスクを搭載することで、本番ディスクが故障した際に自動的に切り替えることができる
- OS インストール前に RAID 設定を行うと、OS からは 1 つのディスクに見える
- OS のインストールパーティションを RAID 化できる
- 機器によってはソフトウェア RAID では構成できないレベルの RAID を構成できる

● ソフトウェア RAID

ソフトウェアRAIDは、OSの機能によってRAIDを構成する方法です。Windows Server 2012 R2では**RAID-0**（ストライプボリューム）、**RAID-1**（ミラーボリューム）、**RAID-5**（RAID-5ボリューム）を構成できます。どうしてもハードウェアRAIDを用意できない場合に限り、ソフトウェアRAIDを構成すると良いでしょう。

ただしRAIDのレベルによっては、OSがインストールされたパーティション（ボリューム）はその対象にできない、などのいくつかの制約があります。ディスク障害が発生した際の復旧コストを考慮すると、サーバー導入時に多少コストがかかったとしても、ハードウェアRAIDに対応した機器を選定することを強くお勧めします。

> **Tips** Windows Server 2012以降では「**記憶域スペース**」と呼ばれる機能により、RAIDのように冗長性とパフォーマンスを考慮したストレージを構成することも可能です（⇒P.73）。

01-04　パーティションとディスク

ディスクのタイプを選定し、RAID構成を決定したら、次は構成したディスク内にデータやシステムを格納するための区画である「**パーティション**」を作成します。

◉ パーティションの種類

パーティションは用途によって下表のように分類されます。

■ パーティションの種類

パーティションの種類	説明
アクティブパーティション	コンピューターの電源投入後に最初に起動されるパーティション。通常はコンピューターに接続された最初のハードディスクに存在する
システムパーティション	ブートローダーが格納されるパーティション
ブートパーティション	OSがインストールされたパーティション

新規にWindows Server 2012 R2をインストールした場合は、ブートローダー用の専用パーティションが**アクティブパーティション**、かつ**システムパーティション**です。また、［Cドライブ］が**ブートパーティション**です。

なお、［コンピューターの管理］の［ディスクの管理］を使用するとアクティブパーティションを指定できますが、ブートローダーが存在しないパーティションを指定すると、次回からOSを起動できなくなるので注意してください。

パーティションスタイル

ディスクのパーティションを管理する方法を「**パーティションスタイル**」と呼びます。Windows Server 2012 R2では、古くから利用されている**MBR**（Master Boot Record）と、新しく機能拡張された**GPT**（GUID Partition Table）の2種類を指定できます。

■ パーティションスタイル

パーティションスタイル	説 明
MBR	2TBまでのボリュームをサポートし、1台のディスクに最大4つのプライマリパーティション、または、3つのプライマリパーティションと1つの拡張パーティション、任意の数の論理ドライブを作成できる
GPT	2TB以上のボリュームをサポートし、1台のディスクに5つ以上のパーティションを作成できる。ただし、Windows Server 2003 SP1以前のOSはGPTに対応していないため、対応していないOSとのデュアルブート環境には使用できない

多くの場合、**MBR**で問題ありませんが、多数のパーティションを1台のディスクに作成する必要がある場合や、2TBを超えるボリュームを作成する場合は**GPT**の使用を検討してください。なお、Windows Server 2012 R2をインストールするサーバーのファームウェアが**BIOSの場合はMBR**が選択され、**EFIの場合はGPT**が選択されます。

ディスクの管理方式

ディスクの管理方式には「**ベーシックディスク**」と「**ダイナミックディスク**」の2種類の方式があります。

●ベーシックディスク

ベーシックディスクは、古くから利用されている、Windowsにおける基本的なディスクのパーティション管理方式です。Windows Serverシリーズが登場する前から利用されています。パーティションスタイルがMBRの場合には、ベーシックディスクでは1つのディスクの中に「プライマリパーティション」と「拡張パーティション」を**最大で4個**まで作成できます[※]。

> ※ディスクの先頭にブートローダー用パーティションがある場合は、新たに作成できるパーティションは最大3個となります。

■ ベーシックディスクに作成できるパーティション

種 類	説 明
プライマリパーティション	OSを起動できるパーティション
拡張パーティション	OSは起動できないが、複数の論理ドライブを作成できるパーティション

> **Tips** 実際にサーバーを構築する際は、少なくとも「**OS用のパーティション**」と「**アプリケーションやデータ用のパーティション**」は分割することをお勧めします。パーティションを分割しておけばアプリケーション用のパーティションに障害が発生してもOSを起動できるので、障害復旧作業を容易に進められます。

●ダイナミックディスク

　ダイナミックディスクは、ベーシックディスクにはないさまざまな付加機能を利用できるパーティション管理方式です。なお、ダイナミックディスクではパーティションのことを「**ボリューム**」と呼びます。ベーシックディスクをダイナミックディスクに変換することもできます。

■ ダイナミックディスクに作成できるボリューム

種類	説明
シンプルボリューム	1つのボリューム。ベーシックディスクにおけるプライマリパーティションと同等。Windows Server 2008以降は「パーティション」と同じ意味で用いられる
スパンボリューム	複数のディスクを1つに集めたボリューム。空き領域が不足した際に利用する。ただし、複数のディスクのうちの1つが故障するとボリューム全体のデータが消失するので注意が必要。なお、システムパーティションやブートパーティションをスパンボリュームにすることはできない
ストライプボリューム	ストライピング技術を用いて複数のディスクにデータを分散して読み書きするRAID-0構成のボリューム。システムパーティションやブートパーティションをストライプボリュームにすることはできない
ミラーボリューム	ミラーリング技術を用いたRAID-1ボリューム。完全に同じデータが2つのディスクに書き込まれるため耐障害性は高いが、ディスク容量の使用率は50％になる
RAID-5ボリューム	最低3個のディスクによって構成される、RAID-5構成のボリューム。システムパーティションやブートパーティションをRAID-5ボリュームにすることはできない。ハードウェアRAIDを使用できない際に利用する

02 ストレージ管理の基本

　ストレージはディスクによって構成されています。ここではハードディスクやSSDなどの物理ディスクや、それらを仮想化した仮想ハードディスクの管理について解説します。

02-01 物理ディスクの管理

　ディスク容量が不足した場合や、ソフトウェアRAIDを構成する場合は、物理ディスクを追加します。また、不要になった場合は削除することもできます。
　ただし、物理ディスクを削除すると、当然そこに保存されていたデータにはアクセスできなくなるので、必要なデータは移動するか、バックアップを取得しておきましょう。

●物理ディスクの追加

　サーバーに物理ディスクを追加する場合は、ハードウェアに追加したうえで、サーバーマネージャーから［コンピューターの管理］→［ディスクの管理］を開き、追加した物理ディスクを選択して、次の手順を実行します。

重要！ 物理ディスクをハードウェアに追加・削除する方法は、ハードウェアベンダーの手順にしたがってください。機器によってOSのシャットダウンが必要なものと、必要でないものがあります。

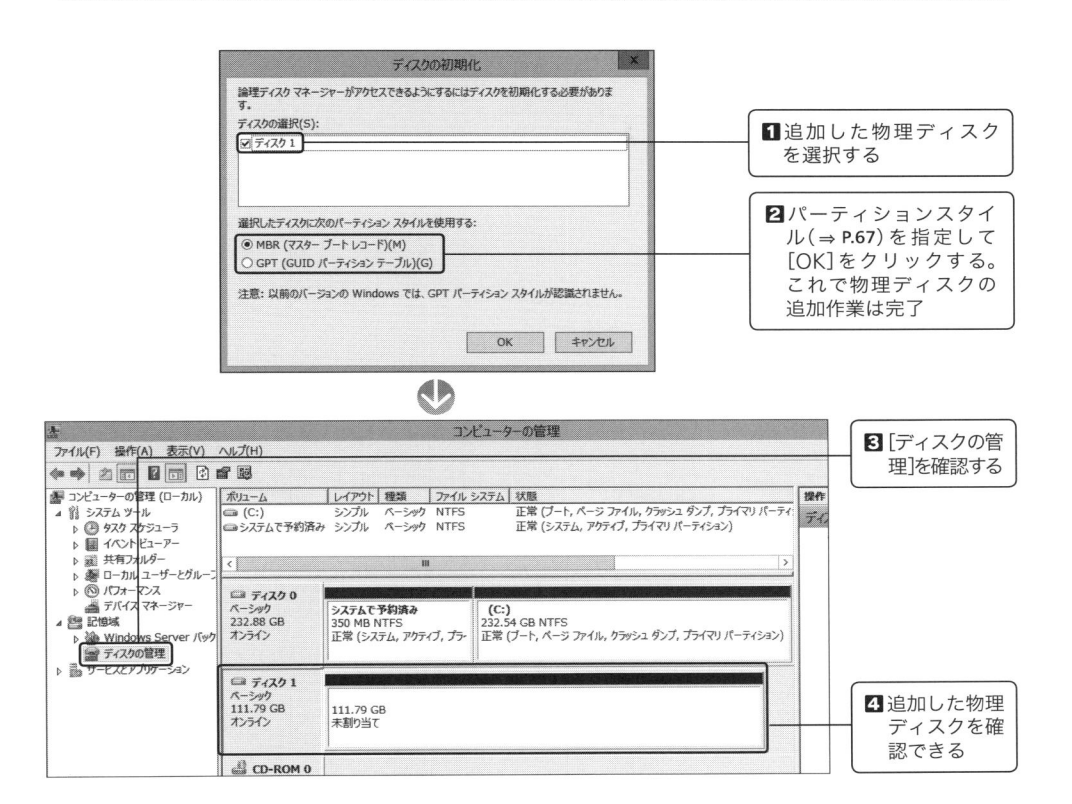

1 追加した物理ディスクを選択する

2 パーティションスタイル（⇒ P.67）を指定して［OK］をクリックする。これで物理ディスクの追加作業は完了

3 ［ディスクの管理］を確認する

4 追加した物理ディスクを確認できる

物理ディスクの削除

物理ディスクを削除するには、サーバーマネージャーから［コンピューターの管理］→［ディスクの管理］を開き、以下の手順を実行します。

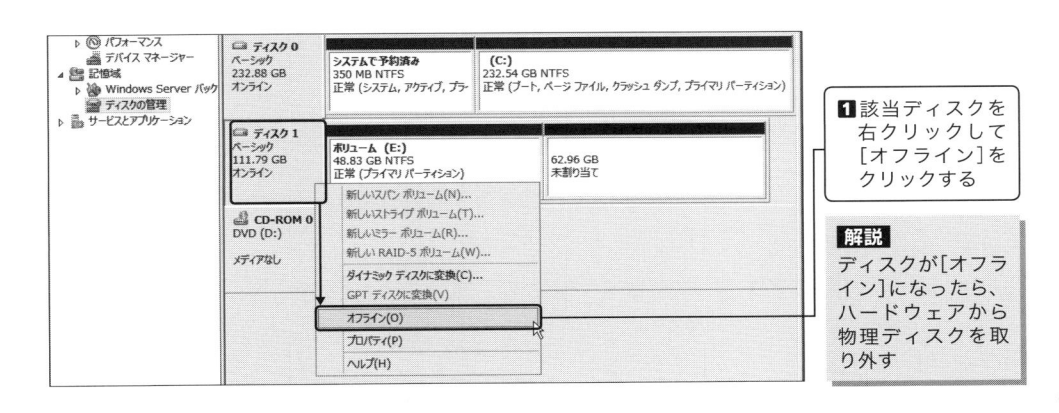

1 該当ディスクを右クリックして［オフライン］をクリックする

解説 ディスクが［オフライン］になったら、ハードウェアから物理ディスクを取り外す

02-02 仮想ハードディスクの管理

仮想ハードディスクとは、「**VHDファイル**」と呼ばれるハードディスクイメージを1つのファイルにカプセル化したものです。Hyper-Vによる仮想マシンは仮想ハードディスクの中に展開されます。通常のハードディスクのようにデータを保存したり、OSをインストールしてブートイメージとして利用できます(**VHDブート**)。

仮想ハードディスクの作成

仮想ハードディスクを作成する方法はいくつかありますが、ここでは[ディスクの管理]を使用して作成する方法を解説します。サーバーマネージャーから[コンピューターの管理]→[ディスクの管理]を開いて以下の手順を実行します。

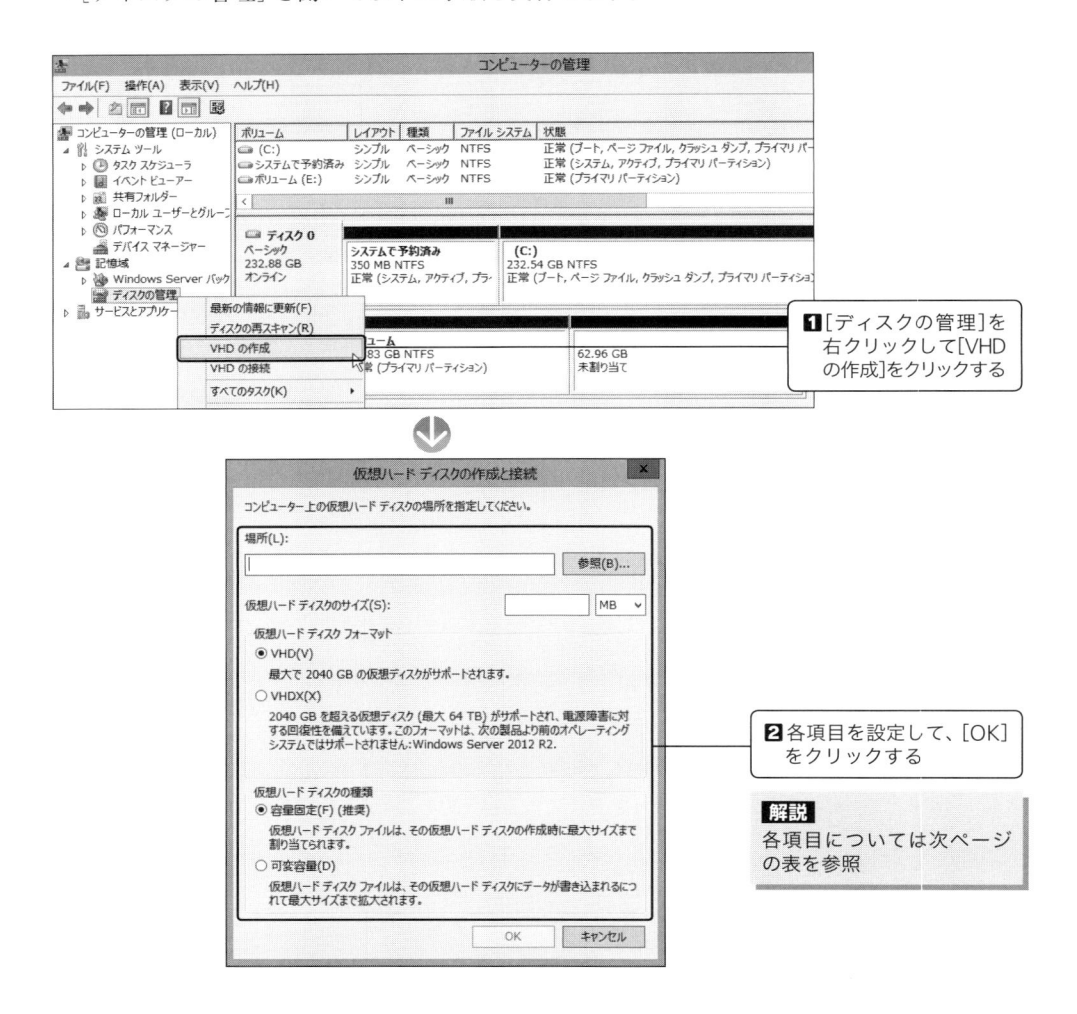

1 [ディスクの管理]を右クリックして[VHDの作成]をクリックする

2 各項目を設定して、[OK]をクリックする

解説
各項目については次ページの表を参照

02 ストレージ管理の基本

> **解説**
> 作成された仮想ハードディスクはそのまま接続される。アイコンの色が物理的なハードディスクとは異なる

■[仮想ハードディスクの作成と接続]ダイアログボックスの設定項目

設定項目		説明
場所		仮想ハードディスクを作成する場所と、そのファイル名(拡張子「VHD」または「VHDX」のファイル)
仮想ハードディスクのサイズ		仮想ハードディスクのサイズ。最小サイズは2MB
仮想ハードディスクフォーマット	VHD	最大で2040GBの仮想ディスクをサポートするフォーマット。Windows Server 2012よりも古いコンピューターで利用する可能性がある場合に選択
	VHDX	2040GBを超える仮想ディスクをサポートするフォーマット。最大サイズは64TB。電源障害時の回復機能などを備える。Windows Server 2012以降のコンピューターで利用する場合にはこちらを推奨
仮想ハードディスクの種類	容量固定	容量が固定サイズの、高いパフォーマンスが期待できるディスク。「VHD」フォーマット選択時の推奨
	可変容量	物理ディスクを有効に使用することができる、容量が可変サイズのディスク。初期状態のサイズは小さく、データが書き込まれるにしたがって自動的に拡大されていく。「VHDX」フォーマット選択時の推奨

仮想ハードディスクの接続

仮想ハードディスクを接続するには、サーバーマネージャーから[コンピューターの管理]→[ディスクの管理]を開いて以下の手順を実行します。

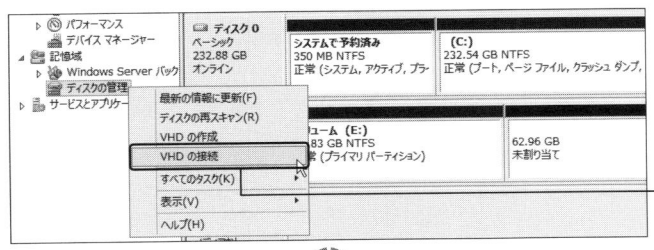

1 [ディスクの管理]を右クリックして[VHDの接続]をクリックする

❷ 接続する仮想ハードディスクの場所やファイル名（拡張子「VHD」または「VHDX」のファイル）を設定して、[OK]をクリックする

解説
「読み取り専用」として接続できる

Tips Hyper-Vの仮想マシンもVHDファイルを使用しています。シャットダウンしている仮想マシンのVHDファイルに接続することもできますが、内容を確認する目的であれば、万が一の破損を防ぐためにも「読み取り専用」にチェックを入れることをお勧めします。

仮想ハードディスクの切断

仮想ハードディスクを切断するには、サーバーマネージャーから[コンピューターの管理]→[ディスクの管理]を開いて以下の手順を実行します。

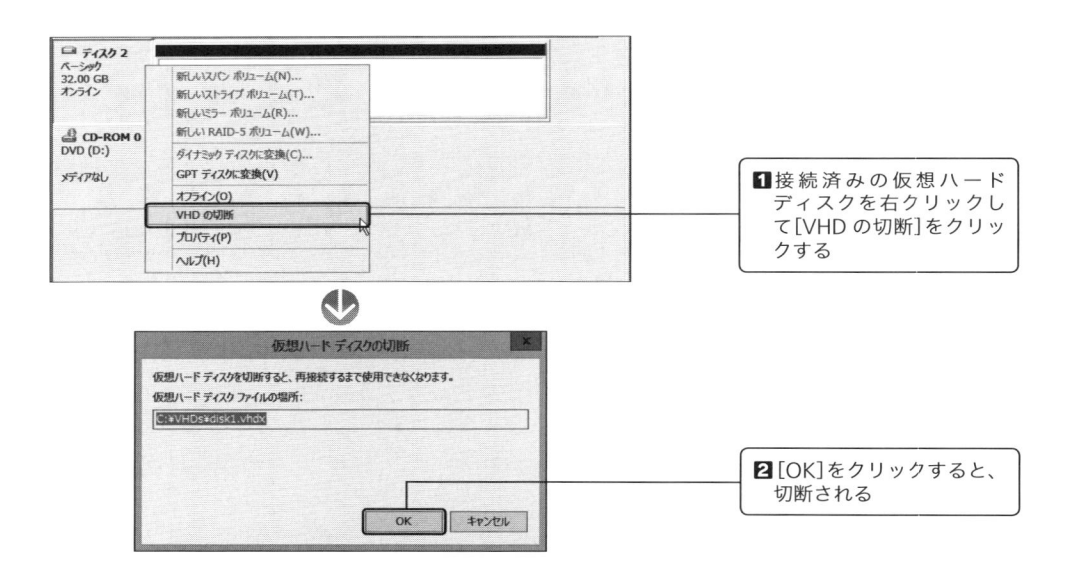

❶ 接続済みの仮想ハードディスクを右クリックして[VHDの切断]をクリックする

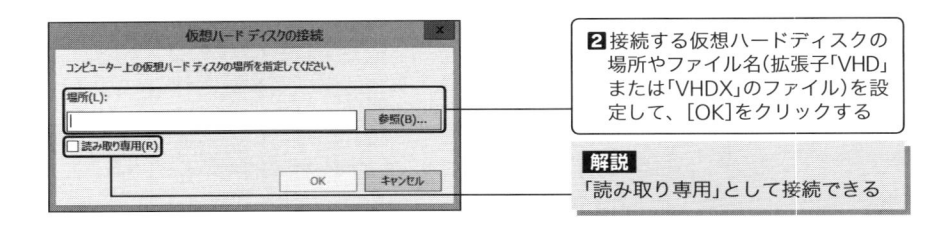

❷ [OK]をクリックすると、切断される

Tips **VHDブート**と呼ばれる、仮想ハードディスクからOSを起動する機能があります。この機能を利用すると、大量のコンピューターに同じイメージのOSを容易に展開できます。また、新しいアプリケーションやソフトウェアの動作確認を行う場合や、教育機関や学校でWindows Server 2012 R2のトレーニングを繰り返し行う場合など、同じサーバー環境を何度も作り直す場合に、管理者の作業負担を劇的に軽減できます。

URL ネイティブ ブートで仮想ハードディスク上に Windows を展開する
http://technet.microsoft.com/ja-jp/library/hh824872.aspx

03 記憶域スペースの管理

　Windows Server 2012以降には「**記憶域スペース**」という、ストレージの仮想化テクノロジーとも呼べる機能が実装されています。これは、物理ディスクを束ねる「**記憶域プール**」と、その上に作成される仮想ディスクである「**記憶域スペース**」によって構成されています。

■ 記憶域スペースの全体像

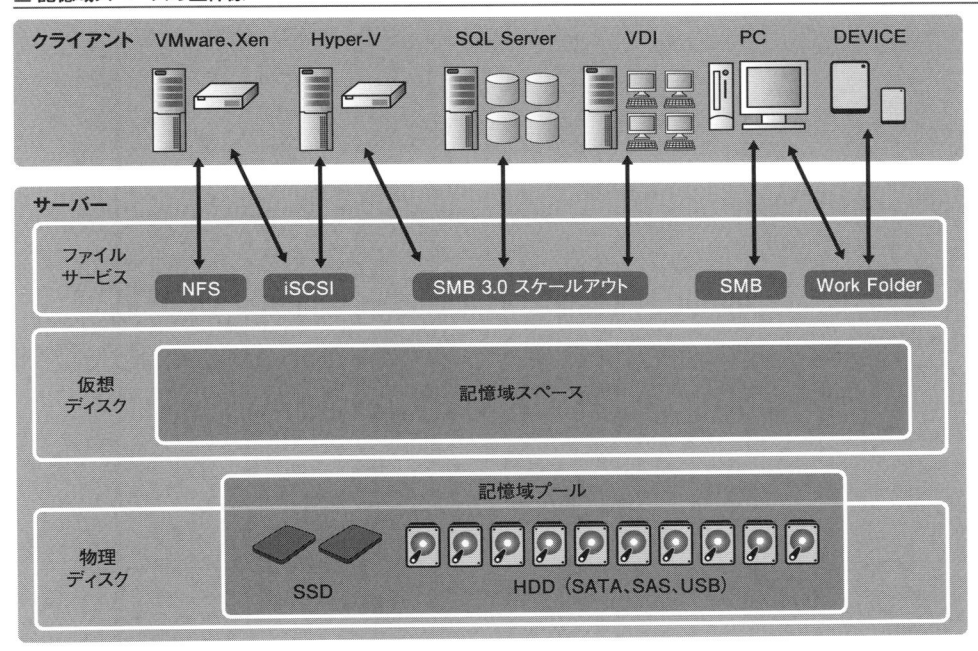

```
クライアント   VMware、Xen   Hyper-V    SQL Server    VDI    PC    DEVICE

サーバー
 ファイル
 サービス    NFS   iSCSI    SMB 3.0 スケールアウト    SMB    Work Folder

 仮想
 ディスク              記憶域スペース

                      記憶域プール
 物理
 ディスク    SSD      HDD（SATA、SAS、USB）
```

> **重要！** 記憶域スペースを利用する際は、ハードウェアメーカーによるサポート状況を必ず確認してください。ハードウェアメーカーによってはWindows Server 2012 R2の記憶域スペースに関わる機能をサポートしていないケースがあります。

03-01 記憶域スペースのコンポーネントやテクノロジー

　ここでは記憶域スペースを構成するコンポーネントについて解説します。

記憶域プール

　記憶域プールとは、SATA、SAS、USBなどのハードディスクやSSDを束ねる機能です。SASのみの高速なプール、USBのみの低速なプール、といった複数の記憶域プールを作成で

きます。また、仮想ハードディスク（VHDファイル）を追加したり、後から物理ディスクを追加することもできます。

記憶域プールは1つの物理ディスクからでも作成できますが、記憶域スペースのレイアウトや回復性の種類によっては複数個の物理ディスクを用意する必要があります。

記憶域スペース

記憶域スペースとは、記憶域プール上に作成される**仮想ディスク**です。以下のような機能があります。

●レイアウト

仮想ディスクを作成する際に、記憶域プールの複数の物理ディスクを使用して、下表のようなレイアウトを決定できます。

■ 記憶域スペースのレイアウト

レイアウト	説明
ミラー	RAID-1相当のレイアウト。1つのデータを2つ（双方向ミラー）あるいは3つ（3方向ミラー）に複製し、それぞれ異なる物理ディスクに保存することで物理ディスク障害に対する信頼性を高めることができる
パリティ	データを複数のストライプに分割し、各ストライプとパリティをそれぞれ異なる物理ディスクに書き込むことで、物理ディスク障害に対する信頼性を高めることができる。物理ディスク障害時にはパリティと残されたストライプから、失われた情報を復元できる。RAID-5相当のパリティが1つのみ（シングルパリティ）と、RAID-6相当のパリティが2つ（デュアルパリティ）の2種類のレイアウトがある
シンプル（回復性なし）	RAID-0相当のレイアウトであり、データを複数の物理ディスクに分割して書き込むことでディスクI/Oスループットが高まり、利用できる容量も最大化できる。データの複製やパリティを通じた冗長化は行わないため、物理ディスク障害が発生した場合はすべてのデータが失われる

●プロビジョニング

プロビジョニングとは、仮想ディスクを作成するときの**サイズの指定方法**です。下表の2種類があります。1つの記憶域プールの中にプロビジョニング方法が異なる仮想ディスクを共存させることも可能です。

■ プロビジョニングのタイプ

プロビジョニング	説明
シンプロビジョニング	記憶域プールを構成する物理ディスクの空きの合計を超えるサイズを仮想ディスクに割り当てる機能。例えば、複数の物理ディスクによる記憶域プールの空き容量が1TBであっても、10TBの仮想ディスクを作成できる。デフォルトでは物理ディスクの使用率が70%に達するとイベントログやサーバーマネージャーに警告が発せられる。その場合は物理ディスクを増設して、記憶域プールに追加することで、仮想ディスクやボリュームの操作を行うことなく対処できる
固定プロビジョニング	仮想ディスクを作成する際に、記憶域プールから割り当てるサイズを固定する方法

●ホットスペア

記憶域プールを作成する際に、特定の物理ディスクを「**ホットスペア**」に指定することで、他のディスクが故障した際に自動的に代替ディスクとして動作させることができます（通常は待機状態）。なお、Windows Server 2012 R2からは、ホットスペアの代わりに**記憶域プール内の空きディスクや空き領域**を使用することでディスク障害に対処できるため、物理ディスクの一部をホットスペア用として待機させるよりも、記憶域プールのメンバーとして追加して領域を増やしておいたほうが、メリットがあります。

●記憶域階層

記憶域階層は、Windows Server 2012 R2で追加された新機能です。記憶域プールにSSDとハードディスクの両方が存在している場合に、頻繁にアクセスされる「**ホットデータ**」を高速なSSDに、アクセスの少ない「**コールドデータ**」を低速なハードディスクに、**ブロック単位で自動配置**します。

●ライトバックキャッシュ

ライトバックキャッシュも、Windows Server 2012 R2で追加された新機能です。記憶域プールにSSDが存在している場合に、その一部の領域を**ランダム書き込みのバッファ**として利用できます。上記の「記憶域階層」との併用も可能です。

03-02　記憶域スペースの設計要件

スタンドアロンのWindows Server 2012 R2コンピューターにおける、記憶域スペースの設計要件やポイントを解説します。

●レイアウトと物理ディスクの数

準備すべき物理ディスクの最低本数は、求めるレイアウトや回復性によって決まります。また、レイアウトによって仮想ディスクに保持する同一データのコピー数が異なるため、ディスクの使用率も異なります。格納するデータのサイズも考慮しながらディスクの本数を検討する必要があります。

■ レイアウトと物理ディスクの数など

		シンプル	ミラー		パリティ	
			双方向	3方向	シングル	デュアル
最低ディスク台数		1	2	5	3	7
仮想ディスクに保持する同一データのコピー数		1	2	3	1	1
ディスク障害許容台数		0	1	2	1	2
プロビジョニングのサポート	シンプロビジョニング	○	○	○	○	×
	固定	○	○	○	○	○

● **記憶域プールの数や物理ディスクのタイプ**

作成する記憶域プールの数や、追加する物理ディスクのタイプについて検討します。

SATA、SAS、USB、仮想ハードディスク（VHDディスク）などを利用できますが、記憶域プールに低速なデバイスを混在させると全体のパフォーマンス低下につながります。SASのみの高速なプール、USBのみの低速なプール、といった複数の記憶域プールを作成することを検討します。

● **プロビジョニング**

シンプロビジョニングと**固定プロビジョニング**のどちらを利用するかを検討します。なお、SSDを混在させた記憶域階層を構成する場合は「固定プロビジョニング」しか選択できないため注意が必要です。

● **記憶域階層やライトバックキャッシュ**

記憶域階層やライトバックキャッシュを利用するか否かを検討します。利用する場合はSSDを追加します。

記憶域階層を利用する場合は、レイアウトによって以下の本数が必要になります。

- シンプルには1台以上のSSDが必要
- 双方向ミラーの場合は、2台以上のSSDが必要
- 3方向ミラーの場合は、3台以上のSSDが必要

また、ライトバックキャッシュを利用する場合は、レイアウトによって以下の本数が必要になります。

- シンプルには1台以上のSSDが必要
- 双方向ミラーとシングルパリティの場合は、2台以上のSSDが必要
- 3方向ミラーとデュアルパリティの場合は、3台以上のSSDが必要

03-03 記憶域スペースの注意点

記憶域スペースを利用するには、いくつかの制約事項や注意点があることを理解しておく必要があります。以下はその一例です。

- 記憶域スペースをブートドライブ、システムドライブに用いることはできない
- RAIDコントローラーを介してディスクに接続しているときは、RAID機能を無効化しておく必要がある
- Fiber Channel（FC）、iSCSIを記憶域スペースに追加することはサポートされていない
- 記憶域プールに接続する物理ディスクは最低4GB以上が必要
- 未フォーマットかつパーティションが作成されていないディスクのみ、記憶域プールに追加できる

- 記憶域プールに属するすべてのディスクは同一のセクターサイズであることが必要
- 記憶域プールあたりの物理ディスクは最大160台までが推奨（160台までの物理ディスクからなる記憶域プールを複数構成することも可能）
- 1つの記憶域プールの最大容量は480TB
- 1つの記憶域プールに作成できる記憶域スペースは最大128個
- 記憶域階層では、パリティスペースはサポートされていない
- 記憶域階層を使用する場合、シンプロビジョニングは利用できない

その他の制約事項や、クラスター環境における注意点などは以下のマイクロソフトのホワイトペーパーを参照してください。

Windows Server 2012 R2 記憶域スペースのアーキテクチャーと設計・管理のベスト プラクティス

URL http://download.microsoft.com/download/0/7/B/07BE7A3C-07B9-4173-B251-6865ADA98E5D/WS2012R2_StorageSpace_ConfigGuide_v1.0.docx

03-04 記憶域スペースの構築

記憶域スペースは、物理ディスクを必要本数分追加して初期化（⇒P.68）したうえで、サーバーマネージャーを使用して以下の手順で構築します。

1. 記憶域プールの作成
2. 仮想ディスクの作成
3. ボリュームの作成

記憶域プールの作成

物理ディスクを束ねた記憶域プールを作成します。サーバーマネージャーで［ファイルサービスと記憶域］→［ボリューム］→［記憶域プール］を開いて、以下の手順を実行します。

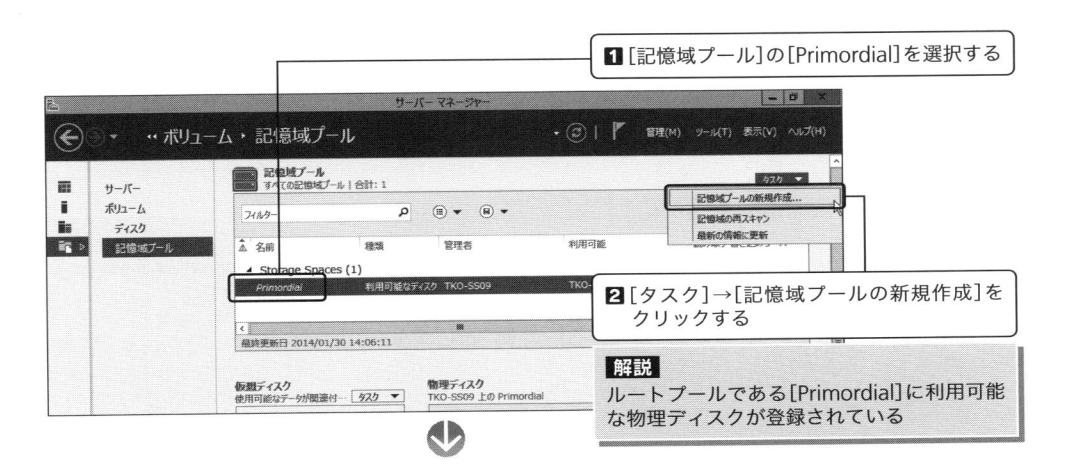

1 ［記憶域プール］の［Primordial］を選択する

2 ［タスク］→［記憶域プールの新規作成］をクリックする

解説 ルートプールである［Primordial］に利用可能な物理ディスクが登録されている

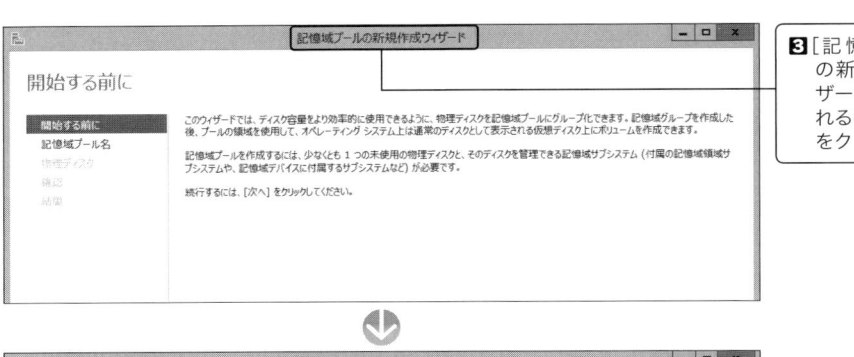

Part 02 Windows Server 2012 R2の基本管理

3 [記憶域プールの新規作成ウィザード]が開始されるので、[次へ]をクリックする

4 [名前]を入力して、[次へ]をクリックする

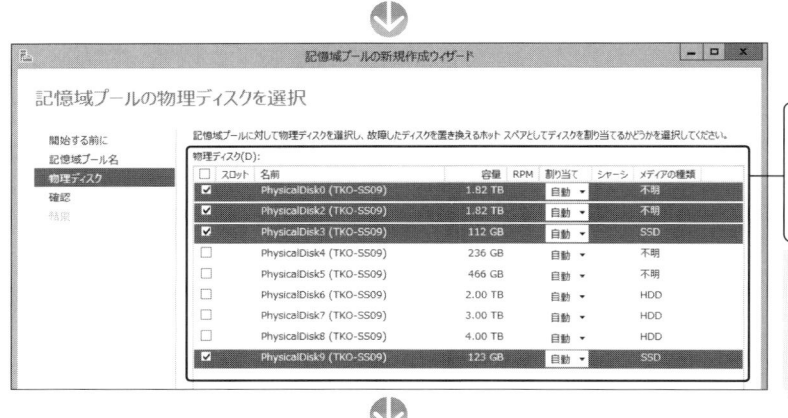

5 記憶域プールに追加する物理ディスクを選択して、[次へ]をクリックする

解説
このページにあるディスクの[割り当て]で「ホットスペア」を指定できる

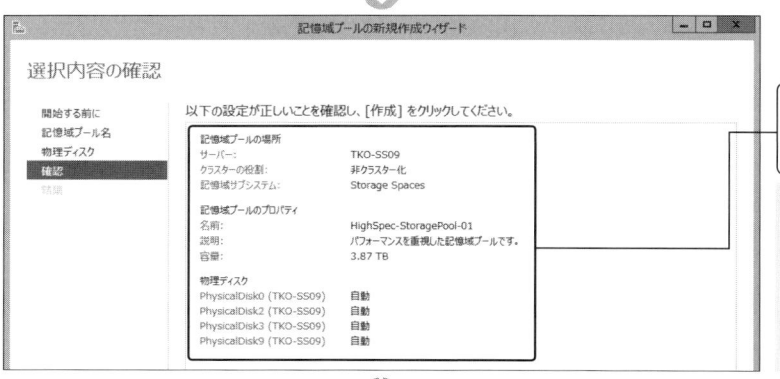

6 設定内容を確認して、[作成]をクリックする

解説
次に表示される結果ページで[閉じる]をクリックして、[記憶域プールの新規作成ウィザード]を閉じる

03 記憶域スペースの管理

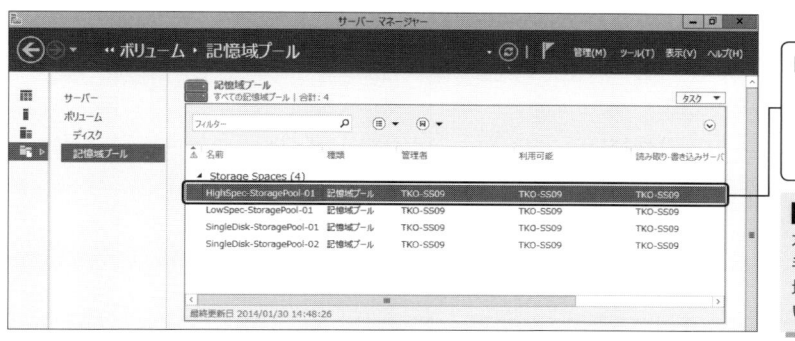

7 [記憶域プール]に作成した記憶域プールが追加されていることを確認する

解説
本書の例では同様の手順で複数の記憶域プールを作成している

Tips	作成した記憶域プールのメンバーになっている物理ディスクの中に[メディアの種類：不明]になっているものがある場合は、Set-PhysicalDiskコマンドレットを使用して「SSD」や「HDD」を指定できます。

実行例 ▶ 「PhysicalDisk0」のメディアの種類を「HDD」に指定する

```
Set-PhysicalDisk -FriendlyName PhysicalDisk0 -MediaType HDD
```

実行例 ▶ 「PhysicalDisk9」のメディアの種類を「SSD」に指定する

```
Set-PhysicalDisk -FriendlyName PhysicalDisk9 -MediaType SSD
```

仮想ディスクの作成

作成した記憶域プールに仮想ディスクを作成します。サーバーマネージャーで[ファイルサービスと記憶域]→[ボリューム]→[記憶域プール]を開いて、以下の手順を実行します。

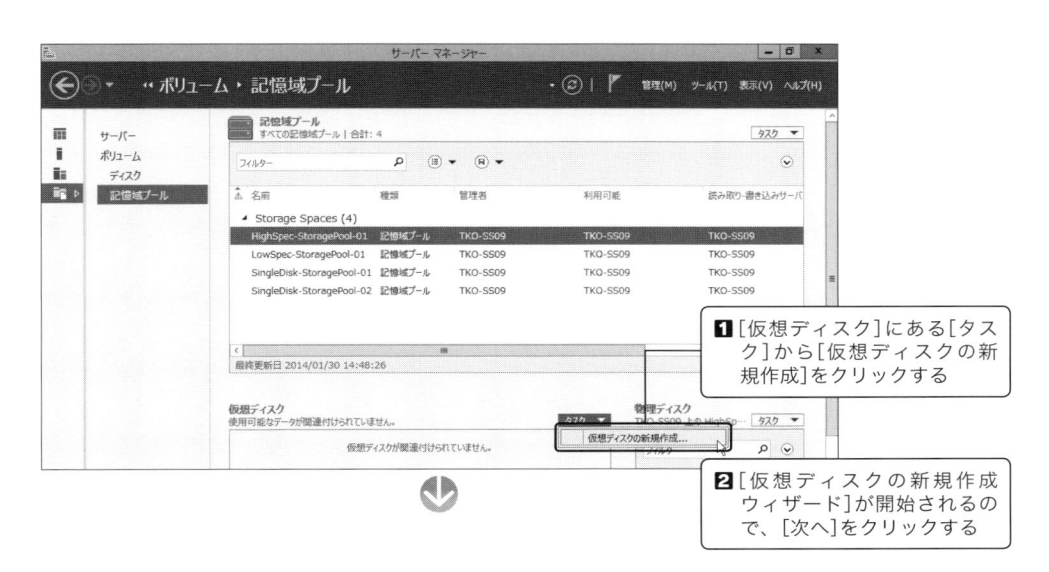

1 [仮想ディスク]にある[タスク]から[仮想ディスクの新規作成]をクリックする

2 [仮想ディスクの新規作成ウィザード]が開始されるので、[次へ]をクリックする

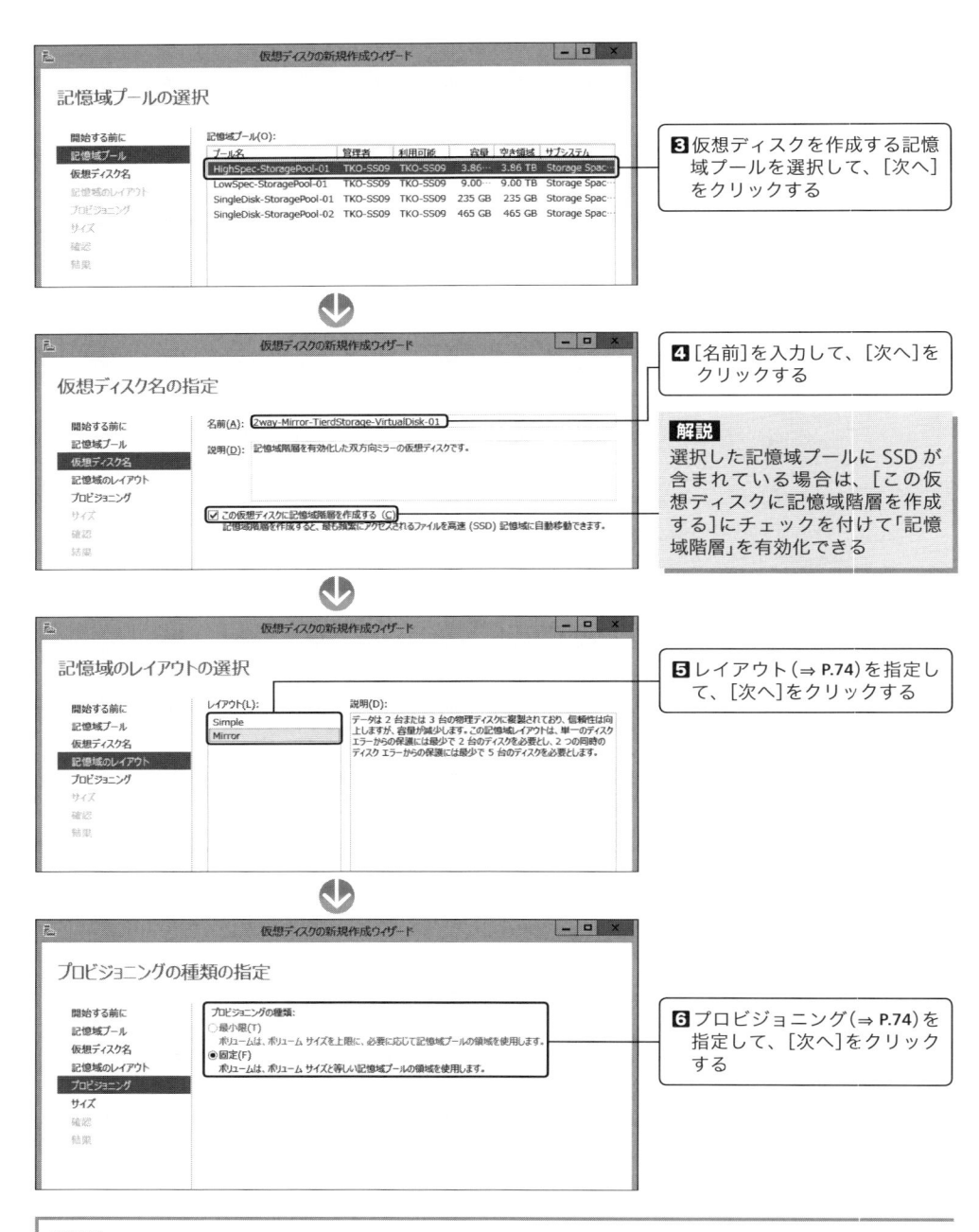

Part 02 Windows Server 2012 R2の基本管理

3 仮想ディスクを作成する記憶域プールを選択して、[次へ]をクリックする

4 [名前]を入力して、[次へ]をクリックする

解説
選択した記憶域プールにSSDが含まれている場合は、[この仮想ディスクに記憶域階層を作成する]にチェックを付けて「記憶域階層」を有効化できる

5 レイアウト(⇒ P.74)を指定して、[次へ]をクリックする

6 プロビジョニング(⇒ P.74)を指定して、[次へ]をクリックする

Tips シンプロビジョニング構成にする場合は[最小限]を指定します。ただし、2つ前の手順[仮想ディスク名]ページで記憶域階層を有効にした場合、[最小限]は指定できません。

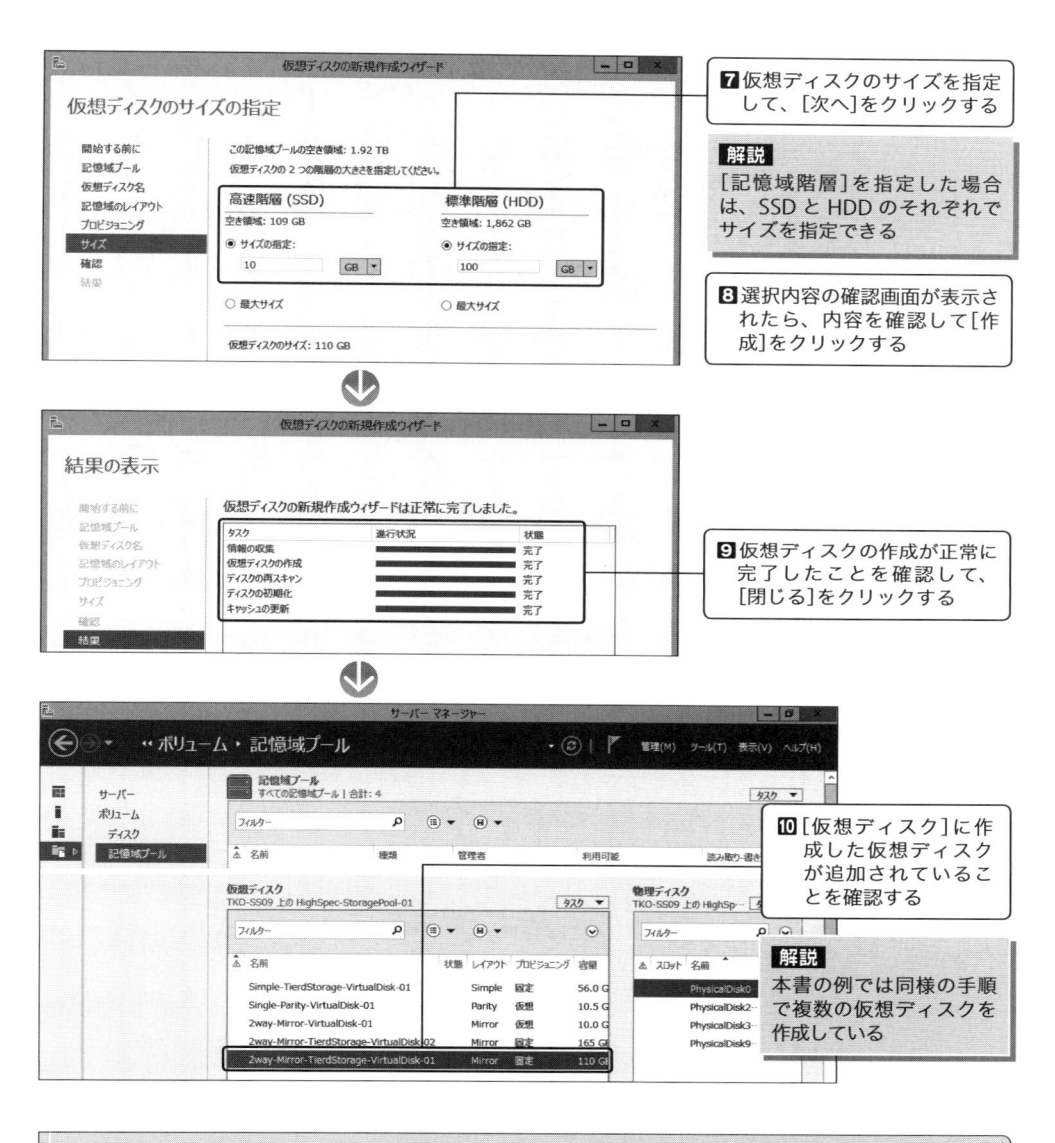

03 記憶域スペースの管理

7 仮想ディスクのサイズを指定して、[次へ]をクリックする

解説
[記憶域階層]を指定した場合は、SSDとHDDのそれぞれでサイズを指定できる

8 選択内容の確認画面が表示されたら、内容を確認して[作成]をクリックする

9 仮想ディスクの作成が正常に完了したことを確認して、[閉じる]をクリックする

10 [仮想ディスク]に作成した仮想ディスクが追加されていることを確認する

解説
本書の例では同様の手順で複数の仮想ディスクを作成している

ボリュームの作成

作成した仮想ディスクを各種サービスで利用するには、ボリュームを作成する必要があります。ボリュームを作成する方法は、物理ディスクに対する一般的な操作と同じです（⇒P.84）。

03-05 記憶域スペースの管理

記憶域プールや仮想ディスクといった記憶域スペースの管理操作はサーバーマネージャーで実行できます。

Part 02 Windows Server 2012 R2の基本管理

記憶域プールへの物理ディスクの追加

　記憶域プールのディスクの空き容量が不足してきた場合は、物理ディスクを追加します。仮想ディスクを**シンプロビジョニング**で作成している場合は、「ボリュームの拡張」を行うことなく、追加したディスクの領域を利用できます。

　記憶域プールへ物理ディスクを追加するには、先に物理ディスクを追加して初期化（⇒P.68）したうえで、サーバーマネージャーで［ファイルサービスと記憶域］→［ボリューム］→［記憶域プール］を開いて、以下の手順を実行します。

❶［記憶域プール］の［Primordial］をクリックして、物理ディスクが追加されていることを確認する

❷［記憶域プール］で対象の記憶域プールを右クリックして、［物理ディスクの追加］をクリックする

❸ 追加する物理ディスクを選択して、［OK］をクリックする

仮想ディスクの拡張

プロビジョニングの種類に関わらず、仮想ディスクの空き容量が不足してきた場合は、仮想ディスクを拡張します。サーバーマネージャーで［ファイルサービスと記憶域］→［ボリューム］→［記憶域プール］を開いて、以下の手順を実行します。

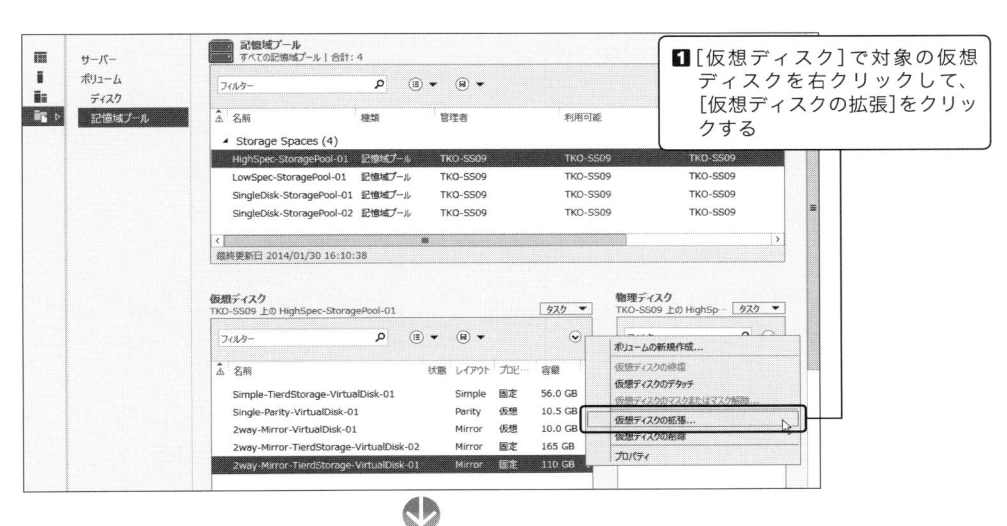

1 ［仮想ディスク］で対象の仮想ディスクを右クリックして、［仮想ディスクの拡張］をクリックする

2 拡張後のサイズを指定して、［OK］をクリックする

解説
［記憶域階層］が有効になっている仮想ディスクの場合は、SSDとHDDのそれぞれでサイズを指定できる

重要： 仮想ディスクを拡張しても、その中のボリュームのサイズは変わっていません。［コンピューターの管理］の［ディスクの管理］などを使ってボリュームの拡張を行ってください（⇒P.86）。

04 ボリュームの管理

記憶域スペースやRAIDなどによってストレージの器が用意できたら、次は「**ボリューム**」を作成して各種サービス（ファイル共有やiSCSIターゲットなど）からの利用を可能にします。

04-01 ボリュームの作成

ディスクにボリュームを作成する方法はいくつかありますが、ここではサーバーマネージャーを使った方法を紹介します。サーバーマネージャーで［ファイルサービスと記憶域］→［ボリューム］を開いて、以下の手順を実行します。

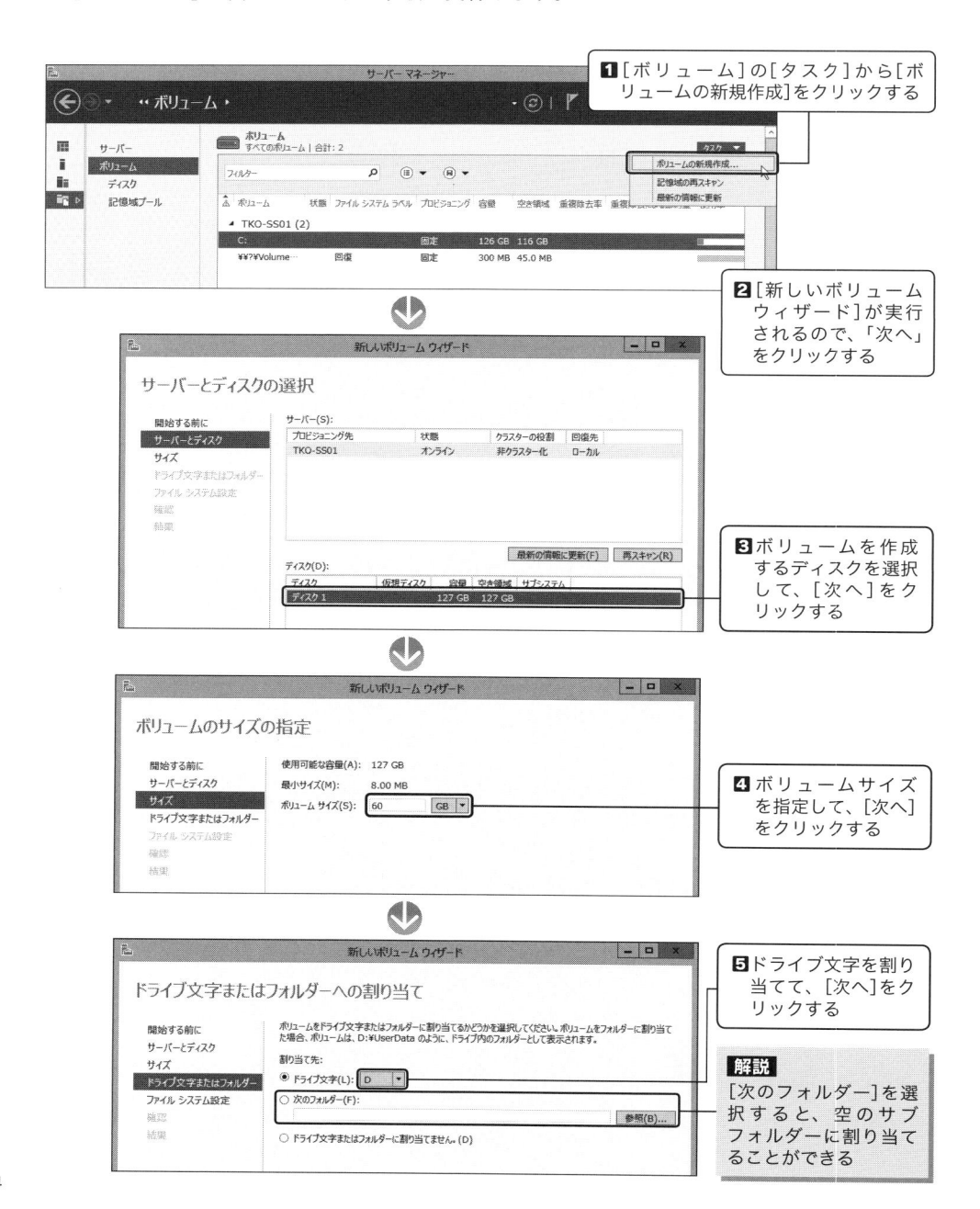

1 ［ボリューム］の［タスク］から［ボリュームの新規作成］をクリックする

2 ［新しいボリュームウィザード］が実行されるので、「次へ」をクリックする

3 ボリュームを作成するディスクを選択して、［次へ］をクリックする

4 ボリュームサイズを指定して、［次へ］をクリックする

5 ドライブ文字を割り当てて、［次へ］をクリックする

解説
［次のフォルダー］を選択すると、空のサブフォルダーに割り当てることができる

04 ボリュームの管理

⬇

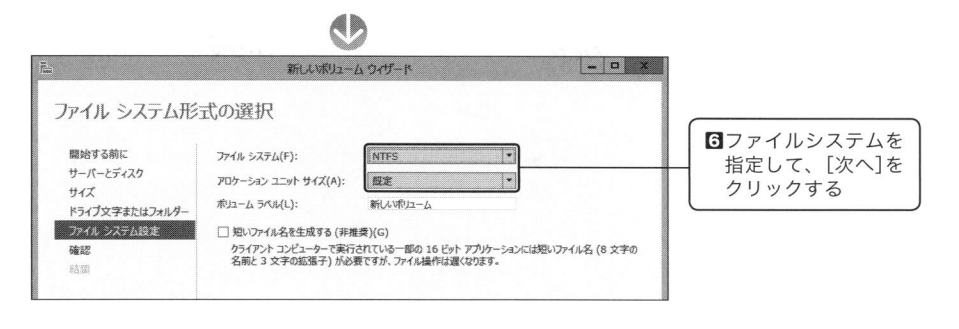

⑥ ファイルシステムを指定して、[次へ]をクリックする

■ [ファイルシステム形式の選択]ページの設定項目

設定項目	説明
ファイルシステム	ファイルシステムを選択する。通常は「NTFS」。「ReFS」も選択可
アロケーションユニットサイズ	データの最小単位を選択する。通常は「既定」
ボリュームラベル	ボリュームの任意の名前を設定する
短いファイル名を生成する（非推奨）	ファイルシステムに「NTFS」を選択した際に指定可能。古いタイプの16ビットアプリケーションをクライアントコンピューターで利用する場合はこれを「オン」にするが、パフォーマンスが低下するため、通常は「オフ」にすることを推奨。「ReFS」の場合は指定できない

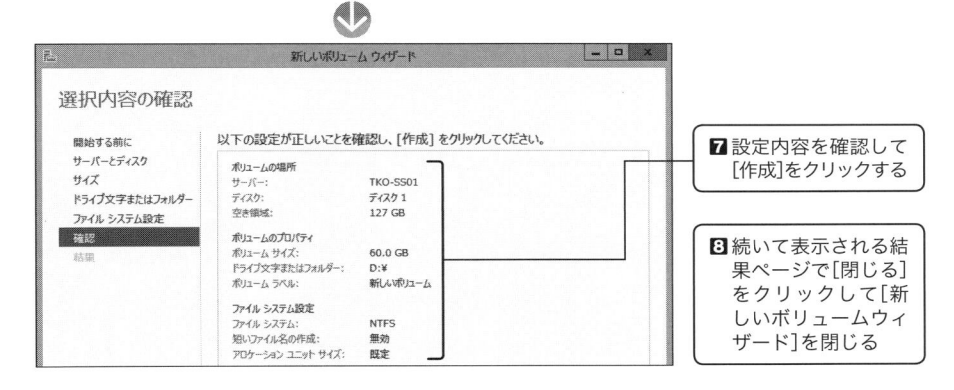

⬇

⑦ 設定内容を確認して[作成]をクリックする

⑧ 続いて表示される結果ページで[閉じる]をクリックして[新しいボリュームウィザード]を閉じる

> **Tips** 新しいボリュームは、[コンピューターの管理]→[ディスクの管理]から[新しいシンプルボリュームウィザード]を実行して作成することもできます。この方法ではファイルシステムに「FAT」を指定できます。

04-02 ボリュームサイズの管理（拡張・縮小・削除）

　Windows Server 2012 R2では、保存されているデータを保持したまま、ボリュームサイズを拡張・縮小できます。ただし、拡張・縮小を行う際には以下の制約があるので注意してください。また、ボリュームを削除すると、保存されているデータも削除されるので十分に注意してください。

■ ボリュームサイズを拡張・縮小する際の制約

拡張・縮小	制約
拡張時の制約	・FATでフォーマットされたボリュームは拡張不可 ・ベーシックディスクの場合は連続した未割り当て領域のみ拡張可能 ・システムパーティションやブートパーティションは連続した未割り当て領域のみ拡張可能 ・ストライプボリューム、ミラーボリューム、RAID-5ボリュームは拡張できない
縮小時の制約	・NTFSでフォーマットされたボリュームのみ縮小可能 ・ストライプボリューム、ミラーボリューム、RAID-5ボリュームは縮小できない

　上記のように、ストライプボリュームやミラーボリューム、RAID-5ボリュームは**データを保持したままでは拡張・縮小できない**ため、これらのボリュームを拡張・縮小したい場合は、データをバックアップしたうえで、ボリュームを作り直してからデータを書き戻すことになります。

ボリュームの拡張

　ボリュームの拡張は、同じディスク内の連続した領域であれば**ベーシックディスク**のまま実行できます。一方、同じディスク内でも領域が連続していない場合や、他のディスクの領域を使用する場合は**ダイナミックボリューム**に変換する必要があります。ただし、管理者がベーシックディスクからダイナミックディスクへの変換作業は行う必要はありません。ボリュームの拡張時に自動的に変換されます。

　なお、複数のディスクをまたいでボリュームの拡張を行うことと、スパンボリューム（⇒P.68）を作成することは同じです。つまり、ディスクが1つでも故障すると、そのボリュームに保存されているすべてのデータが消失します。

　ボリュームを拡張するには、サーバーマネージャーで［ファイルサービスと記憶域］→［ボリューム］を開いて、以下の手順を実行します。

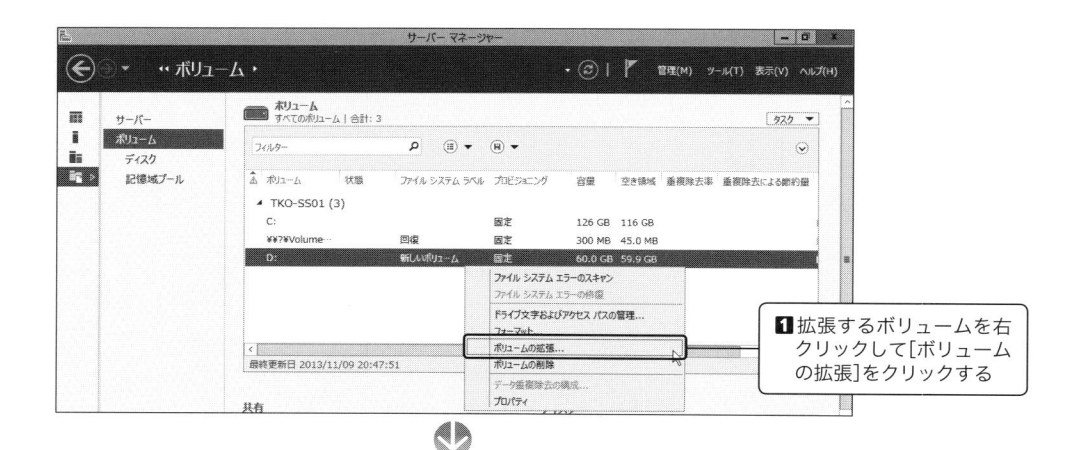

❶ 拡張するボリュームを右クリックして［ボリュームの拡張］をクリックする

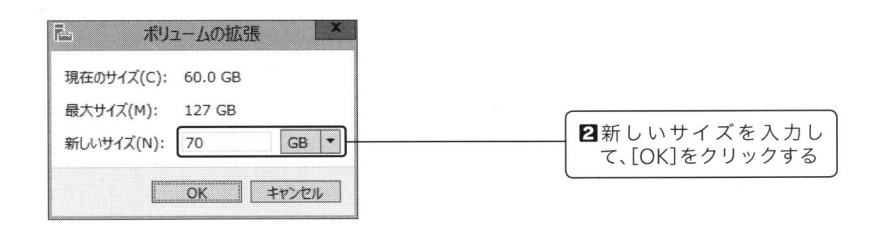

2 新しいサイズを入力して、[OK]をクリックする

Tips　ボリュームの縮小は[コンピューターの管理]の[ディスクの管理]で行います。対象のボリュームを右クリックして[ボリュームの縮小]をクリックし、以下の手順を実行します。

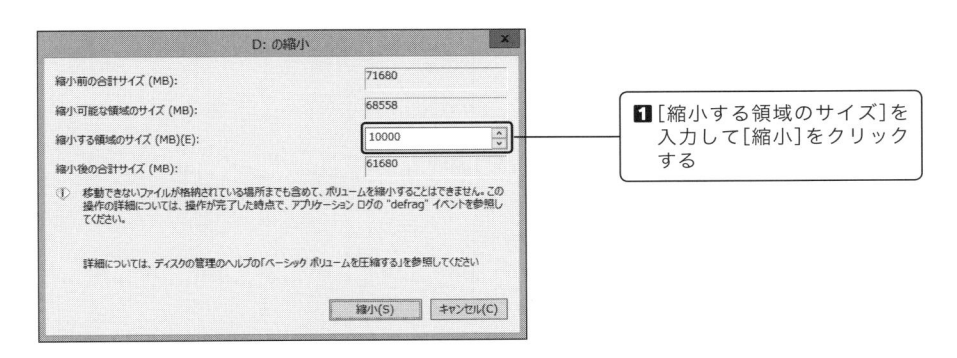

1 [縮小する領域のサイズ]を入力して[縮小]をクリックする

ボリュームの削除

ボリュームを削除するには、削除するボリュームを右クリックして[ボリュームの削除]をクリックします。

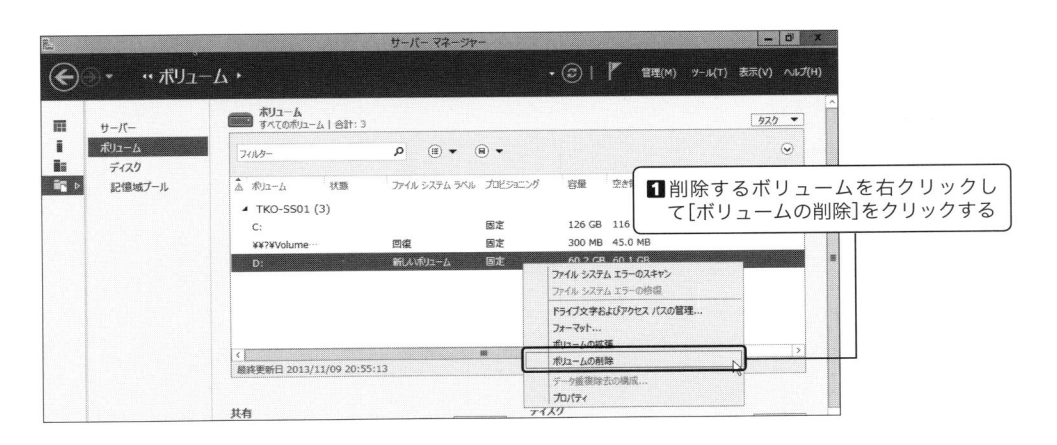

1 削除するボリュームを右クリックして[ボリュームの削除]をクリックする

05 パーティションスタイルの管理

より高度なディスク管理として、「**パーティションスタイル**」の管理方法を解説します。

Windows Server 2012 R2は、パーティションスタイル（ディスクのパーティションを管理する方法）として、**MBR**（Master Boot Record）と**GPT**（GUID Partition Table）の2種類をサポートしています。現在のパーティションスタイルは［コンピューターの管理］の［ディスクの管理］で確認できます。

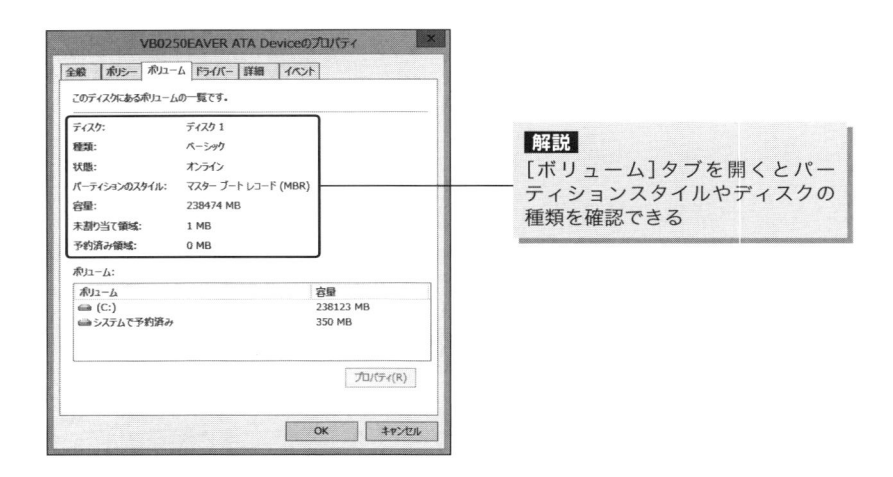

解説
［ボリューム］タブを開くとパーティションスタイルやディスクの種類を確認できる

データ用のディスクで、かつパーティションやボリュームが作成されていない場合は、［コンピューターの管理］の［ディスクの管理］で簡単にMBRからGPTに、GPTからMBRに変換できます。

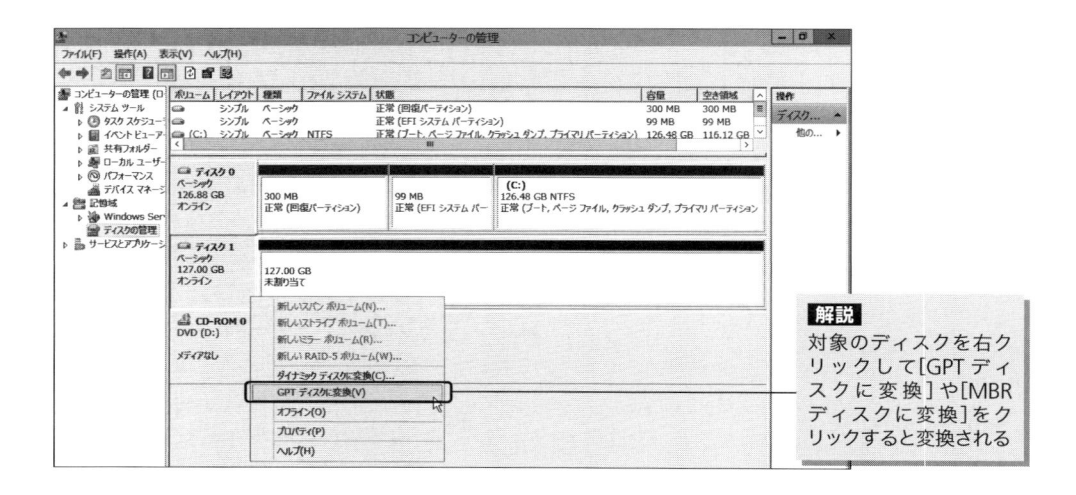

解説
対象のディスクを右クリックして［GPTディスクに変換］や［MBRディスクに変換］をクリックすると変換される

> **Column** ドライブレターの変更とアクセスパスの追加
>
> Windows Server 2012 R2のインストール直後はDVD-ROMドライブが[Dドライブ]として認識されていることが多いでしょう。この状態でボリュームを追加していくとドライブレターが「E」からとなります。あらかじめDVD-ROMドライブを[Zドライブ]などに変更しておくといいでしょう。
> ドライブレターを変更するには[コンピューターの管理]の[ディスクの管理]でDVD-ROMドライブを右クリックして[ドライブ文字とパスの管理]をクリックして、[ドライブ文字とパスの変更]を開いて操作します。

06 ファイルシステムの管理

ここからは、ディスク上でデータを管理する方式である「**ファイルシステム**」について解説します。

Windows Server 2012 R2で利用できるファイルシステムは大別すると下表の3種類です。パーティション(ディスクの区画)をファイルシステムでフォーマットすることで、はじめてデータを保存できるようになります。

■ ファイルシステムの種類

種 類	説 明
NTFS	大容量のディスクをサポートし、ファイルやフォルダーのアクセス許可、暗号化、圧縮など多くの点でFAT32よりも強化されたファイルシステム[※]。Windows Server 2012 R2における最も汎用的なファイルシステム
ReFS	Windows Server 2012から実装されたファイルシステム。大容量ボリュームでの利用も想定した、高い信頼性を持つファイルシステム。ただし、OSのブートボリュームやリムーバブルディスクには対応していない。また、NTFSが持つ、圧縮、暗号化、重複排除などの機能は持っていないため、当面は大容量ファイルサーバーでの利用が適している
FAT	過去のOS (Windows 95やWindows 98)との互換のために利用するファイルシステム。FAT、FAT32、exFATがある

※NTFSのアクセス許可については「Chapter 27 ファイルサーバーの構築と管理」(⇒P.549)を参照してください。

06-01 ファイルシステムの変換

「**ファイルシステムの変換**」を行うと、保存されているデータを保持したまま、FATやFAT32でフォーマットされているボリュームをNTFSに切り替えることができます。

ファイルシステムを変換する準備を行うには、サーバーマネージャーを起動して[コンピューターの管理]の[記憶域]→[ディスクの管理]を開き、次の手順を実行します。

Part 02 Windows Server 2012 R2の基本管理

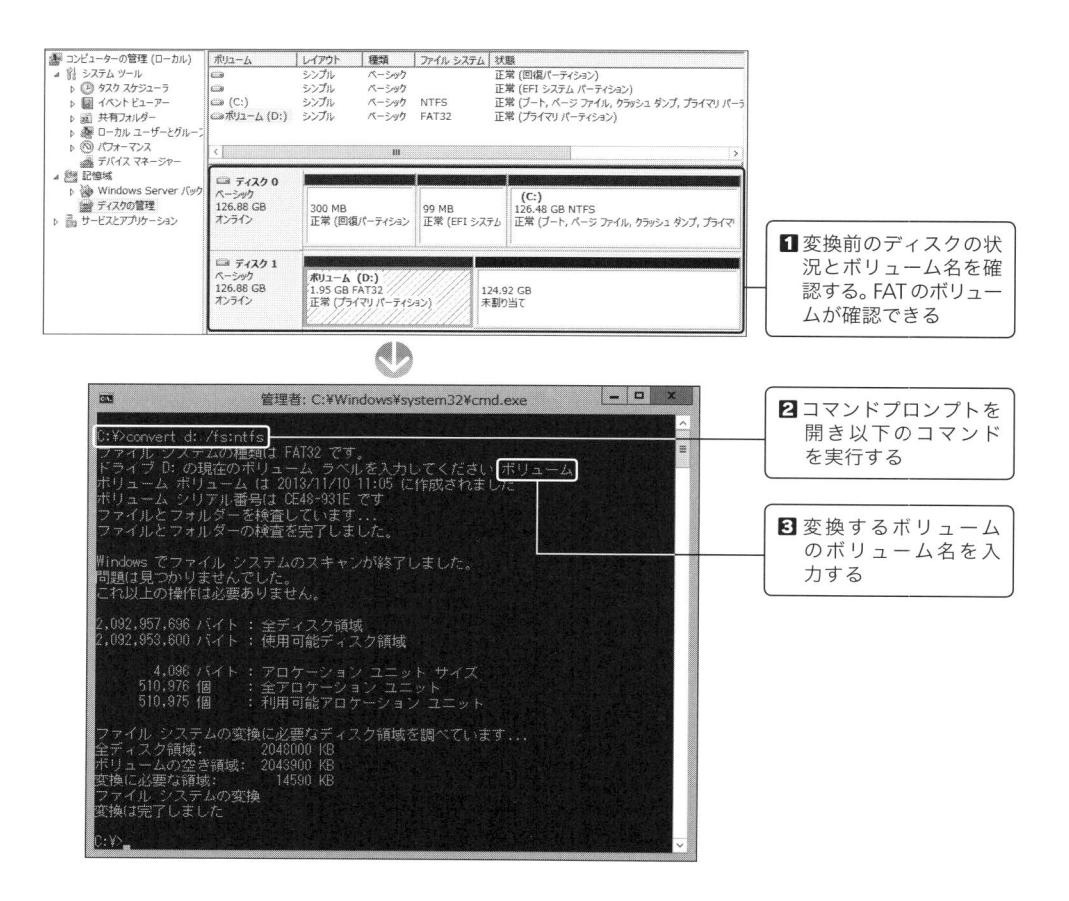

1 変換前のディスクの状況とボリューム名を確認する。FATのボリュームが確認できる

2 コマンドプロンプトを開き以下のコマンドを実行する

3 変換するボリュームのボリューム名を入力する

書式 ファイルシステムの変換

```
convert 〈ボリューム名〉 /FS:NTFS
```

実行例 ファイルシステムを変換する

```
convert D: /FS:NTFS
```

> **Tips** 変換するボリュームにOSが使用しているファイルや、動作中のアプリケーションに関するファイルが格納されている場合は、ファイルシステムを変換できません。その場合は「次回のシステム起動時にドライブの変換をスケジュールしますか」と表示されるので、それに対して [Y] を入力します。

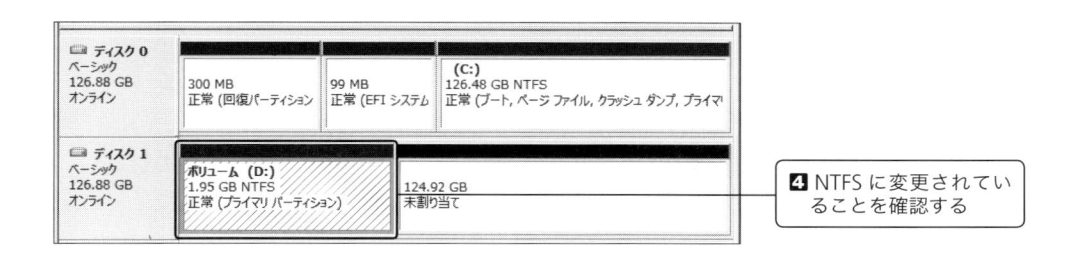

4 NTFSに変更されていることを確認する

> **Tips** ボリュームのサイズやコンピューターのスペックにもよりますが、FAT32からNTFSへの変換処理は数分から数十分程度で完了します。

06-02 NTFS圧縮

NTFSでは、ファイルやフォルダーを圧縮できます。フォルダーに対して圧縮機能を有効にしておけば、そのフォルダーに保存したファイルは自動的に圧縮されます。また、圧縮されたファイルは読み取る際に自動的に圧縮解除されるので、ユーザーは特に意識することなく、圧縮機能を利用できます。

ただし、ファイルの圧縮や圧縮解除によってシステムのパフォーマンスが低下する可能性もあるため、むやみにこの設定を行うことはお勧めしません。

フォルダーのNTFS圧縮を有効にするには、エクスプローラーで対象のフォルダーを右クリックして［プロパティ］を開き、以下の手順を実行します。

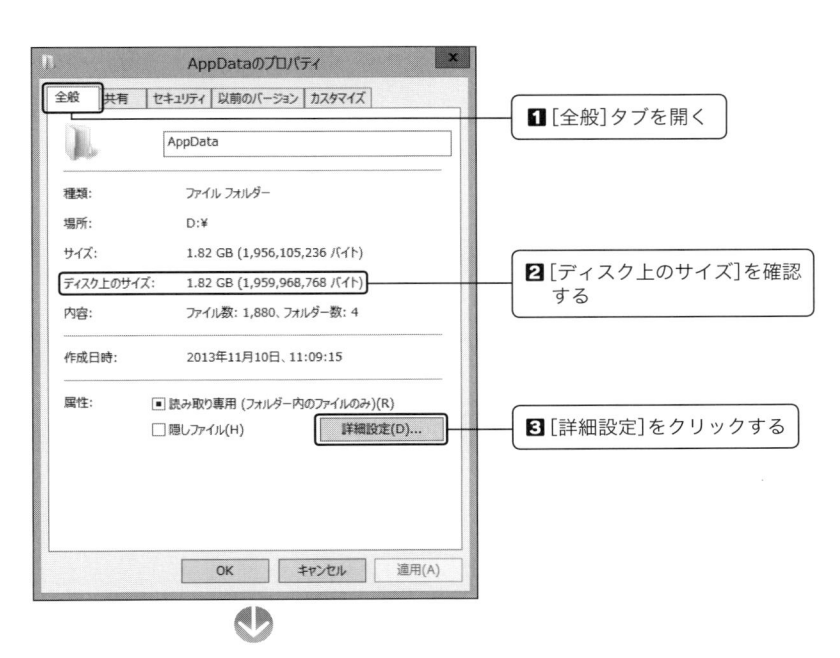

1 ［全般］タブを開く

2 ［ディスク上のサイズ］を確認する

3 ［詳細設定］をクリックする

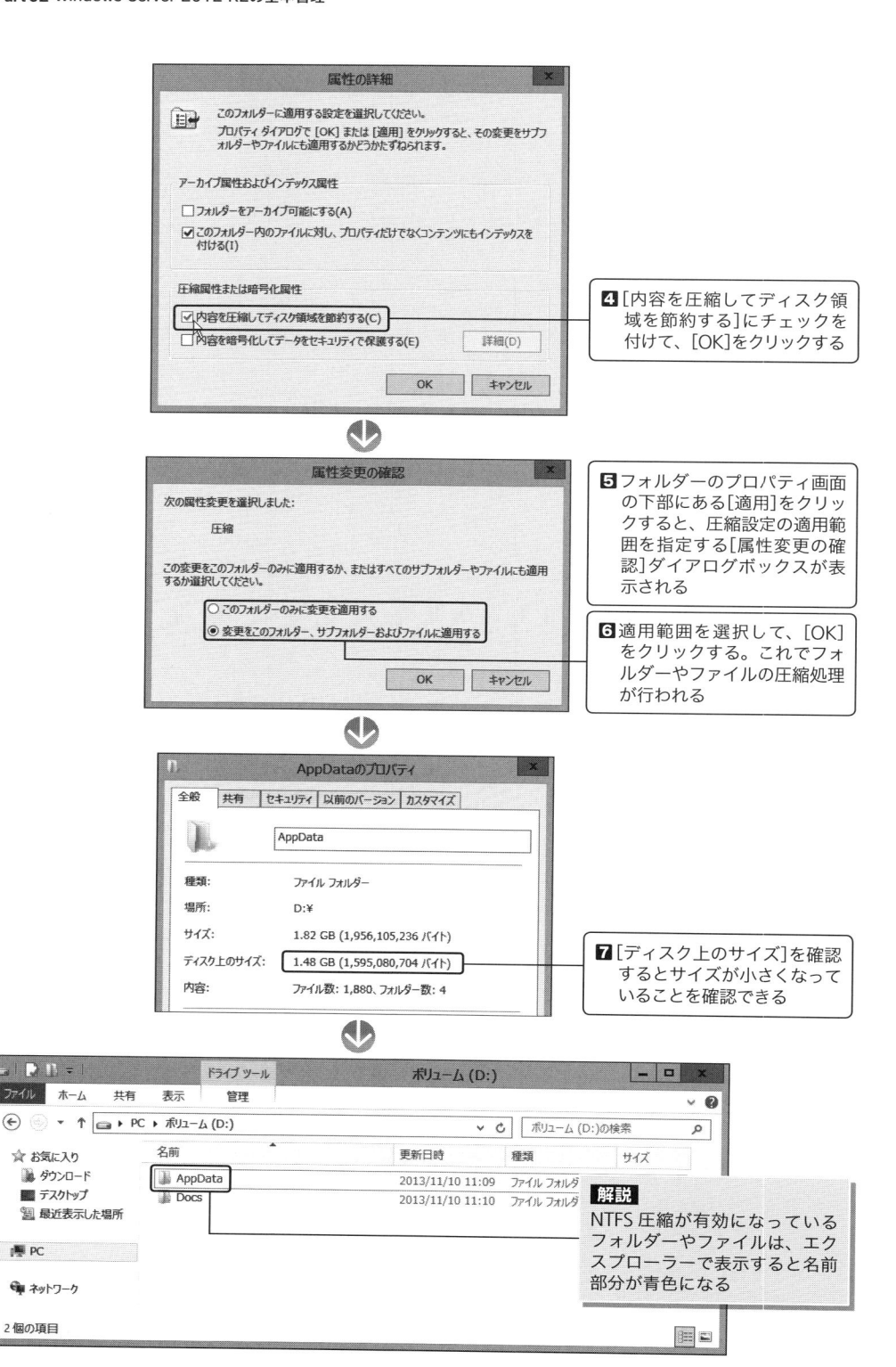

4 [内容を圧縮してディスク領域を節約する]にチェックを付けて、[OK]をクリックする

5 フォルダーのプロパティ画面の下部にある[適用]をクリックすると、圧縮設定の適用範囲を指定する[属性変更の確認]ダイアログボックスが表示される

6 適用範囲を選択して、[OK]をクリックする。これでフォルダーやファイルの圧縮処理が行われる

7 [ディスク上のサイズ]を確認するとサイズが小さくなっていることを確認できる

> **解説**
> NTFS 圧縮が有効になっているフォルダーやファイルは、エクスプローラーで表示すると名前部分が青色になる

> **Tips** 実務では、NTFS圧縮だけでなく、「圧縮 (zip 形式) フォルダー」を併用すると良いでしょう。圧縮したいファイルやフォルダーを右クリックし、表示されるコンテキストメニューの [送る] から実行できます。この機能はNTFS圧縮よりも高い圧縮率が期待でき、圧縮すると1つのZIPファイルになるので、容易にメールに添付できます。

06-03 データ重複除去機能

　Windows Server 2012以降では新たに、NTFSボリュームに対する**データ重複除去機能**が実装されています。この機能を有効化したボリュームでは、データが「**チャンク**」と呼ばれる単位で分割されて、重複しているものは1つだけ保持されるようになり、その結果、空き領域を増やすことができます。Windows Server 2012 R2では「**クラスターシェアードボリューム (CSV)**」(⇒P.433) でもこの機能を有効化できます。また、VDI環境へのサポートも強化されています。

　データ重複除去機能によるディスクの削減効果は、ファイルやコンテンツのタイプによって異なります。おおよそ、下表に示す削減効果を期待できます。

■ データ重複除去機能による標準的な削減効果

シナリオ	コンテンツ	標準的な削減効果
ユーザードキュメント	ドキュメント、写真、ミュージック、ビデオ	30〜50%
展開共有	ソフトウェアバイナリ、cabファイル、シンボルファイル	70〜80%
仮想化ライブラリ	仮想ハードディスクファイル	80〜95%
一般的なファイル共有	上記以外のすべて	50〜60%

データ重複除去機能のポイント

データ重複除去機能には以下のポイントがあります。

- NTFS でフォーマットされている必要がある
- システムボリュームやブートボリュームは対象にできない (OS がインストールされているボリュームでは重複除去できない)
- 暗号化されているファイルやサイズの小さいファイル (32KB 以下) などは、重複除去の対象にならないものがある
- 非リムーバブルドライブとして OS に認識されている必要がある

　また、絶えず開かれているファイルや、絶えず更新されているファイルに対してはこの機能は向いていません。そのため、デフォルトの設定では、最終更新時刻から3日以上経過したファイルのみが重複除去の対象になっています。

> **重要!** データ重複除去機能は、基本的にはシステムへの負荷が低いタイミングで実行されるようになっていますが、それでも処理中はCPUパワーやメモリーを消費します。そのため、ディスクの削減効果が望めないサーバーでむやみに有効化することはお勧めしません。

Part 02 Windows Server 2012 R2の基本管理

> **Tips** データ重複除去機能をインストールすると「**重複除去評価ツール**(DDPEval.exe)」もインストールされます。このツールを利用することで、特定のボリュームで重複除去を有効化した際に得られるディスクの削減効果を事前に確認できます。
>
> **URL** 削減効果を重複除去評価ツールで評価する
> http://technet.microsoft.com/ja-jp/library/hh831700.aspx#BKMK_Step2

データ重複除去機能のインストール

データ重複除去機能を使うには、「データ重複除去」の役割をインストールする必要があります。管理者権限のあるユーザーでサインインして、サーバーマネージャーから［役割と機能の追加ウィザード］(⇒P.52) を起動して、以下の手順を実行します。

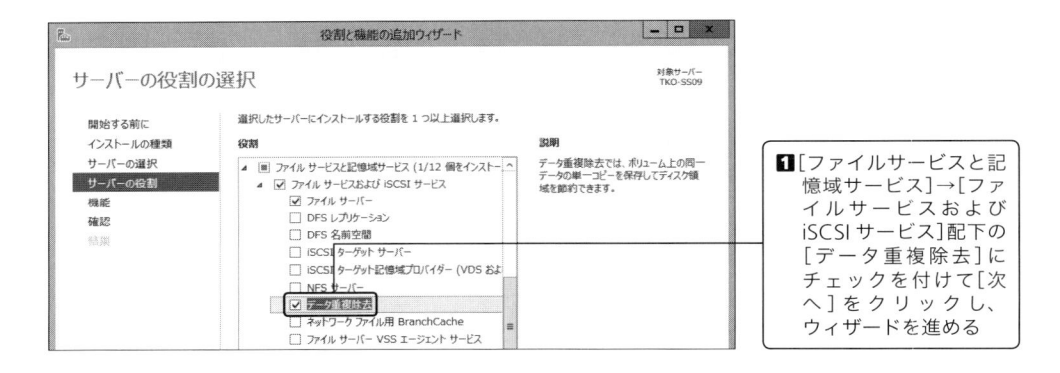

1 [ファイルサービスと記憶域サービス]→[ファイルサービスおよびiSCSIサービス]配下の[データ重複除去]にチェックを付けて［次へ］をクリックし、ウィザードを進める

データ重複除去機能の有効化

役割のインストールが完了したら、続いて、ボリュームに対するデータ重複除去機能を有効にします。サーバーマネージャーで［ファイルサービスと記憶域］→［ボリューム］を開いて、以下の手順を実行します。

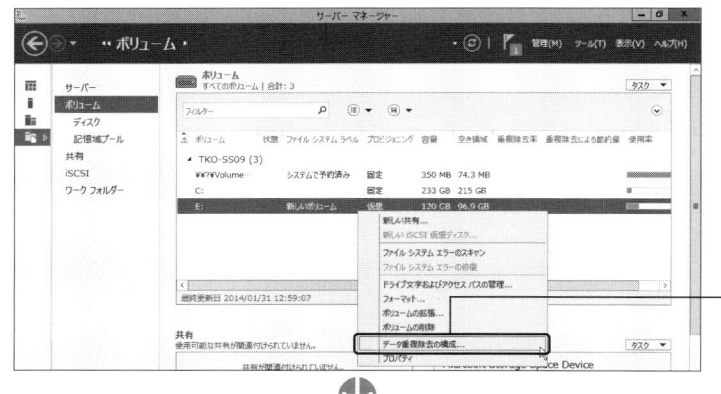

1 データ重複除去機能を有効化するボリュームを右クリックして、[データ重複除去の構成]をクリックする

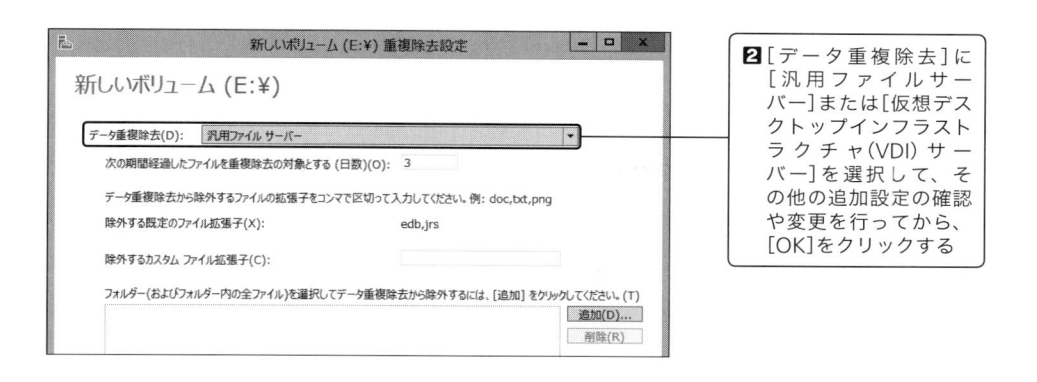

2 [データ重複除去]に[汎用ファイルサーバー]または[仮想デスクトップインフラストラクチャ(VDI)サーバー]を選択して、その他の追加設定の確認や変更を行ってから、[OK]をクリックする

■ 重複除去設定

項目	説明
次の期間経過したファイルを重複除去の対象とする（日数）	指定した日数を超えたファイルに対して重複除去を行う。デフォルトは3日
除外するカスタムファイル拡張子	重複除去から除外するファイルの拡張子を指定する
重複除去スケジュールの設定	このボタンをクリックすると、バックグラウンド処理の最適化を実行できる

データ重複除去ジョブの管理

　Windows Server 2012 R2には、データ重複除去機能のためのジョブがデフォルトで3つ用意されています。これらのジョブはタスクとして登録されています。

■ データ重複除去ジョブ

ジョブ	名前	説明
最適化ジョブ	Optimization	データを重複除去し、ボリューム上のファイルチャンクを圧縮する。デフォルトでは1時間おきに実行される
データスクラブジョブ	Scrubbing	チャンクの破損ログを分析し、可能であれば修復する。デフォルトでは土曜日の3:45に実行される
ガベージコレクションジョブ	GarbageCollection	ボリューム上の削除済みまたは変更済みのデータを処理して、任意のチャンクをクリーンアップする。負荷が高い処理を行う。デフォルトでは土曜日の2:45に実行される

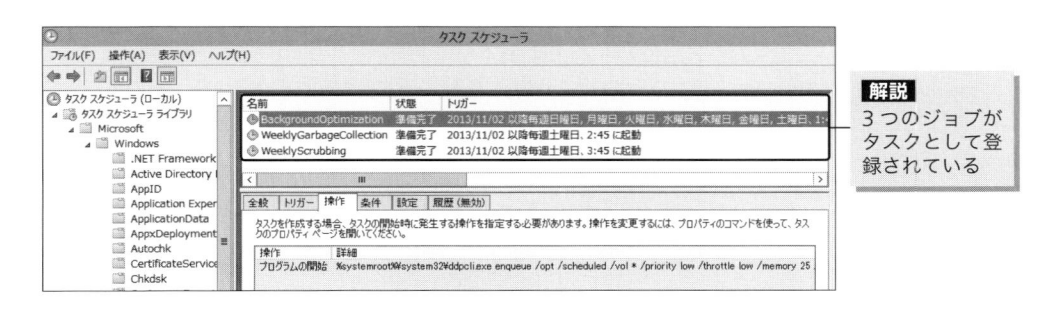

解説　3つのジョブがタスクとして登録されている

データ重複除去ジョブの即時実行

データ重複除去ジョブ（最適化ジョブ）をすぐに実行する場合は、以下のWindows PowerShellコマンドレットを実行します。

実行例 ▶ データ重複除去ジョブ（最適化ジョブ）を実行する

```
Start-DedupJob -Volume D: -Type Optimization
```

また、ジョブの進行状況は以下のWindows PowerShellコマンドレットで確認できます。

実行例 ▶ ジョブの進行状況を確認する

```
Get-DedupJob
```

データ重複除去状況の監視

データ重複除去機能によって実現できたディスクの節約量や重複除去率などは、以下のWindows PowerShellコマンドレットを実行することで確認できます。

実行例 ▶ データ重複除去のステータスを確認する

```
Get-DedupStatus | fl
```

また、サーバーマネージャーで対象ボリュームのプロパティを開くことでも確認できます。

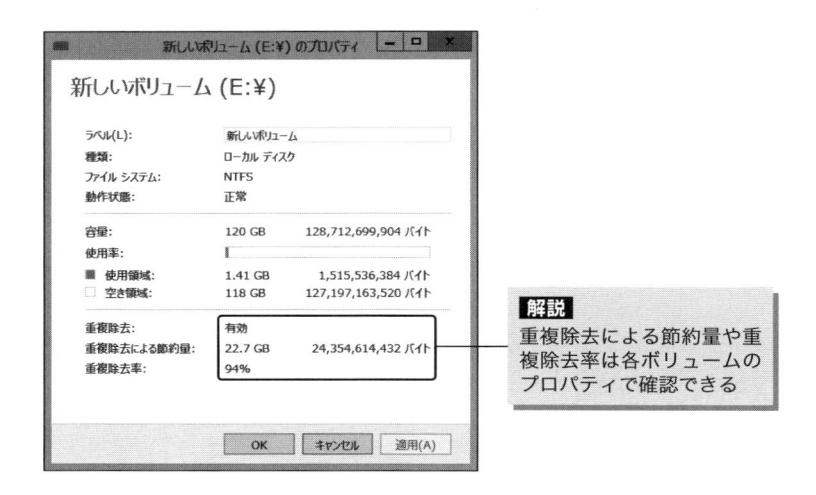

解説 重複除去による節約量や重複除去率は各ボリュームのプロパティで確認できる

06 ファイルシステムの管理

> **Column　Windows Server 2012 R2 の暗号化機能**
>
> Windows Server 2012 R2には、ドライブやフォルダー、ファイルに対する暗号化機能がいくつか用意されています。
>
> ■ 暗号化機能
>
> | 暗号化機能 | 説明 |
> |---|---|
> | EFS | NTFSの機能を使用して、ファイルやフォルダーの暗号化を行う。NTFS圧縮と同様にファイルやフォルダーのプロパティで簡単に有効化できるが、「**回復証明書**」の管理など、運用の難易度が高い |
> | BitLocker／BitLocker to Go | BitLocker機能ではドライブそのものの暗号化を行う。また、BitLocker to Go機能ではUSBメモリーなどリムーバブルメディアの圧縮も可能。サーバーやディスクの盗難対策に有効 |
> | AD RMS | Active Directory Rights Management サービス。IRM (Information Rights Management) テクノロジーによって、ドキュメントの暗号化やアクセス制御が可能。AD RMSのためのサーバー構築や、RMS CALの調達などが必要 |
>
> **URL** 暗号化ファイルシステム（EFS）
> http://technet.microsoft.com/ja-jp/library/cc721923.aspx
>
> **URL** BitLocker の概要
> http://technet.microsoft.com/ja-jp/library/hh831713.aspx
>
> **URL** What's New in BitLocker for Windows 8.1 and Windows Server 2012 R2
> http://technet.microsoft.com/ja-jp/library/dn306081.aspx
>
> **URL** Active Directory Rights Management サービスの概要
> http://technet.microsoft.com/ja-jp/library/hh831364.aspx

Chapter 04 ネットワークの管理

本章では、現在のネットワークのベースともいえるTCP/IPを中心に、ネットワーク管理の基本について解説します。また、Windows Server 2012からOSでサポートされるようになった「NICチーミング」についても解説します。その他のネットワークを利用するサービス（DNSやDHCPなど）については本書後半の各章を参照してください。

01 ネットワーク環境の構築

　Windows Server 2012 R2などのサーバーOSは、ネットワークを介して利用してこそ、その真価を発揮します。そのため、管理者にはサーバーの管理スキルはもちろん、ネットワークの知識や管理スキルも求められます。

　Windows Server 2012 R2やWindows 8.1などを連携させて各種サービスやファイルを共有するには、ネットワーク環境を構築する必要があります。ネットワーク環境を構築して複数のコンピューターを接続すると、メールやプリンターなどの各種サービスを共有できるので、各コンピューターにこれらのサービスをインストールする必要がなくなり、必要な機器もサーバー用に用意するだけで済みます。その結果、ハードウェア導入コストの削減やメンテナンス作業の軽減など多くのメリットを享受できます。

　また、ファイルサーバーを用意して、複数のユーザーが利用するファイルをサーバー上に保存すれば、ユーザー間のファイル共有だけでなく、「バックアップの一元管理」や「ファイルの履歴管理」といった煩雑な作業も容易に行えます。

　ネットワークに接続された各コンピューターは下図のように「ハブ／スイッチングハブ」を介してプリンターやファイルサーバーを利用できます。

■ ネットワークの構成

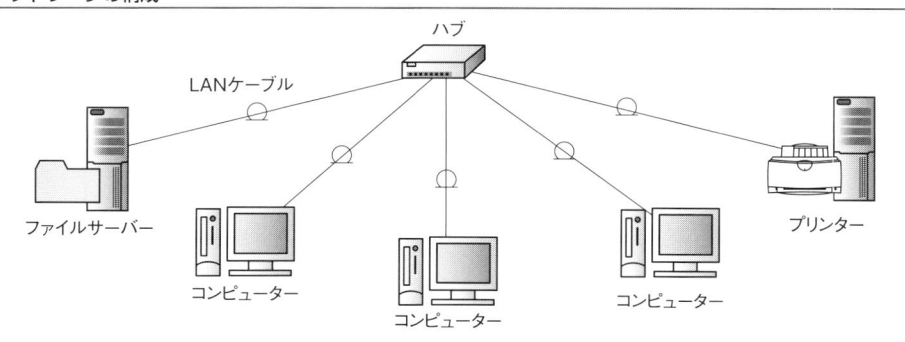

また、ネットワーク内にインターネットアクセス用の「ルーター」を設置すれば、複数のコンピューターが同時にインターネットに接続することもできます。

■ ネットワークの構成（インターネット接続）

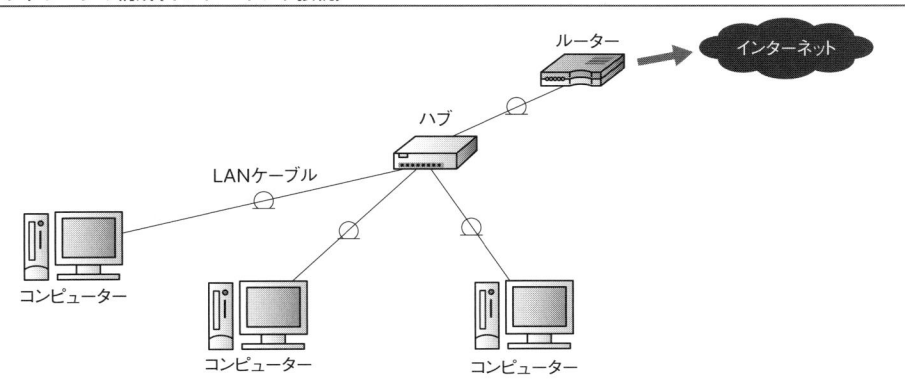

01-01 TCP/IPの基本設定

ネットワーク環境を構築するには、各種ハードウェアを接続したうえで「**通信プロトコル**」を設定する必要があります。現在世界中で最も多く使われている通信プロトコルは**TCP/IP**（Transmission Control Protocol/Internet Protocol）です。

ここではデータのやり取りを行う際に必要なIPアドレスの設定方法を、特に、現在も組織内での利用が多いIPv4を中心に解説します。

IPアドレスとは

IPアドレスとは、TCP/IPを使用したネットワークに接続しているコンピューターやその他の機器（ルーターやプリンターなど）を識別するための番号（**識別番号**）です。コンピューターの場所を示す住所のような役割を持ちます。インターネットやメール、その他のネットワーク上を経由するサーバーの識別はIPアドレスをもとに行われるので、IPアドレスを指定しないと、これらの機能やサービスを利用することはできません[※]。

IPアドレスは**特定の範囲内で一意**でなければなりませんが、その識別する範囲や用途の違いによって**グローバルIPアドレス**と**プライベートIPアドレス**の2種類に分類されます。

※ DHCPサーバーを利用する場合は、各機器に直接IPアドレスを指定する必要はありません。DHCPサーバーの詳細については「Chapter 26 DHCPサーバーの構築と管理」（⇒P.517）を参照してください。

● グローバルIPアドレス

グローバルIPアドレスは、インターネット上で利用できる**全世界で一意**のIPアドレスです。グローバルIPアドレスはインターネット上の住所であり、必ず一意でなければならないので、組織や個人が自由に設定することはできません。日本では**JPNIC**（日本ネットワークインフォ

メーションセンター)がグローバルIPアドレスの管理を行っているので、必要であればJPNICから委任を受けた**IPアドレス管理指定事業者**に申請して取得します。

● プライベート IP アドレス

　プライベートIPアドレスは、組織内のLANのような**閉じたネットワーク**に接続された機器に割り当てることができるIPです。同一ネットワーク内であれば自由に使用できます。ただし、このアドレスはあくまでも内部用なので、このIPアドレスを使用してインターネットに直接アクセスすることはできません。インターネットにアクセスするには、**NAT**(Network Address Translation)機能を持ったルーターなどを利用してプライベートIPアドレスをグローバルIPアドレスに変換する必要があります。

　プライベートIPアドレスには、割り当てる機器の数や組織の規模に応じて3つのクラスが定義されています。

■ プライベート IP アドレスのクラス(IPv4)

クラス	範囲
クラス A	10.0.0.0 ～ 10.255.255.255
クラス B	172.16.0.0 ～ 172.31.255.255
クラス C	192.168.0.0 ～ 192.168.255.255

　IPアドレスを二進数で表現した際に、先頭の1ビットが「0」の場合は**クラスA**、先頭の2ビットが「10」の場合は**クラスB**、先頭の3ビットが「110」の場合は**クラスC**です。一般的にはネットワークが大きければ(多くのネットワークが存在し、コンピューターが多数あれば)クラスAを、ネットワークが小さければ(ネットワークの数とコンピューターの数が共に少数であれば)クラスCを使用します。

固定 IP の設定(IPv4)

　IP(IPv4)の設定は、ネットワークインターフェイスのプロパティ画面で行います。管理者でサインインしてサーバーマネージャーを開き、以下の手順を実行します。

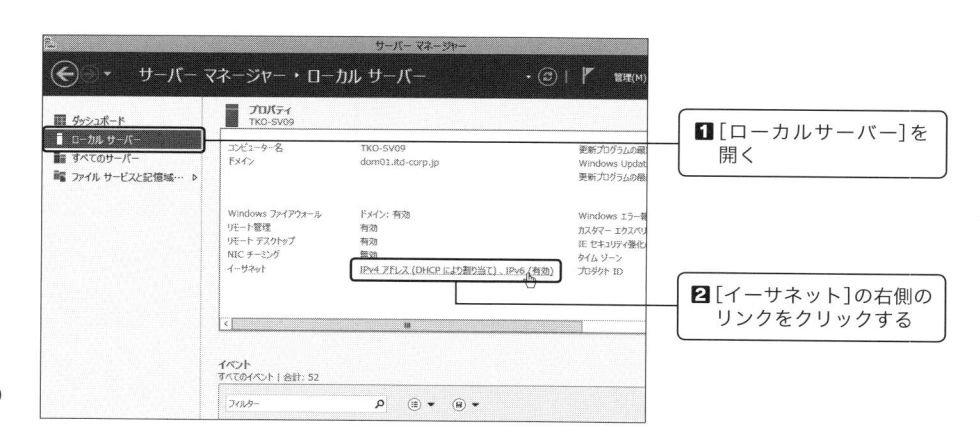

01 ネットワーク環境の構築

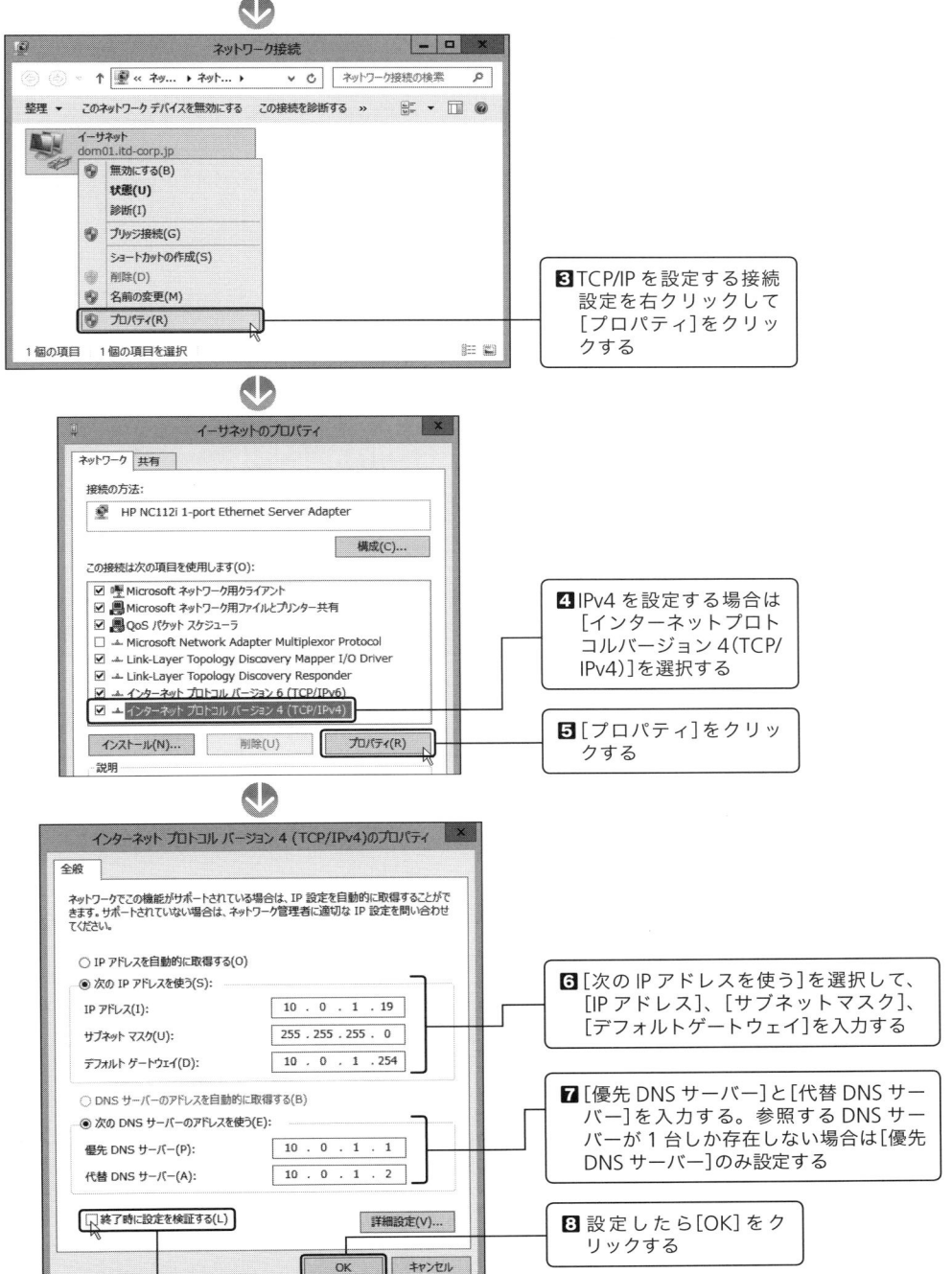

3 TCP/IP を設定する接続設定を右クリックして[プロパティ]をクリックする

4 IPv4 を設定する場合は[インターネットプロトコルバージョン 4(TCP/IPv4)]を選択する

5 [プロパティ]をクリックする

6 [次の IP アドレスを使う]を選択して、[IP アドレス]、[サブネットマスク]、[デフォルトゲートウェイ]を入力する

- IP アドレス: 10.0.1.19
- サブネットマスク: 255.255.255.0
- デフォルトゲートウェイ: 10.0.1.254

7 [優先 DNS サーバー]と[代替 DNS サーバー]を入力する。参照する DNS サーバーが 1 台しか存在しない場合は[優先 DNS サーバー]のみ設定する

- 優先 DNS サーバー: 10.0.1.1
- 代替 DNS サーバー: 10.0.1.2

8 設定したら[OK]をクリックする

解説
[終了時に設定を検証する]にチェックを付けると、設定終了後に「Windows ネットワーク診断」が実行される

■ [インターネットプロトコルバージョン4]ダイアログの設定項目

項目	説明
IPアドレス	コンピューターを識別するための32ビットの数値。ネットワークとホストを表す
サブネットマスク	IPアドレスのうち、ネットワーク部分の範囲を示す
デフォルトゲートウェイ	他のネットワークへの出口。通常はルーターのアドレス
DNSサーバー	ホスト名とIPアドレスの変換を行うDNSサーバーのアドレス。この画面では2つまで登録可能

> **Column** **Windows PowerShellコマンドレットによるIPアドレスの設定**
>
> IPアドレスは、以下のコマンドレットを実行することでも設定できます。
>
> **書式** ▶ IPアドレスの設定(コマンドはそれぞれ1行で実行)
>
> ```
> New-NetIPAddress
>     -InterfaceAlias 〈インターフェイス名〉
>     -IPAddress 〈IPアドレス〉
>     -PrefixLength 〈プレフィックス長〉
>     -DefaultGateway 〈デフォルトゲートウェイのアドレス〉
>
> Set-DnsClientServerAddress
>     -InterfaceAlias 〈インターフェイス名〉
>     -ServerAddresses 〈DNSサーバーのアドレス〉
> ```
>
> 例えば、「イーサネット」というインターフェイス名のネットワークアダプターに、IPアドレスやサブネットマスクやデフォルトゲートウェイ、そして参照するDNSサーバーのアドレスなどを設定する場合は、以下のコマンドレットを実行します。
>
> **実行例** ▶ IPアドレスを設定する(コマンドはそれぞれ1行で実行)
>
> ```
> New-NetIPAddress
>     -InterfaceAlias "イーサネット"
>     -IPAddress 10.0.1.19
>     -PrefixLength 24
>     -DefaultGateway 10.0.1.254
>
> Set-DnsClientServerAddress
>     -InterfaceAlias "イーサネット"
>     -ServerAddresses ("10.0.1.1", "10.0.1.2")
> ```

01-02　TCP/IPの詳細設定

　TCP/IPの詳細設定を行うには、IPの設定ダイアログボックスの［詳細設定］をクリックします。以下の項目を詳細に設定できます。

- 1つのネットワークインターフェイスに複数のIPアドレスを設定する
- 3つ以上のDNSサーバーを登録する
- DNSのサフィックスオプションを設定する
- 動的更新が可能なDNSサーバーにホスト名などを登録する
- WINSサーバーのアドレスを設定する（IPv4を使用する場合のみ）
- LMHOSTSの参照の有効化/無効化を指定する（IPv4を使用する場合のみ）
- NetBIOS over TCP/IP（NetBT）の設定を変更する（IPv4を使用する場合のみ）

❶ ［詳細設定］をクリックする

❷ 設定する項目のタブを選択して、各項目を設定する

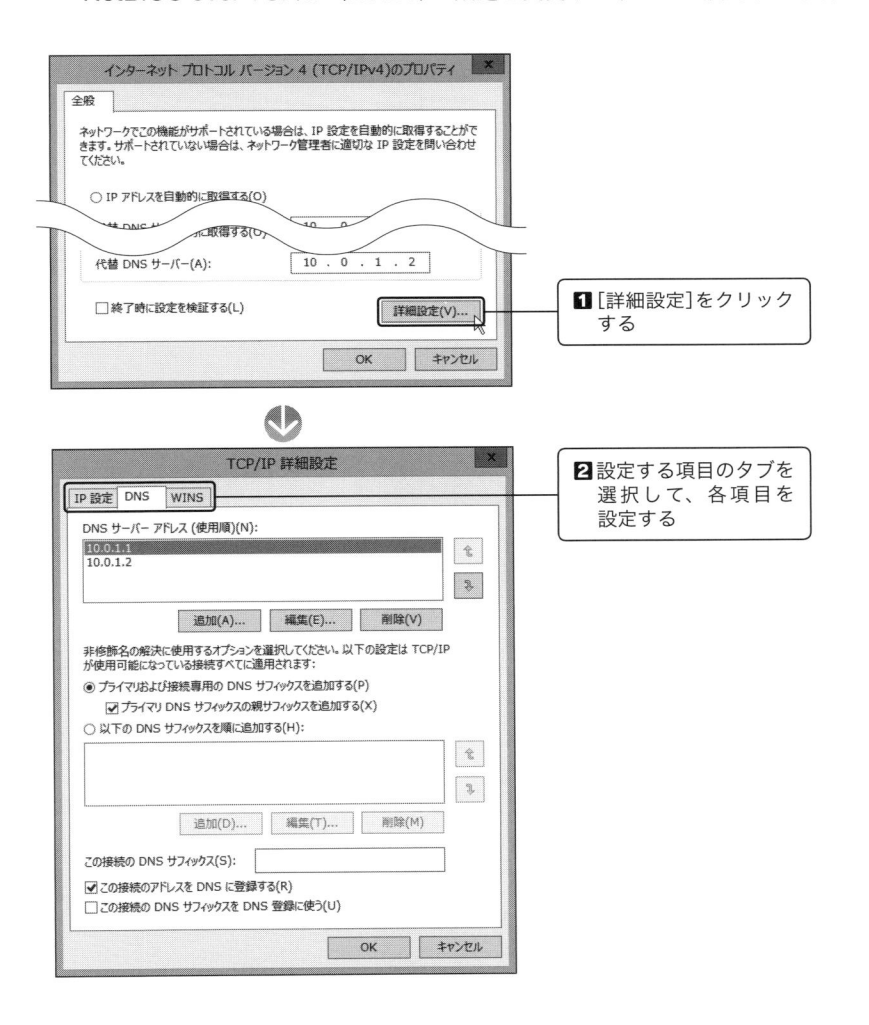

02 TCP/IPの確認とテスト

　TCP/IPの設定内容の確認や、ネットワークに関するテストは、各種コマンドを用いて行います。各項目を設定したにも関わらず、思い通りにネットワークに接続できない場合はここで紹介する各コマンドを使用して設定内容の確認やテストを行ってください。

● TCP/IPの設定内容の確認＿IPCONFIG コマンド

　TCP/IPの設定内容や、DHCPサーバーからのIPアドレスの割り当て状況を確認するにはIPCONFIGコマンド（ipconfig.exe）を使用します。

書　式 TCP/IP の設定内容の確認

```
ipconfig 〈オプション〉
```

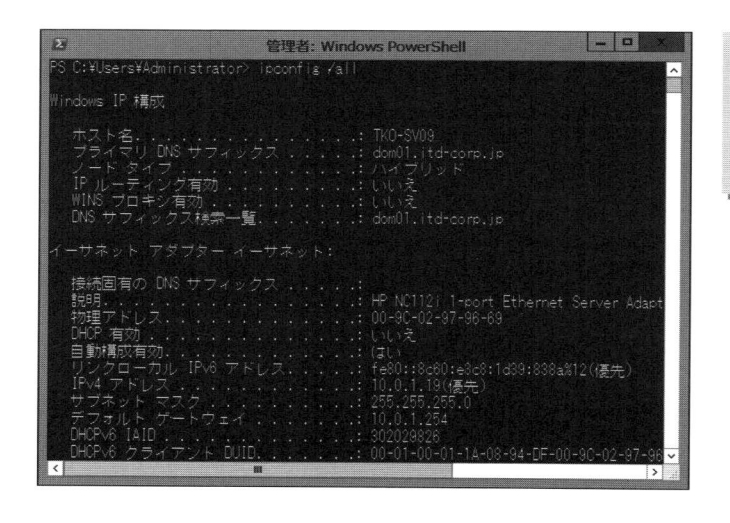

解説
IPアドレスやサブネットマスク、デフォルトゲートウェイなどのネットワークの構成情報を確認できる

　IPCONFIGコマンドにはさまざまなオプションが用意されています。例えば「/all」を指定するとすべての構成情報を確認できます。オプションを省略するとコマンドを実行したコンピューターに設定されているIPアドレスやサブネットマスク、デフォルトゲートウェイを確認できます。

● ネットワークの疎通確認＿PING コマンド

　他のコンピューターやネットワーク機器とネットワーク疎通ができているかを確認するにはPINGコマンド（ping.exe）を使用します。他の機器と通信できない場合は最初にPINGコ

02 TCP/IPの確認とテスト

マンドを使用して疎通テストを行います。

疎通できている場合はスループットなども確認できます。ただし、ファイアウォールの設定でPING用のパケットが拒否されている場合はレスポンスがないので注意してください。

書式 ネットワークの疎通状況の確認

```
ping 〈IPアドレスまたはホスト名〉〈オプション〉
```

解説 疎通できると応答時間やバイト数が表示される。疎通できない場合は「要求がタイムアウトしました」や「一般エラーです」などのメッセージが表示される

●PING コマンドの実行順序

以下の順番でPINGコマンドを実行すると、ネットワーク上の問題箇所を容易に特定できます。コンピューターに近い範囲から先に確認することがポイントです。

1. 自分自身(localhost)に対して PING を実行する
2. 同じセグメントの他のコンピューターに対して PING を実行する
3. デフォルトゲートウェイに対して PING を実行する
4. 別のセグメントの他のコンピューターに対して PING を実行する

ルーティングテーブルの表示と操作__ ROUTE コマンド

ルーティングテーブルの表示や操作を行うにはROUTEコマンド(route.exe)を使用します。

書式 ROUTE コマンドの基本書式

```
route 〈オプション〉〈コマンド〉
```

例えば、コンピューターの**ルーティングテーブル**を表示する場合は以下のコマンドを実行します。

実行例 ▶ ルーティングテーブルを表示する

```
route print
```

[スクリーンショット: Windows PowerShellで`route print`を実行した結果。インターフェイス一覧とIPv4ルートテーブルが表示されている]

解説 ルーティングテーブルが表示される

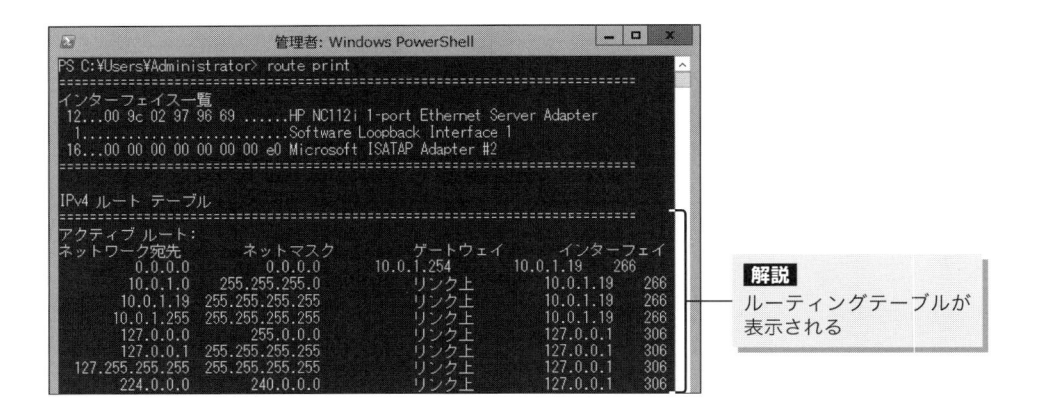

また、デフォルトゲートウェイ以外のルーターを介して、他のネットワークに接続したい場合は、以下のコマンドを実行します。これを「**スタティックルートを設定する**」と呼びます。

書式 スタティックルートの設定

```
route add 〈宛先ネットワーク〉 mask 〈サブネットマスク〉 〈ゲートウェイ〉
```

例えば、「10.0.100.0/24」にアクセスする場合のみにデフォルトゲートウェイではない「10.0.1.253」というルーターを経由させたい場合は、以下のコマンドを実行します。ここでは「-p」オプションを付けて、コンピューターの再起動後にもこの設定が維持されるようにしています。

実行例 ▶ スタティックルートを設定する

```
route add -p 10.0.100.0 mask 255.255.255.0 10.0.1.253
```

このように「route」の後に追加のコマンドを指定することになります。「print」を指定するとルーティングテーブルを表示でき、「add」を指定すると追加できます。他にルーティング情報を削除する「delete」や変更する「change」もあります。

■ ROUTE コマンドの主なコマンド

コマンド	説明
print	ルートを表示する
add	ルートを追加する
delete	ルートを削除する
change	既存のルートを変更する

ネットワークの経路を調べる__ TRACERT コマンド

ネットワークの経路を調べるにはTRACERTコマンド（tracert.exe）を使用します。目的のコンピューターまでの間に経由したルーターのアドレスを確認できます。

書式 ネットワークの経路の調査

```
tracert 〈IPアドレスまたはホスト名〉
```

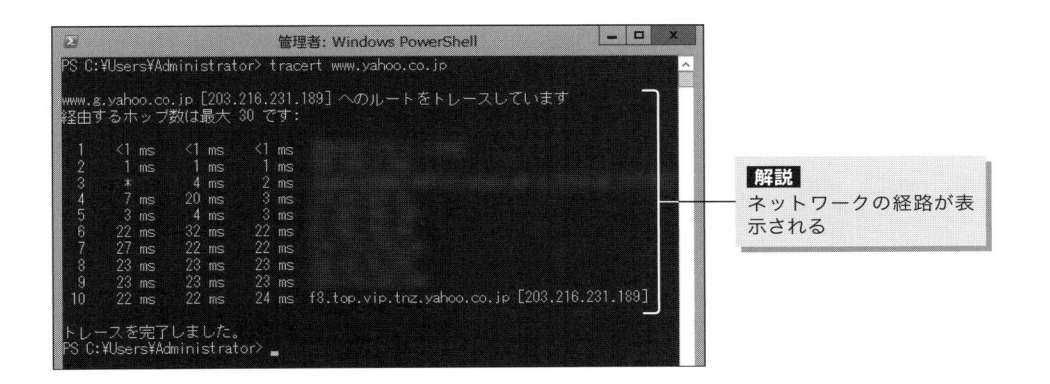

解説 ネットワークの経路が表示される

IPアドレスやDNS名の解決__ NSLOOKUP コマンド

DNS名からIPアドレスを解決したり、その逆を行うにはNSLOOKUPコマンド（nslookup.exe）を使用します※。

※NSLOOKUPコマンドの詳細については「Chapter 25 DNSサーバーの構築と管理」（⇒P.513）を参照してください。

03 NICチーミングの構成

NICチーミングとは、サーバーに搭載されている複数のネットワークアダプターを1つのチームとして束ねることで**帯域幅を集約する機能**です。この機能を利用すると、パフォーマンスの向上と、通信トラフィックの冗長性の向上（フェールオーバー）を実現できます。以前はハードウェアメーカーが提供するNICドライバーやユーティリティーを使用する必要がありましたが、Windows Server 2012以降ではこの機能がOSの標準機能としてサポートされています。

■ NIC チーミング

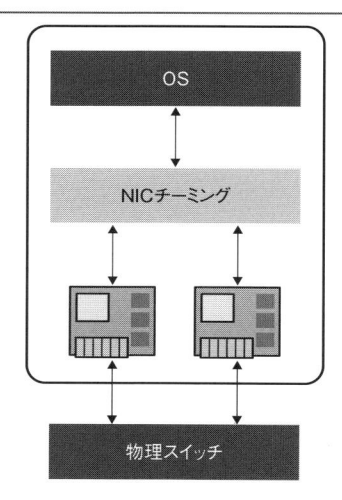

```
┌─────────────────────┐
│         OS          │
│          ↕          │
│     NICチーミング     │
│        ↕  ↕         │
│      [NIC] [NIC]    │
│        ↕  ↕         │
│     物理スイッチ      │
└─────────────────────┘
```

なお、NICチーミングは「**LBFO**(Load Balancing and Failover)」と呼ばれることもあります。そのため、Windows PowerShellコマンドレットの中からNICチーミング用に用意されているコマンドレットを検索するときは「LBFO」というキーワードを指定してみてください。

> **Tips** Windows Server 2012 R2のNICチーミングの詳細については以下のマイクロソフトのホワイトペーパーを参照してください。
>
> **URL** Windows Server 2012 R2 NIC Teaming (LBFO) Deployment and Management
> http://www.microsoft.com/en-us/download/details.aspx?id=40319

03-01 NIC チーミングの設計要件

一般的な環境（非Hyper-V環境）におけるNICチーミングの仕様や制約は以下の通りです。**Hyper-V環境についてはいくつかの注意点がある**ため後述します（⇒P.388）。

- 同じ速度のイーサネットネットワークアダプターを最大 32 個まで NIC チーミングのメンバーに指定できる
- VLAN に対応している
- NIC チーミングは Windows Server 2012 R2 がサポートしているネットワーク機能の大半を利用可能だが、一部利用できない機能がある（SR-IOV、RDMA、TCP Chimney など⇒ P.401）

また、NICチーミングを使用する場合は、事前に次の点を検討します。

●全体構成

最初に、サーバーの通信トラフィックや求められる可用性などを元にして以下の点を検討します。

- NIC チーミングで確保すべき帯域幅
- ネットワークアダプターの数
- 各ネットワークアダプターの利用方法（Active/Active または Active/Standby）
- 接続するスイッチ（スイッチングハブ）の機能と設定
- NIC チーミングを構成するサーバー環境（Hyper-V とは無関係の物理サーバーなのか、Hyper-V サーバーなのか、Hyper-V 上で動作する仮想マシンなのか、など）

●チーミングモード

チーミングモードとは、NICチーミングの**基本動作のアルゴリズム**を決定するものです。通常、NICチーミングを構成するネットワークアダプターはスイッチに接続されるため、チーミングモードはスイッチの機能や構成によって下表の2種類に大別されます。

■ 2種類のチーミングモード

チーミングモード	説　明
スイッチに依存しない	「**Switch Independent Configuration**」とも呼ぶ。Windows Server 2012 R2 の NIC チーミングのデフォルトのチーミングモード
スイッチに依存する	「**Switch Dependent Configuration**」とも呼ぶ。NIC チーミングでより高いパフォーマンスと可用性が必要になる場合に選択する。ただし、スイッチが持つ機能に依存し、スイッチ側でも設定を行う必要がある

「**スイッチに依存するモード**」（Switch Dependent Configuration）は、さらに下表の2種類に分類されます。

■ 2種類のスイッチに依存するチーミングモード

チーミングモード	説　明
静的チーミング	「**Generic or Static Teaming/IEEE 802.3ad Draft v1**」とも呼ぶ。このモードでは、サーバーだけでなくスイッチも設定して、チームを構成するリンクを識別する必要がある。これは静的に構成されるモードであるため、ケーブルの接続不良などによる障害発生を識別するための追加のプロトコルがない。通常、このモードは、エンタープライズクラスのスイッチでサポートされる
LACP	「**Dynamic Teaming/IEEE 802.1ax, LACP**」とも呼ぶ。このモードでは、LACP（Link Aggregation Control Protocol）を使用してリンクを動的に識別して、チームを自動生成する。一般的なクラスのスイッチで IEEE 802.1ax がサポートされているが、ポートの LACP を有効にするための設定操作が必要

●負荷分散モード

負荷分散モードとは、**トラフィックの分散アルゴリズム**です。負荷分散モードは次表の3種類に分類されます。

■ 3種類の負荷分散モード

負荷分散モード	説明
アドレスのハッシュ	パケットのコンポーネントに基づいてハッシュを作成し、そのハッシュ値を持つパケットを、使用可能ないずれかのネットワークアダプターに割り当てるモード。以下の3種類があり、自動選択されるが、PowerShell コマンドレットで指定することも可能。 　**TransportPorts**：デフォルトのモード。GUI での設定時に［アドレスのハッシュ］を選択するとこのモードで動作する。接続元と接続先の TCP ポートと、接続元と接続先の IP アドレスでトラフィックを分散する 　**IPAddresses**　　：接続元と接続先の IP アドレスのみでトラフィックを分散する 　**MacAddresses**　：接続元と接続先の MAC アドレスのみでトラフィックを分散する
Hyper-V ポート	Hyper-V サーバー上で動作する仮想マシンの MAC アドレスでトラフィックを分散するモード。Hyper-V スイッチに接続した場合に有効。同じ仮想マシンの同じ MAC アドレスからの送信トラフィックは負荷分散しない
動的	Windows Server 2012 R2 の NIC チーミングで追加された負荷分散モード。このモードがデフォルト。［アドレスのハッシュ］モードと［Hyper-V ポート］モードを組み合わせて動作する

> **Tips** NICチーミングには、2種類のチーミングモード（スイッチに依存しない、依存する）と、3種類の負荷分散モードがあるため、全体で6種類の構成が可能です。それぞれの特徴や推奨される利用シーンについては先述したマイクロソフトのホワイトペーパーを参照してください（⇒P.108）。

●スタンバイアダプター

　NICチーミングでは、メンバーに加えるネットワークアダプターのうちの1つを「**スタンバイアダプター**」に指定できます。指定したネットワークアダプターは通常時は使用されず、他のネットワークアダプターに障害が発生したときのみ使用されるようになります。

03-02　NIC チーミングの構成

　ここからはNICチーミングの構成方法について解説します。なお、NICチーミングの構成時にネットワークが切断される可能性があるため、リモートデスクトップ接続など行っている状態で操作することは推奨しません。

一般的な構成方法

　Hyper-Vサーバーや仮想マシンではない、一般的な物理サーバーでNICチーミングを構成する際の手順を解説します。なお、VLANを構成する場合は、スイッチ側の設定も行う必要があります。
　管理者でサインインしてサーバーマネージャーを開き、同じ速度の複数のネットワークアダプターを搭載したサーバーで次の手順を実行します。

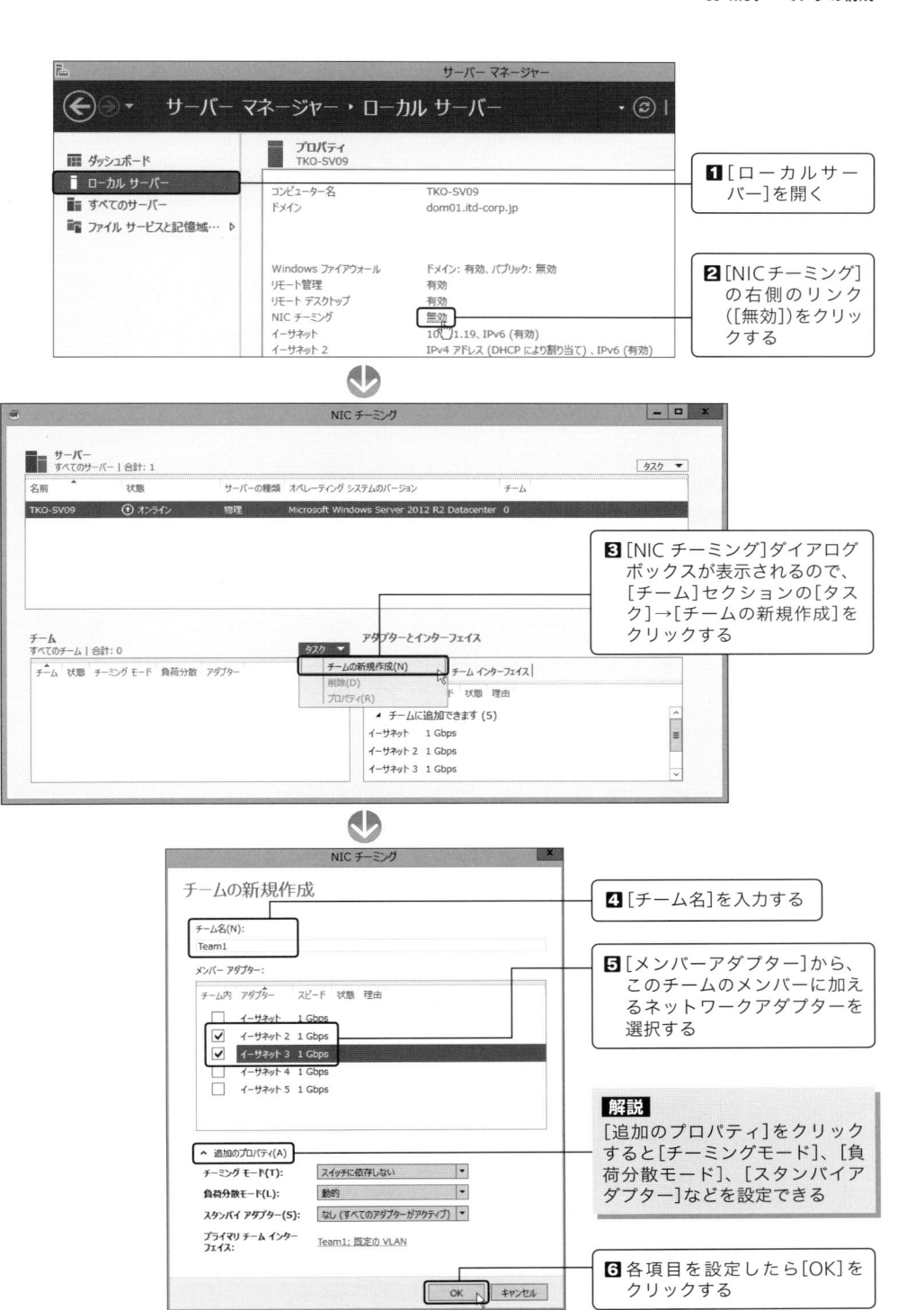

03 NICチーミングの構成

1 [ローカルサーバー]を開く

2 [NICチーミング]の右側のリンク（[無効]）をクリックする

3 [NICチーミング]ダイアログボックスが表示されるので、[チーム]セクションの[タスク]→[チームの新規作成]をクリックする

4 [チーム名]を入力する

5 [メンバーアダプター]から、このチームのメンバーに加えるネットワークアダプターを選択する

解説
[追加のプロパティ]をクリックすると[チーミングモード]、[負荷分散モード]、[スタンバイアダプター]などを設定できる

6 各項目を設定したら[OK]をクリックする

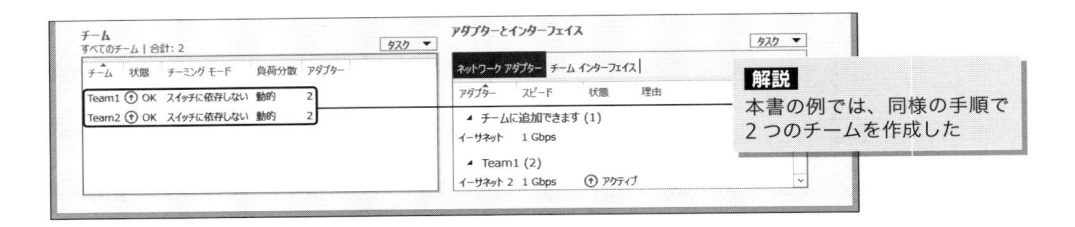

Part 02 Windows Server 2012 R2の基本管理

解説：本書の例では、同様の手順で2つのチームを作成した

　サーバーマネージャーの［ローカルサーバー］にある［イーサネット］の右側のリンクをクリックして［ネットワーク接続］を開くと、作成したチームが仮想的なネットワークアダプターとして表示されていることを確認できます。この仮想的なネットワークアダプターに対してIPアドレスの設定などを行うと利用できるようになります。

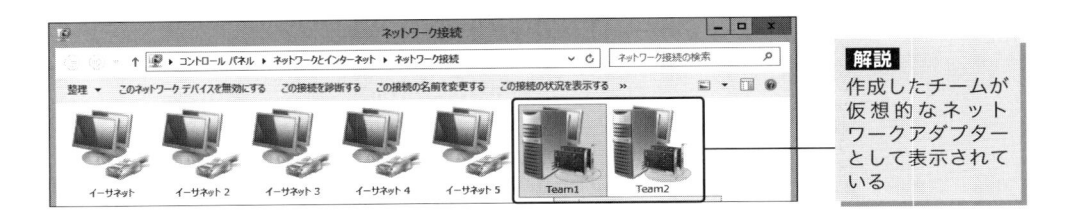

解説：作成したチームが仮想的なネットワークアダプターとして表示されている

Tips NICチーミングを構成した際にIPアドレスを設定する対象は「仮想的なネットワークアダプター」であり、チームのメンバーになったネットワークアダプターにはIPアドレスは設定できません。この点には注意してください。

Column　NIC チーミング環境での VLAN の構成方法

　作成したチームのVLAN設定は［NICチーミング］ダイアログで行えます。設定を行うには以下の手順を実行します。

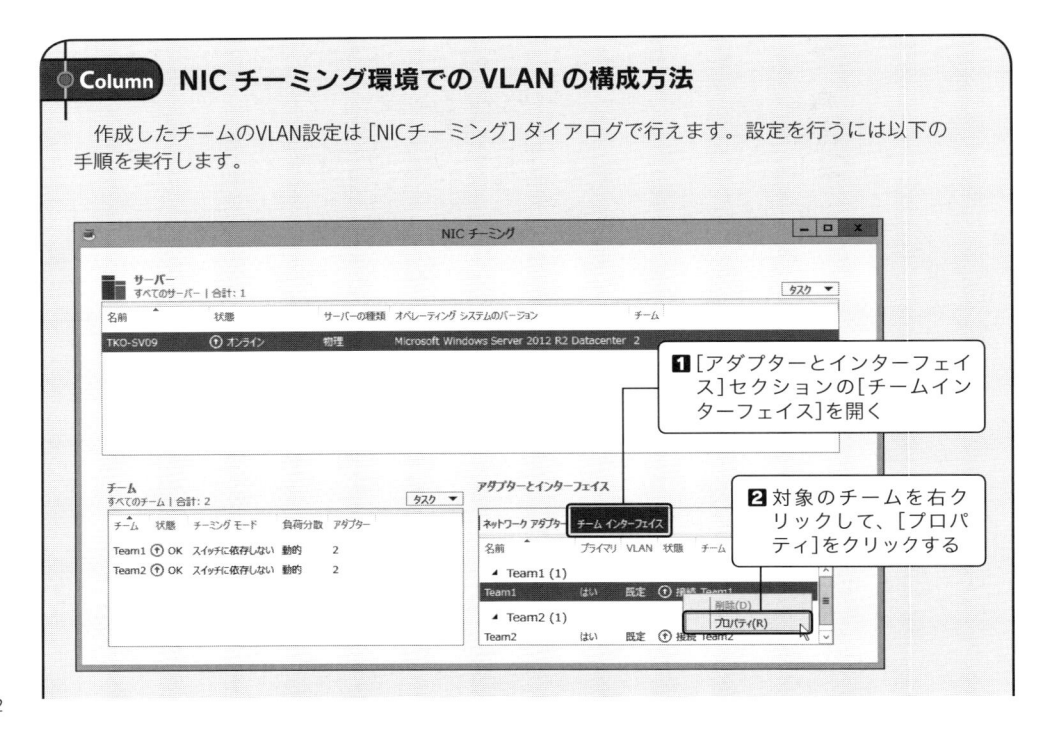

1 ［アダプターとインターフェイス］セクションの［チームインターフェイス］を開く

2 対象のチームを右クリックして、［プロパティ］をクリックする

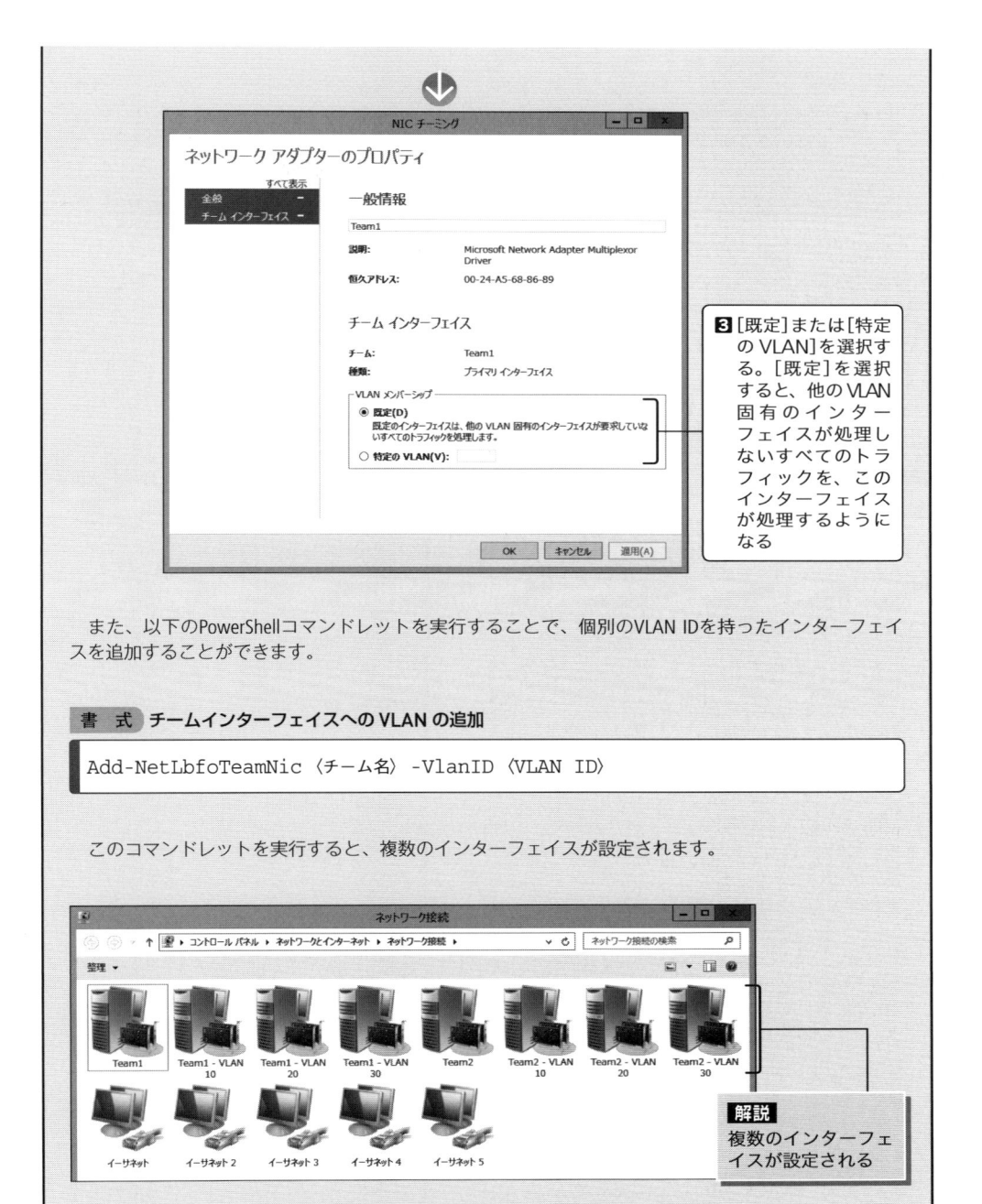

❸ [既定]または[特定のVLAN]を選択する。[既定]を選択すると、他のVLAN固有のインターフェイスが処理しないすべてのトラフィックを、このインターフェイスが処理するようになる

また、以下のPowerShellコマンドレットを実行することで、個別のVLAN IDを持ったインターフェイスを追加することができます。

書 式 チームインターフェイスへのVLANの追加

```
Add-NetLbfoTeamNic 〈チーム名〉 -VlanID 〈VLAN ID〉
```

このコマンドレットを実行すると、複数のインターフェイスが設定されます。

解説 複数のインターフェイスが設定される

なお、Hyper-V環境でVLANを使用する場合は、[NICチーミング]ダイアログや、NICチーミング用のPowerShellコマンドレット（`Add-NetLbfoTeamNic`など）で設定してはいけません。詳細は「Chapter 22 ライブマイグレーション環境の構築とHyper-Vクラスター」のコラム（⇒**P.434**）を参照してください。

Chapter 05 ユーザーとグループの管理

本章では、サーバーの利用者を識別する「ユーザー」と、複数のユーザーをまとめる「グループ」の作成方法や管理方法を解説します。なお、主にActive Directory環境で使用するユーザーを指す「ドメインユーザー」の管理方法ついてはP.225を参照してください。ここではサーバーのローカルにあるアカウントデータベースに「ローカルユーザー」を作成し、管理する方法を解説します。

01 ローカルユーザーの管理

管理者は利用者ごとの作業範囲や利用内容に応じて、適切にローカルユーザーを管理する必要があります。また、必要であればユーザーアカウントの無効化や削除、ロックアウトも行います。

01-01 デフォルトのローカルユーザー

Windows Server 2012 R2 をインストールすると、デフォルトで下表のローカルユーザーが登録されています。

■ デフォルトのローカルユーザー

ローカルユーザー名	説明
Administrator	**管理者ユーザー**。Administrators ローカルグループのメンバー。そのサーバーに対するすべての管理操作を実行できる。なお、Windows Server の管理者ユーザーの名称がデフォルトで「Administrator」であることは世界中の誰もが知っていることなので、セキュリティを向上させる意味でも名称の変更を推奨
Guest	**ゲストユーザー**。Guests ローカルグループのメンバー。特定のユーザーアカウントを持っていない利用者のための一時的なアカウント。なお、Guest ユーザーはデフォルトでは「無効」になっている

なお、これらのデフォルトのローカルユーザーを使用してサーバーにアクセスすることもできますが、「Administrator」にはサーバーに対するすべての操作を実行できる権限が付与されているため、すべての一般利用者がこのユーザーアカウントを利用することはセキュリティ上好ましくありません。また、「Guest」を有効化すると他のコンピューターからの予期しないネットワークアクセスを許してしまう恐れがあるため、特に理由がない限り有効化することはお勧めしません。

01-02 ローカルユーザーの作成

利用者がサーバーにアクセスして操作を行うには「**ユーザー**」が必要です。ワークグループ環境では「**ローカルユーザー**」がないとサーバーにアクセスすることはできません。また、サーバーがドメインに参加している場合でも、サーバー単位で個別にユーザーやグループを管理しなければならない状況があります。

ローカルユーザーを作成する主な理由は以下の4点です。

- サーバーがドメインに参加していない（ワークグループ環境）
- 管理者が複数存在し、誰が管理操作を行ったかを識別したい
- 限定された管理操作のみを行いたい（例えばパフォーマンス監視など）
- Administrator のパスワードを管理者間で共有したくない

上記に該当する場合は、必要に応じてローカルユーザーを作成します。新規にローカルユーザーを作成するには、サーバーマネージャーの［ツール］メニューから［コンピューターの管理］を起動して**［コンピューターの管理（ローカル）］→［システムツール］→［ローカルユーザーとグループ］**を開き、以下の手順を実行します。

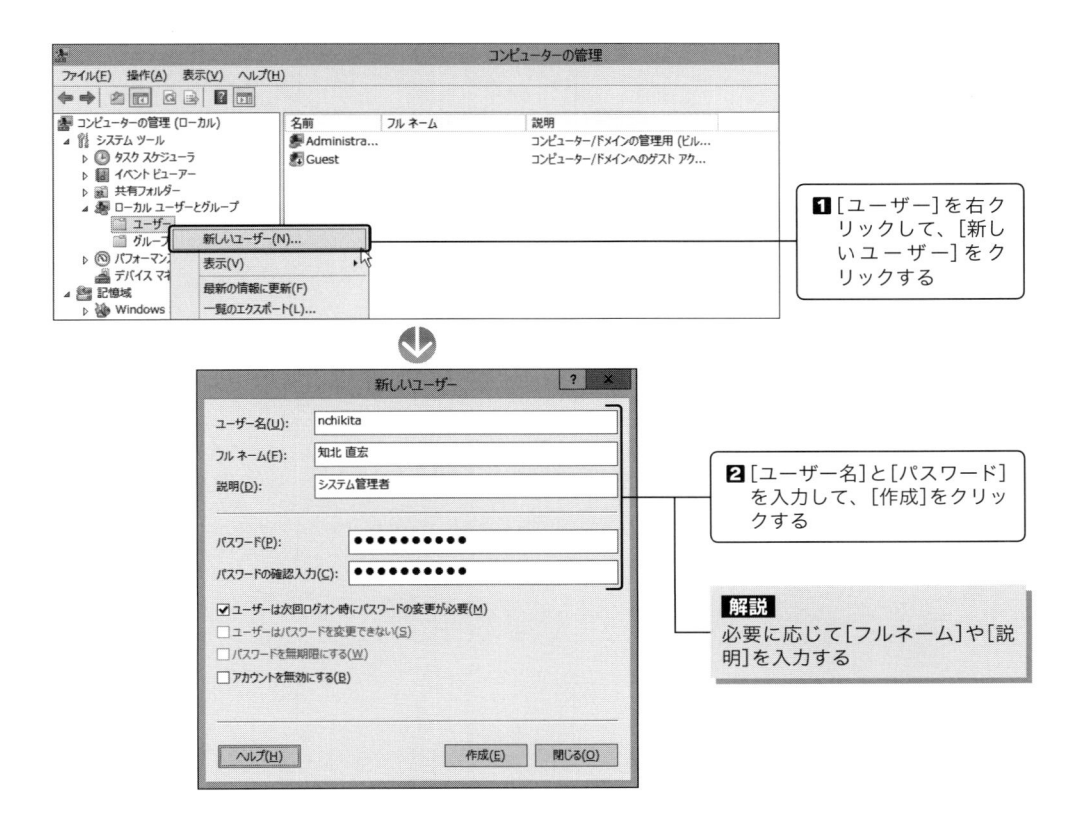

❶ ［ユーザー］を右クリックして、［新しいユーザー］をクリックする

❷ ［ユーザー名］と［パスワード］を入力して、［作成］をクリックする

解説
必要に応じて［フルネーム］や［説明］を入力する

■ [新しいユーザー]ダイアログの設定項目

項目	説明
ユーザー名	ユーザーアカウント名を設定する。20文字以内（半角の場合）。「" / \ [ ] : ; | = , + * ?< > @」以外の任意の大文字と小文字を指定できる。ただし、「.」(ピリオド)またはスペースだけのユーザー名は指定不可
フルネーム	姓と名など、ユーザーのフルネームを設定する
説明	ユーザーの説明を設定する。省略可
パスワード	大文字と小文字を区別した127文字以内のパスワードを設定する
ユーザーは次回ログオン時にパスワードの変更が必要	このオプションを有効にすると、このユーザーが次回ログオン（サインイン）する際にパスワードの変更を強制できる
ユーザーはパスワードを変更できない	このオプションを有効にすると、このユーザーは自分のパスワードを変更できなくなる。複数の利用者が共有するユーザーの場合に設定する
パスワードを無期限にする	このオプションを有効にすると、このユーザーのパスワードは無期限になる。グループポリシーのパスワード有効期間設定（⇒ P.274）よりも優先される
アカウントを無効にする	このオプションを有効にすると、このユーザーは無効になる（ログオンできない状態）

> **重要！** パスワードには可能な限り強力な（複雑な）文字列を設定することが推奨されています。利用者が覚えられる範囲で指定してください。例えば以下のようなものです。
> - 8文字以上
> - ユーザー名、本名、会社名や団体名は含まない
> - 単語をそのまま使用しない
> - 以前のパスワードと大幅に異なる文字列
> - 大文字、小文字、数字、記号をすべて含む

> **Tips** Active Directoryドメイン環境であれば、ドメインに参加しているクライアントコンピューターからドメインのユーザーを使用してWindows Server 2012 R2サーバーにログオンできます。また、そのユーザーに割り当てられている権限の範囲で各種操作を実行できます。
> では、ワークグループ環境ではどのようにしてWindows Server 2012 R2サーバーにアクセスすれば良いでしょうか。
> 最も簡単な方法は、クライアントコンピューターに「**Windows Server 2012 R2サーバーに登録されているローカルユーザー**」と同じユーザー名、同じパスワードのローカルユーザーを登録することです。ユーザー名とパスワードが同じであれば、Windows Server 2012 R2サーバーのローカルユーザーに割り当てられている権限でサーバーにアクセスできるようになります。
> なお、クライアントコンピューターからアクセスができない場合は、Windows Server 2012 R2サーバーのWindowsファイアウォールやUAC（ユーザーアカウント制御）の設定を確認してください。

01-03 ローカルユーザーへの権限付与

新規に作成したローカルユーザーには**権限**が付与されていません。ローカルユーザーごとに必要な権限を付与する必要があります。ローカルユーザーに権限を付与する方法には次の2種類があります。

- ローカルユーザーを、権限が付与されているローカルグループのメンバーに追加する
- ローカルユーザーを、ローカルセキュリティポリシーに登録する

　一般的には、すでに権限が付与されているローカルグループのメンバーに任意のローカルユーザーを追加する方法で権限を付与します。ローカルセキュリティポリシーにローカルユーザーを登録する方法は、ローカルユーザーごとに権限の付与・削除を行う必要があるため、登録作業や管理が煩雑になりますし、作業負荷も高いのでお勧めできません。ここでは権限が付与されているローカルグループのメンバーにローカルユーザーを追加する方法を解説します。

ビルトインローカルグループ

　Windows Server 2012 R2 には、デフォルトで「**ビルトインローカルグループ**」と呼ばれるローカルグループが登録されています（下表参照）。また、各ローカルグループには利用形態に応じた権限が付与されています。作成したローカルユーザーをいずれかのビルトインローカルグループのメンバーに追加すれば、そのローカルグループに付与されている権限の範囲内で管理操作などを行えるようになります。

■ 主なビルトインローカルグループ

グループ名	説明
Administrators	コンピューターに対する完全なアクセス権を持つ。デフォルトでは **Administrator ユーザー**がメンバー
Backup Operators	バックアップの作成またはファイルの復元が可能な権限を持つ。デフォルトではメンバーはいない
Guests	ログオン時に一時的なプロファイルが作成され、ログアウト時にはそのプロファイルが削除されるゲストとしての操作が可能。デフォルトでは **Guest ユーザー**がメンバー
Hyper-V Administrators	Hyper-V のすべての機能に対する完全なアクセス権を持つ。デフォルトではメンバーはいない
IIS_IUSRS	IIS で使用するグループ
Power Users	制限付きの管理者権限を持ったグループ。以前のバージョンの Windows との下位互換の目的で用意されている。デフォルトではメンバーはいない
Print Operators	プリンターや印刷キューの管理が可能。デフォルトではメンバーはいない
Users	アプリケーションの実行、ローカルプリンターとネットワークプリンターの使用、コンピューターのロックなど、一般的な作業が可能なグループ。作成されたユーザーはこのグループのメンバーに自動登録される

Tips ローカルグループの作成方法については、後述の「ローカルグループの管理」（⇒P.124）を参照してください。

ローカルユーザーをローカルグループのメンバーに追加する

　ローカルユーザーをローカルグループのメンバーに追加するには、サーバーマネージャーの［ツール］メニューから［コンピューターの管理］を起動して、**［コンピューターの管理（ローカル）］→［システムツール］→［ローカルユーザーとグループ］**を開き、以下の手順を実行します。

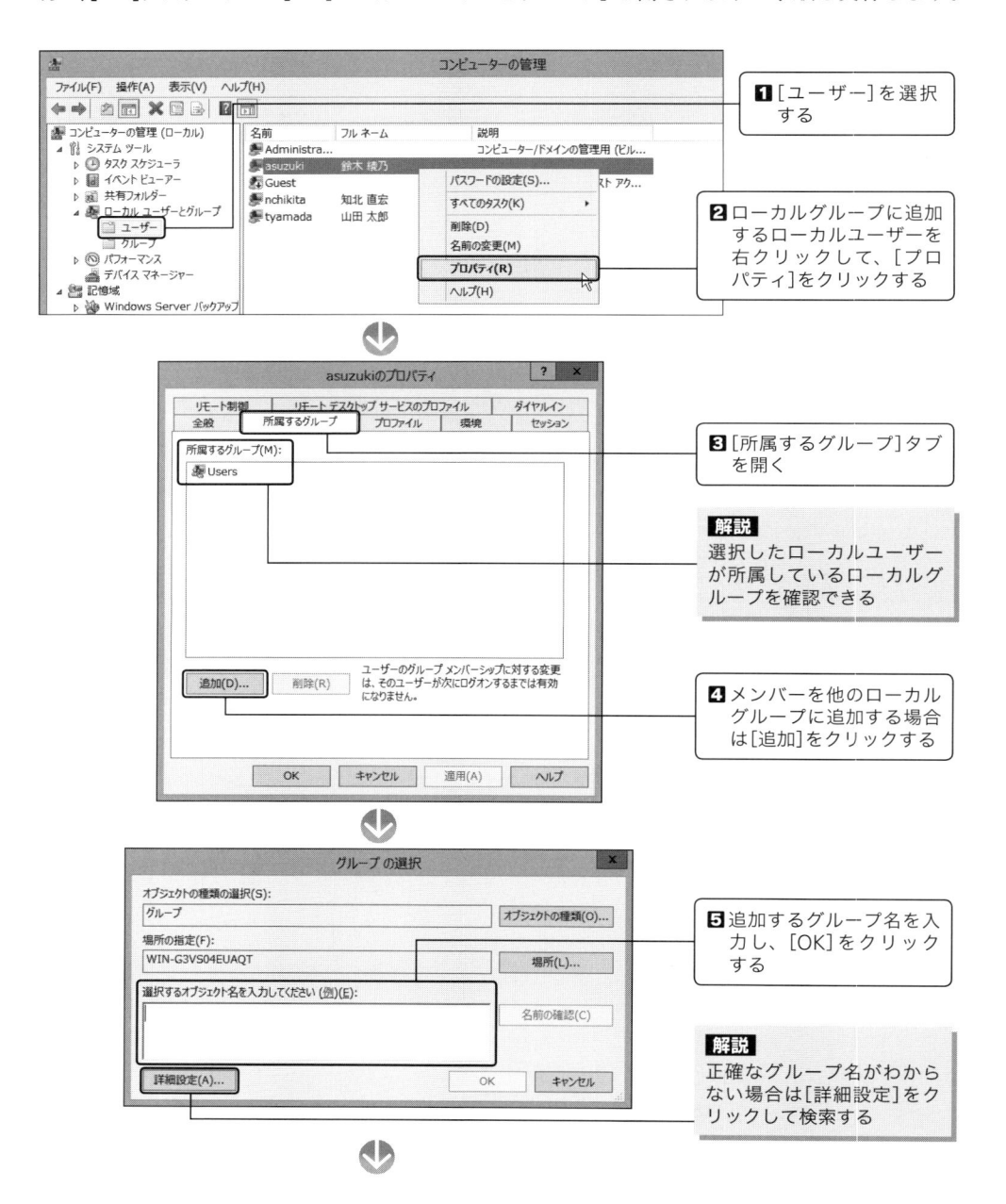

1 ［ユーザー］を選択する

2 ローカルグループに追加するローカルユーザーを右クリックして、［プロパティ］をクリックする

3 ［所属するグループ］タブを開く

解説
選択したローカルユーザーが所属しているローカルグループを確認できる

4 メンバーを他のローカルグループに追加する場合は［追加］をクリックする

5 追加するグループ名を入力し、［OK］をクリックする

解説
正確なグループ名がわからない場合は［詳細設定］をクリックして検索する

解説
追加したローカルグループがローカルユーザーの[所属するグループ]に追加される。この操作を繰り返せばローカルユーザーを複数のローカルグループに追加できる

Tips ローカルユーザーをローカルグループに追加する方法は、上記の方法以外に「ローカルグループのプロパティダイアログでローカルユーザーを指定する方法」があります。この方法についてはP.126を参照してください。

01-04 ローカルユーザーの無効化

　不要なローカルユーザーをそのまま放置することはセキュリティの観点からも推奨できません。しかし、だからといって安易にローカルユーザーを削除すると、後で「実は必要だった」となった場合に面倒なことになります。

　Windowsはユーザーアカウントを識別するために内部で「**SID**」というIDを使用していますが、このSIDとユーザー名は関連付けられていないので、ローカルユーザーを削除した後で同じ名前のローカルユーザーを作成しても、削除したローカルユーザーに付与されていた権限やその他の設定を引き継ぐことはできません。

　そのため、不要なローカルユーザーは「**無効化**」することをお勧めします。無効化するとそのローカルユーザーは利用できなくなるので、削除する前に一定期間無効化することで、そのローカルユーザーが本当に不要なのかを判断できます。また、無効化したローカルユーザーは、削除した場合とは異なり、有効化するだけで簡単に元の状態に戻すことができます。

　ローカルユーザーを無効化するには、サーバーマネージャーの[ツール]メニューから[コンピューターの管理]を起動して、**[コンピューターの管理（ローカル）]→[システムツール]→[ローカルユーザーとグループ]**を開き、以下の手順を実行します。

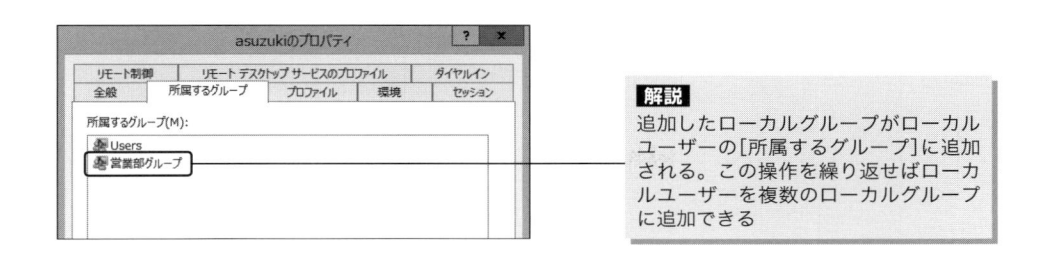

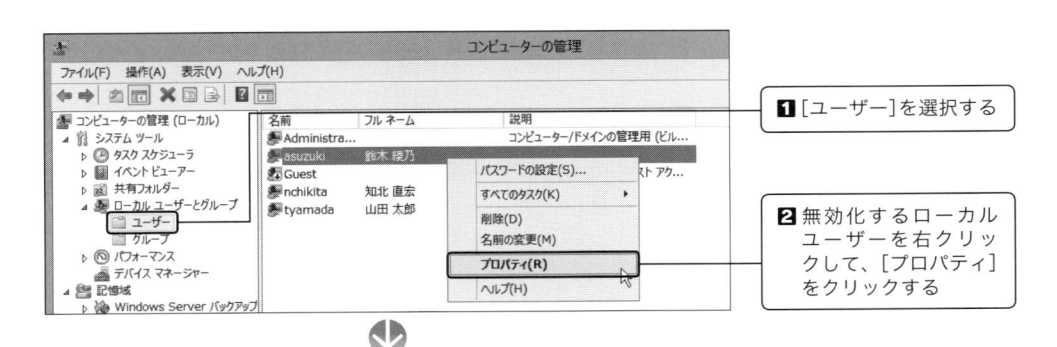

1 [ユーザー]を選択する

2 無効化するローカルユーザーを右クリックして、[プロパティ]をクリックする

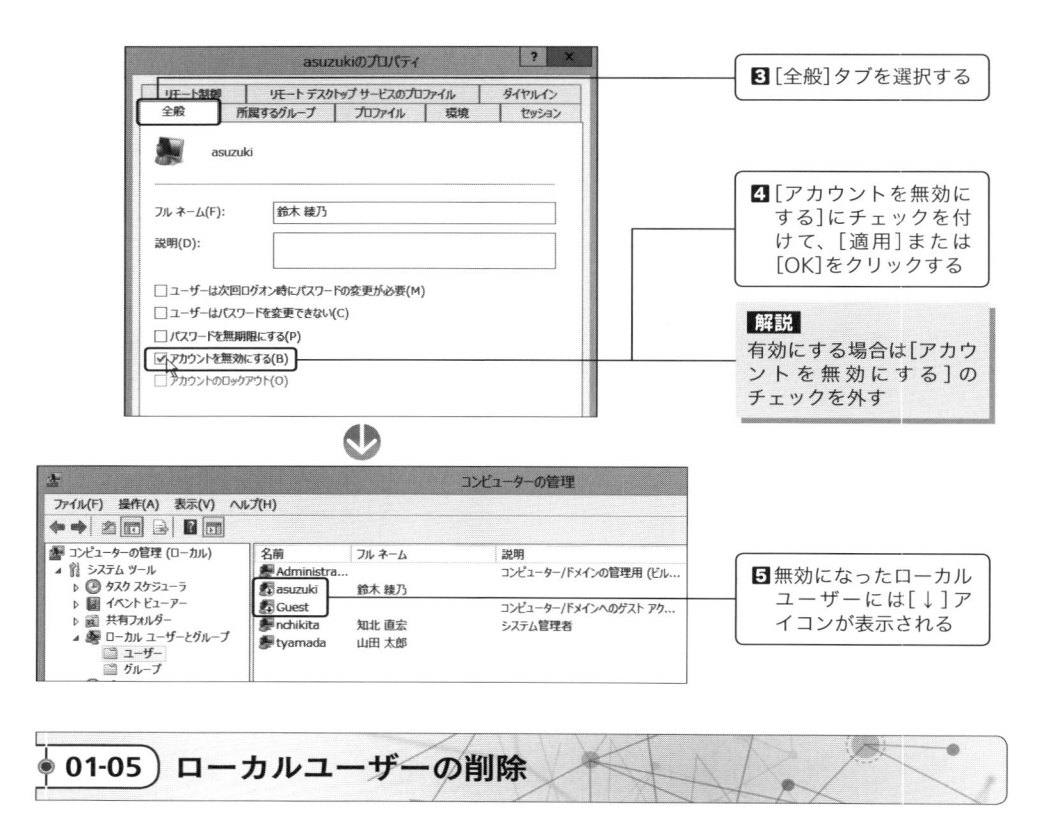

[3] [全般]タブを選択する

[4] [アカウントを無効にする]にチェックを付けて、[適用]または[OK]をクリックする

解説
有効にする場合は[アカウントを無効にする]のチェックを外す

[5] 無効になったローカルユーザーには[↓]アイコンが表示される

01-05　ローカルユーザーの削除

　無効化の期間を経て、不要であると判断されたローカルユーザーは削除します。サーバーマネージャーの[ツール]メニューから[コンピューターの管理]を起動して**[コンピューターの管理(ローカル)]→[システムツール]→[ローカルユーザーとグループ]**を開き、以下の手順を実行します。

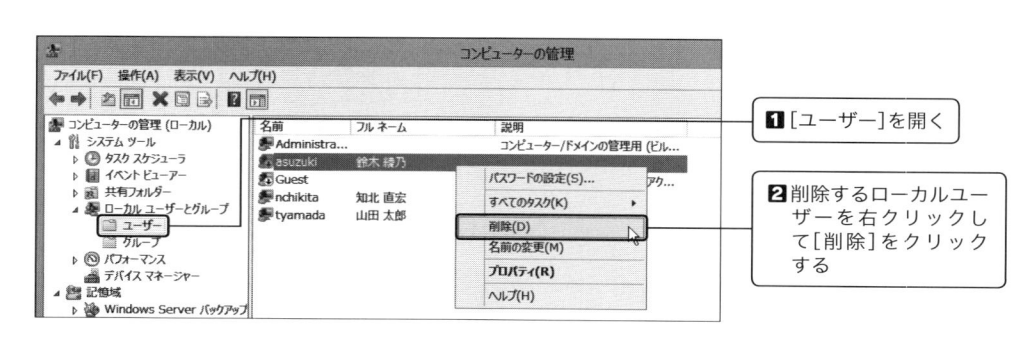

[1] [ユーザー]を開く

[2] 削除するローカルユーザーを右クリックして[削除]をクリックする

01-06　ユーザーアカウントのロックアウト

　悪意のあるユーザーからの不正なログオンを防ぐために「**アカウントのロックアウト**」を設定します。ロックアウトを設定すると、指定した時間内に、指定した回数のパスワードの入

力ミスを行ったユーザーアカウントのログオンを制限できます。

　ロックアウトの設定は「**ローカルセキュリティポリシー**」で行います[※]。[スタート]画面の[管理ツール]から[ローカルセキュリティポリシー]を起動して、以下の手順を実行します。

※ドメインに参加している場合にはグループポリシーで設定します(⇒P.276)。

> **重要！** Administratorはロックアウトできません。そのためAdministratorのパスワード管理は重要です。可能な限り難解なパスワードを設定し、可能な限り頻繁に変更することが理想です。

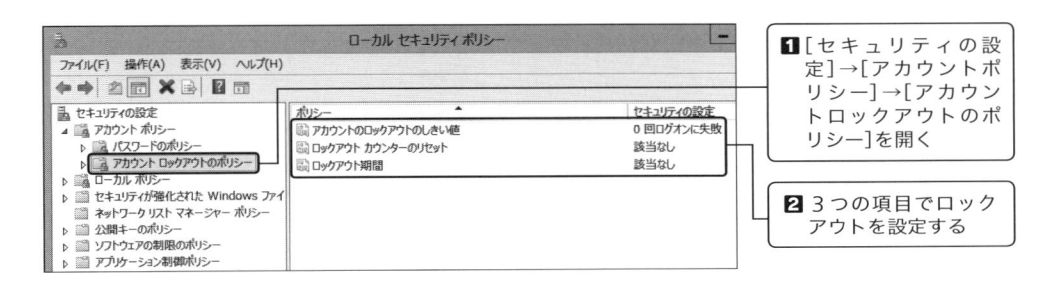

1 [セキュリティの設定]→[アカウントポリシー]→[アカウントロックアウトのポリシー]を開く

2 3つの項目でロックアウトを設定する

●アカウントのロックアウトのしきい値

　ロックアウトするまでのログオンの失敗回数を指定します。デフォルト値は「0」であり、これは「**ロックアウトしない**」設定になります。ここに「1」や「2」を設定すると、正規のユーザーでもパスワードの入力ミスによってロックアウトが発生してしまうことがあるので「3」～「5」程度を設定してください。なお、この値はパスワードロックされたスクリーンセーバーを解除する際のパスワード入力もカウントの対象になります。

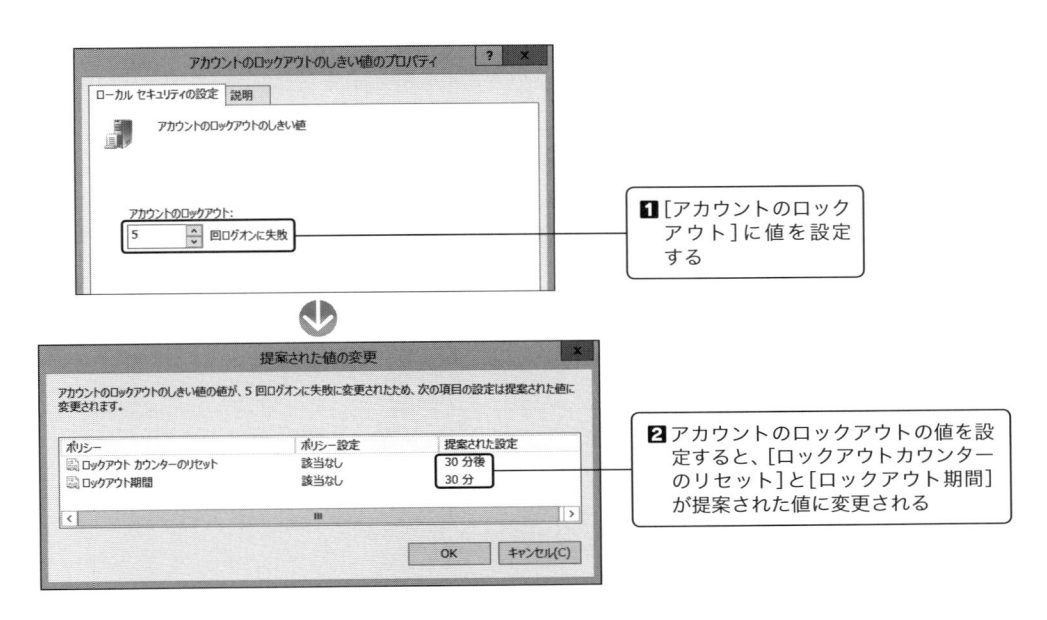

1 [アカウントのロックアウト]に値を設定する

2 アカウントのロックアウトの値を設定すると、[ロックアウトカウンターのリセット]と[ロックアウト期間]が提案された値に変更される

●ロックアウトカウンターのリセット

　ログオン失敗後に、**ログオン失敗のカウンターが「0」にリセットされるまでに必要な時間**を指定します。単位は「**分**」です。後述の「ロックアウト期間」と同じかそれ以下に設定する必要があります。

1 [ロックアウトカウンターのリセット]に値を設定する

●ロックアウト期間

　ロックアウトされたアカウントが**自動的にロック解除されるまでの時間**を指定します。単位は「分」です。この値に「0」を指定すると管理者が解除するまでロックされたままになります。

1 [ロックアウト期間]に値を設定する

ロックアウトの解除

　ロックアウト期間に「0」を指定した場合や、早急にロックアウトを解除する必要がある場合は、管理者がロックの解除操作を行います。
サーバーマネージャーの[ツール]メニューから[コンピューターの管理]を起動して[**コンピューターの管理（ローカル）**]→[**システムツール**]→[**ローカルユーザーとグループ**]を開き、以下の手順を実行します。

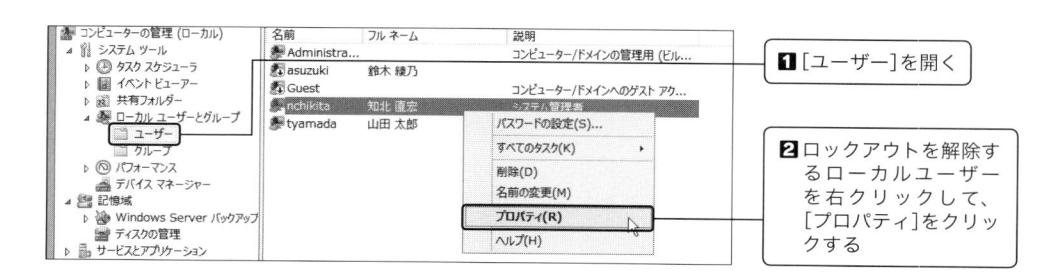

1 [ユーザー]を開く

2 ロックアウトを解除するローカルユーザーを右クリックして、[プロパティ]をクリックする

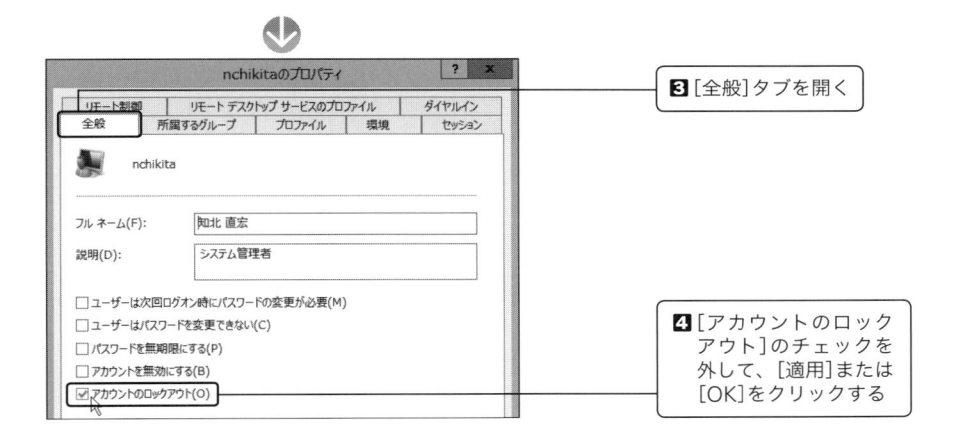

01 ローカルユーザーの管理

3 [全般]タブを開く

4 [アカウントのロックアウト]のチェックを外して、[適用]または[OK]をクリックする

なお、アカウントがロックされたことにはそれなりの理由があるはずです。ロックアウトされた原因を調べ、適切に対処してください。例えば、正規のユーザーがパスワードを忘れたことが原因であれば、パスワードの再設定を行う必要があります。

01-07　ユーザーアカウントのパスワードの変更

ローカルユーザーのパスワードを変更するには、サーバーマネージャーの[ツール]メニューから[コンピューターの管理]を起動して**[コンピューターの管理(ローカル)]→[システムツール]→[ローカルユーザーとグループ]**を開き、以下の手順を実行します。

> **Tips** 現在サインイン中のユーザーのパスワードは、[Ctrl] + [Alt] + [Delete]キーを押して、[パスワードの変更]をクリックすると変更できます。

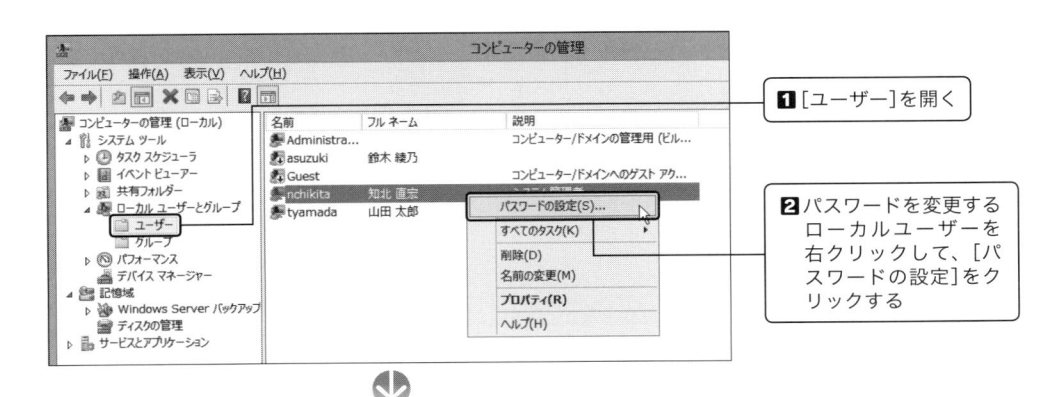

1 [ユーザー]を開く

2 パスワードを変更するローカルユーザーを右クリックして、[パスワードの設定]をクリックする

> **3** 警告内容を確認して、[続行]をクリックする

> **4** 新しいパスワードを入力して[OK]をクリックする

Column　Administrator のパスワードのリカバリー

あらかじめ「**パスワードリセットディスク**」を作成しておくと、Administrator以外に管理者権限を持ったユーザーがいないサーバーで、Administratorのパスワードを忘れてしまっても、リセットすることができます。

> **解説** パスワードリセットディスクは、[ユーザーアカウント]ダイアログから作成できる

02　ローカルグループの管理

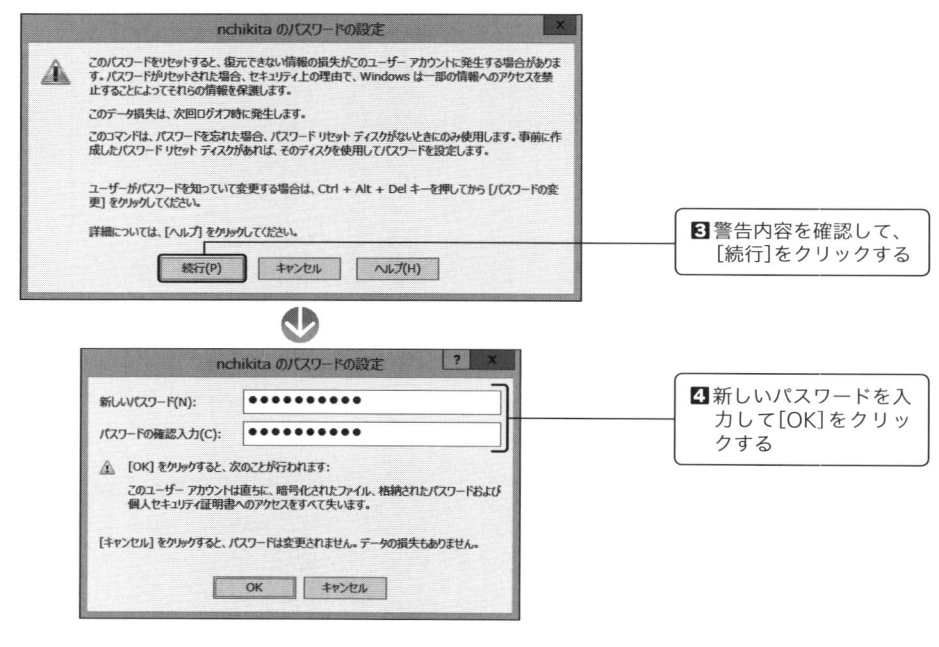

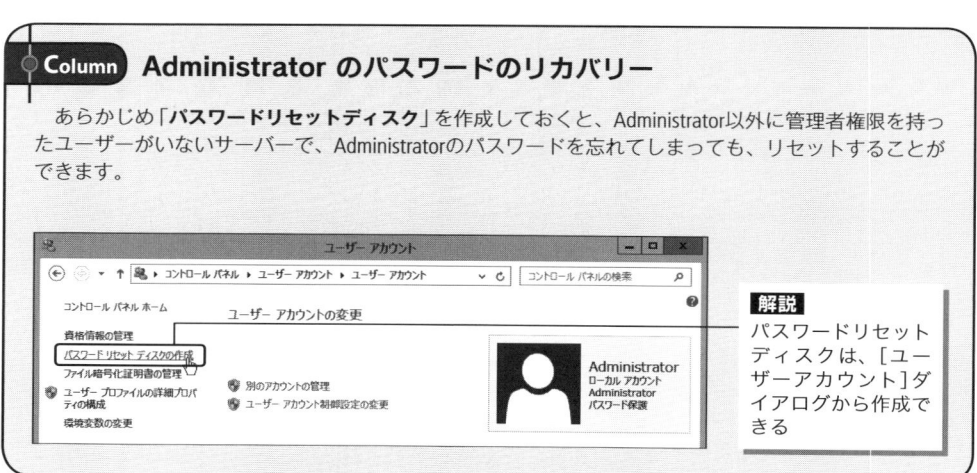

　Windows Server 2012 R2には、デフォルトで多くのローカルグループが用意されていますが（⇒P.117）、営業メンバー用の共有フォルダーに営業メンバーしかアクセスできない権限を設定する場合など、サーバーの利用形態に応じてアクセス権限を細かく設定する場合は、**独自のローカルグループ**を作成する必要があります。

02-01 ローカルグループの作成

ローカルグループを作成するには、サーバーマネージャーの[ツール]メニューから[コンピューターの管理]を起動して**[コンピューターの管理(ローカル)]→[システムツール]→[ローカルユーザーとグループ]**を開き、以下の手順を実行します。

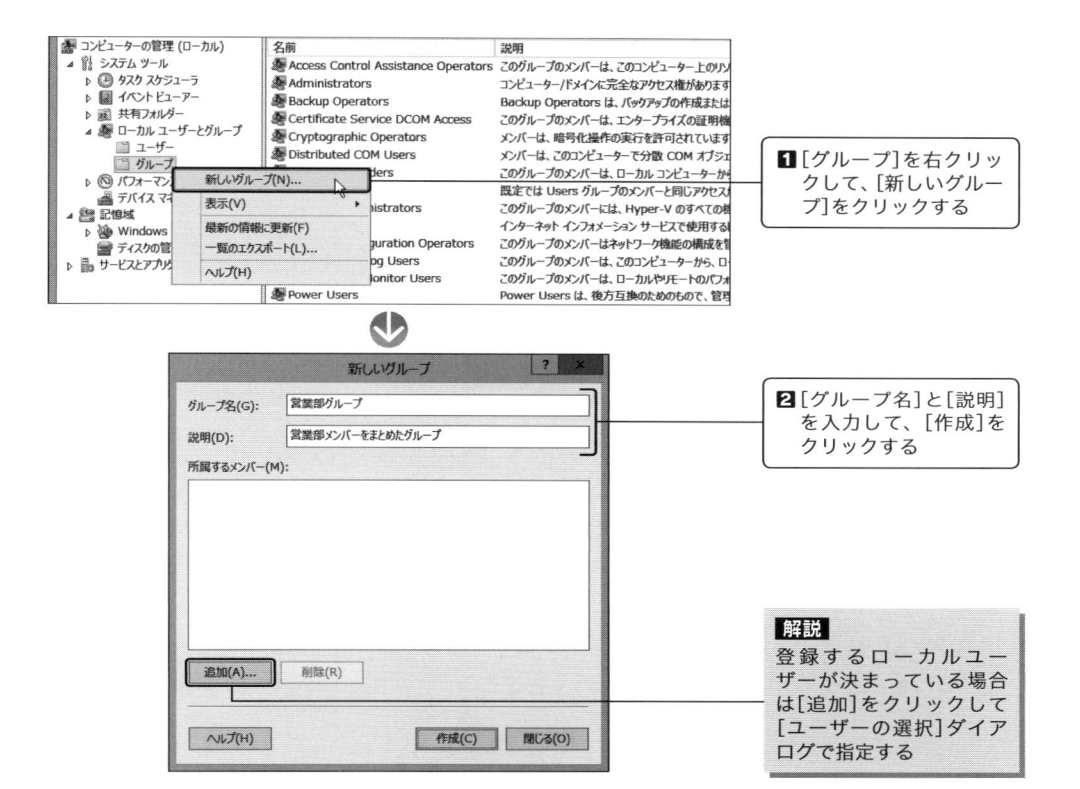

1 [グループ]を右クリックして、[新しいグループ]をクリックする

2 [グループ名]と[説明]を入力して、[作成]をクリックする

解説 登録するローカルユーザーが決まっている場合は[追加]をクリックして[ユーザーの選択]ダイアログで指定する

■ [新しいグループ]ダイアログの設定項目

項目	説明
グループ名	ローカルグループを識別するための名前。256文字以内(半角の場合)の文字列を指定できる。「" / \ [ ] : ; | = , + * ? < > @」以外の任意の大文字と小文字を使用できる。ただし、ピリオド(.)またはスペースだけのグループ名は指定不可
説明	このグループの説明。省略可
所属するメンバー	ローカルグループのメンバーを設定する。ドメインに参加していないのであれば(ワークグループ環境の場合)このコンピューターのローカルユーザーのみをメンバーとして登録でき、ドメインに参加しているのであればドメインのユーザーやグローバルグループをメンバーとして登録できる

02-02 ローカルグループの削除

不要になったローカルグループは削除します。

サーバーマネージャーの［ツール］メニューから［コンピューターの管理］を起動して**[コンピューターの管理（ローカル）]→[システムツール]→[ローカルユーザーとグループ]**を開き、以下の手順を実行します。なお、ローカルグループを削除してもメンバー登録されているユーザーは削除されません。

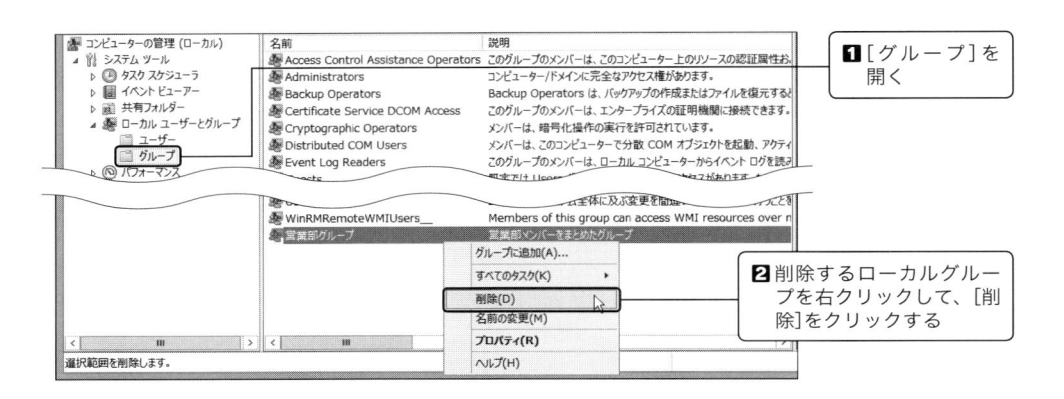

1 ［グループ］を開く

2 削除するローカルグループを右クリックして、［削除］をクリックする

02-03 ローカルグループにローカルユーザーを追加する

作成したローカルグループにローカルユーザーを追加するには、サーバーマネージャーの［ツール］メニューから［コンピューターの管理］を起動して**[コンピューターの管理（ローカル）]→[システムツール]→[ローカルユーザーとグループ]**を開き、以下の手順を実行します。

1 ［グループ］を開く

2 ローカルユーザーを追加するローカルグループを右クリックして、［グループに追加］をクリックする

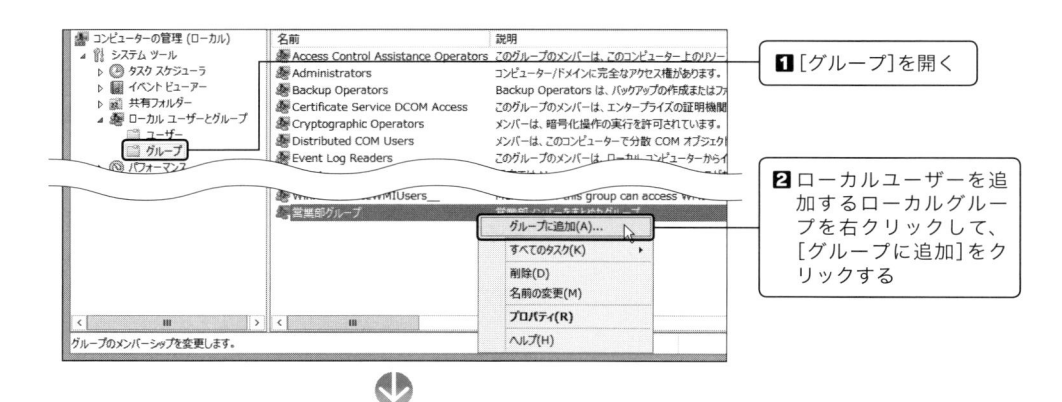

02 ローカルグループの管理

3 [追加]をクリックする

4 追加するユーザー名を入力して、[OK]をクリックする。この追加操作を繰り返すことで複数のローカルユーザーをローカルグループに追加できる

解説
[名前の確認]をクリックするとサーバー名やドメイン名が補完される。補完されない場合はユーザー名が間違っているので、再入力する

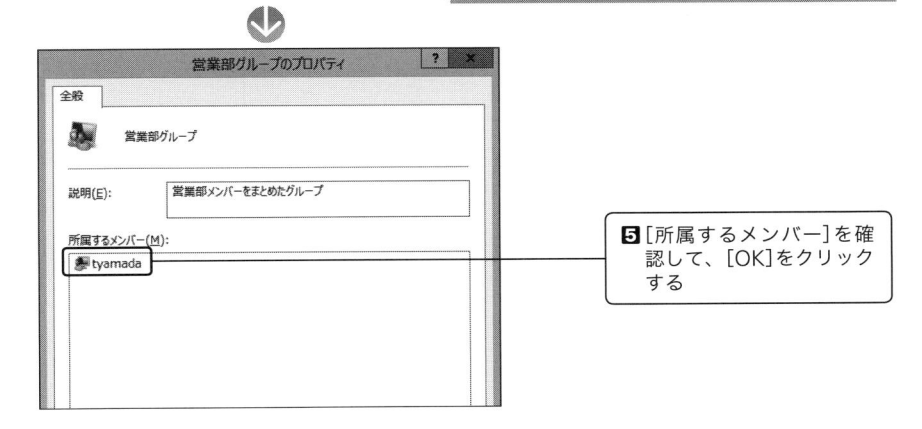

5 [所属するメンバー]を確認して、[OK]をクリックする

> **Column コマンドによるローカルユーザー管理**
>
> 　ローカルユーザーやローカルグループの作成・削除などの管理作業は、Windows PowerShellコマンドレットでも実行できます。
> 　ローカルユーザーの管理をWindows PowerShellコマンドレットで行う場合は少し複雑なスクリプトの作成が必要となりますが、NET USERコマンドを使用すれば容易に実行できます。多数のローカルユーザーを一括で作成したい場合は、コマンドをバッチファイルの中に列挙して実行すると良いでしょう。
>
> **書式　ローカルユーザーの作成**
>
> ```
> NET USER 〈ユーザー名〉 /add /fullname:〈フルネーム〉 /comment:〈説明文〉
> ```
>
> **書式　ローカルユーザーの削除**
>
> ```
> NET USER 〈ユーザー名〉 /delete
> ```
>
> 　ローカルグループの管理はNET LOCALGROUPコマンドで実行できます。多数のローカルグループを一括で作成したい場合は、コマンドをバッチファイルの中に列挙して実行すると良いでしょう。
>
> **書式　ローカルグループの作成**
>
> ```
> NET LOCALGROUP /add 〈グループ名〉 /comment:〈説明文〉
> ```
>
> **書式　ローカルグループの削除**
>
> ```
> NET LOCALGROUP /delete 〈グループ名〉
> ```

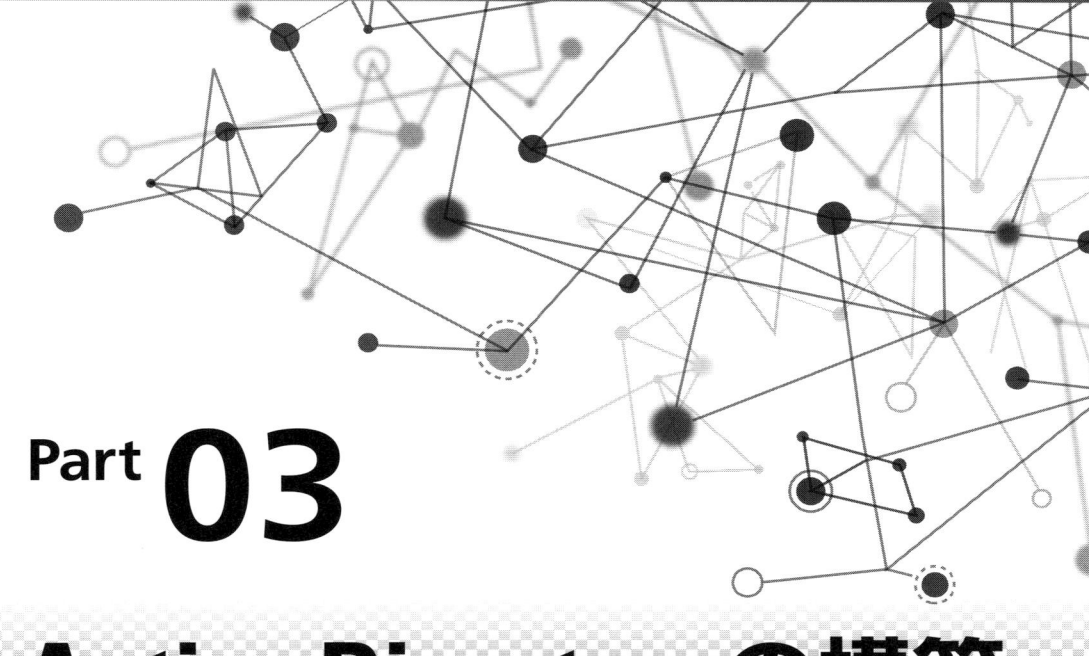

Part 03
Active Directoryの構築

Chapter 06　Active Directoryの概要
Chapter 07　Active Directoryの構築手順
Chapter 08　Active Directoryの削除

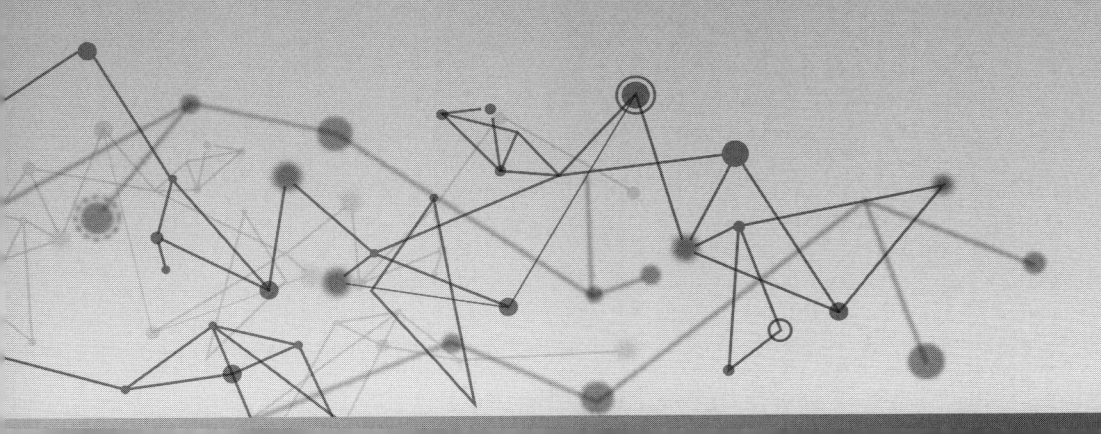

Chapter 06 Active Directoryの概要

本章では、アカウント（ユーザーやグループなど）を統合的に管理する機能である「Active Directory」の概要と、設計方法や展開方法の基本的な内容を解説します。この後の章を読み進める前に本章でActive Directoryの全体像を確認してください。

01 Active Directoryの概要

　Active Directoryは「**ディレクトリサービス**」と呼ばれるサービスを実現する機能の1つです。Windows 2000 Serverではじめて実装された、長い歴史を持つ機能です。オンプレミス環境はもちろん、クラウド環境においても必須の最重要機能の1つである「**IdP**（Identity Provider）」であり、認証基盤として機能します。

　まずは、ディレクトリサービスの概要とActive Directoryの特徴について解説します。

01-01 ディレクトリサービスとは

　ディレクトリサービスとは、ユーザーやグループ、コンピューターといった、ネットワーク上に存在する多数のオブジェクトの情報を一元的に格納し、リソースを管理するサービスです。「**LDAP**（Lightweight Directory Access Protocol）」と呼ばれる標準プロトコルを使用して、情報が格納されている**ディレクトリデータベース**にアクセスします。

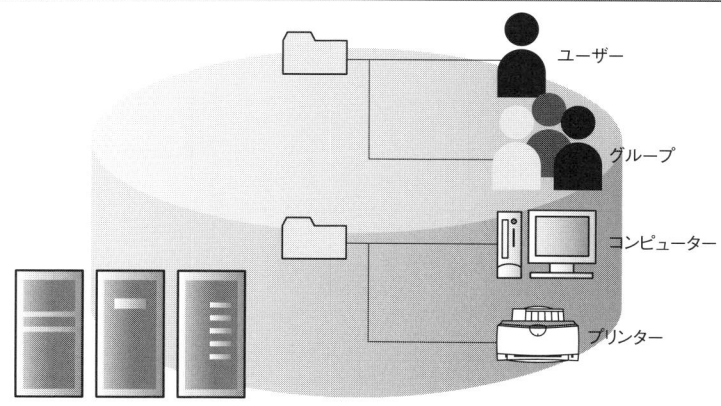

■ ディレクトリサービス

01-02 Active Directory のメリット

　今やWindows Serverを導入する大きな理由の1つに「Active Directoryの利用」が挙げられます。特に大規模な環境にWindowsコンピューター群を導入する際はActive Directoryを利用しないと運用・管理が困難になるといえます。
　Active Directoryを導入する主なメリットとして以下の5つを紹介します。

●認証／承認によるセキュリティ強化

　Active Directoryが持つ強力な認証機能によって、正規の利用者だけがシステムを利用できるようになります。また、サーバーやプリンター、ネットワーク機器などをActive Directoryで管理すると、利用者ごとやグループごとにアクセス権限を設定できるので、組織全体のセキュリティの強化にもつながります。

●シングルサインオンによる業務効率の向上

　サーバーやプリンター、ネットワーク機器などをActive Directoryで管理すると、利用者は1回の認証（**シングルサインオン**）ですべてのリソースを利用できるようになります。また、管理者は利用者のパスワード情報などを一元管理できるため、管理負荷の低減につながります。

●デスクトップ環境の統一による操作性の向上やセキュリティ強化

　Active Directoryの「**グループポリシー**」（⇒P.245）と呼ばれる機能を利用すると、クライアントコンピューターのデスクトップ環境を統一できます。具体的には「機密文書が保存されたサーバーにはアクセスさせない」や「業務に必要なソフトウェアを自動的にインストールする」などのクライアントコンピューターに対する制御を集中管理できます。
　さらに、「業務に関係のないソフトウェアやUSBメモリの利用を禁止する」といった管理や、「パスワードに有効期限を設定してパスワードの変更を定期的に強制する」といったセキュリティの強化に結び付く運用を実現できます。この機能を利用したいがためにActive Directoryの導入を決定する組織もあるほど、重要な機能の1つです。

●セキュリティ更新プログラムの配布

　WSUS（Windows Server Update Services）（⇒P.462）とグループポリシーを併用することで、クライアントコンピューターに対する更新プログラムの適用を一元管理できます。この機能を利用すれば、更新プログラムの未適用によるセキュリティレベルの低下を未然に防ぐことができます。

●統制関連情報の集中化による内部統制対応の効率化

　Active Directoryの**監査機能**（⇒P.554）を利用すると、ファイルサーバー上のファイルに対するアクセス履歴を記録できるので、不正なアクセスを検知できます。また、機密情報が外部に漏えいした場合には、その情報へアクセスしていた利用者を特定することも不可能ではありません。

01-03 Active Directoryの追加機能

　Active DirectoryはWindows 2000 Serverではじめて実装されて以来、バージョンを重ねるごとにさまざまな機能が拡充・追加されてきました。Windows Server 2012やWindows Server 2012 R2では下表の新機能が実装されました。

■ Windows Server 2012 で追加された主な機能拡張・仕様変更

機能拡張・仕様変更	説　明
ドメインコントローラーの安全な仮想化	Windows Server 2012 や Windows Server 2012 R2 の Hyper-V といった「**VM-GenerationID**」をサポートしたハイパーバイザープラットフォーム上で安全に仮想化できる
仮想化されたドメインコントローラーの複製	既存の仮想ドメインコントローラーをコピーすることによって、簡単かつ安全にレプリカドメインコントローラーを展開できる
展開とアップグレードの準備の簡略化	Adprep.exe を AD DS インストールプロセスに統合し、アップグレードのスキーマの拡張を自動化するなど、展開やアップグレードの準備を簡略化して、より確実にセットアップできる
ダイナミックアクセス制御（Dynamic Access Control）	ユーザーやコンピューターのプロパティを元にしてファイルへのアクセス権を自動設定できる。なお、従来のアクセス制御も利用できる
DirectAccess オフラインドメイン参加	DirectAccess 環境を用意している場合、コンピューターをインターネット経由でドメインに参加させることができる
Active Directory 管理センターの強化	Active Directory のごみ箱機能の有効化や、きめ細かなパスワードポリシーを GUI で設定できる。また、Active Directory 管理センターを使用して、実行される Windows PowerShell コマンドを表示可能
Active Directory によるライセンス認証	**AD BA**（Active Directory-Based Activation）。Windows Server 2012 と Windows 8 のライセンス認証を Active Directory で実現可能
グループの管理されたサービスアカウント	Windows Server 2008 R2 で実装された「**管理されたサービスアカウント**」を複数のコンピューターで利用可能。クラスター環境やネットワーク負荷分散環境での利用を想定

■ Windows Server 2012 R2 で行われた主な機能拡張・仕様変更

機能拡張・仕様変更	説　明
Workplace Join	Windows や iOS デバイスに対して、ドメイン参加ではない、デバイス認証に基づいた社内リソースへのアクセスを提供。この機能をサポートするために、**AD FS**（Active Directory フェデレーションサービス）に **DRS**（Device Registration Service）が追加された
多要素認証のサポート	AD FS において、**多要素認証**（Multi-Factor Authentication：**MFA**）によるアクセス制御機能を強化
グループポリシーのキャッシュ	グループポリシーオブジェクト（**GPO**）をクライアント側にキャッシュして、ネットワークの状況に応じてキャッシュを参照することで、ログオン処理を高速化

01-04 Active Directoryの5つのサービス

　Active Directoryは次表の5つのサービスによって構成されています。

01 Active Directoryの概要

■ Active Directoryの5つのサービス

サービス名	説　明
Active Directory ドメインサービス（AD DS）	Active Directoryのコアコンポーネントといえるサービス。IDの集約や認証を担当する機能
Active Directory ライトウエイトディレクトリサービス（AD LDS）	LDAP機能に特化したサービス。以前は「Active Directory Application Mode（AD AM）」と呼ばれていた
Active Directory 証明書サービス（AD CS）	証明書の発行や管理を行うサービス。以前は「証明書サービス」と呼ばれていた
Active Directory フェデレーションサービス（AD FS）	組織を超えた異なる認証基盤での連携を行うサービス。クラウドとの認証連携でも重要な機能。以前から同じ名称
Active Directory Rights Managementサービス（AD RMS）	著作権保護の技術をベースに、デジタルコンテンツの保護を行うサービス。以前は「Rights Managementサービス」と呼ばれていた。 AD RMSを用いるとMicrosoft Officeの文書（WordやExcel文書）を暗号化できる。ただし、利用するには「**RMS CAL**（Rights ManagementサービスCAL）」という追加ライセンスが必要

　Active Directoryを構成する5つのサービスのうち、最も重要であり、Active Directoryの核となるサービスが「**Active Directoryドメインサービス**」です（以降は**AD DS**と記します）。

> **Column　標的型攻撃とActive Directory**
>
> 　近年のITシステムの脅威の1つに「**標的型攻撃**」があります。標的型攻撃とは、特定のユーザーに限定した攻撃手法を用いてネットワークに侵入し、機密情報の搾取などを行うといった不正行為です。この標的型攻撃の多くが、ネットワーク侵入後にActive Directoryへの不正アクセスを試みます。なぜなら、Active Directoryの管理者アカウントを奪い取ることができたら、それはイコール、システム全体を制圧したに等しい状況になるからです。
>
> 　そのような標的型攻撃や不正なアクセスに対抗するためにも、Active Directoryの管理者はさまざまなセキュリティ対策を施す必要があります。一例としては、以下のような対策があります（いくつかの項目の具体的な手順は後述します）。
>
> - フォレストやドメインの機能レベルを上げて、よりセキュアな状態にする
> - グループポリシーなどでセキュリティ設定やパスワード設定を強固なものにする
> - システム監査を行う
> - Administratorアカウントですべての管理操作を行うことをやめる（権限が限定された別の管理者ユーザーを作成する）
> - Administratorのアカウント名をリネームして、おとりのAdministrator一般ユーザーを作成する
> - 脆弱性を減らすためにも、ドメインコントローラーで余計なアプリケーションは動作させない。また、Server Coreで実行する。そして、定期的に更新プログラムを適用する
>
> 　本書の解説や以下のマイクロソフトのドキュメントなどを参照しながら、よりセキュアなActive Directory環境を構築、維持できるよう努めてください。
>
> **URL** Best Practices for Securing Active Directory
> http://download.microsoft.com/download/D/1/8/D1866CDE-9824-40F4-836A-4C8C233693F1/Best%20Practices%20for%20Securing%20Active%20Directory.docx

02 Active Directoryの構成要素と設計方針

　ここからはActive Directoryの構成要素とそれらの機能、そしてActive Directoryを導入する際の設計方針について解説します。また、Active Directoryに参加できるクライアントコンピューターの要件も紹介します。
　Active Directoryは以下の要素で構成されます。

- フォレストとドメイン
- 信頼関係
- フォレストとドメインの機能レベル
- ディレクトリデータベースと複製
- サイト
- ドメインコントローラー
- グローバルカタログ
- 操作マスター
- DNS サーバー
- NTP サーバー
- その他の構成要素

02-01　フォレストとドメイン

　Active Directoryには、管理や認証の範囲を示す「**フォレスト**」と「**ドメイン**」の2つの**管理単位**があります。最も大きな管理単位がフォレストであり、その中に1つ以上のドメインが含まれます。
　また、ドメインには「**ドメインコントローラー**（DC：Domain Controller）」と呼ばれるディレクトリデータベースを持つサーバーが1台以上配置され、そのサーバーがドメインを管理します。
　Active Directoryにおけるドメインとは「**同じディレクトリデータベースを共有する範囲**」です。ネットワーク用語の「ドメイン」とは意味が異なるので注意してください。組織内にドメインを1つ作成すると、組織内のユーザーやコンピューターを一元管理できるので、統一したセキュリティポリシーを適用することができます。
　また、複数のドメインを作成して、階層構造を構築することもできます。最初に構築したドメインを「**親ドメイン**」、後から構築したドメインを「**子ドメイン**」と呼び、子ドメインのドメイン名は親ドメインのドメイン名を継承します。
　なお、連続した親子のドメインによって構成されるドメインの集まりを「**ドメインツリー**」と呼びます。

■ フォレストとドメイン

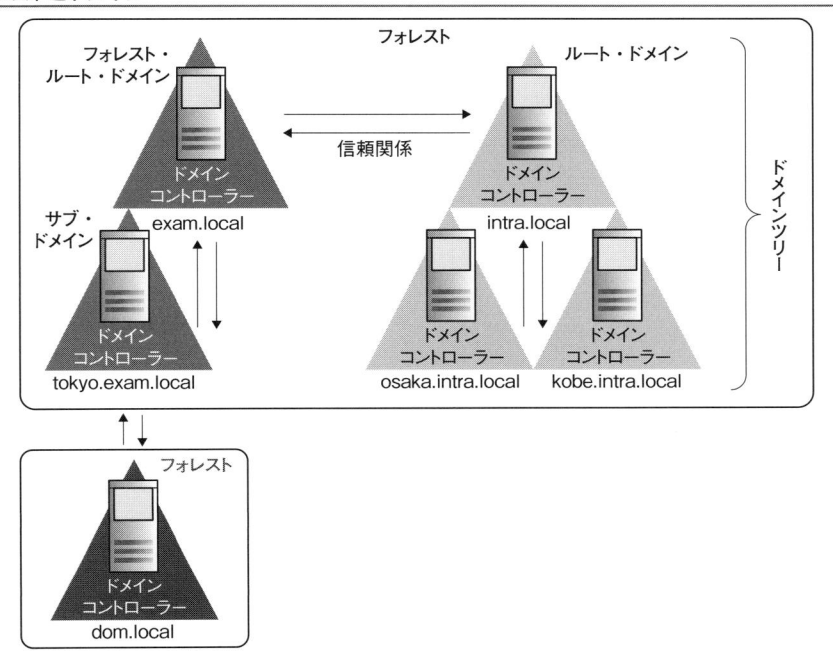

[図: フォレストとドメインの構成図。フォレスト内にフォレスト・ルート・ドメイン（exam.local）とサブ・ドメイン（tokyo.exam.local）、ルート・ドメイン（intra.local）、およびosaka.intra.local、kobe.intra.localが含まれ、信頼関係で結ばれている。別フォレストとしてdom.localがある。ドメインツリーを構成。]

フォレストやドメインの分割要件

Active Directoryの最もシンプルな構成は「**シングルフォレスト／シングルドメイン**」です（1つのフォレストに1つのドメインのみ）。この構成を採用すると、設計や運用・管理が容易になります。

しかし、以下の要件がある場合は、それらを分割することも検討してください。

●フォレストの分割要件

以下の要件がある場合はフォレストの分割を検討します。

- 「スキーマ」を分けなければならない場合[※]
- Active Directoryを一元管理する部門がなく、拠点ごとに管理する場合（世界規模で展開している企業など）
- すでにActive Directoryを導入している組織同士が合併する場合（企業合併、市町村合併など）

※「スキーマ」とは、Active Directoryデータの格納に使用されるすべてのオブジェクトや属性を定義したものです。

■ フォレストの分割

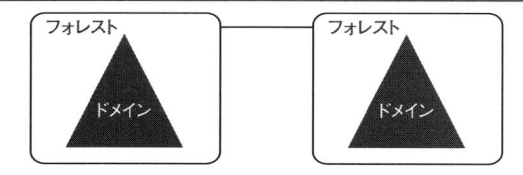

●ドメインの分割要件

以下の要件がある場合はドメインの分割を検討します。

- カンパニー制を導入している企業などで、**各種システムやアカウントが個別に管理されている場合**
- 拠点が地理的に離れているなど、障害時の影響が大きい場合
- 拠点間の通信速度が遅い場合。またはそれら拠点間の通信がほとんど不要な場合
- 異なる言語のドメインコントローラーを使う必要がある場合

■ ドメインの分割

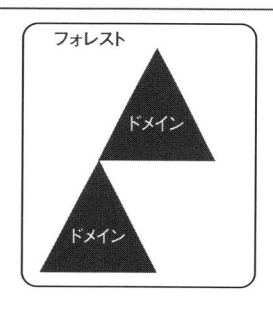

フォレストとドメインの構成

　フォレストやドメインを構築する際は、それらの階層や構成を決める必要があります。
　最もシンプルな構成は「**シングルフォレスト／シングルドメイン**」です。上記の分割要件に合致する場合は「**シングルフォレスト／マルチドメイン**」や「**マルチフォレスト／マルチドメイン**」にすることも可能ですが、システムの設計や運用が難しくなるので注意が必要です。
　また、必要なサーバーの数が増えるため構築コストが増大するという問題もあります。可能な限り「シングルフォレスト／シングルドメイン」を採用することをお勧めします。

ドメイン名の決定

　Active Directoryを構築する際は「**ドメイン名**」を決定する必要があります。ドメインに参加するユーザーもドメイン名を参照するので、組織全体を表現し、わかりやすく、覚えやすいものを設定してください（セキュリティ上あえて組織の名称とは関係がない名前にすることもあります）。

ドメイン名には「**DNS名**」と「**NetBIOS名**」の2種類の名前があります。

■ ドメイン名の決定

種 類	説 明
DNS 名	DNSのフォーマットで表現した名前。例えば「contoso.local」や「dom01.itd-corp.jp」のようなもの
NetBIOS 名	古くからのWindows環境で利用されている名前の表現方法。15文字以内で指定する。例えば「CONTOSO」や「ITD-CORP」のようなもの

ドメイン名を決定する際は以下の点にも注意してください。

- 将来変更される可能性のある名前は避ける(部署名や合併予定の組織名など)
- アルファベットの半角大文字、小文字、数字、および「-」(ハイフン)を利用する

なお、インターネットのDNS名とActive DirectoryのDNS名を同一にすると名前解決に支障が生じる可能性があるので、異なる名前や子ドメインにすることを推奨します。例えば、インターネットのDNS名が「itd-corp.jp」の場合には、Active DirectoryのDNS名は全く異なる「itd-corp.local」や、子ドメインである「dom01.itd-corp.jp」とします。

02-02 信頼関係

信頼関係とは、複数のドメイン同士で結ぶ関係です。信頼関係を結ぶことによって、あるドメインのユーザーは他のドメインの共有フォルダーや共有プリンターなどのリソースにアクセスできるようになります。

■ 信頼関係

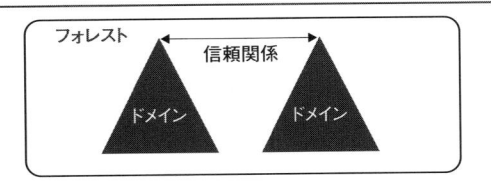

なお、ドメインツリーに参加するすべてのドメイン間には「**双方向に推移する信頼関係**」が結ばれるので、これらのドメインはリソースを共有できます。

■ 推移的な双方向の信頼関係

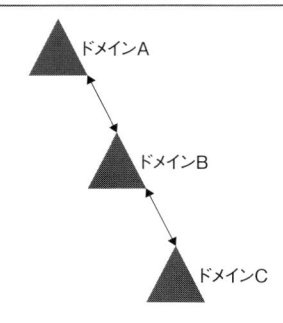

ドメインA
ドメインB
ドメインC

また、信頼関係はフォレスト間で結ぶこともできます。これにより企業合併や市町村合併に伴うネットワーク統合に対応できます。

■ フォレストの信頼関係

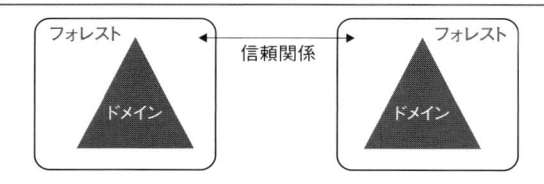

フォレスト　ドメイン　←信頼関係→　フォレスト　ドメイン

信頼関係の設計

組織内に複数のフォレストがある場合や、複数のドメインがある場合など、以下の要件に合致する場合は、それらの間で信頼関係を結ぶ必要があるかを検討します。

- フォレストが複数存在し、それらの間でリソースを共有する必要がある場合はフォレストの信頼関係を結ぶ
- フォレスト内にドメインが複数存在し、認証を高速に行う必要がある場合はショートカットの信頼関係を結ぶ（信頼関係は自動的に結ばれている）

02-03　フォレストとドメインの機能レベル

Active Directoryは、Windows Serverのバージョンアップとともに、機能拡張されてきたので、OSのバージョンによって利用できる機能が異なります。より新しいものを利用することが推奨されますが、新しい機能を利用するには**すべてのドメインコントローラーをその機能が利用できるバージョンのOSに更新する必要があります**。つまり、古いバージョンのWindows Serverのドメインコントローラーが1つでも残っていると、Active Directory全体をそのバージョンに合わせる必要があります。

2つの機能レベル

Active Directoryでは、バージョンごとに利用できる機能が「**機能レベル**」として定義されています。

機能レベルには「**フォレストの機能レベル**」と「**ドメインの機能レベル**」の2種類があり、これらの設定によってActive Directoryで利用できる機能が決定されます。より上位の機能レベルを設定すると、より多くの新機能を利用できますが、その場合は、その機能レベルよりも下位のバージョンのドメインコントローラーを追加できなくなります。そのため、機能レベルを決定する際は、ドメインコントローラーにするWindows Serverのバージョンを考慮する必要があります。

なお、メンバーサーバーは古いバージョンでも参加できます（機能レベルによって制限されません）。例えば、フォレストとドメインの機能レベルが「Windows Server 2012 R2」であっても、Windows Server 2003コンピューターをメンバーサーバーとして参加させることが可能です。

■ フォレストの機能レベル

フォレスト機能レベル	説明
Windows Server 2003	基本となる Windows 2000 フォレストの機能レベルで利用できるすべての機能に加えて、以下の機能を利用できる。 ●リンクされた値のレプリケーション ●KCC による複雑なレプリケーショントポロジのより効率的な生成 ●フォレストの信頼 このフォレストで作成された新しいドメインは、自動的に Windows Server 2003 ドメインの機能レベルで動作する。ただし、Windows Server 2012 R2 で新規にこの機能レベルのフォレストを作成することはできない。 サポートされるドメインコントローラーの OS は以下の5つ。 ●Windows Server 2003 ●Windows Server 2008 ●Windows Server 2008 R2 ●Windows Server 2012 ●Windows Server 2012 R2
Windows Server 2008	Windows 2003 フォレストの機能レベルと同じ機能を利用できる。ただし、このフォレストに作成された新しいドメインは、自動的に Windows Server 2008 ドメインの機能レベルで動作し、固有の機能を提供する。サポートされるドメインコントローラーの OS は以下の4つ。 ●Windows Server 2008 ●Windows Server 2008 R2 ●Windows Server 2012 ●Windows Server 2012 R2
Windows Server 2008 R2	Windows Server 2008 フォレストの機能レベルで使用可能なすべての機能に加えて「ごみ箱機能」を使用できる。このフォレストで作成されたすべての新しいドメインは、Windows Server 2008 R2 ドメインの機能レベルで動作する。サポートされるドメインコントローラーの OS は以下の3つ。 ●Windows Server 2008 R2 ●Windows Server 2012 ●Windows Server 2012 R2
Windows Server 2012	Windows Server 2008 R2 フォレストの機能レベルからの追加機能はない。サポートされるドメインコントローラーの OS は以下の2つ。 ●Windows Server 2012 ●Windows Server 2012 R2
Windows Server 2012 R2	Windows Server 2012 フォレストの機能レベルからの追加機能はない。サポートされるドメインコントローラーの OS は「Windows Server 2012 R2」のみ

■ ドメインの機能レベル

ドメイン機能レベル	説　明
Windows Server 2003	基本となる Windows 2000（ネイティブ）ドメインの機能レベルで利用できるすべての機能に加えて、以下の機能を利用できる。 ・制約付き委任 ・lastLogonTimestamp の更新 ・userPassword 属性を inetOrgPerson およびユーザーオブジェクトの有効なパスワードとして設定する機能 ・ユーザーとコンピューターのコンテナーをリダイレクトして、ユーザーおよびコンピューターのアカウント用の新しい既知の場所を定義する機能 サポートされるドメインコントローラーの OS はフォレストの機能レベル「Windows Server 2003」と同じ。なお、Windows Server 2012 R2 で新規にこの機能レベルのドメインを作成することはできない
Windows Server 2008	Windows Server 2003 ドメインの機能レベルで使用できるすべての機能に加えて以下の機能を使用できる。 ・DFS レプリケーション(DFS-R)による SYSVOL 複製のサポート ・Advanced Encryption Services (AES 128 および 256)による Kerberos プロトコルのサポート ・前回の対話型ログオンの情報 ・きめ細かなパスワードポリシー サポートされるドメインコントローラーの OS はフォレストの機能レベル「Windows Server 2008」と同じ
Windows Server 2008 R2	Windows Server 2008 ドメインの機能レベルで使用できるすべての機能に加えて「認証保証」を使用できる。サポートされるドメインコントローラーの OS はフォレストの機能レベル「Windows Server 2008 R2」と同じ
Windows Server 2012	Windows Server 2008 R2 ドメインの機能レベルで使用できるすべての機能に加えて「ダイナミックアクセス制御」や「Kerberos 防御」のためのポリシーをサポート。サポートされるドメインコントローラーの OS はフォレストの機能レベル「Windows Server 2012」と同じ
Windows Server 2012 R2	Windows Server 2012 ドメインの機能レベルで使用できるすべての機能に加えて以下の機能をサポート。 ・Protected Users グループのサポート ・認証ポリシーの強化 ・認証ポリシーサイロ サポートされるドメインコントローラーの OS はフォレストの機能レベル「Windows Server 2012 R2」と同じ

機能レベルの設計

　上記のように、機能レベルによって利用できる機能が大きく異なるので、機能レベルを決定する際は、サーバーに求められる要件やドメインコントローラーを含むコンピューターのOSのバージョンなどを十分に考慮して検討することが必要です。

　Windows Server 2012 R2によるドメインコントローラーのみで新規にActive Directoryを構築する場合は**Windows Server 2012 R2機能レベル**を推奨しますが、Active Directoryと連携するシステムを導入する予定がある場合は、そのシステムが対応している機能レベルを確認する必要があります。

　なお、機能レベルは後から「**昇格する**」こともできます。すべてのドメインコントローラーをバージョンアップして、機能ドメインの要件を満たすようになった場合は昇格することも

検討してください。

ただし、「**Windows Server 2008 R2**」以降の機能レベルに昇格して、さらに「**Active Directoryのごみ箱**」機能を有効化すると、「降格できる」機能レベルが限られてくるため十分な注意が必要です。機能レベルを昇格すると、古いバージョンのドメインコントローラーは追加できなくなります。

02-04 ディレクトリデータベースと複製

各ドメインコントローラーは「**ディレクトリデータベース**」と呼ばれるデータベースを持っており、そこに含まれる下表の3つの情報をパーティション（区画）に分けて保持しています※。

> ※Active Directoryに対応しているアプリケーションをインストールしている場合は、アプリケーション固有のパーティションを保持している場合もあります。

■ ディレクトリデータベースのパーティション

保持されている情報	説　明
スキーマ情報	フォレスト全体で共通のスキーマに関する情報
構成情報	フォレスト全体で共通の構成に関する情報
ドメイン情報	ドメイン内でのみ共通の情報

ドメインコントローラーは耐障害性を高めるために、自動的にディレクトリデータベースの複製（**ディレクトリ複製**）を作成しますが、複製されるパーティションはドメインの構成によって以下のように異なります。

● シングルドメインのディレクトリ複製

シングルドメインの場合、ドメインコントローラーは3つのパーティションをすべて複製します。

■ シングルドメインのディレクトリ複製

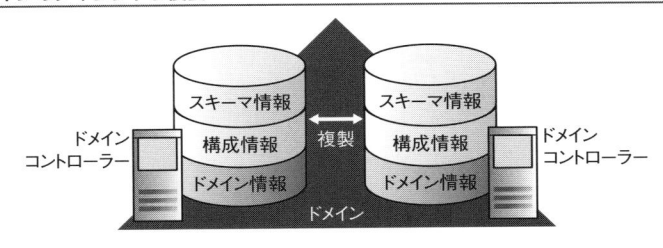

● マルチドメインのディレクトリ複製

マルチドメインの場合、各ドメインコントローラーに特有の「ドメイン情報」は自ドメイン内のものだけを複製し、フォレスト全体で共通の情報（スキーマ情報と構成情報）はすべてのディレクトリデータベース間で複製します。

Part 03 Active Directoryの構築

■ マルチドメインのディレクトリ複製

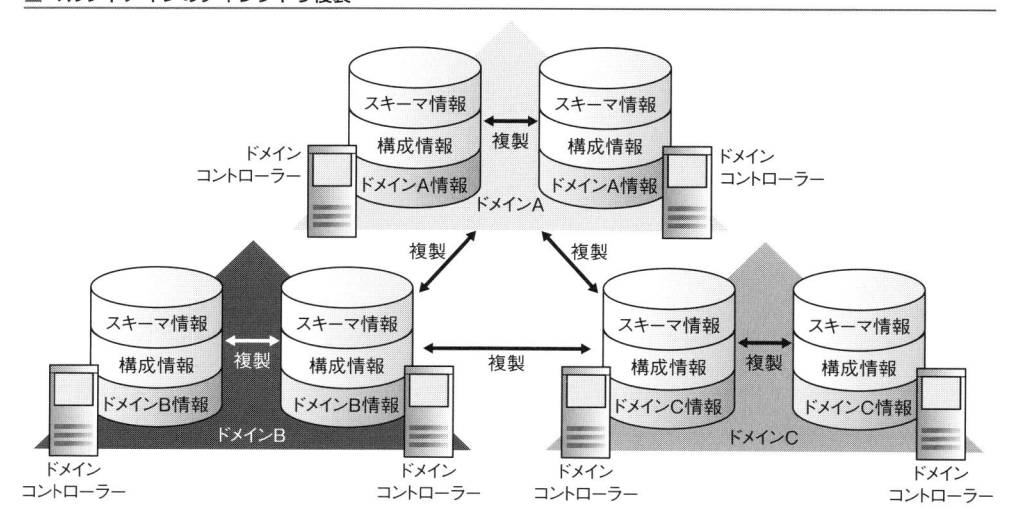

02-05　サイト

　サイトとは、高速回線で接続されている**ネットワーク領域**です。物理的な通信の制御をサイトで設定します。Active Directory環境では、ディレクトリ複製時やユーザーログオン時など、さまざまなシーンでドメインコントローラー間の通信が発生します。高速回線による単一拠点でActive Directory環境を構築している場合は、サイトを意識せずに運用することもできますが、遠距離拠点の場合や低速回線の場合は、複数のサイトを構成して通信の最適化を行い、複製やログオン処理の遅延などに対処する必要があります。

■ サイトとサイトリンク

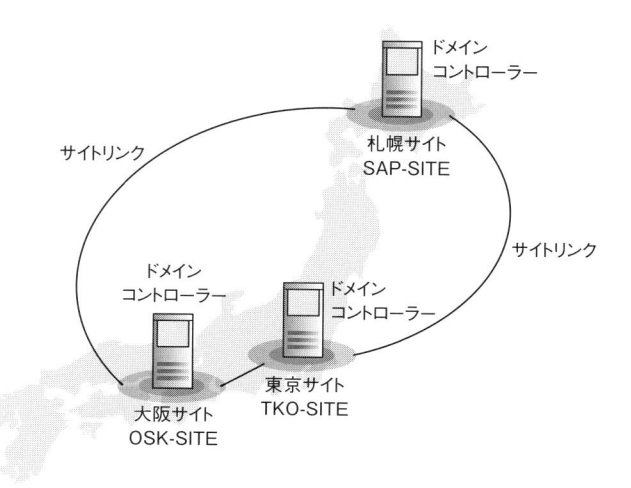

サイトの設計

サイトは、デフォルトでは**1つのみ**作成されます。回線が低速な場合やドメインコントローラーのレプリケーション（複製）を制御したい場合など、以下の要件に合致する場合はサイトの構成を検討してください。

- 帯域が細い回線（128Kbps以下の回線）でネットワーク接続している場合
- ドメインコントローラー間のレプリケーションを制御したい場合
- ユーザーのログオン要求を近くのドメインコントローラーに担当させたい場合

サイトの詳細については「Chapter 09 サイトの構築と管理」（⇒P.190）で解説しています。上記の要件に当てはまる場合は、そちらの解説にも目を通しておいてください。

02-06　ドメインコントローラー

ディレクトリデータベースを持ったコンピューターを「**ドメインコントローラー**（DC：Domain Controller）」と呼びます。ドメインコントローラーはActive Directory環境になくてはならない特別な役割を担うため、各ドメインに1台以上必ず配置されます。

ドメインコントローラーの設計

Active Directoryを構築する際は以下の5点を考慮して、ドメインコントローラーの構成を設計します。

- ドメインコントローラーの配置先と台数
- RODCの必要性
- ドメインコントローラーなどのコンピューター名
- グローバルカタログの割り当て（⇒ P.144）
- 操作マスターの割り当て（⇒ P.145）

●ドメインコントローラーの配置先と台数

ドメインコントローラーの**配置先**と**台数**を決定します。ドメインコントローラーが1台しか存在しない環境では、そのドメインコントローラーが障害などで長期間停止すると、ユーザーがログオンできなくなるなど、大きな影響があります。そのため、**サイト内に少なくとも2台以上のドメインコントローラーを配置する**ことをお勧めします。

複数のドメインコントローラーを用意しておくと、障害対策だけでなく、メンテナンス時の計画停止の際にも役立ちます。また、ログオン認証などの処理を分散することもできるので、パフォーマンスの向上も期待できます。

ただし、やみくもにドメインコントローラーを追加することはお勧めしません。ドメインコントローラー同士は絶えず多くの情報を複製しあっているため、台数が増えればその分だけネットワークトラフィックが増大します。

●RODCの必要性

ブランチオフィス（支店や営業所など）にもドメインコントローラーを配置することが推奨されます。その際、ブランチオフィスが以下の状況にある場合は、通常のドメインコントローラーではなく、ドメインのディレクトリ情報などを操作できない「**RODC**（Read Only Domain Controller：読み取り専用ドメインコントローラー）」と呼ばれる特殊なドメインコントローラーを配置することを検討してください。

- 物理的なセキュリティ対策が不十分
- IT関連知識に詳しい担当者がほとんどいない

RODCは、その名の通り「読み取り専用」のドメインコントローラーです。必要最小限のパスワード情報しかキャッシュしないため、盗難にあっても組織全体のリスクとなる可能性は低く、また容易にアカウント情報をリセットする機能も持っています。

RODCの詳細については「Chapter 10 RODCの構築と管理」（⇒**P.200**）で解説します。

●ドメインコントローラーなどのコンピューター名

各ドメインコントローラーに設定する**コンピューター名**を検討します。また、ドメインに参加するすべてのコンピューターの命名規則もあらかじめ決めておくことを推奨します。

例えばドメイン名に、サーバーの役割の略称や台数に応じた連番を含めたり、サーバーの設置拠点や建物内のフロア数を含めるなど、さまざまな命名規則が考えられます。

■ 命名規則の例

役 割	役割の略称	設定例
ドメインコントローラー	DC	TKO-DC01 ／ TKO-DC02 ／ OSK-DC01
RODC	RODC	FKO-RODC01
Hyper-V サーバー	HV	TKO-HV01
ファイルサーバー	FS	SAP-FS01
Web サーバー	WEB	TKO-WEB01
メールサーバー	MAIL	TKO-MAIL01
その他サーバー	SV	TKO-SV01 ／ FKO-SV01

02-07 グローバルカタログ

グローバルカタログ（GC：Global Catalog）とは、フォレスト全体のディレクトリデータベースから「頻繁に参照される情報」を抜き出した**目次のようなデータ**です。フォレスト内のドメインにあるすべてのオブジェクトの名前と一部の属性を保持します。

■ グローバルカタログサーバー

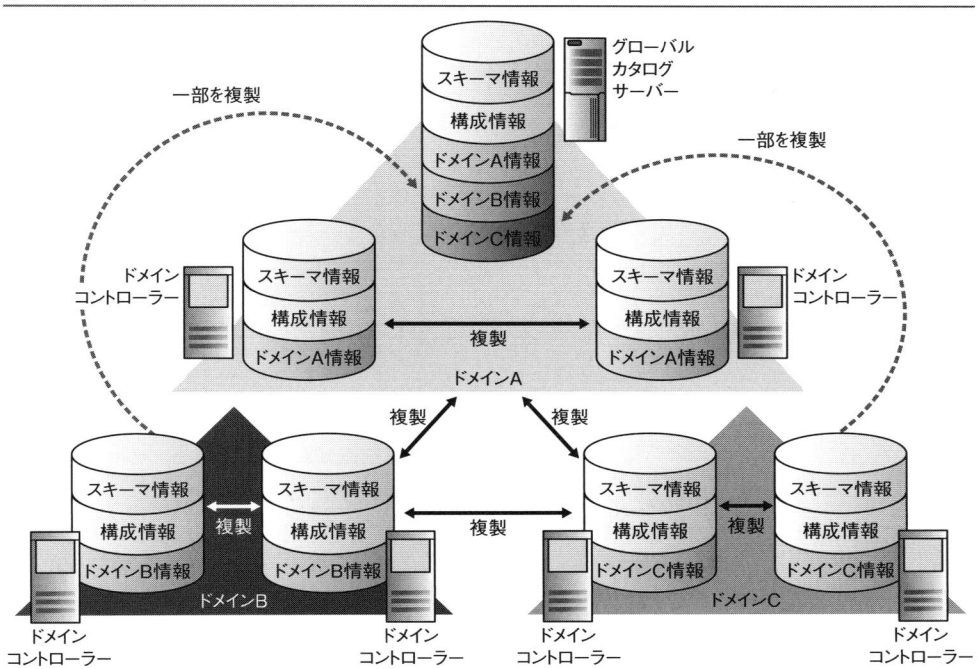

グローバルカタログの設計

　Active Directory環境を構築する際は、どのドメインコントローラーを「**グローバルカタログサーバー**」(グローバルカタログを持つドメインコントローラー)にするのかを検討する必要があります。グローバルカタログにアクセスできなくなると、ユーザーはログオンできなくなるので、耐障害性を考慮してドメイン内やサイト内に複数のグローバルカタログサーバーを配置することをお勧めします。当面はすべてのドメインコントローラーをグローバルカタログサーバーとして運用し、パフォーマンスに問題のあるドメインコントローラーがある場合に限り、そのドメインコントローラーのグローバルカタログサーバー機能を無効化する、という運用方法もあります。くれぐれもすべてのドメインコントローラーのグローバルカタログサーバー機能を無効化しないように注意してください。

02-08　操作マスター

　Active Directory上で管理される情報の多くは、複数のドメインコントローラー間で複製されていますが、「**操作マスター**」または「**FSMO** (Flexible Single Master Operation) **ロール**」と呼ばれる、次表の情報はフォレスト内またはドメイン内で1台のドメインコントローラーしか保持できません。

■ 操作マスター

役割	単位	説明
スキーママスター	フォレストに1つ	Active Directoryのデータベーススキーマを管理するマスター。フォレストのスキーマを拡張する場合などはこの情報にアクセスする必要がある
ドメイン名前付けマスター	フォレストに1つ	フォレストに対するドメインの追加・削除を行う際のマスター
PDC エミュレーター	ドメインに1つ	Active Directory に対応していない古い OS に対して **PDC**（プライマリドメインコントローラー）として振舞うための機能や、パスワード変更の各ドメインコントローラーへの配布などを行うマスター
RID マスター	ドメインに1つ	Active Directory 内の ID 情報の集合体である **RID**（Relative ID）プールをドメインコントローラーに割り当てるためのマスター
インフラストラクチャマスター	ドメインに1つ	ドメイン上に存在するオブジェクトインスタンスの整合性を保障するためのマスター。自分のドメイン内のオブジェクトから他のドメイン内のオブジェクトへの参照の更新などを行う

操作マスターの設計

　Active Directory環境を構築する際は、どのドメインコントローラーに、どの操作マスターを持たせるかを検討する必要があります。**デフォルトでは1台目のドメインコントローラーが5つの役割をすべて持つ**ことになります。

　当面はデフォルトの状態で運用しても構いませんが、運用を続ける中でそのドメインコントローラーに処理が集中してパフォーマンスが低下している場合は、他のドメインコントローラーに役割の一部を転送することも検討してください（よほど大規模なActive Directory環境でないかぎり、パフォーマンスが著しく低下することはありません）。

　なおマルチドメイン構成では、操作マスターの**インフラストラクチャマスターとグローバルカタログサーバーを共存させることができない**ので注意してください。

　操作マスターの転送方法などの詳細については「Chapter 15 Active Directoryの高度な管理」（⇒P.301）で解説します。

> **重要！** RODC（読み取り専用ドメインコントローラー）に操作マスターを持たせることはできません。

02-09 DNSサーバー

　Active Directoryを構築するには**DNSサーバー**が必要です。DNSサーバーが「**ロケーター**」と呼ばれる動作を行うことで、クライアントコンピューターからの要求に応えることができます。クライアントコンピューターや各種サーバーのアドレス情報などもDNSサーバーが管理します。

Active Directoryの要件を満たしているDNSサーバーであれば、他のベンダーのものでも利用できますが、Windows Server 2012 R2標準のDNSサーバーは以下の機能を実装しているので、Active Directory環境を利用する場合は、このDNSサーバーを使用することをお勧めします。

- Active Directory ドメインコントローラーと DNS サービスの一元管理
- SRV レコードおよび動的更新のサポート
- 動的更新のフォールトトレランスと負荷分散
- レコードのアクセス権設定
- Active Directory のディレクトリ複製としてのゾーン転送

DNS サーバーの設計

DNSサーバーを構築する際は「**DNSサーバーの配置先と台数**」と「**ゾーンの種類**」の2点を考慮して、構成を決定します。

●DNS サーバーの配置先と台数

DNSサーバーの配置先と台数を決定します。実環境ではすべてのドメインコントローラーをDNSサーバーとして兼用する設計をお勧めします。ただし、複数のDNSサーバーを用意する場合は、クライアントコンピューターが参照するDNSサーバーの振り分けに注意してください。できるだけ配置先が近いDNSサーバー（同一ネットワーク内）を「プライマリー」や「セカンダリー」に登録すると良いでしょう。

●ゾーンの種類

Windows Server 2012 R2標準のDNSサーバーを使用する場合は、DNSのゾーンの種類を検討します。Active Directory環境用のDNSサーバーの場合は「**Active Directory統合ゾーン**」がお勧めです。このゾーンを設定するとDNSサーバーのデータをディレクトリ複製に含められます。

02-10 NTPサーバー

NTP（Network Time Protocol）とは、コンピューターの時刻を同期するプロトコルです。PDCエミュレーターの役割を持つドメインコントローラーがNTPサーバーとして動作します。

なお、ドメインに参加しているコンピューターの時刻は、認証先のドメインコントローラーの時刻に同期するように構成され、ドメイン内のドメインコントローラーの時刻はPDCエミュレーターの役割を持つドメインコントローラーの時刻に同期するように構成されます。

■ NTPサーバーによる時刻の同期

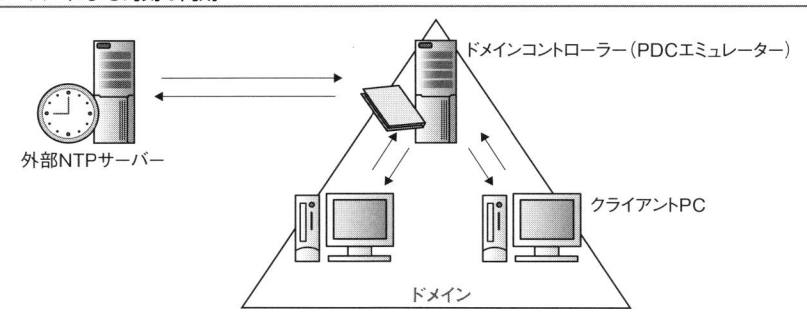

NTPサーバーの設計

　上記のように、PDCエミュレーターの役割を持つドメインコントローラーに設定されている時刻がActive Directory環境全体の時刻を決定するので、このドメインコントローラーの時刻を正確に維持することが重要になります。外部のNTPサーバーなどを使用して正確な時刻と同期するように設定することを推奨します。

　NTPサーバーの詳細については「Chapter 07 Active Directoryの構築手順」（⇒P.163）で解説します。

02-11　その他の構成要素

　Active Directoryの構成要素には、これまでに解説してきたもの以外に「オブジェクトとOU（組織単位）」や「グループポリシー」もあります。

●オブジェクトとOU（組織単位）

　オブジェクトとは、ユーザーやグループ、コンピューターやプリンターなどのネットワークリソースです。そして、これらのオブジェクトをまとめて管理するために使用するオブジェクトが「**OU**（Organization Unit：組織単位）」です。OUを分けることで、アカウントの管理権限を委任したり、グループポリシーオブジェクト（GPO）のリンクを目的ごとに変更したりできます。

　OUについても事前の設計は必要ですが、これまでに紹介してきた他の項目と比較すると容易に設定を変更できるので、運用を開始してから少しずつ状況に合わせて設定することをお勧めします。

　OUの機能や管理方法については「Chapter 11 OUの作成と管理」（⇒P.214）で解説します。また、主要なオブジェクト（ユーザーアカウント、グループアカウント、コンピューターアカウント）の管理方法については「Chapter 12 アカウントの管理」（⇒P.225）で解説します。

●グループポリシー

　グループポリシーは、クライアントコンピューターなどを制御する機能です。Active Directoryの重要な機能の1つです。グループポリシーはOUに対して設定することが多いので、OUと一緒に設計することをお勧めします。

　グループポリシーの機能や管理方法については「Chapter 13 グループポリシーの管理」（⇒P.245）で解説します。

02-12　Active Directoryに参加するクライアントの要件

　クライアントコンピューターからActive Directory環境のすべての機能を使用するには、Active Directoryドメインに「**参加**」する必要があります。しかし、すべてのOSがActive Directoryドメインに参加できるわけではありません。下表に主要なOSとエディション別のActive Directoryドメインへの参加可否をまとめます。クライアントコンピューターを購入・調達する際は参考にしてください。

■ Active Directory ドメインに参加できるクライアント OS

OS・エディション	参加可否
Windows 8 Enterprise ／ Windows 8.1 Enterprise	○
Windows 8 Pro ／ Windows 8.1 Pro	○
Windows 8 ／ Windows 8.1	×
Windows RT ／ Windows RT 8.1	×
Windows 7 Ultimate	○
Windows 7 Enterprise	○
Windows 7 Professional	○
Windows 7 Home Premium	×
Windows 7 Starter	×
Windows Vista Ultimate	○
Windows Vista Business	○
Windows Vista Home Premium	×
Windows Vista Home Basic	×

○：参加可能　×：参加不可

> **Tips**　Windows 8.1やWindows RT 8.1、そしてiOSなどのデバイスはドメインに「参加」できませんが、Windows Server 2012 R2の**Workplace Join**環境を用意することでドメインに「登録」することはできます。その登録情報を、デバイスの認証条件として利用できるようになります。この機能をサポートするために、**AD FS**（Active Directoryフェデレーションサービス）にDRS（Device Registration Service）が追加されています。

02-13 設計要件のまとめ

　ここまで駆け足でActive Directory環境を構成する要素やそれらの設計方法を解説してきましたが、構築するうえで最も重要なことはサーバーに求められる要件に応じて「**何を設計しなければならないのか**」、「**どのように設計すれば良いのか**」を理解することです。構築環境は千差万別なので各要件に応じて最適な設計を行うように心がけてください。

　また、検証環境や本番環境に関わらず、Active Directory環境を構築する前に下表の項目をまとめた設計書を作成することをお勧めします。構築する本人だけが内容を理解するのではなく、関係する他のメンバーやその業務を引き継ぐメンバーのためにも、設計情報を残し、共有することはとても重要です。

　なお、本書では以降の各章で下表の構成のActive Directory環境を具体的に、1つずつ構築していきます。これらの構成を念頭において読み進めてください。

■ 全般

設計項目	設定内容	備考
フォレスト／ドメイン構成	シングルフォレスト／シングルドメイン	
ドメイン名	dom01.itd-corp.jp	NetBIOS ドメイン名は「ITD-CORP」
信頼関係	設定しない	
フォレストの機能レベル	Windows Server 2012 R2	
ドメインの機能レベル	Windows Server 2012 R2	
ドメインコントローラーの台数や構成	各サイトに1台以上配置	詳細は別表を参照
DNS サーバーの構成	すべてのドメインコントローラーを DNS サーバーにする	詳細は別表を参照
NTP サーバーの構成	最初にセットアップしたドメインコントローラーを組織内の NTP サーバーとし、外部の NTP サーバーから時刻を同期させる	

■ サイトの構成

ロケーション	名前	備考
東京本社サイト	TKO-SITE	デフォルトのサイトをリネーム
大阪支社サイト	OSK-SITE	
札幌営業所サイト	SAP-SITE	

■ サブネットの構成

サブネット	プレフィックス	サイト
東京本社サブネット	10.0.1.0/24 10.0.2.0/24 10.0.3.0/24	TKO-SITE
大阪支社サブネット	10.0.11.0/24	OSK-SITE
札幌営業所サブネット	10.0.21.0/24	SAP-SITE

■ サイトリンクの構成

目的	名前	このサイトリンクにあるサイト	コスト	レプリケートの間隔	備考
東京・大阪接続用	TKO-OSK-SITELINK	• TKO-SITE • OSK-SITE	100	15 分間隔	
東京・札幌接続用	TKO-SAP-SITELINK	• TKO-SITE • SAP-SITE	100	15 分間隔	
全サイト接続用	DEFAULTIPSITELINK	• TKO-SITE • OSK-SITE • SAP-SITE	500	180 分間隔	デフォルトのサイトリンクを設定変更する

■ サーバーの構成

所属サイト	名前	役割	IPアドレス	備考
TKO-SITE	TKO-DC01	• ドメインコントローラー • DNS サーバー • NTP サーバー	10.0.1.1/24	グローバルカタログサーバーとする。また、「操作マスター」をすべて持たせる
	TKO-DC02	• ドメインコントローラー • DNS サーバー	10.0.1.2/24	グローバルカタログサーバーとする
OSK-SITE	OSK-DC01	• ドメインコントローラー • DNS サーバー	10.0.11.1/24	グローバルカタログサーバーとする
SAP-SITE	SAP-RODC01	• RODC • DNS サーバー	10.0.21.1/24	グローバルカタログサーバーとする

03 Active Directoryの管理ツール

　Windows Server 2012 R2には標準で、Active Directory環境の管理を行うツールが多数用意されています。ここではそれらのツールの概要を簡単に紹介します。一部のツールの具体的な使用方法については以降の各章で解説します。

■ Active Directory の管理ツール

管理ツール	説　明
Windows PowerShell 用の Active Directory モジュール	Windows Server 2012 R2 には、AD DS や AD LDS の管理を行うための PowerShell コマンドレット群が多数用意されている
Active Directory 管理センター	大規模な Active Directory 環境の管理に適した、タスク指向型の管理ツール。MMC（Microsoft 管理コンソール）とは異なり、PowerShell をベースとして開発されている。このツールを使用すると「特定の期間にログオンしたユーザー」、「ロックされているユーザー」、「パスワードの有効期限切れが迫っているユーザー」などの特定の条件に合致したオブジェクトを Active Directory データベースから検索できる
Active Directory サイトとサービス	サイトの管理やサイト間レプリケーショントポロジを実装するオブジェクトを管理するツール。グローバルカタログの有効化・無効化もこのツールで設定できる。また、Active Directory のサービスに関する管理を行うこともできる
Active Directory ドメインと信頼関係	ドメインの信頼関係やドメインとフォレストの機能レベルを管理するツール。ユーザープリンシパル名（UPN）サフィックスの管理やユーザーのログオン操作を簡素化することもできる。また、操作マスターの 1 つである「ドメイン名前付けマスター」の管理や転送も行える
Active Directory ユーザーとコンピューター	Active Directory ドメインのオブジェクト（ユーザーやグループ、コンピューター、OU など）を管理するツール。管理者が最も多用する管理ツールの 1 つ。操作マスターを転送することもできる
Active Directory スキーマ	Active Directory のスキーマの表示や管理を行うツール。デフォルトではスキーマの管理ができないように［スタート］メニューの［管理ツール］には表示されない設定になっている。また、操作マスターの 1 つである「スキーママスター」の管理や転送も行える
グループポリシーの管理（GPMC）	グループポリシーを管理するためのツール。GPO（グループポリシーオブジェクト）の作成や編集、リンクはもとより、バックアップや復元操作も実行できる。グループポリシーを利用する際は必須のツール
ADSI エディター（Active Directory Service Interface エディター）	Active Directory 内のオブジェクトを表示・変更するツール。他の管理ツールでは表示されないオブジェクトを管理することができる
イベントビューアー	Active Directory の監査ログを確認できる。Active Directory を管理するうえで重要なツールといえる
Windows Server バックアップ	Active Directory のデータベースをはじめ、サーバーのファイルや OS イメージのバックアップやリストアを行うツール

Chapter 07 Active Directoryの構築手順

本章ではActive Directoryを新規に構築する方法を解説します。なお、Windows Server 2012からサポートされている「仮想化されたドメインコントローラーの複製」については「Chapter 15 Active Directoryの高度な管理」(⇒P.310)で解説します。また、以前のバージョンのドメインからアップグレードする方法については「Chapter 17 Active Directoryのマイグレーション」(⇒P.334)で解説します。

01 1台目のドメインコントローラーの構築

本章では、最初に1台目のドメインコントローラーをセットアップしてActive Directoryを新機構築し、続いて追加のドメインコントローラーのセットアップ方法や、メンバーサーバーやクライアントコンピューターのドメインへの参加方法を解説します。

Active Directory環境は以下の流れで構築します。

1. 1台目のドメインコントローラーの構築
2. ドメインコントローラーの追加
3. 必要な機能の追加・設定
4. ドメインへの参加
5. ベストプラクティスアナライザーの実行

最初にIPアドレスやコンピューター名を設定したうえで、1台目のドメインコントローラーを構築します。また動作確認や、DNSサーバーやNTPサーバーなどの基本機能やサービスの設定も行います。

続いて、組織に必要な機能(Active Directoryの監査やActive Directoryのごみ箱機能など)を追加して設定を行い、クライアントコンピューターをドメインに参加させます。

最後にActive Directoryの診断ツールである「**ベストプラクティスアナライザー**」を実行して、Active Directoryの構築作業は完了です。

01-01 IPアドレスとコンピューター名の設定

最初にIPアドレスを設定します。コンピューターをドメインコントローラーとして動作させるには固定IPアドレスが必須ですが、Windows Server 2012 R2の初期設定(インストール時)はDHCPによる動的IPアドレスの割り当てになっています。

そのため、ドメインコントローラーを構築する際は事前に**固定IPアドレス**に変更する必要があります。IPアドレスとコンピュータ名の設定方法については**P.43**を参照してください。

[解説] ここではIPv4のIPアドレスを割り当てている。IPv6を利用している場合は、その設定も忘れずに行う

[解説] DNSサーバーのアドレスに自分自身のアドレスを指定する

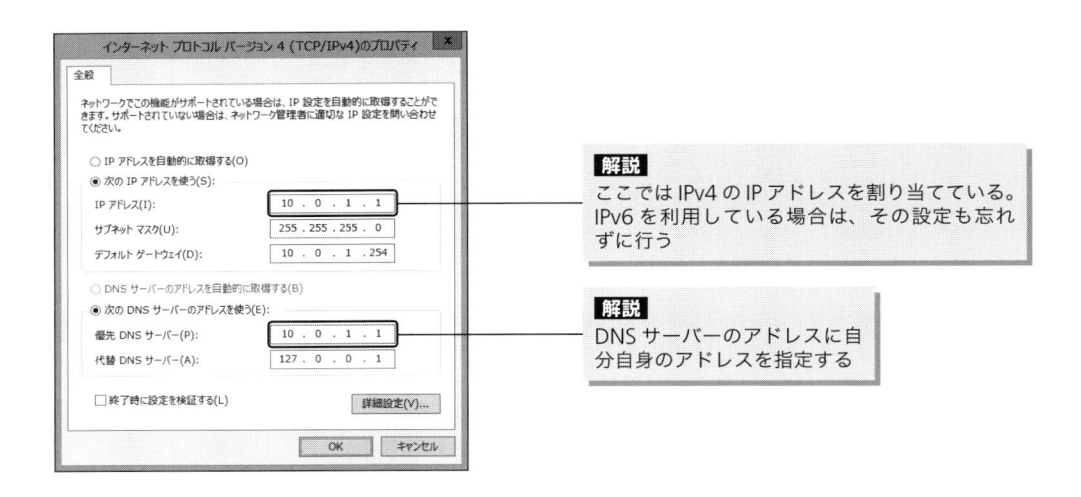

　また、Windows Server 2012 R2をインストールした状態ではコンピューター名にランダムな英数字が割り当てられているので、Active Directoryの命名規則に則ったコンピューター名を設定します（⇒P.144）。変更後はコンピューターを再起動してください。

01-02　ドメインコントローラーの新規構築

　IPアドレスとコンピューター名の設定が完了したら、ドメインコントローラーの新規構築作業に取り掛かります。

Active Directory ドメインサービスの役割の追加

　まず、Active Directoryの中心ともいえる「**Active Directoryドメインサービス**」の役割を追加します。役割を追加すると、サービスに必要な他の役割や機能も自動的にインストールされます。
　管理者でサインインして、サーバーマネージャーから［役割と機能の追加ウィザード］（⇒P.52）を起動して、以下の手順を実行します。

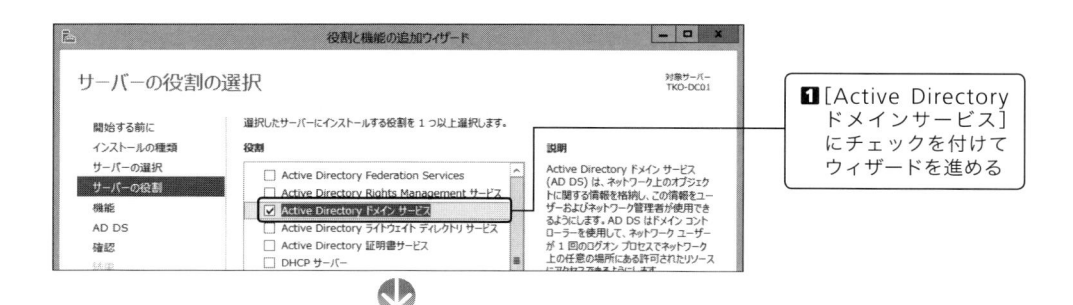

❶［Active Directoryドメインサービス］にチェックを付けてウィザードを進める

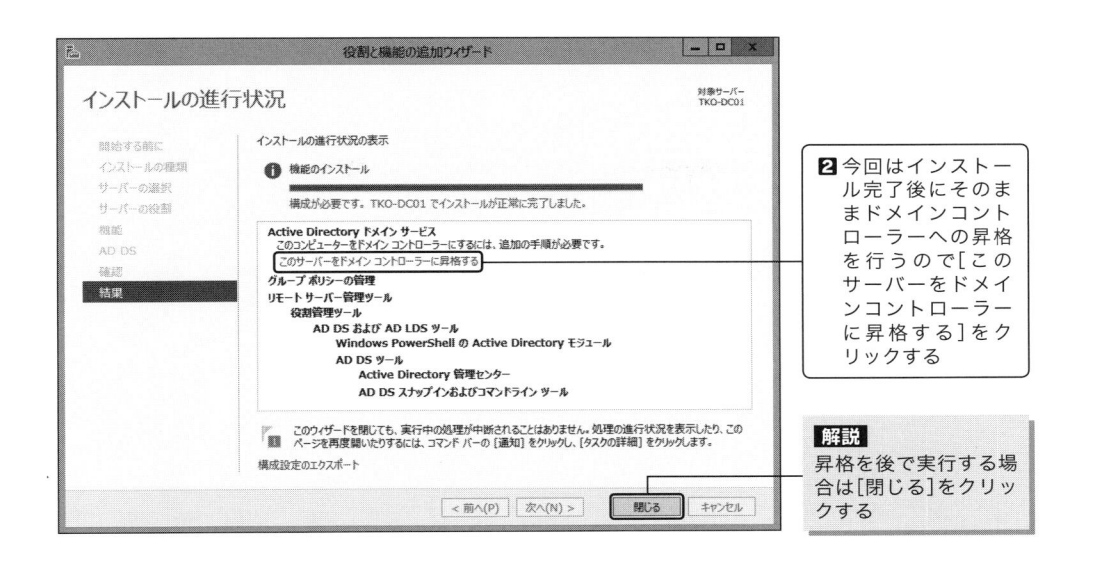

01 1台目のドメインコントローラーの構築

2 今回はインストール完了後にそのままドメインコントローラーへの昇格を行うので[このサーバーをドメインコントローラーに昇格する]をクリックする

解説
昇格を後で実行する場合は[閉じる]をクリックする

Tips [役割と機能の追加ウィザード]を再度開く場合や、後からドメインコントローラーの昇格を行う場合は、サーバーマネージャーの[通知](旗のアイコン)→[タスクの詳細]をクリックします。

Active Directoryドメインの構成

Active Directoryドメインサービスの役割を追加した際に[このサーバーをドメインコントローラーに昇格する]をクリックすると、[Active Directoryドメインサービス構成ウィザード]が起動します。今回は引き続きActive Directoryドメインの構成を行うので、以下の手順を実行します。

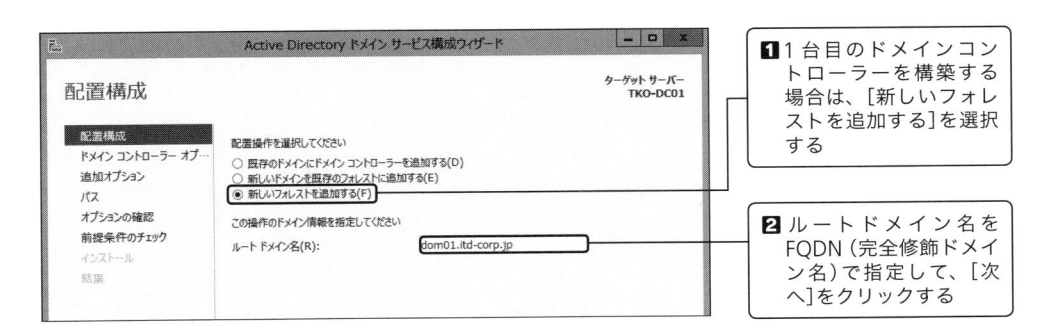

1 1台目のドメインコントローラーを構築する場合は、[新しいフォレストを追加する]を選択する

2 ルートドメイン名をFQDN(完全修飾ドメイン名)で指定して、[次へ]をクリックする

重要！ 1台目のドメインコントローラーを構築することと、Active Directoryドメインを構築することは同じ意味を持ちます。ここでルートドメイン名を間違うと、誤ったActive Directoryドメインが構築されるので、十分に注意して名前を入力してください。

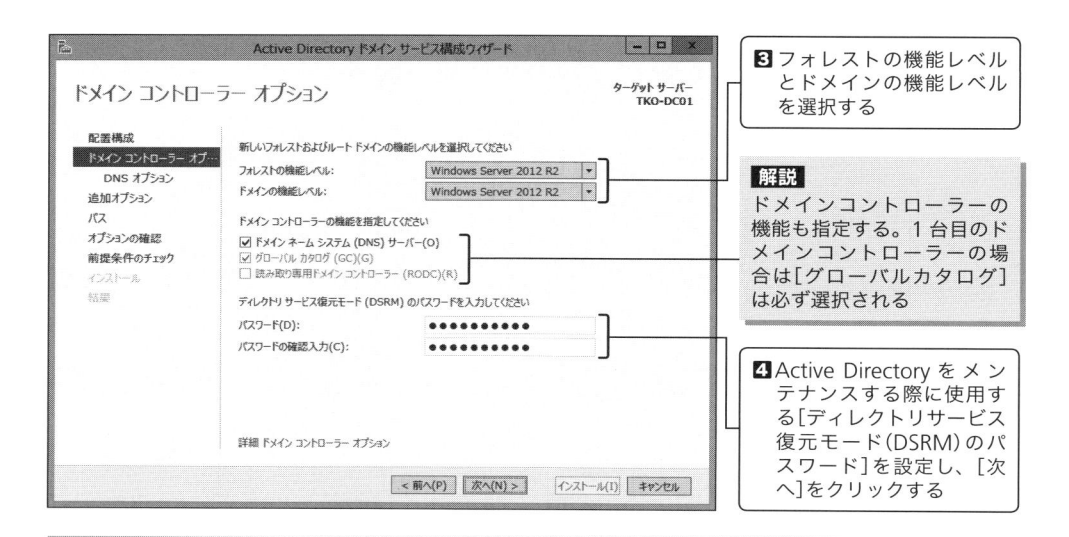

Part 03 Active Directoryの構築

❸ フォレストの機能レベルとドメインの機能レベルを選択する

解説
ドメインコントローラーの機能も指定する。1台目のドメインコントローラーの場合は[グローバルカタログ]は必ず選択される

❹ Active Directory をメンテナンスする際に使用する[ディレクトリサービス復元モード(DSRM)のパスワード]を設定し、[次へ]をクリックする

Tips Windows Server 2012 R2ドメインコントローラーのみで構成される、新しいActive Directoryを構築する場合は各機能レベルに「Windows Server 2012 R2」を選択することを推奨します。Windows Server 2008、Windows Server 2008 R2、Windows Server 2012ドメインコントローラーを追加する予定がある場合は、それに合わせた機能レベルを選択します。

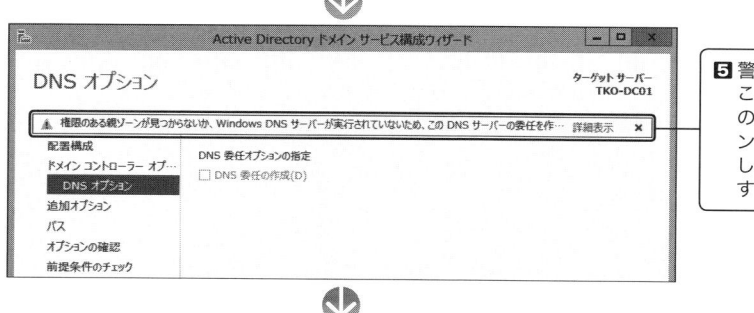

❺ 警告が表示されますが、ここではこのウィザードの中で DNS サーバーもインストールするので無視して、[次へ]をクリックする

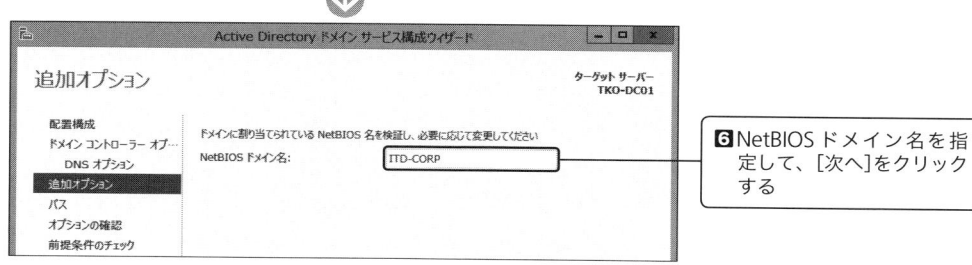

❻ NetBIOS ドメイン名を指定して、[次へ]をクリックする

重要! ルートドメイン名として指定したFQDNの第一階層のドメイン名がNetBIOSドメイン名として自動検出されます。本書の例のようにその値とは異なる設定を行う場合は注意が必要です。

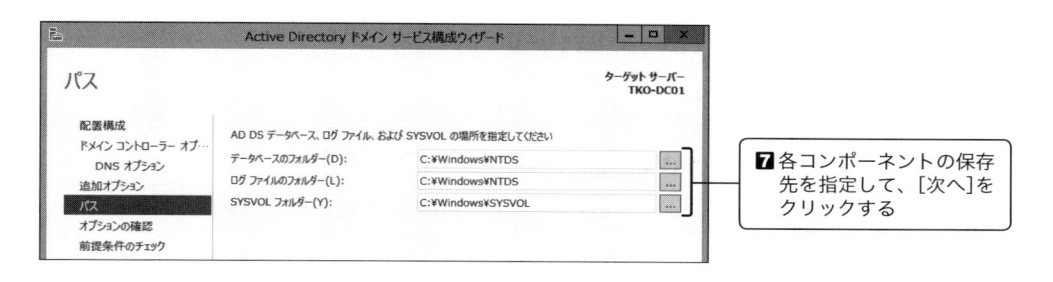

01 1台目のドメインコントローラーの構築

7 各コンポーネントの保存先を指定して、[次へ]をクリックする

Tips 少しでもパフォーマンスを向上させたい場合は、データベースとログファイルを別の物理ドライブに保存してください。

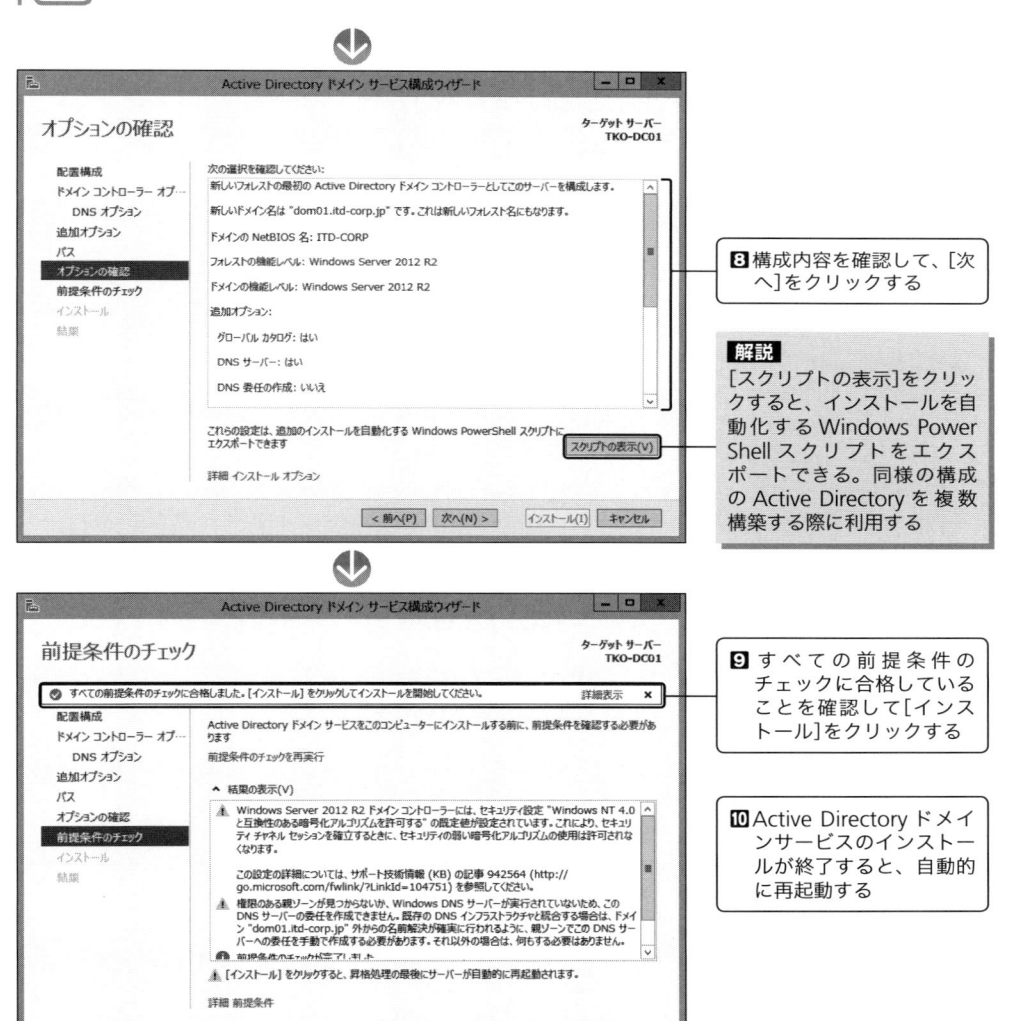

8 構成内容を確認して、[次へ]をクリックする

解説
[スクリプトの表示]をクリックすると、インストールを自動化するWindows PowerShellスクリプトをエクスポートできる。同様の構成のActive Directoryを複数構築する際に利用する

9 すべての前提条件のチェックに合格していることを確認して[インストール]をクリックする

10 Active Directoryドメインサービスのインストールが終了すると、自動的に再起動する

07 Active Directoryの構築手順

コンピューターを再起動したら、Active DirectoryドメインのAdministratorでサインインしてください。新しいドメインのAdministratorアカウントのパスワードは、そのコンピューターのローカルのAdministratorアカウントのパスワードと同じです。

01-03 ドメインコントローラーの構築後の確認

ドメインコントローラーを新規に構築したら構築内容を確認します。

イベントログの確認

サーバーマネージャーで［ツール］メニュー→［イベントビューアー］を開いて、イベントログにエラーが記録されていないかを確認します。特に［システム］ログや［カスタムビュー］の［Active Directory ドメイン サービス］ログなどを重点的に確認してください。

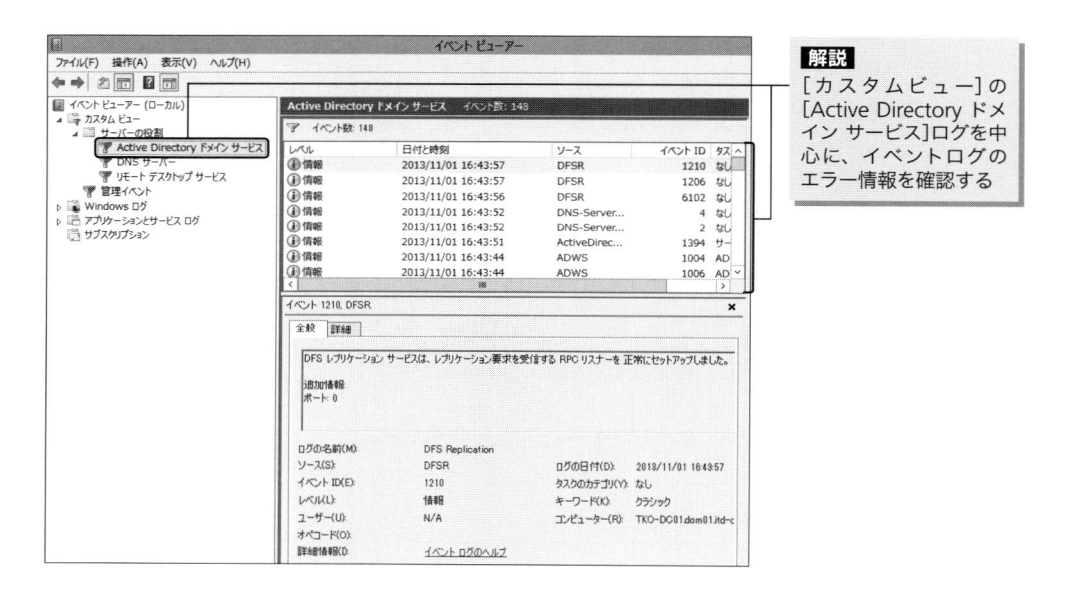

解説
［カスタムビュー］の［Active Directory ドメイン サービス］ログを中心に、イベントログのエラー情報を確認する

なお、インストール時に発生するエラーや警告の中には一時的なものも含まれます。エラーの少し後で正常に機能していることを告げるインフォメーションログが存在しているかどうかも確認してください。

ドメインコントローラーの確認

Active Directoryドメインにドメインコントローラーが正しく登録されているかを確認します。
サーバーマネージャーで［ツール］メニュー→［Active Directoryユーザーとコンピューター］を開いて、インストールしたドメインコントローラーが正しく表示されているかを確認します。

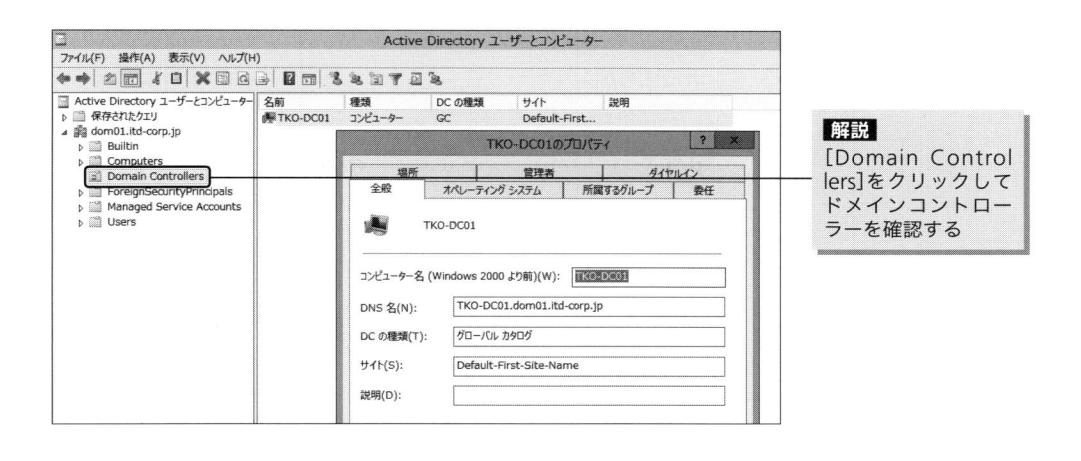

01 1台目のドメインコントローラーの構築

> **解説**
> [Domain Controllers]をクリックしてドメインコントローラーを確認する

DNS サーバーの確認

DNSサーバーが正しく構成されているかを確認します。

サーバーマネージャーで[ツール]メニュー→[DNS]を開いて、構築したActive Directoryドメインに関するゾーンが作成されていることを確認します。

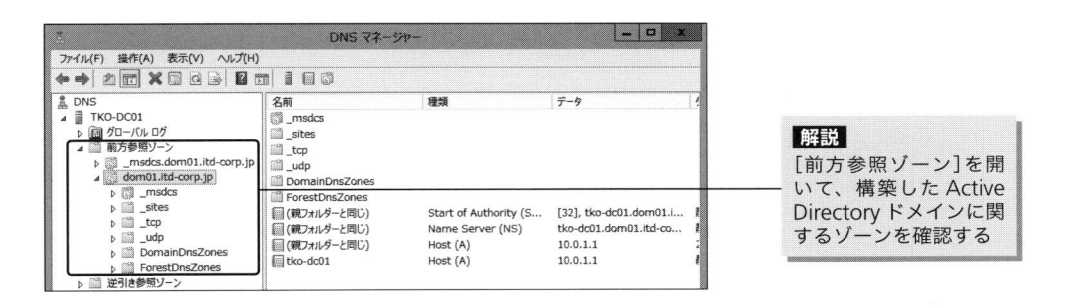

> **解説**
> [前方参照ゾーン]を開いて、構築した Active Directory ドメインに関するゾーンを確認する

01-04　DNS サーバーの設定

1台目のドメインコントローラーにインストールしたDNSサーバーの各項目を設定します。

逆引き参照ゾーンの設定

前方参照ゾーンはActive Directoryの構築時に自動的に追加されますが、**逆引き参照ゾーン**は追加されないため、管理者が登録する必要があります。

なお、クライアントコンピューターが数十台程度の、比較的小規模な環境の場合は逆引き参照ゾーンを作成しなくても支障はありません（⇒**P.483**）。

サーバーマネージャーから[DNSマネージャー]を開いて、次の手順を実行します。

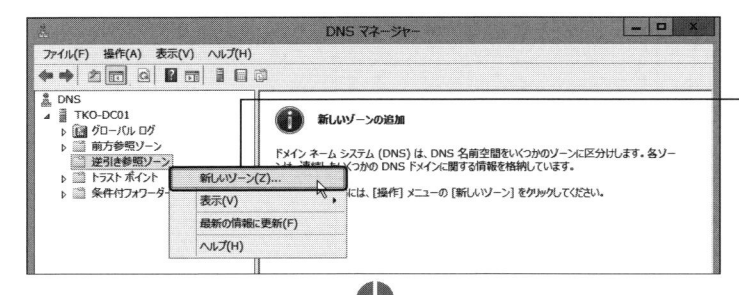

Part 03 Active Directoryの構築

1 [逆引き参照ゾーン]を右クリックして[新しいゾーン]をクリックする

2 [新しいゾーンウィザード]が起動するので、[次へ]をクリックする

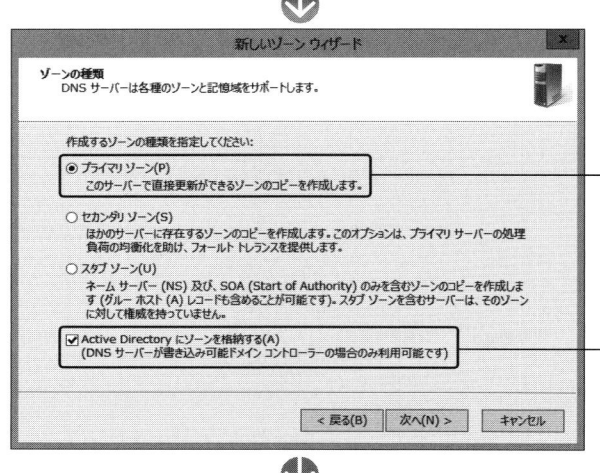

3 作成する逆引き参照ゾーンの種類を選択する。最初のDNSサーバーの場合は[プライマリゾーン]を選択する

4 ドメインコントローラーでDNSサーバーを実行しているので[Active Directoryにゾーンを格納する]にチェックを付けて、[次へ]をクリックする

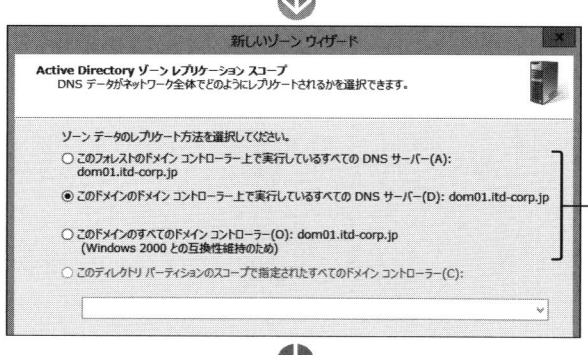

5 作成する逆引き参照ゾーンのレプリケーションのスコープ(範囲)を指定して、[次へ]をクリックする

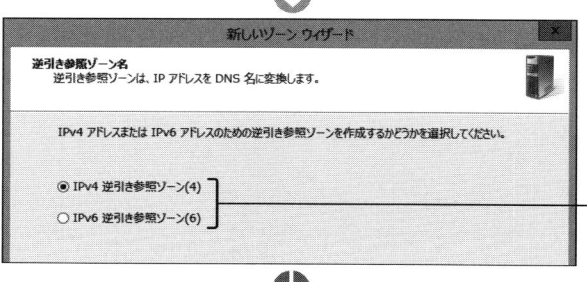

6 作成する逆引き参照ゾーンを利用するIPのバージョンを指定して、[次へ]をクリックする

01 1台目のドメインコントローラーの構築

7 逆引き参照ゾーンを識別するための[ネットワークID]または[ゾーン名]を指定して、[次へ]をクリックする

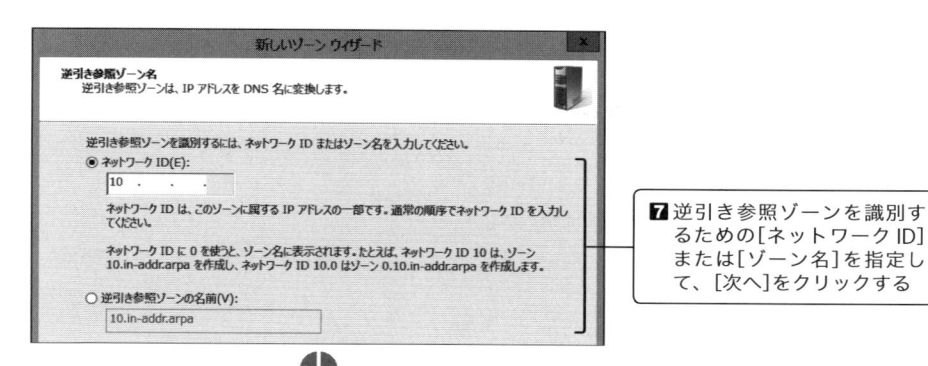

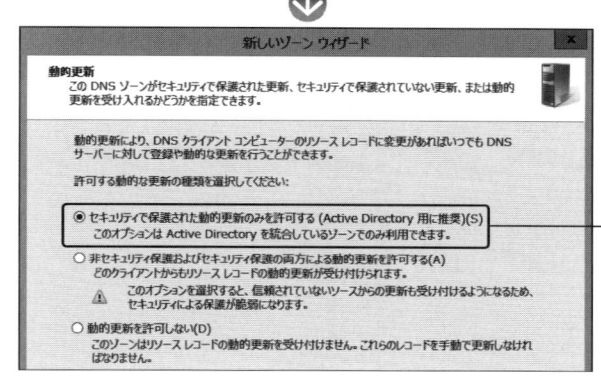

8 DNSクライアントからの動的更新の可否を選択して、[次へ]をクリックする

> **Tips** [セキュリティで保護された動的更新のみを許可する]を選択すると、セキュリティを維持しながらDNSクライアントの情報を自動登録できるので、Active Directory環境では推奨です。

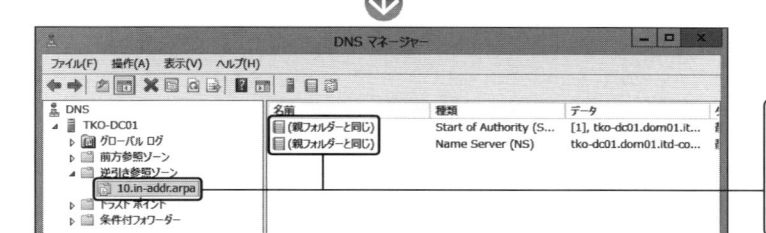

9 [逆引き参照ゾーン]を表示すると、下位に逆引き参照ゾーンが作成されていることが確認できる

> **Tips** DNSサーバーを参照しているコンピューターのコマンドプロンプトで以下のコマンドを実行すると、IPアドレスやホスト名などの情報が逆引き参照ゾーンに動的に登録されます。

書式 逆引き参照ゾーンへの情報の登録

```
ipconfig /registerdns
```

フォワーダーの設定

ドメインコントローラー上のDNSサーバーを使用すると、Active Directory環境の名前解決が可能になります。しかし、多くのサーバー環境ではインターネット上のWebサイトの名前解決も必要になります。

インターネット上のWebサイトなどの名前解決は、Active Directory用に構築したDNSサーバーを利用して行うことも可能ですが、通常の組織ではDNSサーバーの「**フォワーダー**」と呼ばれる機能を設定して、組織内の他のDNSサーバーやISPのDNSサーバーに名前解決の要求を転送し、代理で調べてもらう方法が一般的です。

DNSサーバーのフォワーダー機能を設定するには、サーバーマネージャーから[DNSマネージャー]を開き、以下の手順を実行します。

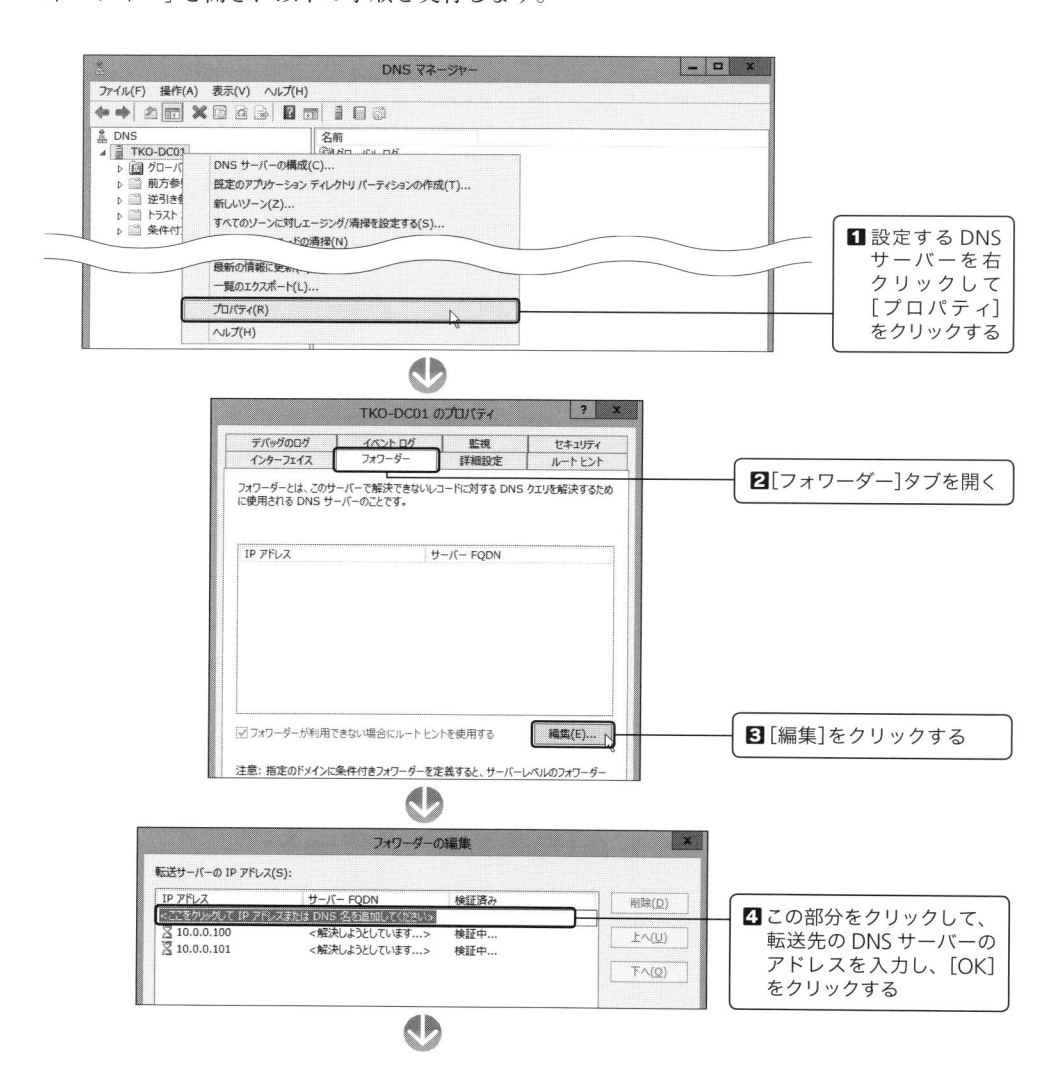

1 設定するDNSサーバーを右クリックして[プロパティ]をクリックする

2 [フォワーダー]タブを開く

3 [編集]をクリックする

4 この部分をクリックして、転送先のDNSサーバーのアドレスを入力し、[OK]をクリックする

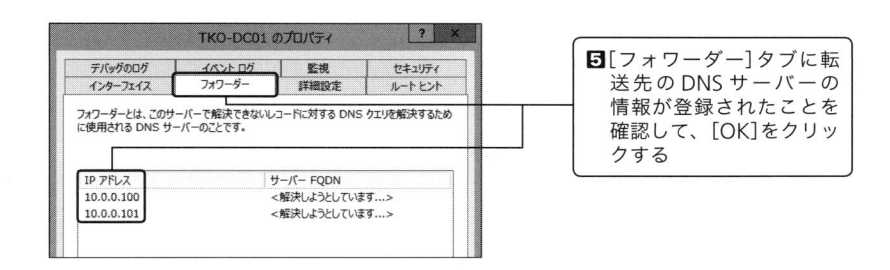

01 1台目のドメインコントローラーの構築

5 [フォワーダー]タブに転送先のDNSサーバーの情報が登録されたことを確認して、[OK]をクリックする

重要! ファイアウォール機器を設置している場合は、フォワーダーとの通信がブロックされないように設定しておく必要があります。

Tips ここで紹介したフォワーダー設定は「**サーバーレベルのフォワーダー**」と呼ばれる設定です。このDNSサーバーで解決できないDNS情報はすべて、指定したDNSサーバーに転送されます。これ以外に、指定したドメインに対してのみ転送を行う「**条件付きフォワーダー**」と呼ばれる機能もあります。条件付きフォワーダーについては「Chapter 25 DNSサーバーの構築と管理」（⇒**P.489**）を参照してください。

01-05　NTPサーバーの設定

ドメイン内にドメインコントローラーが1台しかない場合は、そのドメインコントローラーが**PDCエミュレーター**の役割を持ちます。ドメイン内のコンピューターの時刻はPDCエミュレーターの役割を持つドメインコントローラーの時刻と同期されるので、正確な時刻を設定するためにも、NTPサーバーのための構成を行って、外部のNTPサーバーと時刻を同期することを推奨します。NTPを使用して、外部のNTPサーバーと時刻を同期するにはコマンドプロンプトで以下のコマンドを実行します。契約しているISPなどが提供しているNTPサーバーを指定すると良いでしょう。

書式 NTPサーバーの指定（コマンドは1行で実行）

```
w32tm /config
      /manualpeerlist:〈NTPサーバーの名前やアドレス〉
      /syncfromflags:manual /reliable:yes /update
```

上記のコマンドを実行したら、以下のコマンドを実行して「**Windows Time**」サービスを再起動します。時刻同期が正常に実行できたか否かはイベントログで確認できます。

書式 Windows Timeサービスの再起動

```
net stop w32time & net start w32time
```

なお、対象のNTPサーバーがWindows以外の場合は、上記のコマンドでは時刻を同期できないことがあります。その場合は次のように「0x8」を付けて実行します。

> **書式** NTP サーバーの指定（コマンドは 1 行で実行）

```
w32tm /config
      /manualpeerlist:〈NTPサーバーの名前やアドレス〉,0x8
      /syncfromflags:manual /reliable:yes /update
```

NTPによる同期状況を確認する場合は、以下のコマンドを実行します。

> **書式** NTP の状況の確認

```
w32tm /query /status
```

> **重要！** ファイアウォール機器を設置している場合は、NTPによる時刻同期の通信がブロックされないように設定しておく必要があります。

Column 外部の NTP サーバーについて

契約しているISPがNTPサービスを提供していない場合は「インターネットマルチフィード時刻情報提供サービス for Public」を利用できます。

URL インターネットマルチフィード時刻情報提供サービス for Public
http://www.jst.mfeed.ad.jp/

実行例 ▶ NTP サーバーを指定する（コマンドは 1 行で実行）

```
w32tm /config
      /manualpeerlist:ntp.jst.mfeed.ad.jp
      /syncfromflags:manual /reliable:yes /update
```

02 ドメインコントローラーの追加

Active Directoryには2台以上のドメインコントローラーを配置することが推奨されています。ここからは2台目など、追加のドメインコントローラーを構築する手順を解説します。

02-01 IPアドレスとコンピューター名の設定とドメインへの参加

1台目のドメインコントローラーと同様の方法でIPアドレスを設定します（⇒P.153）。ここでのポイントは「優先DNSサーバー」に**1台目のドメインコントローラーのDNSサーバー**を、「代替DNSサーバー」に**自分自身**を指定することです。この設定を誤ると昇格処理に失敗することがあります。

[図: インターネットプロトコルバージョン4 (TCP/IPv4)のプロパティ]

❶ 各項目を設定する

❷ [優先DNSサーバー]に1台目のドメインコントローラーのDNSサーバーを、[代替DNSサーバー]に自分自身を指定して、[OK]をクリックする

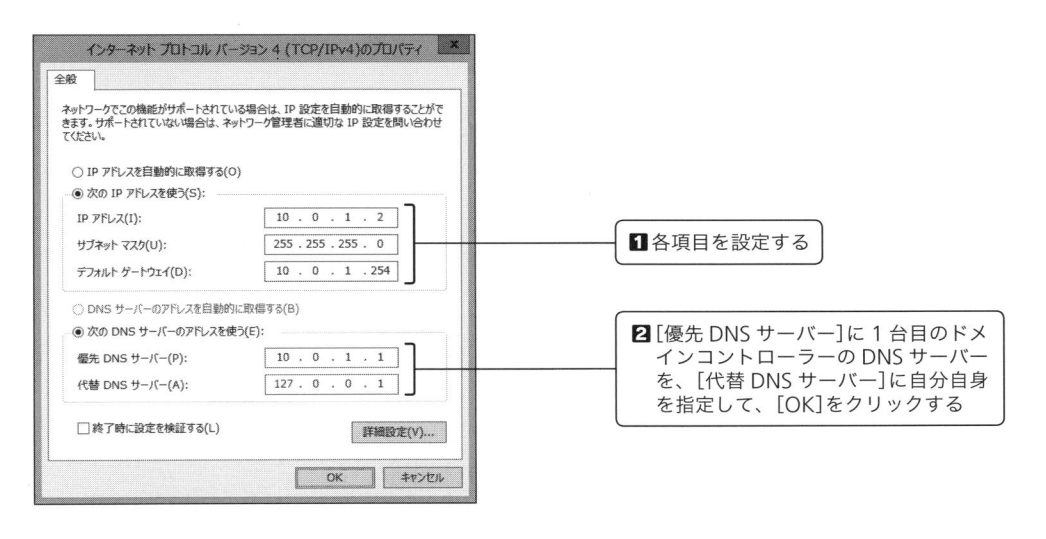

また、1台目のドメインコントローラーと同様にコンピューター名を変更します。さらに、Active Directoryドメインに参加させるためにサーバーを再起動します。

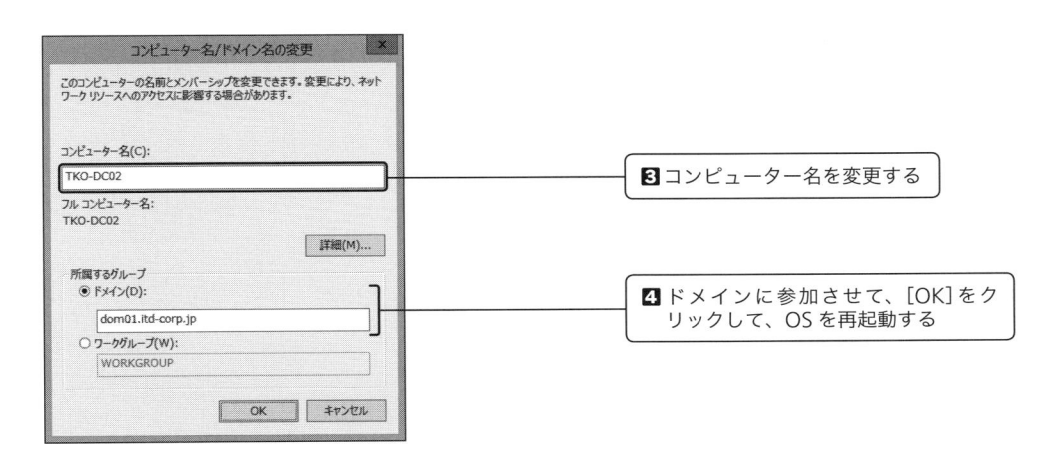

[図: コンピューター名/ドメイン名の変更]

❸ コンピューター名を変更する

❹ ドメインに参加させて、[OK]をクリックして、OSを再起動する

02-02 追加のドメインコントローラーの構築

再起動の完了後にActive DirectoryドメインのAdministratorでサインインしてから、2台目のドメインコントローラーを構築します。

まずは1台目のドメインコントローラーの構築手順を参考にして役割を追加します（⇒P.154）。[Active Directoryドメインサービス構成ウィザード]を起動するところまでは「1台目のドメインコントローラーの登録手順」と同じです。[Active Directoryドメインサービス構成ウィザード]が起動したら、次の手順を実行します。ここからは1台目のドメインコントローラーの場合とは手順が異なるので注意してください。

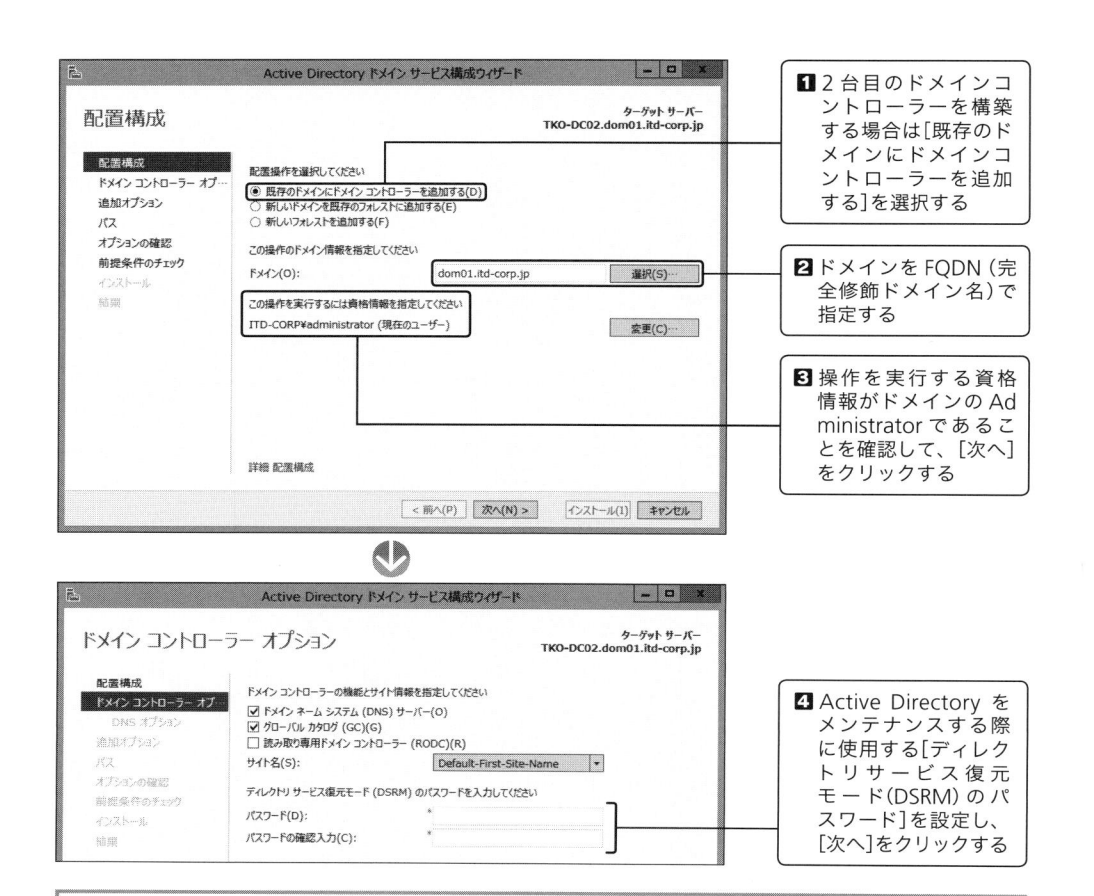

Part 03 Active Directoryの構築

❶ 2台目のドメインコントローラーを構築する場合は[既存のドメインにドメインコントローラーを追加する]を選択する

❷ ドメインをFQDN（完全修飾ドメイン名）で指定する

❸ 操作を実行する資格情報がドメインのAdministratorであることを確認して、[次へ]をクリックする

❹ Active Directoryをメンテナンスする際に使用する[ディレクトリサービス復元モード(DSRM)のパスワード]を設定し、[次へ]をクリックする

> **Tips** 1台目のドメインコントローラーのインストール時とは異なり（⇒P.156）、[グローバルカタログ]を選択できます。DNSサーバーやグローバルカタログサーバーは複数台用意したほうが良いので、チェックを付けることをお勧めします。

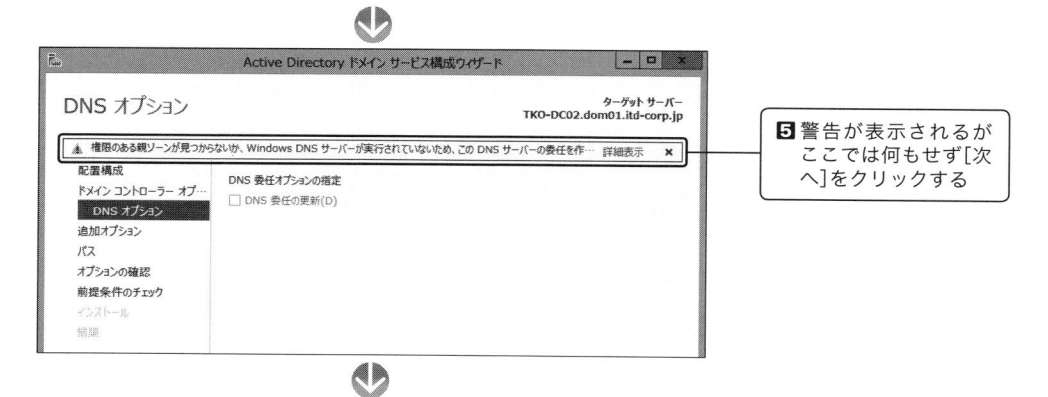

❺ 警告が表示されるがここでは何もせず[次へ]をクリックする

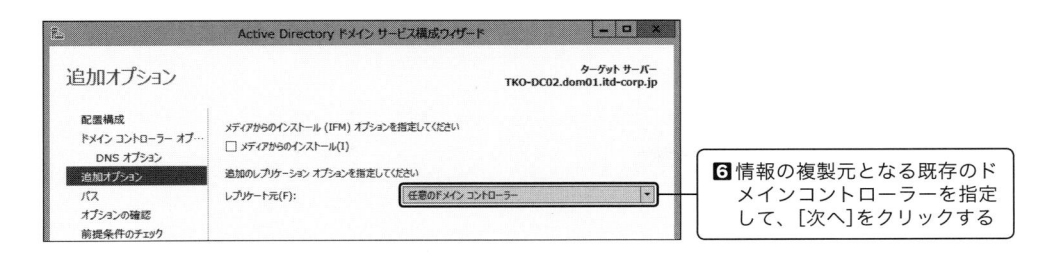

02 ドメインコントローラーの追加

6 情報の複製元となる既存のドメインコントローラーを指定して、[次へ]をクリックする

Tips [メディアからのインストール] は、1台目のドメインコントローラーとの間が低速なネットワークの場合に選択します。ただし、この項目を選択する場合は、1台目のドメインコントローラーで事前準備が必要です。

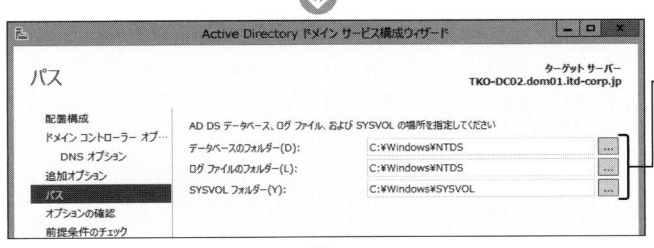

7 各コンポーネントの保存先を指定して、[次へ]をクリックする

8 確認画面が表示されるので、構成内容を確認して、[次へ]をクリックする

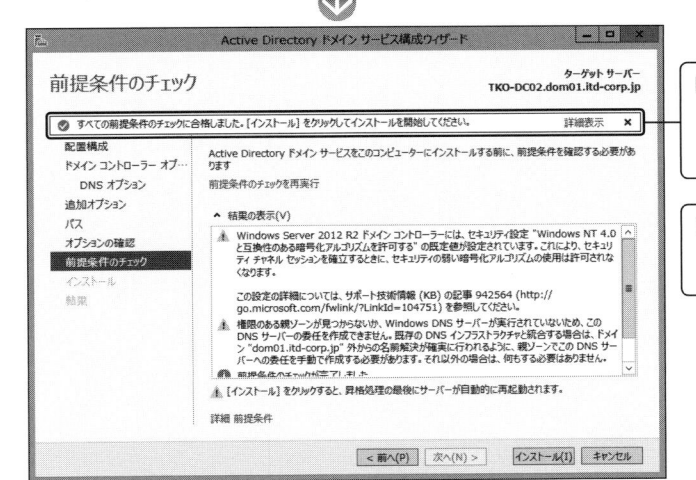

9 すべての前提条件のチェックに合格していることを確認して[インストール]をクリックする

10 Active Directory ドメインサービスのインストールが終了すると、自動的に再起動する

02-03 参照先 DNS の変更

2台目のドメインコントローラーが参照するDNSサーバーの設定を変更します。ここでは最初に自分自身、次に1台目のドメインコントローラー兼DNSサーバー、最後にループバックアドレスである「127.0.0.1」の順番で指定します。

Part 03 Active Directoryの構築

❷ [DNS]タブを開き、参照するDNSサーバーの追加や順番の調整を行う

❶ IPアドレスの設定ダイアログを表示して、[詳細設定]をクリック

　ドメインコントローラーを追加したら、サーバーを再起動してActive Directoryドメインの Administrator ユーザーでサインインし、1台目のドメインコントローラーの場合と同様に以下の各項目を確認します。具体的な確認方法については **P.158** を参照してください。

- イベントログの確認
- ドメインコントローラーの確認
- DNS サーバーの確認とフォワーダーの設定

02-04　1台目のドメインコントローラーの設定変更

　2台目のドメインコントローラーを追加したら、1台目のドメインコントローラーに設定してあるIPアドレス関連の設定を一部変更します。IPアドレスの設定ダイアログを表示して［DNSサーバーアドレス］に2台目のドメインコントローラーのDNSサーバーを設定します。

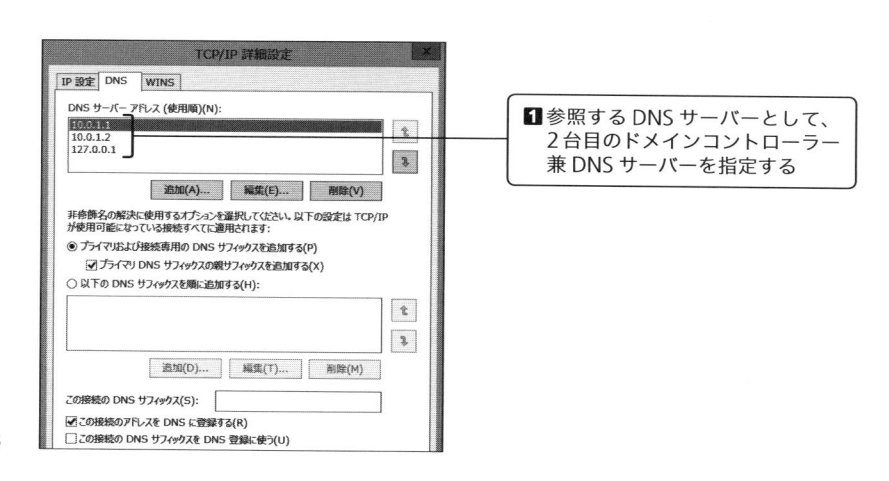

❶ 参照する DNS サーバーとして、2台目のドメインコントローラー兼 DNS サーバーを指定する

03 必要な機能の追加・設定

ドメインコントローラーを追加して目的のドメインを構築したら、次はActive Directory環境に必要な機能を追加・設定します。

ここでは構築時に設定すべき「**Active Directoryの監査**」の追加方法と「**Active Directoryのごみ箱機能**」の概要を解説します。その他の機能やサービスの追加・設定方法については後述の各章を参照してください。

03-01 Active Directory の監査

Windows Server 2012 R2のデフォルト設定では、「ユーザーアカウントなどの追加・削除」などの基本的な操作以外は記録されません。そのため、必要に応じて監査ログに記録する操作を設定する必要があります。

ここではオブジェクトの属性値(ユーザーアカウントの姓や表示名など)を変更した際に、変更前後の値を監査ログに記録する方法を例に、監査ログの使用方法を解説します。

サーバーマネージャーから**GPMC**(Group Policy Management Console:グループポリシー管理コンソール)を起動して[**コンピューターの構成**]→[**ポリシー**]→[**Windowsの設定**]→[**セキュリティの設定**]→[**監査ポリシーの詳細な構成**]→[**監査ポリシー**]を展開して、以下の手順を実行します。

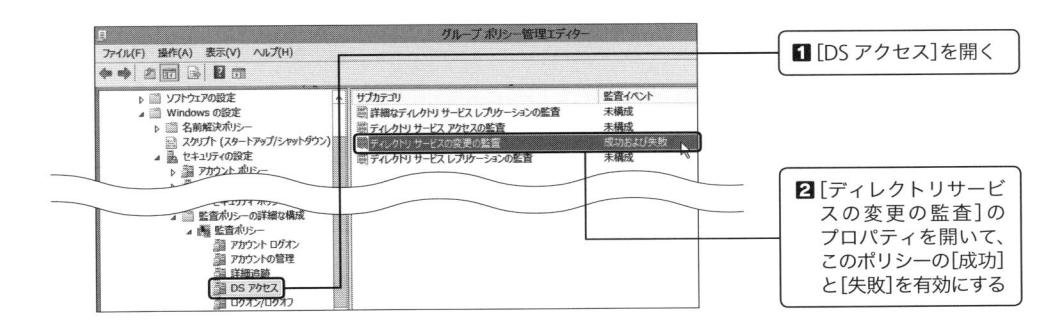

1 [DS アクセス]を開く

2 [ディレクトリサービスの変更の監査]のプロパティを開いて、このポリシーの[成功]と[失敗]を有効にする

> **Tips** [監査ポリシーの詳細な構成]を設定すると、そこで監査を有効にした項目以外は、デフォルトで監査が有効になっている項目を含め、すべて[監査なし]に設定されるので注意してください。

次に、監査を有効にするコンテナーの監査設定を変更します。サーバーマネージャーで[役割]→[Active Directoryユーザーとコンピューター]を開いて、次の手順を実行します。

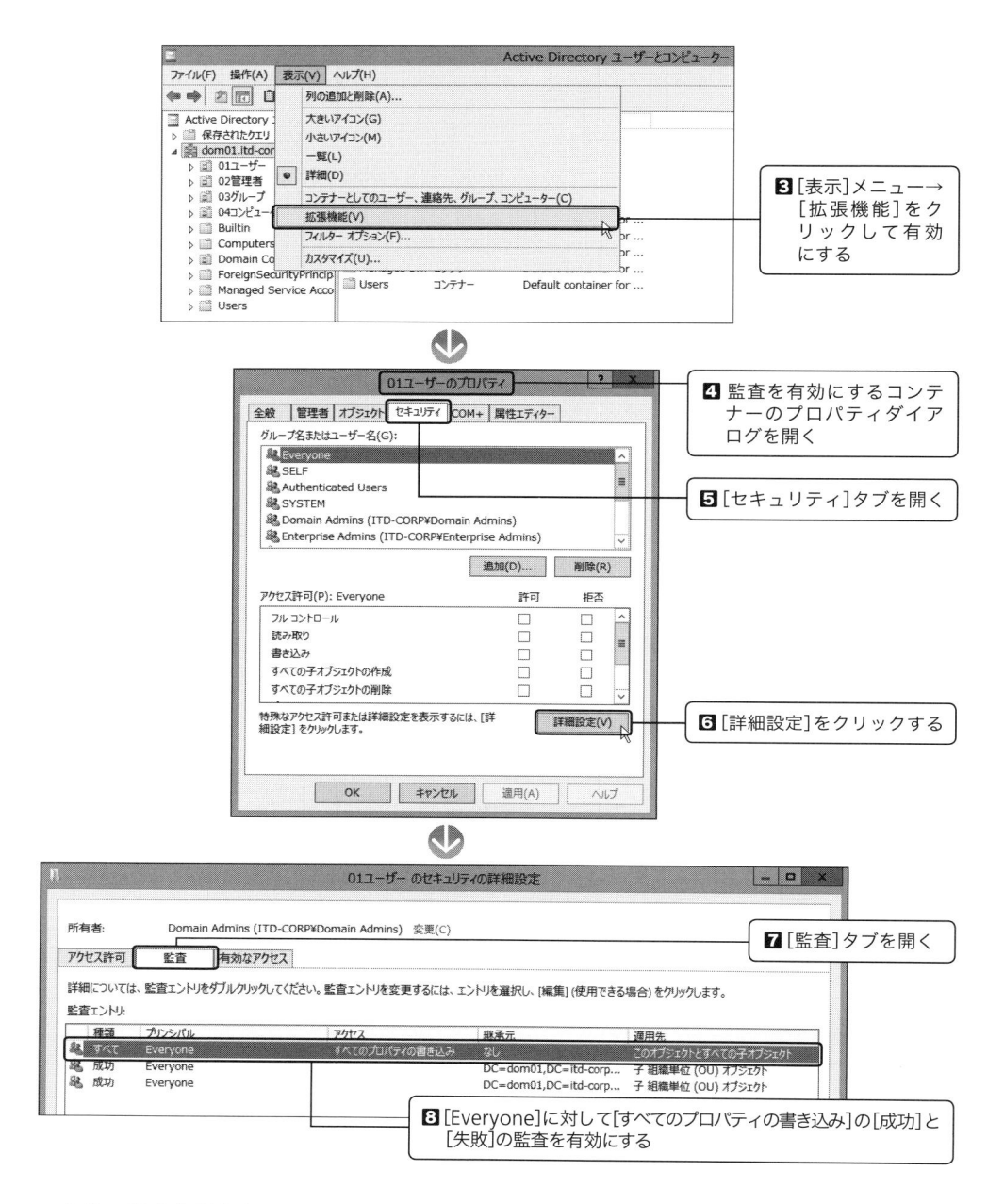

Part 03 Active Directoryの構築

3 [表示]メニュー→[拡張機能]をクリックして有効にする

4 監査を有効にするコンテナーのプロパティダイアログを開く

5 [セキュリティ]タブを開く

6 [詳細設定]をクリックする

7 [監査]タブを開く

8 [Everyone]に対して[すべてのプロパティの書き込み]の[成功]と[失敗]の監査を有効にする

　上記の設定を行うと、オブジェクトの属性値を変更した際に変更前後の値が監査ログに記録されるようになります。監査ログは、イベントビューアーで確認できます。

❾ 監査ログを確認する

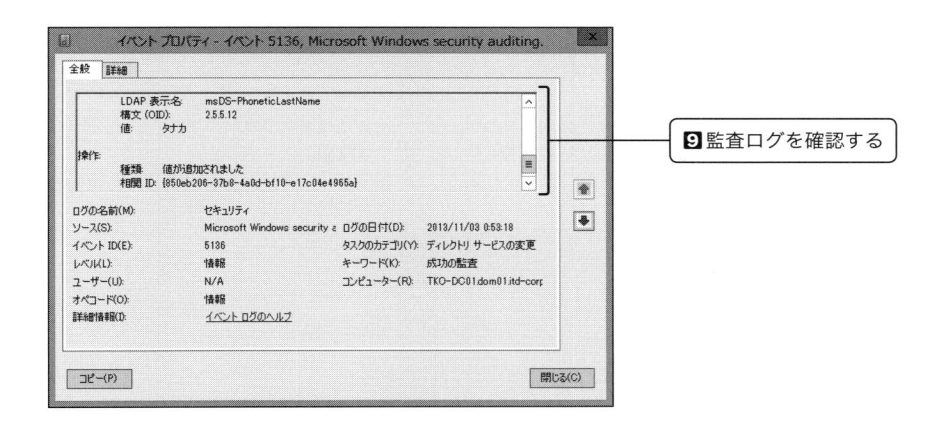

03-02 Active Directoryのごみ箱機能

「**Active Directory のごみ箱**」と呼ばれる機能を利用すると、誤って削除したオブジェクトなどを容易に復元できます。この機能はデフォルトでは無効化されているので、Windows Server 2012 R2で新規に構築したActive Directory環境で、かつ各種要件を満たしている場合は有効化しておきましょう。

ごみ箱機能を利用するための要件や有効化の方法については「Chapter 16 Active Directoryの保守」(⇒**P.330**)を参照してください。

04 ドメインへの参加

Active Directory環境を構築しただけでは、ドメインコントローラー以外のWindowsサーバーやクライアントコンピューターはActive Directoryの各種機能を利用できません。他のコンピューターがActive Directoryの機能を利用するには、対象のコンピューターに対して「**ドメインへの参加**」という手続きを行う必要があります。ここではWindows 8.1 Enterpriseコンピューターをドメインへ参加する方法を解説します。

04-01 ネットワークの設定

クライアントコンピューターをドメインへ参加させるには、最初に参加させるコンピューターのネットワーク設定を確認する必要があります。

ドメインへ参加する場合は、ネットワーク設定の「DNSサーバー」にドメインコントローラー上のDNSサーバーを設定します(⇒**P.167**)。

なお、DHCPを使用してIPアドレスを管理している環境では、DNSサーバーのアドレスがDHCPオプションとして配布されていることを確認してください。

04-02 ドメインへの参加の手順

Windows 8.1コンピューターをドメインに参加させるには、[スタート]画面の[アプリ]を開いて、以下の手順を実行します。

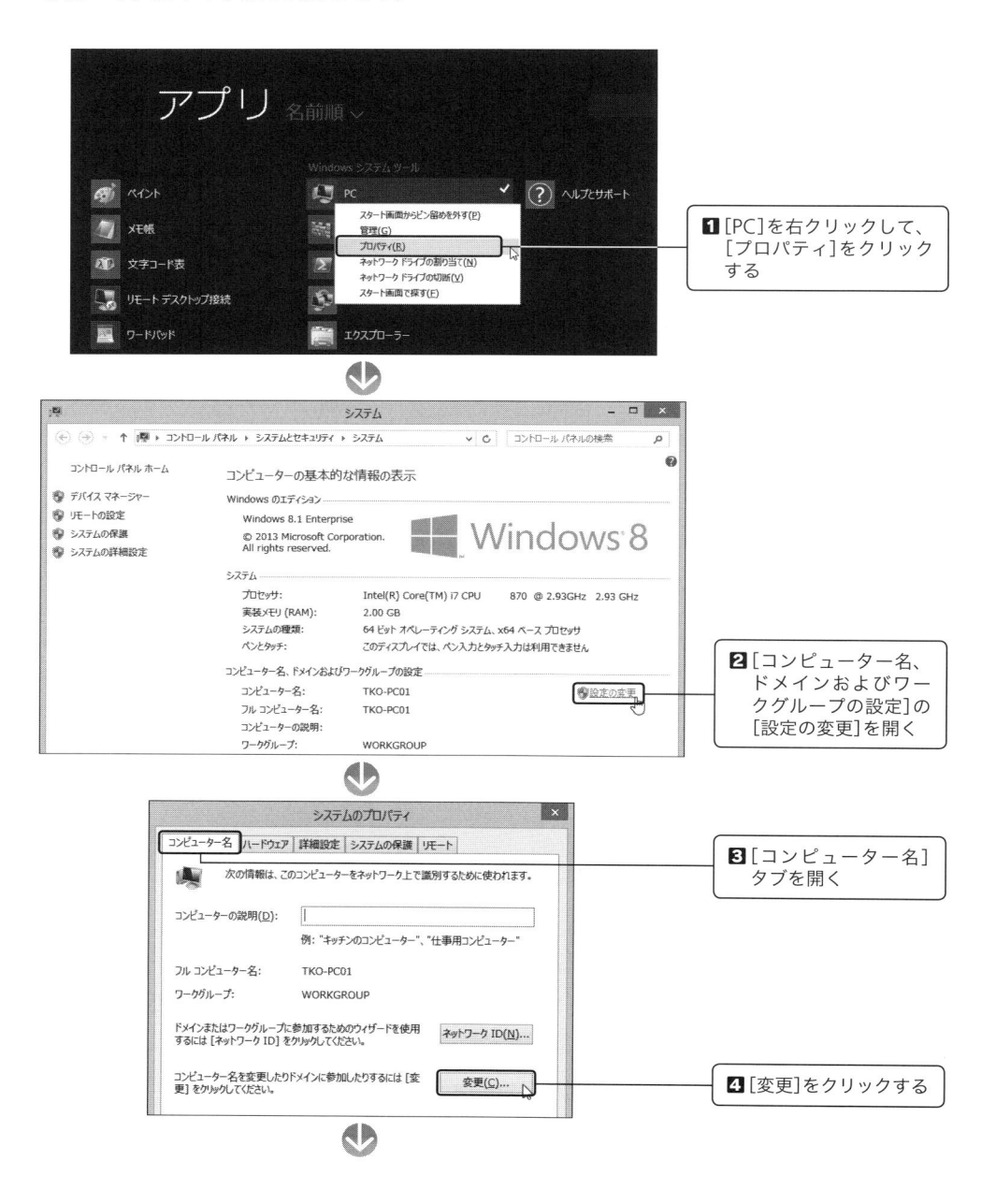

❶ [PC]を右クリックして、[プロパティ]をクリックする

❷ [コンピューター名、ドメインおよびワークグループの設定]の[設定の変更]を開く

❸ [コンピューター名]タブを開く

❹ [変更]をクリックする

解説
ここでコンピューター名を変更することも可能

5 [所属するグループ]セクションで[ドメイン]を選択して、Active Directoryドメインの名前を入力し、[OK]をクリックする

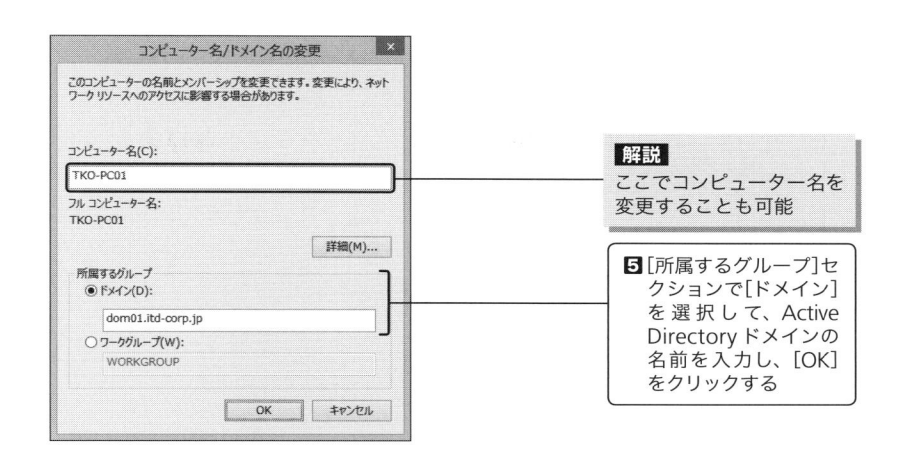

　ログイン画面が表示されたら、Active Directoryドメインに登録されているユーザーアカウントの[ユーザー名]と[パスワード]を入力して[OK]をクリックします。
　これでドメインに参加することができました。ダイアログが表示されたら[OK]をクリックして再起動します。ドメインへの操作を完了するには、一度は再起動する必要があります。
　なお、Active Directoryがデフォルトの設定であれば、一般のユーザーでも10台のWindowsコンピューターをドメインに参加させることができます。

> **Column　オフラインでのドメイン参加**
>
> 　ドメインに参加させるコンピューターのOSがWindows Server 2008 R2以降またはWindows 7以降の場合は、ドメインへの参加処理をオフラインで実行できます。
> 　オフラインでドメイン参加を行うには「**Djoin.exe**」コマンドを使用します。全体の流れは以下の通りです。
>
> 1. ドメインコントローラー側でDjoin.exeコマンドを実行して「プロビジョニングデータ」と呼ばれるファイルを作成する
> 2. ドメインに参加させるメンバーサーバーやクライアントに「プロビジョニングデータ」を保存する
> 3. メンバーサーバーやクライアント側でDjoin.exeコマンドを実行して「プロビジョニングデータ」を読み込む
>
> 　上記の手順で実行できるのはあくまでも「ドメインへの参加」だけです。そのままオフラインでActive Directoryにログオンできるわけではありません。ログオン時にオンラインにする必要があります。
> 　なお、DirectAccess環境を用意している場合は、オフラインドメイン参加機能と組み合わせることでコンピューターをインターネット経由でドメインに参加させることが可能です（⇒**P.671**）。
>
> **URL**　DirectAccess Offline Domain Join
> http://technet.microsoft.com/ja-jp/library/jj574150.aspx

04-03 ドメインへのログオン

「ドメインへの参加」手続きを終えたメンバーサーバーやクライアントは、Active Directoryドメインにログオンできます。Windows 8.1コンピューターの場合は、サインイン画面の［ユーザーの切り替え］（［←］アイコン）をクリックして、以下の手順を実行します。

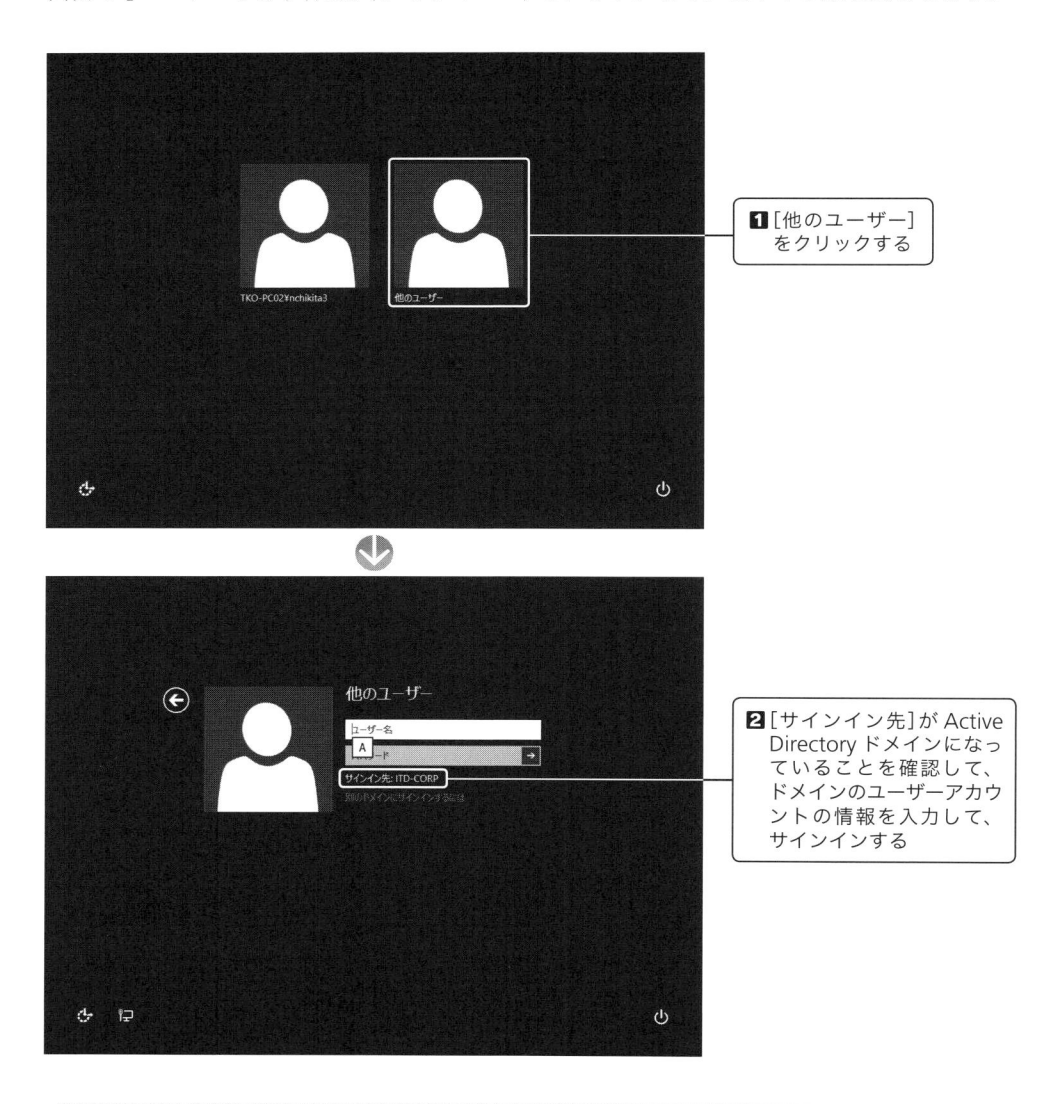

❶ ［他のユーザー］をクリックする

❷ ［サインイン先］が Active Directory ドメインになっていることを確認して、ドメインのユーザーアカウントの情報を入力して、サインインする

> **重要！** ドメインに参加するということは、見方を変えるとユーザー認証を可能とする「アカウントデータベース」が複数になったということです。各コンピューターは元々ローカル環境にアカウントデータベースを持っています。ドメインに参加することで「ローカルのアカウントデータベース」だけでなく、「ドメインのアカウントデータベース」も利用可能になるのです。

05 ベストプラクティスアナライザーの実行

　Active Directory環境の構築が完了したら、最後に診断ツールである「**ベストプラクティスアナライザー**（BPA：Best Practice Analyzer）」を実行します。この診断ツールを実行すると、Active DirectoryドメインサービスやDNSサーバーなどで発生しているエラーや警告を確認できます。

　ベストプラクティスアナライザーを実行するには、サーバーマネージャーの［ローカルサーバー］を開き、以下の手順を実行します。

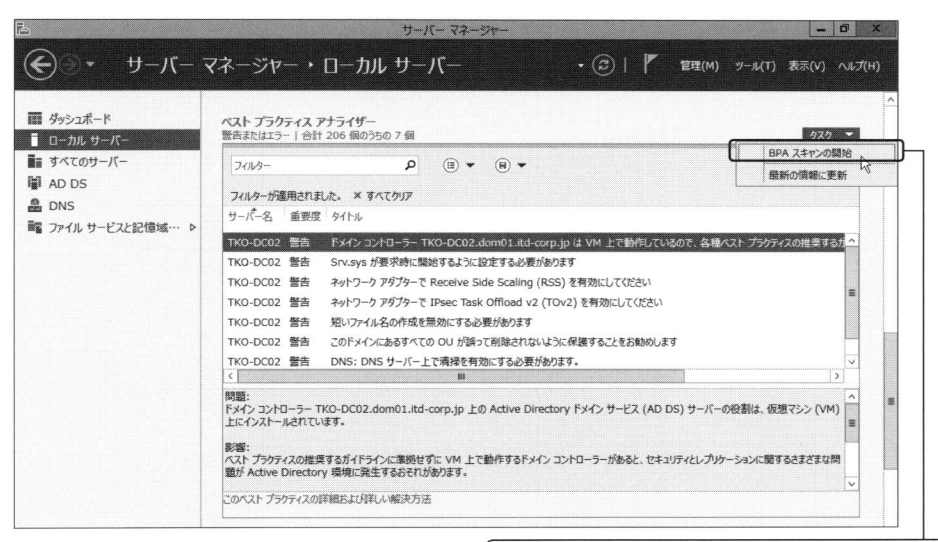

❶［ベストプラクティスアナライザー］セクションの［タスク］をクリックして、［BPA スキャンの開始］をクリックする

　スキャン結果が表示されたら内容を確認して、「エラー」や「警告」があれば、表示されるアドバイスにしたがって対応してください。

　このツールはActive Directoryドメインの構築直後だけでなく、運用時にも定期的に実行することを推奨します。スキャン結果を表示する必要がないものは、右クリックして［結果を除外する］をクリックしておいてください。

Chapter 08 Active Directoryの削除

本章では、ドメインコントローラーを削除する行為である「降格」の方法と、ドメイン内のすべてのドメインコントローラーを削除することでActive Directoryそのものを削除する方法を解説します。
また、Active Directoryを削除するには、事前にメンバーサーバーやクライアントコンピューターをドメインから離脱する必要があるので、その方法も解説します。

01 ドメインコントローラーの降格

ドメインコントローラーを降格するには、ドメインコントローラーとして動作しているサーバーから[Active Directoryドメインサービス]をアンインストールし、その役割を削除します。するとそのドメインコントローラーは**メンバーサーバー**になります。

以下のような場合は、ドメインコントローラーをメンバーサーバーに**降格**することを検討します。

- 移行などで新しいドメインコントローラーを追加し、既存のものが不要になった場合
- ハードウェアリプレースなどを行うために、既存のドメインコントローラーを削除する場合
- ドメインコントローラーに障害が発生し、ドメインから切り離す場合
- ドメインやフォレストの機能レベルを上げる際に、その要件に合致しない場合

なお、Active Directoryドメインはドメインコントローラーによって構成されているため、すべてのドメインコントローラーを降格するということは、Active Directoryそのものを削除することと同じです。ドメインコントローラーの削除方法については**P.185**で解説します。

> **Tips** 降格するドメインコントローラーに操作マスターが存在する場合は、事前に他のドメインコントローラーに転送してください。操作マスターの確認方法や転送方法については「Chapter 15 Active Directoryの高度な管理」(⇒**P.301**)を参照してください。

01-01 Active Directory ドメインサービスのアンインストール

[Active Directoryドメインサービス]をアンインストールするには、管理者でサインインしてサーバーマネージャーを開き、次の手順を実行します。

01 ドメインコントローラーの降格

1 [管理]→[役割と機能の削除]をクリックする

2 [役割と機能の削除ウィザード]が起動するので、[次へ]をクリックする

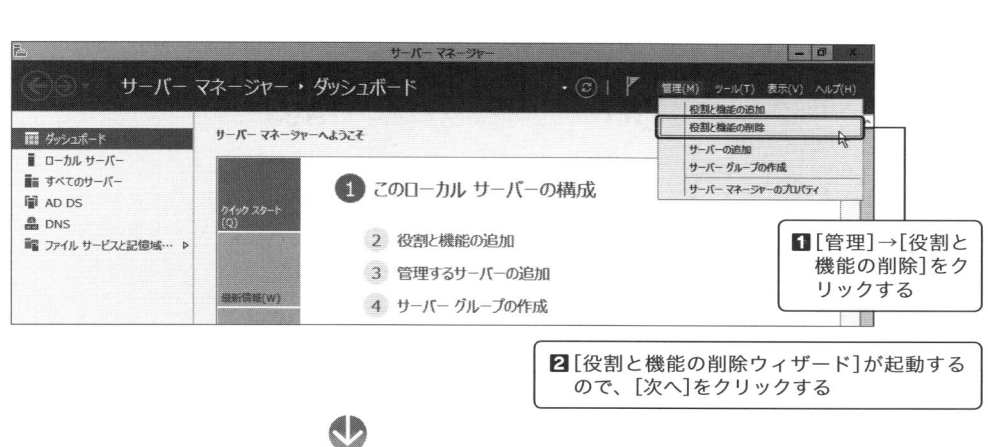

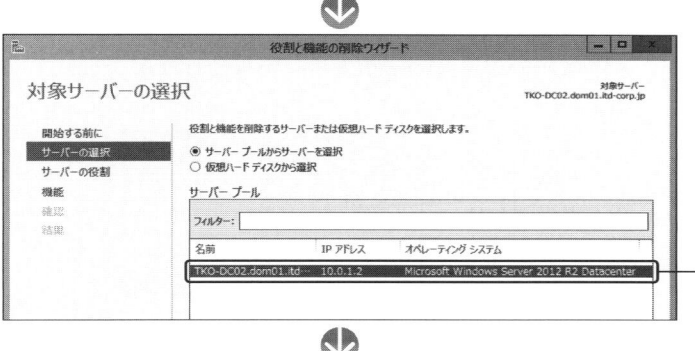

3 降格するサーバーを選択して、[次へ]をクリックする

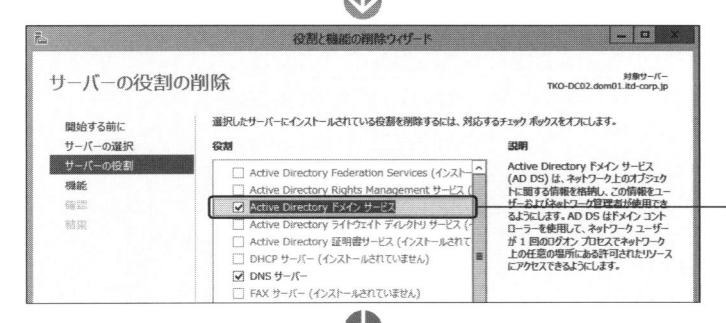

4 [Active Directoryドメインサービス]のチェックを外す

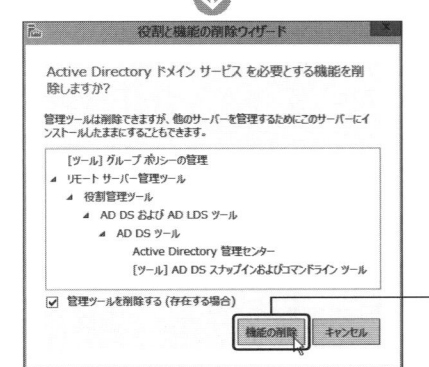

5 ダイアログが表示されるので[機能の削除]をクリックする

08 Active Directoryの削除

177

Part 03 Active Directoryの構築

6 検証に失敗した旨のダイアログが表示されるので[このドメインコントローラーを降格する]をクリックする

解説
ドメインコントローラーの降格を実行する権限を持っていないユーザーで操作している場合は、[変更]をクリックして資格情報を指定する

7 [次へ]をクリックする

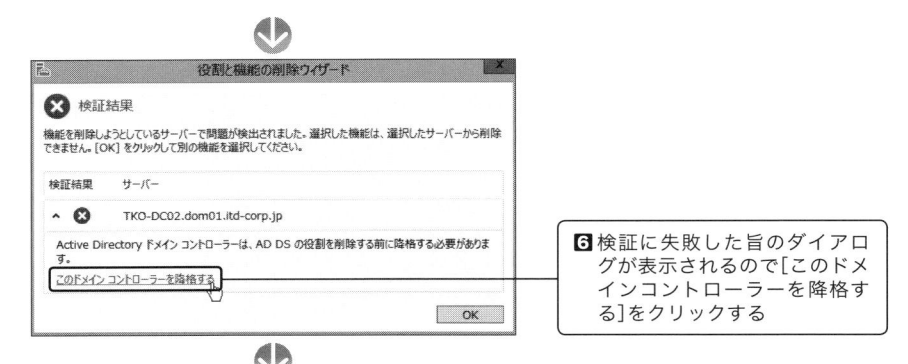

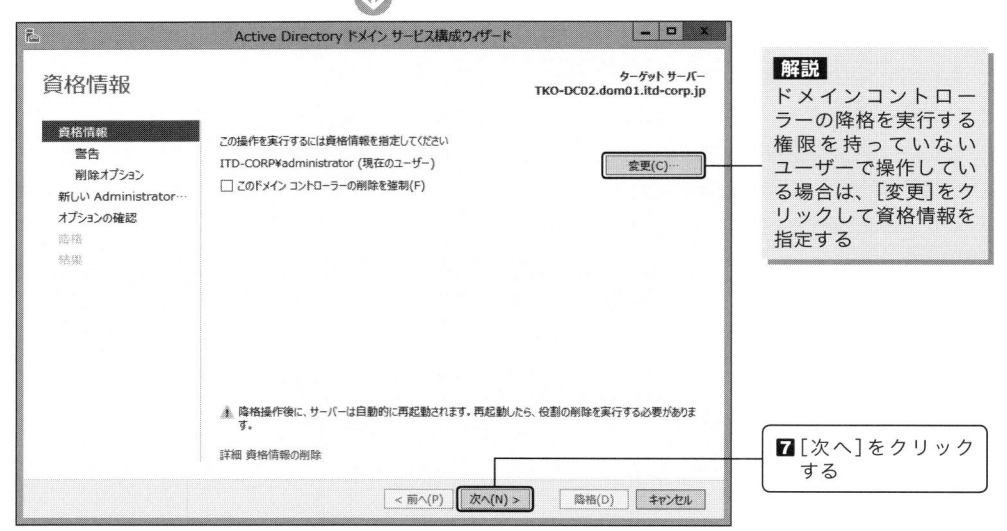

> **Tips** 他のドメインコントローラーと通信できない場合など、正しく降格できない場合は[このドメインコントローラーの削除を強制]にチェックを付けます。ドメインコントローラーの強制削除を行う場合は、追加の操作が必要になります（⇒P.182）。

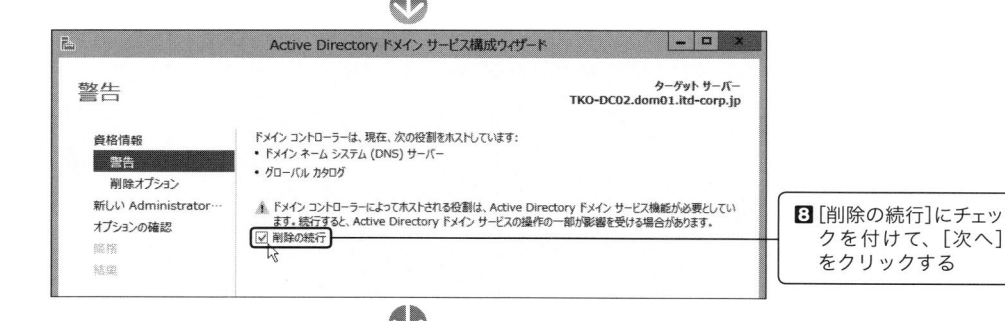

8 [削除の続行]にチェックを付けて、[次へ]をクリックする

01 ドメインコントローラーの降格

9 [DNS 委任の削除]にチェックが付いていることを確認し、[次へ]をクリックする

10 メンバーサーバーに降格した後の Administrator のパスワードを入力して、[次へ]をクリックする

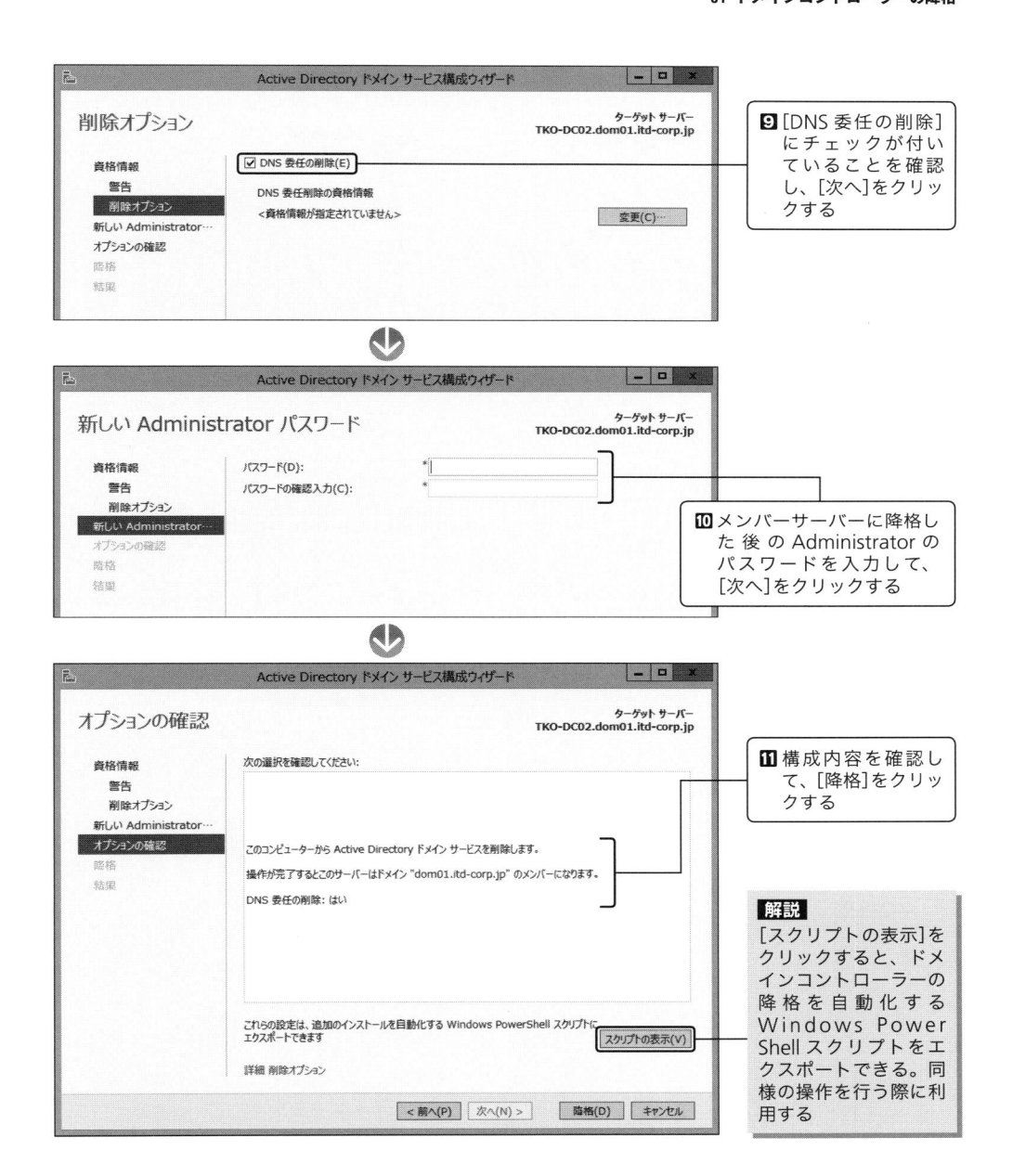

11 構成内容を確認して、[降格]をクリックする

解説
[スクリプトの表示]をクリックすると、ドメインコントローラーの降格を自動化する Windows PowerShell スクリプトをエクスポートできる。同様の操作を行う際に利用する

　Active Directoryドメインサービスのアンインストールが完了すると、自動的に再起動します。再起動後、そのサーバーはメンバーサーバーに降格されます。

Part 03 Active Directoryの構築

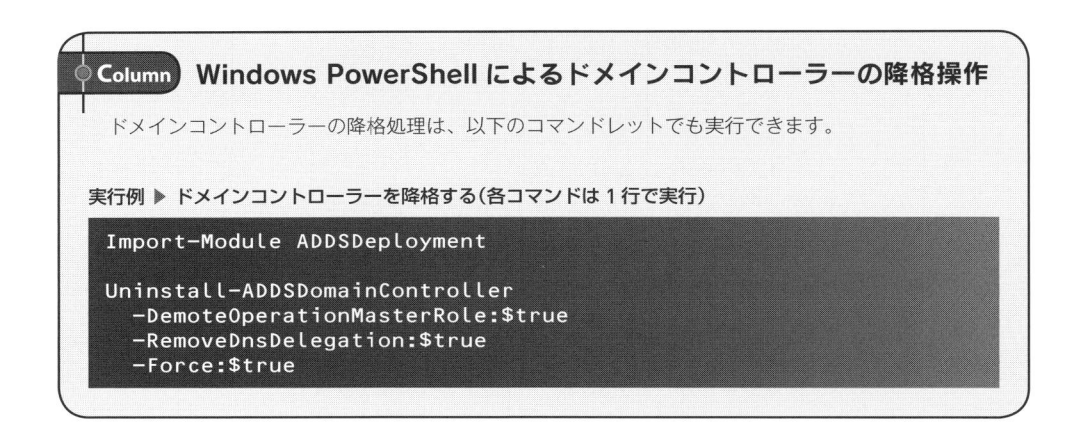

> **Column** **Windows PowerShell によるドメインコントローラーの降格操作**
>
> ドメインコントローラーの降格処理は、以下のコマンドレットでも実行できます。
>
> 実行例 ▶ ドメインコントローラーを降格する（各コマンドは1行で実行）
>
> ```
> Import-Module ADDSDeployment
>
> Uninstall-ADDSDomainController
>   -DemoteOperationMasterRole:$true
>   -RemoveDnsDelegation:$true
>   -Force:$true
> ```

01-02 役割の削除

続いて、Active Directoryドメインサービスの**役割**を削除します。管理者でサインインして、サーバーマネージャーの［管理］→［役割の機能の削除］をクリックして再度［役割と機能の削除ウィザード］を開き、以下の手順を実行します。

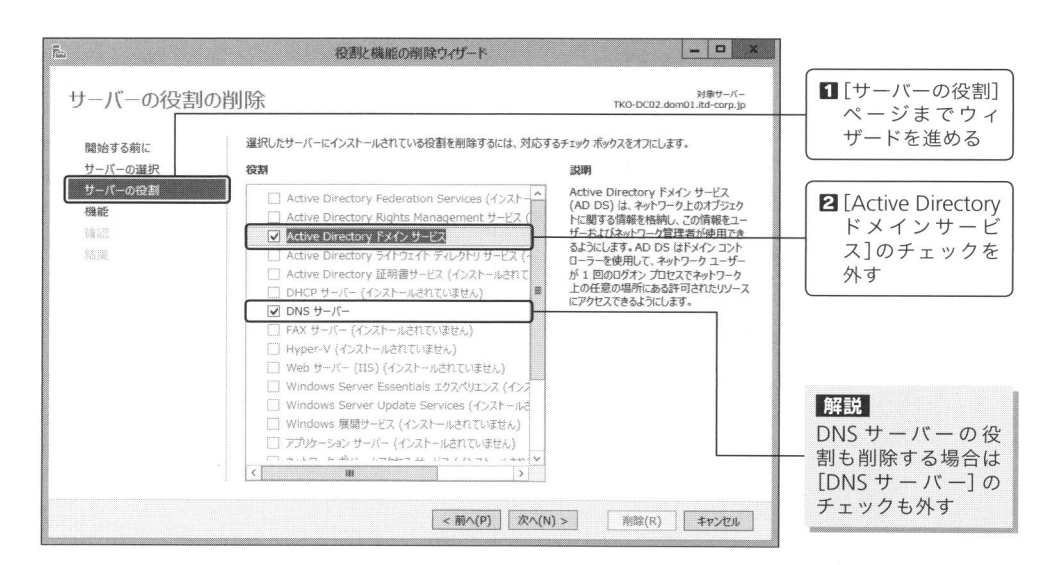

❶［サーバーの役割］ページまでウィザードを進める

❷［Active Directoryドメインサービス］のチェックを外す

解説
DNSサーバーの役割も削除する場合は［DNSサーバー］のチェックも外す

> **Tips** DNSサーバーを削除すると、他のサーバーやクライアントの名前解決ができなくなるので注意してください。他のDNSサーバーが動作していることや、各サーバーやクライアントのTCP/IP設定に削除するDNSサーバーが指定されていないことを確認してから削除してください。

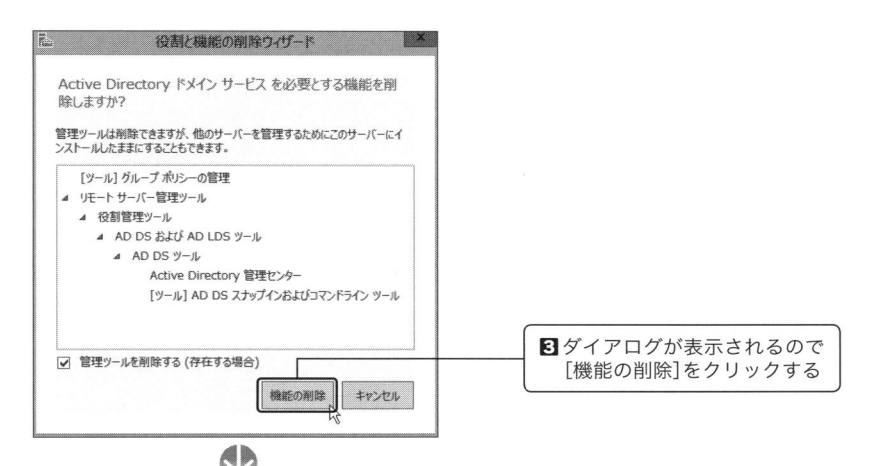

01 ドメインコントローラーの降格

3 ダイアログが表示されるので[機能の削除]をクリックする

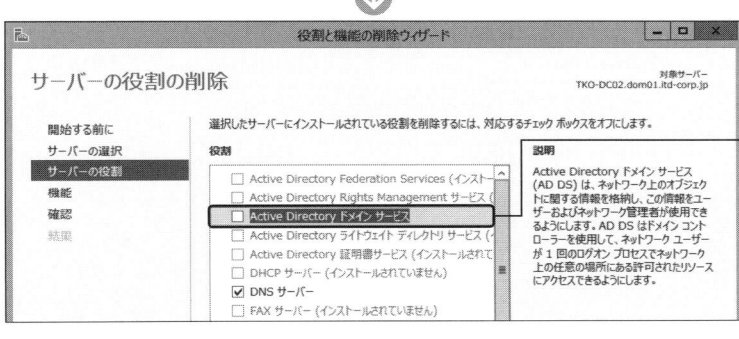

4 [Active Directory ドメインサービス]のチェックが外れていることを確認して、[次へ]をクリックする

5 次の[機能の削除]画面では何も変更せず、[次へ]をクリックする

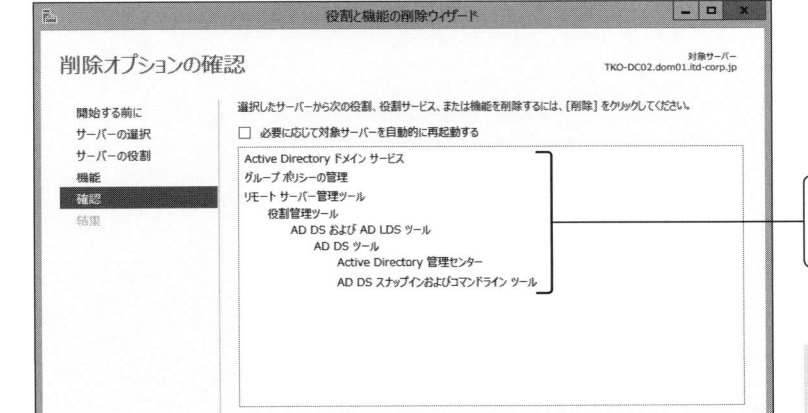

6 構成を確認して、[削除]をクリックする

解説
削除処理が完了したら、[閉じる]をクリックして削除する。再起動して操作を完了する

08 Active Directoryの削除

Column ドメインコントローラーの強制削除

以下の状況に当てはまる場合は、上記で解説した削除方法ではドメインコントローラーの削除や降格に失敗することがあります。

- Active Directory のデータベースが破損している場合
- ドメインコントローラーに不具合がある場合
- 他のドメインコントローラーとの通信ができない場合

このような場合は [Active Directoryドメインサービス構成ウィザード] の [このドメインコントローラーの削除を強制] にチェックを付けて操作を進めます。

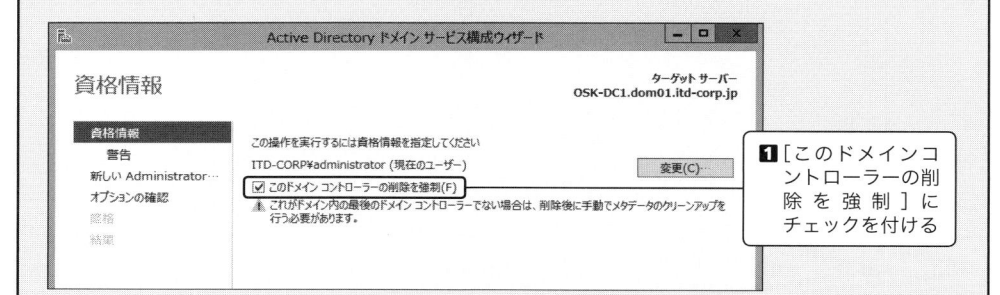

❶ [このドメインコントローラーの削除を強制] にチェックを付ける

これで強制的にドメインコントローラーを削除できます。再起動後は**ワークグループ構成のスタンドアロンサーバー**になります。

なおこの操作を実行すると、他のドメインコントローラーのActive Directoryデータベースにこのドメインコントローラーの情報が残ってしまいます。そのため、この情報を削除する**メタデータのクリーンアップ**操作が必要になります。

まず、サーバーマネージャーで [Active Directoryユーザーとコンピューター] を開いて、[Domain Controllers] コンテナーから対象のドメインコントローラーを削除します。

❷ この項目にチェックを付けて、[削除] をクリックする

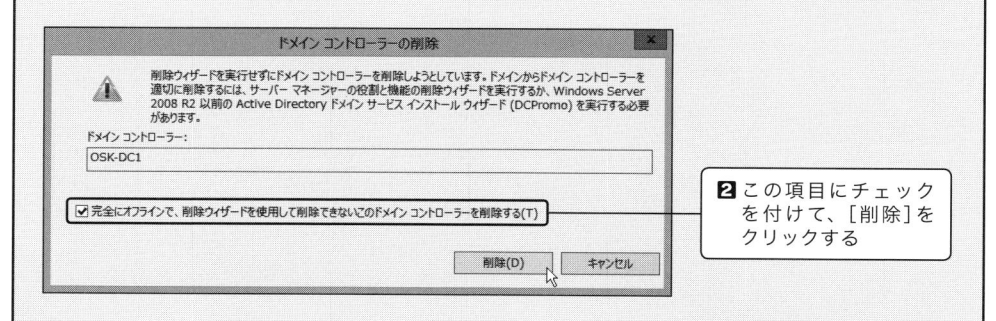

次に、サーバーマネージャーで [Active Directoryサイトとサービス] を開いて、対象のドメインコントローラーを削除します。

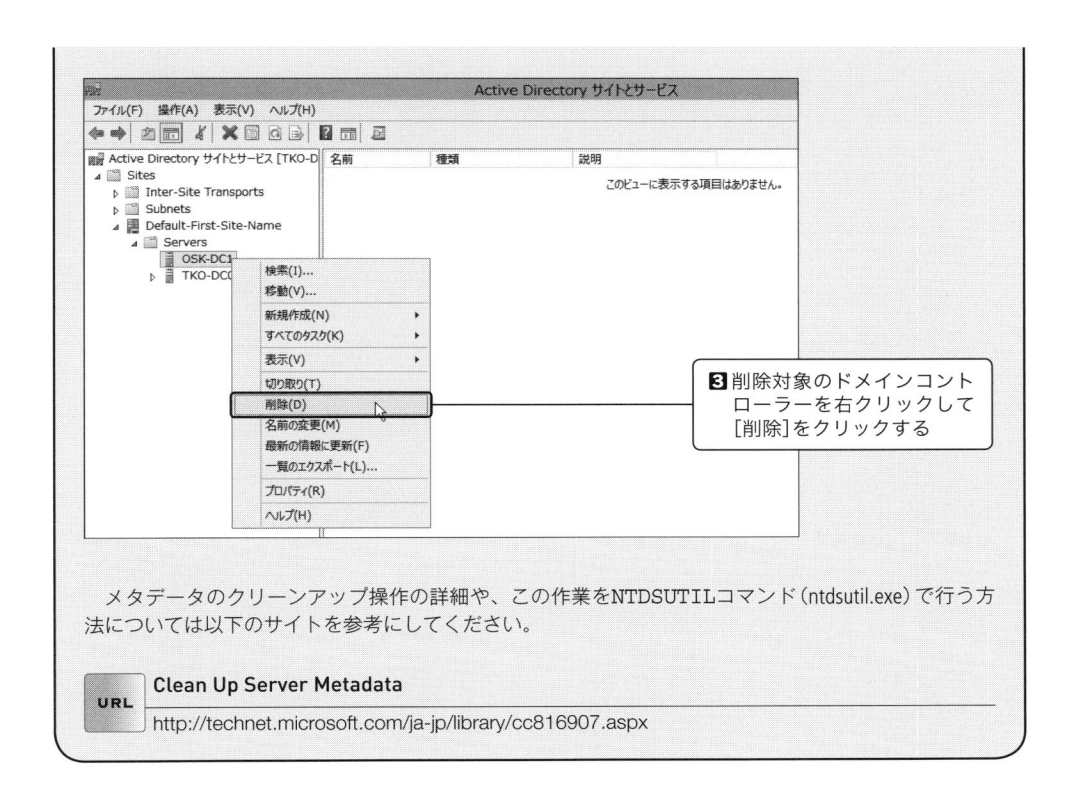

❸ 削除対象のドメインコントローラーを右クリックして[削除]をクリックする

メタデータのクリーンアップ操作の詳細や、この作業をNTDSUTILコマンド（ntdsutil.exe）で行う方法については以下のサイトを参考にしてください。

URL Clean Up Server Metadata
http://technet.microsoft.com/ja-jp/library/cc816907.aspx

02 Active Directoryの削除

Active Directoryは以下のような場合に削除することを検討します。

- テスト環境で利用していたドメインを他のテスト環境や本番環境に作り直す
- 組織の合併（企業合併や市町村合併など）などで、すべてのリソースを別のドメインに移行してしまったため、ドメインが不要となった

ただし、Active Directoryを削除すると以下のようにさまざまなところに影響が出ます。

- すべてのユーザーアカウントやコンピューターアカウントは削除される
- このドメインに所属するすべてのコンピューターは、ドメインにログオンしたり、ドメインのサービスを利用したりできなくなる
- 暗号化ファイル システムで利用していた回復エージェントの証明書が失われ、暗号化を実施したユーザー以外では暗号化ファイルを回復できなくなる

いったん削除したActive Directoryを元の状態に戻すことは容易ではありません。本当に削除しても構わないのか十分に検討してから実行してください。

02-01 クライアントコンピューターのドメインからの離脱

　Active Directoryを削除する場合は、事前にドメインに参加しているメンバーサーバーやクライアントコンピューターをドメインから離脱させることをお勧めします。

　ここではWindows 8.1 Enterpriseコンピューターをドメインから離脱する方法を解説します。他のOSでも同様の手順です。ドメインから離脱させるコンピューターの［システムのプロパティ］を開いて以下の手順を実行します。

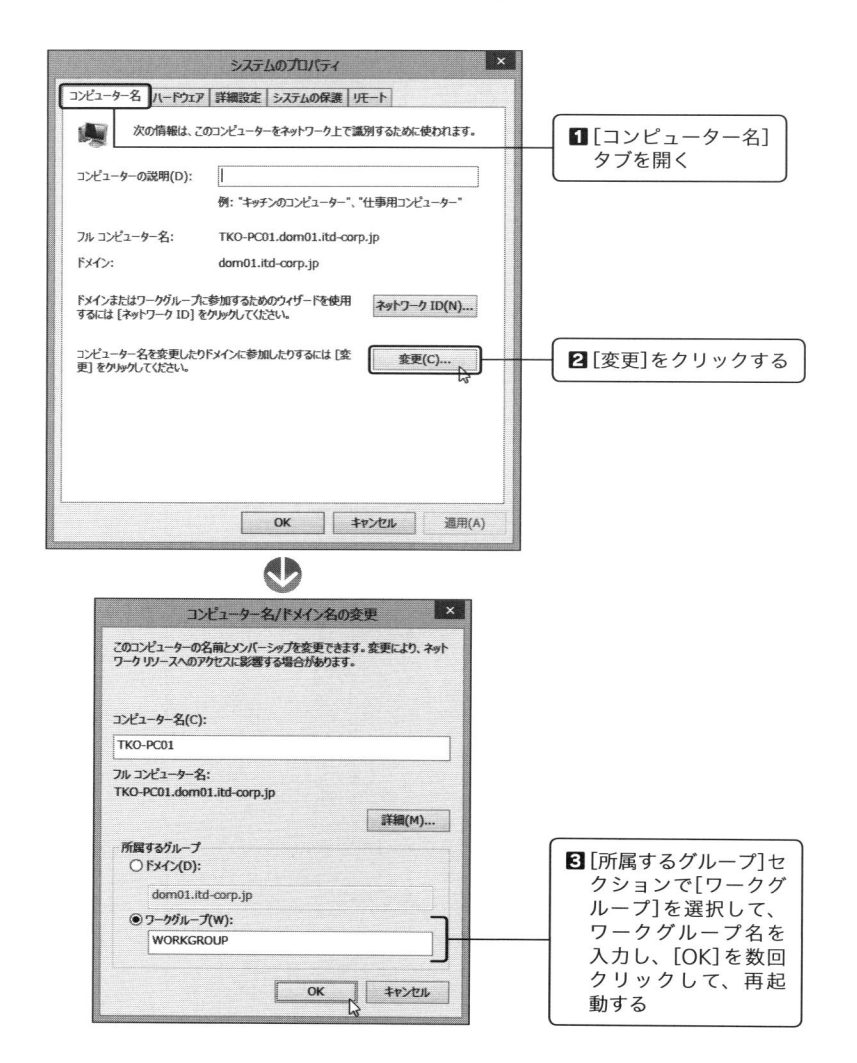

1 ［コンピューター名］タブを開く

2 ［変更］をクリックする

3 ［所属するグループ］セクションで［ワークグループ］を選択して、ワークグループ名を入力し、［OK］を数回クリックして、再起動する

　これでWindows 8.1コンピューターのドメインからの離脱が成功しました。再起動後はローカルのアカウントデータベースを使ったログオンを行うことになります。

02-02 Active Directoryの削除

　Active Directoryを削除することと、すべてのドメインコントローラーを削除することは同じです。ドメインコントローラーが複数台存在している場合は、1台ずつ削除します。ここでは、**最後の1台**を削除する方法を解説します。

　最後のドメインコントローラーを削除するには、管理者でサインインして、サーバーマネージャーの[管理]→[役割の機能の削除]をクリックして[役割と機能の削除ウィザード]を開き、以下の手順を実行します。

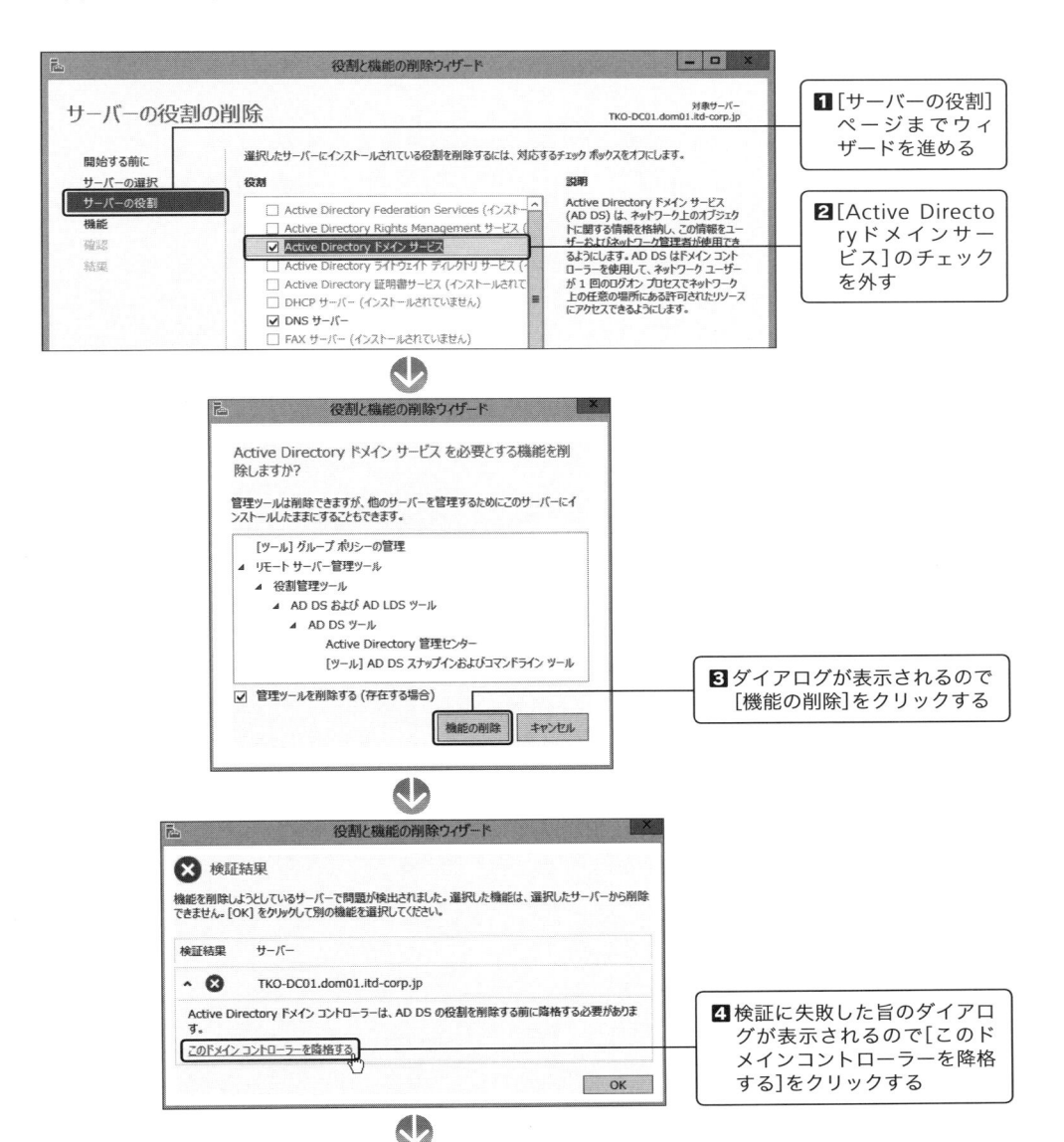

1 [サーバーの役割]ページまでウィザードを進める

2 [Active Directoryドメインサービス]のチェックを外す

3 ダイアログが表示されるので[機能の削除]をクリックする

4 検証に失敗した旨のダイアログが表示されるので[このドメインコントローラーを降格する]をクリックする

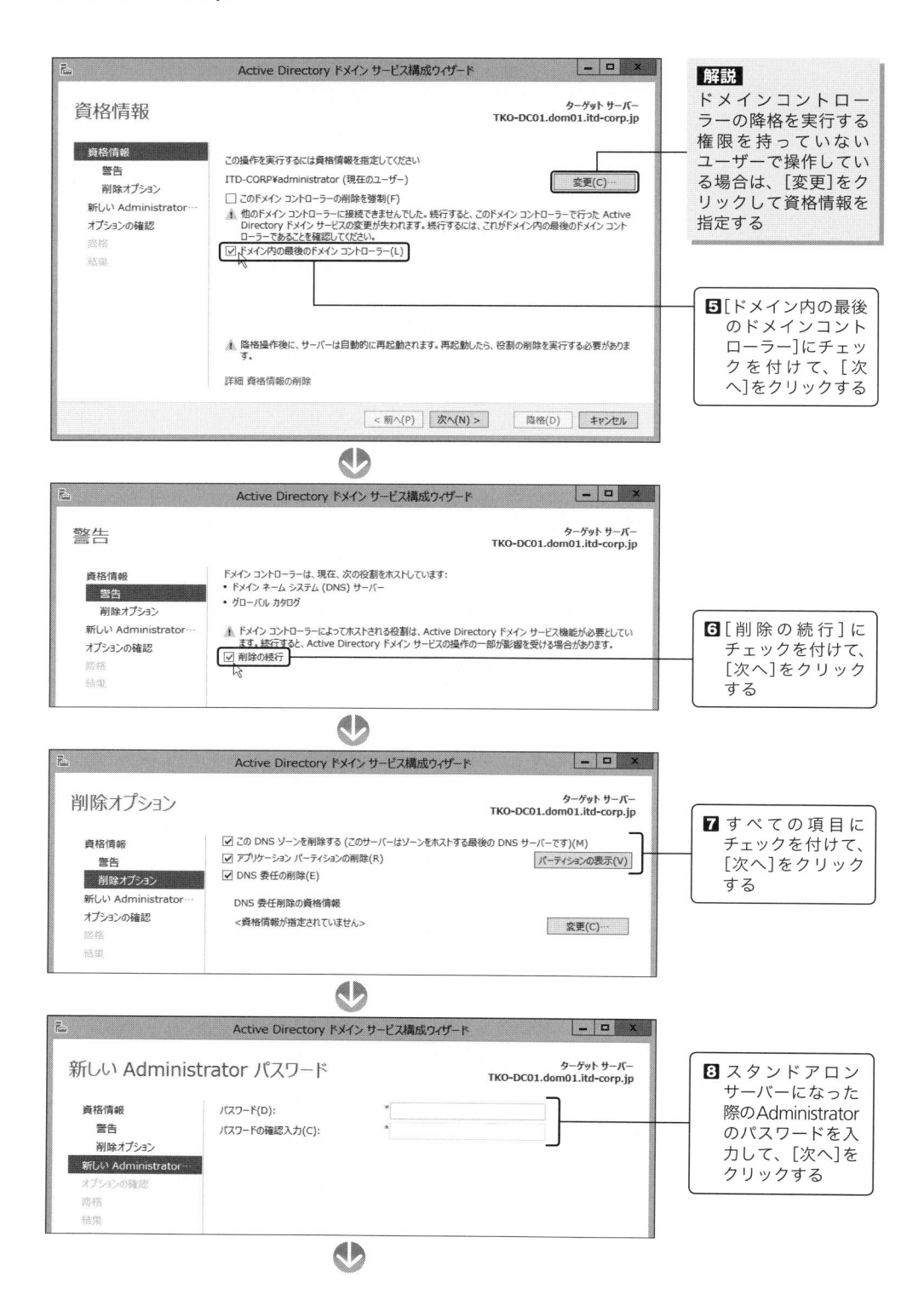

Part 03 Active Directoryの構築

解説
ドメインコントローラーの降格を実行する権限を持っていないユーザーで操作している場合は、[変更]をクリックして資格情報を指定する

5 [ドメイン内の最後のドメインコントローラー]にチェックを付けて、[次へ]をクリックする

6 [削除の続行]にチェックを付けて、[次へ]をクリックする

7 すべての項目にチェックを付けて、[次へ]をクリックする

8 スタンドアロンサーバーになった際のAdministratorのパスワードを入力して、[次へ]をクリックする

02 Active Directoryの削除

解説
[スクリプトの表示]をクリックすると、ドメインコントローラーの削除を自動化するWindows PowerShellスクリプトをエクスポートできる

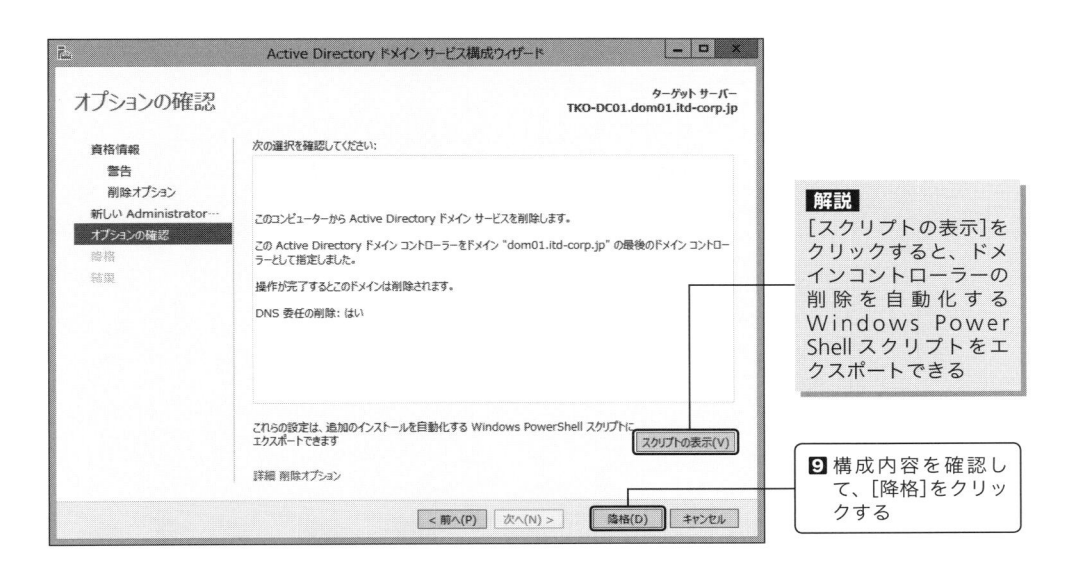

❾ 構成内容を確認して、[降格]をクリックする

　Active Directoryドメインサービスの削除が完了すると、自動的に再起動します。再起動後、そのサーバーはどのドメインにも参加していない**スタンドアロンサーバー**として動作するので、不要な役割がある場合は、サーバーマネージャーから［役割と機能の削除ウィザード］を開いて、削除してください。

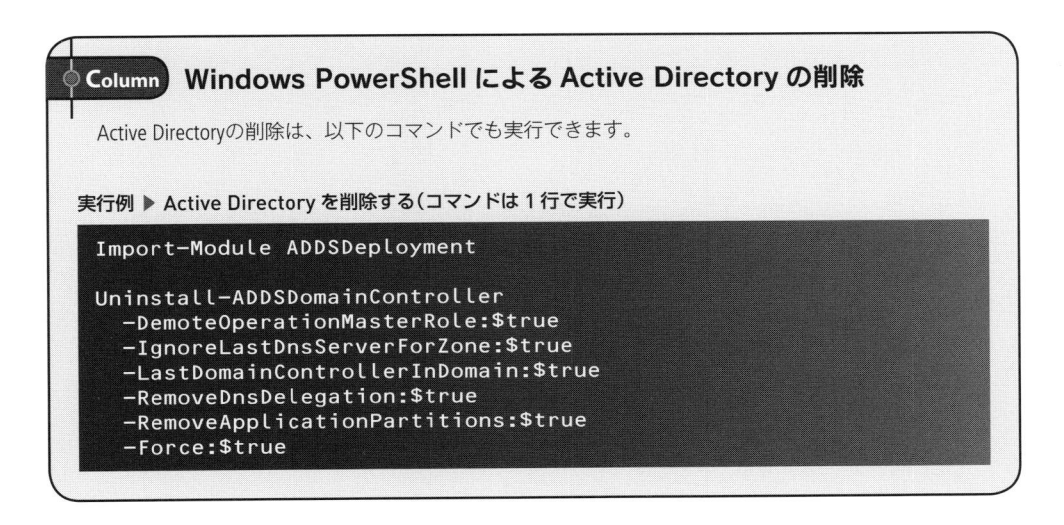

Column　Windows PowerShellによるActive Directoryの削除

Active Directoryの削除は、以下のコマンドでも実行できます。

実行例 ▶ Active Directoryを削除する（コマンドは1行で実行）

```
Import-Module ADDSDeployment

Uninstall-ADDSDomainController
  -DemoteOperationMasterRole:$true
  -IgnoreLastDnsServerForZone:$true
  -LastDomainControllerInDomain:$true
  -RemoveDnsDelegation:$true
  -RemoveApplicationPartitions:$true
  -Force:$true
```

> **Column クラウド時代の Active Directory 環境**
>
> 　社内ネットワーク（オンプレミス環境）とクラウドを接続した環境でActive Directoryを利用するには、次の9章で解説する「サイト」の知識が重要です。
> 　サイトの考え方や機能は、Active Directoryがはじめて世に出たWindows 2000 Serverの頃からありました。当時はWAN回線の通信コストが高額であり、通信速度が低速であったため、複数拠点によるActive Directory環境を構築する際にはサイトを分割する機会が多かったといえます。
> 　しかし、WAN回線の通信コストが下がり、そして広い帯域が当たり前になってからは、サイト分割を行うケースは減少したと思われます。
> 　この状況はクラウドの普及により変わっていくことでしょう。Microsoft Azureのようなパブリッククラウドとオンプレミス環境を専用線やVPNで接続して、ハイブリッドクラウド環境を構築することが今後は増えていくと予想されます。
> 　このハイブリッドクラウド環境にActive Directoryを構築し、パブリッククラウド上にドメインコントローラーを配置すると、オンプレミス環境で致命的な障害や災害が発生した際のバックアップとして利用することができるなど、さまざまなメリットが生まれます。
> 　しかし、サイト分割を行っていないと、通常運用時にクライアントコンピューターの認証をわざわざ遠いパブリッククラウド上のドメインコントローラーが処理するかもしれませんし、パブリッククラウドとオンプレミス間のドメインコントローラーのレプリケーションが常に行われることから、通信コストが上がってしまう要因になります。
> 　そのため、ハイブリッドクラウド環境でのActive Directoryの構築時には、次の9章で解説するような方法を使用してサイトの分割を検討してください。
> 　なお、Microsoft Azureにおけるハイブリッドクラウドでのactive Directory展開については以下のサイトが参考になります。
>
> **URL** Guidelines for Deploying Windows Server Active Directory on Azure Virtual Machines
> http://msdn.microsoft.com/en-us/library/azure/jj156090.aspx#BKMK_ADSiteTopology

Part 04

Active Directoryの管理

Chapter 09　サイトの構築と管理
Chapter 10　RODC の構築と管理
Chapter 11　OU の作成と管理
Chapter 12　アカウントの管理
Chapter 13　グループポリシーの管理
Chapter 14　ユーザー環境の管理

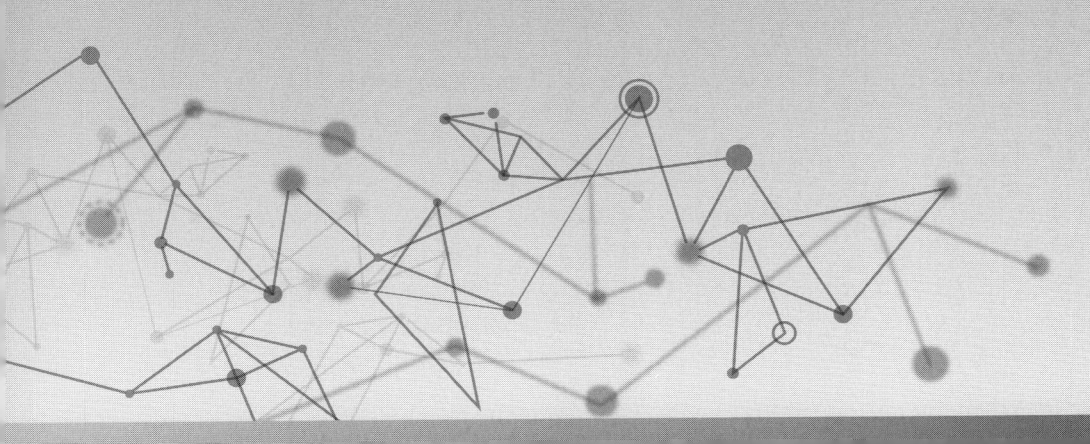

Chapter 09 サイトの構築と管理

本章では、Active Directory環境で「サイト」を利用する際の検討事項や具体的な設定方法を解説します。帯域の細いネットワークが存在する場合や、ドメインコントローラー間のレプリケーションを制御したい場合は、複数のサイトを構成することで通信の最適化を実現できます。そのため、特に大規模なActive Directory環境や、Microsoft Azureなどのクラウドにもドメインコントローラーを配置するハイブリッドクラウド環境においては、サイトの知識は必須といえます。

01 サイトの概要

　Active Directoryでは、ネットワーク環境に合わせて「**サイト**」と呼ばれる論理的な領域を定義できます。一般的には、**低速回線の通信トラフィックを低減させる目的**で、高速回線で接続されている領域ごとにサイトを作成します。デフォルトでは、Active Directoryを構築すると「**Default-First-Site-Name**」という名称のサイトが1つだけ作成され、ドメインに参加するすべてのコンピューターはこのサイトに配置されます。

01-01 サイト分割の必要性

　Active Directory環境では、ディレクトリ複製時やユーザーログオン時など、さまざまなシーンでドメインコントローラーに関する通信が発生します。この通信トラフィック量は比較的多いため、すべてのドメインコントローラーが高速回線で接続された環境に配置されている場合は特に問題はありませんが、遠距離拠点の場合や低速回線の場合はネットワーク帯域を圧迫することがあります。そのため、以下の要件に当てはまる場合は複数のサイトを構成して通信の最適化を行い、複製の遅延などに対処する必要があります。

- 遠距離拠点の場合
- 帯域が細い回線（128Kbps 以下の回線）でネットワーク接続している場合
- ドメインコントローラー間のレプリケーションを制御したい場合
- ユーザーのログオン要求を近くのドメインコントローラーに担当させたい場合
- クラウドとオンプレミスにドメインコントローラーを配置するハイブリッドクラウド環境の場合

　サイトを構成すると「**ディレクトリの複製で発生する通信トラフィック**」や、クライアントコンピューターからのログオン要求に関する「**ログオントラフィック**」などが、できる限り各サイト内で処理されるようになるため、通信トラフィックによるネットワーク帯域の圧迫を未然に防げます。また、サイトを構成することでディレクトリ複製の処理間隔を制御すること

もできます（デフォルトでは、サイト内は15秒に1回、サイト間は180分に1回）。

また、各サイトは「**サイトリンク**」で接続されるので、サイト間で発生する通信（サイト間のディレクトリ複製など）も最適化された状態で行われます。

■ サイトとサイトリンク

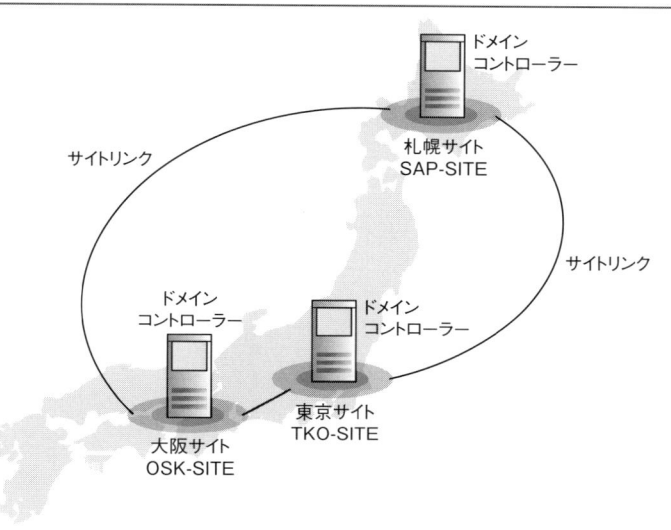

```
       ドメイン
       コントローラー
         札幌サイト
         SAP-SITE
サイトリンク              サイトリンク

   ドメイン      ドメイン
   コントローラー   コントローラー

    大阪サイト   東京サイト
    OSK-SITE   TKO-SITE
```

> **Column　サイト分割時の注意点**
>
> 　サイトを分割する最大の理由は、上記の分割要件にもある「**低速回線のネットワーク**」でしょう。しかし、仮に128Kbps以下の低速回線で接続されている拠点であっても、そこに存在するクライアントコンピューターが1台や2台のみであれば、サイトを分割する必要はありません。
> 　一方で、広帯域の高速回線で接続されている拠点であっても、そこに数百台、数千台のクライアントコンピューターが存在するのであれば、サイトの分割を検討すべきです。実際に分割を検討する場合はネットワークの帯域だけではなく、対象の拠点に配置されるクライアントコンピューターの台数も考慮してください。
> 　また、Active Directoryと密接に連携するアプリケーションの中には、旧バージョンのMicrosoft Exchange Serverなど、そのアプリケーションの構成がサイトの構成に影響されるものもあります。サイトの構成を検討する場合は、事前に使用するアプリケーションがActive Directoryのサイトを意識したものであるかを確認する必要もあります。

02 サイトの構築

　サイトは次の手順で構築します。なお、ここでは「Chapter 06 Active Directoryの概要」（⇒P.150）で紹介した構成でサイトを構築していきます。

Part 04 Active Directoryの管理

1．サイトの作成と設定
2．サブネットの作成と設定
3．サイトリンクの作成と設定

02-01 サイトの作成と設定

最初にサイトの作成と設定を行います。ここでは、Active Directoryを構築した際に自動的に作成される［Default-First-Site-Name］に加え、新規に2つのサイトを作成し、全部で3つのサイトを用います。

［Default-First-Site-Name］サイトの名前変更

まず［Default-First-Site-Name］サイトの名前を変更します。管理者権限を持ったユーザーでサインインして、サーバーマネージャーから［Active Directoryサイトとサービス］を起動して、以下の手順を実行します。

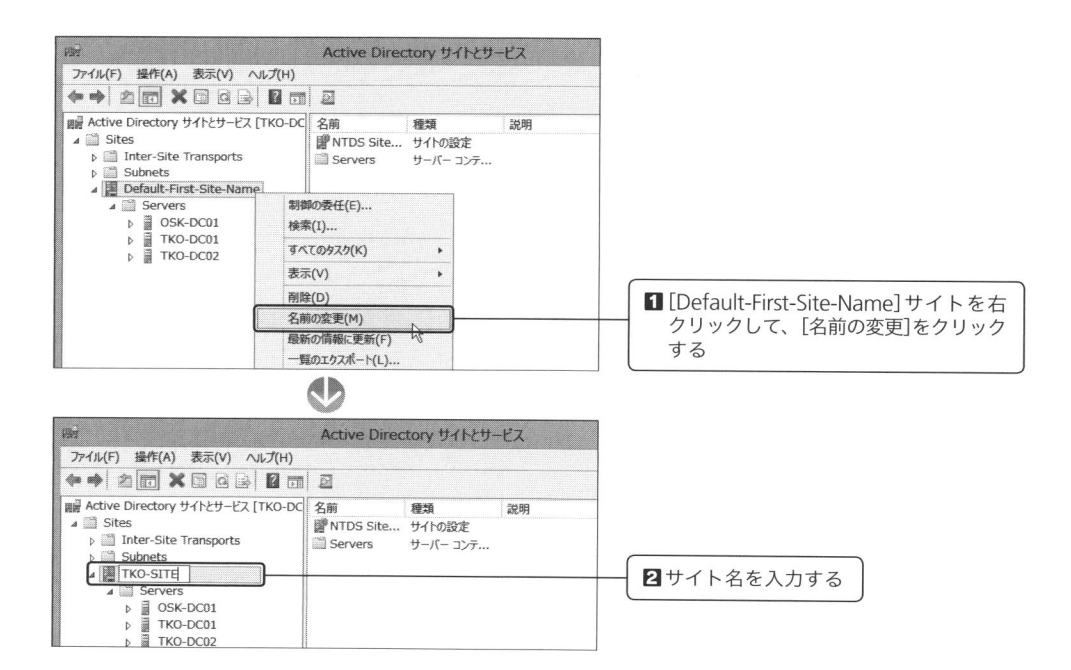

1 ［Default-First-Site-Name］サイトを右クリックして、［名前の変更］をクリックする

2 サイト名を入力する

サイトの新規作成

サイトを新規に作成します。［Active Directoryサイトとサービス］で、次の手順を実行します。

02 サイトの構築

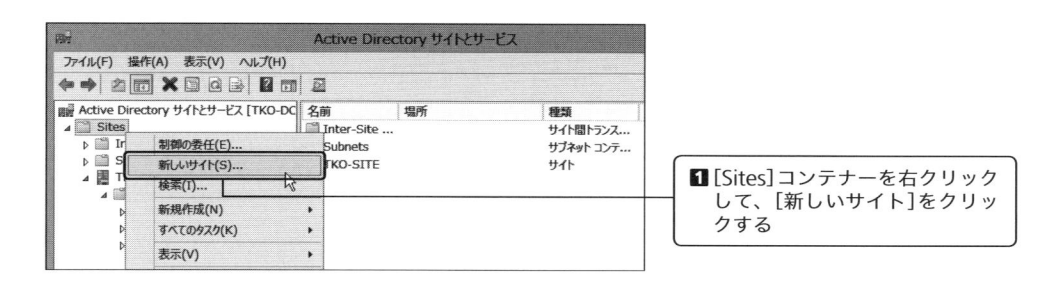

1 [Sites]コンテナーを右クリックして、[新しいサイト]をクリックする

> **Tips** サイトの情報はDNSにも登録されるので、サイト名に日本語などのダブルバイト文字や特殊記号は使用しないことをお勧めします。

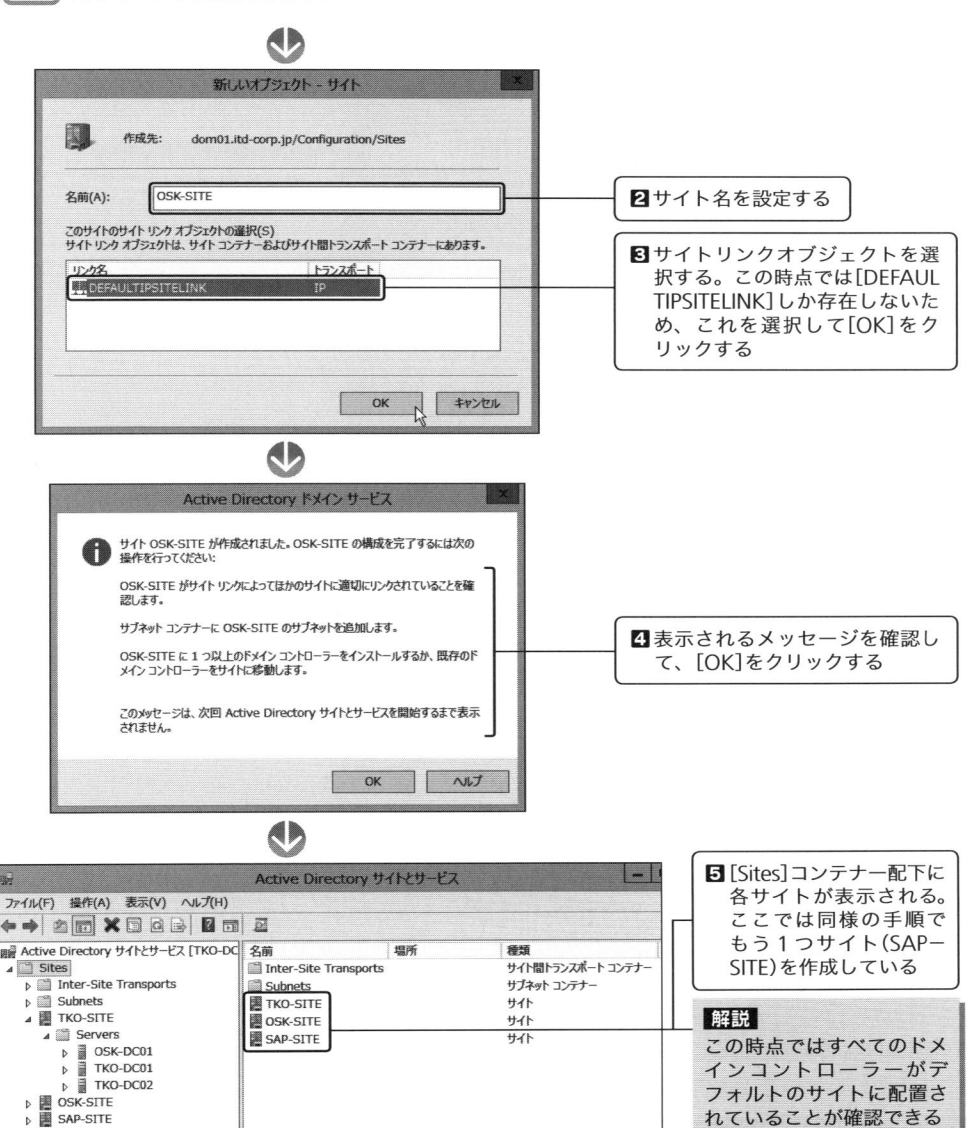

2 サイト名を設定する

3 サイトリンクオブジェクトを選択する。この時点では[DEFAULTIPSITELINK]しか存在しないため、これを選択して[OK]をクリックする

4 表示されるメッセージを確認して、[OK]をクリックする

5 [Sites]コンテナー配下に各サイトが表示される。ここでは同様の手順でもう1つサイト(SAP-SITE)を作成している

解説
この時点ではすべてのドメインコントローラーがデフォルトのサイトに配置されていることが確認できる

ドメインコントローラーの移動

デフォルトのサイトに配置されているドメインコントローラーを適切なサイトに移動します。

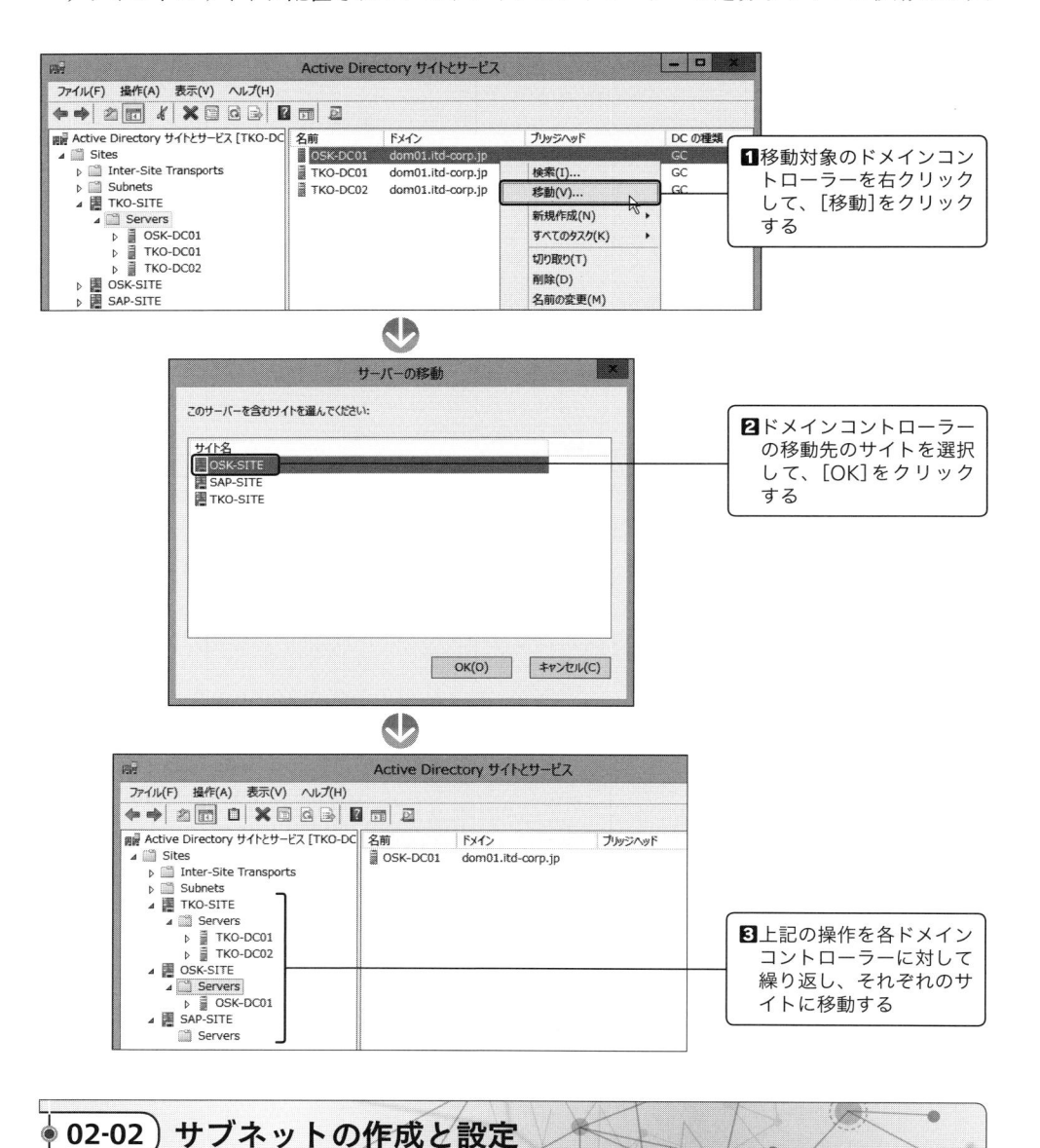

1 移動対象のドメインコントローラーを右クリックして、[移動]をクリックする

2 ドメインコントローラーの移動先のサイトを選択して、[OK]をクリックする

3 上記の操作を各ドメインコントローラーに対して繰り返し、それぞれのサイトに移動する

02-02 サブネットの作成と設定

サブネットを新規に作成します。[Active Directoryサイトとサービス]で、次の手順を実行します。

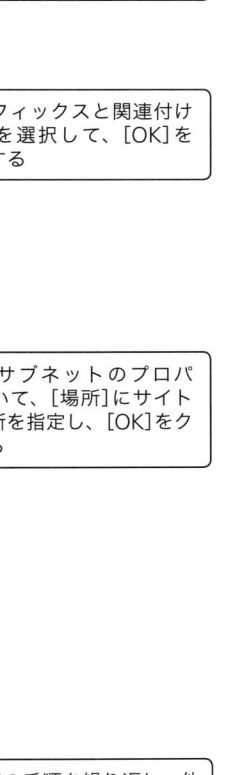

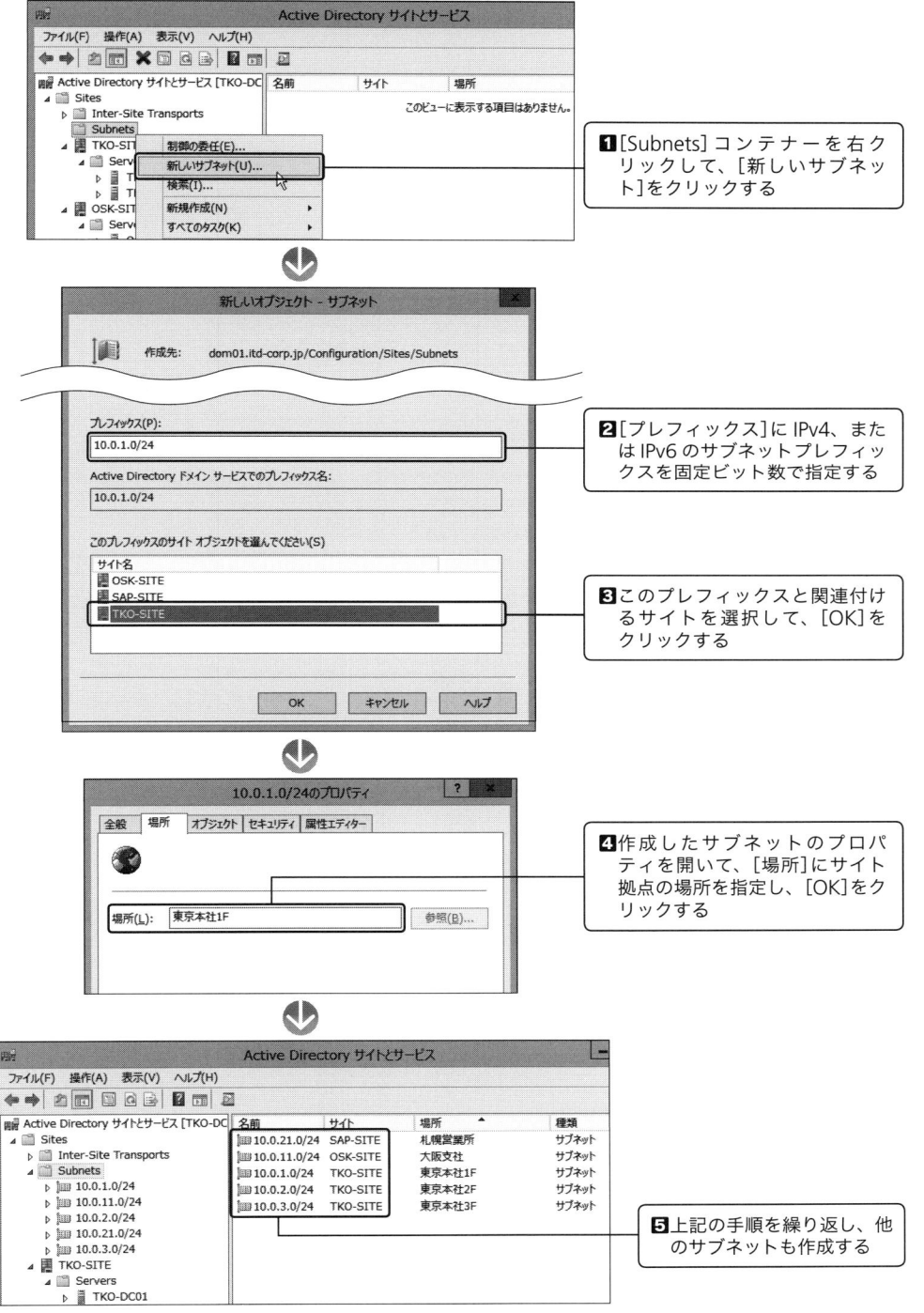

02 サイトの構築

1 [Subnets]コンテナーを右クリックして、[新しいサブネット]をクリックする

2 [プレフィックス]にIPv4、またはIPv6のサブネットプレフィックスを固定ビット数で指定する

3 このプレフィックスと関連付けるサイトを選択して、[OK]をクリックする

4 作成したサブネットのプロパティを開いて、[場所]にサイト拠点の場所を指定し、[OK]をクリックする

5 上記の手順を繰り返し、他のサブネットも作成する

Part 04 Active Directoryの管理

> **Tips** クライアントコンピューターのログオン認証は、基本的にはそのサブネット内に配置されているドメインコントローラーが行います。

02-03 サイトリンクの作成と設定

サイトリンクを新規に作成します。[Active Directoryサイトとサービス]を起動して、以下の手順を実行します。

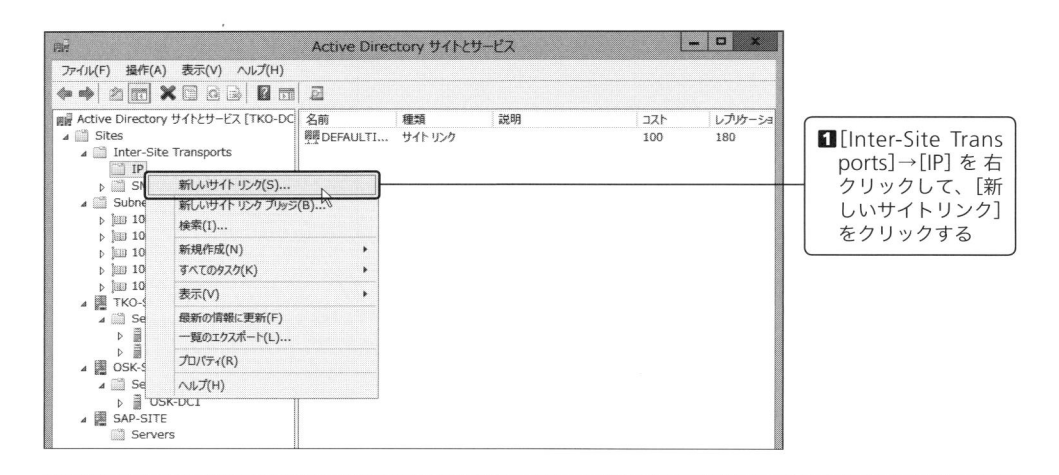

1 [Inter-Site Transports]→[IP]を右クリックして、[新しいサイトリンク]をクリックする

> **Tips** サイトリンクには[IP]と[SMTP]の2種類がありますが、[SMTP]は制約が多いため、通常は[IP]を選択します。

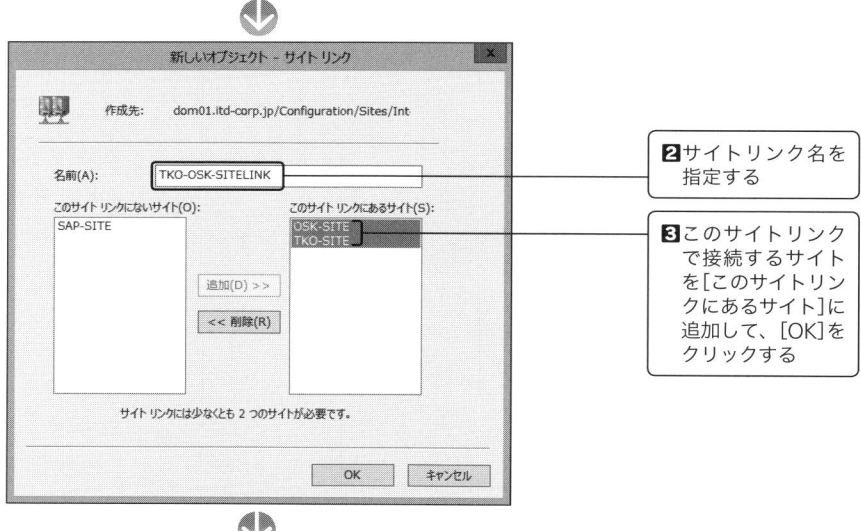

2 サイトリンク名を指定する

3 このサイトリンクで接続するサイトを[このサイトリンクにあるサイト]に追加して、[OK]をクリックする

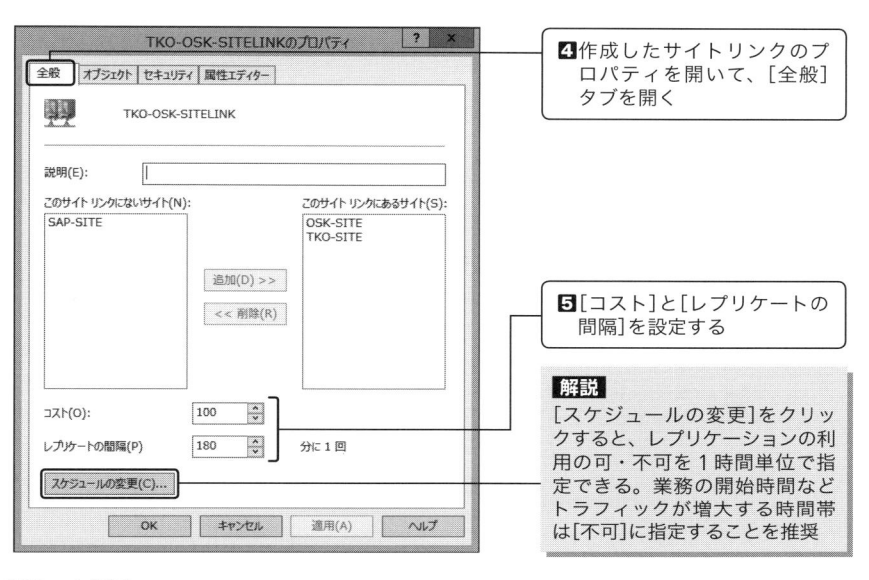

02 サイトの構築

■ 作成したサイトリンクのプロパティを開いて、[全般] タブを開く

■ [コスト]と[レプリケートの間隔]を設定する

解説
[スケジュールの変更]をクリックすると、レプリケーションの利用の可・不可を1時間単位で指定できる。業務の開始時間などトラフィックが増大する時間帯は[不可]に指定することを推奨

■ コストとレプリケート間隔

設定項目	説明
コスト	コストは、KCC がディレクトリ複製を行うルートを決定する際の判断材料の1つ。サイトリンクのコストには 1〜99999 を指定できる（デフォルト値は 100）。KCC やコストの詳細については P.198 のコラムを参照
レプリケートの間隔	サイト間でディレクトリ複製を実行する間隔。15〜10080 分の間で指定する（デフォルト値は 180 分）

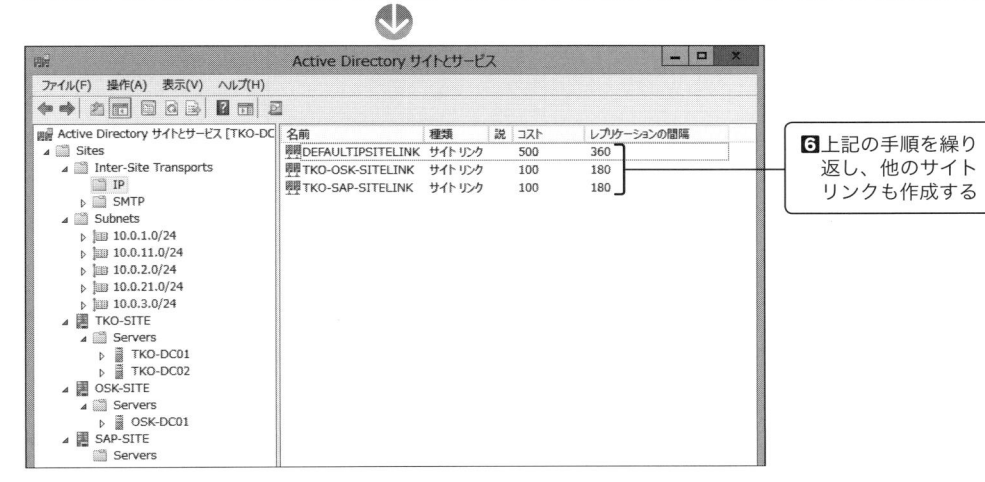

■ 上記の手順を繰り返し、他のサイトリンクも作成する

Tips 上記の**DEFAULTIPSITELINK**はデフォルトのサイトリンクです。構築時はすべてのサイトがこのサイトリンクにリンクされています。しかし、すべてのサイトのリンク先を作成したサイトリンクに変更した場合、このサイトリンクは不要になるので、削除するか、[コスト]に大きな値を設定することを検討します。デフォルトの設定のまま放置すると、サイト間のディレクトリ複製が計画通りに行われない可能性があります。

Column　KCC とコスト

　KCC（知識整合性チェッカー）は、ドメインコントローラーやサイトが3つ、4つと増えた場合でも短時間で効率良くディレクトリ複製が行えるように、最適なレプリケーションのパートナーやルートを計算し、決定する機能です。この機能のおかげで、万が一あるドメインコントローラーやサイトが停止した場合でも、他のドメインコントローラーと「**3ホップ以内（3回の通信以内）**」でレプリケーションを完了できるルートやパートナーを見つけることができます。KCCは各ドメインコントローラーで動作しています。

　そして、KCCが最適なルートを計算する際に判断材料として使用するのが、各サイトリンクに設定されている「**コスト**」です。サイトリンクのコストを合計して、最も値の小さいルートを最適なルートとして選定します。

　そのため、コストには、サイトリンクを実現しているネットワーク（WAN回線やVPN回線など）の帯域幅や課金形態を考慮した値を設定する必要があります。ディレクトリ複製を優先させたいサイトリンク（高速なネットワークなど）のコストには、小さい値を設定し、逆に優先度の低いサイトリンクのコストには大きい値を設定してください。

03　サイトの管理

　ここでは、サイトに関する管理作業である「**ディレクトリ複製の管理**」について解説します。

03-01　ディレクトリ複製の管理

　あるドメインコントローラーのディレクトリ複製のパートナーを確認するには、[Active Directoryサイトとサービス]で、以下の手順を実行します。

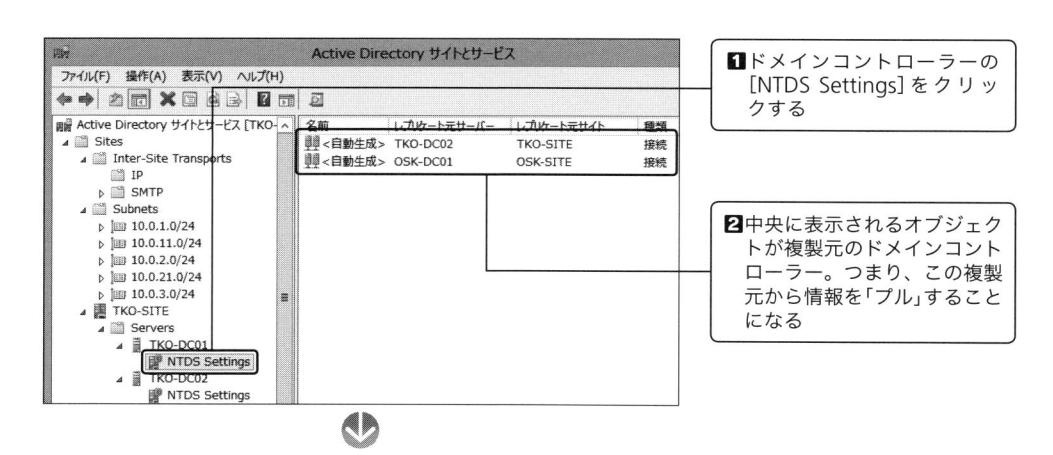

❶ ドメインコントローラーの[NTDS Settings]をクリックする

❷ 中央に表示されるオブジェクトが複製元のドメインコントローラー。つまり、この複製元から情報を「プル」することになる

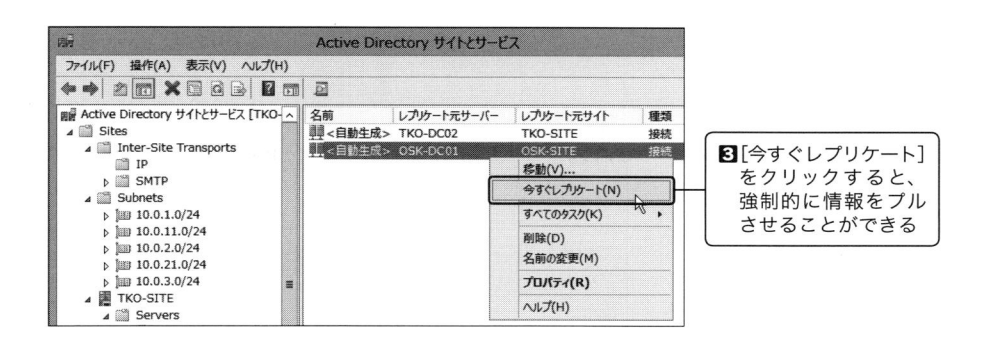

03 サイトの管理

❸ [今すぐレプリケート] をクリックすると、強制的に情報をプルさせることができる

Tips　情報を強制的に「プッシュ」したい場合は、相手のドメインコントローラーの [NTDS Settings] を右クリックして、[選択したDCに構成をレプリケート] をクリックします。

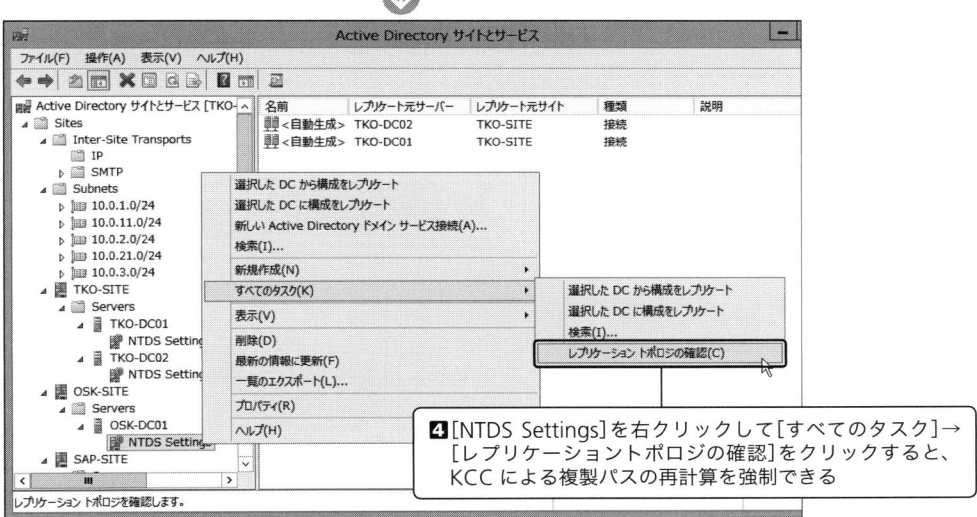

❹ [NTDS Settings]を右クリックして[すべてのタスク]→[レプリケーショントポロジの確認]をクリックすると、KCCによる複製パスの再計算を強制できる

◎Column　ブリッジヘッドサーバーの設定

　他のサイトとディレクトリ複製を行うドメインコントローラーを「**ブリッジヘッドサーバー**」と呼びます。サイト内に複数のドメインコントローラーが存在する場合、通常はKCCが自動的にブリッジヘッドサーバーにするドメインコントローラーを決定しますが、管理者が任意のドメインコントローラーを「**優先ブリッジヘッドサーバー**」として指定することもできます。

　ただし、優先ブリッジヘッドサーバーを指定すると、そのドメインコントローラーが停止した場合でも他のドメインコントローラーはブリッジヘッドサーバーとして動作しないので、最低でも2台以上のドメインコントローラーを優先ブリッジヘッドサーバーに指定することをお勧めします。

　優先ブリッジヘッドサーバーは、[Active Directoryサイトとサービス] で対象のドメインコントローラーのプロパティを開いて設定します。

Chapter 10 RODCの構築と管理

本章では、ブランチオフィスでの展開に適している「RODC」(読み取り専用のドメインコントローラー)の構築方法や管理方法について解説します。また、RODCに対して事前にパスワード情報を配布する方法やRODCが盗難された際の対処方法も解説します。

01 RODCの概要

RODC(Read-Only Domain Controller：読み取り専用ドメインコントローラー)は、その名の通り、「読み取り専用」のドメインコントローラーです。Windows Server 2008以降のActive Directoryでサポートされています。ドメインのディレクトリ情報などを操作することはできません。RODCは主に以下のような環境で利用します。

- 比較的ユーザーが少ない
- 物理的なセキュリティ対策が不十分
- ハブサイトへのネットワーク速度が比較的遅い
- IT関連知識に詳しい担当者がほとんどいない

RODCは、上記のような環境でも効率良く、セキュアにActive Directoryのサービスを提供する特殊なドメインコントローラーです。通常は**ブランチオフィスサイト**(組織の地方拠点や営業所など)に構築・配置します。

> **Tips** 「ブランチオフィスサイト」に対して、組織の本部や本社など、通常の書き込み可能なドメインコントローラーが存在し、Active Directoryの中心となる環境を「**ハブサイト**」や「**セントラルサイト**」と呼びます。

01-01 RODCの特徴

RODCには、以下の特徴があります。

●RODCのActive Directoryデータベースは読み取り専用

RODCのActive Directoryデータベースは**読み取り専用**です。[Active Directoryドメインとユーザー]などの管理ツールを使用しても、オブジェクトの追加や編集を行うことはできません(参照は可能)。

そのため、ブランチオフィスサイトでITに疎い管理者が操作を誤ったり、悪意のあるユー

ザーが不適切な操作を実行した場合でも、ドメイン全体のデータベースに悪影響を与えることはありません※。アカウントを容易にリセットすることもできます(⇒P.212)。

また、ドメインコントローラー間で行われるディレクトリ複製も、RODCの場合は通常のドメインコントローラーからの一方向のみとなるため、ネットワークのトラフィック低減やセントラルサイトのブリッジヘッドサーバー(⇒P.199)の負荷低減につながります。

※盗難やセキュリティ侵害に備えて、BitLockerでディスクを暗号化することを推奨します(⇒P.97)。

> **Tips** 「RODCで除外される属性セット」を設定すると、RODCへのディレクトリ複製処理を制限できます。また、属性を機密情報としてマークすることで、Authenticated Usersグループからの読み取りを拒否することもできます。「RODCで除外される属性セット」の詳細については以下のサイトを参照してください。
>
> **URL** RODC で除外される属性セットに属性を追加する方法
> http://technet.microsoft.com/ja-jp/library/cc772331.aspx

●資格情報をキャッシュできる

RODCには「**パスワードレプリケーションポリシー(PRP)**」と呼ばれる、ユーザーアカウントやコンピューターアカウントの資格情報(パスワードなどの認証に関わる情報)をキャッシュする機能が搭載されています。この機能を使用すると、ユーザーからのログオン要求を、2回目以降はRODCが認証できるようになります※。

また、事前に特定のユーザーの資格情報をキャッシュさせておくことも可能なので、仮にセントラルサイトとのWAN回線が切断された場合でも、一度認証を受けたユーザーや事前にキャッシュされているユーザーはActive Directory環境にログオンできるようになります。

※ユーザーからの最初のログオン要求があると、RODCはその認証をセントラルサイトのドメインコントローラーに転送します。

●管理操作を委任できる

RODCの管理操作(RODCへのログオンやシャットダウン)は、ブランチオフィスサイトのユーザーに**委任**できます(委任先は Domain Adminsのメンバーでなくても構いません)。大規模な環境では、RODCの管理操作を委任することで、管理者の作業負荷の軽減につながります。ただし、ドメインの管理者になるわけではないので、Active Directoryに関わる管理操作は一切実行できません。

●RODC の DNS サーバーは読み取り専用

RODCとして動作するサーバーをDNSサーバーとしてセットアップすると、**そのDNSサーバーは読み取り専用**になります。そのため、クライアントからの名前解決クエリーには対応できますが、動的更新には対応できません。クライアントが更新を要求してきた場合は、セントラルサイトのDNSサーバーを紹介し、そちらに情報を登録させます。その登録情報がRODCのDNSサーバーにレプリケートされることになります。

●操作マスターやブリッジヘッドサーバーにはなれない

　RODCは、グローバルカタログサーバーとしては動作させることはできますが、操作マスター（FSMO）やブリッジヘッドサーバーにはなれません。構築する際は配置環境を考慮してください。

●ネットワーク障害時に一部の機能制限がある

　RODCは、ネットワーク障害などによってセントラルサイトのドメインコントローラーと通信できなくなると、以下の作業を実行できなくなります。

- パスワード変更
- コンピューターをドメインに参加させること
- コンピューター名の変更
- 資格情報がキャッシュされていないアカウントの認証
- gpupdate /force コマンドによるグループポリシーの更新

　ただし、「認証やログオン」（資格情報がキャッシュされている場合）や「委任されたユーザーによるRODCの管理」は実行できます。

01-02　RODC構築の前提条件と注意点

　RODCを導入するには、以下の前提条件があります。事前にこれらの条件を満たしているか確認しておいてください。

- サイトを構築している
- フォレストの機能レベルが「Windows Server 2003」以上
- RODCをサポートできるように、スキーマが拡張されている
- RODCを導入するドメインでWindows Server 2008以降のドメインコントローラーが動作している

　また、実際に導入する際は**RODCの台数**に注意が必要です。基本的に「**1つのブランチオフィスサイトに1台のRODC**」という環境が推奨されます。通常のドメインコントローラーと共存させることも可能ですが推奨されません。他にも、Microsoft Exchange Serverなど、Active Directoryと密接に連携するアプリケーションを利用する場合にはRODCをサポートしているか、といった確認も必要です。

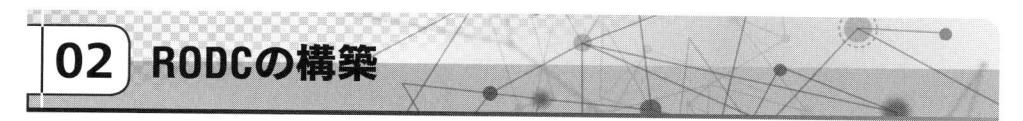

02　RODCの構築

　ここからは、RODCの構築方法を解説します。通常のドメインコントローラーの構築方法（⇒P.164）を参考にしながら、読み進めてください。

02-01 RODCのためのスキーマの拡張

　Active Directoryを新規に構築した際に、フォレストの機能レベルに「Windows Server 2012」以上を指定した場合はRODCをサポートできるようにスキーマが拡張されていますが、それ以外の機能レベルを指定した場合は、RODCをサポートできるように「**スキーマの拡張**」を行う必要があります。

　1台目のドメインコントローラーにサインインして、Windows Server 2012 R2の配布メディア(DVD)の「¥support¥adprep」フォルダーをハードディスク上の任意のフォルダーにコピーし、コマンドプロンプトでそのフォルダーに移動したうえで、以下のコマンドを実行します※。

　　※コマンドの実行前後に、Active Directoryのバックアップを取得することをお勧めします。

書式 RODCのためのスキーマの拡張

```
adprep /rodcprep
```

02-02 RODCの新規構築

　まずは通常のドメインコントローラーの追加方法と同じ手順で、IPアドレスやコンピューター名の設定およびドメインへの参加を行い、［Active Directoryドメインサービス］の役割を追加します(⇒P.165)。

　そのうえで、［Active Directoryドメインサービス構成ウィザード］を起動して、以下の手順を実行します。ここでは、RODCをインストールする際に注意すべきところを主に解説します。

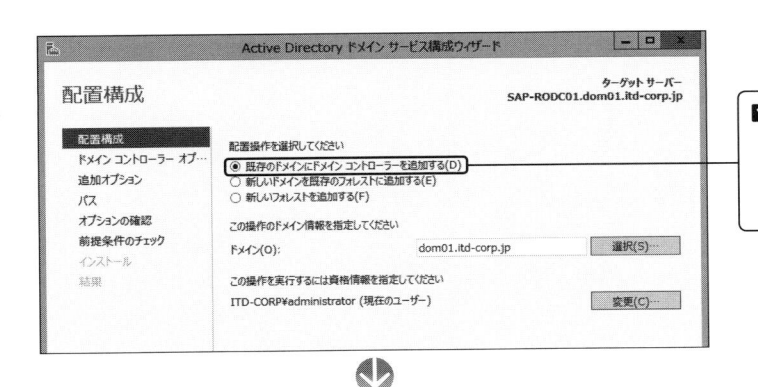

❶［配置構成］ページでは［既存のドメインにドメインコントローラーを追加する］を選択して、［次へ］をクリックする

Part 04 Active Directoryの管理

❷ [ドメインコントローラーオプション]ページでは[読み取り専用ドメインコントローラー(RODC)]にチェックを付けて、[サイト名]でサイトを選択して、[次へ]をクリックする

解説
DNSサーバーやグローバルカタログサーバーを配置する場合はチェックを付ける

解説
このコンピューターのIPアドレスに対応するサイトが自動的に選択される。サイトは事前に登録しておく(⇒ P.190)

解説
このRODCの管理を委任するアカウントを指定できる。後から構成することも可能(⇒ P.211)

❸ [RODCオプション]ページではRODCに関する設定を行って、[次へ]をクリックする

Tips [RODCへのパスワードのレプリケートを許可するアカウント]と[RODCへのパスワードのレプリケートを拒否するアカウント]では、パスワードレプリケーションポリシーを設定できます。同じアカウントを両方に指定した場合は拒否が優先されます。これらは後から構成することもできます(⇒P.206)。

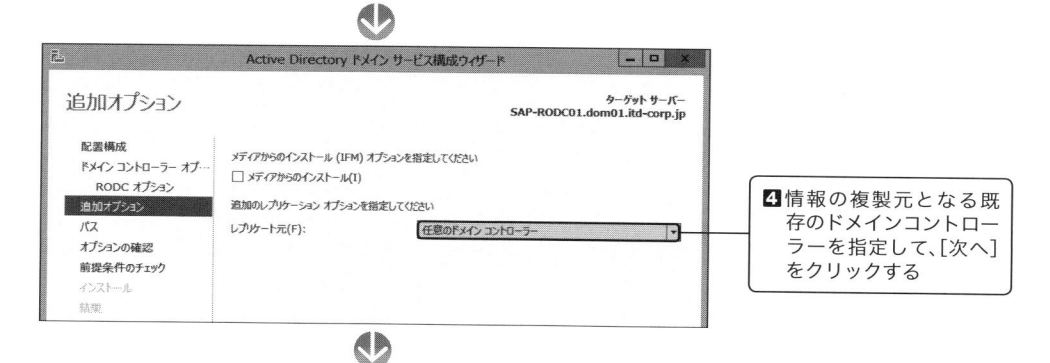

❹ 情報の複製元となる既存のドメインコントローラーを指定して、[次へ]をクリックする

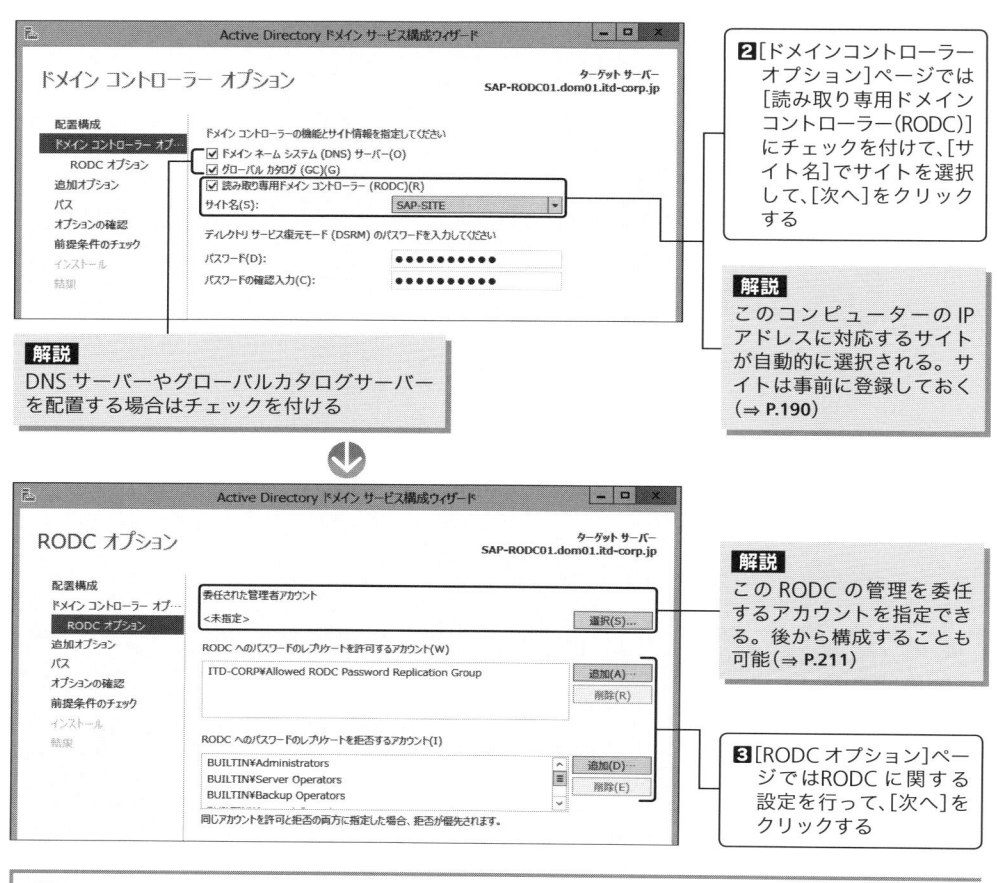

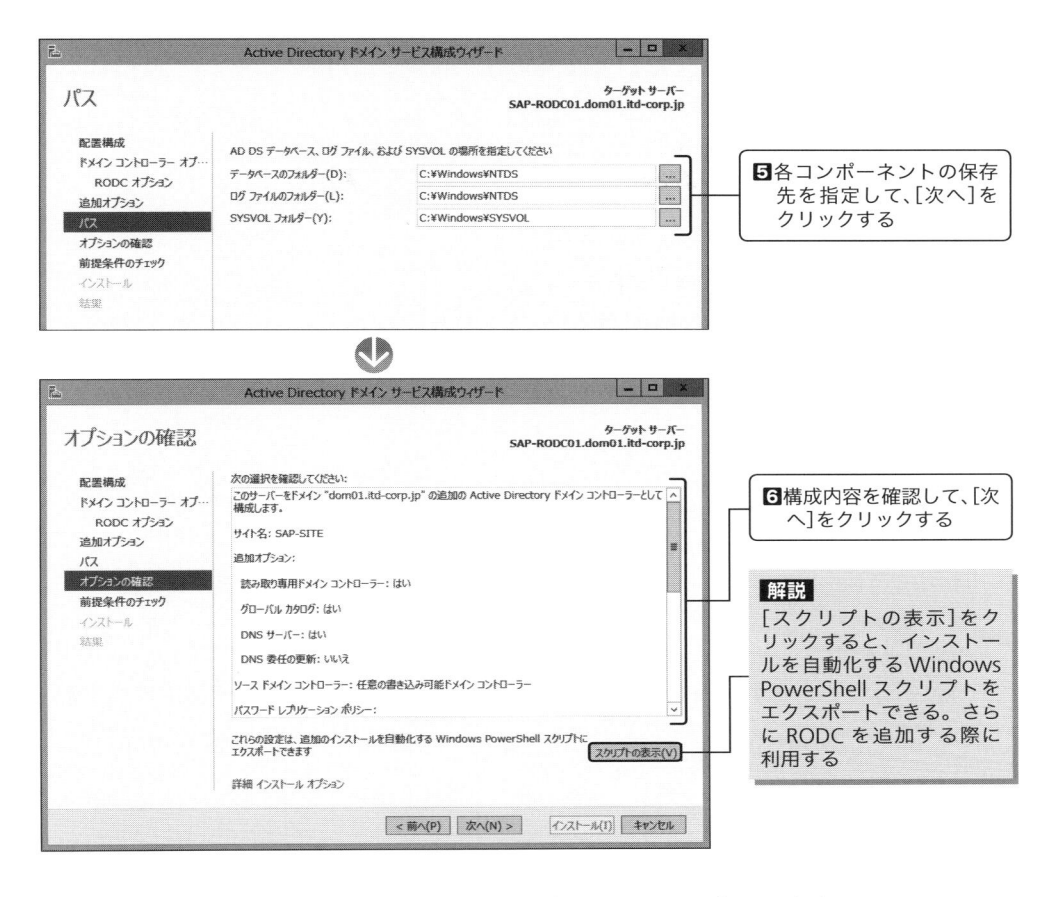

5 各コンポーネントの保存先を指定して、[次へ]をクリックする

6 構成内容を確認して、[次へ]をクリックする

解説
[スクリプトの表示]をクリックすると、インストールを自動化する Windows PowerShell スクリプトをエクスポートできる。さらに RODC を追加する際に利用する

上記画面で［次へ］をクリックすると、前提条件のチェックが行われます。

チェックの結果、すべての項目に合格した場合は［インストール］をクリックして処理を進めてください。Active Directoryドメインサービスのインストールが完了すると、自動的に再起動します。

再起動後に、RODCが参照するDNSサーバーの設定を変更します。①自分自身、②1台目のドメインコントローラー兼DNSサーバーの順番で指定します（⇒**P.167**）。

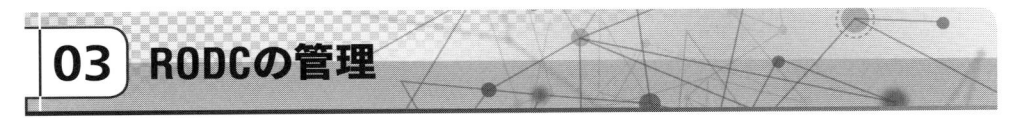

03 RODCの管理

ここからは**資格情報のキャッシュ設定**やその確認など、RODCで行う主な管理作業を解説します。資格情報のキャッシュ設定は、RODCの**パスワードレプリケーションポリシー**（PRP）で行います。パスワードレプリケーションポリシーで「許可」されたグループやユーザー、コンピューターのパスワードだけがRODCにキャッシュされます。

03-01　資格情報のキャッシュ設定

資格情報のキャッシュ設定は以下の2つの方法で適用できます。

- RODC 用のグループを利用してドメイン全体に設定する
- RODC ごとに設定する

RODC 用のグループを利用してドメイン全体に設定する

RODC用としてActive Directoryドメインに追加される以下のグループを利用すると、ドメイン全体にキャッシュを設定できます。

- Allowed RODC Password Replication Group
- Denied RODC Password Replication Group

これらのグループはデフォルトで各RODCのパスワードレプリケーションポリシーに設定されています。

「Allowed RODC Password Replication Group」にはパスワードキャッシュの「許可」が、「Denied RODC Password Replication Group」には「拒否」が設定されているので、ユーザーやコンピューターをこれらのグループのメンバーに追加するだけでパスワードキャッシュの「許可」や「拒否」を設定できます。

RODC用のグループを利用してドメイン全体に同一の内容を設定する場合は、**セントラルサイトの通常のドメインコントローラー**にサインインして、サーバーマネージャーから［Active Directoryユーザーとコンピューター］を開き、以下の手順を実行します。

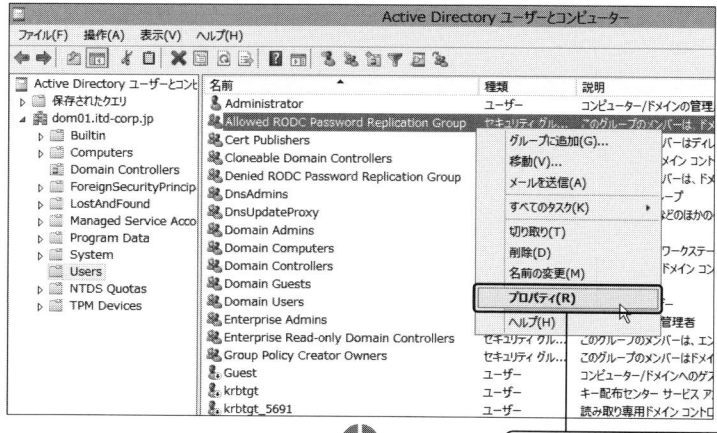

1「許可」の設定を行う場合は、[Users]コンテナーに登録されている[Allowed RODC Password Replication Group]グループを右クリックして、[プロパティ]をクリックする

03 RODCの管理

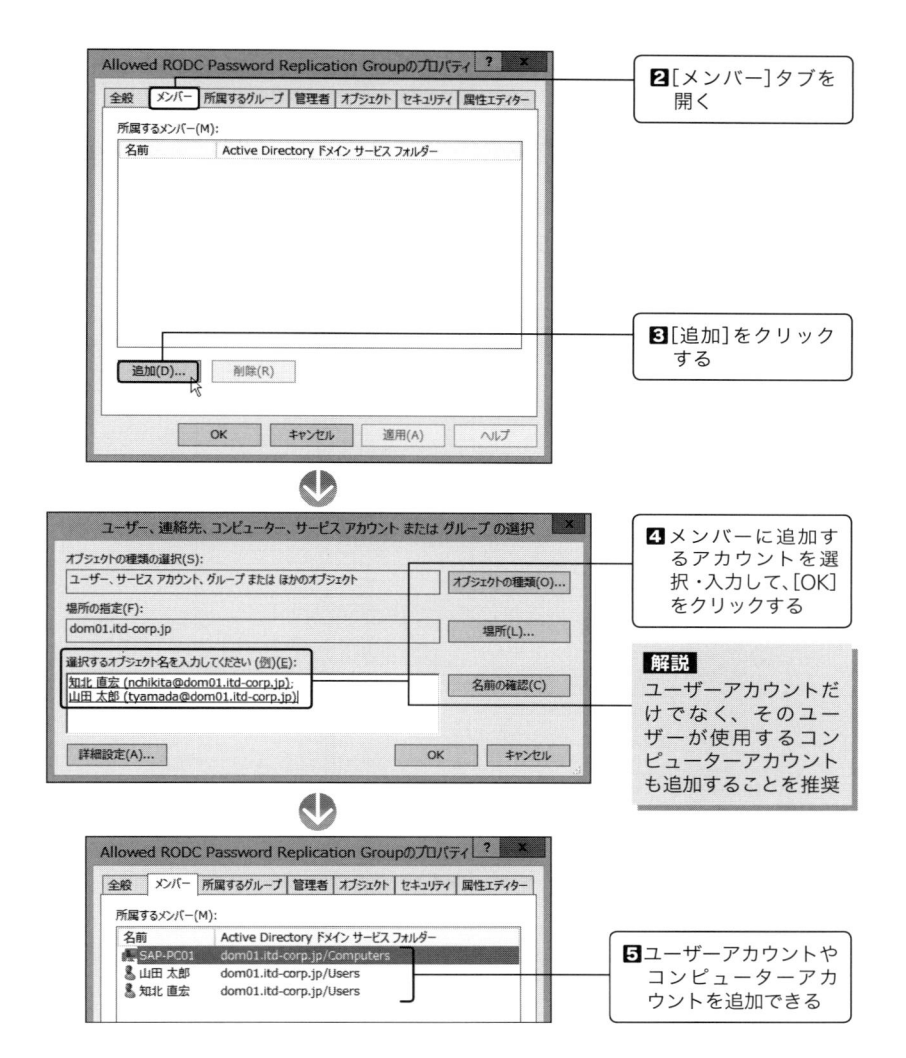

2 [メンバー]タブを開く

3 [追加]をクリックする

4 メンバーに追加するアカウントを選択・入力して、[OK]をクリックする

解説
ユーザーアカウントだけでなく、そのユーザーが使用するコンピューターアカウントも追加することを推奨

5 ユーザーアカウントやコンピューターアカウントを追加できる

重要！ この方法では、資格情報のキャッシュ設定がドメイン全体のRODCに対して有効になるので、あるブランチオフィスサイトのRODCが盗難やセキュリティ侵害に遭うと、そのサイト以外のユーザーの情報も被害の対象になる可能性があります。十分に注意してください。

RODCごとに設定する

　資格情報のキャッシュ設定は、**RODCごと**に行うこともできます。RODCの台数が多い場合は手間がかかりますが、盗難やセキュリティ侵害に遭った場合のリスクを低減できます。事前にブランチオフィスサイトごとにグループを作成し、そのグループをRODCのパスワードレプリケーションポリシーに登録しておけば、グループへのメンバー追加・削除だけで対応することもできます。

Part 04 Active Directoryの管理

　RODCごとに資格情報のキャッシュ設定を行う場合は、**セントラルサイトの通常のドメインコントローラー**にサインインして、サーバーマネージャーから［Active Directoryユーザーとコンピューター］を開き、以下の手順を実行します。

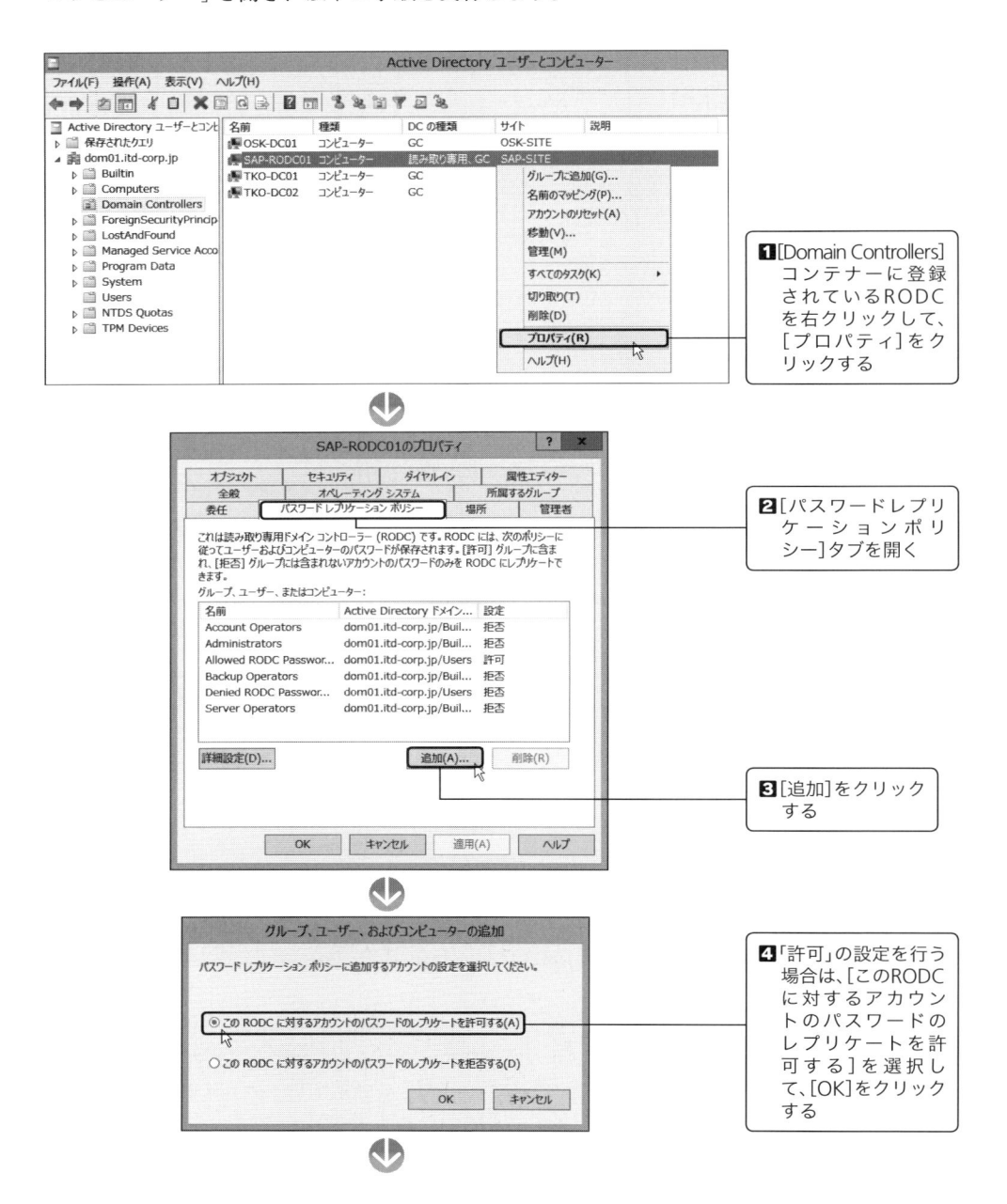

❶［Domain Controllers］コンテナーに登録されているRODCを右クリックして、［プロパティ］をクリックする

❷［パスワードレプリケーションポリシー］タブを開く

❸［追加］をクリックする

❹「許可」の設定を行う場合は、［このRODCに対するアカウントのパスワードのレプリケートを許可する］を選択して、［OK］をクリックする

5 メンバーに追加するアカウントを選択・入力して、[OK]をクリックする

> **重要!** パスワードレプリケーションポリシーには、ユーザーアカウントだけでなく、そのユーザーが使用するコンピューターアカウントも追加することをお勧めします。

Column 資格情報の事前キャッシュ

　ユーザーアカウントやコンピューターアカウントの資格情報はRODCのパスワードレプリケーションポリシー（PRP）を使用することでキャッシュできますが（⇒P.201）、この資格情報は事前にキャッシュしておくこともできます。事前にキャッシュするには、セントラルサイトの通常のドメインコントローラーにサインインして、サーバーマネージャーから[Active Directoryユーザーとコンピューター]を開き、RODCのプロパティの[パスワードレプリケーションポリシー]タブにある[詳細設定]ボタンをクリックして以下の手順を実行します。

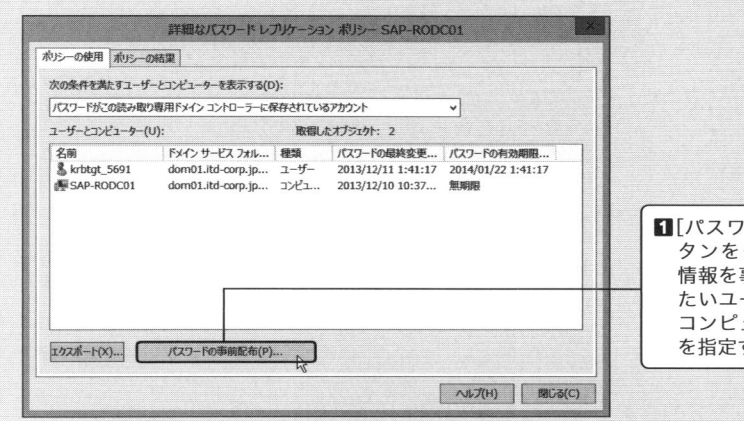

1 [パスワードの事前配布]ボタンをクリックして、資格情報を事前キャッシュさせたいユーザーアカウントやコンピューターアカウントを指定する

03-02　資格情報のキャッシュ設定の確認

　資格情報のキャッシュ設定を確認する場合は、**セントラルサイトの通常のドメインコントローラーにサインイン**して、サーバーマネージャーから[Active Directoryユーザーとコンピューター]を開き、次の手順を実行します。

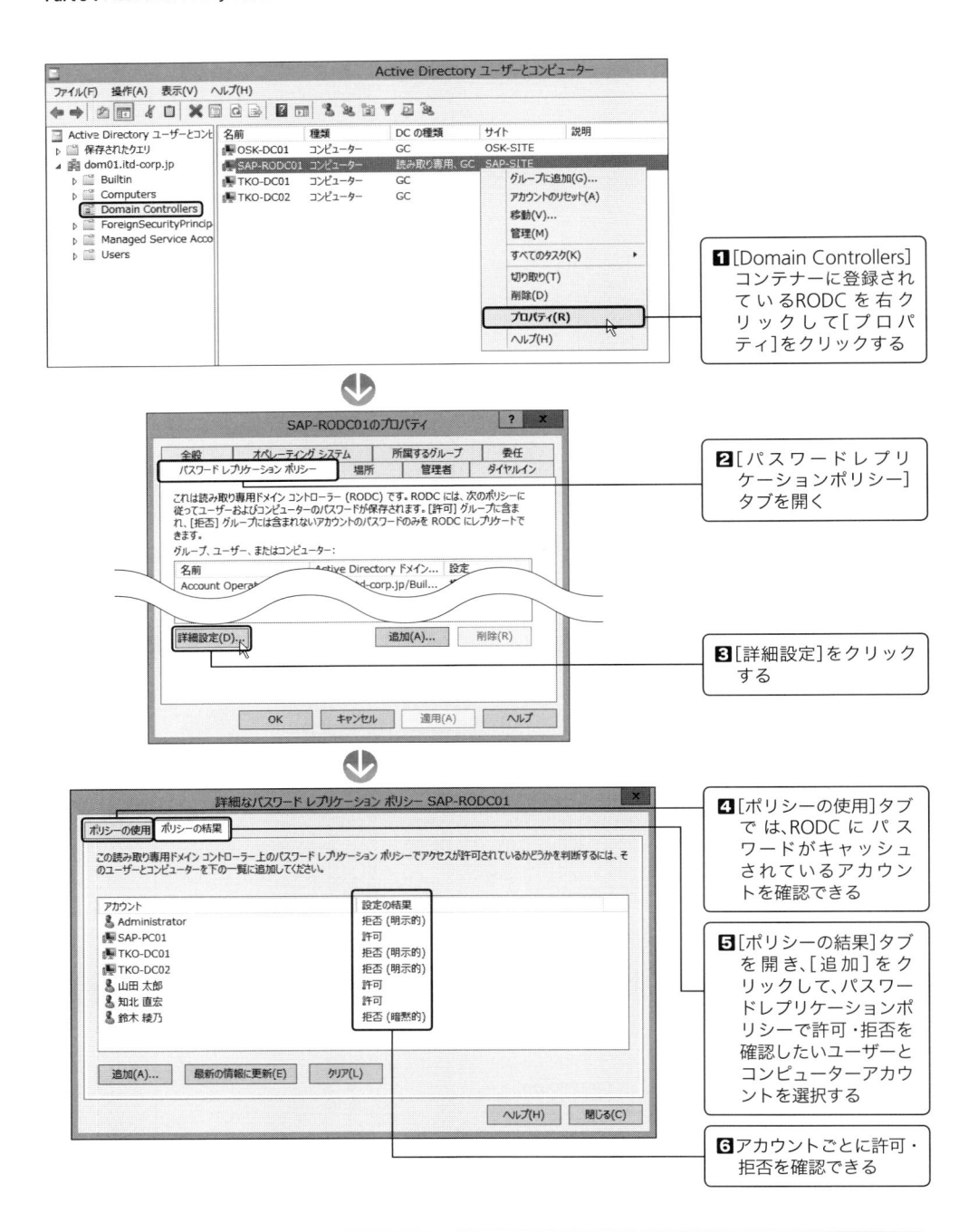

Part 04 Active Directoryの管理

1 [Domain Controllers]コンテナーに登録されているRODCを右クリックして[プロパティ]をクリックする

2 [パスワードレプリケーションポリシー]タブを開く

3 [詳細設定]をクリックする

4 [ポリシーの使用]タブでは、RODCにパスワードがキャッシュされているアカウントを確認できる

5 [ポリシーの結果]タブを開き、[追加]をクリックして、パスワードレプリケーションポリシーで許可・拒否を確認したいユーザーとコンピューターアカウントを選択する

6 アカウントごとに許可・拒否を確認できる

重要！ パスワードレプリケーションポリシーの拒否には拒否（明示的）と拒否（暗黙的）の2種類があります。デフォルトで「Denied RODC Password Replication Group」グループのメンバーになっているAdministratorは拒否（明示的）になっていますが、明示的に許可を設定していないアカウントは拒否（暗黙的）になっています。

04 RODCの管理の委任

RODCの管理操作を委任する方法として、「**管理者の委任**」があります。

04-01 管理者の委任

管理者の委任を行うと、委任されたユーザーはRODCに対する管理操作（RODCへのログオンやシャットダウン）を実行できるようになります。

管理者の委任を行うには、**セントラルサイトの通常のドメインコントローラー**にサインインして、サーバーマネージャーから［Active Directoryユーザーとコンピューター］を開き、以下の手順を実行します。

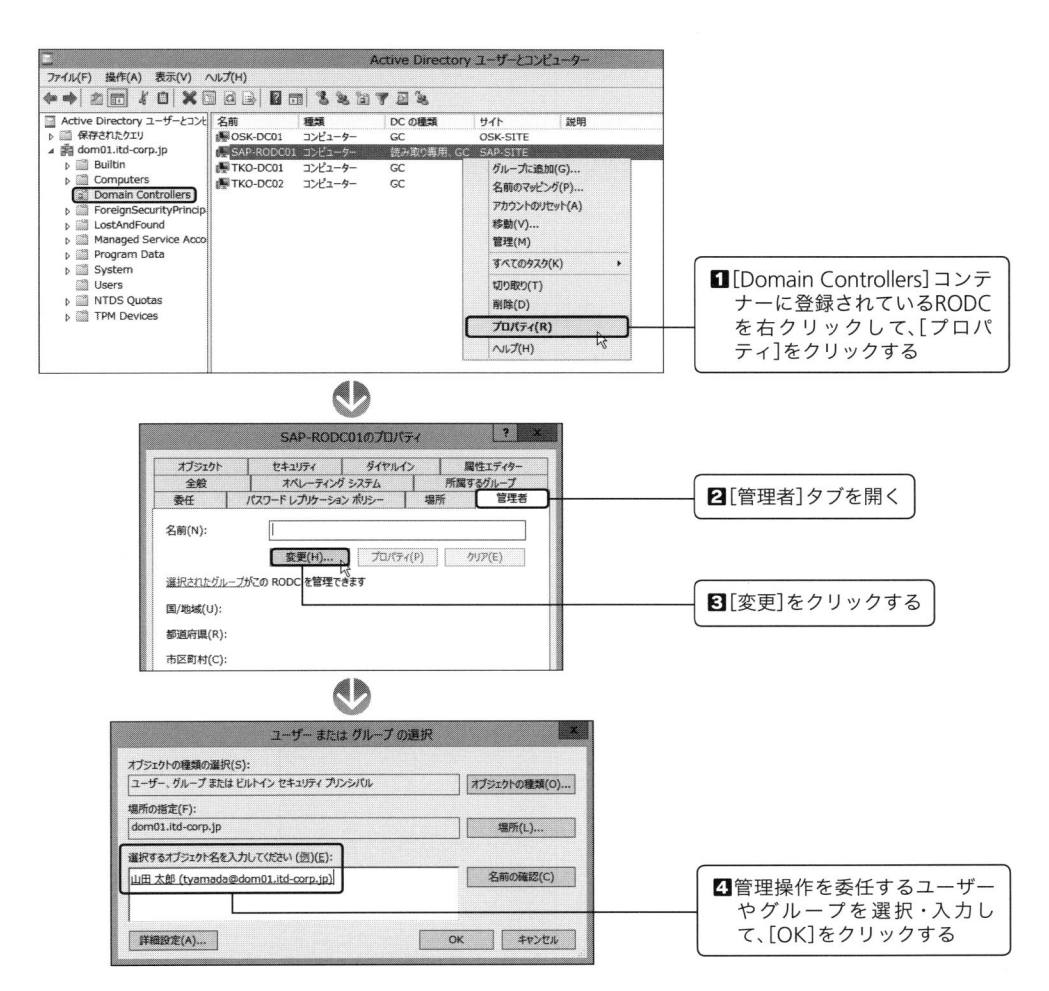

1 ［Domain Controllers］コンテナーに登録されているRODCを右クリックして、［プロパティ］をクリックする

2 ［管理者］タブを開く

3 ［変更］をクリックする

4 管理操作を委任するユーザーやグループを選択・入力して、［OK］をクリックする

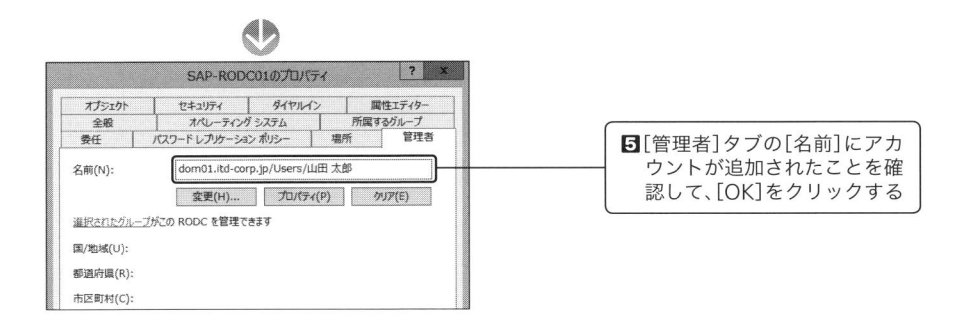

5 [管理者]タブの[名前]にアカウントが追加されたことを確認して、[OK]をクリックする

Column 管理者の役割の分離

上記の方法(管理者の委任)を行うと、多くの管理者権限が一括で付与されるため、望ましくない管理者権限まで与えてしまう恐れがあります。例えば、上記の方法で委任すると、Active Directory全体の管理情報を確認できるようになります(追加・編集などはできません)。

そこで、特定の役割のみを設定することを検討します。DSMGMTコマンド(dsmgmt.exe)を使用すると、管理のための役割を個別に割り当てることができます。

URL Dsmgmt
http://technet.microsoft.com/en-us/library/cc732473.aspx

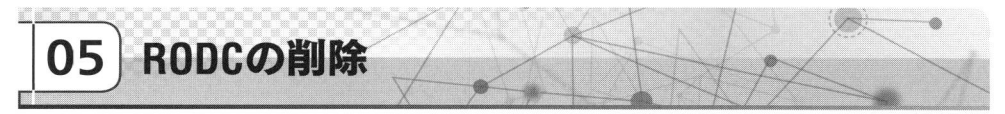

05 RODCの削除

万が一、RODCが盗難やセキュリティ侵害に遭った場合は、管理者は速やかにRODCを削除してリスク回避を行います。

RODCを削除するには、**セントラルサイトの通常のドメインコントローラー**にサインインして、サーバーマネージャーから[Active Directoryユーザーとコンピューター]を開き、以下の手順を実行します。

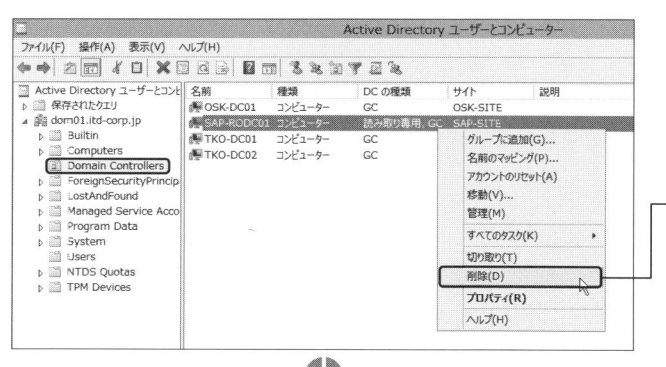

1 [Domain Controllers]コンテナーに登録されているRODCを右クリックして、[削除]をクリックする

2 確認ダイアログが表示されるので[はい]をクリックする

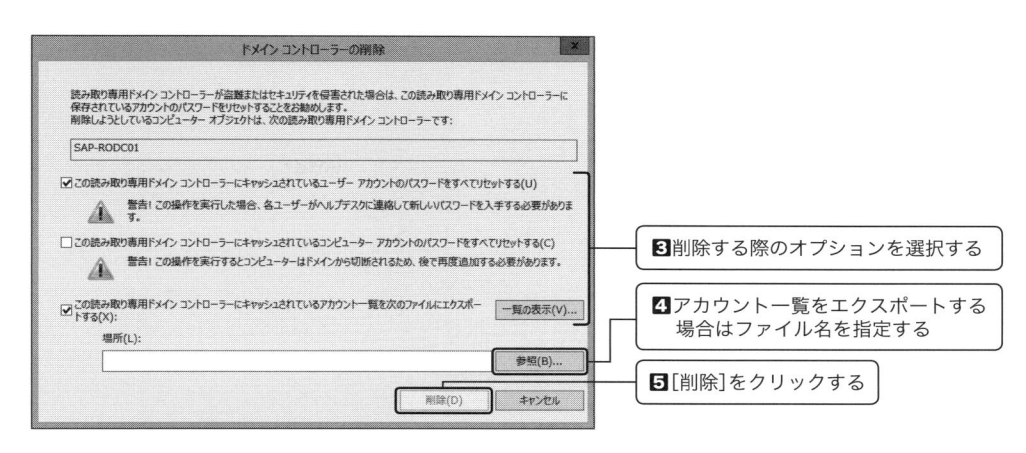

05 RODCの削除

[ドメインコントローラーの削除 ダイアログボックス]

- ❸ 削除する際のオプションを選択する
- ❹ アカウント一覧をエクスポートする場合はファイル名を指定する
- ❺ [削除]をクリックする

■「ドメインコントローラーの削除」ダイアログボックスの設定項目

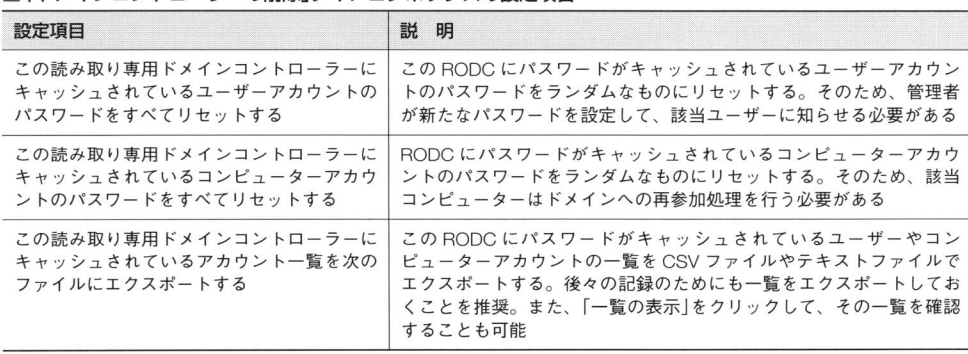

設定項目	説明
この読み取り専用ドメインコントローラーにキャッシュされているユーザーアカウントのパスワードをすべてリセットする	この RODC にパスワードがキャッシュされているユーザーアカウントのパスワードをランダムなものにリセットする。そのため、管理者が新たなパスワードを設定して、該当ユーザーに知らせる必要がある
この読み取り専用ドメインコントローラーにキャッシュされているコンピューターアカウントのパスワードをすべてリセットする	RODC にパスワードがキャッシュされているコンピューターアカウントのパスワードをランダムなものにリセットする。そのため、該当コンピューターはドメインへの再参加処理を行う必要がある
この読み取り専用ドメインコントローラーにキャッシュされているアカウント一覧を次のファイルにエクスポートする	この RODC にパスワードがキャッシュされているユーザーやコンピューターアカウントの一覧を CSV ファイルやテキストファイルでエクスポートする。後々の記録のためにも一覧をエクスポートしておくことを推奨。また、「一覧の表示」をクリックして、その一覧を確認することも可能

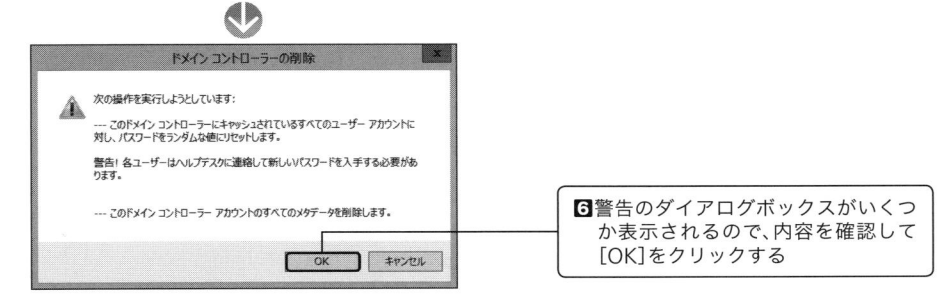

- ❻ 警告のダイアログボックスがいくつか表示されるので、内容を確認して[OK]をクリックする

アカウントのリセット後の処理

　RODCを削除する際に、削除オプション（上表）でユーザーアカウントのパスワードをリセットした場合は、管理者が[Active Directoryユーザーとコンピューター]ツールなどを使用して、該当ユーザーアカウントに新たなパスワードを設定してください（⇒P.228）。ユーザーの初回ログオン時にユーザー自身にパスワードを設定させることも可能です。

　また、コンピューターアカウントのパスワードをリセットした場合は、該当コンピューターをいったんワークグループ構成にしたうえで、再度ドメインへの参加処理を行う必要があります。

Chapter 11 OUの作成と管理

本章では、OU（組織単位）の設計方法や作成方法、管理方法を解説します。グループポリシーを上手に活用するためにはOUを正しく設計し、利用する必要があります。

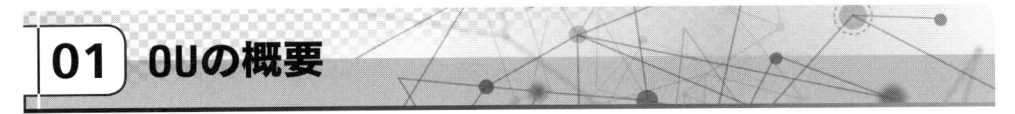

01 OUの概要

OU（Organization Unit：組織単位）は、Active Directoryの各種オブジェクトを格納する階層・構造体である「コンテナー」の一種です。ファイルを格納するフォルダーのようなものと考えるとわかりやすいでしょう。

01-01 OUの種類

コンテナーには「**OU**」と「**デフォルトのコンテナー**」の2種類がありますが、これらは以下の点で異なります。

■ OUとデフォルトのコンテナーの違い

種類	説明
OU	・ユーザー（管理者）が自由に作成できる ・下位にOUを作成して階層構造にできる ・グループポリシーをリンクできる ・特定のユーザーやグループに管理を委任できる
デフォルトのコンテナー	・ユーザーは作成できない（Active Directoryにデフォルトで用意されている） ・下位にOUを作成して階層構造にすることはできない ・グループポリシーをリンクできない ・特定のユーザーやグループに管理を委任することは推奨されていない

上記のように、デフォルトのコンテナーにはグループポリシーが適用できないといった大きな制約があります。Active Directoryのデフォルトの設定ではユーザーオブジェクトは**Users**コンテナーに、コンピューターオブジェクトは**Computers**コンテナーに格納されますが、OUのメリットを活かすためにも、これらのデフォルトのコンテナーは使用せずに、ユーザーオブジェクト用、コンピューターオブジェクト用のOUを作成して、そこに格納することをお勧めします。

> **Tips** ユーザーオブジェクトやコンピューターオブジェクトを作成した際の格納先を、任意のOUに変更する方法は「Chapter 12 アカウントの管理」（⇒**P.239**）で解説します。

デフォルトの OU とコンテナー

Windows Server 2012 R2のActive Directoryには、下表のOUやコンテナーがデフォルトで用意されています。

■ デフォルトで用意されている OU とコンテナー（一部）

名前	種類	説明
Domain Controllers	OU	ドメインコントローラーが格納されている
Computers	デフォルトのコンテナー	コンピューターアカウントが格納されている
ForeignSecurityPrincipals	デフォルトのコンテナー	信頼関係のある外部ドメインのユーザーやグループアカウントが格納されている
Managed Service Accounts	デフォルトのコンテナー	管理されたサービスアカウントが格納されている
Users	デフォルトのコンテナー	ユーザーアカウントが格納されている
Builtin	builtinDomain	デフォルトのドメインローカルグループのアカウントが格納されている

01-02　OUの設計方針

OUは簡単な操作ですぐに作成・削除できますが、作成する際は事前にOUの構成や目的をきちんと設計することをお勧めします。特に、OUとグループポリシー（⇒P.245）は関連性が強いので、OUを設計する際はグループポリシーを意識することが重要です。

OUの基本設計

OUは**オブジェクトのタイプ別**に作成し分類するのが基本です。これは、後述するグループポリシーを通常は「ユーザーオブジェクト」または「コンピューターオブジェクト」に適用するためです。OUをオブジェクトのタイプ別に作成しておくと、グループポリシーを設計・運用する際に活用できます。

ただし必ずしもオブジェクトのタイプ別に作成すれば良いというわけではありません。他にも、下表の目的別・役割別にOUを作成して分類することもお勧めです。

■ OU の設計方針

設計方針	説明
ユーザーの役割別	ユーザーを「**管理者ユーザー**」と「**一般ユーザー**」に分類し、OU を作成する。また、「一般ユーザー」用の OU の配下に雇用形態や役職別の OU を作成すると、グループポリシーを適用する際に便利
コンピューターの役割別	コンピューターを「**サーバー**」と「**クライアントコンピューター**」に分類し、OU を作成する。サーバーとクライアントコンピューターでは、適用するグループポリシーが異なる可能性が高いので、この分類は有効。また、可能であれば「**デスクトップ PC**」と「**ノート PC**」を分類し、OU を作成しておくと便利

Part 04 Active Directoryの管理

■ OUの設計方針（続き）

設計方針	説明
組織の部門別	部門別にアカウント管理を行いたい場合などは、**部門ごとのOU**を作成することも有効。ただし、この設計方針では年に数回は発生する人事異動の際に格納されているオブジェクトを移動する必要が生じるので注意が必要。また、大規模な組織改編が行われた場合は、管理者の作業負荷が大きくなる可能性もある
その他のオブジェクト用	グループポリシーを適用しないオブジェクトをまとめるOUを作成する

> **重要!** ドメインコントローラーだけは、デフォルトの「Domain Controllers」OUから移動しないことをお勧めします。このOUには「Default Domain Controllers Policy」グループポリシーが適用されており、ドメインコントローラーに適した設定がすでに行われています。

OUの設計例

本書では以下のOU構成をお勧めします。この構成を基本として、必要なOUがあれば追加してください。

■ OU構成例

対象とするオブジェクト	OU名	対象とするオブジェクト	OU名
ユーザー	01 ユーザー	コンピューター	04 コンピューター
管理者	02 管理者	サーバー	05 サーバー
グループ	03 グループ		

■ OU構成例

```
ドメイン
├── Builtin
├── Computers
├── Domain Controllers          ドメインコントローラー
├── ForeignSecurityPrincipals
├── Managed Service Accounts
├── Users
┌─ ─ ─ ─ ─ ─ ─ ─ ─ ─ ─ ─ ─ ─ ─ ─ ┐
│ ├── 01ユーザー      ユーザー      │
│ ├── 02管理者        管理者        │
│ ├── 03グループ      グループ      │
│ ├── 04コンピューター コンピューター│
│ └── 05サーバー      サーバー      │
└ ─ ─ ─ ─ ─ ─ ─ ─ ─ ─ ─ ─ ─ ─ ─ ─ ┘
```

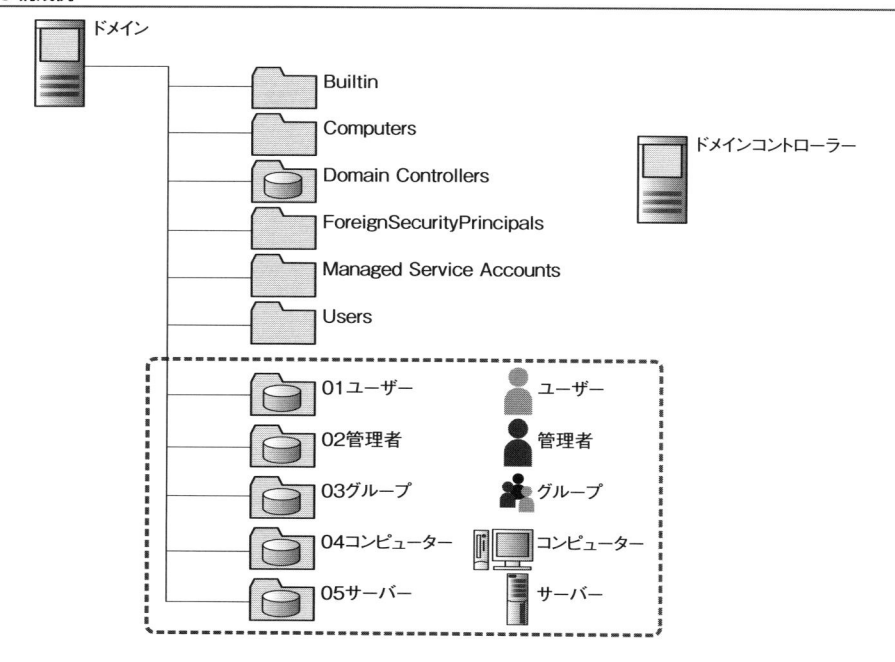

複数の組織を管理するOUの設計例

　OUを使用して複数の組織を管理することもできます。多くのグループ会社やカンパニー組織で構成されているような企業体の場合で、それぞれのグループ会社に専任のシステム管理者を配置することが困難な場合は、親会社や情報システムを専門とするグループ会社がActive Directoryを構築して、グループ会社やカンパニー組織をOUで管理すると良いでしょう。会社や組織別にOUを作成し、そのOUの中に一般的なOUを作成するという方法です。

　この方法を採用すると、各会社や組織ごとに異なるグループポリシーを適用したり、「制御の委任」（⇒P.221）を行ったりできます。

■ 複数の組織を管理する OU 構成例

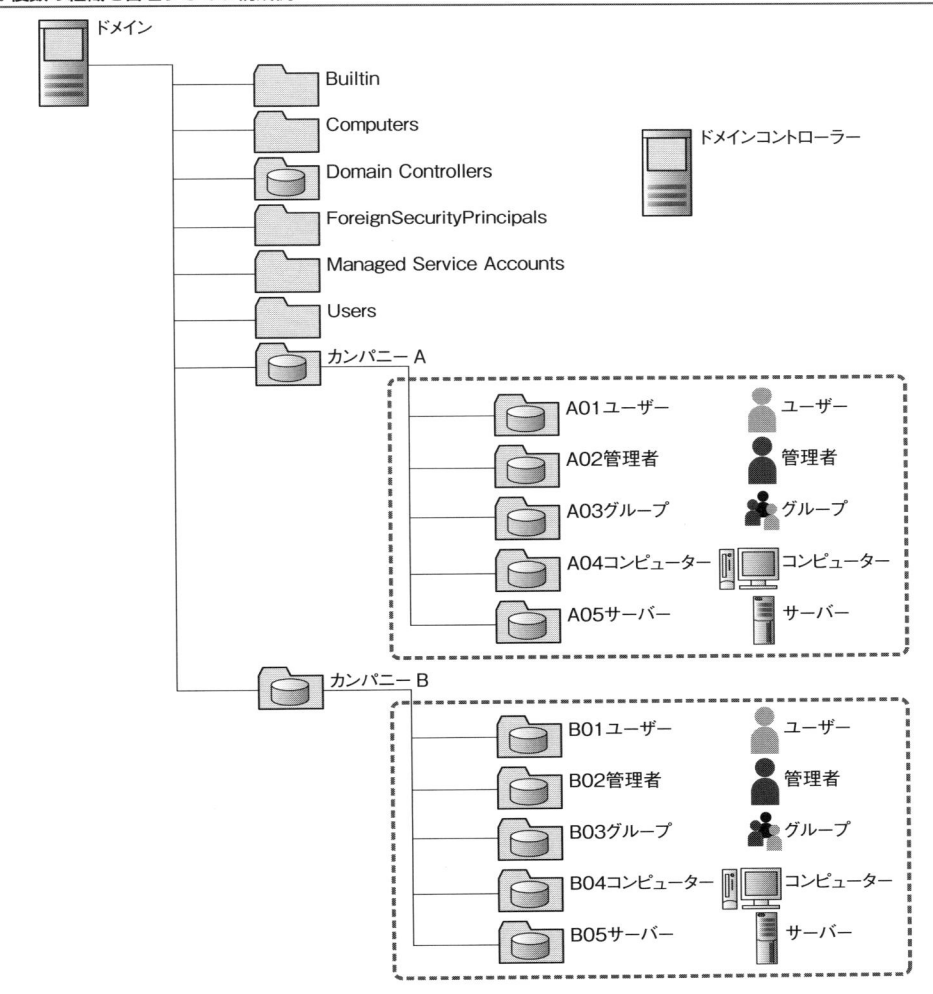

- ドメイン
  - Builtin
  - Computers
  - Domain Controllers
  - ForeignSecurityPrincipals
  - Managed Service Accounts
  - Users
  - カンパニー A
    - A01ユーザー — ユーザー
    - A02管理者 — 管理者
    - A03グループ — グループ
    - A04コンピューター — コンピューター
    - A05サーバー — サーバー
  - カンパニー B
    - B01ユーザー — ユーザー
    - B02管理者 — 管理者
    - B03グループ — グループ
    - B04コンピューター — コンピューター
    - B05サーバー — サーバー

ドメインコントローラー

02 OUの管理

OUを作成・削除する方法を解説します。先述したように、OUはファイルシステムにおける「フォルダー」に似ているので、非常に簡単に各操作を実行できます。

ただし、作成後にOU名を変更すると管理上の混乱を招く恐れがあるため、事前にOU名のネーミングルールだけはきちんと決めておきましょう。ネーミングルールを決めておけば、作成後に変更することも減りますし、新規追加する際に迷うこともなくなります。本書の例のように先頭に数字を付けると、管理ツールで簡単に並べ替えることができるので便利です。

02-01 OUの作成

OUを作成するには、管理者でサインインしてサーバーマネージャーから[Active Directoryユーザーとコンピューター]を開き、以下の手順を実行します。

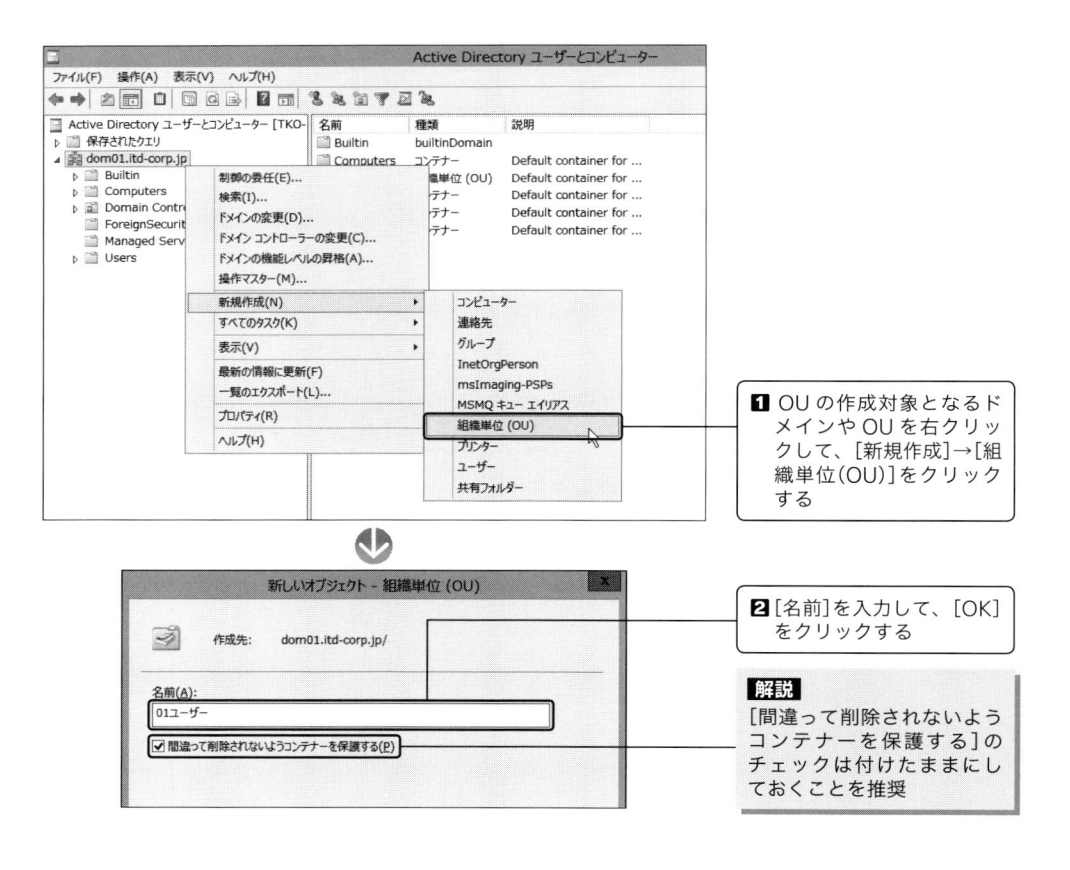

1 OUの作成対象となるドメインやOUを右クリックして、[新規作成]→[組織単位(OU)]をクリックする

2 [名前]を入力して、[OK]をクリックする

解説
[間違って削除されないようコンテナーを保護する]のチェックは付けたままにしておくことを推奨

02-02　OUの移動

　OUはドラッグ＆ドロップで簡単に移動できます。ただし、グループポリシーを利用している環境でOUを移動すると、思わぬところに影響を与える可能性があるので、十分に注意してください。

　なお、OUの作成時に［間違って削除されないようコンテナーを保護する］にチェックを付けた場合は、以下の手順を実行して先にそれを無効化する必要あります。

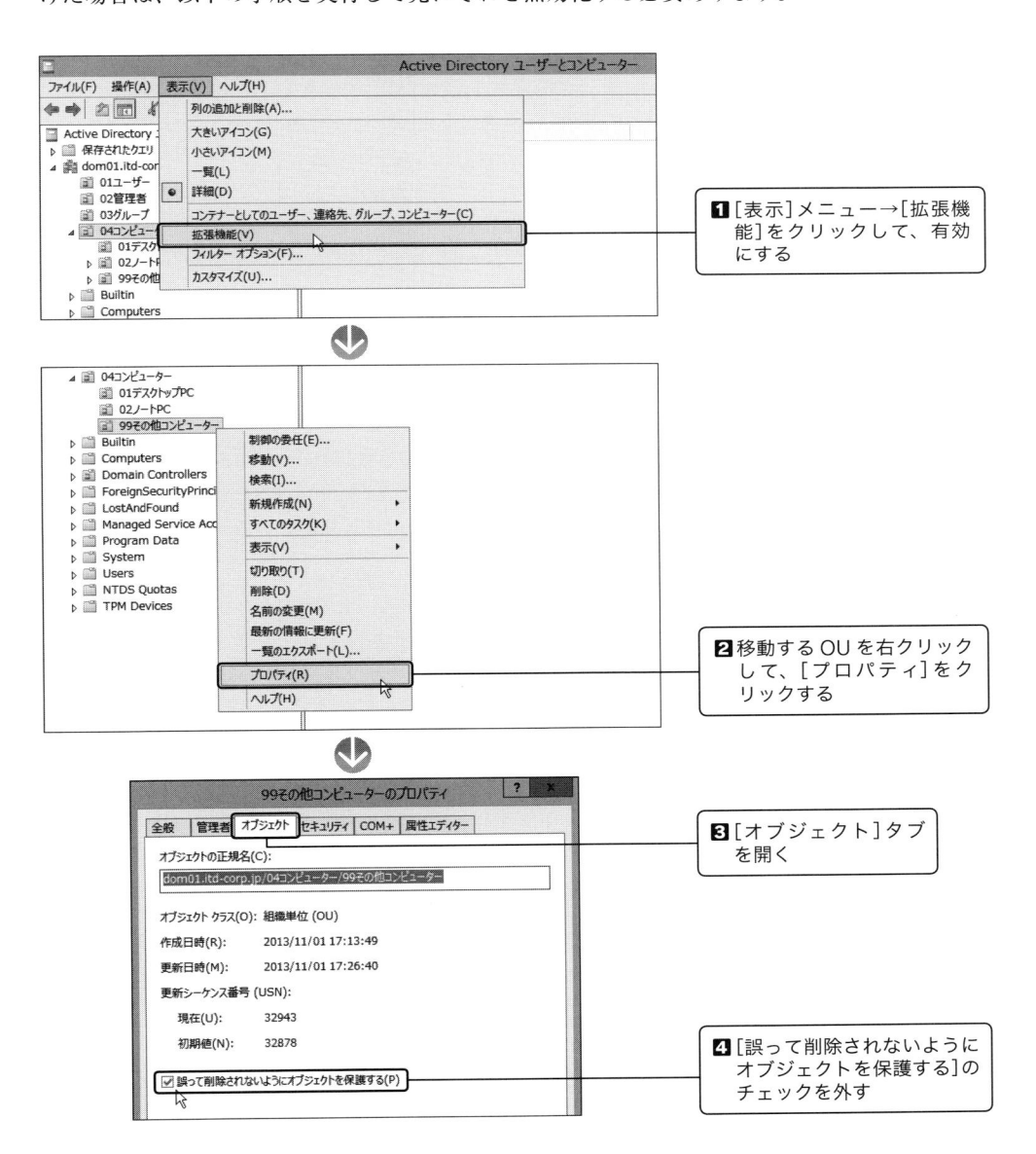

1 ［表示］メニュー→［拡張機能］をクリックして、有効にする

2 移動する OU を右クリックして、［プロパティ］をクリックする

3 ［オブジェクト］タブを開く

4 ［誤って削除されないようにオブジェクトを保護する］のチェックを外す

これでOUを移動できるようになりました。OUを目的の場所にドラッグ&ドロップします。その際、以下の警告のダイアログボックスが表示されるので、メッセージを確認して［はい］をクリックします。

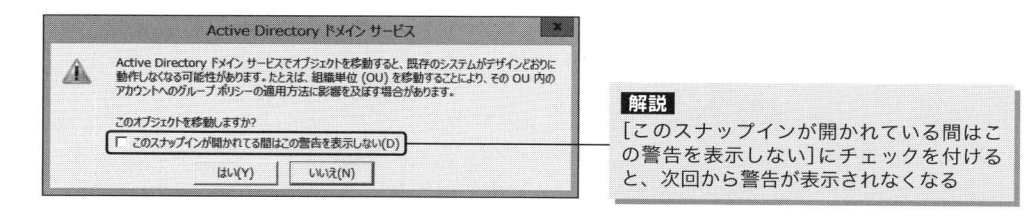

解説
［このスナップインが開かれている間はこの警告を表示しない］にチェックを付けると、次回から警告が表示されなくなる

02-03　OUの削除

OUを削除すると、そのOUに含まれているオブジェクトも削除されるので、削除する場合は十分に注意してください。必要なオブジェクトを事前に他のOUに移動するなどの対応を怠らないようにしてください。

なお、削除する場合は対象のOUのプロパティダイアログボックスの［誤って削除されないようにオブジェクトを保護する］を無効にする必要があります（⇒P.219）。無効にしたうえで、以下の手順を実行します。

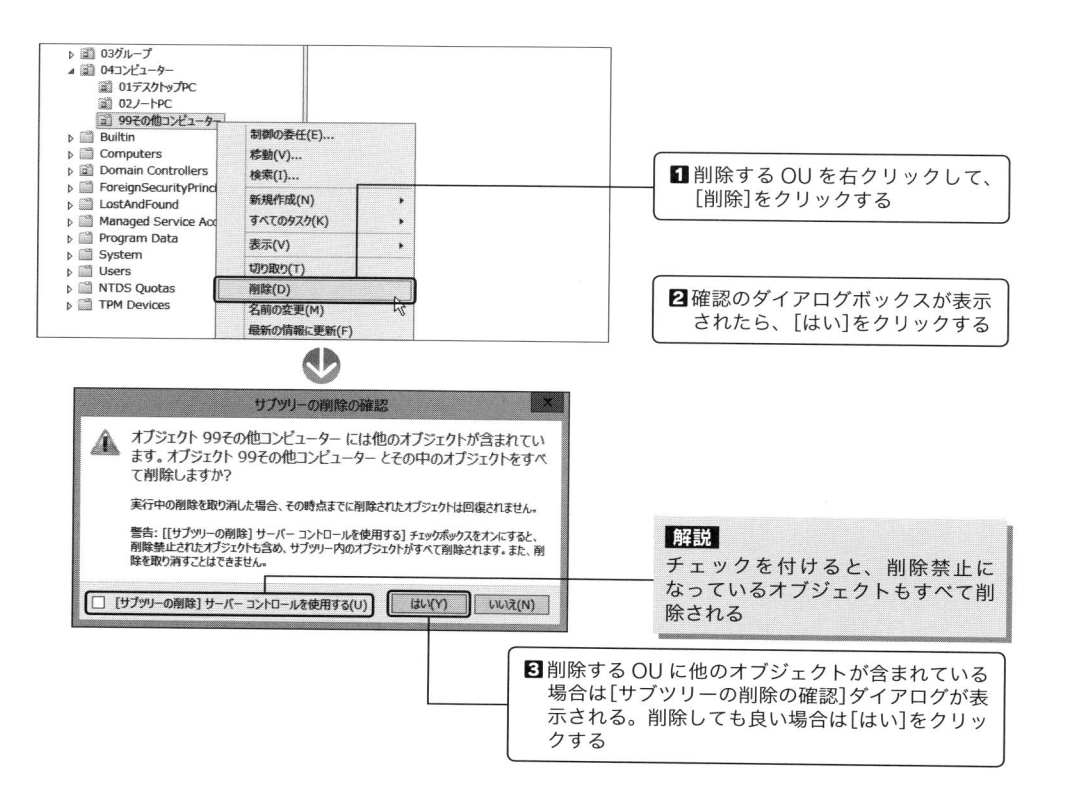

❶ 削除するOUを右クリックして、［削除］をクリックする

❷ 確認のダイアログボックスが表示されたら、［はい］をクリックする

解説
チェックを付けると、削除禁止になっているオブジェクトもすべて削除される

❸ 削除するOUに他のオブジェクトが含まれている場合は［サブツリーの削除の確認］ダイアログが表示される。削除しても良い場合は［はい］をクリックする

03　OUの制御の委任

　OU配下のオブジェクトに関する制御は、特定のユーザーやグループに委任できます。制御の委任を受けたユーザーは、Windows 8.1コンピューターなどから**リモートサーバー管理ツール**（RSAT：Remote Server Administration Tools）（⇒**P.57**）を使用して［Active Directoryユーザーとコンピューター］管理ツールを開くと、委任された管理操作を実行できます。また、ドメインに参加しているWindows Server 2012 R2コンピューターにサインインして、［Active Directoryユーザーとコンピューター］管理ツールを起動し、管理操作を行うこともできます。

　なお、デフォルトのコンテナー配下のオブジェクトに対しても、同様に制御を委任できますが、これは推奨されていません。特定のユーザーやグループに対して、制御を委任したい場合は、オブジェクトをOU内に配置してから制御の委任を行ってください。

03-01　制御の委任

　ここでは、OUの制御を管理者権限のないグループに委任する方法を解説します。個々のユーザーに委任することもできますが、グループに委任することをお勧めします。

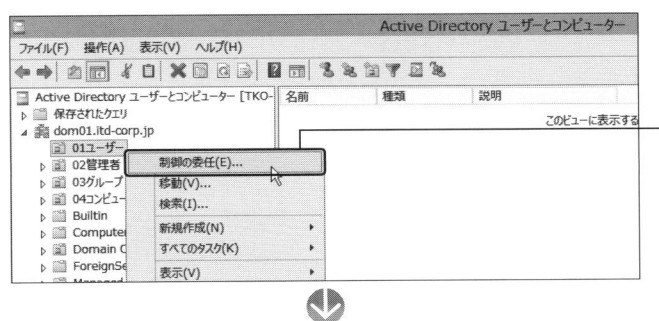

❶ 制御を委任するOUを右クリックして、［制御の委任］をクリックする

❷ ［オブジェクト制御の委任ウィザード］が開始されるので、［次へ］をクリックする

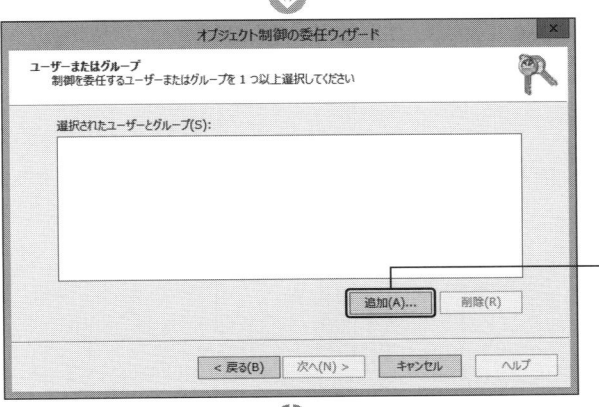

❸ ［追加］をクリックして、制御を委任するグループやユーザーを指定し、［次へ］をクリックする

Part 04 Active Directoryの管理

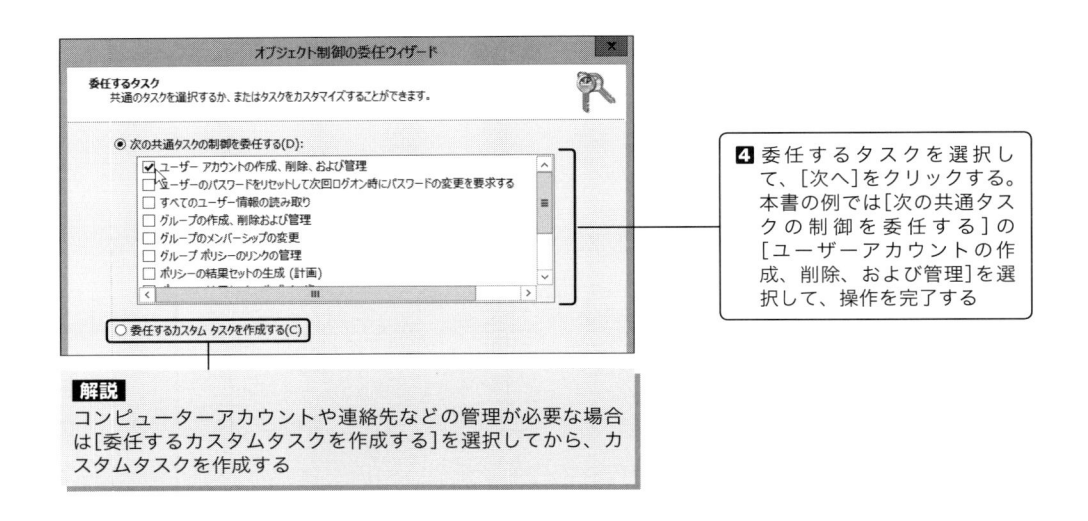

4 委任するタスクを選択して、[次へ]をクリックする。本書の例では[次の共通タスクの制御を委任する]の[ユーザーアカウントの作成、削除、および管理]を選択して、操作を完了する

解説
コンピューターアカウントや連絡先などの管理が必要な場合は[委任するカスタムタスクを作成する]を選択してから、カスタムタスクを作成する

03-02 委任状況の確認

制御の委任状況を確認します。先に[Active Directoryユーザーとコンピューター]管理ツールの[表示]メニューから[拡張機能]を有効にして（⇒P.170）、以下の手順を実行します。

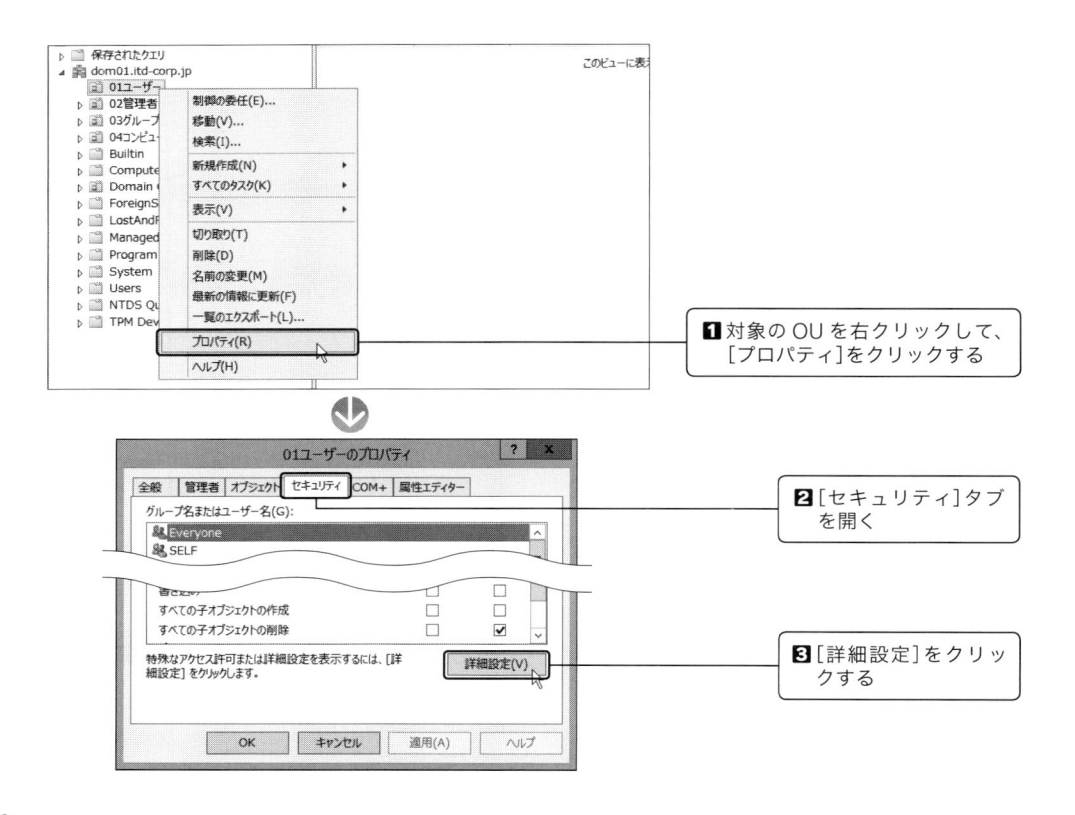

1 対象のOUを右クリックして、[プロパティ]をクリックする

2 [セキュリティ]タブを開く

3 [詳細設定]をクリックする

222

03 OUの制御の委任

4 [アクセス許可]タブを開く

解説
[有効なアクセス]タブを開くと、ユーザーやグループに設定されているアクセス許可を確認できる

5 [アクセス許可エントリ]で制御を委任したグループやユーザーを選択して、[編集]をクリックする

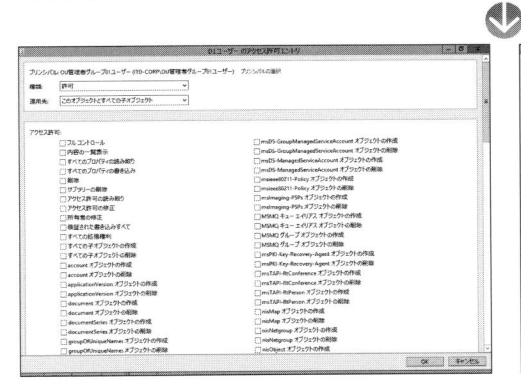

6 設定されているアクセス許可を確認する

Column: Windows PowerShell やコマンドによる OU の管理

OUの管理作業はWindows PowerShellでも実行できます。OUの管理操作を大量に行う場合はコマンドでの作業をお勧めします。

書式 OU の追加

```
New-ADOrganizationalUnit -Name 〈OU名〉 -Path "DC=〈配置場所〉"
```

実行例 ▶ OU を追加する（コマンドは 1 行で実行）

```
New-ADOrganizationalUnit -Name "01ユーザー"
    -Path "DC=dom01,DC=itd-corp,DC=jp"
```

書式 OU の削除

```
Remove-ADOrganizationalUnit -Identity "OU=〈OU名〉, DC=〈配置場所〉"
```

実行例 ▶ OU を削除する（コマンドは 1 行で実行）

```
Remove-ADOrganizationalUnit -Identity "OU=01ユーザー,
    DC=dom01,DC=itd-corp,DC=jp" -Confirm:$false
```

※「-Confirm:$false」を指定すると削除時の確認が省略されます。

なお、OUの管理操作は「dsadd」コマンド（OUの追加）、「dsrm」コマンド（OUの削除）などでも実行できます。

書式 OU の追加

```
dsadd ou "OU=〈OU名〉, DC=〈配置場所〉"
```

実行例 ▶ OU を追加する

```
dsadd ou "OU=01ユーザー,DC=dom01,DC=itd-corp,DC=jp"
```

書式 OU の削除

```
dsrm "OU=〈OU名〉, DC=〈配置場所〉"
```

実行例 ▶ OU を削除する

```
dsrm -noprompt "OU=01ユーザー,DC=dom01,DC=itd-corp,DC=jp"
```

※「-noprompt」を指定すると削除時の確認が省略されます。

Chapter 12 アカウントの管理

本章では、Active Directoryの重要なコンポーネントである「アカウントオブジェクト」（ユーザーアカウント、グループアカウント、コンピューターアカウントなど）の設計方針や登録方法、管理方法を解説します。また、Windows Server 2012から実装された「グループの管理されたサービスアカウント」についても解説します。
なお、サーバーのローカル環境で使用する「ローカルユーザー」や「ローカルグループ」については**P.114**を参照してください。

01 ユーザーアカウントの管理

管理者は日々の業務として、利用者が適切にActive Directory環境を利用できるように、利用者ごとにユーザーアカウントを作成し、管理する必要があります。また、作成したユーザーアカウントが不要になった場合は、無効化や削除を行う必要もあります。

01-01 デフォルトのユーザーアカウント

Active Directoryを構築すると、デフォルトで下表のユーザーアカウントが登録されています。これらのユーザーアカウントは「**ビルトインアカウント**」とも呼ばれます。

■ デフォルトのユーザーアカウント（ビルトインアカウント）

ユーザーアカウント	説明
Administrator	Active Directory の管理者ユーザー。Active Directory ドメインに対するすべての管理操作を実行できる
Guest	ゲストユーザー。ユーザーアカウントを持っていない利用者のための一時的なアカウント。なお、Guest ユーザーはデフォルトでは[無効]になっている。特に理由がない限り、無効のままにしておくことを推奨

01-02 ユーザーアカウントの作成

ユーザーアカウントを作成するには、サーバーマネージャーから［Active Directoryユーザーとコンピューター］を開いて、次の手順を実行します。ここではユーザーアカウント用のOU（⇒**P.216**）にユーザーアカウントを作成します。

Part 04 Active Directoryの管理

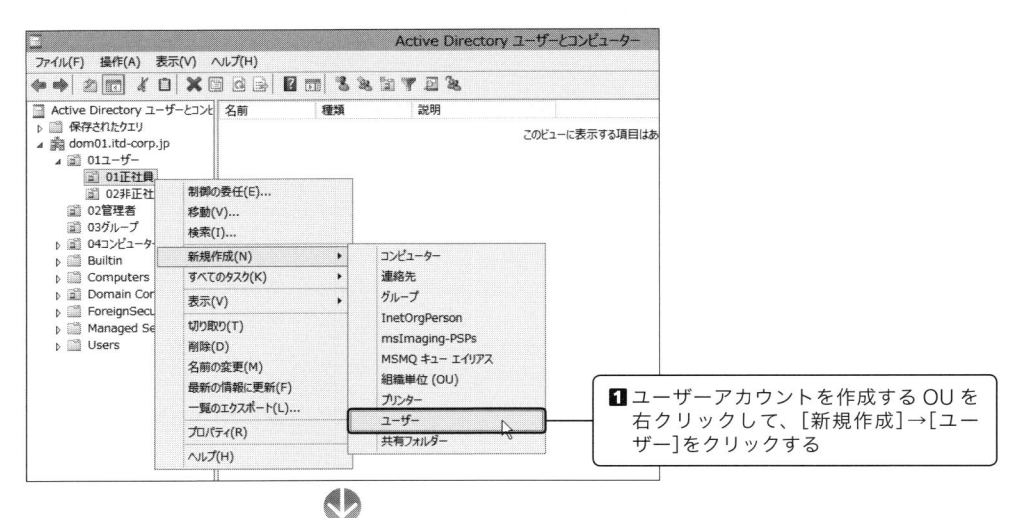

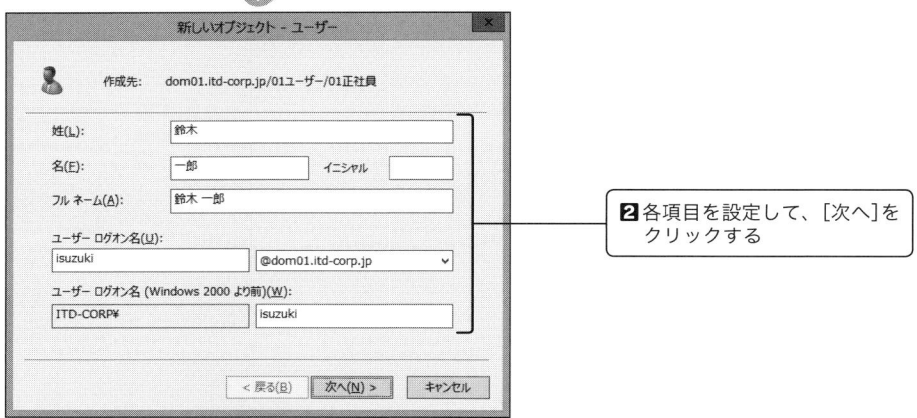

❶ ユーザーアカウントを作成する OU を右クリックして、[新規作成]→[ユーザー]をクリックする

❷ 各項目を設定して、[次へ]をクリックする

■ ユーザーアカウントの作成時の設定項目

設定項目	説明
姓	ユーザーの姓
名	ユーザーの名
イニシャル	ユーザーのイニシャル
フルネーム	フルネーム。必須項目。[姓]、[名]、[イニシャル]を元にして自動的に入力されるが変更も可能。64 文字以下で設定する
ユーザーログオン名	ユーザー名。必須項目。256 文字以下で設定する。ドメインサフィックスと組み合わせて、フォレスト内でユニークな文字列にする
ユーザーログオン名（Windows 2000 より前）	Windows 2000 よりも前の OS 用のユーザー名。必須項目。[ユーザーログオン名]と同じものが自動的に設定されるが、「/¥[]:;|=,+*?<>@"」は使用できないため、これらの記号は「_」に置き換えらる。20 文字以下で設定する

Column ユーザー名のネーミングルール

ユーザーアカウントを作成する場合は、事前に以下のようなネーミングルールを決めておくことをお勧めします。なお、Windows Server 2008以降では［フリガナ］を設定できるようになったので、一覧の並べ替えが簡単になりました。そのため、姓や名に英数字ではなく、漢字やフリガナを設定しても大きな支障はありません。

■ ユーザーアカウントのネーミングルールの例

設定項目	ネーミングルールの例	設定例
姓	漢字やかなによる姓	鈴木
名	漢字やかなによる名	一郎
フルネーム	漢字やかなによる姓名。姓、名を入力すると自動入力される	鈴木 一郎
ユーザーログオン名	ローマ字にした名の1文字目を先頭として、姓を続ける。重複した場合には名を2文字とする	isuzuki icsuzuki

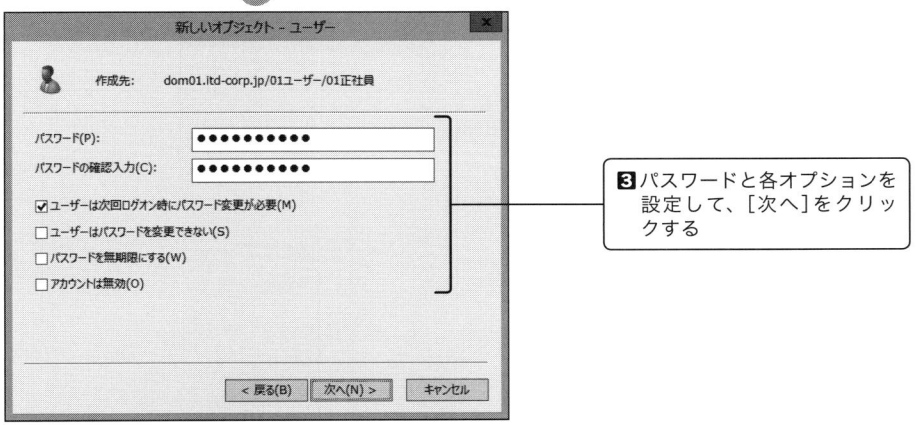

❸ パスワードと各オプションを設定して、［次へ］をクリックする

■ ユーザーアカウントの作成時の設定項目

設定項目	説明
パスワード	大文字と小文字を区別したパスワード
ユーザーは次回ログオン時にパスワード変更が必要	このオプションを有効にすると、このユーザーが次回ログオンする際にパスワードの変更を強制できる
ユーザーはパスワードを変更できない	このオプションを有効にすると、このユーザーは自分のパスワードを変更できなくなる。複数の利用者が共有するユーザーの場合に設定する
パスワードを無期限にする	このオプションを有効にすると、このユーザーのパスワードは無期限になる。グループポリシーのパスワード有効期間設定よりも優先される
アカウントは無効	このオプションを有効にすると、このユーザーは無効になる（ログオンできない状態）

Part 04 Active Directoryの管理

> **重要!** パスワードには可能な限り強力なものを設定することが推奨されています。デフォルトでは、パスワードの長さや複雑さについて以下の要件が設定されていますが、これらの要件に加え、忘れない範囲で可能な限り難解なパスワードを設定することをお勧めします。
>
> - 長さ：7文字以上
> - 複雑さを満たす：有効（大文字、小文字、数字、記号などを含めなければならない）

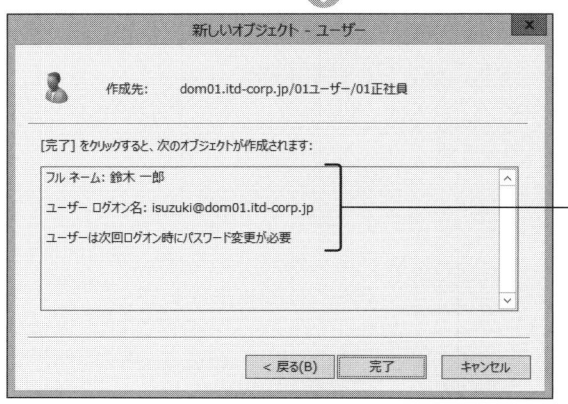

❹ 設定内容を確認して、[完了] をクリックする

解説
パスワードの要件を満たしていない場合は[完了]をクリックした際にエラーが表示される。その場合は、パスワード設定ページまで戻って再設定する

Column　ユーザーアカウントの移動と変更

ユーザーアカウントは、作成後に他のOUやコンテナーに移動できます❶。組織の人事異動やOUの構造を変更した際などは適切な場所に移動してください。また、ユーザーアカウントの設定内容は、各ユーザーアカウントのプロパティダイアログで変更できます❷。複数のユーザーアカウントの一括変更も可能です。

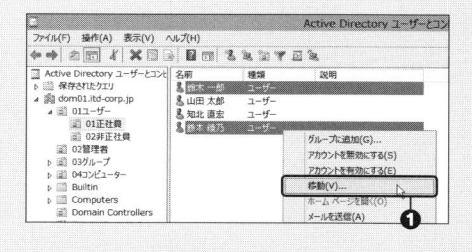

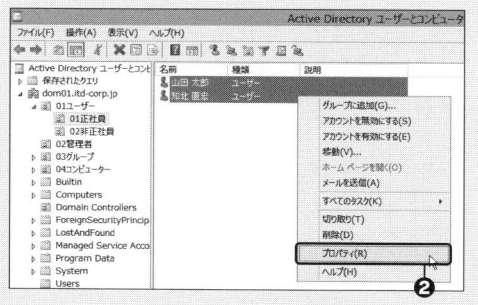

01-03　ユーザーアカウントのパスワードリセット

ユーザーがパスワードを忘れてしまった場合は、管理者がパスワードのリセットを行います。[Active Directoryユーザーとコンピューター]を開いて、次の手順を実行します。

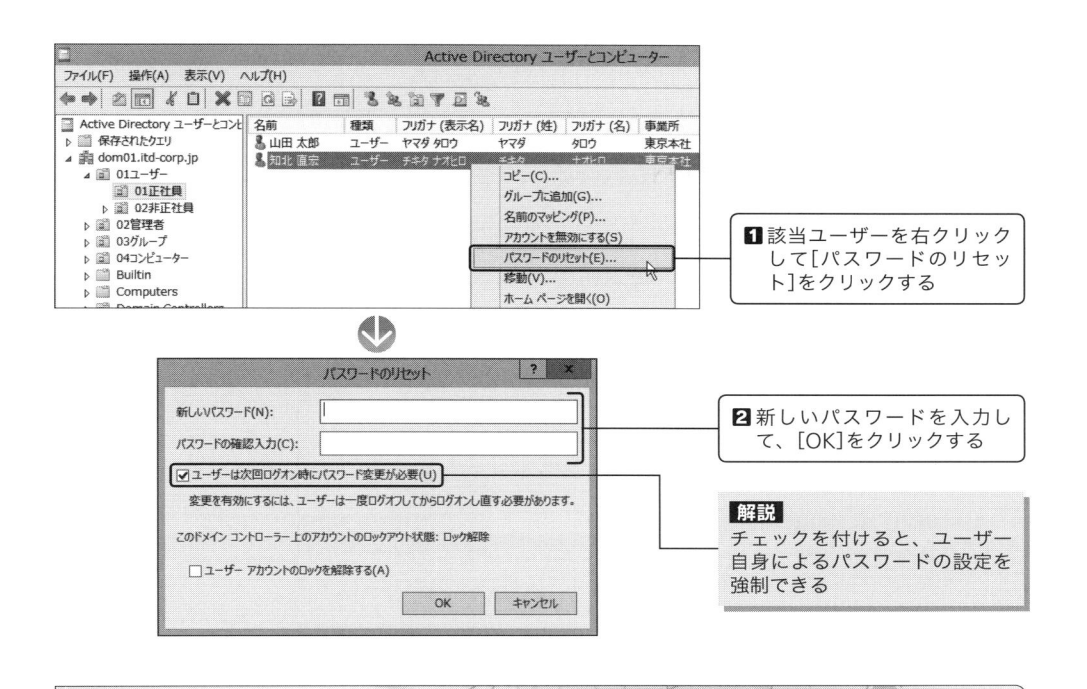

❶ 該当ユーザーを右クリックして[パスワードのリセット]をクリックする

❷ 新しいパスワードを入力して、[OK]をクリックする

解説
チェックを付けると、ユーザー自身によるパスワードの設定を強制できる

01-04　ユーザーアカウントの無効化

　不要になったユーザーアカウントは，いきなり削除せずにしばらくは無効化するといった運用をお勧めします（⇒P.119）。ユーザーアカウントを無効化するには、サーバーマネージャーから［Active Directoryユーザーとコンピューター］を開いて、以下の手順を実行します。

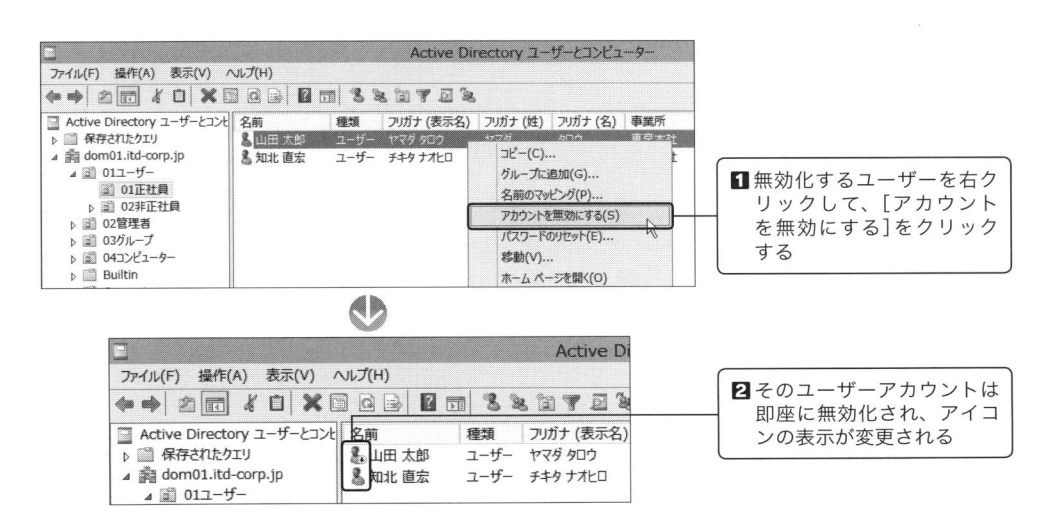

❶ 無効化するユーザーを右クリックして、［アカウントを無効にする］をクリックする

❷ そのユーザーアカウントは即座に無効化され、アイコンの表示が変更される

Part 04 Active Directoryの管理

> **Tips** 無効化されているユーザーを右クリックして、[アカウントを有効にする]をクリックすると、即座に有効化されます。
> なお、無効化したユーザーアカウントをまとめるOUを作成することをお勧めします。1箇所にまとめておけば、無効状態(削除待ち)のユーザーアカウントを容易に判別できます。

> **重要！** ユーザーアカウントのロックアウトはグループポリシーを使用して行います。具体的な設定方法や解除方法については「Chapter 14 ユーザー環境の管理」(⇒P.276)を参照してください。

01-05 ユーザーアカウントの削除

ユーザーアカウントを削除するには、サーバーマネージャーから[Active Directoryユーザーとコンピューター]を開いて、以下の手順を実行します。

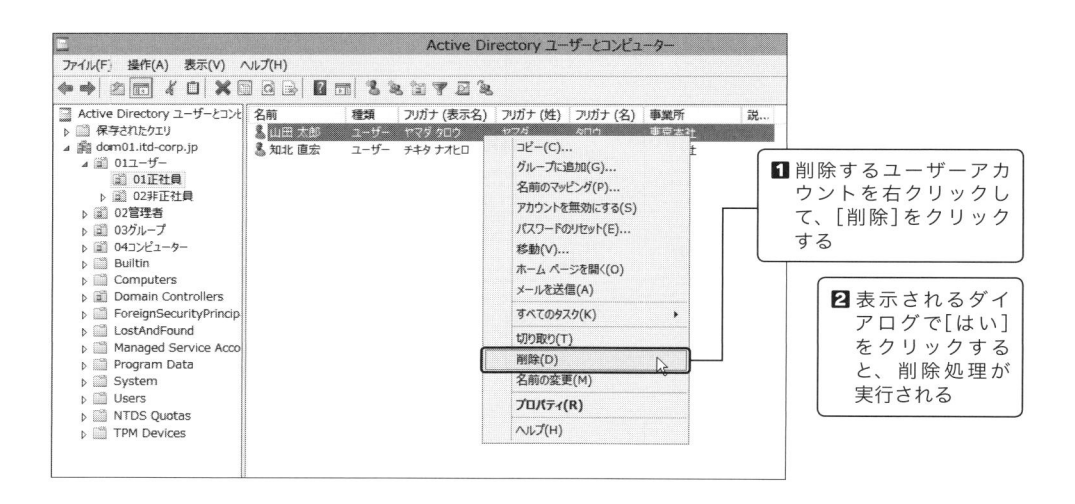

❶ 削除するユーザーアカウントを右クリックして、[削除]をクリックする

❷ 表示されるダイアログで[はい]をクリックすると、削除処理が実行される

> **重要！** いったん削除したアカウントは容易には復活できないので、削除する際は十分に検討してから処理を実行してください。

02 グループアカウントの管理

グループアカウントを利用すると、複数のユーザーアカウントや他のアカウントを1つにまとめて管理できます。大規模環境では個々のユーザーに対して管理作業を行うのは容易ではないため、可能な限りグループを利用することをお勧めします。

02-01　デフォルトのグループアカウント

　Active Directoryを構築すると、デフォルトで多数のグループアカウントが登録されます。これらのグループは「**ビルトイングループ**」とも呼ばれます。デフォルトのグループアカウントは「デフォルトのユーザーアカウント」（⇒P.225）とは異なり、非常に便利なので、任意のグループアカウントを作成する前に、デフォルトで用意されているビルトイングループを利用できないか検討してください。

　デフォルトのグループアカウントは［Active Directoryユーザーとコンピューター］の**Builtin**コンテナーや**Users**コンテナーに登録されています。

■ 主なデフォルトのグループアカウント（ビルトイングループ）

グループアカウント	説　明
Domain Admins	**ドメインの管理者グループ**。ドメインのAdministratorユーザーはこのグループのメンバーになっている
Domain Users	**ドメインの全ユーザーのグループ**。ドメインのすべてのユーザーは自動的にこのグループのメンバーになる
Domain Guests	**ドメインの全ゲストのグループ**。ドメインのGuestユーザーはこのグループのメンバーになっている
Domain Computers	**ドメインの全コンピューターのグループ**。ドメインに参加しているすべてのコンピューターは自動的にこのグループのメンバーになる
Domain Controllers	**全ドメインコントローラーのグループ**。すべてのドメインコントローラーは自動的にこのグループのメンバーになる

　なお、デフォルトのグループアカウントの多くは、ドメインに参加しているコンピューターのローカルグループのメンバーになっています。例えば、**Domain Admins**は、Administratorsローカルグループのメンバー、**Domain Users**はUsersローカルグループのメンバーです。そのため、ユーザーアカウントを**Domain Admins**のメンバーにすると、そのユーザーは自動的にAdministratorsローカルグループに設定されている権限を有することになり、結果としてドメインに参加しているすべてのコンピューターの管理者としての権限を持つことになります。

　また、新規にユーザーアカウントを作成すると、そのユーザーアカウントは自動的に**Domain Users**のメンバーに登録されるので、作成した時点でUsersローカルグループのメンバーとしての権限を持つことになります。

02-02　グループアカウントの作成

　グループアカウントを作成するには、サーバーマネージャーから［Active Directoryユーザーとコンピューター］を開いて、次の手順を実行します。ここではグループアカウント用のOU（⇒P.216）にグループアカウントを作成します。

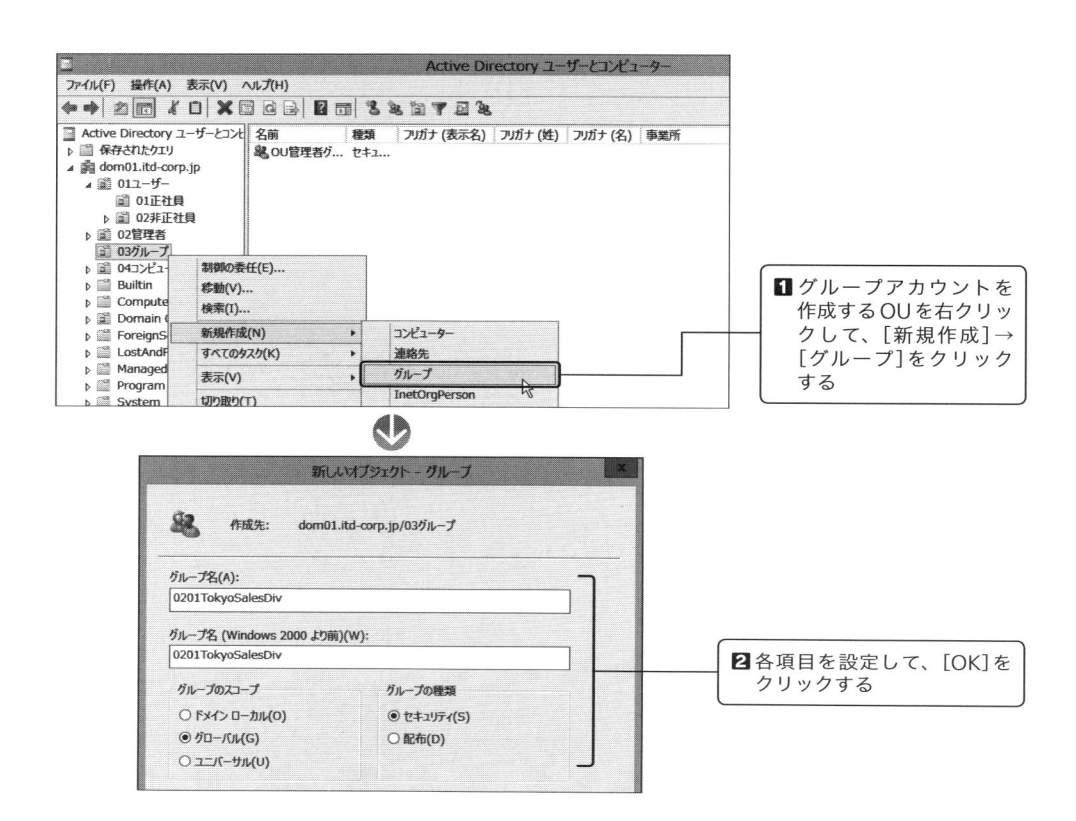

Part 04 Active Directoryの管理

1 グループアカウントを作成するOUを右クリックして、[新規作成]→[グループ]をクリックする

2 各項目を設定して、[OK]をクリックする

■ グループアカウント作成時の設定項目

設定項目	説明
グループ名	64文字以下のグループの名前
グループ名 （Windows 2000 より前）	Windows 2000 よりも前のOS用のグループ名。256文字以下で設定する。デフォルトでは[グループ名]と同じものが自動設定されるが、「/¥[]:;|=,+*?<>"」は使用できないため、「_」に置き換えられる。[グループ名]と同じものを設定することを推奨
グループのスコープ	グループの適用範囲。下表参照
グループの種類	グループの種類。次ページの表参照

■ グループのスコープ

スコープの種類	範囲と使用目的	含むことができるメンバー
ドメインローカル	範囲はドメイン内。共有フォルダーなど、特定のリソースに対するアクセス権を付与するために使用する	・フォレスト内のユーザー ・フォレスト内のグローバルグループ ・ドメイン内の他のドメインローカルグループ
グローバル	範囲はフォレスト全体。ドメイン内のユーザーを、組織や職責などで分類するために使用する	・ドメイン内のユーザー ・ドメイン内のグローバルグループ
ユニバーサル	範囲はフォレスト全体。フォレスト内のすべてのユーザーやグループをまとめるために使用する	・フォレスト内のユーザー ・フォレスト内のグローバルグループ ・フォレスト内の他のユニバーサルグループ

■ グループの種類

種類	説明
セキュリティ	アクセス権を設定する対象となるグループ。［配布］と同様にメールの配布リストとして利用することも可能
配布	メールの配布リストとして利用できるグループ。［セキュリティ］のようにアクセス権の設定には利用できない。また、メールの配布リストとして利用する場合は Microsoft Exchange Server などの Active Directory に対応したメールシステムが必要

> **Tips** ［ユニバーサル］グループはフォレスト全体で有効になるというメリットがありますが、メンバー情報がグローバルカタログサーバー（⇒P.144）に保持されるため、レプリケーションによる負荷が高くなる恐れがあります。そのため、可能な限り、［ユニバーサル］グループのメンバーに直接ユーザーアカウントを登録することは避けて、［グローバル］グループを登録するようにしてください。

Column グループ名のネーミングルール

グループアカウントを作成する場合は、事前に以下のようなネーミングルールを決めておくことをお勧めします。

■ グループアカウントのネーミングルール例

項目	ネーミングルール	設定例
グループ名	・英数字のみ ・部門コードと部署名	0103InformationSystemDiv 0201TokyoSalesDiv

02-03 メンバーの追加と削除

グループアカウントにメンバーを追加するには、サーバーマネージャーから［Active Directoryユーザーとコンピューター］を開き、メンバーを追加するグループアカウントを右クリックして［プロパティ］をクリックし、以下の手順を実行します。

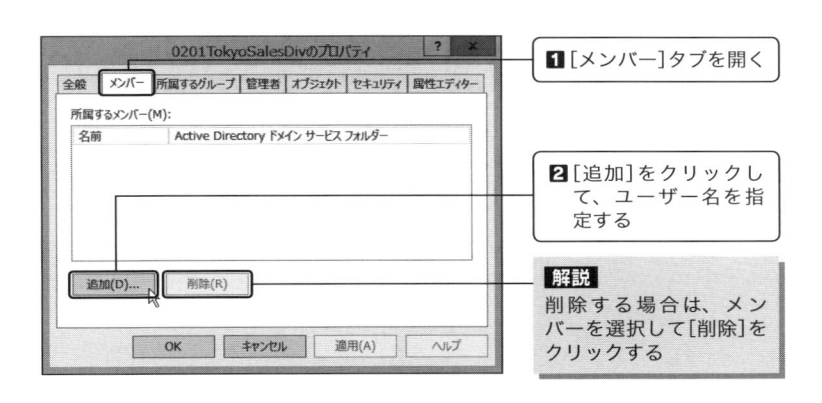

1 ［メンバー］タブを開く

2 ［追加］をクリックして、ユーザー名を指定する

解説 削除する場合は、メンバーを選択して［削除］をクリックする

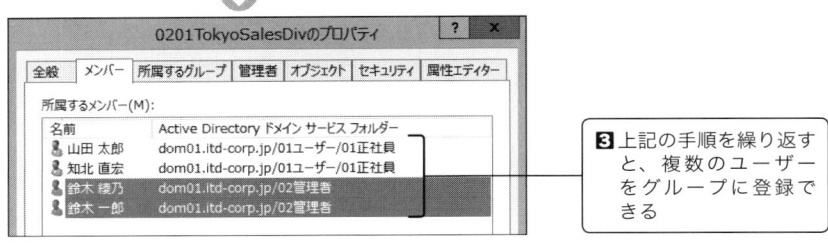

❸ 上記の手順を繰り返すと、複数のユーザーをグループに登録できる

> **Column　グループのスコープや種類の変更**
>
> 　グループアカウントに設定されているスコープや種類は、対象のグループアカウントの[プロパティ]ダイアログで変更できます。ただし、そのグループのメンバーに他のグループが含まれている場合や、そのグループが他のグループのメンバーになっている場合など、場合によってはスコープを変更できないことがあります。また、種類を[セキュリティ]から[配布]に変更すると、それまで共有フォルダーなどのリソースに設定していたアクセス権が消えてしまうことがあるので注意してください。

02-04　グループアカウントの削除

　グループアカウントを削除するには、サーバーマネージャーから[Active Directory ユーザーとコンピューター]を開いて、以下の手順を実行します。なお、グループを削除してもメンバーであるユーザーアカウントやコンピューターアカウントは削除されません。

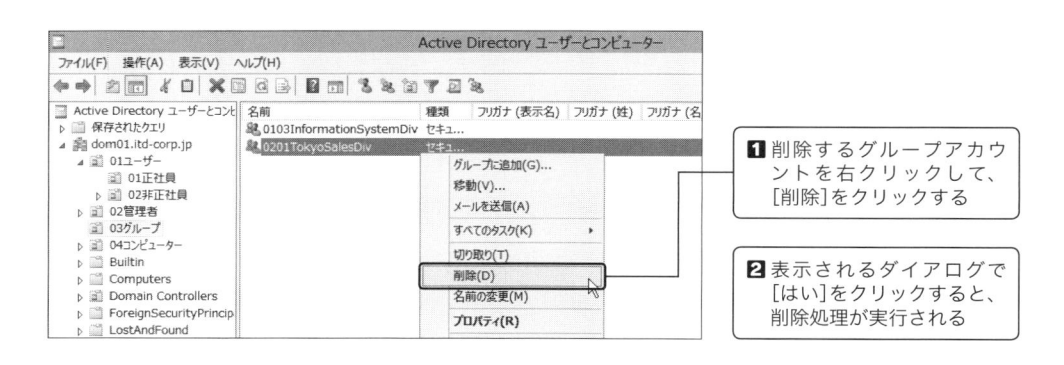

❶ 削除するグループアカウントを右クリックして、[削除]をクリックする

❷ 表示されるダイアログで[はい]をクリックすると、削除処理が実行される

03　コンピューターアカウントの管理

　Windows コンピューターからActive Directory の機能を利用するには、そのコンピューターの情報を「**コンピューターアカウント**」として登録しておく必要があります。また、作成

したコンピューターアカウントが不要になった場合は、無効化や削除を行う必要もあります。

　ただし「ドメインにユーザーアカウントを持つユーザー」が、コンピューターをドメインに参加させると、自動的にコンピューターアカウントが作成されるので、明示的にコンピューターアカウントを作成する必要はありません。デフォルトでは最大で10個のコンピューターアカウントを作成できます※。

※作成できるコンピューターアカウントの最大数を変更する方法はP.237を参照してください。

03-01　コンピューターアカウントの作成

　コンピューターアカウントを作成するには、サーバーマネージャーから［Active Directoryユーザーとコンピューター］を開いて、以下の手順を実行します。ここではコンピューターアカウント用のOU（P.216）にコンピューターアカウントを作成します。

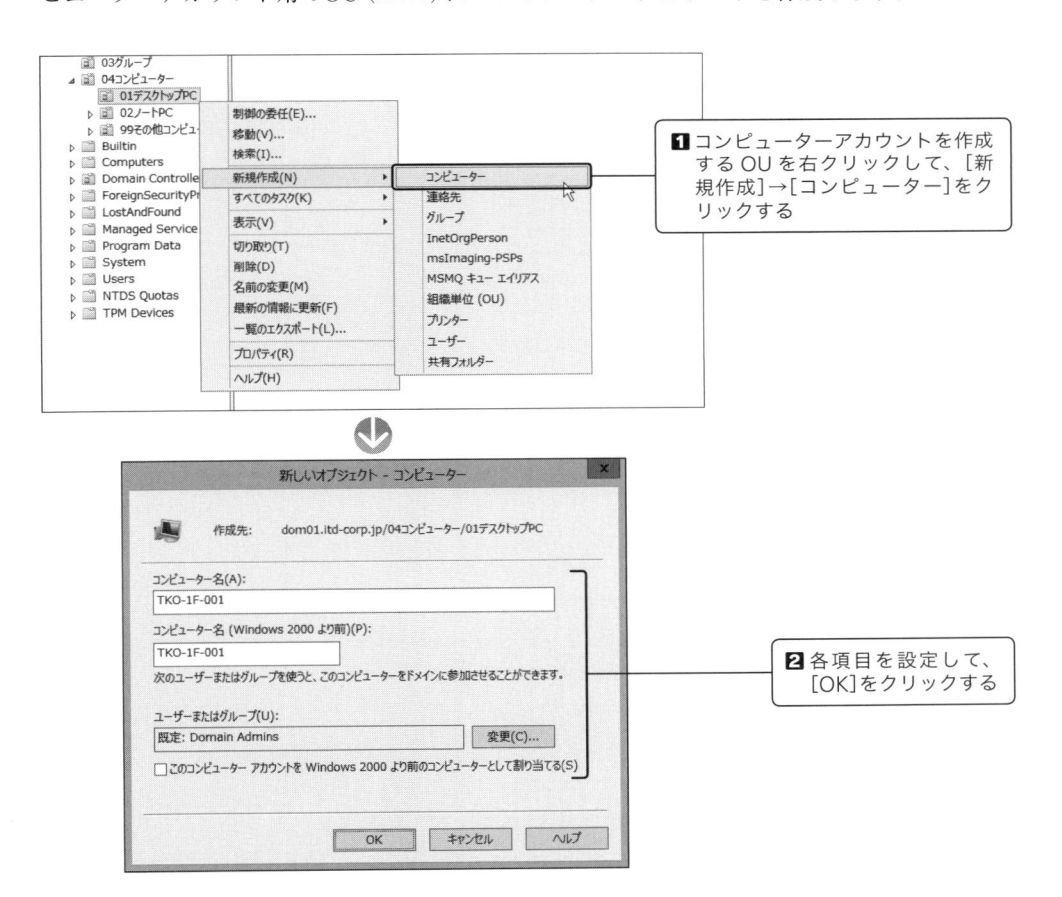

❶コンピューターアカウントを作成するOUを右クリックして、［新規作成］→［コンピューター］をクリックする

❷各項目を設定して、［OK］をクリックする

■ コンピューターアカウント作成時の設定項目

設定項目	説明
コンピューター名	コンピューター名。必須項目。63文字以下の英字（a-z、A-Z）、数字、および「-」（ハイフン）で設定する。ただし、数字のみは推奨されない。［コンピューター名（Windows 2000より前）］に合わせて15文字以下で指定することを推奨
コンピューター名（Windows 2000より前）	Windows 2000よりも前のOS用のコンピューター名。必須項目。15文字以下で設定する。可能な限り［コンピューター名］と同じものを設定することを推奨
ユーザーまたはグループ	コンピューターをドメインに参加させることができるユーザーやグループを設定する。デフォルトではDomain Adminsグループのメンバー（ドメインの管理者）だけが対象
このコンピューターアカウントをWindows 2000より前のコンピューターとして割り当てる	Windows 2000以前のコンピューター（Windows NTなど）の場合は、オプションを有効にする

> **Column　コンピューター名のネーミングルール**
>
> コンピューターアカウントを作成する場合は、事前に以下のようなネーミングルールを決めておくことをお勧めします。
>
> ### ■ コンピューターアカウントのネーミングルールの例
>
> | ネーミングルールの例 | 設定例 |
> | --- | --- |
> | ユーザー名＋OS名略称＋連番 | ISUZUKI-VST-1
ISUZUKI-W7-1 |
> | 拠点名（略称）＋フロア＋連番 | TKO-1F-001
OSK-2F-002 |
> | 資産管理番号など社内の管理番号 | PC201401-001
PC201412-001 |
>
> 「**ユーザー名＋OS名略称＋連番**」によるネーミングは、コンピューターを利用しているユーザーを容易に判断できるというメリットがありますが、そのユーザーが退職などでいなくなった場合の対応策を考慮する必要があります。
>
> 一方、「**拠点名（略称）＋フロア＋連番**」や「**資産管理番号など社内の管理番号**」であれば利用者が変わるたびにコンピューター名を変更する必要はなくなりますが、各コンピューターを利用しているユーザーを別途管理する必要が生じます。これらの方法を採用する際は、各拠点のIT担当者や、コンピューターの調達部門との連携方法を検討してください。
>
> なお、コンピューター名のネーミングルールには、先述のユーザーアカウントやグループアカウントのネーミングルールとは少し異なる問題があります。それは「**コンピューター名は、コンピューターを実際に使用する一般のユーザーが勝手に設定できる**」ということです。そのため、事前にコンピューター名のネーミングルールを周知し、それを一般のユーザーに徹底させる必要があります。

> **Tips**　［Active Directoryユーザーとコンピューター］でコンピューターアカウントを右クリックして［管理］を開くことにより、そのコンピューターの管理操作を行うことができます。

03-02 コンピューターアカウントのリセット

クライアントコンピューターのOSを再インストールした場合や、ドメインコントローラーとコンピューターとの間の**通信チャネル**に問題がある場合は、コンピューターアカウントをリセットする必要があります。

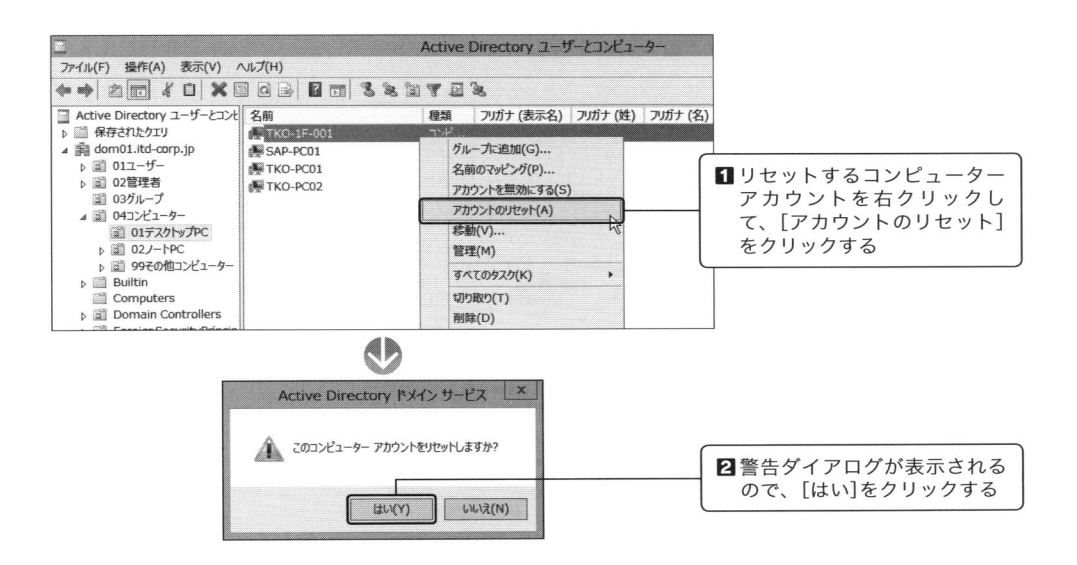

❶ リセットするコンピューターアカウントを右クリックして、[アカウントのリセット]をクリックする

❷ 警告ダイアログが表示されるので、[はい]をクリックする

03-03 コンピューターアカウントの移動・無効化・削除

コンピューターアカウントは必要に応じて、移動・無効化・削除します。これらの操作方法はユーザーアカウントの場合と同じです。該当する各項目を参照してください（移動⇒P.225、無効化⇒P.229、削除⇒P.230）。

03-04 一般ユーザーによるコンピューターアカウントの作成

ドメインの一般ユーザー（Authenticated Usersグループのメンバー）がコンピューターをドメインに参加させると、自動的にコンピューターアカウントが作成されます。この方法で作成できるコンピューターアカウントの最大値はデフォルトで**10個**ですが、上限数を変更することもできます。

上限数を変更するには、管理者権限でサインインしてサーバーマネージャーから[ADSIエディター]を起動し、[既定の名前付きコンテキスト]に接続してから、次の手順を実行します。

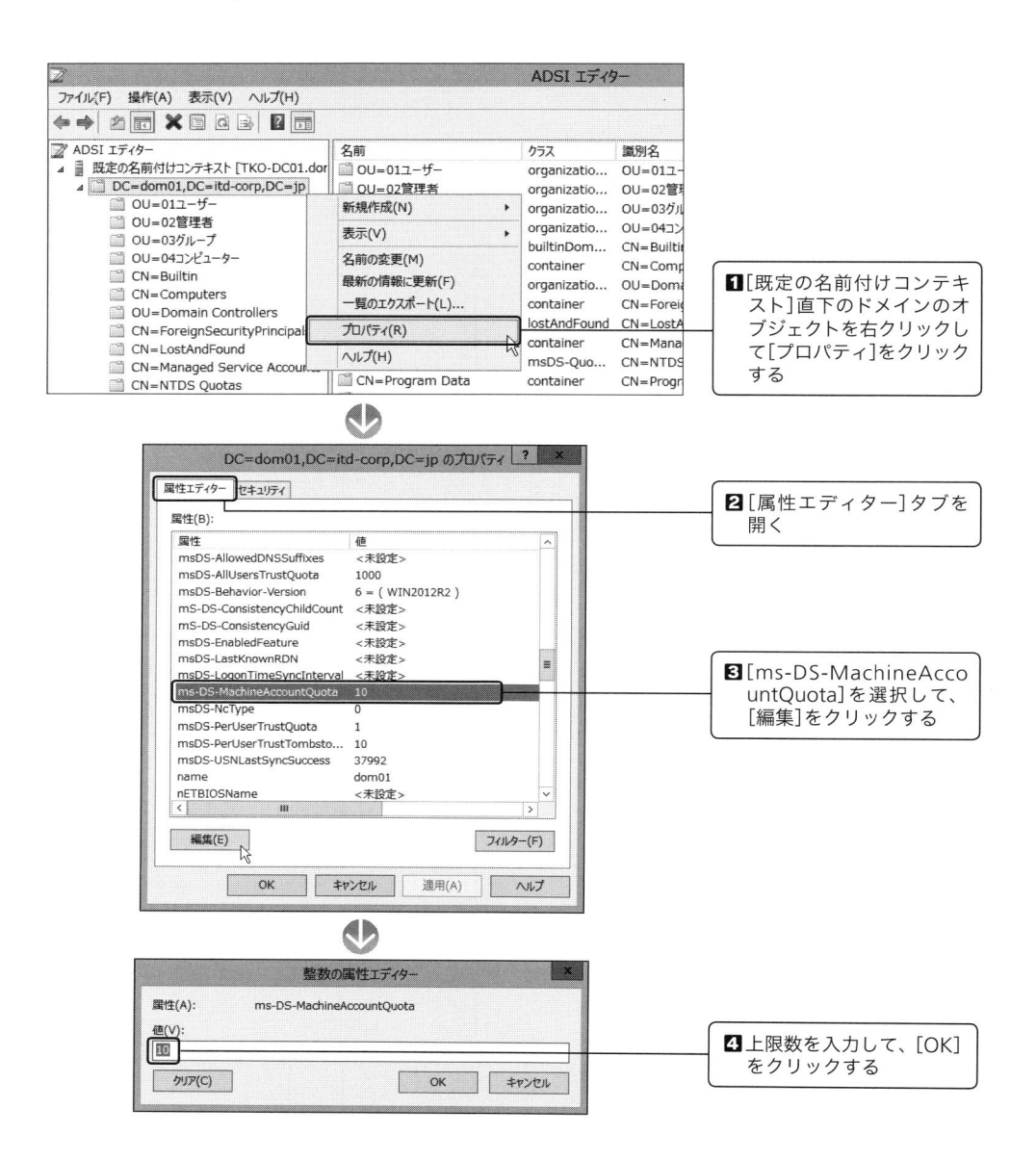

この方法を利用すると、各一般ユーザーが多くのコンピューターアカウントを作成できるようになるので便利ではあるのですが、一方で管理者がコンピューター名を管理・制御できないという問題を抱えることにもなります。

そのため、ネーミングルールを徹底したい場合や、コンピューターアカウントを厳格に管理したい場合は、あえて［ms-DS-MachineAccountQuota］属性を「**0**」に設定して、自動的にコンピューターアカウントを作成する機能を無効化する運用を検討します。この機能を無効化すると、一般ユーザーはコンピューターをドメインに参加させることができなくなります。

> **Tips** [ms-DS-MachineAccountQuota]属性が「0」の状態で、一般ユーザーに「コンピューターをドメインに参加させる操作」を実施させるには、管理者があらかじめコンピューターアカウントを登録したうえで、「コンピューターをドメインに参加させることができるユーザーやグループ」(⇒P.235)に[Authenticated Users]グループを指定する必要があります。

Column　オブジェクトのデフォルトコンテナーの管理

ドメインの一般ユーザー（Authenticated Usersグループのメンバー）がコンピューターをドメインに参加させた際に自動的に作成されるコンピューターアカウントは、デフォルトでは**Computers**コンテナーに格納されます。このデフォルトの作成先を変更するには、REDIRCMPコマンド（redircmp.exe）を実行します。

実行例 ▶ コンピューターアカウントのデフォルトの作成先を変更する

```
redircmp "OU=04コンピューター, DC=dom01, DC=itd-corp, DC=jp"
```

上記のコマンドを実行すると、コンピューターアカウント作成時のデフォルトのコンテナーが「OU=04コンピューター, DC=dom01, DC=itd-corp, DC=jp」に変更されます。
同様にREDIRUSRコマンド（redirusr.exe）を実行すると、ユーザーアカウントのデフォルトの作成先を**Users**コンテナーから任意のOUへ変更できます。

実行例 ▶ ユーザーアカウントのデフォルトの作成先を変更する

```
redirusr "OU=01ユーザー, DC=dom01, DC=itd-corp, DC=jp"
```

04　サービスアカウントの管理

　Windowsコンピューターのバックグラウンドで動作するプログラムのことを「**サービス**」と呼び、このプログラムを実行するアカウントを「**サービスアカウント**」と呼びます。
　多くのサービスはローカルコンピューターの**Local System**や**Network Service**というアカウントをサービスアカウントとして利用していますが、Active Directoryに独自に作成したユーザーアカウントを割り当てることも可能です。
　独自に作成したユーザーアカウントをサービスアカウントとして利用する際は**パスワードの管理**が課題になります。一般のユーザーアカウントと同様に定期的にパスワードを変更することが理想ですが、その際にはサービスのパスワード設定も忘れずに変更しないと、次回のサービス起動が失敗するといったことが起こり得ます。しかし、それを避けるために「サービスアカウントについては同じパスワードを使い続ける」といった運用をすると、セキュリティ的な問題が生じます。
　この問題を解決するために、Windows Server 2008 R2で新たに**MSA**（Managed Service

Accounts：管理されたサービスアカウント）がサポートされました。Active Directory上にこのアカウントを作成すると、パスワードの更新に関わる処理が自動化されます。しかしこの機能には「**複数のコンピューターでアカウントを共有できない**」というデメリットがありました。

この流れを汲み、Windows Server 2012ではMSAが**gMSA**（group Managed Service Accounts：グループの管理されたサービスアカウント）へ機能拡張され、ドメイン内の複数のコンピューターでアカウントを共有できるようになりました。gMSAを使用すると、ネットワーク負荷分散や多数のサーバーを集めたサーバーファームなどの環境でも、サービスアカウントの認証を統一することができます。

gMSAは以下の手順で展開します。

1. KDS ルートキーの作成
2. gMSA の作成
3. gMSA のサービスへの割り当て

ここからは、サーバーファームを構成しているドメインに参加した複数のWindows Server 2012 R2コンピューターで実行するサービスに、gMSAを割り当てるための手順を解説します。

なお、本書の例では、Active Directoryにあらかじめ[**FarmServers**]というグループを作成し、対象のコンピューター群をメンバーとして追加して、コンピューターの再起動を行っています。

> **Tips** gMSAを利用するための要件や、詳細な手順については以下のサイトを参照してください。
>
> **URL** Getting Started with Group Managed Service Accounts
> http://technet.microsoft.com/ja-jp/library/jj128431.aspx
>
> **URL** Create the Key Distribution Services KDS Root Key
> http://technet.microsoft.com/ja-jp/library/jj128430.aspx

04-01 KDS ルートキーの作成

gMSAは、Windows Server 2012で新たにサポートされるようになった**Microsoftキー配布サービス**（kdssvc.dll）によって生成される「**KDSルートキー**」を利用して、定期的なパスワード変更を自動的に行います。そのため、このKDSルートキーが存在しない場合には作成する必要があります。

ドメインコントローラーのサーバーマネージャーから[Active Directoryサイトとサービス]を開いて[表示]メニュー→[サービスノードの表示]を有効にしてから、以下の手順を実行します。

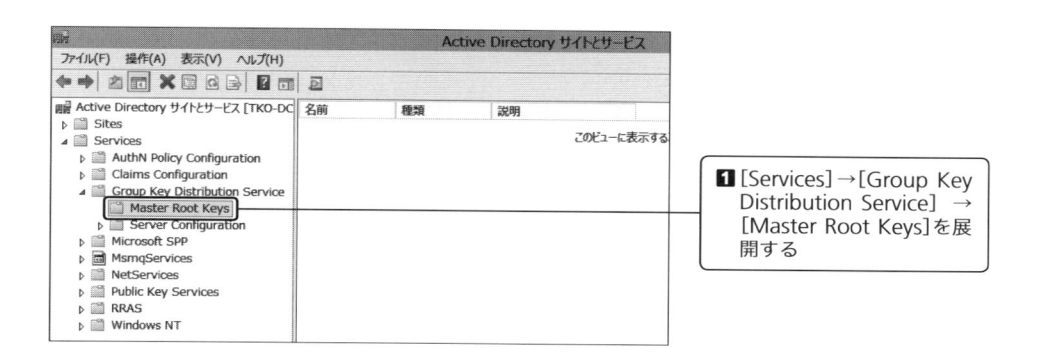

❶ [Services]→[Group Key Distribution Service]→[Master Root Keys]を展開する

Master Root KeysコンテナーにKDSルートキーが存在しない場合は、サーバーマネージャーで[ツール]→[Windows PowerShell用のActive Directoryモジュール]を開き、Add-KdsRootKeyコマンドレットを実行してKDSルートキーを作成します。

実行例 ▶ KDS ルートキーを作成する

```
Add-KdsRootKey -EffectiveTime ((get-date).addhours(-10))
```

上記のコマンドレットを実行するとMaster Root KeysコンテナーにKDSルートキーが表示されます。

04-02　gMSA の作成

gMSAはNew-ADServiceAccountコマンドレットを使用して作成します。ドメインコントローラーで以下のコマンドレットを実行します。

書 式 gMSA の作成

```
New-ADServiceAccount 〈gMSA名〉
  -DNSHostName 〈サービスのDNS名〉
  -PrincipalsAllowedToRetrieveManagedPassword 〈割り当てるホストやグループ〉
```

実行例 ▶ gMSA を作成する(コマンドは 1 行で実行)

```
New-ADServiceAccount FarmService01
  -DNSHostName FarmService01.dom01.itd-corp.jp
  -PrincipalsAllowedToRetrieveManagedPassword FarmServers
```

上記のコマンドを実行するとgMSAが作成されて、[Active Directoryユーザーとコンピューター]の**Managed Service Accounts**コンテナーに表示されます。必要であれば、

管理者グループへのメンバー追加などを行います。

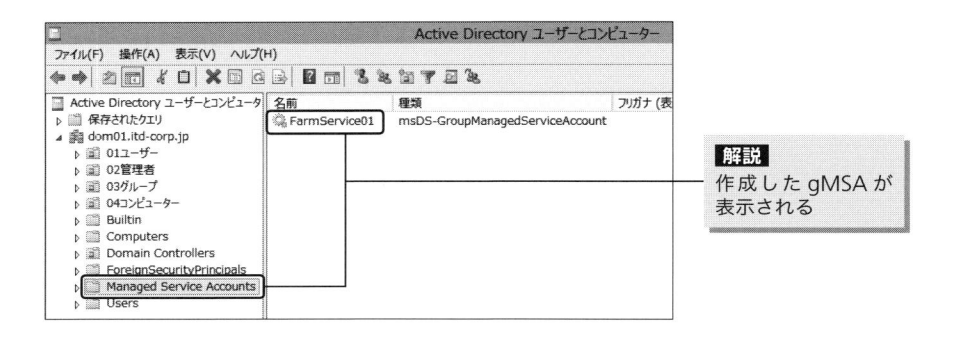

> 解説
> 作成したgMSAが表示される

04-03 gMSAのサービスへの割り当て

　対象のサーバー上で、gMSAをインストールしてサービスへ割り当てます。そのためには、対象のサーバーにActive Directory用のWindows PowerShellモジュールをインストールする必要があります。

　対象サーバーのサーバーマネージャーから［Windows PowerShell］を開き、以下のコマンドレットを実行して必要なモジュールをインストールします。

書式 Active Directory用のWindows PowerShellモジュールのインストール

```
Add-WindowsFeature RSAT-AD-PowerShell
```

　続いて、以下のコマンドレットを実行して、gMSAをコンピューターにインストールします。

書式 gMSAのコンピューターへのインストール

```
Install-ADServiceAccount -Identity <gMSA名>
```

実行例 ▶ gMSAをコンピューターにインストールする

```
Install-ADServiceAccount -Identity 'FarmService01'
```

　これで準備が整いました。続いて、サーバーマネージャーから［サービス］管理ツールを開き、対象のサービスのプロパティで次の手順を実行します。

04 サービスアカウントの管理

1 [ログオン]タブを開く

2 [アカウント]を選択して、ドメインのgMSAを指定する。パスワードは未入力の状態にして、[OK]をクリックする

3 gMSAにサービスとしてログオンする権利が与えられたメッセージなどが表示される。サービスを再起動すると有効になる

Column ▶ Windows PowerShell やコマンドによるアカウントの管理

　アカウントの管理操作はWindows PowerShellコマンドレットなどで実行することもできます。Active Directoryの新規構築時や大規模な人事異動発生時など、多くのアカウントを作成・変更する場合に便利です。ここでは特に使う機会の多いものの実行例をいくつかを紹介します。各コマンドレットは1行で実行してください。

実行例 ▶ New-ADUser コマンドレットでユーザーアカウントを追加する

```
New-ADUser
  -Path:"OU=01正社員,OU=01ユーザー,DC=dom01,DC=itd-corp,DC=jp"
  -Name:"知北 快翔"
  -SurName:"知北"
  -GivenName:"快翔"
  -SamAccountName:"kchikita"
  -UserPrincipalName:kchikita@dom01.itd-corp.jp
  -AccountPassword(ConvertTo-SecureString P@ssw0rd -AsPlainText -Force)
  -Enable:1
```

実行例 ▶ Get-ADUser コマンドレットで特定 OU のユーザーアカウントを表示する

```
Get-ADUser
  -filter *
  -searchbase "OU=02管理者,DC=dom01,DC=itd-corp,DC=jp"
```

実行例 ▶ Set-ADUser コマンドレットでユーザーアカウントのフリガナを設定する

```
Set-ADUser
  -Identity "asuzuki"
  -Replace:@{"msDS-PhoneticLastName"="スズキ";
             "msDS-PhoneticFirstName"="アヤノ"}
```

実行例 ▶ Remove-ADUser コマンドレットで特定ユーザーアカウントを削除する

```
Remove-ADUser -Identity "asuzuki"
```

Active Directory用のWindows PowerShellコマンドレットについては、以下のサイトを参照してください。

URL AD DS Administration Cmdlets in Windows PowerShell
http://technet.microsoft.com/ja-jp/library/hh852274.aspx

また、「**ディレクトリサービスコマンドラインツール**」と呼ばれるコマンドを使用してアカウント管理を実行することもできます。

■ ディレクトリサービスコマンドラインツール

コマンド名	機能
DSADD	Active Directoryにオブジェクトを追加する
DSGET	Active Directoryのオブジェクトを表示する
DSMOD	Active Directoryのオブジェクトを修正する
DSMOVE	Active Directoryのオブジェクトを移動する
DSQUERY	Active Directoryから条件に一致するオブジェクトを検索する
DSRM	Active Directoryのオブジェクトを削除する

ディレクトリサービスコマンドラインツールを使用したアカウント管理については、以下のサイトが参考になります。

URL Active Directoryの管理に不可欠な11個のツール
http://technet.microsoft.com/ja-jp/magazine/2007.09.adtools.aspx

Chapter 13 グループポリシーの管理

本章では、グループポリシーを管理する標準ツール「GPMC」の利用方法を中心に、グループポリシーの機能や実装方法を解説します。なお、グループポリシーで設定できる項目のうち、Windowsコンピューターの管理に関するいくつかの項目については「Chapter 14 ユーザー環境の管理」（⇒P.273）で解説します。併せて参照してください。

01 グループポリシーの概要

グループポリシーは、ドメインに参加しているクライアントコンピューターの環境設定やセキュリティ設定などを集中管理する機能です。グループポリシーを使用すると、簡単な操作で多数のクライアントコンピューターを制御でき、また、適用ミスなどの誤操作も未然に防げるので、Active Directory環境における必須の機能といえます。

01-01 GPOとは

GPO（Group Policy Object）は、クライアントコンピューターに適用するポリシー（設定項目）をまとめたオブジェクトです。GPOには下表の2種類があります。

■ GPOの種類

種類	説明
Active DirectoryベースのGPO	**Active Directory環境下で利用できるGPO**。管理者が複数のコンピューターを一元管理する際に利用する。「ローカルGPO」よりも詳細に設定項目を定義できる
ローカルGPO	**Windowsコンピューターが標準で持っているGPO**。各コンピューターが個別に持っているものであり、その設定を変更する際にはそれぞれのコンピューターで操作を行う必要がある。そのため、中・大規模環境では多くの管理負荷を要する

本書では上記のうち「**Active DirectoryベースのGPO**」（以降はGPOと記載）について解説します。「ローカルGPO」と混同しないように注意してください。

> **Tips** Windows Server 2012 R2のグループポリシーは数千項目あります。以下のリファレンス（Excelファイル）にそれらがまとめられています。
>
> **グループポリシー設定リファレンス日本語版**
> URL: download.microsoft.com/download/F/B/1/FB124905-A7DE-4DCF-8731-17F0EED9A779/WindowsServer2012R2andWindows8.1GroupPolicySettings_jp.xlsx

デフォルトのGPO

Active Directory環境を構築すると、デフォルトで下表のGPOが定義されています。

■ デフォルトのGPO

名　前	説　明
Default Domain Policy	パスワードの長さや有効期限など、主に**セキュリティに関する項目**が設定されている。デフォルトでドメインに割り当てられている
Default Domain Controllers Policy	ログオンやバックアップ、監査などの、**ドメインコントローラーを管理できるユーザー権限**が設定されている。デフォルトでは「Domain Controllers」(OU)に割り当てられている

デフォルトのGPOは編集することもできますが、新規追加したい設定がある場合は、新しいGPOを作成して設定することをお勧めします。

> **Tips** デフォルトのGPOは、DcGPOFix.exeコマンドを実行することでドメイン作成直後の状態に復元できます。ただし、このコマンドでデフォルトGPOを復元すると、思いもよらない結果になる可能性があるので、最終手段と考えてください。また、実行前に、デフォルトGPOをバックアップしておくことをお勧めします。

GPOの適用対象と継承

GPOはサイト、ドメイン、OUなどの**コンテナー**に割り当てます。この割り当てる行為を「**リンク**」と呼びます。GPOをドメインにリンクするとドメインに含まれるすべてのクライアントコンピューターやユーザーにGPOが適用され、OUにリンクするとOUに含まれるすべてのクライアントコンピューターやユーザーにGPOが適用されます。

また、GPOは「**継承**」されるので、あるOUにGPOをリンクすると、OUに含まれる下位のOUにも適用されます。ただし、GPOは下図の順番で適用されるので、下位レベルのコンテナーに別のGPOをリンクした場合は、そのGPOが優先(適用)されます。

■ GPO の継承

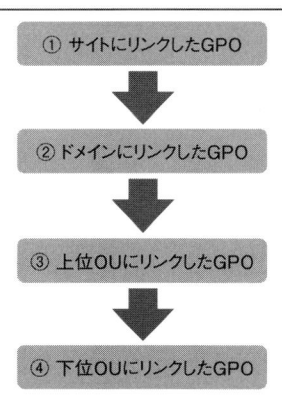

① サイトにリンクしたGPO
　↓
② ドメインにリンクしたGPO
　↓
③ 上位OUにリンクしたGPO
　↓
④ 下位OUにリンクしたGPO

| Tips | GPOが他のGPOに上書きされないようにする「**リンクの強制**」（⇒P.255）や、上位のGPOを継承しないようにする「**継承のブロック**」（⇒P.256）を設定することもできます。ただし、これらを多用すると構成が複雑になるので、可能な限り使用しないことをお勧めします。 |

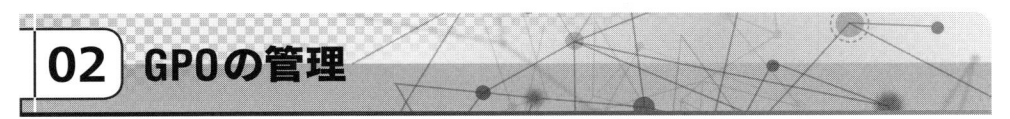

02 GPOの管理

　GPOの作成や編集、リンク（適用）などの各種操作は**GPMC**（グループポリシー管理コンソール）で行います。GPMCはサーバーマネージャーから起動できます。**RSAT**（リモートサーバー管理ツール）がインストールされたWindows 8.1コンピューターなどから実行することもできます。

02-01　GPOの作成

　GPOを作成するには、GPMCを起動して以下の手順を実行します。

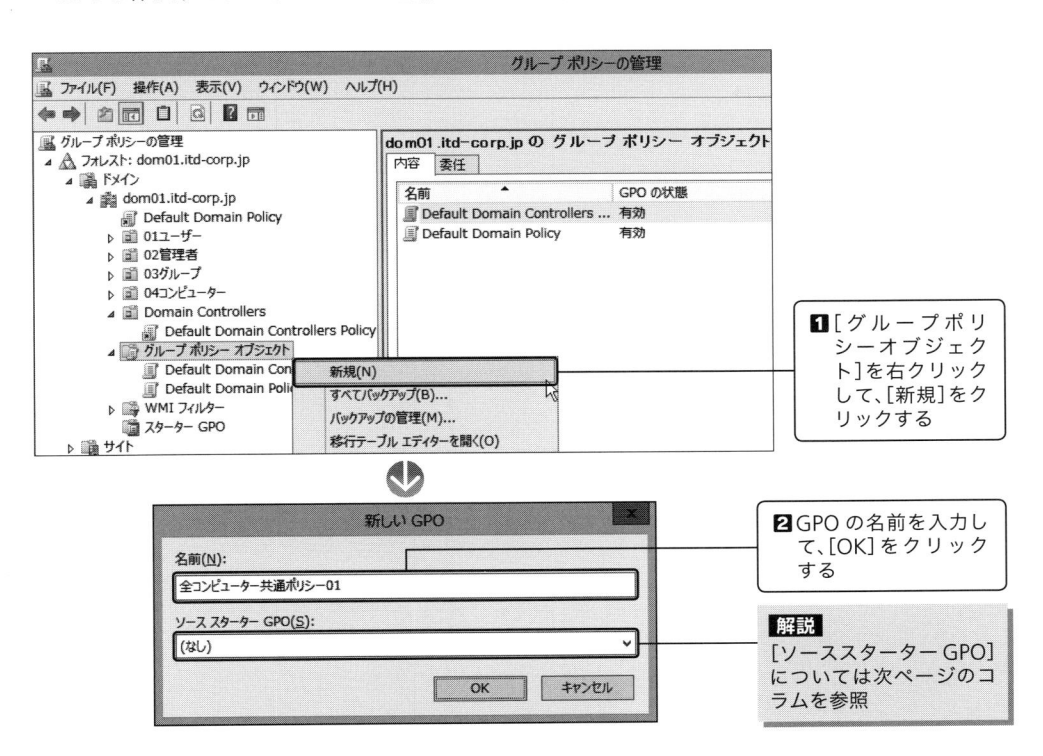

1 ［グループポリシーオブジェクト］を右クリックして、［新規］をクリックする

2 GPOの名前を入力して、［OK］をクリックする

解説
［ソーススターターGPO］については次ページのコラムを参照

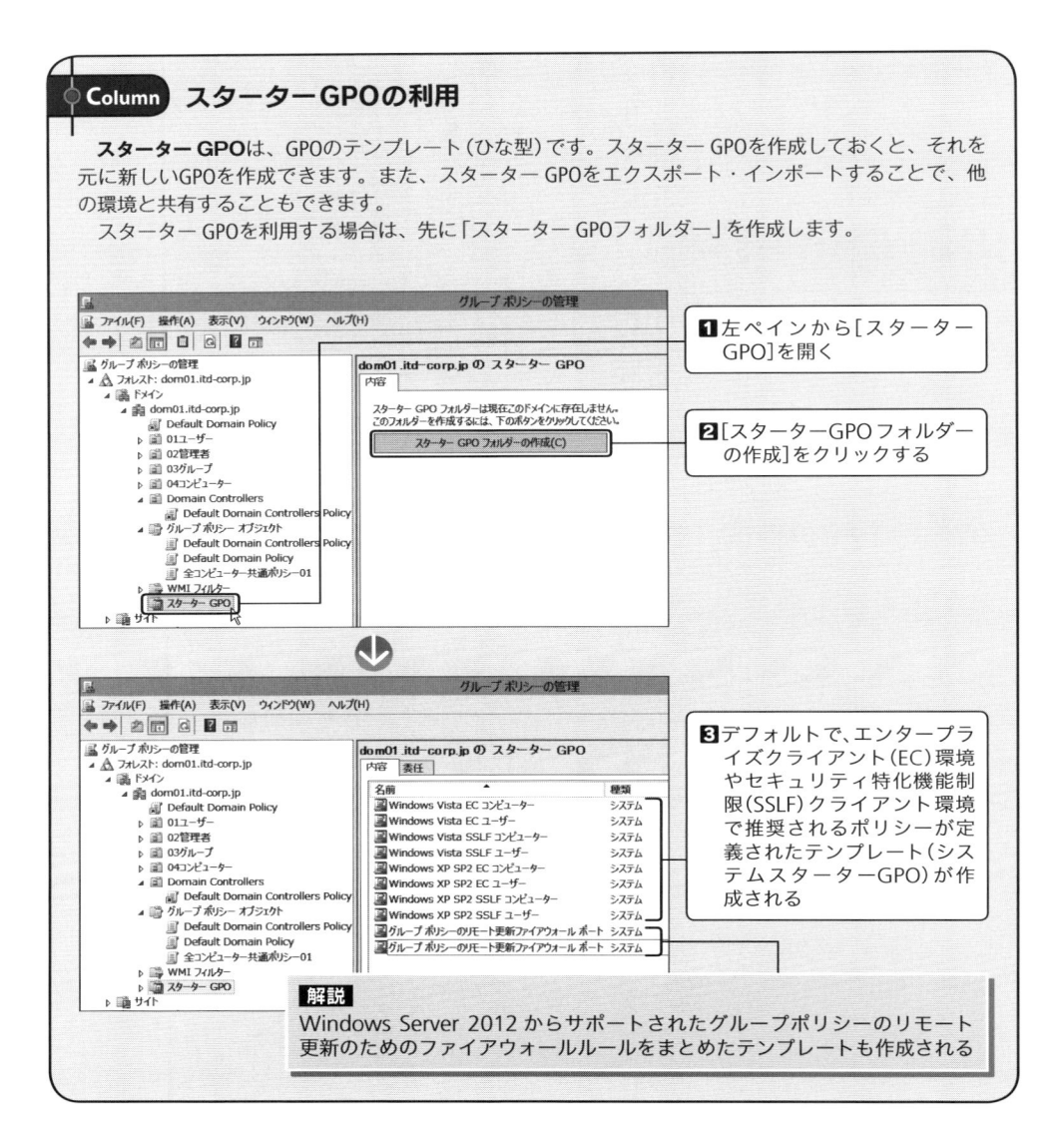

Column スターターGPOの利用

スターターGPOは、GPOのテンプレート（ひな型）です。スターターGPOを作成しておくと、それを元に新しいGPOを作成できます。また、スターターGPOをエクスポート・インポートすることで、他の環境と共有することもできます。

スターターGPOを利用する場合は、先に「スターターGPOフォルダー」を作成します。

❶ 左ペインから[スターターGPO]を開く

❷ [スターターGPOフォルダーの作成]をクリックする

❸ デフォルトで、エンタープライズクライアント（EC）環境やセキュリティ特化機能制限（SSLF）クライアント環境で推奨されるポリシーが定義されたテンプレート（システムスターターGPO）が作成される

解説
Windows Server 2012からサポートされたグループポリシーのリモート更新のためのファイアウォールルールをまとめたテンプレートも作成される

02-02　GPOの編集

作成したGPOを編集するには、GPMCを起動して以下の手順を実行します。ここでは、Windows 8.1コンピューターなどに対しての「**ファイルの保存にSkyDriveを使用できないようにする**」というポリシーを設定する方法を例として解説します。

Tips OSのバージョンによっては、「SkyDirve」の表記が「OneDrive」に変更されていることがあります。

02 GPOの管理

1 編集するGPOを右クリックして、[編集]をクリックする

2 コンピューターに適用される[コンピューターの構成]と、ユーザーに適用される[ユーザーの構成]の2種類があり、それぞれに[ポリシー]と[基本設定]があることが確認できる

3 今回は「ファイルの保存にSkyDriveを使用できないようにする」というポリシーを設定するので、[コンピューターの構成]→[ポリシー]→[管理用テンプレート]→[Windowsコンポーネント]→[SkyDrive]を開く

4 [ファイルの保存にSkyDriveを使用できないようにする]を右クリックして、[編集]をクリックする

5 [有効]を選択して、[OK]をクリックする

13 グループポリシーの管理

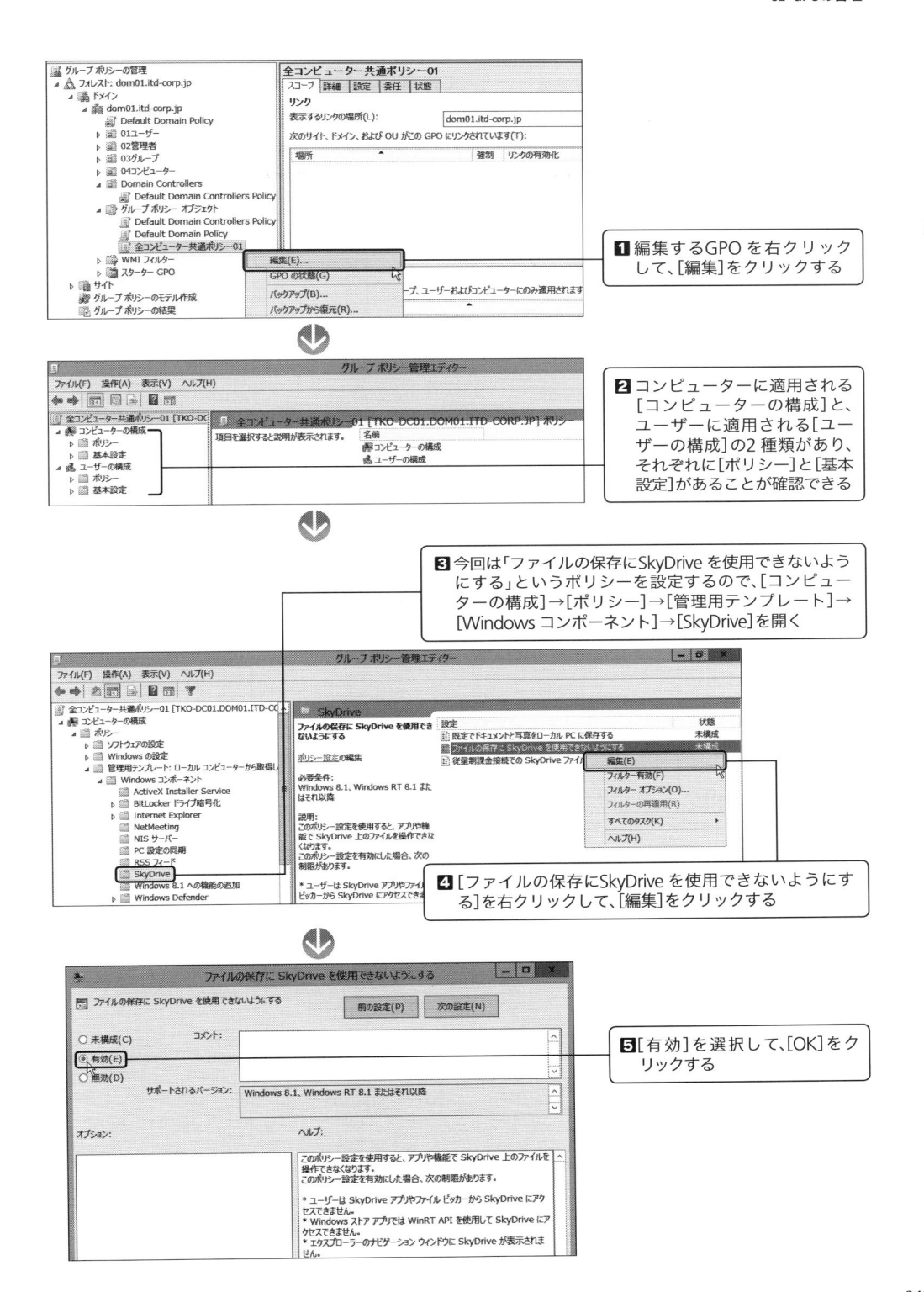

249

Part 04 Active Directoryの管理

■ ポリシーのダイアログの設定項目

設定項目		説明
状態	未構成	何も設定を行っていない状態
	有効	ポリシーが有効な状態
	無効	ポリシーが無効な状態
前の設定、次の設定		これらのボタンをクリックすると前後のポリシーに移動できる
コメント		コメントを設定できる。編集日時や編集者などの管理情報を入力しておく
サポートされるバージョン		ポリシーを利用することができるOSのバージョンに関する情報
ヘルプ		ポリシーに関する解説。必ず目を通しておく

> **重 要!** [サポートされるバージョン] は重要です。すべてのポリシーがすべてのWindowsに適用できるわけではありません。対象のポリシーが目的のOSでサポートされているのか必ず確認してください。例えば、本書の例で取り上げている [ファイルの保存にSkyDriveを使用できないようにする] の [サポートされるバージョン] を見ると、Windows 8以前のコンピューターには対応していないことがわかります。

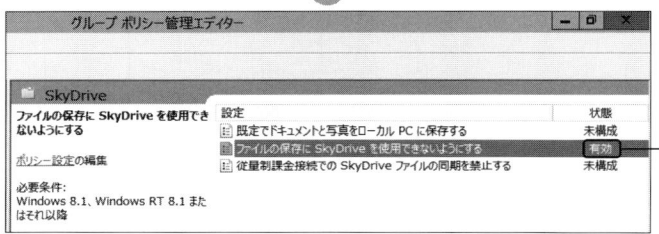

6 ポリシーの[状態]が[有効]になったことを確認して、編集用のウィンドウを閉じる

02-03 GPOの設定内容の確認

GPOに設定されているポリシーの状況を確認するには、以下の手順を実行します。

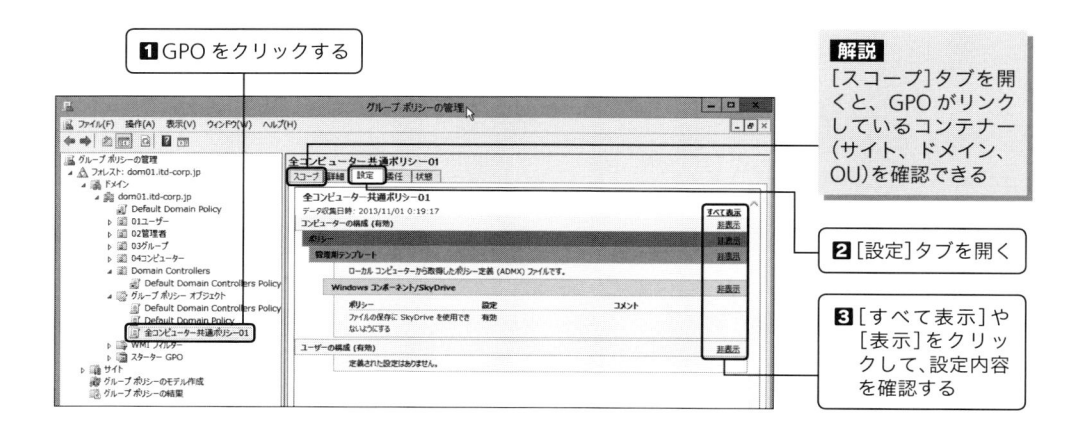

1 GPOをクリックする

解説
[スコープ]タブを開くと、GPOがリンクしているコンテナー(サイト、ドメイン、OU)を確認できる

2 [設定]タブを開く

3 [すべて表示]や[表示]をクリックして、設定内容を確認する

02-04　GPOのレプリケーション状態の確認

　GPOの実体は「**グループポリシーコンテナー**」と「**グループポリシーテンプレート**」であり、これらはドメインコントローラー間で自動的にレプリケーションされています。

　グループポリシーコンテナーは**Active Directory**に、グループポリシーテンプレートは**SYSVOL**に保持された情報であり、それぞれのレプリケーション方法や間隔は異なります。

　GPOのレプリケーション状態を確認するにはGPMCで以下の手順を実行します。

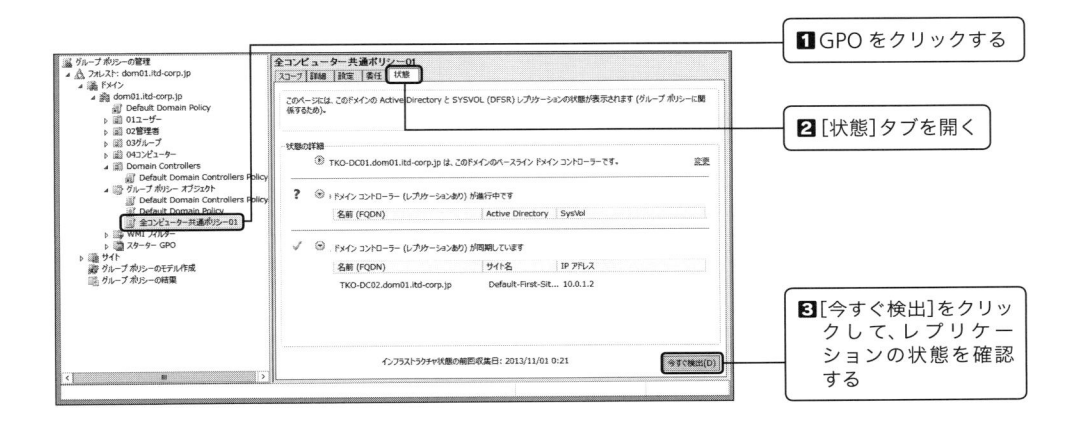

❶ GPOをクリックする

❷ [状態]タブを開く

❸ [今すぐ検出]をクリックして、レプリケーションの状態を確認する

> **Tips** レプリケーションに問題がある場合の対処方法については以下のサイトを参照してください。
>
> **URL** グループポリシーインフラストラクチャの状態を確認する
> http://technet.microsoft.com/ja-jp/library/jj134176#BKMK_Step4

02-05　GPOの状態の変更

　GPOの状態を変更するには、以下の手順を実行します。

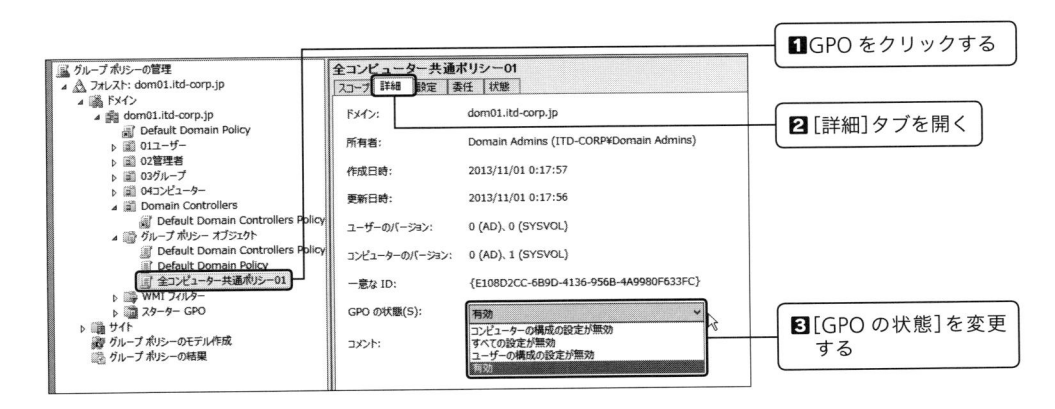

❶ GPOをクリックする

❷ [詳細]タブを開く

❸ [GPOの状態]を変更する

■ GPOの状態

設定項目	説　明
有効	すべての設定が有効になる
コンピューターの構成の設定が無効	コンピューターの構成の設定が無効になる（ユーザーの構成の設定のみ有効）
ユーザーの構成の設定が無効	ユーザーの構成の設定が無効になる（コンピューターの構成の設定のみ有効）
すべての設定が無効	すべての設定が無効になる。一時的にこのGPOの内容を適用したくない場合に選択する

> **Tips** 作成したGPOがコンピューターの構成に関するものだけの場合は［ユーザーの構成の設定が無効］を選択し、ユーザーの構成に関するものだけの場合は［コンピューターの構成の設定が無効］を選択するとパフォーマンスの向上が期待できます。

02-06　GPOのリンク設定

　GPOはサイト、ドメイン、OUなどのコンテナーにリンク（適用）して利用します。GPOをリンクするには、以下の手順を実行します。

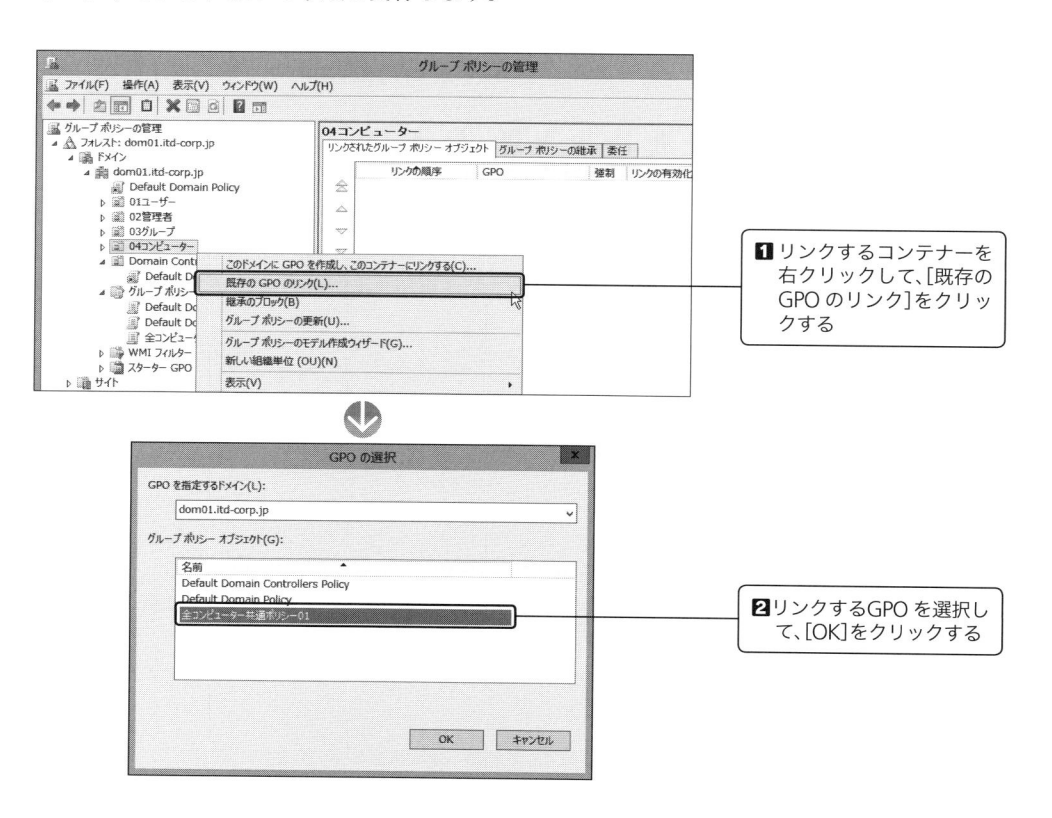

1 リンクするコンテナーを右クリックして、［既存のGPOのリンク］をクリックする

2 リンクするGPOを選択して、［OK］をクリックする

重要! OUをユーザーアカウント用やコンピューターアカウント用など、オブジェクトの種類ごとに作成している場合は、それらに適したGPOをリンクしてください。「コンピューターの構成」に関するポリシーが設定されたGPOを、ユーザーアカウント用のOUにリンクしても意味がありません。

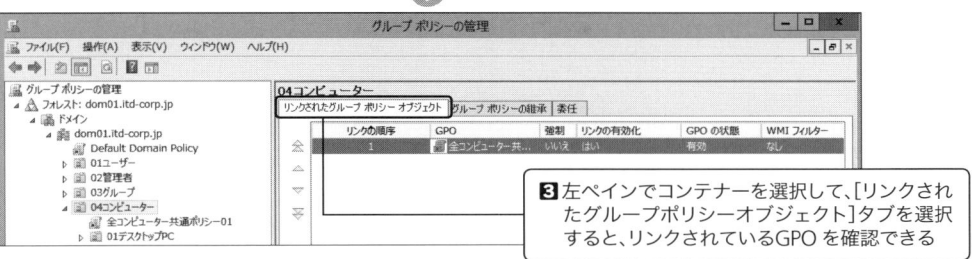

3 左ペインでコンテナーを選択して、[リンクされたグループポリシーオブジェクト]タブを選択すると、リンクされているGPOを確認できる

Tips GPOのリンク先は、ドラッグ＆ドロップで設定することもできます。ただし、この場合は操作を誤って他のOUなどにドロップしないように注意してください。

GPOの作成と同時にリンク

GPOの作成とリンクを同時に行うには、以下の手順を実行します。

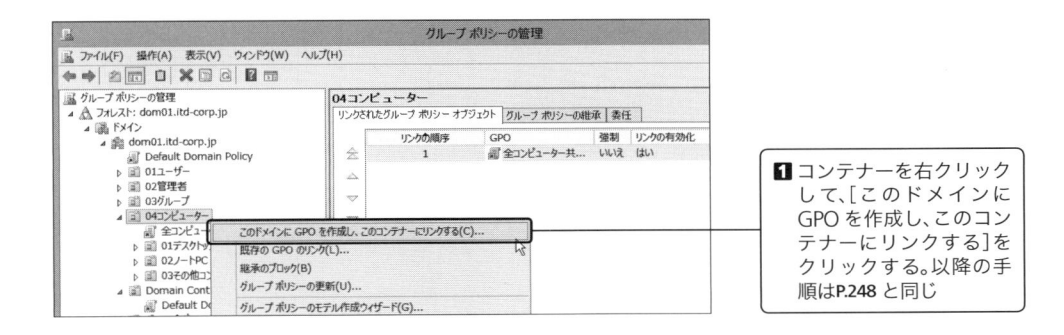

1 コンテナーを右クリックして、[このドメインにGPOを作成し、このコンテナーにリンクする]をクリックする。以降の手順はP.248と同じ

ただしこの方法でGPOを作成すると、GPOの作成と同時にコンピューターアカウントやユーザーアカウントにポリシーが適用されるため、設定内容を誤るとトラブルに発展する可能性があります。基本的にはGPOの作成とリンクは別々に行うことをお勧めします。

また、**グループポリシーのモデル作成機能**（⇒P.261）を使用して事前にシミュレーションを行い、問題がないことを確認したうえでリンクを設定する運用もお勧めです。

Tips デフォルトの設定では、GPMCにサイトは表示されません。GPOのリンク先にサイトを選択する場合はGPMCの左ペインにある[サイト]を右クリックして[サイトの表示]をクリックし、サイトを選択する必要があります。

リンクの無効化と削除

不要なリンクは無効化または削除できます。なお、いきなりリンクを削除するとポリシーが適用されていたコンピューターアカウントやユーザーアカウントに何らかの不具合が発生する可能性があるので、しばらくは無効化して様子を見て、問題がない場合に削除することをお勧めします。

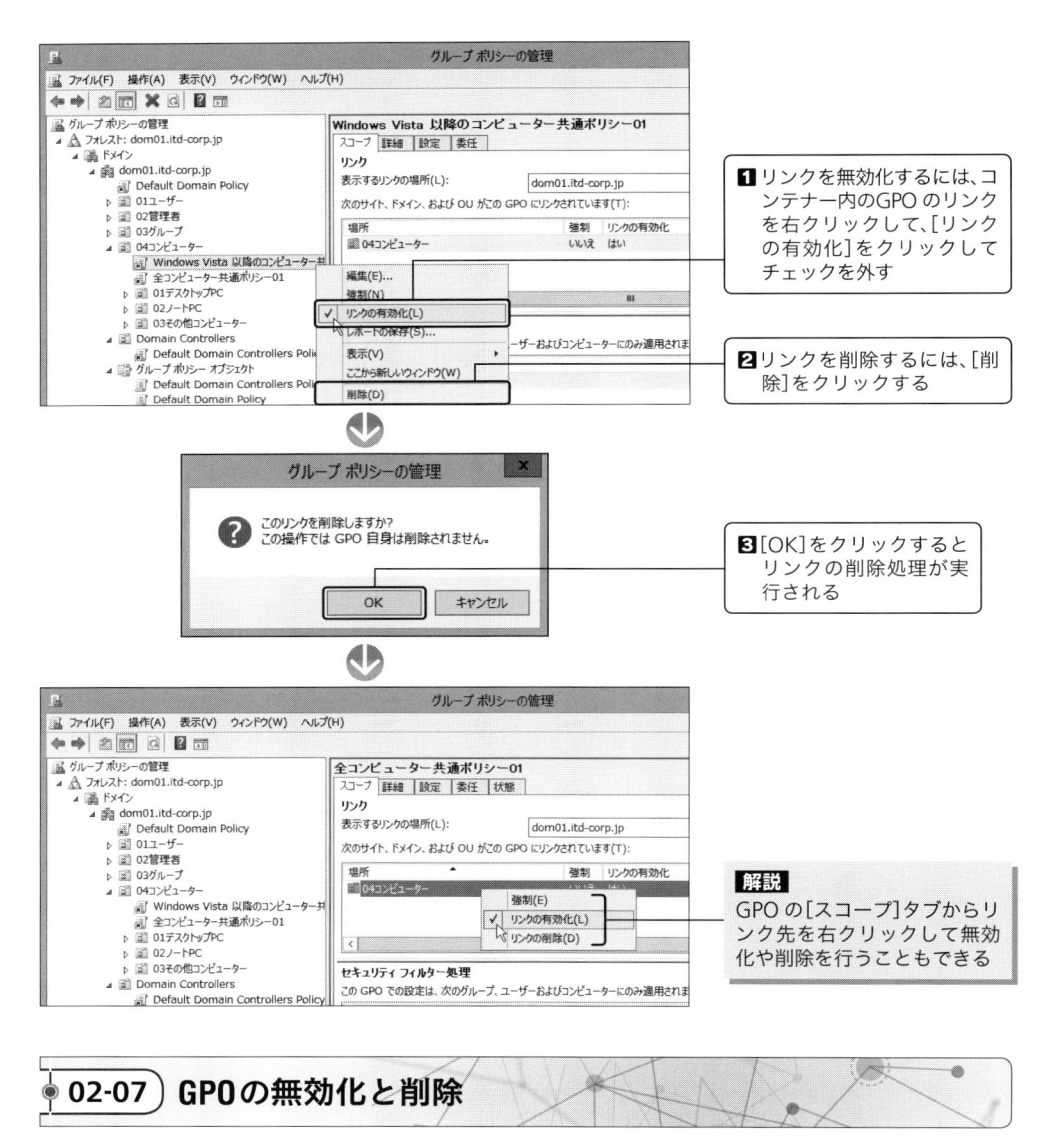

1 リンクを無効化するには、コンテナー内のGPOのリンクを右クリックして、[リンクの有効化]をクリックしてチェックを外す

2 リンクを削除するには、[削除]をクリックする

3 [OK]をクリックするとリンクの削除処理が実行される

解説
GPOの[スコープ]タブからリンク先を右クリックして無効化や削除を行うこともできる

02-07 GPOの無効化と削除

不要なGPOは無効化または削除します。まずは、無効化して様子を見て、問題がない場合に削除します。GPOを無効化する方法については**P.251**を参照してください。

GPOを削除するには、以下の手順を実行します。

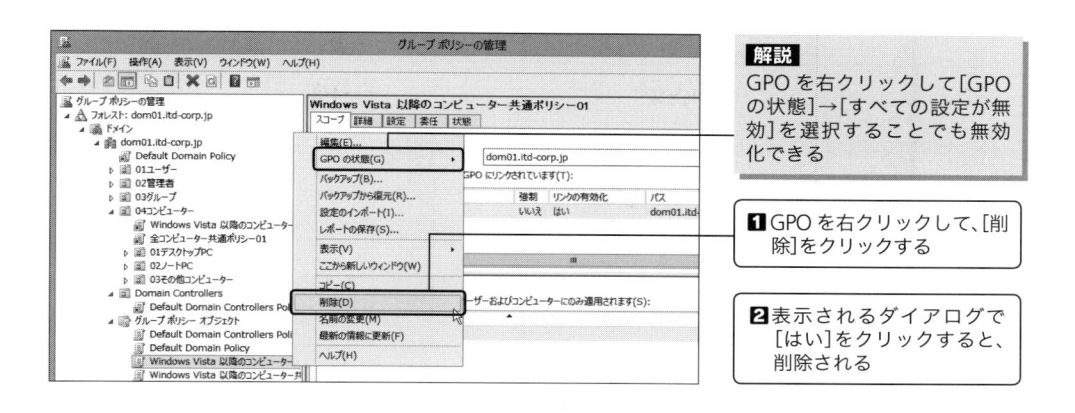

解説
GPOを右クリックして[GPOの状態]→[すべての設定が無効]を選択することでも無効化できる

① GPOを右クリックして、[削除]をクリックする

② 表示されるダイアログで[はい]をクリックすると、削除される

02-08 ポリシーの継承と優先順位の設定

通常、コンテナーにリンクしたGPOは下位のコンテナーに継承されます（⇒P.246）。しかしここで紹介する「**リンクの強制**」や「**継承のブロック**」を設定すると、GPOの継承を制御できます。ただし、これらを多用すると構成が複雑になるので、可能な限りデフォルトの継承や優先順位を利用することをお勧めします。なお、「リンクの強制」は**GPOのリンク**に対して設定し、「継承のブロック」は**コンテナー**に対して設定します。この違いを認識しておいてください。

リンクの強制

リンクの強制を設定すると、下位のコンテナーに別のGPOがリンクされている場合でも、上位のコンテナーに設定されているGPOが強制的に適用されます。この設定は後述する「継承のブロック」よりも優先されます。

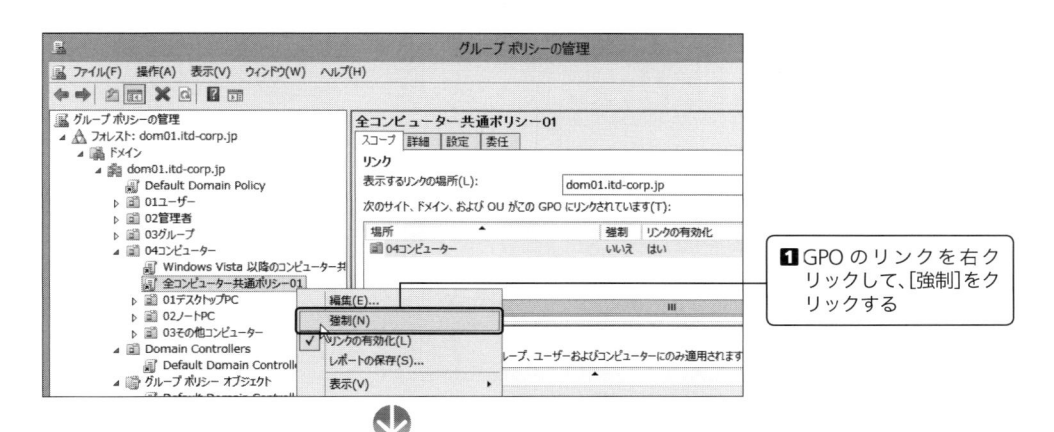

① GPOのリンクを右クリックして、[強制]をクリックする

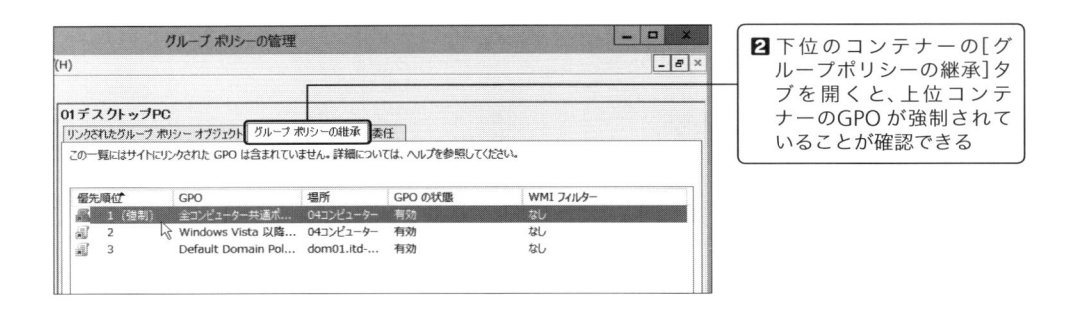

2 下位のコンテナーの[グループポリシーの継承]タブを開くと、上位コンテナーのGPOが強制されていることが確認できる

継承のブロック

継承のブロックを設定すると、上位のコンテナーにリンクされているGPOをブロックできます。ただし、先述したように上位のコンテナーのGPOに「リンクの強制」が設定されている場合は、ブロックできません。

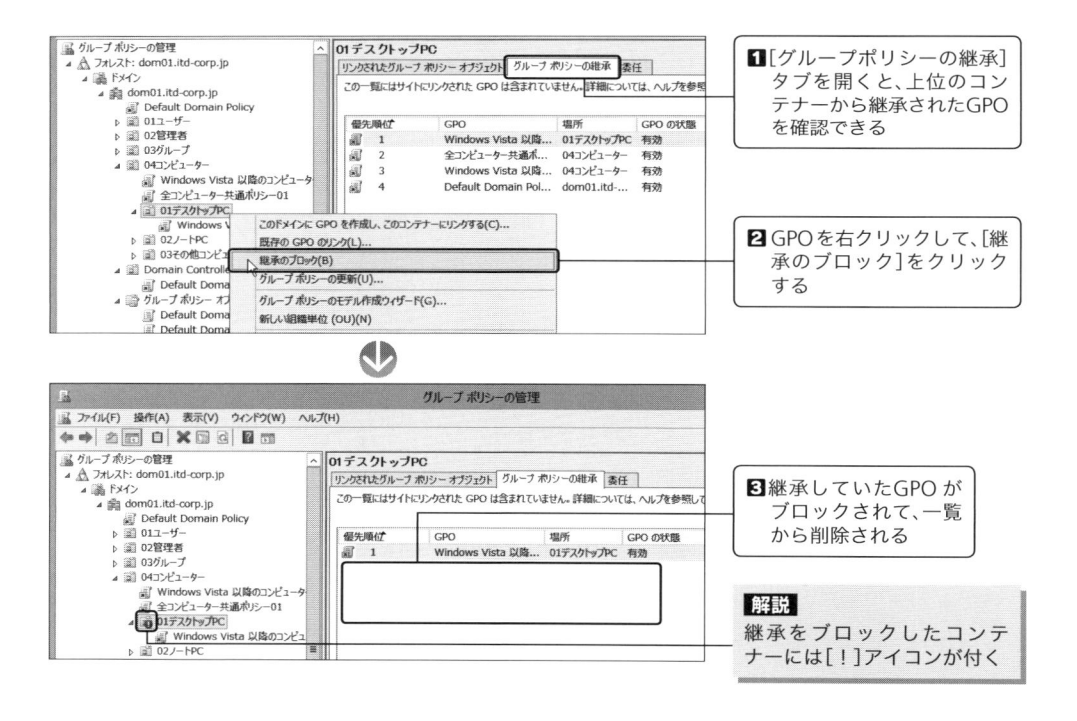

1 [グループポリシーの継承]タブを開くと、上位のコンテナーから継承されたGPOを確認できる

2 GPOを右クリックして、[継承のブロック]をクリックする

3 継承していたGPOがブロックされて、一覧から削除される

解説
継承をブロックしたコンテナーには[!]アイコンが付く

優先順位の設定

コンテナーに複数のGPOがリンクされている場合は、それぞれのGPOに優先順位が設定されています。優先順位を変更するには、以下の手順を実行します。

02 GPOの管理

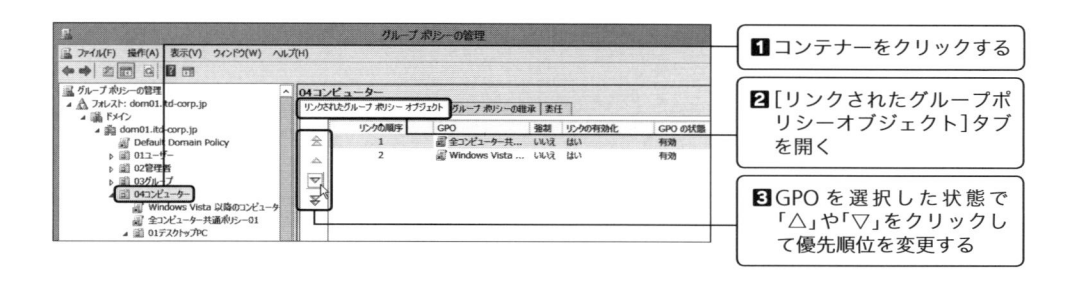

❶ コンテナーをクリックする

❷ [リンクされたグループポリシーオブジェクト]タブを開く

❸ GPO を選択した状態で「△」や「▽」をクリックして優先順位を変更する

ループバック処理

ポリシーには**コンピューターの構成**と**ユーザーの構成**の 2 つのポリシーがありますが（⇒P.251）、場合によっては特定のコンピューターにログオンした場合に「ユーザーの構成」の設定を反映させたいという要件があります。しかし、「ユーザーの構成」の設定は、ユーザーに対して割り当てるものなので、コンピューターに割り当てるポリシーで「ユーザーの構成」を設定しても効果がありません。

この問題を解決するのが、**ループバック処理機能**です。この機能を有効にすると、コンピューターに割り当てるポリシーの「ユーザーの構成」部分がユーザー ログオン時に適用されるようになります。

なお、ループバック処理はGPOに対して設定されるので、事前にこのGPOを適用したいコンピューター（共有コンピューターなど）だけをまとめたOUを作成し、そこにリンクさせる方法をお勧めします。

❶ [コンピューターの構成]→[ポリシー]→[管理用テンプレート]→[システム]→[グループポリシー]を開く

❷ [ユーザーグループポリシーループバックの処理モードを構成する]を右クリックして、[編集]をクリックする

257

3 状態に[有効]を選択する

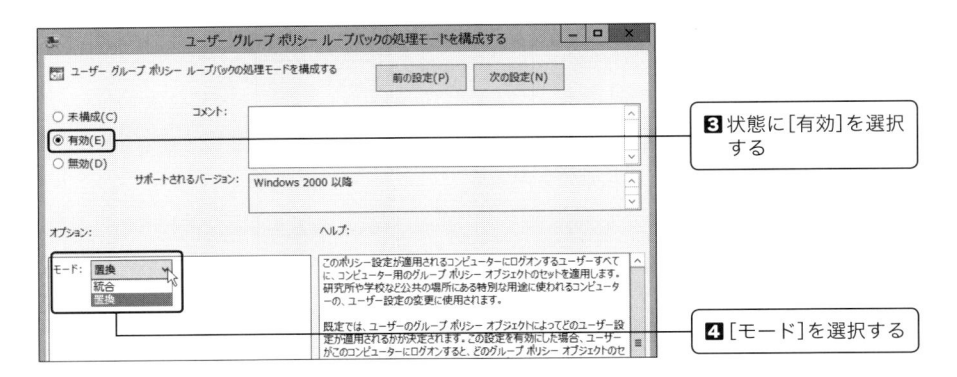

4 [モード]を選択する

■ モードの種類

モード	説 明
統合	通常の**ユーザー用 GPO** の「ユーザーの構成」で設定されているポリシーと、**コンピューター用 GPO** の「ユーザーの構成」で設定されているポリシーが組み合わされる。設定が競合した場合にはコンピューター用 GPO のほうが優先される
置換	**コンピューター用 GPO** の「ユーザーの構成」で設定されているポリシーが適用され、ログオンするユーザーに割り当てられるポリシーは適用されない

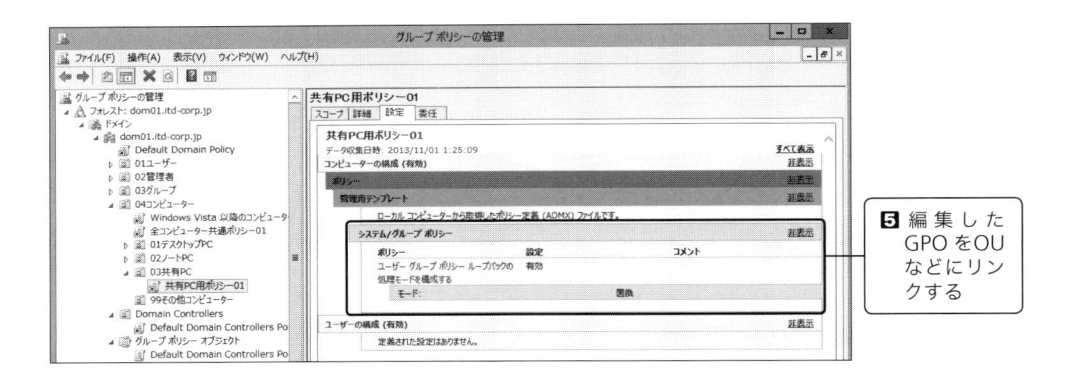

5 編集した GPO を OU などにリンクする

02-09　GPOのフィルタリング

　グループポリシーには、**セキュリティフィルター処理**と**WMIフィルター**の2種類のフィルター機能があります。

セキュリティフィルター処理

　セキュリティフィルター処理機能を使用すると、特定のユーザーやグループのみにGPOを適用できます。ただし、この機能を多用すると「リンクの強制」や「継承のブロック」と同様に、構造が複雑になり管理が煩雑になるので、可能な限り使用しないことをお勧めします。

1 GPOをクリックして選択する
2 [スコープ]タブを開く
3 [Authenticated Users]グループを選択して、[削除]をクリックする
4 警告ダイアログが表示されるので[OK]をクリックして削除を実行し、続いて[追加]をクリックする
5 GPOを適用するグループを指定して、[OK]をクリックする

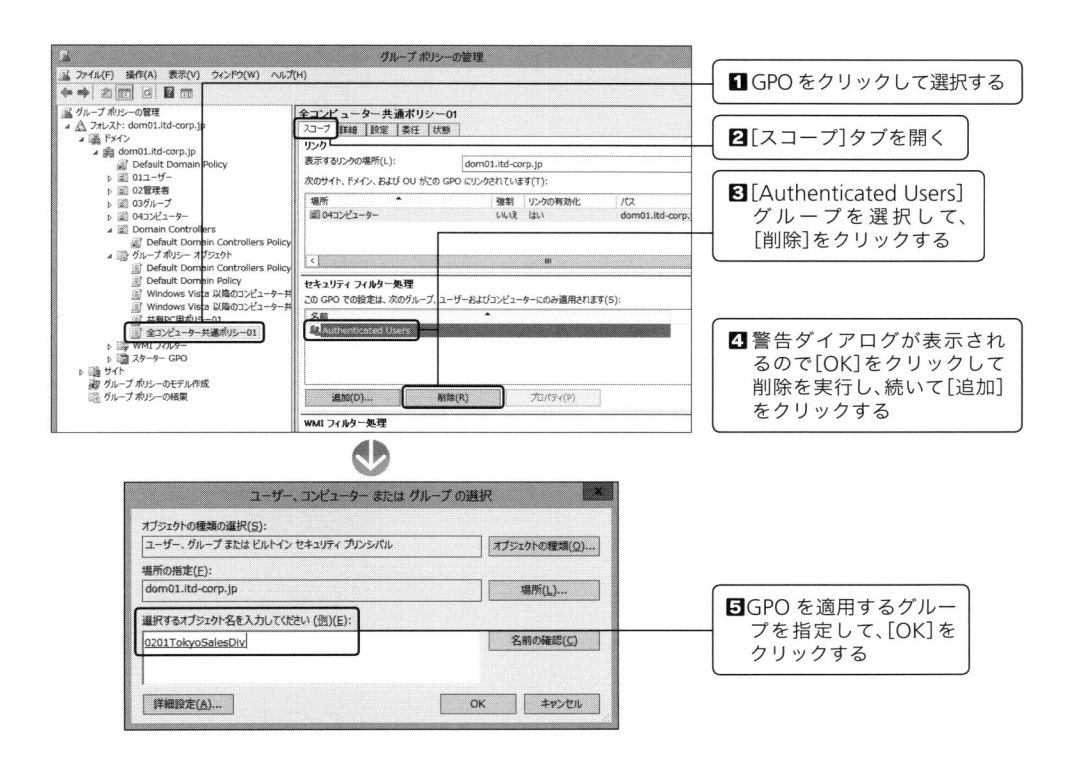

WMIフィルター

WMI（Windows Management Instrumentation）を使用すると、Windowsのシステム情報（ハードウェアやアプリケーションの状態）をGPOのフィルタリング条件に指定できます。

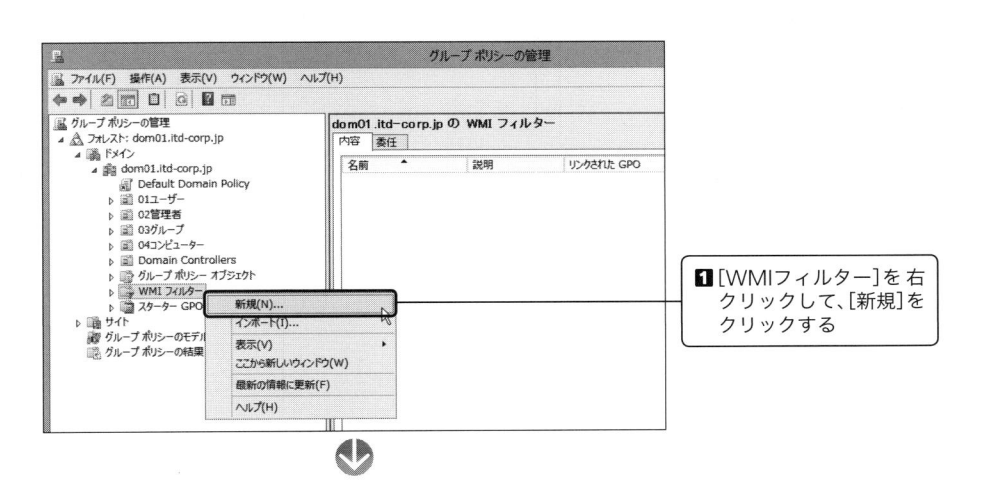

1 [WMIフィルター]を右クリックして、[新規]をクリックする

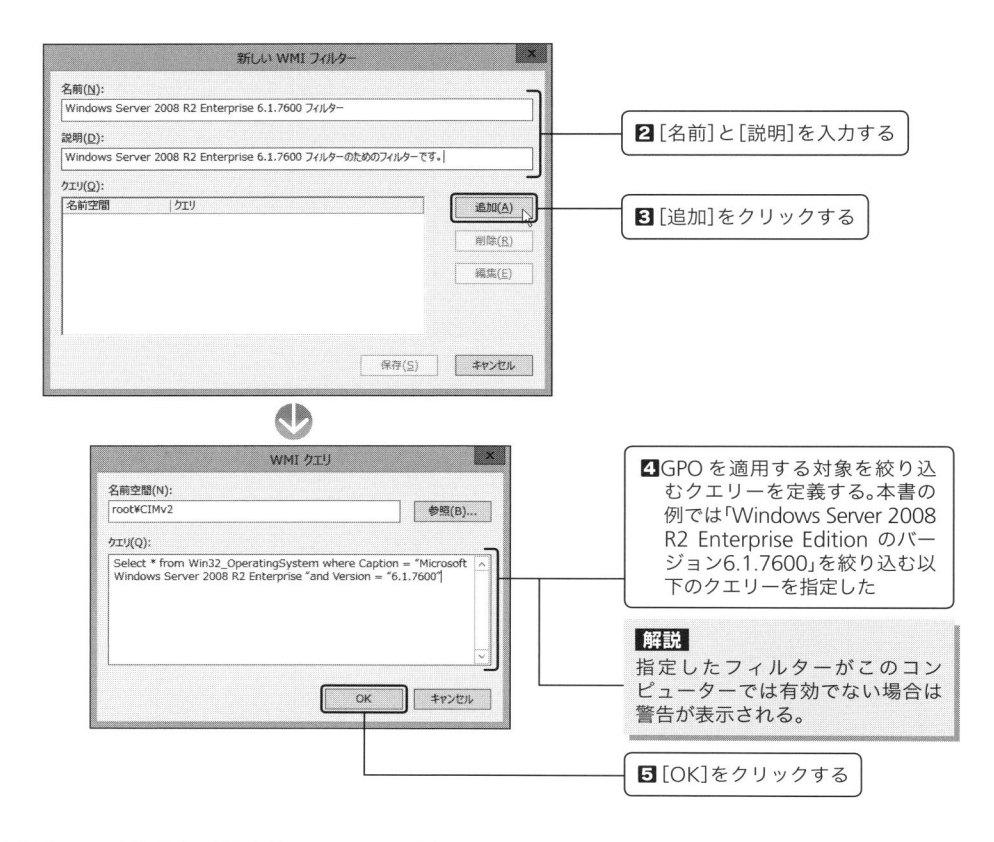

Part04 Active Directoryの管理

2 [名前]と[説明]を入力する

3 [追加]をクリックする

4 GPOを適用する対象を絞り込むクエリーを定義する。本書の例では「Windows Server 2008 R2 Enterprise Edition のバージョン6.1.7600」を絞り込む以下のクエリーを指定した

解説
指定したフィルターがこのコンピューターでは有効でない場合は警告が表示される。

5 [OK]をクリックする

実行例 ▶ GPOを適用する対象を絞り込むクエリー例

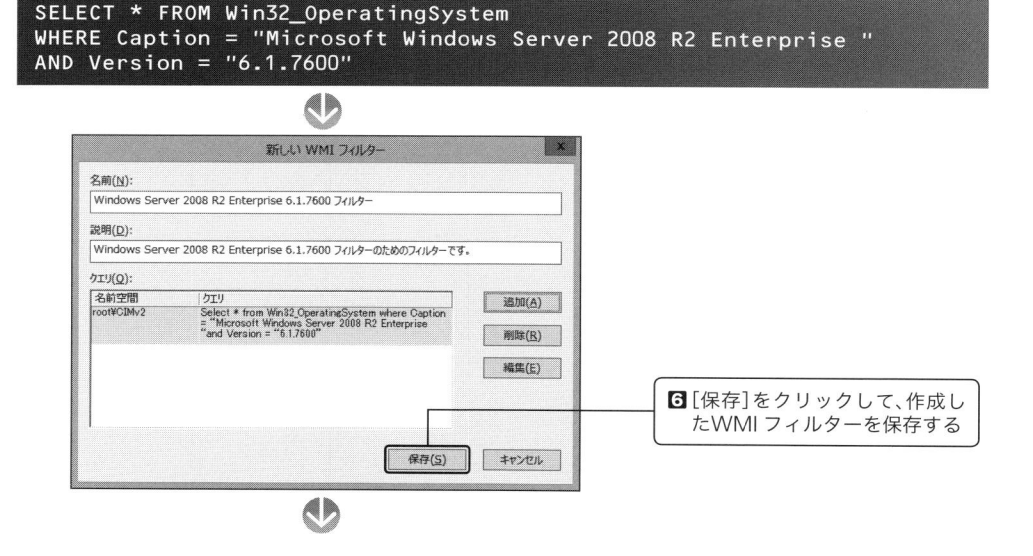

```
SELECT * FROM Win32_OperatingSystem
WHERE Caption = "Microsoft Windows Server 2008 R2 Enterprise "
AND Version = "6.1.7600"
```

6 [保存]をクリックして、作成したWMIフィルターを保存する

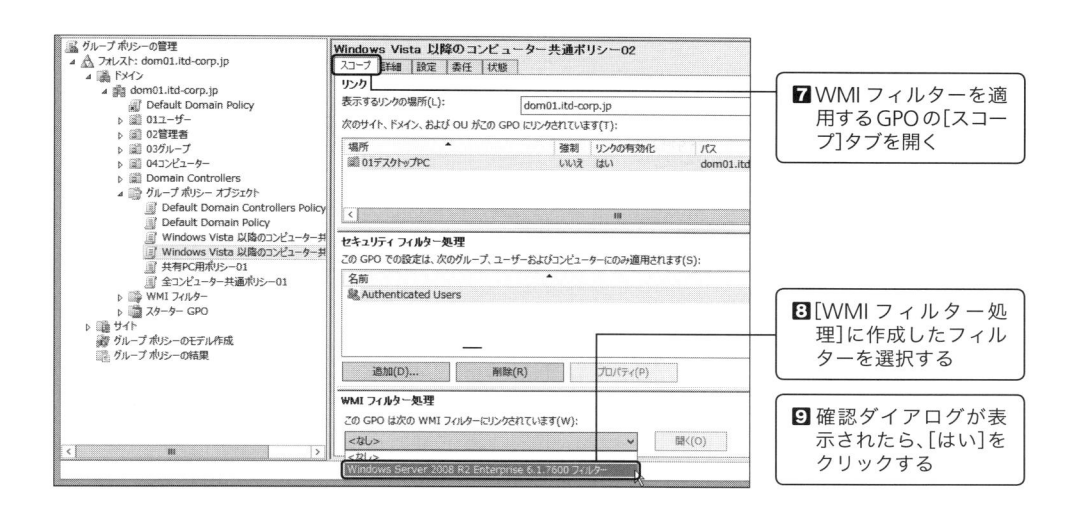

02 GPOの管理

7 WMIフィルターを適用するGPOの[スコープ]タブを開く

8 [WMIフィルター処理]に作成したフィルターを選択する

9 確認ダイアログが表示されたら、[はい]をクリックする

> **Tips** WMIフィルターは優れた機能ですが、この機能を多用するとコンピューターの起動やログオン時のパフォーマンスが低下することがあるので注意してください。

Column グループポリシーのシミュレーションと結果確認

　クライアントコンピューターに誤ったグループポリシーを適用すると、システムに甚大な被害を与える可能性があるので、実務においては適用する前に十分な確認作業が求められます。特に、先述した「リンクの強制」(⇒P.255)や「継承のブロック」(⇒P.256)を利用している場合や、「フィルタリング」機能(⇒P.258)を利用している場合は、各クライアントコンピューターに適用されるGPOを正確に把握することが困難になるので適用前に必ず確認してください。

　GPMCには、適用するグループポリシーをシミュレーションする**グループポリシーのモデル作成機能**と、適用後の結果の確認やトラブルシューティングに活用できる**グループポリシーの結果機能**（RSoP：Resultant Set of Policy）が搭載されています。GPMCから[グループポリシーのモデル作成ウィザード]や[グループポリシーの結果ウィザード]を開いて、実行します。

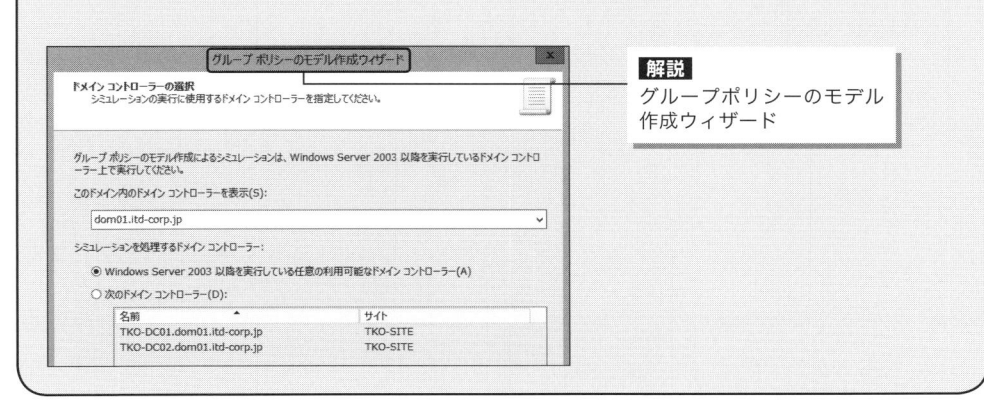

解説
グループポリシーのモデル作成ウィザード

03 「ポリシー」と「基本設定」

GPOは「**ポリシー**」と「**基本設定**」の2種類の機能によって構成されています。

■ GPOの2種類の機能

種類	説明
ポリシー	最初期バージョンから実装されているグループポリシー。非常にたくさんのポリシー（設定項目）を含む。さまざまなポリシーを設定できるが、オリジナルのポリシーを作成するのは難易度が高い。また、数千個も存在しているポリシーが、すべて同じインターフェイスのGUIで定義されているため設定方法が直感的ではない。なお、ポリシーが競合した場合、下記の「基本設定」よりも優先される
基本設定	Windows Server 2008から追加されたグループポリシー。以前はコマンドやバッチファイルなどのスクリプトを駆使して実行しなければならなかった操作を、グループポリシーの機能の一部として実現した。柔軟に作成・カスタマイズできる。また、わかりやすいGUIで定義できるため、設定方法が直感的

> **Column** グループポリシーの基本設定を行う前に
>
> グループポリシーの「基本設定」はWindows Server 2008で追加された機能なので、それよりも古い、以下のOSで利用するには、事前に「**グループポリシーの基本設定クライアント側拡張機能**」と呼ばれる更新プログラムを適用する必要があります。
>
> - Windows Vista ／ Vista Service Pack 1 ／ Vista Service Pack 2
> - Windows Server 2003 Service Pack 2
>
> マイクロソフトのダウンロードサイトで「**KB943729**」をキーワードに検索すると、ダウンロードページにアクセスできます。x86版とx64版があるので間違えないように注意してください。

03-01 「ポリシー」の設定方法

「ポリシー」に含まれるポリシーはあらかじめ登録されているので、GPMCの編集画面（⇒P.248）から目的のポリシーを選択するだけで簡単に設定できます。主に下表の3種類で構成されています。実際の業務では主に**管理用テンプレート**に含まれるポリシーを使用します。

■ ポリシー設定の構成要素

構成要素	説明
ソフトウェアの設定	グループポリシーを使用してソフトウェアを配布するための設定を行う
Windowsの設定	各種セキュリティ設定や、コンピューターの起動時・ユーザーのログオン時に実行するスクリプトの設定、またフォルダーリダイレクトの設定を行う
管理用テンプレート	レジストリベースのポリシー設定。数千個のポリシーによって構成される。グループポリシーの中で最も利用頻度が高いポリシーを含む。なお、Windowsに標準搭載されているポリシーだけでなく、アプリケーションベンダーが用意している「**管理用テンプレートファイル**」と呼ばれるXMLベースの定義ファイルを読み込んで利用することもできる

管理用テンプレートファイルの追加

アプリケーションベンダーが用意している「**管理用テンプレートファイル**」を管理用テンプレートに登録すると、そのアプリケーションをグループポリシーで制御できるようになります。管理用テンプレートファイルには下表の2種類があります。

■ 管理用テンプレートファイルの種類

種類	説明
ADM タイプ	拡張子が「**adm**」のテキストファイルで定義された古いタイプのテンプレートファイル。GPO ごとにファイルがコピーされるので、多数の GPO を作成している環境で利用するとサイズが肥大化したり、複製トラフィックが増大したりする
ADMX タイプ	拡張子が「**admx**」と「**adml**」の XML で定義されたテンプレートファイル。ドメインコントローラーの「**セントラルストア**」(中央ストア)と呼ばれる領域に格納できる。GPO ごとにファイルをコピーする必要はない

　ここでは、追加した管理用テンプレートをどのコンピューターでも利用できるように Windows Server 2008から利用できる**ADMXタイプ**の管理用テンプレートファイルをセントラルストアから読み込む方法を解説します。

1. セントラルストアの作成

　管理用テンプレートファイルを格納する**セントラルストア**は、デフォルトでは用意されていないので最初にこれを作成します。作成方法はとても簡単です。通常のフォルダーとして「`%SystemRoot%¥SYSVOL¥domain¥Policies`」内に「`PolicyDefinitions`」フォルダーを作成するだけです※。なお、このフォルダー (セントラルストア) はドメインコントローラー間で自動的に複製されます。

> ※セントラルストアを作成せずに管理用のテンプレートファイルを読み込むことも可能ですが、特に理由がない限り、セントラルストアを作成することをお勧めします。

2. デフォルトのポリシーのコピー

　セントラルストアを作成したら、「`%SystemRoot%¥PolicyDefinitions`」にあるデフォルトのポリシーをセントラルストアにコピーします。

3. ADMX タイプの管理用テンプレートファイルの追加

　ADMXタイプの管理用テンプレートは、拡張子が「**admx**」と「**adml**」の2種類のファイルで構成されており、ADMLファイルは言語ごとに複数用意されています。各ファイルをそれぞれ以下のフォルダーにコピーします。

■ ADMX ファイルと ADML ファイルの保存場所

種類	保存場所
ADMX	`%SystemRoot%¥SYSVOL¥domain¥Policies¥PolicyDefinitions` フォルダー
ADML	`%SystemRoot%¥SYSVOL¥domain¥Policies¥PolicyDefinitions¥ja-JP` などの言語ごとのフォルダー

これで、ADMXタイプの管理用テンプレートファイルをセントラルストアから読み込むことができます。

> **Column　Microsoft Office の管理用テンプレートファイル**
>
> マイクロソフトはMicrosoft Office 2010やOffice 2013のADMXタイプの管理用テンプレートファイルを配布しています。以下のサイトから入手して登録すると、グループポリシーを使用して、WordやExcelを制御できるようになります。
>
> **URL** Office 2010 Administrative Template files (ADM, ADMX/ADML) and Office Customization Tool
> http://www.microsoft.com/en-us/download/details.aspx?id=18968
>
> **URL** Office 2013 Administrative Template files (ADMX/ADML) and Office Customization Tool
> http://www.microsoft.com/en-us/download/details.aspx?id=35554

03-02　「基本設定」の設定方法

「基本設定」に含まれるポリシーは管理者が作成・カスタマイズできます。目的や用途に合わせて、必要なポリシーを作成してください。

「基本設定」の基本操作

「基本設定」は、GPMCでGPOの編集画面を開き、以下の手順で操作します。

●ポリシーの新規作成

ポリシーを新規作成する場合は、[コンピューターの構成]または[ユーザーの構成]の[基本設定]を展開して対象の項目を右クリックし、[新規作成]をクリックします。

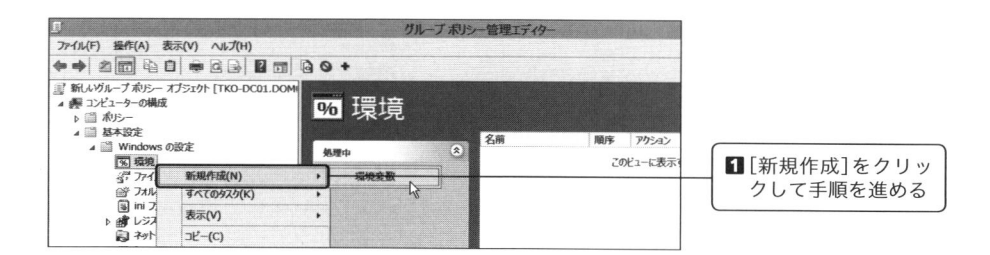

❶[新規作成]をクリックして手順を進める

●ポリシーに設定されている内容の確認・編集

ポリシーに設定されている内容を確認・編集するには、基本設定項目のプロパティを開きます。設定できる内容は項目ごとに異なります。

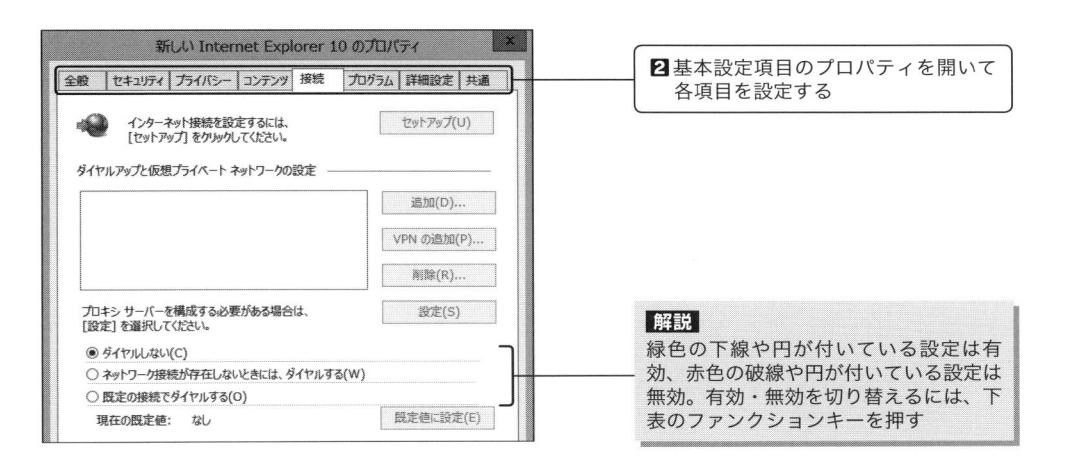

2 基本設定項目のプロパティを開いて各項目を設定する

解説
緑色の下線や円が付いている設定は有効、赤色の破線や円が付いている設定は無効。有効・無効を切り替えるには、下表のファンクションキーを押す

■ 有効・無効の切り替え

キー	目 的
F5	現在のタブのすべての設定を有効にする
F6	現在選択されている設定を有効にする
F7	現在選択されている設定を無効にする
F8	現在のタブのすべての設定を無効にする

Windows の設定

「Windowsの設定」には以下の基本設定が登録されています。各項目の対象が［コンピューターの構成］なのか、［ユーザーの構成］なのかを意識することが重要です。

■ ［コンピューターの構成］の［Windows の設定］

項目名	説 明
環境	環境変数の作成・変更・削除を行う機能。**PATH 変数**を書き換えることで、特定のアプリケーションを容易に実行できる環境を構築できる
ファイル	ファイルの属性変更やコピー、置換、削除などのファイルに関する操作を行う機能。クライアントコンピューターから特定の情報（ファイル）を収集したり、逆に送付したりできる
フォルダー	フォルダーの作成・変更・削除を行う機能
ini ファイル	アプリケーションの構成ファイルである **INI ファイル**や、セットアップ情報である **INF ファイル**に対して、セクションやプロパティを追加・置換・削除する機能。組織内で利用している独自のアプリケーションを制御できる
レジストリ	レジストリを操作する機能。あるコンピューターのレジストリを抽出したり、他のコンピューターにコピーしたりできる
ネットワーク共有	ネットワーク共有を作成・変更・削除（共有解除）する機能
ショートカット	ショートカットを作成・変更・削除する機能

Part 04 Active Directoryの管理

■ [ユーザーの構成]の[Windowsの設定]（共通項目は前ページの表を参照）

項目名	説明
アプリケーション	アプリケーションによって拡張される機能。デフォルトでは基本設定項目は存在しない
ドライブマップ	ファイルサーバーの共有フォルダーをドライブマッピングする機能。具体的な設定方法は「Chapter 14 ユーザー環境の管理」（⇒ P.290）を参照

解説
[コンピューターの構成]の[Windowsの設定]に含まれる項目

解説
[ユーザーの構成]の[Windowsの設定]に含まれる項目

コントロールパネルの設定

一方の[コントロールパネルの設定]には以下の「基本設定」が登録されています。各項目の対象が[コンピューターの構成]なのか、[ユーザーの構成]なのかを意識することが重要です。

■ [コンピューターの構成]の[コントロールパネルの設定]

項目名	説明
データソース	**ODBC**（Open Database Connectivity）のデータソース名を作成・変更・削除する機能
デバイス	ハードウェアデバイスやデバイスのクラスを有効化・無効化する機能。この機能を使用すると特定のデバイスの利用を制限できる。ただし、設定を誤るとOSが起動できないような、致命的な状況に陥る可能性もあるため注意が必要
フォルダーオプション	フォルダーオプションの構成を行う機能。拡張子に対するアプリケーションの関連付けの作成・変更・削除も可能。なお、この機能は[コンピューターの構成]と[ユーザーの構成]で設定項目が異なる
ローカルユーザーとグループ	ローカルユーザーやグループを作成・変更・削除する機能。ドメインに参加しているコンピューターのローカルグループに対して、ドメインのグループやユーザーをメンバーに追加できる。一時的に、あるグループやユーザーに各コンピューターのメンテナンスを実施させたい場合に、それぞれのコンピューターの管理者グループ（Administratorsローカルグループ）のメンバーにすることで容易に実現できる
ネットワークオプション	仮想プライベートネットワーク（VPN）接続や、ダイヤルアップネットワーク（DUN）接続の作成・変更・削除を行う機能。組織外からインターネットを介して組織内にアクセスするためのVPN環境が構築されている場合は、この機能を使用してノートPCなどにVPN接続を設定できる

■ ［コンピューターの構成］の［コントロールパネルの設定］（続き）

項目名	説　明
電源オプション	コンピューターの電源オプションを制御する機能
プリンター	プリンター設定を作成・変更・削除する機能。共有プリンターだけでなく、ローカルプリンターやTCP/IPプリンターにも対応している
タスク	タスクを作成・変更・削除する機能。特定のコマンドやアプリケーションを実行させたい場合に利用する。なお、「**タスク**」と「**即時タスク**」の2種類が用意されている
サービス	Windowsコンピューターの「**サービス**」を制御する機能

■ ［ユーザーの構成］の［コントロールパネルの設定］（共通項目は上表を参照）

項目名	説　明
インターネットの設定	IE（Internet Explorer）の設定を制御する機能。組織内でIEを利用している場合は非常に役立つ機能。セキュリティ設定やプロキシー設定など、あらやる項目を制御できる
地域のオプション	ユーザーの地域に関するオプションを制御する機能。数値、通貨、日付、時刻などの設定を変更したい場合に利用する
［スタート］メニュー	［スタート］メニューをカスタマイズする機能

04 グループポリシーの更新

　グループポリシーは、設定してもすぐに適用されるわけではありません。デフォルトの設定では、**クライアントコンピューターは90分に1回**、**ドメインコントローラーは5分に1回**の頻度で更新されます。

04-01　グループポリシーの手動更新

　グループポリシーを手動で更新するには、クライアントコンピューターやドメインコントローラーでコマンドプロンプトを開いて、以下のコマンドを実行します。

書　式　グループポリシーの手動更新

```
gpupdate /force
```

　また、以下のコマンドを実行すると、グループポリシーの適用状況を確認できます。

書　式　グループポリシーの適用状況の確認

```
gpresult /R
```

04-02　グループポリシーのリモート更新

Windows 8以降やWindows Server 2012以降のコンピューターで実行しているGPMCを使用すると、リモートコンピューターのグループポリシーを更新できます。リモート更新の対象はWindows Vista以降およびWindows Server 2008以降のコンピューターです。

Windows ファイアウォールの規則の設定

リモートで更新する場合は事前に、Windows Server 2012以降のGPMCに用意されている**スターターGPO**（⇒P.248）を利用して、対象となるコンピューターのWindows ファイアウォールの規則をいくつか設定する必要があります。

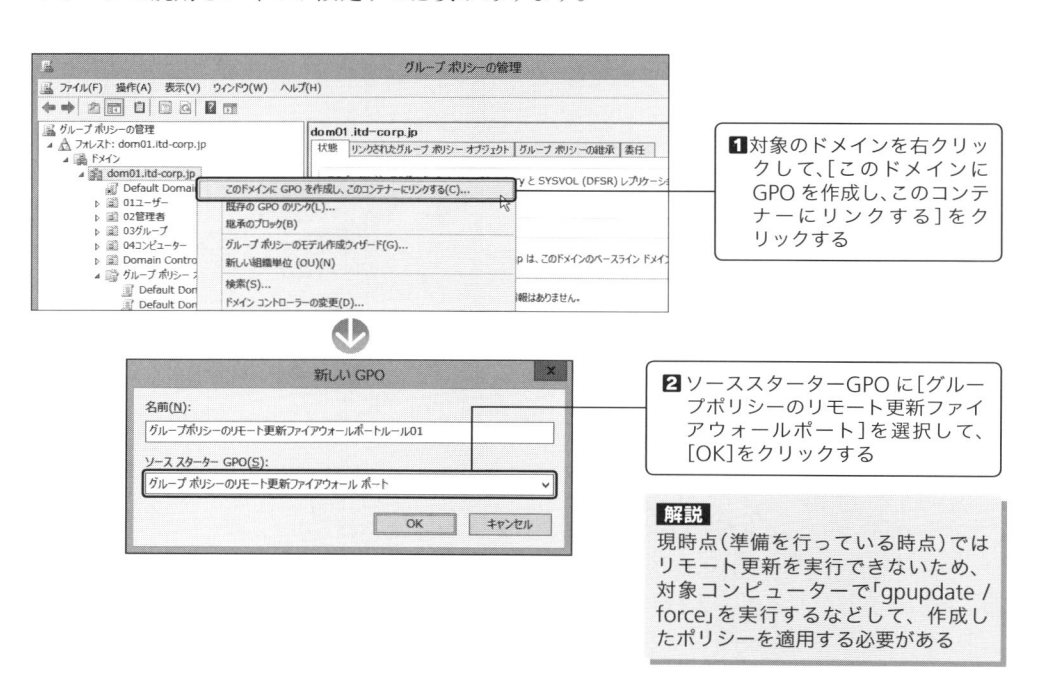

1 対象のドメインを右クリックして、[このドメインにGPOを作成し、このコンテナーにリンクする]をクリックする

2 ソーススターターGPO に[グループポリシーのリモート更新ファイアウォールポート]を選択して、[OK]をクリックする

解説
現時点（準備を行っている時点）ではリモート更新を実行できないため、対象コンピューターで「gpupdate /force」を実行するなどして、作成したポリシーを適用する必要がある

Tips　[グループポリシーのリモート更新ファイアウォールポート] ソーススターター GPOが複数存在する場合は、以下のファイアウォール規則が構成されるものを選択します。

- スケジュールされたリモートタスク管理（RPC-EPMAP）
- スケジュールされたリモートタスク管理（RPC）
- Windows Management Instrumentation（WMI 受信）

リモート更新の実行

Windowsファイアウォールの規則の設定が完了したら、次の手順を実行してリモート更新を行います。

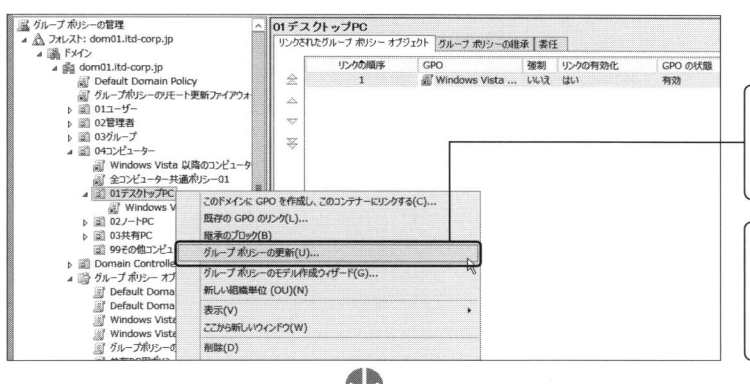

04 グループポリシーの更新

1 OUを右クリックして、[グループポリシーの更新]をクリックする

2 [グループポリシーの更新を強制]ダイアログが表示されるので、[はい]をクリックする

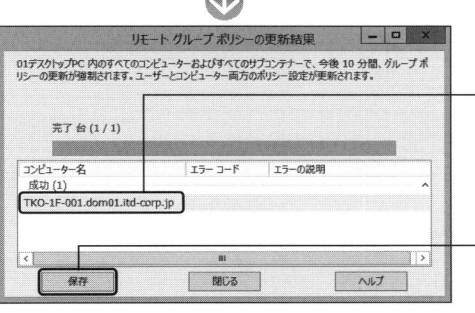

3 選択したOUに含まれるコンピューターに対してリモート更新が実行される

解説
[保存]をクリックすると、結果をUnicodeのCSVファイルとして保存できる

Column グループポリシーの更新間隔の変更

　グループポリシーの更新間隔は変更できます。ただし、多数のクライアントコンピューターに対して短い更新間隔を設定するとネットワークに負荷がかかるので十分に注意してください。
　GPMCを開いて、左ペインで[**コンピューターの構成**]→[**ポリシー**]→[**管理用テンプレート**]→[**システム**]→[**グループポリシー**]を開きます❶。クライアントコンピューターの場合は[コンピューターのグループポリシーの更新間隔を設定する]を、ドメインコントローラーの場合は[ドメインコントローラーのグループポリシーの更新間隔]を編集します❷。

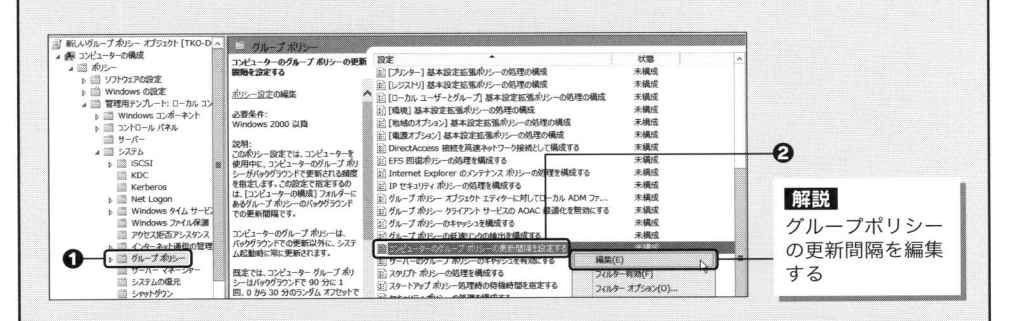

解説
グループポリシーの更新間隔を編集する

　なお、すべてのクライアントコンピューターが一斉にグループポリシーを更新しないように、「オフセット時間」が設定されています(デフォルトでは30分)。この設定を行うと、更新間隔の90分に0〜30分のランダムな時間がプラスされて実際には90〜120分間隔で更新処理が実行されます。

05 GPOのバックアップ・リストア

作成したグループポリシーはGPMCを使用してバックアップすることをお勧めします。定期的にバックアップを取得しておけば、GPOを誤って削除した場合やGPOが破損した場合でも迅速に元に戻せます。特にデフォルトのGPOである**Default Domain Policy**や**Default Domain Controllers Policy**のバックアップは重要です。また、GPOの作成後または編集前後にバックアップを取得しておけば、これらの操作によって不具合が生じた場合でもすぐに対応できます。

05-01 GPOのバックアップ

GPOをバックアップする方法には「**すべてのGPOをバックアップする方法**」と「**単体のGPOをバックアップする方法**」の2種類があります。

すべてのGPOをバックアップする方法

すべてのGPOをバックアップするには、GPMCを起動して以下の手順を実行します。

1 左ペインの[グループポリシーオブジェクト]を右クリックして、[すべてバックアップ]をクリックする

2 バックアップの保存場所を指定して、[バックアップ]をクリックする

単体のGPOをバックアップする方法

単体のGPOをバックアップするには、GPMCを起動して以下の手順を実行します。

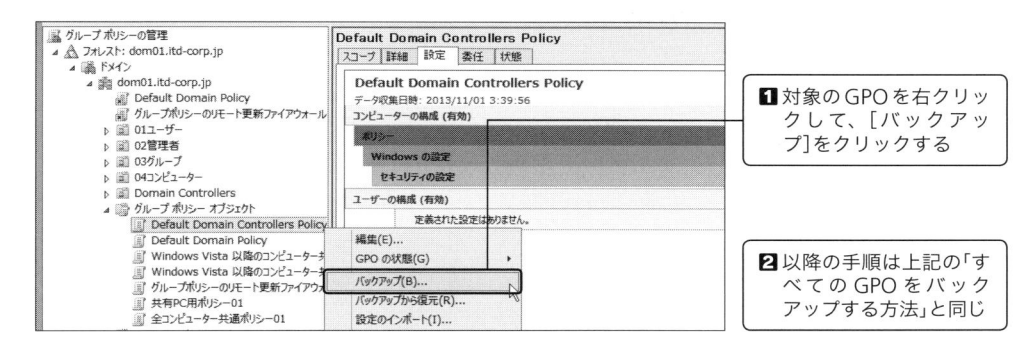

1 対象のGPOを右クリックして、[バックアップ]をクリックする

2 以降の手順は上記の「すべてのGPOをバックアップする方法」と同じ

05-02 GPOのリストア

取得したバックアップを使用して、GPOをリストア（復元）するにはGPMCを起動して以下の手順を実行します。

1 対象のGPOを右クリックして、[バックアップから復元]をクリックする

2 [グループポリシーオブジェクトの復元ウィザード]が起動するので、[次へ]をクリックする

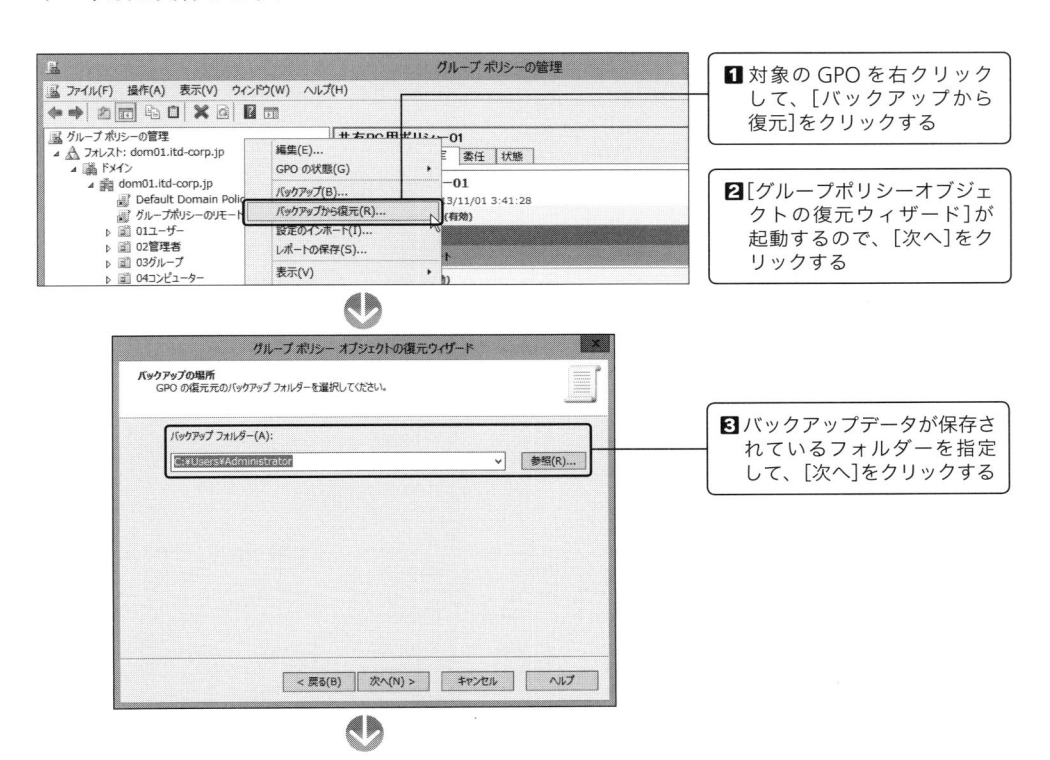

3 バックアップデータが保存されているフォルダーを指定して、[次へ]をクリックする

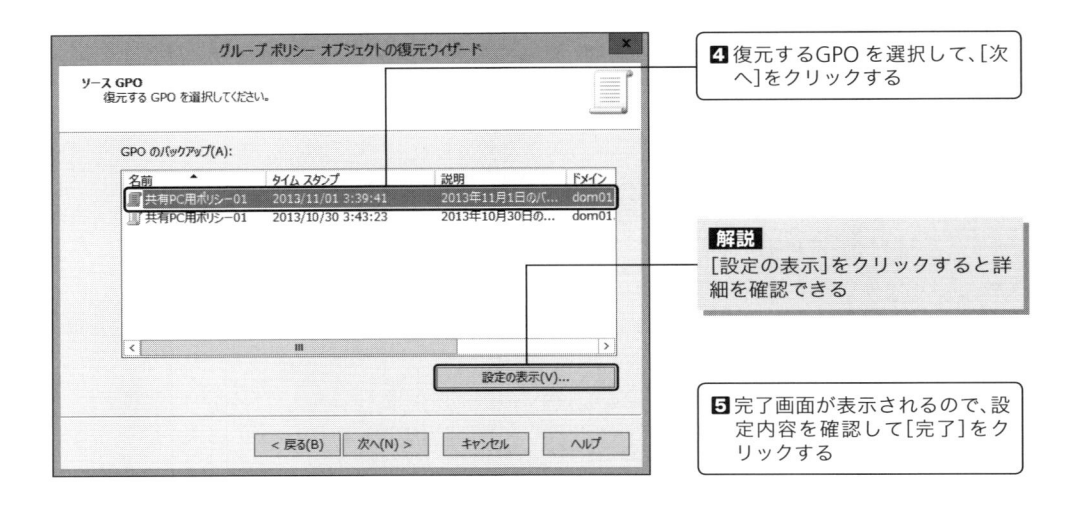

[グループ ポリシー オブジェクトの復元ウィザード画面]

4 復元するGPOを選択して、[次へ]をクリックする

[設定の表示]をクリックすると詳細を確認できる

5 完了画面が表示されるので、設定内容を確認して[完了]をクリックする

> **Tips** 複数のバックアップデータが存在する場合は、[タイムスタンプ]や[説明]を確認して、復元すべきデータを判断してください。

誤って削除したGPOを復元する方法

GPOを誤って削除した場合は、GPMCの左ペインにある[グループポリシーオブジェクト]を右クリックして[バックアップの管理]をクリックし、表示される[バックアップの管理]ウィンドウから復元します。

[バックアップの管理画面]

[各GPOの最新バージョンのみ表示する]にチェックを付けると、最新のGPOだけが表示される

1 削除したGPOを復元する場合は、[復元]をクリックする

> **Tips** WMIフィルターやスターターGPOは別個にバックアップを行う必要があります。WMIはGPMCで対象のWMIフィルターを右クリックして[エクスポート]を、スターターGPOはGPMCで[スターターGPO]を右クリックして[すべてバックアップ]をそれぞれ実行します。

Chapter 14 ユーザー環境の管理

本章では、グループポリシーやActive Directory管理センターを使用してユーザー環境を管理する方法を解説します。また、グループポリシーを使用して多数のクライアントコンピューターにソフトウェアを展開する方法や、ファイルサーバーへ容易にアクセスさせるための方法なども解説します。

01 セキュリティ関連の管理

最初に、Active Directory環境で利用されることの多い、以下のセキュリティ関連の項目を設定する方法を解説します。

- パスワードポリシーの管理
- アカウントロックアウトポリシーの管理
- きめ細かなパスワードポリシー
- Windowsファイアウォールの管理

これらの項目を適切に設定・管理することで、Active Directory環境をよりセキュアにすることができます。

> **Tips** セキュリティ関連項目のうち、**WSUS**については「Chapter 24 WSUSサーバーの構築と管理」(⇒**P.469**)で、**NAP**については「Chapter 32 NAPの構築と管理」(⇒**P.659**)で解説します。

01-01 パスワードポリシーの管理

パスワードポリシーでは、パスワードの「**長さ**」や「**変更禁止期間**」を設定できます。

パスワードポリシーは、デフォルトのGPOである「Default Domain Policy」に設定されている**アカウントポリシー**に含まれています。

> **Tips** パスワードポリシーを含む「Default Domain Policy」はドメインにリンクする必要があるため、OUごとに異なるパスワードポリシーを設定することはできません。組織内(ドメイン内)に複数のパスワードポリシーを設定したい場合は、後述する「**きめ細かなパスワードポリシー**」(⇒**P.277**)を設定してください。

パスワードポリシーを設定する場合は**GPMC**（グループポリシー管理コンソール）を起動して［グループポリシーオブジェクト］→［Default Domain Policy］を右クリックして［編集］をクリックし、**グループポリシー管理エディター**を開き、［**コンピューターの構成**］→［**ポリシー**］→［**Windowsの設定**］→［**セキュリティの設定**］→［**アカウントポリシー**］を展開して以下の手順を実行します。

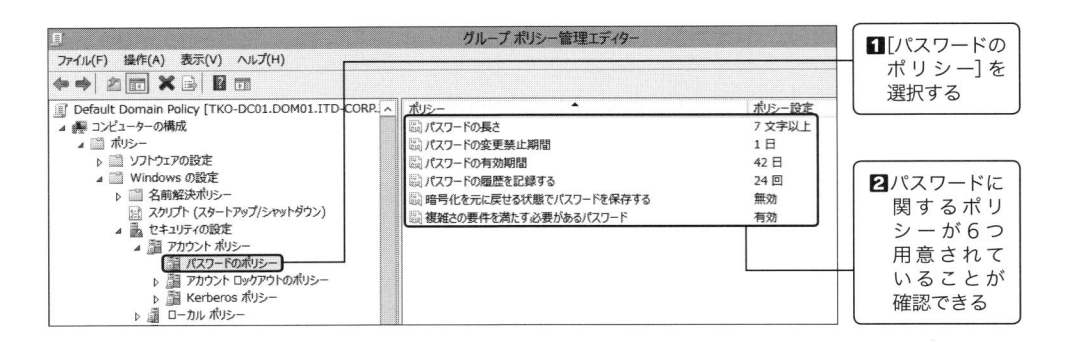

1［パスワードのポリシー］を選択する

2 パスワードに関するポリシーが6つ用意されていることが確認できる

● パスワードの長さ

　パスワードの最少文字数を指定します（0～14文字）。Active Directory環境でのデフォルトは「**7文字**」です。「0文字」を設定するとパスワードを設定する必要がなくなります。最少文字数は多ければ多いほどセキュリティが向上しますが、あまりに多いとユーザーが覚えられなくなります。現実的には**7～8文字程度**をお勧めします。

● パスワードの変更禁止期間

　パスワードが変更可能になるまでの期間を日数で設定します（0～998日）。設定期間内は同じパスワードを使うことになります。Active Directory環境でのデフォルトは「**1日**」です。「0日」を設定するといつでも変更できるようになります。1～7日程度をお勧めします。

● パスワードの有効期間

　1つのパスワードを使用できる期間を日数で設定します（0～999日）。設定期間を過ぎると、パスワード変更するようにシステムから要求されます。Active Directory環境でのデフォルトは「**42日**」です。「0日」を設定すると有効期間が設定されないため、同じパスワードを使い続けることができます。最近はセキュリティ要件が重要視されているのでデフォルトよりも短い、30日程度をお勧めします。

● パスワードの履歴を記録する

　以前使用したパスワードを再度設定できるようになるまでのパスワード変更の回数を設定します（0～24回）。Active Directory環境でのデフォルトは「**24回**」です。このポリシーを使用することで、ユーザーが同じパスワードを繰り返し使用することを禁止できます。ここには、最大の24回を設定することをお勧めします。

●暗号化を元に戻せる状態でパスワードを保存する

OSが暗号化を元に戻せる状態でパスワードを保存するか否かを設定します。デフォルトでは「無効」に設定されています。「有効」にすると、暗号化を元に戻せる状態（実質的にはプレーンテキスト）でパスワードを保存することになるため、基本的には「無効」のままにしておくことをお勧めします。

ただし、リモートアクセスやインターネット認証サービス（IAS/NPS）でチャレンジハンドシェイク認証プロトコル（CHAP）を使用する場合や、IISでダイジェスト認証を使用する場合は「有効」にする必要があるので注意してください。

●複雑さの要件を満たす必要があるパスワード

このポリシーを「有効」にすると、パスワードの変更時や作成時に以下の「複雑さ」を満たす文字列が要求されます。デフォルトでは**有効**に設定されています。

- 長さは6文字以上
- 「英大文字（A〜Z）」、「英小文字（a〜z）」、「10進数の数字（0〜9）」、「アルファベット以外の文字（!、$、#、% など）」の4つのカテゴリのうち、3つ以上のカテゴリの文字を使用する
- ユーザーアカウント名、またはフルネームを区切り文字※で区切ったうち、3文字以上の文字列をパスワードに含める事ができない

　　※区切り文字はスペース、タブ、改行などの空白、コンマ(,)、ピリオド(.)、ハイフン(-)、アンダースコア(_)、番号記号(#)。

■ パスワードポリシーの設定例

ポリシー	設定可能な値	デフォルト値	本書の推奨値(例)
パスワードの長さ	0〜14文字	7文字	7文字か8文字程度
パスワードの変更禁止期間	0〜998日	1日	1〜7日程度
パスワードの有効期間	0〜999日	42日	30日
パスワードの履歴を記録する	0〜24回	24回	24回
暗号化を元に戻せる状態でパスワードを保存する	有効または無効	無効	無効
複雑さの要件を満たす必要がある	パスワード有効または無効	有効	有効

> **Tips** ここで紹介しているパスワードポリシーのデフォルト値は、Windows Server 2012 R2ドメインコントローラーを新規で構築した際のものです。以前のバージョンからアップグレードを行っている環境では異なる可能性が高いため、十分に注意してください。また、以下のマイクロソフトの情報も参考にしながらパスワードポリシーの設定を行うことを推奨します。
>
> **URL** パスワードポリシーの設定
> http://technet.microsoft.com/ja-jp/library/dd363020.aspx#EHAA

01-02 アカウントロックアウトポリシーの管理

アカウントロックアウトポリシーでは、パスワードが設定回数間違って入力された場合のログオン制限について設定できます。アカウントロックアウトポリシーは、パスワードポリシーと同じ「アカウントポリシー」に含まれています。

[**コンピューターの構成**]→[**ポリシー**]→[**Windowsの設定**]→[**セキュリティの設定**]→[**アカウントポリシー**]を開き、以下の手順を実行します。

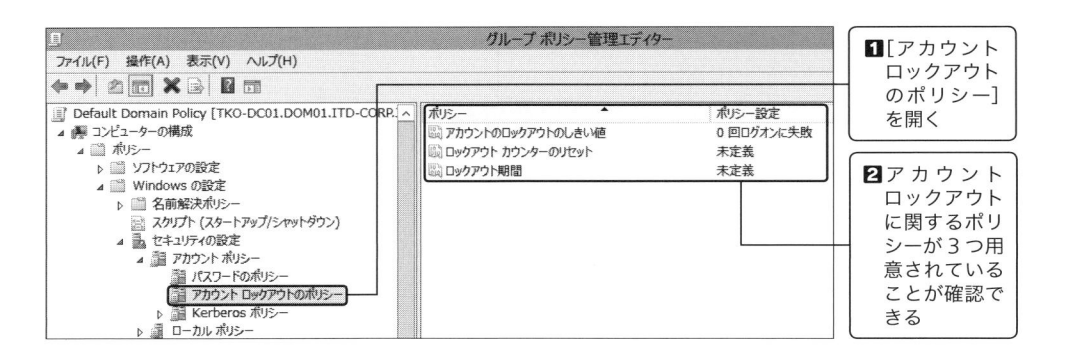

❶[アカウントロックアウトのポリシー]を開く

❷アカウントロックアウトに関するポリシーが3つ用意されていることが確認できる

なお、アカウントロックアウトポリシーに関する各設定項目は基本的に**ローカルセキュリティポリシー**と同じです。各項目の詳細については「ユーザーアカウントのロックアウト」(⇒P.120)を参照してください。

ロックアウトの解除

上記の**ロックアウト期間**に「0」を指定した場合や、早急にロックアウトを解除する必要がある場合は、管理者がロックの解除操作を行います。

ロックアウトを解除するには、[Active Directoryユーザーとコンピューター]から該当ユーザーのプロパティダイアログを開き、以下の手順を実行します。

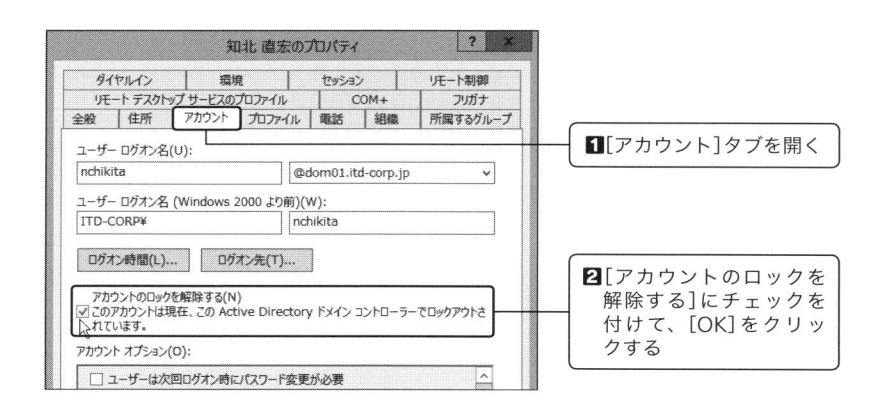

❶[アカウント]タブを開く

❷[アカウントのロックを解除する]にチェックを付けて、[OK]をクリックする

なお、アカウントがロックされたことにはそれなりの理由があるはずです。ロックアウトされた原因を調べ、適切に対処してください。例えば正規のユーザーがパスワードを忘れたことが原因であれば、パスワードの再設定を行う必要があります。

01-03　きめ細かなパスワードポリシー

きめ細かなパスワードポリシーを使用すると、同一ドメイン内に複数のパスワードポリシーを設定できます。そのため、例えば「一般ユーザーには比較的緩めのパスワードポリシーを設定し、管理者ユーザーには厳しいパスワードポリシーを設定する」といった運用が可能になります。

> **重要！**　きめ細かなパスワードポリシーを利用するにはドメインの機能レベルが「Windows Server 2008」以上である必要があります。ドメインの機能レベルが要件を満たしていない場合は、事前に機能レベルを上げておく必要があります（⇒P.298）。

きめ細かなパスワードポリシーは以下の手順で設定します。

1. PSO（Password Settings Object：ドメインのパスワード設定オブジェクト）を作成する
2. 作成したPSOをユーザーやグローバルセキュリティグループに適用する

管理者権限のあるユーザーでドメインコントローラーにサインインして、サーバーマネージャーから［Active Directory管理センター］を起動して、以下の手順を実行します。

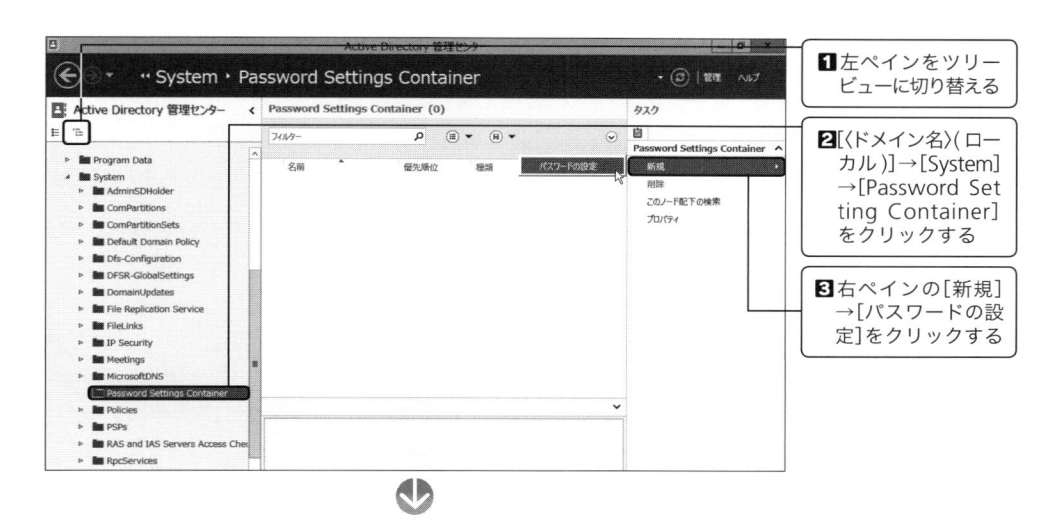

❶ 左ペインをツリービューに切り替える

❷ ［〈ドメイン名〉〈ローカル）］→［System］→［Password Setting Container］をクリックする

❸ 右ペインの［新規］→［パスワードの設定］をクリックする

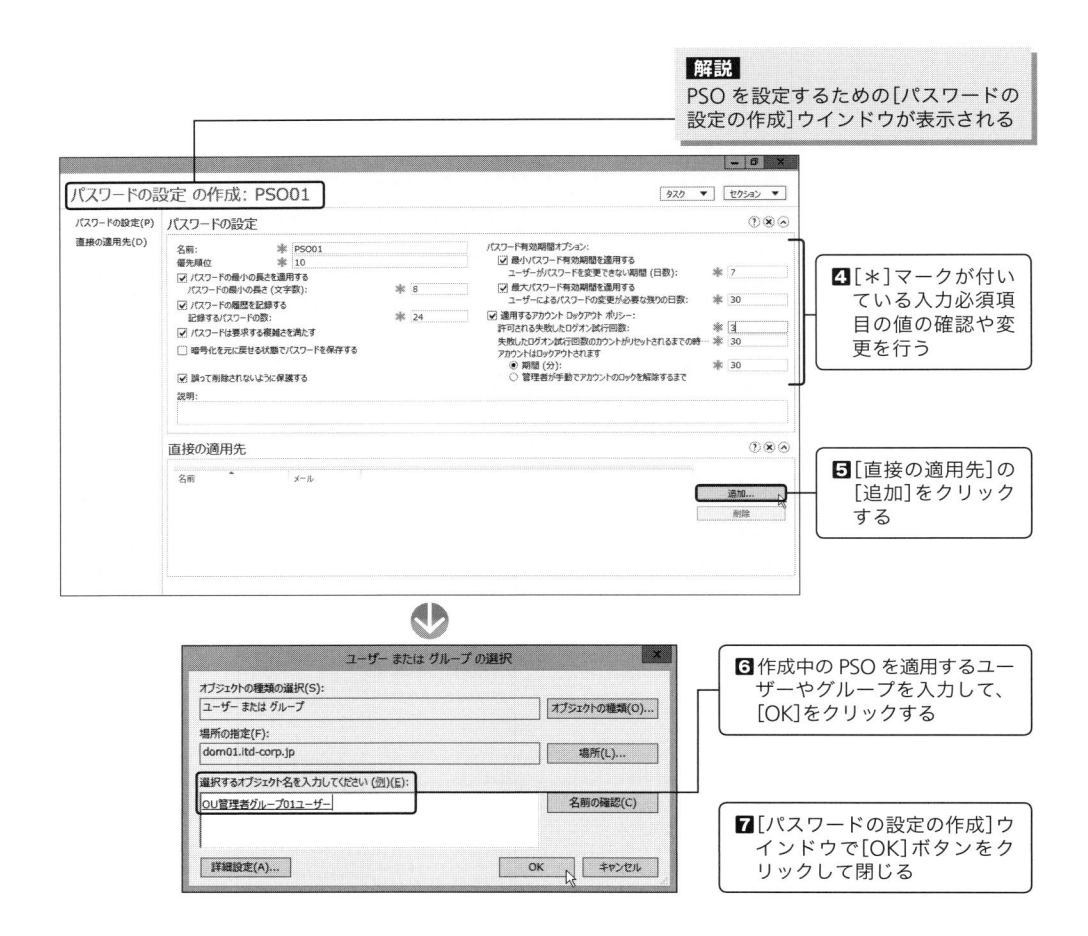

解説
PSOを設定するための[パスワードの設定の作成]ウインドウが表示される

4 [*]マークが付いている入力必須項目の値の確認や変更を行う

5 [直接の適用先]の[追加]をクリックする

6 作成中のPSOを適用するユーザーやグループを入力して、[OK]をクリックする

7 [パスワードの設定の作成]ウインドウで[OK]ボタンをクリックして閉じる

　これで、きめ細かなパスワードポリシーの設定は完了しています。期待通りに動作するかを、PSOを割り当てたユーザーやグループを使って確認しておきます。

01-04　Windows ファイアウォールの管理

　グループポリシーを使用すると、クライアントコンピューターのWindowsファイアウォールの設定を一括管理できます。この機能は、組織内に新たなコンピューターを多数導入した際などに活用できます。

　GPOを開いて、グループポリシーの**[コンピューターの構成]** → **[ポリシー]** → **[Windowsの設定]** → **[セキュリティの設定]** → **[セキュリティが強化されたWindowsファイアウォール]** を開いて操作します。特定のポートの受信を許可する規則を追加する場合は以下のように操作します。

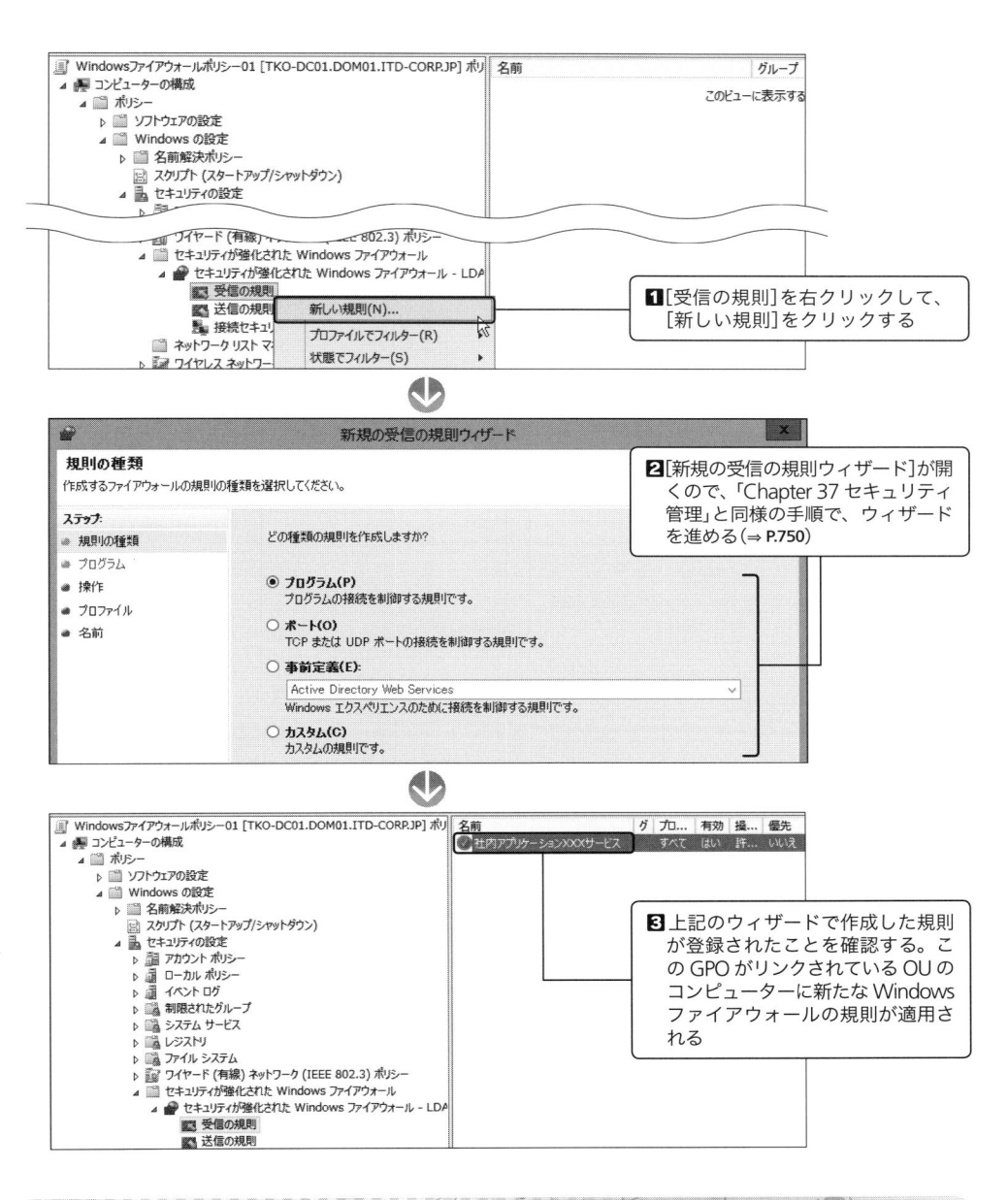

02 ソフトウェアのインストールの管理

1 [受信の規則]を右クリックして、[新しい規則]をクリックする

2 [新規の受信の規則ウィザード]が開くので、「Chapter 37 セキュリティ管理」と同様の手順で、ウィザードを進める（⇒ P.750）

3 上記のウィザードで作成した規則が登録されたことを確認する。この GPO がリンクされている OU のコンピューターに新たな Windows ファイアウォールの規則が適用される

02 ソフトウェアのインストールの管理

　ここからは、グループポリシーを使用してクライアントコンピューターにソフトウェアを展開する方法を解説します。この設定を行うと、組織全体で利用する共通のソフトウェアを容易に展開できるので、特にコンピューターの台数が多い環境では、管理者の作業負荷を大幅に軽減できます。ぜひ適用を検討してください。

> **Tips** グループポリシーを使用してMicrosoft OfficeやInternet Explorerの設定を一括管理することもできます。Microsoft Officeの管理については「Chapter 13 グループポリシーの管理」(⇒P.264)を参照してください。Windows 8.1などのIE (IE11)の管理については以下のマイクロソフトの情報を参考にしてください。
>
> **URL** How to configure Group Policy Preference settings for Internet Explorer 11 in Windows 8.1 or Windows Server 2012 R2
> http://support.microsoft.com/kb/2898604/

02-01 ソフトウェアインストール機能とは

組織内のコンピューターにソフトウェアを展開するには、**ソフトウェアインストール機能**を使用します。この機能はActive Directoryのグループポリシーの1つです。インストールできるのは**Windowsインストーラーパッケージ形式**(拡張子が**msi**)のファイルです。Windowsインストーラーパッケージ形式のインストールプログラムを使用してGPOに「**パッケージ**」を作成することで、そのソフトウェアを各コンピューターやユーザーに適用します。

ソフトウェアインストール機能を使用したソフトウェアの展開方法には**公開**と**割り当て**の2種類があります。

■ ソフトウェアの展開方法

種類	説明
公開	インストールを行うか否かを、ユーザーが選択できるインストール方法。コントロールパネルの[プログラム]に表示し、インストールの実行はユーザーが任意に決定する。また、削除(アンインストール)しても、自動的に再インストールされない
割り当て	インストールしなければならないソフトウェアを展開する方法。コンピューターの起動時やユーザーのログオン時に自動的にインストールする。また、そのソフトウェアをユーザーが削除すると、自動的に再インストールされる

なお、「割り当て」の設定は[コンピューターの構成]と[ユーザーの構成]の両方で設定できるので、この場合は事前にコンピューターを対象に展開するのか、ユーザーを対象に展開するのかを検討してください(「公開」はユーザーの構成のみ)。

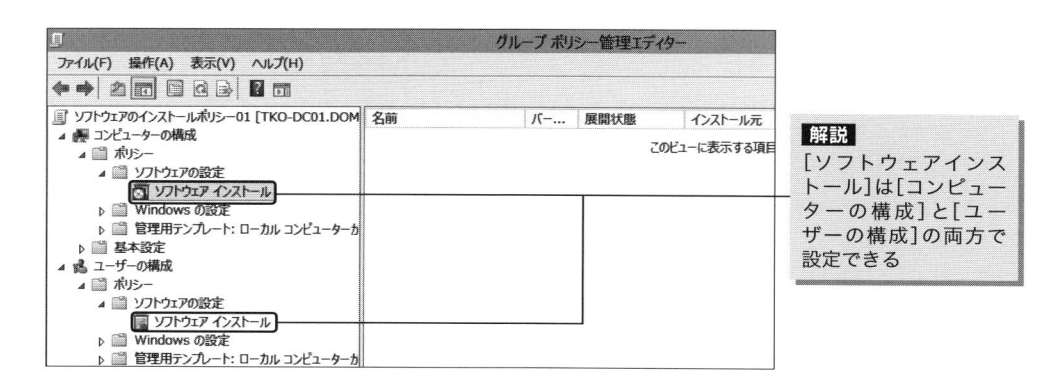

解説 [ソフトウェアインストール]は[コンピューターの構成]と[ユーザーの構成]の両方で設定できる

02 ソフトウェアのインストールの管理

■ 展開方法の組み合わせ

種類	説明
コンピューターに割り当て	コンピューターを対象に、ソフトウェアのインストールを強制する
ユーザーに割り当て	ユーザーを対象に、ソフトウェアのインストールを強制する
ユーザーに公開	ソフトウェアのインストールをユーザーに判断させる

02-02 ソフトウェアインストール機能によるインストール

ここからは以下の2つを例に、ソフトウェアインストール機能の具体的な使用方法を解説します。

- 「コンピューターに割り当て」でExcel Viewerプログラムを展開
- 「ユーザーに公開」でVisio Viewerプログラムを展開

> **Tips**　[コンピューターの構成]でパッケージを作成した場合はコンピューターの起動時に処理が実行され、[ユーザーの構成]でパッケージを作成した場合はユーザーのログオン時に処理が実行されます。
> また、Windowsはログオンなどの操作を高速に行うためにグループポリシーの適用をバックグラウンドで並行して行うため、[コンピューターの構成]の場合は再起動を2回、[ユーザーの構成]の場合はログオンを2回行わないとソフトウェアのインストールは完了しません。

ソフトウェア配布ポイントの作成

ソフトウェアを展開するには、事前にファイルサーバーなどに「**ソフトウェア配布ポイント**」と呼ばれる共有フォルダーを作成し、そこにソフトウェアを保存する必要があります。また、その共有フォルダーにコンピューターやユーザーがアクセスできるように、アクセス権を設定しておくことも重要です。

■ ソフトウェア配布ポイントに設定するアクセス権の例

アクセス権の種類	アクセス権の設定
共有フォルダーアクセス権	・Everyone にフルコントロール
NTFS アクセス権	・Authenticated Users に読み取りと実行 ・Domain Computers に読み取りと実行 ・Administrators にフルコントロール

本書の例では、ファイルサーバー TKO-FS01 上の共有フォルダー **Share** に「**Excel Viewer**」フォルダーを作成してExcel Viewerプログラム（Windowsインストールパッケージファイル）を保存し、また「**Visio Viewer**」フォルダーを作成してVisio Viewerプログラム（Windowsインストールパッケージファイル）を保存します[※]。

[※] ファイルサーバーの構築方法やアクセス権の設定方法については「Chapter 27 ファイルサーバーの構築と管理」（⇒P.544）を参照してください。

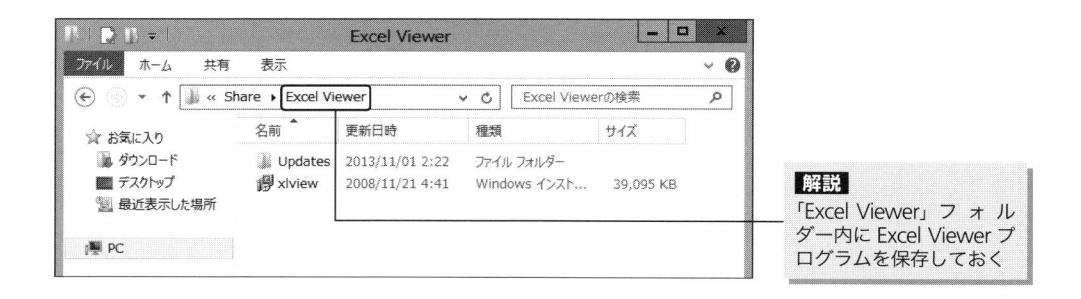

Part 4 Active Directoryの管理

> **解説**
> 「Excel Viewer」フォルダー内に Excel Viewer プログラムを保存しておく

「コンピューターに割り当て」のためのパッケージの作成

　コンピューターに対してExcel Viewerプログラムを割り当てる「パッケージ」を作成します。GPOを開いて、**[コンピューターの構成]→[ポリシー]→[ソフトウェアの設定]**を開き、以下の手順を実行します。

1 [ソフトウェアインストール]を右クリックして、[新規作成]→[パッケージ]をクリックする

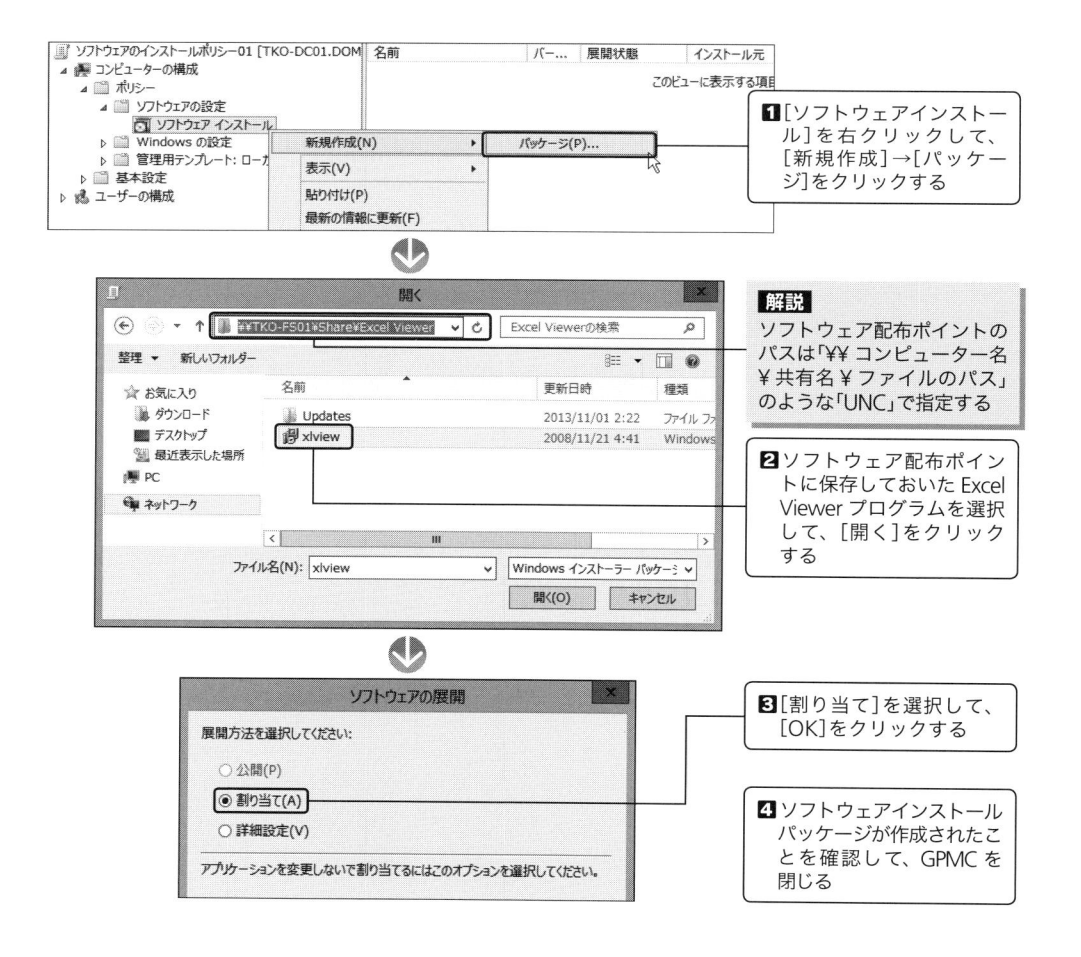

> **解説**
> ソフトウェア配布ポイントのパスは「￥￥コンピューター名￥共有名￥ファイルのパス」のような「UNC」で指定する

2 ソフトウェア配布ポイントに保存しておいた Excel Viewer プログラムを選択して、[開く]をクリックする

3 [割り当て]を選択して、[OK]をクリックする

4 ソフトウェアインストールパッケージが作成されたことを確認して、GPMC を閉じる

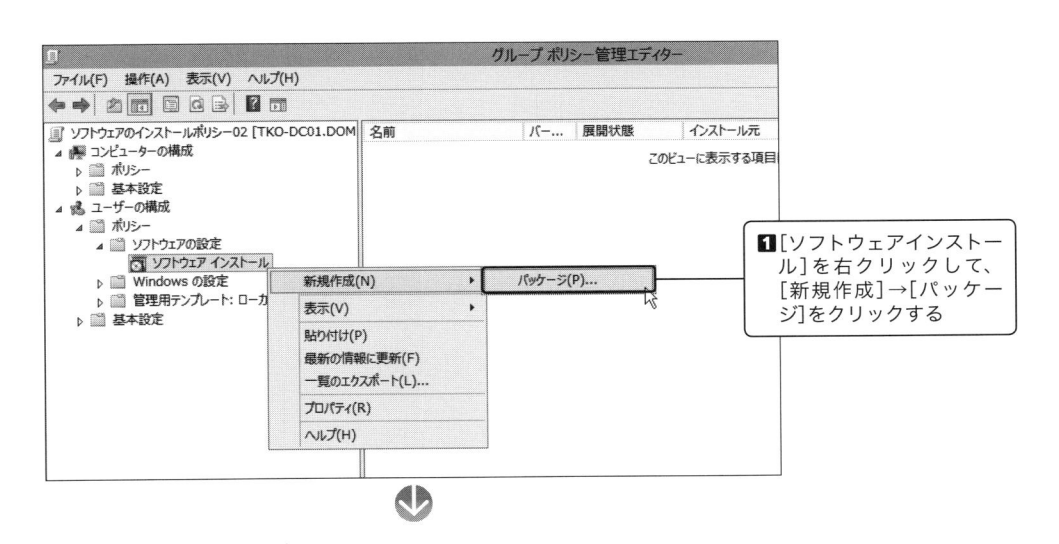

これで設定したポリシーは有効になっているので、このGPOがリンクされているOUに含まれるコンピューターを再起動すると、Excel Viewerプログラムが自動的にインストールされます。

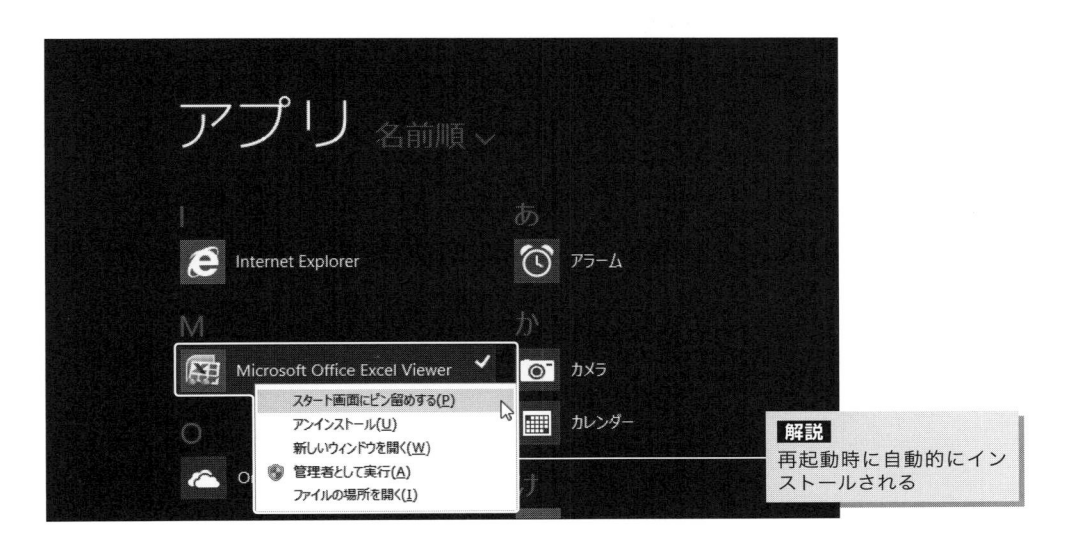

解説
再起動時に自動的にインストールされる

「ユーザーに公開」のためのパッケージの作成

ユーザーに対してVisio Viewerプログラムを公開する「パッケージ」を作成します。GPOを開いて、[**ユーザーの構成**] → [**ポリシー**] → [**ソフトウェアの設定**] を開き、以下の手順を実行します。

1 [ソフトウェアインストール] を右クリックして、[新規作成]→[パッケージ]をクリックする

Part 4 Active Directoryの管理

解説 ソフトウェア配布ポイントのパスは「¥¥コンピューター名¥共有名¥ファイルのパス」のような「UNC」で指定する

2 ソフトウェア配布ポイントに保存しておいたVisio Viewerプログラムを選択して、[開く]をクリックする

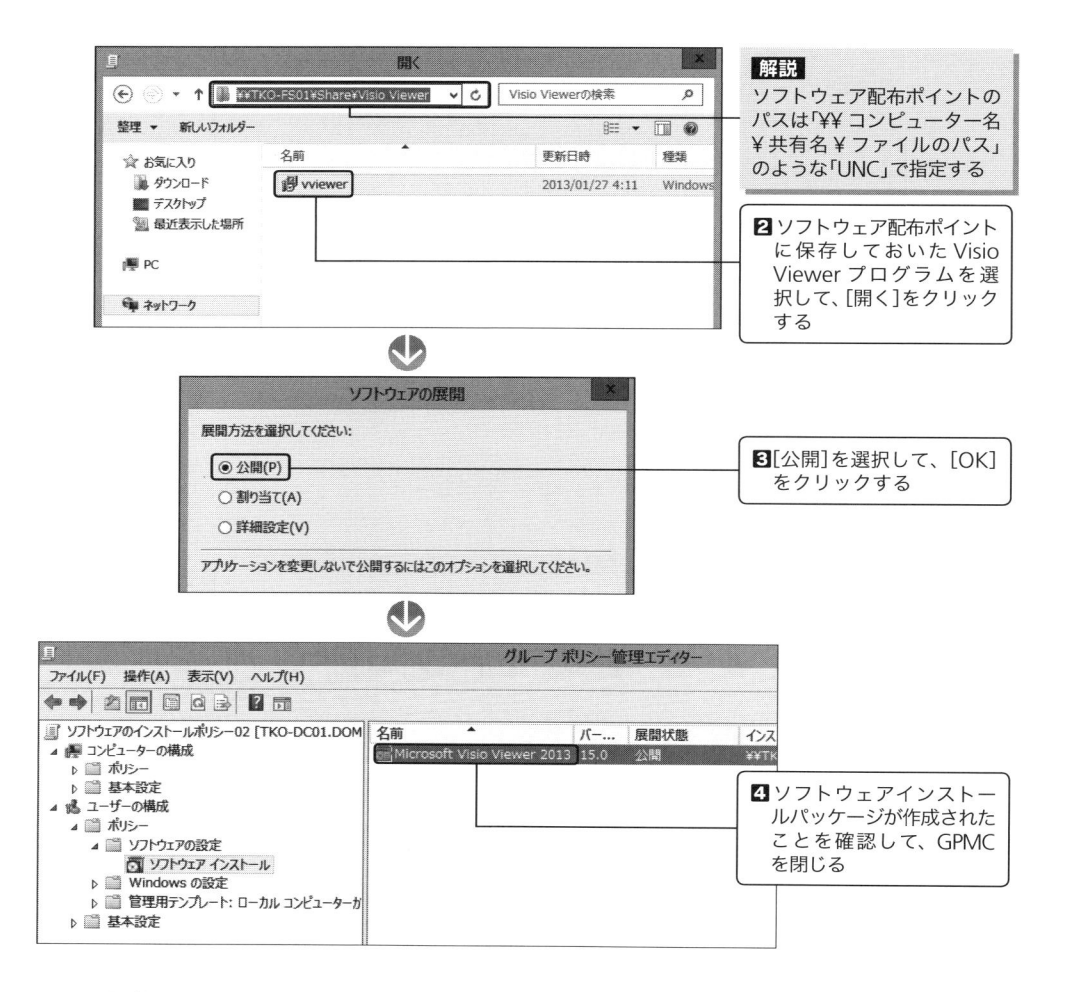

3 [公開]を選択して、[OK]をクリックする

4 ソフトウェアインストールパッケージが作成されたことを確認して、GPMCを閉じる

　この状態でポリシーは有効になっているので、このGPOがリンクされているOUに含まれるユーザーが再度ログインすると、[**コントロールパネル**]→[**プログラム**]→[**プログラムと機能**]などから[ネットワークからプログラムをインストール]を開くと、Visio Viewerプログラムが一覧に表示されていることを確認できます。

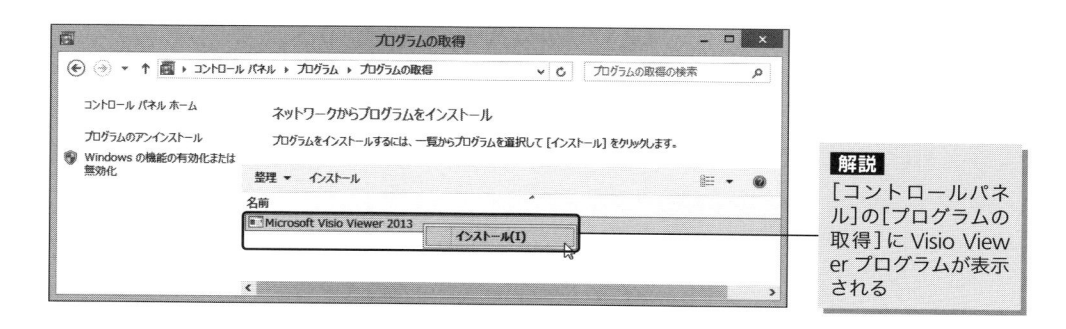

解説 [コントロールパネル]の[プログラムの取得]にVisio Viewerプログラムが表示される

02-03 パッケージの編集

作成したパッケージを編集する場合は、GPMCを起動して以下の手順を実行します。

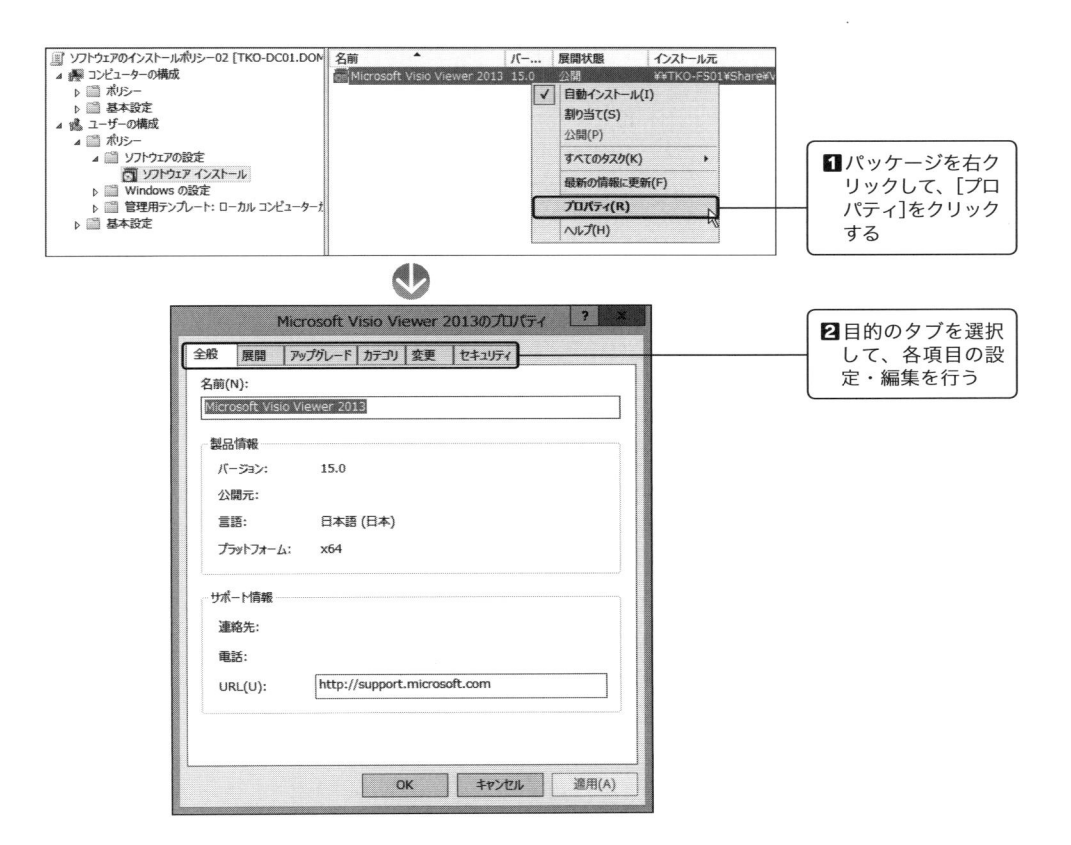

❶ パッケージを右クリックして、[プロパティ]をクリックする

❷ 目的のタブを選択して、各項目の設定・編集を行う

■ パッケージのプロパティダイアログのタブ

タブ名	説明
全般	ソフトウェアの名前や製品情報、サポート情報を確認できる。サポート情報の[URL]はWindowsインストーラープログラム(msiファイル)から自動的に読み込まれた情報
展開	展開の種類(⇒ P.280)や各種オプション(次ページの表参照)を設定できる。パッケージの設定の中で最も重要なタブ
アップグレード	このパッケージで指定しているソフトウェアの中に、アップグレード可能なものがある場合は指定できる
カテゴリ	[プログラムの追加と削除]の中で、このアプリケーションを表示するカテゴリを指定できる
変更	パッケージに部分的なカスタマイズを行う際に利用する。ただし、Windowsインストーラー変換パッケージ(拡張子がmst)が必要。パッケージの追加時に[詳細設定]を選択した場合はこのタブでの設定可能
セキュリティ	このパッケージを使用したソフトウェアのインストールに対するアクセス許可を設定する。デフォルトでは「Authenticated Users」(ドメインにログオンできたユーザー)に対して[読み取り：許可]に設定されている

解説 [展開]タブを選択するとさまざまなオプションを設定できる

解説 [詳細設定]をクリックすると、[詳細展開オプション]を選択できる(次ページの表を参照)

■ 展開オプション

オプション	説明
ファイル拡張子をアクティブにすることによりこのアプリケーションを自動インストールする	このオプションを有効にすると、ユーザーがファイルを開いた際に、このアプリケーションがそのファイルの拡張子に関連付けされていれば自動的にインストールする
管理の対象でなくなったときは、このアプリケーションをアンインストールする	このオプションを有効にすると、コンピューターアカウントやユーザーアカウントが、このGPOがリンクされているドメイン、サイト、OU以外のコンテナーに移った際に、ソフトウェアを自動的にアンインストールする。なお、[コンピューターの構成]の場合は、コンピューターの次回起動時に、[ユーザーの構成]の場合には、ユーザーの次回ログオン時にアンインストールが実行される
コントロールパネルの[プログラムの追加と削除]でこのパッケージを表示しない	このオプションを有効にすると、コントロールパネルのプログラムの一覧に表示されなくなる。つまり、ユーザーが容易にインストールやアンインストールを行うことができなくなる
ログオン時にこのアプリケーションをインストールする	このオプションを有効にすると、ユーザーがログオンしたときに自動的にソフトウェアがインストールされる。これが無効であれば[スタート]メニューにアプリケーションのメニューは表示されるが、起動されるまではインストールされない

■ インストールのユーザーインターフェイスオプション

オプション	説明
基本	インストールの進行状況やエラーだけが表示される
最大	インストールの完全なユーザーインターフェイスが表示される

02 ソフトウェアのインストールの管理

■ 詳細展開オプション

選択項目	説明
このパッケージを展開するときは言語を無視する	このオプションを有効にすると、アプリケーションのインストール時に言語を無視できる
Win64 のコンピューターで、この 32 ビット X86 アプリケーションを利用できるようにする	32 ビットアプリケーションで設定できるオプション。有効にすると、64 ビットコンピューターで 32 ビットアプリケーションを利用できる
OLE クラスと製品情報を含める	このオプションを有効にすると、アプリケーションの展開時に OLE や製品情報も含めることができる

02-04 ソフトウェアインストール機能のプロパティの編集

ソフトウェアインストール機能全般に関する設定はプロパティダイアログで行います。

❶ [コンピューターの構成]または[ユーザーの構成]の配下にある[ソフトウェアインストール]を右クリックして、[プロパティ]をクリックする

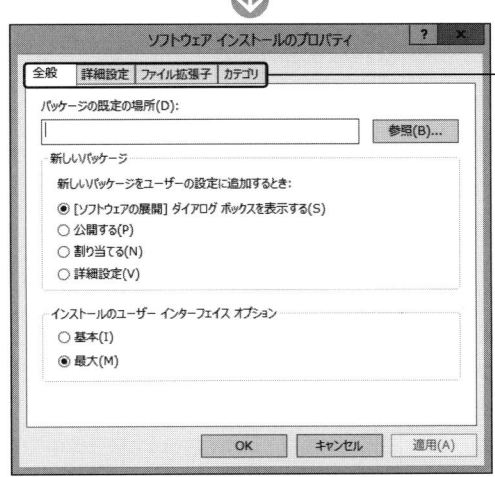

❷ 目的のタブを選択して、各項目の設定・編集を行う

■ ソフトウェアインストールのプロパティダイアログのタブ

タブ名	説明
全般	これから作成するソフトウェアパッケージ全般に関して、パッケージの既定の場所や、各種オプションのデフォルト値を設定する
詳細設定	これから作成するソフトウェアパッケージの展開オプションなど、詳細設定項目のデフォルト値を設定する
ファイル拡張子	ユーザーがドキュメントを開くときに割り当てるアプリケーションの優先度を、ファイルの拡張子で設定する
カテゴリ	ソフトウェアパッケージのカテゴリを設定する。[追加]をクリックして表示されるダイアログで設定することができる。ここで設定したカテゴリがパッケージの[カテゴリ]タブで表示されることになる

■ [全般]タブで設定する[新しいパッケージ]

選択項目	説明
[ソフトウェアの展開]ダイアログボックスを表示する	新しいパッケージを作成するときに[ソフトウェアの展開]ダイアログを表示する
公開する	新しいパッケージの追加時に、展開の種類として[公開する]がデフォルトで選択される
割り当てる	新しいパッケージの追加時に、展開の種類として[割り当てる]がデフォルトで選択される
詳細設定	新しいパッケージの追加時に、パッケージのプロパティダイアログを表示する。

■ [全般]タブで設定する[インストールのユーザーインターフェイスオプション]

選択項目	説明
基本	新しいパッケージの追加時に、インストールのユーザーインターフェイスオプションとして[基本]がデフォルトで選択される
最大	新しいパッケージの追加時に、インストールのユーザーインターフェイスオプションとして[最大]がデフォルトで選択される

02-05 パッケージの削除

　不要になったソフトウェアをいつまでもグループポリシーで配布することは得策とはいえません。不要になった時点でそのソフトウェアを配布するパッケージを削除します。

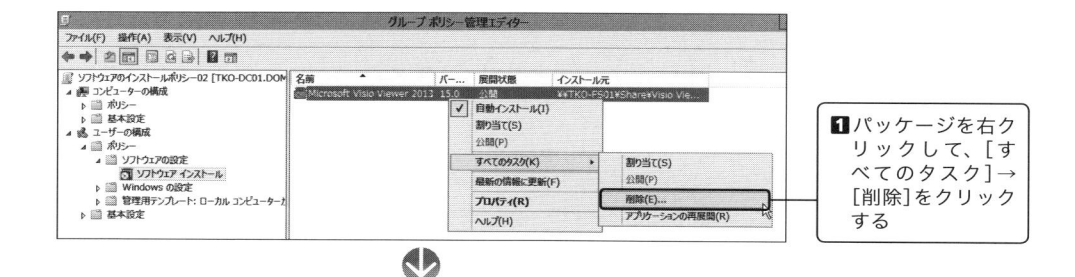

❶パッケージを右クリックして、[すべてのタスク]→[削除]をクリックする

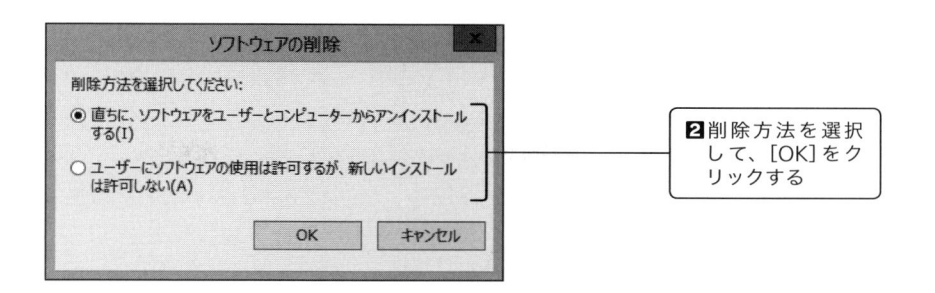

❷削除方法を選択して、[OK]をクリックする

■ 削除方法

選択項目	説　明
直ちに、ソフトウェアをユーザーとコンピューターからアンインストールする	このポリシーが適用されると、次回の起動時やログオン時にソフトウェアがアンインストールされる。つまり、そのソフトウェアは利用不可となる
ユーザーにソフトウェアの使用は許可するが、新しいインストールは許可しない	このポリシーが適用されても、ソフトウェアはアンインストールされない。つまり、そのソフトウェアはそのまま利用可能

02-06 パッケージの再展開

　すべてのクライアントコンピューターにソフトウェアを再インストールする必要がある場合は「**再展開**」を行います。ただし、この処理を実行するとネットワークに負荷がかかるので、実行するタイミングには十分に注意してください。

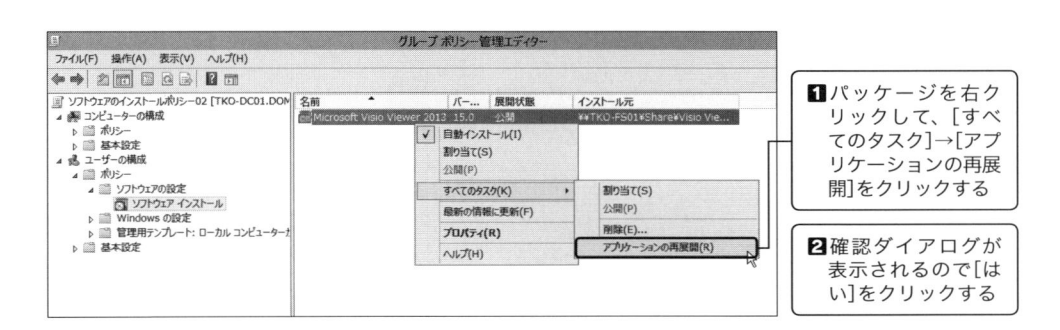

❶パッケージを右クリックして、[すべてのタスク]→[アプリケーションの再展開]をクリックする

❷確認ダイアログが表示されるので[はい]をクリックする

03 ファイルサービスに関わる管理

　ここからはグループポリシーを使って、共有フォルダーの利用に関わる設定方法、フォルダーリダイレクトの管理方法を解説します。

03-01 共有フォルダーのドライブマップ

グループポリシーの「基本設定」を使用すると、ファイルサーバーの共有フォルダーをクライアントコンピューターに「**ドライブマップ**」できます。この設定を行うと、ユーザーはローカルのドライブ（[Dドライブ]や[Eドライブ]）にアクセスするのと同じような操作で、ファイルサーバー上の共有フォルダーにアクセスできるようになります。

共有フォルダーをドライブマップする

グループポリシーの[基本設定]を使用してドライブマップを行うには、GPMCを起動してGPOを開き、**[ユーザーの構成]**→**[基本設定]**→**[Windowsの設定]**を開いて以下の手順を実行します。

■ [全般]タブの設定項目

設定		説明
アクション	作成	ドライブマップを作成する
	置換	既存のドライブマップを削除して再作成する。ドライブマップが存在しない場合はドライブマップが作成される
	更新	既存のドライブマップの設定を更新する。ドライブマップが存在しない場合はドライブマップが作成される
	削除	ドライブマップを削除する
場所		ドライブマップする共有フォルダーのパスを UNC またはシステム定義変数で設定する。[F3]キーを押すと利用可能なシステム定義変数を確認できる
再接続		ユーザーがログオンするたびに接続が復元される
ラベル		ドライブ文字の横に表示される説明ラベルを設定する
ドライブ文字		ドライブ文字（[D ドライブ]、[E ドライブ]など）を設定する。設定項目は上記の「アクション」によって異なる
接続に使用するアカウント		このポリシーが適用されるユーザー以外のアカウントで共有フォルダーに接続する際に、そのユーザーのアカウントを設定する（オプション）
このドライブの表示／非表示		ドライブマップされるドライブの表示設定。この設定は以下の[すべてのドライブの表示／非表示]よりも優先される
すべてのドライブの表示／非表示		ユーザーが使用しているクライアントコンピューターのすべてのドライブの表示設定

　グループポリシーが適用されると、自動的にファイルサーバー上の共有フォルダーがドライブマップされます。

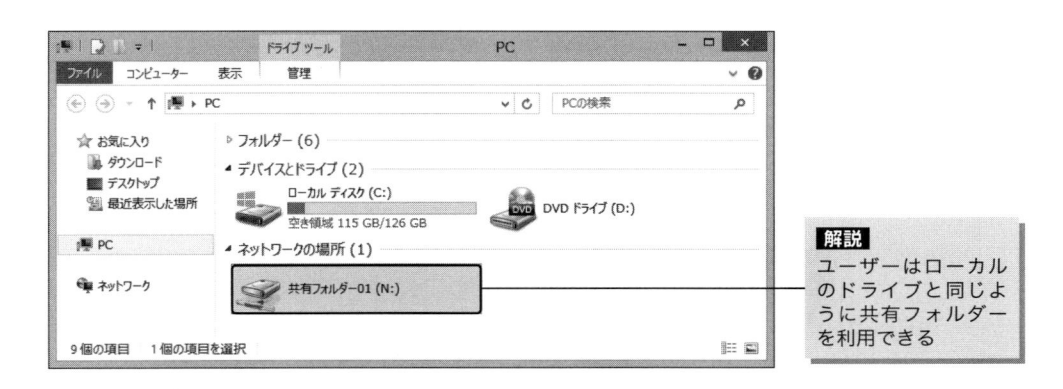

解説
ユーザーはローカルのドライブと同じように共有フォルダーを利用できる

03-02　フォルダーリダイレクトの設定

　ユーザーの利用環境の管理項目の1つとして、最近は**VDI**（Virtual Desktop Infrastructure：仮想デスクトップインフラストラクチャ）環境で利用されることも多い「**フォルダーリダイレクト**」を設定する方法を解説します。
　フォルダーリダイレクトを設定すると、クライアントコンピューター内に存在する**ユー**

ザープロファイルの特殊フォルダー（マイドキュメントやお気に入り、スタートメニューなど）を、ファイルサーバー上のネットワーク共有にリダイレクトできます。

これによって、管理者やユーザーは以下のメリットを享受できます。

- ユーザーはどのコンピューターにログオンしても、自分のマイドキュメントにアクセスできる
- 管理者はユーザーデータを一元管理およびバックアップできる
- ユーザーが利用しているクライアントコンピューターが故障しても、フォルダーリダイレクトしていたデータの損失を防げる

共有フォルダーの作成

フォルダーリダイレクトを利用するには、リダイレクトされる特殊フォルダーを保存するための共有フォルダーをファイルサーバーに作成する必要があります。またこの際、その共有フォルダーにコンピューターやユーザーがアクセスできるように、アクセス権を設定しておくことも重要です。

■ 共有フォルダーのアクセス権の例

アクセス権の種類	アクセス権の設定
共有フォルダーアクセス権	Everyone にフルコントロール
NTFS アクセス権	Domain Users または Users に［読み取りと実行］と［書き込み］

以降で解説する本書の例では「**TKO-FS01**」というファイルサーバー上の「**FolderRedirectShare**」フォルダーを、「**FolderRedirectShare$**」という名前の共有フォルダーとして作成し、そこにフォルダーリダイレクトを設定します。そして、そこにクライアントコンピューターの「**ドキュメント**」（マイドキュメント）を保存します※。

※ファイルサーバーの構築やアクセス権の設定方法については「Chapter 27 ファイルサーバーの構築と管理」（⇒P.544）を参照してください。

> **重要！** この機能を使用して、多数のコンピューターのデータを共有フォルダーにリダイレクトすると、あっという間にサーバーのディスク領域がいっぱいになる可能性があります。サーバーに大容量のデータ領域を準備することも重要ですが、それが難しい場合はこの機能を必要とするユーザーのみにポリシーを適用することや、クォータ設定（⇒P.557）を検討してください。

フォルダーリダイレクトの利用

フォルダーリダイレクトはユーザーに対して設定する必要があるので、**ユーザーアカウントが格納されているOU**にリンクされているGPOを右クリックして［編集］をクリックし、GPMCを開いて［**ユーザーの構成**］→［**ポリシー**］→［**Windowsの設定**］→［**フォルダーリダイレクト**］を開き、次の手順を実行します。

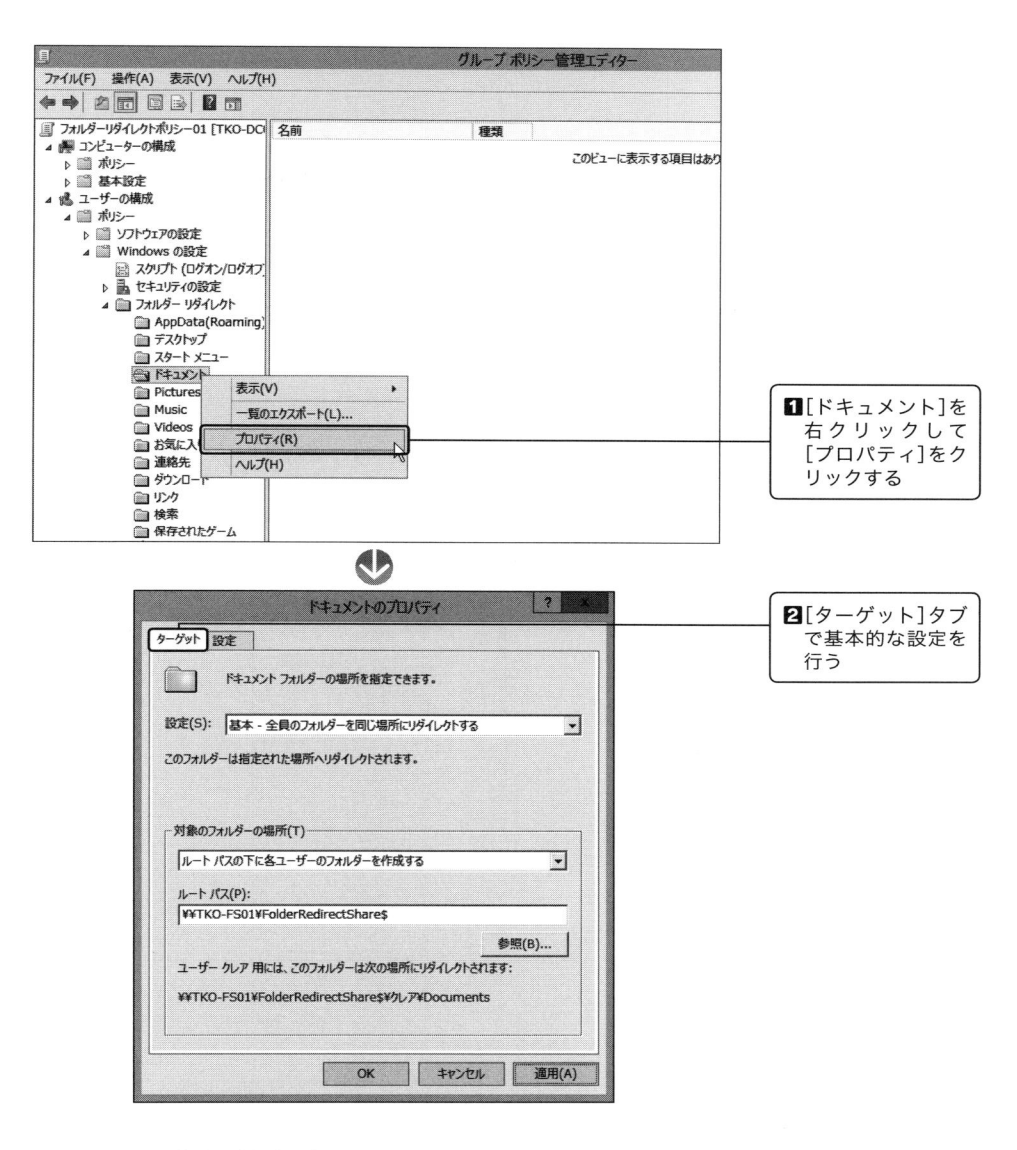

03 ファイルサービスに関わる管理

❶ [ドキュメント]を右クリックして[プロパティ]をクリックする

❷ [ターゲット]タブで基本的な設定を行う

■ [ターゲット]タブの[設定]プルダウンメニュー

設　定	説　明
基本 – 全員のフォルダーを同じ場所にリダイレクトする	[対象のフォルダーの場所]に指定した場所に、このフォルダーをリダイレクトする
詳細設定 – ユーザーグループ別に場所を指定する	セキュリティグループに基づいて異なる場所にフォルダーをリダイレクトする

Part 4 Active Directoryの管理

■ [ターゲット]タブの[対象のフォルダーの場所]プルダウンメニュー

対象のフォルダーの場所	説　明
ユーザーのホームディレクトリにリダイレクトする	ユーザーの[プロパティ]ダイアログの[プロファイル]でホームディレクトリが設定されている場合は、そこを対象フォルダーの保存場所とする
ルートパスの下に各ユーザーのフォルダーを作成する	[ルートパス]に指定した共有フォルダーに、自動的にユーザー名のフォルダーが作成されて、そこが対象フォルダーになる
以下の場所にリダイレクトする	[ルートパス]に指定した共有フォルダーにリダイレクトする。複数のユーザーが共有することになる
ローカルユーザープロファイルにリダイレクトする	リダイレクト設定を元に戻す場合に指定する

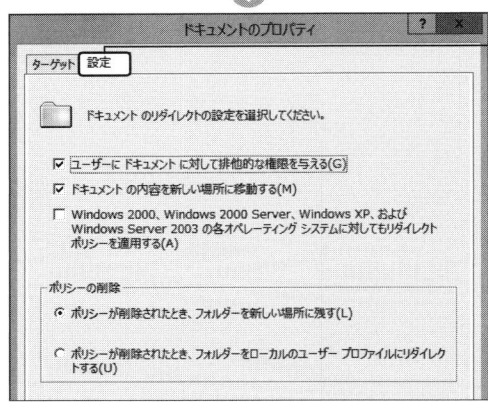

3 [設定]タブでフォルダーリダイレクトに関する追加の設定を行う

■ [設定]タブの〈特殊フォルダー〉のリダイレクト設定

設　定	説　明
ユーザーに〈特殊フォルダー〉に対して排他的な権限を与える	このオプションはデフォルトで有効。有効にすると、他のユーザーはもちろん、管理者もそのユーザーの特殊フォルダーにアクセスできなくなる。有効のままにしておくことを推奨
〈特殊フォルダー〉の内容を新しい場所に移動する	このオプションはデフォルトで有効。有効にすると、ユーザーのローカルフォルダーにあるデータが共有フォルダーに移動する
Windows 2000、Windows 2000 Server、Windows XP、および Windows Server 2003 の各オペレーティングシステムに対してもリダイレクトポリシーを適用する	古い Windows OS でもフォルダーのリダイレクトが行われるようになる

■ [設定]タブのポリシーの削除

設　定	説　明
ポリシーが削除されたとき、フォルダーを新しい場所に残す	このポリシーが削除された場合も、特殊フォルダーはリダイレクトされていた場所に残る。データもリダイレクトされていた場所に残る
ポリシーが削除されたとき、フォルダーをローカルのユーザープロファイルにリダイレクトする	このポリシーが削除された場合に、特殊フォルダーはローカルにリダイレクトされるようになる。ただし、データを移動するかどうかは[〈特殊フォルダー〉の内容を新しい場所に移動する]の設定に従う

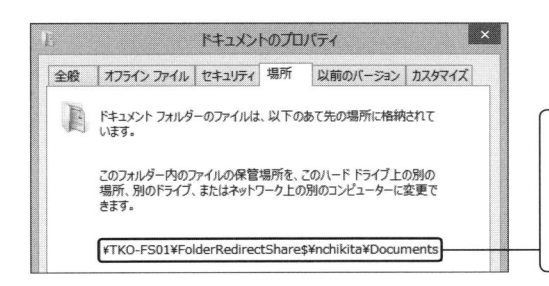

4 作成した GPO が適用されているユーザーで Windows コンピューターにサインインして、[ドキュメント]フォルダーのプロパティを確認すると、場所が共有フォルダー上に変更されていることを確認できる

フォルダーリダイレクトの解除

フォルダーリダイレクトを解除する場合は、フォルダーリダイレクトが設定されているGPOのプロパティダイアログを開いて、[ターゲット]タブの[対象フォルダーの場所]を[**ローカルユーザープロファイルにリダイレクトする**]に変更します。

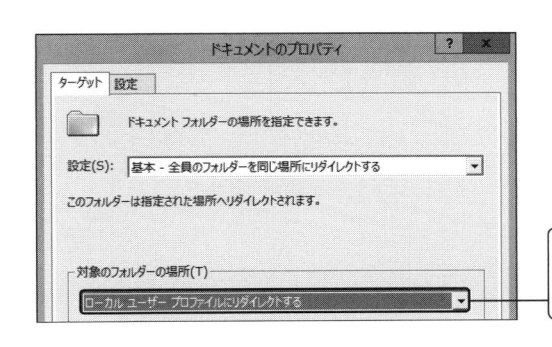

1 [ローカルユーザープロファイルにリダイレクトする]を選択して、[OK]をクリックする

Column 移動ユーザープロファイルとユーザープロファイルディスク

Windowsは、ユーザーが普段利用している環境（デスクトップやマイドキュメントなど）を**ユーザープロファイル**として管理しています。このユーザープロファイルをサーバーで管理する**移動ユーザープロファイル**と呼ばれる仕組みを利用すると、ユーザーはどのコンピューターでも同様のデスクトップ環境やマイドキュメントを利用できるようになります。学校など、多数のユーザーが多数のコンピューターを共有するような環境ではメリットが大きいのではないでしょうか。

移動ユーザープロファイルの設定は、Active Directoryのユーザーオブジェクトの[プロパティ]ダイアログにある[**プロファイル]タブ**で行うことができます。

ただし、移動ユーザープロファイルを有効にすると、ユーザーがクライアントコンピューターからログオン/ログオフするたびにサーバーとの間でプロファイル情報のコピー処理が実行されるため、デスクトップに巨大なファイルが保存されていると、ネットワークトラフィックが圧迫される恐れがあります。フォルダーリダイレクトとの違いを認識したうえで、使い分けてください。

なお「ユーザープロファイルに格納される設定情報のみを移動ユーザープロファイルからダウンロードし、ユーザーデータはフォルダーリダイレクトでファイルサーバーを参照する」という併用も可能です。

また、Windows Server 2012以降で**RDS**（リモートデスクトップサービス）環境を構築した際には、**ユーザープロファイルディスク**を利用できます。これは**SMB**（サーバーメッセージブロック）（⇒P.545）によるファイルサーバー上に置くVHDファイルであり、移動ユーザープロファイルや、ユーザーのためのアプリケーションのデータなどを保存できるものです。ユーザーのログオン/ログオフ時に大量のネットワークトラフィックが発生するようなことがないため、RDS環境では利用が推奨される機能です。

このように、環境によって、プロファイルの適切な管理方法を選択することが重要です。

> **Column** **Active Directory 管理センターによる管理操作**
>
> 　Windows Server 2012からはGUIのツールである「Active Directory管理センター」が機能強化されています。
> この管理ツールはWindows PowerShellをベースに動作しており、**履歴ビューアー機能**を使用して実際にどのようなコマンドレットが実行されているのかを確認することができます。
> 　例えば、アカウントの登録などの繰り返し実行される管理業務がある場合には、一度はActive Directory管理センターのGUIで操作を行い、その際のコマンドレットを履歴ビューアーから取り出してスクリプトを作成することで、次回から再利用できます。これにより、管理負荷や操作ミスの低減が期待できます。
>
> **URL** **Active Directory 管理センターの強化概要**
> http://technet.microsoft.com/ja-JP/library/hh831702.aspx

Part 05

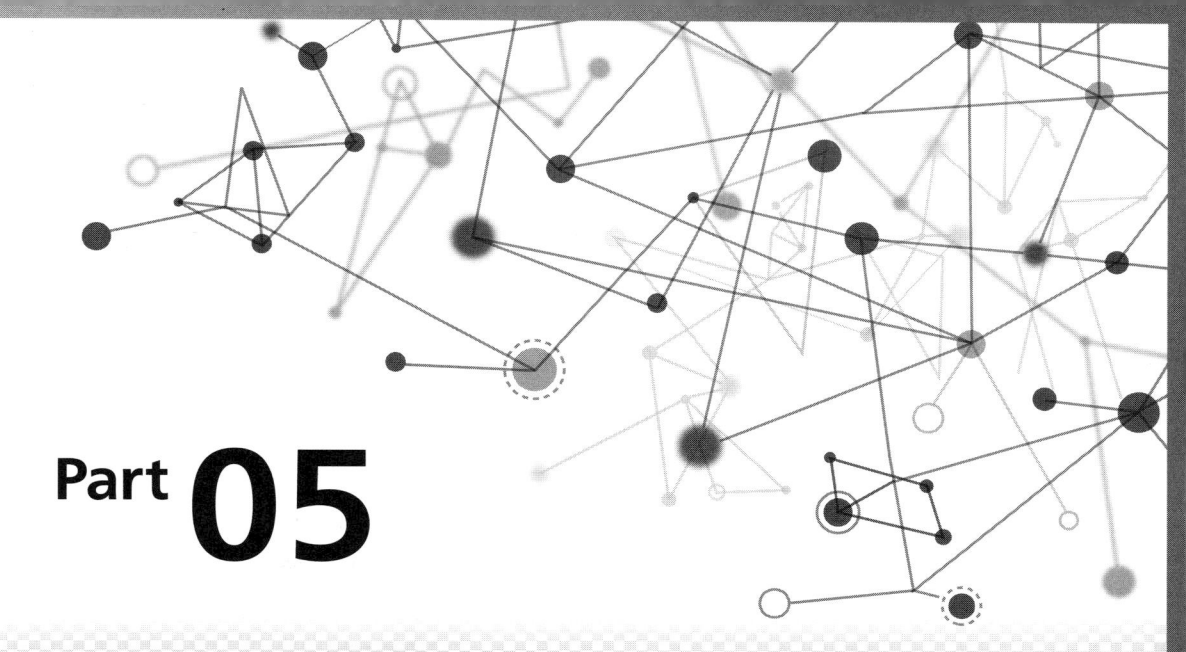

Active Directoryの高度な管理機能

Chapter 15　Active Directoryの高度な管理
Chapter 16　Active Directoryの保守
Chapter 17　Active Directoryのマイグレーション
Chapter 18　AD CSによるPKI環境の構築

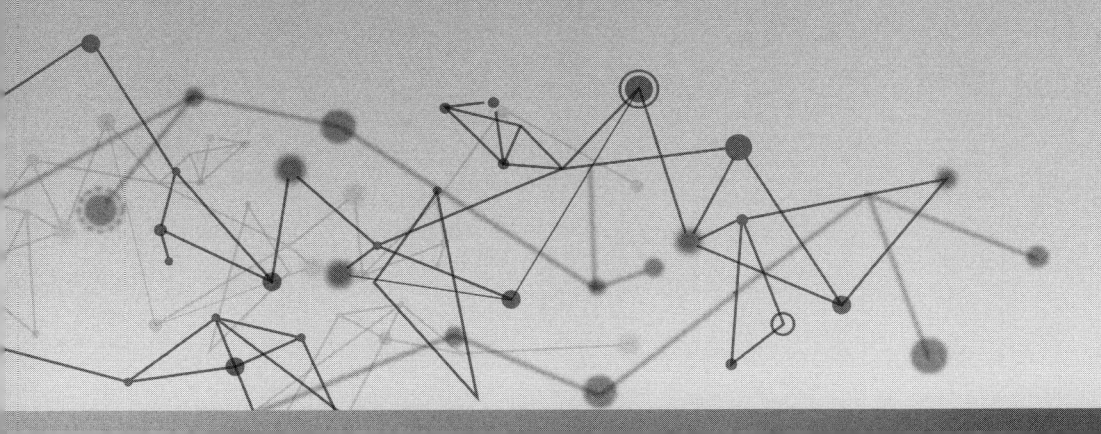

Chapter 15 Active Directoryの高度な管理

本章では、日々行う管理業務ではないものの、Active Directory環境を運用・管理するうえでは重要な、「機能レベルの管理」や「操作マスターの管理」、「仮想化されたドメインコントローラーの複製」について解説します。これらの作業は主に、Active Directory環境の大幅な変更やメンテナンスの際に実行します。

01 機能レベルの昇格と確認

Active Directory には**機能レベル**（⇒P.138）が設定されており、上位の機能レベルのほうがより多くのActive Directory の機能を利用できます。

機能レベルには**ドメインの機能レベル**と**フォレストの機能レベル**の2種類があり、各機能レベルは要件（⇒P.139）を満たしていれば容易に昇格する（機能レベルを上げる）ことができます。

> **Tips** 機能レベルを変更する場合は、その前後にActive Directoryのバックアップを取得することをお勧めします。また、いったん機能レベルを昇格する（上げる）と基本的には降格する（下げる）ことはできないので、変更する際は十分な注意が必要です。
> ただし、特定の条件を満たしている場合は降格できる場合もあります。詳細については以下のサイトを参照してください。

URL ドメインの機能レベルを上げる
http://technet.microsoft.com/ja-jp/library/cc753104.aspx

URL フォレストの機能レベルを上げる
http://technet.microsoft.com/ja-jp/library/cc730985.aspx

01-01 ドメインの機能レベルの昇格

ドメインの機能レベルを昇格する場合は、管理者でドメインコントローラーにサインインしてサーバーマネージャーから［Active Directoryドメインと信頼関係］を起動して、次の手順を実行します。

❶ ドメイン名を右クリックして、[ドメインの機能レベルの昇格]をクリックする

❷ ドメイン名と現在のドメインの機能レベルを確認する

❸ 機能レベルを選択して、[上げる]をクリックする

❹ 警告が表示されるので、内容を確認して[OK]をクリックする

01-02 フォレストの機能レベルの昇格

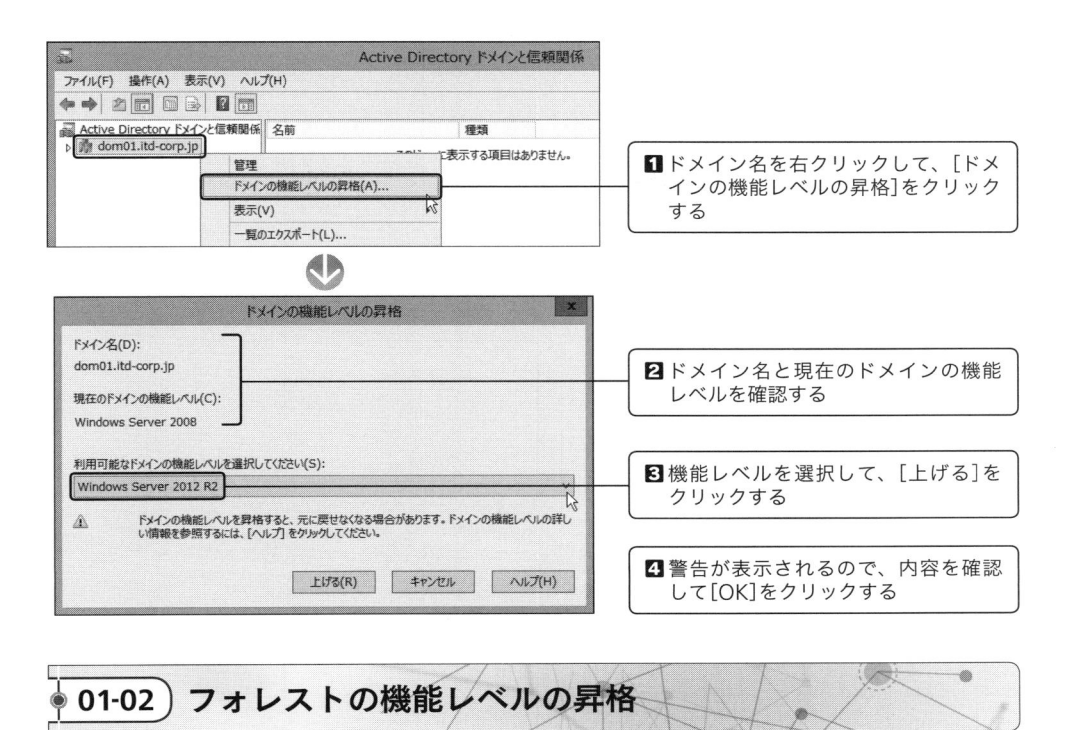

フォレストの機能レベルを昇格する場合は以下の手順を実行します。

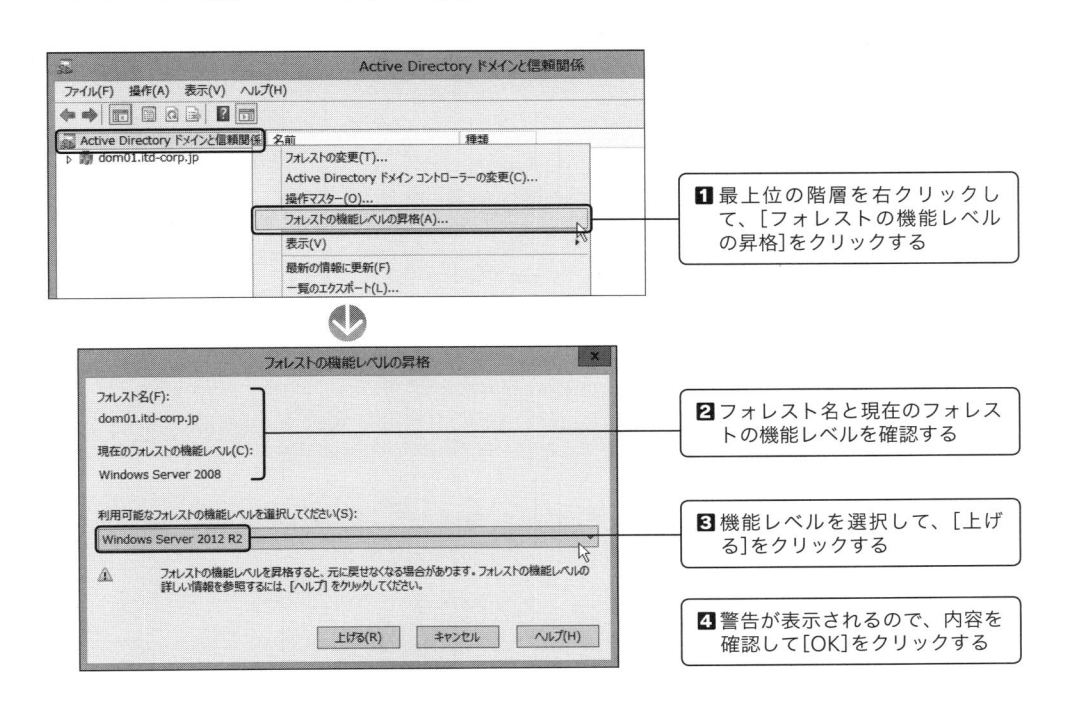

❶ 最上位の階層を右クリックして、[フォレストの機能レベルの昇格]をクリックする

❷ フォレスト名と現在のフォレストの機能レベルを確認する

❸ 機能レベルを選択して、[上げる]をクリックする

❹ 警告が表示されるので、内容を確認して[OK]をクリックする

01-03 機能レベルの確認

Active Directoryに設定されている機能レベルは、対象のドメインのプロパティダイアログで確認できます。

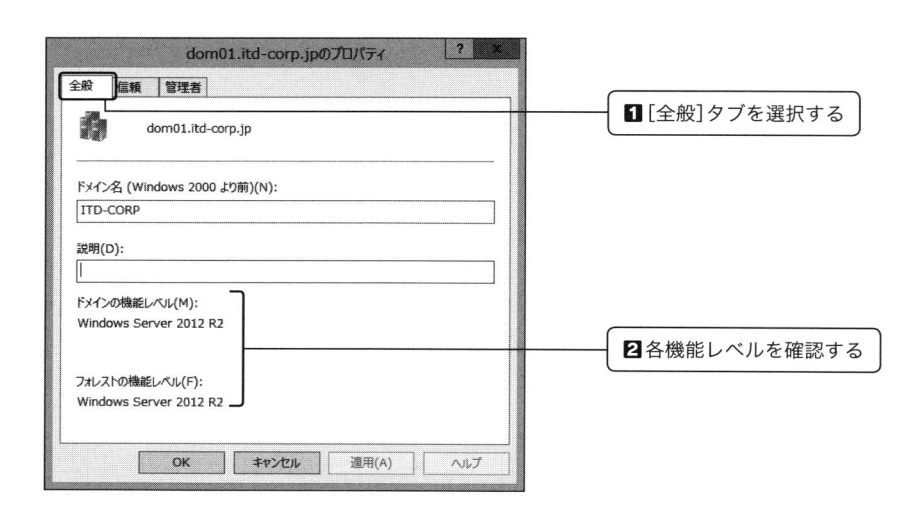

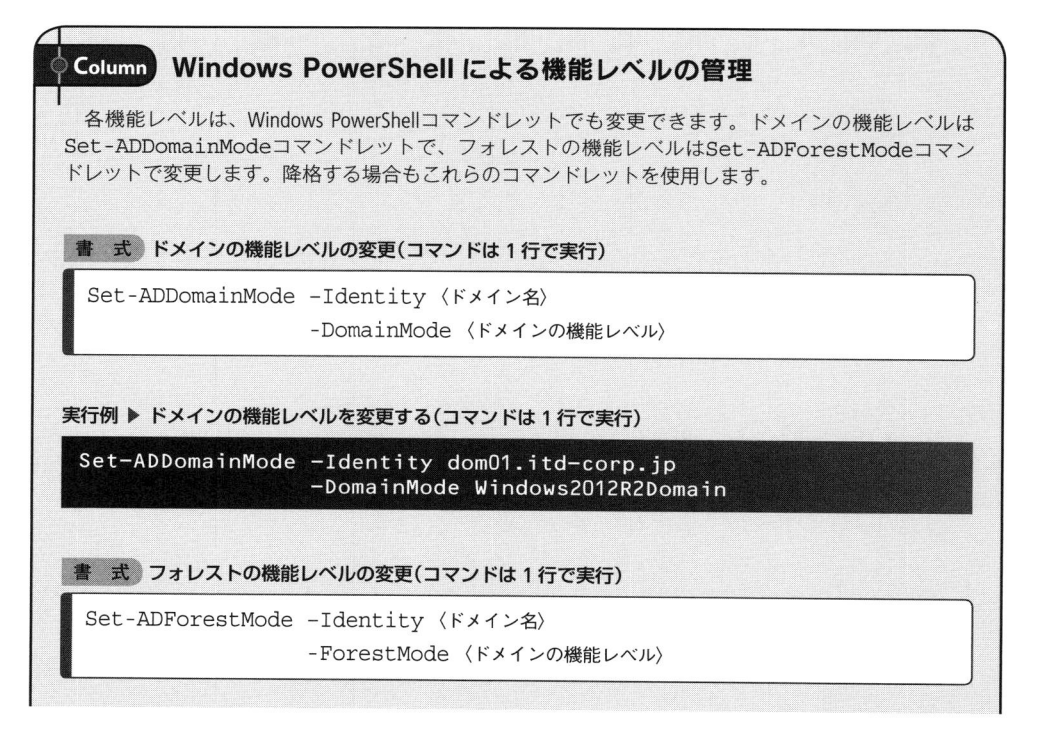

dom01.itd-corp.jpのプロパティ（[全般]タブ）
- ドメイン名 (Windows 2000 より前)(N): ITD-CORP
- 説明(D):
- ドメインの機能レベル(M): Windows Server 2012 R2
- フォレストの機能レベル(F): Windows Server 2012 R2

❶ [全般]タブを選択する
❷ 各機能レベルを確認する

Column　Windows PowerShell による機能レベルの管理

各機能レベルは、Windows PowerShellコマンドレットでも変更できます。ドメインの機能レベルは`Set-ADDomainMode`コマンドレットで、フォレストの機能レベルは`Set-ADForestMode`コマンドレットで変更します。降格する場合もこれらのコマンドレットを使用します。

書式 ▶ ドメインの機能レベルの変更（コマンドは1行で実行）

```
Set-ADDomainMode -Identity <ドメイン名>
                 -DomainMode <ドメインの機能レベル>
```

実行例 ▶ ドメインの機能レベルを変更する（コマンドは1行で実行）

```
Set-ADDomainMode -Identity dom01.itd-corp.jp
                 -DomainMode Windows2012R2Domain
```

書式 ▶ フォレストの機能レベルの変更（コマンドは1行で実行）

```
Set-ADForestMode -Identity <ドメイン名>
                 -ForestMode <ドメインの機能レベル>
```

実行例 ▶ フォレストの機能レベルを変更する（コマンドは1行で実行）

```
Set-ADForestMode -Identity dom01.itd-corp.jp
                 -ForestMode Windows2012R2Forest
```

なお、現在のドメインの機能レベルはGet-ADDomainコマンドレットで、フォレストの機能レベルはGet-ADForestコマンドレットで確認できます。

02 操作マスターの管理

5種類ある**操作マスター**（⇒P.145）は、フォレスト内またはドメイン内で1台のドメインコントローラーしか保持できないため、そのドメインコントローラーをメンテナンスなどのために長期間停止する場合は、事前に保持している操作マスターを他のドメインコントローラーに転送する必要があります。

02-01 スキーママスターの確認と転送

5つある操作マスターの1つである**スキーママスター**は、Active Directoryデータベースの属性（氏名、電話番号など）を管理するマスターです。フォレスト内で1台のドメインコントローラーでしか保持することができません。

スキーママスターの確認

デフォルトの状態では、どのドメインコントローラーがスキーママスターを保持しているのかをGUIで確認することはできません。スキーママスターを保持しているドメインコントローラーを確認するには、管理者でドメインコントローラーにサインインして［スタート］画面などから［ファイル名を指定して実行］を開き、以下の手順を実行します。

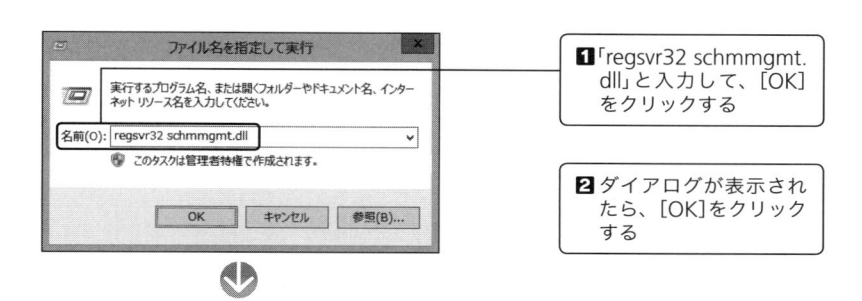

❶「regsvr32 schmmgmt.dll」と入力して、[OK]をクリックする

❷ ダイアログが表示されたら、[OK]をクリックする

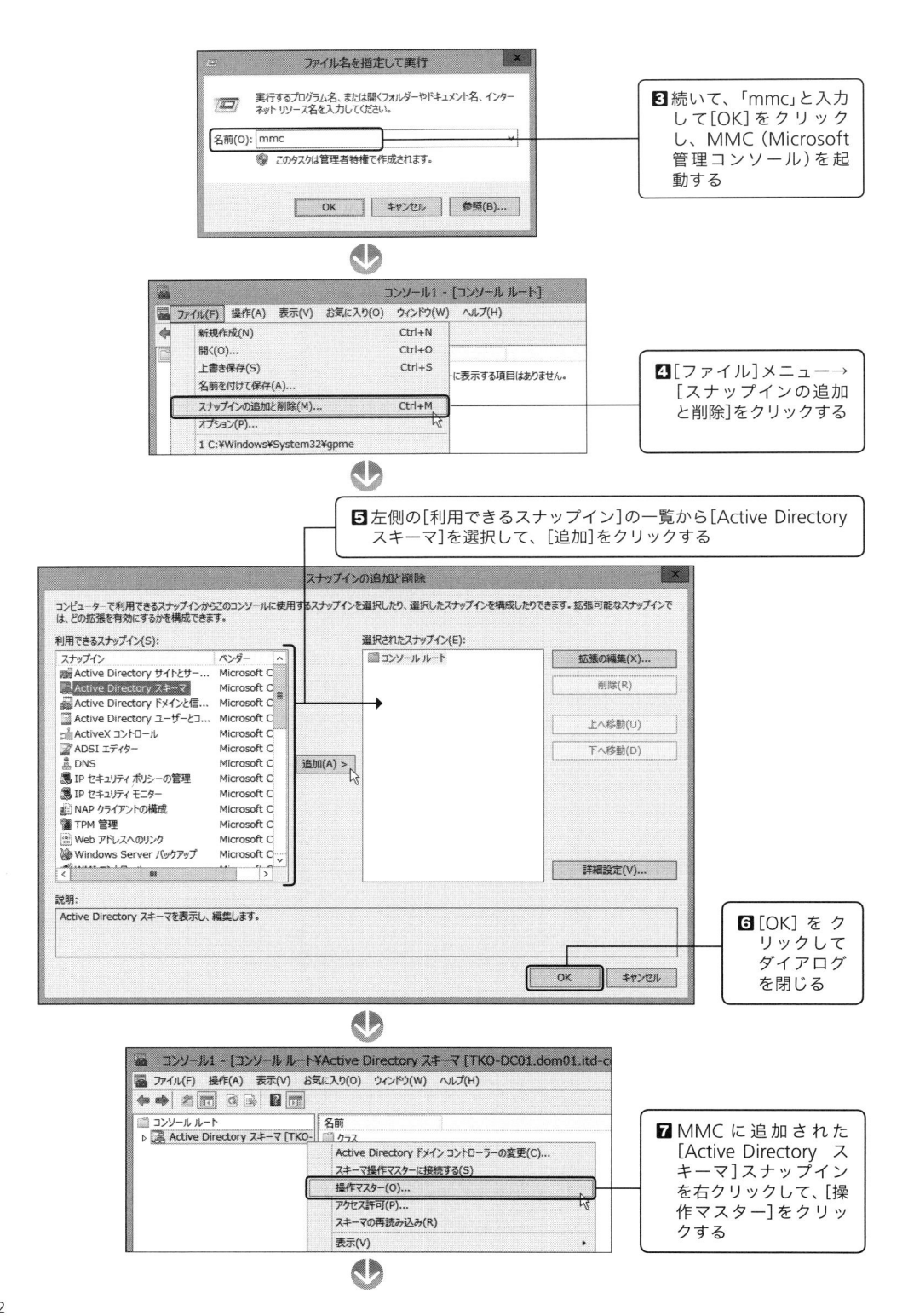

Part 05 Active Directoryの高度な管理機能

3 続いて、「mmc」と入力して[OK]をクリックし、MMC（Microsoft管理コンソール）を起動する

4 [ファイル]メニュー→[スナップインの追加と削除]をクリックする

5 左側の[利用できるスナップイン]の一覧から[Active Directory スキーマ]を選択して、[追加]をクリックする

6 [OK]をクリックしてダイアログを閉じる

7 MMCに追加された[Active Directory スキーマ]スナップインを右クリックして、[操作マスター]をクリックする

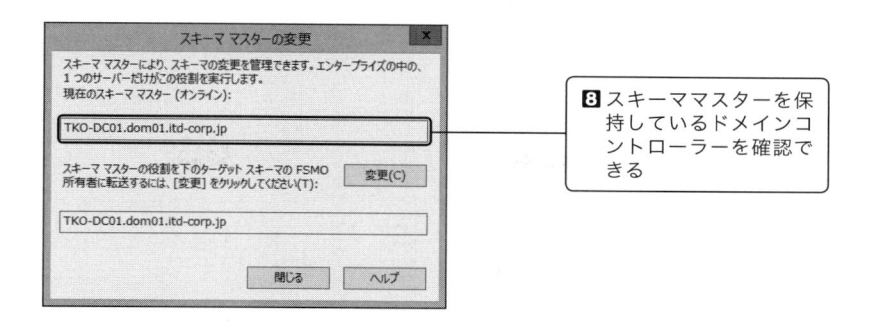

02 操作マスターの管理

8 スキーママスターを保持しているドメインコントローラーを確認できる

スキーママスターの転送

スキーママスターを他のドメインコントローラーに転送するには、MMCで以下の手順を実行します。

1 [Active Directory スキーマ]を右クリックして、[Active Directory ドメインコントローラーの変更]をクリックする

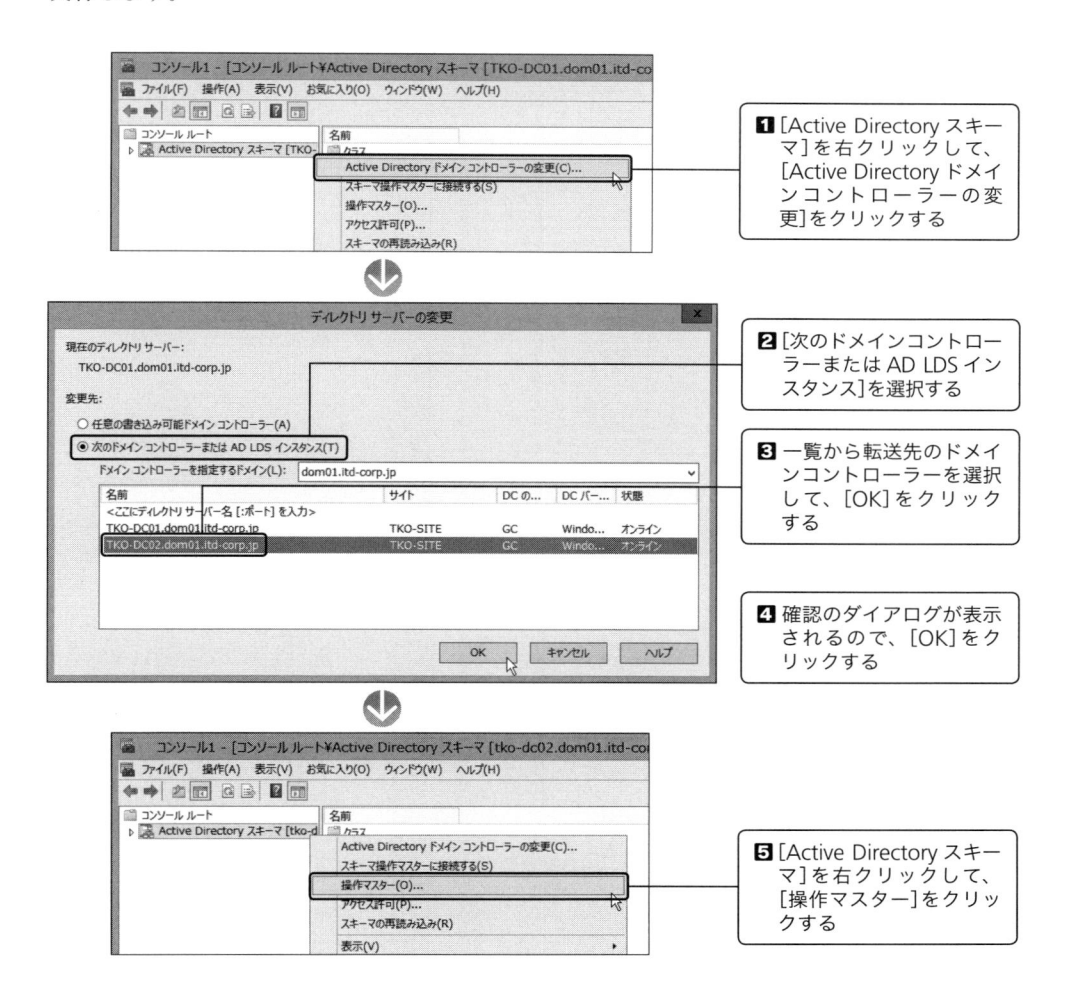

2 [次のドメインコントローラーまたは AD LDS インスタンス]を選択する

3 一覧から転送先のドメインコントローラーを選択して、[OK]をクリックする

4 確認のダイアログが表示されるので、[OK]をクリックする

5 [Active Directory スキーマ]を右クリックして、[操作マスター]をクリックする

[スキーマ マスターの変更]ダイアログ

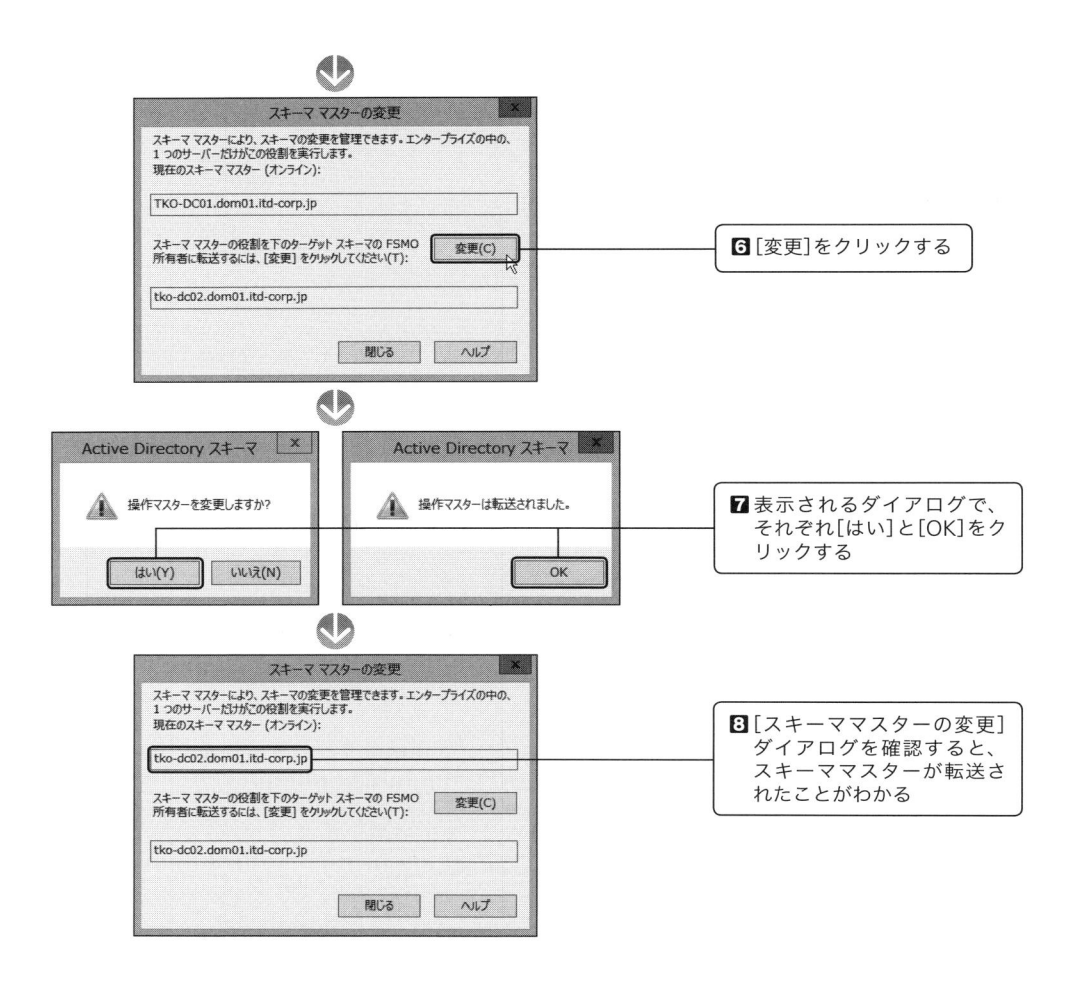

6 [変更]をクリックする

7 表示されるダイアログで、それぞれ[はい]と[OK]をクリックする

8 [スキーママスターの変更]ダイアログを確認すると、スキーママスターが転送されたことがわかる

02-02　ドメイン名前付けマスターの確認と転送

ドメイン名前付けマスターは、Active Directoryドメインの追加や削除を管理する操作マスターです。フォレスト内で1台のドメインコントローラーしか保持できません。

ドメイン名前付けマスターの確認

ドメイン名前付けマスターを保持しているドメインコントローラーを確認するには、ドメインコントローラーにサインインして、サーバーマネージャーから[Active Directoryドメインと信頼関係]を起動して、次の手順を実行します。

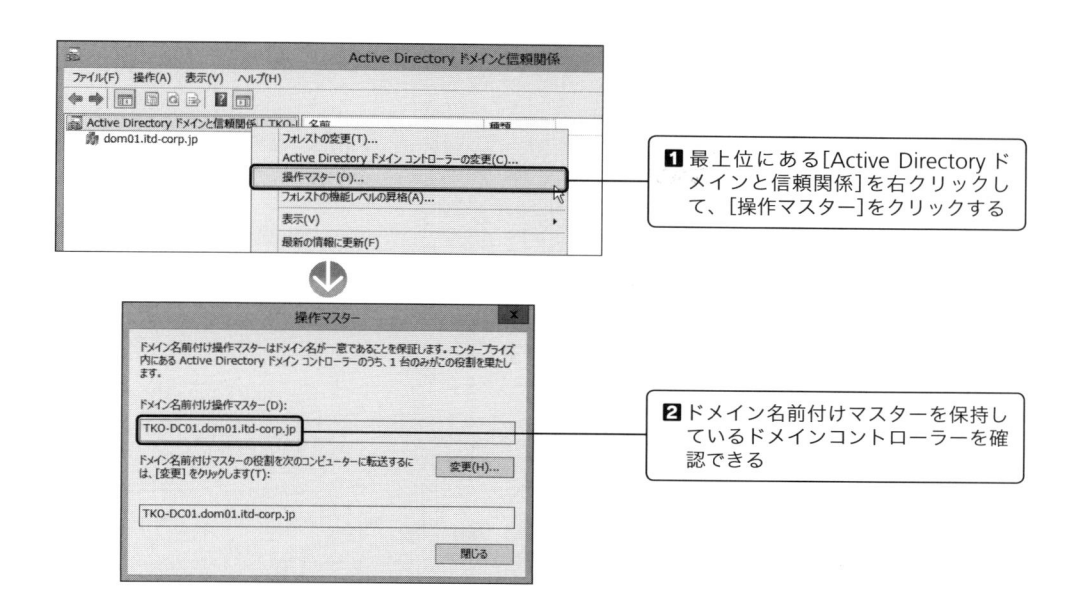

02 操作マスターの管理

1 最上位にある[Active Directory ドメインと信頼関係]を右クリックして、[操作マスター]をクリックする

2 ドメイン名前付けマスターを保持しているドメインコントローラーを確認できる

ドメイン名前付けマスターの転送

ドメイン名前付けマスターを他のドメインコントローラーに転送するには、[Active Directoryドメインと信頼関係]を起動して、以下の手順を実行します。

1 最上位にある[Active Directory ドメインと信頼関係]を右クリックして、[Active Directoryドメインコントローラーの変更]をクリックする

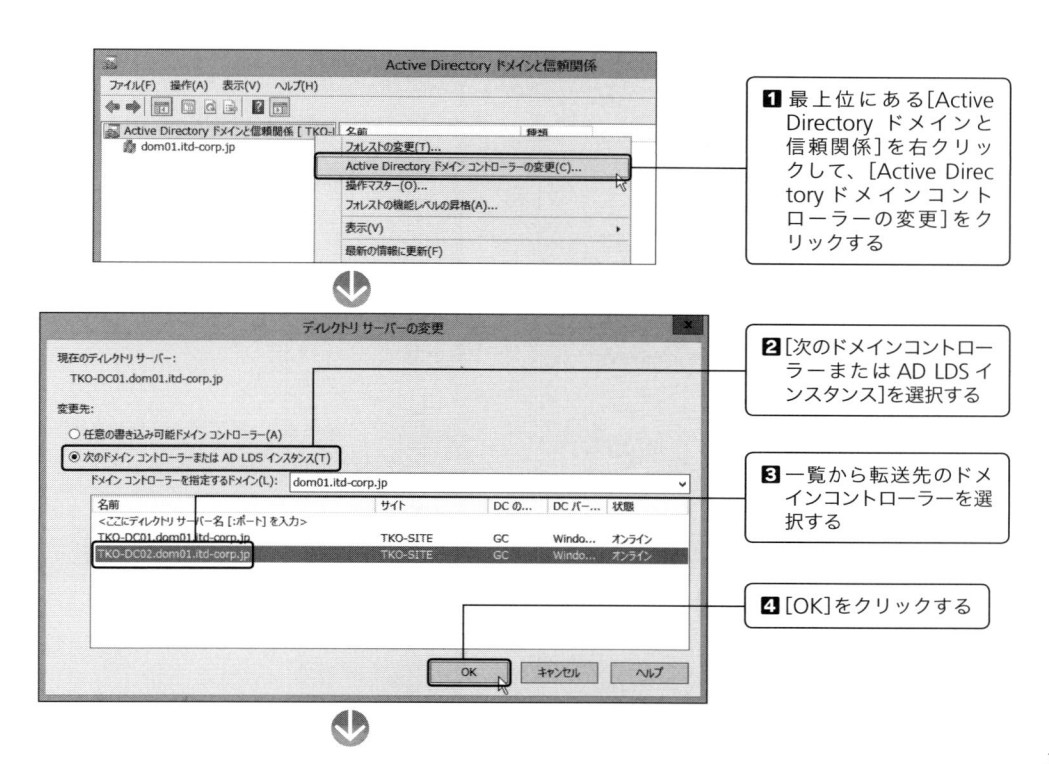

2 [次のドメインコントローラーまたは AD LDS インスタンス]を選択する

3 一覧から転送先のドメインコントローラーを選択する

4 [OK]をクリックする

Part 05 Active Directoryの高度な管理機能

5 最上位にある[Active Directory ドメインと信頼関係]を右クリックして、[操作マスター]をクリックする

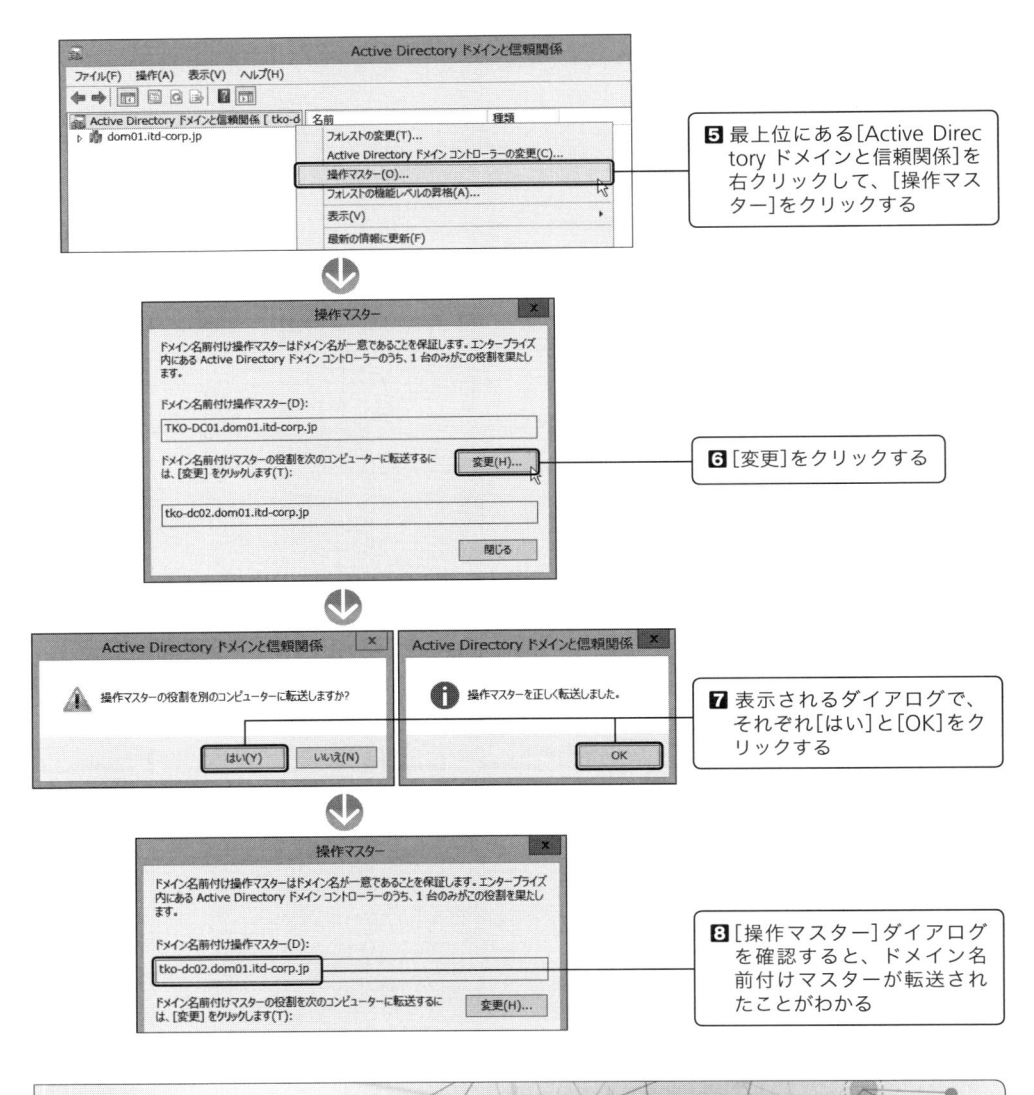

6 [変更]をクリックする

7 表示されるダイアログで、それぞれ[はい]と[OK]をクリックする

8 [操作マスター]ダイアログを確認すると、ドメイン名前付けマスターが転送されたことがわかる

02-03　ドメイン単位の操作マスターの確認と転送

RIDマスター、**PDCエミュレーター**、**インフラストラクチャマスター**は、ドメイン単位の操作マスターであるため、ドメイン内で1台のドメインコントローラーしか保持できません。

ドメイン単位の操作マスターの確認

これらの操作マスターを保持しているドメインコントローラーを確認するには、サーバーマネージャーから[Active Directoryユーザーとコンピューター]を開き、次の手順を実行します。

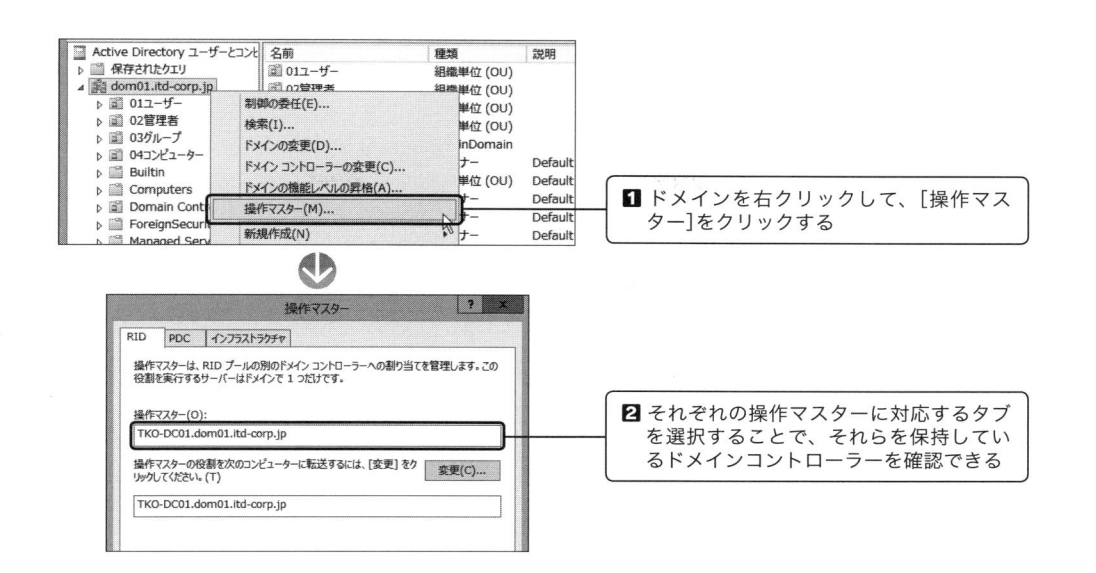

02 操作マスターの管理

1 ドメインを右クリックして、[操作マスター]をクリックする

2 それぞれの操作マスターに対応するタブを選択することで、それらを保持しているドメインコントローラーを確認できる

ドメイン単位の操作マスターの転送

ドメイン単位の操作マスターを他のドメインコントローラーに転送するには、サーバーマネージャーを起動して[Active Directoryユーザーとコンピューター]を開き、以下の手順を実行します。

1 ドメインを右クリックして、[ドメインコントローラーの変更]をクリックする

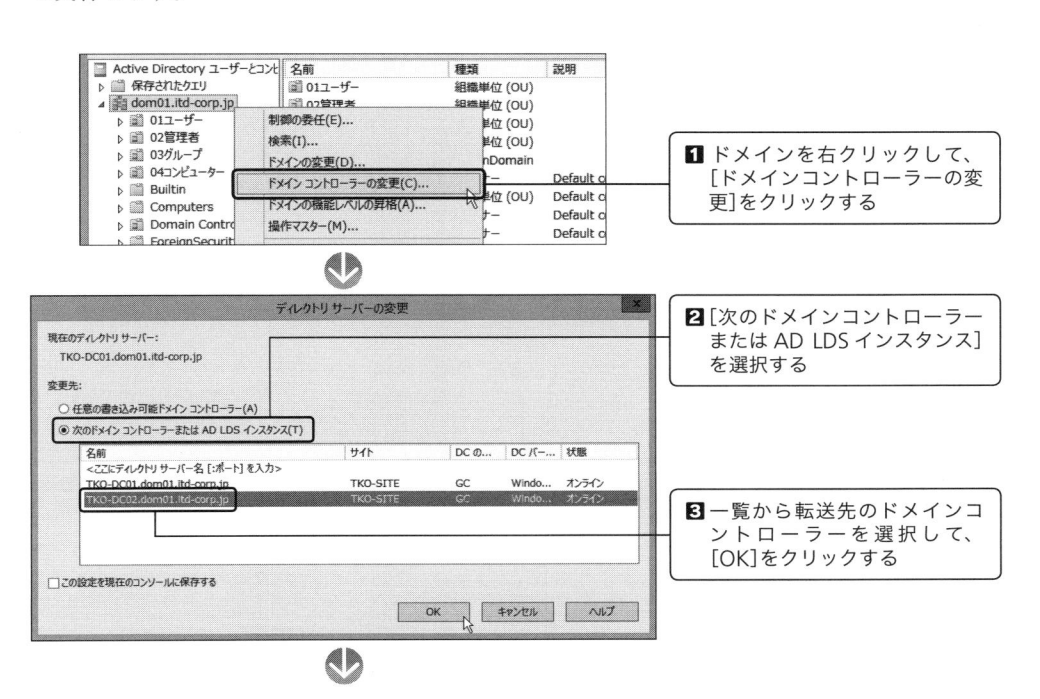

2 [次のドメインコントローラーまたは AD LDS インスタンス]を選択する

3 一覧から転送先のドメインコントローラーを選択して、[OK]をクリックする

Part 05 Active Directoryの高度な管理機能

4 ドメインを右クリックして、[操作マスター]をクリックする

5 転送する操作マスターに対応するタブを選択する

6 [変更]をクリックする

7 表示されるダイアログで、それぞれ[はい]と[OK]をクリックする

8 [操作マスター]ダイアログを確認すると、操作マスターが転送されたことがわかる

解説
必要であれば、タブを切り替えて、他の操作マスターの転送も行う

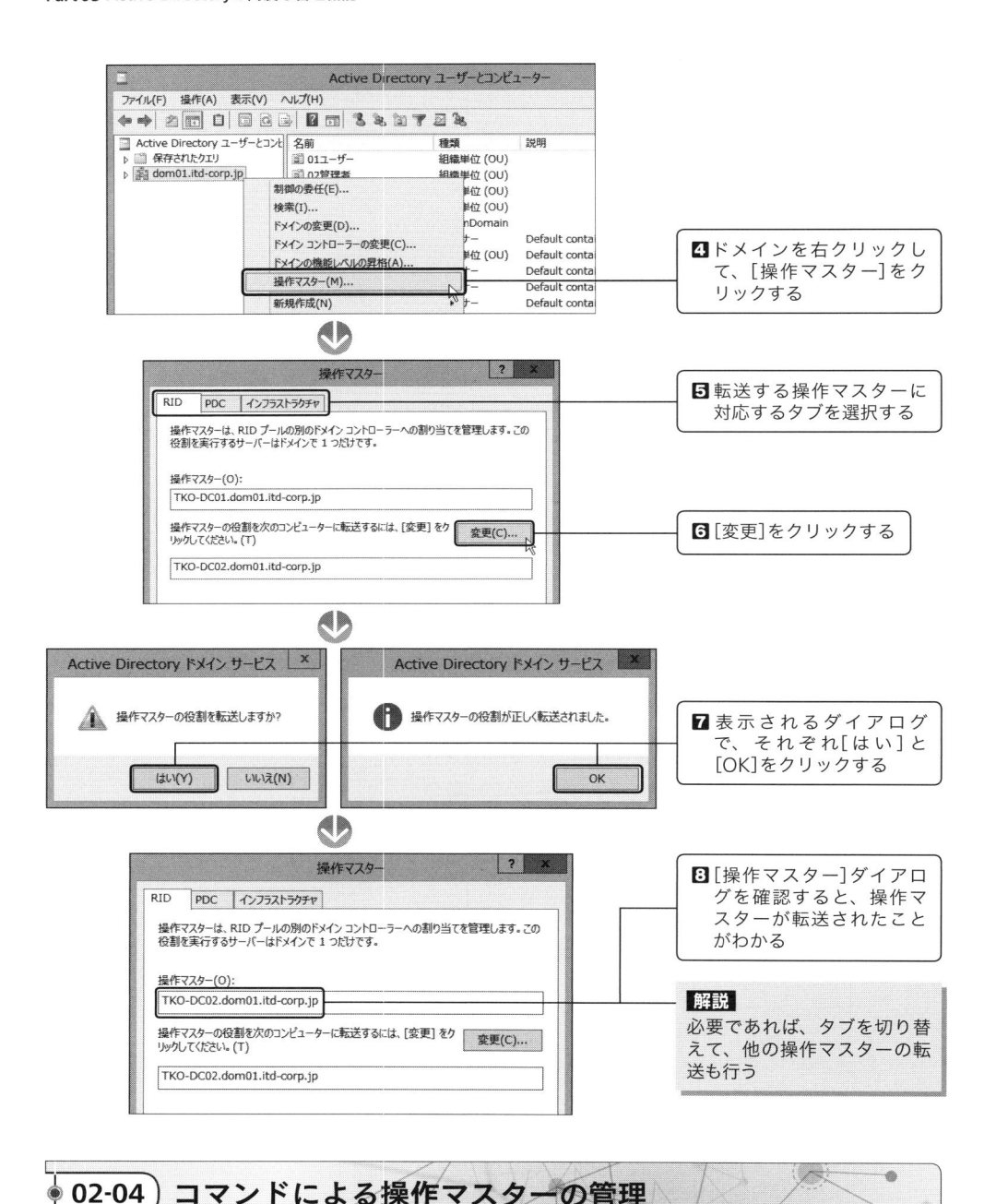

02-04 コマンドによる操作マスターの管理

　操作マスターはNTDSUTILコマンド（ntdsutil.exe）で管理することもできます。操作マスターの確認や転送を頻繁に行う場合は各コマンドを列挙したスクリプトやバッチファイルを用意しておくと便利です。

操作マスターの確認

操作マスターを保持しているドメインコントローラーを確認するには、以下のコマンドを実行します。このコマンドを実行すると、5種類ある操作マスターすべての格納先（ドメインコントローラー）を確認できます。

書式 操作マスターの確認（コマンドは1行で実行）

```
ntdsutil "partition management"
        "connections"
        "connect to server 〈ドメインコントローラー名〉" quit
        "select operation target"
        "list roles for connected server" quit quit quit
```

Tips netdom query fsmoコマンドでも確認できます。

操作マスターの転送

各操作マスターを転送するには、以下のコマンドを実行します。操作マスターごとに指定値が異なるので注意してください。

書式 操作マスターの転送（コマンドは1行で実行）

```
ntdsutil "roles" "connections"
        "connect to server 〈転送先ドメインコントローラー名〉" quit
        "transfer 〈操作マスターの種類〉" quit quit
```

■〈操作マスターの種類〉の指定値

種類	指定値
スキーママスター	schema master
ドメイン名前付けマスター	naming master
RIDマスター	RID master
PDCエミュレーター	PDC
インフラストラクチャマスター	infrastructure master

実行例 ▶ インフラストラクチャマスターを転送する（コマンドは1行で実行）

```
ntdsutil "roles" "connections"
        "connect to server TKO-DC02.dom01.itd-corp.jp" quit
        "transfer infrastructure master" quit quit
```

> **Tips** コマンドのオプションの「**transfer**」を「**seize**」に変更すると、役割の上書き（強制）を実行できます。転送がうまくできない場合のみ、指定値を変えてみてください。

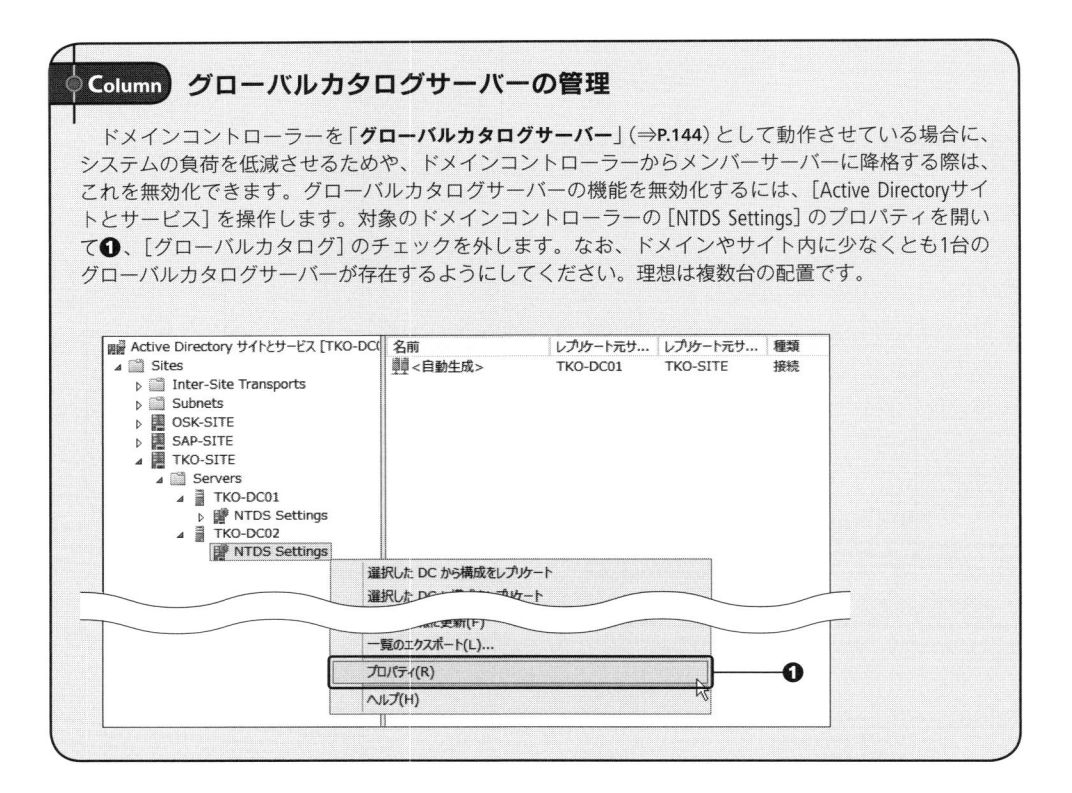

Column グローバルカタログサーバーの管理

ドメインコントローラーを「**グローバルカタログサーバー**」（⇒P.144）として動作させている場合に、システムの負荷を低減させるためや、ドメインコントローラーからメンバーサーバーに降格する際は、これを無効化できます。グローバルカタログサーバーの機能を無効化するには、［Active Directoryサイトとサービス］を操作します。対象のドメインコントローラーの［NTDS Settings］のプロパティを開いて❶、［グローバルカタログ］のチェックを外します。なお、ドメインやサイト内に少なくとも1台のグローバルカタログサーバーが存在するようにしてください。理想は複数台の配置です。

03 仮想化されたドメインコントローラーの複製

　Windows Server 2012以降、ドメインコントローラーの仮想化機能が強化されており、その1つに**クローン機能**（複製機能）の実装があります。この機能を利用するとドメインコントローラーを迅速かつ容易に複製でき、その結果、Active Directory環境の可用性や、プロビジョニングの柔軟性を向上させることができます。

> **Tips** ここではHyper-V環境においてドメインコントローラーを複製する方法を解説しています。Hyper-Vの詳細については「Part6 Hyper-Vの構築」（⇒P.371）を参照してください。

03-01 クローン機能の利用条件

クローン機能を利用するには、対象のActive Directory環境が以下の前提条件を満たしていることが必要です。

- PDCエミュレーターがWindows Server 2012やWindows Server 2012 R2のドメインコントローラーであること
- 複製元ドメインコントローラーがWindows Server 2012やWindows Server 2012 R2であり、かつ「VM-GenerationID」をサポートしたハイパーバイザープラットフォーム(Windows Server 2012やWindows Server 2012 R2のHyper-Vなど)で動作する仮想マシンであること
- 複製先ドメインコントローラーを動作させるハイパーバイザープラットフォームも「VM-GenerationID」をサポートしていること

なお、ドメインコントローラーを複製する際は、複製元ドメインコントローラーをシャットダウンする必要があります。そのため、いつ停止しても問題が生じない「**複製元専用のドメインコントローラー**」を用意しておくことをお勧めします。

また、複製元ドメインコントローラー内にクローン機能による複製をサポートしていないプログラムが存在しないか、事前にソフトウェアベンダーなどに確認してください。一例を挙げると、Windows Server 2012 R2のサービスのうち、以下のものはこの複製機能をサポートしていません。

- DHCPサーバー
- Active Directory 証明書サービス(AD CS)
- Active Directory ライトウェイトディレクトリサービス(AD LDS)

複製をサポートしていないプログラムやサービスがある場合は、それらを削除するか、このクローン機能の利用について再検討してください。

> **Tips** 仮想化されたドメインコントローラーの複製の詳細は、以下のサイトを参照してください。
>
> **URL** Active Directory ドメイン サービス(AD DS)の仮想化(レベル 100)の概要
> http://technet.microsoft.com/ja-JP/library/hh831734.aspx

03-02 ドメインコントローラーの複製

ここからは、仮想化されたドメインコントローラーの複製を行うための手順を解説します。なお、本書の例では2台目のドメインコントローラー(⇒P.164)をHyper-Vの仮想マシンで構築し、これを複製元として使用しています。

ドメインコントローラーの複製は次の手順で行います。

1. 複製元ドメインコントローラーを複製対象に指定できるようにする
2. プログラムとサービスの複製可能判定と除外を行う
3. クローン構成ファイルを生成する
4. 複製元ドメインコントローラーの仮想マシンをエクスポートする
5. 仮想マシンをインポートして実行する

1．複製元ドメインコントローラーを複製対象に指定できるようにする

　ドメインコントローラーはデフォルトの状態では複製対象として指定できません。任意のドメインコントローラーを複製対象として利用できるようにするには、そのドメインコントローラーのコンピューターアカウントを**Cloneable Domain Controllers**グループのメンバーに追加することが必要です。

　動作中のドメインコントローラーのサーバーマネージャーで［ツール］メニュー→［Active Directoryユーザーとコンピューター］を開き、以下の手順を実行します。

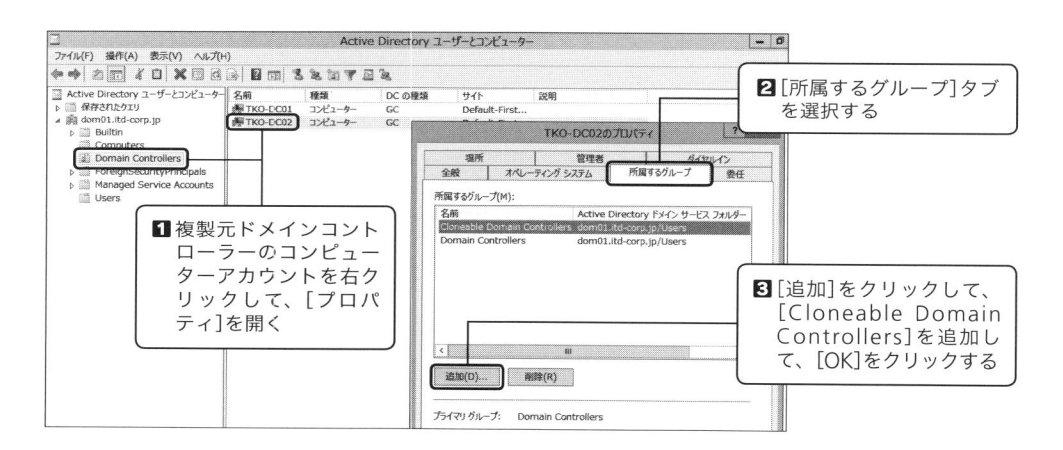

❶ 複製元ドメインコントローラーのコンピューターアカウントを右クリックして、［プロパティ］を開く

❷ ［所属するグループ］タブを選択する

❸ ［追加］をクリックして、［Cloneable Domain Controllers］を追加して、［OK］をクリックする

2．プログラムとサービスの複製可能判定と除外を行う

　複製元ドメインコントローラーのプログラムやサービスを検出して、クローン機能で複製可能か判定し、その結果、複製がサポートされているものは除外指定します。

　複製元ドメインコントローラーのサーバーマネージャーで［ツール］メニュー→［Windows PowerShell用のActive Directoryモジュール］を開き、以下の手順を実行します。

●複製のための評価が行われていないプログラムやサービスの検出

　以下のコマンドレットを実行して、複製のための評価が行われていないプログラムやサービスを検出します。

書式 複製のための評価が行われていないプログラムやサービスの検出

```
Get-ADDCCloningExcludedApplicationList
```

コマンドを実行した結果、評価が行われていないプログラムやサービスが検出された場合は、クローン機能がサポートされているか否かをソフトウェアベンダーなどに確認してください。サポート対象外のものは削除またはアンインストールします。

検出されたプログラムやサービスが安全に複製できると判断できた場合は、**除外ファイル**を生成するために-GenerateXMLオプションを付けて再度Get-ADDCCloningExcludedApplicationListコマンドレットを実行します。

書　式 プログラムやサービスの除外ファイルの生成

```
Get-ADDCCloningExcludedApplicationList -GenerateXML
```

上記のコマンドレットを実行すると、除外するプログラムやサービスの情報が「%systemroot%¥NTDS」フォルダーの「CustomDCCloneAllowList.xml」に書き出されます。なお、除外対象のプログラムやサービスが存在しない場合は、このファイルは生成されません。

3．クローン構成ファイルを生成する

続いて、以下のWindows PowerShellコマンドレットを実行して、複製後のドメインコントローラーのコンピューター名やIPアドレスなどを定義する**クローン構成ファイル**を生成します。

書　式 クローン構成ファイルの生成（コマンドは1行で実行）

```
New-ADDCCloneConfigFile
  -Static
  -IPv4Address 〈IPアドレス〉
  -IPv4SubnetMask 〈サブネットマスク〉
  -IPv4DefaultGateway 〈デフォルトゲートウェイ〉
  -IPv4DNSResolver 〈DNSリゾルバ〉
  -CloneComputerName 〈複製後のコンピューター名〉
  -SiteName 〈サイト名〉
```

実行例 ▶ クローン構成ファイルの生成（コマンドは1行で実行）

```
New-ADDCCloneConfigFile
  -Static
  -IPv4Address "10.0.2.1"
  -IPv4SubnetMask "255.255.255.0"
  -IPv4DefaultGateway "10.0.2.254"
  -IPv4DNSResolver "10.0.1.1","10.0.1.2","127.0.0.1"
  -CloneComputerName "OSK-DC01"
  -SiteName "Default-First-Site-Name"
```

上記のコマンドを実行すると、構成情報が「%systemroot%¥NTDS」フォルダーの「DCCloneConfig.xml」に書き出されます。ドメインコントローラーの複製時は、このクローン構成ファイルの情報にしたがってコンピューター名やIPアドレスが自動設定されます。

> **重要！** DCCloneConfig.xmlをメモ帳などで編集するとエラーを引き起こす可能性が高まります。絶対に編集しないでください。

4．複製元ドメインコントローラーの仮想マシンをエクスポートする

複製元ドメインコントローラーをシャットダウンして、仮想マシンをエクスポートします。仮想マシンのエクスポートについては「Chapter 20 Hyper-Vの構築手順」(⇒**P.403**)を参照してください。

エクスポート完了後は、複製元ドメインコントローラーは起動して構いません。

5．仮想マシンをインポートして実行する

最後に、仮想マシンをインポートします。仮想マシンのインポートについては「Chapter 20 Hyper-Vの構築手順」(⇒**P.404**)で解説していますが、ここでのポイントは、[インポートの種類の選択]に[仮想マシンをコピーする(新しい一意なIDを作成する)]を選択する点です。

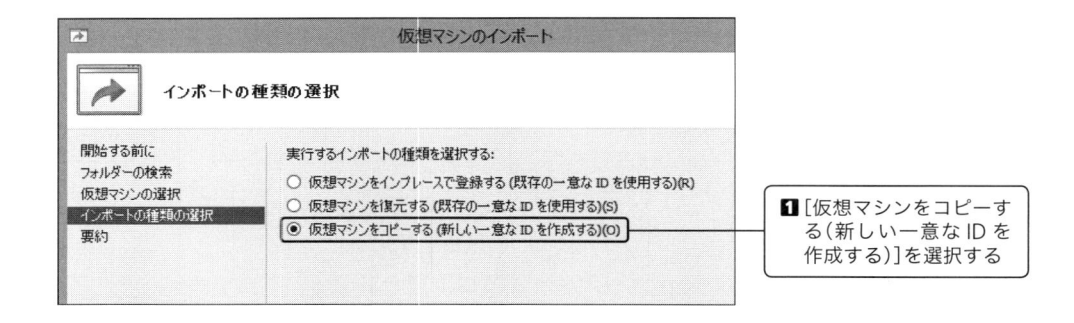

1 [仮想マシンをコピーする(新しい一意なIDを作成する)]を選択する

インポートした仮想マシンを起動すると、クローン構成ファイル(DCCloneConfig.xml)の構成情報にしたがってコンピューター名やIPアドレスが自動的に設定されます。

ドメインコントローラーの複製と起動が完了したら、Active Directoryドメインの Administratorユーザーでサインインし、1台目や2台目のドメインコントローラーと同様に各項目を確認します。具体的な確認方法については**P.158**を参照してください。

04 SYSVOL の複製方法の管理

ドメインコントローラーは、**SYSVOL**という特別な共有フォルダーを使用して、グループポリシーやログオンスクリプトに関わるファイルを、他のドメインコントローラーとの間で相互に複製しています。

旧バージョンのWindows ServerのActive Directoryでは、ドメインコントローラー間のSYSVOLの複製を「**FRS**（File Replication Service）」と呼ばれる機能で実行していました。

Windows Server 2008以降のActive Directoryでは、ドメインの機能レベルを「**Windows Server 2008**」以上にすることで、より効率良く複製処理を実行できる「**DFS-R**（DFS Replication）」を利用できるようになりました。ただし、DFS-RによるSYSVOLの複製は、新規にActive Directoryを構築する際にドメインの機能レベルを「Windows Server 2008」以降に設定しないと有効にならないため、Active Directoryをマイグレーションした場合や、途中で機能レベルを昇格した場合は、以下の手順を行って、SYSVOL複製方法をFRSからDFS-Rに変更することをお勧めします。

> **Tips** FRSによるSYSVOL複製は、Windows Server 2012 R2から非推奨（⇒P.28）の構成となっています。この構成でActive Directory環境を運用している場合は、早期にDFS-Rによる複製に変更することを推奨します。

> **重要！** SYSVOLの複製方法を変更する場合は、その作業前後にActive Directoryのバックアップを取得することをお勧めします。

04-01　SYSVOL の複製方法の変更

SYSVOLの複製方法はDFSRMIGコマンド（dfsrmig.exe）で変更します。このコマンドに以下のパラメーターを指定して、ステータスである「**グローバル状態**」を変更することで、DFS-Rを利用できるようになります。

■ コマンドのパラメーターとグローバル状態

パラメーター	状　態	説　明
0	開始	複製方法の変更を開始できる状態。必要なオブジェクトやクラスが作成される
1	準備完了	SYSVOL_DFSR フォルダーの作成などが行われた状態
2	リダイレクト済み	SYSVOL 共有がこれまでの SYSVOL フォルダーから SYSVOL_DFSR フォルダーに変更される
3	削除済み	SYSVOL フォルダーの削除などが行われた状態

最初に、DFS-Rの状態を確認します。以下のコマンドを実行してDFS-Rが有効になっていないことを確認します。

書　式 DFS-R の状態の確認

```
dfsrmig /GetGlobalState
```

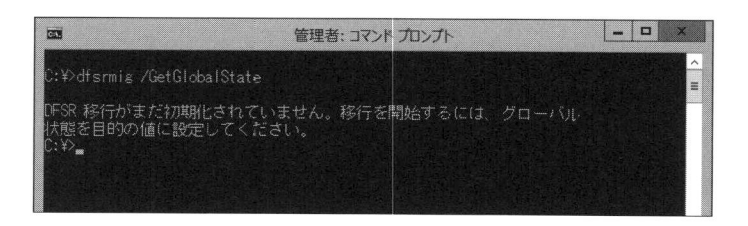

上記の表示を確認したうえで以下の手順を実行して、DFS-R を [開始] 状態にします。

書　式 DFS-R を[開始]状態にする

```
dfsrmig /SetGlobalState 0
```

以下のコマンドを実行して、DFS-Rやすべてのドメインコントローラーが [開始] 状態に変更されていることや、整合性が取れていることを確認します。

書　式 DFS-R の状態の確認

```
dfsrmig /GetGlobalState
```

書　式 すべてのドメインコントローラーの状態の確認

```
dfsrmig /GetMigrationState
```

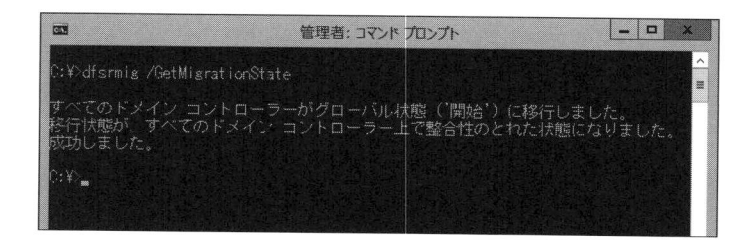

この作業には時間を要することがあります。すべてのドメインコントローラーの状態が変更されて、整合性が取れるまでは、以降のコマンドは実行しないでください。

すべてのドメインコントローラーが［開始］状態に移行したことを確認したうえで、以降のコマンドを実行して、SYSVOLの複製方法を変更します。

> **重要！** 各手順を実行した後は必ず上記のコマンド「dfsrmig /GetGlobalState」と「dfsrmig /GetMigrationState」を実行して状態が変更されたことを確認してください。

書 式 ［準備完了］状態にする

```
dfsrmig /SetGlobalState 1
```

すべてのドメインコントローラーのイベントビューアーでログを確認します。
［アプリケーションとサービスログ］→［DFS Replication］を開き、すべてのドメインコントローラーに以下のイベントログが記録されていることを確認します（確認できるまでは以降の手順に進まないでください）。

- ID8010：「移行準備開始」を示すイベント
- ID8014：「移行準備完了」を示すイベント

移行準備が完了すると、「C:¥Windows¥SYSVOL_DFSR」フォルダーが作成されます。
続いて、以下のコマンドを実行して、リダイレクト済み状態にします。

書 式 ［リダイレクト済み］状態にする

```
dfsrmig /SetGlobalState 2
```

DFS Replicationログを開き、すべてのドメインコントローラーに以下のイベントログが記録されていることを確認します（確認できるまでは以降の手順に進まないでください）。

- ID8015：「リダイレクト処理開始」を示すイベント
- ID8017：「リダイレクト処理完了」を示すイベント

続いて、以下のコマンドを実行して、削除済み状態にします。

書 式 ［削除済み］状態にする

```
dfsrmig /SetGlobalState 3
```

DFS Replicationログを開き、すべてのドメインコントローラーに次のイベントログが記録されていることを確認します（確認できるまでは以降の手順に進まないでください）。

- ID8018:「削除済み開始」を示すイベント
- ID8019:「削除済み完了」を示すイベント

　上記のコマンドをすべて実行して、以下の表示になればSYSVOL複製方法の変更は完了です。

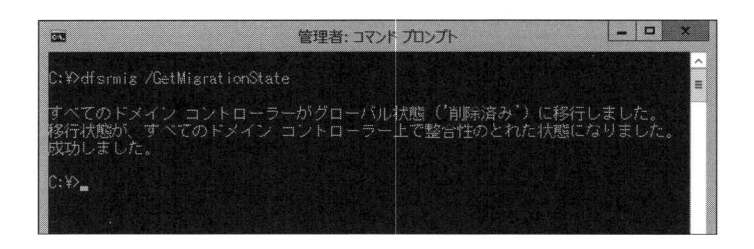

　SYSVOLの複製方法を変更した後は、必ずイベントビューアーでエラーが発生していないことを確認してください。また、上記のコマンドをすべて実行すると各ドメインコントローラーのFRS（File Replication Service）サービスは無効になっているはずです。これも併せて確認してください。

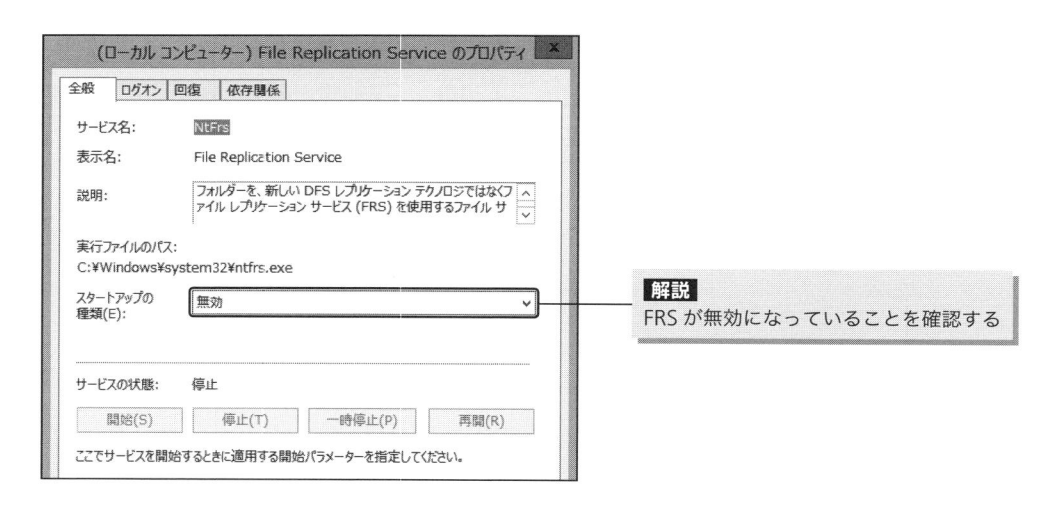

解説
FRSが無効になっていることを確認する

Chapter 16 Active Directoryの保守

本章では、Windows Server 2012 R2に標準搭載されているバックアップアプリケーション「Windows Serverバックアップ」を使用した、Active Directory環境のバックアップと復元について解説します。また、「Active Directoryのごみ箱」機能についても解説します。

01 Active Directory環境のバックアップ

　Active Directory環境には組織の重要なデータが多数含まれているので、定期的にバックアップを取得し、万が一の障害に備える必要があります。仮にドメインコントローラーを複数配置している場合でもバックアップの取得は必須です。火災や天災などによってすべてのドメインコントローラーを失う可能性もゼロではありません。

　また、Active Directory に対するオブジェクト（ユーザーアカウントやグループアカウントなど）の追加や削除処理はすべてのドメインコントローラー間で複製されるので、誤操作によって削除したオブジェクトを復元する場合にもバックアップデータが必要になることがあります。

> **Tips** 本章では、Active Directory環境のバックアップと復元について解説します。Windows Server バックアップを利用するための準備や、この機能を使用した「完全サーバーバックアップ」や「自動バックアップのスケジュール設定」などの具体的な設定方法については「Chapter 38 バックアップとリストア」(⇒P.761)を参照してください。

01-01 バックアップを取得するタイミング

　Active Directory環境のバックアップは、**1日1回**など、できる限り短い間隔で取得することをお勧めします。また、Active Directory環境においては、定期的なバックアップ以外に、以下の操作の実行前後にバックアップを取得することをお勧めします。

- ドメインの階層構造の変更（サブドメインの追加など）
- ドメインコントローラーの追加・削除
- 操作マスターの転送
- サイト構成の変更（サイトの追加・削除など）
- 機能レベルの変更
- スキーマの拡張
- SYSVOL の複製方法の変更

また、Active Directory環境のバックアップを行う際は、「**Tombstoneに設定されている有効期間**」や、「**コンピューターアカウントのパスワードの更新期間**」に注意する必要があります。

オブジェクトを削除した際の処理内容と Tombstone

Active Directoryのオブジェクト（ユーザーアカウントやグループアカウントなど）は、一種の**データベース**で管理されていますが、各オブジェクトは削除されてもすぐにそのデータベース上から消去されません。Active Directoryは、管理者によって削除されたオブジェクトを以下の流れで処理します。

1. オブジェクトの isDeleted 属性を「True」に設定する
2. オブジェクトを「Deleted Objects」と呼ばれる特殊なコンテナーに移動し、**各種属性情報を削除する**（この状態にあるオブジェクトを「Tombstone」と呼ぶ）
3. Tombstone に設定されている有効期間を過ぎたオブジェクトをデータベースから完全に消去する

上記の中で最も重要なポイントは**Tombstoneに設定されている有効期間**（デフォルトでは180日※）です。Active DirectoryはTombstoneに設定されている有効期間よりも古いバックアップデータからの復元を禁止しているので、管理者は少なくともこの期限内に1回はバックアップを取得する必要があります。この点には十分に注意してください。

※Windows Server 2003 SP1以前のActive Directoryからアップグレードした場合は「60日」になっている可能性が高いので注意してください。

> **Tips** Tombstoneに設定されている有効期間（TSL：Tombstone Lifetime）は、Get-ADObjectコマンドレットで確認できます。例えば以下のコマンドレットを実行します。

実行例 ▶ Tombstone に設定されている有効期間の確認（コマンドは1行で実行）

```
Get-ADObject
    -Identity "CN=Directory Service, CN=Windows NT,
              CN=Services, CN=Configuration, DC=dom01,
              DC=itd-corp, DC=jp"
    -Properties tombstoneLifetime
```

コンピューターアカウントのパスワードの更新期間

ドメインコントローラーと、ドメインに参加しているメンバーコンピューターは「**セキュアチャネル**」と呼ばれる通信チャネルを用いて、各種通信を暗号化しています。

このセキュアチャネルを確立する際にコンピューターアカウントのパスワードが利用されており、これはデフォルトでは**30日ごと**に自動更新されています。

この自動更新が発生した場合、ドメインコントローラー側では**メンバーコンピューターの更新されたパスワード**が保持され、またクライアント側では**更新されたコンピューターパスワード**

に加えて、**一世代前のパスワード**も保持されます（合計二世代分）。

　メンバーコンピューターは、まず更新された現在のパスワードを使用してドメインコントローラーとセキュアチャネルの確立を試行し、失敗した場合は旧パスワードを使用します。旧パスワードでも確立に失敗した場合は、ドメインにログオンできなくなります。

　仮に、この30日の更新期間よりも古いバックアップデータを使ってドメインコントローラーを復元してしまうと、ドメインコントローラーが保持するコンピューターアカウントのパスワードと、メンバーコンピューターが持つ新旧両方のパスワードが一致しないとう状況になってしまい、その結果、メンバーコンピューターはドメインにログインできなくなってしまいます。

　このような事態が生じた場合、管理者はそのコンピューターをドメインに再参加させなければなりません。この問題を避けるためにも、管理者は、少なくともこの期限内に1回はバックアップを取得することが推奨されます。

01-02　バックアップの対象と取得方法

　Active Directoryに関する情報は「**システム状態**」と呼ばれるデータ群に含まれています。そのため、Active Directory環境をバックアップする場合は、最低限この「システム状態」をバックアップする必要があります。

　システム状態をバックアップするには、サーバーマネージャーから［Windows Serverバックアップ］を起動して、以下の手順を実行します。

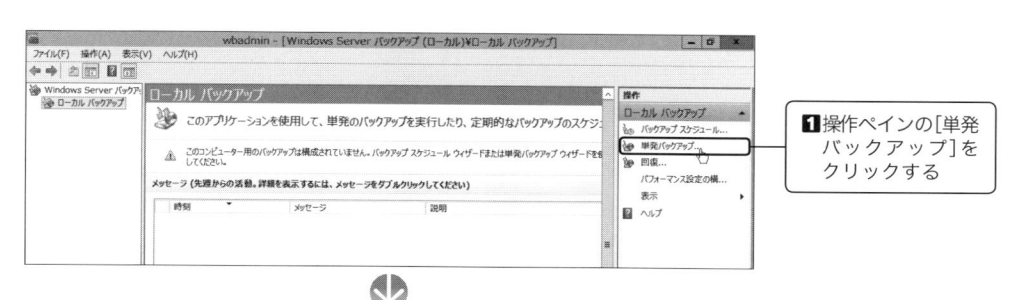

1 操作ペインの［単発バックアップ］をクリックする

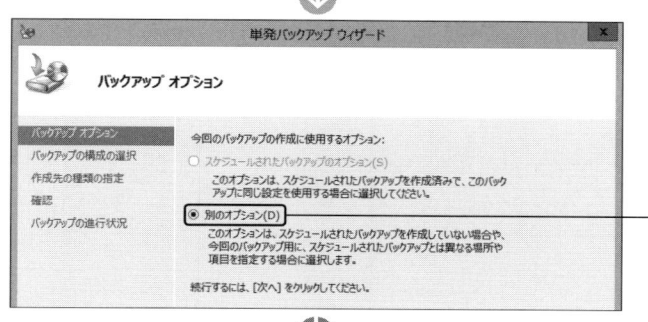

2 ［単発バックアップウィザード］が起動するので、［別のオプション］が選択されていることを確認して、［次へ］をクリックする

Part 05 Active Directoryの高度な管理機能

3 [カスタム]を選択して、[次へ]をクリックする

4 [項目の追加]をクリックする

5 [システム状態]にチェックを付けて、[OK]をクリックする

6 [システム状態]が表示されていることを確認して、[次へ]をクリックする

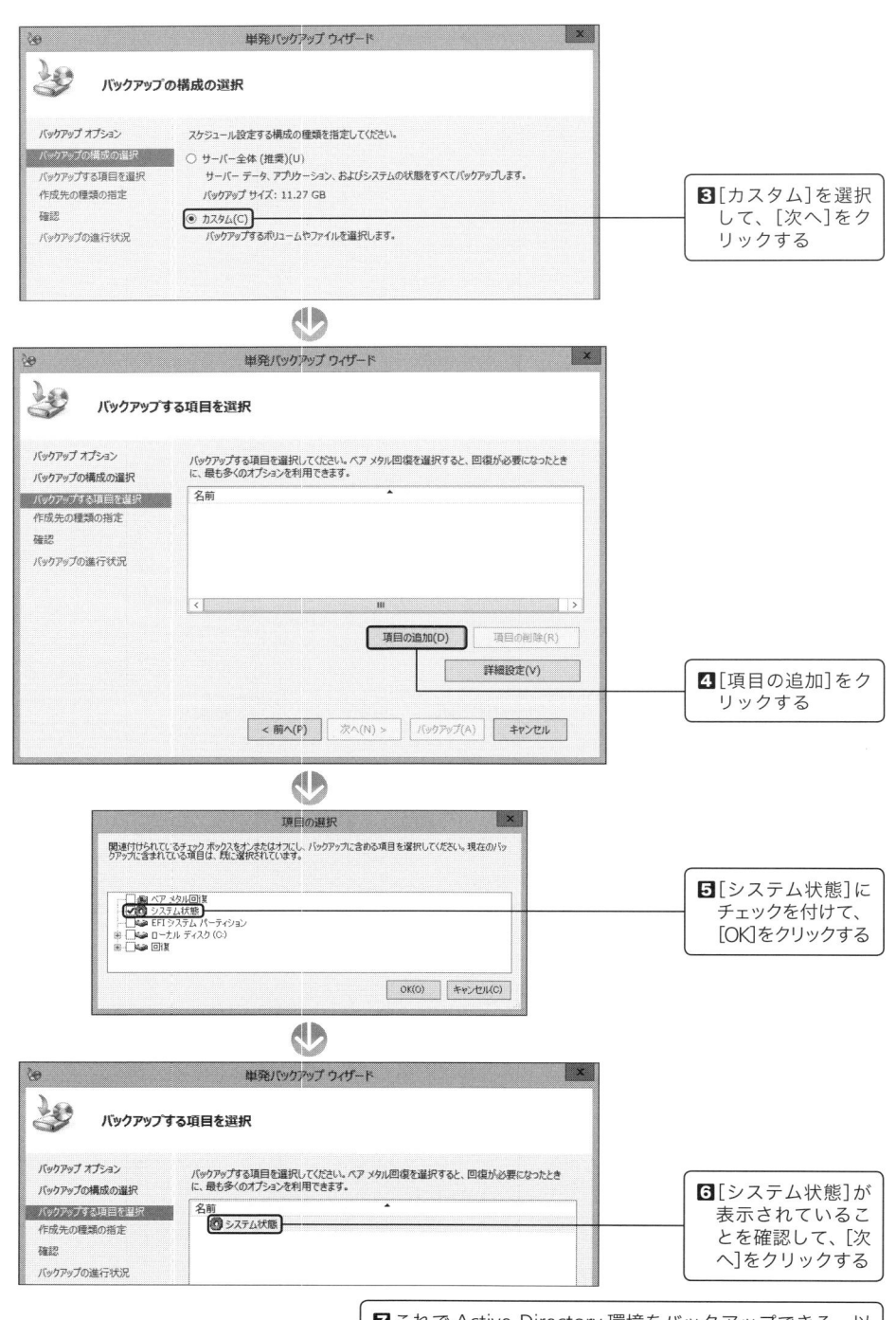

7 これでActive Directory環境をバックアップできる。以降の手順は「単発バックアップの実行」(⇒ P.764)と同じ

02 Active Directory 環境の復元

Active Directoryデータベースが破損したドメインコントローラーを元に戻す場合や、誤ってActive Directoryのオブジェクトを削除した場合は、取得しておいたバックアップデータを使用して**復元処理**を行います。

> **Tips** 本項ではActive Directory環境を復元する方法を解説します。システム全体を復元する方法については「Chapter 39 障害復旧」(⇒P.790)を参照してください。

02-01 2つの復元方法

Active Directory環境を復元する方法には、「**権限のない復元**」と「**権限のある復元**」の2種類があります。

●権限のない復元

権限のない復元(非Authoritative Restore、またはNonauthoritative Restore)とは、オブジェクトをバックアップデータから復元する際に、オブジェクトの**USN**(次ページのコラム参照)を変更せずにそのまま復元する方法です。この方法は主に、Active Directoryのデータベースを復元させる際に使用します。

●権限のある復元

権限のある復元(Authoritative Restore)とは、オブジェクトをバックアップデータから復元する際に、オブジェクトのUSNに「**100,000**」を加えて復元する方法です。USNに大きな値を設定することで復元したオブジェクトを「**正規のオブジェクト**」として扱えるので、複製パートナーのドメインコントローラーによって複製時に削除される(上書きされる)のを防ぐことができます。主に**誤って削除したオブジェクトを復元する場合**に使用する復元方法です。

> **Tips** Active Directoryデータベースが破損した場合でも、他のドメインコントローラーが存在する場合は、正常に動作しているドメインコントローラーを使用して、**追加のドメインコントローラー**を再構築したほうが容易に復元できるケースがあります。

> **重要!** Active Directoryのオブジェクトの復元は「Active Directoryのごみ箱」機能を用いると容易に実行できます。ただし、ごみ箱機能を有効化する前に削除したオブジェクトを復元する場合や、この機能が有効化できない場合(Windows Server 2003やWindows Server 2008などの古いドメインコントローラーが存在している環境など)は「権限のある復元」を行う必要があります。

Column　USN とオブジェクトの復元

　USN（Update Sequence Number：更新シーケンス番号）は、各オブジェクトに割り当てられている管理番号です。この番号は管理者がオブジェクトの設定内容を変更したり、複製を行ったりするたびに増加します。
　ドメインコントローラーは、自身が持っているオブジェクトのUSNと複製パートナーが持っているオブジェクトのUSNを比較して最新のオブジェクトを判断し、複製処理を実行します。つまり、常に最新のUSNを持つオブジェクトがドメイン全体に複製されることになります。
　通常の運用時は特にUSNを意識することはありませんが、誤って削除したオブジェクトを復元する際はUSNに注意する必要があります。先述した通り、Active Directoryは削除されたオブジェクトをすぐにデータベース上から消去せず、いったん「Tombstone」と呼ばれる状態にして一定期間保持します（⇒P.320）。この際もUSNは増加するので、ドメインコントローラーは「Tombstoneとなったオブジェクト」が最新の状態であると認識することになります。
　そのため、この状態でバックアップデータからオブジェクトを復元しても、そのオブジェクトは最新のオブジェクト（Tombstoneとなったオブジェクト）よりも古いと判断され、他のドメインコントローラーによって上書きされてしまいます（つまり、削除された状態になります）。
　つまり、誤って削除したオブジェクトを復元する場合は「**権限のある復元**」を実行して、バックアップデータに含まれるオブジェクトのUSNを大きくする必要があるのです。

02-02　ディレクトリサービス復元モードでの起動

　Active Directory環境を復元する場合は、いずれの復元方法であっても、復元対象のドメインコントローラーを「**ディレクトリサービス復元モード**（DSRM：Directory Service Restore Mode）」と呼ばれる特別なモードで起動する必要があります。

　ディレクトリサービス復元モードで起動するには、ドメインコントローラーにサインインした状態で［システム構成］（msconfig.exe）を開き、以下の手順を実行します。

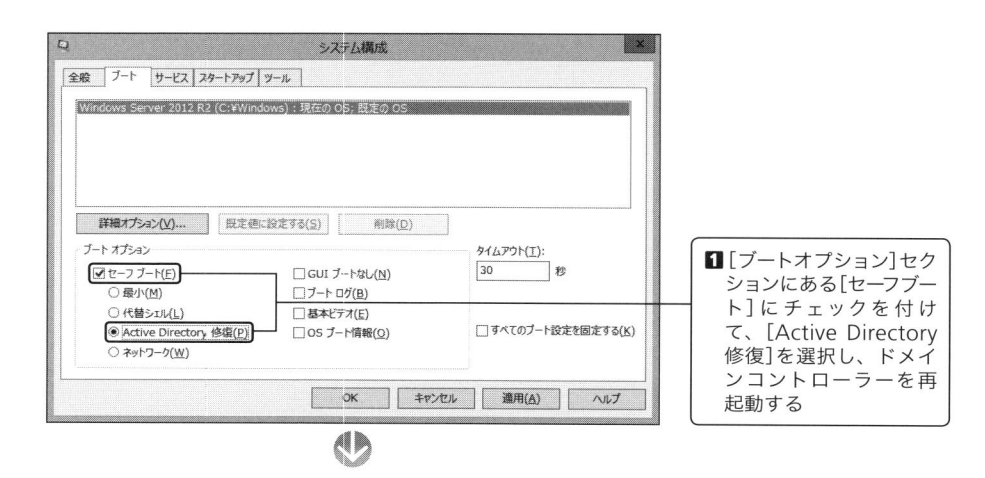

❶［ブートオプション］セクションにある［セーフブート］にチェックを付けて、［Active Directory修復］を選択し、ドメインコントローラーを再起動する

02 Active Directory 環境の復元

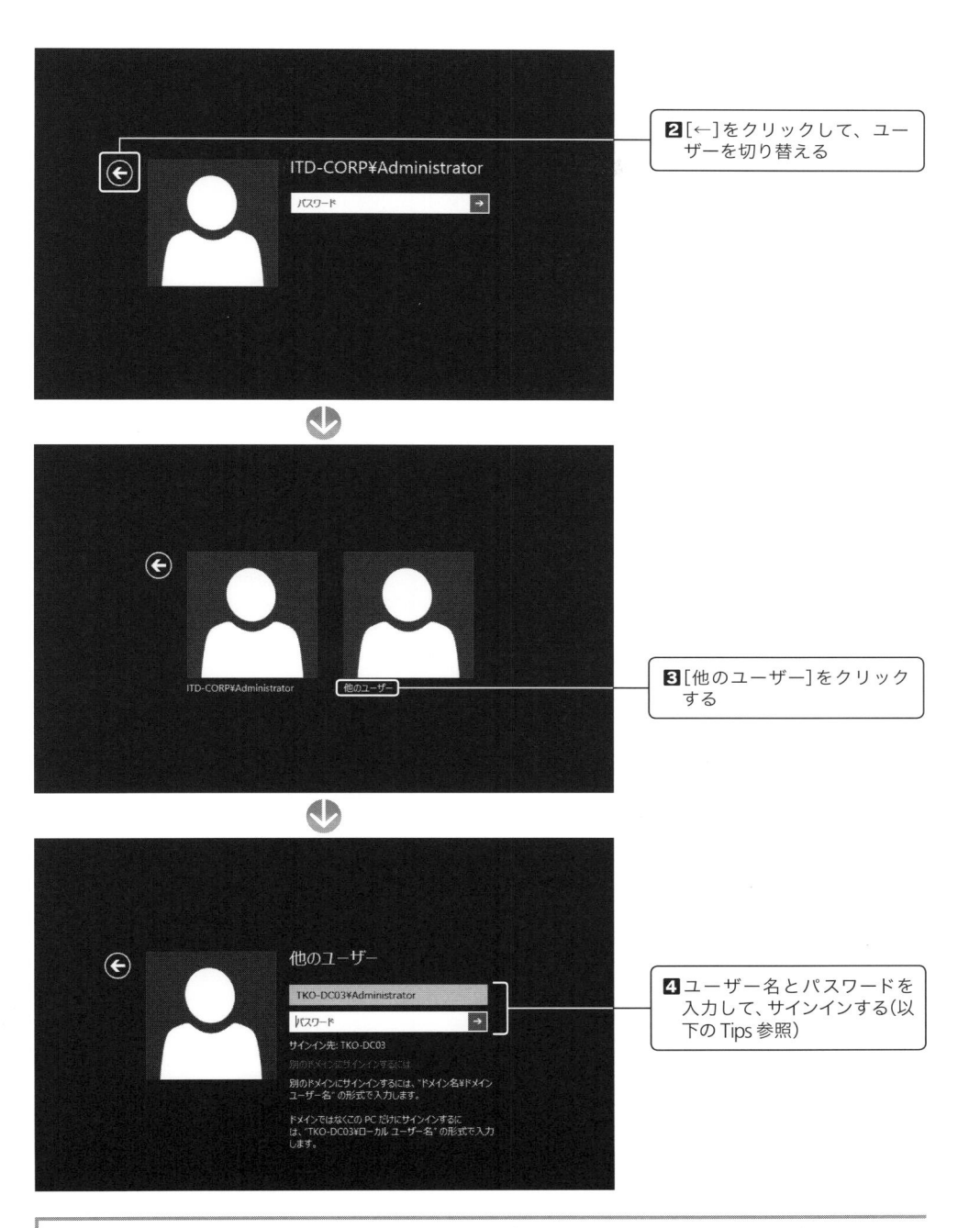

2 [←]をクリックして、ユーザーを切り替える

3 [他のユーザー]をクリックする

4 ユーザー名とパスワードを入力して、サインインする(以下のTips参照)

> **Tips** ユーザー名には「〈ドメインコントローラーのコンピューター名〉¥Administrator」を入力します。またパスワードには、ドメインコントローラーをセットアップした際に「ディレクトリサービス復元モードAdministratorパスワード」として指定したものを入力します。通常のAdministratorのパスワードとは異なるので注意してください。

Part 05 Active Directoryの高度な管理機能

02-03 「権限のない復元」の実行

権限のない復元を実行する場合は、ドメインコントローラーをディレクトリサービス復元モードで起動したうえで、サーバーマネージャーから[Windows Serverバックアップ]を起動して、以下の手順を実行します。

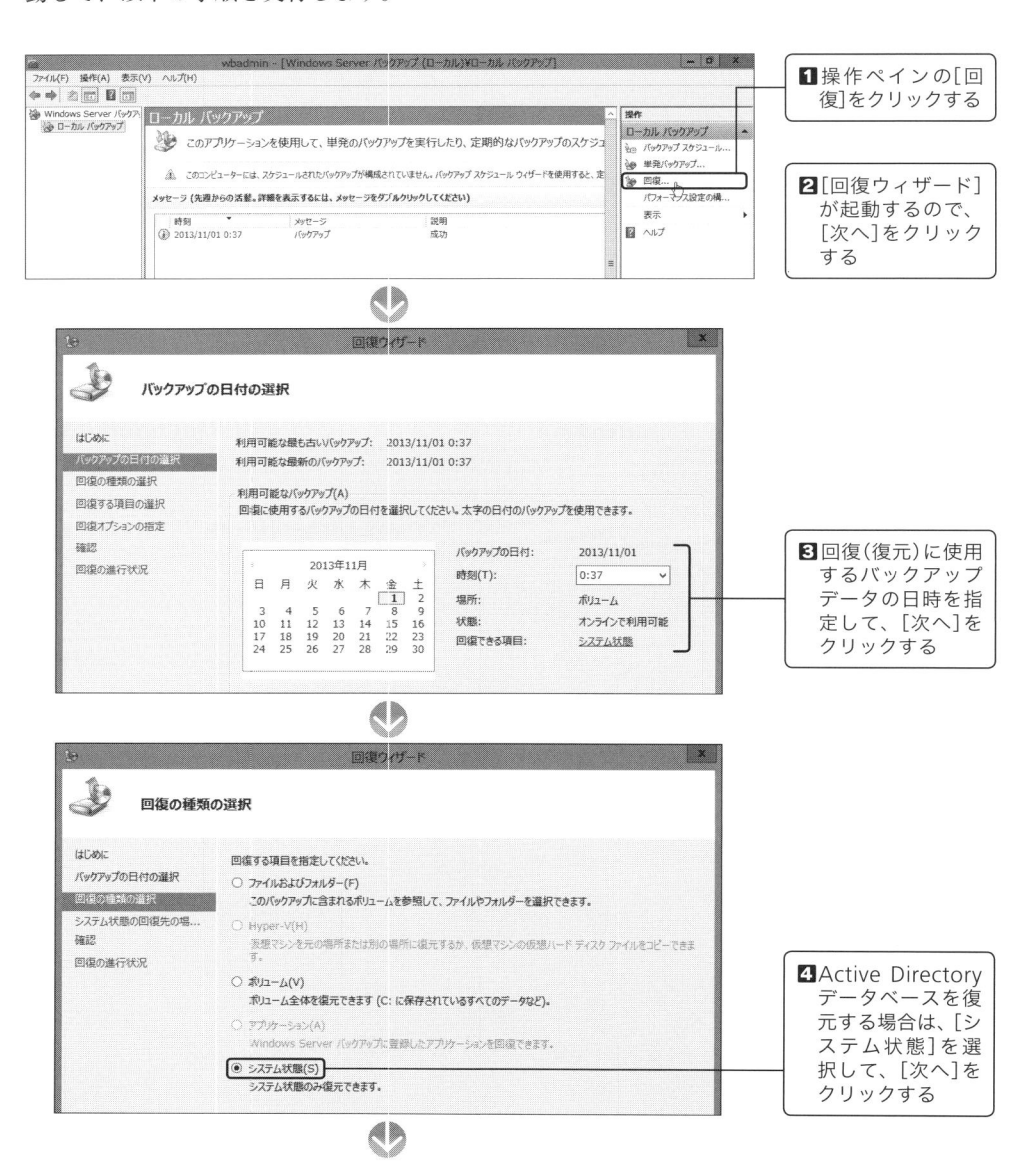

❶操作ペインの[回復]をクリックする

❷[回復ウィザード]が起動するので、[次へ]をクリックする

❸回復(復元)に使用するバックアップデータの日時を指定して、[次へ]をクリックする

❹Active Directoryデータベースを復元する場合は、[システム状態]を選択して、[次へ]をクリックする

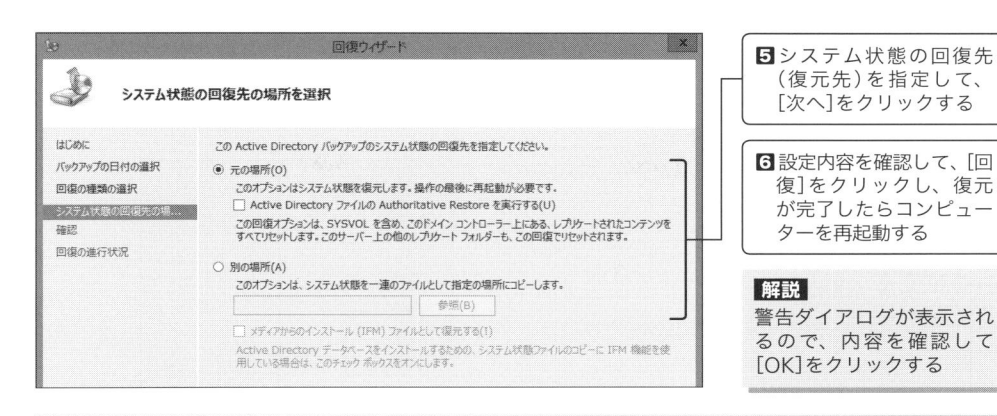

02 Active Directory 環境の復元

5 システム状態の回復先（復元先）を指定して、[次へ]をクリックする

6 設定内容を確認して、[回復]をクリックし、復元が完了したらコンピューターを再起動する

解説
警告ダイアログが表示されるので、内容を確認して[OK]をクリックする

> **Tips** 上記画面の［Active DirectoryファイルのAuthoritative Restoreを実行する］は、権限のある復元（⇒P.328）を行う際に指定することがあります。

7 再起動後にサインインすると[システム状態]の実行に関するメッセージが自動的に表示されるので[Enter]キーを押す

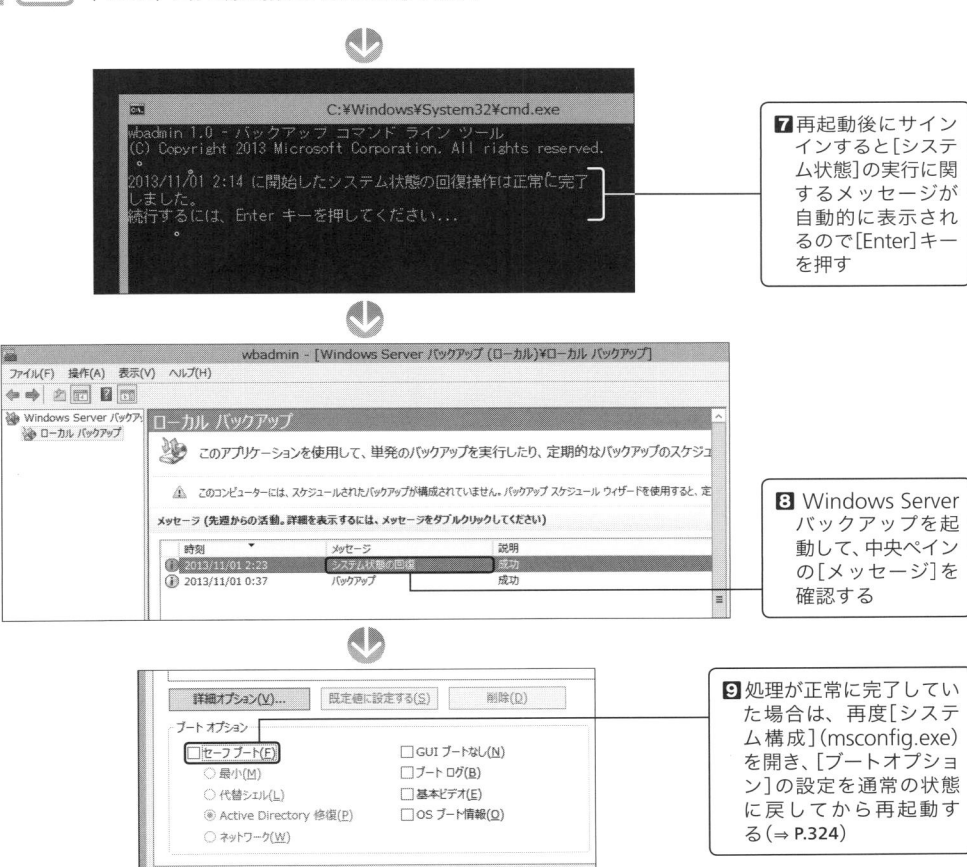

8 Windows Serverバックアップを起動して、中央ペインの[メッセージ]を確認する

9 処理が正常に完了していた場合は、再度[システム構成]（msconfig.exe）を開き、[ブートオプション]の設定を通常の状態に戻してから再起動する（⇒ P.324）

02-04 「権限のある復元」の実行

権限のある復元を実行する場合は、ドメインコントローラーをディレクトリサービス復元モードで起動（⇒P.324）したうえで、「権限のない復元」と同様の手順で、「バックアップの日付の選択」や「回復の種類の選択」を行い（⇒P.326の手順1〜手順4）、以下の手順を実行します。

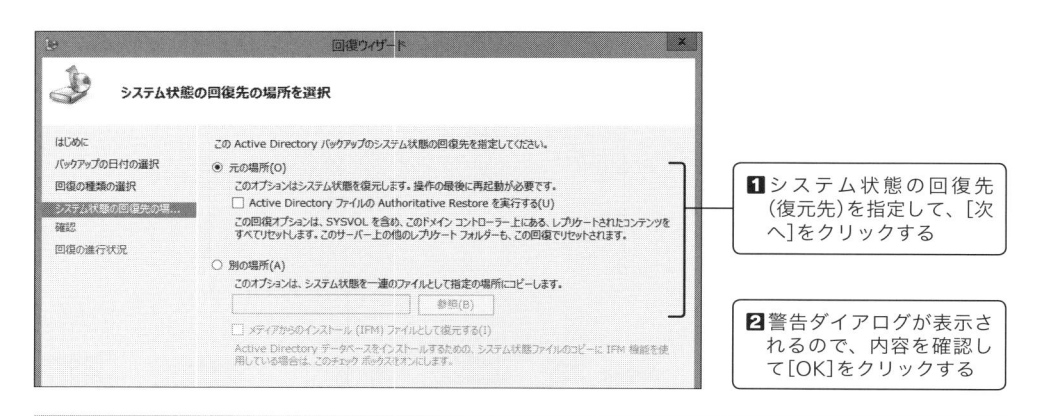

1 システム状態の回復先（復元先）を指定して、[次へ]をクリックする

2 警告ダイアログが表示されるので、内容を確認して[OK]をクリックする

Tips SYSVOLフォルダーに保存されているログオンスクリプトやグループポリシーのGPOを復元する場合は[Active DirectoryファイルのAuthoritative Restoreを実行する]にチェックを入れます。ユーザーオブジェクトやOUなど、Active Directoryデータベースに保存されているオブジェクトだけを復元する場合は、チェックは外したままで構いません。

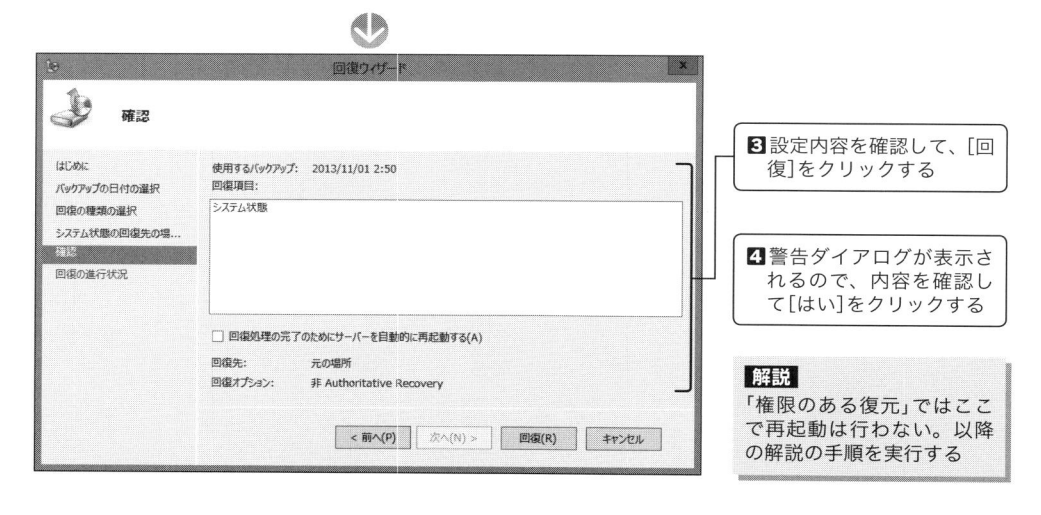

3 設定内容を確認して、[回復]をクリックする

4 警告ダイアログが表示されるので、内容を確認して[はい]をクリックする

解説
「権限のある復元」ではここで再起動は行わない。以降の解説の手順を実行する

「権限のある復元」の場合は、復元が完了しても再起動はせずに、NTDSUTILコマンド（ntdsutil.exe）を使用してオブジェクトを復元します。本書の例では次のオブジェクト（ユーザーアカウント）を復元します。

OU=99 無効ユーザー , OU=01 ユーザー , DC=dom01, DC=itd-corp, DC=jp
CN= 佐藤 二郎 , OU=99 無効ユーザー , OU=01 ユーザー , DC=dom01, DC=itd-corp, DC=jp

コマンドプロンプトを開いてNTDSUTILコマンドを実行し、以下のコマンドを実行します。

書式 アクティブインスタンスの設定

```
activate instance ntds
```

書式 リストアモードに入る

```
authoritative restore
```

実行例 ▶ OU を復元する（コマンドは 1 行で実行）

```
restore subtree
   "OU=99無効ユーザー,OU=01ユーザー,DC=dom01,DC=itd-corp,DC=jp"
```

続いて、同様の手順でオブジェクト（ユーザーアカウント）を復元します。

実行例 ▶ オブジェクトを復元する（コマンドは 1 行で実行）

```
restore object
   "CN=佐藤 二郎,OU=99無効ユーザー,OU=01ユーザー,DC=dom01,DC=itd-corp,DC=jp"
```

```
C:¥>ntdsutil
ntdsutil: activate instance ntds
アクティブ インスタンスが "ntds" に設定されました。
ntdsutil: authoritative restore
authoritative restore: restore object "CN=佐藤 二郎,OU=99無効ユーザー,OU=01ユー
ザー,DC=dom01,DC=itd-corp,DC=jp"_
```

［回復ウィザード］の［システム状態の回復先の場所を選択］ページ（⇒P.328）で［Active DirectoryファイルのAuthoritative Restoreを実行する］にチェックを付けた場合は、SYSVOLに保存されているグループポリシーのGPOを復元するために次のコマンドを実行します。

実行例 ▶ SYSVOL に保存されているグループポリシーの GPO を復元する（コマンドは 1 行で実行）

```
restore subtree
  "CN=Policies,CN=System,DC=dom01,DC=itd-corp,DC=jp"
```

> **重要！** 上記のコマンドを実行するとすべてのGPOがバックアップ時点に復元されるので、バックアップ取得後に編集したGPOがある場合は、GPMC（グループポリシー管理コンソール）のバックアップ機能を併用して、編集済みのGPOを元の状態に戻す操作が必要になります（⇒P.270）。

　すべてのオブジェクトを「権限のある復元」で復元したら、「quit」を数回入力してNTDSUTILコマンドを終了し、コンピューターを再起動します。

　再起動後に管理者でサインインすると、[システム状態]の復元が正常に完了したことを示すメッセージ（コマンド結果）が表示されます。[Enter]キーを押して閉じてください。そして、システム構成（msconfig.exe）を開いて、ブートオプションの設定を通常の状態に戻してから（⇒P.324）、再起動します。

> **Tips** マルチサイト環境などで、Active Directoryオブジェクトの削除情報がレプリケーションされていないドメインコントローラーがある場合は、バックアップデータを使用せずに「権限のある復元」を行って削除オブジェクトを復元できます。この場合はドメインコントローラーをディレクトリサービス復元モードで起動する必要はありません。Active Directory ドメインサービスを停止するだけで復元操作を実行できます。手順の詳細については以下のサイトを参照してください。
>
> **URL** Performing an Authoritative Restore of Deleted AD DS Objects
> http://technet.microsoft.com/en-us/library/cc755296.aspx

03　Active Directory のごみ箱機能の利用

　Windows Server 2008 R2で追加された**Active Directoryのごみ箱機能**を使用すると、ドメインコントローラーを稼働させたまま、かつ容易に、誤って削除したオブジェクトを復元できます。

03-01　削除処理の流れ

　Active Directory のごみ箱機能を有効にすると、オブジェクトを削除した際の処理内容が以下のように変更されます。通常の場合との違いをしっかりと理解しておいてください。最も大きな違いは、**オブジェクトが[Deleted Objects]コンテナーに移動されても、属性情報は削除されない点**です。

■「Active Directory のごみ箱」機能を有効にした際の削除処理の流れ

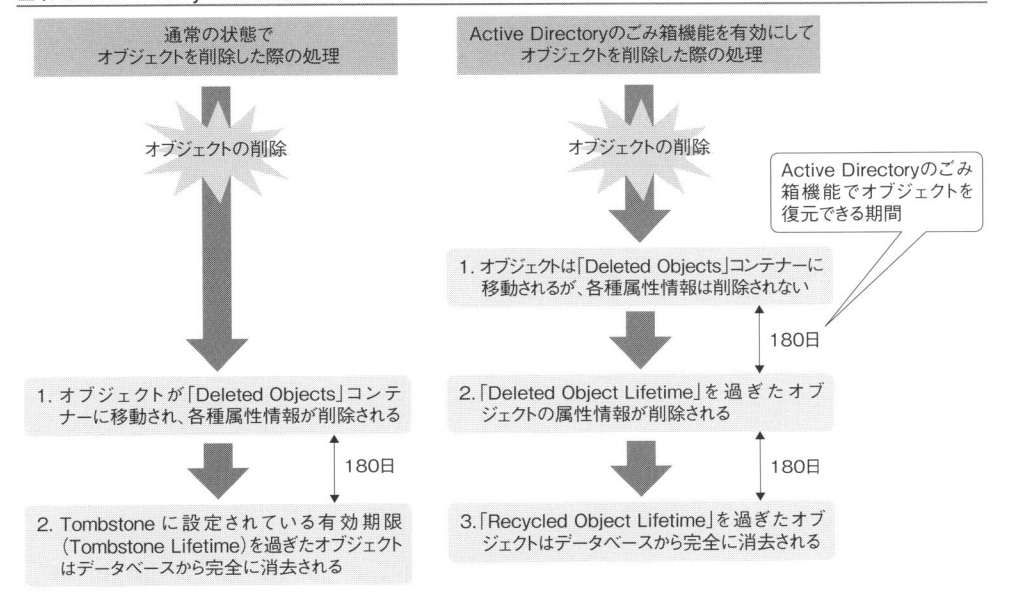

通常の状態でオブジェクトを削除した際の処理

オブジェクトの削除

1. オブジェクトが「Deleted Objects」コンテナーに移動され、各種属性情報が削除される

　　　180日

2. Tombstoneに設定されている有効期限（Tombstone Lifetime）を過ぎたオブジェクトはデータベースから完全に消去される

Active Directoryのごみ箱機能を有効にしてオブジェクトを削除した際の処理

オブジェクトの削除

1. オブジェクトは「Deleted Objects」コンテナーに移動されるが、各種属性情報は削除されない

　　　180日

2.「Deleted Object Lifetime」を過ぎたオブジェクトの属性情報が削除される

　　　180日

3.「Recycled Object Lifetime」を過ぎたオブジェクトはデータベースから完全に消去される

> Active Directoryのごみ箱機能でオブジェクトを復元できる期間

03-02　Active Directory のごみ箱機能の使用条件

　Active Directoryのごみ箱機能を使用してオブジェクトの復元を行うには、以下の条件を満たしている必要があります。

- フォレストの機能レベルが「Windows Server 2008 R2」以上であること（すべてのドメインコントローラーが Windows Server 2008 R2 以上であること）
- Active Directory のごみ箱機能が有効になっていること

　なお、Windows Server 2012 R2コンピューターで新規にActive Directoryを構築した場合でも、Active Directoryのごみ箱機能は**デフォルトでは無効**になっているので、管理者が有効化する必要があります。

　また、有効化する前に削除したオブジェクトはこの機能では復元できないので注意してください。

> **重要！** Active Directoryのごみ箱機能は、一度有効化すると、無効化することはできないので、実行前に十分に検討してください。

03-03 Active Directoryのごみ箱機能の有効化

　Active Directoryのごみ箱機能を有効にするには、**Enterprise Admins**グループのメンバーでドメインコントローラーにサインインして、サーバーマネージャーから［Active Directory管理センター］を起動して、以下の手順を実行します。

❶［〈ドメイン名〉(ローカル)］をクリックする

❷［ごみ箱の有効化］をクリックする

❸警告ダイアログが複数表示されるので、それぞれの内容を確認して［OK］をクリックする

❹更新ボタンをクリックすると、［Deleted Objects］コンテナーが表示される

03-04 Active Directoryのごみ箱機能によるオブジェクトの復元

　Active Directoryのごみ箱機能を使用して、削除したオブジェクトを復元するには、［Active Directory管理センター］を起動して、次の手順を実行します。

03 Active Directoryのごみ箱機能の利用

1 [Deleted Objects]コンテナーを開く

2 復元対象のオブジェクトを右クリックして、[復元]をクリックして復元を実行する

解説 [復元先]をクリックすると、オブジェクトを任意のOUに復元できる

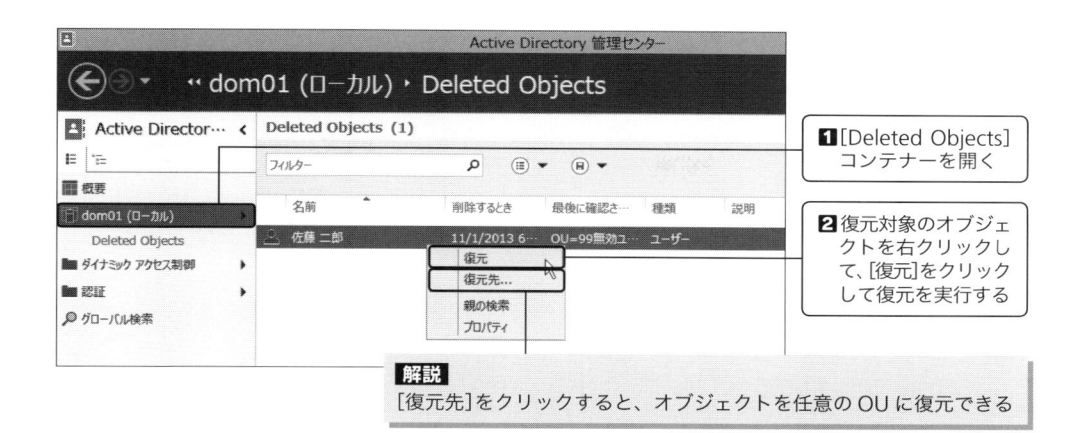

Column 仮想マシンのスナップショットによる復元

　Windows Server 2008 R2までは、Hyper-Vなどで仮想化したドメインコントローラーのスナップショットを取得して、後からそれを適用するとデータベースの不整合が発生していました。これは、それぞれのドメインコントローラーが持っているUSNの値などに不整合が生じて、レプリケーションが正常にできなくなることなどが原因です。

　一方、Windows Server 2012以降の「VM-GenerationID」をサポートしているハイパーバイザープラットフォーム（Windows Server 2012やWindows Server 2012 R2のHyper-Vなど）で動作する仮想マシンであれば、スナップショットを適用しても不整合が発生しません。本章前半で解説した「権限のない復元」のように、仮想化されたドメインコントローラーに以前のスナップショットが適用された後、他のドメインコントローラーからレプリケーションされた情報によって、Active Directoryのデータベースを最新の状態に保とうとします。

　ただし、この仮想化したドメインコントローラーのスナップショットをActive Directoryのバックアップとして代用することは推奨しません。あくまでも、本章前半で紹介したようにWindows Serverバックアップなどを使ってバックアップを行い、このスナップショット対応機能については補助的なものとして利用することをお勧めします。

Chapter 17 Active Directoryのマイグレーション

本章では、既存の古いActive Directoryを、Windows Server 2012 R2ベースのActive Directoryにマイグレーション（移行）する方法を解説します。なお、各手順の具体的な実行方法については該当する各章を参照してください。

01 マイグレーションの概要

既存のActive Directoryを、Windows Server 2012 R2 ベースのActive Directory にマイグレーションすると、現在利用しているユーザー環境やサービス環境を最新のサーバー環境でそのまま利用できます。効率良くシステムを移行するためにも、マイグレーションの実行を検討してください。

本章では、現在多くの組織で利用されているWindows Server 2003/2003 R2、Windows Server 2008/2008 R2ベースのActive Directoryからのマイグレーションを想定して、流れや手順を解説します。

なお、マイグレーションに失敗するとシステムに非常に大きな損害を与える可能性があるので、事前に**検証環境などで何度もシミュレーションすることを強くお勧めします**。

01-01 マイグレーションの方法

既存のActive DirectoryをWindows Server 2012 R2ベースのActive Directoryにマイグレーションする方法には、大別して以下の2種類があります。

- 新規に Active Directory を構築してマイグレーションする方法
- 既存の Active Directory をアップグレードする方法

新規にActive Directoryを構築してマイグレーションする方法

この方法では、以下の流れでマイグレーションを実施します。

1. Windows Server 2012 R2 ベースの Active Directory ドメインを新規に構築する
2. 新規ドメインと既存ドメインの間で双方向の信頼関係を結ぶ
3. ADMT（Active Directory Migration Tool）を使用してアカウントなどを移行する
4. 信頼関係を解除し、既存ドメインを停止する

この方法のメリット・デメリットは下表の通りです。マイグレーションを機にドメインの階層構造やドメイン名を変更したい場合に採用すると良いでしょう。

■ 新規にActive Directoryを構築してマイグレーションするメリット・デメリット

メリット	・既存ドメインを稼働させたままマイグレーションできる ・時間をかけて段階的にマイグレーションできる ・ドメインの階層構造を変更できる
デメリット	・手順が少々複雑 ・ドメイン名が変わってしまう ・ドメインに参加しているメンバーサーバーやクライアントコンピューターの再起動が必要 ・オブジェクトに対して新旧2つのドメイン用のSIDが割り当てられてしまう

既存のActive Directoryをアップグレードする方法

この方法のメリット・デメリットは下表のようになります。通常はこの方法を用いてマイグレーションすることをお勧めします。

■ 既存のActive Directoryをアップグレードするメリット・デメリット

メリット	・手順がシンプル ・ドメイン名が変わらない ・ドメインに参加しているメンバーサーバーやクライアントコンピューターでの操作が不要 ・オブジェクトに余計なSIDが割り当てられることがない
デメリット	・ドメインの階層構造を変更できない ・既存ドメイン環境を直接操作するため、事前の動作検証が推奨される

この方法にはさらに以下の2種類の選択肢があります。

● 既存のドメインコントローラーをインプレースアップグレードする方法

この方法では、ドメインコントローラーのOSをWindows Server 2012 R2にインプレースアップグレード（直接アップグレード）することで、Active Directory環境も同時にアップグレードします。

この方法を実行するには以下の要件を満たしていることが必要です。

- 対象のドメインコントローラーがWindows Server 2008 R2 SP1以降
- 既存のドメインコントローラーのハードウェアや、Hyper-Vなどの仮想化プラットフォーム（仮想環境の場合）が、Windows Server 2012 R2仮想マシンをサポートしている
- ドメインコントローラーで動作しているサードパーティのアプリケーションがWindows Server 2012 R2に対応している

システムの環境が上記の要件をすべて満たしている場合は、次の流れでActive Directoryをアップグレードできます。

1. 機能レベルを「Windows Server 2003」以上に昇格する
2. 既存ドメイン、フォレストのスキーマを拡張する
3. 既存ドメインコントローラーを Windows Server 2012 R2 にインプレースアップグレードする
4. 機能レベルや SYSVOL 複製方法の変更（必要かつ可能な場合のみ）

> **Tips** ドメインコントローラーのインプレースアップグレードを行う前に実施する、既存ドメインや既存フォレストのスキーマ拡張はadprepやadprep32コマンドで行います。既存ドメインコントローラーが64ビットOSの場合はadprepを、32ビットOSの場合はadprep32を使用します。
> コマンドプロンプトを開いて、Windows Server 2012 R2の配布メディア（DVD）の「￥support￥adprep」フォルダーに移動して（カレントフォルダーにして）、以下のコマンドを実行します。

書式 フォレストのスキーマの拡張（32 ビット OS で実行する場合）

```
adprep32 /forestprep
```

書式 ドメインのスキーマの拡張（32 ビット OS で実行する場合）

```
adprep32 /domainprep
```

●既存のドメインに新たなドメインコントローラーを追加する方法

　この方法では、既存のドメインに新たなドメインコントローラーを追加することで、Active Directoryをアップグレードします。この方法は主に以下の場合に選択します。

- 既存のドメインコントローラーが Windows Server 2003 や Windows Server 2008 の場合
- Windows Server 2012 R2 をサポートしていないサーバー環境を利用している場合

　この方法が**最もリスクが低い**ため、可能な限りこの方法を推奨します。
　なお、かつて多くの組織で多用されていた**NTドメイン**には、Active Directoryの**OU**や**サイト**のような考え方がなかったこともあり、ドメインの設計思想や構成が現在のものとは大きく異なります。そのため、NTドメインから引き継がれてきた環境をWindows Server 2012 R2ベースのActive Directoryにマイグレーションすることを検討している方は、その状態のままマイグレーションするのではなく、今回のシステム移行を機に新規に構築し直すことも検討してみてください。

02 Active Directoryのマイグレーションの実行例

　本書では先述の「**既存のドメインに新たなドメインコントローラーを追加する方法**」でActive Directoryをマイグレーションする手順を解説します。
　Windows Server 2003/2003 R2、Windows Server 2008/2008 R2、Windows Server 2012

ベースのActive Directory を、Windows Server 2012 R2 ベースのActive Directory にマイグレーションする場合は以下の手順を実行します。

1. 事前準備（機能レベルの確認や変更など）
2. 既存ドメインのスキーマの拡張（自動実行）
3. Windows Server 2012 R2 ドメインコントローラーの追加
4. 操作マスター（FSMO）の転送
5. NTP サーバーの設定変更
6. 既存ドメインコントローラーの降格と停止
7. 機能レベルの変更
8. SYSVOL の複製方法の変更
9. 後処理

> **Tips** Windows Server 2008 R2までは、「adprep」や「adprep32」コマンドを使って、管理者がスキーマの拡張操作を行う必要がありましたが、Windows Server 2012以降は自動実行されるようになりました。

1. 事前準備

マイグレーションの実行に先立って、事前に以下の作業・確認を行います。

●各種アプリケーションの対応状況の確認

ドメイン環境で動作している各種アプリケーションが、Windows Server 2012 R2ベースのActive Directoryに対応していることを確認します。

●ドメインコントローラーのバックアップ

ドメインコントローラーのバックアップを取得します。中でも「**システム状態**」（Active Directoryの情報など）のバックアップは必須です（⇒**P.321**）。

また、GPMC（グループポリシー管理コンソール）を使用してグループポリシーの情報をバックアップします（⇒**P.270**）。

●ドメインとフォレストの機能レベルの確認と変更

ドメインとフォレストの機能レベルを「**Windows Server 2003**」以上に昇格します（⇒**P.298**）。もしWindows 2000 Serverベースのドメインコントローラーが存在している場合は、メンバーサーバーに降格してから機能レベルの変更を行います。

2. Windows Server 2012 R2 ドメインコントローラーの追加

既存ドメインに、Windows Server 2012 R2コンピューターをドメインコントローラーとして追加します。この操作はWindows Server 2012 R2コンピューターで行います。この際にDNSサーバーやグローバルカタログも設定します。ドメインコントローラーの追加方法については「Chapter 07 Active Directoryの構築手順」（⇒**P.164**）を参照してください。

3. スキーマの拡張の確認

既存ドメインに、Windows Server 2012 R2コンピューターをドメインコントローラーとして追加すると、フォレストとドメインのスキーマは自動的に拡張されます。ここではそれらが正しく拡張されていることを確認します。

●フォレストのスキーマの確認

フォレストのスキーマの拡張が正常に行われているかを確認します。サーバーマネージャーから[**ADSIエディター**]を起動して、以下の手順を実行します。

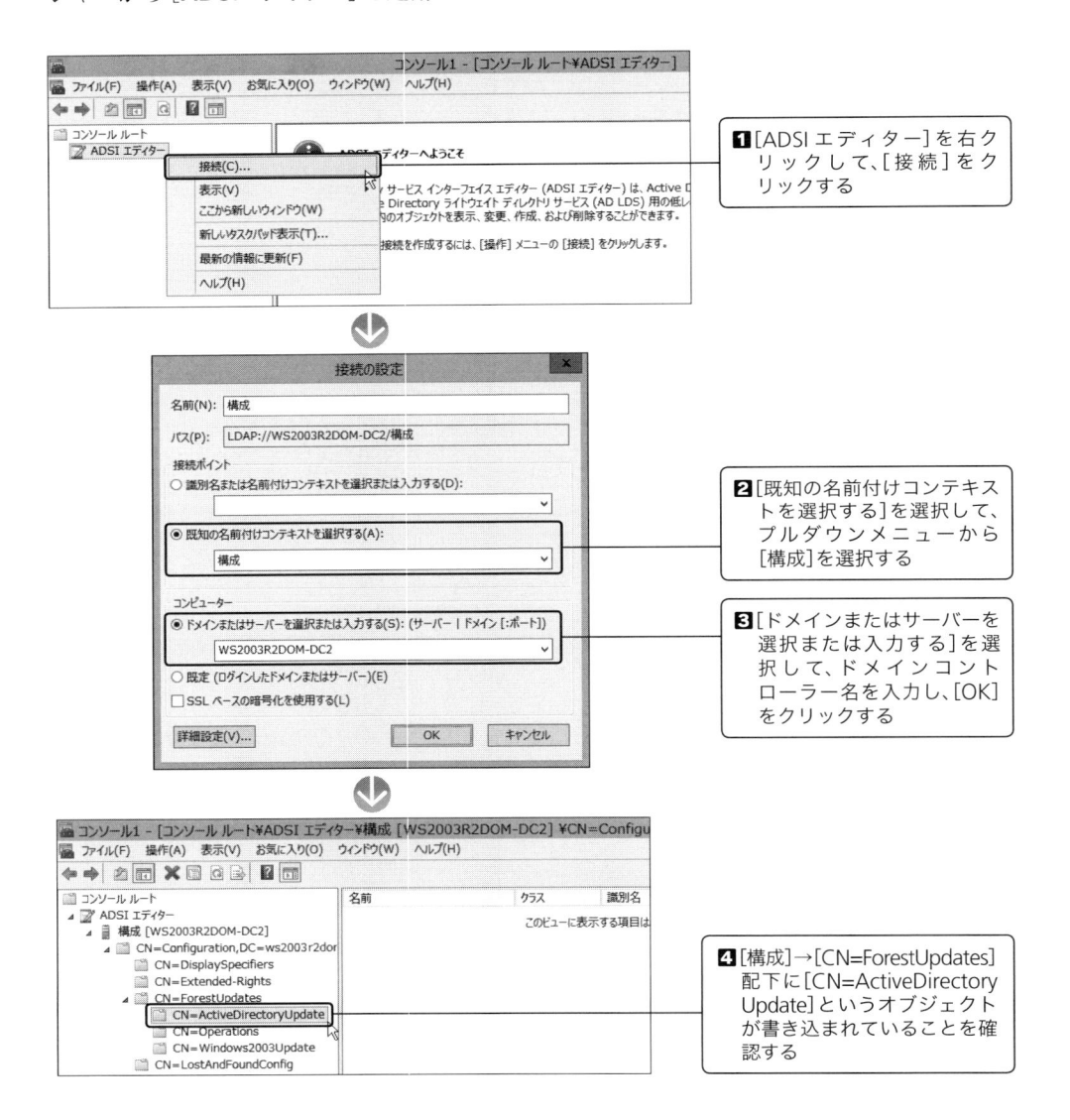

1 [ADSI エディター]を右クリックして、[接続]をクリックする

2 [既知の名前付けコンテキストを選択する]を選択して、プルダウンメニューから[構成]を選択する

3 [ドメインまたはサーバーを選択または入力する]を選択して、ドメインコントローラー名を入力し、[OK]をクリックする

4 [構成]→[CN=ForestUpdates]配下に[CN=ActiveDirectoryUpdate]というオブジェクトが書き込まれていることを確認する

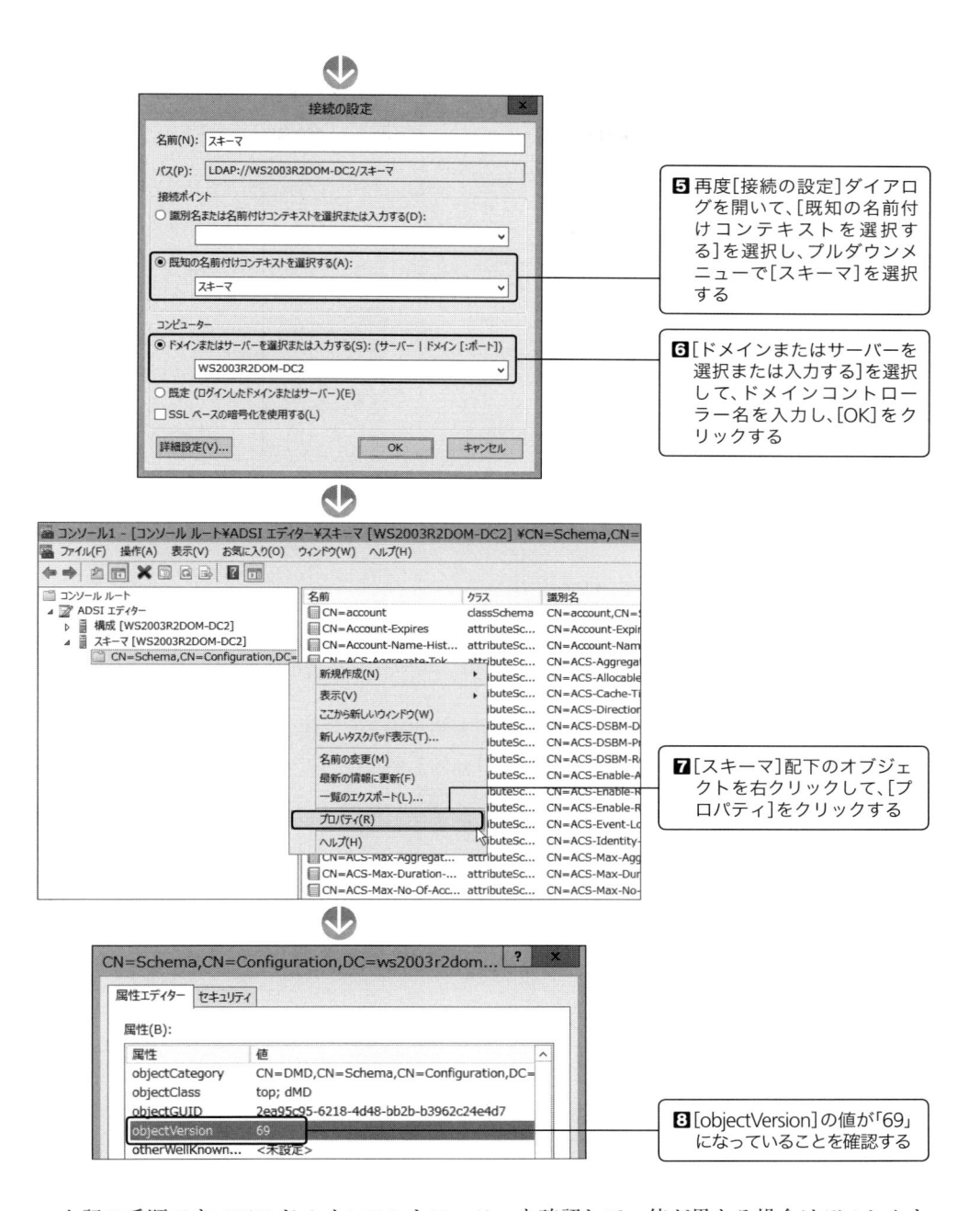

02 Active Directoryのマイグレーションの実行例

5 再度[接続の設定]ダイアログを開いて、[既知の名前付けコンテキストを選択する]を選択し、プルダウンメニューで[スキーマ]を選択する

6 [ドメインまたはサーバーを選択または入力する]を選択して、ドメインコントローラー名を入力し、[OK]をクリックする

7 [スキーマ]配下のオブジェクトを右クリックして、[プロパティ]をクリックする

8 [objectVersion]の値が「69」になっていることを確認する

　上記の手順ですべてのドメインコントローラーを確認して、値が異なる場合はディレクトリ複製が行われるのを待つか、[Active Directoryサイトとサービス]を使用して手動でディレクトリ複製を実行してください(⇒P.198)。

> **Column** objectVersion 属性の値とスキーマのバージョン
>
> objectVersion属性の値は、**フォレストのスキーマのバージョン**を表します。Windows Serverのバージョンによって以下の値が設定されています。
>
> ■ objectVersion 属性の値とフォレストのスキーマのバージョン
>
> | 値 | フォレストのスキーマのバージョン |
> |---|---|
> | 13 | Windows 2000 Server |
> | 30 | Windows Server 2003 |
> | 31 | Windows Server 2003 R2 |
> | 44 | Windows Server 2008 |
> | 47 | Windows Server 2008 R2 |
> | 56 | Windows Server 2012 |
> | 69 | Windows Server 2012 R2 |
>
> なお、この値はドメインコントローラーのレジストリー [HEKY_LOCAL_MACHINE¥System¥CurrentControlSet¥Services¥NTDS¥Parameters] の [System Schema Version] で確認することもできます。

● ドメインのスキーマの確認

続いて、ドメインのスキーマの拡張が正常に行われているかを確認します。ADSIエディターを右クリックして [接続] をクリックし、[接続の設定] ダイアログを開いて以下の手順を実行します。

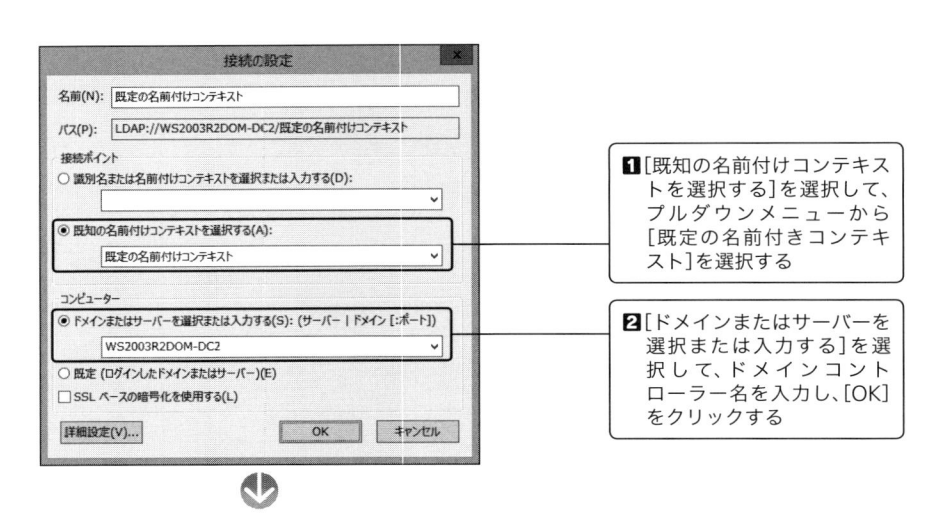

1 [既知の名前付けコンテキストを選択する] を選択して、プルダウンメニューから [既定の名前付きコンテキスト] を選択する

2 [ドメインまたはサーバーを選択または入力する] を選択して、ドメインコントローラー名を入力し、[OK] をクリックする

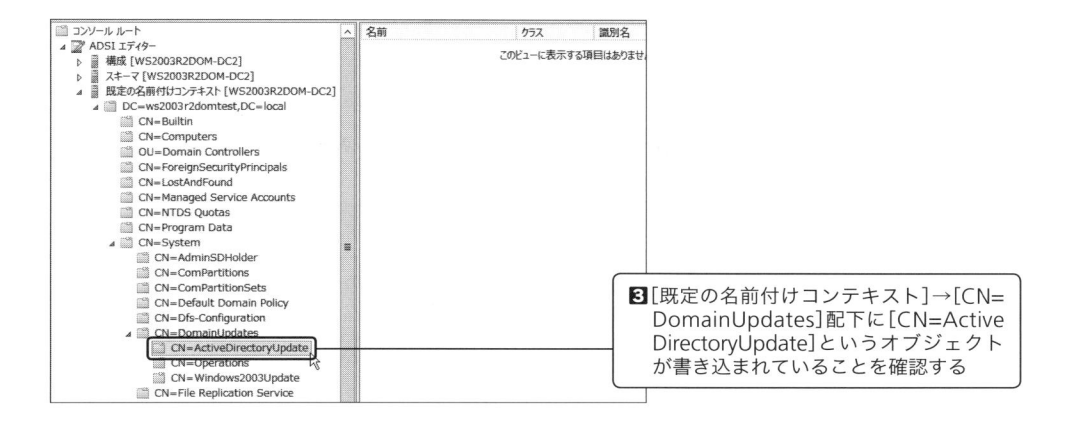

02 Active Directoryのマイグレーションの実行例

❸[既定の名前付けコンテキスト]→[CN=DomainUpdates]配下に[CN=ActiveDirectoryUpdate]というオブジェクトが書き込まれていることを確認する

　上記の手順ですべてのドメインコントローラーを確認して、構成が異なる場合はディレクトリ複製が行われるまで待つか、[Active Directoryサイトとサービス]を使用して手動でディレクトリ複製を実行してください(⇒P.198)。

4．操作マスター(FSMO)の転送

　既存のドメインコントローラーが保持している5種類の操作マスター(FSMO)をすべてWindows Server 2012 R2ドメインコントローラーに転送します。この操作は**Windows Server 2012 R2コンピューター**で行います。

　また、操作マスターの転送が完了したら、必ずNTDSUTILコマンド(ntdsutil.exe)を実行して状況を確認してください。

　操作マスターの転送方法や確認方法については「Chapter 15 Active Directoryの高度な管理」(⇒P.301)を参照してください。

5．NTPサーバーの設定変更

　操作マスターを転送したことによってPDCエミュレーターの役割を担うことになったWindows Server 2012 R2コンピューターに対して、NTPサーバーの設定を行います。

　NTPサーバーの設定方法については「Chapter 07 Active Directoryの構築手順」(⇒P.163)を参照してください。

6．既存ドメインコントローラーの降格と停止

　「グローバルカタログの無効化」(⇒P.310)を実行したうえで、既存のドメインコントローラーをメンバーサーバーに降格します。この操作は**既存のドメインコントローラー**で行います。

　ドメインコントローラーの降格方法(削除方法)については「Chapter 08 Active Directoryの削除」(⇒P.176)を参考にしてください。

Windows Server 2003/2003 R2、Windows Server 2008/2008 R2ドメインコントローラーを降格する場合は、`dcpromo.exe`コマンドを実行して行います。

なお、複数のドメインコントローラーが存在する場合は、他のドメインコントローラーでも同様の作業を行います。

> **Tips** メンバーサーバーに降格したサーバーが不要になる場合は、ドメインから離脱して、シャットダウンしてください。この場合は、停止したサーバーを誤って起動した際に他のサーバーに影響を与えないよう、シャットダウン前にIPアドレスをDHCPによる自動取得に変更したり、コンピューター名を変更したりするなどの対策を行っておくことをお勧めします。

7. 機能レベルの変更

既存のドメインコントローラーがメンバーサーバーに降格されたことを確認したうえで、フォレストやドメインの機能レベルを必要に応じて上げます。この操作は**Windows Server 2012 R2コンピューター**で行います。

機能レベルの変更方法については「Chapter 15 Active Directoryの高度な管理」(⇒P.298)を参照してください。

8. SYSVOL の複製方法の変更

ドメインの機能レベルを「**Windows Server 2008**」以上に昇格した場合は、このタイミングでSYSVOLの複製方法を従来のFRS (File Replication Service) 機能を利用する方法から、**DFS-R (DFS Replication) 機能**を利用する方法に変更します。

なお、この操作は必須ではありませんが、FRSが将来サポートされなくなることと、DFS-Rに変更すると複製処理の効率が向上することから、変更することをお勧めします。

SYSVOLの複製方法を変更する方法については「Chapter 15 Active Directoryの高度な管理」(⇒P.315)を参照してください。

9. 後処理

最後に、後処理として既存のWindows Serverによるドメインコントローラーに関する情報を確認し、必要であれば変更または削除を行います。この操作は**Windows Server 2012 R2コンピューター**で行います。

●[Active Directory サイトとサービス]による確認

降格したドメインコントローラーを [Servers] 階層から削除します。

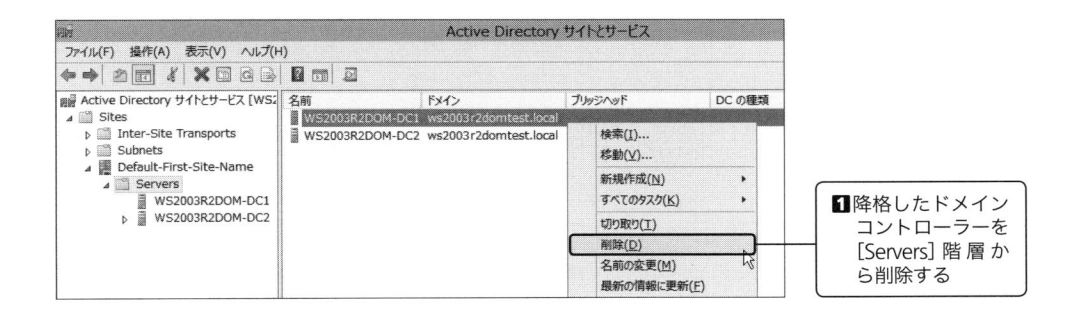

1 降格したドメインコントローラーを[Servers]階層から削除する

●[DNS マネージャー]による確認

降格したドメインコントローラーで実行していたDNSサーバーの情報が前方参照ゾーンや逆引きゾーンなどに残っていないことを確認します。残っている場合は削除してください。

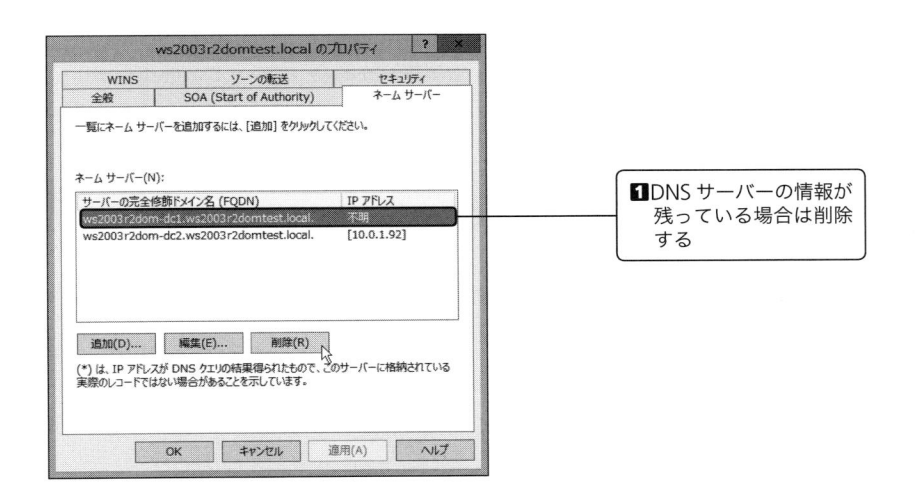

1 DNSサーバーの情報が残っている場合は削除する

　また、各ドメインコントローラーにおいて**イベントビューアー**にエラーが記録されていないことを確認します。他にも、ドメインに参加しているメンバーサーバーやクライアントコンピューターがドメインに正常にログオンできるかを確認することも大切です。

　多くの環境では、ドメインに参加しているコンピューターのDNSの参照先はドメインコントローラーになっているはずです。そのため、必要であれば、以前のドメインコントローラーのIPアドレスの引継ぎを行います。引き継がない場合は、メンバーサーバー、クライアントコンピューターのDNSの参照先を新たなドメインコントローラーのIPアドレスに変更します。

　すべてのマイグレーション作業が完了した時点で、可能な限り迅速にドメインコントローラーのバックアップを取得することをお勧めします。

Chapter 18 AD CSによるPKI環境の構築

昨今は特にセキュアなネットワーク環境やコンピューターの利用環境を構築するニーズが高まっています。そこで、この章ではWindows Serverの標準機能「AD CS (Active Directory証明書サービス)」を使用してPKI環境を構築する方法を解説します。

01 AD CSの概要

AD CS (Active Directory証明書サービス)は、デジタル証明書を使用して暗号化や認証を行う**PKI環境** (Public Key Infrastructure：公開キー基盤)を構築する機能です。

この機能を使用すると、**証明書要求の受領、要求内の情報と要求者の身元の確認、証明書の発行、証明書の取り消し、**および**証明書失効データの公開**を行う1つ以上の**CA** (Certification Authority：**証明機関**)を作成できます。またAD CSでは、**グループポリシーを使用した証明書の配布と管理**なども実行できます。

01-01 AD CSの構成要素と設計方針

AD CSは下表のような複数の「**役割サービス**」と呼ばれるサブコンポーネントで構成されており、必要なものだけを選択できます。PKI環境を構築する際はどの役割サービスを利用するか事前に検討します。

■ AD CS の役割サービス

役割サービス	説明
CA (証明機関)	証明書を発行・管理するためのコンポーネント。複数のCA (証明機関) を階層的に配置することでPKI基盤を構築できる
オンラインレスポンダー	証明書の失効状態を効率良く確認するためのコンポーネント
ネットワークデバイス登録サービス	ネットワークデバイス(ルーターなど)の証明書の発行・管理を行うコンポーネント
証明機関 Web 登録	証明書の要求や更新、証明書失効リスト(CRL)の取得などが可能な Web インターフェースのためのコンポーネント
証明書の登録 Web サービス	ドメインのメンバーではないコンピューターに対して証明書を発行するコンポーネント
証明書の登録ポリシー Web サービス	ユーザーやコンピューターが証明書の登録ポリシー情報を取得できるようになるためのコンポーネント

01-02　CAの構成要素と設計方針

証明書の発行や管理を行う**CA**（Certification Authority：証明機関）を構築する際は、以下の各要素について検討します。

CAのセットアップの種類

CAには2種類のセットアップがあります。これによりCAの役割や動作が決定しますが、後から変更することはできないため、慎重に計画する必要があります。

■ CA のセットアップの種類

種　類	説　明
エンタープライズCA	証明書の管理を簡略化できる。CAにするコンピューターをドメインに参加させた状態で構成を行う。証明書や証明書ポリシーを発行するため、通常はオンラインのまま運用する
スタンドアロンCA	CAにするコンピューターはワークグループ構成でも構わない（ドメインへの参加も可）。ルート証明書の発行後はオフラインにもできる

CAの種類

CAは、PKIの階層の位置付けによって下表の2種類から選択できます。

■ CA の種類

種　類	説　明
ルート CA	PKI 階層に構成される最初または唯一の CA
下位 CA	PKI 階層内の上位 CA によって証明書の発行を許可された CA

> **重要！**
> 実環境では2層以上のCAによるPKI環境が推奨されます。このとき、最上位のルートCAは「スタンドアロンCA」で構築し、ルートCA証明書の発行後にオフラインにして保護します。そして、下位のCAを「エンタープライズCA」で構築し、証明書の発行処理などを行うようにします。
> なお、2層以上のCAを構築する際は、構築時にルートCAからエクスポートした証明書のインポートなどいつくかの追加の手順が必要です。それら手順の詳細については以下のURLを参照してください。
>
> **URL** AD CS 2 層 PKI 階層の展開のテストラボガイド
> http://technet.microsoft.com/ja-JP/library/hh831348.aspx

CA のその他の構成要素

CAには他にも次表の構成要素があります。

■ CAの構成要素

構成要素	説　明
秘密キーと暗号化オプション	証明書を生成するためにCAには秘密キーが必要。その暗号化オプションやキーの長さや、ハッシュアルゴリズムを選択できる
CA名	CAに設定する名前(共通名)。発行するすべての証明書にこの名前が付加される
有効期間	CAに対して生成される証明書の有効期間。このCAが発行する証明書の有効期限よりも長い期間であることが必要
証明書データベースの場所	証明書データベースや、そのログの格納場所

Tips 秘密キーの暗号化オプションなどで選択可能な値については、以下のサイトを参照してください。

URL Certification Authority Guidance
http://technet.microsoft.com/en-us/library/hh831574#crypto

証明書テンプレート

　エンタープライズCAでは「**証明書テンプレート**」を利用できます。証明書テンプレートとは、用途や役割に合わせてあらかじめ基本設定された証明書のひな型です。デフォルトで30種類以上のテンプレートが用意されており、これを使うことで、簡単に証明書の発行や展開を実行できます。また、テンプレートをカスタマイズしてオリジナルのテンプレートを作成することもできます。

Tips 証明書テンプレートの種類や数は、Windows Serverのバージョンによって異なります。また利用制限も異なります。例えば、Windows Server 2012以降では「バージョン4」の証明書テンプレートも採用されていますが、この証明書テンプレートはWindows Server 2012以降およびWindows 8以降でしか利用できません。このような、証明書テンプレートのバージョンや制限事項については以下のサイトを参照してください。

URL Windows Server 2012: Certificate Template Versions and Options
http://social.technet.microsoft.com/wiki/contents/articles/13303.windows-server-2012-certificate-template-versions-and-options.aspx

02 AD CSによる PKI 環境の構築

　本書では、**ルートCAが1台のみ**のシンプルなPKI環境を構築する方法を解説します。CA専用のWindows Server 2012 R2コンピューターをドメインに参加させたうえで、以下の手順を実行します。各手順については以降で詳しく解説します。

1. AD CSとCAの構成の決定
2. AD CSの役割の追加
3. CAの構成
4. [証明書の自動登録]機能の有効化

> **重要!** 本書で構築するPKI環境は小規模な環境や検証環境においては実用に耐える構成ですが、大規模で本格的なPKI環境においては2層以上のCAによるPKI環境が推奨されているため、必ずしも十分とはいえません。本格的にPKI環境を構築する際は、先に紹介したマイクロソフトの技術情報(⇒P.345)を参考にして設計・構築を行ってください。

02-01 AD CSとCAの構成の決定

本章では、以下の役割サービスを有効化した最も基本的なAD CS環境を構築し、下表のCAを構成します。

- CA(証明機関)
- 証明機関 Web 登録

■ 本書の CA の構成

項目		設定内容
CAのセットアップの種類		エンタープライズ CA
CAの種類		ルート CA
秘密キーの種類		新しい秘密キーを作成する
秘密キーの暗号化オプション	暗号化プロバイダー	RSA#Microsoft Software Key Storage Provider
	キー長	2048
	ハッシュアルゴリズム	SHA1
CA 名	CA の共通名	dom01-TKO-CA01-CA
	識別名のサフィックス	DC=dom01,DC=itd-corp,DC=jp
	識別名のプレビュー	CN=dom01-TKO-CA01-CA,DC=dom01,DC=itd-corp,DC=jp
有効期間		5 年間
証明書データベースの場所		(デフォルトの場所)

02-02 AD CSの役割の追加

まず、AD CSの役割を追加します。管理者でサインインして、サーバーマネージャーから[役割と機能の追加ウィザード](⇒P.52)を起動し、次の手順を実行します。

> **重要!** エンタープライズCAにする場合は、AD CSの役割を追加する前にコンピューター名を設定して、コンピューターをドメインに参加させておく必要があります。AD CSの役割を追加した後では、コンピューター名の変更はできません。
> また、ドメインコントローラーをメンバーサーバーに降格する、メンバーサーバーをドメインコントローラーに昇格する、といったドメインのロールの変更もできません。

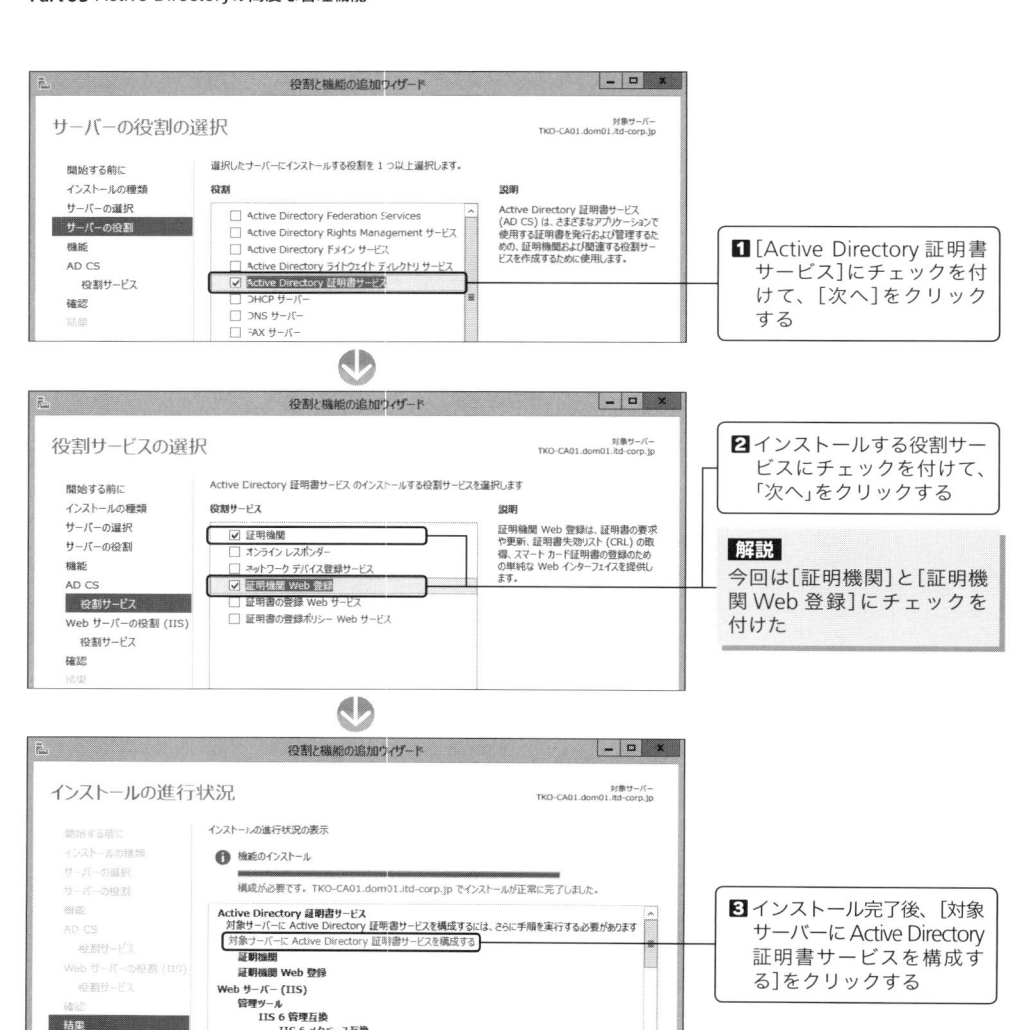

Part 05 Active Directoryの高度な管理機能

1 [Active Directory 証明書サービス]にチェックを付けて、[次へ]をクリックする

2 インストールする役割サービスにチェックを付けて、「次へ」をクリックする

解説
今回は[証明機関]と[証明機関 Web 登録]にチェックを付けた

3 インストール完了後、[対象サーバーに Active Directory 証明書サービスを構成する]をクリックする

02-03　CAの構成

続いて、以下の手順でCAを構成します。

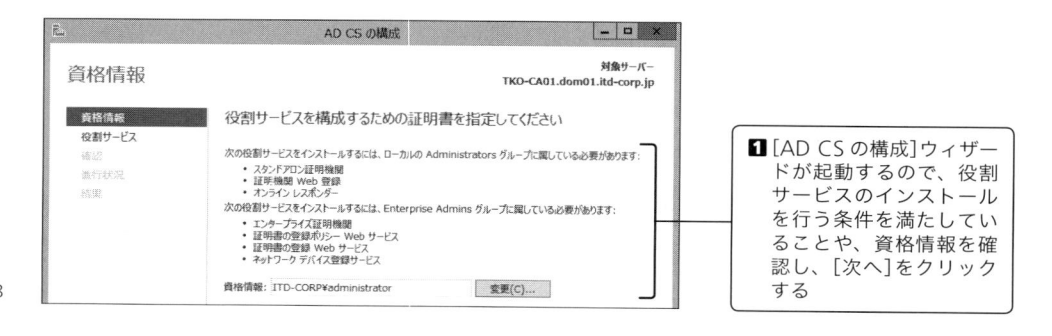

1 [AD CS の構成]ウィザードが起動するので、役割サービスのインストールを行う条件を満たしていることや、資格情報を確認し、[次へ]をクリックする

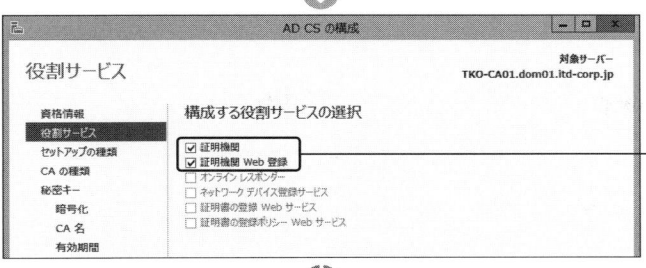

02 AD CSによるPKI環境の構築

役割サービス

2 構成する役割サービスを選択して、「次へ」をクリックする

構成する役割サービス:
- ☑ 証明機関
- ☑ 証明機関 Web 登録
- ☐ オンライン レスポンダー
- ☐ ネットワーク デバイス登録サービス
- ☐ 証明書の登録 Web サービス
- ☐ 証明書の登録ポリシー Web サービス

セットアップの種類

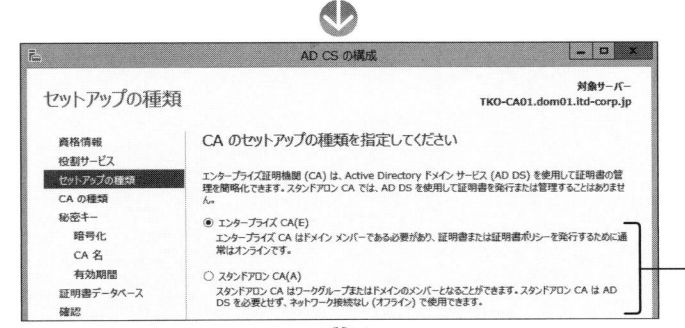

3 CA のセットアップの種類を選択して、[次へ]をクリックする

CA のセットアップの種類を指定してください

エンタープライズ証明機関 (CA) は、Active Directory ドメイン サービス (AD DS) を使用して証明書の管理を簡略化できます。スタンドアロン CA では、AD DS を使用して証明書を発行または管理することはありません。

- ⦿ エンタープライズ CA(E)
  エンタープライズ CA はドメイン メンバーである必要があり、証明書または証明書ポリシーを発行するために通常はオンラインです。
- ○ スタンドアロン CA(A)
  スタンドアロン CA はワークグループまたはドメインのメンバーとなることができます。スタンドアロン CA は AD DS を必要とせず、ネットワーク接続なし (オフライン) で使用できます。

CA の種類

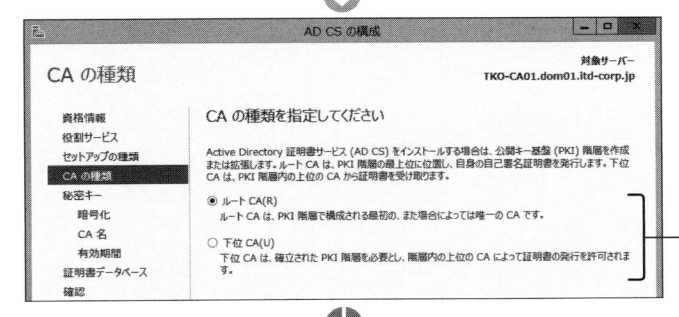

4 CA の種類を選択して、[次へ]をクリックする

CA の種類を指定してください

Active Directory 証明書サービス (AD CS) をインストールする場合は、公開キー基盤 (PKI) 階層を作成または拡張します。ルート CA は、PKI 階層の最上位に位置し、自身の自己署名証明書を発行します。下位 CA は、PKI 階層内の上位の CA から証明書を受け取ります。

- ⦿ ルート CA(R)
  ルート CA は、PKI 階層で構成される最初の、また場合によっては唯一の CA です。
- ○ 下位 CA(U)
  下位 CA は、確立された PKI 階層を必要とし、階層内の上位の CA によって証明書の発行を許可されます。

秘密キー

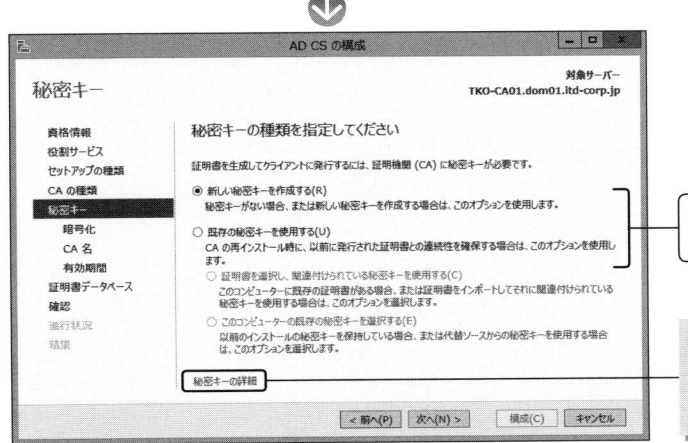

5 秘密キーの種類を選択して、[次へ]をクリックする

秘密キーの種類を指定してください

証明書を生成してクライアントに発行するには、証明機関 (CA) に秘密キーが必要です。

- ⦿ 新しい秘密キーを作成する(R)
  秘密キーがない場合、または新しい秘密キーを作成する場合は、このオプションを使用します。
- ○ 既存の秘密キーを使用する(U)
  CA の再インストール時に、以前に発行された証明書との連続性を確保する場合は、このオプションを使用します。
  - ○ 証明書を選択し、関連付けられている秘密キーを使用する(C)
    このコンピューターに既存の証明書がある場合、または証明書をインポートしてそれに関連付けられている秘密キーを使用する場合は、このオプションを選択します。
  - ○ このコンピューターの既存の秘密キーを選択する(E)
    以前のインストールの秘密キーを保持している場合、または代替ソースからの秘密キーを使用する場合は、このオプションを選択します。

[秘密キーの詳細]

解説
画面下部にある[秘密キーの詳細]をクリックすると、選択項目に関する詳細情報を確認できる

Part 05 Active Directoryの高度な管理機能

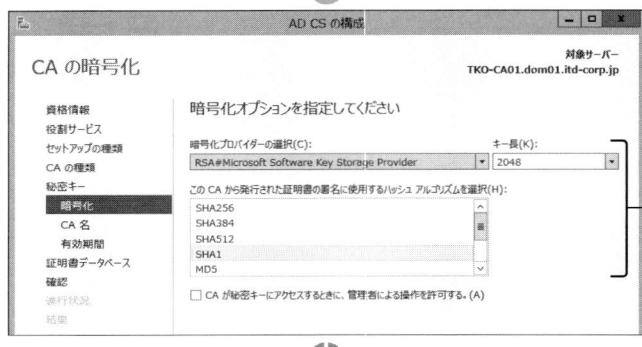

6 暗号化オプションを選択して、[次へ]をクリックする

解説
デフォルトで選択されているものが多くの環境で適しているため、明確な理由がない限り変更する必要はない

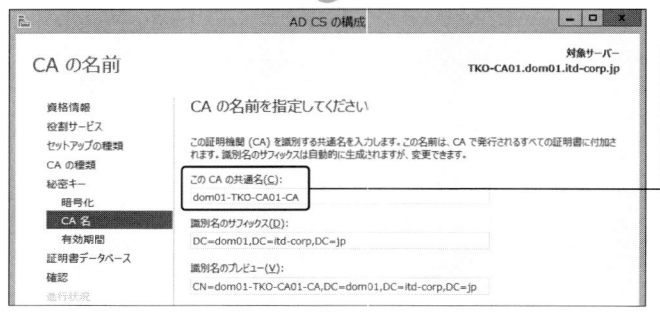

7 CAの名前を入力して、[次へ]をクリックする

解説
発行する証明書にこの名前が付加される。明確な理由がない限りデフォルトで設定されたものから変更する必要はない。なお、変更する場合はアンダースコアなどの特殊文字を使用しないように注意する

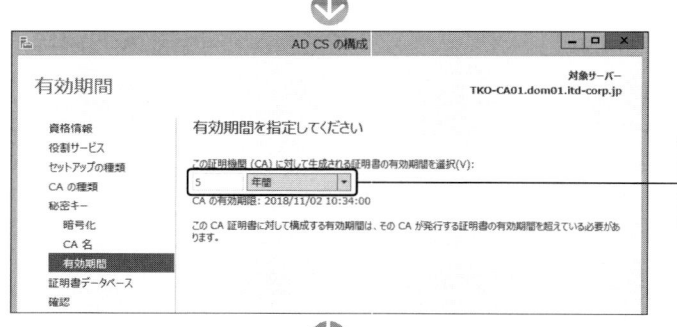

8 このCAによって生成される証明書の有効期間を設定して、[次へ]をクリックする

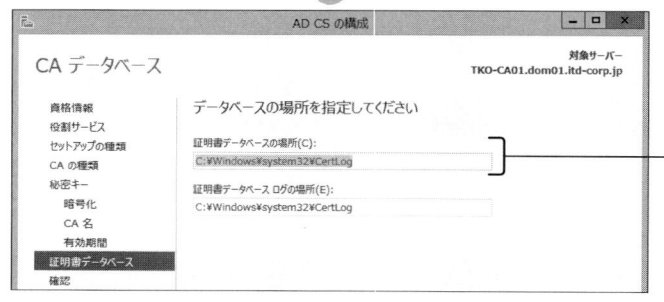

9 データベースの場所を指定して、[次へ]をクリックする

10 続いて表示される確認画面で構成内容を確認し、[構成]をクリックする

02-04 「証明書の自動登録」機能の有効化

エンタープライズCAを構築すると、**ルート証明書**が自動的にActive Directoryに公開されます。つまり、ドメインに参加しているすべてのコンピューターにルート証明書が自動的に配布されます。これは、MMCの［証明書］スナップインで確認できます。

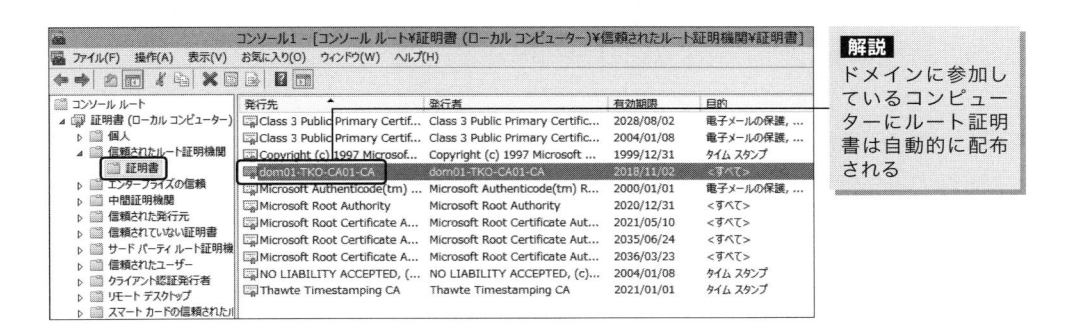

解説 ドメインに参加しているコンピューターにルート証明書は自動的に配布される

本書の例ではこれに加えて、ドメインに参加しているコンピューターやドメインユーザーに追加の証明書を自動登録するための構成を行います。ここではその準備として、グループポリシーを使用して**証明書の自動登録機能**を有効化します。

管理者でドメインコントローラーにサインインして、サーバーマネージャーからGPMC（グループポリシー管理コンソール）を起動し、［**Default Domain Policy**］→［**コンピューターの構成**］→［**ポリシー**］→［**Windowsの設定**］→［**セキュリティの設定**］を開いて以下の手順を実行します。

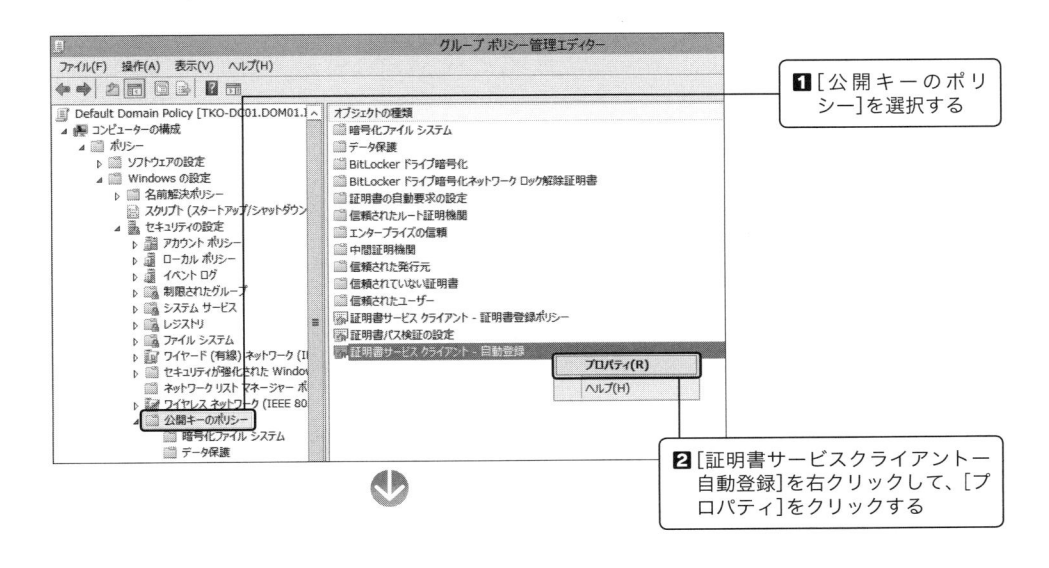

1 ［公開キーのポリシー］を選択する

2 ［証明書サービスクライアント－自動登録］を右クリックして、［プロパティ］をクリックする

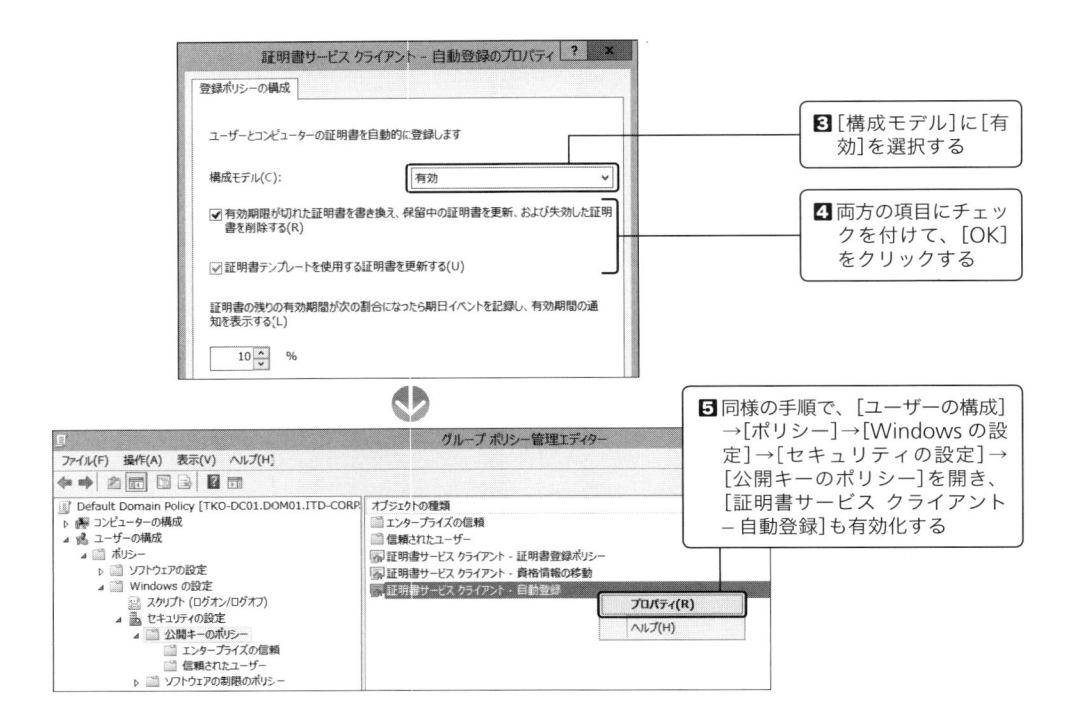

Part 05 Active Directoryの高度な管理機能

3 [構成モデル]に[有効]を選択する

4 両方の項目にチェックを付けて、[OK]をクリックする

5 同様の手順で、[ユーザーの構成]→[ポリシー]→[Windowsの設定]→[セキュリティの設定]→[公開キーのポリシー]を開き、[証明書サービス クライアント – 自動登録]も有効化する

　ここまでの操作で、証明書を自動登録する準備ができました。すべてのウインドウを閉じて、GPMCを閉じます。証明書を自動的に登録する具体的な方法については次項で解説します。

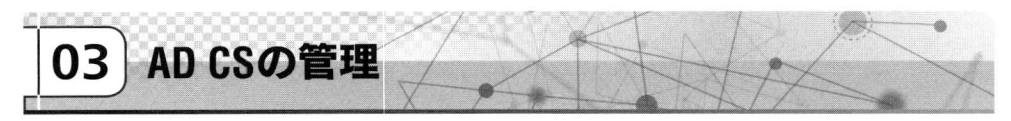

03 AD CSの管理

AD CSに関する管理操作について解説します。

03-01 自動的な証明書の登録

　前項で有効化した**証明書の自動登録機能**（⇒P.351）を使用して、コンピューターアカウントの証明書を自動登録する方法を解説します。なお、ここでは下表の用途と構成を想定しています。

■ 想定している用途や構成

項　目	説　明
対象	ドメインに参加しているコンピューター
証明書の要求方法	グループポリシーによる自動処理
管理者による承認の有無	なし（自動承認）
ベースとする証明書テンプレート	「コンピューター」証明書テンプレート

証明書テンプレートの作成と発行

コンピューターアカウントの証明書の自動登録を実現するために、証明書テンプレートの作成と発行を行います。デフォルトで用意されている「**コンピューター**」テンプレートの複製を作成して、証明書の自動登録を行うためにセキュリティ設定のカスタマイズなどの操作を行います。

管理者でCAのコンピューターにサインインして、サーバーマネージャーの[ツール]メニューから[証明機関]をクリックして、以下の手順を実行します。

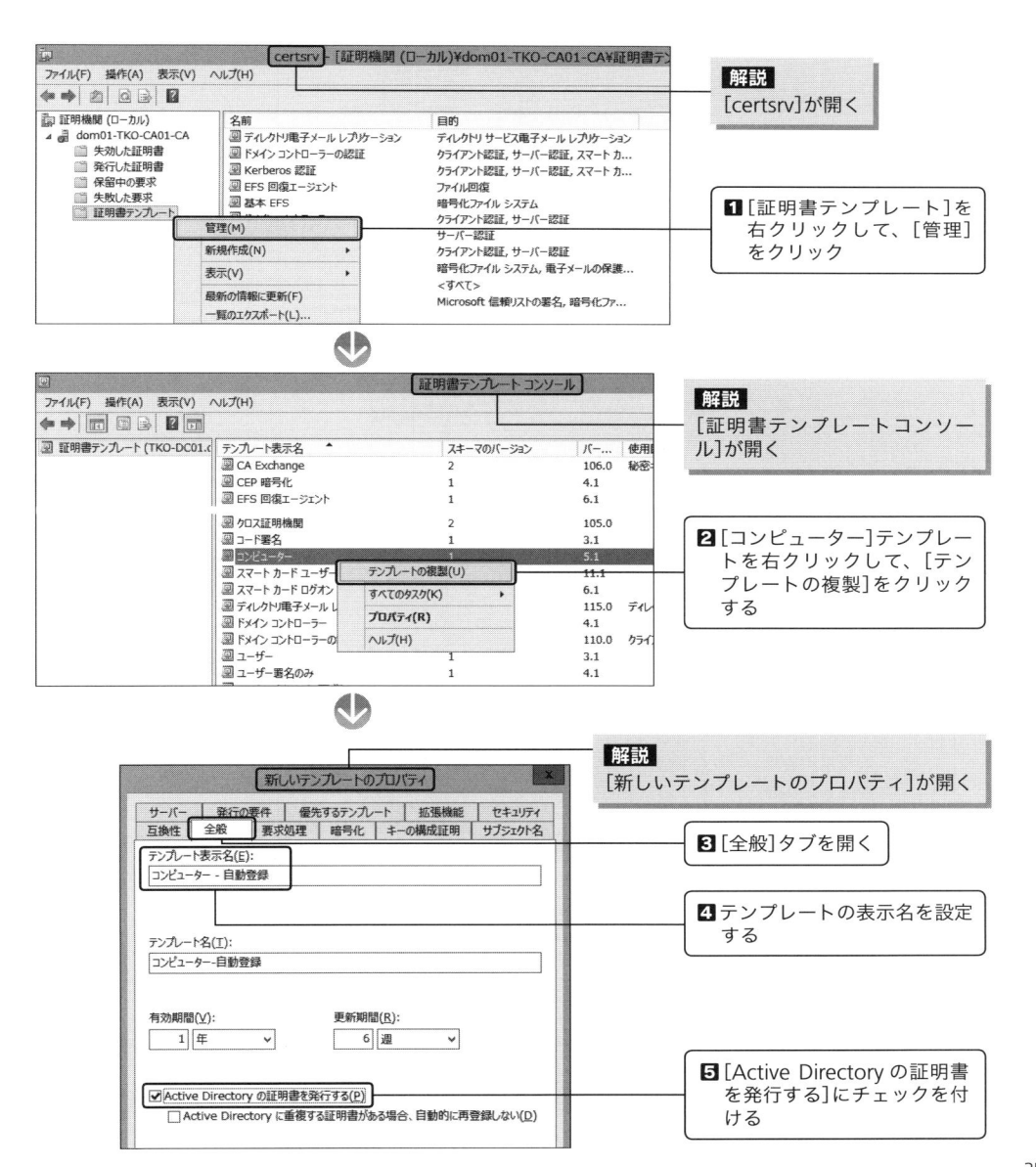

解説
[certsrv]が開く

1 [証明書テンプレート]を右クリックして、[管理]をクリック

解説
[証明書テンプレートコンソール]が開く

2 [コンピューター]テンプレートを右クリックして、[テンプレートの複製]をクリックする

解説
[新しいテンプレートのプロパティ]が開く

3 [全般]タブを開く

4 テンプレートの表示名を設定する

5 [Active Directoryの証明書を発行する]にチェックを付ける

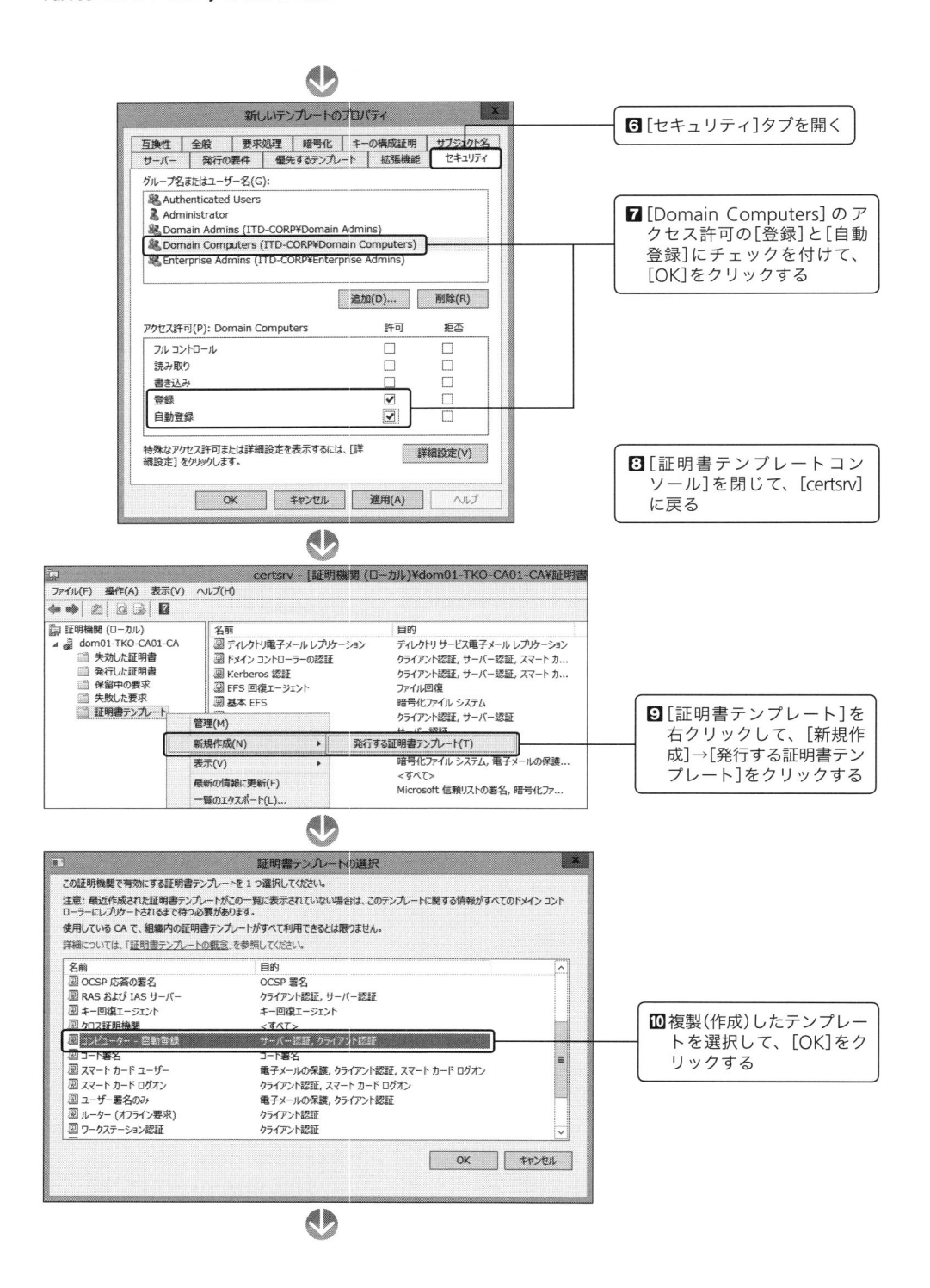

Part 05 Active Directoryの高度な管理機能

6 [セキュリティ]タブを開く

7 [Domain Computers]のアクセス許可の[登録]と[自動登録]にチェックを付けて、[OK]をクリックする

8 [証明書テンプレートコンソール]を閉じて、[certsrv]に戻る

9 [証明書テンプレート]を右クリックして、[新規作成]→[発行する証明書テンプレート]をクリックする

10 複製(作成)したテンプレートを選択して、[OK]をクリックする

354

03 AD CSの管理

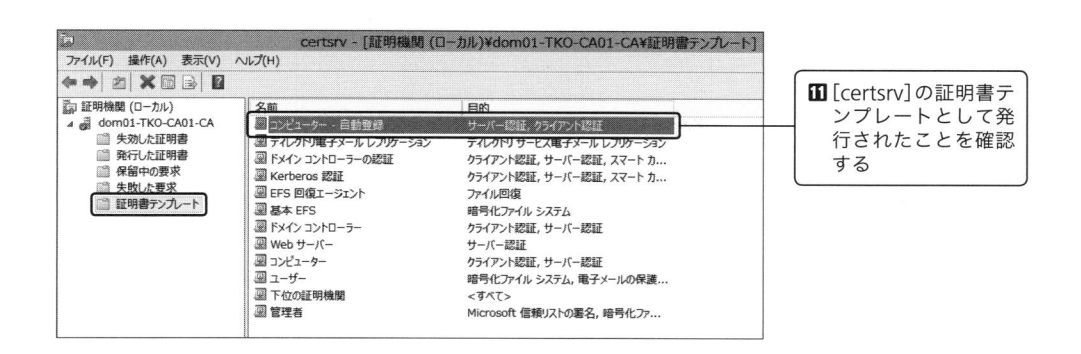

11 [certsrv]の証明書テンプレートとして発行されたことを確認する

証明書の自動登録の確認

　上記の設定を行うと、ドメインに参加しているコンピューターに**コンピューターアカウントの証明書**が自動登録されます。これは以下のようにMMCの［証明書］スナップインで確認できます。ユーザーはこの証明書を使用してWebサーバーのSSL化などを実行できます。

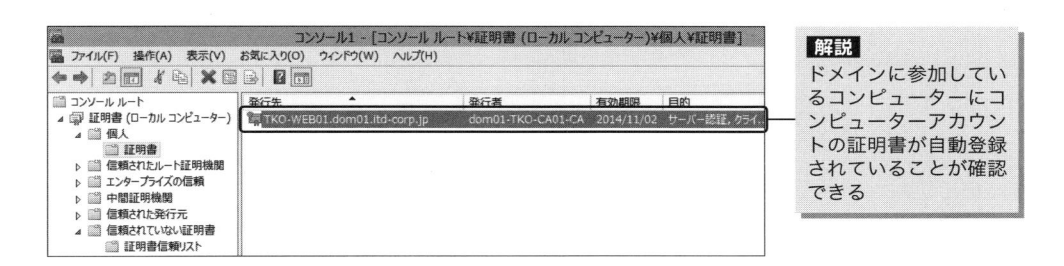

解説
ドメインに参加しているコンピューターにコンピューターアカウントの証明書が自動登録されていることが確認できる

> **Tips** 同様の手順で、ドメインのユーザーが「自動登録できる証明書テンプレート」を作成することもできます。この際は［Authenticated Users］や［Domain Users］に自動登録のアクセス許可を与えます。

03-02 MMCを使用した証明書の登録

　先述した「コンピューターのための証明書の自動登録」では、証明書の識別名である「**サブジェクト名**」はActive Directoryの情報から自動判別されるため、任意の値を設定することはできません。そのため、例えば「TKO-WEB01」という名前のコンピューター名で動作するIISのWebサーバーを「www…」といったFQDNで公開してしまうと、サブジェクト名が異なるため、アクセス時に警告が表示されます。

　ここでは、**Webサーバー用の証明書**を手動で発行して、任意のサブジェクト名を代替サブジェクト名として設定する方法について解説します。今回は次表の用途や構成を想定しています。

■ 想定している用途や構成

項　目	説　明
対象	ドメインに参加しているコンピューター
証明書の要求方法	MMC による手動要求
管理者による承認の有無	なし（自動承認）
ベースとする証明書テンプレート	[Web サーバー]証明書テンプレート

証明書テンプレートの作成と発行

　Webサーバー用の証明書の手動発行を実現するために、証明書テンプレートの作成と発行を行います。デフォルトで用意されている「**Webサーバー**」テンプレートの複製を作成して、証明書の手動発行を行うためのセキュリティ設定のカスタマイズを行います。

　CAのコンピューターに管理者でサインインして、サーバーマネージャーの[ツール]メニューから[証明機関]を起動して[証明書テンプレートコンソール]を開き（⇒P.353）、以下の手順を実行します。

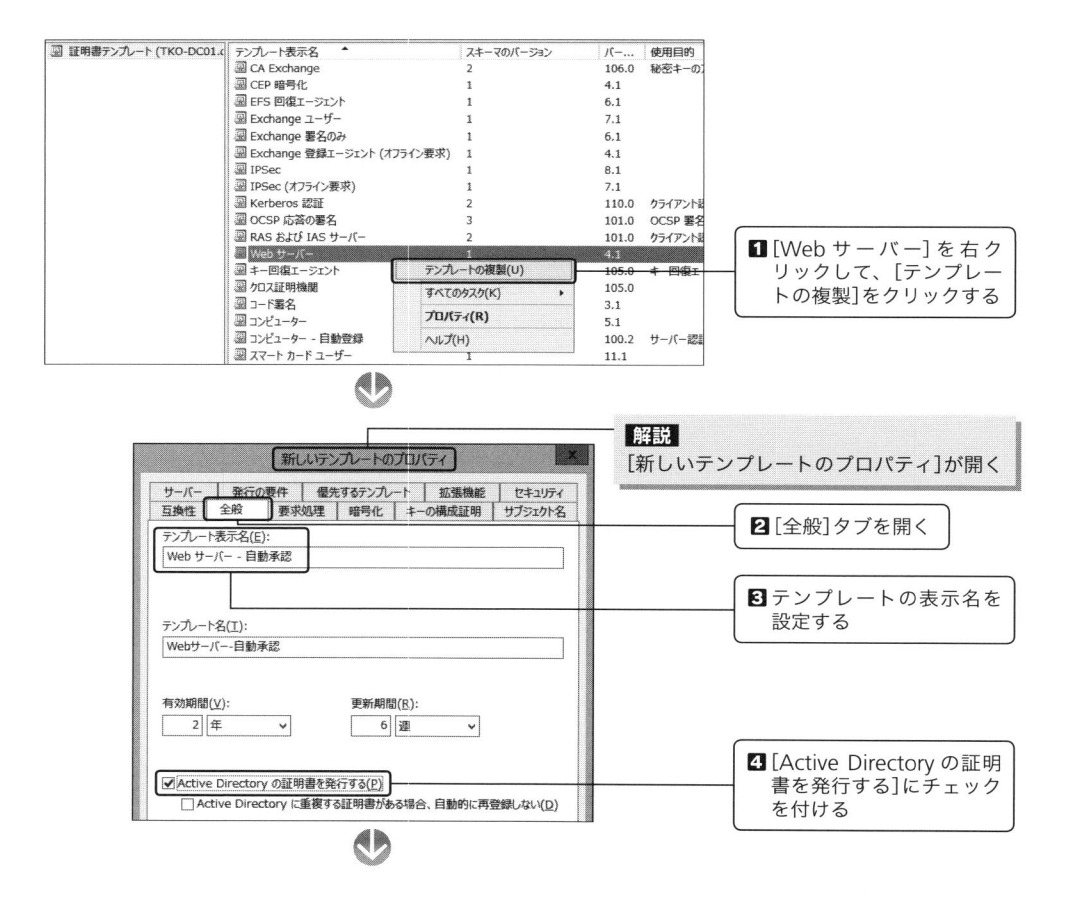

1 [Web サーバー]を右クリックして、[テンプレートの複製]をクリックする

解説
[新しいテンプレートのプロパティ]が開く

2 [全般]タブを開く

3 テンプレートの表示名を設定する

4 [Active Directory の証明書を発行する]にチェックを付ける

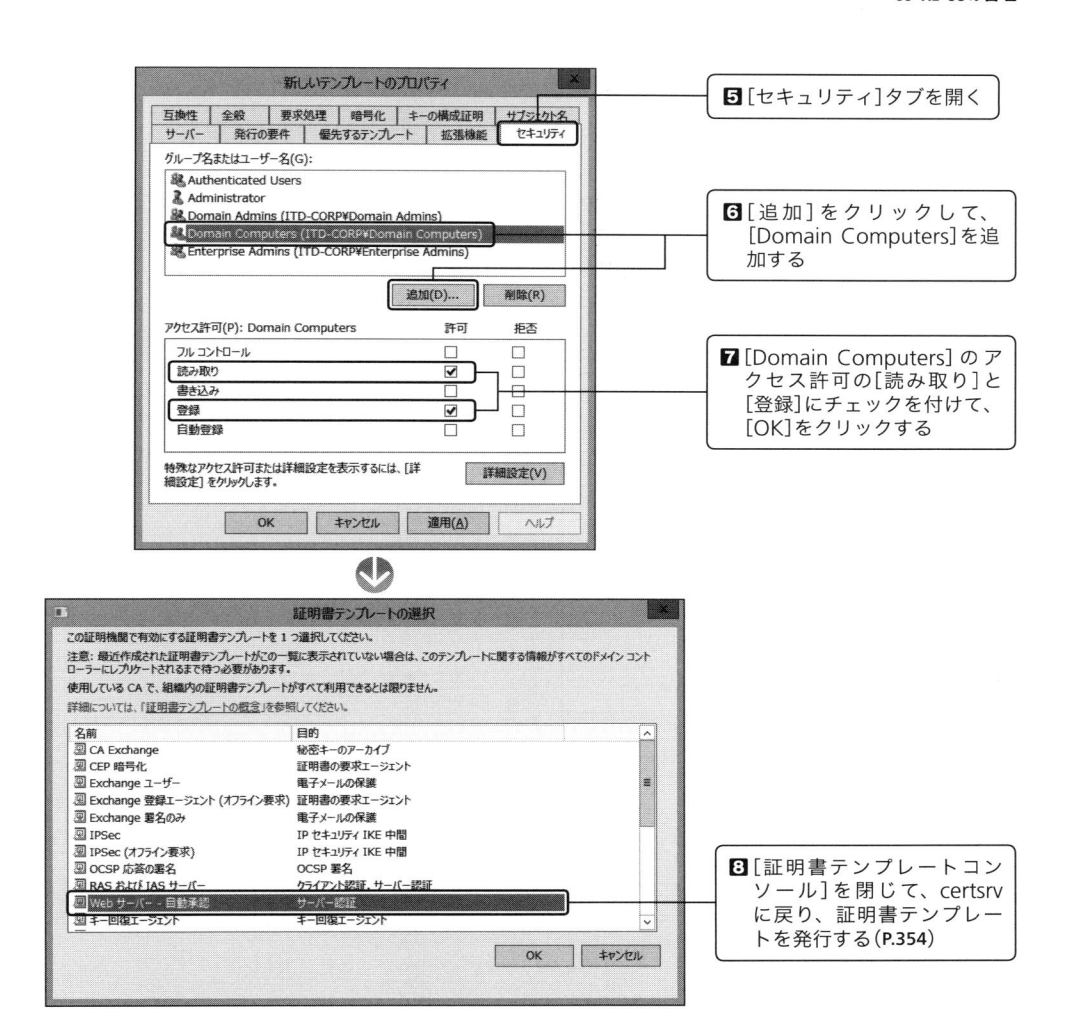

03 AD CSの管理

5 [セキュリティ]タブを開く

6 [追加]をクリックして、[Domain Computers]を追加する

7 [Domain Computers]のアクセス許可の[読み取り]と[登録]にチェックを付けて、[OK]をクリックする

8 [証明書テンプレートコンソール]を閉じて、certsrvに戻り、証明書テンプレートを発行する(P.354)

● WebサーバーでのMMCによる証明書の登録

続いて、証明書の登録を行うWebサーバー側でMMCを起動して、[証明書]スナップインを追加します。[スタート]画面や[ファイル名を指定して実行]からMMCを起動して、以下の手順を実行します。

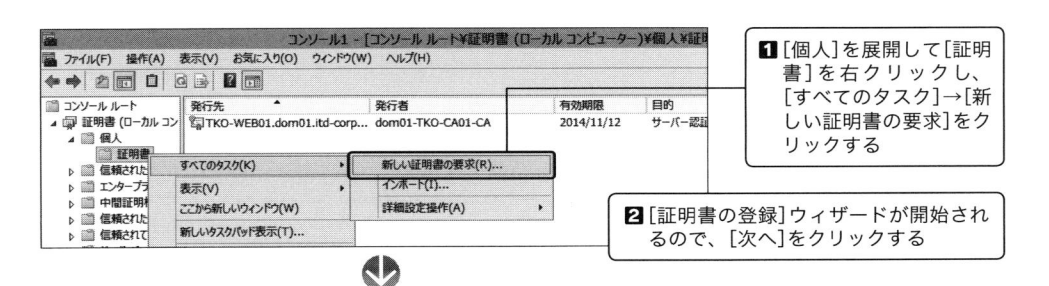

1 [個人]を展開して[証明書]を右クリックし、[すべてのタスク]→[新しい証明書の要求]をクリックする

2 [証明書の登録]ウィザードが開始されるので、[次へ]をクリックする

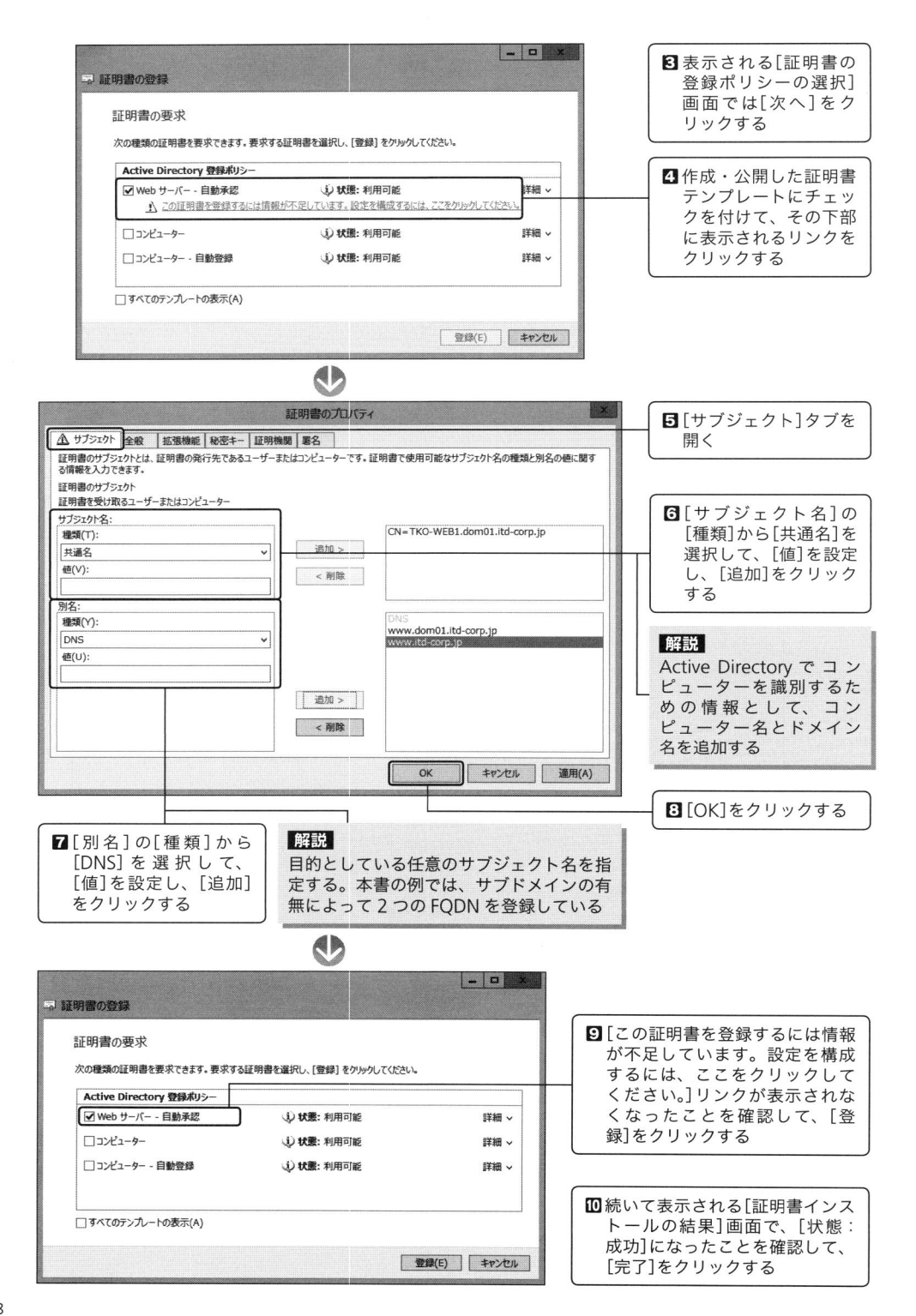

Part 05 Active Directoryの高度な管理機能

3 表示される[証明書の登録ポリシーの選択]画面では[次へ]をクリックする

4 作成・公開した証明書テンプレートにチェックを付けて、その下部に表示されるリンクをクリックする

5 [サブジェクト]タブを開く

6 [サブジェクト名]の[種類]から[共通名]を選択して、[値]を設定し、[追加]をクリックする

解説
Active Directoryでコンピューターを識別するための情報として、コンピューター名とドメイン名を追加する

7 [別名]の[種類]から[DNS]を選択して、[値]を設定し、[追加]をクリックする

解説
目的としている任意のサブジェクト名を指定する。本書の例では、サブドメインの有無によって2つのFQDNを登録している

8 [OK]をクリックする

9 [この証明書を登録するには情報が不足しています。設定を構成するには、ここをクリックしてください。]リンクが表示されなくなったことを確認して、[登録]をクリックする

10 続いて表示される[証明書インストールの結果]画面で、[状態：成功]になったことを確認して、[完了]をクリックする

上記の手順で、「サブジェクト代替名」に「www…」などのFQDNが設定された証明書が登録されました。この証明書をIISのWebサーバーに割り当てるなどしてSSL化すると、「https://www…」といったアドレス指定でアクセスした際にも警告が表示されなくなります。

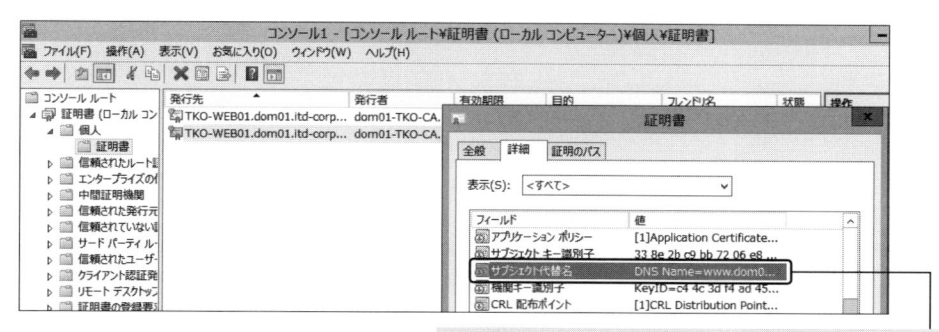

解説
「サブジェクト代替名」に「www…」などの FQDN が設定された証明書が登録されていることを確認できる

03-03 証明機関Web登録を使用した証明書の登録

ドメインに参加したコンピューターであれば、先に解説したように証明書の自動登録や、MMCからの登録が可能です。

ここでは、AD CSの**証明機関Web登録**を使用して、ドメインに参加していないWebサーバーに対して証明書を発行する方法を解説します。ドメインに参加していないコンピューターのための証明書であることから、CAの管理者による承認処理を要する設定にしています。下表の用途や構成を想定しています。

■ 想定している用途や構成

項　目	説　明
対象	ドメインに参加していないコンピューター
証明書の要求方法	証明機関 Web 登録からの手動操作
管理者による承認の有無	あり
ベースとする証明書テンプレート	[Web サーバー]証明書テンプレート

証明書テンプレートの作成と発行

証明機関Web登録を使用したWebサーバー用の証明書の手動発行を実現するために、証明書テンプレートの作成と発行を行います。デフォルトで用意されている「**Webサーバー**」テンプレートの複製を作成して、証明書の手動発行を行うためのセキュリティ設定のカスタマイズを行います。

Part 05 Active Directoryの高度な管理機能

　CAのコンピューターに、管理者でサインインして、サーバーマネージャーの［ツール］メニューから［証明機関］を起動して［証明書テンプレートコンソール］を開き（⇒P.353）、以下の手順を実行します。

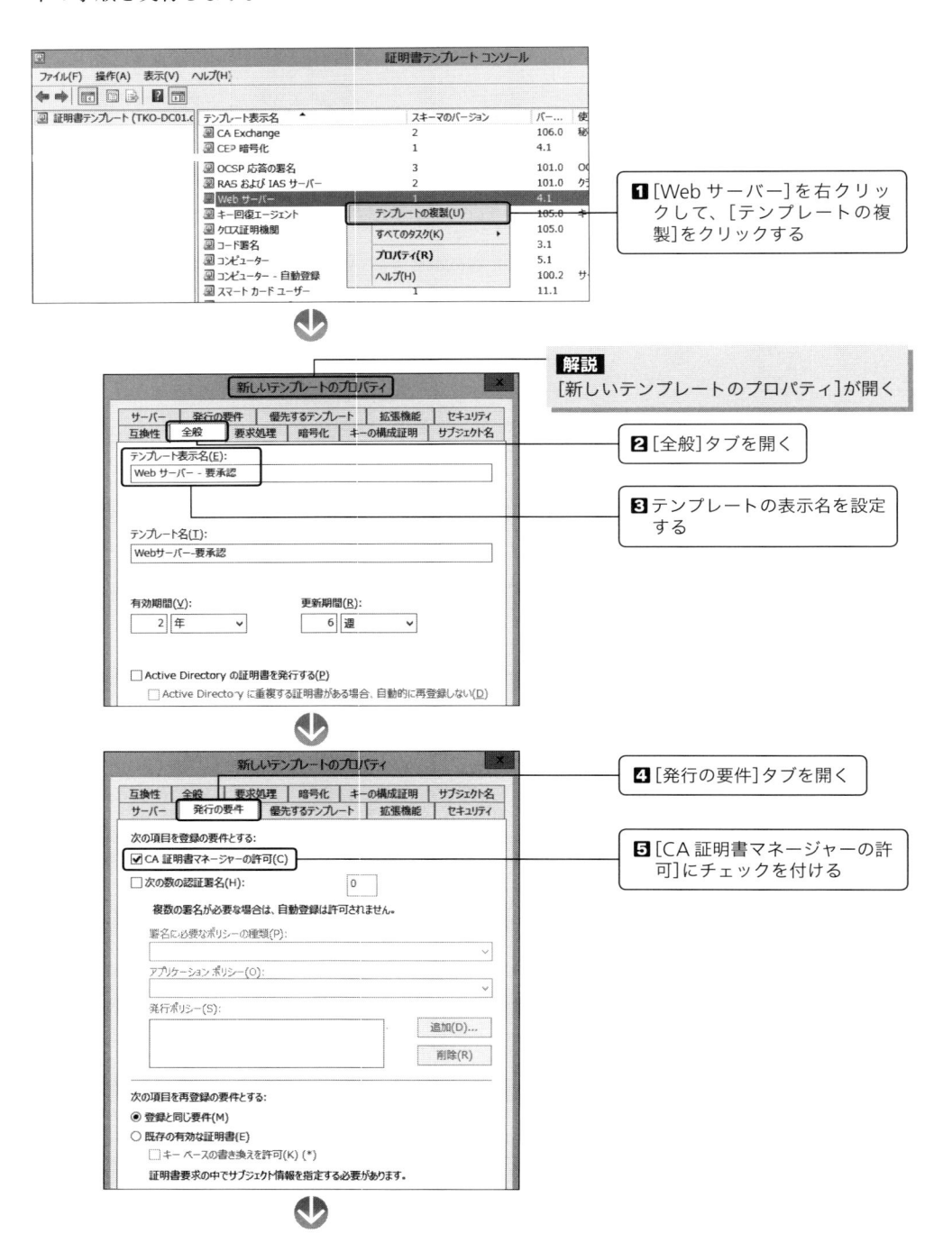

1 ［Web サーバー］を右クリックして、［テンプレートの複製］をクリックする

解説
［新しいテンプレートのプロパティ］が開く

2 ［全般］タブを開く

3 テンプレートの表示名を設定する

4 ［発行の要件］タブを開く

5 ［CA 証明書マネージャーの許可］にチェックを付ける

6 [セキュリティ]タブを開く

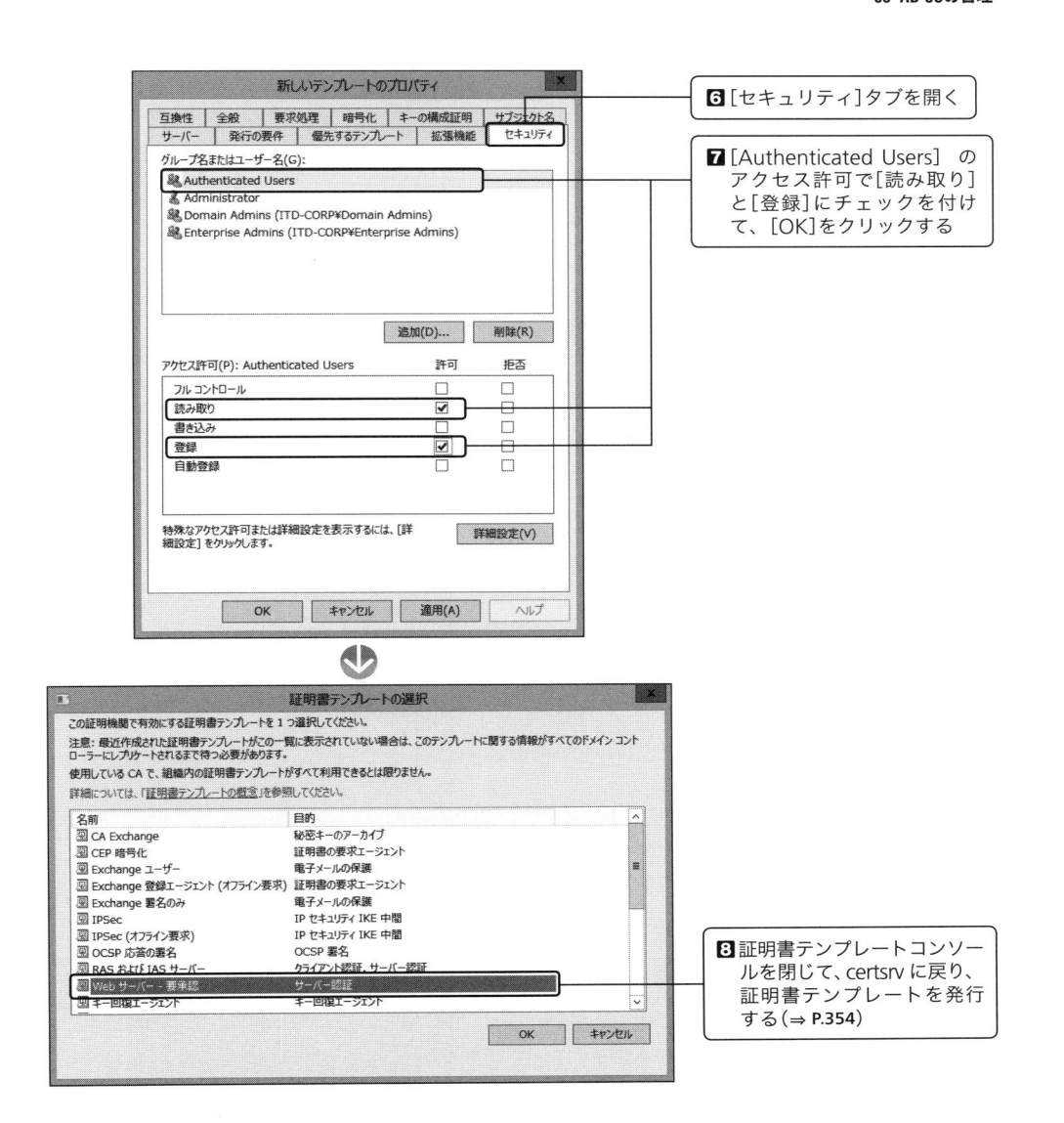

7 [Authenticated Users]のアクセス許可で[読み取り]と[登録]にチェックを付けて、[OK]をクリックする

8 証明書テンプレートコンソールを閉じて、certsrvに戻り、証明書テンプレートを発行する（⇒ P.354）

● WebサーバーでのCSRの作成と証明書の要求

続いて、証明書の登録を行うWebサーバー側で、証明書要求のための**CSR**（Certificate Signing Request）を作成します。例えば、WebサーバーがWindows Server 2012 R2コンピューターであり、IISを使用する場合は、[インターネットインフォメーションサービス（IIS）マネージャー]を起動して、次の手順でCSRを作成します。

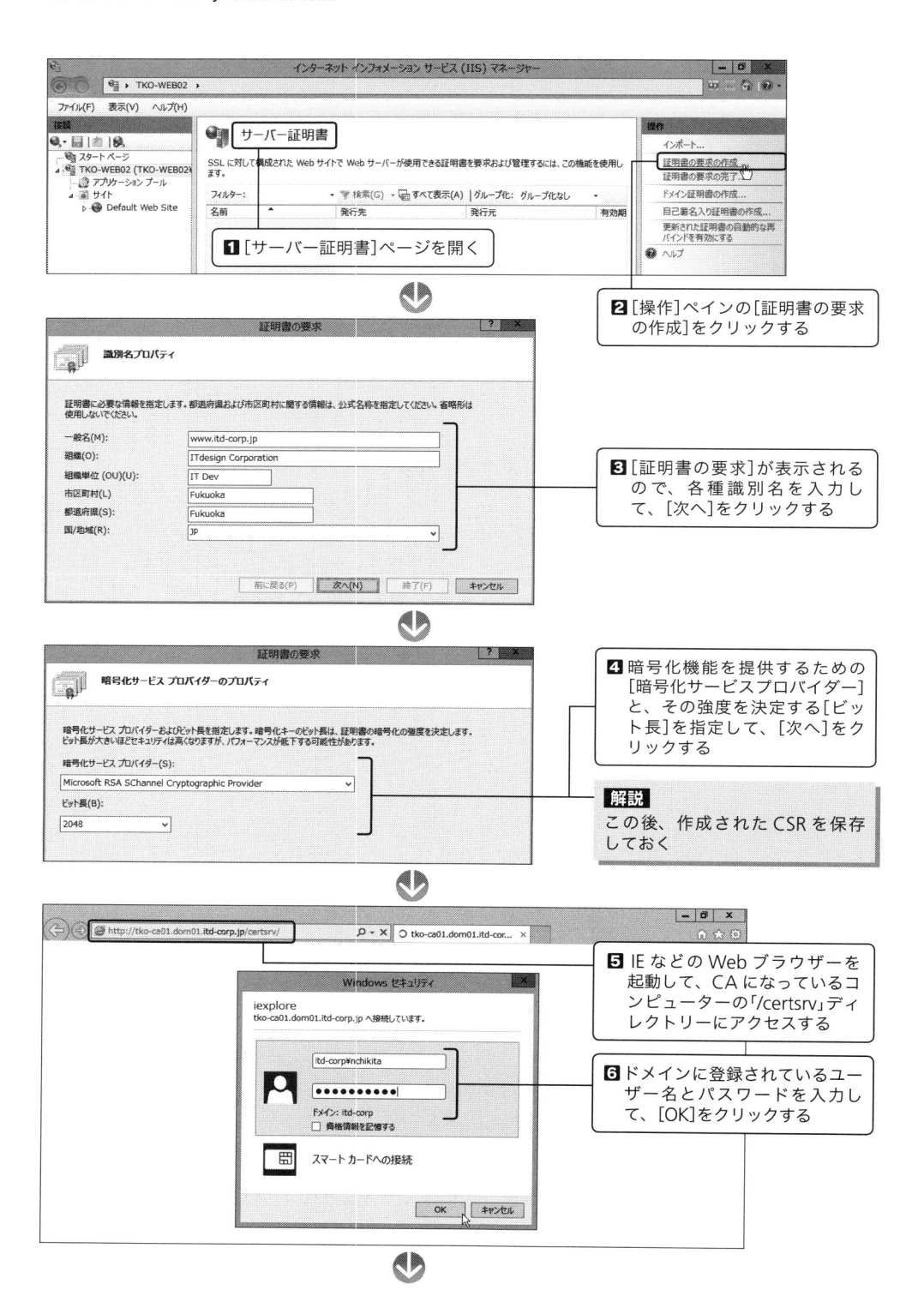

Part 05 Active Directoryの高度な管理機能

1 [サーバー証明書]ページを開く

2 [操作]ペインの[証明書の要求の作成]をクリックする

3 [証明書の要求]が表示されるので、各種識別名を入力して、[次へ]をクリックする

4 暗号化機能を提供するための[暗号化サービスプロバイダー]と、その強度を決定する[ビット長]を指定して、[次へ]をクリックする

解説
この後、作成されたCSRを保存しておく

5 IEなどのWebブラウザーを起動して、CAになっているコンピューターの「/certsrv」ディレクトリーにアクセスする

6 ドメインに登録されているユーザー名とパスワードを入力して、[OK]をクリックする

03 AD CSの管理

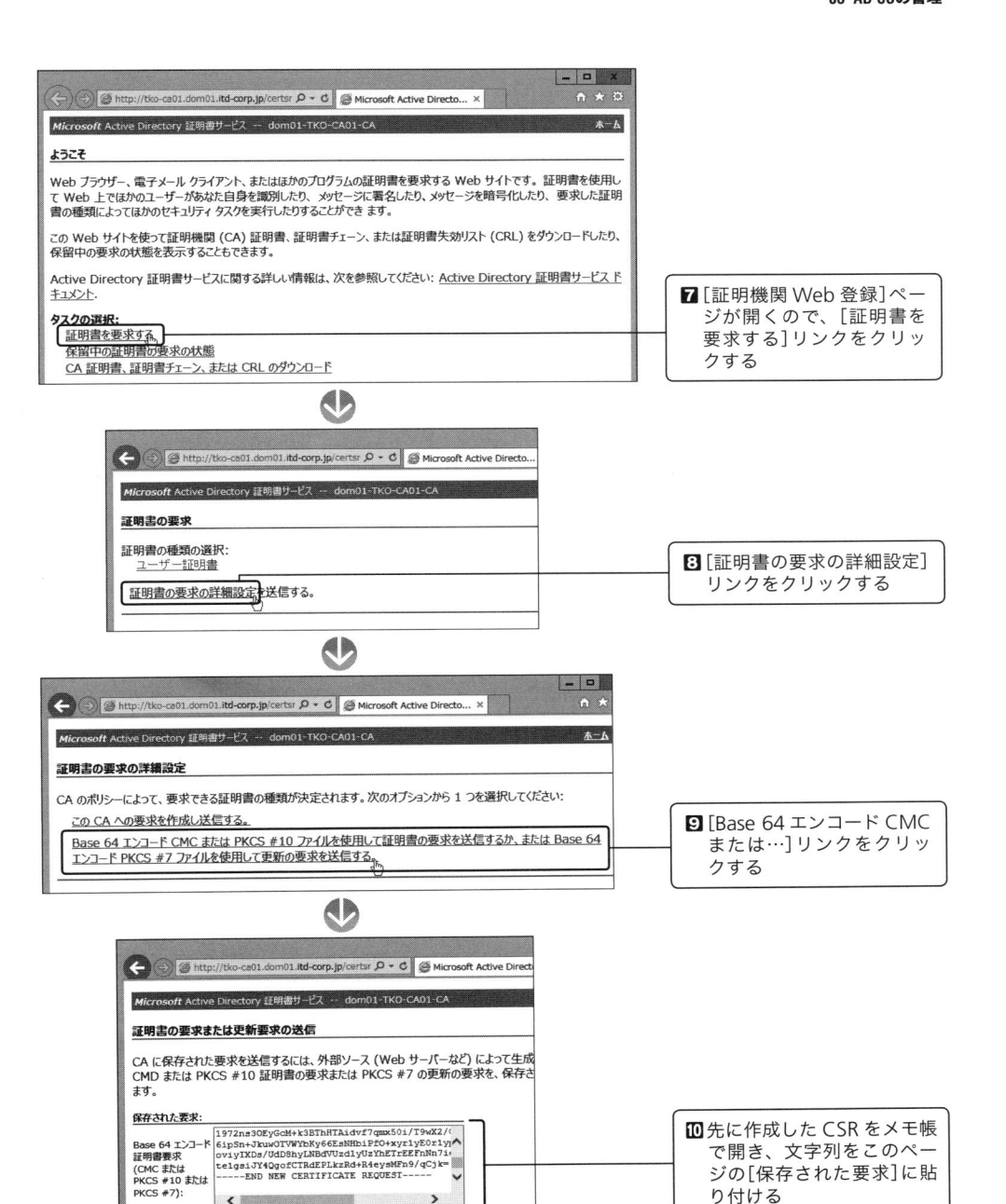

7 [証明機関 Web 登録]ページが開くので、[証明書を要求する]リンクをクリックする

8 [証明書の要求の詳細設定]リンクをクリックする

9 [Base 64 エンコード CMC または…]リンクをクリックする

10 先に作成した CSR をメモ帳で開き、文字列をこのページの[保存された要求]に貼り付ける

11 [証明書テンプレート]として、先に作成した証明書テンプレートを選択して、[送信]をクリックする

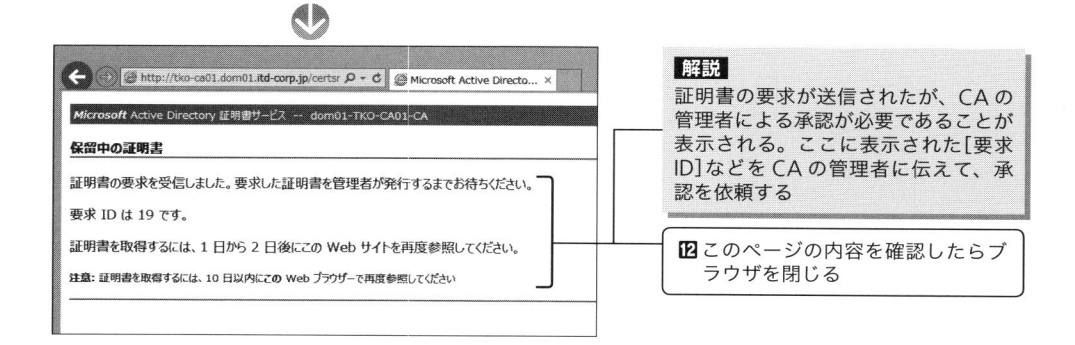

証明書の要求が送信されたが、CAの管理者による承認が必要であることが表示される。ここに表示された[要求ID]などをCAの管理者に伝えて、承認を依頼する

12 このページの内容を確認したらブラウザを閉じる

証明書要求の承認

　CAの管理者は証明書の発行要求に対して承認処理を行います。CAになっているコンピューターに管理者としてサインインして、サーバーマネージャーの[ツール]メニューから[証明機関]を起動して、以下の手順を実行します。

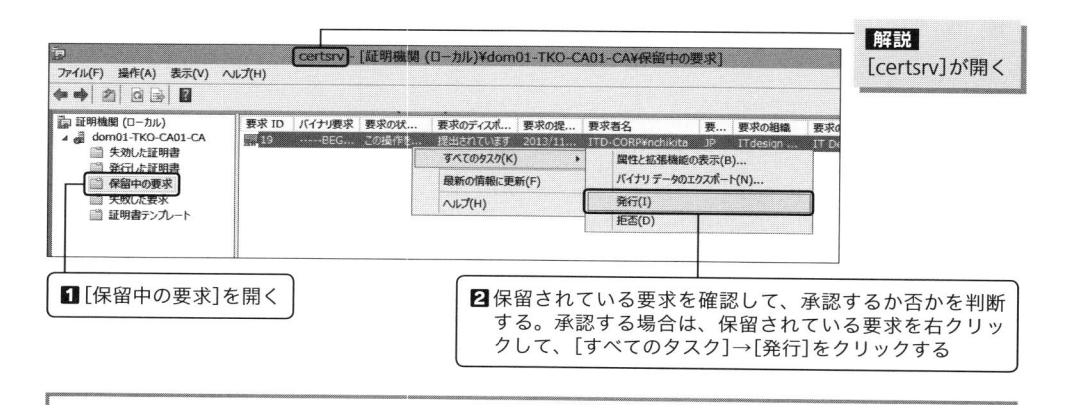

[certsrv]が開く

1 [保留中の要求]を開く

2 保留されている要求を確認して、承認するか否かを判断する。承認する場合は、保留されている要求を右クリックして、[すべてのタスク]→[発行]をクリックする

> **Tips** 承認した場合は[発行した証明書]で対象の証明書を確認できます。

Webサーバーでの証明書の入手と要求の完了

　CA管理者の承認によって発行された証明書を入手して、Webサーバーで利用するための操作を行います。証明書の発行を要求したWebサーバー側で再びIEなどのWebブラウザーを開き、CAになっているコンピューターの「/certsrv」ディレクトリーにアクセスし、次の手順を実行します。

03 AD CSの管理

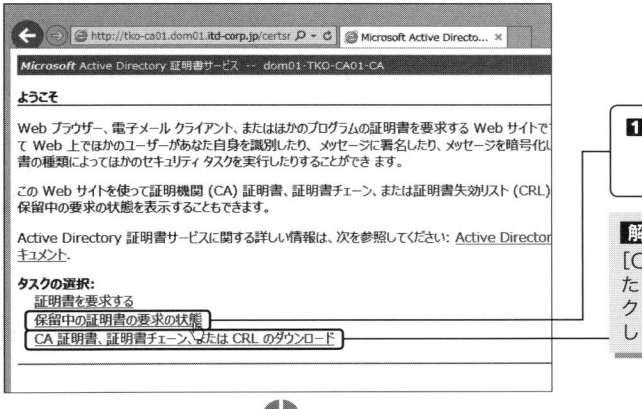

1 [証明機関 Web 登録]のページを開いて、[保留中の証明書の要求の状態]リンクをクリックする

解説
[CA 証明書、証明書チェーン、または CRL のダウンロード]をクリックして、CA 証明書もダウンロードしておく

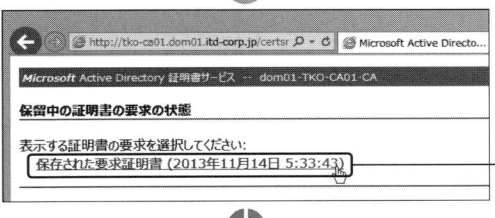

2 [保存された要求証明書]リンクをクリックする

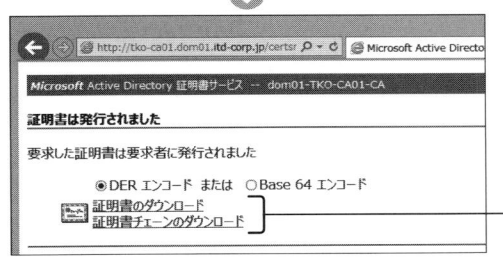

3 「証明書」や、上位の CA によって発行された証明書との連携を定義した「証明書チェーン」をダウンロードする

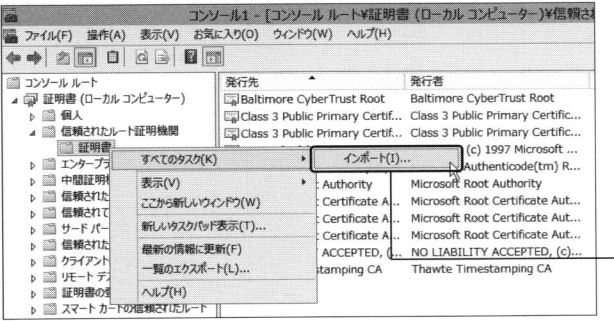

4 続いてルートの CA 証明書の登録を行うため、MMC を起動して[証明書]スナップインを追加する（⇒ P.357）

5 [信頼されたルート証明機関]を展開して、[証明書]を右クリックし、[すべてのタスク]→[インポート]をクリックする

18 AD CSによるPKI環境の構築

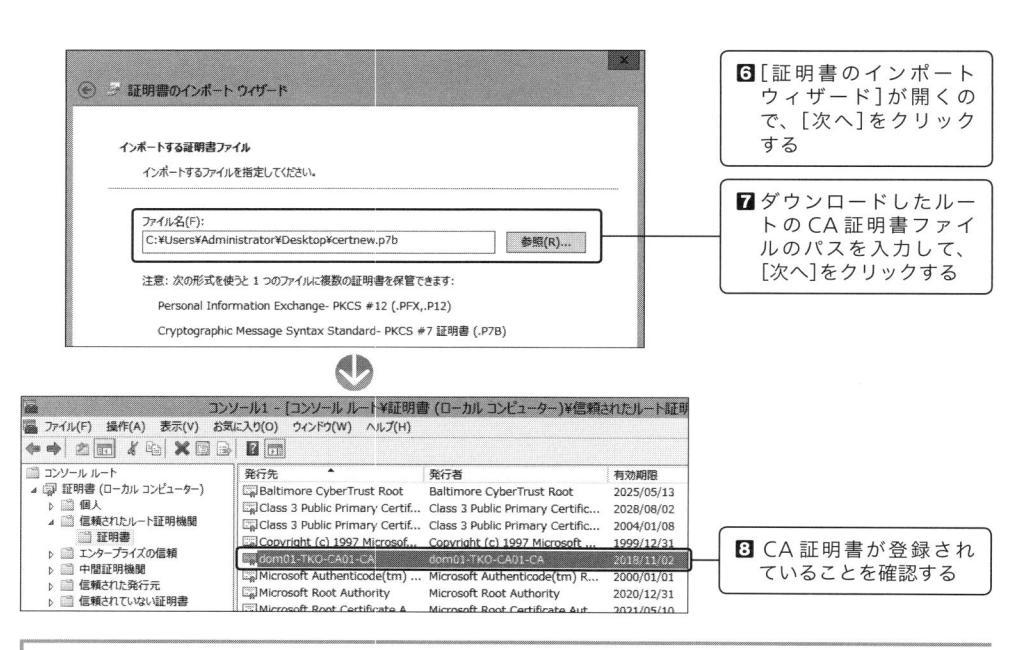

Part 05 Active Directoryの高度な管理機能

6 [証明書のインポートウィザード]が開くので、[次へ]をクリックする

7 ダウンロードしたルートのCA証明書ファイルのパスを入力して、[次へ]をクリックする

8 CA証明書が登録されていることを確認する

> **Tips** 二層以上のCAによるPKI階層の場合で、かつ中間証明書もダウンロードしている場合は、同様の手順で[中間証明機関]に登録します。

9 [インターネットインフォメーションサービス(IIS)マネージャー]を起動して、[サーバー証明書]ページを開く

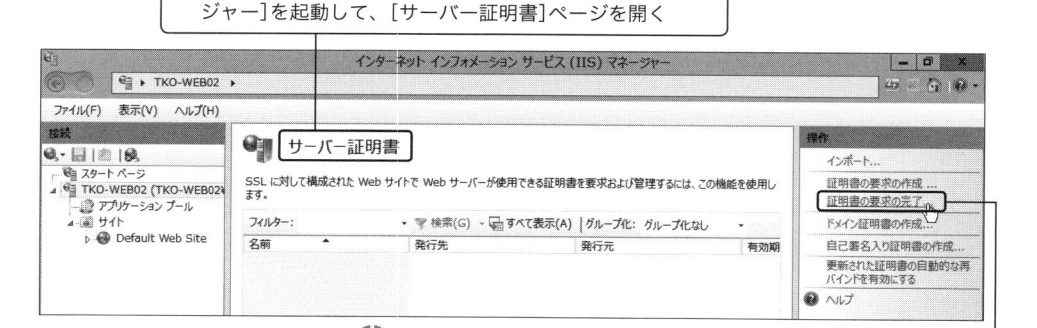

10 [操作]ペインの[証明書の要求の完了]をクリックする

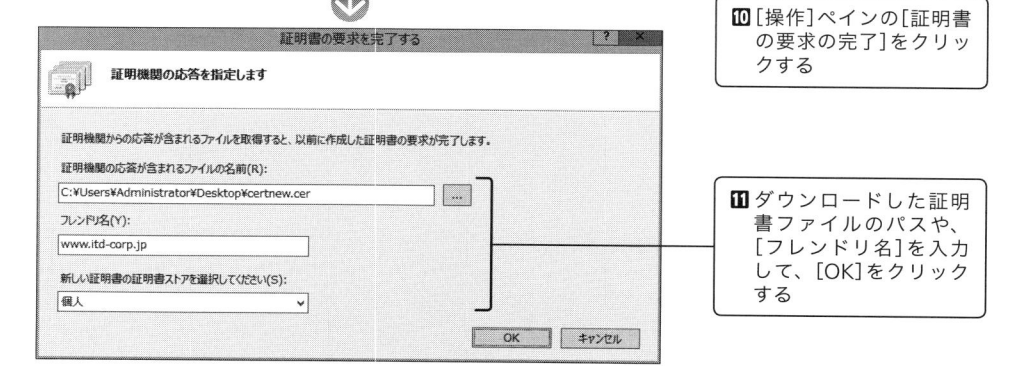

11 ダウンロードした証明書ファイルのパスや、[フレンドリ名]を入力して、[OK]をクリックする

⑫ 証明書が登録されていることを確認する

解説 この証明書をIISのWebサーバーに割り当てるなどしてSSL化できる

03-04 証明書の失効処理

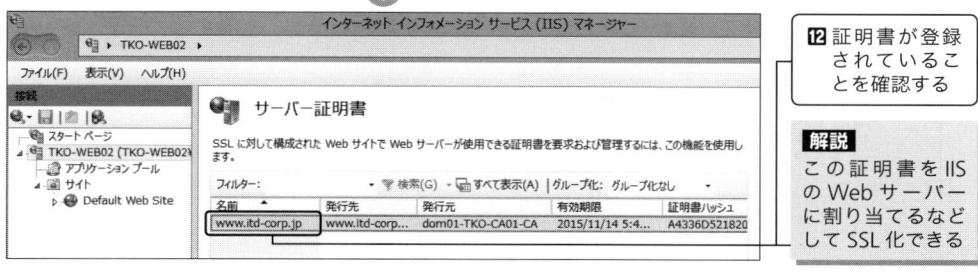

以下のような状況になった場合は、発行した証明書を無効化する「**失効処理**」を実行します。

- 証明書の秘密キーが侵害された（盗まれるなど）
- CA（証明機関）の証明書の秘密キーが侵害された（盗まれるなど）
- 証明書が不要になった

CAの管理者が証明書の失効処理を行うと、**CRL**（Certificate Revocation List）として公開されます。CRLに掲載された証明書を使ったシステムにアクセスすると、警告が表示されるようになります。

CRLの種類

CRLには下表の2種類があります。

■ CRL の種類

種類	説明
CRL（定期的な CRL）	失効した証明書の完全なリスト。このリストは定期的に発行される。これを取得したクライアントは、証明書の失効状態を確認するために使用できる。デフォルトの公開期間は **1 週間**
Delta CRL	直前の CRL（定期的な CRL）の発行以降に取り消された証明書のみが含まれたリスト。CRL よりも小さいため、クライアントは失効した証明書の完全なリストをすばやく作成できるようになる。デフォルトの公開期間は **1 日**

Tips
CRLは**CRL配布ポイント**（CDP）で公開されます。これはcertsrvでCAになっているコンピューターのプロパティを開き、［拡張機能］タブで確認したり、変更・追加などを実行できます。
なお、CRLはリアルタイムに公開されるものではないため、失効処理を行った証明書がリアルタイムで無効になるわけではないことに注意してください。
一方、AD CSの役割サービスである［オンラインレスポンダー］を組織内にセットアップしておくと、証明書の失効処理をリアルタイムで実現できます。

失効処理の実行

失効処理はcertsrvを使って行います。CAになっているコンピューターに管理者でサインインして、サーバーマネージャーの［ツール］メニューから［証明機関］を起動して（⇒P.353）、以下の手順を実行します。

❶ ［発行した証明書］を開く

❷ 失効対象の証明書を右クリックして、［すべてのタスク］→［証明書の失効］をクリックする

Tips 失効した証明書は左ペインの［失効した証明書］で確認できます。

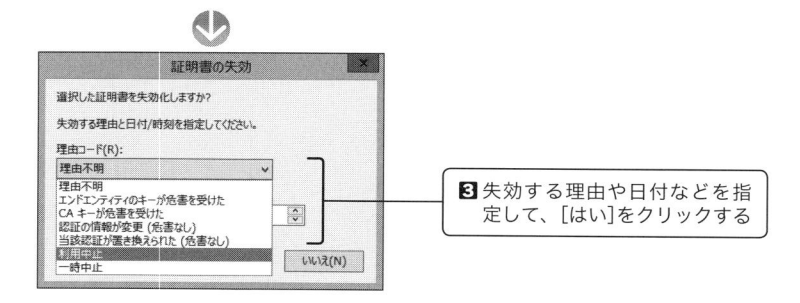

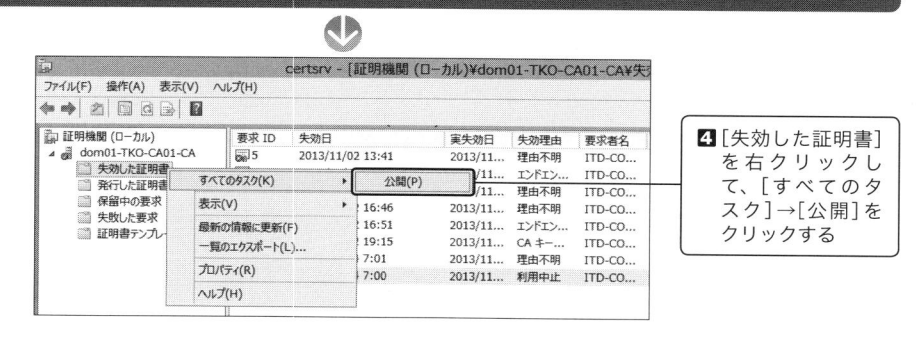

❸ 失効する理由や日付などを指定して、［はい］をクリックする

重要！ ［理由コード］に［一時中止］を選択した場合に限り、［失効した証明書］から失効を取り消すことができます。それ以外を選択した場合は取り消すことはできません。

❹ ［失効した証明書］を右クリックして、［すべてのタスク］→［公開］をクリックする

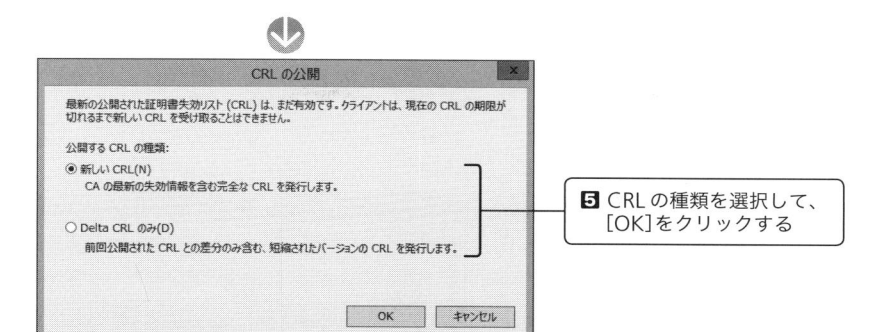

5 CRLの種類を選択して、[OK]をクリックする

> **Tips** certsrvで[失効した証明書]のプロパティを開くと、CRLの公開期間の確認や変更を実行できます。また、[CRLの表示]タブでは、失効した証明書のリストなどを確認できます。

03-05 CAのバックアップと復元

　CAになっているコンピューターのシステム状態をバックアップすると、CAのバックアップも行われます。certsrvを使用すると、CAに関する情報だけをバックアップしたり、復元したりできます。

　CAになっているコンピューターに管理者でサインインして、サーバーマネージャーの[ツール]メニューから[証明機関]を起動して(⇒P.353)、以下の手順を実行します。

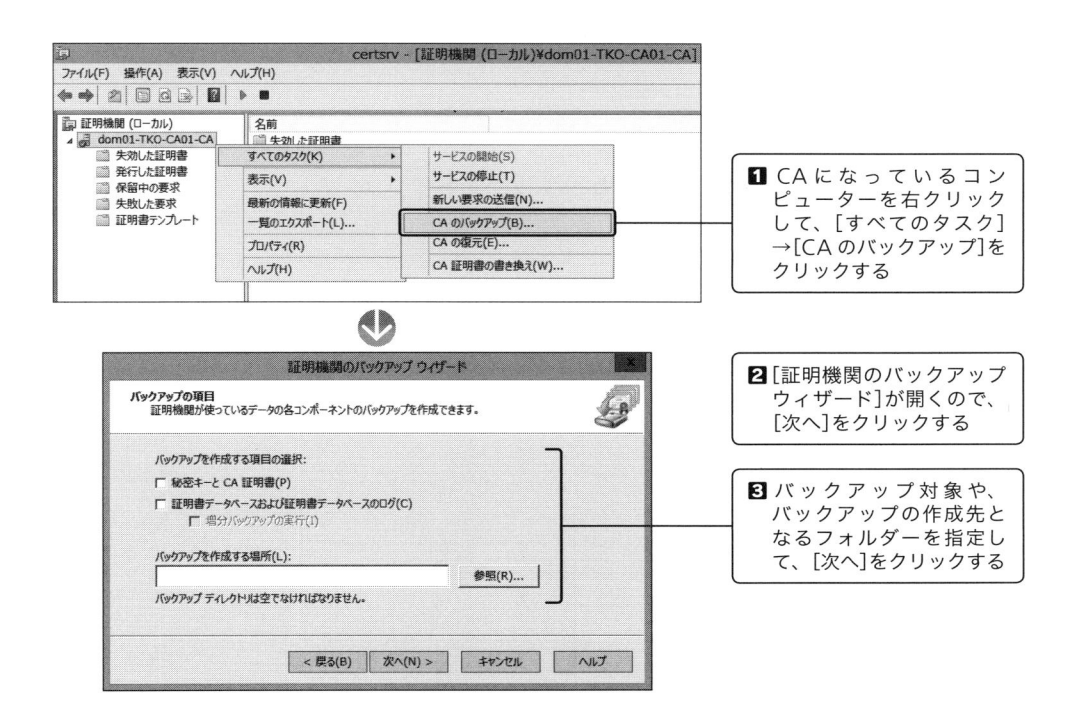

1 CAになっているコンピューターを右クリックして、[すべてのタスク]→[CAのバックアップ]をクリックする

2 [証明機関のバックアップウィザード]が開くので、[次へ]をクリックする

3 バックアップ対象や、バックアップの作成先となるフォルダーを指定して、[次へ]をクリックする

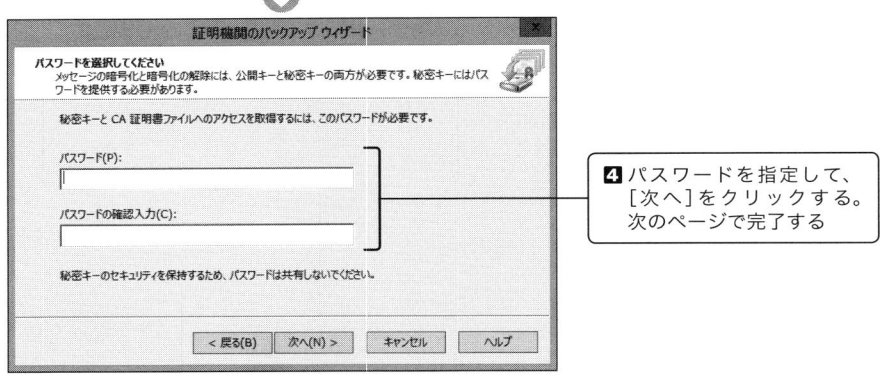

4 パスワードを指定して、[次へ]をクリックする。次のページで完了する

> **Tips** CAのバックアップデータを復元する場合は、certsrvでCAコンピューターを右クリックして、[すべてのタスク]→[CAの復元]を実行して、証明機関の復元ウィザードで復元対象やバックアップのパス、バックアップ時に指定したパスワードなどを指定して実行します。

Column コマンドによる AD CS や CA の管理

以前のバージョンのWindows Serverと同様に、AD CSやCAの展開や管理を行うにはCertutilコマンドを、証明書の要求などを行うにはCertreqコマンドを利用できます。そして、Windows Server 2012からはAD CSやCAのために多数のWindows PowerShellコマンドレット群が追加されています。定型的な繰り返し操作などを行う際には、これらコマンドなどの利用を検討してください。

URL Certutil コマンド
http://technet.microsoft.com/library/cc732443.aspx

URL Certreq コマンド
http://technet.microsoft.com/en-us/library/cc725793.aspx

URL AD CS Administration Cmdlets in Windows PowerShell
http://technet.microsoft.com/en-us/library/hh848365.aspx

URL AD CS Deployment Cmdlets in Windows PowerShell
http://technet.microsoft.com/en-us/library/hh848390.aspx

URL PKI Client Cmdlets in Windows PowerShell
http://technet.microsoft.com/en-us/library/hh848636.aspx

Part 06

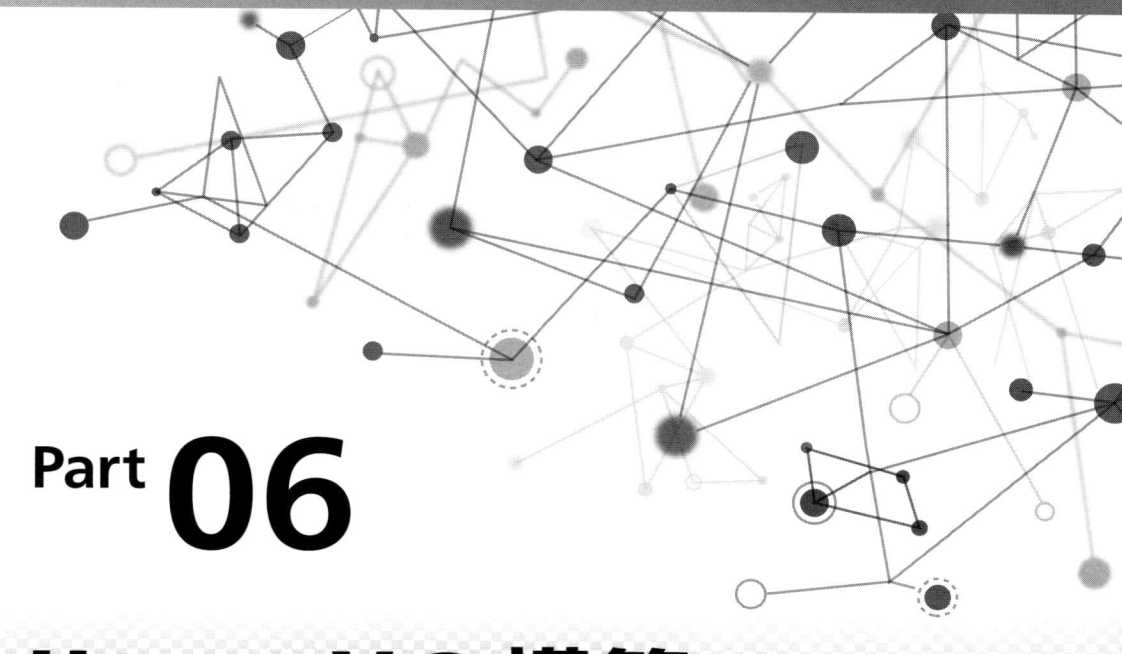

Hyper-Vの構築

Chapter 19　Hyper-Vの概要
Chapter 20　Hyper-Vの構築手順
Chapter 21　Hyper-VレプリカによるDR対策
Chapter 22　ライブマイグレーション環境の構築とHyper-Vクラスター

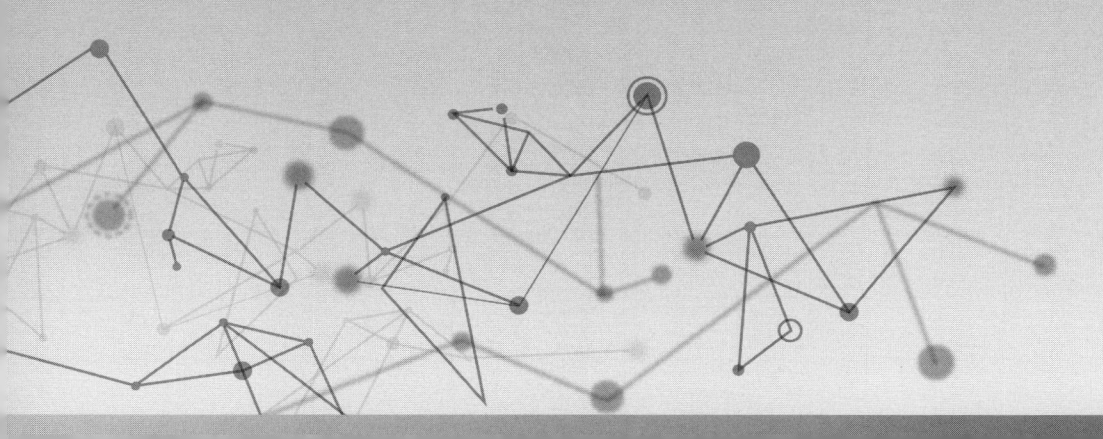

Chapter 19 Hyper-Vの概要

本章では、サーバー構築において、すでに一般的になったといっても過言ではない「サーバーの仮想化」のメリットや、それをWindows Server 2012 R2で実現するための標準機能である「Hyper-V」について解説します。この後の章を読み進める前に、本章で仮想化やHyper-Vの概要を確認してください。

01 サーバーの仮想化とは

サーバーの仮想化とは、**1台の物理マシン上に複数のWindowsコンピューターやLinuxなどを構築するテクノロジー**です。同じOSの異なるバージョンを混在させることも可能です。Windows Server 2012 R2では、要件を満たしたハードウェアとソフトウェアを用意するだけで簡単にサーバーの仮想化を実現できます。

> **Tips** 本書では、仮想化されたマシン環境を「**仮想マシン**」、その上で動作するOSを「**ゲストOS**」と記載します。物理環境における「ハードウェアとOS」が、仮想化環境では「仮想マシンとゲストOS」に対応するとお考えください。

01-01 仮想化のメリット

サーバーを仮想化することには以下のメリットがあります。

●ハードウェアの集約によるコスト削減

サーバーを仮想化する最大のメリットは、**コストを削減できる**という点です。複数のサーバーを仮想化して1台にまとめれば、導入コスト、電力コストや保守などのランニングコストを削減できます。

●管理性の向上

複数のサーバーが別々のマシンで稼働している場合は、サーバーごとに管理・運用を行う必要があります。一方、サーバーを仮想化して集約すると、1台のサーバーを管理するだけで済むので、**管理性が向上**します。

●可用性・柔軟性の向上

専用の仮想化ソフトウェアを使用してサーバーを仮想化すると、サーバーは**一種のソフト**

ウェアとして動作します。つまり、仮想化されたサーバーの実体はファイルやフォルダーの集まりになります。そのため、複数の物理マシンを使用してクラスター構成を構築し、そこで仮想化ソフトウェアを動作させるだけで、サーバーを連続稼働させることができます。障害時の可用性も向上します。

また、対応した仮想化ソフトウェアが動作していれば、どのようなハードウェアの上でも動作させることができます。そのため、物理マシンの老朽化やメーカーの保守終了などによってリプレースする場合も、物理マシンの機種を気にすることなく、仮想マシンを移すだけで稼働を続けることができます。

● 展開の容易性の向上

新たにサーバーを導入する際、通常はハードウェアや各種ソフトウェアを調達する必要があり、一般的な企業では稟議書の立案や営業面・技術面での調整など、多大な手間と労力がかかります。

一方、サーバーを仮想化すると、ソフトウェア（特にOSのライセンス）さえ用意すれば、サービスを開始できます。また、そのサーバーが不要になった際は簡単に削除することもできます。

このようにサーバーを仮想化すると、さまざまなメリットを享受できます。ただし、メリットばかりではありません。サーバーを仮想化するうえでは、これまでとは異なる管理作業が必要になるため、高いスキルと多くのノウハウが必要になります。

また、すべてのサーバーが仮想化に向いているわけではありません。例えば、**非常に高いスペックのサーバーを要する環境**では、仮想化するとパフォーマンス不足になる可能性が生じます。また「FAXサーバー」など、物理ハードウェアを直接コールするような特殊なアプリケーションや機能を実行する場合も仮想化は実現できません。この点を十分に理解したうえで、仮想化の計画や実装を行ってください。

01-02　仮想化の実現方法

サーバーの仮想化は、大きく分けると以下の2種類の方法で実現できます。

● ホスト型の仮想化

ホスト型の仮想化とは、ホストOS（WindowsやLinuxなど）が動作しているサーバー上で、仮想化ソフトウェアを**アプリケーションとして動作**させ、その上で仮想マシンを動作させる方法です。この方法では、使い慣れたOSで物理マシンを操作できるので、導入を容易に行えるというメリットがあります。

一方、仮想化ソフトウェアや仮想マシンは**ホストOSを介して物理マシンにアクセスする**ため、パフォーマンスを発揮しにくいといったデメリットもあります。また、ホストOSが異常終了すると仮想化ソフトウェアや仮想マシンも影響を受けるというデメリットもあります。

■ ホスト型の仮想化

ハイパーバイザー型の仮想化

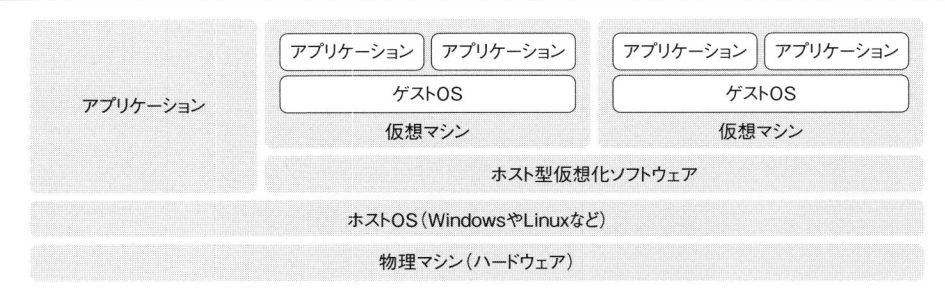

ハイパーバイザー型の仮想化とは、「ハイパーバイザー層」と呼ばれるレイヤーを構成し、そのレイヤー上で仮想マシンを動作させる方法です。仮想マシンは「**パーティション**」と呼ばれる単位で分離されます。**Hyper-V**はこのタイプです。

この方法では、仮想化ソフトウェアはホストOSなどを介さずに、**直接ハードウェアにアクセスできる**ので、ホスト型の仮想化が抱えるデメリットを解消できます。

■ ハイパーバイザー型の仮想化

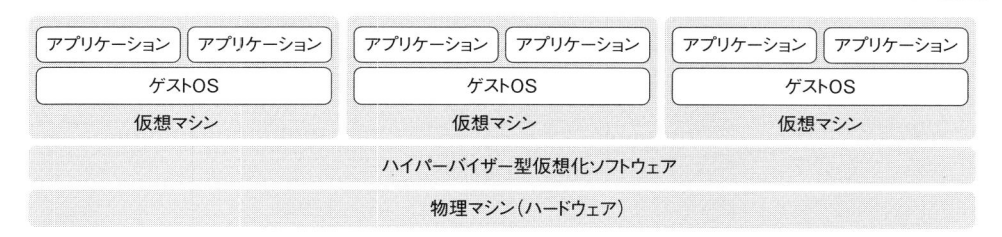

Column ハイパーバイザー型の仮想化ソフトウェアの種類

ハイパーバイザー型の仮想化ソフトウェアには、**モノリシック型**と**マイクロカーネル型**の2種類があります。どちらも一長一短がありますが、マイクロカーネル型のHyper-Vに関していえば「対応ハードウェアが多い」という特徴があります。

■ ハイパーバイザー型の仮想化ソフトウェアの種類

種類	説明
モノリシック型	ハイパーバイザー層にハードウェアのデバイスドライバーを持つタイプ。VMware vSphere シリーズなどはこのタイプ
マイクロカーネル型	「親パーティション」という管理用のパーティションがデバイスドライバーを持つタイプ。他の「子パーティション」は親パーティションのドライバーを介してハードウェアにアクセスする。Hyper-V や Xen などはこのタイプ

02 Hyper-Vの概要

　Hyper-Vは、Windows Server 2008で追加された、**ハイパーバイザー型の仮想化環境**を構築・管理する機能です。標準機能として実装されているので、一定の要件を満たしたハードウェアがあれば、追加投資をすることなく簡単に仮想化環境を構築できます。

02-01　Hyper-V の新機能

　Windows Server 2008で登場し、Windows Server 2008 R2で実用に耐え得る改良が施されたHyper-Vは、Windows Server 2012でさらに下表の新機能が実装されました。また、これら以外にも、VHDXのサポート、スマートページングによる動的メモリの拡張や仮想マシンに割り当てることができるリソースの拡大など、多くの機能拡張もありました。

■ Windows Server 2012 で行われた主な機能追加

追加機能	説　明
Hyper-V レプリカ	仮想マシンを他の Hyper-V サーバーにレプリケートする機能
共有記憶域を使用しないライブマイグレーションや、ストレージマイグレーションのサポート	クラスターを構成していない、スタンドアロンの Hyper-V ホスト間におけるライブマイグレーションや、ストレージマイグレーション（記憶域の移動）をサポート
SMB3.0 ファイル共有のサポート	仮想マシンを **SMB3.0 ファイル共有** に配置できるようになった。これにより SAN（ストレージエリアネットワーク）を用いることなく、複数の Hyper-V サーバー間で仮想マシンの共有が可能になった
SR-IOV のサポート	**SR-IOV**（Single Root I/O Virtualization）対応ネットワークデバイスをサポート。これにより、Hyper-V サーバーの物理ネットワークアダプターの仮想化機能を、仮想マシンに直接割り当てることが可能になり、パフォーマンスが向上した
仮想ファイバーチャネル	仮想マシンに関連付けられている標準的なワールドワイド名（WWN）を使用して、ゲスト OS からファイバーチャネルの SAN に直接アクセスできるようになった
仮想 NUMA	仮想マシンが **NUMA** をサポートするようになった。これにより、ゲスト OS と NUMA 対応アプリケーション（SQL Server など）も、パフォーマンスの最適化ができるようになった
リソースメータリング	仮想マシンごとに、物理プロセッサやメモリ、記憶域、ネットワーク使用率に関するデータの追跡と収集が可能になった

　そして、Windows Server 2012 R2では下表の新機能が実装されました。

■ Windows Server 2012 R2 で行われた主な機能追加

追加機能	説　明
ジェネレーション 2 仮想マシンのサポート	**UEFI ファームウェア**をサポートした仮想マシンを作成できるようになった。これにより起動の高速化や、セキュアブート、SCSI 仮想ディスクからの起動や標準ネットワークアダプターによる PXE ブートなどが可能
共有仮想ハードディスクのサポート	仮想マシン間で **VHDX ファイルの共有**が可能になった。これにより仮想マシン群によるクラスター構成が容易になった

■ Windows Server 2012 R2 で行われた主な機能追加（続き）

追加機能	説　明
拡張セッションモード	Hyper-V マネージャーの[仮想マシン接続]機能が、リモートデスクトップ接続と同等の機能になった
記憶域の QoS サポート	仮想マシンがアクセスする記憶域の QoS (Quality of Service) 管理が可能になった。これにより特定の仮想マシンによる記憶域パフォーマンスの低下を防止できる
AVMA（Automatic Virtual Machine Activation：仮想マシンの自動ライセンス認証）	Hyper-V サーバーが Windows Server 2012 R2 Datacenter の場合、仮想マシンのゲスト OS が Windows Server 2012 R2 の Datacenter、Standard、Essentials であれば、自動的にライセンス認証を行うことが可能

さらに、Windows Server 2012 R2では下表の機能拡張が行われました。

■ Windows Server 2012 R2 で行われた主な機能拡張

拡張機能	説　明
仮想ハードディスクのサイズ変更	SCSI 接続されている VHDX ファイルのサイズをオンラインで変更可能
ライブマイグレーションのパフォーマンス向上	圧縮処理や SMB3.0 によって、ライブマイグレーション実行時の仮想マシンのメモリ情報のコピーが高速になった
ライブマイグレーションの複数バージョン間のサポート	Windows Server 2012 から Windows Server 2012 R2 へ、仮想マシンのライブマイグレーションが可能。これにより移行が容易になった
統合サービスのゲストサービス	Hyper-V サーバーから仮想マシンへ、ネットワーク接続を介さずにファイルをコピーできるようになった
エクスポート	仮想マシンの実行中に、仮想マシンやそのチェックポイントをエクスポートできるようになった
フェールオーバークラスタリングの仮想マシン記憶域の保護	フェールオーバークラスタリングで管理されていない、SMB3.0 共有に置いた仮想マシンの記憶域の障害検知が可能になった
フェールオーバークラスタリングの仮想ネットワークアダプターの保護	仮想マシンに割り当てた物理ネットワークで、スイッチやネットワークアダプターの不具合、ネットワーク ケーブルの切断などの障害が発生した場合に、フェールオーバークラスタリングによってその仮想マシンを他のノードに移動可能になった
Hyper-V レプリカの拡張レプリケーション	レプリカサーバーの、さらにレプリカサーバーを構成可能になった
Hyper-V レプリカのレプリケーション頻度	レプリケーション頻度に「5 分」だけでなく、「30 秒」、「15 分」を選択できるようになった
Linux サポート	Linux 統合サービスが強化され、ビデオの向上、動的メモリや VHDX のオンラインサイズ変更やオンラインバックアップがサポートされた
下位バージョンの管理	Windows Server 2012 R2 から、Windows Server 2012 の Hyper-V の管理が可能になった

> **Tips** マイクロソフトは無償で「**Hyper-V Server 2012 R2**」と呼ばれる、Windows Server 2012 R2の Hyper-Vと同等のハイパーバイザー型の仮想化ソフトウェアを提供しています。このソフトウェアには、必要最小限のGUIとHyper-Vの動作機能しか実装されていませんが、フェールオーバークラスター構成やライブマイグレーション構成も可能になるなど、実運用に耐え得る機能を持っています。Linuxや、VDI環境のWindowsクライアントを仮想化する際の選択肢となるでしょう。

URL Microsoft Hyper-V Server 2012 R2 and Hyper-V Server 2012
http://technet.microsoft.com/library/hh833684.aspx

02 Hyper-Vの概要

> **Column　ネットワーク関連の機能拡張**
>
> 　Windows Server 2012 R2のHyper-Vでは、他にもネットワークに関する多くの機能拡張や新機能の実装が行われています。これらによって、プライベートクラウド環境や、マルチテナント環境の構築などがこれまで以上に柔軟に行えるようになっています。
>
> **URL　Windows Server 2012 R2 の Hyper-V ネットワーク仮想化の新機能**
> http://technet.microsoft.com/ja-jp/library/dn383586.aspx
>
> **URL　Windows Server 2012 R2 での Hyper-V 仮想スイッチの新機能**
> http://technet.microsoft.com/ja-jp/library/dn343757.aspx
>
> 　また、以下のホワイトペーパーではWindows Server 2012 R2のHyper-Vの全般的な技術解説が行われており、参考になります。
>
> **URL　Windows Server 2012 R2 サーバー仮想化技術概要**
> http://download.microsoft.com/download/B/2/0/B20A660F-787F-4C17-8CE6-35E9789E2CB1/Windows-Server-2012-R2-Virtualization-Whitepaper.pdf

02-02　Hyper-V の動作要件

　Hyper-Vを動作させるには、以下の要件を満たしたハードウェアを用意する必要があります。

- Intel Virtualization Technology（Intel VT）または AMD Virtualization（AMD-V）などの仮想化アシスト機能をサポートしたプロセッサー
- Intel XD bit（execute disable bit）または AMD NX bit（no execute bit）などのハードウェアデータ実行防止（ハードウェア DEP）機能

　主要なハードウェアベンダーは、Hyper-Vの対応状況をWebサイトで公開しているので、それらを参考にしながらサーバーを選定してください。

> **Tips**　Remote FXによる高度なグラフィック機能を利用する場合は、追加の動作要件を満たす必要があります。

　また、Hyper-Vは以下のエディションで動作します。Server Coreにも導入可能です。

- Windows Server 2012 R2 Standard
- Windows Server 2012 R2 Datacenter

> **重要！**　事前に、仮想マシン上で動作させるアプリケーションがHyper-Vの仮想化に対応しているかを確認してください。対象のアプリケーションのコールセンターに直接問い合わせるなどして、対応状況を確認してください。

ハードウェアサイジングのポイント

上記の動作要件を満たせば、Hyper-Vは動作しますが、Hyper-Vのパフォーマンスを十分に引き出すには、**ハードウェア性能のサイジング**がとても重要です。仮想マシンの用途や必要スペックを考慮して、物理マシンのハードウェアを構成する主要なコンポーネントや機種を選定してください。

●CPU

Hyper-V環境においては、高いクロック数のCPUを選定することはもちろん、その「**数**」も重要です。仮想プロセッサー（仮想マシンに割り当てるプロセッサー）と論理プロセッサーに直接的な対応関係はありませんが、仮想プロセッサー数の合計が、論理プロセッサー数を超えるとパフォーマンスに影響が出るので、論理プロセッサー数が仮想プロセッサー数の合計以上になるようにCPUのタイプや数を選択することを推奨します。

> **Tips** **論理プロセッサー**とは、1つのCPUに搭載されている論理的なプロセッサーです。CPUがデュアルコアなら2個、クアッドコアなら4個の論理プロセッサーが搭載されています。
> 同時に実行する複数の仮想マシンの仮想プロセッサーの合計数は、論理プロセッサー数を超えることができます。例えば、論理プロセッサー数が2個の物理マシン上で、仮想プロセッサーを1個ずつ搭載した仮想マシン4台（合計の仮想プロセッサー数は4個）を同時実行させることも可能です。

●メモリ

メモリのサイズは、Hyper-Vを起動するサーバーマシンと、その上で起動する各仮想マシンが必要とするメモリサイズの合計から求めます。

例えば、4台の仮想マシンそれぞれに4GBのメモリを割り当てるのであれば、Hyper-Vを起動するサーバーマシンに割り当てる2GB+aを加えて、合計で18GB+a以上を用意することを推奨します。

> **Tips** Windows Server 2012 R2からは、ホスト（Hyper-Vサーバー）自身のメモリが不足（枯渇）してシステム全体に悪影響を与えないように、メモリ関連の仕様が変更されています。
> 例えば、メモリが8GB以下のシステムでは、ホスト利用分に**4GB**（2GB+ホスト予約の2GB）を割り当てることが推奨されます。また、8GBメモリ以上のシステムでは、ホスト利用分として、「2GB+ホスト予約（物理メモリサイズ×2%+1.5G）」を割り当てることが推奨されます。詳細は以下のサイトを参照してください。
>
> **URL** Hyper-V にてメモリ空き容量があるにも関わらず仮想マシンの起動に失敗する
> http://support.microsoft.com/kb/2962295/ja

●記憶域

Hyper-Vのパフォーマンスに最も影響を与えるのは**ハードディスクなどの記憶域**です。複数の仮想マシンが同時アクセスするため、記憶域のパフォーマンスはとても重要です。高速かつ冗長性を持った構成のハードディスクやSSDを選定することが重要です。

また、導入する仮想マシンが必要としている記憶域サイズの合計を上回るように、余裕を持たせておきましょう。ディスクの空き容量が不足すると、仮想マシンの停止や、スナップショットの削除失敗など、トラブルの基になります。

他にも、後から容易にハードディスクやSSDを追加できるように、ハードウェアを構成しておくことも重要です。

●ネットワーク

Hyper-V は、1枚のネットワークアダプターで稼働させることも不可能ではありませんが、複数のネットワークアダプターを搭載しておくことが推奨されます。チーミング構成にしておけば、負荷分散や対障害性の向上も期待できます。

他にも、**SR-IOV**などをサポートしているネットワークアダプターを選択することも有効です。十分に検討してください。

02-03 サポートしているゲスト OS

ゲストOSには、「**統合サービス**」と呼ばれる、Hyper-Vが用意した**モジュール**を導入します。これを使用することで、パフォーマンスが向上し、物理マシンとの時刻同期や、シャットダウン同期などが可能になります。

統合サービスを導入すると以下のサーバーOSとクライアントOSをWindows Server 2012 R2 Hyper-VのゲストOSとして利用できるようになります（本書執筆時点）。OSによって最大論理プロセッサー数が異なる点に注意してください。

■ **Hyper-V がゲスト OS としてサポートしているサーバー OS**

サーバー OS	最大論理プロセッサー数
Windows Server 2012 R2	64
Windows Server 2012	64
Windows Server 2008 R2 with Service Pack 1 （SP1）	64
Windows Server 2008 with Service Pack 2 （SP2）	4
Windows Home Server 2011	4
Windows Small Business Server 2011	Essentials Edition：2 Standard Edition：4
Windows Server 2003 R2 with Service Pack 2 （SP2）	2
Windows Server 2003 with Service Pack 2 （SP2）	2
Linux	64

■ Hyper-V がゲスト OS としてサポートしているクライアント OS

クライアント OS	最大論理プロセッサー数
Windows 8.1	32
Windows 8	32
Windows 7 with Service Pack 1（SP1）	4
Windows 7	4
Windows Vista with Service Pack 2（SP2）	2
Windows XP with Service Pack 3（SP3）	2
Windows XP x64 Edition with Service Pack 2（SP2）	2
Linux	64

　なお、最近のWindows仮想マシンにはデフォルトで統合サービスのコンポーネントが組み込まれています。統合サービス関連の最新情報や**Linux Integration Service (LIS)**によるLinuxサポートの詳細については以下のサイトで確認してください。

> **URL** Hyper-V Overview
> http://technet.microsoft.com/en-us/library/hh831531.aspx

> **URL** Linux Virtual Machines on Hyper-V
> http://technet.microsoft.com/en-us/library/dn531030.aspx

02-04　ゲスト OS のライセンス

　Hyper-Vを利用する際は、ゲストOS用のライセンスが不足してライセンス違反にならないように十分に注意してください。特に**ライブマイグレーション**や**Hyper-Vレプリカ**を使用する場合は、当初の想定数よりも多くのライセンスが必要になる可能性があります。Windows Server 2012 R2のライセンスには「**仮想インスタンス**」と呼ばれる、仮想マシンで実行可能なインスタンスが含まれています。エディションごとに利用できる仮想インスタンスの数は以下の通りです。

■ 利用できる仮想インスタンスの数

エディション	仮想インスタンス
Windows Server 2012 R2 Standard	2
Windows Server 2012 R2 Datacenter	無制限

Chapter 20 Hyper-Vの構築手順

本章ではHyper-Vの仮想化環境を構築する方法について解説します。構築手順はとても簡単であり、中小規模のシステム環境でも容易に利用できます。その一方で、Microsoft Azureのような大規模なエンタープライズ環境でも広く利用されています。

01 Hyper-Vの構築

Hyper-Vの構築方法はとても簡単です。Windows Server 2012 R2がインストールされたサーバー（物理マシン）に、Hyper-Vの役割を導入して再起動するだけです。

01-01 構築準備

事前に、Hyper-Vを動作させるサーバーハードウェアの**仮想化アシスト機能**と**ハードウェアデータ実行防止機能**（ハードウェアDEP機能）が有効になっていることを確認します。また、OSのインストール、コンピューター名やIPアドレスの設定、また必要であればActive Directoryドメインへの参加といった、一般的なWindowsサーバーとしてのセットアップも行っておきます。

01-02 Hyper-Vの役割の追加

Hyper-Vの役割を追加します。管理者でサインインして、サーバーマネージャーから［役割と機能の追加ウィザード］（⇒P.52）を起動して、以下の手順を実行します。

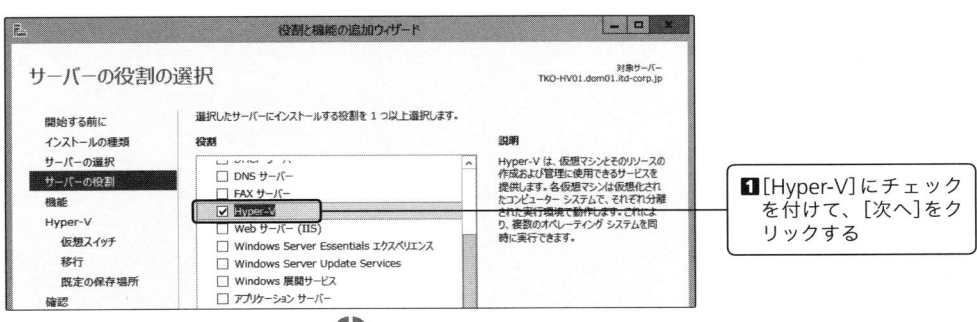

❶［Hyper-V］にチェックを付けて、［次へ］をクリックする

Part 06 Hyper-Vの構築

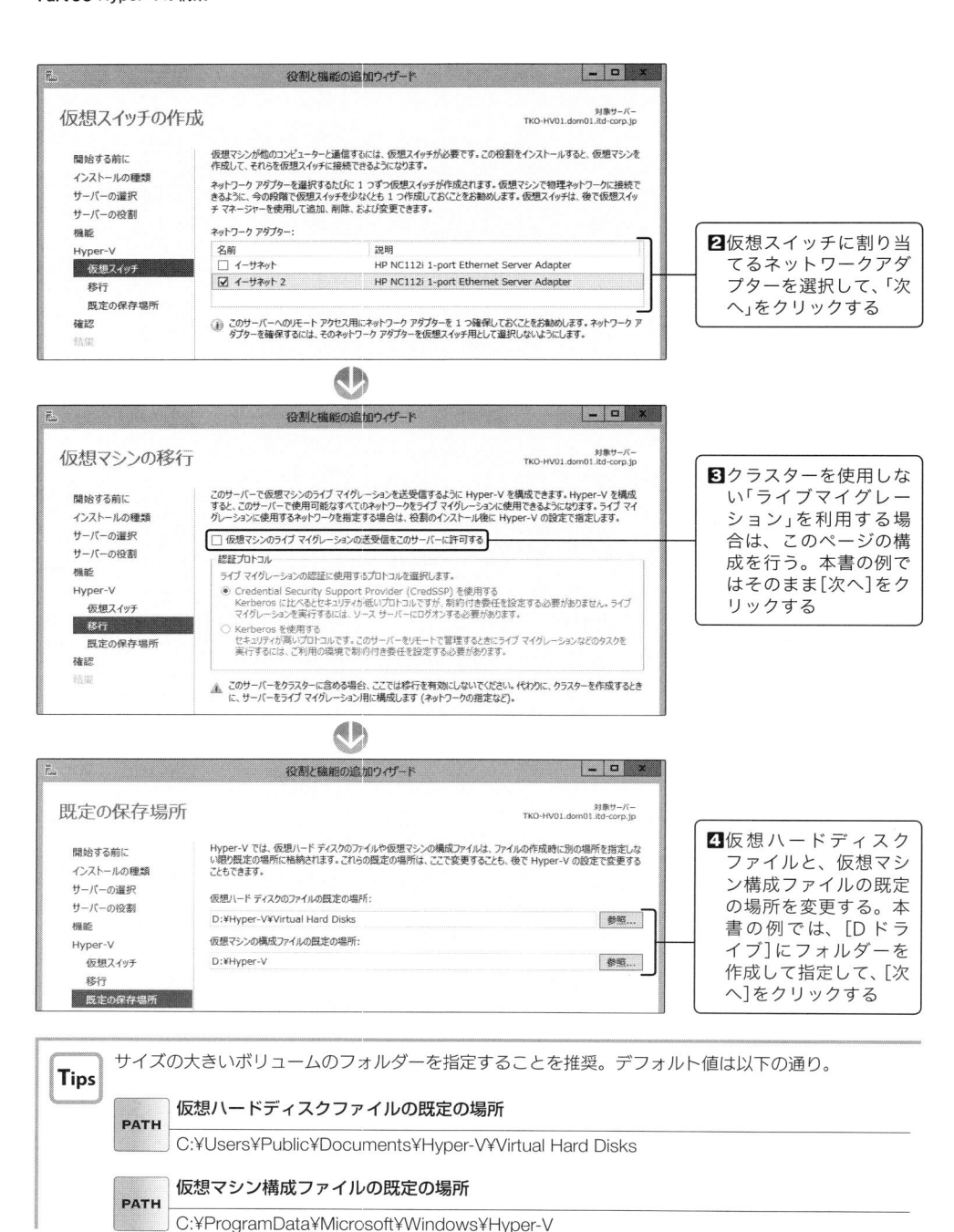

2 仮想スイッチに割り当てるネットワークアダプターを選択して、「次へ」をクリックする

3 クラスターを使用しない「ライブマイグレーション」を利用する場合は、このページの構成を行う。本書の例ではそのまま[次へ]をクリックする

4 仮想ハードディスクファイルと、仮想マシン構成ファイルの既定の場所を変更する。本書の例では、[Dドライブ]にフォルダーを作成して指定して、[次へ]をクリックする

> **Tips** サイズの大きいボリュームのフォルダーを指定することを推奨。デフォルト値は以下の通り。
>
> **PATH** 仮想ハードディスクファイルの既定の場所
> C:¥Users¥Public¥Documents¥Hyper-V¥Virtual Hard Disks
>
> **PATH** 仮想マシン構成ファイルの既定の場所
> C:¥ProgramData¥Microsoft¥Windows¥Hyper-V

　[インストールオプションの確認]ページが表示されたら、内容を確認して[インストール]をクリックし、インストールが完了したら再起動します。再起動後、同じ管理者でサインインすると、Hyper-Vの役割追加の残りの処理が実行されます。

01 Hyper-Vの構築

> **Tips** Hyper-V環境を安定稼働させるためにも、以下の更新プログラム群の適用を推奨します。
>
> **URL** Hyper-V: Update List for Windows Server 2012 R2
> http://social.technet.microsoft.com/wiki/contents/articles/20885.hyper-v-update-list-for-windows-server-2012-r2.aspx

01-03 Hyper-Vの構成

　Hyper-Vを導入すると以下のモジュールや機能が組み込まれます。また、ブートローダーが書き替わり、Windows Server 2012 R2もハイパーバイザー層の上で動作するようになります。

- ハイパーバイザー層のためのモジュール
- VMBus（仮想マシンのためのパーティション間の高速な通信経路を提供）
- VSP（仮想化サービスプロバイダー）

■ Hyper-V の構成

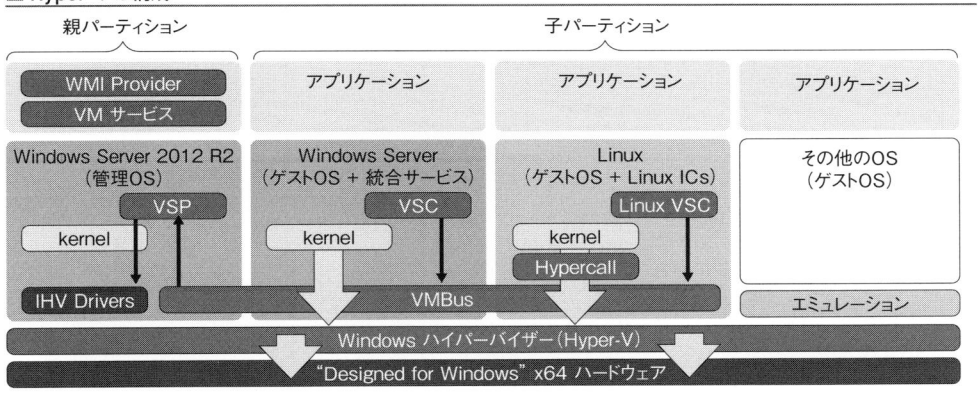

<!-- 図: Hyper-Vの構成 -->
親パーティション：WMI Provider、VMサービス、Windows Server 2012 R2（管理OS）、VSP、kernel、IHV Drivers
子パーティション：Windows Server（ゲストOS＋統合サービス／VSC）、Linux（ゲストOS＋Linux ICs／Linux VSC）、その他のOS（ゲストOS）、Hypercall、エミュレーション
VMBus → Windows ハイパーバイザー（Hyper-V） → "Designed for Windows" x64 ハードウェア

> **Tips** 最初にインストールしていたWindows Server 2012 R2を「**親パーティション**」、仮想マシンを「**子パーティション**」と呼びます。

統合サービス

　子パーティションがVMBusを使用してハードウェアにアクセスするには、子パーティション上のゲストOSに「**統合サービス**」と呼ばれる、Hyper-Vのためのモジュールを導入する必要があります。統合サービスを組み込むことができなければ、VMBusにはアクセスできないため、エミュレーションされた機能によって物理サーバーのリソースにアクセスすることになりますが、その場合はパフォーマンスが低下しますし、また、物理サーバーとの間でのシャットダウン同期などができなくなるため、運用も面倒になります。

仮想マシンのゲストOSがWindows Server 2012 R2やWindows 8.1の場合には、標準で組み込まれている統合サービスを利用できます。それよりも古いゲストOSの場合は、統合サービスのアップグレードやインストールを行います。

Hyper-Vマネージャー

Hyper-Vの役割を追加すると、親パーティションのWindows Server 2012 R2に「**Hyper-Vマネージャー**」と呼ばれる管理ツールがインストールされます。Hyper-Vの設定や、仮想マシンのセットアップ・管理などはこのツールを使用して行います。

> **Column　親パーティションに関する注意点**
>
> Hyper-Vサーバーの親パーティションとして動作するWindows Server 2012 R2については以下の点に注意してください。
>
> ●**可能な限り Hyper-V 以外の役割や機能は動作させない**
> 　親パーティションでは、可能な限りHyper-V以外の役割や機能は動作させないことが推奨されます。例えば、Hyper-VサーバーをActive Directoryのドメインコントローラーとして動作させることも不可能ではありませんが、親パーティションのディスクキャッシュが無効化されて、子パーティション（仮想マシン）のパフォーマンスに影響が出る可能性があります。
>
> ●**アンチウイルスソフトウェアの除外設定**
> 　アンチウイルスソフトウェアが仮想マシンのパフォーマンスを低下させたり、動作を不安定にさせたりする要因になる恐れがあるので、いくつかのファイルやフォルダーはアンチウイルスの検知対象から必ず除外してください。
>
> URL　Virtual machines are missing, or error 0x800704C8, 0x80070037, or 0x800703E3 occurs when you try to start or create a virtual machine
> http://support.microsoft.com/kb/961804/en-us
>
> ●**VHD ファイルの管理**
> 　仮想マシンを構成するファイル群、つまりはVHDファイルなどの不正な持ち出し対策も重要です。VHDファイルが不正に持ち出されると、物理マシンを盗難されることと等しいダメージがあります。Hyper-Vサーバーを安全な場所に設置する、アクセス権限を厳密にする、監査を有効にする、ドライブを暗号化するなど、Windowsサーバーの保護のセオリーを守るようにしてください。

01-04　Hyper-Vの基本設定

仮想マシンを作成する前に、Hyper-Vの基本設定を行います。サーバーマネージャーから［Hyper-Vマネージャー］を起動して、次の手順を実行します。

01 Hyper-Vの構築

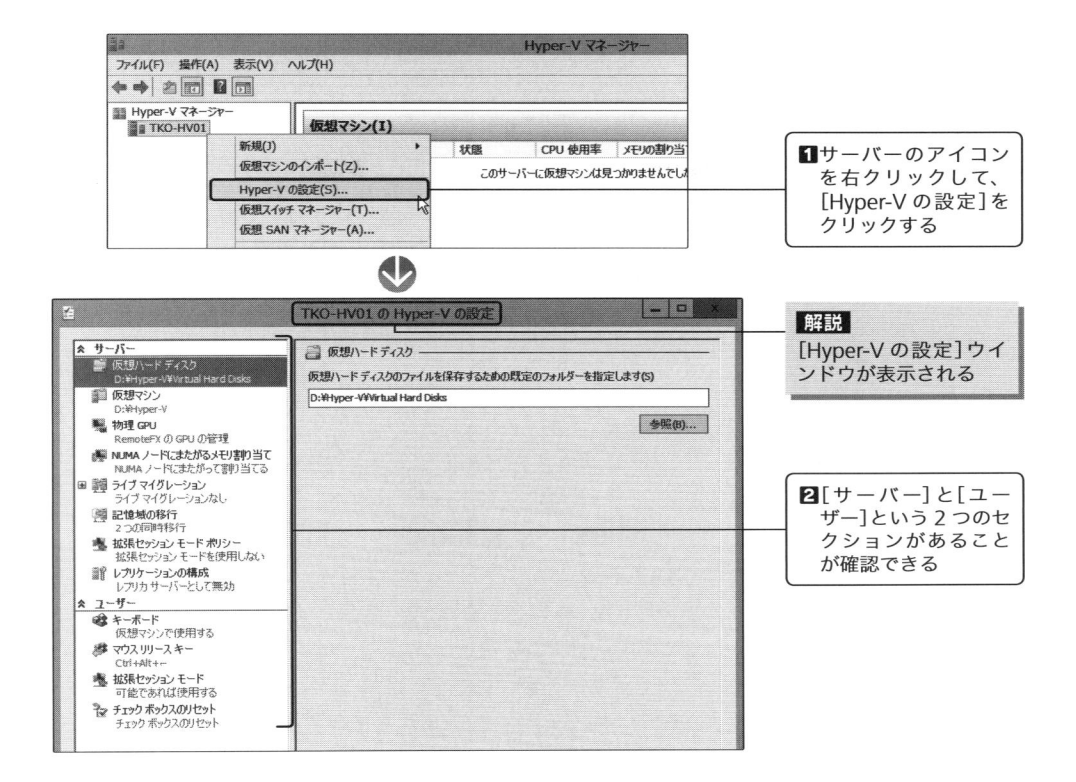

1 サーバーのアイコンを右クリックして、[Hyper-Vの設定]をクリックする

解説
[Hyper-Vの設定]ウィンドウが表示される

2 [サーバー]と[ユーザー]という2つのセクションがあることが確認できる

■ Hyper-Vの基本設定

セクション	設定項目	説 明
サーバー	仮想ハードディスク	**仮想ハードディスクファイル**の既定の保存先フォルダーを設定する。デフォルトでは物理マシンのOSがインストールされているボリューム(通常はCドライブ)になっている。この設定は、仮想マシン作成時に変更することもできる。Hyper-Vの役割の追加時に変更していない場合は、ここでサイズが大きな別のボリュームのフォルダーに変更することを推奨
	仮想マシン	**仮想マシンの構成ファイル**の既定の保存先フォルダーを設定する。デフォルトでは物理マシンのOSがインストールされているボリューム(通常はCドライブ)になっている。この設定も、上記の[仮想ハードディスクのデフォルトのフォルダー]と同様に、別のボリュームのフォルダーに変更することを推奨
	物理GPU	**RemoteFXのために使用するGPU**を選択する。対応するGPUが搭載されており、かつリモートデスクトップ仮想化ホストの役割サービスがインストールされていることが必要
	NUMAノードにまたがるメモリ割り当て	**NUMA**(Non-Uniform Memory Architecture)ノードにまたがるメモリを仮想マシンに割り当てるかを設定できる。デフォルトでは[仮想マシンに物理NUMAノードをまたがるメモリを割り当てる]にチェックが付いている。これにより、同時に実行可能な仮想マシンを増やすことや、仮想マシン当たりの割り当てメモリを増やすことが可能な構成になっている。なお、この設定を有効にすると、パフォーマンスが低下する可能性もあるので、必要に応じて設定を変更する
	ライブマイグレーション	Hyper-Vサーバー間で仮想マシンを移動させる「**ライブマイグレーション**」について、同時に移動する仮想マシンの最大数や、ライブマイグレーションの受信に使用するネットワークアドレスの指定、認証プロトコルやメモリ転送時のパフォーマンス構成オプションなどを指定できる。複数のHyper-Vサーバーで、かつライブマイグレーション可能な環境では設定の確認や変更が必要(⇒ **P.429**)

■ Hyper-Vの基本設定(続き)

セクション	設定項目	説 明
サーバー	記憶域の移行	同時に移動する**記憶域の最大数**を指定できる
	拡張セッションモードポリシー	Hyper-Vマネージャーの仮想マシン接続機能をリモートデスクトップ接続と同等にする「**拡張セッションモード**」を許可するか否かを指定する
	レプリケーションの構成	Hyper-Vレプリカの、レプリカサーバーとして動作させるときに、認証方法や、レプリケートを許可する他のHyper-Vサーバーの指定などを行う。Hyper-Vレプリカを使用する環境では設定の確認や変更が必要
ユーザー	キーボードなど	仮想マシンに接続する際のWindowsキーやマウス操作など、Hyper-Vマネージャーの操作に関する設定を行う。必要に応じて設定を変更する

01-05 仮想スイッチの設定

仮想スイッチマネージャーを使用して、仮想マシンに割り当てる「**仮想スイッチ**」を設定します。仮想スイッチとは、仮想マシンのための仮想ネットワークと、物理ネットワークを接続するためのソフトウェアベースのL2スイッチです。なお、Hyper-Vの仮想スイッチなど、仮想ネットワークに関する追加情報については「Chapter 22 ライブマイグレーション環境の構築とHyper-Vクラスター」のコラム(⇒**P.434**)も参照してください。

Hyper-Vマネージャーを起動して、以下の手順を実行します。

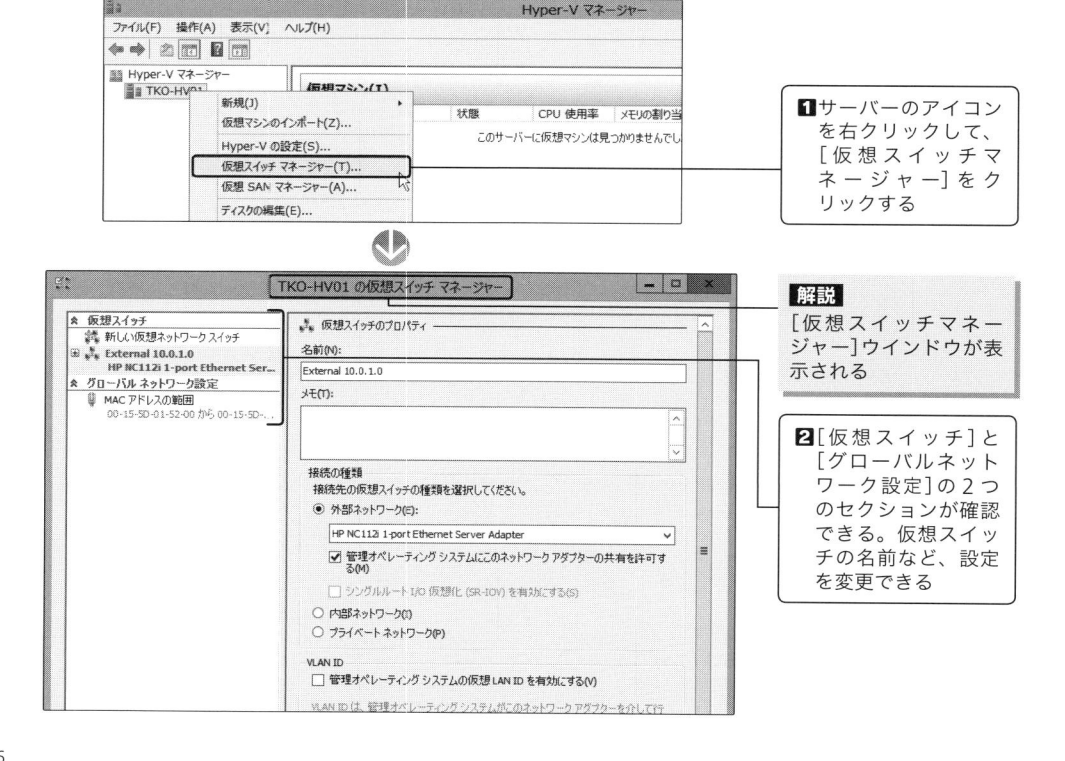

❶サーバーのアイコンを右クリックして、[仮想スイッチマネージャー]をクリックする

解説
[仮想スイッチマネージャー]ウインドウが表示される

❷[仮想スイッチ]と[グローバルネットワーク設定]の2つのセクションが確認できる。仮想スイッチの名前など、設定を変更できる

⦿ [仮想スイッチ]セクションの[新しい仮想ネットワークスイッチ]

仮想スイッチの種類を選択して[仮想スイッチの作成]をクリックすると、新規に仮想スイッチを作成できます。なお、新しい仮想スイッチを作成すると、ネットワークを中断しなければならないことがあるので注意してください。

■ 仮想スイッチの設定

設定	説明
名前	仮想スイッチの名前を指定する。エクスポート／インポート機能やライブマイグレーションを使用して仮想マシンを他の物理マシンに移行した際は、この名前も引き継がれる
メモ	この仮想スイッチに関するメモを記入する
接続の種類	接続先を[外部ネットワーク]、[内部ネットワーク]、[プライベートネットワーク]の中から選択する。接続先については以下のコラムを参照
管理オペレーティングシステムの仮想 LAN ID を有効にする	親パーティションの通信に VLAN を割り当てる場合は有効にする。また、その場合は[VLAN ID]も設定する。接続するスイッチなども VLAN が構成されている必要がある

◉ Column 仮想スイッチ

仮想マシンが使用するネットワークのことを「**仮想スイッチ**」と呼びます。以前のHyper-Vでは「仮想ネットワーク」と呼んでいました。

仮想マシンのネットワークアダプターを仮想スイッチに接続すると、他の仮想マシンと通信できるようになります。また、仮想スイッチを物理サーバーの物理的なネットワークに接続(バインド)すると、他のネットワークやその先にある他のコンピューターと通信することもできます。

仮想スイッチには以下の3種類があります。用途に合わせて使い分けてください。

■ 仮想スイッチの種類

種類	説明
外部ネットワーク	物理マシンの物理的なネットワークアダプターに接続して、外部のネットワークに接続するための仮想スイッチ。[管理オペレーティングシステムにこのネットワークアダプターの共有を許可する]のチェックを外すと、仮想マシン専用になる。物理マシンに物理的なネットワークアダプターが複数枚搭載されていれば、この[外部]仮想スイッチも複数作成できる
内部ネットワーク	物理マシンの Windows Server 2012 R2 と、他の仮想マシンとの間で通信を行うための仮想スイッチ
プライベートネットワーク	他の仮想マシンとの間でのみ通信を行うための仮想スイッチ。物理マシンの Windows Server 2012 R2 とは通信できない

通常は[外部ネットワーク]を選択して、組織内のネットワークやインターネットに接続できるように設定します。[内部ネットワーク]や[プライベートネットワーク]は動作検証を行う際に利用すると良いでしょう。

[グローバルネットワーク設定]セクションの[MACアドレスの範囲]

仮想マシンのネットワークアダプターに対してMACアドレス（ハードウェアアドレス）を動的に割り当てる際の**MACアドレスの範囲**を設定できます。デフォルトでは、Hyper-Vサーバー自身の物理ネットワークアダプターのMACアドレスを用いて決定されるため、Hyper-Vサーバー間で競合することはありません。

ただし、Hyper-Vサーバーがネットワーク上に多数存在する場合は、動的MACアドレスが競合する可能性もあるので、環境によってはそれぞれのサーバーでこの設定の確認や調整が必要です。

01-06　Hyper-VにおけるNICチーミング

Hyper-V環境でもNICチーミング（⇒P.107）を構成できますが、以下のような仕様や制約があります。

- Hyper-V 仮想マシンでも NIC チーミングを構成することはできるが、メンバーにできるネットワークアダプターは 2 つまで
- Hyper-V 仮想マシンで NIC チーミングを構成したネットワークアダプターは、異なる外部ネットワークタイプの仮想スイッチに接続する必要がある
- Hyper-V サーバーで VLAN を利用する際は、NIC チーミングではなく、仮想スイッチで構成（⇒ P.434）する必要がある

Hyper-V環境でNICチーミングを構成する方法には、以下の2種類があります。

- Hyper-V サーバーで NIC チーミングを構成し、それを仮想マシンに割り当てる方法
- 仮想マシンの中で NIC チーミングを構成する方法

■ Hyper-V サーバーによる NIC チーミング（左）と仮想マシンによる NIC チーミング（右）

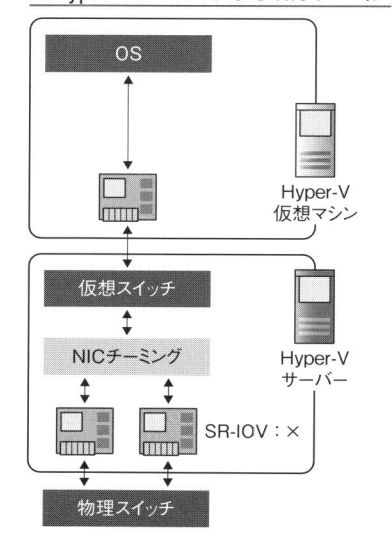

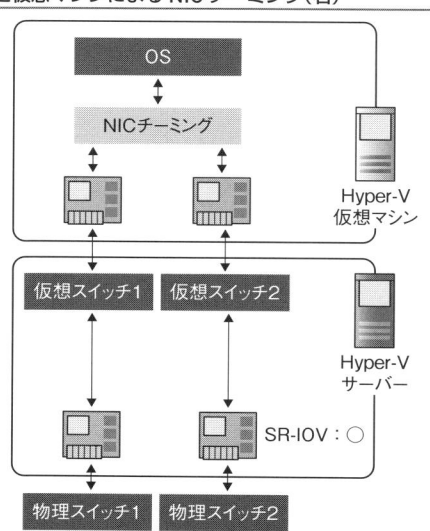

Hyper-VサーバーがSR-IOVサポートのネットワークアダプターを複数（2つ）搭載している場合は、あえてHyper-VサーバーではNICチーミングを構成せずに仮想スイッチを作成し、仮想マシンでその仮想スイッチに接続したネットワークアダプターを使用してNICチーミングを構成する方法があります。NICチーミングはSR-IOVをサポートしていませんが、この構成であれば結果として仮想マシンはNICチーミングとSR-IOVを併用できるようになります。

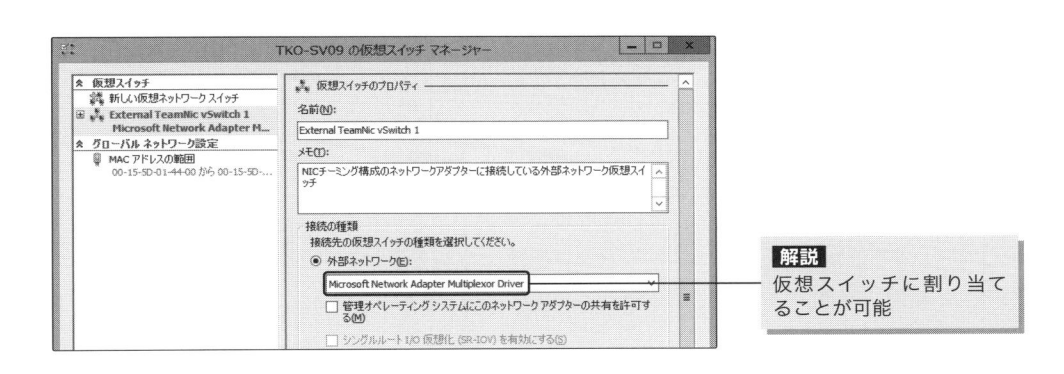

● Hyper-VサーバーでのNICチーミングの構成

　Hyper-Vサーバーの複数のネットワークアダプターでチームを作成して、それを［外部ネットワーク］タイプの仮想スイッチに割り当てることができます。仮想マシンは、1つの仮想ネットワークアダプターを使用するだけで、その仮想スイッチが接続しているチームとなっているネットワークアダプターの恩恵を受けることができます。

解説：仮想スイッチに割り当てることが可能

02　仮想マシンの新規作成と基本設定

● 02-01　仮想マシンの世代の選択

　Windows Server 2012 R2のHyper-Vからは、仮想マシンの構成に以前からの「**第1世代**」と、Windows Server 2012 R2から追加された「**第2世代**」の2種類が用意されています。

> **Tips**　第2世代仮想マシンは起動が高速であり、セキュアブートによりセキュリティを高めることができるといったメリットがありますが、利用できるゲストOSが限られているなど、第1世代仮想マシンと比較するといくつかの制約があります。利用する際に注意してください。
>
> **URL** Generation 2 Virtual Machine Overview
> http://technet.microsoft.com/en-us/library/dn282285.aspx

■ 仮想マシンの世代

世代	説明
第1世代	Windows Server 2012 Hyper-V までと同等の世代。以下の特徴を持つ。 ●BIOS ファームウェアをサポート ●IDE ドライブ、レガシネットワークアダプターをサポート ●Hyper-V サーバーの CD/DVD ドライブをマウント可能 ●SCSI 仮想ディスクからのブート、(レガシではない)ネットワークアダプターの PXE ブートは不可
第2世代	Windows Server 2012 R2 Hyper-V 以降で利用できる世代。以下の特徴を持つ。 ●EFI ファームウェアをサポート ●セキュアブートをサポート ●IDE ドライブ、レガシネットワークアダプターはサポートしない ●Hyper-V サーバーの CD/DVD ドライブをマウント不可、ISO ファイルを SCSI 仮想 DVD としてマウントする ●SCSI 仮想ディスクからのブート、(レガシではない)ネットワークアダプターの PXE ブートをサポート また、以下のゲスト OS をサポート。 ●Windows Server 2012 ●Windows Server 2012 R2 ●Windows 8 (64 ビットバージョン) ●Windows 8.1 (64 ビットバージョン)

02-02 仮想マシンにおけるハードウェアのポイント

仮想マシンで利用できるハードディスクの種類やハードウェアの特徴・制限を下表にまとめます。以下の点を考慮して、仮想マシンを追加してください。

■ 仮想マシンで利用できるハードディスクの種類

種類	説明
容量固定仮想ディスク	高いパフォーマンスを期待できる仮想ディスク。指定したサイズの領域があらかじめ確保されるため、大きなディスク領域を用意しておく必要がある。容量可変仮想ディスクよりも高パフォーマンス
容量可変仮想ディスク	格納されるデータのサイズに応じて自動的にサイズが拡張する仮想ディスク。作成した時点での VHD ファイルのサイズは小さく、データが格納されるにしたがって自動的にサイズが拡大される
差分仮想ディスク	他の VHD ファイルを親として、差分情報だけを格納する仮想ディスク。同様の目的の仮想マシンを複数台展開する際に有効なタイプ
パススルーディスク	VHD ファイルを用いずに、物理マシンが認識している物理ハードディスクをマウントする方法。最も高いパフォーマンスが期待できる。ただし、物理マシンからディスクをアンマウントしておく必要がある。なお、この方法ではスナップショットの利用やライブマイグレーションに関する機能に制限があるので注意が必要

仮想ディスクについては、**VHDフォーマット**と**VHDXフォーマット**のどちらを使用するかも検討します。

VHDフォーマットには「古いHyper-Vでも利用できる」という特徴があります。

一方、Windows Server 2012 Hyper-Vから利用できるようになったVHDXフォーマットには、最大容量が2TBから**64TB**に拡大したことに加え、耐障害性やパフォーマンスが優れ

ているといった特徴もあります。特に理由がない限り、VHDXフォーマットの仮想ディスクを作成することを推奨します。

■ 仮想マシンにおけるハードウェアの制限

ハードウェア	説明
CPU （仮想プロセッサ）	仮想マシン当たり最大64個の仮想プロセッサを割り当て可能。また、仮想マシンごとに仮想プロセッサの使用率の下限値や上限値、優先度などを設定可能
メモリ	仮想マシン当たり最大1TBのメモリを割り当て可能
ディスク （仮想ストレージ）	最大2TBまでのVHDファイル、または最大64TBまでのVHDXファイル、またはサイズ上限なしのパススルーディスクを割り当て可能。ハードディスクを接続するには、物理マシンと同じくディスクコントローラーをセットアップする必要がある
ディスクコントローラー	IDEタイプとSCSIタイプの2種類がある。IDEタイプが利用できるのは第1世代仮想マシンのみ

02-03 仮想マシンの新規作成

仮想マシンは［仮想マシンの新規作成ウィザード］を使用して作成します。本書の例では第2世代仮想マシンを作成します。

Hyper-Vマネージャーを起動して、以下の手順を実行します。

❶ サーバーのアイコンを右クリックして、［新規］→［仮想マシン］をクリックする

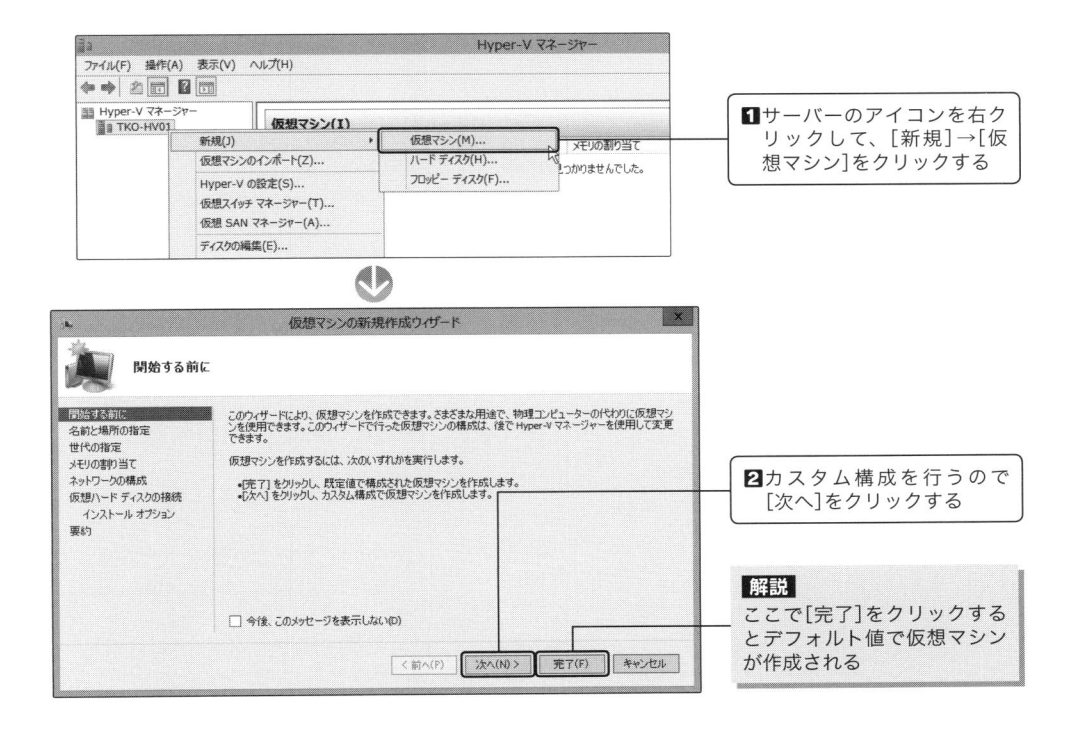

❷ カスタム構成を行うので［次へ］をクリックする

解説
ここで［完了］をクリックするとデフォルト値で仮想マシンが作成される

Part 06 Hyper-Vの構築

■［仮想マシンの新規作成ウィザード］で作成される仮想マシンのデフォルト値

設定項目	設定値
世代	第1世代
名前	新しい仮想マシン
格納する場所	［Hyper-Vの設定］ウインドウで指定されているデフォルトのフォルダー
メモリ量	512MB
ネットワークの構成 （接続する仮想スイッチ）	接続しない
仮想ハードディスク	127GBの容量可変VHDXファイルを新規作成

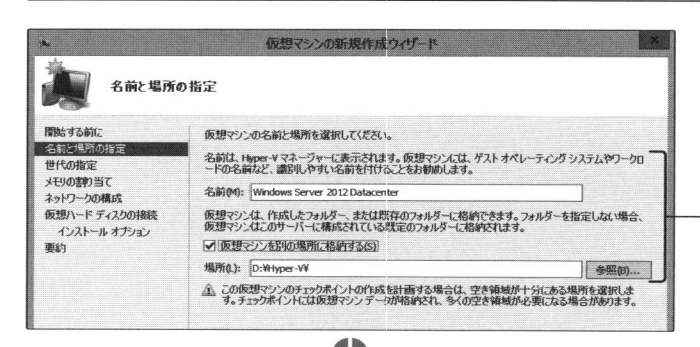

❸仮想マシンの名前と格納場所を設定して、［次へ］をクリックする

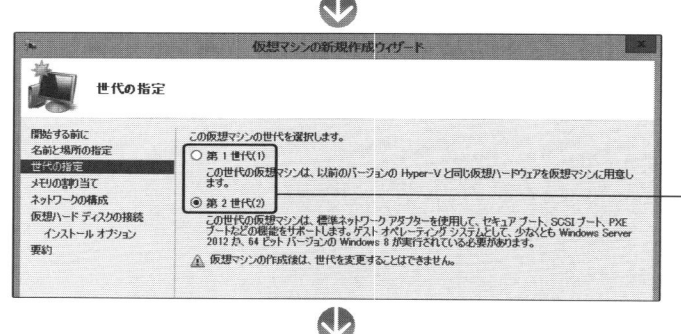

❹仮想マシンの世代を選択して、［次へ］をクリックする

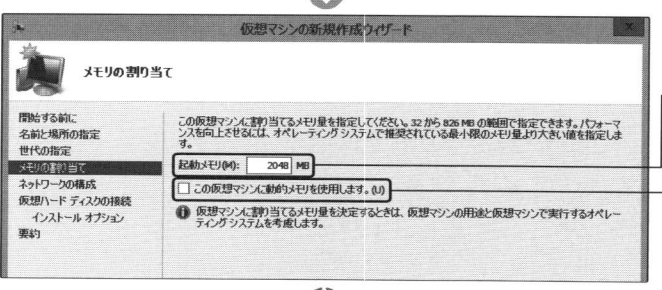

❺割り当てるメモリを設定して、［次へ］をクリックする

解説
動的メモリは後から有効化することも可能

392

02 仮想マシンの新規作成と基本設定

6 仮想マシンに割り当てる仮想スイッチを選択して、[次へ]をクリックする

7 OSをインストールする仮想ハードディスクを選択して、[次へ]をクリックする

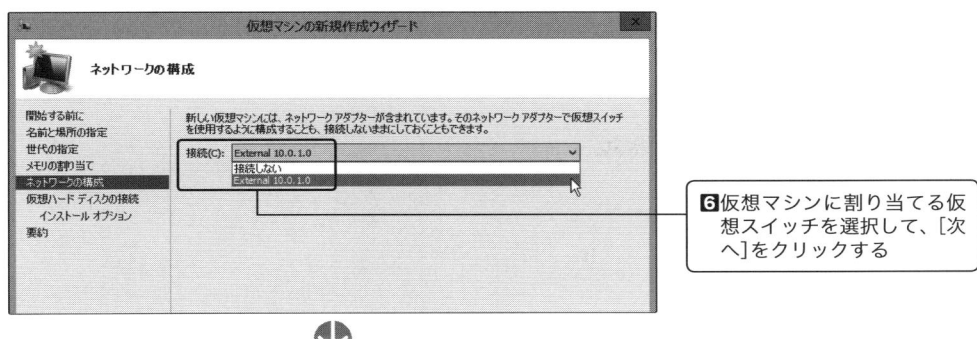

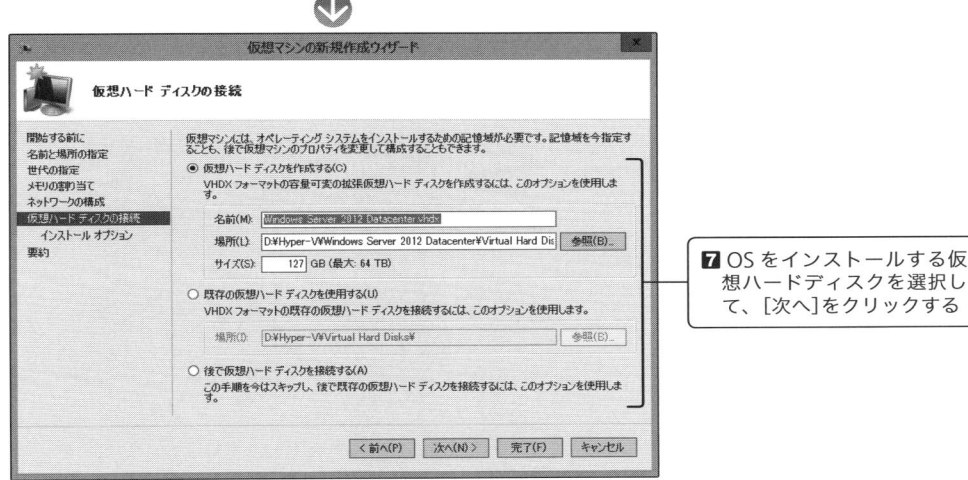

■ [仮想ハードディスクの接続]ページの設定項目

選択肢	説 明
仮想ハードディスクを作成する	デフォルト値。VHDXファイル名と格納先、サイズを設定する。サイズのデフォルト値は127GBだが、VHDXファイルは[容量可変]タイプで作成されるため、実際にこのサイズのファイルにはならない(⇒ P.70)。[容量固定]タイプに変換する可能性がある場合は実際に必要なサイズで指定することを推奨
既存の仮想ハードディスクを使用する	すでに存在している仮想ハードディスクファイルを[場所]で指定する
後で仮想ハードディスクを接続する	ウィザード終了後に設定を行う

> **Tips** 仮想ハードディスクは、高速なハードディスクやSSD上に作成することをお勧めします。なお、暗号化ファイルシステム(EFS)が有効なフォルダーには作成できないといった制約があるため注意してください。

Part 06 Hyper-Vの構築

8 OSのインストールに関するオプションを選択して、[次へ]をクリックする

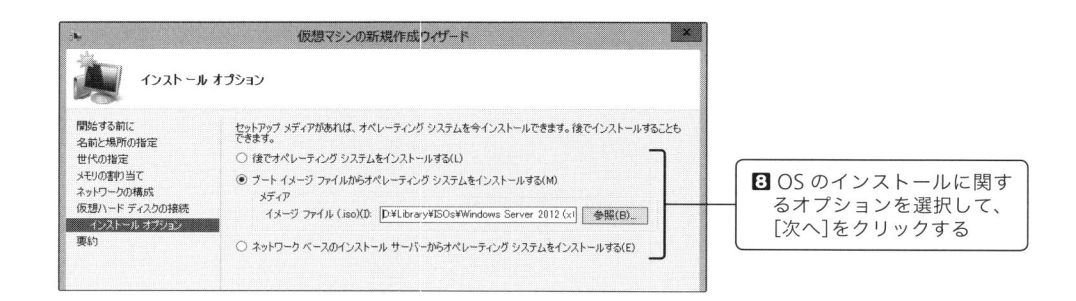

■ [インストールオプション]ページの設定項目

選択肢	説明
後でオペレーティングシステムをインストールする	デフォルト値。特にインストールメディアの指定などは行わない
ブートCD/DVD-ROMからオペレーティングシステムをインストールする（第1世代仮想マシンのみ）	メディアの場所を指定する。場所には物理マシンのCD/DVDドライブか、ISO形式のイメージファイルの場所を指定可
起動可能なブートディスクからオペレーティングシステムをインストールする（第1世代仮想マシンのみ）	仮想フロッピーディスクを指定する
ブートイメージファイルからオペレーティングシステムをインストールする（第2世代仮想マシンのみ）	ISO形式のイメージファイルの場所を指定する
ネットワークベースのインストールサーバーからオペレーティングシステムをインストールする	ネットワークアダプターによるPXEブートを行い、ネットワーク上のWindows展開サービス（WDS）などを使用してインストールを行う

最後に、設定内容を確認して、[完了]をクリックすると、仮想マシンが作成されます。仮想マシン作成後は引き続き、ゲストOSをインストールしてください。

02-04 ゲストOSのインストール

仮想マシンにゲストOSをインストールします。本書の例ではWindows Server 2012をインストールします。

Hyper-Vマネージャーを起動して、以下の手順を実行します。

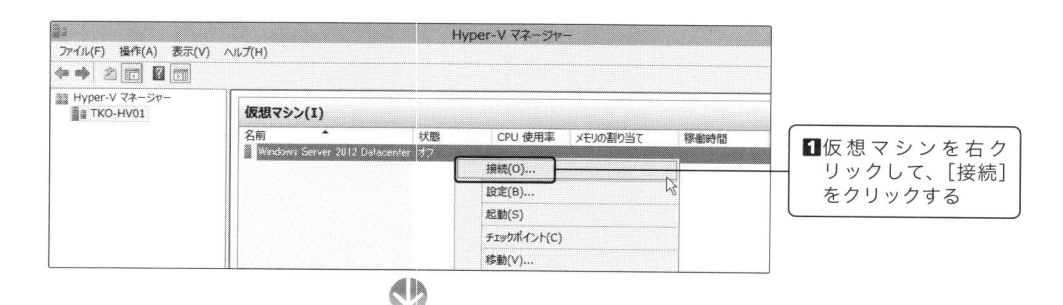

1 仮想マシンを右クリックして、[接続]をクリックする

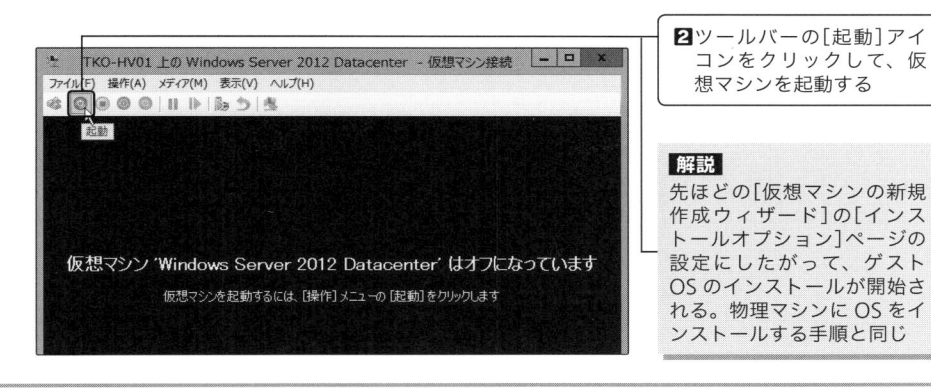

02 仮想マシンの新規作成と基本設定

2 ツールバーの[起動]アイコンをクリックして、仮想マシンを起動する

解説
先ほどの[仮想マシンの新規作成ウィザード]の[インストールオプション]ページの設定にしたがって、ゲストOSのインストールが開始される。物理マシンにOSをインストールする手順と同じ

> **Tips** 統合サービスが組み込まれていないOSをインストールする際に、マウスを[仮想マシン接続]ウインドウから解放するには、[Ctrl] + [Alt] + [←] キーを押します。
> また、Windowsコンピューターにログオンするには[Ctrl] + [Alt] + [End]キーを押すか、[仮想マシン接続]ウインドウの[操作]メニューの[Ctrl+Alt+Del]をクリックします。

02-05 統合サービスの組み込み

インストールしたゲストOSに統合サービスの最新版が組み込まれていない場合は、[仮想マシン接続]ウィンドウを開いて、以下の手順を実行します。なお、ゲストOSが**Windows Server 2012 R2**または**Windows 8.1**の場合は、デフォルトで最新版の統合サービスのコンポーネントが組み込まれるので、以下の手順は不要です。

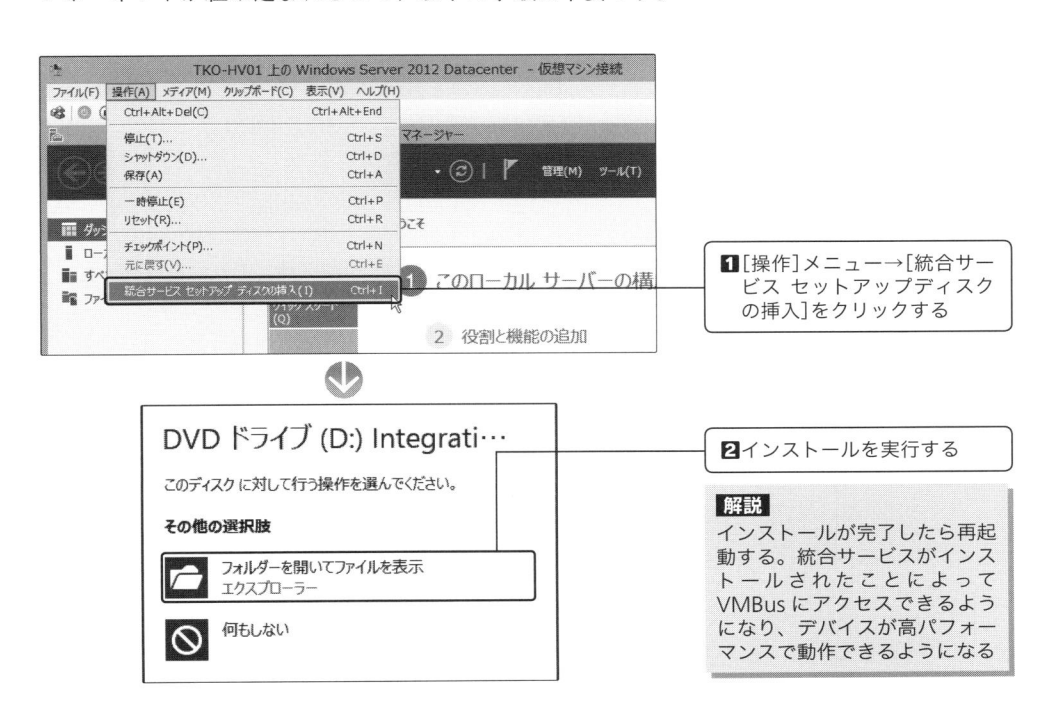

1 [操作]メニュー→[統合サービス セットアップディスクの挿入]をクリックする

2 インストールを実行する

解説
インストールが完了したら再起動する。統合サービスがインストールされたことによってVMBusにアクセスできるようになり、デバイスが高パフォーマンスで動作できるようになる

> **Column** P2VとV2V
>
> 　Hyper-Vの仮想マシンは、新規に作成するだけではありません。**P2V**や**V2V**といった技術を使用して、すでに動作しているサーバー環境を仮想マシン化することもできます。
> 　**P2V**（Phisical to Virtual）は、物理サーバーのOS環境をHyper-Vの仮想マシンで動作できるゲストOSに変換する技術です。Windows Sysinternals（⇒**P.744**）の**Disk2vhd**を用いると、ダウンロードしたプログラムを物理サーバーのWindows OSにインストールすることなく、ただ実行するだけでVHDXに変換できます。後はこれをHyper-Vの仮想マシンの仮想ハードディスクに割り当てるだけです。
> 　**V2V**（Virtual to Virtual）は、VMwareなどの他の仮想化基盤で動作している仮想マシンをHyper-V用に変換する技術です。**MVMC**（Microsoft Virtual Machine Converter）を利用すると、VMware上のサーバーをVHDXに変換して、Hyper-VサーバーやMicrosoft Azureの仮想マシンサービスで動作させることができます。
>
> **URL** Disk2vhd
> http://technet.microsoft.com/ja-jp/sysinternals/ee656415
>
> **URL** Microsoft Virtual Machine Converter
> http://www.microsoft.com/en-us/download/details.aspx?id=42497

03　Hyper-Vの管理

Hyper-Vマネージャーを使用して、Hyper-V環境を管理する方法を解説します。

03-01　仮想マシンの基本操作

　仮想マシンの開始や停止、シャットダウン、保存といった基本的な操作は、［仮想マシン接続］ウィンドウの［操作］メニューやツールバーのボタンをクリックして行います。一時停止やリセットも可能です。

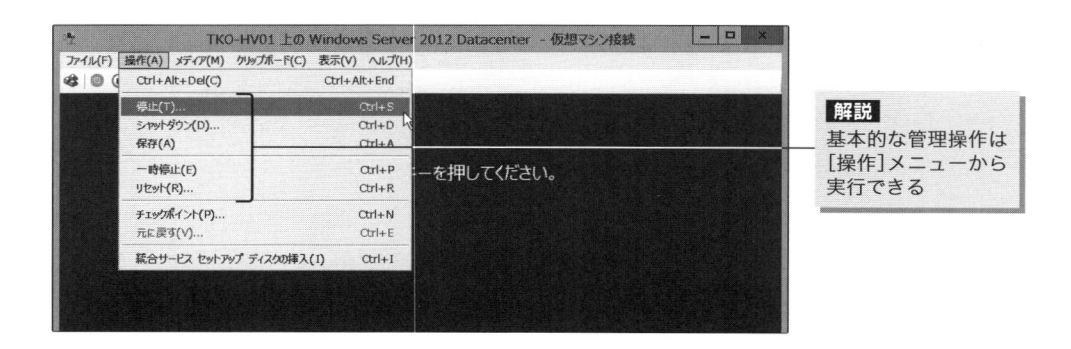

解説
基本的な管理操作は［操作］メニューから実行できる

03 Hyper-Vの管理

■ 仮想マシンの基本操作

操作内容	説　明
起動	仮想マシンを起動する。物理マシンにおける電源オンと同じ状況
停止	仮想マシンを停止する。物理マシンにおける電源オフと同じ状況
シャットダウン	ゲストOSに統合サービスがインストールされていれば、OSを正常にシャットダウンする。統合サービスがインストールされていなければ、ゲストOSは強制的に電源を切ったことと同じ状況になる
保存	物理マシンにおける「**休止状態**」。メモリの情報をディスクに書き出して、そのままの状態で停止する。[開始]操作を行うと、前回の保存状態のまま仮想マシンが起動する
一時停止	仮想マシンを一時停止状態とする。[保存]とは異なり、メモリ情報は保持したまま
リセット	仮想マシンをリセットする。物理マシンにおけるリセットボタンを押す(電源ボタンを長押しする)ことと同じ状況

03-02　仮想マシンの拡張セッション

　[Hyper-Vの設定]で**拡張セッションモード**(⇒P.384)を有効にしておくと、**リモートデスクトップ接続が有効**になっているWindows 8.1以降、Windows Server 2012 R2以降の仮想マシン接続から「**拡張セッション**」を利用できます。

　仮想マシン接続の[表示]メニュー→[拡張セッション]を選択すると、ネットワークを介さずにVMBus経由でコンソール操作を実行できるようになります。あえてネットワークを無効化している仮想マシンの操作や、コンソールを介したコピー&ペースト操作が可能となります。

解説
ネットワークを介さずにコンソールを実行できる

03-03　仮想マシンの詳細設定

　[仮想マシンの新規作成ウィザード]を使用して作成した仮想マシンは、デフォルトではシンプルな構成になっています。そのため、用途に合わせてハードウェアコンポーネントを追加したり、管理設定を変更したりする必要があります。

　ハードウェアコンポーネントの追加・削除や各詳細設定は、Hyper-Vマネージャーから対象の仮想マシンを右クリックし、[設定]をクリックして行います。なお、多くの設定項目は**仮想マシンを停止した状態**でないと変更できません。また、仮想マシンの第1世代と第2世代では、利用できるコンポーネントや機能が異なっているため、注意が必要です。

Part 06 Hyper-Vの構築

■ 仮想マシンの設定項目

カテゴリ	設定項目	世代別の対応		説 明
		第1	第2	
ハードウェア	ハードウェアの追加	○	○	ハードウェアを追加できる。詳細は次項の解説参照
	BIOS	○		仮想マシンのブート時のデバイスのスタートアップ順序などを設定する
	ファームウェア（EFI）		○	セキュアブートのオンまたはオフ、仮想マシンのブート時のデバイスのスタートアップ順序などを設定する
	メモリ	○	○	仮想マシンに割り当てるメモリ容量を変更する。動的メモリのオンまたはオフや、有効時の最小サイズや最大サイズなどのパラメーターを設定する
	プロセッサ	○	○	プロセッサに関する設定を行う。詳細は次項の解説参照
	IDEコントローラー	○		ハードドライブやDVDドライブなどのIDEデバイスを追加する。1つのIDEコントローラーに接続可能なIDEデバイスは最大2個
	SCSIコントローラー	○	○	SCSI接続のハードドライブを追加することができる。統合サービスがインストールされた状態で利用可能。第1世代仮想マシンでは、接続したハードドライブからのブートは不可。第2世代仮想マシンではDVDドライブを接続可能であり、そのDVDドライブやハードドライブからブート可能
	ファイバチャネルアダプター	○	○	統合サービスがインストールされた状態で仮想マシンから直接ファイバーチャネルベースの記憶域へアクセスできるようになる。システムディスクは接続してはならない
	ハードドライブ	○	○	仮想ハードディスクやパススルー接続した物理ハードディスク。要件を満たした仮想ハードディスクをSCSI接続した場合は、複数の仮想マシンで共有可能
	DVDドライブ	○	○	ISOイメージファイルをDVDドライブとしてマウント可能。第1世代仮想マシンではHyper-Vサーバーの物理CD/DVDドライブをマウントすることも可能
	レガシネットワークアダプター	○		統合サービスがインストールされていない状態でも利用可能なネットワークアダプターであり、OSのネットワークベースインストールなどに利用可能。ただし、スループットが低い

03 Hyper-Vの管理

■ 仮想マシンの設定項目（続き）

カテゴリ	設定項目	世代別の対応		説 明
		第1	第2	
ハードウェア	ネットワークアダプター	○	○	統合サービスがインストールされた状態で利用可能なネットワークアダプター。スループットが高い。第1世代仮想マシンではPXEブート不可、第2世代仮想マシンではPXEブート可能
	COMポート	○	○	仮想COMポートに関する設定を行う。カーネルデバッガーに接続する際に利用できる機能であり、物理マシンのCOMポートに接続するためのものではない
	フロッピーディスクドライブ	○		仮想フロッピーディスクドライブに関する設定を行う。物理マシンのフロッピーディスクドライブに接続するためのものではない
管理	名　前	○	○	仮想マシンの名前やメモを記録できる。メモはHyper-Vマネージャー上に表示される
	統合サービス	○	○	統合サービスに関する各種機能の有効・無効の設定を行う
	チェックポイントファイルの場所	○	○	チェックポイントファイルの場所を指定する
	スマートページングファイルの場所	○	○	動的メモリを有効化した仮想マシンを多数起動している場合などに、仮想マシンの再起動時のメモリ不足を一時的に回避するためのスマートページングファイルの場所を指定する
	自動開始アクション	○	○	Hyper-Vサーバーを起動した際や、Hyper-V仮想マシン管理サービス起動時の仮想マシンの動作を設定する
	自動停止アクション	○	○	Hyper-Vサーバーを停止する際や、Hyper-V仮想マシン管理サービス停止時の仮想マシンの動作を設定する

ハードウェアの追加

［ハードウェアの追加］ページでは、SCSIコントローラーやネットワークアダプターなどのデバイスを追加できます。

■ 追加できるデバイス

デバイスの種類	世代別の対応		説 明
	第1	第2	
SCSIコントローラー	○	○	最大4つのSCSIコントローラーを追加できる。1つのSCSIコントローラーに接続可能なSCSIデバイスは最大64個。統合サービスがインストールされた状態で利用可能
レガシネットワークアダプター	○		統合サービスがインストールされていない状態でも利用可能なネットワークアダプターであり、OSのネットワークベースインストールなどに利用可能。最大4つ追加可能。ただし、スループットが低い
ネットワークアダプター	○	○	統合サービスがインストールされた状態で利用可能なネットワークアダプター。最大8つ追加可能。スループットが高く、可能な限りこのタイプだけの構成とすべき。第1世代仮想マシンではPXEブート不可、第2世代仮想マシンではPXEブート可能
ファイバチャネルアダプター	○	○	統合サービスがインストールされた状態で仮想マシンから直接ファイバーチャネルベースの記憶域へアクセスできるようになる。最大4つ追加可能。システムディスクは接続してはならない
RemoteFX 3Dビデオアダプター	○		ゲストOSで高度なグラフィックス機能を利用可能にする

プロセッサ

［プロセッサ］ページでは、仮想マシンのプロセッサに関する詳細な設定を行うことができます。

■ ［プロセッサ］ページの設定項目

設定項目		説　明
仮想プロセッサの数		この仮想マシンに割り当てる仮想プロセッサの数を設定する
リソースコントロール	仮想マシンの予約	仮想プロセッサ使用率の下限値を設定する。この仮想マシンに常に確保しておきたいCPUパワーと考えると良い。デフォルトでは制限はない
	仮想マシンの限度	仮想プロセッサ使用率の上限値を設定する。デフォルトでは制限はない
	相対的な重み	複数の仮想マシン間での優先度を計算するための重み。大きな値を割り当てるほど、物理マシンのCPU負荷が上がったときに、この仮想マシンへのCPU割り当てを増やそうとする
プロセッサの互換性	プロセッサバージョンが異なる物理コンピューターへ移行する	同じCPUベンダーの同じプロセッサファミリーに属するものの、バージョンが異なるCPUを使用しているHyper-Vサーバーとの間でもライブマイグレーションによるライブ移行を可能にするための設定
NUMAの構成	構成	プロセッサ数、NUMAノード数、ソケット数などを確認することができる
	NUMAトポロジ	1つの仮想NUMAノードで使用できるプロセッサとメモリの最大数を指定する
	ハードウェアトポロジを使用	［ハードウェアトポロジ］をクリックすることにより、仮想NUMAトポロジを物理ハードウェアのトポロジにリセットする

ディスク

［ディスク］ページでは、仮想マシンのハードディスクの割り当てなどを設定できます。また、このページの［編集］ボタンをクリックして［仮想ハードディスクの編集ウィザード］を起動し、現在選択中の仮想ハードディスクに対する各種管理操作を行うことができます。容量可変仮想ハードディスクであれば、ファイルサイズを縮小したり、固定容量タイプに変換したりできます。

［高度な機能］を開くと、QoS設定や、仮想ハードディスクの共有設定（⇒P.445）を行うことができます。

ネットワークアダプター

［ネットワークアダプター］ページでは、仮想マシンのネットワークアダプターに関する詳細な設定を行うことができます。

［ネットワークアダプター］ページの設定項目

設定項目		説　明
仮想スイッチ		あらかじめ仮想スイッチマネージャーを使用して定義しておいた仮想スイッチを選択する
VLAN ID		接続するネットワークアダプターが VLAN に対応している場合に選択できるオプション。VLAN によって同じネットワークアダプター上でのトラフィックの分離が可能。 ［仮想 LAN ID を有効にする］を有効にすると、VLAN に割り当てられている ID を「VLAN ID」として設定できる
帯域幅管理		接続するネットワークアダプターで帯域幅管理を行う場合に［帯域幅管理を有効にする］を有効にして、［最小帯域幅］と［最大帯域幅］を Mbps 単位で指定することが可能
仮想マシンキュー		接続するネットワークアダプターが仮想マシンキュー（VMQ）に対応している場合に選択できるオプション。ネットワーク処理を物理ネットワークアダプターにオフロードしてパフォーマンスを向上する
IPsec タスクオフロード		接続するネットワークアダプターが対応している場合に選択できるオプション。IPsec 処理を物理ネットワークアダプターにオフロードしてパフォーマンスを向上する
シングルルート I/O 仮想化（SR-IOV）		接続するネットワークアダプターが SR-IOV（Single Root I/O Virtualization）に対応している場合に選択できるオプション。Hyper-V サーバーの物理ネットワークアダプターの仮想化機能を仮想マシンに直接割り当てて、パフォーマンスを向上する
MAC アドレス	動　的	あらかじめ仮想スイッチマネージャーを使用して定義しておいた MAC アドレスの範囲から、動的にアドレスを設定するように構成する
	静　的	MAC アドレスが動的に変わると不都合がある環境のために、MAC アドレスを静的に割り当てることができる
	MAC アドレスのスプーフィングを有効にする	ユニキャストの NLB 構成（⇒ P.692）などで MAC アドレスのスプーフィングが必要な場合に有効にする
DHCP ガード		DHCP サーバーを偽装した承認されていない仮想マシンや、管理者が意図しない DHCP サーバーを実行する仮想マシンからの DHCP サーバーメッセージを削除できる。ホスティング環境などで有効な機能
ルーターガード		不正な仮想マシンからの RA（Router Advertisement）やリダイレクトメッセージを削除できる。ホスティング環境などで有効な機能
保護されているネットワーク		フェールオーバークラスタリング環境で、ネットワークの切断を検出した際に、他の Hyper-V サーバーへ移動できる
ポートミラーリング		仮想マシンが送受信するパケットをコピーして、監視用に構成した別の仮想マシンに転送できる。使用する場合は、［ミラーリングモード］でそのネットワークアダプターを［移行先］、［移行元］として指定する
NIC チーミング		NIC チーミング（⇒ P.388）を構成する際に有効化する

03-04　仮想マシンでのNICチーミングの構成

　Hyper-Vの仮想マシン側でNICチーミングを構成することもできます。この場合は、Hyper-Vサーバーで［外部ネットワーク］タイプの仮想スイッチを2つ作成します。これらの仮想スイッチには、Hyper-Vサーバーでチーム化したインターフェイスは割り当てないでください。

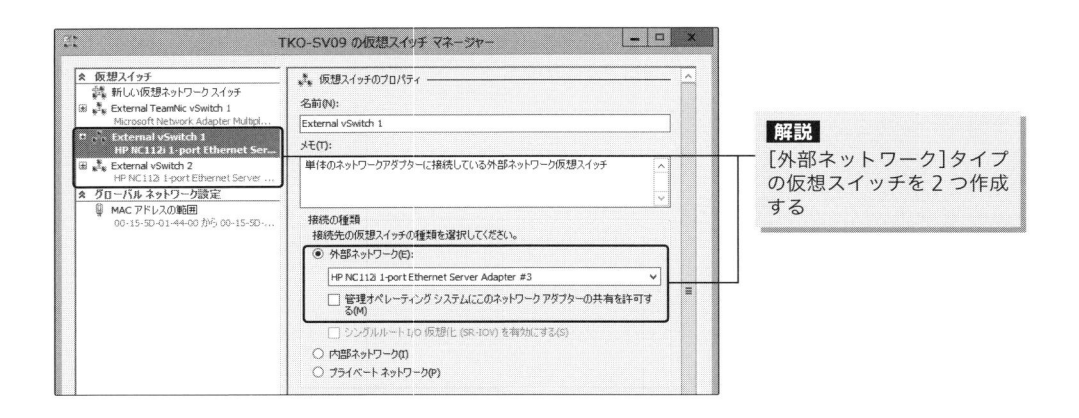

[解説] [外部ネットワーク]タイプの仮想スイッチを2つ作成する

　Hyper-Vマネージャーで、対象の仮想マシンに2つのネットワークアダプターを追加して、それぞれに仮想スイッチを割り当てます。さらに、[高度な機能]の[NICチーミング]のオプションを有効にします。仮想マシンの起動後はゲストOSの中でNICチーミングの構成を行います。

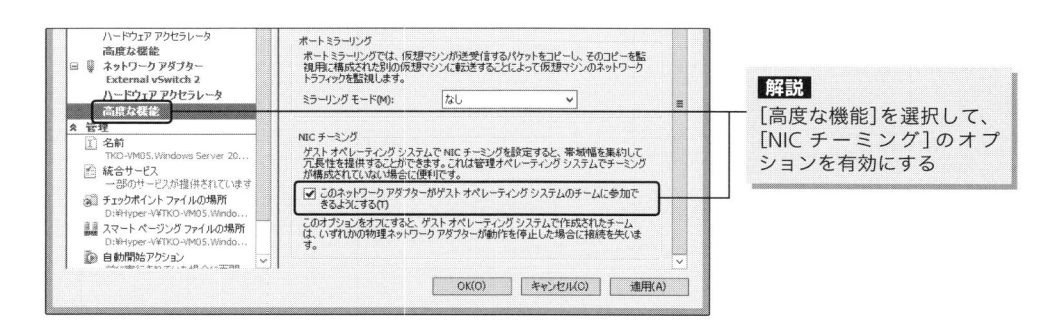

[解説] [高度な機能]を選択して、[NICチーミング]のオプションを有効にする

03-05　仮想マシンのバックアップ

　Windows Server 2012 R2の**Windows Serverバックアップ**（⇒P.761）を使用すると、仮想マシンを個別にバックアップしたり、回復したりできます。

　ただし、バックアップは**仮想マシン全体**を対象にして行われるため、ユーザーが仮想マシン上のゲストOS上のファイルを誤って削除した場合には、仮想マシンや仮想ハードディスクを**別のパス**に回復して、Hyper-Vホストからマウント（VHD接続）する、といった追加の操作を要します。ファイルレベルの回復頻度が高いことが想定される場合には、物理マシンと同様に仮想マシン上でバックアップアプリケーションを実行して、必要なバックアップを取得してください（⇒P.764）。

03 Hyper-Vの管理

解説
バックアップする項目を選択する

03-06　仮想マシンのエクスポート

　Windows Server 2012 R2からは、ゲストOSが実行中のHyper-V仮想マシンや、チェックポイントを**エクスポート**できます。エクスポートした仮想マシンやチェックポイントは、同じHyper-Vサーバーや他のHyper-Vサーバーにインポートして動作させることができます。つまり、バックアップの代用や、仮想マシンのテンプレートとして利用できます。さらに、エクスポートしたデータは仮想ハードディスク（VHDファイル）であるため、Hyper-Vホストからマウント（VHD接続）して、中に含まれるファイルだけを取り出すといった操作も可能です。

　Hyper-Vマネージャーで操作する場合は、対象の仮想マシンやチェックポイントを右クリックして、［エクスポート］を実行し、出力先のパスを指定します。

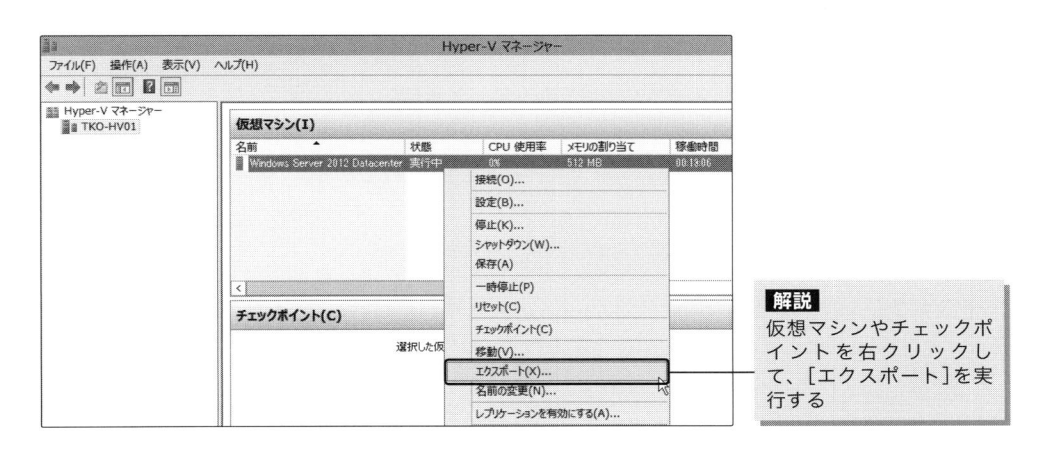

解説
仮想マシンやチェックポイントを右クリックして、［エクスポート］を実行する

03-07 仮想マシンのインポート

エクスポートした仮想マシンやチェックポイントは、同じHyper-Vサーバーや、他のHyper-Vサーバーにインポートできます。あらかじめ仮想マシンのテンプレートを用意しておけば、それをコピーして、複数の仮想マシンを作成することもできます。

仮想マシンのインポートは［仮想マシンのインポート］ウィザードを使用して行います。Hyper-Vマネージャーを起動して、以下の手順を実行します。

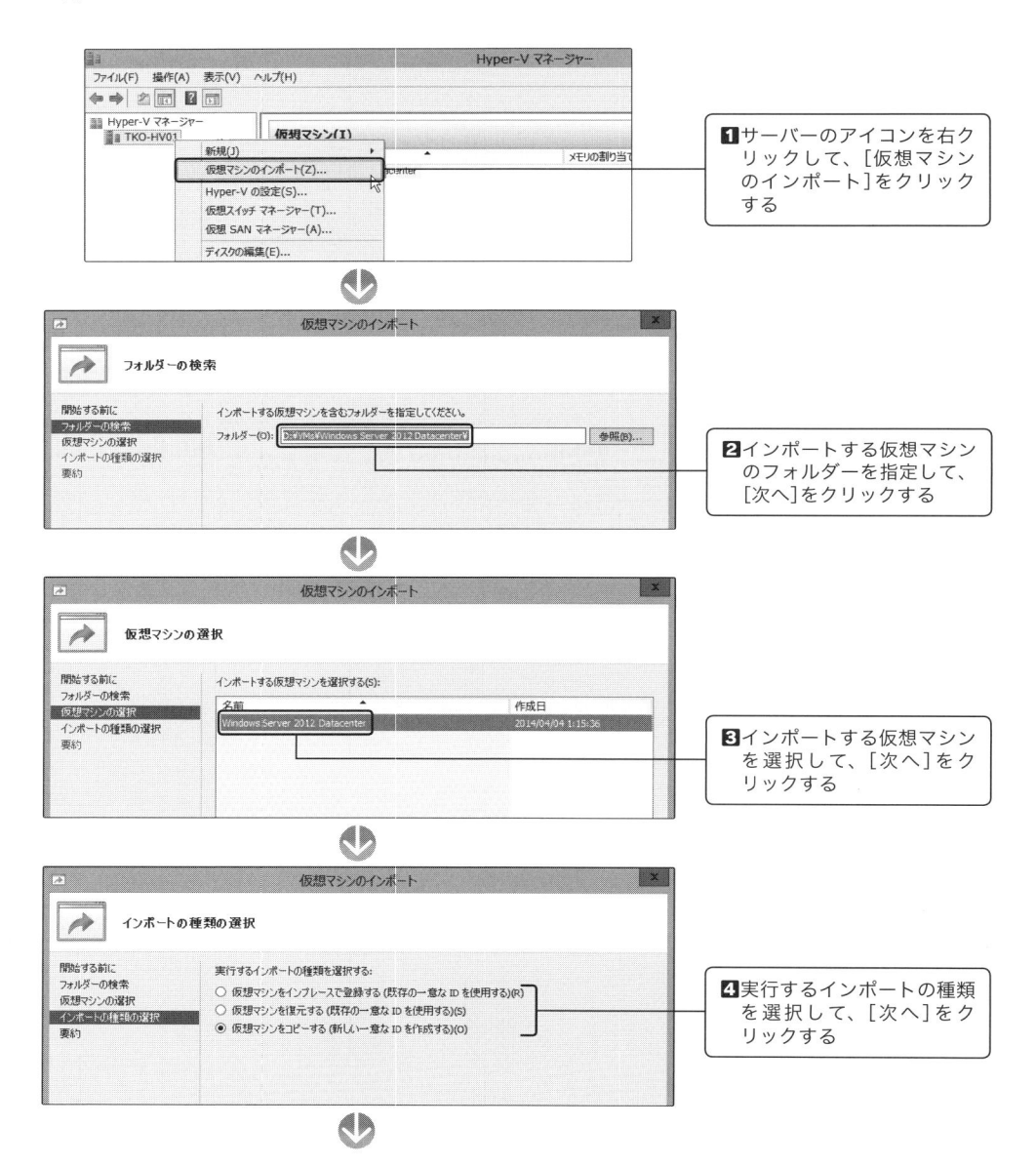

1 サーバーのアイコンを右クリックして、［仮想マシンのインポート］をクリックする

2 インポートする仮想マシンのフォルダーを指定して、［次へ］をクリックする

3 インポートする仮想マシンを選択して、［次へ］をクリックする

4 実行するインポートの種類を選択して、[次へ]をクリックする

03 Hyper-Vの管理

■ [インポートの種類の選択]ページの設定項目

選択肢	説 明
仮想マシンをインプレースで登録する（既存の一意な ID を使用する）	仮想マシンを「**登録**」する。エクスポートした仮想マシンが削除されていない場合は処理が失敗する。インポートしようとしているファイルがそのまま利用される
仮想マシンを復元する（既存の一意な ID を使用する）	仮想マシンを「**復元**」する。エクスポートした仮想マシンが削除されていない場合は処理が失敗する。ウィザードの次のページで、インポートしようとしているファイルの移動先を指定する
仮想マシンをコピーする（新しい一意な ID を作成する）	仮想マシンを「**コピー**」する。エクスポートした仮想マシンが削除されていない場合でも処理は成功する。ウィザードの次のページで、インポートしようとしているファイルの移動先を指定する。仮想マシンのテンプレートを使って複数の仮想マシンを作成する場合に選択する

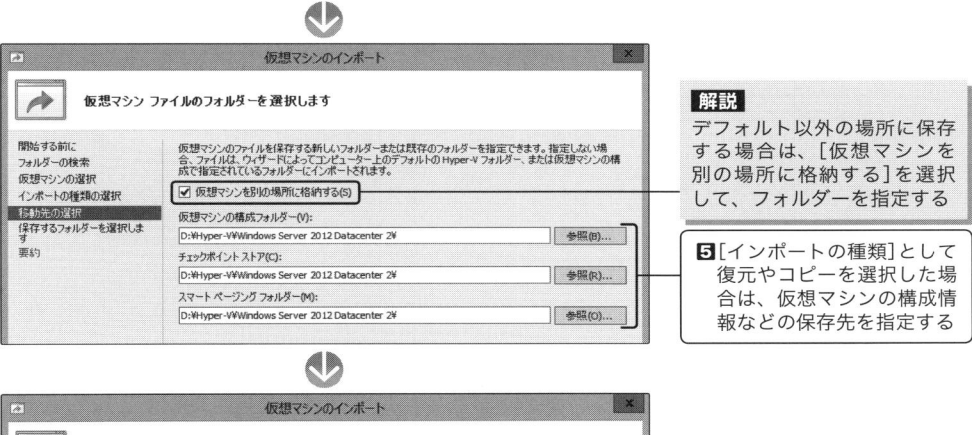

解説
デフォルト以外の場所に保存する場合は、[仮想マシンを別の場所に格納する]を選択して、フォルダーを指定する

5 [インポートの種類]として復元やコピーを選択した場合は、仮想マシンの構成情報などの保存先を指定する

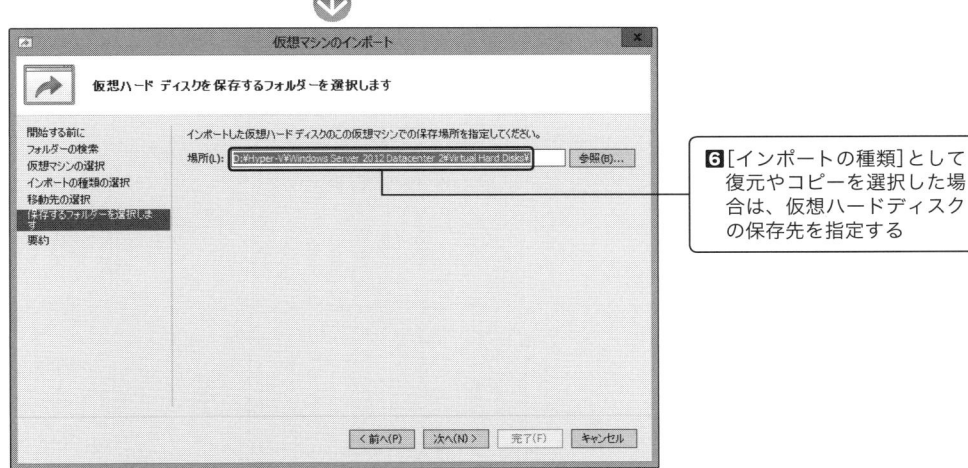

6 [インポートの種類]として復元やコピーを選択した場合は、仮想ハードディスクの保存先を指定する

　最後に、設定内容を確認して[完了]をクリックすると、仮想マシンがインポートされます。なお、仮想スイッチの割り当てなどに問題がある場合は、それを修正するためのページが表示されます。

Chapter 21 Hyper-Vレプリカ によるDR対策

その登場以来、Hyper-VにはWindows Serverのバージョンが上がるたびに多数の機能が追加されていますが、本章で扱う「Hyper-Vレプリカ」は、近年で最もインパクトのある機能拡張の1つです。追加投資をすることなく、仮想マシンのDR対策を実現できます。

01 Hyper-V レプリカの概要

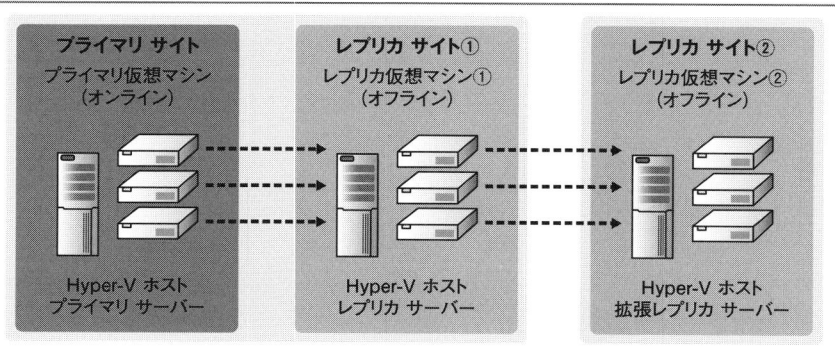

Hyper-Vレプリカは、Hyper-V仮想マシンを**2つのサーバー間で非同期レプリケーション(複製)する機能**です。Hyper-Vの機能の1つであり、Windows Server 2012で新規追加されました。この機能を利用すると、特別なハードウェアやソフトウェアを用意することなく、Windows Server 2012 R2の標準機能だけで、ネットワークを介した**DR対策**(Disaster Recovery対策)が可能になるため、仮想マシンのビジネス継続性と障害回復ソリューションを、容易かつ低コストで実現できます。

01-01 Hyper-V レプリカの構成

Hyper-Vレプリカは、仮想マシンの複製元となる**プライマリサイト**と、複製先となる**レプリカサイト**との間で、仮想マシンを**非同期で**レプリケーションします。この機能を利用すると、プライマリサイトの仮想マシンが利用不可になった場合でも、レプリカサイトにフェールオーバーすることでサービスの提供を継続できます。

■ Hyper-V レプリカの全体像

プライマリサイトのHyper-Vサーバーを**プライマリサーバー**、レプリカサイトのHyper-Vサーバーを**レプリカサーバー**と呼び、それぞれの上に**プライマリ仮想マシン**と**レプリカ仮想マシン**を配置します。

この機能は、異なるスペック、異なる機種のHyper-Vサーバーでも構成でき、Active Directoryが存在しない環境でも利用できます。

Windows Server 2012 R2 の Hyper-V レプリカの特徴

Windows Server 2012のHyper-Vレプリカには以下の制限がありました。

- レプリケーションの頻度(間隔)は 5 分のみ
- プライマリサーバーとレプリカサーバーしか構成できない

Windows Server 2012 R2では上記の点が以下のように改善されました。

- レプリケーションの頻度に 30 秒、5 分(デフォルト)、15 分を設定できる
- 拡張レプリカサーバー(レプリカサーバーのレプリカサーバー)も構成可能

01-02　Hyper-V レプリカの設計要素

Hyper-VレプリカによるHyper-V仮想マシンのDR対策環境を構築するには、以下の構成要素について事前に検討することが必要です。

● 全体構成

プライマリサイト／プライマリサーバー／プライマリ仮想マシン、およびレプリカサイト／レプリカサーバー／レプリカ仮想マシンの**配置**や**ネットワーク構成**に関する以下の点を検討します。

- DR 対策としてどこにレプリカサイトを置くか
- レプリカサイトは設けずにプライマリサーバーとレプリカサーバーを同じ LAN 上に配置するか
- 拡張レプリカサーバーを配置するか否か

● 仮想マシン

レプリケーションは**仮想マシンごと**に設定できます。そのため事前に、どの仮想マシンをレプリケーションの対象とするのか(プライマリサーバーのすべての仮想マシンを対象とするのか、特定の仮想マシンのみを対象とするのか)を検討することが必要です。

なお、仮想マシンには最新の**統合サービス**(⇒P.383)がインストールされている必要があります。

●認証設定

プライマリサーバーとレプリカサーバーの間で仮想マシンのレプリケーションを行う際の**認証設定**について検討します。認証設定には下表の2種類があります。

■ Hyper-V レプリカの認証設定

認証設定	説 明
Kerberos 認証	**Kerberos** とは Active Directory 環境で利用される認証プロトコルであり、プライマリサーバーとレプリカサーバーが Active Directory ドメインに参加している場合に Hyper-V レプリカの認証設定として選択できる。構成は容易だが、HTTP でレプリケーションデータを送信するため、暗号化されない
証明書ベース認証	証明書を用いる方法。HTTPS でレプリケーションデータを送信するため、暗号化される。ワークグループ環境や、Active Directory ドメインにサーバーを参加させているが、暗号化通信が必要な場合に選択する

> **Tips** Hyper-VレプリカでHTTPS通信を行う際の証明書の作成方法などは、以下のマイクロソフトのサイトを参照してください。
>
> **URL** Deploy Hyper-V Replica
> http://technet.microsoft.com/en-us/library/jj134153.aspx

●レプリケーションの頻度

レプリケーションの頻度（間隔）を**30秒**、**5分**（デフォルト）、**15分**の中から選択します。これは**仮想マシンごと**に設定できます。この項目は、仮想マシンのデータの変更頻度や、プライマリサーバーとレプリカサーバーの間のネットワーク帯域などを考慮して、その間隔内にレプリケーションを完了できるように計画してください。

●追加の回復ポイントの構成

レプリカ仮想マシン側では、ディスクの状態を保存しています。これを**回復ポイント**と呼び、大きく以下の2種類があります。

- 最新の回復ポイント
- 追加の回復ポイント

最新の回復ポイントを保存しておけば、常に最新の状態へ回復できます。一方、追加の回復ポイントを保存しておけば、**特定の時点の状態**に回復できます。なお、追加の回復ポイントを保存する場合は、記憶域と処理リソースが追加で必要になります。

追加の回復ポイントには、さらに次表の2種類があります。レプリカ仮想マシン側でフェールオーバーを行う際に、どの回復ポイントを使用するかを選択します。

■ Hyper-V レプリカの追加の回復ポイント

追加の回復ポイント	説明
標準回復ポイント	プライマリ仮想マシンのVHDファイルの差分情報を元に作成される回復ポイント。1時間ごとに作成され、最大24個(24時間分)保持できる。Hyper-Vマネージャーでは[**追加の時間単位の回復ポイント**]と表示される。以前は「標準レプリカ」と呼ばれていた
アプリケーションの整合性の回復ポイント	VSSを使用して作成される回復ポイント。1〜12時間の範囲で、1時間間隔で設定できる。Hyper-Vマネージャーでは[**ボリュームシャドウコピーサービス(VSS)スナップショット**]と表示される。以前は「アプリケーション間で整合性のあるレプリカ」と呼ばれていた

● 初期レプリケーション方式

　Hyper-Vレプリカを設定すると、当然ながら初回のレプリケーション時に大量のデータが送信されます。そのため管理者は、仮想マシンのサイズやネットワークの帯域幅を加味したうえで、下表の3種類の中から最適な**初期レプリケーション方式**を選定します。

■ Hyper-V レプリカの初期レプリケーション方式

方式	説明
ネットワーク経由	LANやWAN経由で仮想ハードディスクの初期コピーを転送する
外部メディア使用	USBドライブなどの外部メディアに初期コピーをエクスポートし、レプリカサイトに搬送して、レプリカサーバーにインポートする
レプリカサーバーの既存仮想マシン	レプリカサーバーに対象の仮想マシンが既に存在している場合にそれを流用できる。Windows Serverバックアップなどによってバックアップした仮想マシンが、レプリカサーバーに回復済みの場合に選択できる方法

● Hyper-V サーバーの構成や台数

　拡張レプリカサーバーを構成するか否かによってHyper-Vサーバーの台数を決定します。プライマリサーバーとレプリカサーバーのみの構成の場合は**2台**、拡張レプリカサーバーを構成する場合は**3台**必要です。

　また、レプリケーションする仮想マシンの必要リソースや台数を元にしてサーバーのサイジングを行います。

● ネットワーク

　Hyper-VレプリカでDR対策を行う場合、プライマリサイトとは別にレプリカサイトを用意することになります。この場合、通常はWANなどを介した別のネットワークになるため、IPアドレスも異なるものになるので事前に検討が必要です。

　また、**フェールオーバーのTCP/IP機能**を使用すると、レプリカサイトのレプリカ仮想マシンを起動する際にIPアドレスを自動的に変更できますが、この機能を使用する場合は、割り当てるレプリカサイト側のIPアドレスの検討が必要です。

　他にも、**テストフェールオーバー機能**(レプリカ仮想マシンが正常に機能するかを確認できる機能)を使用すると、このモードで起動した仮想マシンは本番ネットワークとは異なるテスト用のネットワークに接続することになるため、Hyper-Vの仮想スイッチの追加作成などが必要になります。

● OS やアプリケーションのライセンス

　仮想マシンをレプリケーションすると、同じ環境が複数できあがることになります。特に、テストフェールオーバー機能を実行した際には、複数の仮想マシンが同時に起動することになるため、OSやアプリケーションのライセンスに問題がないかを確認しておく必要があります。ライセンス違反が発生しないように十分注意してください。

● その他

　各サーバーをActive Directoryドメインに参加させると、Kerberos認証（HTTP）による認証方式で、容易にHyper-Vレプリカ環境を構築できます。しかし、この場合のレプリケーションはHTTPによって行われるため、通信が暗号化されないことに注意してください。

> **Tips** レプリカサーバーをHyper-Vホストクラスター（⇒P.432）上に構築する場合は、「**Hyper-Vレプリカブローカー**」（⇒P.417）というフェールオーバークラスターの役割を構成する必要があります。プライマリサイトはHyper-Vホストクラスターによる「プライマリクラスター」、リカバリサイトは「スタンドアロンのHyper-Vサーバー」といった組み合わせも可能です。

02　Hyper-V レプリカの構築

　ここからはHyper-Vレプリカ環境の具体的な構築方法について解説します。本書では下表の構成を想定したHyper-Vレプリカ環境を構築します。

■ 本書で構築する Hyper-V レプリカ環境の全体構成

サイト	構成	WAN 接続したプライマリサイトとレプリカサイトの 2 つ
	プライマリサイト	東京本社ネットワーク
	レプリカサイト	大阪支社ネットワーク
Hyper-V サーバー	構成	プライマリサイトのプライマリサーバーとレプリカサイトのレプリカサーバーの 2 台。どちらも同じActive Directory ドメインに参加済み（拡張レプリカサーバーなし）
	プライマリサーバーのコンピューター名	TKO-HV01
	レプリカサーバーのコンピューター名	OSK-HV01
レプリケーションする仮想マシン	構成	Windows Server 2012 R2 を実行する仮想マシン 1 台
	コンピューター名	TKO-SV06
	プライマリサイトの IP アドレス	10.0.1.16
	レプリカサイトの IP アドレス	10.0.11.16

■ 仮想マシンのレプリケーション構成

接続パラメーター	認証の種類	Kerberos 認証（HTTP）
	送信データの圧縮	行う
レプリケーション頻度		5 分
追加の回復ポイント	構成	追加の時間単位の回復ポイントを作成する
	対象範囲（時間）	24（追加の回復ポイントを 24 時間保持する）
	VSS スナップショットの頻度（時間）	4（4 時間間隔で VSS スナップショットを取得する）
初期レプリケーション方法	方式	外部メディアを使用して送信
	スケジュール	すぐに開始

なお、以降の構築手順を実行する前に以下の各準備を行ってください。

1．Hyper-V を実行できるようにハードウェアを準備する（⇒ P.381）
2．各 Hyper-V サーバーに Hyper-V の役割を追加して再起動する（⇒ P.381）
3．（任意）テストフェールオーバー機能を使用する場合は、再起動後に［Hyper-V マネージャー］の［仮想スイッチマネージャー］を使用して、テスト用の仮想スイッチを作成しておく（⇒ P.386）

> **解説**
> テストフェールオーバーを行う場合は、テスト用の仮想スイッチを作成しておく

02-01　レプリカサーバーの準備

Hyper-Vレプリカを構成するすべてのHyper-Vサーバーに対して、仮想マシンのレプリケーションを受け入れるための設定を行います。

> **重要！**
> 本来、「レプリケーションを受け入れるための設定」は、レプリカサーバーに対して行う手順ですが、Hyper-Vレプリカにおいては、プライマリサーバーとレプリカサーバーが入れ替わることがあり（レプリケーション方向の反転）、また仮想マシンごとに構成を変更できるため、本書では、この操作を「Hyper-Vレプリカを構成するすべてのサーバー」に対して行うことを推奨しています。

レプリケーションの有効化

まずは、レプリケーションを有効化します。サーバーマネージャーから[Hyper-Vマネージャー]を起動して、以下の手順を実行します。

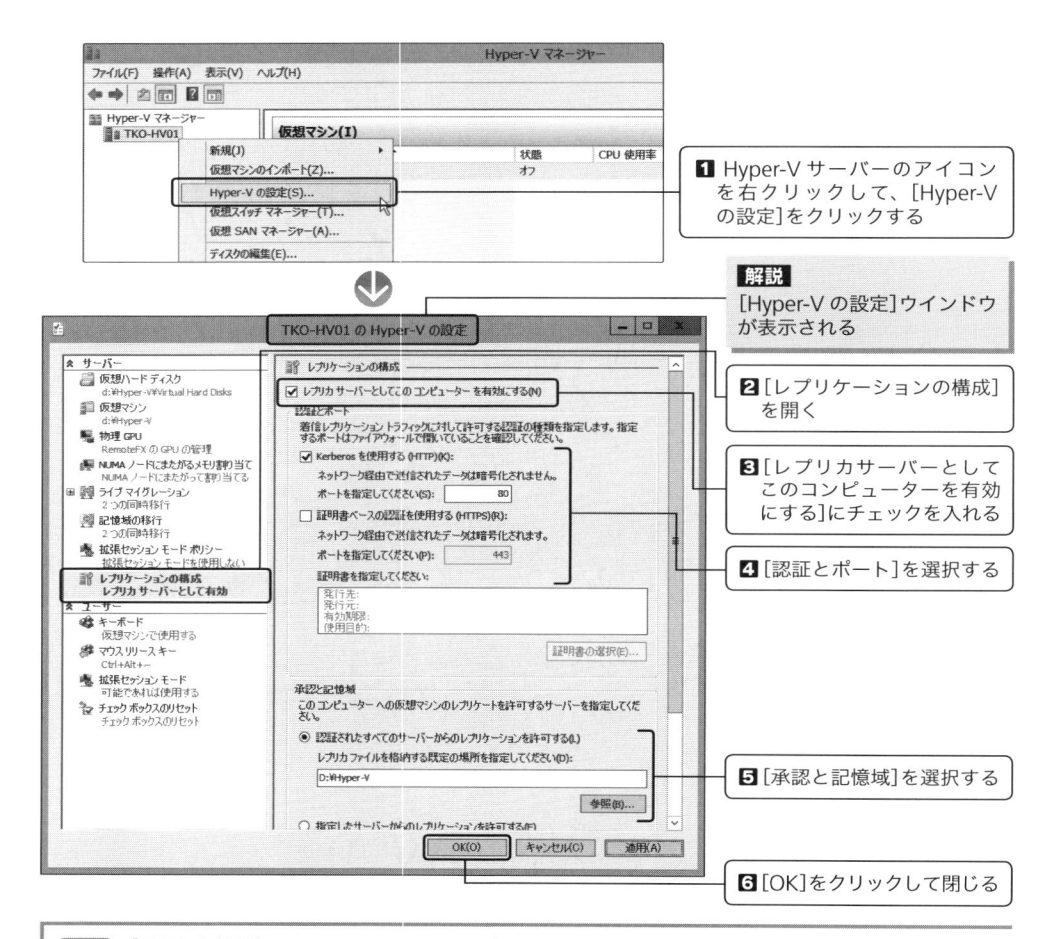

1 Hyper-V サーバーのアイコンを右クリックして、[Hyper-V の設定]をクリックする

解説
[Hyper-V の設定]ウインドウが表示される

2 [レプリケーションの構成]を開く

3 [レプリカサーバーとしてこのコンピューターを有効にする]にチェックを入れる

4 [認証とポート]を選択する

5 [承認と記憶域]を選択する

6 [OK]をクリックして閉じる

> **Tips** [承認と記憶域]セクションでは、このレプリカサーバーへの仮想マシンのレプリケートをすべてのプライマリサーバーから許可するか、限定するかを設定できます。ここで指定する[レプリカファイルを格納する既定の場所]には[Hyper-V Replica]フォルダーが作成されて、レプリケートされた仮想マシンの仮想ハードディスクなどが保存されます。

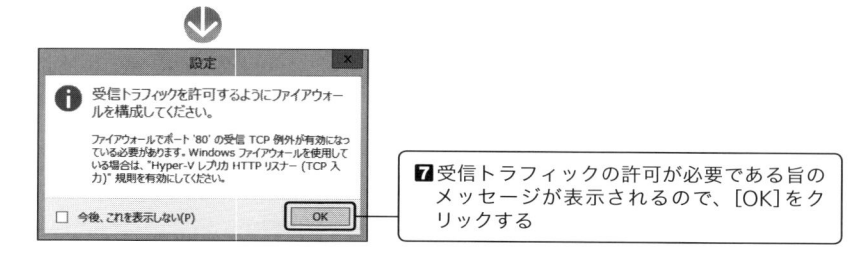

7 受信トラフィックの許可が必要である旨のメッセージが表示されるので、[OK]をクリックする

Windows ファイアウォール設定

　WindowsファイアウォールのHyper-Vレプリカに関する受信トラフィックの規則を有効化します。

　本書の例のように、認証にKerberosを使用する場合は［セキュリティが強化されたWindowsファイアウォール］の［Hyper-VレプリカHTTPリスナー（TCP受信）］規則の有効化が必要です。また、証明書ベース認証を使用する場合は、［Hyper-VレプリカHTTPSリスナー（TCP受信）］規則の有効化が必要です。

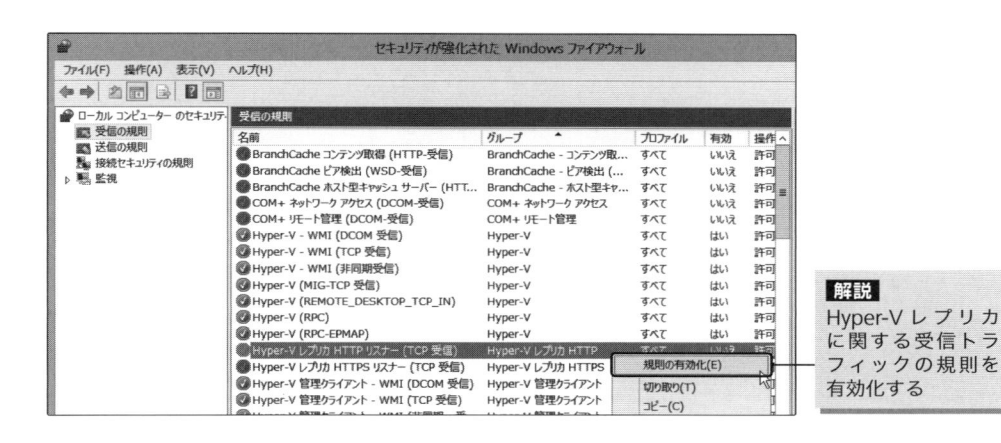

解説
Hyper-Vレプリカに関する受信トラフィックの規則を有効化する

02-02　仮想マシンのレプリケーションの有効化

　レプリケート対象の各仮想マシンで、レプリケーションの有効化を行います。サーバーマネージャーから［Hyper-Vマネージャー］を起動して、以下の手順を実行します。

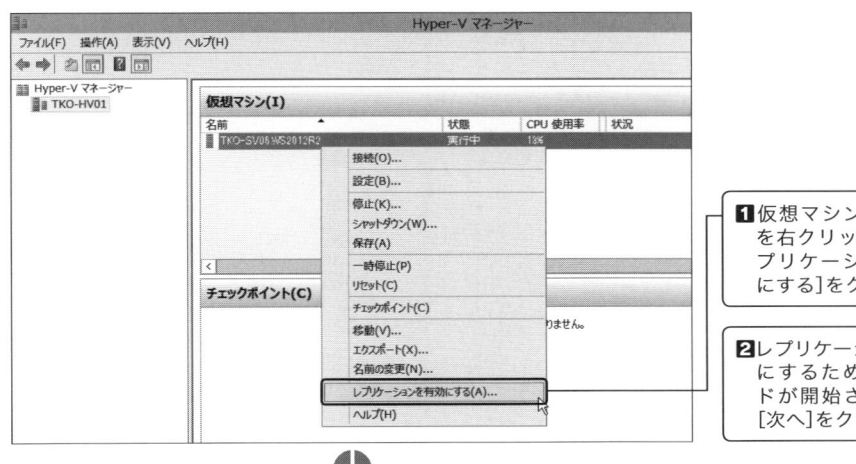

❶ 仮想マシンのアイコンを右クリックして、［レプリケーションを有効にする］をクリックする

❷ レプリケーションを有効にするためのウィザードが開始されるので、［次へ］をクリックする

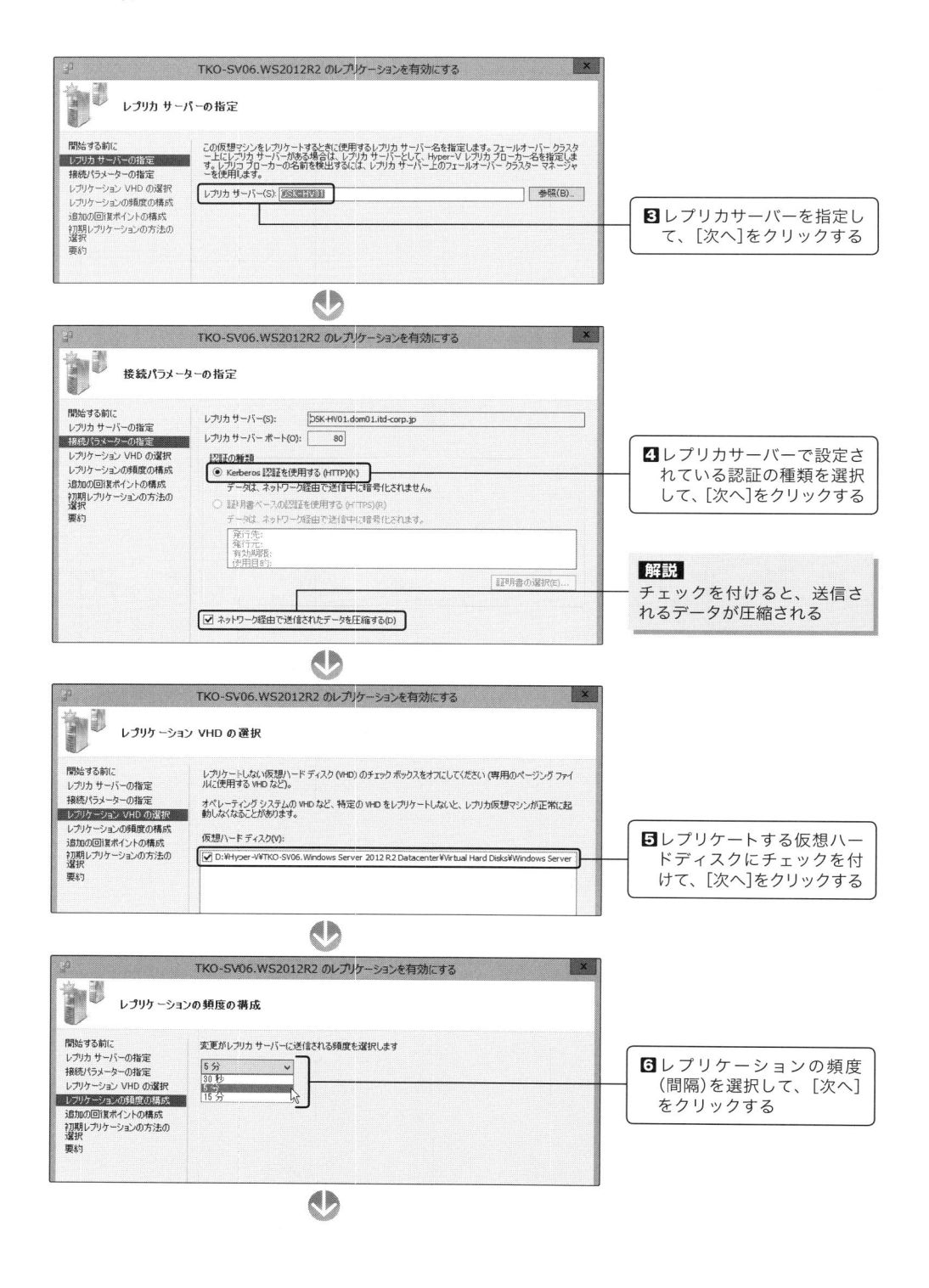

Part 06 Hyper-Vの構築

3 レプリカサーバーを指定して、[次へ]をクリックする

4 レプリカサーバーで設定されている認証の種類を選択して、[次へ]をクリックする

解説
チェックを付けると、送信されるデータが圧縮される

5 レプリケートする仮想ハードディスクにチェックを付けて、[次へ]をクリックする

6 レプリケーションの頻度（間隔）を選択して、[次へ]をクリックする

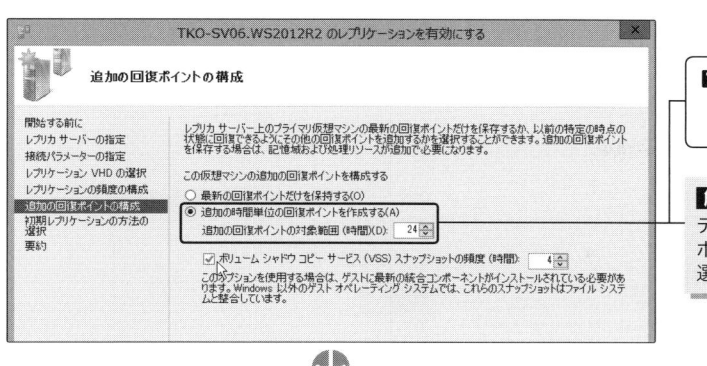

02 Hyper-Vレプリカの構築

7 [追加の回復ポイント]を設定して、[次へ]をクリックする

解説
デフォルトでは[最新の回復ポイントだけを保持する]が選択されている

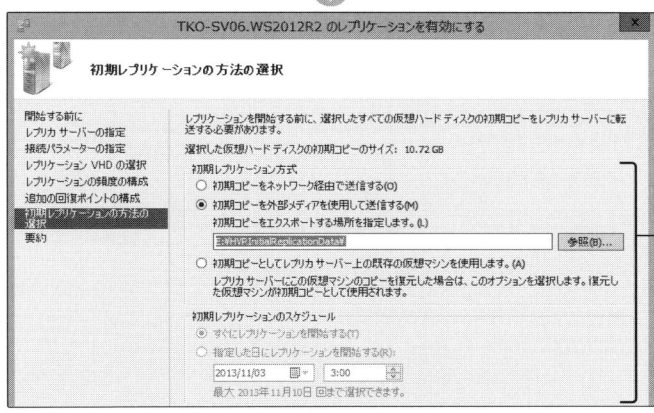

8 初期レプリケーション方式やスケジュールを設定して、[次へ]をクリックする

解説
本書の例では、USBディスクに初期コピーをエクスポートする方法を選択している

9 続いて表示される完了ページで設定内容を確認して、[完了]をクリックする

Tips [初期コピーをネットワーク経由で送信する]や[初期コピーを外部メディアを使用して送信する]を選択した場合は、レプリカサーバーの既定の場所にレプリカ仮想マシンが作成されます。任意の場所にレプリカ仮想マシンを作成するには[初期コピーとしてレプリカサーバー上の既存の仮想マシンを使用します]を選択します。この場合、あらかじめWindows Serverバックアップなどを使用してプライマリサーバーから対象の仮想マシンをバックアップし、レプリカサーバーの任意の場所に復元しておきます。仮想マシンのエクスポート/インポートではなく、Windows Serverバックアップを使用するところがポイントです。

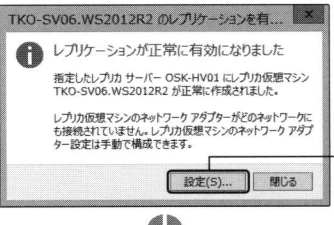

10 レプリカ仮想マシンのネットワークアダプターの設定を促すメッセージが表示されるので、[設定]をクリックする

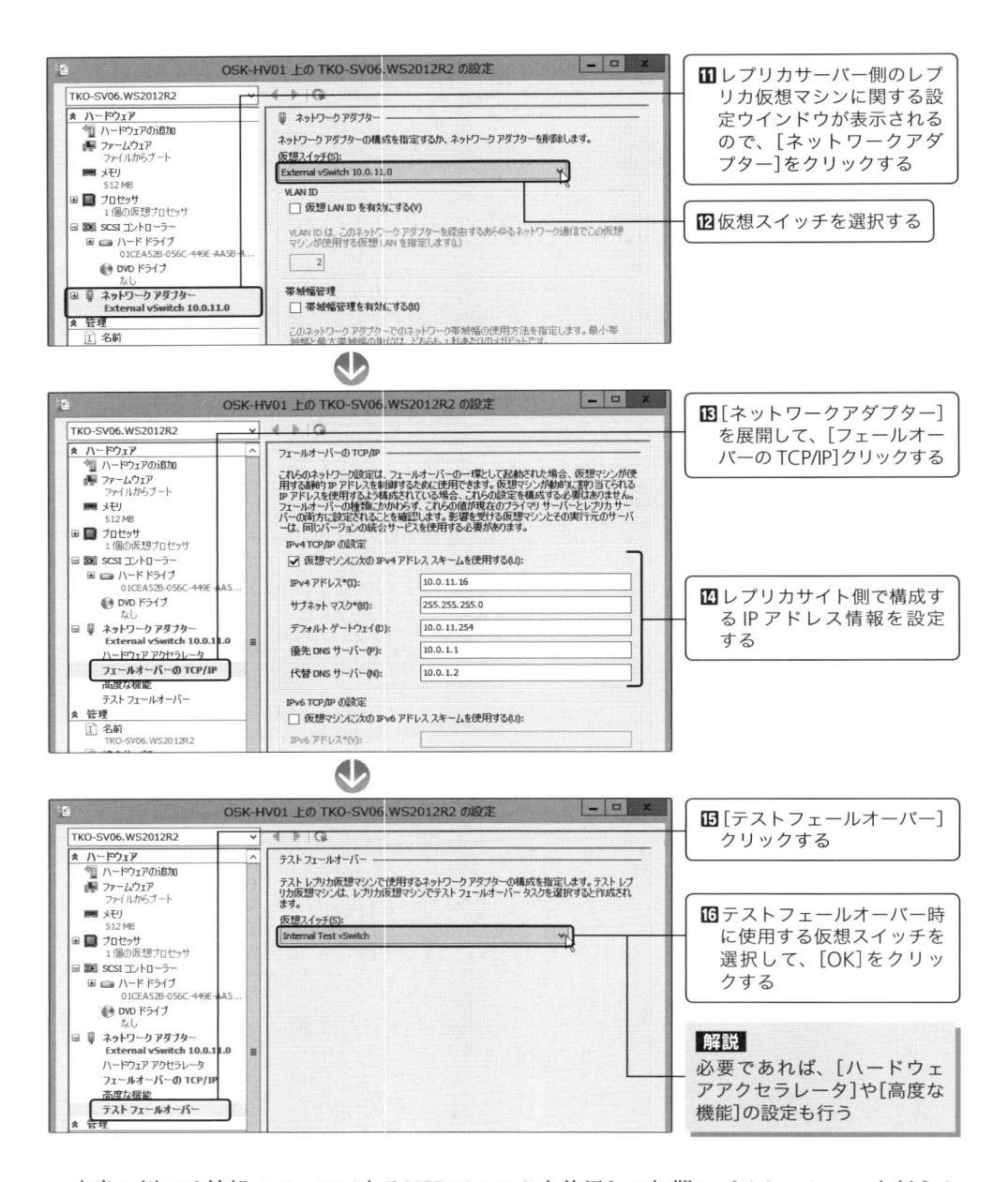

Part 06 Hyper-Vの構築

11 レプリカサーバー側のレプリカ仮想マシンに関する設定ウインドウが表示されるので、[ネットワークアダプター]をクリックする

12 仮想スイッチを選択する

13 [ネットワークアダプター]を展開して、[フェールオーバーのTCP/IP]クリックする

14 レプリカサイト側で構成するIPアドレス情報を設定する

15 [テストフェールオーバー]クリックする

16 テストフェールオーバー時に使用する仮想スイッチを選択して、[OK]をクリックする

解説
必要であれば、[ハードウェアアクセラレータ]や[高度な機能]の設定も行う

　本書の例では外部メディアであるUSBディスクを使用して初期レプリケーションを行うように指定したため、ウィザードの完了後に初期コピーのエクスポートが実行されます。エクスポートの実行状況はHyper-Vマネージャーで対象仮想マシンの[状況]を表示することで確認できます。
　初期コピーのエクスポートが完了したら、プライマリサーバーから外部メディアを取り外して、レプリカサイトに安全に搬送してレプリカサーバーに取り付けて、レプリカサーバー側のHyper-Vマネージャーで、次の手順を実行します。

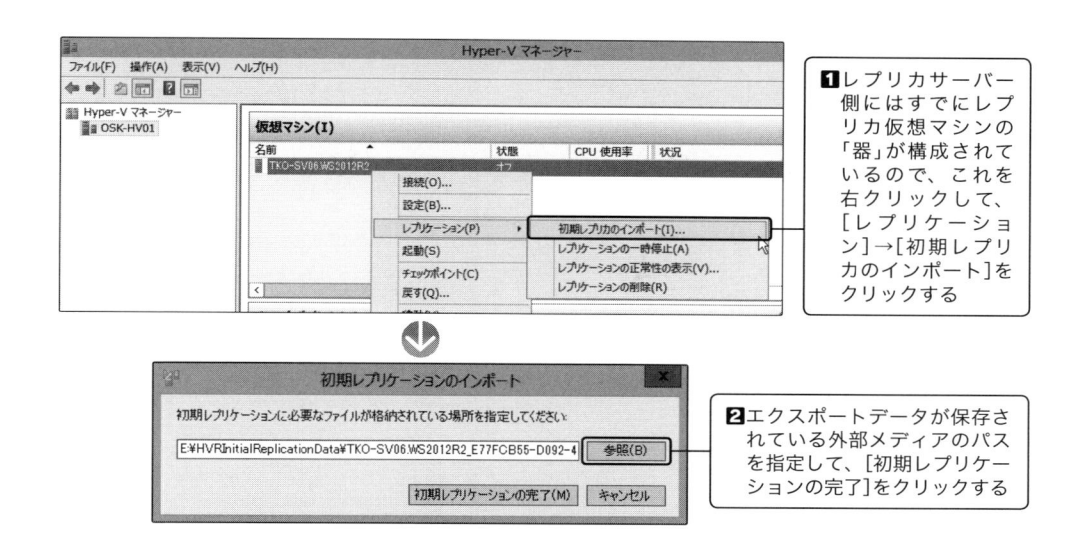

02 Hyper-Vレプリカの構築

❶レプリカサーバー側にはすでにレプリカ仮想マシンの「器」が構成されているので、これを右クリックして、[レプリケーション]→[初期レプリカのインポート]をクリックする

❷エクスポートデータが保存されている外部メディアのパスを指定して、[初期レプリケーションの完了]をクリックする

　上記の手順を実行すると、初期コピーのインポート処理が実行されます。インポートが完了すると、それ以降はネットワーク経由でレプリケーションが実行されて、常に最新の状態が保たれるようになります。

Column　Hyper-V ホストクラスター環境での利用

　Hyper-Vレプリカは、Windows Serverフェールオーバークラスターによる**Hyper-Vホストクラスター環境**（⇒P.432）でも利用できます。この場合は、プライマリクラスター（プライマリサーバー）、レプリカクラスター（レプリカサーバー）どちらの場合であっても、[Hyper-Vレプリカブローカー]という役割を構成する必要があります。

　レプリカクラスターを有効化する操作は、作成したHyper-Vレプリカブローカーに対して行います。このとき、レプリカファイルを格納する場所にはCSV（⇒P.433）を指定します。また、Hyper-Vレプリカの各種操作は、[フェールオーバークラスターマネージャー]で行います。

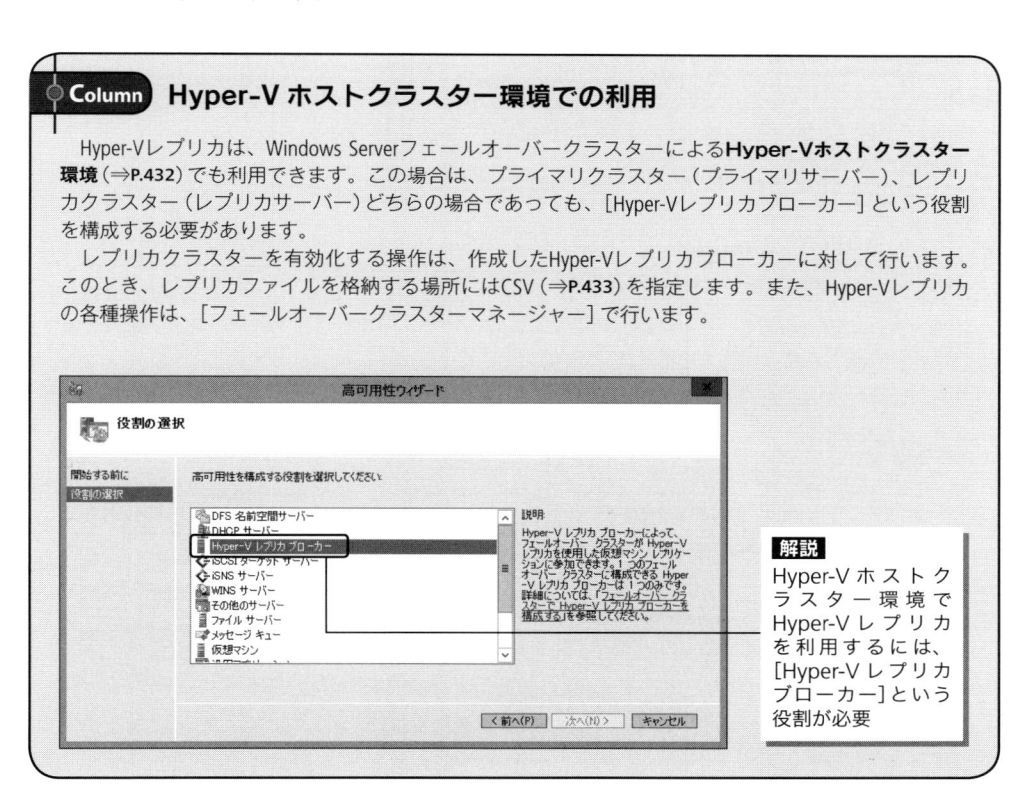

解説
Hyper-Vホストクラスター環境でHyper-Vレプリカを利用するには、[Hyper-Vレプリカブローカー]という役割が必要

03 Hyper-V レプリカの管理

ここからはHyper-Vレプリカの基本的な管理操作の方法を解説します。

03-01 監視

　レプリケーションの状態やデータの平均サイズ、平均待機時間などは、Hyper-Vマネージャーで確認できます。Hyper-Vマネージャーでプライマリサーバー、またはレプリカサーバーの仮想マシンを右クリックして、［レプリケーション］→［レプリケーションの正常性の表示］をクリックします。

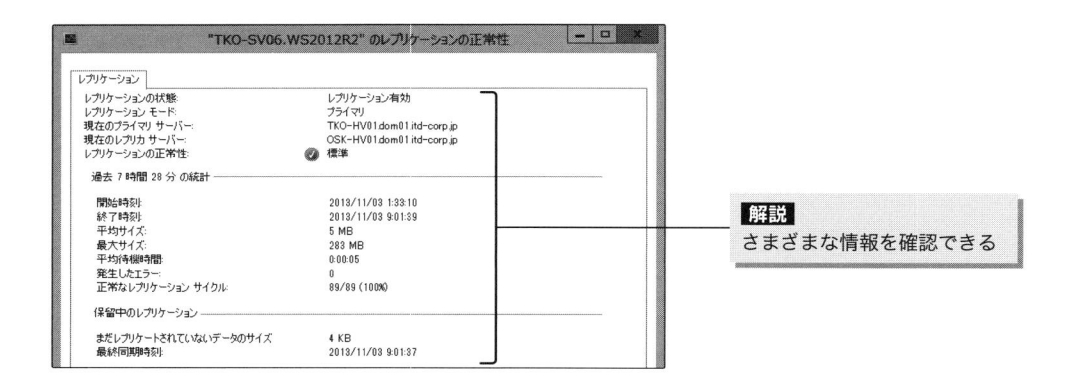

解説 さまざまな情報を確認できる

■ Hyper-V レプリカの主な監視項目

項目	説明
レプリケーションの正常性	レプリケーションの状態を確認する。ステータスが[標準]以外の場合は、追加で表示される情報を参照しながら対処する
平均サイズ	レプリケーションによって転送されたデータの平均サイズ。サイズが著しく大きい場合は、レプリケーション頻度(間隔)の見直しを検討する
平均待機時間	レプリケーションに要した時間。レプリケーション頻度(間隔)を超えている場合は、見直しを検討する
発生したエラー	エラーの有無を確認する。エラーが頻発している場合は、イベントログの確認や対処を行う

03-02 計画フェールオーバー機能

　計画フェールオーバー機能とは、管理者が仮想マシンをプライマリサーバーからレプリカサーバーに正常に移動する機能です。これは**計画された操作**です。メンテナンスなどの目的で、プライマリサイトやプライマリサーバーを一時的に停止する際は、この機能を使用して

レプリカ仮想マシンを動作させます。

この操作を行う際は、プライマリ仮想マシンをシャットダウンすることが必要ですが、最新の状態をレプリケーションした状態でレプリカ仮想マシンを起動できるため、処理を完全に引き継ぐことができます。またWindows Server 2012 R2では、計画フェールオーバーの実行時にレプリケーションの方向を反転させることも可能です（⇒**P.420**）。

計画フェールオーバーの実行

計画フェールオーバーの操作は**プライマリサーバー側**で行います。対象の仮想マシンが停止していることを確認してから、Hyper-Vマネージャーで仮想マシンを右クリックして、［レプリケーション］→［計画フェールオーバー］をクリックします。

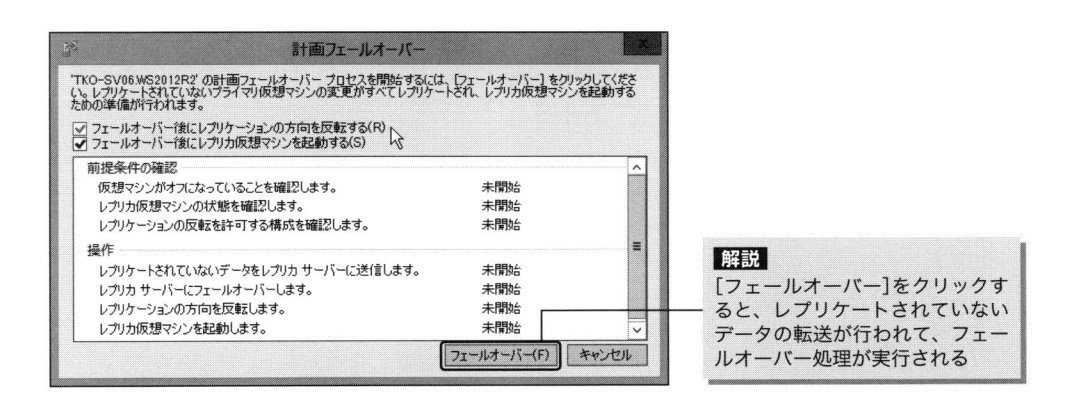

> **解説**
> ［フェールオーバー］をクリックすると、レプリケートされていないデータの転送が行われて、フェールオーバー処理が実行される

■ 計画フェールオーバー

選択項目	説明
フェールオーバー後にレプリケーションの方向を反転する	チェックを付けて有効にすると、今後はレプリカ仮想マシンがプライマリ仮想マシンになる
フェールオーバー後にレプリカ仮想マシンを起動する	チェックを付けて有効にすると、フェールオーバー完了後に自動的に仮想マシンが起動する

03-03　フェールオーバー機能

フェールオーバー機能とは、プライマリサイトやプライマリサーバーが障害などによって使用できない状態に陥った場合に、レプリカサーバーのレプリカ仮想マシンをオンラインにする機能です。これは**計画外の操作**です。

なお、この機能は**プライマリ仮想マシンが動作している状態では実行できません**。プライマリ仮想マシンが使用できない場合のみ実行できます。レプリカ仮想マシンには最新のデータがレプリケートされていない可能性があり、データが失われる可能性があるためです。

フェールオーバーの実行

フェールオーバーの操作は**レプリカサーバー側**で行います。プライマリ仮想マシンが動作していない状態で、Hyper-Vマネージャーで仮想マシンを右クリックして、[レプリケーション]→[フェールオーバー]をクリックします。

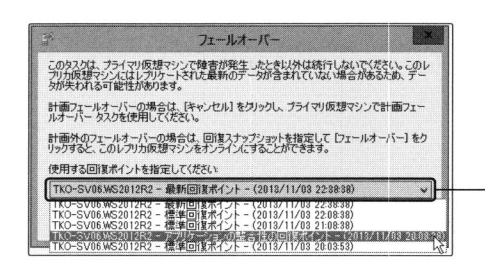

解説
使用する回復ポイントを選択してから、[フェールオーバー]をクリックする

03-04 レプリケーションの反転

上記の**フェールオーバー**を実行してレプリカ仮想マシンを利用している際に、プライマリ仮想マシンの障害が解消して利用できるようになった状況を考えてみてください。このような状況で、レプリカ仮想マシンを停止して、プライマリ仮想マシンをそのまま起動すると、レプリカ仮想マシンの最新データが失われてしまう可能性があります。

このような場合は、**レプリケーションの反転処理**を実行して、レプリカ仮想マシンをプライマリ仮想マシンに変更します。レプリケーションの反転処理を行って最新データのレプリケーションを実行し、改めて**計画フェールオーバー**（⇒P.418）を実行すれば、本来のプライマリ仮想マシンを最新のデータで正しく起動できます。

レプリケーションの反転の実行

レプリケーションの反転の操作は**レプリカサーバー側**で行います。Hyper-Vマネージャーを起動して、以下の手順を実行します。

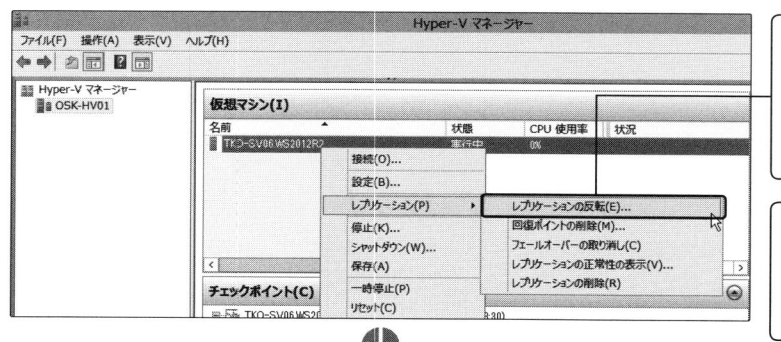

❶レプリカ仮想マシンを右クリックして、[レプリケーション]→[レプリケーションの反転]をクリックする

❷レプリケーションを反転するためのウィザードが開始されるので、[次へ]をクリックする

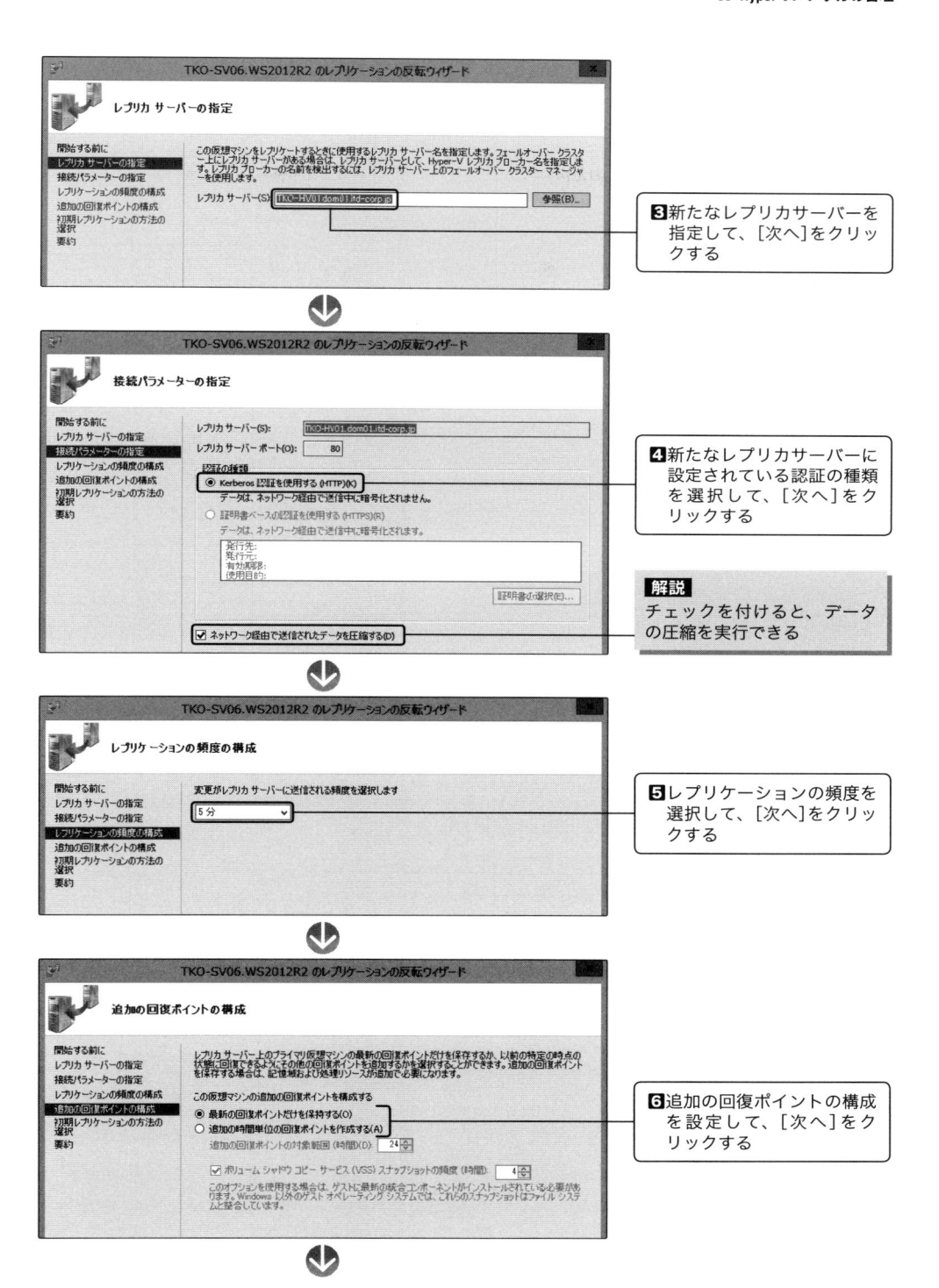

03 Hyper-Vレプリカの管理

❸ 新たなレプリカサーバーを指定して、[次へ]をクリックする

❹ 新たなレプリカサーバーに設定されている認証の種類を選択して、[次へ]をクリックする

解説
チェックを付けると、データの圧縮を実行できる

❺ レプリケーションの頻度を選択して、[次へ]をクリックする

❻ 追加の回復ポイントの構成を設定して、[次へ]をクリックする

[7] 初期レプリケーション方式やスケジュールを設定して、[次へ]をクリックする

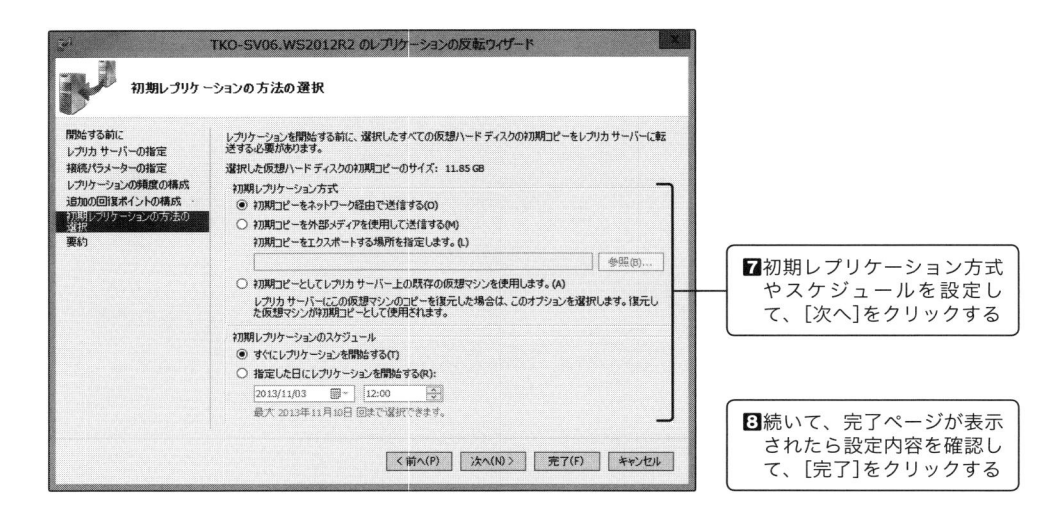

[8] 続いて、完了ページが表示されたら設定内容を確認して、[完了]をクリックする

　レプリケーションの反転が完了したら、改めて**計画フェールオーバー**（⇒P.418）を実行します。この際、[フェールオーバー後にレプリケーションの方向を反転する]にチェックを付けると、本来のプライマリ仮想マシンを最新のデータで正しく起動できます。

> **Tips** レプリケーションの反転を行ったら、必要に応じて新たなレプリカ仮想マシンに対して[フェールオーバーのTCP/IP]設定を行ってください（⇒P.409）。

03-05　テストフェールオーバー機能

　テストフェールオーバー機能とは、管理者がレプリカ仮想マシンでその機能を検証するために実行するための機能です。先述した**計画フェールオーバー**や**フェールオーバー**はHyper-Vレプリカの通常の運用時に発生するトラブルやメンテナンスの際に行う操作ですが、テストフェールオーバーは動作状況を確認するために利用します。
　この機能を使用すると以下の項目を確認できます。

- レプリケーションが正しく行われているか
- レプリカ仮想マシンを起動できるか
- フェールオーバーのTCP/IP機能でIPアドレスを正しく変更できているか

　なお、テストフェールオーバーを実行すると、レプリカ仮想マシンの**一時的なスナップショットによる仮想マシン**が起動します。この仮想マシンはテスト用に作成した仮想スイッチに接続した状態で動作するため、プライマリ仮想マシンなどの本番環境には影響を与えません。プライマリ仮想マシンが動作している状態でも実行可能です。

03 Hyper-Vレプリカの管理

テストフェールオーバーの開始

テストフェールオーバーの操作は**レプリカサーバー側**で行います。Hyper-Vマネージャーを起動して、以下の手順を実行します。

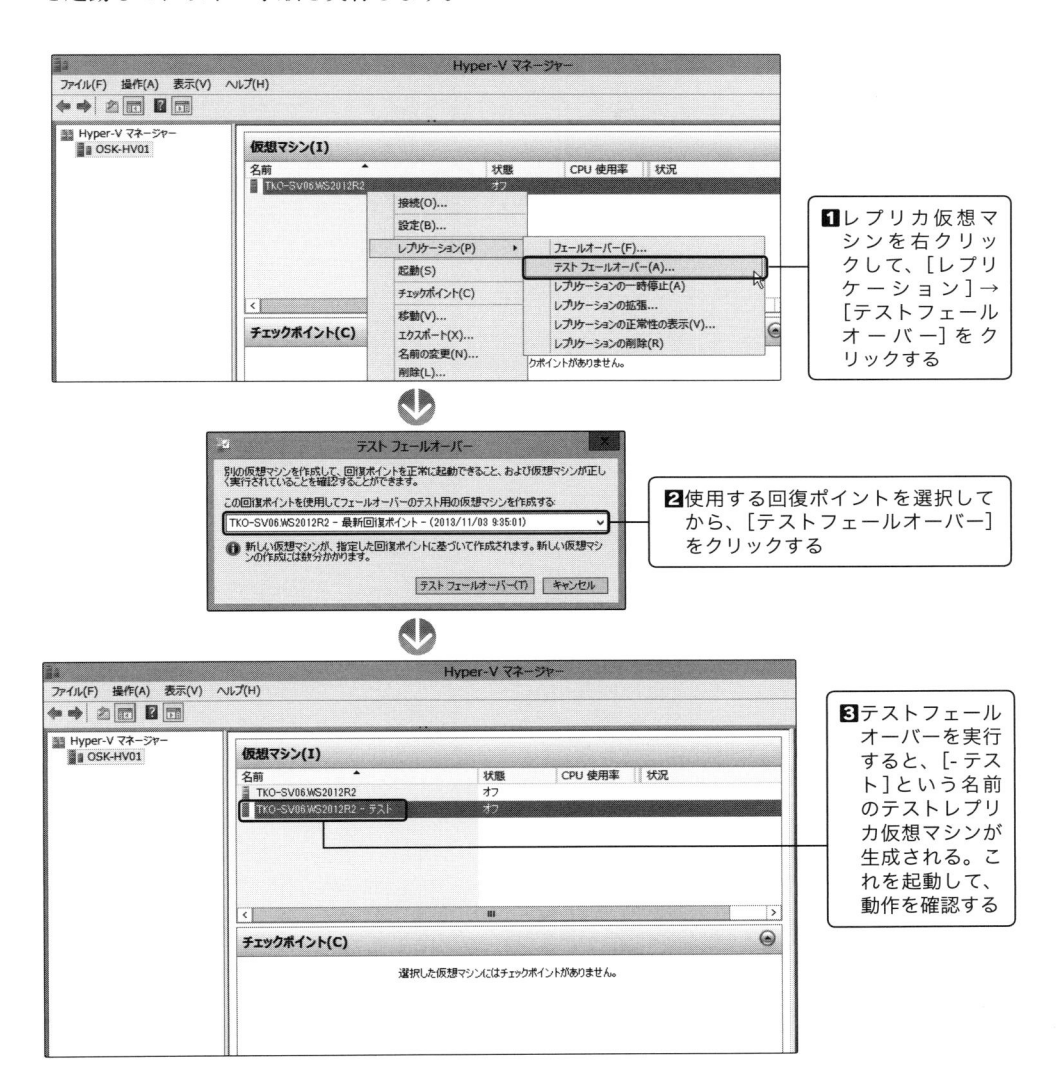

1 レプリカ仮想マシンを右クリックして、[レプリケーション]→[テストフェールオーバー]をクリックする

2 使用する回復ポイントを選択してから、[テストフェールオーバー]をクリックする

3 テストフェールオーバーを実行すると、[-テスト]という名前のテストレプリカ仮想マシンが生成される。これを起動して、動作を確認する

テストフェールオーバーの終了

テストレプリカ仮想マシンを使用した動作確認が完了したら、テストフェールオーバーの終了操作を行います。レプリカサーバー側のHyper-Vマネージャーで、次の手順を実行します。

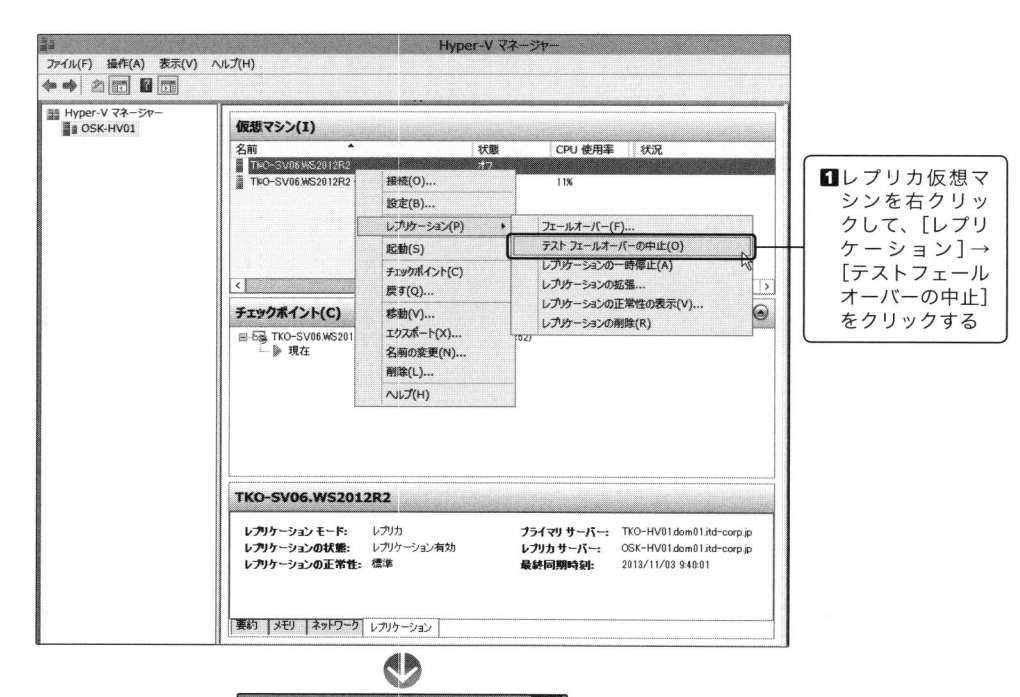

Part 06 Hyper-Vの構築

❶ レプリカ仮想マシンを右クリックして、[レプリケーション]→[テストフェールオーバーの中止]をクリックする

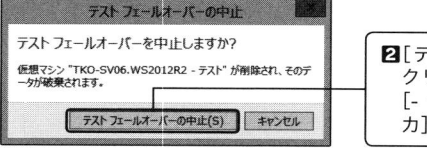

❷ [テストフェールオーバーの中止]をクリックする。中止処理を実行すると、[- テスト]という名前の[テストレプリカ]仮想マシンが削除される

Column　Microsoft Azure Site Recoveryによる自動フェールオーバー

　Hyper-Vレプリカの[計画フェールオーバー]や[フェールオーバー]は、管理者による操作が必要です。プライマリサイトの障害発生時などに自動的にフェールオーバーをさせるには**System Center 2012 Virtual Machine Manager**を導入して、Microsoft Azureの**Azure Site Recovery**を契約します。

URL Plan for Azure Site Recovery Deployment
http://msdn.microsoft.com/library/azure/dn469074.aspx

　なお、Azure Site RecoveryはHyper-Vレプリカのサイト間の監視や自動化されたフェールオーバーの実行だけでなく、Hyper-Vレプリカのレプリカサイトとして、仮想マシンのレプリケーションを受けて、実行することもできます。

Chapter 22 ライブマイグレーション環境の構築とHyper-Vクラスター

本章では、仮想マシンを止めることなくHyper-Vサーバー間でOSやソフトウェアを移動することができる「ライブマイグレーション」の基本知識と利用時のポイント、および具体的な構築方法を解説します。また、Hyper-Vサーバー群による「Hyper-Vホストクラスター」と仮想マシン群による「Hyper-Vゲストクラスター」についても解説します。

01 ライブマイグレーションとは

ライブマイグレーションとは、動作中の仮想マシンのゲストOSを停止させることなく、仮想マシン上で動いているOSやソフトウェアを他のHyper-Vサーバーへ移動し、処理を継続させる機能です。複数のHyper-Vサーバーを用意しておくことで実現します。

■ ライブマイグレーションの例(クラスター内でのライブマイグレーション)

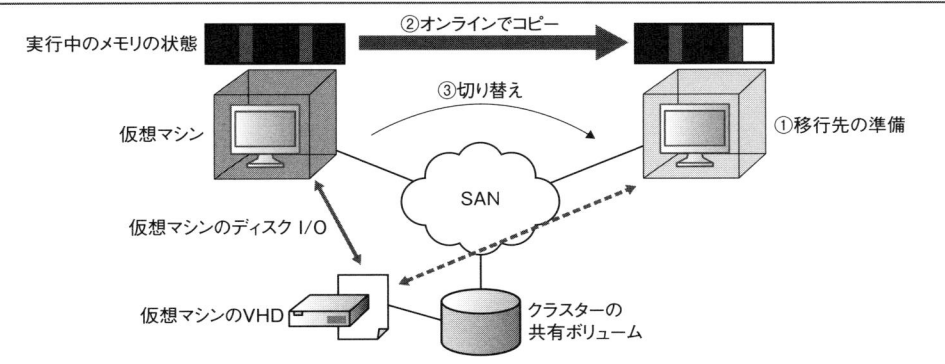

01-01 ライブマイグレーションの構成パターン

　Windows Server 2012 R2では、クラスター(Hyper-Vホストクラスター)環境の有無に関わらずライブマイグレーション環境を構築できますが、**クラスター環境の有無**や、仮想マシンを共有するための**共有記憶域(共有ストレージ)の有無**によって、設計時や構築時、運用時に考慮すべき点が異なります。そのため、それぞれの違いを把握しておくことが大切です。
　ライブマイグレーションには次の3つの構成パターンがあります。

クラスター内でのライブマイグレーション

クラスター内でのライブマイグレーションとは、Windows Server 2008 R2までと同様に、複数台のHyper-Vサーバーを用いて**フェールオーバークラスター機能**によるHyper-Vホストクラスター（⇒P.432）環境を構築して、仮想マシンのライブマイグレーションを実現する構成です。仮想マシンの配置のためにファイバーチャネル、iSCSI、共有タイプのSASのいずれかによるストレージを必要とします。

ライブマイグレーション実行時にはHyper-Vサーバー間では**仮想マシンのメモリ情報を転送するだけ**となり、高速に移行が完了します。

フェールオーバークラスターによってHyper-Vサーバーは相互に監視を行っているため、仮にいずれかのHyper-Vサーバーが障害でダウンした場合でも、そこで動いていた仮想マシンは自動的に他のHyper-Vサーバーで実行される**フェールオーバー機能**を利用できるというメリットがあります。

共有記憶域を使用するライブマイグレーション

共有記憶域を使用するライブマイグレーションとは、Windows Server 2012から実装された機能であり、**SMB3.0対応の共有記憶域**（ファイルサーバーやNAS）に仮想マシンを配置して、ライブマイグレーションを実現する構成です。

仮想マシンは共有記憶域に配置されているため、ライブマイグレーション実行時にはHyper-Vサーバー間では**仮想マシンのメモリ情報を転送するだけ**となり、高速に移行が完了します。

ただし、上記のフェールオーバークラスター機能のような**Hyper-Vサーバー相互の監視は行っていない**ため、障害発生時に自動的にフェールオーバーが行われることはありません。

共有記憶域を使用しないライブマイグレーション

共有記憶域を使用しないライブマイグレーションも、Windows Server 2012から実装された機能です。この構成では、**共有記憶域を一切持たずに仮想マシンのライブマイグレーション**を実現します。

仮想マシンはHyper-Vサーバーのローカルディスクに配置しておき、ライブマイグレーション時はメモリ情報だけでなく、**仮想マシンを構成するディスクそのもの**もネットワーク経由で他のHyper-Vサーバーに転送します。

ディスク情報を転送するために多くの時間を要することや、障害発生時の自動的なフェールオーバーができないといった制約はありますが、**低コストで実現できる**というメリットがあります。

01-02　ライブマイグレーションの要件

　ライブマイグレーション環境を構築するには、構成パターンごとに以下の要件を満たす必要があります。

全構成パターン共通の要件

　ライブマイグレーションを構築する場合は、上記の構成パターンに関わらず以下の要件を満たすことが必要です。

- Hyper-V が実行可能であり、かつ以下の条件を満たした 2 台以上のサーバーが必要
- 同じ製造元のプロセッサを使用している
- 同じ Active Directory ドメインに参加しているか、または相互に信頼関係があるドメインに参加している
- 仮想マシンはパススルーディスク（物理ディスク）を使用していない
- ライブマイグレーション用に専用のネットワークを用意することを推奨

「クラスター内でのライブマイグレーション」の要件

　クラスター内でのライブマイグレーションを構築する場合は、以下の要件を満たすことが必要です。

- Windows フェールオーバークラスタリングが有効化され、構成されている
- クラスターの共有ボリューム（CSV）が有効になっている

「共有記憶域を使用するライブマイグレーション」の要件

　共有記憶域を使用するライブマイグレーションを構築する場合は、以下の要件を満たすことが必要です。

- 仮想マシンを構成するすべてのファイル（仮想ハードディスク、チェックポイント、構成ファイルなど）が SMB 共有に格納されている
- SMB 共有のアクセス許可が、Hyper-V を実行しているすべてのサーバーのコンピューターアカウントへのアクセスを許可するように構成されている

　なお、「共有記憶域を使用しないライブマイグレーション」については、追加の要件はありません。

02 ライブマイグレーション環境の構築と実行

ここからは、もっとも簡単に低コストでライブマイグレーション環境を実現できる「共有記憶域を使用しないライブマイグレーション」の構築方法を解説します。

> **Tips**　「クラスター内でのライブマイグレーション」や「共有記憶域を使用したライブマイグレーション」についてはP.432で解説します。

02-01　共有記憶域を使用しないライブマイグレーション

ライブマイグレーション環境を構築するには、ライブマイグレーションを構成する各Hyper-Vサーバーに対して、以下の準備作業を実施しておく必要があります。それぞれの具体的な手順については、本書の該当ページを参照してください。

- ハードウェアコンポーネントのセットアップ（⇒ P.381）
- Windows Server 2012 R2 のインストール（⇒ P.40）
- ネットワーク設定（⇒ P.43）
- ドメインへの参加（⇒ P.47）
- Hyper-V の有効化（⇒ P.381）

なお、ライブマイグレーション実行時には、仮想マシンのメモリ情報が転送されるので、専用のネットワークを用意しておくことを推奨します。

また、それぞれのHyper-Vサーバーの仮想スイッチの［名前］が異なると、ライブマイグレーション実行時に追加の操作（⇒P.432）が必要になります。そのため、Hyper-Vマネージャーを使用して同じ［名前］に設定しておくことを推奨します。

ライブマイグレーション環境の構築手順

ライブマイグレーション環境の構築作業は、移行元／移行先のいずれのHyper-Vサーバーからでも実行できますが、**ライブマイグレーションを移行元／移行先のどちらから行うか**によって手順が異なります。**移行先**から行うには少し煩雑な準備が必要になります。そのため、ここではより簡単に環境を構築できる「**ライブマイグレーションを移行元から行う方法**」の構築手順を解説します。

> **Tips**　ライブマイグレーションを移行先のHyper-Vサーバーで実行するには、**制約付き委任**を構成する必要があります。具体的な手順については以下のサイトを参照してください。
>
> **URL**　クラスター化されていない仮想マシンでのライブマイグレーションの構成と使用
> http://technet.microsoft.com/ja-jp/library/jj134199.aspx

02 ライブマイグレーション環境の構築と実行

それでは、ライブマイグレーション環境を構築していきます。

ライブマイグレーションの**移行元**になるHyper-Vサーバーに管理者でサインインして、サーバーマネージャーから［Hyper-Vマネージャー］を起動して、以下の手順を実行します。

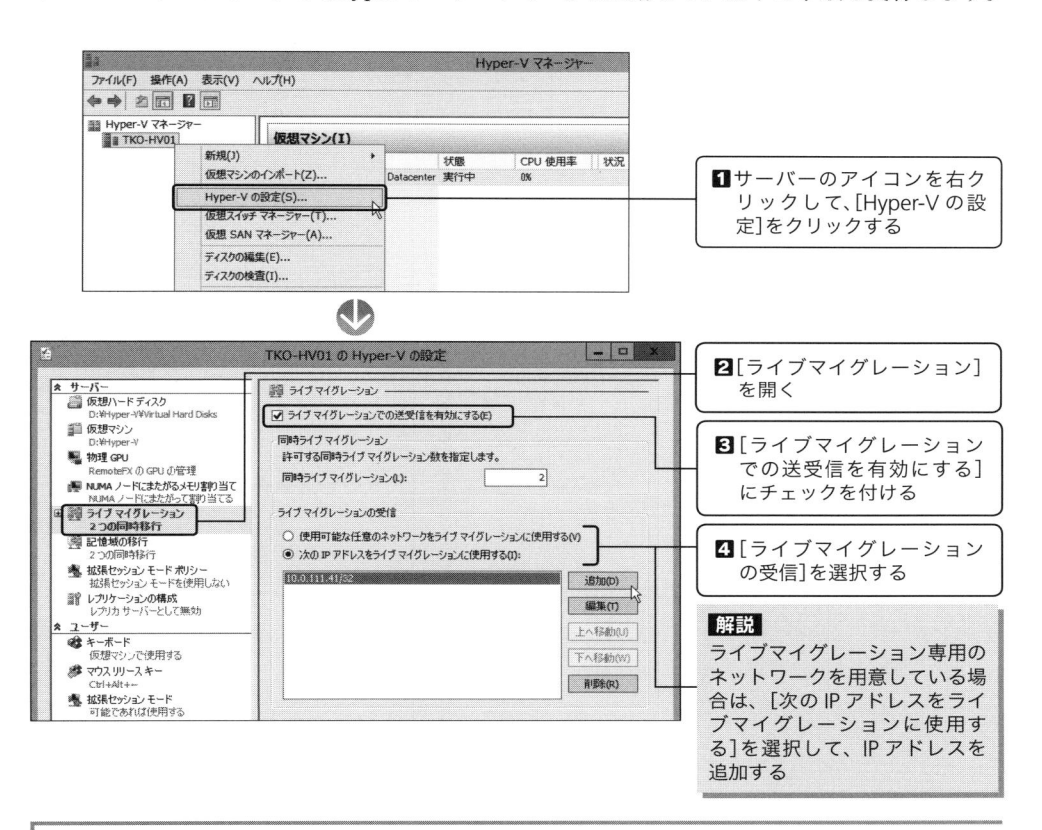

1 サーバーのアイコンを右クリックして、［Hyper-Vの設定］をクリックする

2 ［ライブマイグレーション］を開く

3 ［ライブマイグレーションでの送受信を有効にする］にチェックを付ける

4 ［ライブマイグレーションの受信］を選択する

解説
ライブマイグレーション専用のネットワークを用意している場合は、［次のIPアドレスをライブマイグレーションに使用する］を選択して、IPアドレスを追加する

Tips ［同時ライブマイグレーション］には、**同時にライブマイグレーションする数**を指定します。仮想マシンの台数や、Hyper-Vサーバーやネットワークのパフォーマンスを考慮しながら、必要に応じて変更してください。

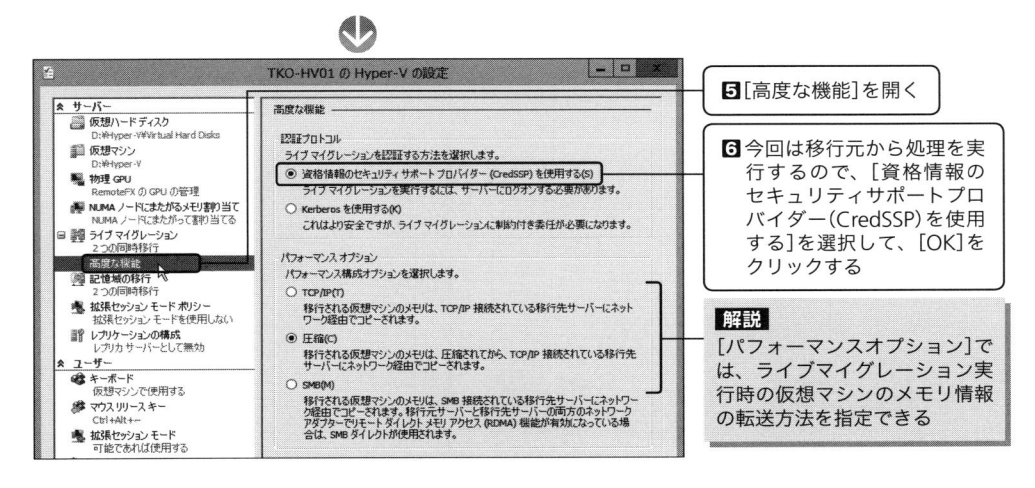

5 ［高度な機能］を開く

6 今回は移行元から処理を実行するので、［資格情報のセキュリティサポートプロバイダー（CredSSP）を使用する］を選択して、［OK］をクリックする

解説
［パフォーマンスオプション］では、ライブマイグレーション実行時の仮想マシンのメモリ情報の転送方法を指定できる

■ ライブマイグレーションのパフォーマンスオプション

構成オプション	説 明
TCP/IP	仮想マシンのメモリの内容がTCP/IP接続を介して移行先サーバーにコピーされる。これはWindows Server 2012のHyper-Vと同じ方法
圧縮	仮想マシンのメモリの内容が圧縮されてからTCP/IP接続を介して移行先サーバーにコピーされる。これはWindows Server 2012 R2のHyper-Vのデフォルト設定
SMB	仮想マシンのメモリの内容がSMB3.0接続を介して移行先サーバーにコピーされる。移行元と移行先サーバーのネットワークアダプターで[リモートダイレクトメモリアクセス(RDMA)]が有効の場合は、SMBダイレクトが使用される。また、SMBマルチチャネルが構成されている場合は、複数の接続が自動的に検出され、使用される

> **Tips** [認証プロトコル]には、**ライブマイグレーションを認証する方法**を選択します。ライブマイグレーションを[移行先]から行う場合は[Kerberosを使用する]を選択します。なお、[移行先]から行う場合は[制約付き委任]の設定を別途行う必要があります(⇒P.428)。

　これで移行元での操作は完了です。続いて、移行先のHyper-Vサーバーでも上記と同じ設定を行います。移行元/移行先の両方で同じ設定を行えば、ライブマイグレーション環境の構築作業は完了です。**このタイミングで一度サインアウトして**、改めてサインインしてから以降の操作を行ってください。

02-02 ライブマイグレーションの実行

　ライブマイグレーションを実行するには、**移行元**のHyper-Vサーバーに管理者としてサインインして、サーバーマネージャーから[Hyper-Vマネージャー]を起動して、以下の手順を実行します。

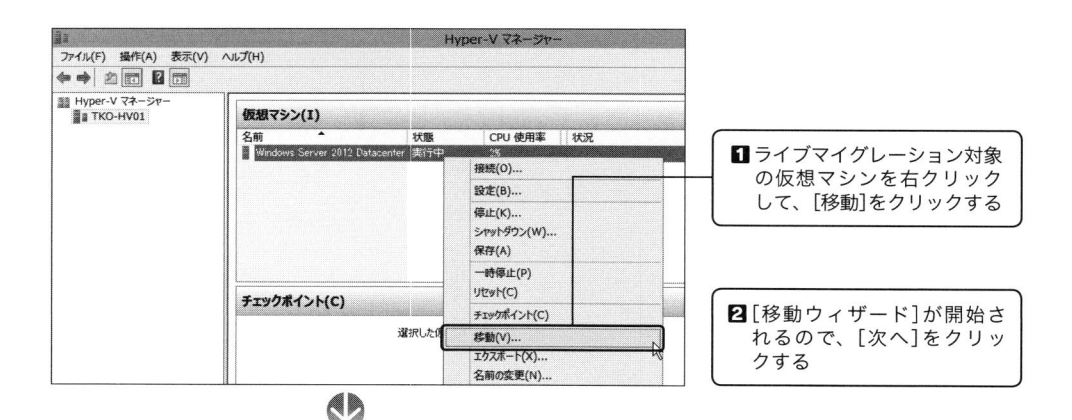

1 ライブマイグレーション対象の仮想マシンを右クリックして、[移動]をクリックする

2 [移動ウィザード]が開始されるので、[次へ]をクリックする

02 ライブマイグレーション環境の構築と実行

3 [仮想マシンを移動する]を選択して、[次へ]をクリックする

4 移行先の Hyper-V サーバーの名前を入力して、[次へ]をクリックする

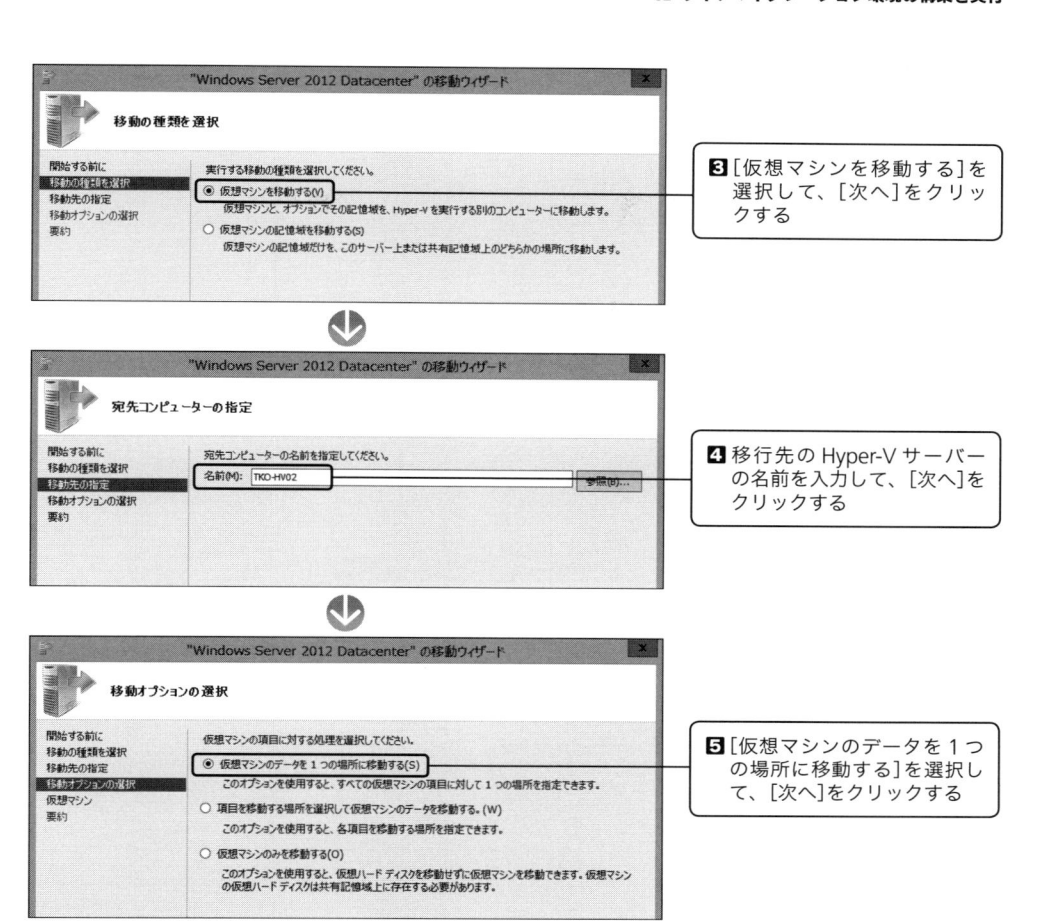

5 [仮想マシンのデータを1つの場所に移動する]を選択して、[次へ]をクリックする

> **Tips** 仮想マシンの構成情報や、仮想ハードディスク、チェックポイント、スマートページングなどを異なる場所へ移動したい場合は、[項目を移動する場所を選択して仮想マシンのデータを移動する]を選択し、記憶域の場所はそのままに、仮想マシンだけを移動したい場合は[仮想マシンのみを移動する]を選択します。

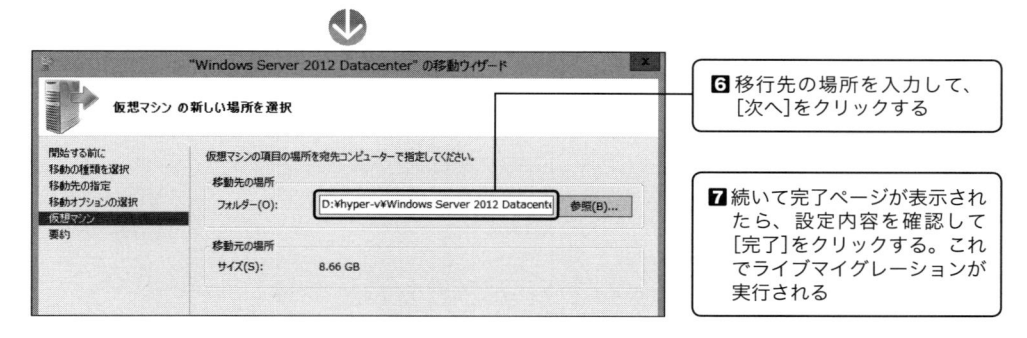

6 移行先の場所を入力して、[次へ]をクリックする

7 続いて完了ページが表示されたら、設定内容を確認して[完了]をクリックする。これでライブマイグレーションが実行される

| Tips | 指定した場所の直下に仮想マシンの各種項目が移動するため、必要であれば仮想マシン名などのサブフォルダー名まで入力してください。 |

| Tips | 移行元と移行先のHyper-Vの**仮想スイッチの名前**が異なる場合は、接続先を選択するための追加のページが表示されます。 |

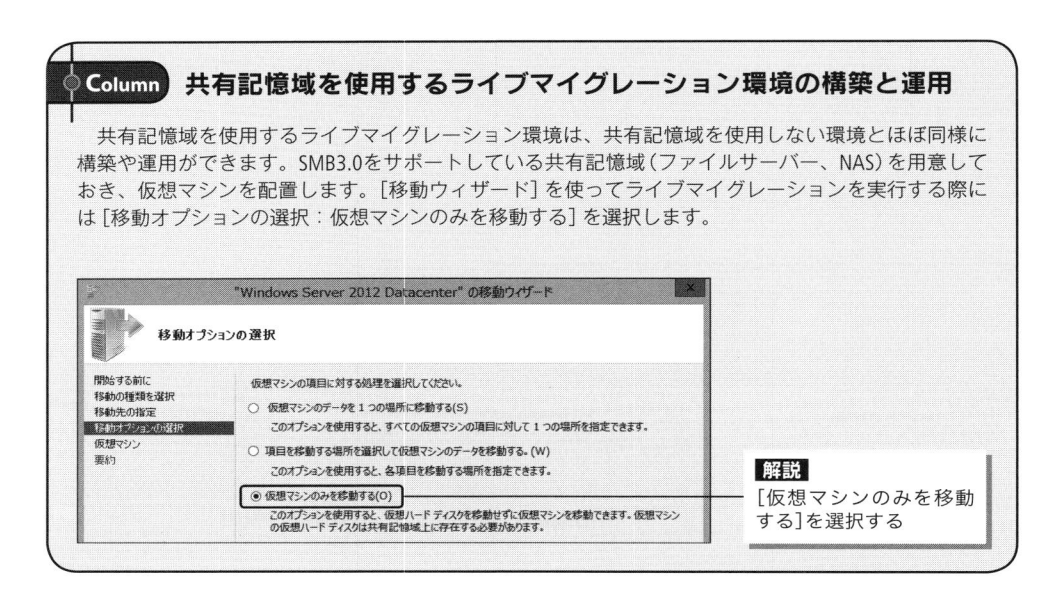

> **Column 共有記憶域を使用するライブマイグレーション環境の構築と運用**
>
> 　共有記憶域を使用するライブマイグレーション環境は、共有記憶域を使用しない環境とほぼ同様に構築や運用ができます。SMB3.0をサポートしている共有記憶域（ファイルサーバー、NAS）を用意しておき、仮想マシンを配置します。［移動ウィザード］を使ってライブマイグレーションを実行する際には［移動オプションの選択：仮想マシンのみを移動する］を選択します。
>
> 解説 ［仮想マシンのみを移動する］を選択する

03　Hyper-V ホストクラスター環境の構築

　Hyper-Vホストクラスターとは、Hyper-Vが動作する複数の物理サーバー（Hyper-Vサーバー）を用いてフェールオーバークラスター環境を構築し、その上で仮想マシンを高可用性構成で動作させる機能です。Windows Server 2012 R2では、この機能を利用することで、**最大64台のHyper-Vホスト**を使用して、**最大8000台の仮想マシン**を実行できます。

　ここでは、フェールオーバークラスターにおけるHyper-Vに特化した機能について解説します。フェールオーバークラスターの詳細や、Hyper-V以外（ファイルサーバーなど）に関しては「Chapter 35 フェールオーバークラスターの構築と管理」（⇒P.704）を参照してください。

03-01　Hyper-V ホストクラスター環境の設計要件

　Hyper-Vホストクラスター環境を構築するには、フェールオーバークラスター環境の設計要件（⇒P.706）に加えて、以下の点を考慮する必要があります。

POST CARD

stamp here

CSV（クラスターの共有ボリューム）

Hyper-Vホストクラスター環境では、仮想マシンの配置先に**CSV**（Cluster Shared Volumes：クラスターの共有ボリューム）と呼ばれる共有記憶域を用意する必要があります。

CSVとは、ファイルサーバーなどの用途のための通常のフェールオーバークラスター環境と同様のiSCSIやファイバーチャネルによるストレージに、特別な役割を持たせた記憶域です。これを有効化すると、そのボリュームは複数のHyper-Vサーバーから同時に読み書きできるようになります。

このCSV上に仮想マシンを配置すると、複数のHyper-Vサーバーからそれを参照したり、実行したりできるようになります。また、メンテナンスや障害によっていずれかのHyper-Vサーバーが停止した場合でも、その仮想マシンを他のHyper-Vサーバーへフェールオーバーするだけで運用を継続できます。他にも、仮想マシンの置き場所が共有できていることから、ライブマイグレーションを行う際は仮想マシンのメモリ情報の転送のみで済むため、処理が高速に完了するといったメリットもあります。

> **Tips** Hyper-Vホストクラスター環境を構築する際は、仮想マシンが必要としているディスクサイズや、求められるパフォーマンス、台数などを元にしてCSVのサイジングを行う必要があります。CSVの詳細や、サイジングに関しては、以下のサイトを参照してください。
>
> **URL** Use Cluster Shared Volumes in a Windows Server 2012 Failover Cluster
> http://technet.microsoft.com/ja-jp/library/jj612868.aspx

ネットワーク

Hyper-Vホストクラスター環境は、通常のフェールオーバークラスター環境のように、1つや2つのネットワークのみで構築することも可能です。しかし、負荷の分散や冗長化、パフォーマンス向上などを考慮する場合は、以下のネットワークを別途用意することを推奨します。

- ライブマイグレーション用ネットワーク
- 仮想マシン用ネットワーク

例えば、ライブマイグレーションを実行するとギガバイト単位のデータ転送が発生するため、専用の高速ネットワークを用意しておかないと、処理に膨大な時間がかかったり、他の機能に影響を与える可能性が生じます。同様に、仮想マシンが提供するアプリケーションやサービスによっては高いネットワークトラフィックを要する可能性もあります。これによりサーバー間の死活監視などに影響がでて、トラブルの元になる可能性もあります。

そのため、可能な限り、これらについては専用のネットワークを用意してください。

Column Hyper-V のネットワークと VLAN

Hyper-V環境でもVLAN（Virtual LAN）を利用できますが、利用時にはいくつかのポイントがあります。

● VLAN の有効化や VLAN ID の設定

まず、VLANの有効化やVLAN IDの設定は、**Hyper-Vの仮想スイッチや仮想ネットワークアダプターで行う必要があります**（⇒P.386）。例えば、仮想マシンの仮想ネットワークアダプターでVLANを有効化する場合は、Hyper-Vマネージャーで対象仮想マシンの［設定］ウインドウを開き、［ネットワークアダプター］セクションの［仮想LAN IDを有効にする］にチェックを付けて、VLAN IDを設定します（⇒P.400）。

また、［外部ネットワーク］タイプの仮想スイッチで、［管理オペレーティングシステムにこのネットワークアダプターの共有を許可する］にチェックを付けている場合は、その管理OS（ManagementOS）用にVLAN IDを設定することもできます。これはHyper-Vマネージャーの［仮想スイッチマネージャー］で設定します（⇒P.387）。

● 1 つのネットワークアダプターを利用する場合

他にも、NICチーミングを使用して複数のネットワークアダプターを束ねた場合など、「1つ」のネットワークアダプターを利用する場合にもポイントがあります。

Hyper-Vホストクラスターを構成するHyper-Vサーバーでは、1つのネットワークアダプターをVLANで分割したいというニーズがあります。例えば、チーミングした広帯域のネットワークアダプターを、VLANで以下のように複数に分割したいケースを考えてみます。

- 仮想マシン用ネットワーク
- プライベートネットワーク
- パブリックネットワーク
- ライブマイグレーション用ネットワーク

このような場合は、チーミングした1つのネットワークアダプターを割り当てた［外部ネットワーク］タイプの仮想スイッチを作成します。このときに管理OSの共有を許可して、VLAN IDを割り当てます。

同様に、異なるVLAN IDを持った［管理OS共有が許可された外部ネットワーク］タイプの仮想スイッチを、Add-VMNetworkAdapterコマンドレットとSet-VMNetworkAdapterVlanコマンドレットに-ManagementOSパラメーターを指定して作成します。これにより、Hyper-Vサーバーが使用する複数のネットワークをVLANで分割できます。

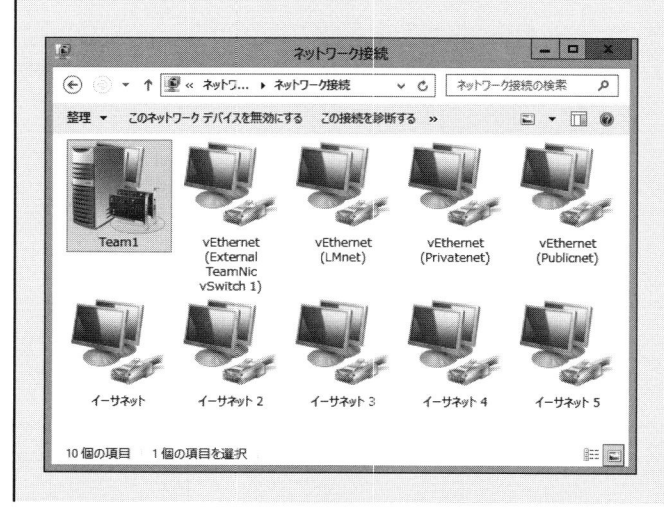

なお、VLANでネットワークを分割する際は、Set-VMNetworkAdapterコマンドレットなどを使用して、帯域幅制御を行うことをお勧めします。
これらのコマンドレットの詳細については以下のマイクロソフトの情報が参考になります。

> **URL** クラウド インフラストラクチャの構築：専用記憶域ノードを持たない集約型のデータ センター
> http://technet.microsoft.com/ja-jp/library/hh831829.aspx

03-02 Hyper-V ホストクラスター環境の構築例

ここからはHyper-Vホストクラスター環境の構築方法について解説します。多くの手順は通常のフェールオーバークラスター環境の構築手順（⇒P.708）と同様です。
本書では下表の構成を想定したHyper-Vホストクラスター環境を構築します。

■ 想定している Hyper-V ホストクラスター構成

Active Directory 環境	ドメイン名		dom01.itd-corp.jp
	機能レベル		ドメイン、フォレストともに Windows Server 2012 R2
共有記憶域	タイプ		iSCSI。iSCSI ターゲットを有効にした Windows Server 2012 R2 コンピューターを用意
	記憶域 1	用途	クォーラム用
		サイズ	500MB
	記憶域 2	用途	仮想マシン保存用
		サイズ	1TB
CNO（クラスター名オブジェクト）	名前		HV-CLUSTER1
	IP アドレス		10.0.1.62
ノード数			2 台

■ ノードの設定

ノード1	コンピューター名	TKO-HV11
	ネットワーク接続数	以下の 5 つ ● パブリックネットワーク ● プライベートネットワーク ● ライブマイグレーションネットワーク ● 仮想マシンネットワーク ● ストレージネットワーク（iSCSI 用）
	パブリックネットワークの IP アドレス	10.0.1.43
	プライベートネットワークの IP アドレス	10.0.101.43
	ライブマイグレーションネットワークの IP アドレス	10.0.111.43
	仮想マシンネットワークの IP アドレス	10.0.151.43（必須ではないが設定）
	ストレージネットワークの IP アドレス	10.0.201.43

■ ノードの設定(続き)

ノード2	コンピューター名	TKO-HV12
	ネットワーク接続数	以下の5つ ● パブリックネットワーク ● プライベートネットワーク ● ライブマイグレーションネットワーク ● 仮想マシンネットワーク ● ストレージネットワーク(iSCSI用)
	パブリックネットワークのIPアドレス	10.0.1.44
	プライベートネットワークのIPアドレス	10.0.101.44
	ライブマイグレーションネットワークのIPアドレス	10.0.111.44
	仮想マシンネットワークのIPアドレス	10.0.151.44(必須ではないが設定)
	ストレージネットワークのIPアドレス	10.0.201.44

事前準備

最初に、Hyper-Vホストクラスター環境を構築するために必要となる基本設定を行います。具体的な設定手順については、本書の各解説箇所を参照してください。

●ハードウェアの準備

通常のフェールオーバークラスター環境と同様の準備を行います。Hyper-Vを実行できるようにハードウェアの準備なども行っておきます(⇒P.381)。本書の例では5つのネットワークを用意しています。

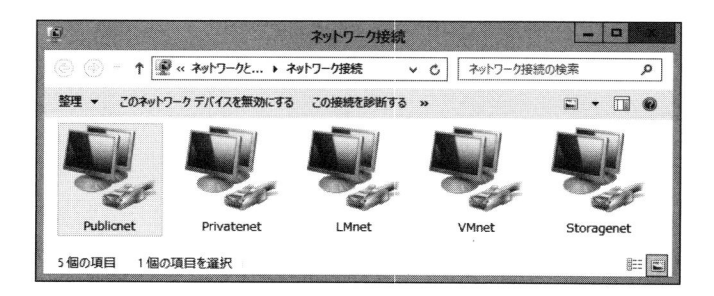

●Hyper-Vの役割の追加

それぞれのHyper-Vサーバーに[Hyper-V]の役割を追加します。仮想スイッチには仮想マシンネットワーク用のネットワークアダプターを選択します。役割の追加後に再起動します。再起動後に、[Hyper-Vマネージャー]の[仮想スイッチマネージャー]で、仮想スイッチの[名前]を他のHyper-Vサーバーと同じものにしておきます。

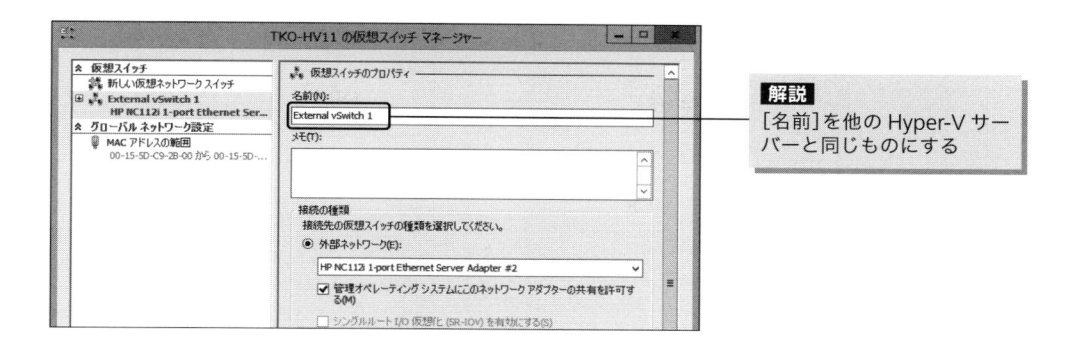

03 Hyper-Vホストクラスター環境の構築

解説
[名前]を他のHyper-Vサーバーと同じものにする

● 共有記憶域への接続

iSCSIターゲット（⇒P.603）を有効化したWindows Server 2012 R2コンピューターに用意したクォーラム用の共有記憶域に接続して、初期化やフォーマットを行います（⇒P.610）。

● フェールオーバークラスタリング環境の構築

通常のフェールオーバークラスター環境と同様に機能の追加、検証テスト、クラスターの作成を行います（⇒P.708）。

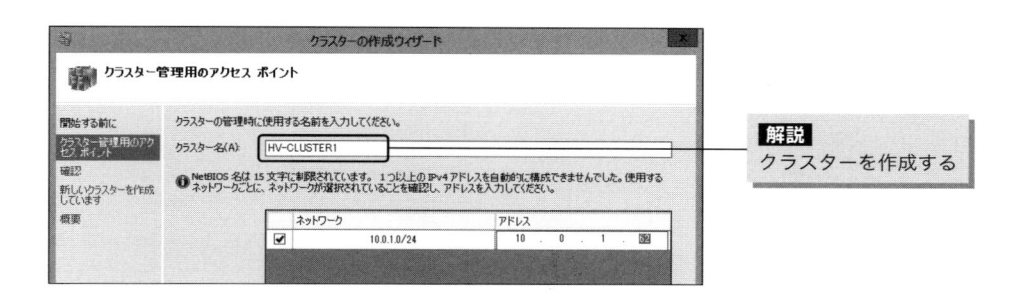

解説
クラスターを作成する

03-03 クラスターネットワークの構成

上記の事前準備が完了したら、ライブマイグレーション用ネットワークの設定を行います。まずは［フェールオーバークラスターマネージャー］を開いて、以下の手順を実行します。

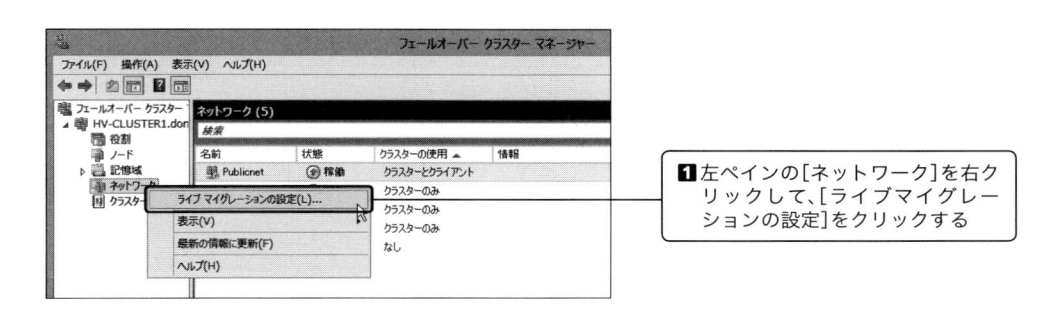

❶ 左ペインの［ネットワーク］を右クリックして、［ライブマイグレーションの設定］をクリックする

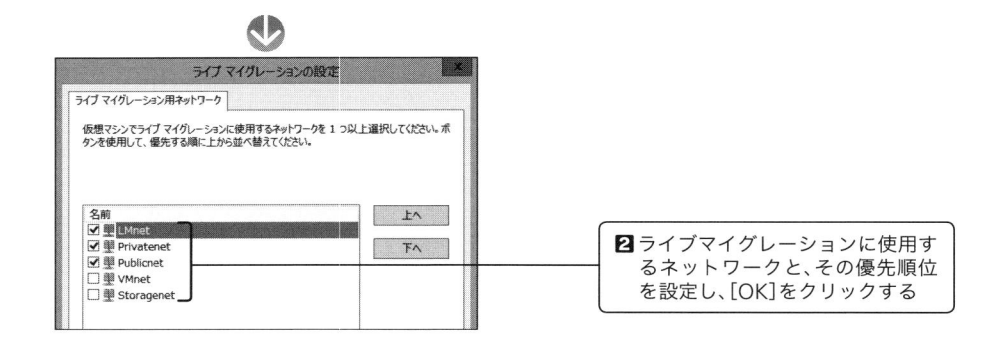

2 ライブマイグレーションに使用するネットワークと、その優先順位を設定し、[OK]をクリックする

Tips ライブマイグレーション実行時には、仮想マシンのメモリ情報の転送が行われるため、高いトラフィックが発生します。ライブマイグレーション用ネットワークなど、高いトラフィック状態になっても影響のないネットワークの優先順位を高くします。また、ストレージネットワークなどを通ることがないように、チェックをオフにします。

　また、それぞれのHyper-Vサーバーの[Hyper-Vマネージャー]で[Hyper-Vの設定]を開いて、[ライブマイグレーション]や、その[高度な機能]を開きます。**同時ライブマイグレーション数**や**パフォーマンスオプション**を変更します(⇒P.429)。

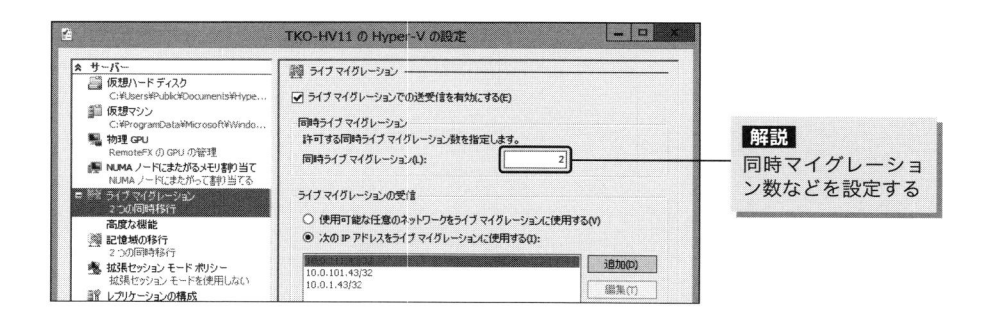

解説 同時マイグレーション数などを設定する

03-04　共有記憶域への接続およびクラスターディスクの追加とCSVの有効化

　iSCSIターゲットに用意した「仮想マシン保存用の共有記憶域」に接続して、初期化やNTFSでのフォーマットを行います(ドライブレターの設定は不要)。その後、通常のフェールオーバークラスター環境と同様に[フェールオーバークラスターマネージャー]を使用してクラスターディスクを追加します(⇒P.718)。

　続いて、CSVを作成します。[フェールオーバークラスターマネージャー]で、仮想マシン保存用の共有記憶域を右クリックして、[クラスターの共有ボリュームへの追加]をクリックします。

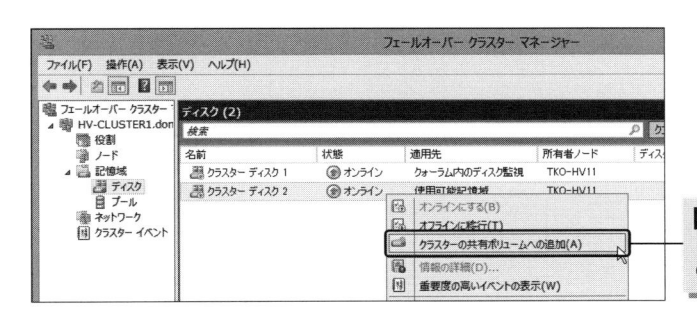

[解説] [クラスターの共有ボリュームへの追加]をクリックする

重要! CSVを有効にすると、クラスターに参加しているすべてのノードに「C:¥ClusterStorage¥Volume1」フォルダーが作成されます。つまり、共有記憶域は、クラスターノードからあたかもローカルのフォルダーのように見えます。

03-05 仮想マシンの新規作成

　Hyper-Vホストクラスター上で高可用性構成として動作する仮想マシンを新規作成します。ポイントは「C:¥ClusterStorage¥」配下に仮想マシンを保存する点です。

　[フェールオーバークラスターマネージャー]を起動して、以下の手順を実行します。

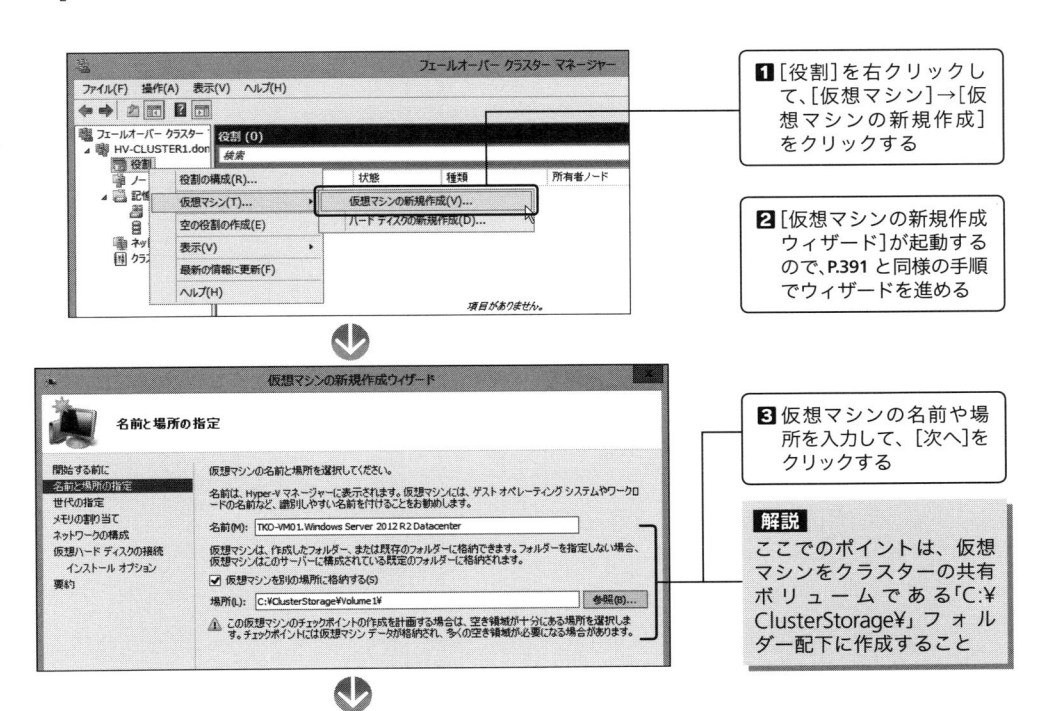

1 [役割]を右クリックして、[仮想マシン]→[仮想マシンの新規作成]をクリックする

2 [仮想マシンの新規作成ウィザード]が起動するので、P.391と同様の手順でウィザードを進める

3 仮想マシンの名前や場所を入力して、[次へ]をクリックする

[解説] ここでのポイントは、仮想マシンをクラスターの共有ボリュームである「C:¥ClusterStorage¥」フォルダー配下に作成すること

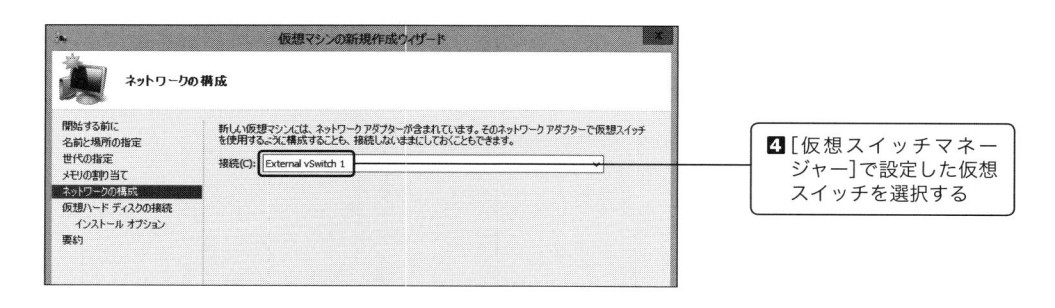

Part 06 Hyper-Vの構築

4 [仮想スイッチマネージャー]で設定した仮想スイッチを選択する

Tips　上記の設定はライブマイグレーションによって他のHyper-Vサーバーに移っても引き継がれるため、それぞれのHyper-Vサーバーで同じ名前を設定していることが重要です。

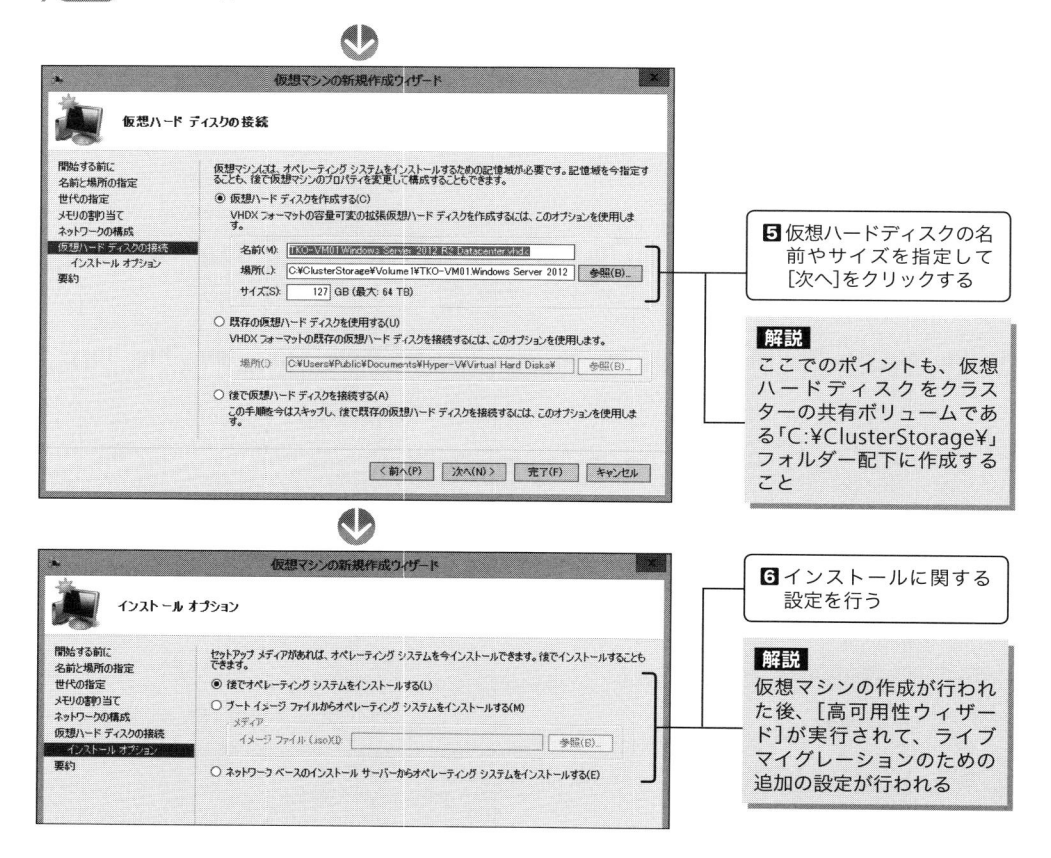

5 仮想ハードディスクの名前やサイズを指定して[次へ]をクリックする

解説
ここでのポイントも、仮想ハードディスクをクラスターの共有ボリュームである「C:¥ClusterStorage¥」フォルダー配下に作成すること

6 インストールに関する設定を行う

解説
仮想マシンの作成が行われた後、[高可用性ウィザード]が実行されて、ライブマイグレーションのための追加の設定が行われる

　仮想マシンを作成したら、仮想マシンを起動して**ゲストOSのセットアップ**（⇒P.394）や**統合サービスのインストール**（⇒P.395）を行います。

　なお、仮想マシンへのゲストOSのセットアップが終了したら、インストールに使用した物理CD/DVDドライブやISOファイルへの接続を解除しておいてください。接続したままでは、他の物理サーバーに移動した際のエラーの原因となります。

440

Column 既存の仮想マシンの利用

既存の仮想マシンをHyper-Vホストクラスター上で高可用性構成として利用するには、[Hyper-Vマネージャー]で対象の仮想マシンの[設定]ウインドウを開いて(⇒P.397)、[自動開始アクション：何もしない]に設定します。

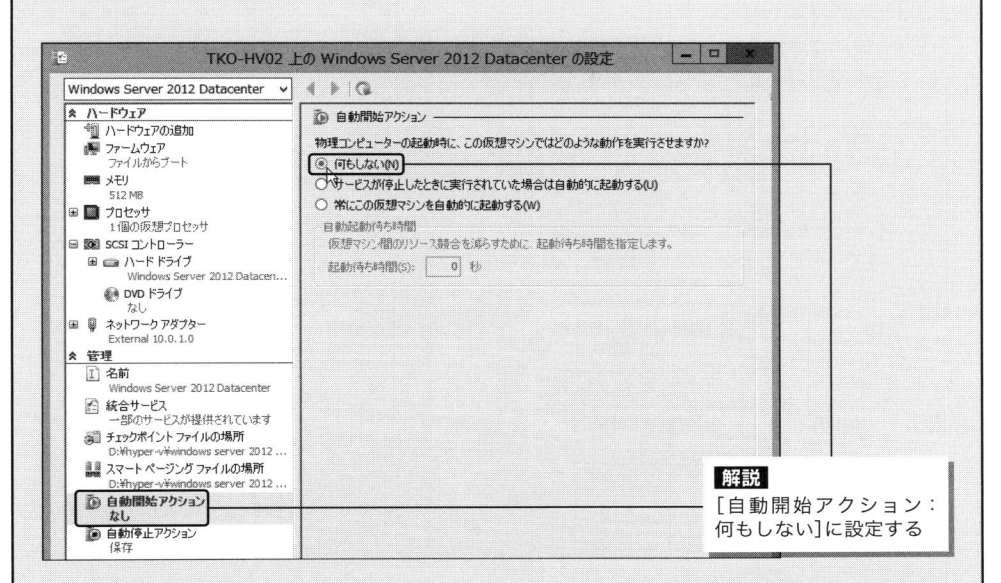

解説
[自動開始アクション：何もしない]に設定する

そのうえで[Hyper-Vマネージャー]を使用して、仮想マシンをクラスターの共有ボリューム(CSV)配下に移動するか、またはエクスポート／インポートします。

続いて、[フェールオーバークラスターマネージャー]で[高可用性ウィザード]を実行して、対象仮想マシンを高可用性対応にします。

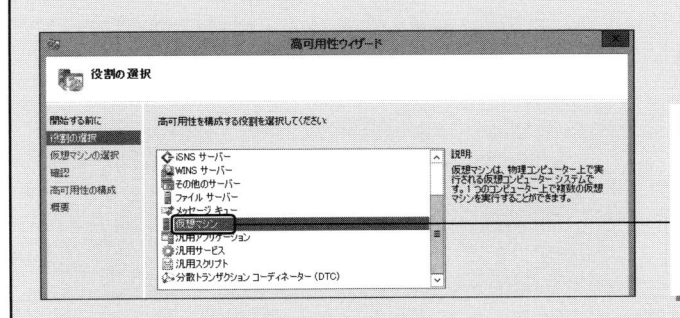

解説
目的の仮想マシンが表示されない場合は、上記の[自動開始アクション：何もしない]が設定されていることや、仮想マシンが停止していることを確認する

高可用性の構成が完了すると、対象の仮想マシンが[フェールオーバークラスターマネージャー]の役割として表示されます。つまり、Hyper-Vホストクラスター上で動作する高可用性の仮想マシンにすることができました。右クリックして[開始]をクリックすることで、その仮想マシンを起動できます。

03-06 仮想マシンの設定

［フェールオーバークラスターマネージャー］を使用して、仮想マシンの動作に関する各種設定を行います。仮想マシンを右クリックして［プロパティ］をクリックし、表示されるウインドウで設定します。

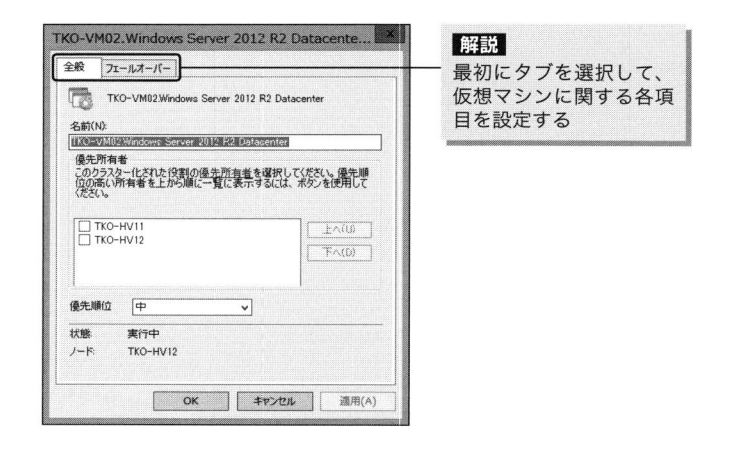

解説
最初にタブを選択して、仮想マシンに関する各項目を設定する

■［全般］タブの設定項目

設定項目	説　明
名前	この仮想マシンの名前を設定する
優先所有者	この仮想マシンの所有者の選択や、その優先度の指定を行う
優先順位	クラスター化された役割のうち、優先度の高いものは優先度の低いものよりも先に起動してノードに配置される。［自動開始しない］を選択すると、クラスター起動時に自動ではオンラインにならない

■［フェールオーバー］タブの設定項目

設定項目	説　明
フェールオーバー	フェールオーバーを行うまでの**期間**や**最大エラー数**を指定する。デフォルトは［指定した期間内の最大エラー数：1］、［期間：6時間］。エラーの多発によって仮想マシンのノード間移動が無限に発生しないように、最大エラー数はあまり大きな値は設定しないことが推奨される
フェールバック	フェールバックとは障害が発生したノードが復旧したときに、仮想マシンをそちら側に戻すこと。自動的にフェールバックするかを設定する。［フェールバックを禁止する］はデフォルト値であり、最優先する所有者へのフェールバックを行わない。［フェールバックを許可する］は最優先する所有者へのフェールバックを行い、また、そのタイミングも指定可能

なお、これら以外の管理については、［フェールオーバークラスターマネージャー］で仮想マシンを右クリックして［設定］をクリックすると表示される次の設定画面で行います。

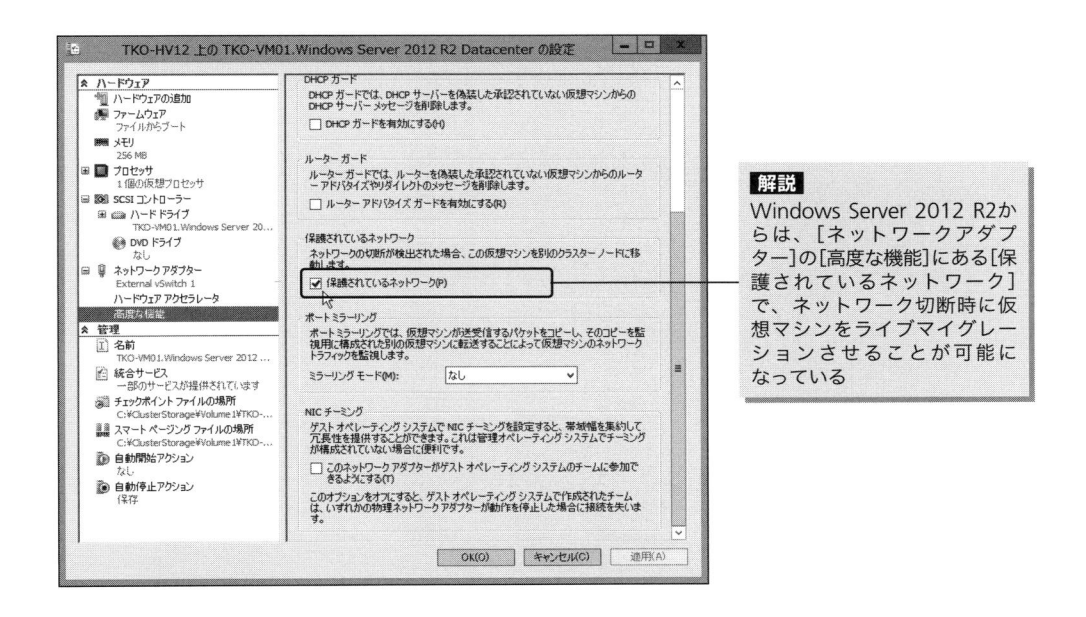

解説

Windows Server 2012 R2からは、[ネットワークアダプター]の[高度な機能]にある[保護されているネットワーク]で、ネットワーク切断時に仮想マシンをライブマイグレーションさせることが可能になっている

03-07 動作試験

構築および設定が完了したら、実稼働に入る前に動作試験を行います。通常、ライブマイグレーションの操作は[フェールオーバークラスターマネージャー]を使用して行いますが、ここでは動作がわかりやすいように[Hyper-Vマネージャー]を2つ起動して動作状況の確認を行います。本書の例では、Windows Server 2012 R2の仮想マシンが**TKO-HV11**というHyper-Vサーバーで動作している状態でライブマイグレーションを実行しています。

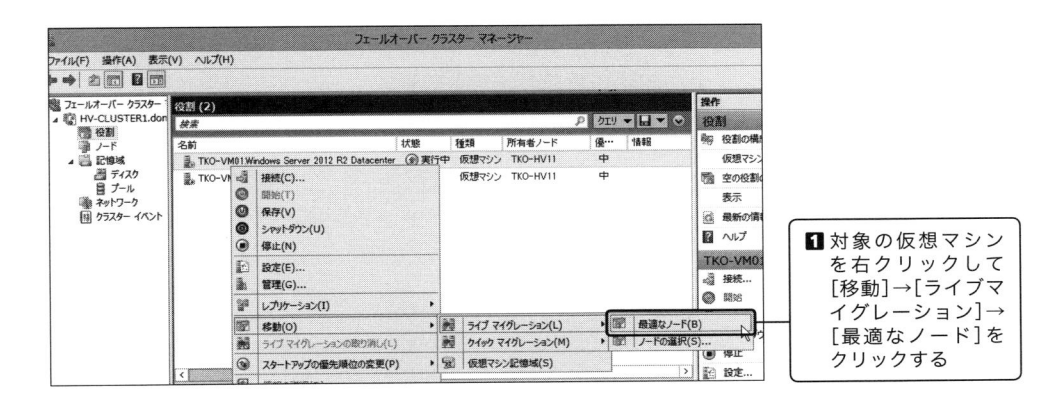

❶ 対象の仮想マシンを右クリックして[移動]→[ライブマイグレーション]→[最適なノード]をクリックする

上記の操作を行うと、仮想マシンの動作そのものはほとんど途切れることなく、別のHyper-Vサーバーである**TKO-HV12**に移ります。

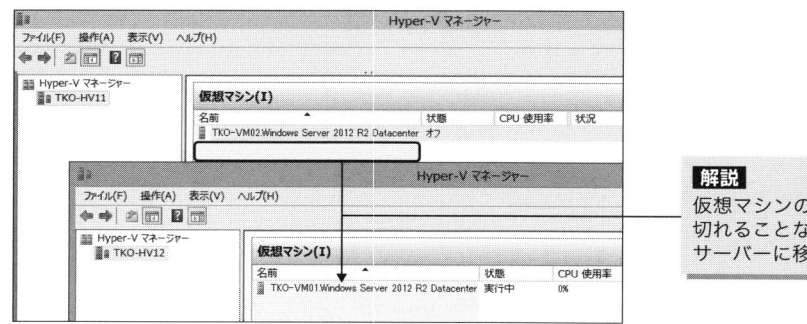

> **Tips** ライブマイグレーションとは別に**クイックマイグレーション**という操作もあります。ライブマイグレーションは仮想マシンをオンラインのまま移動する操作ですが、クイックマイグレーションは仮想マシンをいったん保存してから移動する操作です。これは古いタイプの移動方法です。

03-08 Hyper-V ホストクラスター環境の管理

　通常、Hyper-V環境の管理は［Hyper-Vマネージャー］で行いますが、Hyper-Vホストクラスター環境の管理は［フェールオーバークラスターマネージャー］を使用します。この管理ツールを使用すると、仮想マシンの起動や停止や設定変更だけでなく、手動でライブマイグレーションなどを実行できます。

　なお、Hyper-Vホストクラスター上の仮想マシンの自動的な移行は、Hyper-Vサーバーの計画停止（管理者による停止）だけでなく、非計画停止（障害などによる不意の停止）の際にも行われます。ただし、非計画停止の場合は、物理マシンを強制的に電源断した後と同様の状態で仮想マシンが起動することになります。

> **Column　SCVMM による Hyper-V 環境の管理操作**
>
> 　マイクロソフトの運用管理製品である**SCVMM**（System Center Virtual Machine Manager）を使用すると、［Hyper-Vマネージャー］では行うことができないさまざまな操作や管理を実行できます。組織でHyper-Vを本格的に利用する場合は導入を検討してください。
>
> **URL　SCVMM (System Center Virtual Machine Manager)**
> http://technet.microsoft.com/en-us/library/gg610610.aspx

04 Hyper-V ゲストクラスター

　Hyper-Vゲストクラスターとは、Hyper-Vサーバー上で動作する仮想マシン群を使用してフェールオーバークラスター環境を構築したものです。iSCSIや仮想ファイバーチャネルで

接続された共有記憶域を使用してクラスター環境を構成します。Windows Server 2012 R2からは**共有VHDXクラスタリング**による構成も可能です。

共有VHDXクラスタリング

共有VHDXクラスタリングとは、仮想ハードディスクであるVHDXファイルを複数のHyper-V仮想マシンで共有する技術です。なお、VHDXファイルは**スケールアウトファイルサーバー**（⇒P.717）、または、本章前半で解説した**ブロック記憶域上のCSV**（クラスター共有ボリューム）のいずれかに保存する必要があります。Hyper-Vサーバーのローカル記憶域や一般的なSMB共有フォルダーに保存したVHDXファイルは、共有設定の実行時にエラーになります。この点には十分に注意してください。また、共有VHDXファイルは以下のような制約もあります。併せて確認しておいてください。

- ディスクの種類として差分ディスクをサポートしない
- 利用できるゲストOSはWindows Server 2012かWindows Server 2012 R2

> **Tips** Windows Server 2012以降では、プリントサーバーをクラスター化するフェールオーバークラスター環境がサポートされなくなりました。高可用性プリントサーバー環境が必要な場合は、プリントサーバー機能を持たせた複数のWindows Server 2012 R2仮想マシンを使用して、Hyper-Vゲストクラスターを構成する方法があります。
>
> **URL** High Availability Printing Overview
> http://technet.microsoft.com/en-us/library/jj556311.aspx

04-01 Hyper-V ゲストクラスター環境の構築

ここからは共有VHDXクラスタリングを用いた、Hyper-Vゲストクラスター環境の構築方法について解説します。多くの手順は通常のフェールオーバークラスター環境の構築手順（⇒P.708）と同じです。本書では、先に構築したHyper-Vホストクラスター構成のHyper-Vサーバーに2台のWindows Server 2012 R2仮想マシンを作成し、さらに、CSV上に共有VHDXファイルを作成することを想定しています。

事前にHyper-Vサーバーに複数の仮想マシンを作成し、ゲストOSのインストールや、Active Directoryドメインへの参加などの準備操作を行います。そのうえで、各仮想マシンに対して以下の手順を実行します。

1台目の仮想マシンでの共有VHDXファイルの作成

1台目の仮想マシンで共有VHDXファイルを作成します。［フェールオーバークラスターマネージャー］を起動して以下の手順を実行します。

Part 06 Hyper-Vの構築

1 1台目の仮想マシンを右クリックして、[設定]をクリックする

2 [SCSI コントローラー]を開き、[ハードドライブ]を選択した状態で[追加]をクリックする

3 追加されたハードドライブでは[仮想ハードディスク]が選択されている状態で、[新規]をクリックする

解説
[仮想ハードディスクの新規作成ウィザード]が開く。ウィザードを進める

4 [ディスクの種類の選択]ページでは、[容量固定]、または[容量可変]を選択する

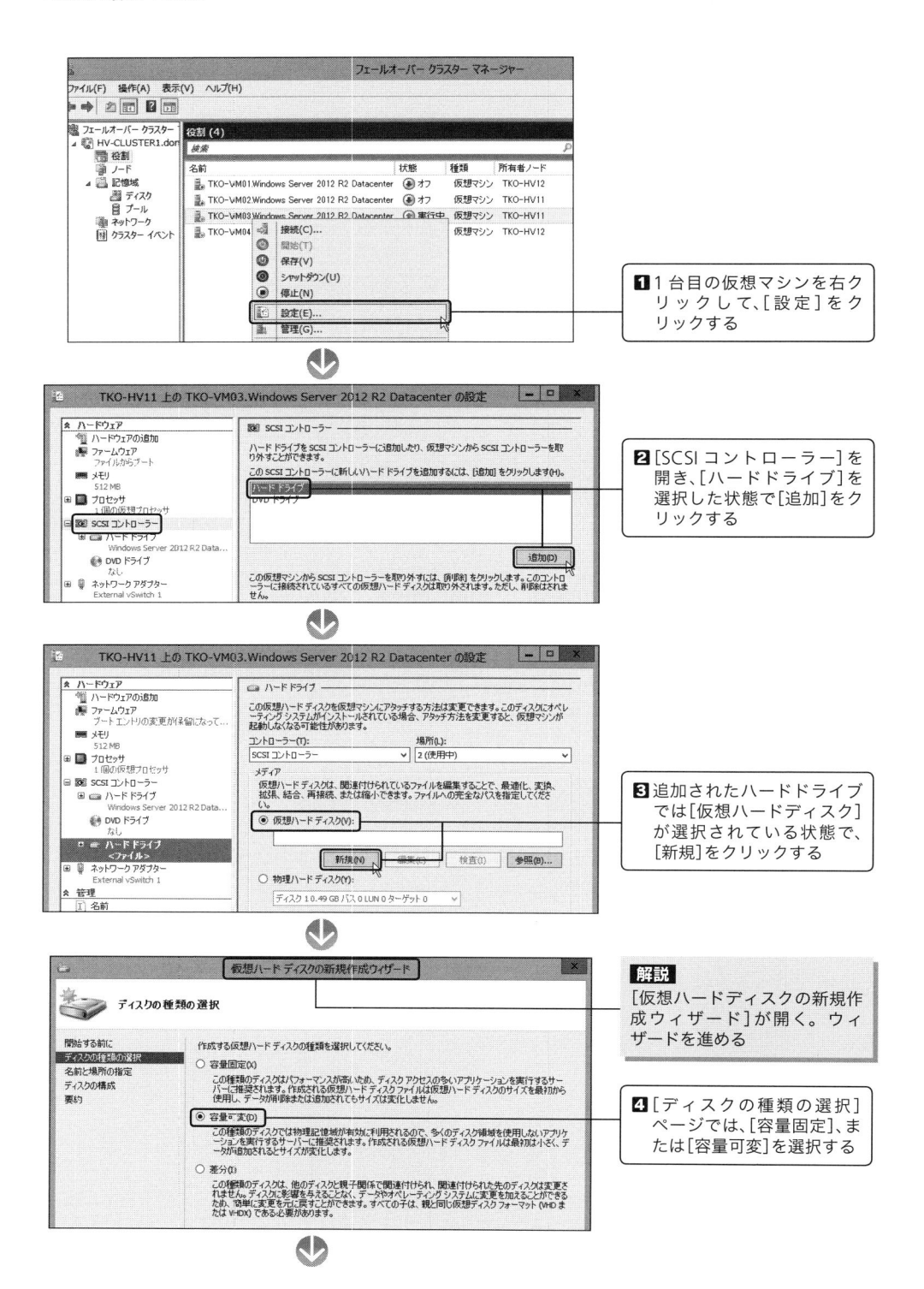

04 Hyper-Vゲストクラスター

5 [名前と場所の指定]ページでは、共有VHDX ファイルの名前と場所を指定する

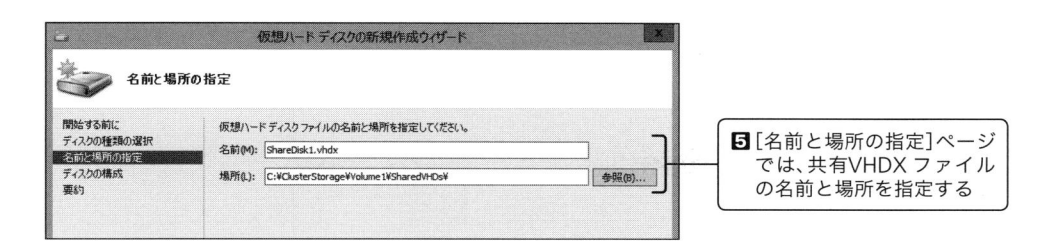

Tips 共有VHDX ファイルをスケールアウトファイルサーバーに格納する場合は「¥¥SOFS1¥SharedVHDs」のようにUNCで指定します。一方、ブロック記憶域上のCSV（クラスターの共有ボリューム）に格納する場合は「C:¥ClusterStorage¥Volume1¥SharedVHDs」のように指定します。

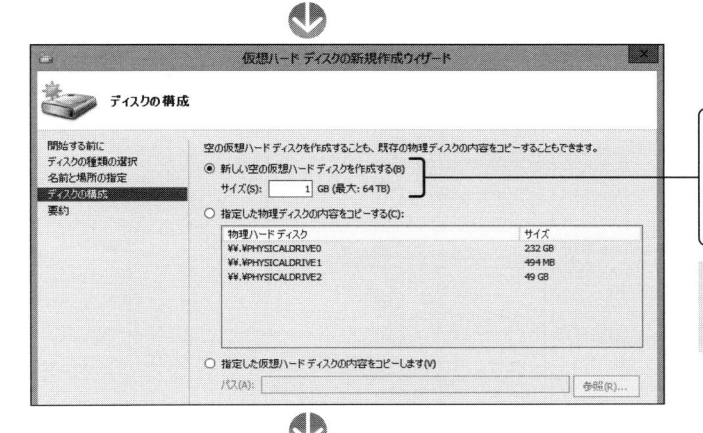

6 [ディスクの構成]ページでは、[新しい空の仮想ハードディスクを作成する]を選択して、サイズを指定する

解説 仮想ハードディスクの新規作成ウィザードを完了させる

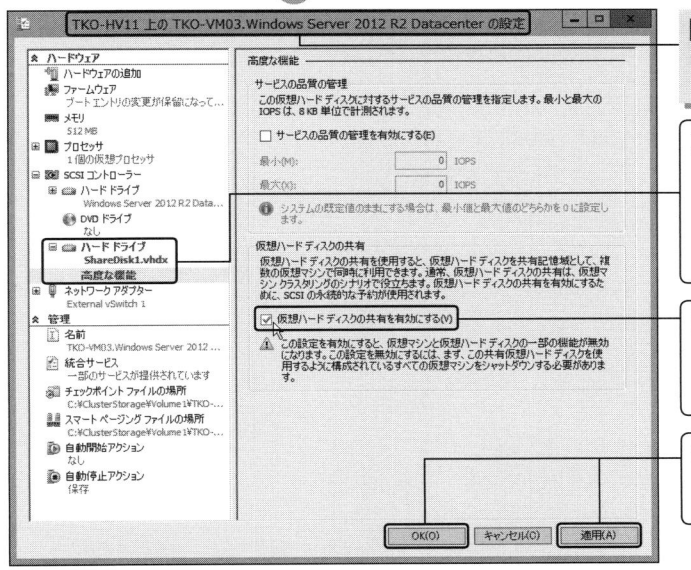

解説 仮想マシンの設定ウインドウに戻る

7 仮想マシンが実行中であれば、仮想マシンの設定ウインドウでは[適用]はクリックせずに、そのまま[ハードドライブ]を展開し、[高度な機能]を開く

8 [仮想ハードディスクの共有]の[仮想ハードディスクの共有を有効にする]にチェックを付ける

9 [適用]をクリックしてから、[OK]をクリックして閉じる

ライブマイグレーション環境の構築とHyper-Vクラスター

Part 06 Hyper-Vの構築

　作成するクラスターの役割の要件を満たすだけの共有記憶域を、同様の手順で共有VHDXファイルとして作成します。

2台目の仮想マシンへ共有VHDXファイルを接続

　2台目の仮想マシンに共有VHDXファイルを接続します。[フェールオーバークラスターマネージャー]で以下の手順を実行します。

1 [SCSIコントローラー]を開き、[ハードドライブ]を選択した状態で[追加]をクリックする

2 [仮想ハードディスク]が選択されている状態で、[参照]をクリックして、1台目の仮想マシンで作成した共有VHDXファイルを選択する

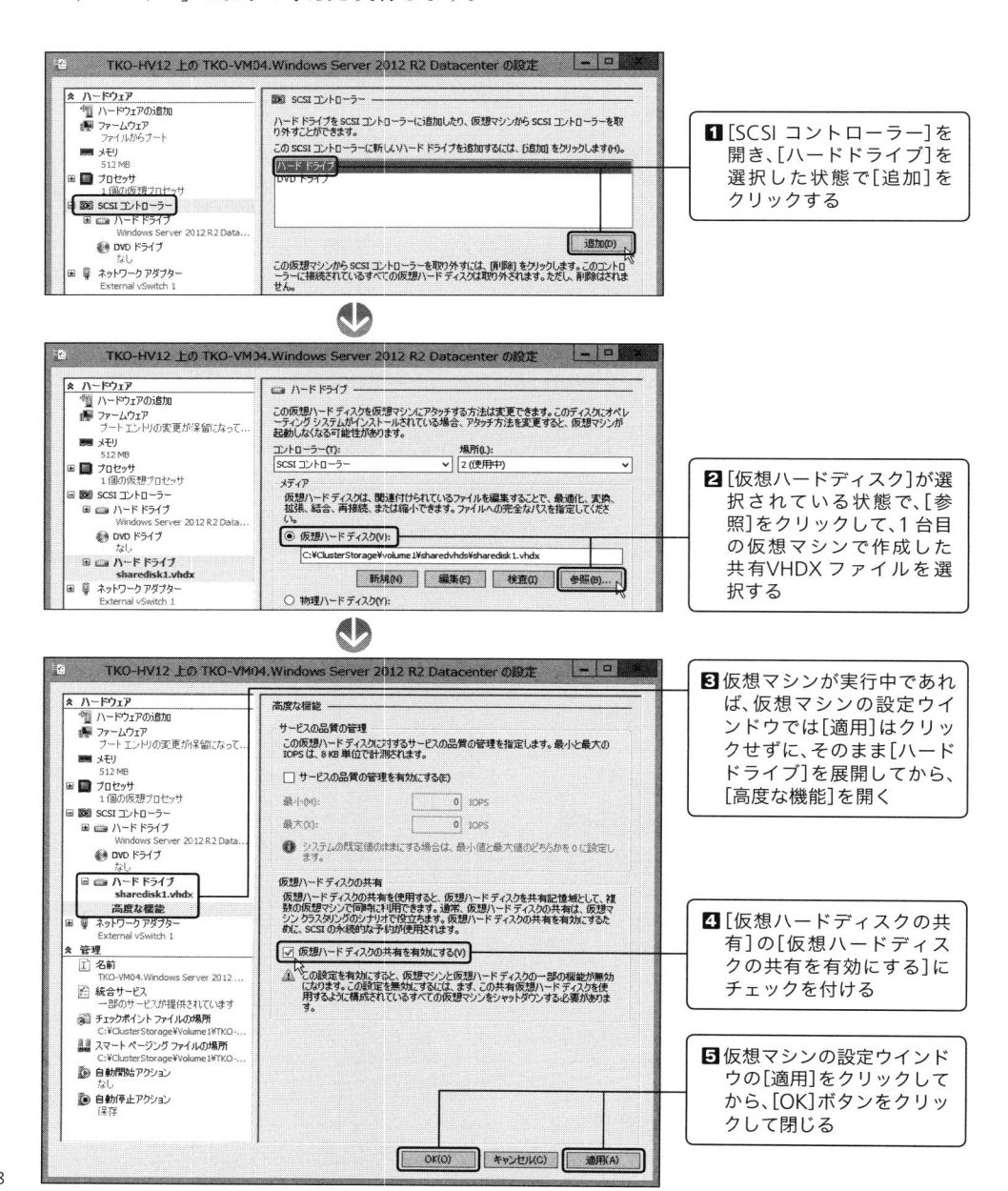

3 仮想マシンが実行中であれば、仮想マシンの設定ウインドウでは[適用]はクリックせずに、そのまま[ハードドライブ]を展開してから、[高度な機能]を開く

4 [仮想ハードディスクの共有]の[仮想ハードディスクの共有を有効にする]にチェックを付ける

5 仮想マシンの設定ウインドウの[適用]をクリックしてから、[OK]ボタンをクリックして閉じる

作成するクラスターの役割の要件を満たすだけの共有記憶域に同様の手順で接続します。

フェールオーバークラスタリング環境の構築

ゲストOSでは、共有VHDXファイルによる記憶域がSAS接続として認識されていることを確認できます。

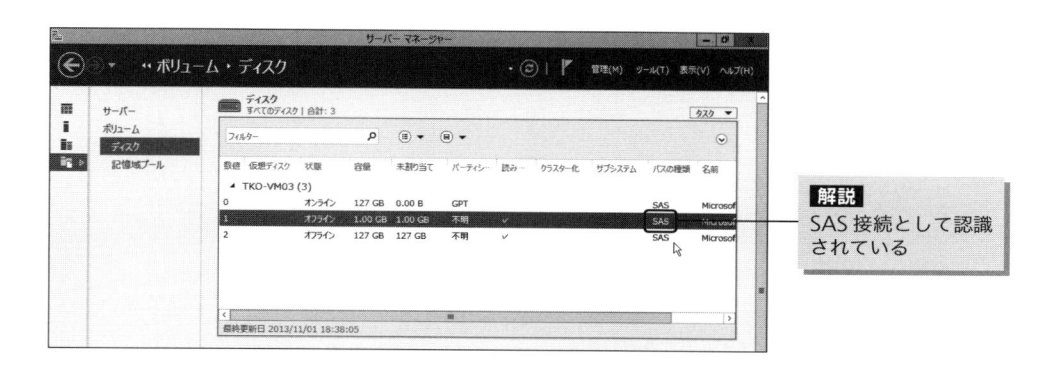

解説
SAS接続として認識されている

通常のフェールオーバークラスター環境と同様に、共有VHDXファイルの初期化やフォーマット、フェールオーバークラスタリング機能の追加、検証テスト、クラスターの作成などを行います（⇒P.708）。

Column　ライブマイグレーションの3つの構成パターンの比較

本章の前半で解説したライブマイグレーションの3つの構成パターンの概要をまとめておきます。Hyper-Vサーバーを複数台用意する際の参考にしてください。

■ パスワードポリシーの設定例

構成パターン	内容	移行速度	Failover	コスト
クラスター内でのライブマイグレーション	フェールオーバークラスター環境を構築。ファイバーチャネルやiSCSIストレージに仮想マシンを配置してHyper-Vサーバー間で共有	○	○	×
共有記憶域を使用するライブマイグレーション	SMB3.0対応の共有記憶域に仮想マシンを配置してHyper-Vサーバー間で共有	○	×	△
共有記憶域を使用しないライブマイグレーション	Hyper-Vサーバーのローカルディスクに仮想マシンを配置。Hyper-Vサーバー間での共有不可	×	×	○

Column Windows Server のサポートライフサイクル

　マイクロソフトは、Windows Serverなど製品のサポート期間やサポート内容を「**サポートライフサイクル**」として定義しています。
　サポートには、一通りのサポートを提供する「**メインストリームサポート**」と、それが終了した後の限定的なサポート（セキュリティ関連の更新プログラム提供など）を提供する「**延長サポート**」の2つのフェーズがあります。
　サポートが終了すると、「脆弱性の対策ができない」、「トラブル発生時の対処が遅れる」など、さまざまな問題が発生する可能性があります。そのため、サポート終了日の前に製品のアップグレードやマイグレーションを行う必要があります。特に、Active Directoryや各種アプリケーションサーバーを動作させているWindows Serverの場合は、長期にわたって移行を行う必要があります。そのため、使用している製品やバージョンのサポート終了日を常に把握しておくことが重要です。

■ Windows Server のサポート終了日

製品名	メインストリームサポート終了日	延長サポート終了日
Windows Server 2003 / 2003 R2	2010/7/13	2015/7/14
Windows Server 2008 / 2008 R2	2015/1/13	2020/1/14
Windows Server 2012 / 2012 R2	2018/1/9	2023/1/10

URL　マイクロソフトサポートライフサイクル
http://support.microsoft.com/lifecycle/?ln=ja

Part 07

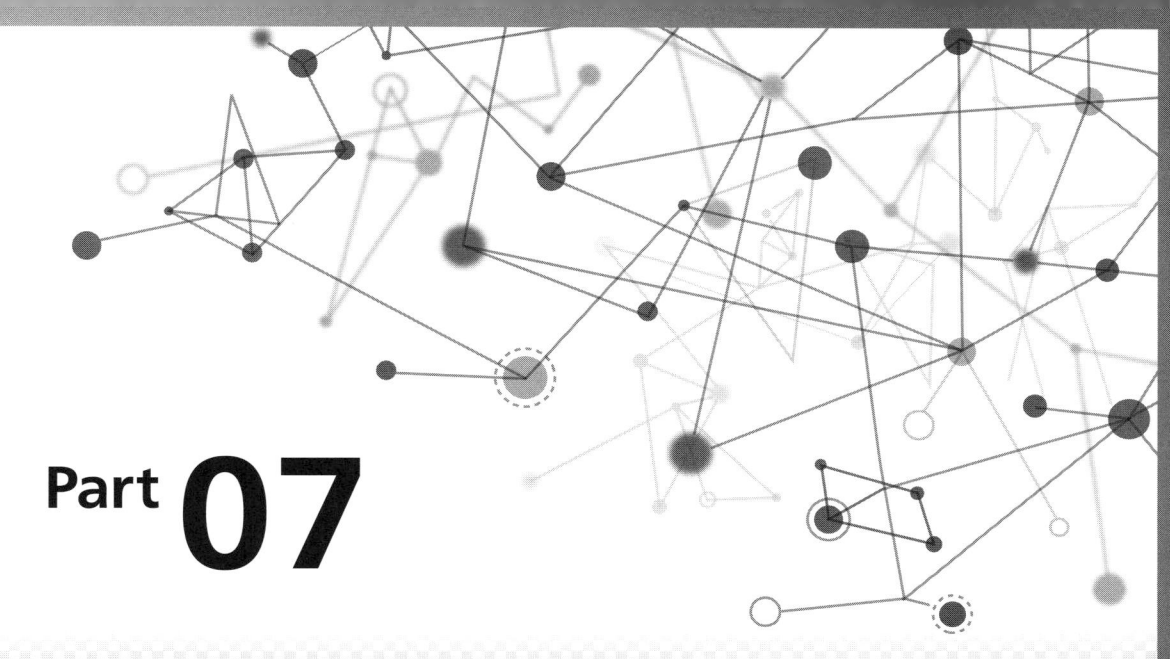

各種サーバーサービスの構築と管理

Chapter 23　Windows Server Essentials エクスペリエンスの活用
Chapter 24　WSUS サーバーの構築と管理
Chapter 25　DNS サーバーの構築と管理
Chapter 26　DHCP サーバーの構築と管理
Chapter 27　ファイルサーバーの構築と管理
Chapter 28　ダイナミックアクセス制御の利用
Chapter 29　iSCSI によるストレージエリアネットワークの構築
Chapter 30　WebサーバーとFTPサーバーの構築と管理
Chapter 31　Server Coreの利用
Chapter 32　NAPによる検疫ネットワークの構築と管理
Chapter 33　DirectAccess環境の構築
Chapter 34　NLB クラスターの構築と管理
Chapter 35　フェールオーバークラスターの構築と管理

Chapter 23 Windows Server Essentials エクスペリエンスの活用

本章では、Windows Server 2012 R2で新たに追加された「Windows Server Essentialsエクスペリエンス」と呼ばれる機能について解説します。この機能を利用すると、各種管理操作やOffice 365との統合などを容易に実行できるようになります。

01 Essentials エクスペリエンスの概要

小規模事業所向けに提供されているエディションである「**Windows Server 2012 R2 Essentials**」には、Active Directory環境やリモートアクセス環境を容易に構築する機能や、構築後の日々の管理操作を容易に行うための独自のツールが用意されています。他にも、Microsoft Office 365とのアカウント管理の統合機能なども用意されています。

こういった機能は、従来はEssentialsエディションにしか用意されていませんでしたが、Windows Server 2012 R2でこれらの機能群が「**Windows Server Essentialsエクスペリエンス**」(以降、**Essentialsエクスペリエンス**と表記します)と呼ばれる機能として新たに追加され、DatacenterやStandardエディションでも利用できるようになりました。

01-01 Essentials エクスペリエンスとは

Essentialsエクスペリエンスとは、上記の通り、Essentialsエディションに用意されていた**管理系操作を簡単に行うための機能**を、DatacenterやStandardエディションでも利用できるようにするために、Windows Server 2012 R2で新たに追加された機能(役割)です。この機能に用意されている「**ダッシュボード**」と呼ばれる専用ツールを使用すると、**ユーザー管理**や、**共有フォルダー管理**、**リモートアクセス管理**といった、場合によっては複雑になってしまう各種操作を簡単に実行できるようになります。また、**クライアントPCの一元バックアップ機能**や、**Microsoft Office 365との連携機能**なども用意されているため、中規模・大規模の環境においても、とても便利な機能といえます。

Essentials エクスペリエンスの主な機能

Essentialsエクスペリエンスに用意されている主な機能を把握するには、先にその元となっている「Windows Server 2012 R2 Essentials」の特徴を把握することが近道です。

製品版であるWindows Server 2012 R2 Essentialsには次の特徴があります。

- 小規模事業所をターゲットにしている
- ライセンスモデルは「プロセッサモデル」であり、最大 25 ユーザー、50 デバイスが利用可能（CAL 不要）
- ユーザー管理、共有フォルダー管理、リモートアクセス管理などを容易に実行できる（ダッシュボード）
- インターネット経由でサーバーのフォルダーや業務アプリケーションにリモートアクセスできる（Anywhere Access 機能）
- サーバー自身と、クライアント PC のバックアップを一元管理できる
- Azure Active Directory、Microsoft Office 365、Windows Intune、Azure Backup などのクラウドサービスと連携できる
- Active Directory やファイルサーバーなどのコンポーネントを自動構成できる
- サーバーをセットアップすると新規で Active Directory ドメインを構築するため、既存ドメイン環境では利用できない（新規にドメインを構築する必要あり）

製品版であるWindows Server 2012 R2 EssentialsとEssentialsエクスペリエンスには以下の違いがあります。

- 「25 ユーザー、50 デバイスまで」といった利用制限がない。ただし、CAL は必要
- Active Directory がすでに存在している環境に導入可能

02 Essentials エクスペリエンスのセットアップ

ここからはWindows Server 2012 R2 DatacenterやStandardのサーバーに、Essentialsエクスペリエンスをセットアップする方法を解説します。

02-01 Essentialsエクスペリエンスの導入によって組み込まれる役割と機能

EssentialsエクスペリエンスはWindows Server 2012 R2の役割の1つです。Active Directoryドメインが存在しない環境にEssentialsエクスペリエンスの役割を追加すると、自動的に以下の役割や機能、そしてそれらの管理ツールやWindows PowerShellモジュールが組み込まれます。

- Active Directory ドメインサービス
- Active Directory 証明書サービス
- DNS サーバー
- Web サーバー (IIS)
- ネットワークポリシーサーバー
- ファイルサーバー、DFS 名前空間、BranchCache
- リモートアクセス (VPN)

- リモートデスクトップゲートウェイ
- Windows Identity Foundation 3.5
- Windows Internal Database
- Windows Server バックアップ

02-02 システム要件と事前準備

　Essentialsエクスペリエンスの役割を追加すると、上記のように多数の役割や機能が自動的に追加されるため、Essentialsエクスペリエンスをセットアップする際のシステム要件は比較的高めに設定されています。

■ Essentials エクスペリエンスのシステム要件

コンポーネント	最小要件	推奨要件
プロセッサ	1.4GHz 64 ビットシングルコアプロセッサ 1.3GHz 64 ビットマルチコアプロセッサ	3.1GHz 以上 64 ビットマルチコアプロセッサ
メモリ	2 GB（仮想マシンで利用する場合は 4GB）	16GB
ディスク容量	160GB 以上	―

　なお、システム要件の詳細やサイジングについては以下のマイクロソフトのサイトも併せて参照してください。

URL System Requirements for Windows Server 2012 R2 Essentials
http://technet.microsoft.com/ja-jp/library/dn383626.aspx

　Essentialsエクスペリエンスを使用してMicrosoft Office 365やWindows Intuneと連携させる場合は、事前に**Microsoft Online Services**に登録しておきます。あらかじめテナントの用意とサブスクリプションの準備を行い、また管理者アカウント（全体管理者）の「User PrincipalName」と「Password」情報を確認しておきます。
　また、Essentialsエクスペリエンスには、インターネット経由でのアクセスを可能とするための**Anywhere Access機能**が実装されています。これを利用する場合は、インターネットの常時接続環境やDNSの手配、ルーターの構成も必要です。

> **Tips** Anywhere Access機能を利用するには、サーバーをインターネットに公開して、DNSで名前解決できることが必要です。
> Essentials エクスペリエンスの構成時に、マイクロソフトが提供しているDNSサービスを選択することもできます。この場合のドメイン名は、マイクロソフトが管理しているremotewebaccess.comのサブドメインになります。

02-03　Essentialsエクスペリエンスの有効化

　ここからはEssentialsエクスペリエンスをセットアップする流れについて解説します。本書の例では、物理サーバーにあらかじめWindows Server 2012 R2 Datacenterをインストールしておき（⇒P.40）、これにEssentialsエクスペリエンスをセットアップすることを想定しています。また、Active Directoryドメインは新規に構成します。

　管理者でサインインして、サーバーマネージャーから［役割と機能の追加ウィザード］（⇒P.52）を起動して、以下の手順を実行します。

重要！　Essentials エクスペリエンスのセットアップ完了後はコンピューター名を変更できません。必要であれば、セットアップ前にあらかじめ変更しておいてください。

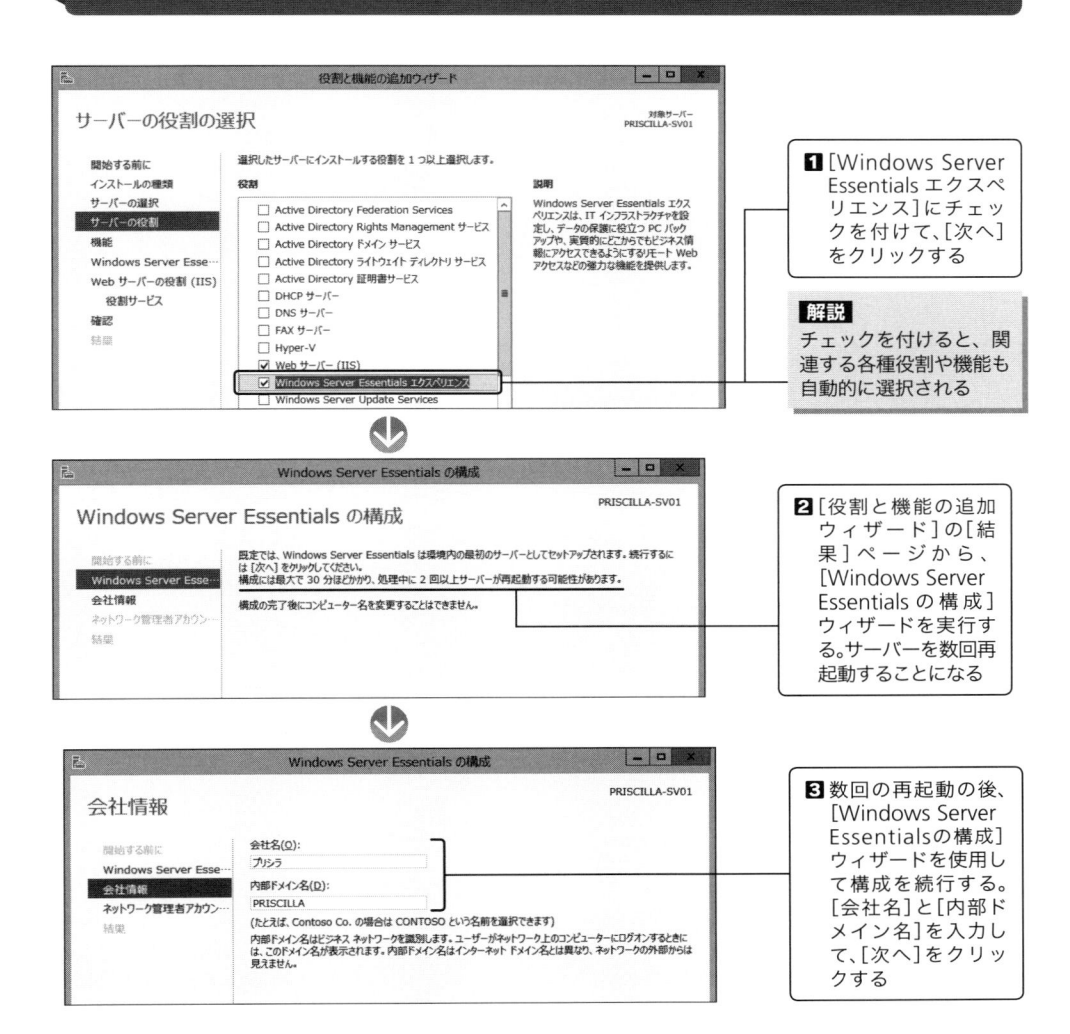

❶［Windows Server Essentials エクスペリエンス］にチェックを付けて、［次へ］をクリックする

解説　チェックを付けると、関連する各種役割や機能も自動的に選択される

❷［役割と機能の追加ウィザード］の［結果］ページから、［Windows Server Essentials の構成］ウィザードを実行する。サーバーを数回再起動することになる

❸ 数回の再起動の後、［Windows Server Essentialsの構成］ウィザードを使用して構成を続行する。［会社名］と［内部ドメイン名］を入力して、［次へ］をクリックする

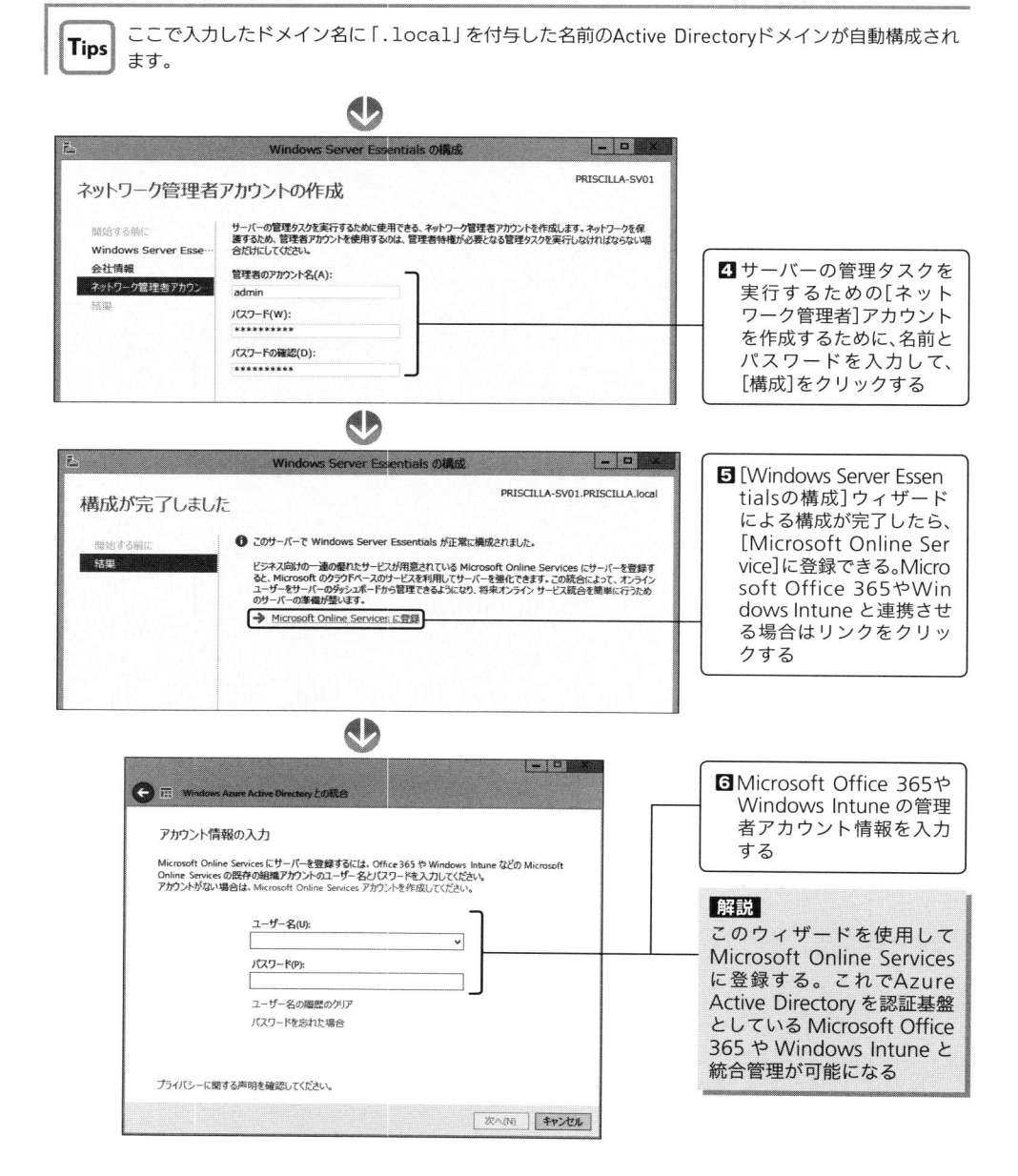

Tips ここで入力したドメイン名に「.local」を付与した名前のActive Directoryドメインが自動構成されます。

4 サーバーの管理タスクを実行するための[ネットワーク管理者]アカウントを作成するために、名前とパスワードを入力して、[構成]をクリックする

5 [Windows Server Essentialsの構成]ウィザードによる構成が完了したら、[Microsoft Online Service]に登録できる。Microsoft Office 365やWindows Intuneと連携させる場合はリンクをクリックする

6 Microsoft Office 365やWindows Intuneの管理者アカウント情報を入力する

解説
このウィザードを使用してMicrosoft Online Servicesに登録する。これでAzure Active Directoryを認証基盤としているMicrosoft Office 365やWindows Intuneと統合管理が可能になる

Microsoft Online Servicesへの登録が完了したら、パスワードの同期を有効にするために、サーバーを再起動します。

02-04　Essentials エクスペリエンスの初期構成と管理

　再起動後にサインインすると、デスクトップに［ダッシュボード］のショートカットが作成されています。ここからEssentials エクスペリエンスの初期構成や日々の管理操作を行うための**Windows Server Essentialsダッシュボード**を起動できます。このダッシュボードでは以下の管理操作が可能です。

- ユーザー、グループ、配布グループの管理
- コンピューターのバックアップ設定、リモートデスクトップの許可
- サーバーフォルダー（共有フォルダー）の管理
- 記憶域の管理
- アドインの管理
- Microsoft Office 365 のアカウント同期（連携している場合）
- Anywhere Access の構成
- Microsoft Update の有効化
- BranchCache の有効化

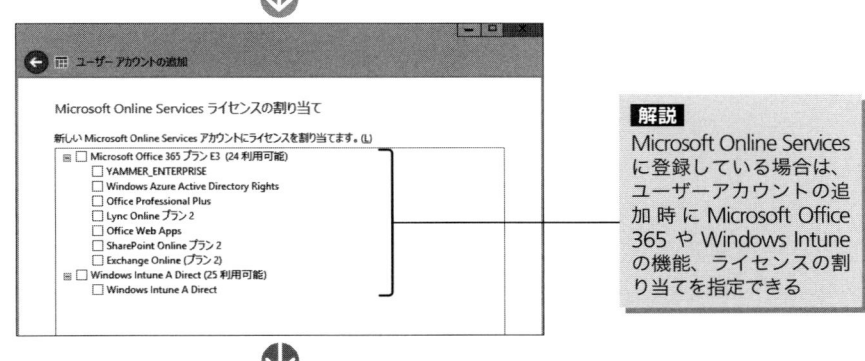

解説
［ダッシュボード］の［ホーム］→［セットアップ］では、Essentials エクスペリエンスを構成して最初に行うべき管理操作の一覧が表示される

解説
Microsoft Online Services に登録している場合は、ユーザーアカウントの追加時に Microsoft Office 365 や Windows Intune の機能、ライセンスの割り当てを指定できる

解説
[ダッシュボード]の[ホーム]→[サービス]では、EssentialsエクスペリエンスをMicrosoft Online Servicesや、Exchange Serverなどと統合するための構成ができる

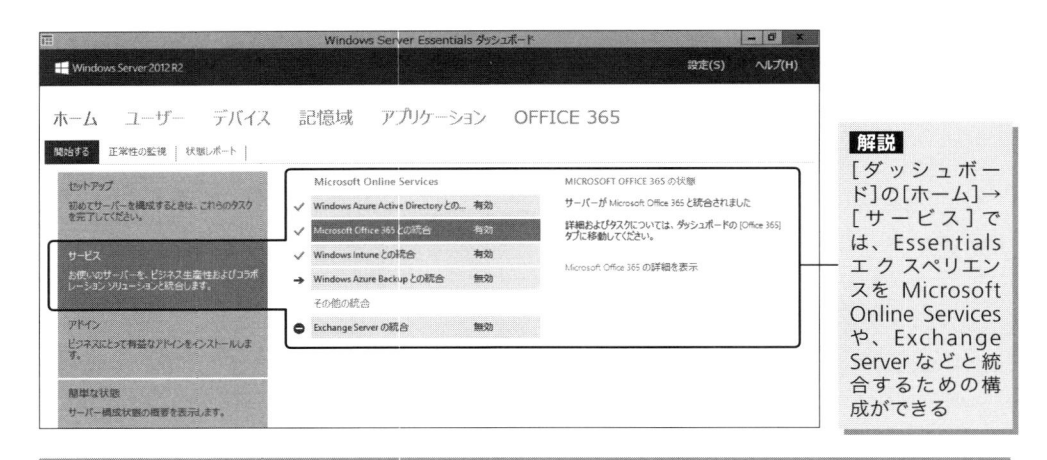

> **Tips** 他にも[ダッシュボード]の[設定]メニューをクリックすると、サーバーの全般的な設定や、Anywhere Access、BranchCacheを設定できます。また、Anywhere Accessの設定では、ユーザーがアクセスするためのポータルともいえる**Webサイト**(リモートWebアクセス)のデザインや、ホームページへのリンクなどを設定できます。

03 クライアントのセットアップと利用

　クライアントコンピューターからEssentialsエクスペリエンスの機能を利用する場合は、**「コネクターソフトウェア」**をインストールします。Windows Server 2012 R2のEssentials エクスペリエンスは以下のOSをクライアントとしてサポートしています。

■ Essentials エクスペリエンスがサポートしているクライアント OS

分類	OS
Windows 7 operating systems	・Windows 7 Home Basic SP1（x86 and x64） ・Windows 7 Home Premium SP1（x86 and x64） ・Windows 7 Professional SP1（x86 and x64） ・Windows 7 Ultimate SP1（x86 and x64） ・Windows 7 Enterprise SP1（x86 and x64） ・Windows 7 Starter SP1（x86）
Windows 8 operating systems	・Windows 8 ・Windows 8 Professional ・Windows 8 Enterprise
Windows 8.1 operating systems	・Windows 8.1 ・Windows 8.1 Professional ・Windows 8.1 Enterprise
Mac client computers	・Mac OS X v10.5 Leopard ・Mac OS X v10.6 Snow Leopard ・Mac OS X v10.7 Lion ・Mac OS X v10.8 Mountain Lion

Windows 7 Home BasicやStarter、Windows 8/8.1、そしてMac OSなど、Active Directoryドメインに参加できないOSもサポートしていますが、機能上の制約などがあります。制約の詳細については以下のサイト確認してください。

> **URL** Get Connected in Windows Server Essentials
> http://technet.microsoft.com/library/jj713510.aspx

03-01 コネクターソフトウェアのセットアップ

Essentialsエクスペリエンスのクライアントとするコンピューターにログオンして、WebブラウザーからEssentials エクスペリエンスが有効なサーバーに、以下のアドレスを使用してアクセスし、コネクターソフトウェアのインストールを行います。

> **URL** Essentials エクスペリエンスのコネクターソフトウェア
> http://〈Essentials エクスペリエンスが有効なサーバーのアドレス〉/connect/

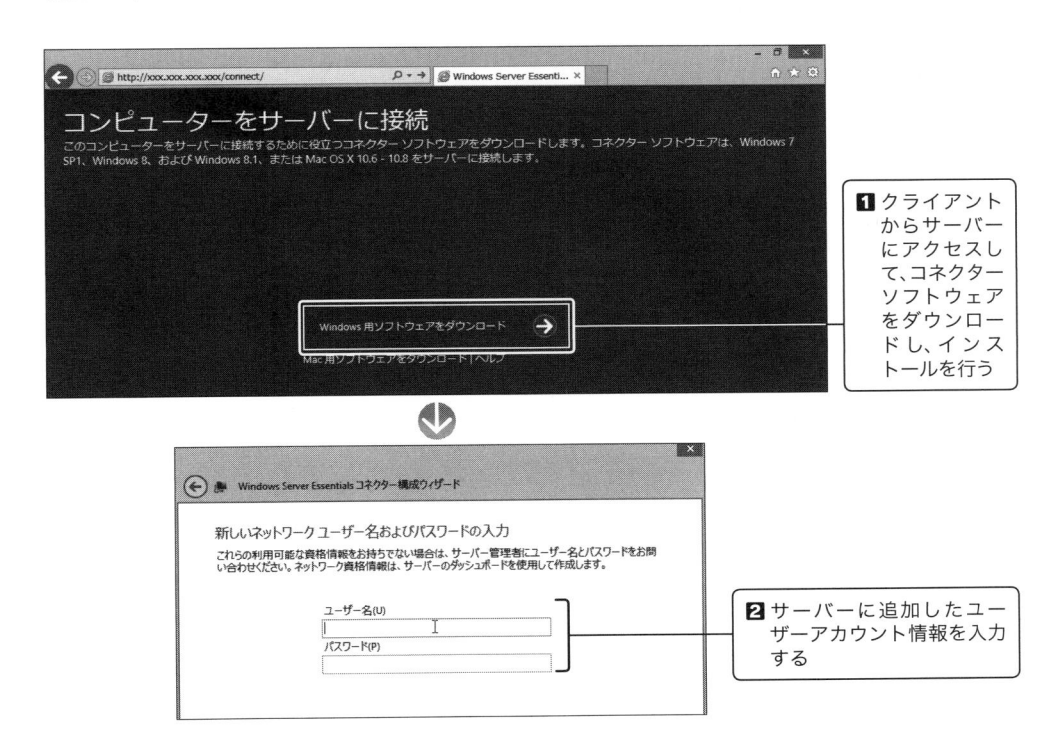

1 クライアントからサーバーにアクセスして、コネクターソフトウェアをダウンロードし、インストールを行う

2 サーバーに追加したユーザーアカウント情報を入力する

コネクターソフトウェアのインストール後は再起動が必要です。再起動後に［Windows Server Essentialsコネクター構成ウィザード］が続行されるので、そこで追加の設定を行って、インストールを完了させます。

03-02 クライアントからの利用

　コネクターソフトウェアをインストールすると、タスクバーにアイコンが表示されます。これをクリックすると**スタートパッド**や**ダッシュボード**を開くことができます。サーバー側でインターネットへの常時接続やルーターの構成が設定されている場合は、VPN経由でアクセスすることもできます。

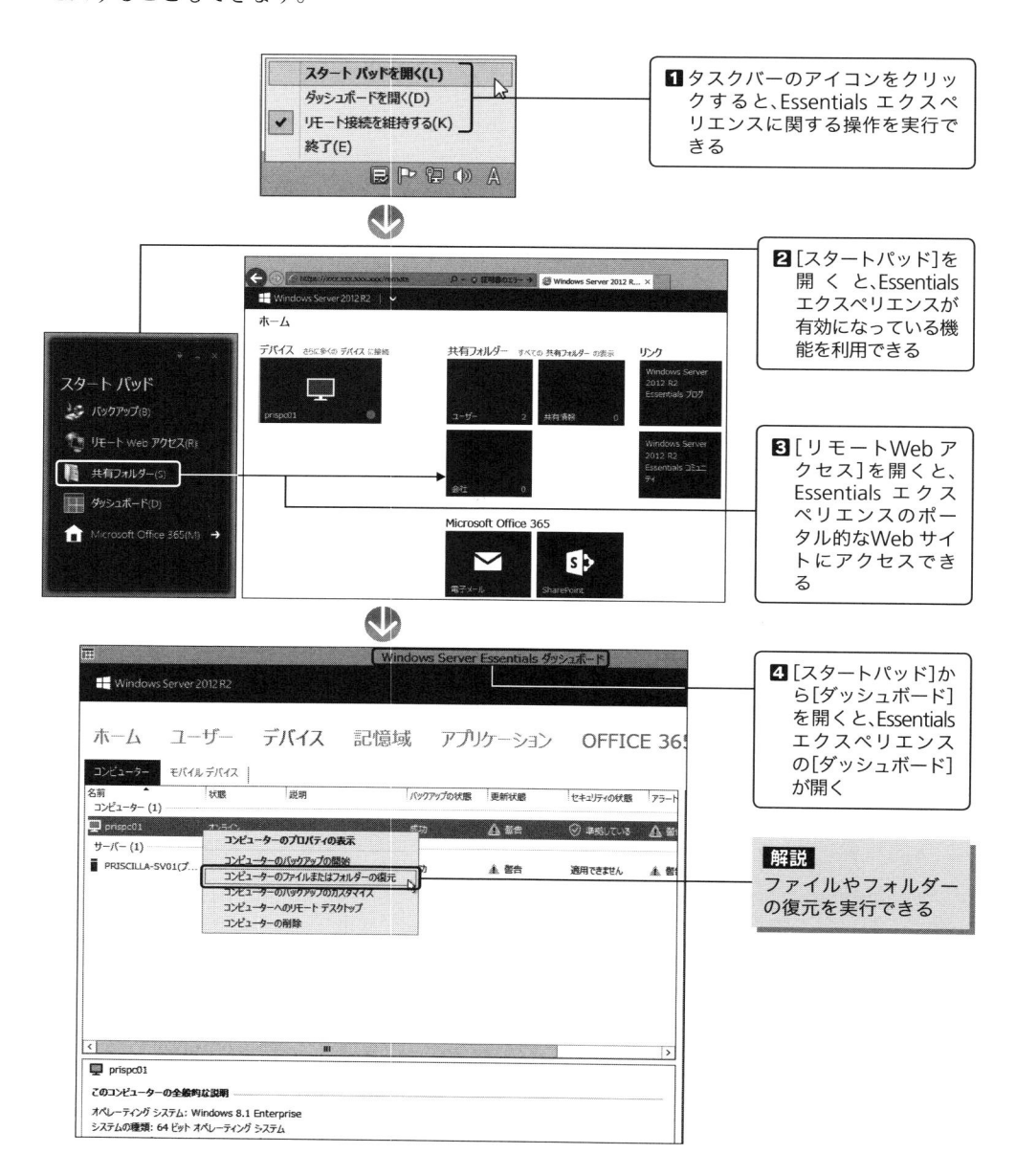

1 タスクバーのアイコンをクリックすると、Essentials エクスペリエンスに関する操作を実行できる

2 [スタートパッド]を開くと、Essentials エクスペリエンスが有効になっている機能を利用できる

3 [リモートWeb アクセス]を開くと、Essentials エクスペリエンスのポータル的なWeb サイトにアクセスできる

4 [スタートパッド]から[ダッシュボード]を開くと、Essentials エクスペリエンスの[ダッシュボード]が開く

解説
ファイルやフォルダーの復元を実行できる

| Tips | Windows Server 2012 R2 Essentialsや、Essentials エクスペリエンスによる管理方法の詳細は、以下のマイクロソフトのホワイトペーパーが参考になります。 |

Windows Server 2012 R2 Essentials ガイド

URL http://download.microsoft.com/download/8/0/8/808AC0BA-BA9B-4D65-8F00-E36E0A037D8B/Windows_Server_2012R2_Essentials_Guide.pdf

Windows Server Essentials 活用ガイド

URL http://download.microsoft.com/download/8/0/8/808AC0BA-BA9B-4D65-8F00-E36E0A037D8B/WindowsServerEssentials_User_Guide.pdf

Column　Essentials エクスペリエンスによる Office 365 との連携

　Office 365では、オンプレミスのActive Directoryと同期されたアカウントを「**同期アカウント（同期済みアカウント）**」、オンプレミスのActive Directoryと同期されていないアカウントを「**クラウドアカウント**」として扱います。

　一方、EssentialsエクスペリエンスでЕ連携されるアカウントは、Office 365やWindows Intune上で**クラウドアカウント**として取り扱われます。これは、Essentialsエクスペリエンスで連携されるアカウントが、オンプレミスからOffice 365のPowerShellにてリモート管理されている状態と同等であり、簡易的な連携であることを意味します。

　Essentials エクスペリエンスのOffice 365 連携機能は、ユーザー登録に加えて、ランセンスの付与によるExchange Onlineメールボックスの作成、既存マイクロソフトライセンスとの紐付けも行うことができます。ただし、あくまでも簡易的な連携機能であり、多数のユーザー環境では十分な機能とはいえません。オンプレミスのActive Directoryと、Office 365を本格的に連携させる場合には、AD FSを利用したフェデレーション認証を構成することが推奨されます。

Microsoft Office 365 自習書 AD FS によるシングル サインオン環境構築ステップ バイ ステップ ガイド

URL http://www.microsoft.com/ja-jp/download/details.aspx?id=28716

Chapter 24 WSUSサーバーの構築と管理

本章では、更新プログラム（パッチなど）を集中管理する機能「WSUS」の構築方法と管理方法を解説します。Windowsコンピューターへの更新プログラム適用は、今や管理者にとって重要なタスクの1つです。

01 WSUSの概要

WSUS（Microsoft Windows Server Update Services）は、WindowsやMicrosoft Office、Microsoft Exchange Server、SQL Serverといった、**マイクロソフト製品に対する更新プログラム**[※]**を集中管理する機能**です。WSUSを使用すると、組織内のWindowsコンピューターに対する更新プログラムの配信や管理が容易になります。

> ※更新プログラムについては「Chapter 37 セキュリティ管理」（⇒P.745）を参照してください。

01-01 WSUSの構成要素

WSUSは、サーバー側で動作する**WSUSサーバー**と、クライアント側で動作する**WSUSクライアント**によって構成されます。

■ WSUS の構成要素

構成要素	説 明
WSUS サーバー	Microsoft Update サイトのコピーとして振舞う。**WSUS コンソール**を使用して管理作業を行う
WSUS クライアント	WSUS サーバーにアクセスして、管理者によって許可（承認）されている更新プログラムを適用し、その適用状況を WSUS サーバーに報告する

WSUSクライアントは、**自身の更新プログラムの適用状況**をWSUSサーバーに報告するので、管理者はWSUSサーバーを確認するだけで、簡単に組織内のクライアントコンピューターの更新プログラムの適用状況を把握できます。

なお、WSUSクライアントはワークグループ環境でも利用できますが、Active Directory環境ではグループポリシーを使用して一元管理できます。

01-02 更新プログラムのクラス

　更新プログラムは下表のように目的別の「**クラス**」に分類されており、管理者はこの中からクライアントに適用する更新プログラムを任意に選択できます。そのため、例えば「サイズの大きい更新プログラムを一括で適用するとネットワークに負荷がかかるので、Service PackなどはWSUSでは適用しない」といった設定も可能です。

■ 更新プログラムのクラス

クラス	説明
Feature Packs	新しく公開された機能。通常は製品の次期リリースに含まれる
Service Packs	これまでに作成されたすべてのホットフィックスやセキュリティ問題の修正プログラム、重要な更新、製品の公開以降に発見された不具合に対する修正が含まれる
セキュリティ問題の修正プログラム	セキュリティ上の脆弱性を修正するために、特定の製品に対して公開される修正プログラム
ツール	特定のタスクの実現を支援するユーティリティや機能
ドライバ	新しいハードウェアをサポートするドライバ
更新	重要度が低く、セキュリティに関連しない不具合を修正するために、特定のプログラムに対して公開された修正プログラム
修正プログラム集	ホットフィックス、セキュリティ問題の修正プログラム、重要な更新、および更新を1つのパッケージにまとめたもの
重要な更新	重要度が高く、セキュリティに関連しない不具合を修正するために、特定の問題に対して公開された修正プログラム
定義更新プログラム	製品の定義データベースなど、広範かつ頻繁にリリースされるソフトウェア更新プログラム

01-03 WSUSの要件

　WSUSを利用するにはいくつかの動作要件を満たす必要があります。

WSUSサーバーの動作要件

　WSUSサーバーを実行する場合は、以下の点を考慮する必要があります。

● 必要なコンポーネント

　WSUSサーバーを動作させるには以下のコンポーネントが必要です。これらはWindows Server 2012 R2に標準搭載されています。

- WSUS サーバーのコンポーネント
- IIS のコンポーネント

　なお、**WSUSのレポート**を生成・参照する場合は上記に加えて「**Microsoft Report Viewer**」が必要です（このコンポーネントは別途入手してインストールします）。

> **Tips** Microsoft Report Viewer 2008 SP1 RedistributableをWindows Server 2012 R2コンピューターにインストールするには、事前に「.NET Framework 3.5 Features」の機能を追加しておきます。これはこのコンポーネントの正式な動作要件ではありませんが、インストールが可能になります。

●データベース

WSUSサーバーはクライアントの情報を**データベース**で管理します。クライアントの台数が数千台規模までであれば、Windows Server 2012 R2に標準搭載されている**WID**（Windows Internal Database）を利用できます。一方、それよりも規模が大きい場合はSQL Serverの導入を検討します。

●ディスク

WSUSサーバーはMicrosoft Updateサイトからダウンロードした更新プログラムのコピーを保存するため、更新プログラムを配置するディスクパーティションには十分な空き領域が必要です（コピーしない構成も可能）。また、このパーティションは**NTFS**でフォーマットしておく必要があります。

必要な領域のサイズは、ダウンロードする更新プログラムの種類や数によって異なるので一概にはいえませんが、**20～30GB程度**は確保しておいたほうが良いでしょう。

WSUSクライアントの動作要件

WSUSクライアントは、Windows Server 2012 R2などのサーバーOS、Windows 8.1などのクライアントOSのいずれの環境でも動作します。対象のコンピューターがWSUSサーバーにアクセスした時点で最新の**WSUSクライアントプログラム**が自動的にインストールされます。

WSUSサーバーの設計要件

WSUSサーバーを構築する際は、事前に以下の項目を検討します。これらの項目を決定しておけばスムーズに導入できます。

■ WSUS サーバーの設計要件

設計要件	説 明
WSUSサーバーの台数と構成	クライアント数が1万台を超える場合は、WSUSサーバーの設置台数やその構成（親子関係のようなツリー構造にするのか、冗長化構成にするのか）を検討する。ただし、クライアントが数千台程度で、隔離されたネットワークがない場合は、1台のWSUSサーバーで運用できる
データベースの選択とディスクパーティション	WSUSサーバーが利用するデータベースを検討する。クライアントが数千台規模以下であればWID（Windows Internal Database）で運用できる。それよりも規模が大きい場合はSQL Serverの導入を検討する

02　WSUSサーバーの構築

ここからは、スタンドアロン構成でWID（Windows Internal Database）を使用するWSUSサーバーの構築方法を解説します。

02-01　WSUSの役割の追加

まずはWSUSの役割を追加します。管理者でサインインして、サーバーマネージャーから［役割と機能の追加ウィザード］（⇒P.52）を起動し、以下の手順を実行します。

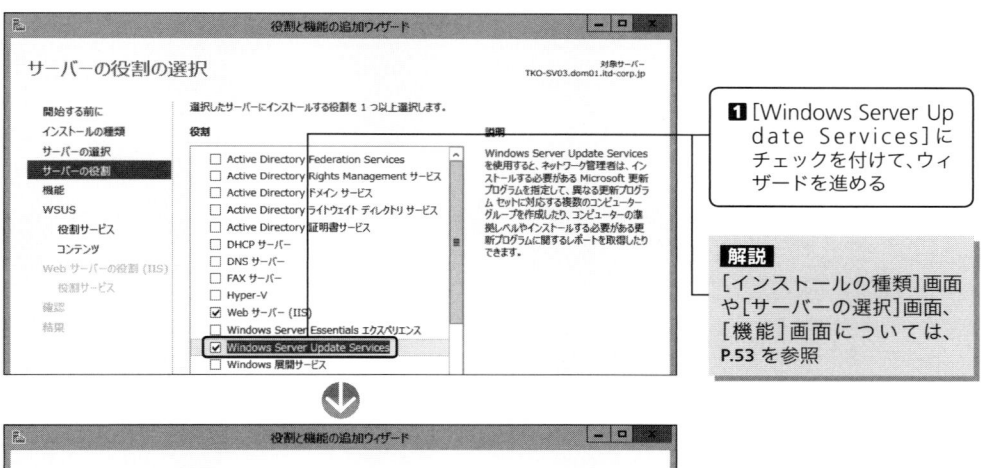

1 ［Windows Server Update Services］にチェックを付けて、ウィザードを進める

解説
［インストールの種類］画面や［サーバーの選択］画面、［機能］画面については、P.53を参照

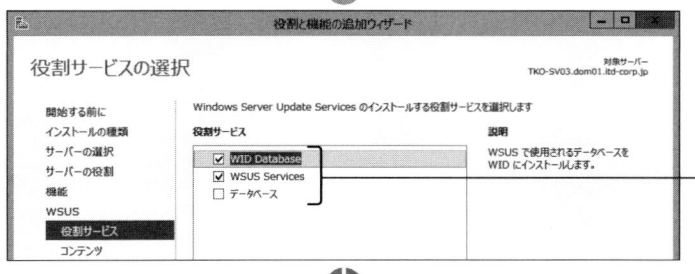

2 インストールする役割サービスを選択して、［次へ］をクリックする

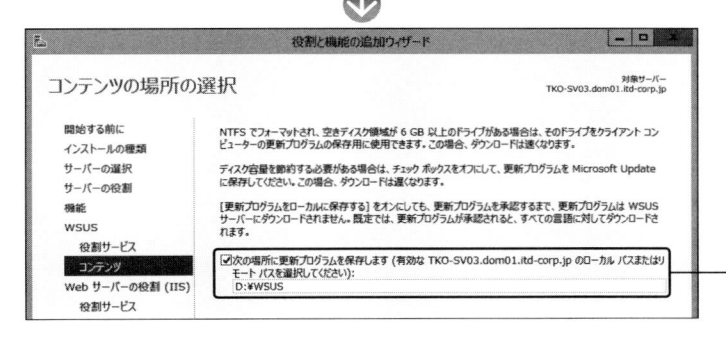

3 ［次の場所に更新プログラムを保存します］にチェックを付けて、更新プログラムの保存場所を入力し、［次へ］をクリックする

Tips ［次の場所に更新プログラムを保存します］にチェックを付けてパスを指定すると、更新プログラムが指定した場所にダウンロードされて、保存されます。一方、このチェックを外すと、更新プログラムはWSUSサーバーには保存されず、直接Microsoft Updateからクライアントへ展開されます。

4 インストールが開始される。インストールが完了したら、［インストール後のタスクを起動する］をクリックする

5 正常に処理が終了したら［閉じる］をクリックする

02-02 WSUSの初期構成

続いて、WSUSの初期構成を行います。サーバーマネージャーの［ツール］メニューから［Windows Server Update Services］を起動して、以下の手順を実行します。

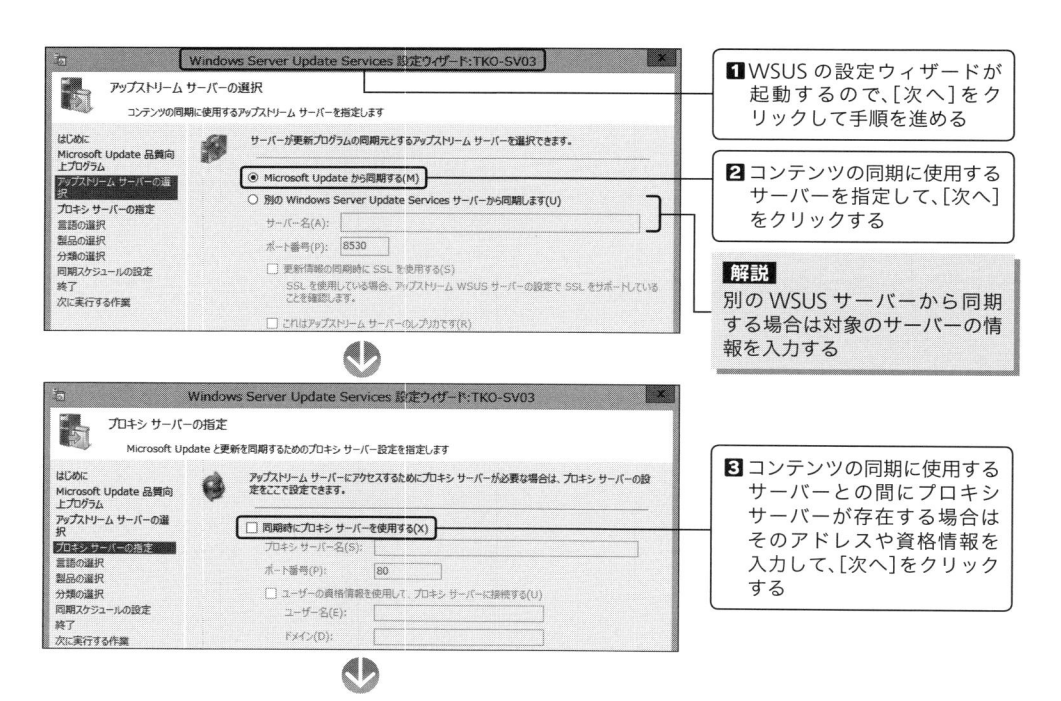

1 WSUSの設定ウィザードが起動するので、［次へ］をクリックして手順を進める

2 コンテンツの同期に使用するサーバーを指定して、［次へ］をクリックする

解説 別のWSUSサーバーから同期する場合は対象のサーバーの情報を入力する

3 コンテンツの同期に使用するサーバーとの間にプロキシサーバーが存在する場合はそのアドレスや資格情報を入力して、［次へ］をクリックする

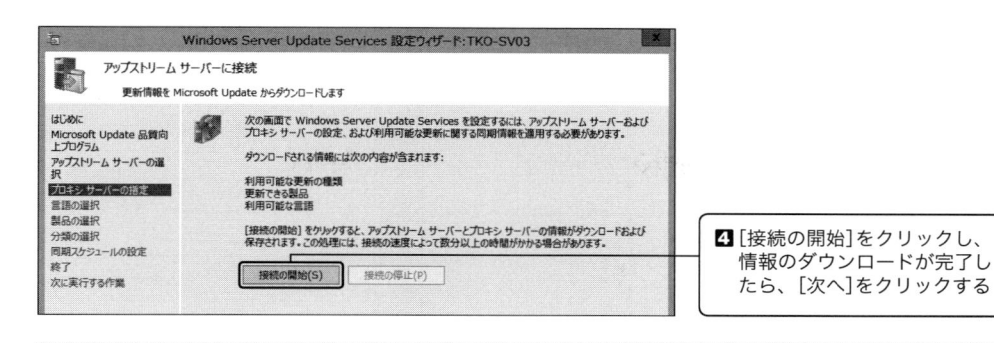

02 WSUSサーバーの構築

アップストリーム サーバーに接続
更新情報を Microsoft Update からダウンロードします

4 [接続の開始]をクリックし、情報のダウンロードが完了したら、[次へ]をクリックする

Tips [接続の開始]をクリックすると、コンテンツの同期に使用するアップストリームサーバーから「利用可能な更新の種類」、「更新できる製品」、「利用可能な言語」の情報がダウンロードされます。

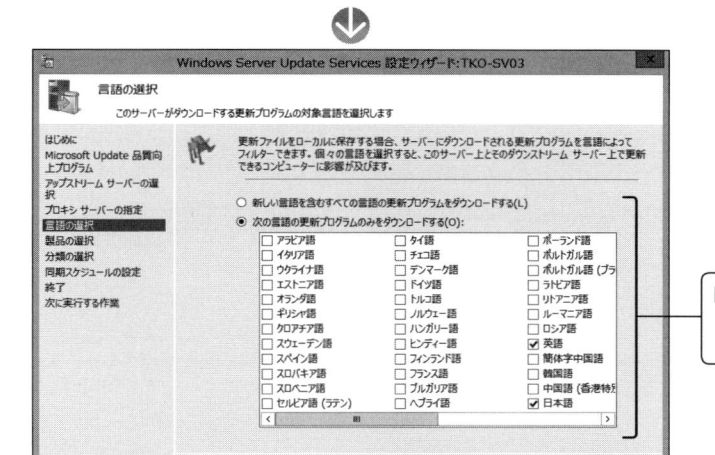

言語の選択
このサーバーがダウンロードする更新プログラムの対象言語を選択します

5 ダウンロードする更新プログラムの言語を選択して、[次へ]をクリックする

重要! [言語の選択]ページでは、更新プログラムを配布するクライアントコンピューターのOSの言語に合致したものだけを選択してください。言語を複数選択すると、その分だけダウンロードする更新プログラムのサイズも大きくなります。

製品の選択
更新する Microsoft 製品を選択します

6 更新プログラムの対象に含める製品を選択して、[次へ]をクリックする

解説 製品のリストは更新されるので、定期的に確認する必要がある

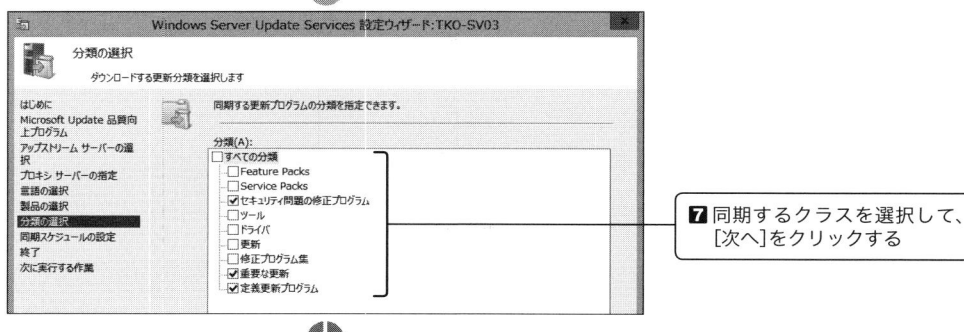

7 同期するクラスを選択して、[次へ]をクリックする

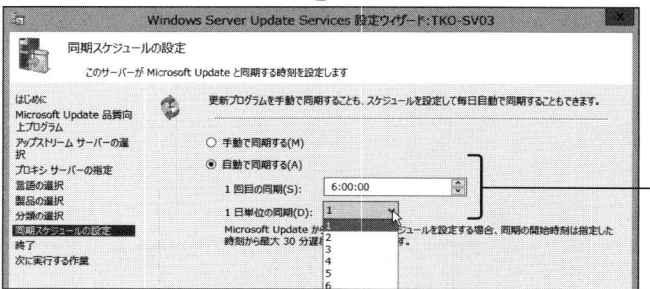

8 WSUSサーバーがMicrosoft Updateサイトと同期する時刻を選択して、[次へ]をクリックする

> **Tips** [自動で同期する]を選択すると、1日当たりの同期回数を指定できます。一般的には**1日1回**の同期で問題ありません。なお、仮に同期頻度を増やす場合でも**1日3回**程度までにすることを推奨します。また、その場合には業務時間中の同期は避けるなどの注意も必要です。

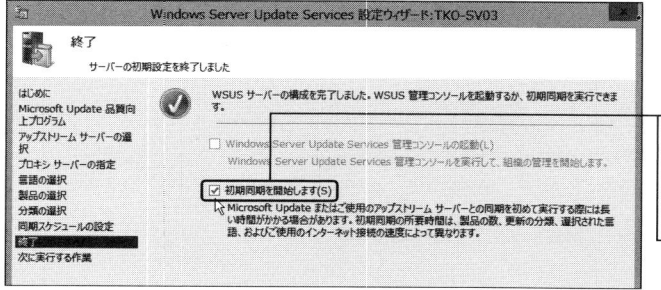

9 すぐに初回の同期を行う場合は[初期同期を開始します]にチェックを付けて、[完了]をクリックする

解説
この処理には多くの時間がかかる可能性がある

03 WSUSの導入直後に行う管理項目

　WSUSの管理作業は、その作業を行うタイミングや頻度によって次の3つに分類できます。まずは「WSUSの導入直後に行う管理項目」について解説します。

- WSUSの導入直後に行う管理項目
- 新たな更新プログラムのリリース時に行う管理項目
- 定期的に行う管理項目

03-01 自動更新の設定

最初に、Active Directoryのグループポリシーを使用して、WSUSクライアントのアクセス先をデフォルトの**Microsoft Updateサイト**から**WSUSサーバー**に変更し、更新プログラムの自動更新の設定を行います※。

GPMC（グループポリシー管理コンソール：⇒P.247）を起動して、GPOを新規に作成して、以下の手順を実行します。

※ワークグループ環境での自動更新の設定方法についてはP.476のコラムを参照してください。

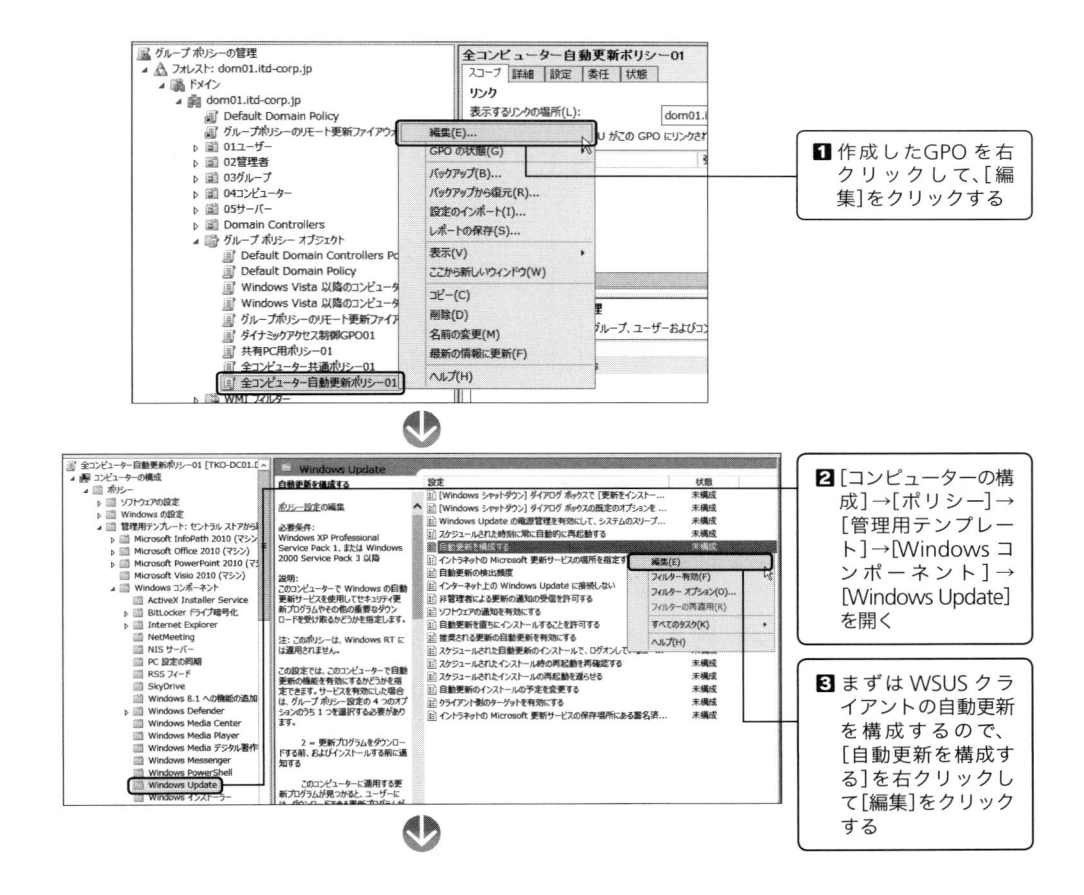

1 作成したGPOを右クリックして、[編集]をクリックする

2 [コンピューターの構成]→[ポリシー]→[管理用テンプレート]→[Windowsコンポーネント]→[Windows Update]を開く

3 まずはWSUSクライアントの自動更新を構成するので、[自動更新を構成する]を右クリックして[編集]をクリックする

Part 07 各種サーバーサービスの構築と管理

4 [有効]をクリックする

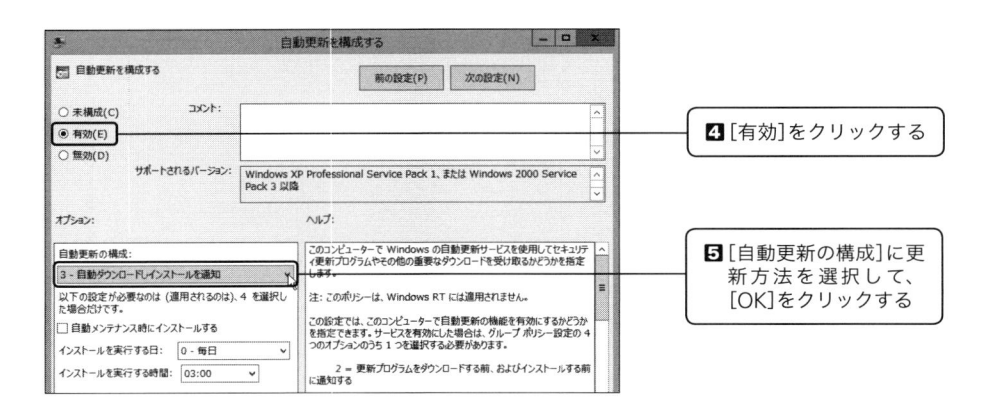

5 [自動更新の構成]に更新方法を選択して、[OK]をクリックする

■ [自動更新の構成]の設定項目

設定項目	説 明
2 - ダウンロードとインストールを通知	このコンピューターに適用する更新プログラムが見つかると、ユーザーには**ダウンロードできる更新プログラムがあることが通知される**。WSUS サーバー にアクセスすると使用可能なすべての更新プログラムをインストールできる
3 - 自動ダウンロードしインストールを通知	デフォルトの設定。コンピューターに適用できる更新プログラムが見つかると、**これらの更新プログラムがバックグラウンドでダウンロードされる**(ユーザーには通知されず、作業も中断されない)。ダウンロードが完了すると、ユーザーには、更新プログラムをインストールする準備ができたことが通知される。WSUS サーバーにアクセスすると、それらの更新プログラムをインストールできる
4 - 自動ダウンロードしインストール日時を指定	**自動的に更新プログラムのダウンロードを開始し、指定した時間になったらインストールを開始する**。[インストールを実行する日]と[インストールを実行する時間]も指定する。Windows 8 以降では、特定のスケジュールではなく自動メンテナンス時(コンピューターを使用していないとき)にインストールするように更新プログラムを設定できる。また、コンピューターがバッテリで動作している場合はインストールされない。なお、自動メンテナンスで更新プログラムを 2 日間インストールできない場合は、Windows Update によってすぐに更新プログラムがインストールされる。その後、もうすぐ再起動されることがユーザーに通知される。この再起動は、誤ってデータが失われる可能性がない場合にのみ実行される
5 - ローカルの管理者の設定選択を許可	ローカルの管理者がコントロールパネルの自動更新を使用して設定を変更できる

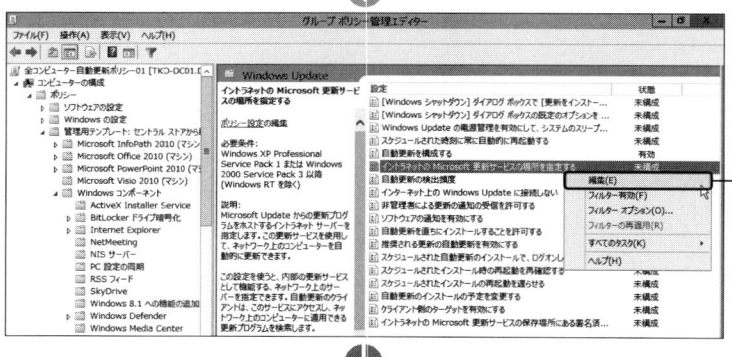

6 続いてWSUS サーバーのアドレスを指定する。[イントラネットのMicrosoft 更新サービスの場所を指定する]を右クリックして[編集]をクリックする

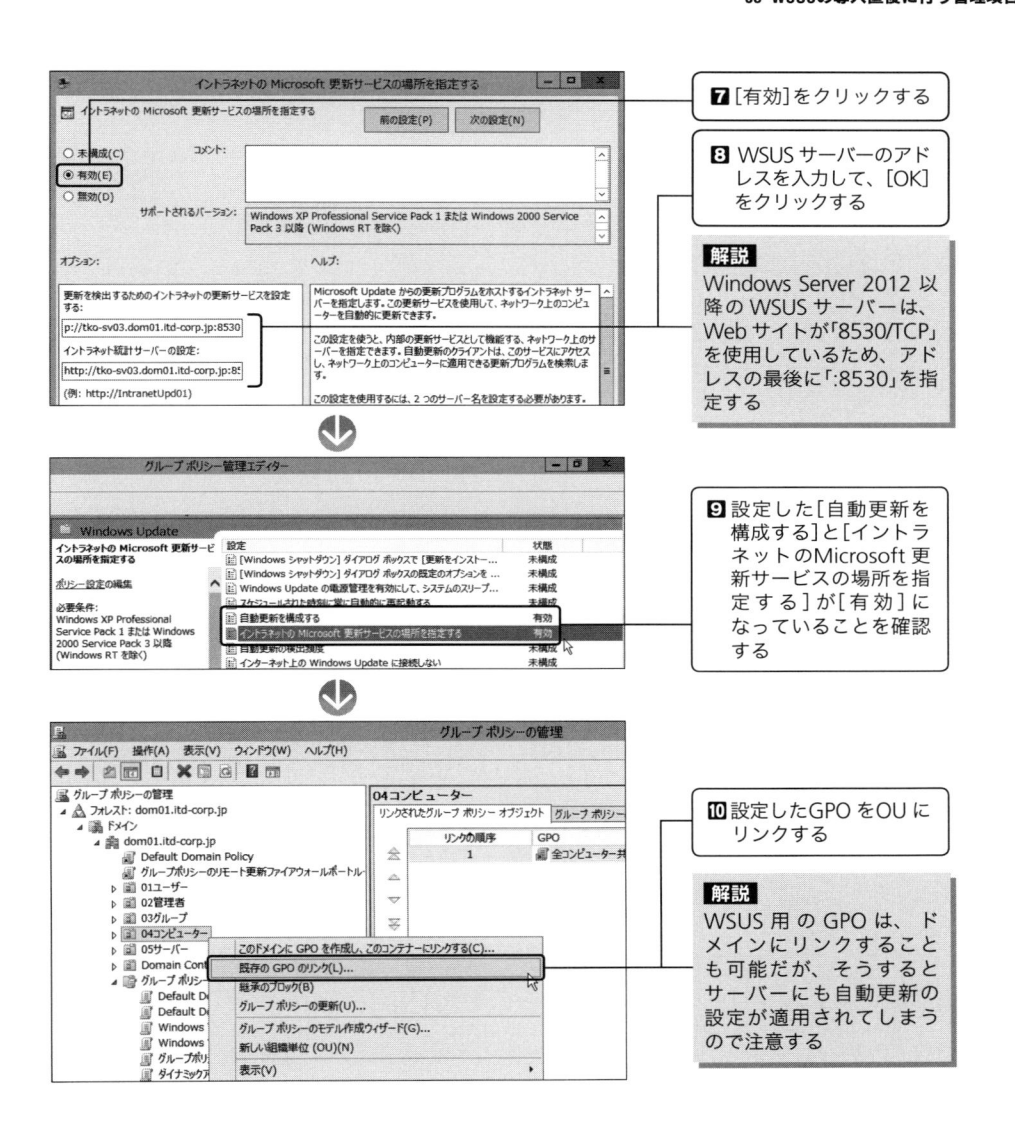

03 WSUSの導入直後に行う管理項目

7 [有効]をクリックする

8 WSUSサーバーのアドレスを入力して、[OK]をクリックする

解説
Windows Server 2012 以降のWSUSサーバーは、Webサイトが「8530/TCP」を使用しているため、アドレスの最後に「:8530」を指定する

9 設定した[自動更新を構成する]と[イントラネットのMicrosoft 更新サービスの場所を指定する]が[有効]になっていることを確認する

10 設定したGPOをOUにリンクする

解説
WSUS用のGPOは、ドメインにリンクすることも可能だが、そうするとサーバーにも自動更新の設定が適用されてしまうので注意する

グループポリシーの適用と更新プログラムの検出

　上記の手順を実行後、しばらくすると作成したGPOがクライアントコンピューターに適用されますが、早急に適用したい場合は、クライアントコンピューターやドメインコントローラーでコマンドプロンプトを開いて、以下のコマンドを実行します。

書 式 グループポリシーの強制適用

```
gpupdate /force
```

また、クライアントコンピューターで以下のコマンドを実行すると、更新プログラムの検出が直ちに開始されます。

書 式 検出の開始

```
wuauclt /detectnow
```

WSUSクライアントが有効になると、WSUSサーバーのWSUSコンソールに登録したクライアントコンピューターが表示されます。

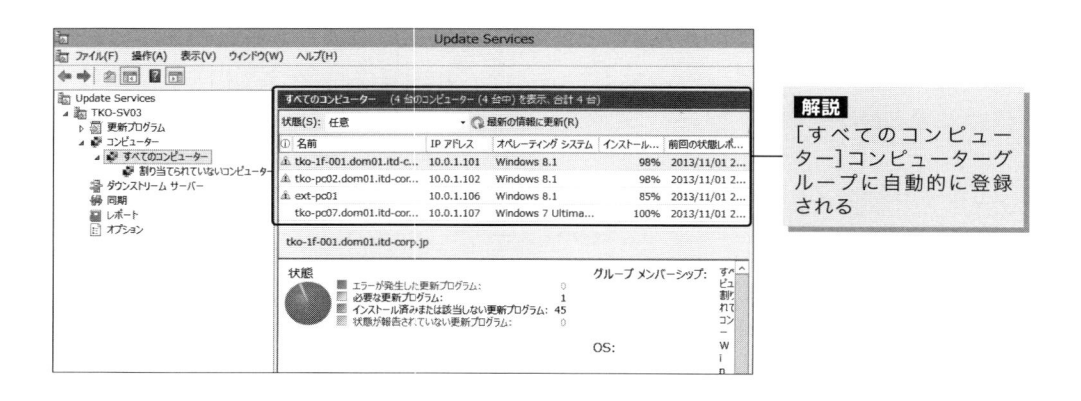

解説 [すべてのコンピューター]コンピューターグループに自動的に登録される

> **Tips** 本書では必要最小限の設定のみを解説しましたが、他のポリシーを併用することで、さらに細かくWSUS環境を制御することもできます。

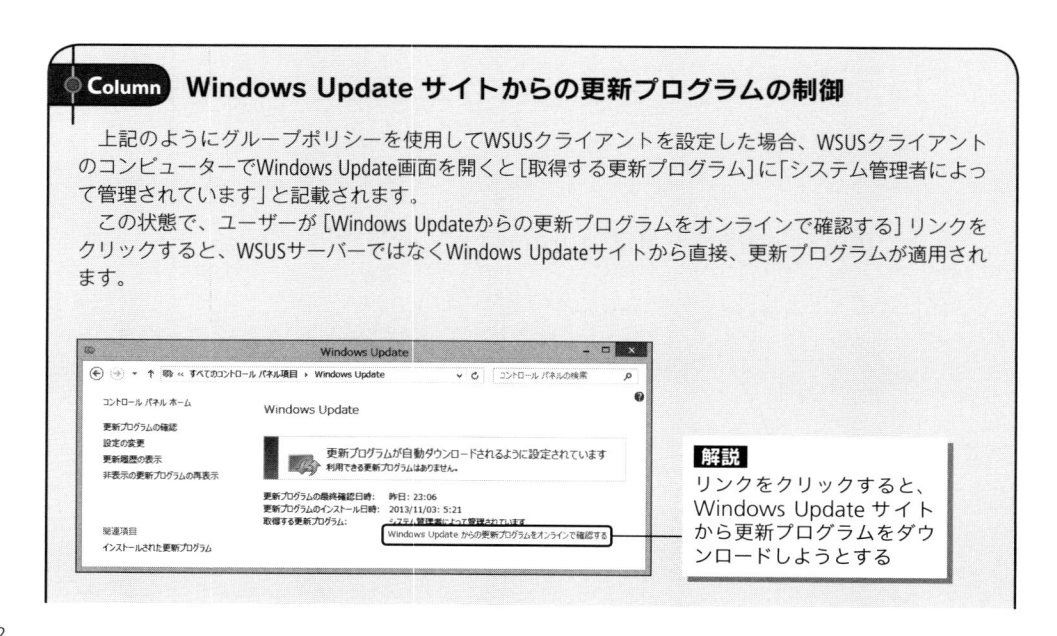

Column Windows Update サイトからの更新プログラムの制御

上記のようにグループポリシーを使用してWSUSクライアントを設定した場合、WSUSクライアントのコンピューターでWindows Update画面を開くと[取得する更新プログラム]に「システム管理者によって管理されています」と記載されます。

この状態で、ユーザーが[Windows Updateからの更新プログラムをオンラインで確認する]リンクをクリックすると、WSUSサーバーではなくWindows Updateサイトから直接、更新プログラムが適用されます。

解説 リンクをクリックすると、Windows Update サイトから更新プログラムをダウンロードしようとする

このような更新プログラムの適用を禁止したい場合は、グループポリシーの[ユーザーの構成]→[ポリシー]→[管理用テンプレート]→[Windowsコンポーネント]→[Windows Update]にある[Windows Updateのすべての機能へのアクセスを削除する]を開き、以下の手順を実行します。

1 [有効]をクリックする

2 [オプション]に[1 - 再起動が必要であることを示す通知を表示する]を選択する

03-02 コンピューターグループの作成

デフォルトの設定では、WSUSサーバーはすべてのWSUSクライアントを「**割り当てられていないコンピューター**」という独自のグループに登録して管理するため、WSUSクライアントごとに適用する更新プログラムを選択できません。すべてのWSUSクライアントに同じ更新プログラムが適用されます。

WSUSクライアントの用途や目的別に適用する更新プログラムを変更したい場合は、コンピューターグループを作成して、そのグループのメンバーにWSUSクライアントを登録します。こうすることで「**あるグループに所属するWSUSクライアントにだけ特定の更新プログラムを適用する**」といった運用を実現できます。

コンピューターグループを作成するには、サーバーマネージャーを起動して、以下の手順を実行します。

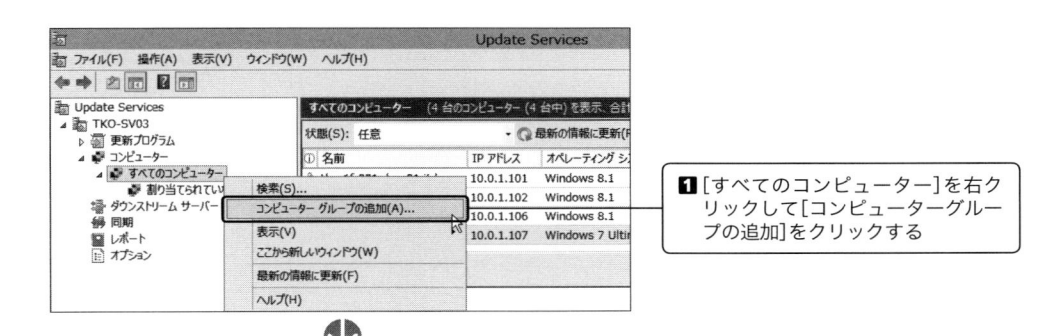

1 [すべてのコンピューター]を右クリックして[コンピューターグループの追加]をクリックする

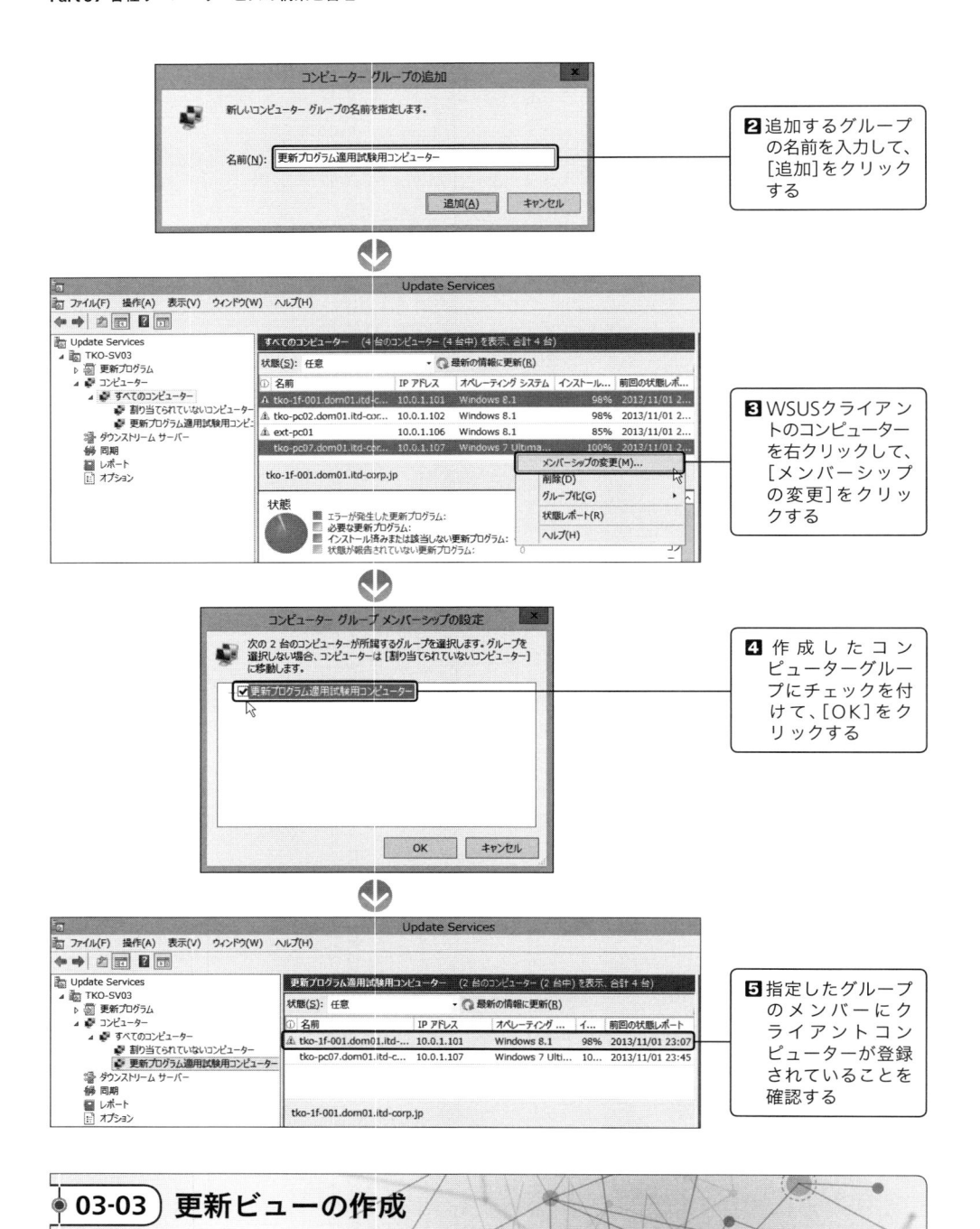

2 追加するグループの名前を入力して、[追加]をクリックする

3 WSUSクライアントのコンピューターを右クリックして、[メンバーシップの変更]をクリックする

4 作成したコンピューターグループにチェックを付けて、[OK]をクリックする

5 指定したグループのメンバーにクライアントコンピューターが登録されていることを確認する

03-03　更新ビューの作成

更新ビューを使用すると、WSUSコンソールで更新プログラムの一覧を表示する際に、表示する更新プログラムにフィルターをかけることができます。デフォルトでは[すべての更新プログラム]、[セキュリティ更新プログラム]などの更新ビューが用意されていますが、

サーバーマネージャーを起動して、以下の手順を実行することでオリジナルの更新ビューを作成できます。

1 WSUS コンソールの[更新プログラム]を右クリックして[新しい更新ビュー]をクリックする

2 [ステップ1]でプロパティを選択する

3 [ステップ2]で表示の条件を設定する

4 [ステップ3]で名前を入力して、[OK]をクリックする

03-04 電子メール通知の設定

電子メール通知を設定すると、新しい更新プログラムが公開された際に、指定したアドレスに対してメールを自動送信することができます。

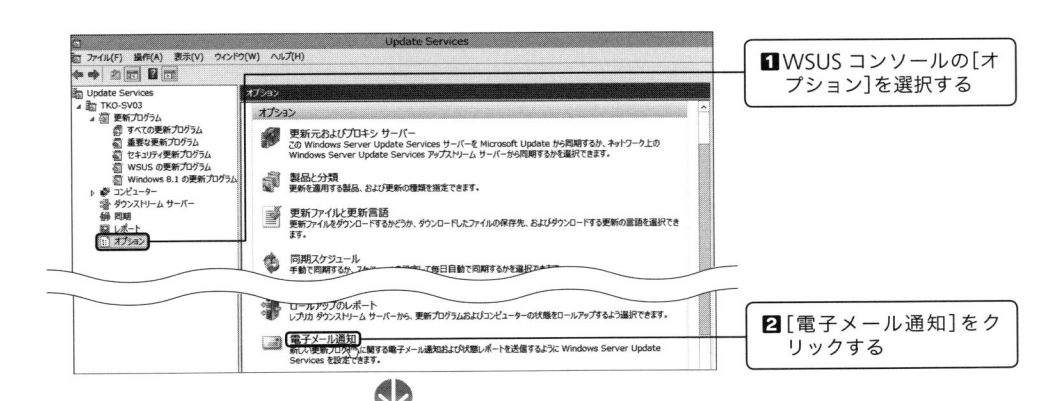

1 WSUS コンソールの[オプション]を選択する

2 [電子メール通知]をクリックする

❸ [全般]タブでは新しい更新プログラムが公開された際の動作内容を設定する

❹ [電子メールサーバー]タブでは、送信に使用するメールサーバーや送信者を設定する

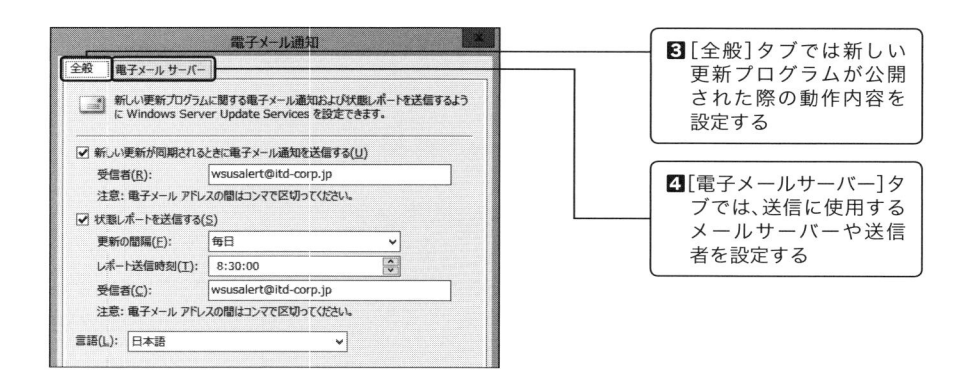

Column ワークグループ環境で WSUS を使用する方法

ワークグループ環境でWSUSを利用する場合は「ローカルグループポリシーエディターを使用する方法」または「レジストリーを直接操作する方法」のいずれかでクライアントコンピューターからWSUSサーバーにアクセスできるように設定します。具体的な設定方法は以下のマイクロソフトのサイトで解説されています。

URL Active Directory 以外の環境で自動更新を構成する
http://technet.microsoft.com/ja-jp/library/cc708449.aspx

04 更新プログラムのリリース時に行う管理項目

新しい更新プログラムがリリースされたら、管理者はできるだけ早くその更新プログラムの承認や展開を行う必要があります。また、テスト用のグループを用意している場合は、先にそのグループのメンバーに更新プログラムを適用し、動作試験を行います。

04-01 更新プログラムの承認

更新プログラムを承認するには、サーバーマネージャーを起動して以下の手順を実行します。

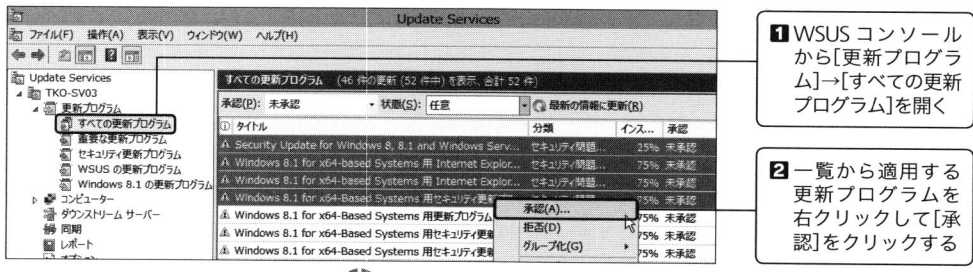

❶ WSUS コンソールから[更新プログラム]→[すべての更新プログラム]を開く

❷ 一覧から適用する更新プログラムを右クリックして[承認]をクリックする

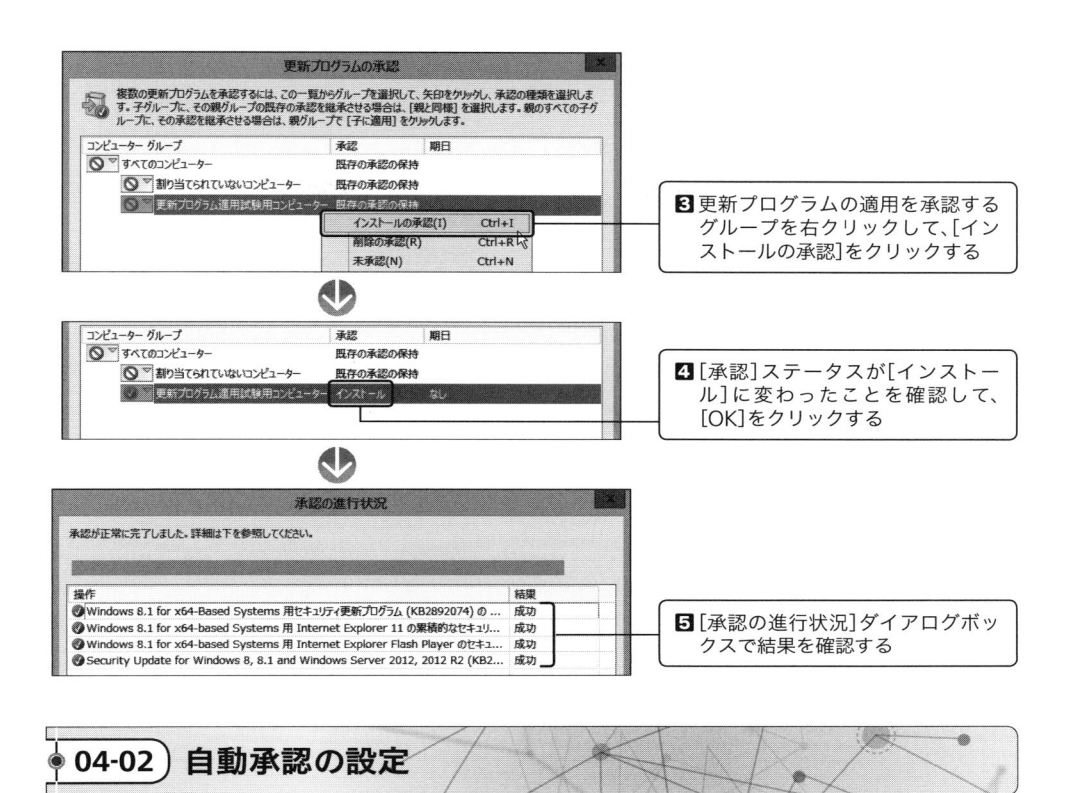

❸ 更新プログラムの適用を承認するグループを右クリックして、[インストールの承認]をクリックする

❹ [承認]ステータスが[インストール]に変わったことを確認して、[OK]をクリックする

❺ [承認の進行状況]ダイアログボックスで結果を確認する

04-02 自動承認の設定

　理想的なWSUSサーバーの管理方法は、専任のサーバー管理者を配置し、更新プログラムがリリースされるたびに1つずつ承認操作を行って適用することですが、現実的には困難な場合もあるでしょう。

　WSUSサーバーの管理に十分なリソースを割けない場合は、更新プログラムの承認を自動化することを検討します。自動承認機能を利用すると、更新プログラムのクラスや製品、コンピューターグループなどの条件ごとに、承認する更新プログラムを設定できます。なお、自動承認機能はすでに同期済みのものに対しても有効になります。

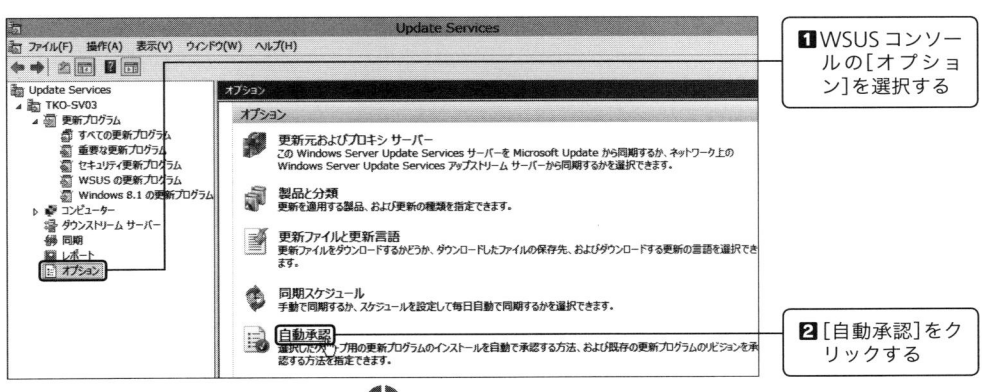

❶ WSUS コンソールの[オプション]を選択する

❷ [自動承認]をクリックする

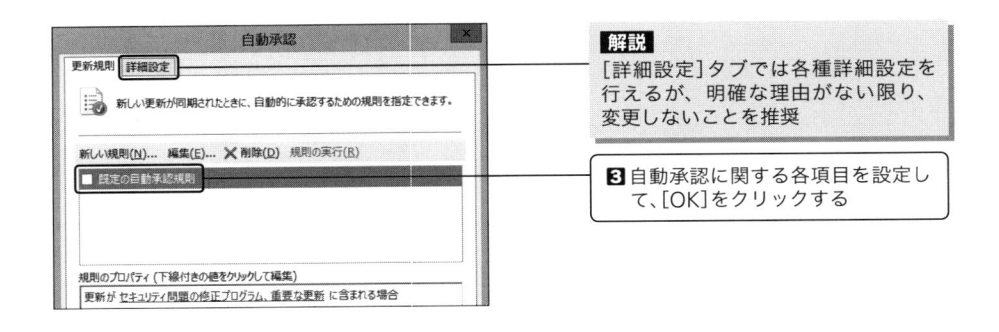

[詳細設定]タブでは各種詳細設定を行えるが、明確な理由がない限り、変更しないことを推奨

3 自動承認に関する各項目を設定して、[OK]をクリックする

> **Tips** デフォルトでは、すべてのコンピューターに対して**セキュリティ問題の修正プログラム**と**重要な更新**を自動承認する[**既定の自動承認規則**]が用意されています。また、[承認の期日の設定]を設定すると、指定した日時までに更新プログラムのインストールが行われなかったクライアントに対して、強制的にインストールや再起動を実行できます。

05 定期的に行う管理項目

WSUSを構築した場合は、定期的にWSUSに関するレポートを作成し、状況を確認してください。また、不要な更新プログラムのクリーンアップ作業も必要です。

05-01 レポートの作成

WSUSコンソールを使用してレポートを作成すると、「**更新プログラム別**」や「**コンピューター別**」(WSUSクライアント別)に更新プログラムの適用状況や、Microsoft Updateサイトとの同期状況などを確認できます。

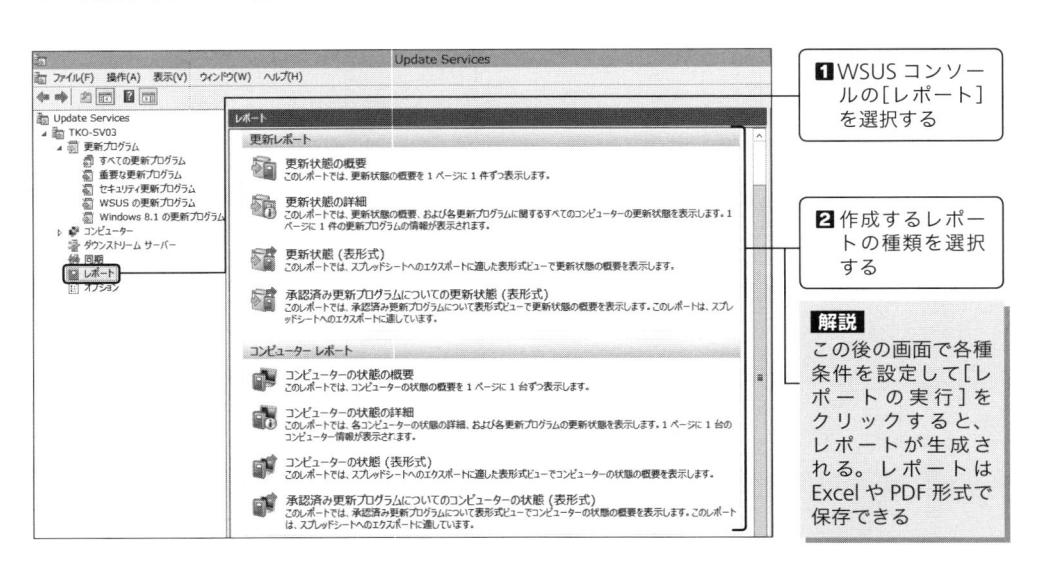

1 WSUSコンソールの[レポート]を選択する

2 作成するレポートの種類を選択する

解説
この後の画面で各種条件を設定して[レポートの実行]をクリックすると、レポートが生成される。レポートはExcelやPDF形式で保存できる

05-02 サーバークリーンアップウィザードの実行

　WSUSサーバーを長期間運用していると、期限切れや古いものなど、不要な更新プログラムが多数出てきます。不要な更新プログラムはWSUSコンソールの[**WSUSサーバークリーンアップウィザード**]を使用して削除してください。

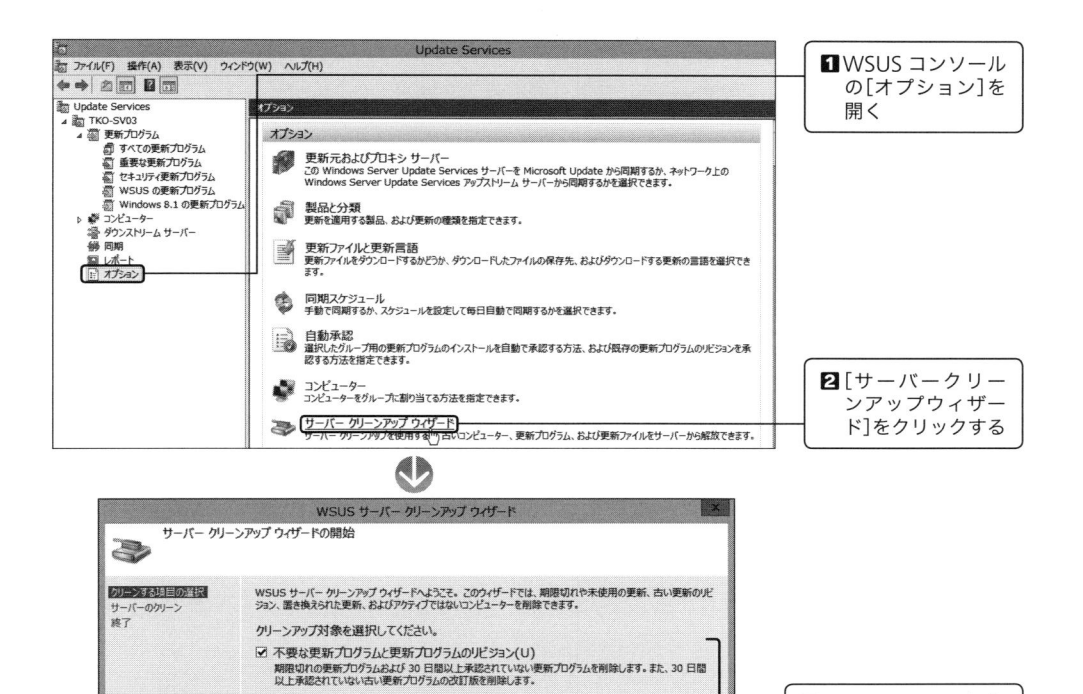

1 WSUS コンソールの[オプション]を開く

2 [サーバークリーンアップウィザード]をクリックする

3 クリーンアップ対象を選択して、[次へ]をクリックする

解説
[次へ]をクリックするとすぐに処理が実行されるので要注意

Tips WSUSコンソールの[オプション]では、他にもさまざまな管理操作を実行できます。WSUSのインストール時に設定した項目を変更することもできます。中でも[**製品とクラス**]は定期的に確認して、必要があれば変更することをお勧めします。

Chapter 25 DNSサーバーの構築と管理

本章では、現代のITネットワークにとって必要不可欠な機能ともいえる「DNSサーバー」の構築・管理方法を解説します。前半ではDNSの機能や特徴、またWindows Server に標準で搭載されているDNSサーバーの機能について解説します。後半はDNS環境を構築するための設計要件や、実際の構築方法を解説します。

01 DNSの概要

インターネットやActive Directory環境は、階層構造を持った複数の**ドメイン**によって構成されます。ドメインにはサーバーなどが登録されており、それらは**FQDN**(Fully Qualified Domain Name:完全修飾ドメイン名)で識別されます。

この階層構造を構成する分散型データベースが**DNS**(Domain Name System)であり、FQDNとIPアドレスの変換(**名前解決**)を行うサーバーが**DNSサーバー**です。

DNSサーバーは、インターネットにWebサーバーやメールサーバーを公開したり、組織内にActive Directory環境を構築する際には必須です。また、Active Directoryが存在しない組織であっても、DNSサーバーを構築することで、組織内のサーバーにFQDNでアクセスできるようになり、その結果「**サーバーのIPアドレスを覚える必要がない**」、「**IPアドレスの変更を行いやすくなる**」などのメリットを享受できます。

01-01 Windows Server 2012 R2のDNSサーバー

Windows Server 2012 R2には操作や導入が簡単なDNSサーバー機能が実装されています。一般的に広く利用されている**BIND**(DNSサーバーソフトウェア)を利用する選択肢もありますが、管理の容易性やActive Directoryとの連携を考慮すると、組織内ではBINDよりも「**標準のDNSサーバー**」を使用するほうが便利です。

標準の DNS サーバーの主な特徴

標準のDNSサーバーには主に以下の特徴があります。

● **コンテンツサーバーやキャッシュサーバーとしても動作可能**

大別すると、DNSサーバーには2つの動作形態があります。1つめは、自ドメインに対する問い合わせに応える「**コンテンツサーバー**」としての動作形態、2つめはDNSクライアント

からの名前解決要求に対して他のDNSサーバー（コンテンツサーバー）に問い合わせを行う「**キャッシュサーバー**」としての動作形態です。標準のDNSサーバーはどちらの形態でも動作させることができ、兼用することもできます。

●BIND などの一般的な DNS サーバーや WINS サーバーと連携できる

標準のDNSサーバーはRFCの各種規格に準拠しているため、BINDなどの一般的なDNSサーバーと連携できます。名前解決の転送機能ともいえる「**フォワーダー**」としてBINDを指定することもできます。また、WINSサーバー（⇒P.484）とも連携できるので、DNSサーバーで解決できない名前があった際に、WINSサーバーに問い合わせることができます。

●Active Directory をサポート

標準のDNSサーバーをドメインコントローラーで動作させると、ゾーン情報をActive Directoryのディレクトリ情報に含めることができます（**Active Directory統合ゾーン**）。

また、一般的なDNSサーバーのゾーンはプライマリとセカンダリによる一種の主従関係によって構成されますが、Active Directory統合ゾーンとして構成すると、それらのゾーンはお互いがマスター（**マルチマスター**）になります。

●セキュアな環境の構築が可能

標準のDNSサーバーは、DNSクライアント（Windowsコンピューター）が自分自身の名前やIPアドレスなどをDNSサーバーに自動登録する「**動的更新**」と呼ばれる機能をサポートしています。そのため、ドメインコントローラーがDNSクライアントであれば、Active Directoryに関わる機能を**SRV**（サービスロケーションリソース）レコード（⇒P.501）としてDNSサーバーに自動登録できます。

01-02　DNSサーバーの設計要件

DNSサーバーを構築する際は、事前に以下の項目を検討・設計しておきます。

●DNS サーバーの台数と動作形態

DNSサーバーを何台配置するかを検討します。インターネットに公開するためのものであれば、少なくとも2台以上を配置することが推奨されます。Active Directory環境用のDNSサーバーとして利用するのであれば、Active Directory環境の設計と併せて、台数や配置を検討します。また、動作形態（コンテンツサーバーなのか、キャッシュサーバーなのか）も検討します。

●フォワーダーの利用

フォワーダーの利用を検討します。フォワーダーとして他のDNSサーバーを指定しておけば、解決できなかった要求を転送して、解決を依頼することができます。

フォワーダーには、解決できなかった要求を無条件に転送する「**フォワーダー**」と、特定のドメインに関するものだけを転送する「**条件付きフォワーダー**」の2種類があります。フォワーダーの詳細については**P.489**を参照してください。

●再帰の許可

キャッシュサーバーが他のコンテンツサーバーを使用して名前解決を行うことを「**再帰問い合わせ**」と呼び、そのための要求を「**再帰クエリー**」と呼びます。ここでは、この再帰クエリーを受け付けるか否かを検討します。

再帰クエリーを受け付けないようにすると、そのDNSサーバーのキャッシュサーバー機能は無効になるため、純粋なコンテンツサーバーとして稼働することになります。インターネット向けの公開用DNSサーバーであれば、再帰クエリーを受け付けないようにしたほうが安全です。

●ゾーン転送の構成

プライマリゾーンを持つプライマリサーバーと、セカンダリゾーンを持つセカンダリサーバーを配置する場合は、ゾーン転送の許可に関する設定内容を検討しておきます。

ゾーン転送の詳細については**P.506**を参照してください。

●前方参照ゾーンの構成

FQDNをIPアドレスに変換する「**前方参照ゾーン**」について、「**ゾーンの種類**」、「**ゾーン名**」、「**動的更新の利用**」を検討します。また、DNSサーバーがドメインコントローラーを兼ねている場合は**Active Directory統合ゾーン**として利用するかも検討します。

■ ゾーンの種類

ゾーンの種類	説明
プライマリゾーン	マスター的なゾーンであり、ゾーンに存在するサーバーのFQDNやIPアドレスを直接登録できる
セカンダリゾーン	他のプライマリゾーンなどからコピーをもらうサブ的なゾーン。プライマリサーバーの負荷低減や耐障害性の向上などのために利用する
スタブゾーン	そのゾーンに対して権限のあるDNSサーバーを識別するために必要なリソースレコードのみが含まれるゾーンのコピー

ゾーン名には、インターネットに公開するゾーンの場合は、ドメイン登録業者やISPから取得したドメイン名を指定します。また、組織内であれば自由に設定できますが、組織内にドメインが存在する場合は管理者に相談してください。

動的更新は、インターネット公開用のDNSサーバーのゾーンの場合はセキュリティを考慮して禁止し、組織内のものであれば許可すると良いでしょう。

前方参照ゾーンの詳細については**P.491**を参照してください。

● 逆引き参照ゾーンの構成

　IPアドレスをFQDNに変換する「**逆引き参照ゾーン**」について、まずはその必要性を検討します。前方参照ゾーンはコンテンツサーバーに必須ですが、逆引き参照ゾーンは必須ではありません。

　組織内のDNSサーバーであり、かつ逆引き参照をするようなシステムが存在しない場合は、逆引き参照ゾーンは作成しなくても大きな支障はありません。

　一方、インターネットに公開するDNSサーバーでは、逆引き参照ゾーンは必須です。例えば、メールサーバーのスパムメール対策として、接続してきたメールサーバーのIPアドレスを元に、FQDNを調べることがあります。また、Webサーバーのアクセスログを解析する際も、記録されている接続元のIPアドレスからFQDNやドメインを調べることがあるため、逆引き参照ゾーンは必要です。

　逆引き参照ゾーンが必要であれば、「ゾーンの種類」、「ネットワークIDまたはゾーン名」、「動的更新の利用」を検討します。「ゾーンの種類」や「動的更新」については前方参照ゾーンの場合と同じです（⇒**P.491**）。逆引き参照ゾーンの詳細については**P.494**を参照してください。

● リソースレコードの必要性

　前方参照ゾーンや逆引き参照ゾーンに登録するリソースレコードの必要性について検討します。また、必要であれば、登録するデータも検討します。

　リソースレコードの詳細については**P.496**を参照してください。

● サブドメインの構成

　ドメインの子である「**サブドメイン**」の必要性や構成を検討します。大規模な組織では単一のドメインでの運用は困難な場合があります。また、部署別やキャンペーン用といった一時的に異なるドメインを作成する可能性がある場合は、サブドメインを作成して対応します。例えば「`asia.dom01.itd-corp.jp`」、「`sales.dom01.itd-corp.jp`」、「`campaign.dom01.itd-corp.jp`」といったドメインを作成します。サブドメインを作成する場合は、サブドメイン名や実装方法を選択します。

■ サブドメインの実装方法

実装方法	説　明
親ドメインと同じゾーンの中にサブドメインを作成する	この場合は親ドメインのDNSに関する情報を保持しているDNSサーバーが、引き続き子ドメイン（サブドメイン）の情報も保持する。最も簡単な実装方法
委任する	サブドメインの管理を別のDNSサーバーが行う。これにより親ドメインはサブドメインの情報を保持しているDNSサーバーの情報のみを知っておき、サブドメインに関する名前解決要求などはそのDNSサーバーに任せる、という構成が可能になる

● エージングと清掃の構成

　ゾーンで動的更新を有効にすると、DNSクライアントのホスト名やIPアドレスが自動登録されるというメリットがある反面、不要なごみデータが残ったままになる可能性もあります。特に、Active Directory統合ゾーンでは肥大化したごみデータのためにActive

Directoryそのものに悪影響が生じる可能性があります。

動的更新を有効にしている場合は、自動的に不要なごみデータを削除する「**エージング**」と「**清掃**」機能の利用を検討します。また、利用する場合は実行間隔も検討します。

エージングと清掃の詳細については**P.511**を参照してください。

> **Column　WINS サーバーの必要性**
>
> **WINS**（Windows インターネットネームサービス）は、「NetBIOS名」と呼ばれる識別子（コンピューター名）を、IPアドレスに変換する機能です。Windows NTなどの時代から移行を続けてきたWindowsネットワークでは今でも多く利用されています。
>
> まったくの新規でWindowsネットワークを構築する場合は、WINSサーバーを配置する必要はほぼありません。しかし、WINSサーバーが存在する環境を移行する場合には注意が必要です。特に、古くから稼働している大規模なネットワークでは、管理者が把握しきれていないサーバーやアプリケーションがNetBIOSでの名前解決を求めている可能性があります。
>
> Windows Server 2012 R2でも引き続きWINSサーバーの機能は実装されていますので、移行前にNetBIOSを利用しているシステムの洗い出しや、WINSサーバーの継続利用について検討してください。

02　DNSサーバーの構築

ここからはWindows Server 2012 R2でDNSサーバーを構築する方法を解説します。なお、Active Directoryを構築する際にDNSサーバーが見つからない場合は、自動的にDNSサーバーをセットアップすることも可能です。その方法については「Chapter 07 Active Directoryの構築手順」（⇒**P.154**）を参照してください。

02-01　静的IPアドレスの確認

まずは、管理者権限のあるユーザーでWindows Server 2012 R2コンピューターにサインインして、サーバーに**静的IPアドレス**が割り当てられていることを確認します。また、システムのプロパティで**プライマリDNSサフィックス**を登録しておきます。

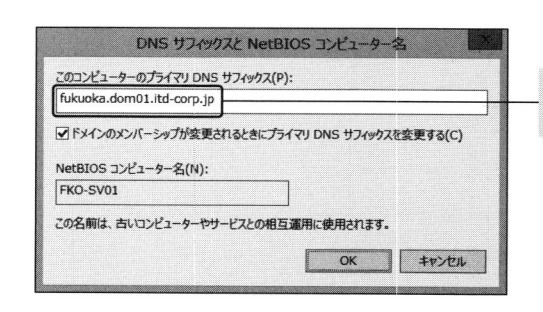

解説
プライマリ DNS サフィックスを登録する

03 DNSサーバーの管理

なお、本書の例ではActive Directory環境に属していない部門のDNS環境を構築します。そのため、「dom01.itd-corp.jp」といったActive Directory統合ゾーンとは別の、「fukuoka.dom01.itd-corp.jp」というサブドメイン内の**fko-sv01**や**fko-sv02**という名前のWindows Server 2012 R2コンピューターをDNSサーバーにします。

02-02　DNSサーバーのセットアップ

続いてDNSサーバーの役割を追加します。管理者でサインインして、サーバーマネージャーから［役割と機能の追加ウィザード］（⇒P.52）を起動して、以下の手順を実行します。

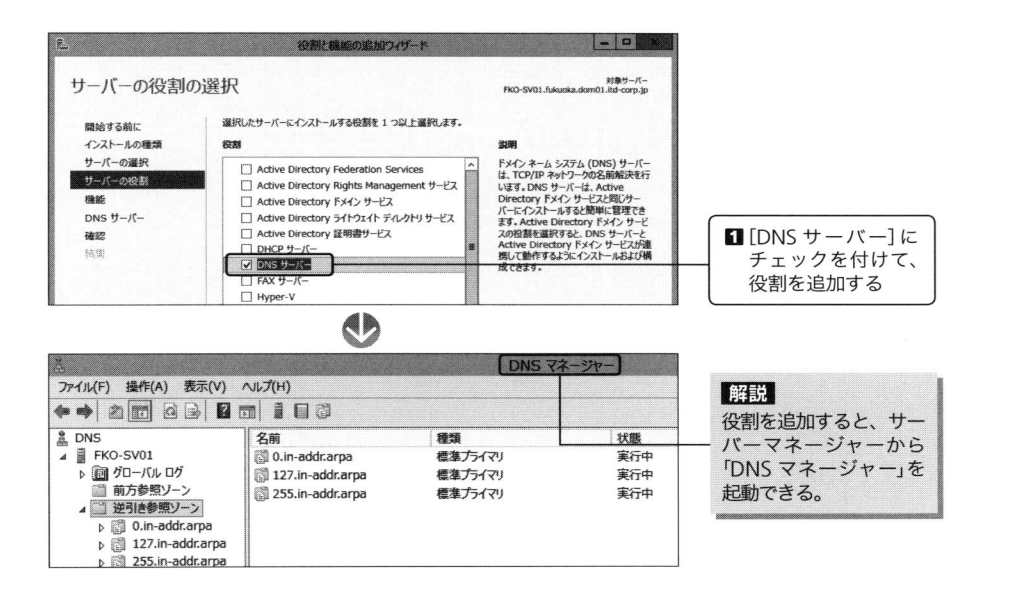

1 ［DNS サーバー］にチェックを付けて、役割を追加する

解説
役割を追加すると、サーバーマネージャーから「DNS マネージャー」を起動できる。

Tips DNSマネージャーのアイコンを右クリックして［表示］→［詳細設定］をクリックすると、自動的に作成された逆引き参照ゾーンや、キャッシュに関する情報を確認できます。

03　DNSサーバーの管理

DNSサーバーの管理は、**DNSマネージャー**を使用して行います。

03-01　DNSサーバーの基本設定

DNSサーバー自身に関する主な設定項目をいくつか解説します。サーバーマネージャーから［DNSマネージャー］を開いて、以下の手順を実行します。

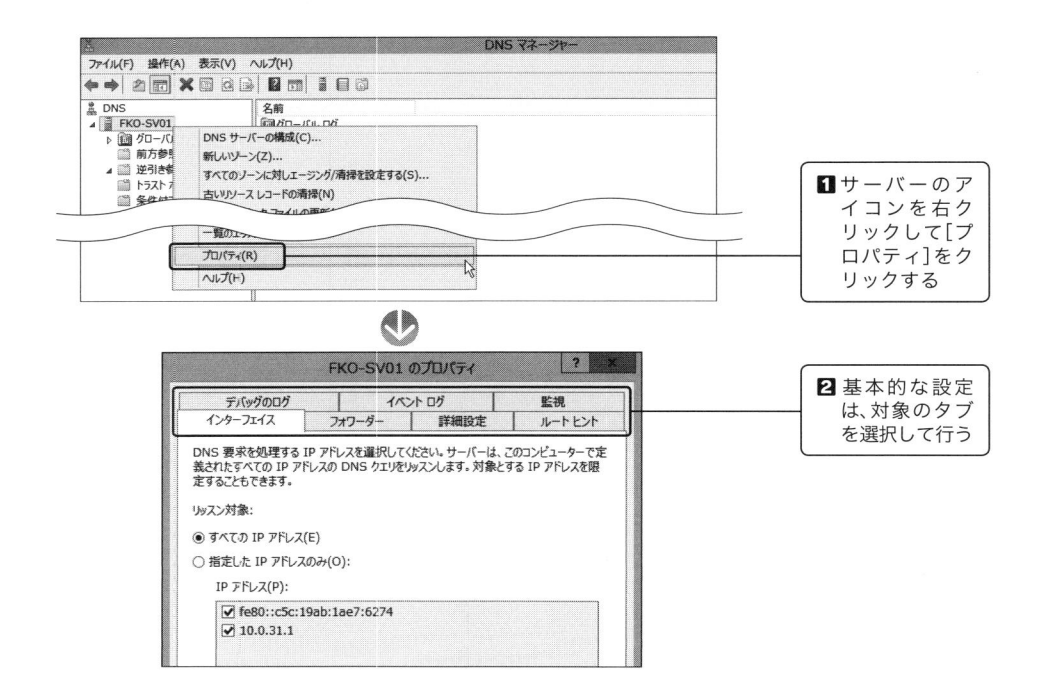

1 サーバーのアイコンを右クリックして[プロパティ]をクリックする

2 基本的な設定は、対象のタブを選択して行う

● [インターフェイス]タブ

[インターフェイス] タブでは、DNSサーバーが要求を受け付ける**ネットワークインターフェイスに関する設定**を行います。デフォルトではすべてのIPv4とIPv6インターフェイスがDNS要求を処理するようになっています。

DNSサーバーがネットワークインターフェイスを複数枚搭載しているマルチホーム構成であり、かつDNSクライアントと接していないインターフェイスからの要求を受け付けたくない場合や、IPv6の要求に応えたくない場合は、[リッスン対象]を[指定したIPアドレスのみ]にして、チェックのオン・オフを設定します。

● [ルートヒント]タブ

[ルートヒント] タブには、デフォルトではインターネット上の**ルートヒント**（ドメイン階層のトップレベルのDNSサーバーのアドレス）が登録されています。このDNSサーバーで解決できないレコードで、かつフォワーダーを設定していない場合や、設定したフォワーダーからの応答が得られない場合は、このサーバーにアクセスすることになります。

> **Tips** インターネット上のルートサーバーは、アドレスが変更されたり、サーバーの数が増減したりすることがあります。インターネット上のルートサーバーを利用する場合は、以下のURLから最新のリストを入手して、必要に応じて［ルートヒント］タブの設定を編集してください。
>
> **URL** インターネット上のルートサーバーの最新リスト
> ftp://ftp.internic.net/domain/named.root

●[監視]タブ

[監視]タブでは、自分自身や他のDNSサーバーの**クエリー試験**を実行できます。[DNSサーバーに対する単純クエリ]や[ほかのDNSサーバーに対する再帰クエリ]を選択して[テストを実行]をクリックすると即座に試験が実行されます。

また、[次の間隔で自動テストを実行する]にチェックを付けて、[テスト間隔]を指定しておけば、その間隔で試験を自動的に実行できます。

試験に失敗した場合はイベントログにエラーが記録されるので、イベントログの監視を行っておけば、DNSサーバーにトラブルが発生しても早期に検知し、対応できます。

●[詳細設定]タブと[フォワーダー]タブ

[詳細設定]タブでは、このDNSサーバーに対するさまざまな項目を設定できます。また、[フォワーダー]タブではDNSサーバーのフォワーダーに関するさまざまな項目を設定できます。[詳細設定]タブについては次項で解説します。また[フォワーダー]タブについてはP.489で詳しく解説します。

03-02 DNSサーバーの詳細設定

DNSサーバーの詳細設定は、DNSサーバーのプロパティダイアログの[詳細設定]タブで行います。このタブでは、さまざまな設定を細かく設定できます。ここでは特に重要な項目を紹介します。

解説
DNSサーバーの詳細設定は[詳細設定]タブで行う

●サーバーオプション

[サーバーオプション]ではDNSサーバーのさまざまな設定を構成します。必要に応じて設定を変更してください。

■［サーバーオプション］の設定項目

設定項目	説明
再帰を無効にする（フォワーダーも無効になります）	これを有効にすると、**再帰クエリーを受け付けなくなる**。また、**フォワーダーも使用されなくなる**。これによってDNSサーバーのキャッシュサーバー機能が無効になるので、純粋なコンテンツサーバーとして稼働させることが可能になる。デフォルトでは無効になっている
BINDセカンダリを有効にする	Windows Server 2012 R2のDNSサーバーは、デフォルトではゾーン転送時に複数のレコードを圧縮した「**高速転送形式**」と呼ばれるフォーマットで送る。しかし、BINDの古いバージョン（Ver.4.9.4以前）は高速転送形式をサポートしていない。そのため、セカンダリDNSサーバーがBINDの場合は、これを有効にして、**高速転送形式を利用しないように設定する必要が**ある。逆に、セカンダリDNSサーバーがBINDの新しいバージョンや、Windows 2000 Server以降の標準DNSサーバーであれば、設定を無効にしても問題はない。この設定はデフォルトでは無効になっている
ゾーンデータが正しくない場合は、ロード時に失敗する	不良データを検出した際にゾーンの読み込みを禁止させたい場合は、これを有効にする。例えば、BINDなど他のDNSサーバーからゾーンファイルや起動ファイルを移行した際に、標準のDNSサーバーではサポートされていないデータを無視せずに、エラーとしてロードさせない場合はこの設定を有効にする。デフォルトでは無効になっている
ラウンドロビンを有効にする	ラウンドロビンを利用する場合にはこれを有効にする。デフォルトでは有効になっている
ネットマスクの順序を有効にする	これを有効にすると、DNSクライアントからのクエリーに対するリソースレコードが複数存在する場合に、クライアントと同じサブネットのレコードから応えようとする。デフォルトでは有効になっている
Pollutionに対してセキュリティでキャッシュを保護する	サーバーを、外部の不正なDNSサーバーなどによる**DNSキャッシュの汚染**から守るには、これを有効にする。この設定はデフォルトで有効になっており、特に理由がない限り、無効にはしないでおく
リモート応答のDNSSEC検証を有効にする	DNSSEC検証を実行するかを指定する。デフォルトでは有効になっている

> **重要！** インターネット向けの公開用DNSサーバーとして運用する場合は、不正なアクセスによってキャッシュが汚されることを防ぐためにも、［再帰を無効にする（フォワーダーも無効になります）］を有効にすることを推奨します。

●名前の確認

［名前の確認］には、**DNSサーバーが使用するDNS名の確認方法**を指定します。デフォルトでは［**マルチバイト（UTF8）**］が選択されています。標準のDNSサーバーのみを使用する場合は、デフォルトの設定のままで問題はありませんが、他のDNSサーバーと共存させる環境では、必要に応じて設定を変更してください。

■［名前の確認］の選択項目

選択項目	説明
厳密なRFC（ANSI）	RFC準拠の名前付け規則が厳密に強制される。RFCに準拠していない名前は、サーバーによって誤ったデータとして扱われる
非RFC（ANSI）	RFCに準拠していない名前、例えばASCII文字を使った名前で、RFCホスト名前付け要件に準拠していないものなどをDNSサーバーで利用できるようになる
マルチバイト（UTF8）	Unicodeの名前をDNSサーバーで利用できるようになる
すべての名前	すべて、つまり［厳密なRFC（ANSI）］、［非RFC（ANSI）］、［マルチバイト（UTF8）］の名前を利用できるようになる

●起動時にゾーンデータを読み込む

[起動時にゾーンデータを読み込む]には、**ゾーンデータの読み込み方法**を指定します。デフォルトでは[Active Directory とレジストリから]になっていますが、BINDなど他のDNSサーバーからの移行を行う場合は[ファイルから]を選択すると良いでしょう（⇒**P.503**）。

●古いレコードの自動清掃を有効にする

動的に登録されたレコードのうち、古いものを自動的に削除・清掃したい場合は[古いレコードの自動清掃を有効にする]を有効にして、[清掃期間]を指定します。ただし、この設定を有効にするには、各ゾーンで追加の設定を行う必要があります（⇒**P.511**）。

03-03　フォワーダーの管理

フォワーダーには、解決できなかった要求を無条件に転送する「**フォワーダー**」と、特定のドメインに関するものだけを転送する「**条件付きフォワーダー**」の2種類があります。必要であればそれぞれについて設定してください。

フォワーダーの設定

フォワーダーの設定を行うには、DNSサーバーのプロパティダイアログを開いて以下の手順を実行します。

> **重要！** 組織内に構築するDNSサーバーにはフォワーダーを指定することを推奨します。フォワーダーを指定すると、DNSサーバーやネットワークの負荷を下げたり、不正な情報を読み込ませることによる攻撃行為を減少させる効果を得ることができます。

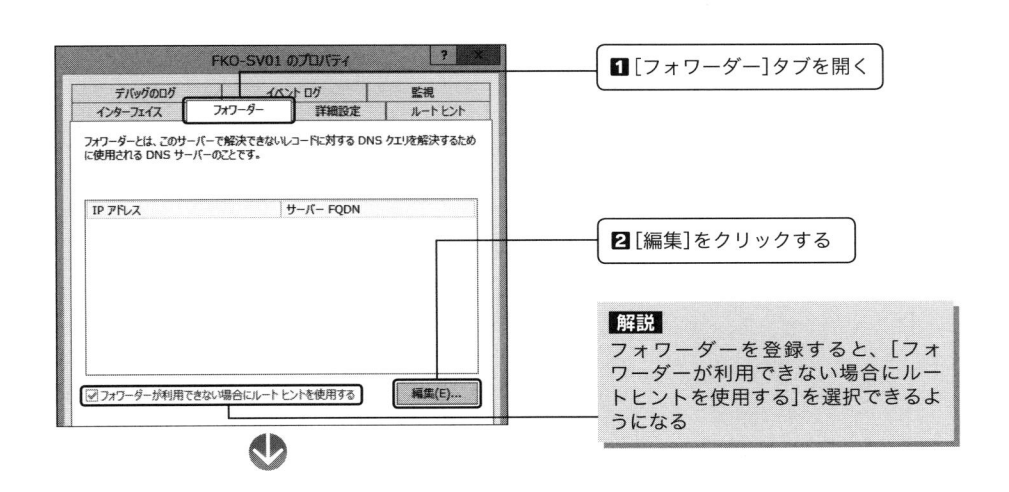

1 [フォワーダー]タブを開く

2 [編集]をクリックする

解説
フォワーダーを登録すると、[フォワーダーが利用できない場合にルートヒントを使用する]を選択できるようになる

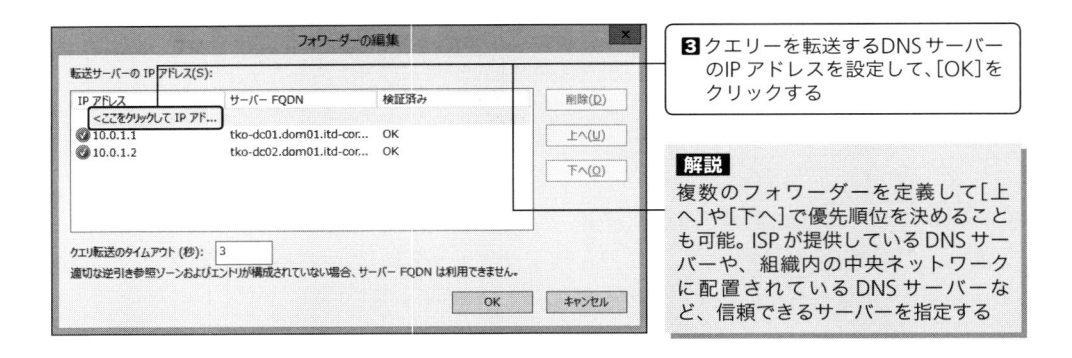

Part 07 各種サーバーサービスの構築と管理

3 クエリーを転送するDNSサーバーのIPアドレスを設定して、[OK]をクリックする

解説
複数のフォワーダーを定義して[上へ]や[下へ]で優先順位を決めることも可能。ISPが提供しているDNSサーバーや、組織内の中央ネットワークに配置されているDNSサーバーなど、信頼できるサーバーを指定する

条件付きフォワーダーの設定

条件付きフォワーダーを設定するには、DNSマネージャーを起動して、以下の手順を実行します。

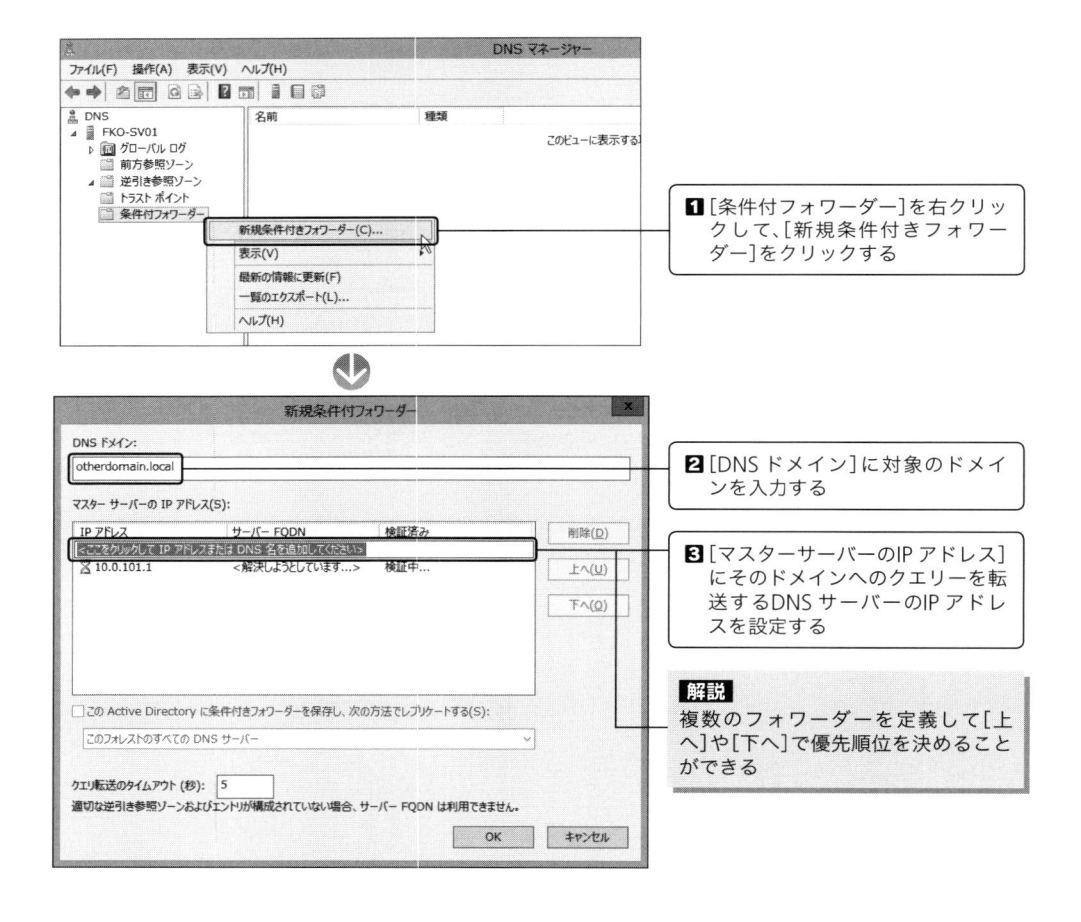

1 [条件付フォワーダー]を右クリックして、[新規条件付きフォワーダー]をクリックする

2 [DNS ドメイン]に対象のドメインを入力する

3 [マスターサーバーのIP アドレス]にそのドメインへのクエリーを転送するDNSサーバーのIPアドレスを設定する

解説
複数のフォワーダーを定義して[上へ]や[下へ]で優先順位を決めることができる

> **Column** Windows PowerShellによるDNSサーバーの管理
>
> 　Windows Server 2012 R2では、Windows PowerShellコマンドレットを使用してDNSサーバーを管理できます。多数のゾーンやリソースレコードを登録するような場合は、コマンドレットを実行したほうが簡単ですし、間違いも減ります。
> 　Windows PowerShellコマンドレットを使用してDNSサーバーを管理する方法については以下のマイクロソフトのWebページを参照してください。
>
> **URL** Domain Name System (DNS) Server Cmdlets in Windows PowerShell
> http://technet.microsoft.com/en-us/library/jj649850.aspx
>
> 　なお、以前のバージョンのWindows Serverでは、DNSCMDコマンド（dnscmd.exe）でDNSサーバーを管理することができました。Windows Server 2012 R2でもこのコマンドは有効ですが、将来のバージョンで削除される可能性があるため、コマンド操作は可能な限りWindows PowerShellコマンドレットで行うことをお勧めします。

04 DNSゾーンとドメインの管理

　ここからは、ゾーンやドメインの作成方法および管理方法、また、リソースレコードの登録方法について解説します。

04-01 プライマリゾーンの作成

　プライマリゾーンには、FQDNをIPアドレスに変換する「前方参照ゾーン」と、IPアドレスからFQDNに変換する「逆引き参照ゾーン」の2種類があります。

前方参照ゾーンの作成

　前方参照ゾーンを作成するには、DNSマネージャーを起動して以下の手順を実行します。ウィザードを使用して簡単に作成できます。

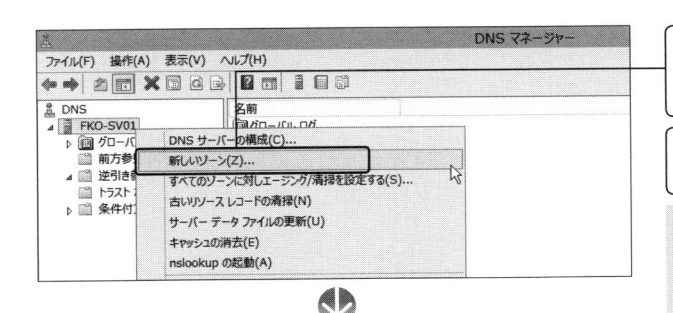

1 サーバーのアイコンを右クリックして、[新しいゾーン]をクリックする

2 [新しいゾーンウィザード]が起動するので、[次へ]をクリックする

解説
[前方参照ゾーン]を右クリックして、[新しいゾーン]をクリックすることでも同様の手順を実行できる

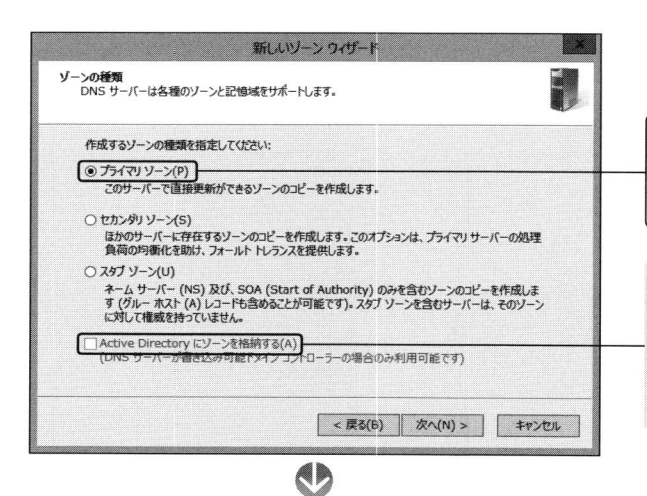

Part 07 各種サーバーサービスの構築と管理

❸ 作成するゾーンの種類を指定する。ここでは[プライマリゾーン]を選択して、[次へ]をクリックする

> **解説**
> ゾーンを作成している DNS サーバーが書き込み可能ドメインコントローラーを兼用している場合は[Active Directory にゾーンを格納する]が選択可能になる (⇒ P.494)

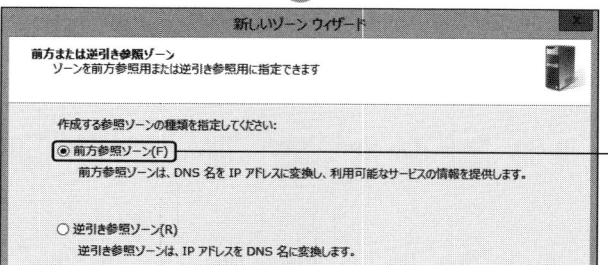

❹ [前方参照ゾーン]を選択して、[次へ]をクリックする

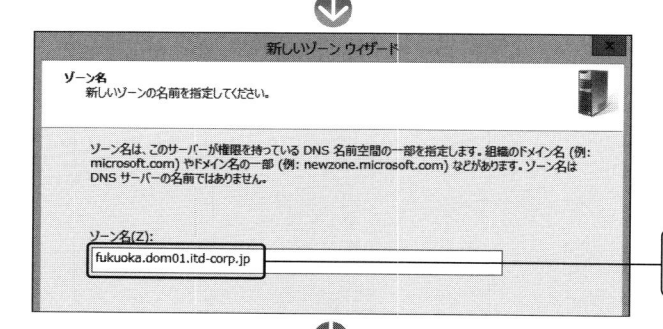

❺ ゾーンの名前を指定して、[次へ]をクリックする

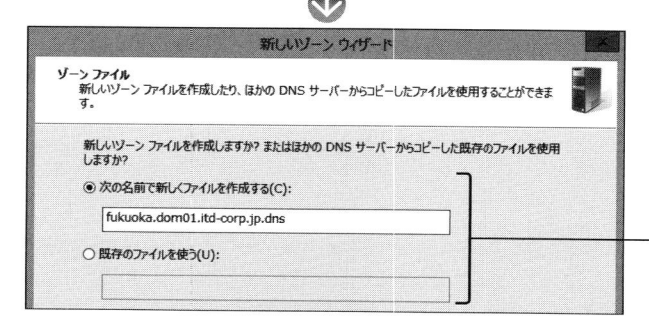

❻ ゾーンの情報が定義されているゾーンファイルを新たに作成するか、他のDNSサーバーからコピーしたものを使用するかを選択して、[次へ]をクリックする

Tips 新たにゾーンファイルを作成する場合は、[次の名前で新しくファイルを作成する] を選択して、ファイル名を指定します。デフォルトでは先に指定したゾーン名に拡張子「dns」が付いたファイル名になります。特に理由がない限り、このままの名前で進めてください。
他のDNSサーバーからコピーしたゾーンファイルを使用する場合は、[既存のファイルを使う] を選択して、ファイル名を指定します。なお、既存のゾーンファイルを使用する場合は、そのゾーンファイルを「%SystemRoot%¥system32¥dns」(通常はC:¥Windows¥system32¥dns) に保存しておく必要があります。

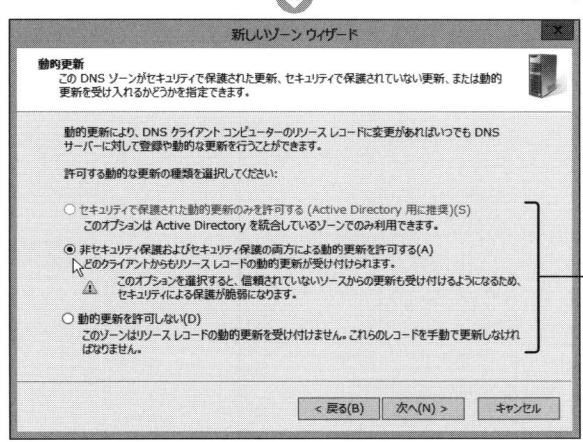

7 作成しているゾーンの動的更新に関する項目を設定して、[次へ] をクリックする

8 ウィザードの完了画面が表示されたら、内容を確認して、[完了] をクリックする

■ 動的更新の種類

動的更新の種類	説 明
セキュリティで保護された動的更新のみを許可する	[Active Directory 統合ゾーン] でのみ利用できる機能。Active Directory に認証されたクライアントの情報だけが動的更新される
非セキュリティ保護およびセキュリティ保護の両方による動的更新を許可する	どのクライアントからの動的更新も受け付ける。信頼されていないクライアントの情報も登録される恐れがあるため、セキュリティ上のリスクとなる可能性がある
動的更新を許可しない	動的更新を受け付けない。管理者が手動で情報を登録・更新する必要がある

Tips デフォルトの [動的更新を許可しない] を設定すると、セキュリティを維持できます。しかし、管理者が必要な情報を**手作業で**登録・更新する必要があるため、管理作業が煩雑になります。インターネット公開用のDNSサーバーのゾーンであれば [動的更新は許可しない] を選択するべきですが、組織内のものであれば [非セキュリティ保護およびセキュリティ保護の両方による動的更新を許可する] を選択することも検討してください。本書の例ではこちらの項目を選択しています。

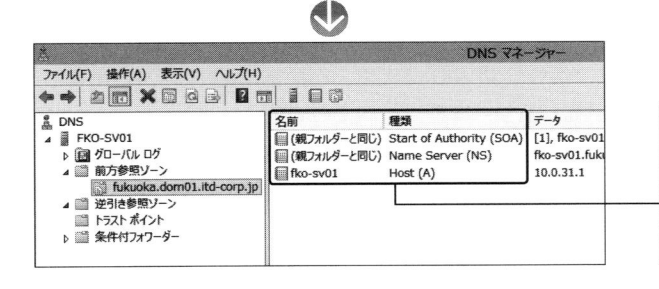

9 前方参照ゾーンが作成されて、[Start of Authority (SOA)] レコード (⇒P.496) や [Name Server (NS)] レコード (⇒P.498) によるリソースが登録されていることを確認できる

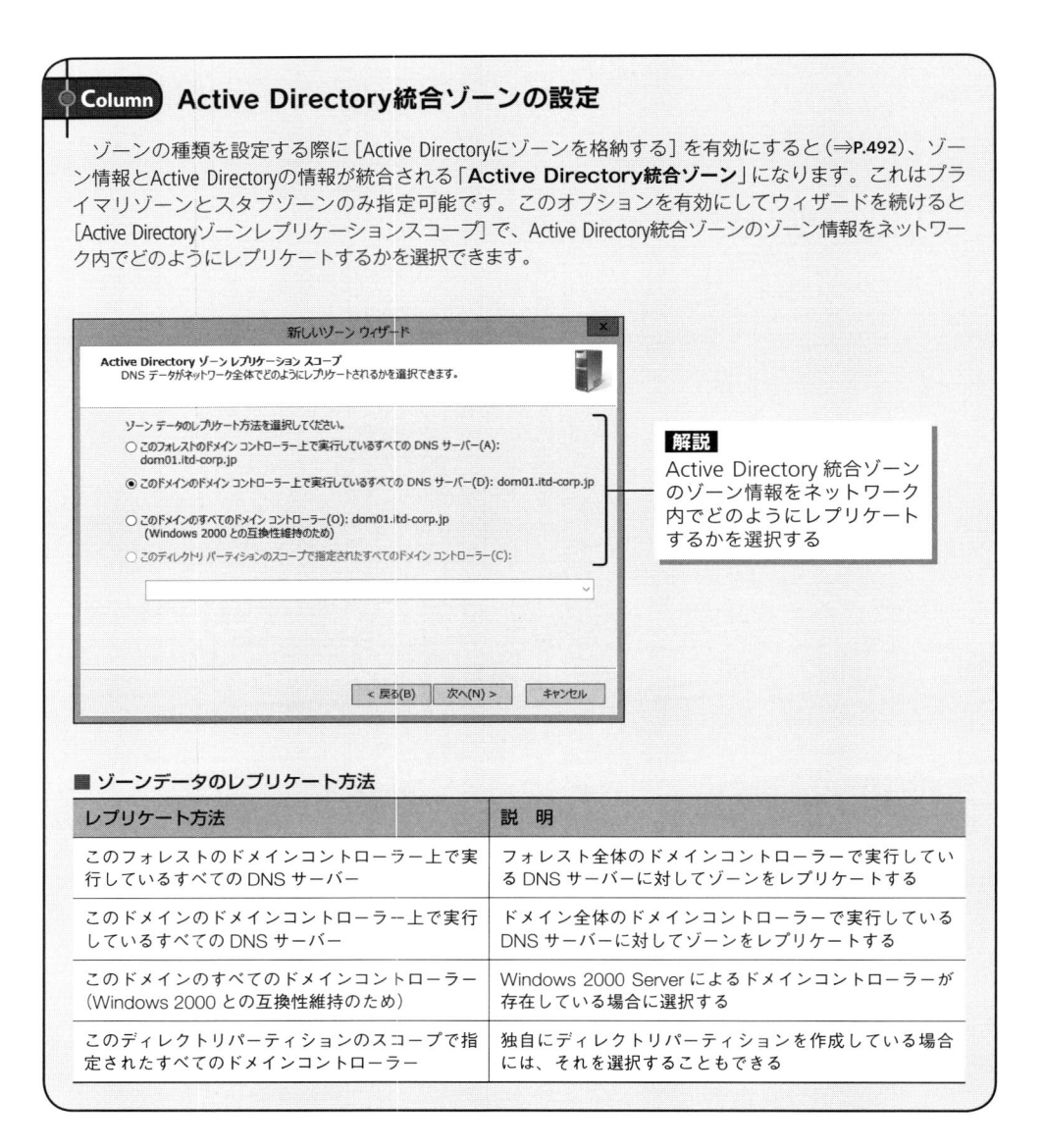

> **Column** Active Directory統合ゾーンの設定
>
> 　ゾーンの種類を設定する際に[Active Directoryにゾーンを格納する]を有効にすると(⇒P.492)、ゾーン情報とActive Directoryの情報が統合される「**Active Directory統合ゾーン**」になります。これはプライマリゾーンとスタブゾーンのみ指定可能です。このオプションを有効にしてウィザードを続けると[Active Directoryゾーンレプリケーションスコープ]で、Active Directory統合ゾーンのゾーン情報をネットワーク内でどのようにレプリケートするかを選択できます。
>
> 解説: Active Directory 統合ゾーンのゾーン情報をネットワーク内でどのようにレプリケートするかを選択する
>
> ■ ゾーンデータのレプリケート方法
>
> | レプリケート方法 | 説　明 |
> | --- | --- |
> | このフォレストのドメインコントローラー上で実行しているすべての DNS サーバー | フォレスト全体のドメインコントローラーで実行している DNS サーバーに対してゾーンをレプリケートする |
> | このドメインのドメインコントローラー上で実行しているすべての DNS サーバー | ドメイン全体のドメインコントローラーで実行している DNS サーバーに対してゾーンをレプリケートする |
> | このドメインのすべてのドメインコントローラー（Windows 2000 との互換性維持のため） | Windows 2000 Server によるドメインコントローラーが存在している場合に選択する |
> | このディレクトリパーティションのスコープで指定されたすべてのドメインコントローラー | 独自にディレクトリパーティションを作成している場合には、それを選択することもできる |

逆引き参照ゾーンの作成

　逆引き参照ゾーンを作成するには、DNSマネージャーを起動して以下の手順を実行します。
　なお、[Active Directoryゾーンレプリケーションスコープ]の設定画面までの手順は上記の「前方参照ゾーン」の作成方法と同じです（⇒P.491）。ここでは[前方または逆引き参照ゾーン]の設定画面からの作業手順を解説します。

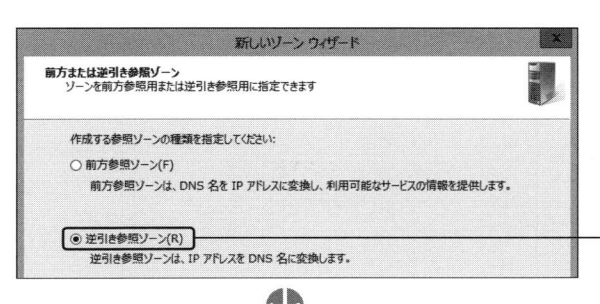

04 DNSゾーンとドメインの管理

1 [逆引き参照ゾーン]を選択して、[次へ]をクリックする

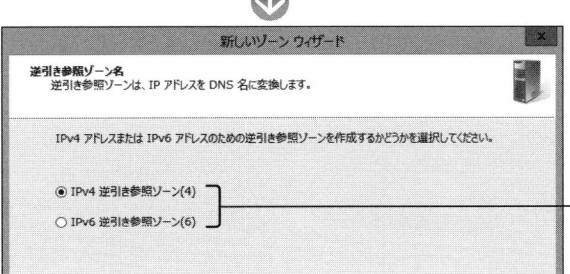

2 作成するゾーンがIPv4 アドレス用なのか、IPv6 アドレス用なのかを指定して、[次へ]をクリックする

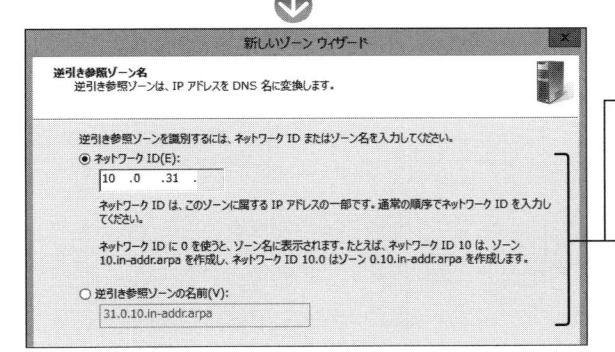

3 逆引き参照ゾーンを識別するネットワークID、またはゾーン名を入力して、[次へ]をクリックする

解説
本書の例のように[10.0.31.0/24]の逆引き参照ゾーンを作成する場合は[ネットワークID]を選択して[10.0.31]を指定する。独自のゾーン名を設定する場合は[逆引き参照ゾーンの名前]を選択する

重 要! インターネット公開用のDNSサーバーを構築する際は、契約しているISPに「逆引きゾーン名に関する指定」の有無を確認してください。

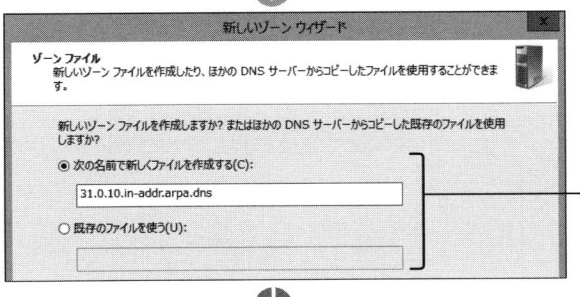

4 ゾーンファイルを新たに作成するか、他のDNS サーバーからコピーしたものを使用するかを選択して、[次へ]をクリックする

解説
ゾーンファイルの指定方法については、P.493 の Tips を参照

25　DNSサーバーの構築と管理

5 作成しているゾーンの動的更新に関する項目を設定して、[次へ]をクリックする

解説
動的更新の指定方法については、P.493を参照

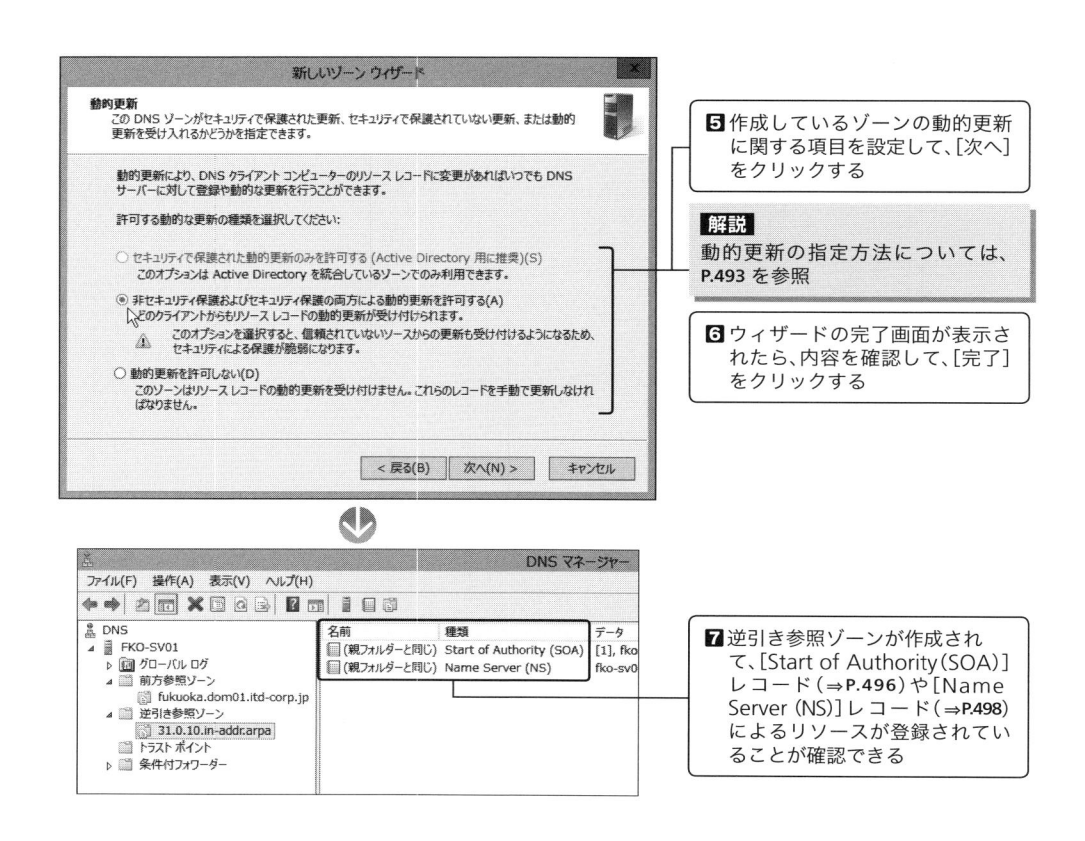

6 ウィザードの完了画面が表示されたら、内容を確認して、[完了]をクリックする

7 逆引き参照ゾーンが作成されて、[Start of Authority(SOA)]レコード（⇒P.496）や[Name Server (NS)]レコード（⇒P.498）によるリソースが登録されていることが確認できる

04-02 リソースレコードの管理

　前方参照ゾーンや逆引き参照ゾーンを作成したら、次は**リソースレコード**の更新・登録を行います。リソースレコードにはたくさんの種類が存在しますが、本書ではWindowsサーバーでの利用が多いリソースレコードについて解説します。

SOA（Start of Authority）レコード

　SOA（Start of Authority）レコードは、**ゾーンの権威**が定義されたレコードです。ゾーンを作成すると自動的に登録されます。このレコードの設定・管理は、DNSマネージャーでゾーンを右クリックして[プロパティ]をクリックし、表示されるプロパティダイアログの[SOA（Start of Authority）]タブで行います。

04 DNSゾーンとドメインの管理

解説
[SOA (Start of Authority)]タブを開く

■ [SOA (Start of Authority)]タブの設定項目

エントリー	機能
シリアル番号	ゾーンのバージョン番号。セカンダリサーバーはプライマリサーバーのこの値を見て、ゾーン転送を行うべきかを判断する
プライマリサーバー	ゾーンの一次ソースとなるDNSサーバーの名前
責任者	ゾーンの管理者の名前やメールアドレス。ただし、@を指定してはいけない。特にインターネットに公開するDNSサーバーの場合は、実在する適切なアドレスに変更しておく
更新間隔	セカンダリサーバーが更新を行うための間隔。デフォルトは15分
再試行間隔	セカンダリサーバーが更新を再試行するための間隔。デフォルトは10分
期限	このゾーンの有効期間。デフォルトは1日。つまり、セカンダリサーバーが用意されているのであれば、1日以内であればプライマリサーバーをメンテナンスなどのために停止しても支障はないといえる
最小TTL値(既定)	ゾーン内のレコードのデフォルトのTTL(有効期限)。DNSクライアントや他のDNSサーバーはこの期間だけは情報をキャッシュしようとする。デフォルトは1時間
このレコードのTTL	このSOAレコードそのもののTTL。デフォルトは1時間

Tips Windows ServerのDNSマネージャーは、ゾーンが変更されると、シリアル番号を自動的に増加します。もし、プライマリサーバーとセカンダリサーバーとの間でゾーン転送がうまく行えない場合は、このシリアル番号を確認してください。なお、シリアル番号が自動的に増加しない一般的なDNSサーバー(BINDなど)では、西暦や日付、通番でシリアル番号を表記することが一般的です。

NS（ネームサーバー）レコード

NS（ネームサーバー）レコードは、**ゾーンに対する権限を持ったDNSサーバー**を定義するためのレコードです。ゾーンを作成すると自動的にDNSサーバー自身が登録されます。このレコードの設定・管理は、ゾーンのプロパティダイアログの［ネームサーバー］タブで行います。

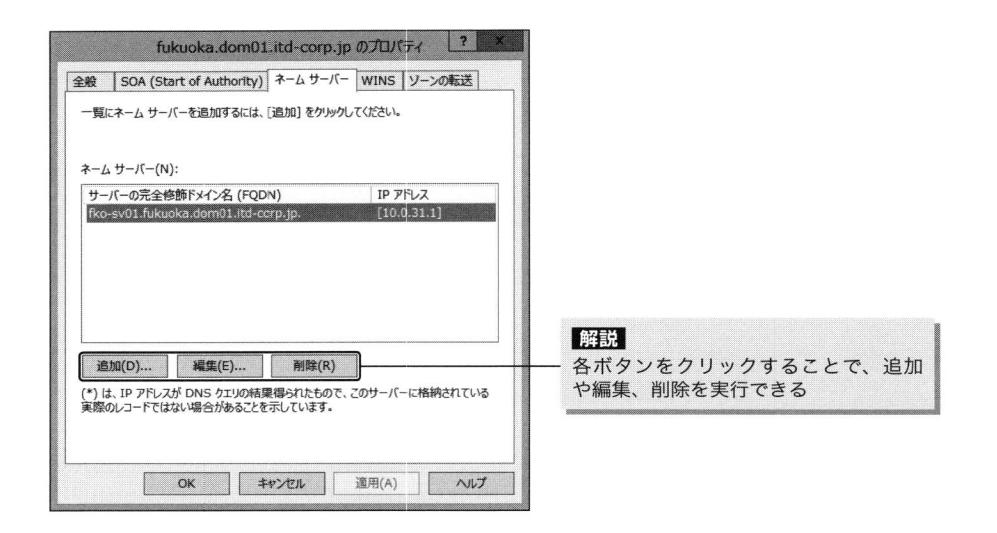

> **解説**
> 各ボタンをクリックすることで、追加や編集、削除を実行できる

A、またはAAAA（ホスト）レコード

A、またはAAAA（ホスト）レコードは、**前方参照ゾーンに所属しているホストの名前**を定義するためのレコードです。「Aレコード」はIPv4アドレス用、「AAAAレコード」はIPv6アドレス用です。このレコードの設定・管理は、DNSマネージャーで**前方参照ゾーン**を右クリックして［新しいホスト（AまたはAAAA）］をクリックし、表示される［新しいホスト］ダイアログで行います。

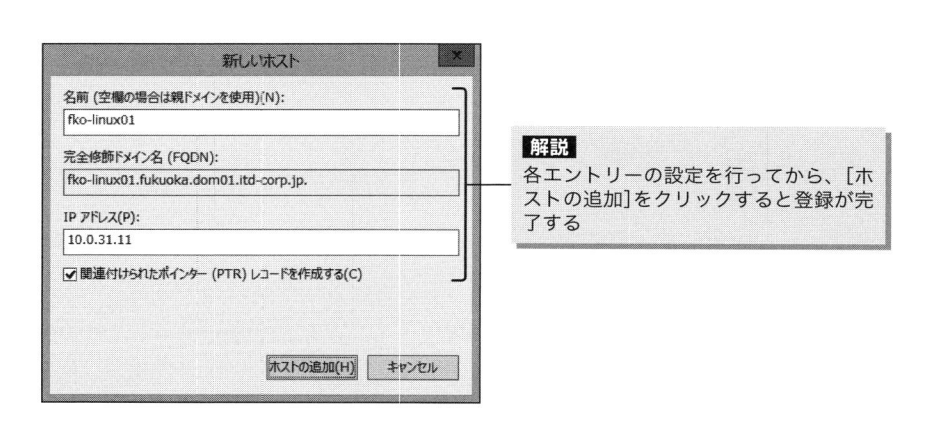

> **解説**
> 各エントリーの設定を行ってから、［ホストの追加］をクリックすると登録が完了する

04 DNSゾーンとドメインの管理

■ [新しいホスト]ダイアログの設定項目

設定項目	説明
名前	ホスト名を設定する。親ドメインそのものに対するIPアドレスを設定する場合は空欄にする
完全修飾ドメイン名(FQDN)	設定したホスト名がFQDNで表示される
IPアドレス	このホストのIPv4アドレス、またはIPv6アドレスを設定する
関連付けられたポインター(PTR)レコードを作成する	逆引き参照ゾーンが作成済みであれば、PTRレコードが自動的に登録される

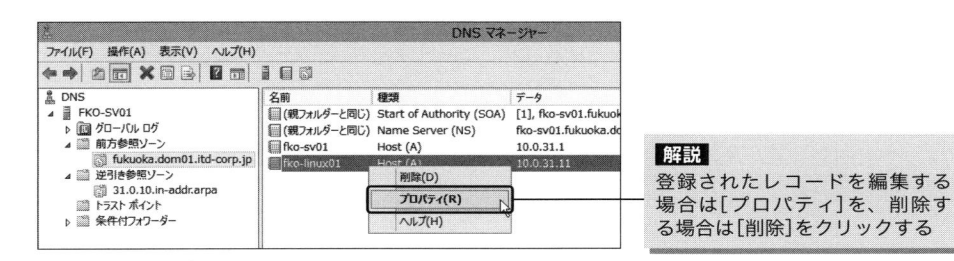

> 解説
> 登録されたレコードを編集する場合は[プロパティ]を、削除する場合は[削除]をクリックする

◉ PTR（ポインター）レコード

PTR（ポインター）レコードは、**逆引き参照ゾーンに所属しているホストのIPアドレス**を定義するためのレコードです。このレコードの設定・管理は、DNSマネージャーで**逆引き参照ゾーン**を右クリックして［新しいポインター(PTR)］をクリックし、表示される［新しいリソースレコード］ダイアログで行います。

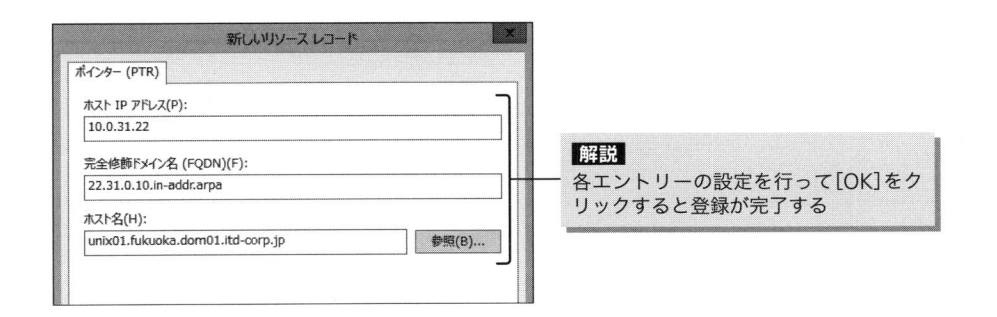

> 解説
> 各エントリーの設定を行って[OK]をクリックすると登録が完了する

■ PTRレコードの設定項目

設定項目	説明
ホストIPアドレス	IPアドレスを設定する。IPv4アドレス、IPv6アドレスを設定可能
完全修飾ドメイン名(FQDN)	設定したIPアドレスがFQDNで表示される
ホスト名	このIPアドレスが割り当てられているホスト名を設定する。対象のホストが前方参照ゾーンに登録済みであれば、[参照]をクリックして表示されるダイアログで指定することも可能。その場合は[ホストIPアドレス]も自動入力される

エイリアス(CNAME)レコード

エイリアス(CNAME)レコードは、**前方参照ゾーンや逆引き参照ゾーンに所属しているホストレコードなどに対する別名**を定義するためのレコードです。エイリアス名を指定すると、例えば、Webサーバーの名称が「fko-linux01.fukuoka.dom01.itd-corp.jp」の場合に、「www.fukuoka.dom01.itd-corp.jp」として公開できます。

また、各種サーバーに別名を設定しておくと、そのサーバーをリプレースした場合でも管理者がDNSの設定を変更するだけで対応できるので、ユーザーへの告知が不要、または容易になります。

このレコードの設定・管理は、DNSマネージャーで**ゾーン**を右クリックして[新しいエイリアス(CNAME)]をクリックし、表示される[新しいリソースレコード]ダイアログで行います。

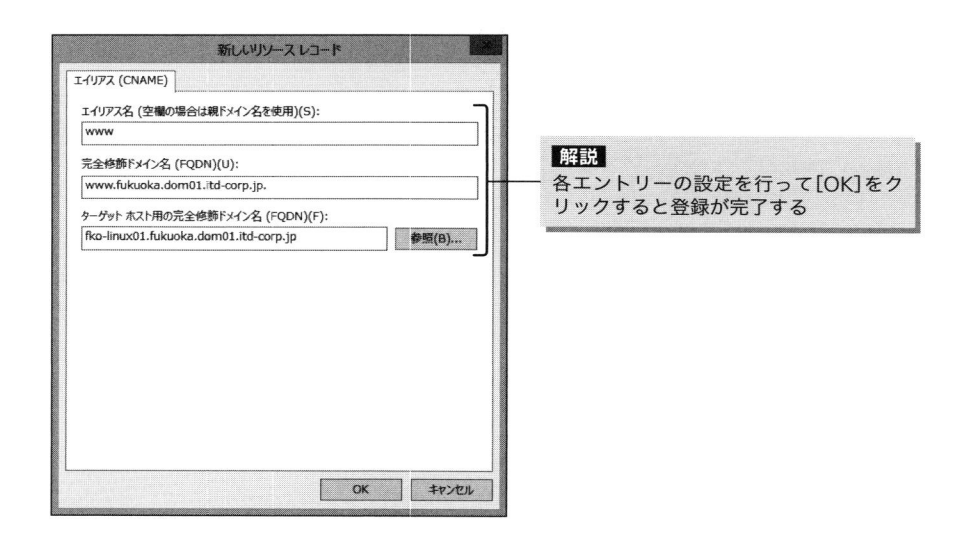

解説
各エントリーの設定を行って[OK]をクリックすると登録が完了する

■ エイリアスレコードの設定項目

設定項目	説明
エイリアス名	別名を指定する。空欄の場合は親ドメイン名を使用する
完全修飾ドメイン名(FQDN)	設定した別名がFQDNで表示される
ターゲットホスト用の完全修飾ドメイン名(FQDN)	別名を割り当てるホスト名を設定する。対象のホストが前方参照ゾーンに登録済みであれば、[参照]ボタンをクリックして表示されるダイアログで指定することも可能

メールエクスチェンジャー(MX)レコード

メールエクスチェンジャー(MX)レコードは、**ドメインに所属するユーザー宛のメールを受信するメールサーバー**を定義するためのレコードです。例えば、「tyamada@itd-corp.jp」宛のメールを送るメールサーバーは、DNSサーバーを使用して「itd-corp.jp」の

MXレコードを調べることで、そのアドレスを把握できます。

このレコードの設定・管理は、DNSマネージャーで**前方参照ゾーン**を右クリックして［新しいメールエクスチェンジャー（MX）］をクリックし、表示される［新しいリソースレコード］ダイアログで行います。

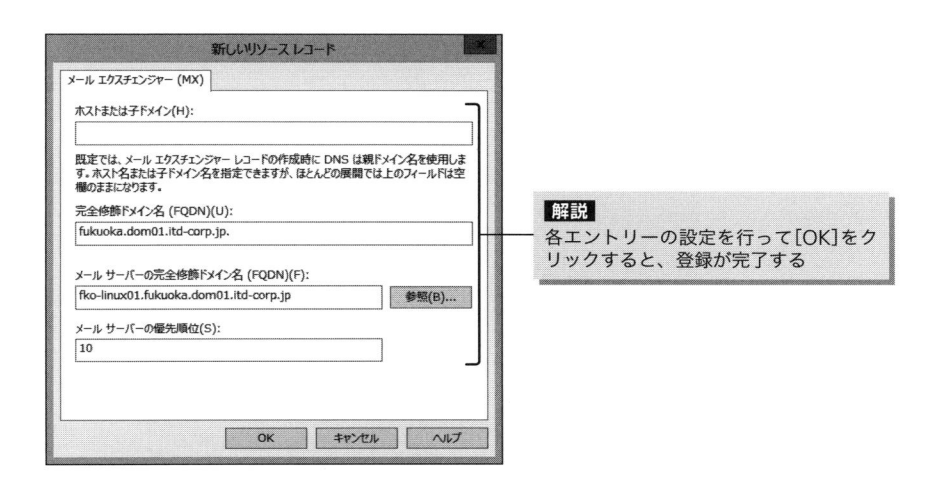

> **解説**
> 各エントリーの設定を行って[OK]をクリックすると、登録が完了する

■ メールエクスチェンジャーレコードの設定項目

設定項目	説　明
ホストまたは子ドメイン	ホストや子ドメインを指定する。ただし、一般的には空欄のままにして、このドメインのメールエクスチェンジャー（MX）レコードであることを定義する
完全修飾ドメイン名（FQDN）	ホストや子ドメインが FQDN で表示される
メールサーバーの完全修飾ドメイン名（FQDN）	このドメイン宛のメールを受信するメールサーバーを FQDN で設定する。対象のホストが前方参照ゾーンに登録済みであれば、［参照］をクリックして表示されるダイアログで指定できる。 なお、エイリアス（CNAME）で定義されたレコードを指定することもできるが、メールを送受信できなくなる恐れがあるので、「A、または AAAA（ホスト）レコード」で定義したものを指定することを推奨
メールサーバーの優先順位	複数のメールサーバーが存在する場合の優先順位を設定する。小さい値のほうが優先度は高くなる。あまりに小さな値を設定すると、それよりも優先度が高い（さらに数値が小さい）レコードを登録できなくなるので、デフォルトの 10 くらいで指定しておくことを推奨

● サービスロケーション（SRV）レコード

サービスロケーション（SRV）レコードは、**各種サービスを提供しているサーバーや、そのサービス、プロトコル番号など**を定義するためのレコードです。このレコードは、Windows Server環境ではドメインコントローラーなどを識別するために利用されます。

このレコードを作成するには、DNSマネージャーで**前方参照ゾーン**を右クリックして［その他の新しいレコード］をクリックし、表示される［リソースレコードの種類］ダイアログで次の手順を実行します。

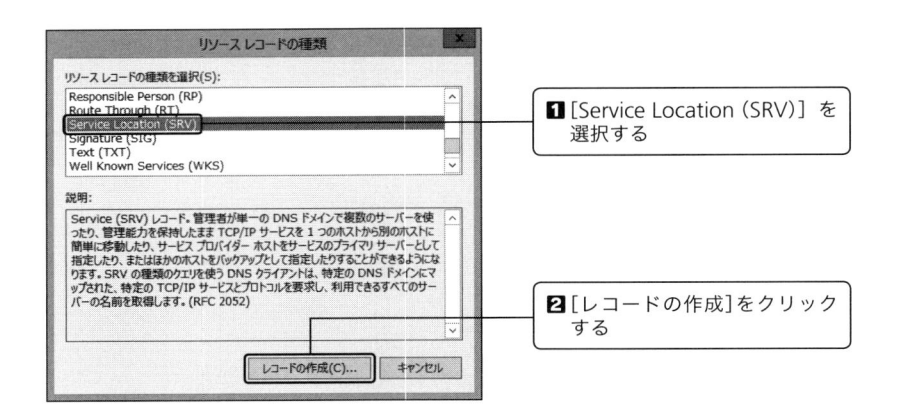

なお、このレコードは、管理者が手作業で作成・登録することもできますが、ドメインコントローラーであれば動的更新を有効にすることによって自らが必要なレコードを自動的に登録します。例えば、ドメインコントローラーで動作しているLDAP機能については以下のレコードが自動登録されます。

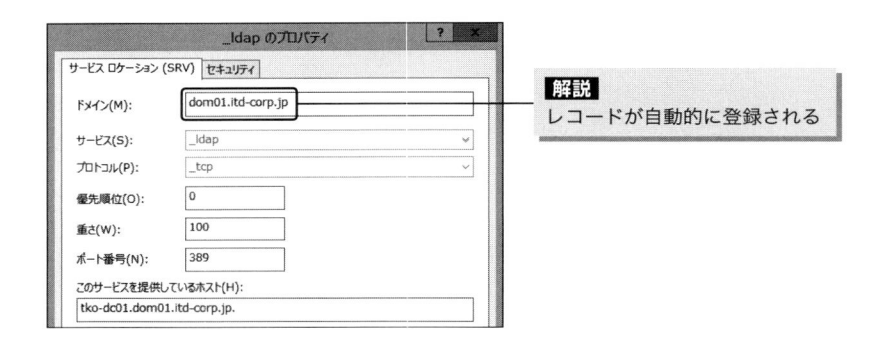

● Text (TXT) レコード

Text (TXT) レコードは、**説明テキストである一連の文字**を定義するためのレコードです。例えば、メールの成りすまし対策のための**SPF** (Sender Policy Framework) レコードなどをこれで定義します。

このレコードは、上記の「サービスロケーション (SRV) レコード」と同様の手順で登録します。

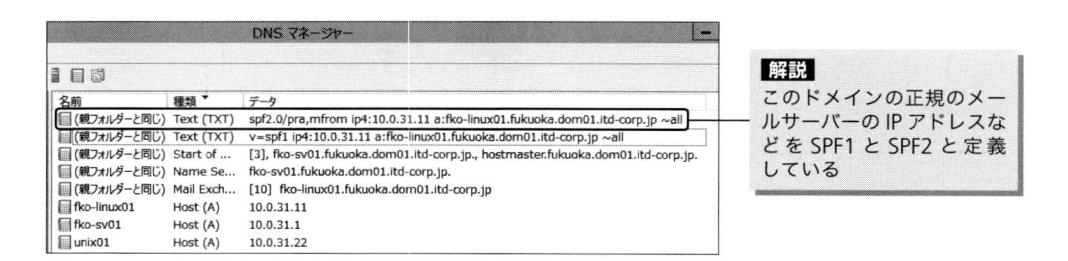

04 DNSゾーンとドメインの管理

Column　BINDからの移行

BINDからWindows Server標準のDNSサーバーに移行する大まかな手順を紹介します。

まず、Windows Server 2012 R2にDNSサーバーの役割をセットアップし、続いてBINDの前方参照ゾーンや逆引き参照ゾーンのファイル（コンフィグ）を「`%SystemRoot%¥System32¥Dns`」（通常はC:¥Windows¥System32¥Dns）に保存します。この状態で［新しいゾーンウィザード］を実行します。設定時に注意すべきは以下の2箇所です。

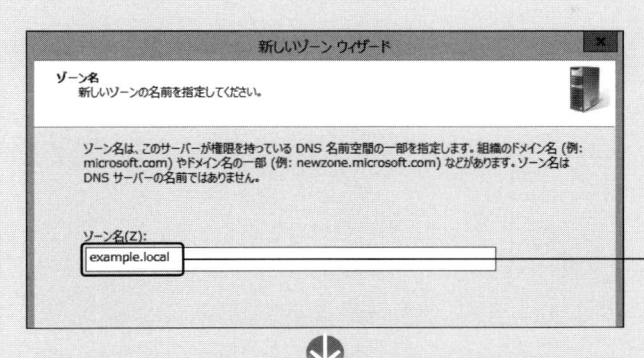

解説
［ゾーン名］には、BINDで定義していたゾーン名を指定する

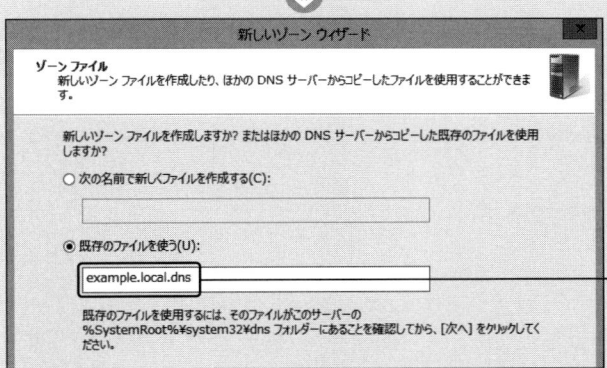

解説
［ゾーンファイル］には［既存のファイルを使う］を選択して、BINDで使用していたゾーンファイルの名前を指定する

　前方参照ゾーン、逆引き参照ゾーンともに、後はウィザードを進めるだけでBINDからの移行を実行できます。

　なお、インターネットに公開しているDNSサーバーを移行する場合は、移行作業の数日前から「Start of Authority（SOA）」レコード（⇒**P.496**）の**TTL**の値を小さくして、頻繁に外部からの更新参照を受けるようにしておいてください。可能であれば新旧のDNSサーバーを並行稼働させて、古いDNSサーバーへのアクセスが完全になくなったことを確認してから停止・撤去することをお勧めします。

　また、DNSサーバーの移行だけでなく、メールサーバーの変更（メールエクスチェンジャー〈MX〉レコードの書き換え）や、Webサーバーを変更する場合も、数日前からTTLを小さくしておくことをお勧めします。移行完了後、しばらくしてからTTLを元に戻すと良いでしょう。

04-03 セカンダリゾーンの作成

セカンダリゾーンは、プライマリゾーン（⇒P.491）と同様に［新しいゾーンウィザード］を使用することで簡単に作成できます。プライマリゾーンの作成と異なる点は、ゾーンの種類に［セカンダリゾーン］を指定する点と、情報のコピー元となるプライマリゾーンや他のセカンダリゾーンを持つDNSサーバーを指定する点の2つだけです。

マスターサーバー側の準備

まずは、**マスターサーバーのプライマリゾーン**に、セカンダリゾーンを持つセカンダリサーバーの各種レコードを登録し、そのうえでDNSマネージャーを使用して、「A、またはAAAA（ホスト）レコード」を登録します。

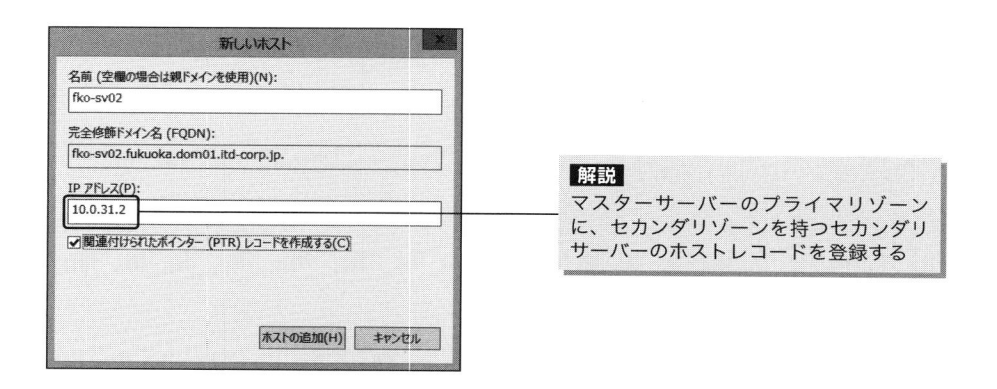

解説
マスターサーバーのプライマリゾーンに、セカンダリゾーンを持つセカンダリサーバーのホストレコードを登録する

続いて、マスターサーバーのプロパティダイアログを開いてセカンダリサーバーがこのゾーンの権限を持っていることを定義します。

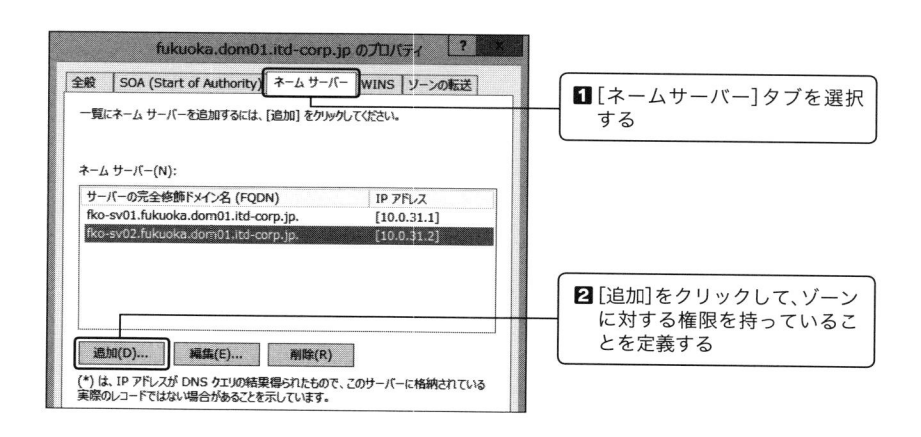

1［ネームサーバー］タブを選択する

2［追加］をクリックして、ゾーンに対する権限を持っていることを定義する

04 DNSゾーンとドメインの管理

● 前方参照ゾーンの作成

前方参照ゾーンのセカンダリゾーンを作成します。逆引き参照ゾーンのセカンダリゾーンの作成方法も同じです。マスターサーバーと同様の手順でセカンダリサーバーにDNSサーバーの役割を追加したうえで（⇒**P.484**）、DNSマネージャーを起動して、以下の手順を実行します。

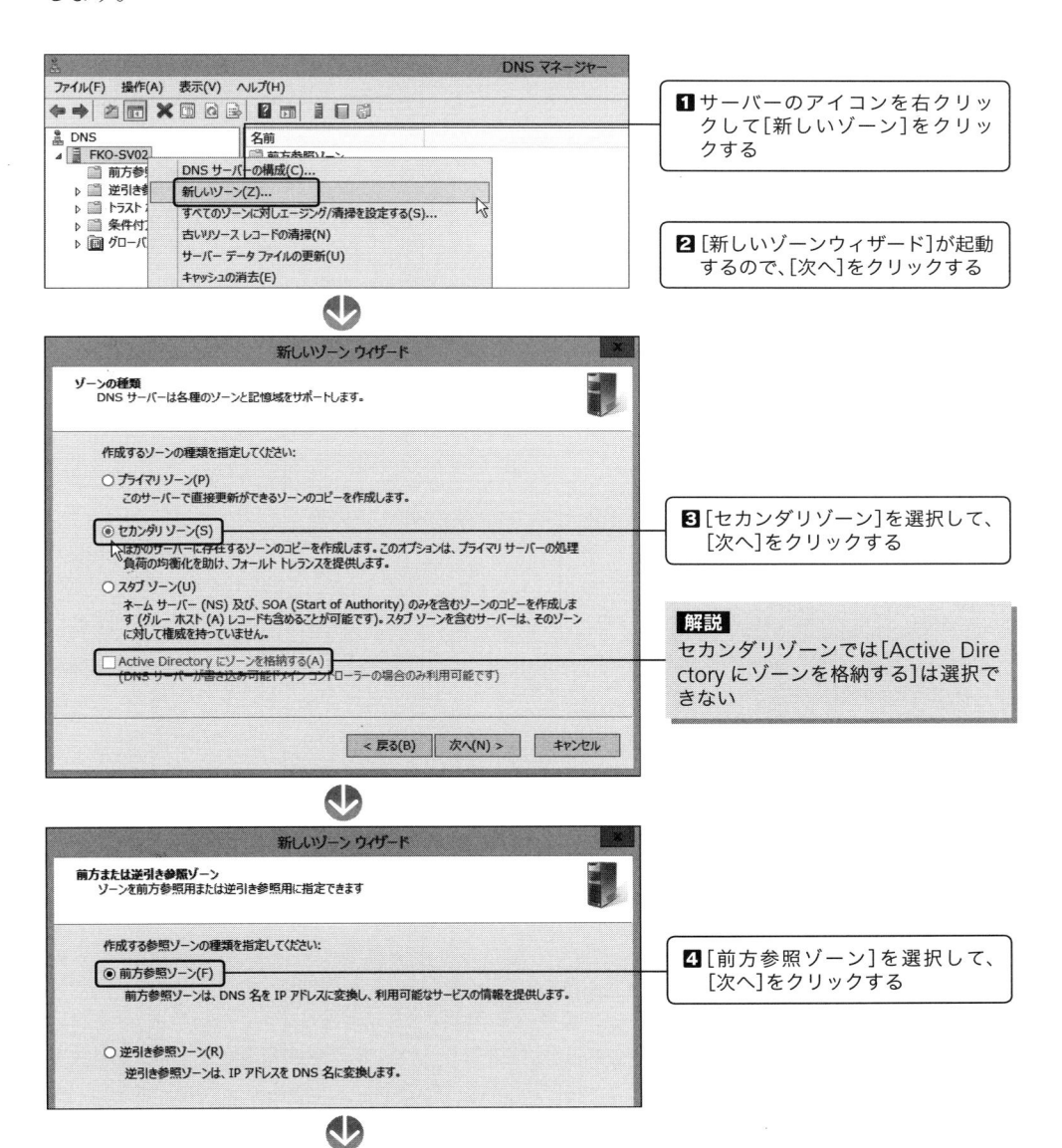

1 サーバーのアイコンを右クリックして[新しいゾーン]をクリックする

2 [新しいゾーンウィザード]が起動するので、[次へ]をクリックする

3 [セカンダリゾーン]を選択して、[次へ]をクリックする

解説
セカンダリゾーンでは[Active Directory にゾーンを格納する]は選択できない

4 [前方参照ゾーン]を選択して、[次へ]をクリックする

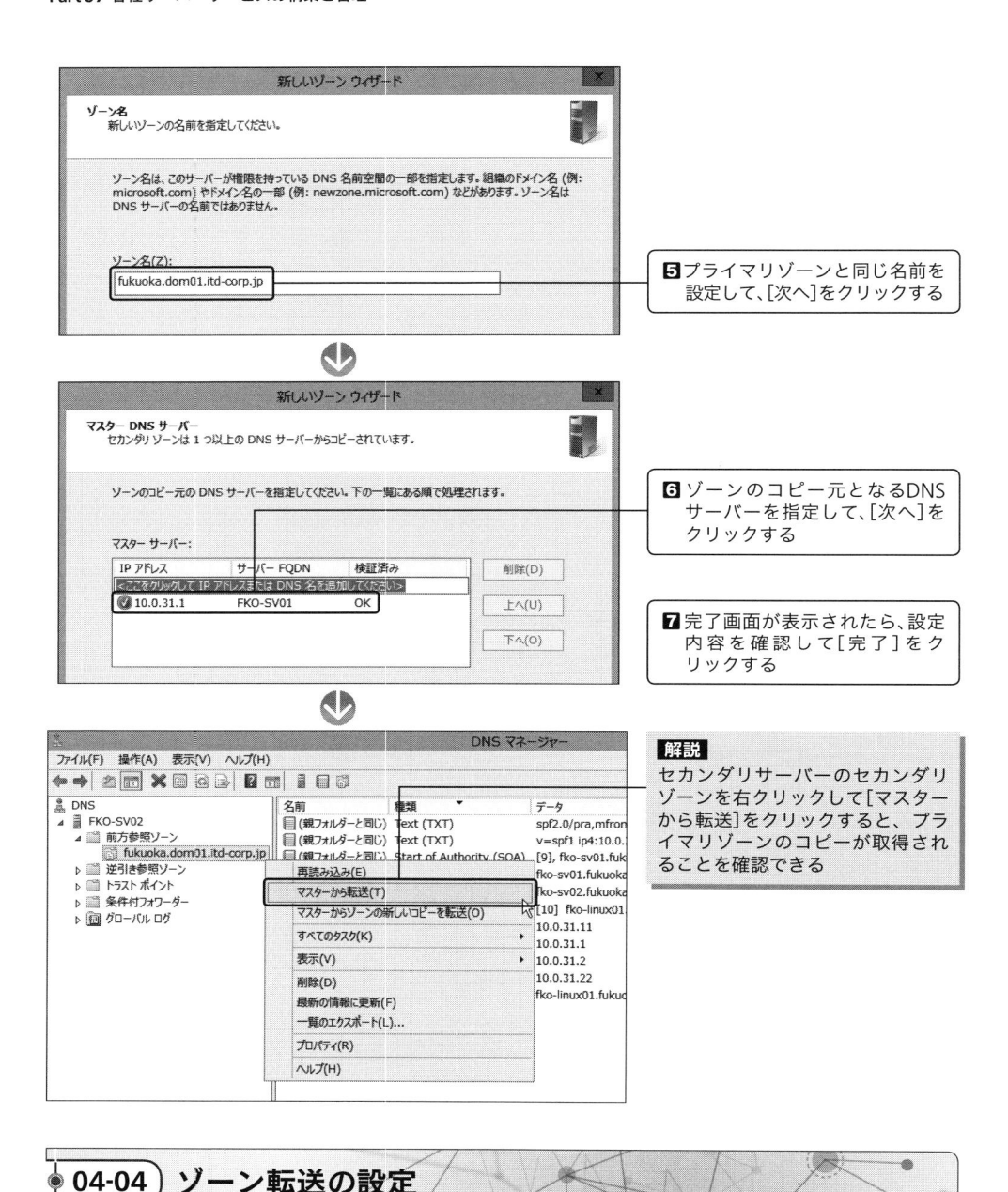

Part 07 各種サーバーサービスの構築と管理

5 プライマリゾーンと同じ名前を設定して、[次へ]をクリックする

6 ゾーンのコピー元となるDNSサーバーを指定して、[次へ]をクリックする

7 完了画面が表示されたら、設定内容を確認して[完了]をクリックする

解説
セカンダリサーバーのセカンダリゾーンを右クリックして[マスターから転送]をクリックすると、プライマリゾーンのコピーが取得されることを確認できる

04-04 ゾーン転送の設定

ゾーン情報をマスターサーバーからセカンダリサーバーにコピーする「**ゾーン転送**」の設定を行います。

ゾーン転送を許すサーバーの指定

ゾーン転送を許すサーバーを指定します。DNSサーバーのプロパティダイアログの[ゾーンの転送]タブで各項目を設定します。

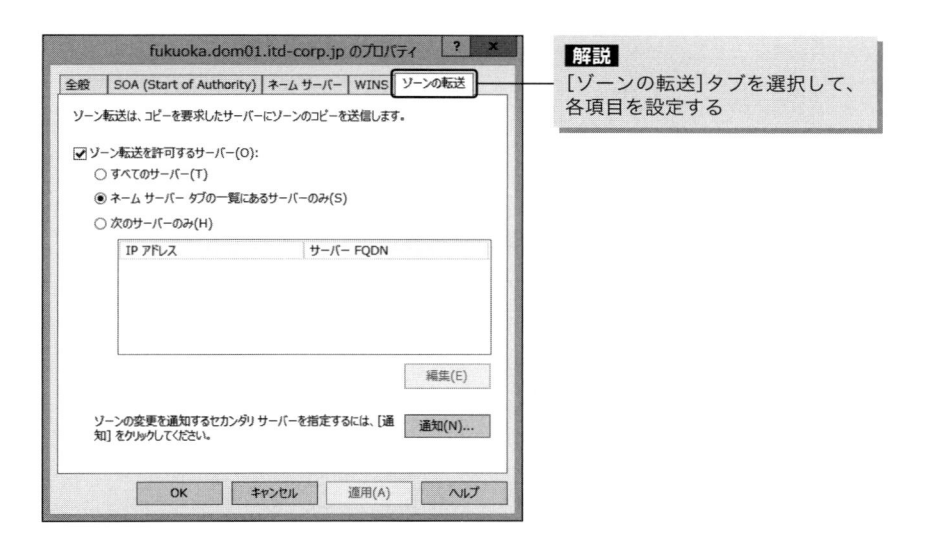

解説
[ゾーンの転送]タブを選択して、各項目を設定する

■[ゾーン転送]タブの設定項目

設定項目	説明
ゾーン転送を許可するサーバー	有効にすると、このDNSサーバーが保持しているゾーン情報を他のDNSサーバーにコピー（ゾーン転送）することを許可する
すべてのサーバー	転送要求をしてきたすべてのDNSサーバーに対してゾーン転送を行う。不正なDNSサーバーに情報を盗まれる恐れがあるので、この設定は推奨しない
ネームサーバータブの一覧にあるサーバーのみ	DNSサーバーのプロパティダイアログの[ネームサーバー]タブに定義されたDNSサーバー、つまりこのゾーンに対して権限を持つネームサーバーにのみゾーン転送を許可する
次のサーバーのみ	一覧に登録したDNSサーバーにのみゾーン転送を許可する

なお、Active Directory統合ゾーンの場合はデフォルトではドメインコントローラーを実行しているDNSサーバーにしかゾーン転送を行わない設定になっているので、ドメインコントローラー以外のサーバーをセカンダリDNSサーバーにする場合は、このプロパティダイアログで追加の設定が必要です。

通知設定

通知に関する設定を行います。上記の[ゾーンの転送]タブにある[通知]をクリックして、各項目を設定します。この設定を行うことで、ゾーンに変更があった場合に、セカンダリサーバーに通知することができます。

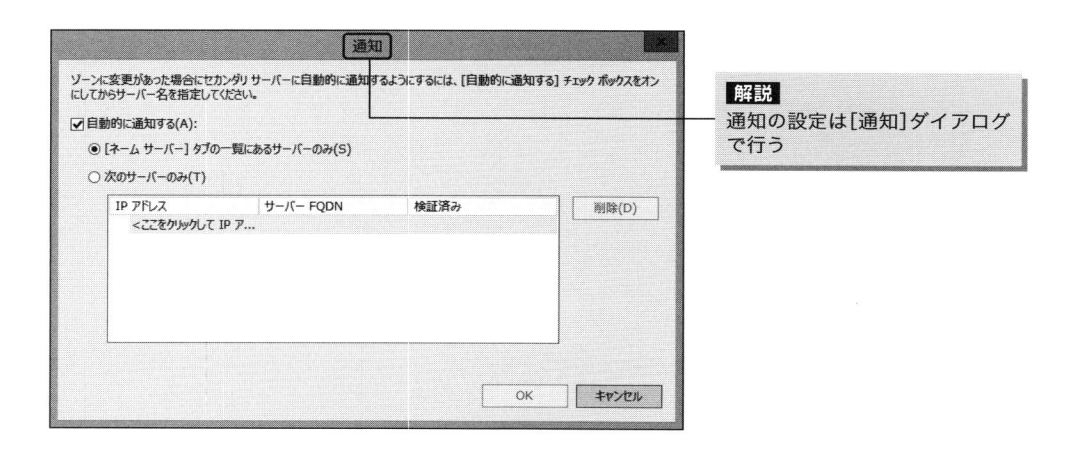

Part 07 各種サーバーサービスの構築と管理

[解説] 通知の設定は[通知]ダイアログで行う

■ [通知]ダイアログの設定項目

設定項目	説明
自動的に通知する	有効にすると、ゾーン変更時のセカンダリサーバーへの通知が有効になる
[ネームサーバー]タブの一覧にあるサーバーのみ	DNSサーバーのプロパティダイアログの[ネームサーバー]タブに定義されたDNSサーバー、つまりこのゾーンに対して権限を持つネームサーバーにのみ通知される
次のサーバーのみ	一覧に登録したDNSサーバーにのみ通知される

04-05 サブドメインの作成

親ドメインと同じゾーンにサブドメインを作成するには、DNSマネージャーを起動して、以下の手順を実行します。

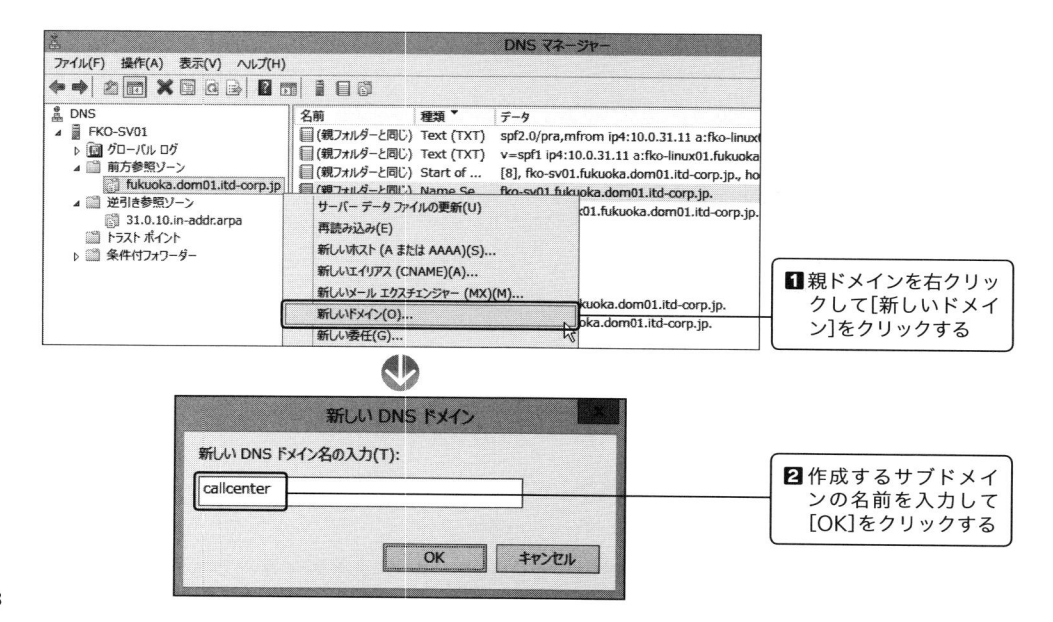

❶ 親ドメインを右クリックして[新しいドメイン]をクリックする

❷ 作成するサブドメインの名前を入力して[OK]をクリックする

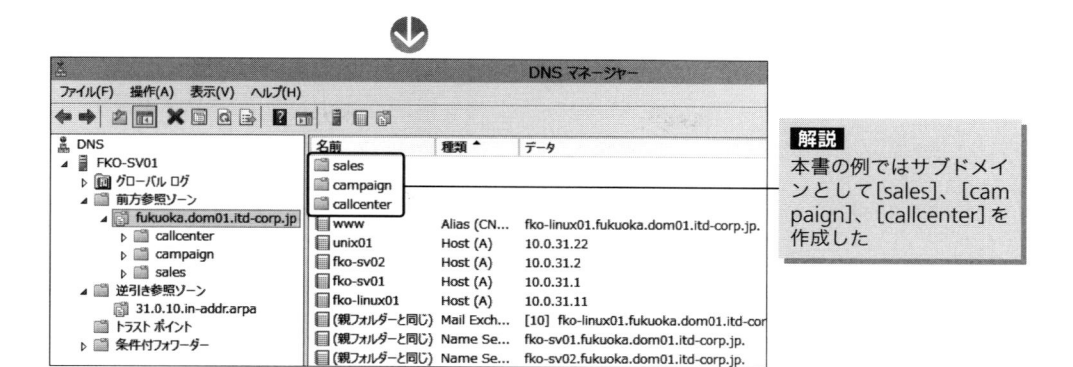

04 DNSゾーンとドメインの管理

解説
本書の例ではサブドメインとして[sales]、[campaign]、[callcenter]を作成した

04-06　サブドメインの委任

他のDNSサーバーにサブドメインを委任する場合は、サブドメイン側のDNSサーバーでゾーンの準備を行ったうえで（⇒**P.491**）、サーバーマネージャーを起動して、親ドメインのDNSサーバーに対して以下の手順を実行します。

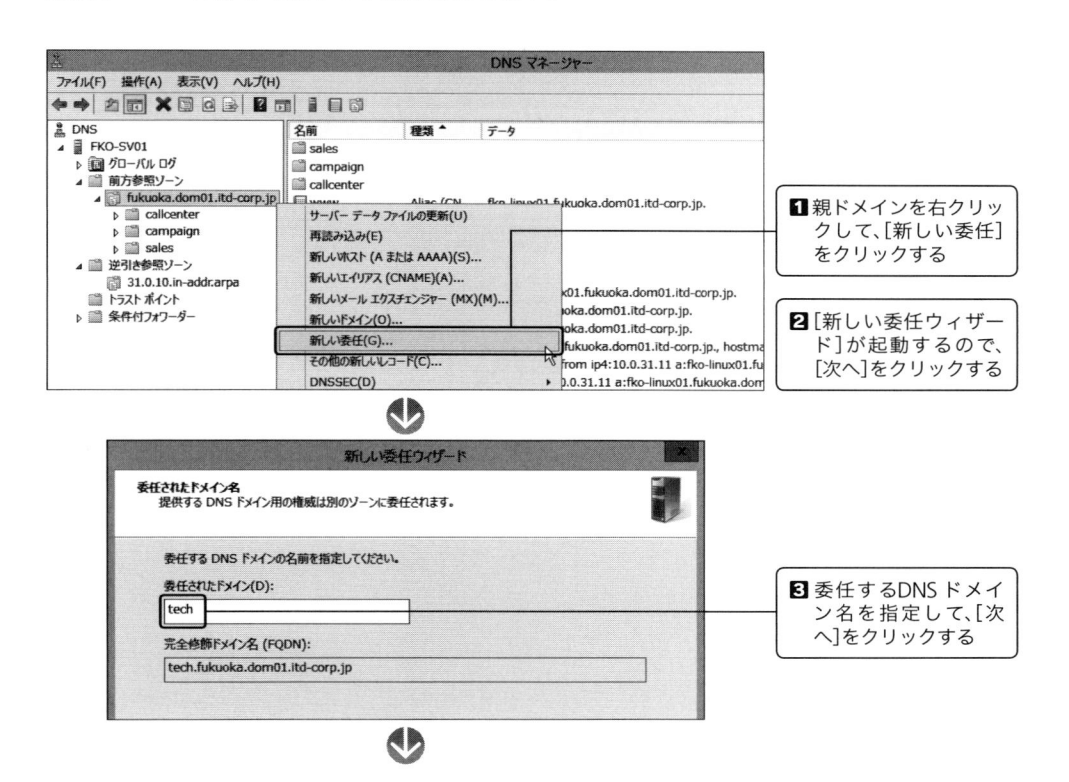

1 親ドメインを右クリックして、[新しい委任]をクリックする

2 [新しい委任ウィザード]が起動するので、[次へ]をクリックする

3 委任するDNSドメイン名を指定して、[次へ]をクリックする

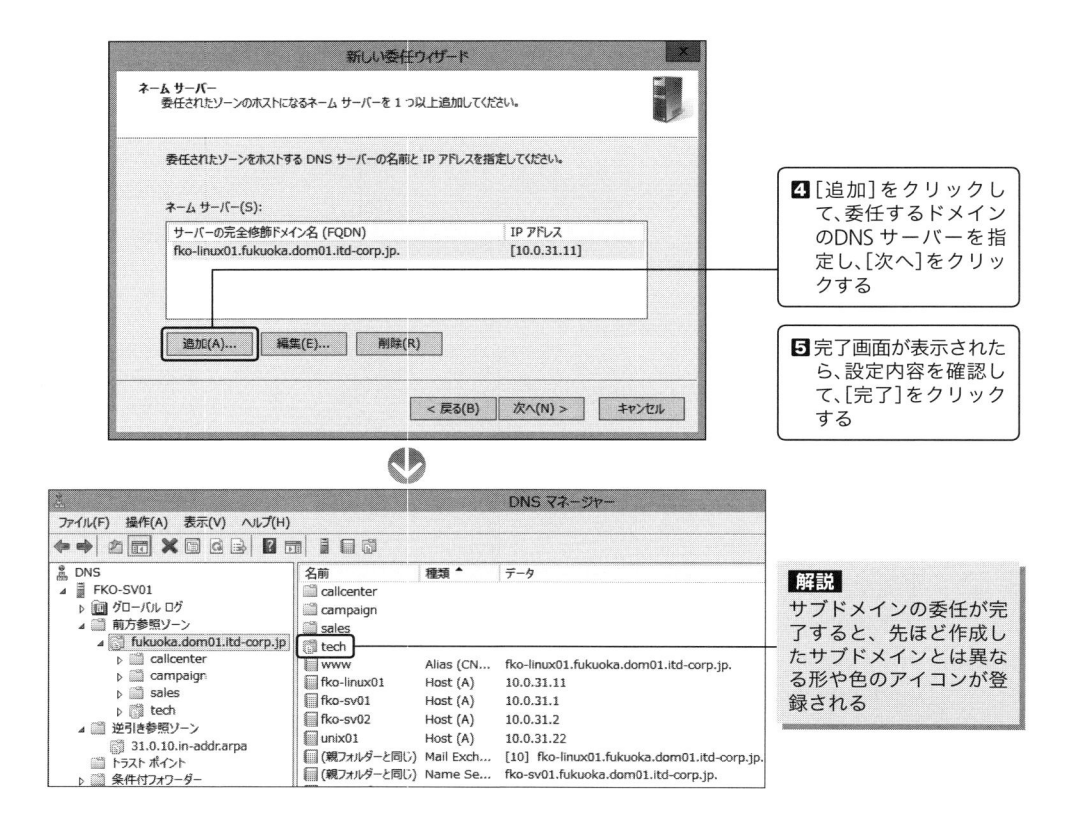

Part 07 各種サーバーサービスの構築と管理

4 [追加]をクリックして、委任するドメインのDNSサーバーを指定し、[次へ]をクリックする

5 完了画面が表示されたら、設定内容を確認して、[完了]をクリックする

解説
サブドメインの委任が完了すると、先ほど作成したサブドメインとは異なる形や色のアイコンが登録される

Column スタブゾーンと GlobalNames ゾーン

Windows ServerのDNSサーバーでは、「**スタブゾーン**」と「**GlobalNamesゾーン**」という高度な設定を行うことが可能です。

スタブゾーンとはサブドメインの管理を容易にするための機能です。先に解説した「サブドメインの委任」を行うことで、親ドメインのDNSサーバーは子ドメインの権限を持つDNSサーバーに対して、必要に応じてクエリーを転送できるようになります。しかし、子ドメインのDNSサーバーが増えたり、アドレスが変更になると、親ドメインでその都度設定を変更しなければならないため、管理が煩雑になります。スタブゾーンを作成すると以下のリソースレコードが保持されることにより、子ドメインの変化に対応できるようになります。

- SOA（Start of Authority）レコード
- ネームサーバー（NS）レコード
- 委任ゾーンのグルー A レコード（DNS サーバーの IP アドレス情報）
- スタブゾーンの更新に使用できる 1 つ以上のマスターサーバーの IP アドレス

スタブゾーンは以下のような流れで構成します。

1. 親ドメインの DNS サーバーへのゾーン転送を許可するように、子ドメインを構成する
2. 親ドメインにスタブゾーンを作成する（子ドメインの DNS サーバーのアドレスを指定する）

次に、GlobalNamesゾーンとは、DNSサーバーの仕組みを利用して、WINSのようにNetBIOSによるコンピューター名のような単一ラベルの名前をIPアドレスに解決するための機能です。以下のような流れで構成します。

1. 「GlobalNames」という前方参照ゾーンを作成する（動的更新は無効で作成）
2. GlobalNames ゾーンを有効にする
3. GlobalNames ゾーンに、単一ラベルの名前（コンピューター名）を登録する

なお、GlobalNamesゾーンは、WINSとは異なり、「動的更新」には対応していないので、管理者が手作業で情報を登録する必要があります。そのため、完全にWINSを置き換えるものではないことに注意が必要です。また、IPv6にも対応していません。

04-07 エージングと清掃

動的更新を有効にしている場合は、「**エージング**」と「**清掃**」の2つの機能を設定して、不要なデータを自動的に削除することをお勧めします。

エージングと清掃機能の有効化と実行設定

エージングと清掃は、デフォルトでは無効になっています。有効化するには、DNSサーバーのプロパティダイアログを開いて、以下の手順を実行します。

❶ [詳細設定] タブを開く

❷ [古いレコードの自動清掃を有効にする] にチェックを付けて、[清掃期間] を設定する

続いて、ゾーンごとに自動清掃に関する設定を行います。自動清掃を有効にするゾーンのプロパティを開いて、[全般] タブにある [エージング] をクリックし、表示される [ゾーンエージングと清掃のプロパティ] ダイアログで各項目を設定します。

Part 07 各種サーバーサービスの構築と管理

3 [古いリソースレコードの清掃を行う]にチェックを付ける

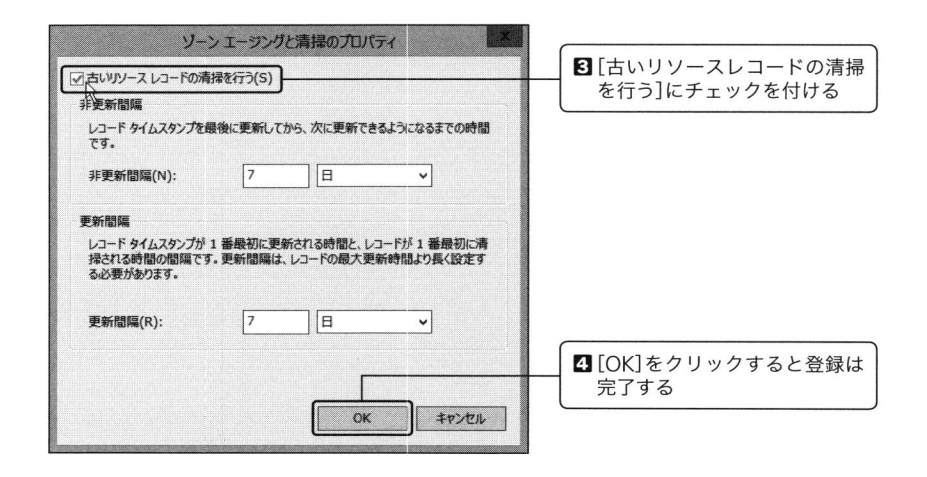

4 [OK]をクリックすると登録は完了する

■ [ゾーンエージングと清掃のプロパティ]ダイアログの設定項目

設定項目	説明
古いリソースレコードの清掃を行う	有効にすると、このゾーンにある古いリソースレコードの清掃が行われる
非更新間隔	リソースレコードの登録・更新（IPアドレスの更新など）が行われた後、削除候補にならない期間。デフォルトは7日間
更新間隔	[非更新間隔]を過ぎてから、削除候補になるまでの期間。デフォルトは7日間

清掃の一括設定

　ゾーンの清掃設定は、ゾーンごとではなく、一括で設定することも可能です。一括で設定する場合は、DNSマネージャーでサーバーのアイコンを右クリックして[すべてのゾーンに対しエージング／清掃を設定する]をクリックします。

　また、手動で行う場合は、DNSマネージャーでサーバーのアイコンを右クリックして[古いリソースレコードの清掃]をクリックします。

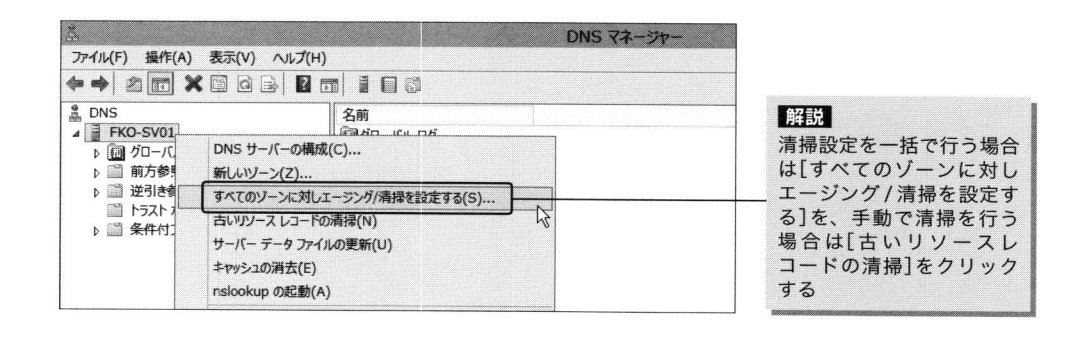

解説 清掃設定を一括で行う場合は[すべてのゾーンに対しエージング／清掃を設定する]を、手動で清掃を行う場合は[古いリソースレコードの清掃]をクリックする

05 DNSクライアントの設定と確認

クライアントコンピューターのTCP/IP設定にDNSサーバーのアドレスを指定すると、そのコンピューターは**DNSクライアント（リゾルバ）**として、DNSサーバーが提供する各種機能を利用できるようになります。また、［この接続のアドレスをDNSに登録する］を有効にすると、動的更新がサポートされているゾーンに対して名前やIPアドレスを登録できます。

解説
［この接続のアドレスを DNS に登録する］を有効にすると、特定のゾーンに名前や IP アドレスを登録できる

05-01 NSLOOKUPコマンドの利用

設定したDNSサーバーのアドレスが正しく認識されていることを確認するには、NSLOOKUPコマンド（nslookup.exe）を使用します。このコマンドを使用するとDNSサーバーに関するさまざまな情報を確認できます。

コマンドプロンプトでNSLOOKUPコマンドを実行すると、対話モードになります。コマンドやオプションを入力しながらDNS環境の動作確認を行います。

実行例 ▶ NSLOOKUP コマンドを実行する

```
C:¥Users¥administrator>nslookup
既定のサーバー:  tko-dc01.dom01.itd-corp.jp
Address:  10.0.1.1
>
```

実行例 ▶ 「set all」を実行してアクセスしているサーバーやオプションを表示する

```
> set all
既定のサーバー：  tko-dc01.dom01.itd-corp.j
Address:  10.0.1.1

オプションの設定：
  nodebug
  defname
  search
  recurse
  nod2
  novc
  noignoretc
(略)
```

実行例 ▶ FQDN から IP アドレスを取得する

```
> tko-sv01.dom01.itd-corp.jp
サーバー：  tko-dc01.dom01.itd-corp.jp
Address:  10.0.1.1

名前：    tko-sv01.dom01.itd-corp.jp
Address:  10.0.1.11
```

実行例 ▶ IP アドレスから FQDN を取得する

```
> 10.0.1.12
サーバー：  tko-dc01.dom01.itd-corp.jp
Address:  10.0.1.1

名前：    tko-sv02.dom01.itd-corp.jp
Address:  10.0.1.12
```

「set type=〈レコード名〉」コマンドを実行すると、**各リソースレコードの情報**を確認できます。例えばSOAレコードの情報を調べたい場合は以下のコマンドを実行します。

実行例 ▶ SOA レコードの情報を調べる

```
> set type=soa
> fukuoka.dom01.itd-corp.jp
サーバー：  tko-dc01.dom01.itd-corp.jp
Address:  10.0.1.1

権限のない回答：
fukuoka.dom01.itd-corp.jp
        primary name server = fko-sv01.fukuoka.dom01.itd-corp.jp
        responsible mail addr = hostmaster.fukuoka.dom01.itd-corp.jp
        serial  = 14
        refresh = 900 (15 mins)
        retry   = 600 (10 mins)
```

```
                expire  = 86400 (1 day)
                default TTL = 3600 (1 hour)
fko-sv01.fukuoka.dom01.itd-corp.jp          internet address = 10.0.31.1
>
```

なお、すべてのレコードを調べたい場合は「ALL」を、その他のレコードの情報を調べたいときは、それぞれ「NS」、「MX」、「A」、「AAAA」、「A+AAAA」、「PTR」、「CNAME」、「SRV」などを指定します。

実行例 ▶ NSLOOKUP コマンドを終了する

```
> exit
```

05-02　IPCONFIGコマンドの利用

IPCONFIGコマンド（ipconfig.exe）には、DNS環境を利用する際に有用なオプションがいくつか用意されています。

書　式　DNS に関するキャッシュ情報の表示

```
ipconfig /displaydns
```

書　式　DNS 情報の初期化

```
ipconfig /flushdns
```

書　式　動的更新が有効なゾーンに対する DNS 名の再登録

```
ipconfig /registerdns
```

Column: Windows PowerShell の DNS クライアント機能

Windows Server 2012 R2やWindows 8.1には、DNSのクライアント機能のためのWindows PowerShellコマンドレットが数多く用意されています。ここではそのうちのいくつかを紹介します。

書式 参照している DNS サーバーの表示

```
Get-DnsClientServerAddress
```

書式 DNS に関するキャッシュ情報の表示

```
Get-DnsClientCache
```

書式 動的更新が有効なゾーンに対する DNS 名の再登録

```
Register-DnsClient
```

書式 DNS に登録された情報の調査

```
Resolve-DnsName
```

実行例 ▶ FQDN から IP アドレスを調べる

```
Resolve-DnsName -name tko-dc01.dom01.itd-corp.jp -Type A
```

実行例 ▶ IP アドレスから FQDN を調べる

```
Resolve-DnsName -name 10.0.1.12 -Type PTR
```

実行例 ▶ SOA レコードを表示する

```
Resolve-DnsName -name dom01.itd-corp.jp -Type SOA
```

DNSのクライアント機能のためのWindows PowerShellコマンドレットの詳細については、以下のマイクロソフトのページを参照してください。

URL DNS Client Cmdlets in Windows PowerShell
http://technet.microsoft.com/en-us/library/jj590772.aspx

Chapter 26 DHCPサーバーの構築と管理

本章では、IPアドレスの割り当てや管理を行う「DHCPサーバー」の構築方法と管理方法について解説します。また、Windows Server 2012から実装されている「DHCPフェールオーバー」や「ポリシーベース割り当て（PBA）」についても紹介します。

01 DHCPの概要

DHCP（Dynamic Host Configuration Protocol）は、IPアドレスの割り当てや管理を容易に行うためのプロトコルです。DHCPは、IPアドレスの集中管理や割り当てを行う「**DHCPサーバー**」と、IPアドレスを割り当ててもらう「**DHCPクライアント**」によって構成されます。

DHCPを使用すると**クライアントに対して動的にIPアドレスを割り当てることができます**。また、デフォルトゲートウェイやDNSサーバーのアドレスを設定することもできます。クライアントコンピューターが数台であれば手作業でTCP/IP設定を行うことも可能ですが、数十台、数百台以上の環境では現実的ではありません。クライアントコンピューターが多い環境の場合は、DHCPサーバーを構築することをお勧めします。

01-01 DHCPの仕組み

DHCPサーバーは、管理しているIPアドレスをDHCPクライアントにリース（割り当て）します。ここではDHCPクライアントにIPアドレスがリースされる仕組みと、そのIPアドレスのリース期間を更新する仕組みを解説します。

IPアドレスのリース

あるDHCPクライアントがはじめてネットワークに接続した際、そのDHCPクライアントはIPアドレスを持っていません。そこで、そのDHCPクライアントはサブネット全体に「**DHCPDISCOVER**」と呼ばれる**DHCP探索メッセージ**をブロードキャストで送信します。

その際、サブネット内にDHCPサーバーが存在すると、「**DHCPOFFER**」と呼ばれる**DHCP提案メッセージ**が返ってきます。このDHCPOFFERの中には割り当て可能なIPアドレスの候補や、DHCPサーバー自身のアドレスなどが記録されています。

DHCPクライアントはDHCPサーバーから受け取ったIPアドレスの候補の正当性の確認などを行い、問題がない場合は「**DHCPREQUEST**」と呼ばれる**DHCP割り当て申請メッセージ**

を再びブロードキャストで返します。

そして、DHCPREQUESTを受け取ったDHCPサーバーは正式な割り当ての通知や、デフォルトゲートウェイやDNSサーバーなどの**オプション情報**を、「**DHCPACK**」と呼ばれる**DHCP承認メッセージ**としてDHCPクライアントに通知します。

DHCPクライアントは、DHCPACK を受け取ることで、はじめてIPアドレスやその他オプションのアドレスを利用できるようになります。

> **Tips** サブネット上に複数のDHCPサーバーが存在していると、すべてのDHCPサーバーがDHCPOFFERをブロードキャストで返します。どのDHCPサーバーからIPアドレスを受け取るかはDHCPクライアントが決定します。

> **Tips** DHCPサーバーが存在しない環境では、「169.254.xxx.xxx」のような、**APIPA**（Automatic Private IP Addressing）と呼ばれる範囲のIPv4アドレスが自動的に割り当てられます。

リース期間の延長

DHCPサーバーは、一度割り当てたIPアドレスであっても、設定されている**リース期間**を超えたものは再利用するために回収します。

一方、DHCPクライアント（クライアントコンピューター）としては、シャットダウンされても割り当てられていたIPアドレスは記憶しているので、同じIPアドレスを利用できたほうが都合が良いといえます。そのため、DHCPクライアントは、一度割り当てられたIPアドレスをできるだけ継続して利用するために、定期的にDHCPサーバーに対してアドレスのリース期間の延長を依頼します。

なお、リース期間の延長依頼は、IPアドレスを割り当てているDHCPサーバーに対して**ユニキャスト**（1対1の通信）で行われます。割り当て時に行う**ブロードキャスト**とは異なる点に注意してください。

01-02　DHCPサーバーの設計要件

DHCPサーバーを構築する場合は、事前に以下の7つのポイントに注意して設計を行う必要があります。DHCPはとても便利な機能ですが、多数のクライアントコンピューターに影響を与えるため、念入りに設計を行うことが重要です。

●スコープ

ネットワークの規模やクライアントコンピューターの台数によって、プールするIPアドレスの**数**と**スコープ**（範囲）を決めます。クライアントコンピューターの台数をカバーできるだけのIPアドレスをプールしておく必要があります。

また、他のサーバーやネットワーク機器など、固定のIPアドレスを持つものと重複しないようにスコープを設計することも大切です。

●リース期間

リース期間を設定します。Windows Server 2012 R2のDHCPサーバーにデフォルトで設定されているリース期間は**8日間**です。移動させることが少ないクライアントコンピューター（デスクトップPCなど）が多い環境や、プールしているIPアドレスの数に余裕がある環境では、デフォルトのままで構いません。

一方、頻繁にネットワークの接続・切断が行われる環境や、プールしているIPアドレスが不足している環境では**より短い値**を指定したほうが良いでしょう。

●アドレスの予約

DHCP環境では、通常は割り当てるIPアドレスを固定で指定することはできません。しかし、**予約設定**を行えばIPアドレスプールの中から、特定のIPアドレスを割り当てることも可能です。設計時は、まずこの機能の利用有無を検討し、利用する場合は対象クライアントコンピューターをリストアップしておきます。

●DHCP オプション

DHCPは、IPアドレスだけでなく、デフォルトゲートウェイやDNSサーバーのアドレスを「**DHCPオプション**」として通知することができます。

DHCPオプションには以下の3種類があります。

■ DHCP オプション

オプション	説　明
サーバーオプション	DHCP サーバー全体で有効なオプション。DNS サーバーがセグメント単位で用意されていない場合は、このオプションで登録すると良い
スコープオプション	スコープで有効なオプション。デフォルトゲートウェイのアドレスをこのオプションで登録すると良い
クライアントオプション	特定のクライアントのみに設定したい項目はここに登録する

●MAC アドレスのフィルター機能

MACアドレスのフィルター機能の利用有無を検討します。この機能を利用すると、特定のクライアントコンピューターのみにDHCPでIPアドレスを割り当てたり、逆に、特定のクライアントコンピューターのみDHCPから除外することができます。利用する場合は対象クライアントコンピューターをリストアップし、MACアドレスを調査しておいてください。

●DHCP サーバーの配置

DHCPサーバーの**配置**や**台数**を検討します。最もシンプルな構成はネットワーク内に1台のDHCPサーバーを配置することです。ただし、この構成ではそのDHCPサーバーが停止すると、新規にIPアドレスを割り当てることができなくなるので注意が必要です。

DHCPクライアントが多数存在する場合は複数のDHCPサーバーを配置して冗長化することを検討してください。

また、DHCPサーバーとDHCPクライアントとの通信はブロードキャストが多用されますが、通常は**ルーターを越えることはできない**ので、ネットワークセグメントが複数存在する場合は追加の設計が必要になります。

> **Tips** Windows Server 2012 R2では、複数のDHCPサーバーを配置した際に「**分割スコープ構成**」や、「**DHCPフェールオーバー**」(⇒P.536) を利用できます。

> **Tips** ルーターが**DHCPブロードキャスト転送機能**や**DHCPリレー機能**を持っている場合は、ネットワークセグメントごとにDHCPサーバーを配置する必要はなくなります。ただし、その場合はネットワークセグメントごとのスコープをDHCPサーバーに登録しておくことが必要です。

● DHCPv6

IPv6対応のDHCPのことを「**DHCPv6**」と呼び、これには以下の2つのモードがあります。**RA**(Router Advertisement)と呼ばれるパケットを流すIPv6対応ルーターの有無によってどちらのモードにするかを選択します。

■ DHCPv6 のモード

モード	説明
ステートレスモード	DNS サーバーなどのアドレスの自動構成を、DHCP サーバーが補うモード。ネットワーク上にRA パケットを流す IPv6 対応ルーターが存在する場合に選択する。なお、クライアントコンピューターは IPv6 対応ルーターが流す RA パケットをもとに IPv6 アドレスを自動構成できる
ステートフルモード	DHCP サーバーが IP アドレスの割り当てを行うモード。ネットワーク上に RA パケットを流している IPv6 対応ルーターが存在しない場合に選択する

> **Column　DHCPサーバーの冗長化**
>
> 複数のDHCPサーバーを使用して冗長化を行う方法はいくつかあります。ここで主なものを簡単に紹介します。
>
> ● **IP アドレスのプール分割**
> スコープのIPアドレスプールを分割して、複数のDHCPサーバーに割り当てるという、古くから用いられている方法です。一部のDHCPサーバーがダウンしても支障がないように、多くのIPアドレスをプールしておくことが必要です。Windows Server 2008 R2以降では、**分割スコープ構成機能**によって、単一の管理画面で設定・管理できるようになりました。
>
> ● **Windows Server フェールオーバークラスター**
> **WSFC**(Windows Serverフェールオーバークラスター)を構築して、DHCPサーバーを**クラスターリソース**にする方法です。複数のサーバー(ノード)でDHCPデータベースを共有するので、余計にIPアドレスをプールしておく必要はありません。高度な管理スキルや共有記憶域が必要になるなど、ややハードルの高い構成ですが、3台以上のサーバーで構成することもできます。
>
> ● **DHCP フェールオーバー**
> Windows Server 2012以降では、WSFCを構成することなくDHCPサーバーのフェールオーバー構成を実現できます。容易な操作で、しかも共有記憶域なしで、DHCPデータベースを共有(レプリケーション)することができます。詳しくは**P.536**で解説します。

02　DHCPサーバーの構築

ここからは、DHCPサーバーを構築する手順と、構築後に動作確認をする方法を解説します。

02-01　DHCPサーバーのセットアップ

管理者でサインインして、サーバーに**静的IPアドレス**（固定IP）が割り当てられていることを確認したうえで、サーバーマネージャーから［役割と機能の追加ウィザード］（⇒P.52）を起動して、以下の手順を実行します。

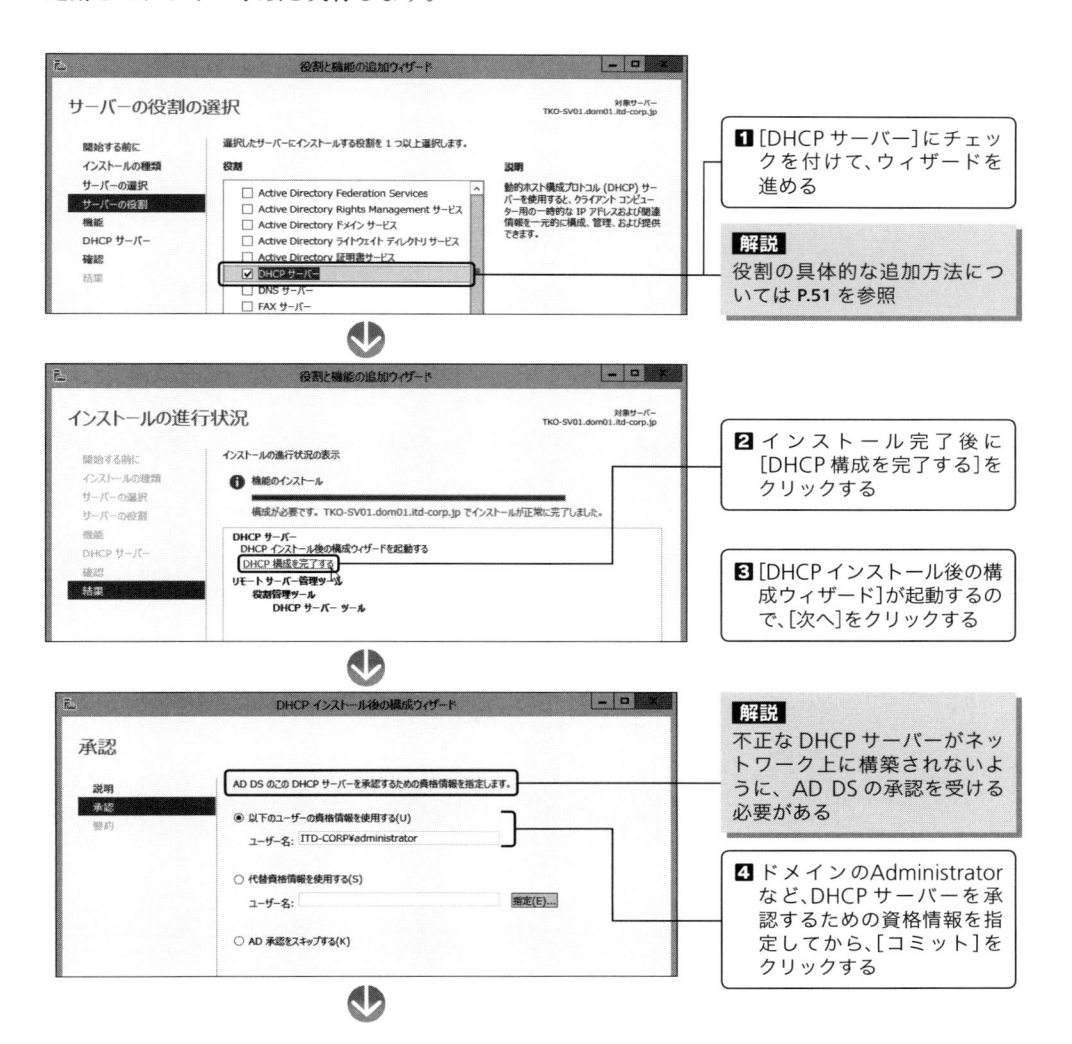

1 ［DHCPサーバー］にチェックを付けて、ウィザードを進める

解説
役割の具体的な追加方法については P.51 を参照

2 インストール完了後に［DHCP 構成を完了する］をクリックする

3 ［DHCP インストール後の構成ウィザード］が起動するので、［次へ］をクリックする

解説
不正な DHCP サーバーがネットワーク上に構築されないように、AD DS の承認を受ける必要がある

4 ドメインのAdministratorなど、DHCP サーバーを承認するための資格情報を指定してから、［コミット］をクリックする

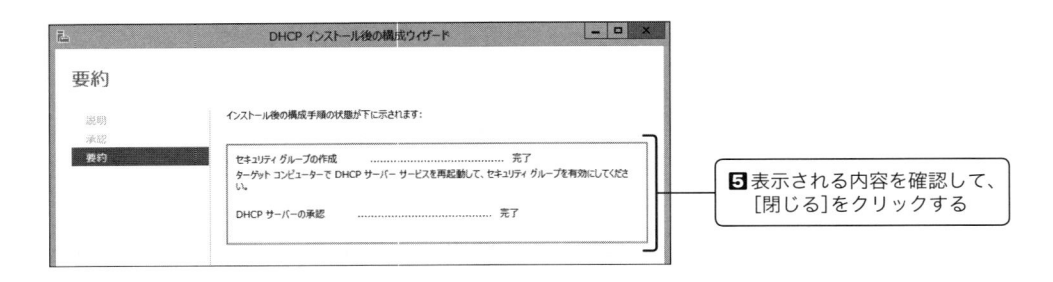

5 表示される内容を確認して、[閉じる]をクリックする

02-02 IPv4スコープの新規作成

DHCPサーバーの役割を追加したら、続いて「**スコープ**」を作成します。サーバーマネージャーから［DHCPコンソール］を開いて、以下の手順を実行します。

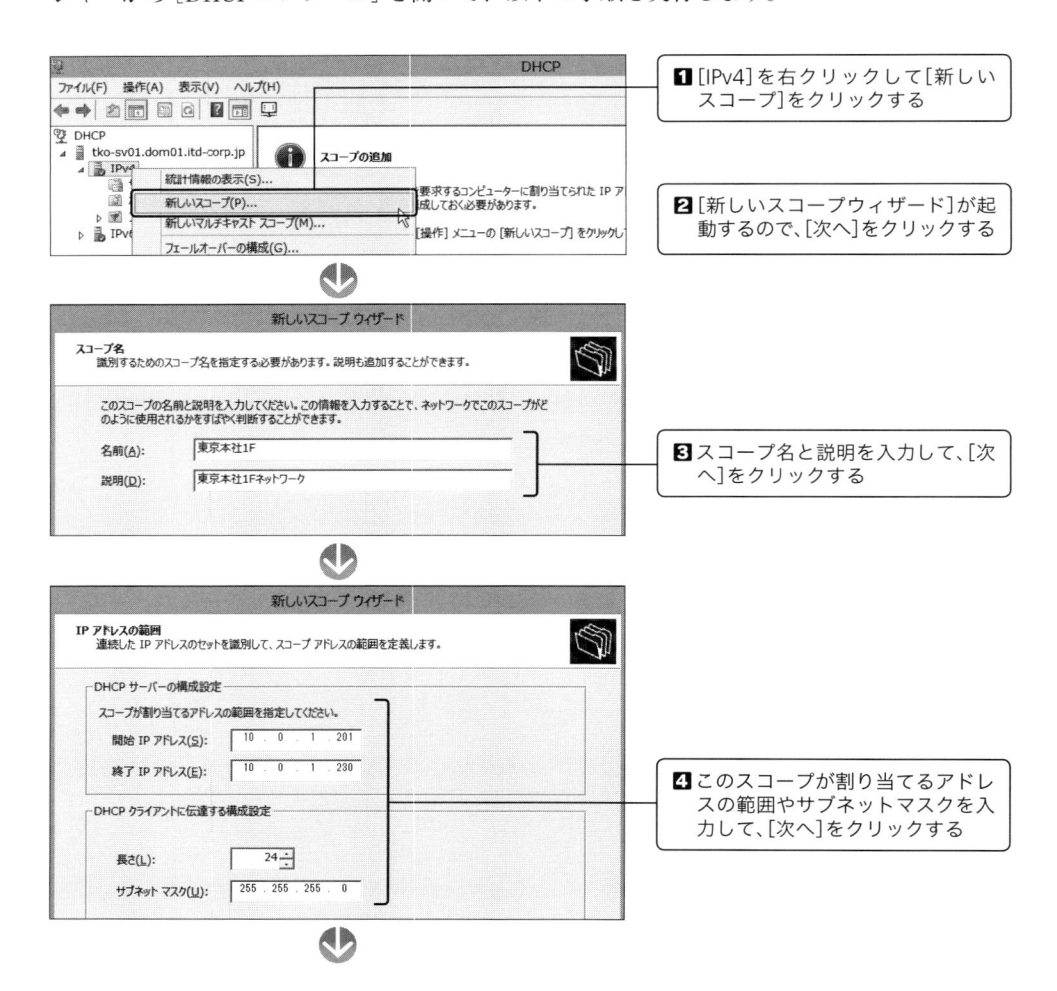

1 [IPv4]を右クリックして[新しいスコープ]をクリックする

2 [新しいスコープウィザード]が起動するので、[次へ]をクリックする

3 スコープ名と説明を入力して、[次へ]をクリックする

4 このスコープが割り当てるアドレスの範囲やサブネットマスクを入力して、[次へ]をクリックする

02 DHCPサーバーの構築

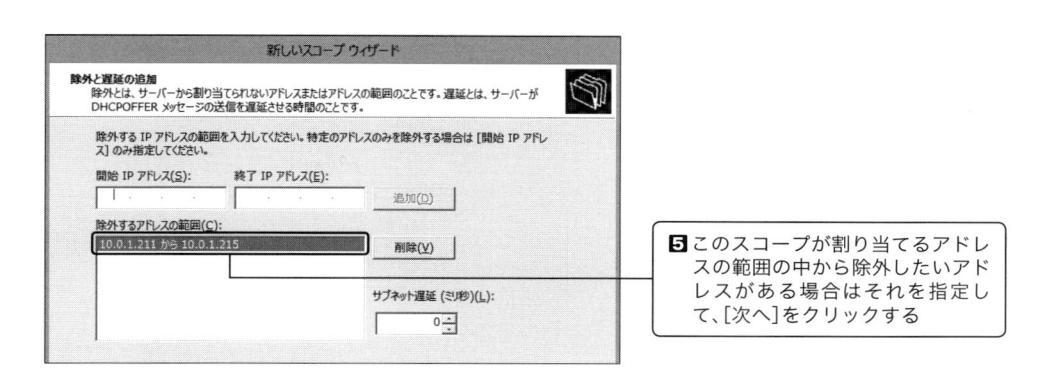

5 このスコープが割り当てるアドレスの範囲の中から除外したいアドレスがある場合はそれを指定して、[次へ]をクリックする

Tips 複数のDHCPサーバーが存在する場合は、[サブネット遅延]を設定してDHCPOFFERメッセージを遅延させることで、優先度を低くできます。

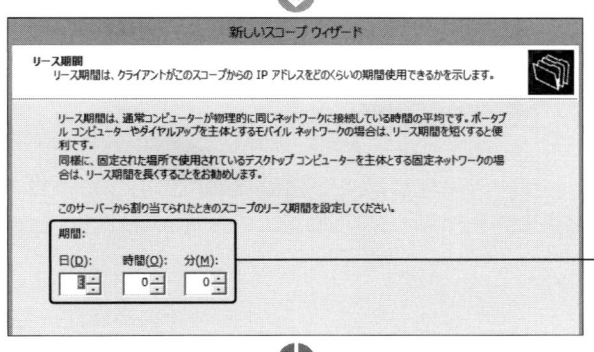

6 このスコープのIPアドレスのリース期間を指定して、[次へ]をクリックする

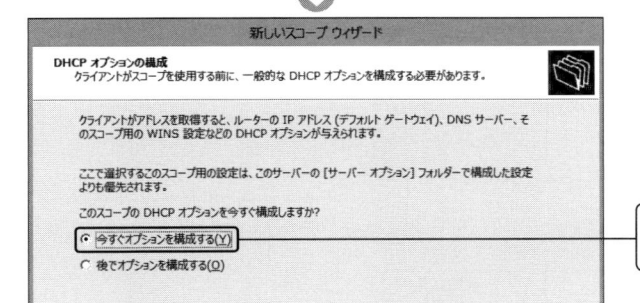

7 [今すぐオプションを構成する]を選択して、[次へ]をクリックする

Tips 何もオプションを構成しない場合は[後でオプションを構成する]を選択して、ウィザードを終了します。

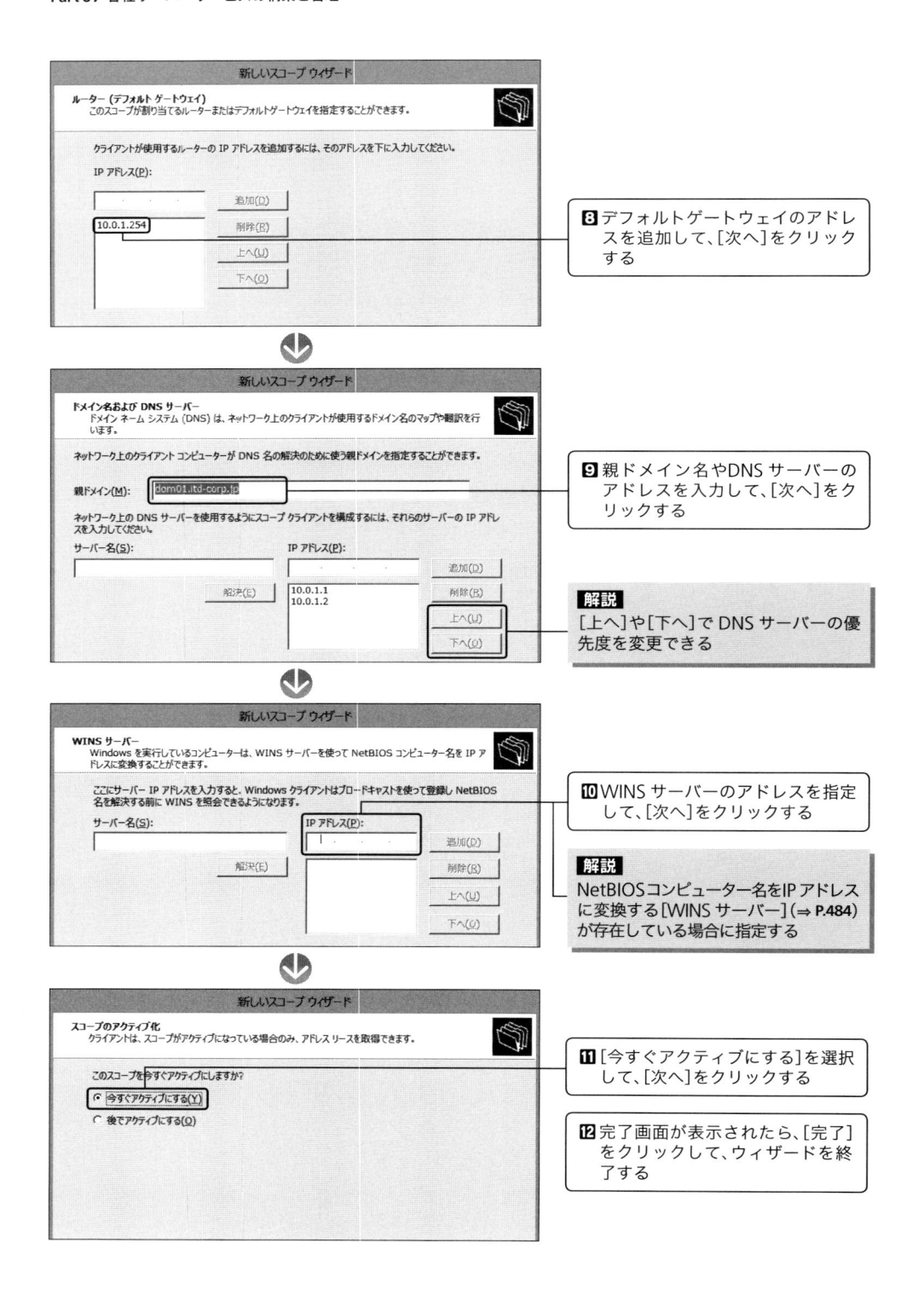

Part 07 各種サーバーサービスの構築と管理

8 デフォルトゲートウェイのアドレスを追加して、[次へ]をクリックする

9 親ドメイン名やDNSサーバーのアドレスを入力して、[次へ]をクリックする

解説
[上へ]や[下へ]でDNSサーバーの優先度を変更できる

10 WINSサーバーのアドレスを指定して、[次へ]をクリックする

解説
NetBIOSコンピューター名をIPアドレスに変換する[WINSサーバー](⇒ P.484)が存在している場合に指定する

11 [今すぐアクティブにする]を選択して、[次へ]をクリックする

12 完了画面が表示されたら、[完了]をクリックして、ウィザードを終了する

02-03 DHCPの確認

ここまでの操作でDHCPサーバーは稼働を開始しているはずです。DHCPクライアントとして設定したクライアントコンピューターをネットワークに接続して、IPアドレスやオプション情報が自動的に設定されているかを確認してください。

クライアントコンピューターからの確認

クライアントコンピューターでコマンドプロンプトを開き、以下のコマンドを実行して、IPアドレスが割り当てられているかを確認します。

書式 IPアドレスやオプション情報の確認

```
ipconfig /all
```

書式 DHCPサーバーからの情報の更新

```
ipconfig /renew
```

書式 DHCPサーバーから割り当てられた情報の解放

```
ipconfig /release
```

DHCPサーバーでの確認

DHCPサーバーでも稼働状況を確認します。サーバーマネージャーのDHCPコンソールを開いて、[スコープ]→[アドレスのリース]を開くと、クライアントコンピューターが表示されているはずです。

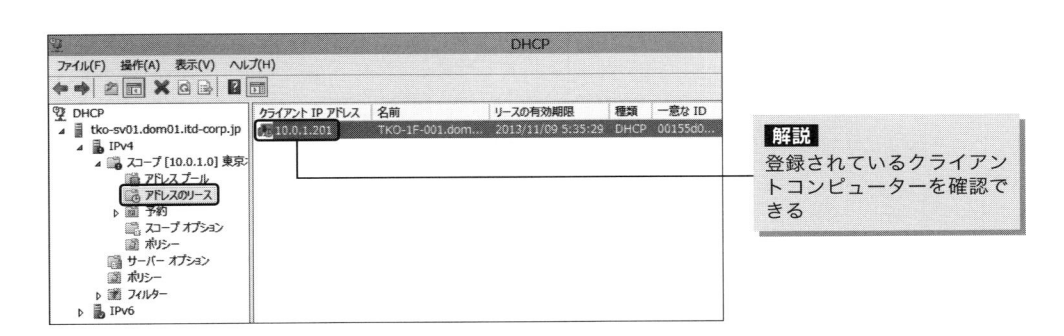

解説 登録されているクライアントコンピューターを確認できる

DHCPサービス監査ログの確認

　DHCPサーバーのログの確認も大切です。DHCPサーバーの「%SystemRoot%¥System32¥dhcp」（一般的にはC:¥Windows¥System32¥dhcp）に**DHCPサービス監査ログ**（DhcpSrvLog-XXX.txtやDhcpV6SrvLog-XXX.txt）が記録されています。

　DHCPサービス監査ログには、**割り当てられているIPアドレス**と**DHCPクライアント**が記載されているので、「クライアントコンピューターに割り当てられるIPアドレスが特定できない」という理由でDHCPの導入を避けていた管理者はこのログで運用上の問題を解決できないかを検討してください。

　なお、このログは**一週間ごとに**ローテーションしているので、過去の状態を知りたい場合は毎日のバックアップが不可欠です。

> **Tips**　DHCPコンソールから、[IPv4] や [IPv6] のプロパティダイアログボックスの [詳細設定] タブを開くと、DHCPサービス監査ログのパスの確認や変更を実行できます。
> また、[IPv4] や [IPv6] を右クリックして [統計情報の表示] をクリックすると、DHCPサーバーの統計情報を見ることができます。プールされているアドレスに余裕があるか確認できます。

03　DHCPサーバーの管理

　ここからはDHCPサーバーを適切に運用するために必要な各種管理作業を解説します。

03-01　IPv4スコープの設定変更

　プールしておいたIPアドレスが不足した際は、**スコープの設定**を変更する必要があります。IPv4スコープの設定を変更するには、サーバーマネージャーから [DHCPコンソール] を開いて、次の手順を実行します。

03 DHCPサーバーの管理

❶ 設定を変更するIPv4 スコープを右クリックして、[プロパティ]をクリックする

❷ 各項目を設定して、[OK]をクリックする

●[全般]タブ

[全般]タブでは、**スコープ名**や**プールしているIPアドレスの範囲**、**リース期間**などを変更できます。ネットワーク環境の設定を変更する場合は、数日前からスコープのリース期間を短くすると良いでしょう。

●[DNS]タブ

[DNS]タブでは、**DHCPサーバーとDNSサーバーの連携に関する設定**を変更できます。ここを設定することで、DHCPサーバーにアドレスを割り当てられたDHCPクライアントのアドレス情報がDNSサーバーに自動登録されます。

また、[構成]ボタンをクリックして、[名前保護を有効にする]にチェックを付けると、DNSサーバーへの登録時に同じ名前がすでに登録されている場合はDHCPの更新が失敗します。

> **Tips** Windows Server 2012 R2のDHCPサーバーでは、PTRレコードの動的更新の無効化設定も行えます。

●[ネットワークアクセス保護]タブ

[ネットワークアクセス保護]タブでは、**NAP**(⇒P.655)に関する設定を変更できます。

●[詳細設定]タブ

DHCPOFFERメッセージの遅延設定が可能です。

03-02 予約の設定

予約機能を設定すると、DHCPクライアントに**常に同じIPアドレス**を割り当てることができます。なお、この機能はMACアドレスを使用して、クライアントコンピューターを特定するので、利用する際は事前に**IPCONFIG**コマンド(⇒P.104)や**GETMAC**コマンドを使用して、対象のクライアントコンピューターのMACアドレスを調べておいてください。予約機能を設定するには、サーバーマネージャーから[DHCPコンソール]を開いて、以下の手順を実行します。

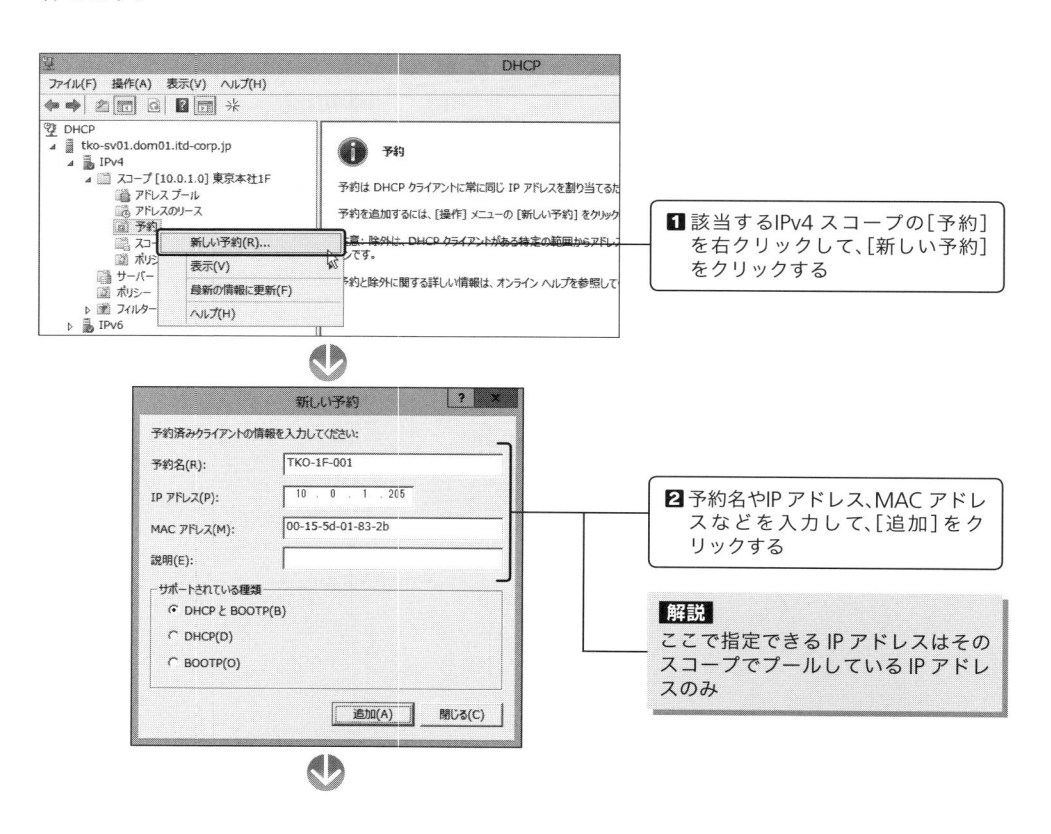

1 該当するIPv4 スコープの[予約]を右クリックして、[新しい予約]をクリックする

2 予約名やIP アドレス、MAC アドレスなどを入力して、[追加]をクリックする

解説
ここで指定できるIP アドレスはそのスコープでプールしているIP アドレスのみ

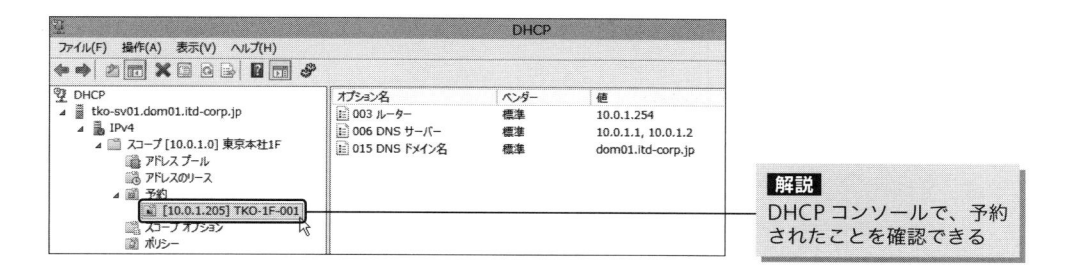

03 DHCPサーバーの管理

解説
DHCPコンソールで、予約されたことを確認できる

●IPアドレスがすでに割り当てられている場合の予約設定

動的なIPアドレスがすでに割り当てられている場合は、以下の手順を実行するだけで、容易に予約を設定できます。

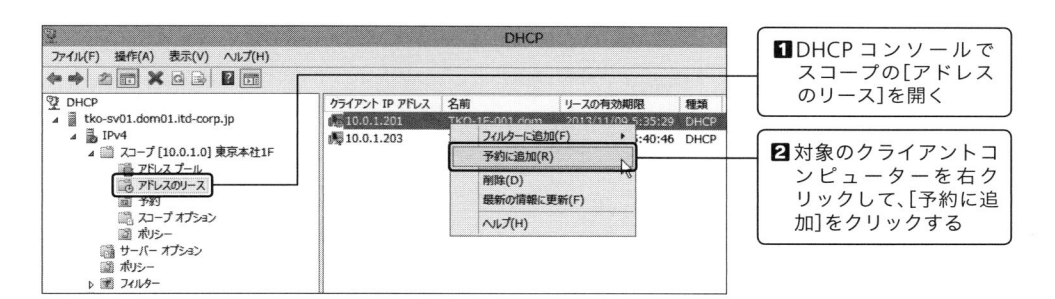

❶ DHCPコンソールでスコープの[アドレスのリース]を開く

❷ 対象のクライアントコンピューターを右クリックして、[予約に追加]をクリックする

03-03 DHCPオプションの設定

DHCPオプションを設定すると、デフォルトゲートウェイやDNSサーバーなどのアドレスを通知・配布できます。適用する範囲(⇒P.530)のアイコンを右クリックして、[オプションの構成]をクリックし、各項目を設定します。

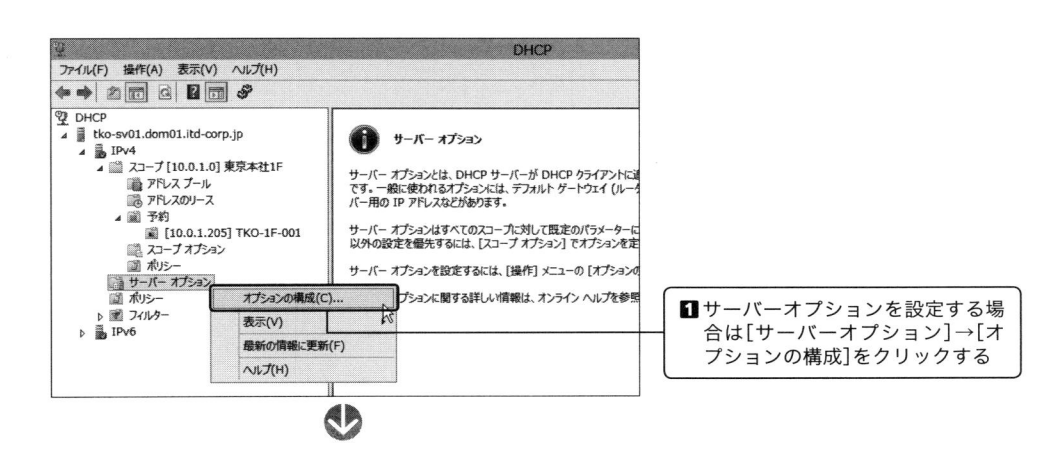

❶ サーバーオプションを設定する場合は[サーバーオプション]→[オプションの構成]をクリックする

Part 07 各種サーバーサービスの構築と管理

解説
各項目を設定して、[OK]をクリックする

Tips スコープオプションを設定する場合は[スコープオプション]、クライアントオプションを設定する場合は[予約]の下位にある項目を、それぞれ右クリックして[オプションの構成]をクリックする

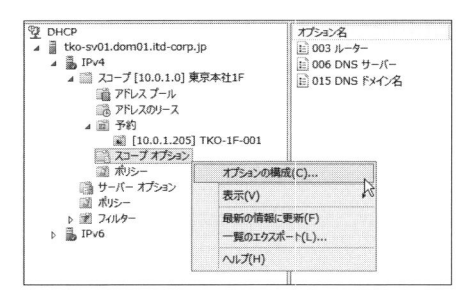

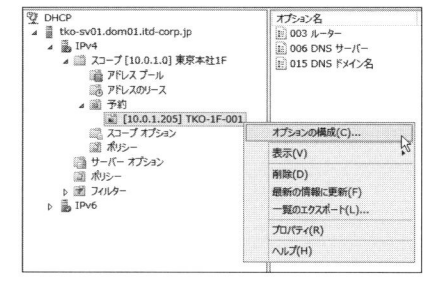

重要! 誤ったデフォルトゲートウェイアドレスを設定すると、インターネットや他のネットワークにアクセスできないなど、大きなトラブルとなる可能性があるので十分に注意してください。

03-04　フィルター機能の利用

MACアドレスによる**フィルター機能**の利用方法を解説します。

フィルターの登録

フィルターを登録するには、[DHCPコンソール]を起動して、次の手順を実行します。登録するクライアントコンピューターの数だけこの手順を繰り返します。

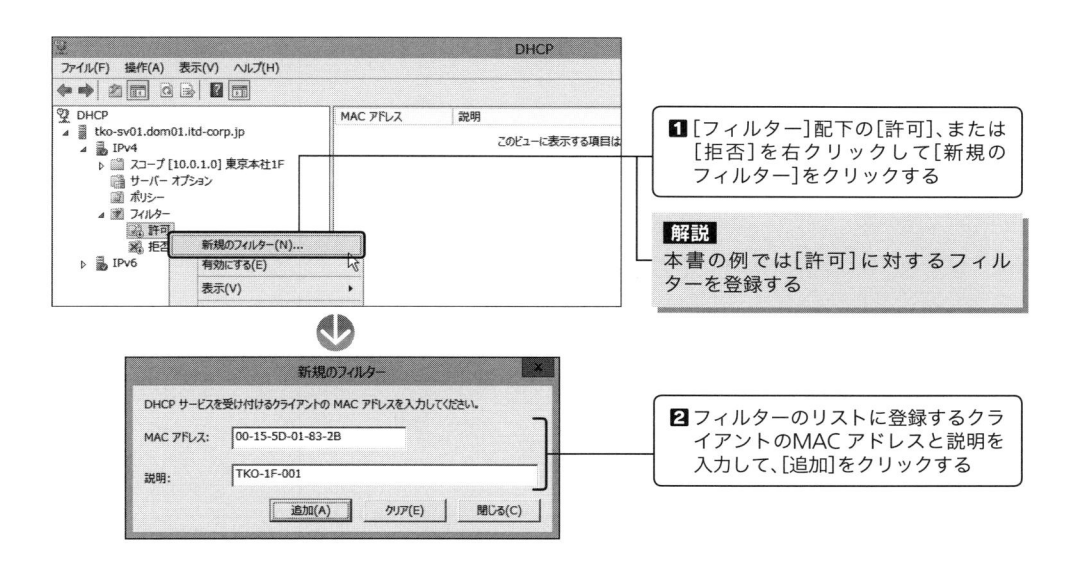

03 DHCPサーバーの管理

❶ [フィルター]配下の[許可]、または[拒否]を右クリックして[新規のフィルター]をクリックする

解説
本書の例では[許可]に対するフィルターを登録する

❷ フィルターのリストに登録するクライアントのMACアドレスと説明を入力して、[追加]をクリックする

●IPアドレスがすでに割り当てられている場合のフィルター設定

動的なIPアドレスがすでに割り当てられている場合は、以下の手順を実行するだけで、容易にフィルターを設定できます。

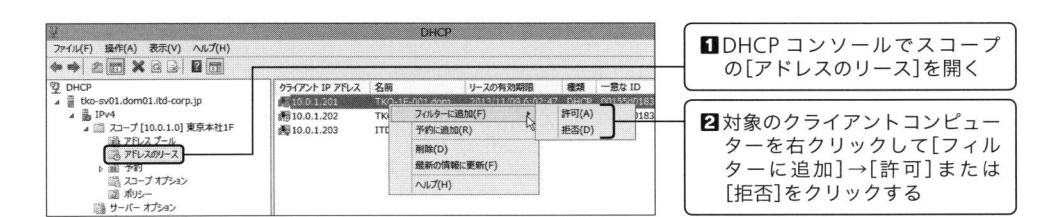

❶ DHCPコンソールでスコープの[アドレスのリース]を開く

❷ 対象のクライアントコンピューターを右クリックして[フィルターに追加]→[許可]または[拒否]をクリックする

フィルター機能の有効化

フィルター機能はデフォルトでは無効になっています。有効化するには、[許可]または[拒否]を右クリックして、[有効にする]をクリックします。

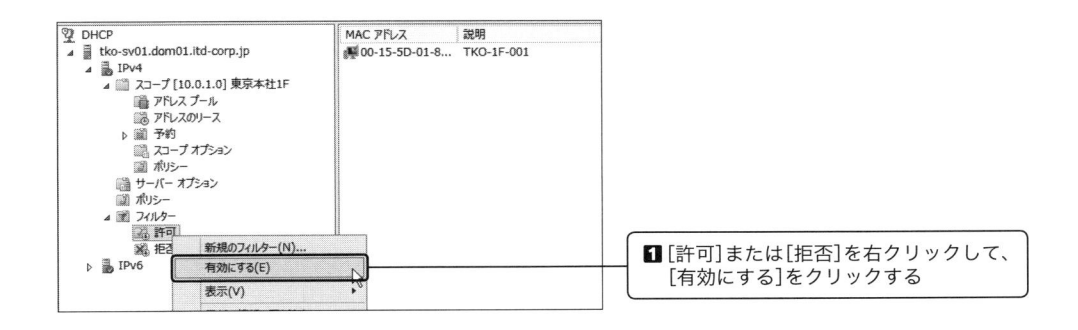

❶ [許可]または[拒否]を右クリックして、[有効にする]をクリックする

フィルター機能のログ確認

DHCPクライアントからのアドレス要求に対する［許可］または［拒否］に関する処理内容はイベントビューアーで確認できます。

サーバーマネージャーから［イベントビューアー］を開いて、**［アプリケーションとサービスログ］→［Microsoft］→［Windows］→［DHCP-Server］→［Microsoft-Windows-DHCP ServerEvents/FilterNotifications］**を開きます。

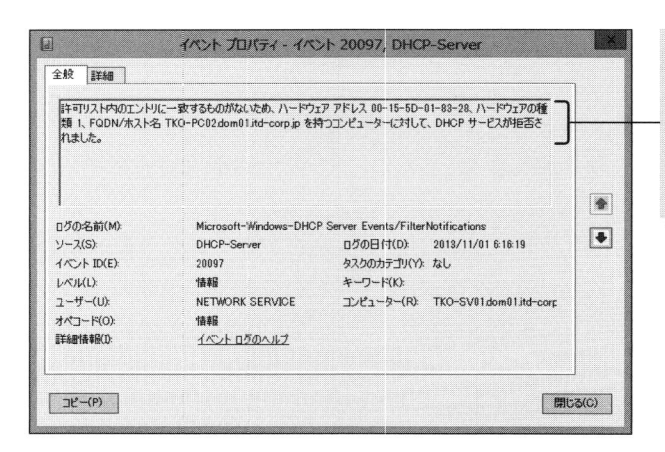

解説
本書の例では、登録したMACアドレスを持つDHCPクライアントにのみアドレスを割り当てるように設定したので、他のDHCPクライアントからの要求は拒否し、それをログに記録している

03-05 ポリシーベースの割り当ての利用

Windows Server 2012のDHCPサーバーでは新たに「**ポリシーベースの割り当て（PBA）**」がサポートされました。これは、DHCPクライアントから送信されてきた要求パケットに含まれるフィールドに基づいて、IPアドレスやDHCPオプションを割り当てる機能です。以下の条件を指定して複数のポリシーを作成できます。

- ベンダークラス
- ユーザークラス
- MACアドレス
- クライアント識別子
- 完全修飾ドメイン名
- リレーエージェントの情報

この機能を使用すると、条件に合致した特定のDHCPクライアント群にだけ、異なるデフォルトゲートウェイのアドレスやDNSサーバーのアドレスをオプションとして配布する、といった構成が可能になります。

03 DHCPサーバーの管理

> **Tips** Windows Server 2012以降では、DHCP-NAPもこのポリシーベース割り当てを利用しています（⇒P.655）。

● ポリシーの作成

ポリシーを作成するには、[DHCPコンソール]を起動して、以下の手順を実行します。作成するポリシーの数だけこの手順を繰り返します。

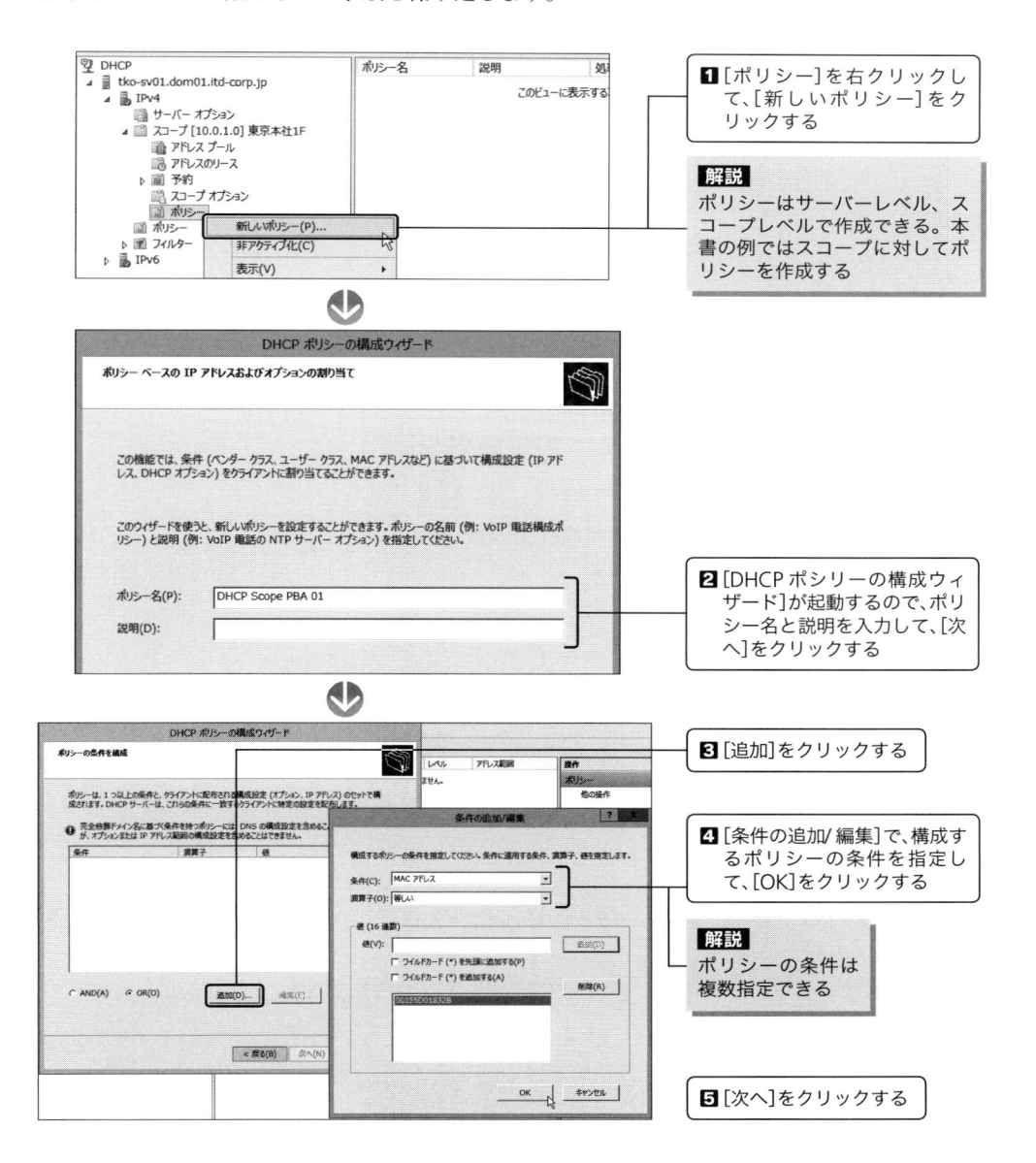

1 [ポリシー]を右クリックして、[新しいポリシー]をクリックする

解説 ポリシーはサーバーレベル、スコープレベルで作成できる。本書の例ではスコープに対してポリシーを作成する

2 [DHCPポシリーの構成ウィザード]が起動するので、ポリシー名と説明を入力して、[次へ]をクリックする

3 [追加]をクリックする

4 [条件の追加/編集]で、構成するポリシーの条件を指定して、[OK]をクリックする

解説 ポリシーの条件は複数指定できる

5 [次へ]をクリックする

Part 07 各種サーバーサービスの構築と管理

> **Tips** ［条件］に［完全修飾ドメイン名］を指定した場合は、以降の手順である［IPアドレスの範囲］や［DHCPオプション］は構成できません。ただし、ポリシーの作成後にプロパティで動的更新など、DNSに関する構成を行うことは可能です。

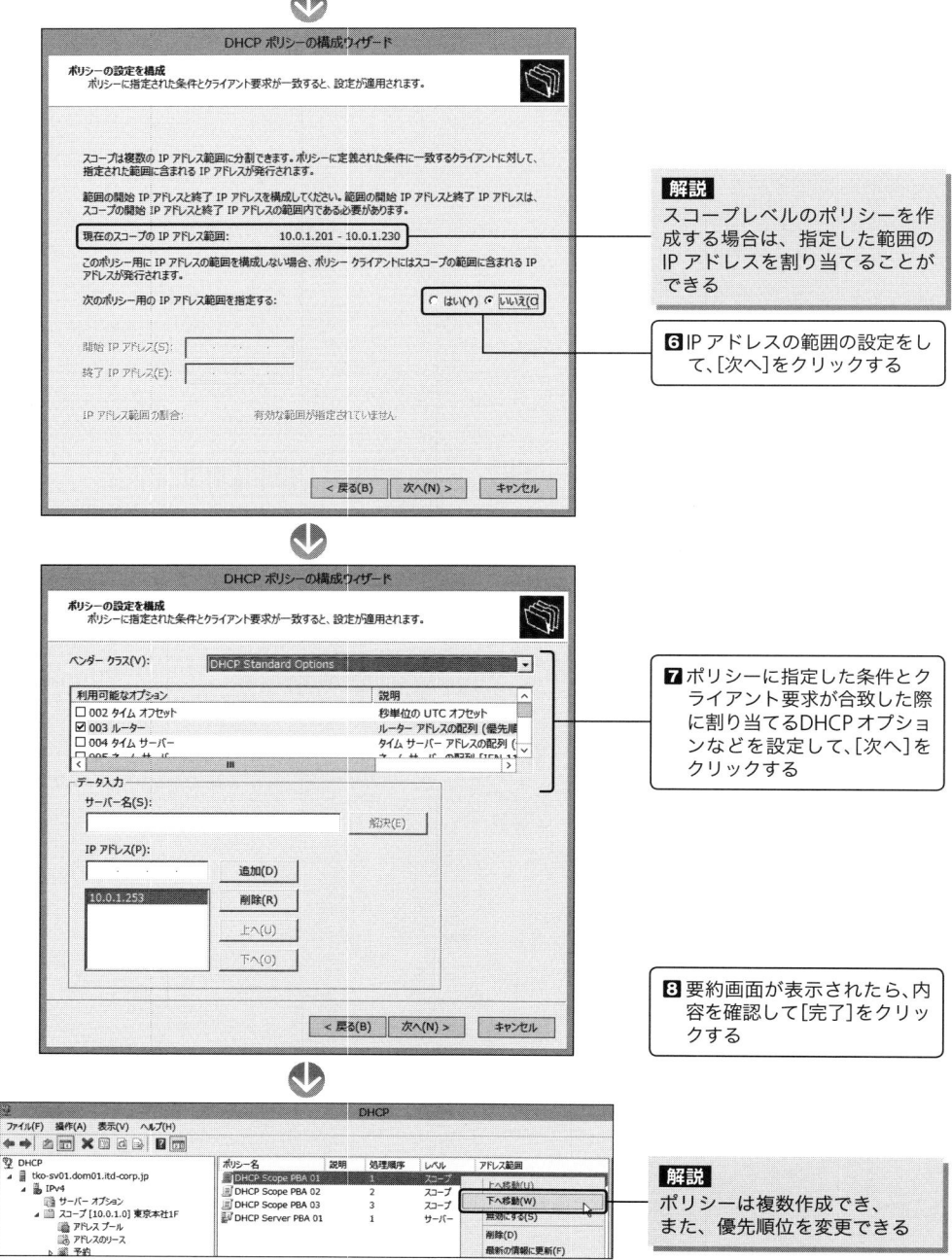

解説 スコープレベルのポリシーを作成する場合は、指定した範囲のIPアドレスを割り当てることができる

6 IPアドレスの範囲の設定をして、［次へ］をクリックする

7 ポリシーに指定した条件とクライアント要求が合致した際に割り当てるDHCPオプションなどを設定して、［次へ］をクリックする

8 要約画面が表示されたら、内容を確認して［完了］をクリックする

解説 ポリシーは複数作成でき、また、優先順位を変更できる

> **Column　DHCPデータベースのバックアップと復元**
>
> 　DHCPデータベースの内容は定期的に自動バックアップされ、デフォルトでは「%SystemRoot%¥System32¥dhcp¥backup」(通常は、C:¥Windows¥System32¥dhcp¥backup)に保存されています(バックアップフォルダーのパスはDHCPサーバーのプロパティで確認・変更できます)。
> 　DHCPデータベースが破損するとアドレスの割り当てが行えなくなるので、障害に備えて適宜バックアップを取得し、必要に応じて復元します。
> 　DHCPデータベースを手動でバックアップするには、[DHCPコンソール]を開いて、サーバーのアイコンを右クリックして[バックアップ]を実行します。
> 　なお、同様に[DHCPコンソール]を使って復元もできますが、復元時にはDHCPサーバーのサービスが一時停止するので注意してください。

03-06　Windows PowerShellによる管理

　Windows Server 2012 R2では、Windows PowerShellコマンドレットを使用してDHCPサーバーを管理できます。多数のスコープを登録するような場合は、コマンドレットを実行したほうが簡単ですし、間違いも減ります。

　ここではWindows PowerShellコマンドレットを使用して下表のスコープを登録する例を紹介します。

■ 登録するスコープ

項　目		設定例
DHCP サーバーのアドレス		10.0.1.11
スコープ IP アドレス		10.0.31.0
サブネットマスク		255.255.255.0
スコープ名		福岡コールセンター
コメント・説明		福岡コールセンターネットワーク
開始 IP アドレス		10.0.31.201
終了 IP アドレス		10.0.31.240
オプション	デフォルトゲートウェイ (オプション番号：003)	10.0.31.254
	DNS サーバー (オプション番号：006)	10.0.1.1 10.0.1.2
	DNS ドメイン名 (オプション番号：015)	dom01.itd-corp.jp
スコープのアクティブ化		アクティブにする

実行例 ▶ 新たな DHCP スコープを作成する（コマンドレットは 1 行で実行）

```
Add-DhcpServerv4Scope
  -Name "福岡コールセンター"
  -Description "福岡コールセンターネットワーク"
  -StartRange 10.0.31.201
  -EndRange 10.0.31.240
  -SubnetMask 255.255.255.0
```

実行例 ▶ デフォルトゲートウェイなどのオプションを登録する（コマンドレットは 1 行で実行）

```
Set-DhcpServerv4OptionValue
  -ScopeID 10.0.31.0
  -DnsServer 10.0.1.1,10.0.1.2
  -DnsDomain dom01.itd-corp.jp
  -Router 10.0.31.254
```

以下のように「-OptionId」と「-Value」を指定して実行することもできます。

実行例 ▶ デフォルトゲートウェイなどのオプションを登録する（各コマンドレットは 1 行で実行）

```
Set-DhcpServerv4OptionValue
  -ScopeID 10.0.31.0
  -OptionId 6
  -Value 10.0.1.1,10.0.1.2

Set-DhcpServerv4OptionValue
  -ScopeID 10.0.31.0
  -OptionId 15
  -Value dom01.itd-corp.jp

Set-DhcpServerv4OptionValue
  -ScopeID 10.0.31.0
  -OptionId 3
  -Value 10.0.31.254
```

　DHCPサーバーのためのWindows PowerShellコマンドレットについては、マイクロソフトの以下のページで詳しく紹介されています。

URL DHCP Server Cmdlets in Windows PowerShell
http://technet.microsoft.com/library/jj590751.aspx

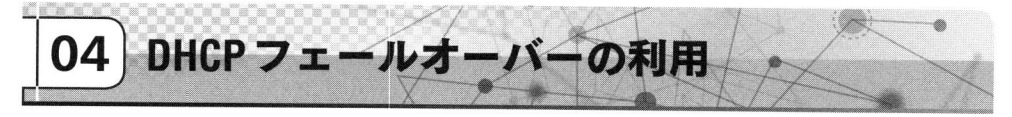

04 DHCPフェールオーバーの利用

　Windows Server 2012 R2のDHCPサーバーに実装されている**DHCPフェールオーバー機能**を使用すると、スコープ当たり2台までのDHCPサーバーでDHCPデータベースを共有（レプ

リケーション）できます。これにより、1台のDHCPサーバーがダウンしても、もう1台がIPアドレスのリース情報などを引き継いだまま、サービスを提供し続けることができます。

> **重要！** DHCPフェールオーバーはIPv4スコープのみサポートします。また、2台のDHCPサーバーが正しくレプリケーションできるように、NTPなどを使って時刻の同期を行っておく必要があります。

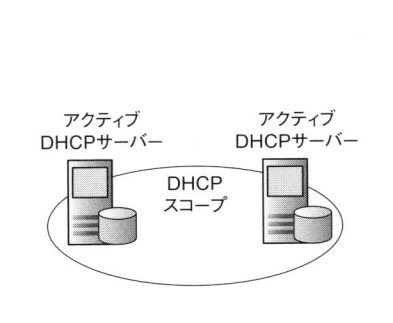

04-01　DHCPフェールオーバーのモード

　DHCPフェールオーバーには以下の2つのモードがあります。これらのモードは構成後に変更できます。

●負荷共有モード

　負荷共有モードは、2台のDHCPサーバーがともにサービス提供するモードです。デフォルトの構成であり、単一サイトでの推奨モードです。

●ホットスタンバイモード

　ホットスタンバイモードとは、1台のDHCPサーバーが「アクティブ」として稼働し、もう1台は「スタンバイ」として待機するモードです。複数のスコープごとにDHCPサーバーを用意しているような大規模環境では、1台のDHCPサーバーを全体のスタンバイとして構成することができます。

■ 負荷分散モード（左）とホットスタンバイモード（右）

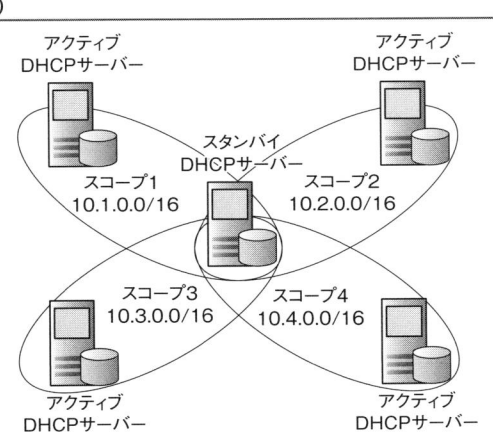

04-02 DHCPフェールオーバーの構築

　DHCPフェールオーバーは、Windows Server 2012 R2コンピューターによるDHCPサーバーを2台用意して、**フェールオーバーリレーションシップ**を構成するだけで簡単に構築できます。

　まずは、両方のサーバーにDHCPの役割をインストールして、AD DSでの承認までを行い（⇒P.521）、1台目のサーバーではIPv4スコープも作成しておきます。

　そのうえで、1台目のDHCPサーバーで［DHCPコンソール］を起動して、以下の手順を実行します。

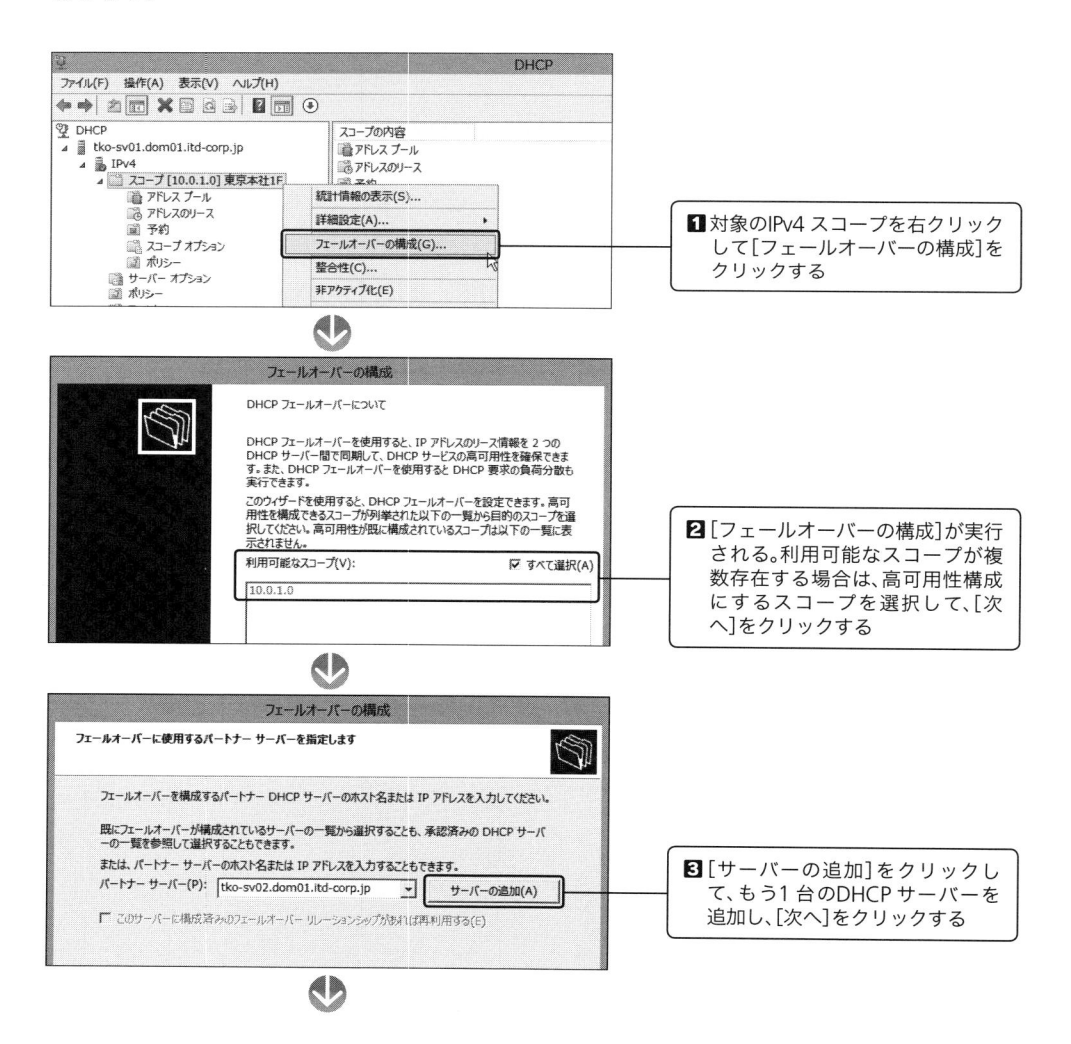

❶ 対象のIPv4 スコープを右クリックして［フェールオーバーの構成］をクリックする

❷ ［フェールオーバーの構成］が実行される。利用可能なスコープが複数存在する場合は、高可用性構成にするスコープを選択して、［次へ］をクリックする

❸ ［サーバーの追加］をクリックして、もう1 台のDHCP サーバーを追加し、［次へ］をクリックする

04 DHCPフェールオーバーの利用

4 [モード]の選択や、[共有シークレット]の入力など、リレーションシップの設定をして、[次へ]をクリックする

5 確認ページが表示されたら、[完了]をクリックする

■ 主な設定項目

設定項目	説明
クライアントの最大リードタイム	DHCP リースの期限が切れてから、DHCP クライアントに提供される追加の時間
モード	[負荷分散]を選択すると、2 台のサーバーがリースする IP アドレスの割合を設定可能。[ホットスタンバイ]を選択すると、[アクティブ]と[スタンバイ]の指定などが可能

> **Tips**
> クライアントの最大リードタイム(MCLT：Maximum Client Lead Time)は以下の動作に影響を与えます。
> - クライアントが IP アドレスを取得する際、初回のリース期間は MCLT になる(リース更新時に、設定されたリース期間でリースが行われる)
> - パートナー障害時は、新しいクライアントからの要求、既存クライアントからのリース要求に対して、MCLT のリース期間でアドレスを配布する
> - パートナー停止中(Partner Down)を検知してから、MCLT の期間の間、パートナーが保持していたアドレス範囲のリースは行わない。MCLT の時間が経過すると、パートナーが保持していたアドレス範囲を含むすべてのアドレスを用いて応答を返すようになる

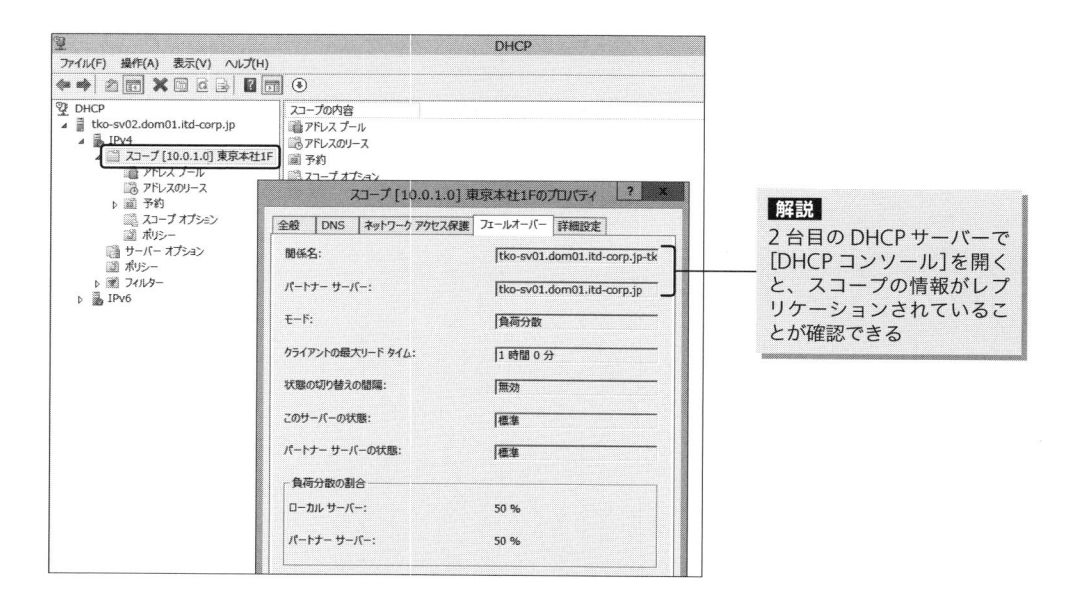

04-03 DHCPフェールオーバーの管理

スコープなど構成情報の強制複製や、DHCPフェールオーバーの構成解除などは[DHCPコンソール]を使用して実行します。

❶ [スコープのレプリケート]をクリックする

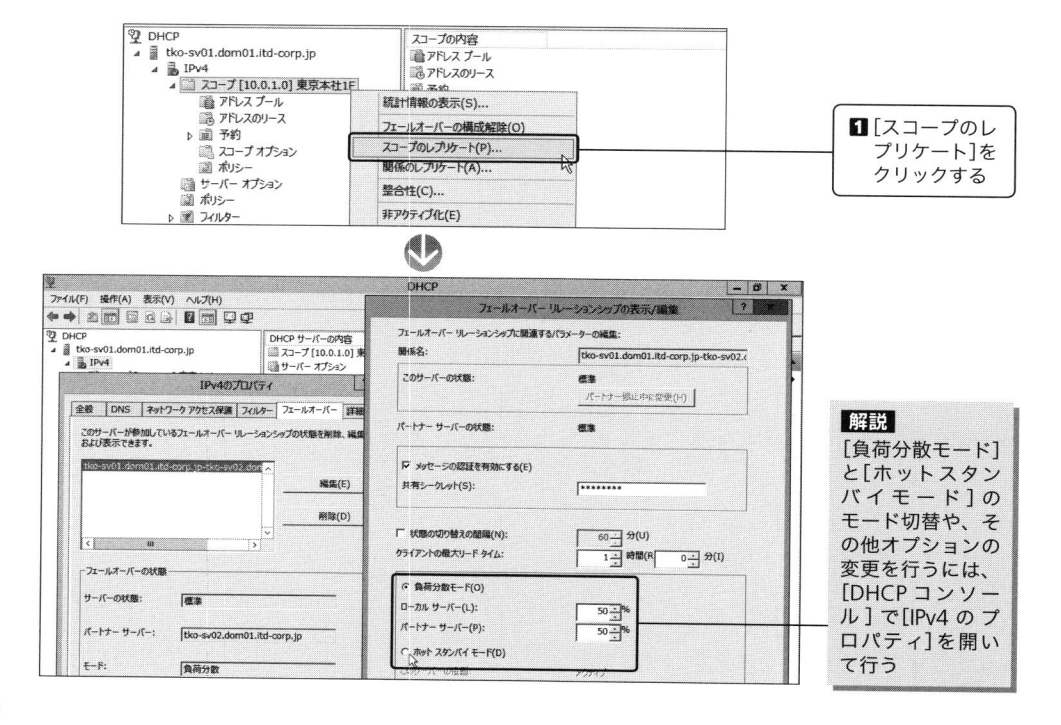

解説
[負荷分散モード]と[ホットスタンバイモード]のモード切替や、その他オプションの変更を行うには、[DHCPコンソール]で[IPv4のプロパティ]を開いて行う

Column　IPAM の利用

　Windows Server 2012で新たに「**IPアドレス管理（IPAM）**」という機能が追加されました。これは、IPアドレス空間および、Active Directoryフォレスト内から自動検出したDHCPサーバー、DNSサーバー、NPSサーバーなどを一元的に管理するためのフレームワークです。

　IPAMを使用すると、動的および静的IPv4/IPv6アドレス空間を管理したり、IPアドレスの使用率の傾向をトラッキングしたりできます。また、ネットワーク上のDNSサービスとDHCPサービスの監視と管理もサポートします。

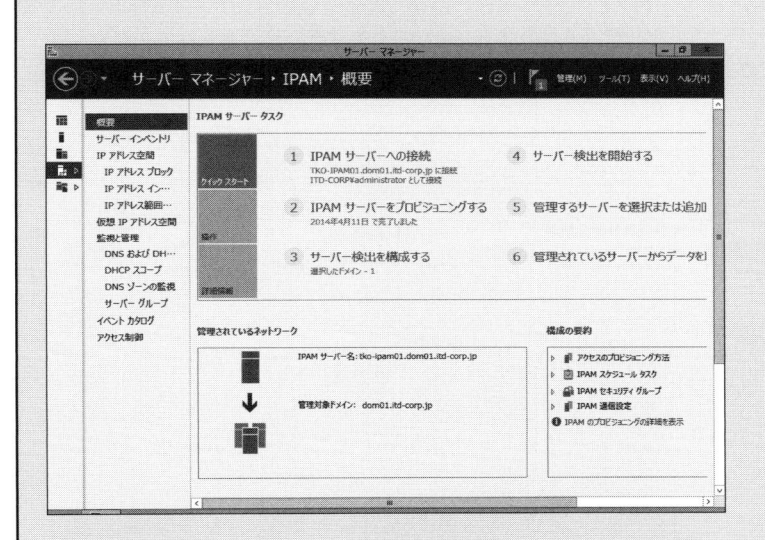

　大規模ネットワークで、多数のDHCPサーバーやDNSサーバーが存在するときに効果を発揮できる機能です。IPAMの詳細については以下の情報を参照してください。

URL　Windows Server 2012 R2 の IPAM の新機能
http://technet.microsoft.com/ja-jp/library/dn268500.aspx

Chapter 27 ファイルサーバーの構築と管理

本章では、「ファイルサーバー」の構築方法や運用管理方法を解説します。大規模なファイルサーバー環境を実現するDFS (Distributed File System) 機能についても紹介します。ファイルサーバーを構築すると、ファイルやフォルダーを共有できるのはもちろん、バックアップの集中管理が行えるなど、さまざまなメリットがあります。

01 ファイルサーバーの設計要件

ファイルサーバーを構築する際は、事前に以下の7項目を検討・設計します。

●フォルダーの作成場所

共有フォルダーを作成する場所を検討します。また、利用するユーザー数や用途をもとにして割り当てる領域のサイズも検討します。可能であれば、ハードディスクやボリュームを容易に増設できるハードウェア上に作成することをお勧めします。

●フォルダーの構成

ファイルサーバーを構築する際に最も頭を悩ませるのは**フォルダーの構成**です。用途によってさまざまな構成が考えられます。構築する前に十分に検討し、わかりやすく、かつ拡張性のあるフォルダー構成を決定してください。

●フォルダーへのアクセス許可とグループ

共有フォルダーに対する**アクセス許可**を検討します。その対象は個々のユーザーではなく、グループ単位が理想です。なお、Active Directory環境では**セキュリティグループ**としてファイルサーバーに対するアクセス許可用のグループを登録してください。**配布グループ**として登録するとアクセス許可の設定に利用できなくなります。

アクセス許可の詳細についてはP.548を参照してください。

●監査機能の設定内容

ファイルサーバーを構築する際は、共有フォルダーやファイルへのアクセス状況を確認できる**監査機能**の利用を検討してください。通常、ファイルサーバー上には重要なデータが保存されるので、監査機能はセキュアな環境を構築するためにも不可欠です。

監査機能の詳細についてはP.554を参照してください。

●クォータの設定内容

ディスク容量を管理する「**クォータの設定**」も重要です。Windows Server 2012 R2には2種類のクォータ機能があるので、事前にどちらの機能を利用するのか、または併用するのか、どのような制限を加えるのかなどを検討しておきます。

クォータの詳細については**P.557**を参照してください。

●ファイルスクリーンの設定内容

ファイルサーバーを運用するうえでは「**ファイルスクリーンの設定**」も重要です。ファイルスクリーンを設定すると、特定のファイル形式の保存を制限できます。事前に制限するファイル形式の種類や制限内容を検討しておきます。

ファイルスクリーンの詳細については**P.560**を参照してください。

●ファイルの分類やタスク管理の設定内容

共有フォルダーに保存するファイルを、内容や重要度によって分類しておきます。また、分類した各属性のファイルの管理方法も検討します。本書では**FCI**（File Classification Infrastructure）による**分類管理機能**と**ファイル管理タスク機能**を利用して、分類・管理を行う方法を解説します。

ファイルの分類やタスク管理の詳細については**P.563**を参照してください。

02 ファイルサーバーの構築

Windows Server 2012 R2コンピューターは、容易にファイルサーバーとして動作させることができます。Windows Server 2012 R2は、ファイルサーバーに必要な機能を「**ファイルサービス**」として提供しているので、最初にこのサービスを追加します。

管理者でサインインして、サーバーマネージャーから［役割と機能の追加ウィザード］（⇒P.52）を起動して、以下の手順を実行します。

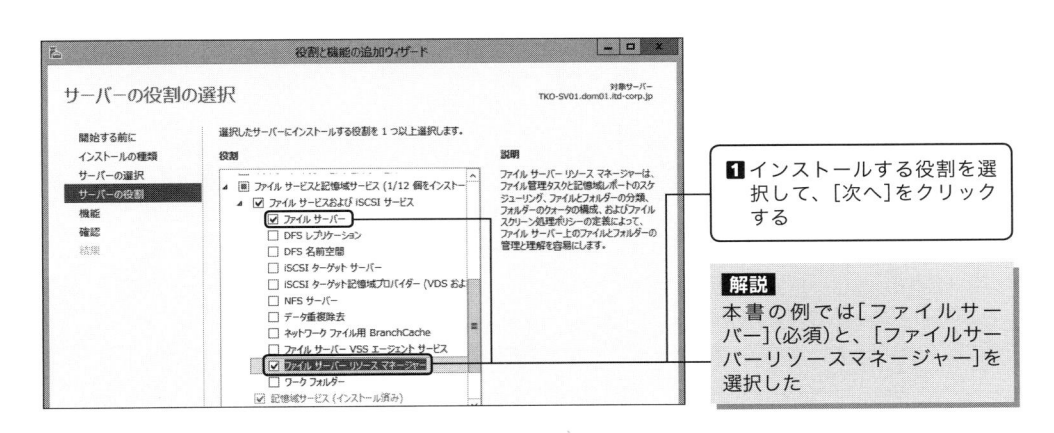

❶ インストールする役割を選択して、［次へ］をクリックする

解説
本書の例では［ファイルサーバー］（必須）と、［ファイルサーバーリソースマネージャー］を選択した

2 インストールする機能を選択して、[次へ]をクリックする

解説
本書の例では[Windows Search サービス](⇒ P.575)を選択した

> **Tips** Active Directory環境では、グループポリシーを使用してクライアントへの共有フォルダーのパスの展開を行うことが可能です(⇒P.290)。

Column　ファイルサーバーの移行

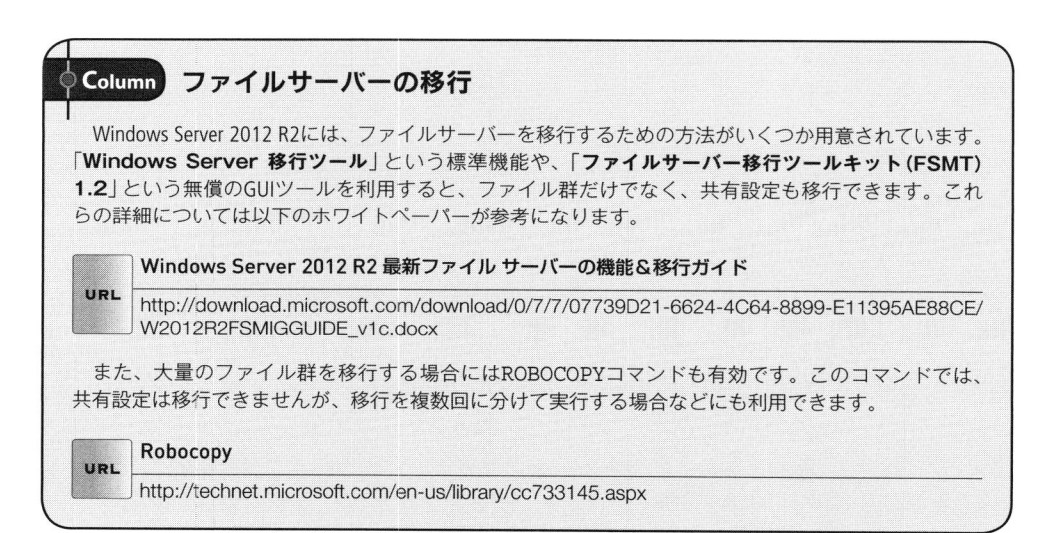

Windows Server 2012 R2には、ファイルサーバーを移行するための方法がいくつか用意されています。「**Windows Server 移行ツール**」という標準機能や、「**ファイルサーバー移行ツールキット(FSMT) 1.2**」という無償のGUIツールを利用すると、ファイル群だけでなく、共有設定も移行できます。これらの詳細については以下のホワイトペーパーが参考になります。

URL Windows Server 2012 R2 最新ファイル サーバーの機能＆移行ガイド
http://download.microsoft.com/download/0/7/7/07739D21-6624-4C64-8899-E11395AE88CE/W2012R2FSMIGGUIDE_v1c.docx

また、大量のファイル群を移行する場合にはROBOCOPYコマンドも有効です。このコマンドでは、共有設定は移行できませんが、移行を複数回に分けて実行する場合などにも利用できます。

URL Robocopy
http://technet.microsoft.com/en-us/library/cc733145.aspx

03　共有フォルダーの作成

「ファイルサービス」を追加したら、続いて**共有フォルダー**を作成します。共有フォルダーは以下のいずれかの方法で作成できます。

- 共有するフォルダーのプロパティにある[共有]タブで共有設定する
- [新しい共有ウィザード]を使用して作成する

ここでは[新しい共有ウィザード]で共有設定を行う方法を解説します。[共有]タブで共有設定する方法については後述のコラム(⇒P.547)を参照してください。

03-01 [新しい共有ウィザード]による共有設定

共有フォルダーの実装方法には、主にWindowsコンピューター間で利用される「**SMB (Server Message Block) 共有**」と、主にUNIXとの間で利用される「**NFS (Network File System) 共有**」の2種類があります。[新しい共有ウィザード]を使用して共有フォルダーを作成する場合は、その用途に合わせて下表の**ファイル共有プロファイル**を選択できます。

■ [新しい共有ウィザード]で構成できるファイル共有プロファイル

プロファイルの種類	説明
SMB 共有 – 簡易	基本的なプロファイル。**Windows ベースのコンピューターとファイル**を共有する際に使用する「SMB 共有」を最も速く作成できる。一般的なファイルの共有に適しており、後から[プロパティ]ダイアログを使用して高度なオプションを構成できる
SMB 共有 – 高度	高度なプロファイル。SMB 共有の構成オプションが追加される。なお、設定するには[**ファイルサーバーリソースマネージャー**]の役割を追加しておく必要がある
SMB 共有 – アプリケーション	Hyper-V や SQL Server などの特定のデータベース、およびその他のサーバーアプリケーションに適した設定の SMB 共有を作成する
NFS 共有 – 簡易	**UNIX ベースのコンピューターとファイル**を共有する際に使用する「NFS 共有」を最も速く作成できる。一般的なファイルの共有に適しており、後から[プロパティ]ダイアログを使用して高度なオプションを構成できる。なお、設定するには[NFS サーバー]の役割を追加しておく必要がある。
NFS 共有 – 高度	高度なプロファイル。NFS 共有の構成オプションが追加される。なお、設定するには[**NFS サーバー**]の役割を追加しておく必要がある

作成する共有フォルダーには、下表のオプションを構成できます。

■ [新しい共有ウィザード]で構成できるオプション

オプション	説明
アクセス許可設定に基づいた列挙を有効にする	**ABE**（Access-Based Enumeration）を有効化する。これにより、ユーザーが共有フォルダーにアクセスした際に、アクセス許可を持たないファイルおよびフォルダーを非表示にできる
共有のキャッシュを許可する	**SMB キャッシュ**を有効化する。共有フォルダーで「オフライン フォルダー」を利用できるようになる。ネットワークファイル用 BranchCache の役割サービスがインストールされている場合は、共有フォルダーで **BranchCache** を有効にすることもできる
データアクセスの暗号化	**SMB 暗号化**を有効化する。IPsec や専用ハードウェアを用いることなく、SMB データをエンドツーエンドで暗号化する。クライアントも Windows 8/8.1 など、SMB 3.0 に対応している必要がある

03-02 簡易な SMB 共有の作成

[新しい共有ウィザード]を使用して、簡易な**SMB共有**を作成する方法を解説します。サーバーマネージャーから[ファイルサービスと記憶域]を開き、次の手順を実行します。

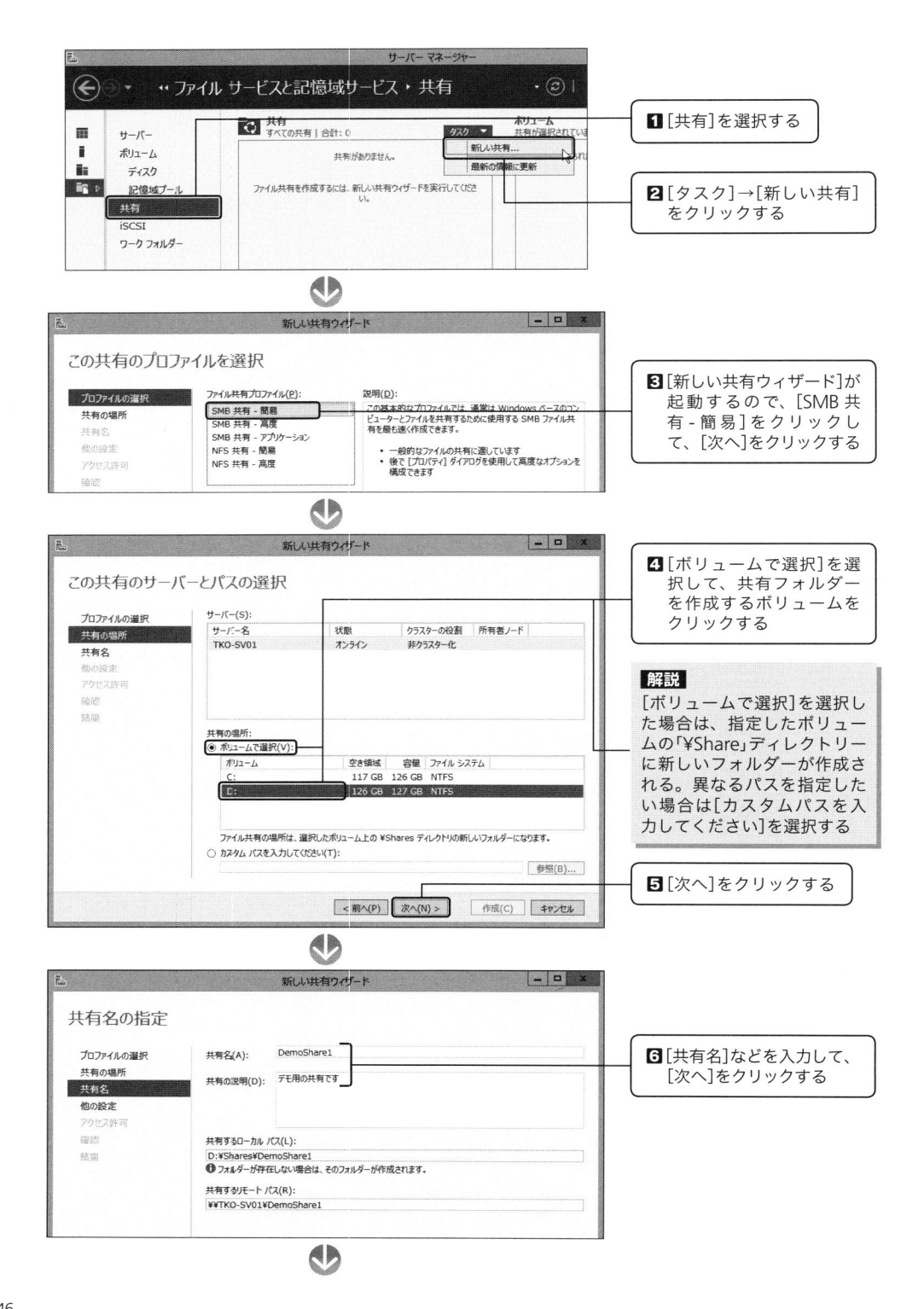

Part 07 各種サーバーサービスの構築と管理

1 [共有]を選択する

2 [タスク]→[新しい共有]をクリックする

3 [新しい共有ウィザード]が起動するので、[SMB共有 - 簡易]をクリックして、[次へ]をクリックする

4 [ボリュームで選択]を選択して、共有フォルダーを作成するボリュームをクリックする

解説
[ボリュームで選択]を選択した場合は、指定したボリュームの「¥Share」ディレクトリーに新しいフォルダーが作成される。異なるパスを指定したい場合は[カスタムパスを入力してください]を選択する

5 [次へ]をクリックする

6 [共有名]などを入力して、[次へ]をクリックする

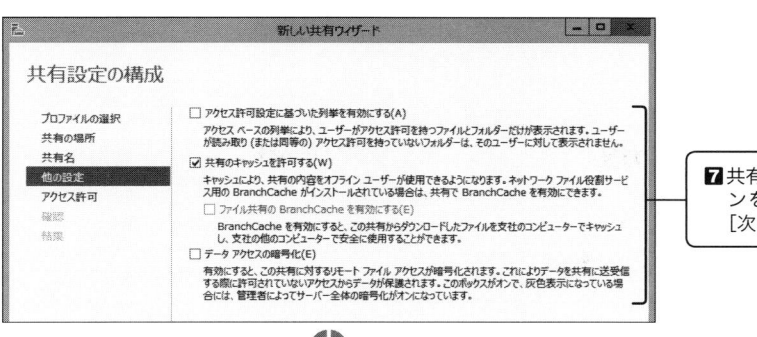

03 共有フォルダーの作成

7 共有フォルダーのオプションを設定して（⇒ P.545）、[次へ]をクリックする

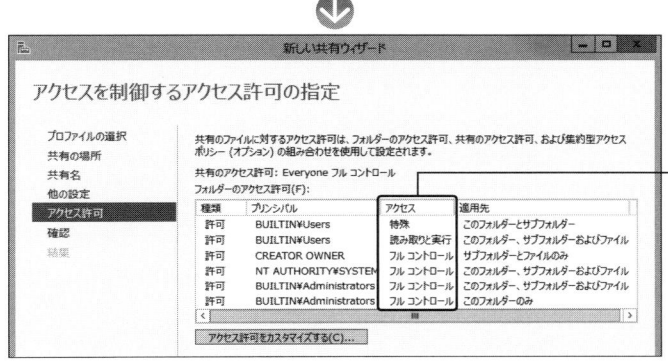

8 アクセス許可の状況を確認して、[次へ]をクリックする

9 確認ページが表示されたら内容を確認して、[作成]をクリックする

> **Tips** 上記ページ下部にある[アクセス許可をカスタマイズする]をクリックすると、**共有フォルダーアクセス許可**と**NTFSアクセス許可**を変更することができます。デフォルトでは、管理者はフルコントロール、一般ユーザーは読み取り／書き込み設定になっています（P.548）。

Column　フォルダーの[共有]タブによる共有フォルダーの作成

フォルダーの共有設定は各フォルダーのプロパティの[共有]タブで行うこともできます。

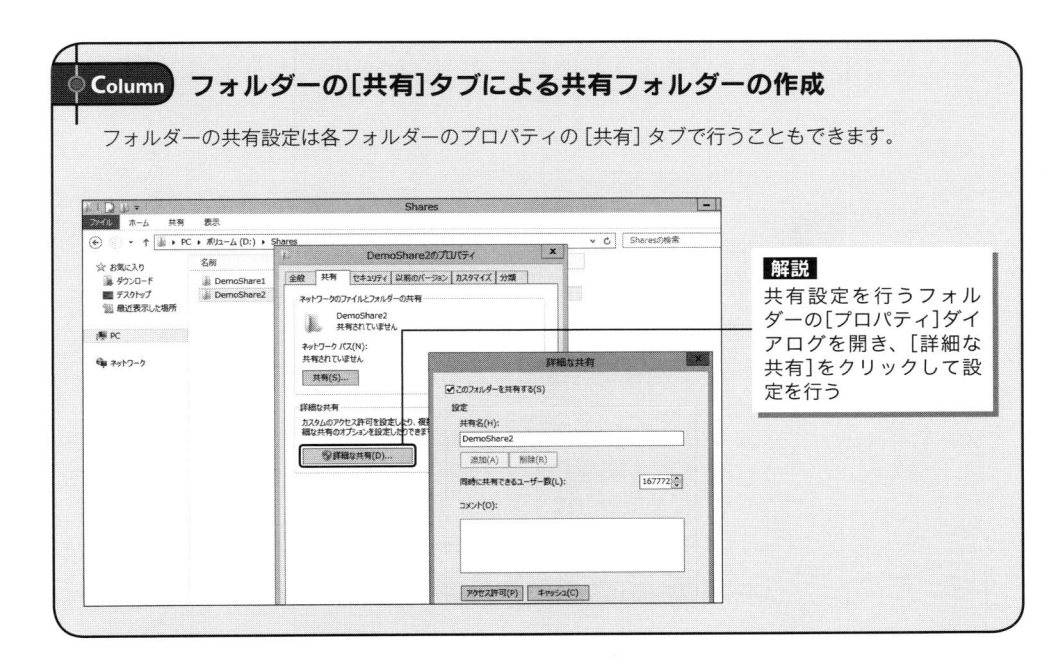

解説
共有設定を行うフォルダーの[プロパティ]ダイアログを開き、[詳細な共有]をクリックして設定を行う

04 アクセス許可の詳細設定

共有フォルダーを作成したら、続いて、必要に応じて**アクセス許可**を細かく設定します。アクセス許可は［新しい共有ウィザード］の中でも設定できますが、作成後に変更する場合や、より細かくアクセス許可を設定する場合は本項で解説する内容を理解したうえで、各手順を実行してください。

04-01 アクセス許可の種類

アクセス許可には、**共有フォルダーアクセス許可**と**NTFSアクセス許可**の2種類があります。

共有フォルダーアクセス許可

共有フォルダーアクセス許可は、文字通り、**フォルダーの共有機能に対するアクセス許可**であり、ネットワークを介してアクセスされた場合のみ有効なアクセス許可です。共有フォルダーごとに設定できます。

共有フォルダーアクセス許可には、下表の3種類のアクセス許可があります。各アクセス許可は、ユーザーやグループに対して「許可」や「拒否」を設定します。

■ 共有フォルダーアクセス許可で設定できるアクセス許可

アクセス許可	説明
フルコントロール	共有フォルダー上のファイルやフォルダーに対して、すべての操作を実行できる
変更	共有フォルダー上のファイルやフォルダーに対して、書き込みや削除を実行できる
読み取り	共有フォルダー上のファイルやフォルダーに対して、読み取りを実行できる

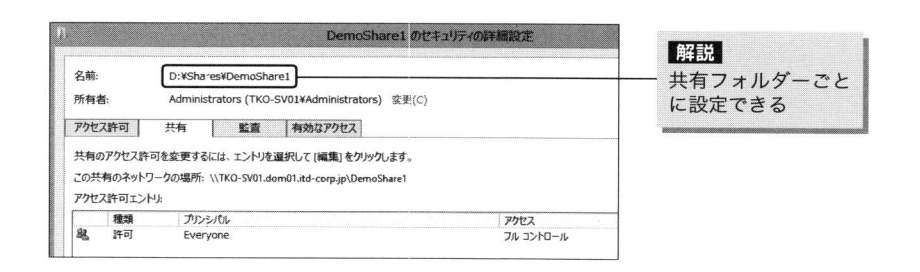

解説：共有フォルダーごとに設定できる

なお、共有フォルダーアクセス許可は**累積する**ので注意してください。例えば、あるユーザーが複数のグループに所属している場合に、所属する各グループに対する共有フォルダーアクセス許可が異なると、そのユーザーに対するアクセス許可は、**各グループに設定されているアクセス許可が累積されたもの**（組み合わさったもの）になります。

ただし例外として、アクセス許可が「拒否」に設定されると、すべてのアクセス許可を打ち消すので、そのユーザーはその共有フォルダーにアクセスできなくなります。

NTFSアクセス許可

NTFSアクセス許可は、**NTFSでフォーマットされたボリューム上のファイルやフォルダーに対するアクセス許可**です。共有フォルダーアクセス許可とは異なり、ネットワークを介さないアクセス（ローカルログオンやリモートデスクトップサービス経由のアクセスなど）に対してもアクセス許可を設定できます。よりセキュアなシステムを構築する際は、NTFSアクセス許可のほうが有効なので、この機能を利用するためにも**共有フォルダーはNTFSボリューム上に作成**することを強くお勧めします。

NTFSアクセス許可には、下表の6種類のアクセス許可があります。各アクセス許可は、ユーザーやグループに対して「許可」や「拒否」を設定します。

■ NTFSアクセス許可で設定できるアクセス許可

アクセス許可	説明
フルコントロール	NTFSボリューム上のファイルやフォルダーに対して、すべての操作を実行できる
変更	NTFSボリューム上のファイルやフォルダーに対して、読み書きや削除を実行できる
読み取りと実行	NTFSボリューム上のファイルやフォルダーに対して、読み取りやプログラムの実行が行える
フォルダーの内容の一覧表示	NTFSボリューム上のフォルダーの内容を一覧表示できる
読み取り	NTFSボリューム上のファイルやフォルダーに対して、読み取りを実行できる
書き込み	NTFSボリューム上のファイルやフォルダーに対して、書き込みを実行できる

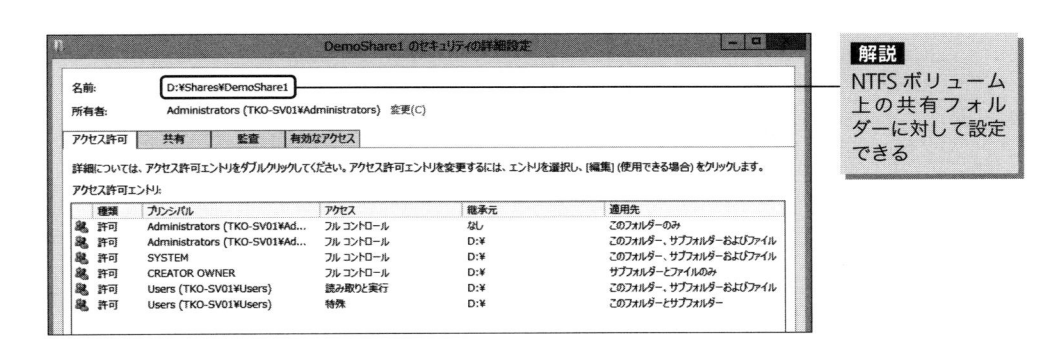

解説：NTFSボリューム上の共有フォルダーに対して設定できる

なお、NTFSアクセス許可は、共有フォルダーアクセス許可と同様に、累積しますし、「拒否」がすべてを打ち消します。設定時は注意してください（⇒P.548）。

また、NTFSアクセス許可は上位のフォルダーから下位のサブフォルダーに**継承される**点にも注意してください。上位のフォルダーに設定したアクセス許可が自動的にそのフォルダーのすべてのサブフォルダーに適用されます。

2種類のアクセス許可の組み合わせ

上記の2種類のアクセス許可を同一の共有フォルダーに設定した場合は、**制限が厳しいほうのアクセス許可**が適用されます。例えば、同一の共有フォルダーに［共有フォルダーアクセス許可：読み取り］、［NTFSアクセス許可：変更］を設定すると［読み取り］が有効になります。

04-02 アクセス許可の設計方針

アクセス許可は共有フォルダーごとに細かく設定できますが、すべての共有フォルダーに対して毎回、設定内容を検討すると管理や運用が煩雑になります。実際にアクセス許可を設定する際は、事前に下表のような共有フォルダー全体に対する設計方針（設計ポリシー）を決めておくことをお勧めします。

■ アクセス許可の設計方針例①

種類	設計方針
共有アクセス許可	管理者にフルコントロールのアクセス許可を設定し、その他のユーザーとグループには読み取りと書き込みのアクセス許可を設定する
NTFSアクセス許可	任意のグループに対して必要なアクセス許可のみを設定する

上記は、共有フォルダーアクセス許可では「なんでもOK」に近い状態にしておき、NTFSアクセス許可で細かい制御を行う設計方針です。この設定がすべての組織において最適であるとはいえませんが、まずはこの設定で運用をして、後で少しずつ用途に合わせて変更することをお勧めします。

また、これとは逆に下表の設定で運用することも可能です。

■ アクセス許可の設計方針例②

種類	設計方針
共有アクセス許可	任意のグループに対して必要なアクセス許可のみを設定する
NTFSアクセス許可	デフォルト値をベースに、「変更」などの書き込み可能なアクセス許可を設定する

上記は、NTFSアクセス許可はあまり変更せず、共有アクセス許可で制限を加えていく設計方針です。組織が小規模な場合はこの方法が適しているでしょう。

また、共有フォルダーを作成するパーティションがFATでフォーマットされている場合もこの設計方針は有効です。

04-03　共有フォルダーアクセス許可の変更方法

共有フォルダーアクセス許可を変更する場合は、サーバーマネージャーの［ファイルサービスと記憶域］→［共有］を開き、以下の手順を実行します。

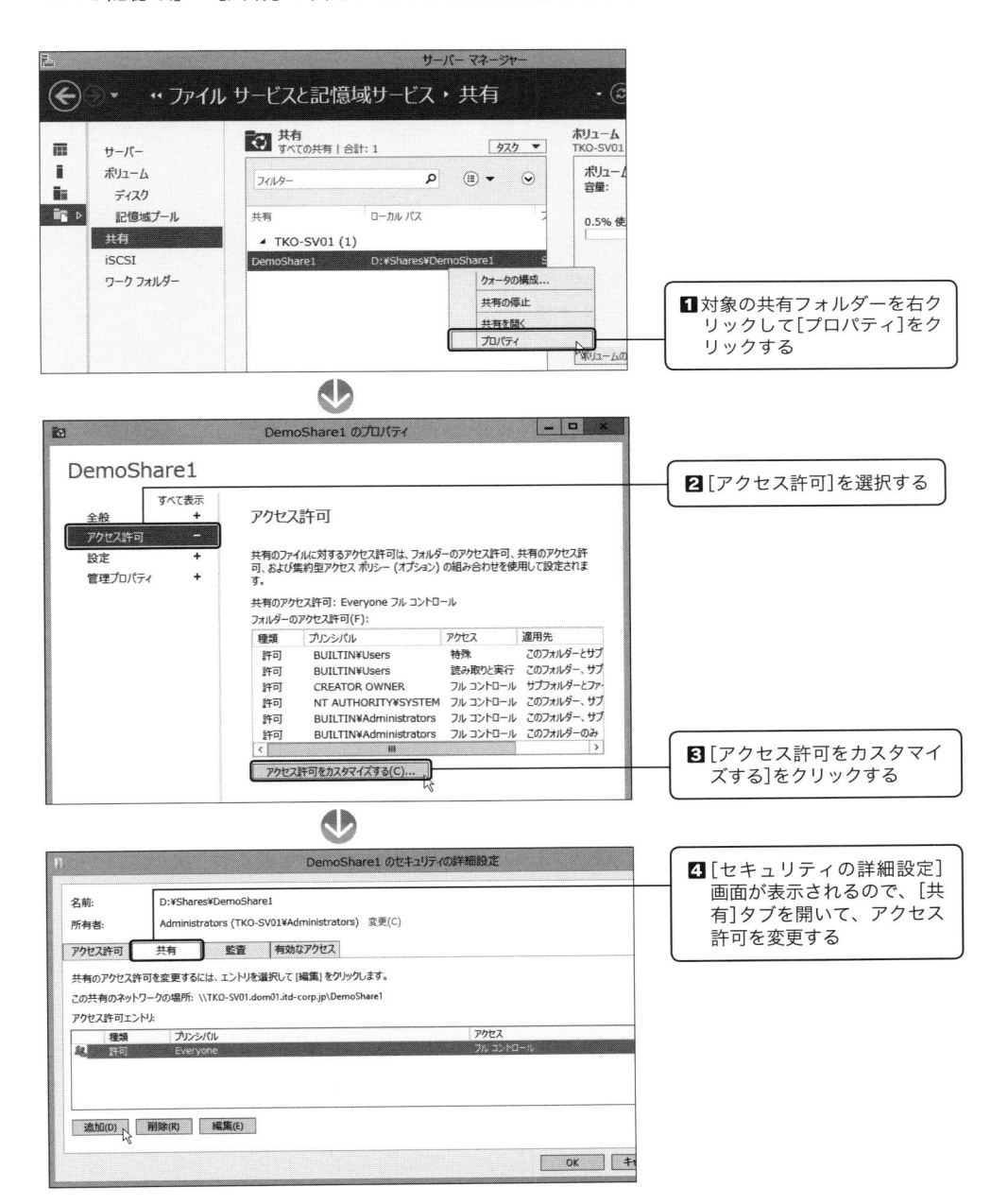

❶対象の共有フォルダーを右クリックして［プロパティ］をクリックする

❷［アクセス許可］を選択する

❸［アクセス許可をカスタマイズする］をクリックする

❹［セキュリティの詳細設定］画面が表示されるので、［共有］タブを開いて、アクセス許可を変更する

04-04 NTFS アクセス許可の変更方法

NTFSアクセス許可も、共有フォルダーのアクセス許可と同様に、サーバーマネージャーで共有フォルダーの［セキュリティの詳細設定］を開いて変更できます。なお、NTFSアクセス許可は上位のアクセス許可が継承されているので、いきなりアクセス許可を削除することはできません。以下の手順を踏む必要があります。

1. 継承の無効化
2. 不要なアクセス許可の削除
3. 必要なアクセス許可の追加

継承の無効化

継承を無効化するには、共有フォルダーのアクセス許可の変更と同様の手順で［セキュリティの詳細設定］を開いて、以下の手順を実行します。

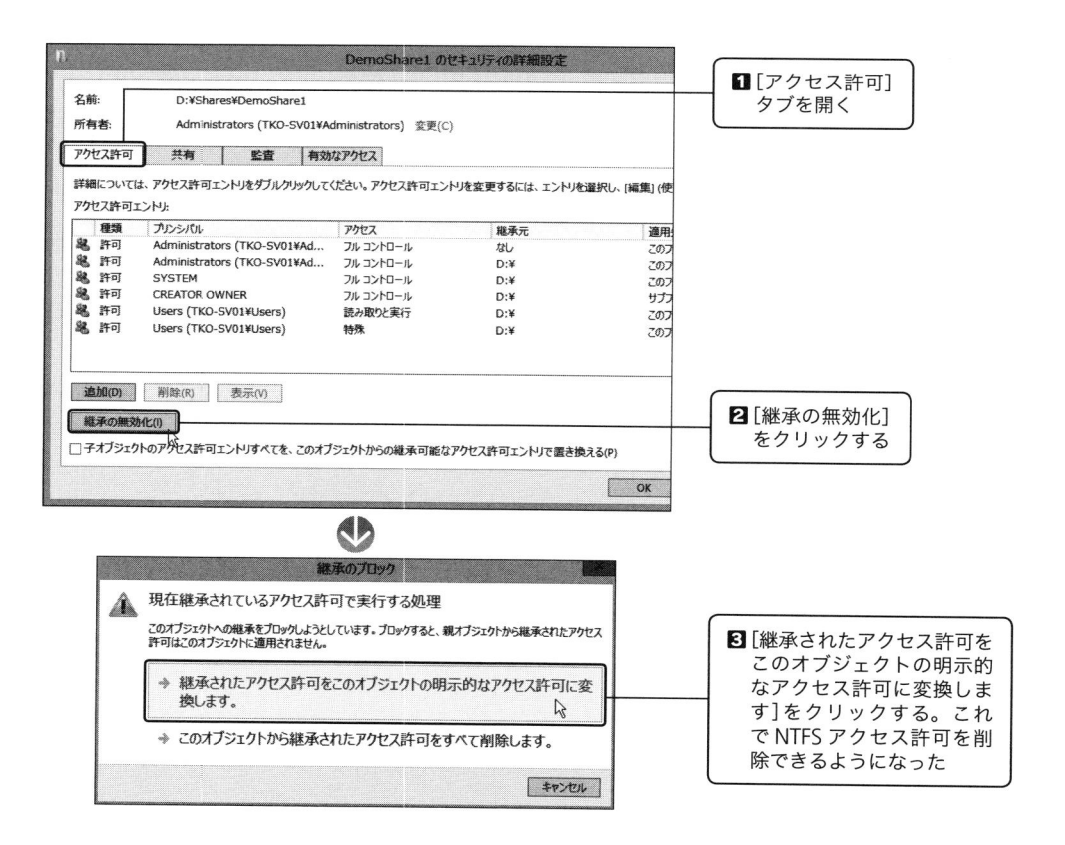

1 ［アクセス許可］タブを開く

2 ［継承の無効化］をクリックする

3 ［継承されたアクセス許可をこのオブジェクトの明示的なアクセス許可に変換します］をクリックする。これでNTFSアクセス許可を削除できるようになった

04 アクセス許可の詳細設定

◉ 不要なアクセス許可の削除

続いて、不要なアクセス許可を削除します。

1 アクセス許可エントリを選択して、[削除]をクリックする。これでアクセス許可は削除される

解説
アクセス許可エントリは複数選択できないため、必要なだけ削除操作を行う

◉ 必要なアクセス許可の追加

不要なアクセス許可を削除したら、必要なNTFSアクセス許可を追加していきます。

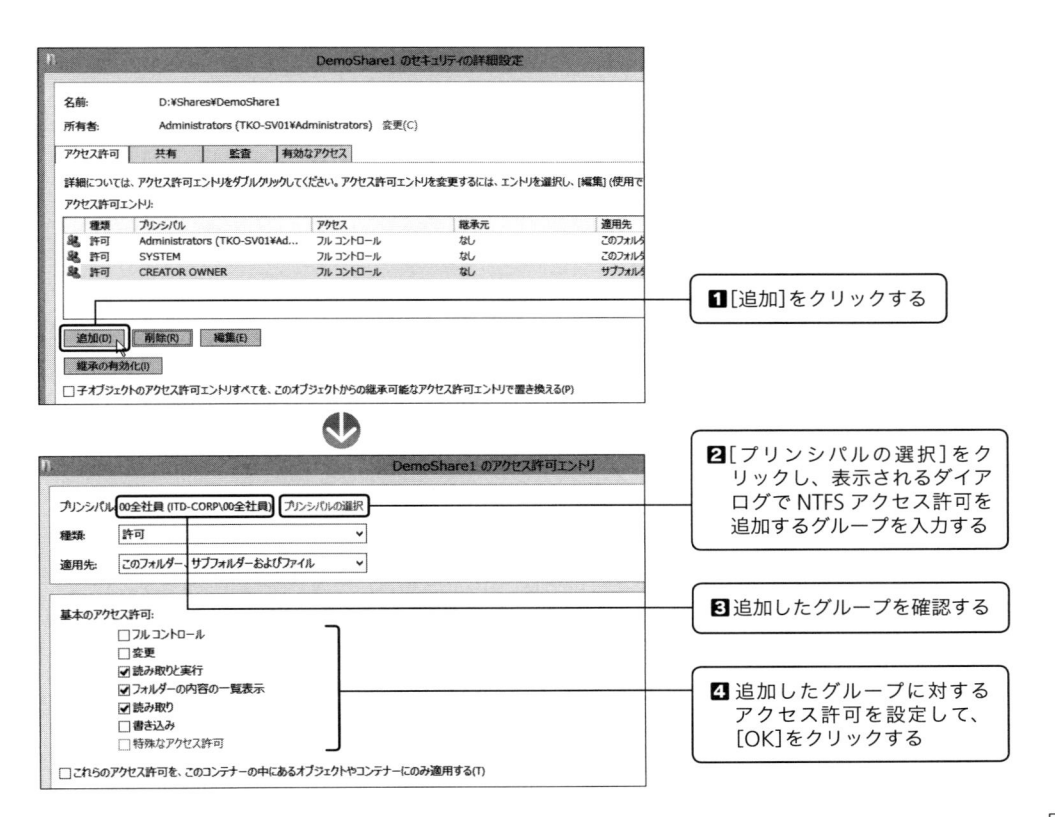

1 [追加]をクリックする

2 [プリンシパルの選択]をクリックし、表示されるダイアログで NTFS アクセス許可を追加するグループを入力する

3 追加したグループを確認する

4 追加したグループに対するアクセス許可を設定して、[OK]をクリックする

Column デフォルトの共有と隠し共有

Windows Server 2012 R2には、デフォルトで下表の共有フォルダーが用意されています。これらの共有フォルダーはシステムが利用するので、共有設定を解除しないでください。

■ Windows Server 2012 R2 のデフォルトの共有フォルダー

名　前	説　明
ADMIN$	管理者によるリモート管理のために共有されている
C$、D$ など	[C ドライブ]や[D ドライブ]など、各ドライブを共有したもの。管理者はアクセス可能
IPC$	リモート管理やリソース共有のためにシステムが利用する

解説：デフォルトの共有フォルダー

　これらの共有フォルダー名を見ると、最後に「$」が付いていることがわかります。このようにフォルダー名の最後に$が付いているものは**隠し共有**と呼ばれる特殊な共有フォルダーです。
　隠し共有は、管理者が任意に作成することもできます。共有フォルダー名を指定する際に「SecretShare$」のように最後に$を付けるだけで、その共有フォルダーは隠し共有になります。なお、隠し共有にアクセスするには以下のように**UNC**（Universal Naming Convention）などで明示的にパスを指定する必要があります。

実行例 ▶ UNC による隠し共有へのアクセスの指定例

```
¥¥TK0-FS01¥SecretShare$
```

> **Tips** NTFSアクセス許可は、ICACLSコマンド（icacls.exe）でも変更できます。変更するフォルダーが多い場合はコマンドのほうが便利です。詳細はコマンドのヘルプを参照してください。

05 監査の管理

　共有フォルダーには重要なデータが保存されることがあります。そのため、管理者は**監査機能**を利用して、データへのアクセス状況を把握することが必要です。監査機能を利用すれば、いつ、誰が、どのファイルにアクセスしたか（アクセスしようとして失敗したか）をログに記録できます。

監査には「**成功**」と「**失敗**」の2種類があります。「成功」の監査を行うと、**誰がフォルダーやファイルにアクセスしたのか**を把握できます。データが不正に持ち出された場合は、この監査によってそのユーザーを特定します。

一方、「失敗」の監査を行うと、**誰がフォルダーやファイルにアクセスを試みたか**を把握できます。この監査は不正アクセスの検知や防止に利用できます。

05-01 監査機能の設定

監査機能の設定方法には「**グループポリシーで設定する方法**」（Active Directory環境のみ）と「**ローカルセキュリティポリシーで設定する方法**」の2種類があります。本書では後者の設定方法を解説します。

サーバーマネージャーから［ローカルセキュリティポリシー］を起動して、**［セキュリティの設定］→［ローカルポリシー］**を展開し、以下の手順を実行します。

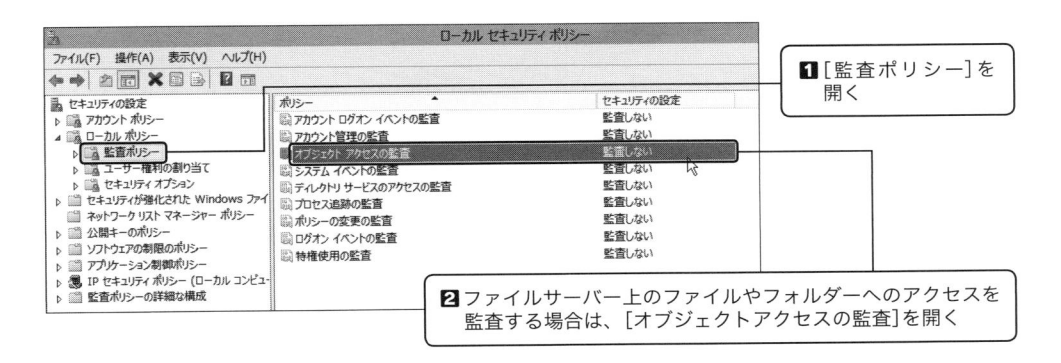

1 ［監査ポリシー］を開く

2 ファイルサーバー上のファイルやフォルダーへのアクセスを監査する場合は、［オブジェクトアクセスの監査］を開く

> **Tips** ファイルサーバーの認証状況を監査する場合は、［アカウントログオンイベントの監査］を有効にします。

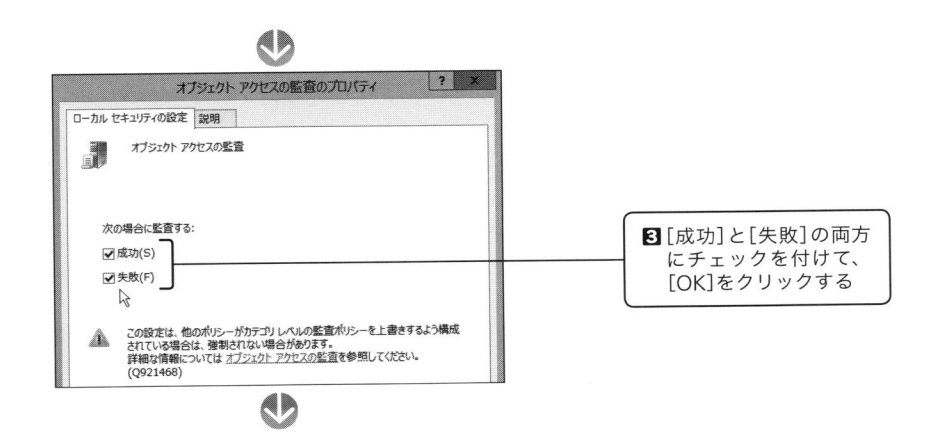

3 ［成功］と［失敗］の両方にチェックを付けて、［OK］をクリックする

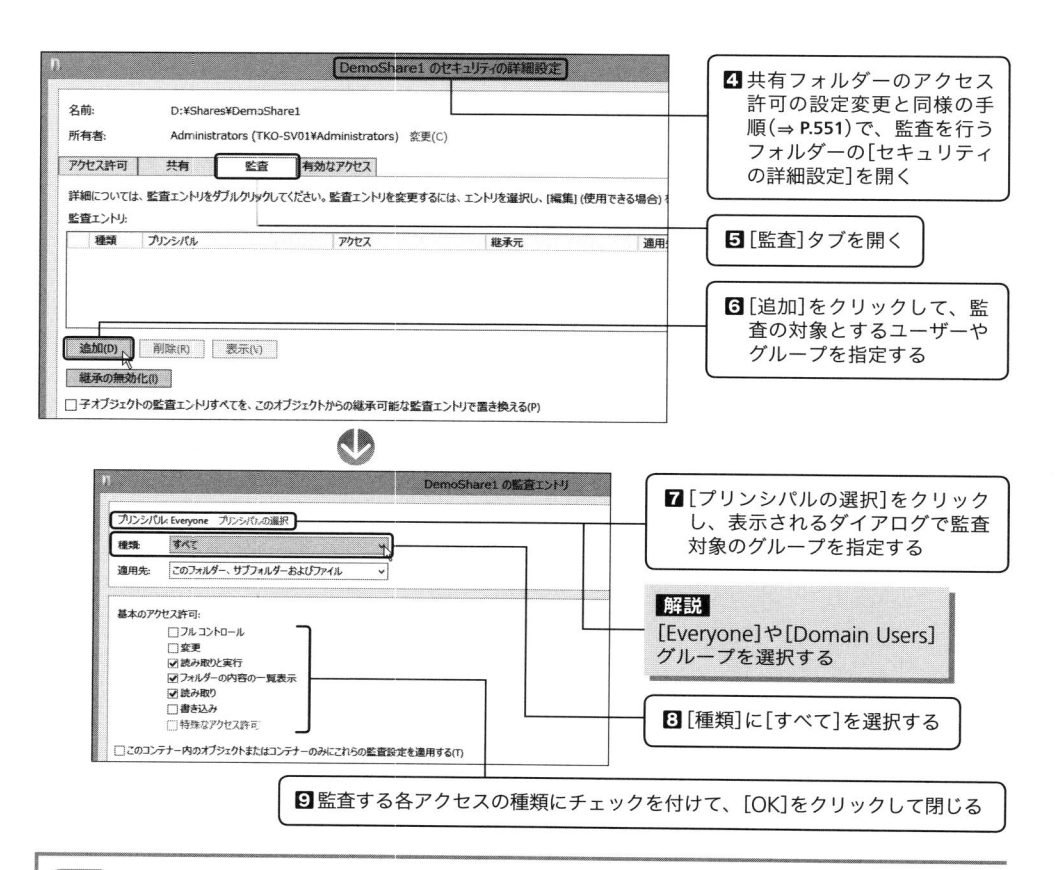

Part 07 各種サーバーサービスの構築と管理

4 共有フォルダーのアクセス許可の設定変更と同様の手順（⇒ P.551）で、監査を行うフォルダーの[セキュリティの詳細設定]を開く

5 [監査]タブを開く

6 [追加]をクリックして、監査の対象とするユーザーやグループを指定する

7 [プリンシパルの選択]をクリックし、表示されるダイアログで監査対象のグループを指定する

解説
[Everyone]や[Domain Users]グループを選択する

8 [種類]に[すべて]を選択する

9 監査する各アクセスの種類にチェックを付けて、[OK]をクリックして閉じる

Tips 不正なアクセスを検知・記録することを目的とする場合は、事前にどのユーザーがアクセスしてくるか予測ができないので、[Everyone]グループや[Domain Users]グループを選択してください。

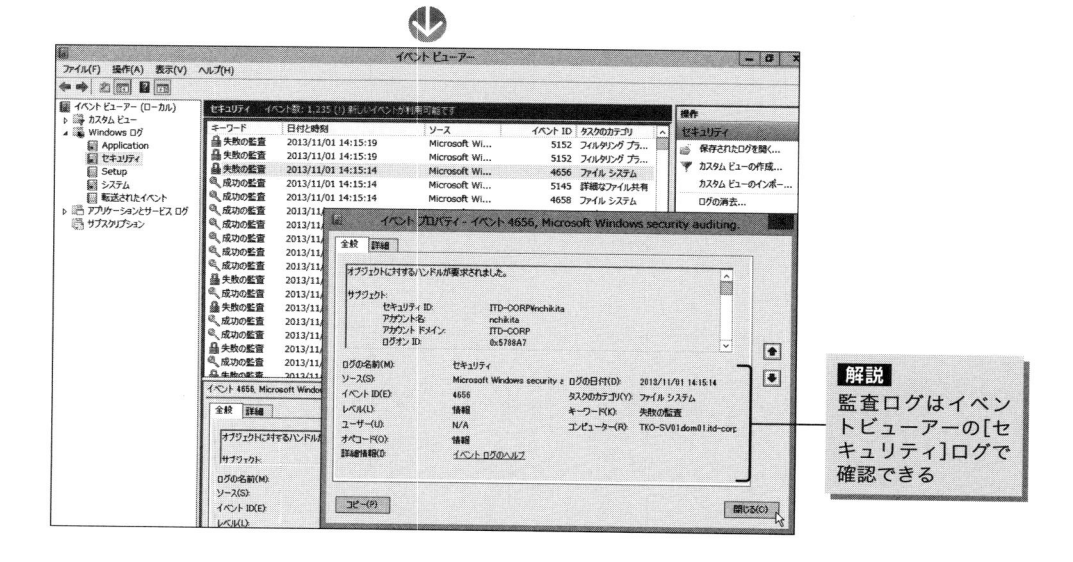

解説
監査ログはイベントビューアーの[セキュリティ]ログで確認できる

> **Tips**　［オブジェクトアクセスの監査］を有効にすると、セキュリティイベントログへのログ出力量が増大するため、必要に応じてログのサイズ設定を変更しておくことをお勧めします。
> また、［監査ポリシーの詳細な構成］→［システム監査ポリシー］→［オブジェクト アクセス］→［ファイル システムの監査］を使用して出力情報を限定することも有効です。

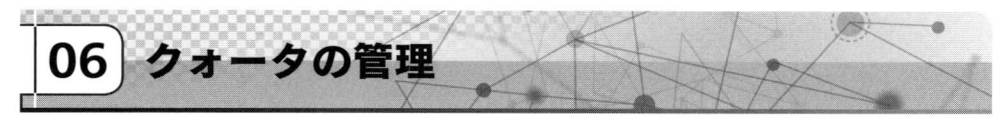

06 クォータの管理

［ファイルサーバーリソースマネージャー］の**クォータ機能**を使用すると、ボリュームやフォルダーツリーの使用量を制限できます。

クォータ機能とは、**ファイルサーバーに保存できるファイルサイズを制限する機能**です。多数のユーザーが自由にファイルを保存し続けると、ファイルサーバーのディスク容量を圧迫します。そこで、クォータ機能を使用して制限を設定することで、古いファイルや組織にとって不要なファイルが保存されることを防ぎます。

Windows Server 2012 R2には下表の2種類のクォータ機能があります。

■ クォータ機能の種類

種類	説明
ファイルサーバーリソースマネージャー	フォルダーに対して空き領域の制限を設定する機能
NTFS ディスククォータ	NTFS でフォーマットされたボリュームに対して空き領域の制限を設定する機能

これらのクォータ機能は、使い分けや併用が可能です。下表にそれぞれの特徴をまとめますので、用途に合わせて設定してください。

■ 各クォータ機能の特徴

	ファイルサーバーリソースマネージャー	NTFS ディスククォータ
クォータの設定単位	フォルダー単位またはボリューム単位	ボリューム上のユーザー単位
ディスク使用量の計算	実際のディスク領域	論理ファイルサイズ
通知メカニズム	電子メール、カスタムレポート、コマンドやスクリプトの実行、イベントログ	イベントログのみ

> **Tips**　本項では主にファイルサーバーリソースマネージャーによるクォータ機能について解説します。NTFSディスククォータについてはP.576を参照してください。

06-01 クォータテンプレート

クォータ機能では各種制限を細かく設定できるため、運用当初は管理者の頭を悩ますかも

しれません。そのような場合に有効なのが「**クォータテンプレート**」と呼ばれる設定集です。クォータテンプレートには、基本的な設定が定義されているので、まずはそれを利用し、サーバーのスペックや用途に合わせてカスタマイズしていくことをお勧めします。

［ファイルサーバーリソースマネージャー］には以下のクォータテンプレートが用意されています。

解説
さまざまなクォータテンプレートが用意されている

■ クォータテンプレート

テンプレート名	しきい値	種類※	説明
100MB 制限	100MB	ハード	しきい値を超えるファイル保存を許さないテンプレート
ユーザーへ 200MB 制限のレポート	200MB	ハード	しきい値を超えるファイル保存を許さず、ユーザーにレポートを送信するテンプレート
200MB 制限（50MB の拡張あり）	200MB	ハード	しきい値を超えたときに警告を出したうえで、［250MB 拡張制限］テンプレートの内容に変更するテンプレート
250MB 拡張制限	250MB	ハード	しきい値を超えるファイル保存を許さないテンプレート
500MB の共有の監視	500MB	ソフト	しきい値を超えるファイル保存を監視するテンプレート
200GB ボリュームの使用率の監視	200GB	ソフト	しきい値を超えるボリュームの利用状況を監視するテンプレート

※「ハード」とは「ハードクォータ」のことです。しきい値を超えた場合にそれ以上ファイルの保存を許さない機能です。それに対して「ソフト」とは「ソフトクォータ」のことです。しきい値を超えた後でもファイルの保存を許す機能です。

重要！　データ重複除去（⇒P.93）が有効になっている「ボリュームルートフォルダー」には、ハードクォータを設定しないでください。

URL　データ重複除去の展開計画
http://technet.microsoft.com/ja-jp/library/hh831700.aspx

クォータテンプレートの作成

クォータテンプレートは、オリジナルのものも作成できます。

サーバーマネージャーから［ファイルサーバーリソースマネージャー］を開き、［クォータのテンプレート］を右クリックして、［クォータテンプレートの作成］をクリックします。表示される次のダイアログで各項目を設定できます。

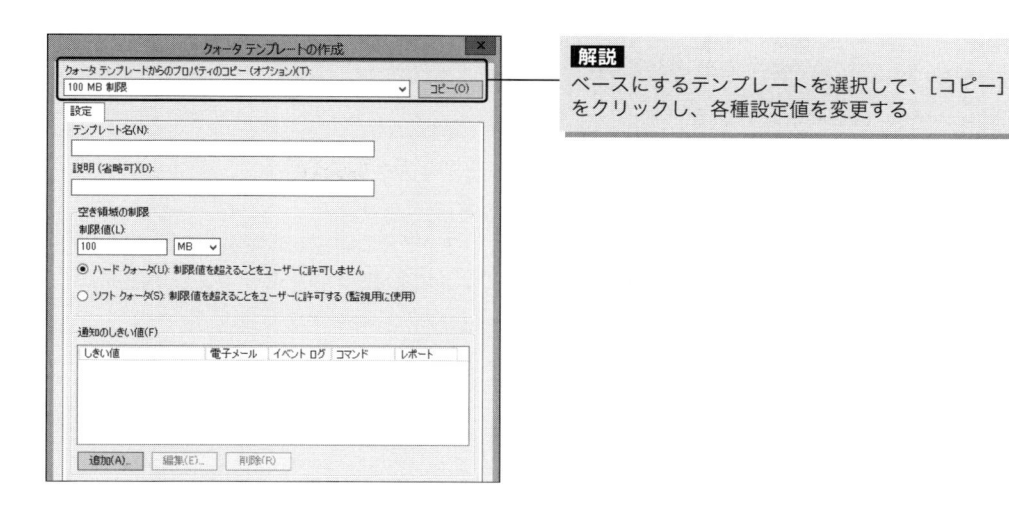

解説
ベースにするテンプレートを選択して、[コピー]をクリックし、各種設定値を変更する

06-02　クォータの作成

　クォータを作成するには、[ファイルサーバーリソースマネージャー]の[クォータ]を右クリックして、[クォータの作成]をクリックし、[クォータの作成]ダイアログで各項目を設定します。

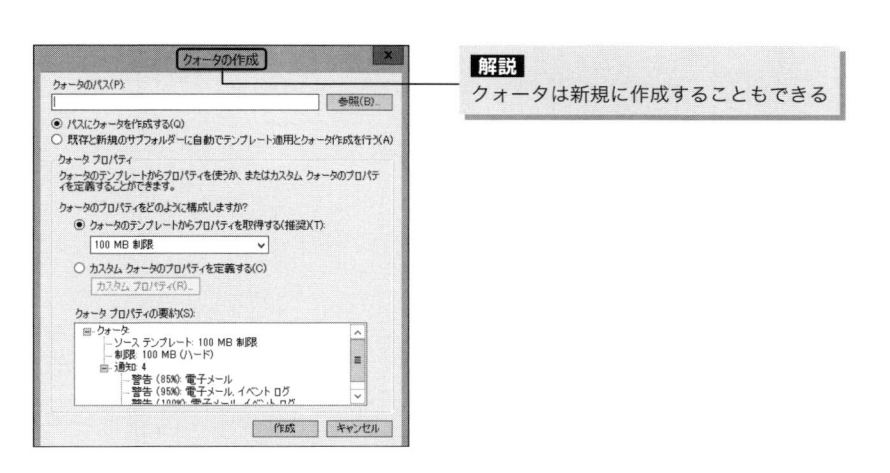

解説
クォータは新規に作成することもできる

■ [クォータの作成]ダイアログの設定項目

設定	説明
クォータのパス	クォータを設定するフォルダーを指定する
パスにクォータを作成する	[クォータのパス]で指定したフォルダーに対してクォータが設定される
既存と新規のサブフォルダーに自動でテンプレート適用とクォータ作成を行う	[クォータのパス]で指定したフォルダーとそのサブフォルダーに対してクォータが設定される
クォータプロパティ	クォータの設定をテンプレートから選択するか、独自に設定する

07 ファイルスクリーンの管理

［ファイルサーバーリソースマネージャー］の**ファイルスクリーン機能**と、先述のクォータ機能（⇒P.560）と併用すると、ファイルサーバーのディスク容量が圧迫されるのを未然に防ぐことができます。ファイルスクリーン機能とは、**ファイルの種類や拡張子をもとにしてファイルサーバーに保存できるファイルを制限する機能**です。この機能を使用すると、特定のファイルを保存できなくしたり、保存する際に警告を出したりすることができます。

07-01 ファイルスクリーンテンプレート

ファイルスクリーン機能には、クォータ機能と同様に、「**ファイルスクリーンテンプレート**」と呼ばれる設定集が用意されています。ファイルスクリーンテンプレートには、基本的な設定が定義されているので、まずはそれを利用し、サーバーのスペックや利用者数、用途に合わせてカスタマイズしていくことをお勧めします。

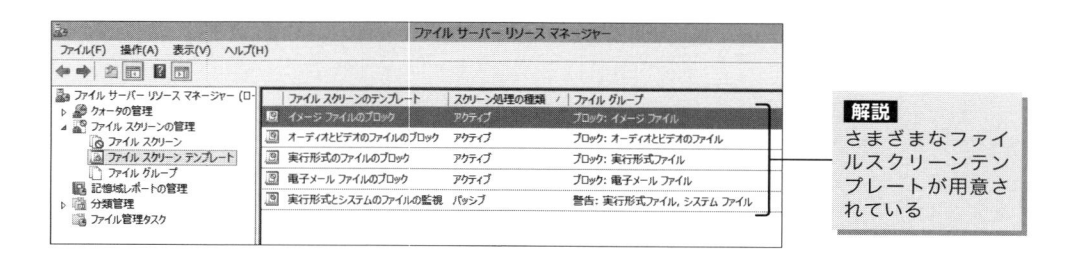

解説 さまざまなファイルスクリーンテンプレートが用意されている

■ ファイルスクリーンテンプレート

テンプレート名	種類※	説明
イメージファイルのブロック	アクティブ	ビットマップファイルなどのイメージファイルの保存を許さず、ユーザーに警告を送信するテンプレート
オーディオとビデオファイルのブロック	アクティブ	オーディオやビデオファイルの保存を許さず、ユーザーに警告を送信するテンプレート
実行形式のファイルのブロック	アクティブ	拡張子が「exe」、「com」、「bat」、「scr」などの実行可能ファイルの保存を許さず、ユーザーに警告を送信するテンプレート
電子メールファイルのブロック	アクティブ	拡張子が「eml」、「msg」、「mbx」、「pst」などの電子メールに関連するファイルの保存を許さず、ユーザーに警告を送信するテンプレート
実行形式とシステムのファイルの監査	パッシブ	拡張子が「exe」、「com」、「bat」、「scr」などの実行可能ファイルや「dll」、「sys」などのシステムファイルに対し、保存は許可するものの、管理者やユーザーに警告メールを送信したり、イベントログに記録するテンプレート

※「アクティブ」とは「アクティブスクリーン処理」のことです。承認されていないファイル保存を許さない設定です。「パッシブ」とは「パッシブスクリーン処理」のことです。指定したファイル保存を許す設定であり、監視目的で使用します。

07 ファイルスクリーンの管理

ファイルスクリーンテンプレートの作成

ファイルスクリーンテンプレートは、オリジナルのものも作成できます。

サーバーマネージャーから［ファイルサーバーリソースマネージャー］を開き、［ファイルスクリーンのテンプレート］を右クリックして、［ファイルスクリーンテンプレートを作成］をクリックします。表示される以下のダイアログで各項目を設定できます。

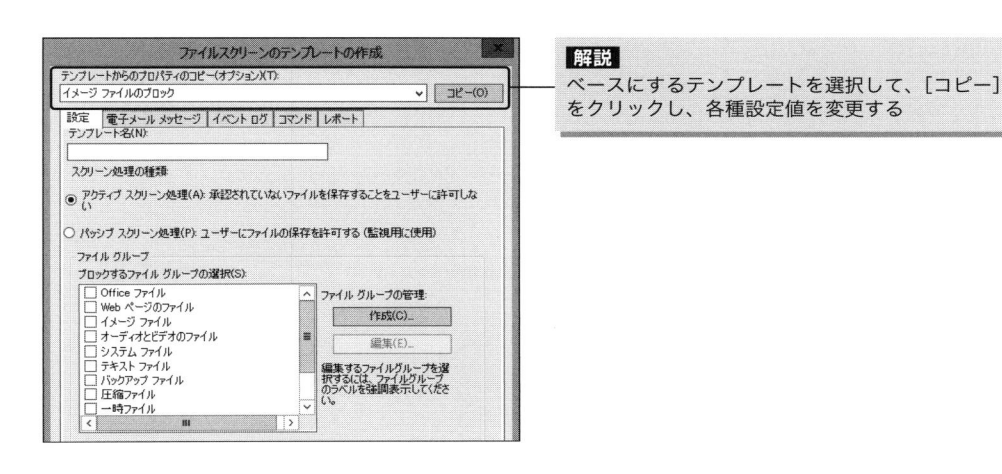

解説 ベースにするテンプレートを選択して、［コピー］をクリックし、各種設定値を変更する

ファイルグループ

ファイルスクリーン機能には、ファイルスクリーンテンプレートに加え、ファイルの拡張子やファイル名のパターンが定義された「**ファイルグループ**」が11種類用意されています。各ファイルグループには、多数のファイルが「**含めるファイル**」として登録されています。必要に応じてカスタマイズして、使用してください。また、オリジナルのグループを登録することもできます。

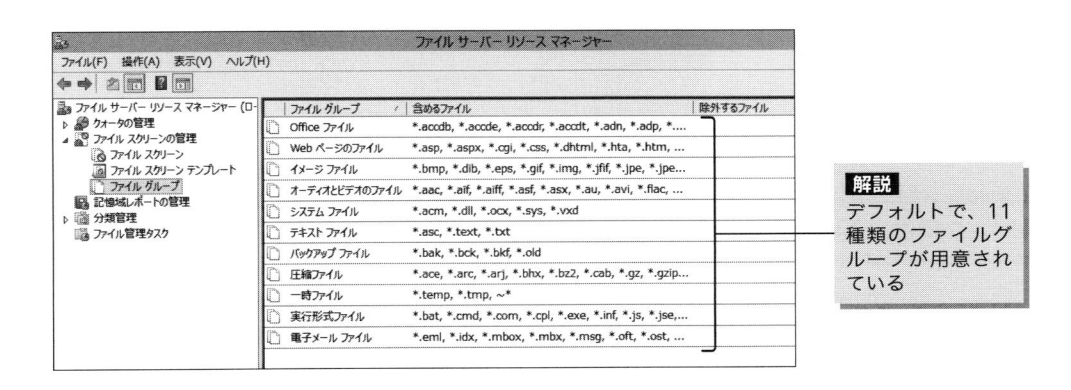

解説 デフォルトで、11種類のファイルグループが用意されている

07-02 ファイルスクリーンの作成

　ファイルスクリーンを作成するには、[ファイルサーバーリソースマネージャー]の[ファイルスクリーン]を右クリックして、[ファイルスクリーンの作成]をクリックし、[ファイルスクリーンの作成]ダイアログで各項目を設定します。

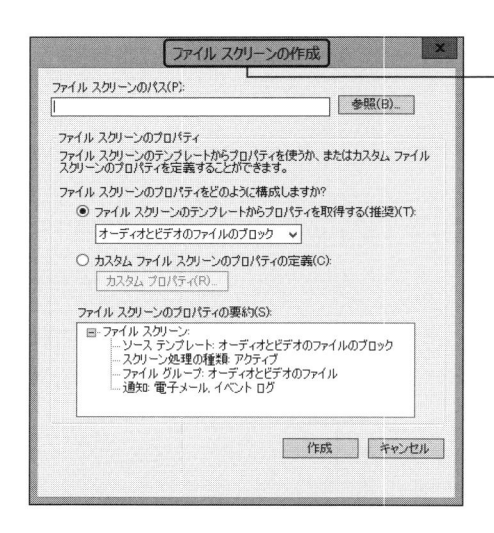

解説
新規にファイルスクリーンを作成する場合は[ファイルスクリーンの作成]ダイアログを開く

■[ファイルスクリーンの作成]ダイアログの設定項目

設定	説明
ファイルスクリーンのパス	ファイルスクリーンを設定するフォルダーを指定する
ファイルスクリーンのプロパティをどのように構成しますか？	ファイルスクリーンの設定をテンプレートから選択するか、この画面で独自に設定する

07-03 ファイルスクリーンの例外の作成

　「**ファイルスクリーンの例外**」を作成すると、他のファイルスクリーンが保存をブロックしているファイルを許可することができます。
　[ファイルサーバーリソースマネージャー]の[ファイルスクリーン]を右クリックして、[ファイルスクリーンの例外の作成]をクリックし、[ファイルスクリーンの例外の作成]ダイアログで各項目を設定します。

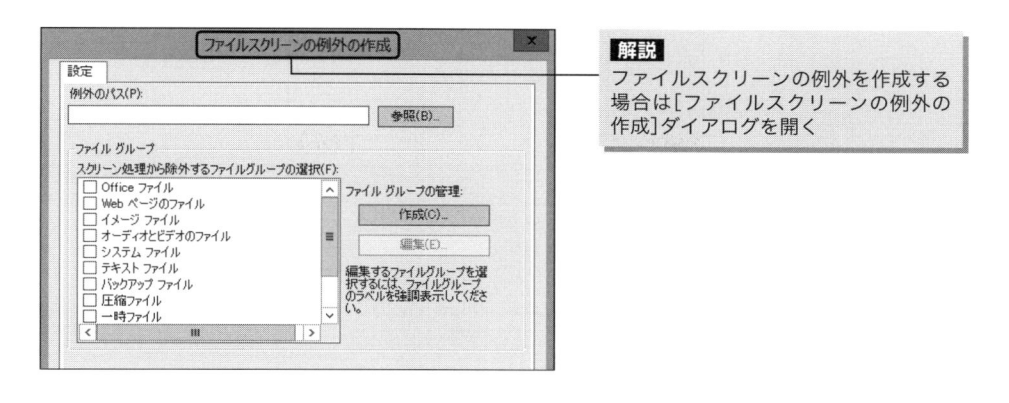

解説: ファイルスクリーンの例外を作成する場合は[ファイルスクリーンの例外の作成]ダイアログを開く

■ [ファイルスクリーンの例外の作成]ダイアログの設定項目

設定	説明
例外のパス	ファイルスクリーンの対象から外すフォルダーを指定する
ファイルグループ	ファイルスクリーンの対象から外すファイルグループを指定する

08 ファイルの分類とタスク管理

［ファイルサーバーリソースマネージャー］の**分類管理機能**と**ファイル管理タスク機能**を使用すると、特定のファイルの分類や移動を自動化できます。機密情報や個人情報などの重要なファイルをその他のファイルと同様に扱うことは、コンプライアンスの観点からも適切であるとはいえません。また、明らかに古いファイルを保持し続けることは、ディスク容量の浪費であるだけでなく、情報漏えいのリスクにもつながります。

■ 分類管理機能とファイル管理タスク機能

機能名	説明
分類管理	プロパティなどを元にしてファイルを分類する機能。指定した条件に合致したファイルのプロパティに各情報を記録する
ファイル管理タスク	ファイルサーバー上のファイルに対する移動処理やスクリプト処理を実行する機能

08-01 分類管理機能とファイル管理タスク機能の特徴

これらの機能を使用すると以下の処理を実行できます。

- 重要な情報が含まれるファイルを特定して、安全性の高いサーバーに移動する
- 重要な情報が含まれるファイルを特定して、AD RMS などを使用して暗号化する
- 不要なファイルを特定して、サーバーから削除する
- 頻繁にアクセスされていないファイルを特定して、低速だが大容量のサーバーに移動する
- ファイルに含まれる情報の重要度に応じて、異なるバックアップを実行する

また、デフォルトで下表の**ローカルプロパティ**が用意されており、これらを［フォルダー管理プロパティの設定］で任意のフォルダーに割り当てることができます。

■ デフォルトのローカルプロパティ

ローカルプロパティ	説 明
アクセス拒否アシスタンスメッセージ	フォルダーへのアクセスが拒否された際に、ユーザーに対して表示する内容を指定する。このプロパティが割り当てられていないフォルダーへのアクセスが拒否された場合は、［ファイルサーバーリソースマネージャー］に指定されている「アクセス拒否アシスタンスメッセージ」が代わりに表示される
フォルダーの使用法	フォルダーの目的と、格納するファイルの種類を指定する。以下の4種類がデフォルトで定義されている。 ● **アプリケーションファイル**（Hyper-Vなどのアプリケーションで使用されるファイルが格納される） ● **グループファイル**（ユーザー間で共有するファイルが格納される） ● **バックアップおよびアーカイブファイル**（バックアップまたはアーカイブされたファイルが格納される） ● **ユーザーファイル**（単一ユーザーに属するファイルが格納される）
フォルダー所有者の電子メール	フォルダーへのアクセスが拒否された後にユーザーが問い合わせる際の連絡先電子メールアドレスを指定する

アクセス拒否アシスタンスを使用する場合は、［ファイルサーバーリソースマネージャー］のオプションダイアログで、この機能を有効化する必要があります。

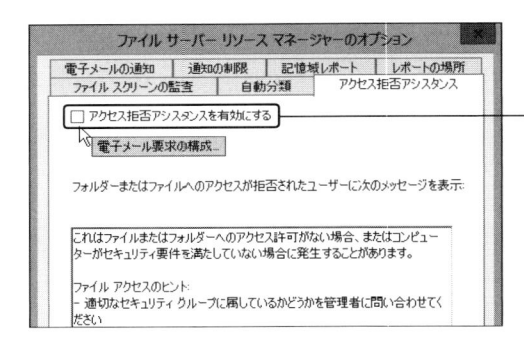

解説
［アクセス拒否アシスタンス］タブを開き、［アクセス拒否アシスタンスを有効にする］にチェックを付ける

08-02 分類管理機能とファイル管理タスク機能の設定

分類管理機能とファイル管理タスク機能は以下の手順で設定します。

1. ローカル分類プロパティの作成
2. 分類規則（分類ポリシー）の作成
3. 分類規則の適用
4. 条件に合致したファイルに対するタスクの作成

1. ローカル分類プロパティの作成

最初に、分類管理機能を使用して「**ローカル分類プロパティ**」（ファイルを分類する際に利用する属性の定義情報）を作成します。

［ファイルサーバーリソースマネージャー］の［分類プロパティ］を右クリックして、［ローカルプロパティの作成］をクリックし、［ローカル分類プロパティの作成］ダイアログを開いて各項目を設定します。

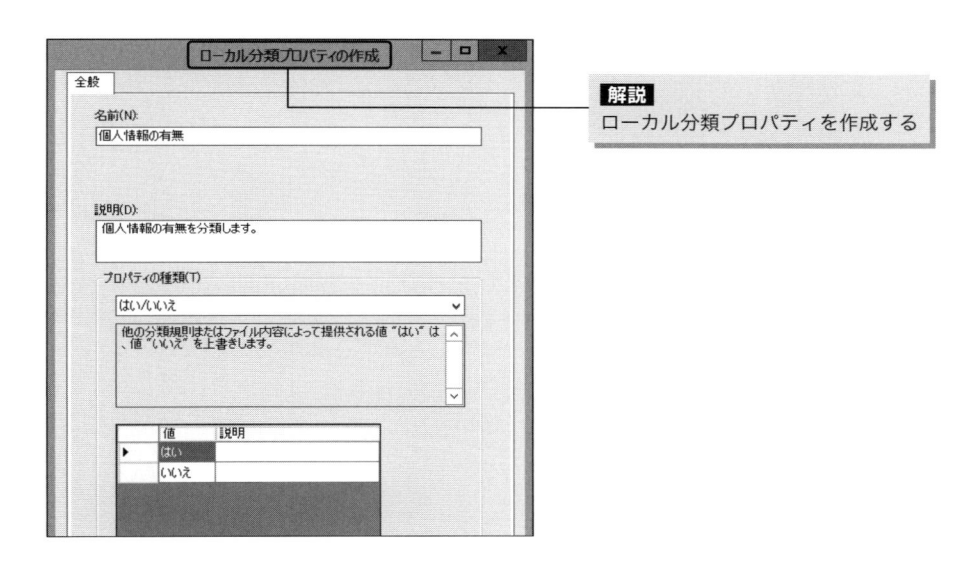

解説
ローカル分類プロパティを作成する

■ [ローカル分類プロパティの作成]ダイアログの設定項目

設定		説明
名前		ローカル分類プロパティの名前を設定する
説明		ローカル分類プロパティの説明を設定する
プロパティの種類	はい／いいえ	[はい]か[いいえ]のブール型(真か偽の二者択一型)のプロパティ。[はい]は[いいえ]を上書きする
	日付／時刻	簡単な日付／時刻プロパティ。複数の値をまとめる場合、値が競合すると再分類できない
	数値	簡単な数値プロパティ。複数の値をまとめる場合、値が競合すると再分類できない
	複数の選択肢リスト	固定値のリスト。1つのプロパティに一度に複数の値を割り当てることができる。複数の値をまとめる場合、選択したすべての項目を含む値が使用される
	順序指定された一覧	固定値のリスト。登録したリストの先頭の値は、下位の値よりも優先される。下位の値は、他の分類規則またはファイル内容によって提供される、より重要な値によって上書きされる可能性がある
	単一の選択値	使用可能な値の単一の選択値。分類中に複数の値をまとめる場合、値が競合していると再分類できない
	文字列	簡単な文字列プロパティ。複数の値をまとめる場合、値が競合すると再分類できない
	複数の文字列	文字列のリスト。1つのプロパティに一度に複数の値を割り当てることができる。複数の値をまとめる場合、すべての文字列を含む値が生成される

2. 分類規則(分類ポリシー)の作成

続いて、分類管理機能を使用して「**分類規則**」(分類ポリシー)を作成します。分類規則は、実際にファイルを分類し、ファイルに対してプロパティ値を設定するための規則(ポリシー)です。

[ファイルサーバーリソースマネージャー]の[分類規則]を右クリックして、[分類規則の作成]をクリックし、[分類規則の作成]ダイアログを開いて各項目を設定します。

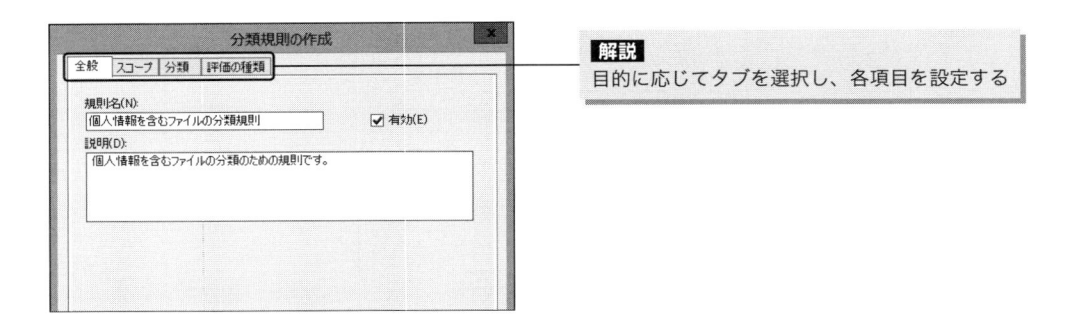

解説
目的に応じてタブを選択し、各項目を設定する

●[全般]タブ
[全般]タブには以下の設定項目があります(上図参照)。

■[全般]タブの設定項目

設 定	説 明
規則名	分類規則の名前を設定する
有効	オプションを有効にすると、この分類規則が有効化される
説明	分類規則の説明を設定する

●[スコープ]タブ
[スコープ]タブには以下の設定項目があります。

解説
[スコープ]タブでは対象について設定する

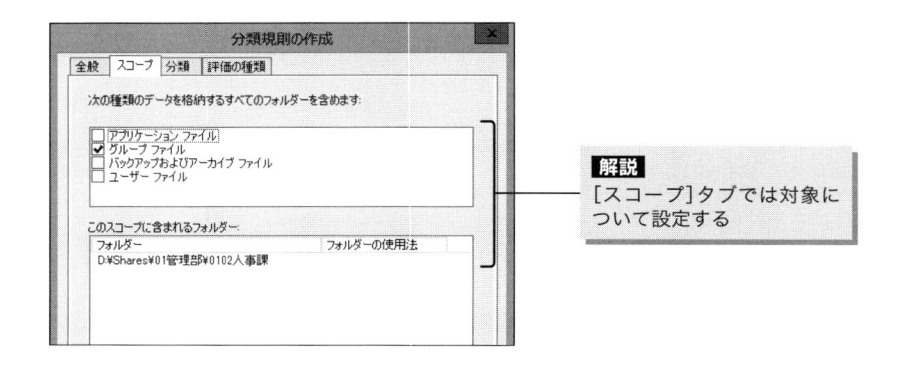

08 ファイルの分類とタスク管理

■ [スコープ]タブの設定項目

設定	説明
データの種類	デフォルトで定義されているローカルプロファイルから適したものを選択する
スコープ	分類規則を適用するボリュームやフォルダーを設定する

●[分類]タブ

[分類]タブには以下の設定項目があります。

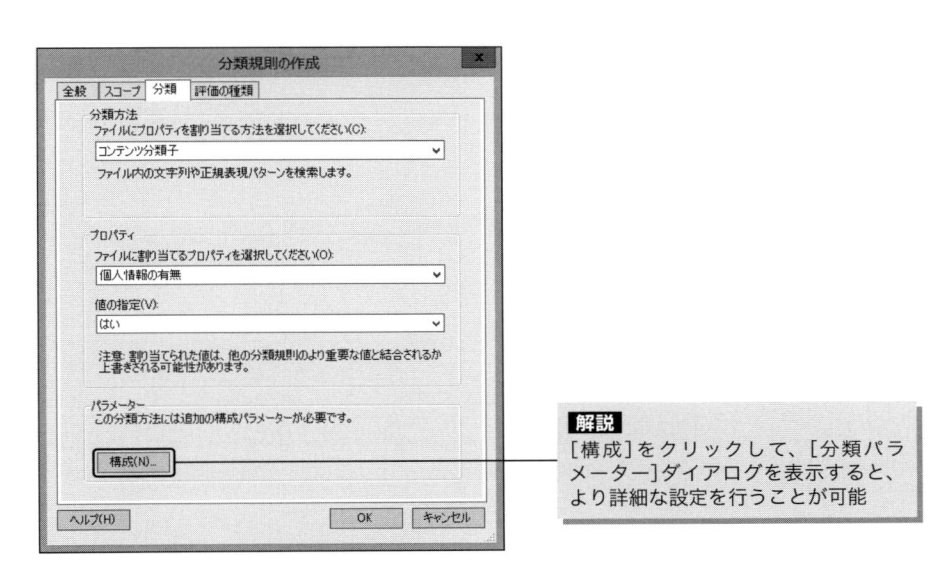

> **解説**
> [構成]をクリックして、[分類パラメーター]ダイアログを表示すると、より詳細な設定を行うことが可能

■ [分類]タブの設定項目

設定		説明
分類方法	Windows PowerShell 分類子	Windows PowerShell を使用してファイルを分類する
	コンテンツ分類子	プロパティ値を割り当てる方法。Windows のテキスト抽出メカニズムを使用して、ファイル内の文字列や正規表現を検索する
	フォルダー分類子	プロパティ値を割り当てる方法。フォルダーパスに基づいてファイルのプロパティを設定する
プロパティ名		割り当てる分類プロパティを選択する
プロパティ値		割り当てる分類プロパティの値を選択する。上記の[プロパティ名]の指定値によって選択できる値が変化する

●[評価の種類]タブ

[評価の種類]タブには以下の設定項目があります。

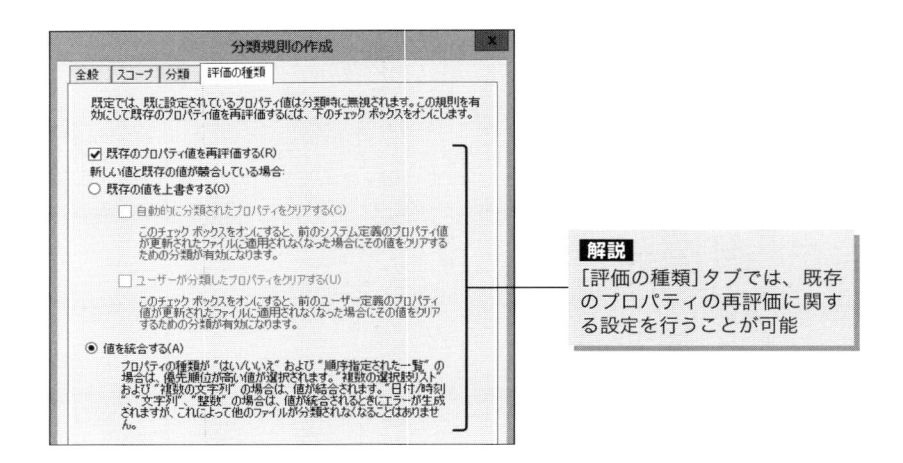

解説
[評価の種類]タブでは、既存のプロパティの再評価に関する設定を行うことが可能

■[評価の種類]タブの設定項目

設 定	説 明
既存のプロパティ値の再評価	[既存のプロパティ値を再評価する]にチェックを付けると、既存のプロパティ値を再評価できる(デフォルトでは、すでに設定されているプロパティ値は分類時に無視される)。また、新しい値と既存の値が競合している場合に、値を上書きするか、値を統合するか指定できる

3. 分類規則の適用

作成した分類規則は、管理者が手動で適用するか、定期的に実行されるようにスケジュール設定を行うことが必要です。

●手動で適用する

手動で適用する場合は、[ファイルサーバーリソースマネージャー]の[分類規則]を右クリックして、以下の手順を実行します。

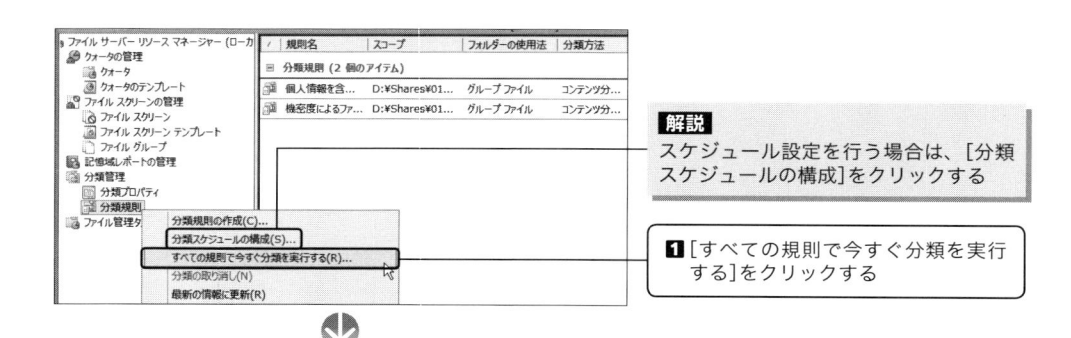

解説
スケジュール設定を行う場合は、[分類スケジュールの構成]をクリックする

1 [すべての規則で今すぐ分類を実行する]をクリックする

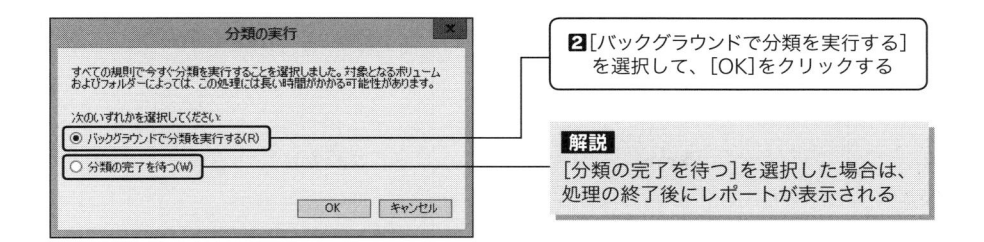

08 ファイルの分類とタスク管理

❷[バックグラウンドで分類を実行する]
を選択して、[OK]をクリックする

解説
[分類の完了を待つ]を選択した場合は、
処理の終了後にレポートが表示される

● スケジュール設定を行う

　スケジュール設定を行う場合は、［ファイルサーバーリソースマネージャー］の［分類規則］を右クリックして、［分類スケジュールの構成］をクリックします。

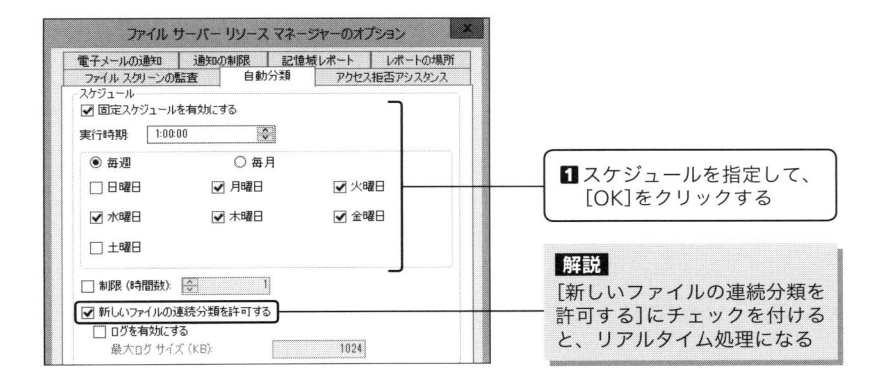

❶スケジュールを指定して、
　[OK]をクリックする

解説
[新しいファイルの連続分類を
許可する]にチェックを付ける
と、リアルタイム処理になる

4. 条件に合致したファイルに対するタスクの作成

　最後に、ファイル管理タスク機能を使用して、条件に合致したファイルに対するタスクを作成します。これは、条件に合致したファイルを移動したり、ファイルに対してカスタムコマンドを実行したりするための機能です。

　［ファイルサーバーリソースマネージャー］の［ファイル管理タスク］を右クリックして［ファイル管理タスクの作成］をクリックし、［ファイル管理タスクの作成］ダイアログを開いて各項目を設定します。

● [全般]タブ

　［全般］タブには以下の設定項目があります。

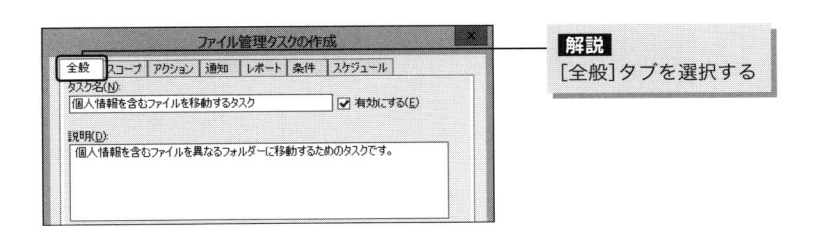

解説
[全般]タブを選択する

■ [全般]タブの設定項目

設定項目	説 明
タスク名	ファイル管理タスクの名前を設定する
有効にする	オプションを有効にすると、このタスクが有効化される
説明	ファイル管理タスクの説明を設定する

● [スコープ]タブ

［スコープ］タブには以下の設定項目があります。

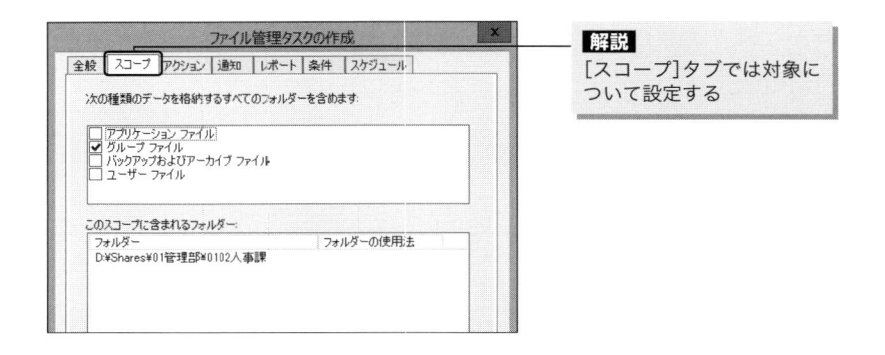

解説
[スコープ]タブでは対象について設定する

■ [スコープ]タブの設定項目

設 定	説 明
データの種類	デフォルトで定義されているローカルプロファイルから適したものを選択する
スコープ	分類規則を適用するボリュームやフォルダーを設定する

● [アクション]タブ

［アクション］タブには以下の設定項目があります。

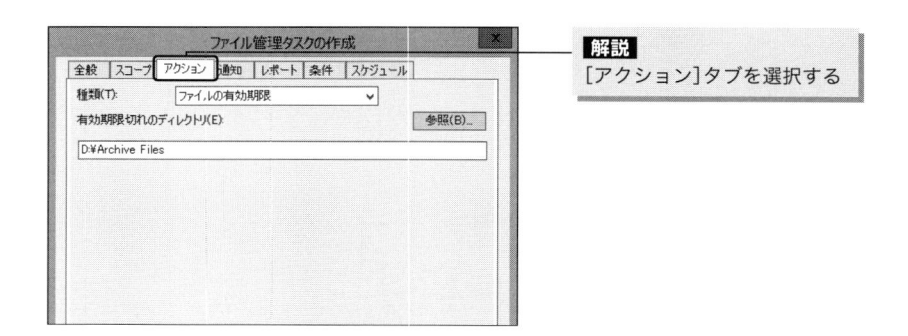

解説
[アクション]タブを選択する

■ [アクション]タブの設定項目

設定項目		説明
種類	ファイルの有効期限	条件に合致したファイルを[有効期限切れのディレクトリ]に指定したフォルダーに自動的に移動する。なお、移動先に[全般]タブの[スコープ]で指定したフォルダーやそのサブフォルダーを指定してはいけない
	カスタム	条件に合致した場合に、コマンドを実行する
	RMS 暗号化	AD RMS（Active Directory Rights Management サービス）の環境が整っている場合には、条件に合致したファイルを暗号化する

●[通知]タブ

　[通知] タブの [追加] をクリックすると以下の [通知の追加] ダイアログが表示されます。この画面では、タスクの実行時に電子メールやイベントログ、コマンドによる通知の設定を行うことができます。

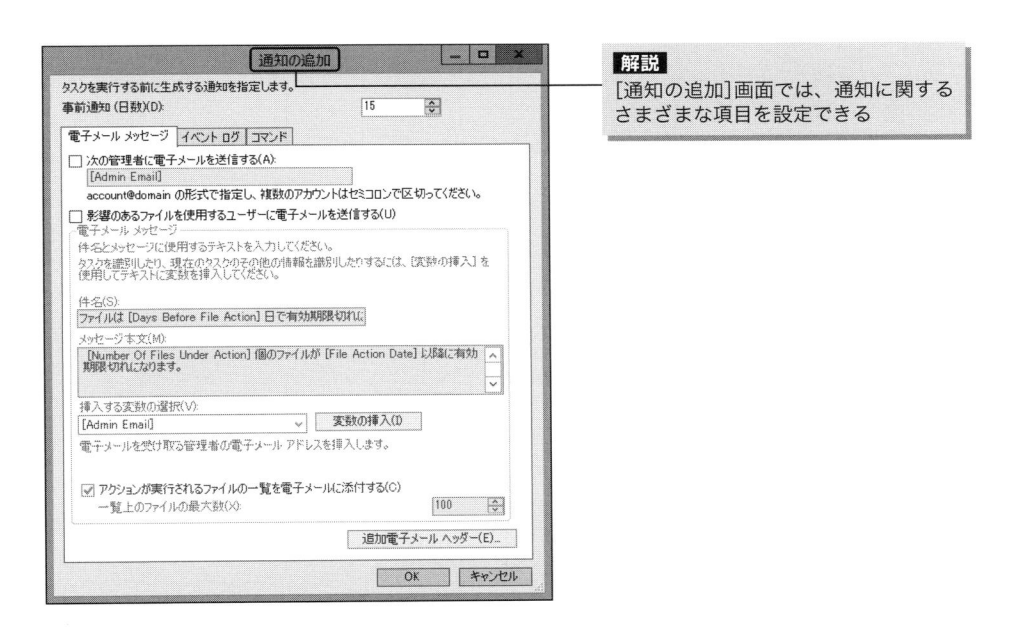

> **解説**
> [通知の追加]画面では、通知に関するさまざまな項目を設定できる

●[レポート]タブ

　[レポート] タブでは、タスクの実行時のログの記録や、レポートの生成に関する設定を行うことができます。

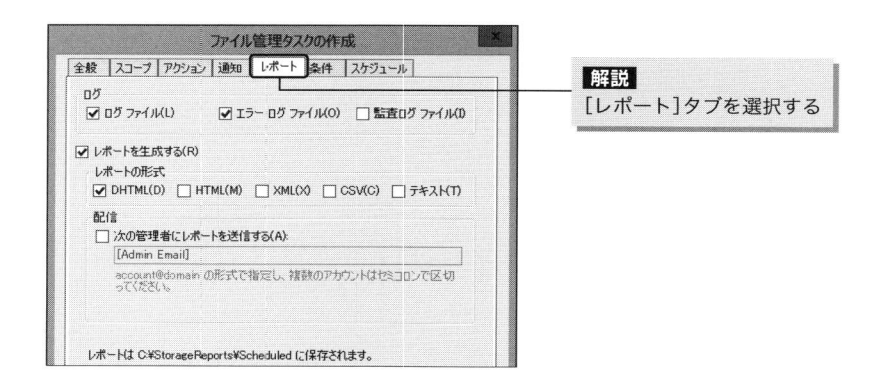

● [条件]タブ

[条件]タブには以下の設定項目があります。分類管理機能による[プロパティ情報]をタスクの条件にする場合は、[追加]をクリックして、[プロパティの条件]ダイアログで各項目を設定します。

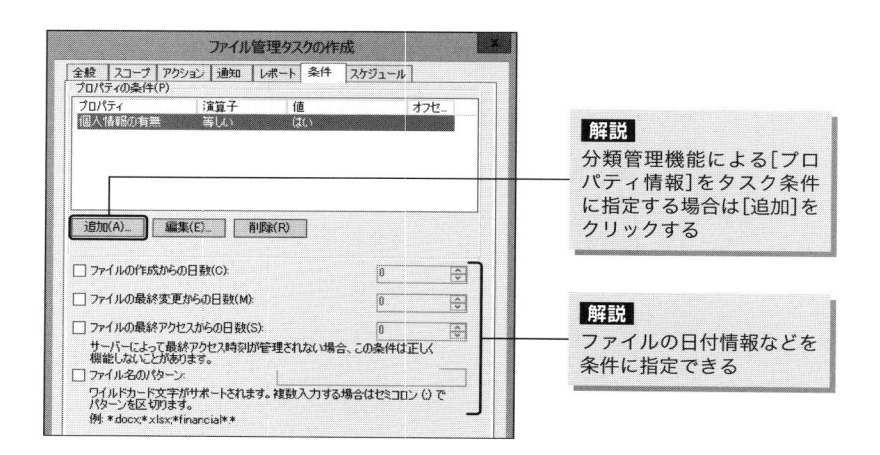

■ [条件]タブの設定項目

設定項目	説明
プロパティの条件	分類プロパティをこのタスクの実行条件として指定する
ファイルの作成からの日付	オプションにチェックを付けて日数を指定すると、このタスクは指定された日数以前に作成されたファイルに対してのみ適用される
ファイルの最終変更からの日数	オプションにチェックを付けて日数を指定すると、このタスクは未変更の日数が指定した日数を超えているファイルに対してのみ実行される
ファイルの最終アクセスからの日数	オプションにチェックを付けて日数を指定すると、このタスクは未アクセスの日数が指定した日数を超えているファイルに対してのみ実行される。ただし、サーバーがアクセス時間を追跡するように設定されていない場合、この条件は無効
ファイル名のパターン	オプションにチェックを付けて「*」(ワイルドカード)によるファイル名パターンを指定すると、このタスクはそれらのファイルに対してのみ実行される

●[スケジュール]タブ

[スケジュール]タブでは、[作成]をクリックすると表示される[スケジュール]ダイアログで、タスクの実行スケジュールの設定を行うことができます。

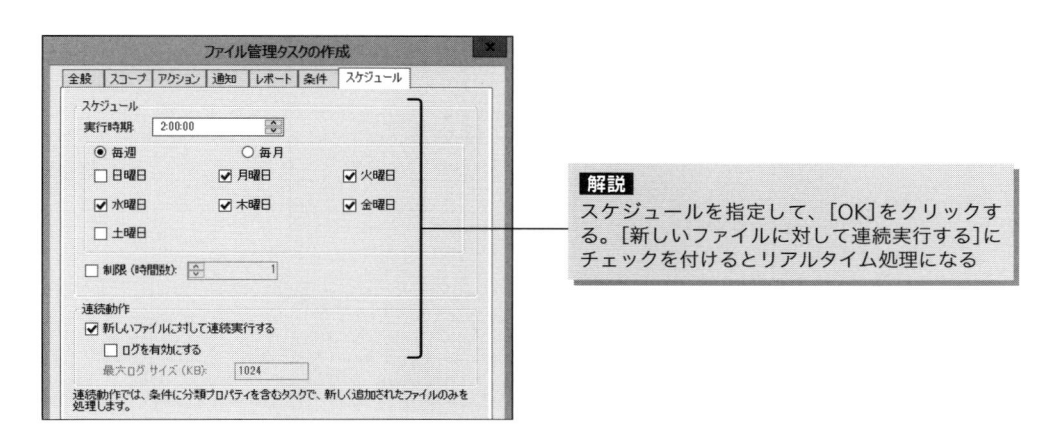

解説
スケジュールを指定して、[OK]をクリックする。[新しいファイルに対して連続実行する]にチェックを付けるとリアルタイム処理になる

09 記憶域レポートの管理

[ファイルサーバーリソースマネージャー]を使用すると、**記憶域レポート機能**（ファイルサーバーに関するレポートを生成する機能）を利用できます。レポートを定期的に作成することで、ファイルサーバーの運用管理や今後の設備増設計画などに役立てることができます。

09-01 記憶域レポートの作成

記憶域レポートを作成するには、[ファイルサーバーリソースマネージャー]の[記憶域レポートの管理]を右クリックして、以下の手順を実行します。

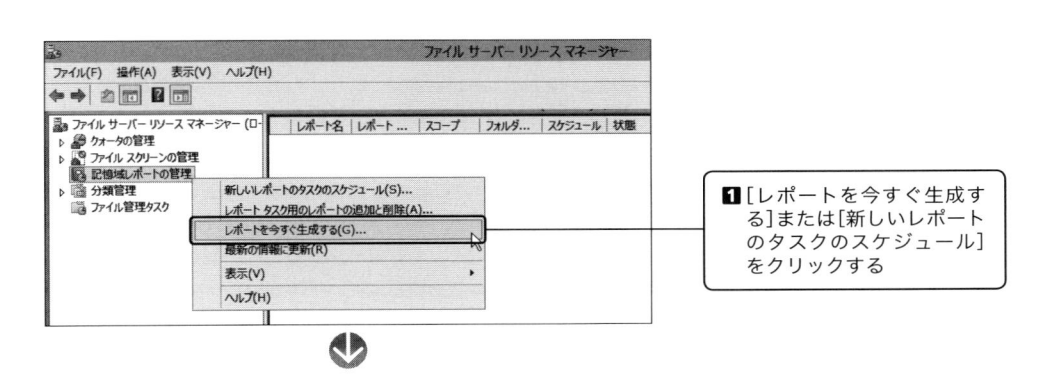

１[レポートを今すぐ生成する]または[新しいレポートのタスクのスケジュール]をクリックする

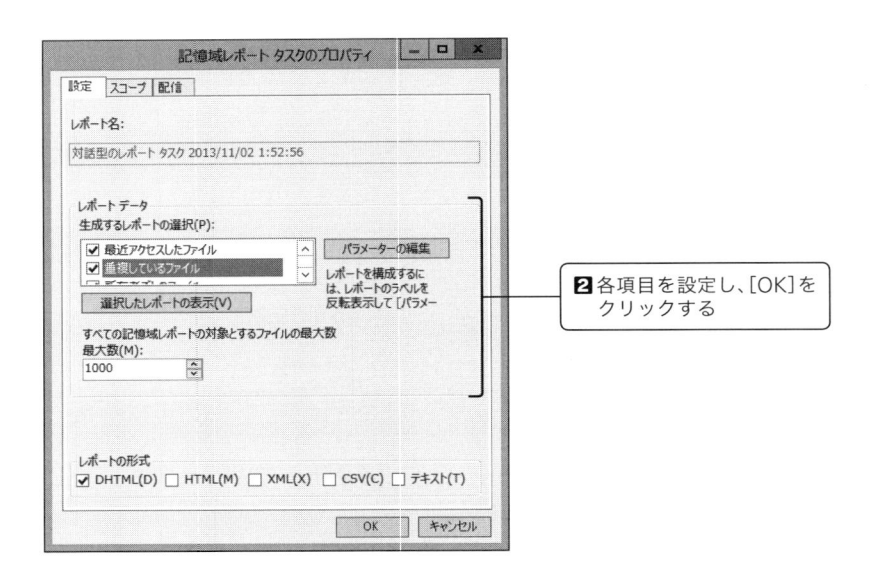

[記憶域レポート タスクのプロパティ]ダイアログで各項目を設定する画面。

2 各項目を設定し、[OK]を クリックする

■ [記憶域レポートタスクのプロパティ]ダイアログの設定項目

タブ名	説 明
設定	生成するレポートの種類・形式を設定する
スコープ	レポートの対象を設定する
配信	生成したレポートのメール送信に関する設定を行う
スケジュール※	レポートを生成するスケジュールを設定する

※[レポートを今すぐ生成する]をクリックした場合は、[スケジュール]タブはありません。

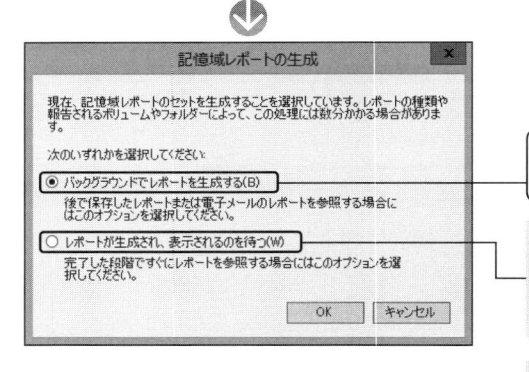

3 [バックグラウンドでレポートを生成する]を 選択して、[OK]をクリックする

解説
[レポートが生成され、表示されるのを待つ]を選択した場合は、処理の終了後にレポートが表示される

解説
生成されたレポートの保存場所は、[ファイルサーバーリソースマネージャー]のオプション構成のダイアログにある[レポートの場所]タブで確認できる

10 ファイルサーバーのその他の管理

ここでは、[ファイルサーバーリソースマネージャー]以外の、ツールや機能を使用した、ファイルサーバーの管理方法について解説します。

10-01 Windows Search サービス

Windows Searchサービスは、ファイルを高速に検索する機能です。Windows 8/8.1コンピューターなどから、ファイルサーバー上のファイルやフォルダーを高速検索することができます。ただし、この機能を使用するとファイルサーバーに負荷がかかるので、大規模な環境のファイルサーバーでの利用には注意が必要です。

Windows Searchサービスを有効にするには、ファイルサーバーのコントロールパネルの[インデックスのオプション]をクリックして、[インデックスのオプション]ダイアログで設定します。

❶ [インデックスのオプション]ダイアログを開いて、各項目を設定する

10-02 シャドウコピー

シャドウコピーは、古いファイルや削除したファイルを復元する機能です。この機能を有効にすると、ファイルの復元処理を"ユーザー自身"が実行できるので、管理者やヘルプデスク部門の負荷低減が期待できます。

シャドウコピーの機能や利用方法については「Chapter 38 バックアップと回復」(⇒**P.757**)を参照してください。

> **Column** デフラグ
>
> 　ファイルサーバーを長期にわたって使用していると、数え切れないほどのファイルの書き込みや削除が繰り返されるため**ディスクの断片化**が発生します。その結果、たった1つのファイルを読み込むだけでもディスクのあちこちにアクセスしなければならなくなり、ディスクパフォーマンスの低下につながります。
> 　これを解消する機能を「**デフラグ**」といいます。Windows Server 2012 R2コンピューターはデフラグを自動実行するようになっていますが、管理者はスケジュールの変更や、手動実行を行うことができます。デフラグ機能を手動実行するには、ボリュームのプロパティダイアログの［ツール］タブから［ドライブの最適化］を開きます。

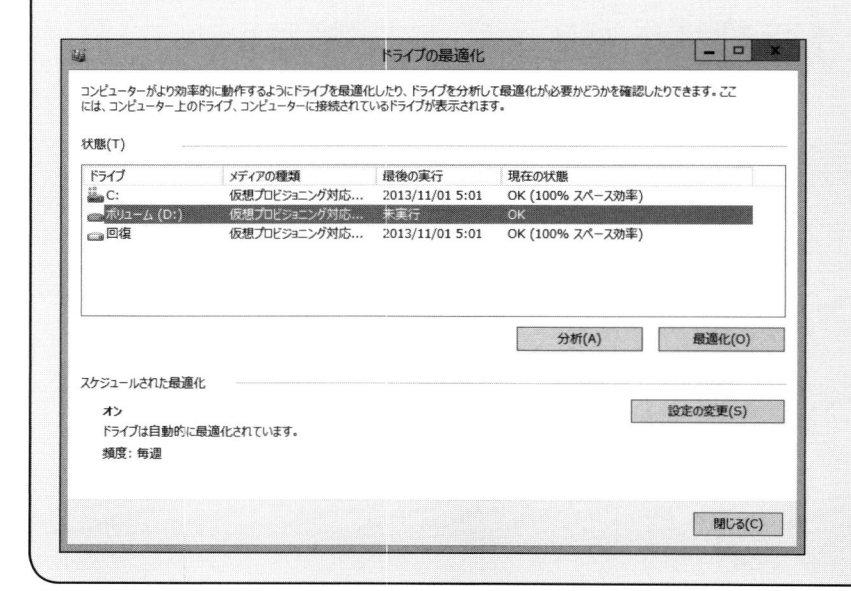

10-03　NTFS ディスククォータ

　Windows Server 2012 R2には、先述した［ファイルサーバーリソースマネージャー］によるクォータ機能（⇒P.557）の他に、「**NTFSディスククォータ**」と呼ばれるクォータ機能があります。この機能の特徴は**ユーザー単位でクォータを設定できる点**です。ただし、細かい設定や電子メールやレポートなどによる通知機能は利用できません。

　NTFSディスククォータの設定は、ボリュームのプロパティダイアログで行います。

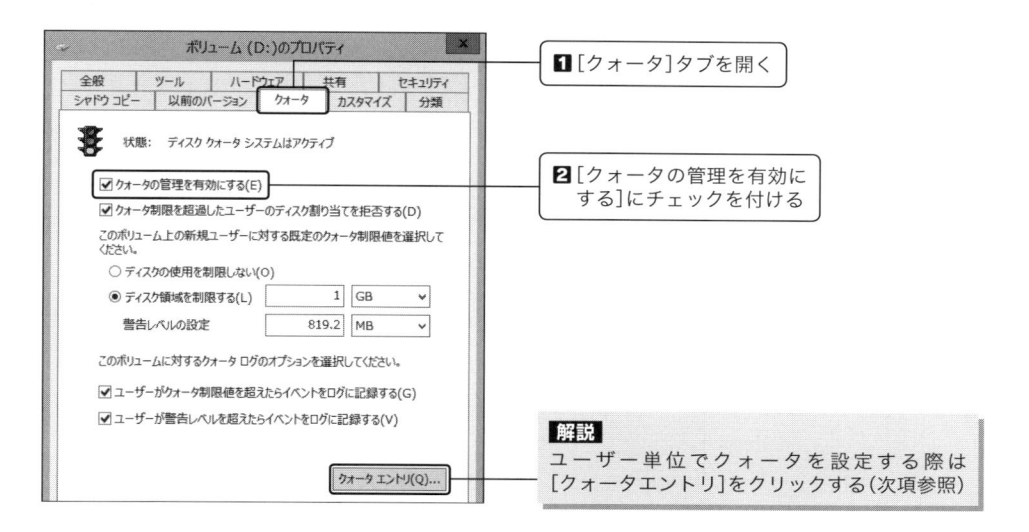

10 ファイルサーバーのその他の管理

1[クォータ]タブを開く

2[クォータの管理を有効にする]にチェックを付ける

解説
ユーザー単位でクォータを設定する際は[クォータエントリ]をクリックする(次項参照)

■[クォータ]タブの設定項目

設定	説明
クォータの管理を有効にする	このボリュームに対するクォータ機能が有効化される
クォータ制限を超過したユーザーのディスク割り当てを拒否する	ハードクォータが設定される(制限値を超えたときにそれ以上のファイル保存を許さない)
ディスクの使用を制限しない	新規ユーザーのディスク使用を制限しない
ディスク領域を制限する	新規ユーザーのディスク領域を制限する。クォータ制限値と警告レベルをそれぞれ設定する
ユーザーがクォータ制限値を超えたらイベントをログに記録する	ユーザーがクォータ制限値となるサイズを超えたらイベントをログに記録する
ユーザーが警告レベルを超えたらイベントをログに記録する	ユーザーが警告レベルとなるサイズを超えたらイベントをログに記録する

ユーザー単位でクォータを設定する

ユーザー単位でクォータを設定するには、[クォータ]タブの[クォータエントリ]をクリックして、以下の手順を実行します。

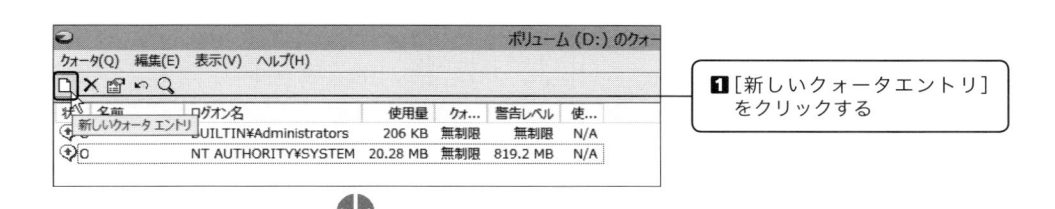

1[新しいクォータエントリ]をクリックする

577

2 クォータを設定するユーザーを選択する

3 ユーザーに対するクォータ制限値を設定して、[OK]をクリックする

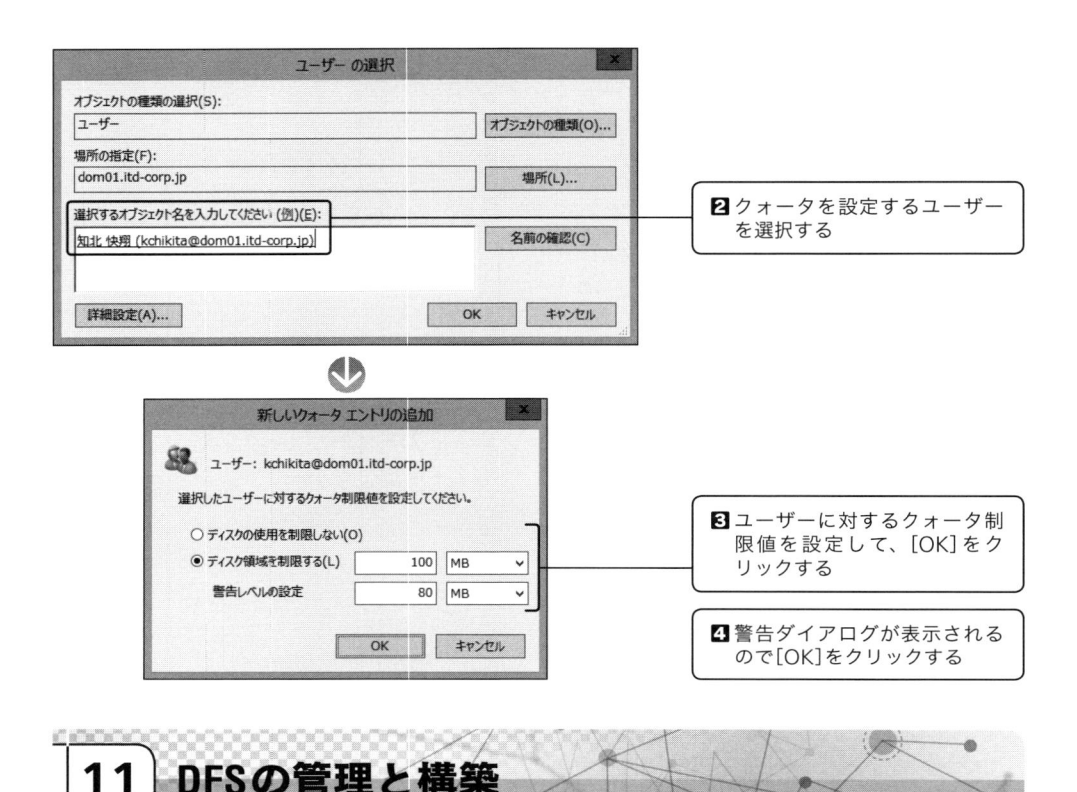

4 警告ダイアログが表示されるので[OK]をクリックする

11 DFSの管理と構築

DFS（Distributed File System：分散ファイルシステム）は、複数のファイルサーバーを仮想的なツリーに配置する機能です。通常、ユーザーはファイルサーバーごとにアクセスする必要がありますが、DFSを使用すると、複数のファイルサーバーを仮想的なツリーで一元管理できます。ユーザーは1つのツリーを辿るだけで、複数のファイルサーバーにアクセスすることができます。

この機能は非常に利便性が高いので、ファイルサーバーが多数存在する場合は、DFSの導入を検討してください。

11-01 DFSの構成

DFSは「**DFS名前空間**」と呼ばれる仮想的なツリーによって構成されます。この名前空間を保持するサーバーを「**名前空間サーバー**」、ツリーを使用して共有フォルダーを公開するファイルサーバーを「**フォルダーターゲット**」と呼びます。

11 DFSの管理と構築

■ 通常のファイルサーバーとDFSの違い

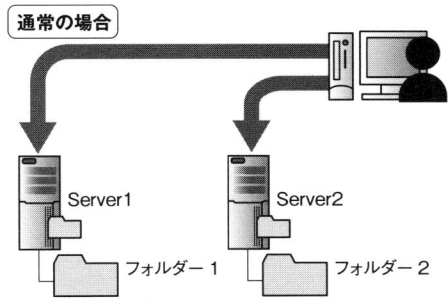

通常の場合

\\Server1\フォルダー1　　\\Server2\フォルダー2
通常、違うサーバー内にあるフォルダーには
サーバー名を指定してフォルダーにアクセスする必要がある

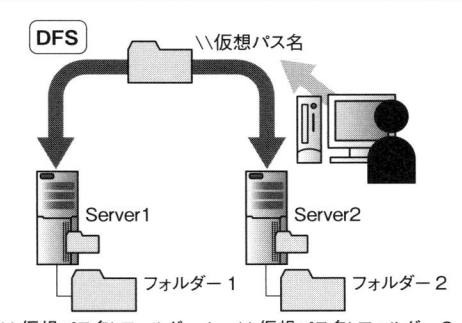

DFS

\\仮想パス名\フォルダー1　　\\仮想パス名\フォルダー2
異なるサーバー内に保存してあるフォルダーも
DFSを使用することにより同一パスで接続できる

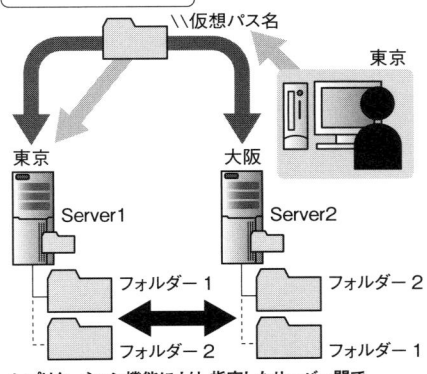

レプリケーション機能

レプリケーション機能により、指定したサーバー間で
お互いのフォルダーを複製する。
東京のユーザーは東京にあるサーバーに接続するなど
優先度を設定することも可能

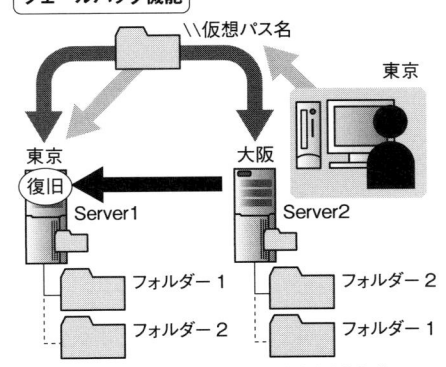

フェールバック機能

フェールオーバーにより切り替わった接続先を復旧後に
元の接続先に戻すことができる

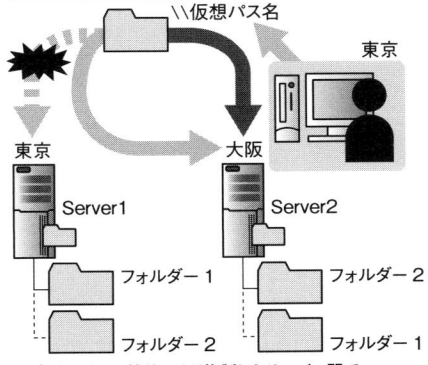

フェールオーバー機能

レプリケーション機能により複製したサーバー間で
片方のサーバーに障害が発生すると自動的に
接続可能なサーバーに切り替えて接続することができる

11-02 DFSの構築

ファイルサービスを利用中であっても、[役割と機能の追加ウィザード](⇒P.52)を使用して、[DFS名前空間]の役割を追加する必要があります。

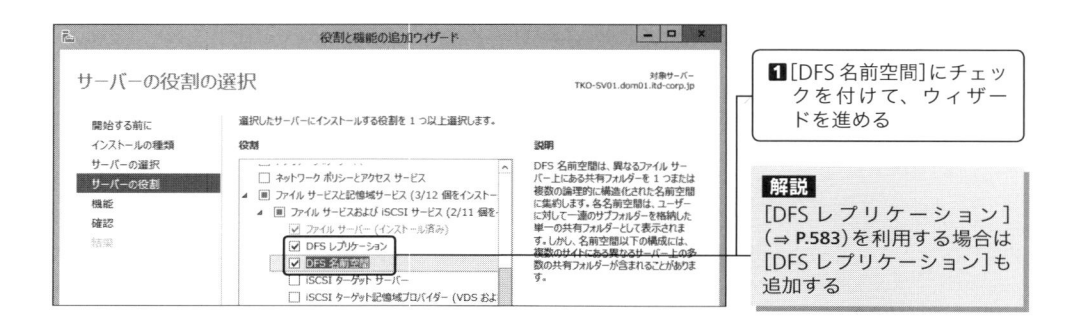

❶ [DFS名前空間]にチェックを付けて、ウィザードを進める

解説
[DFSレプリケーション]（⇒ P.583）を利用する場合は[DFSレプリケーション]も追加する

11-03 DFS名前空間の構築

DFSに関する役割を追加したら、続いてDFS名前空間を作成します。サーバーマネージャーから[DFSの管理]を開き、以下の手順を実行します。

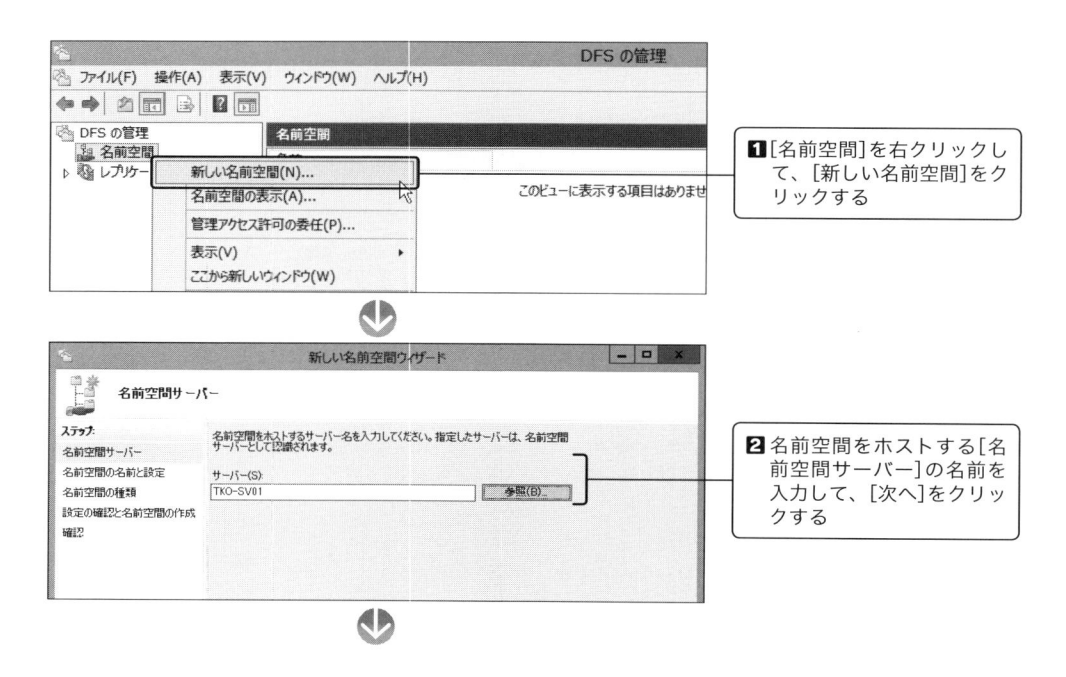

❶ [名前空間]を右クリックして、[新しい名前空間]をクリックする

❷ 名前空間をホストする[名前空間サーバー]の名前を入力して、[次へ]をクリックする

11 DFSの管理と構築

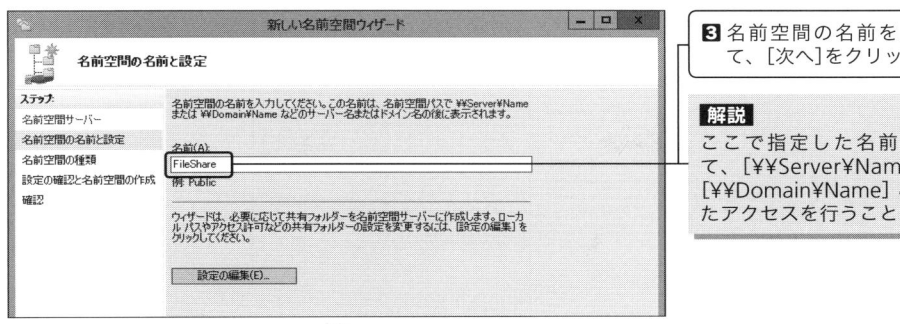

3 名前空間の名前を入力して、[次へ]をクリックする

解説
ここで指定した名前によって、[¥¥Server¥Name] や [¥¥Domain¥Name] といったアクセスを行うことになる

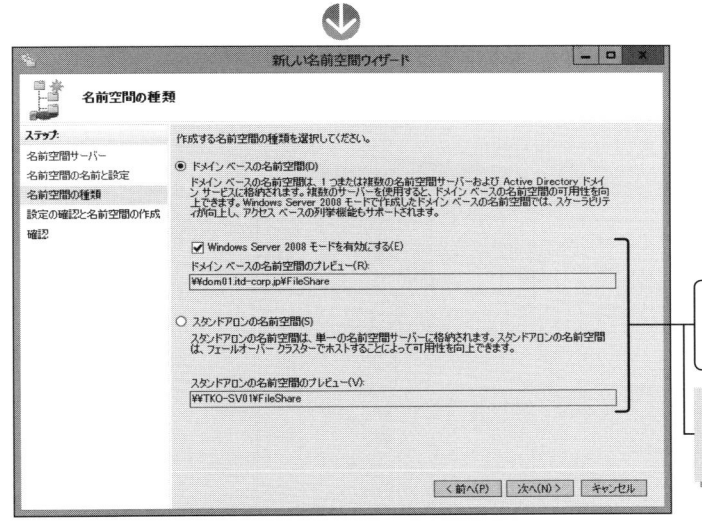

4 作成する名前空間の種類を選択して、[次へ]をクリックする

解説
[名前空間のプレビュー]を確認できる

■ 名前空間の種類

設定項目	説　明
ドメインベースの名前空間	[ドメインベースの名前空間]になる。名前空間情報は各名前空間サーバーのActive Directory内やメモリキャッシュに格納されるため、冗長性を確保できる
Windows Server 2008 モードを有効にする	[Windows Server 2008モードのドメインベースの名前空間]になる。ターゲットとなるフォルダーを5000個以上含めることができる。Active Directoryのフォレスト機能レベルが[Windows Server 2003]以上、ドメインの機能レベルが[Windows Server 2008]以上であることが条件。選択しなかった場合は[Windows 2000 Serverモードのドメインベースの名前空間]になる。要件を満たしている場合は、Windows Server 2008モードを推奨
スタンドアロンの名前空間	[スタンドアロンの名前空間]になる。Active Directory環境がない場合でも構築できるが、ある名前空間をホストするスタンドアロンの名前空間サーバーは1台しか構成できない。名前空間サーバーの可用性を維持するにはフェールオーバークラスター環境の構築が推奨される

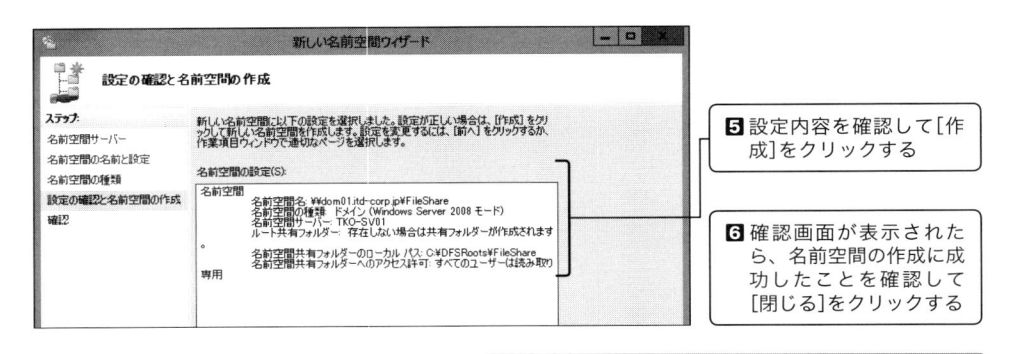

Part 07 各種サーバーサービスの構築と管理

5 設定内容を確認して[作成]をクリックする

6 確認画面が表示されたら、名前空間の作成に成功したことを確認して[閉じる]をクリックする

> **Tips** DFS名前空間の耐障害性や可用性を高めるために、名前空間サーバーは複数用意することをお勧めします。複数用意するには、ファイルサービスやDFSに関する役割を追加したサーバーを用意して、[DFSの管理]で作成した名前空間を右クリックし、[名前空間サーバーを追加]をクリックします。

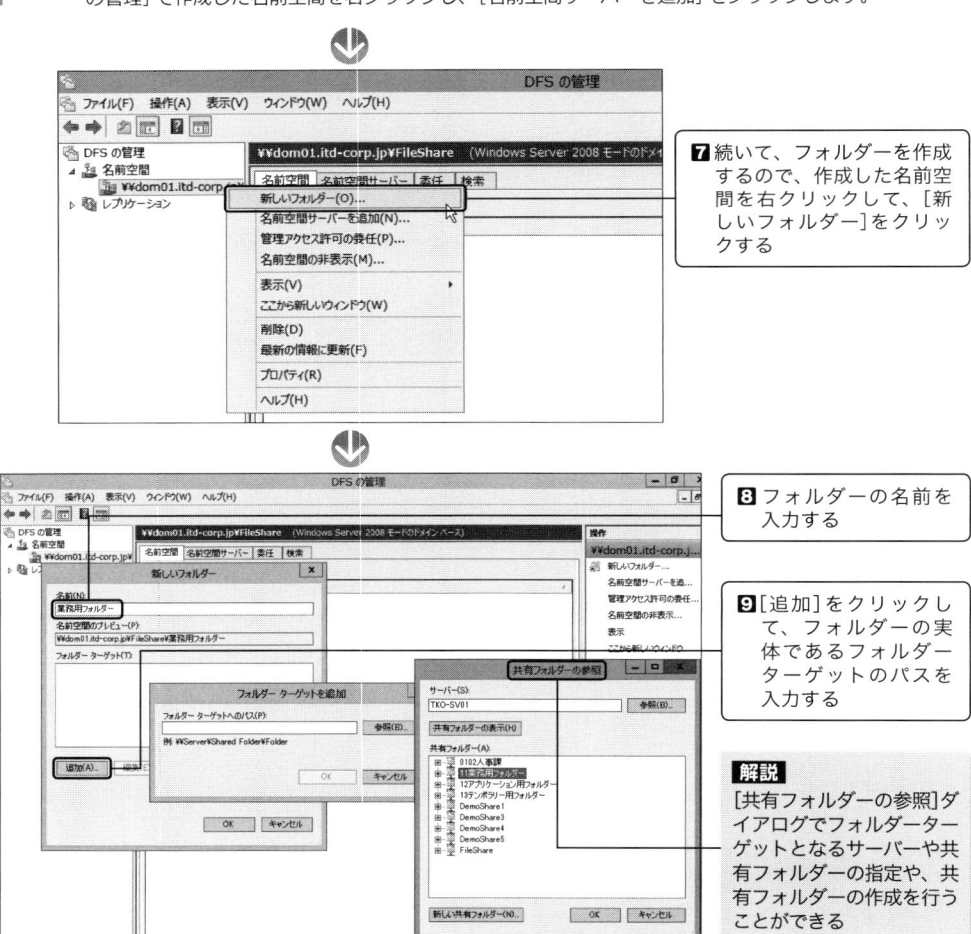

7 続いて、フォルダーを作成するので、作成した名前空間を右クリックして、[新しいフォルダー]をクリックする

8 フォルダーの名前を入力する

9 [追加]をクリックして、フォルダーの実体であるフォルダーターゲットのパスを入力する

解説
[共有フォルダーの参照]ダイアログでフォルダーターゲットとなるサーバーや共有フォルダーの指定や、共有フォルダーの作成を行うことができる

11 DFSの管理と構築

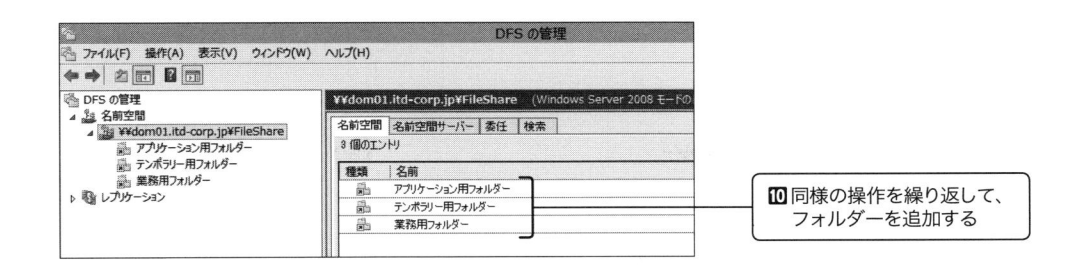

⑩同様の操作を繰り返して、フォルダーを追加する

これでDFSの設定は完了です。クライアントコンピューターからDFSのセットアップ中に表示されていた「名前空間プレビュー」のUNCパスにアクセスするとDFSを利用できます。

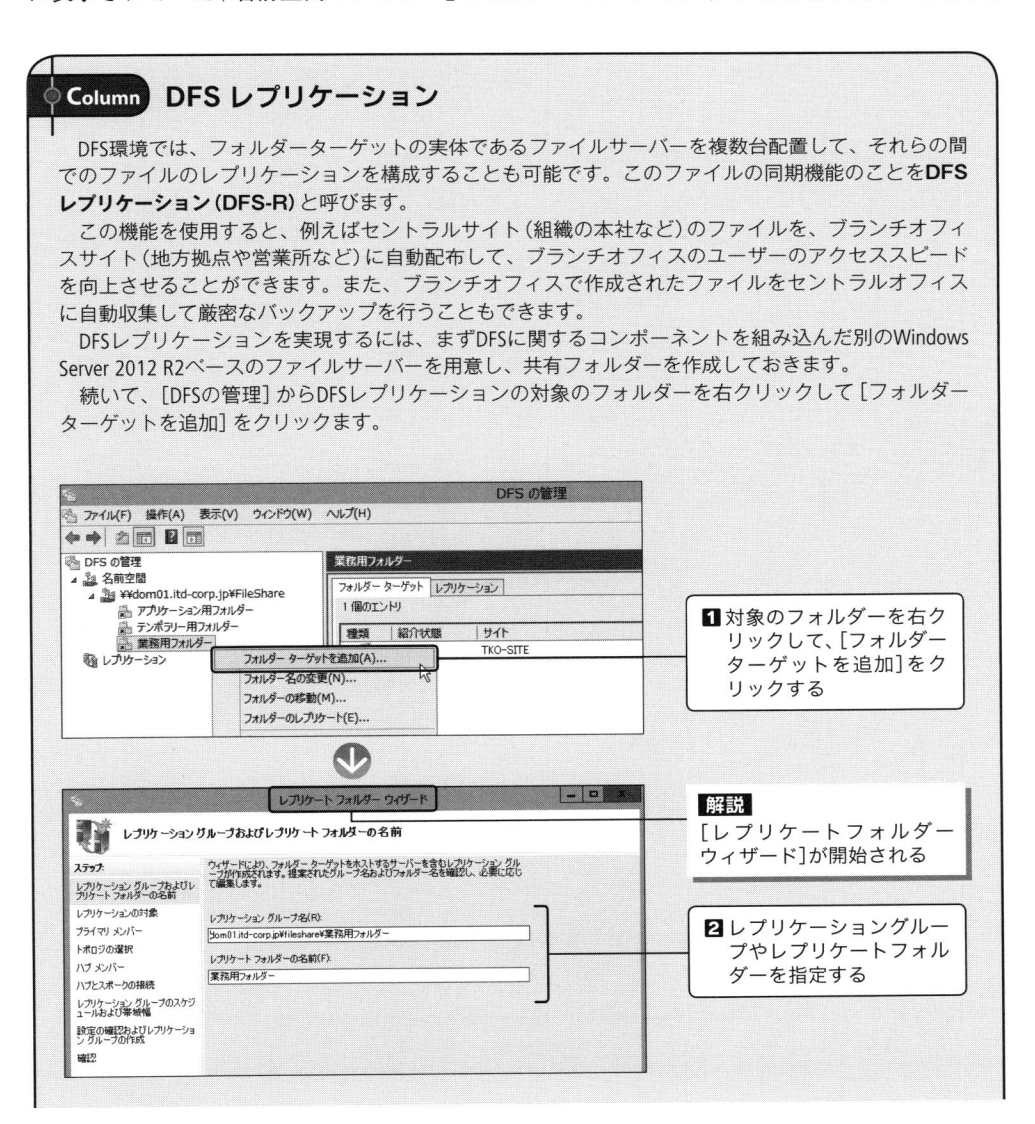

Column　DFS レプリケーション

DFS環境では、フォルダーターゲットの実体であるファイルサーバーを複数台配置して、それらの間でのファイルのレプリケーションを構成することも可能です。このファイルの同期機能のことを**DFSレプリケーション（DFS-R）**と呼びます。

この機能を使用すると、例えばセントラルサイト（組織の本社など）のファイルを、ブランチオフィスサイト（地方拠点や営業所など）に自動配布して、ブランチオフィスのユーザーのアクセススピードを向上させることができます。また、ブランチオフィスで作成されたファイルをセントラルオフィスに自動収集して厳密なバックアップを行うこともできます。

DFSレプリケーションを実現するには、まずDFSに関するコンポーネントを組み込んだ別のWindows Server 2012 R2ベースのファイルサーバーを用意し、共有フォルダーを作成しておきます。

続いて、[DFSの管理]からDFSレプリケーションの対象のフォルダーを右クリックして[フォルダーターゲットを追加]をクリックます。

❶対象のフォルダーを右クリックして、[フォルダーターゲットを追加]をクリックする

解説
[レプリケートフォルダーウィザード]が開始される

❷レプリケーショングループやレプリケートフォルダーを指定する

[レプリケートフォルダーウィザード]を使用して設定を行うと、DFSレプリケーション環境が完成します。このウィザードで初回のファイルのレプリケーションも実行されます。

他にも、読み取り専用のDFSレプリケーションを設定することもできます。セントラルサイトのファイルをブランチオフィスサイトに自動配布している場合に、ブランチオフィスのユーザーに対しては読み取りのみとしたい（書き込みさせたくない）場合にこの機能を利用すると良いでしょう。

> **解説**
> [読み取り専用にする]をクリックすると、読み取り専用のDFSレプリケーションを設定できる

DFSレプリケーション環境に関する注意点の1つとして、**同じファイルを複数のサーバーで編集した際に競合・コンフリクトが発生する**ことが挙げられます。競合した際は**後から保存したファイル**が優先されて、先に保存したファイルは「ConflictAndDeleted」というフォルダーに保存されます。競合ファイルの検索や復元を行う場合は、`Get-DfsrPreservedFiles`コマンドレットや、`Restore-DfsrPreservedFiles`コマンドレットを使用します。

Column SMB3.0

Windowsコンピューター間のファイル共有やプリンター共有に用いられるプロトコル「SMB (Server Message Block)」にはいくつかのバージョンがあります。

■ SMB のバージョンと対応 OS

SMB のバージョン	サポートしている OS
SMB1.0	Windows XP、Windows Server 2003、およびそれ以降
SMB2.0	Windows Vista、Windows Server 2008 以降
SMB2.1	Windows 7、Windows Server 2008 R2 以降
SMB3.0	Windows 8、Windows Server 2012 以降
SMB3.02	Windows 8.1、Windows Server 2012 R2 以降

サーバーとクライアントの両方がサポートしているバージョンのSMBが自動選定されて通信が行われるため、両者ともにより新しいバージョンのOSであることが理想です。特にSMB3.0でパフォーマンスが著しく向上しているため、ファイルサーバーとして利用するのであればWindows Server 2012以降、クライアントはWindows 8以降で構成することが理想的です。

URL Windows Server 2012 R2 での SMB の新機能
http://technet.microsoft.com/ja-jp/library/hh831474.aspx

Chapter 28 ダイナミックアクセス制御の利用

本章では、Windows Server 2012で新たに実装されたアクセス制御テクノロジー「ダイナミックアクセス制御」の概要と利用方法を解説します。

01 ダイナミックアクセス制御の概要

フォルダーやファイルといった**リソース**に対するアクセス制御を行う場合、Windows Serverではユーザーやグループに対して**NTFS アクセス制御**（⇒P.549）や**共有アクセス制御**（⇒P.548）を行う方法が一般的です。しかし、これらの方法には以下の課題があります。

- アクセス制御のために多数のグループを作成し、管理する必要がある
- ファイルサーバーなどのリソースの管理者がアクセス制御を設定しなければならない

上記の問題を解決するために、Windows Server 2012で新たに実装された新機能が**ダイナミックアクセス制御**（DAC：Dynamic Access Control）です。この機能では、従来のACL（Access Control List）を用いたリソースへの静的なアクセス制御とは異なり、**オブジェクトの属性情報**を使用して動的にアクセス制御を実現します。この点がこの機能の最大のポイントであり、従来の方法との最大の違いです。

01-01 ダイナミックアクセス制御の機能

ダイナミックアクセス制御は、Active Directoryとファイルサーバーの［ファイルサーバーリソースマネージャー］（⇒P.563）を中心に複数の要素から構成されています。

■ ダイナミックアクセス制御の構成要素

構成要素	説 明
要求の種類 （Claim Type）	Active Directory が持つ多数の属性情報のうち、どれを使用するかを定義するもの
リソースプロパティ （Resource Property）	ファイルサーバーなどのリソース側に追加する属性情報。［リソースプロパティ一覧］に登録することで、ドメインに参加したファイルサーバーで指定可能になる。［ファイルサーバーリソースマネージャー］で［グローバルプロパティ］として定義され、ファイルの分類に利用可能
集約型アクセス規則 （Central Access Rule）	ダイナミックアクセス制御の中で最も重要な要素。属性の判定条件を「式」（Expression）として定義する。また、アクセス許可も定義する
集約型アクセスポリシー （Central Access Policy）	1つ、または複数の「集約型アクセス規則」をまとめたもの。これを、グループポリシーを使用して、ドメインに参加しているサーバーに配布する

ダイナミックアクセス制御では、作成したアクセス制御の設定値を「**式**」として**集約型アクセス規則**で定義します。管理者は、複数の集約型アクセス規則をまとめた「**集約型アクセスポリシー**」をファイルサーバーなどのリソースに結び付けるだけで、複雑なアクセス制御の設定を容易に展開できます。

■ ダイナミックアクセス制御の構成

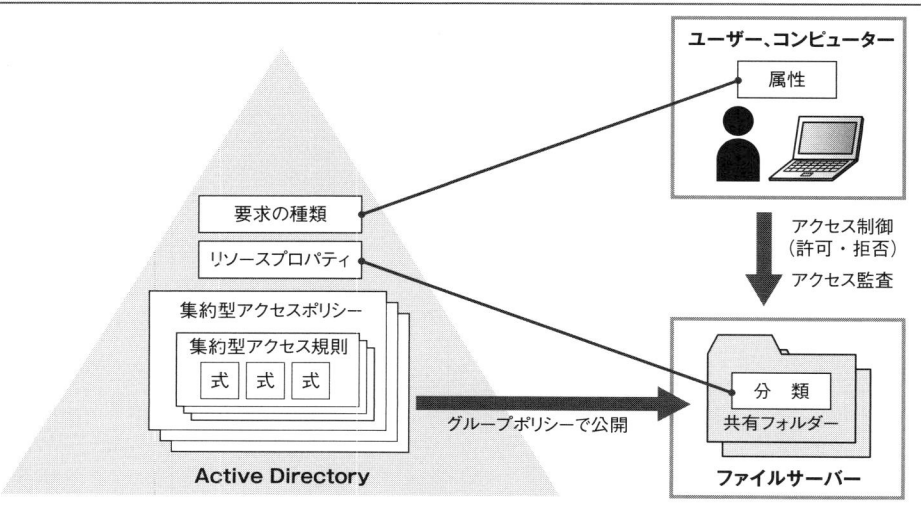

ダイナミックアクセス制御では、上記の要素を用いて以下の機能を実現しています。

- 集約型アクセスポリシーによって、ファイルサーバーなどのリソースへのアクセスを制御
- 集約型の監査ポリシーによって、リソースへのアクセスを詳細に把握
- ファイルを分類してタグ付けを実施。その分類のための情報を集中管理
- 条件に合致したファイルを自動的に移動したり、AD RMS を使用して暗号化する
- フォルダーへのアクセスが拒否された際に、ユーザーに対して表示する内容を指定する（アクセス拒否アシスタンス）

01-02 ダイナミックアクセス制御の動作要件

ダイナミックアクセス制御を使用するには、システムが以下の動作要件を満たしている必要があります。

- ドメインの機能レベルが「Windows Server 2012」以上であること
- ファイルサーバーの OS が Windows Server 2012 以降であり、かつ[ファイルサーバー]と[ファイルサーバーリソースマネージャー]の役割がインストールされていること
- クライアントコンピューターの OS が Windows 8 以降、Windows Server 2012 以降であること

集約型アクセス規則の式の定義によっては、要件を満たしていないクライアントコンピューター（例えばWindows 7コンピューター）からのアクセスがあった場合に、想定とは異なる結果になる可能性があります。そのため、そのような環境で使用する際は十分な計画と動作確認が必要です。

01-03　ダイナミックアクセス制御の設計例

　本書では、ダイナミックアクセス制御を使用して、以下のようなシンプルなアクセス制御を行うための検討事項や、構築方法について解説します。本書の例よりも複雑な構成を実現することも可能ですが、まずはシンプルな構成で利用し、ダイナミックアクセス制御の全体の流れを把握することをお勧めします。

- 共有アクセス制御とNTFSアクセス制御は［新しい共有ウィザード］によるデフォルトの設定のままとする
- ユーザーとリソース（ファイルサーバーの共有フォルダー）に設定した「部署」と「役職」属性を使用してアクセス制御を行う
- 部署属性が一致したユーザーには、読み取りのアクセスを許す
- 部署属性と役職属性の両方が一致したユーザーには、変更のアクセスも許す
- 属性が合致しないユーザーはアクセスを拒否する

■ ダイナミックアクセス制御の構成例

構成要素	名　前	設定の概要
要求の種類 （Claim Type）	部署 CT01	Active Directory の department 属性を使用して定義
	役職 CT01	Active Directory の title 属性を使用して定義
リソースプロパティ （Resource Property）	利用部署 RP01	ファイルサーバーの共有フォルダーの利用可能部署の宣言のために定義する。 「技術部」、「営業部」などの値を選択できるようにする
	編集可能役職 RP01	ファイルサーバーの共有フォルダーのファイルの編集などを実行できる役職の宣言のために定義する。 「セキュリティ担当」、「部長」、「課長」などの値を選択できるようにする
集約型アクセス規則 （Central Access Rule）	部署名合致時 CAR01	リソースプロパティである「利用部署 RP01」と「編集可能役職 RP01」の値が存在しているリソースをターゲットとする。ユーザーの「部署 CT01」と、リソースの「利用部署 RP01」が合致している場合は読み取りなどのアクセス許可を許す。 さらに、ユーザーの「役職 CT01」と、リソースの「編集可能役職 RP01」が合致している場合は変更のアクセス許可も許す
集約型アクセスポリシー （Central Access Policy）	部署名合致時 CAP01	グループポリシーを使用してドメインのサーバーに配布するために定義する。集約型アクセス規則である「部署名合致時 CAR01」をメンバーにする

> **重要!** ダイナミックアクセス制御は、従来の共有フォルダーアクセス許可やNTFSアクセス許可を打ち消すものではありません。例えば、ダイナミックアクセス制御のルールによってリソースへのアクセスが許可されても、NTFSアクセス許可によってアクセスが禁止されている場合は、そのリソースへはアクセスできません。そのため、共有フォルダーアクセス許可とNTFSアクセス許可を意識した設計を心掛ける必要があります。

02 ダイナミックアクセス制御の構築

ダイナミックアクセス制御の環境は、以下の5つの手順で構築します。

1. 準備
2. 構成
3. 公開
4. ファイルサーバーでの設定
5. 動作確認

02-01 準備

ダイナミックアクセス制御を構築するには、事前に以下の準備を行うことが必要です。

- Kerberosに関する設定
- オブジェクトの属性の設定
- ファイルサーバーのためのOU作成(オプション)

Kerberosに関する設定

ダイナミックアクセス制御を利用する際は、ドメインコントローラーのKerberosに関する設定を変更するために、最初に以下の2つのポリシーを変更します。

- ドメインコントローラーに適用されるGPO
- ドメインに適用されるGPO

●ドメインコントローラーに適用されるGPO

まずは、ドメインコントローラーに適用されるGPOから変更します。

GPMCを使用して[Default Domain Controller Policy]を展開し、**[コンピューターの構成]→[ポリシー]→[管理用テンプレート]→[システム]**を展開して次の手順を実行します。

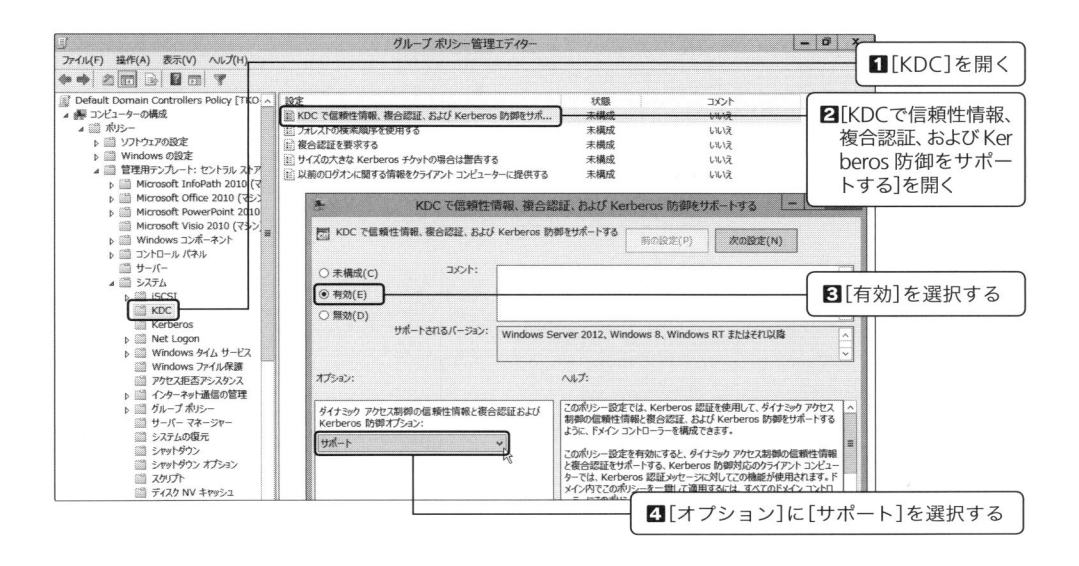

02 ダイナミックアクセス制御の構築

[スクリーンショット: グループポリシー管理エディターでKDCの設定を行う画面]

1. [KDC]を開く
2. [KDCで信頼性情報、複合認証、および Kerberos 防御をサポートする]を開く
3. [有効]を選択する
4. [オプション]に[サポート]を選択する

　上記のポリシーを有効にすると、Kerberos認証を使用してダイナミックアクセス制御の信頼性情報と複合認証、Kerberos防御を実行できるようになります。［オプション］に［サポート］を選択すると、ドメインコントローラーはこれら機能が利用できることをクライアントコンピューターにアドバタイズ（通知）するようになります。

●ドメインに適用される GPO

　続いて、ドメインに適用されるGPOを変更します。GPMCを使用して［Default Domain Policy］を展開し、**［コンピューターの構成］→［ポリシー］→［管理用テンプレート］→［システム］**を展開して以下の手順を実行します。

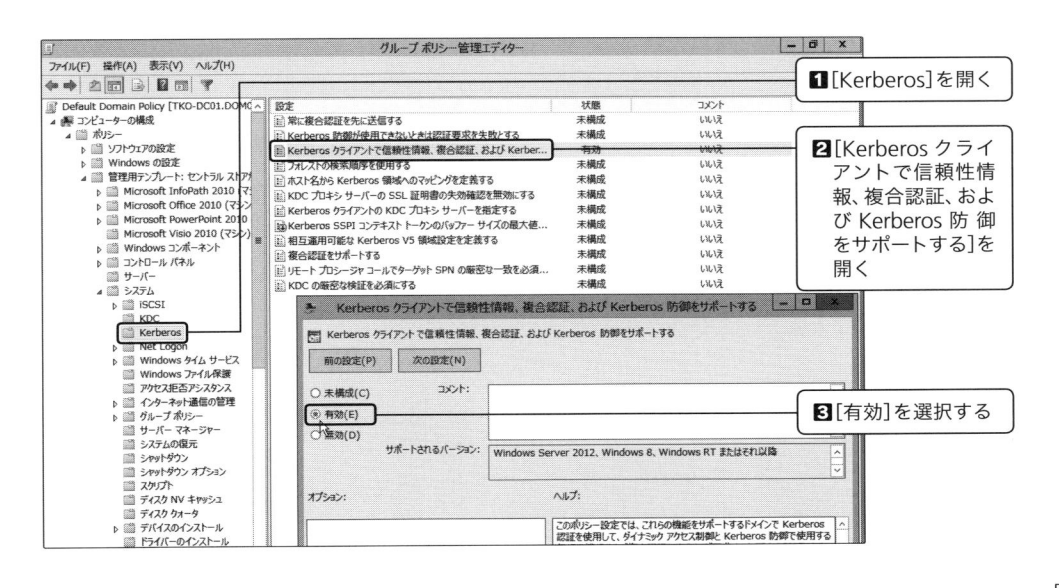

[スクリーンショット: グループポリシー管理エディターでKerberosの設定を行う画面]

1. [Kerberos]を開く
2. [Kerberos クライアントで信頼性情報、複合認証、および Kerberos 防御をサポートする]を開く
3. [有効]を選択する

上記のポリシーを有効にすると、クライアントコンピューターは信頼性情報を要求し、ダイナミックアクセス制御とKerberos防御が使用する情報をサーバーへ提供するようになります。

オブジェクトの属性の設定

［Active Directoryユーザーとコンピューター］や、［Active Directory管理センター］を使用して、ユーザーオブジェクトの各属性を設定します。

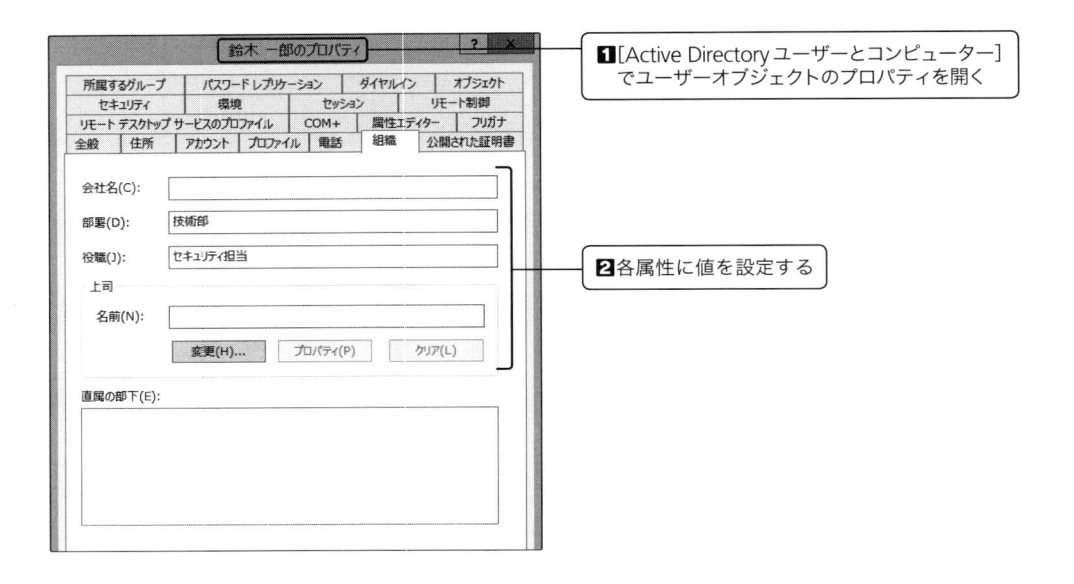

1 [Active Directory ユーザーとコンピューター]でユーザーオブジェクトのプロパティを開く

2 各属性に値を設定する

ファイルサーバーのためのOU作成（オプション）

ダイナミックアクセス制御に関する情報はグループポリシーを使用してファイルサーバーに展開されます。そのポリシーがファイルサーバーだけに展開されるように、個別のOUを作成しておくことをお勧めします。

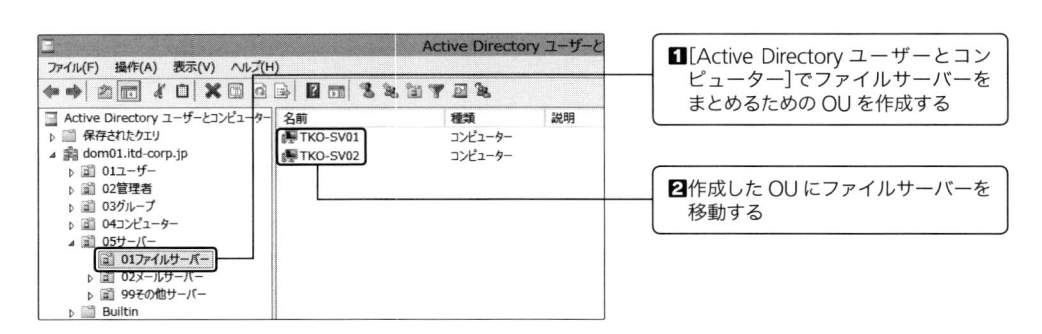

1 [Active Directory ユーザーとコンピューター]でファイルサーバーをまとめるためのOUを作成する

2 作成したOUにファイルサーバーを移動する

02-02 構成

[Active Directory管理センター]を使用して、ダイナミックアクセス制御の各種構成要素の設定を行います。

サーバーマネージャーから[Active Directory管理センター]を起動して、以下の手順を実行します。

要求の種類の作成

Active Directoryが持つ多数の属性情報のうち、どれを使用するかを定義します。

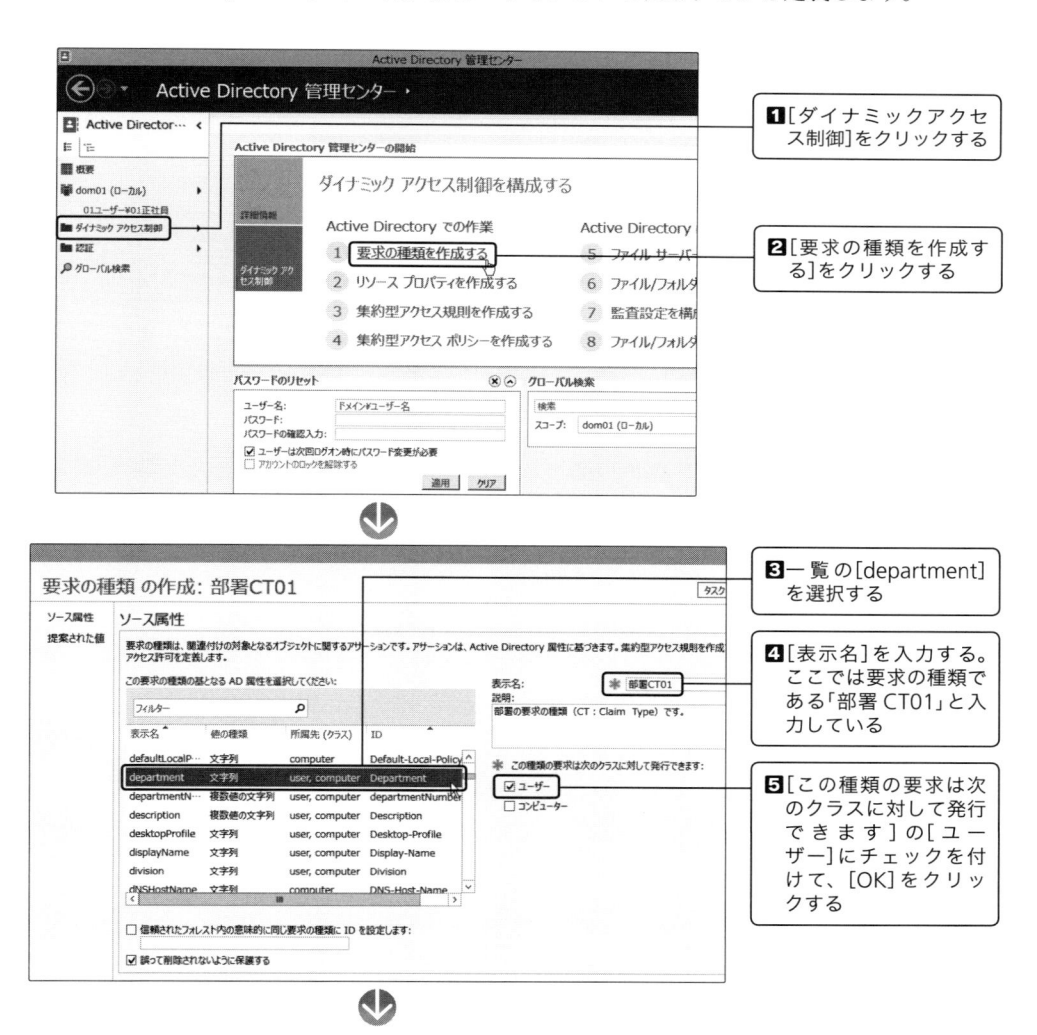

1 [ダイナミックアクセス制御]をクリックする

2 [要求の種類を作成する]をクリックする

3 一覧の[department]を選択する

4 [表示名]を入力する。ここでは要求の種類である「部署CT01」と入力している

5 [この種類の要求は次のクラスに対して発行できます]の[ユーザー]にチェックを付けて、[OK]をクリックする

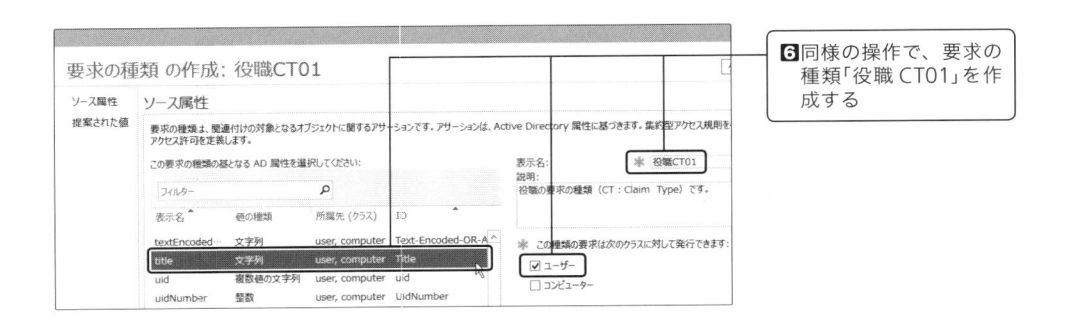

6 同様の操作で、要求の種類「役職CT01」を作成する

リソースプロパティの作成

ファイルサーバーなどのリソース側に追加する属性情報を定義します。

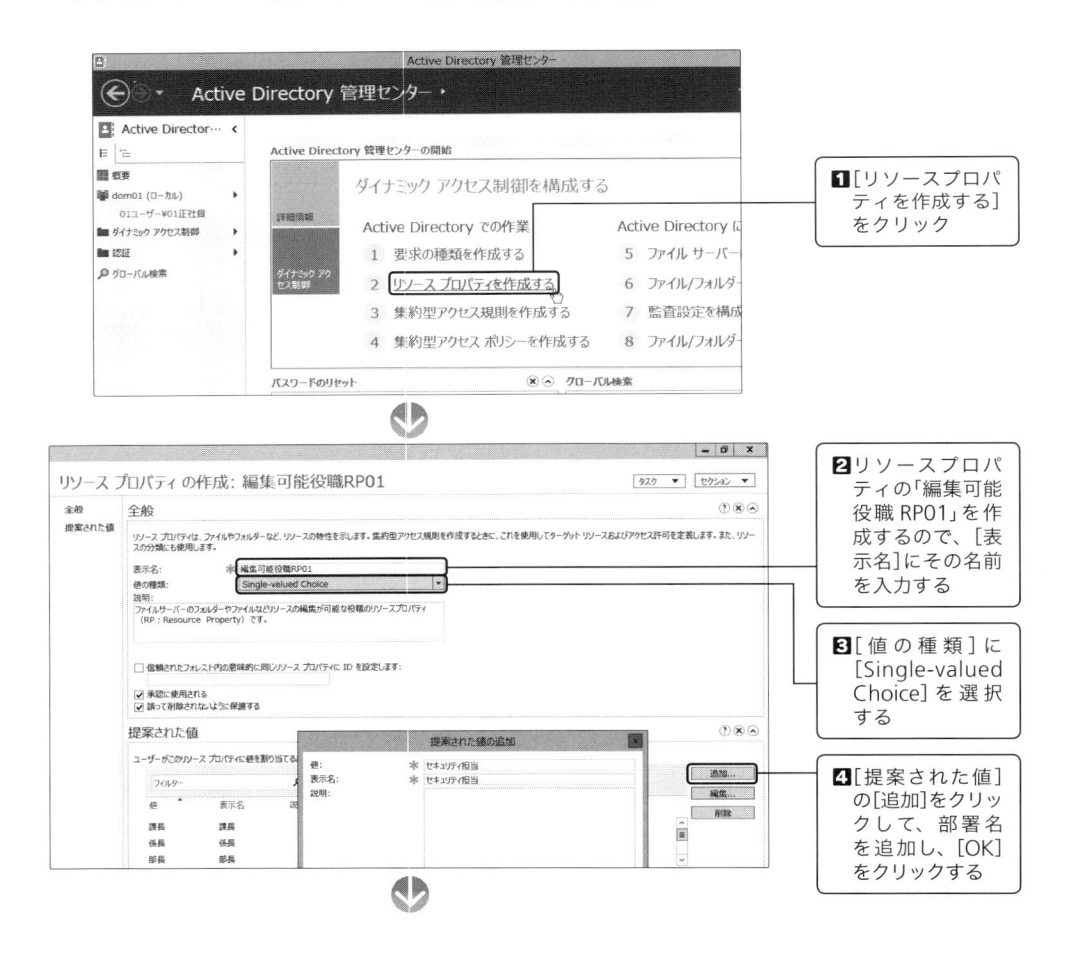

1 [リソースプロパティを作成する]をクリック

2 リソースプロパティの「編集可能役職RP01」を作成するので、[表示名]にその名前を入力する

3 [値の種類]に[Single-valued Choice]を選択する

4 [提案された値]の[追加]をクリックして、部署名を追加し、[OK]をクリックする

02 ダイナミックアクセス制御の構築

5 同様の操作で、リソースプロパティの「利用部署RP01」を作成する

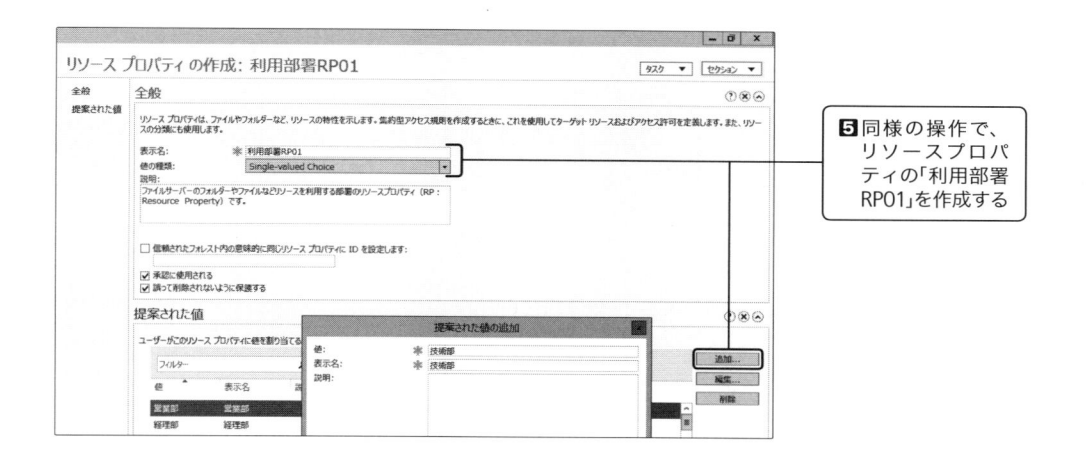

> **Tips** 作成したリソースプロパティは、[Active Directory管理センター]の左ペインで[ダイナミックアクセス制御]を開いて、[Resource Property Lists]→[Global Resource Property List]を開くと確認できます。

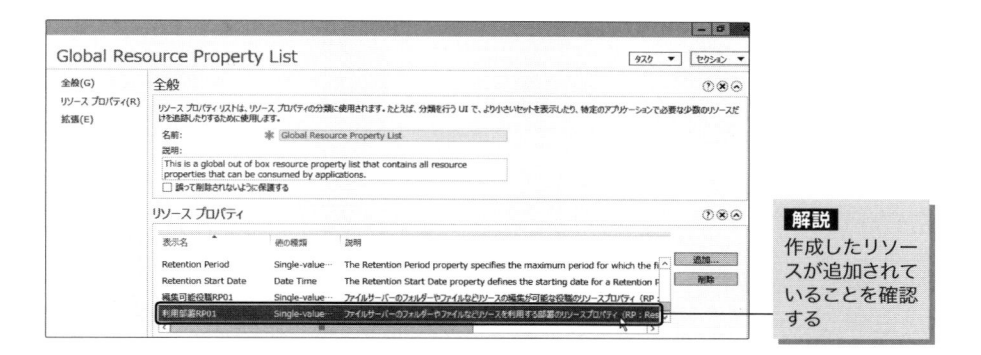

解説 作成したリソースが追加されていることを確認する

集約型アクセス規則の作成

　ダイナミックアクセス制御の中で最も重要な要素である**集約型アクセス規則**を作成し、属性情報を式で定義します。

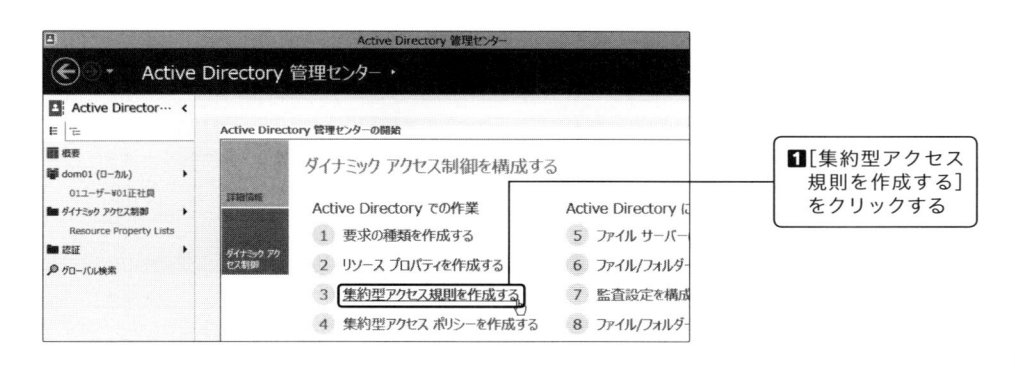

1 [集約型アクセス規則を作成する]をクリックする

593

Part 07 各種サーバーサービスの構築と管理

2 集約型アクセス規則の「部署名合致時CAR01」を作成するので、その名前を入力する

3 [ターゲットリソース]の[編集]をクリックする

4 [条件の追加]をクリックして、この規則のターゲットとするリソースを限定するための式を追加する

5 必要な式を追加したら[OK]をクリックする

> **Tips** ここでは、以下の2つの式をAND指定で追加しています。
> - [リソース]-[利用部署 RP01]-[次の値が存在する]
> - [リソース]-[編集可能役職 RP01]-[次の値が存在する]

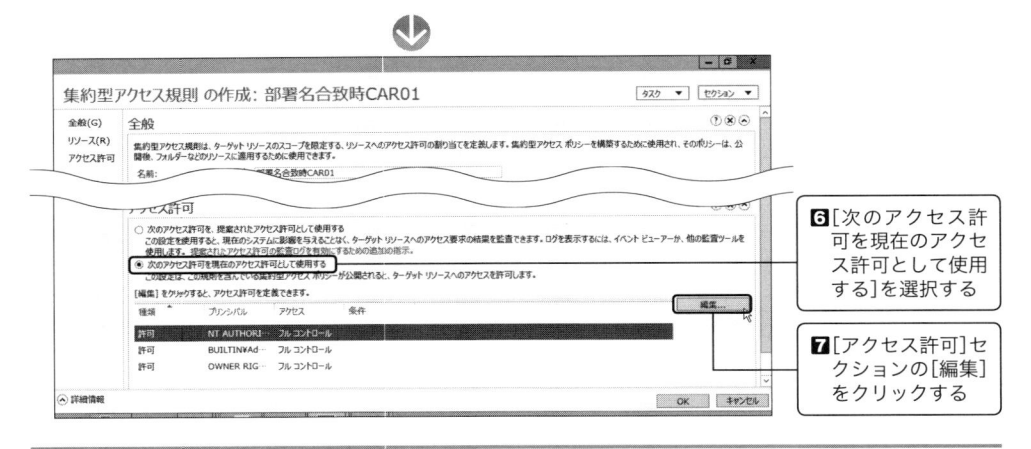

6 [次のアクセス許可を現在のアクセス許可として使用する]を選択する

7 [アクセス許可]セクションの[編集]をクリックする

> **Tips** [次のアクセス許可を、提案されたアクセス許可として使用する]を選択すると、ターゲットリソースへのアクセス要求の結果を監査するための規則を作成できます。

594

02 ダイナミックアクセス制御の構築

解説
[アクセス許可のセキュリティの詳細設定]が表示される

8 [追加]をクリックする

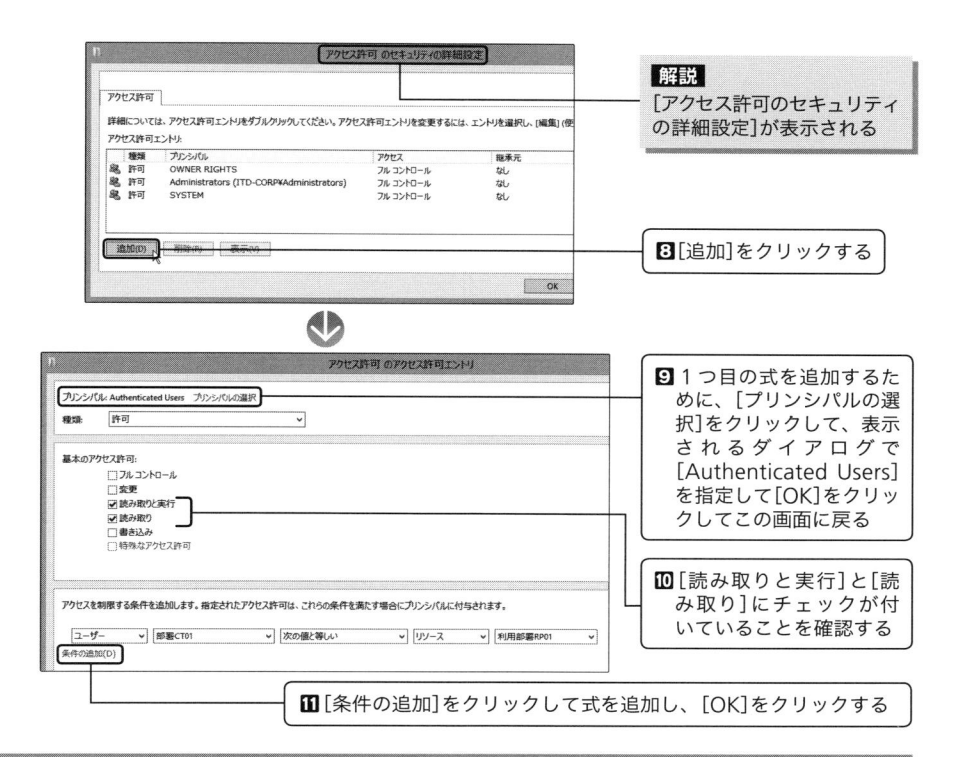

9 1つ目の式を追加するために、[プリンシパルの選択]をクリックして、表示されるダイアログで[Authenticated Users]を指定して[OK]をクリックしてこの画面に戻る

10 [読み取りと実行]と[読み取り]にチェックが付いていることを確認する

11 [条件の追加]をクリックして式を追加し、[OK]をクリックする

Tips ここでは、以下の式を追加しています。固定の文字列と比較する式を追加することも可能です。

- [ユーザー]-[部署 CT01]-[次の値と等しい]-[リソース]-[利用部署 RP01]

12 同様の操作で、2つ目の式を追加する。今回は[変更]にもチェックを付ける

Tips ここでは、以下の2つの式をAND指定で追加しています。

- [ユーザー]-[部署 CT01]-[次の値と等しい]-[リソース]-[利用部署 RP01]
- [ユーザー]-[役職 CT01]-[次の値と等しい]-[リソース]-[編集可能役職 RP01]

Part 07 各種サーバーサービスの構築と管理

⓭ [アクセス許可のセキュリティの詳細設定]画面で、追加した2つの[アクセス許可エントリ]が表示されていることを確認し、[OK]をクリックする

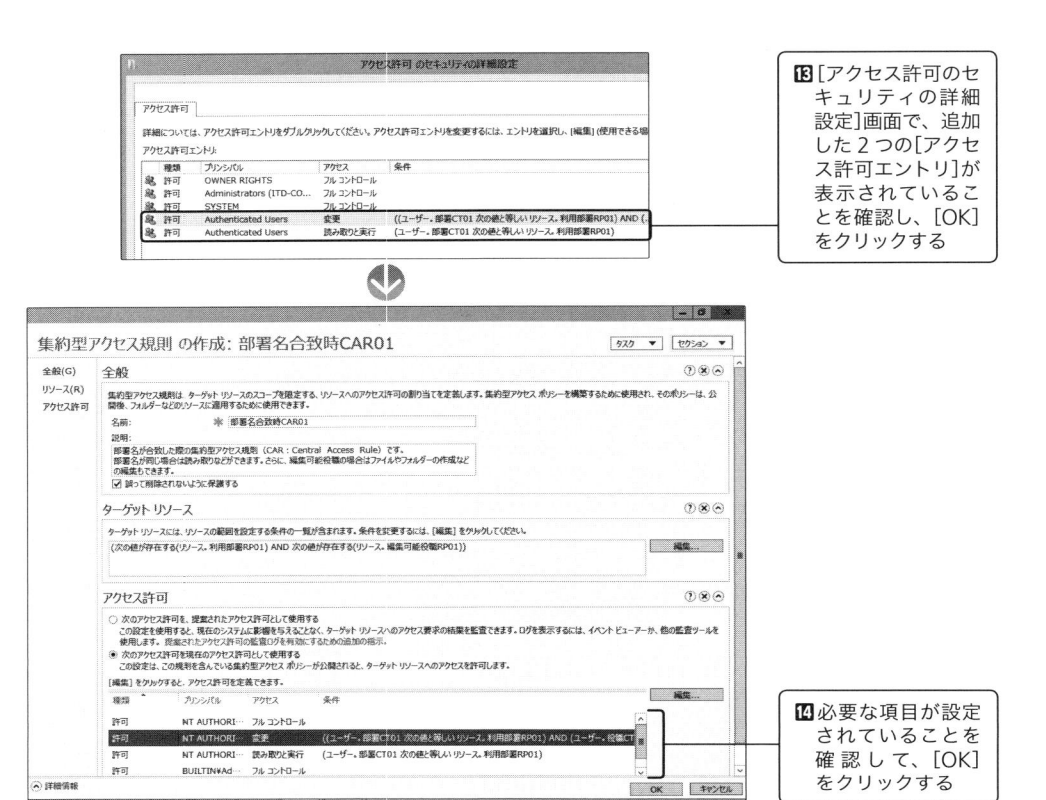

⓮ 必要な項目が設定されていることを確認して、[OK]をクリックする

集約型アクセスポリシーの作成

集約型アクセス規則をまとめた「**集約型アクセスポリシー**」を定義します。

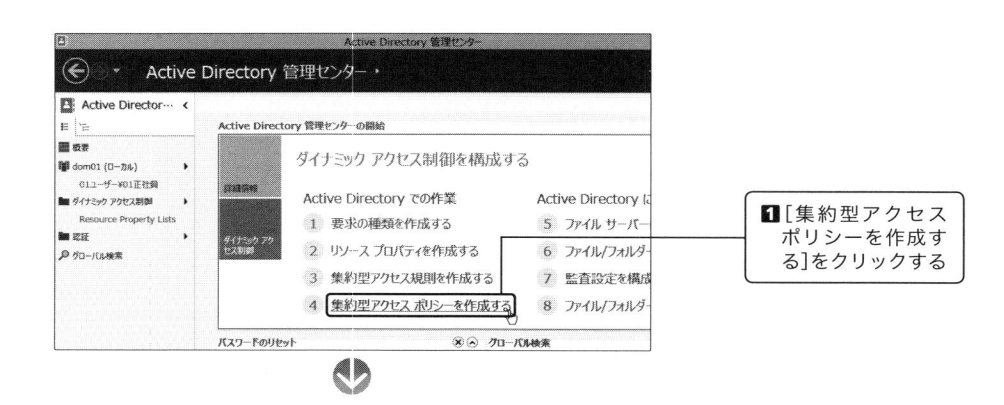

❶ [集約型アクセスポリシーを作成する]をクリックする

596

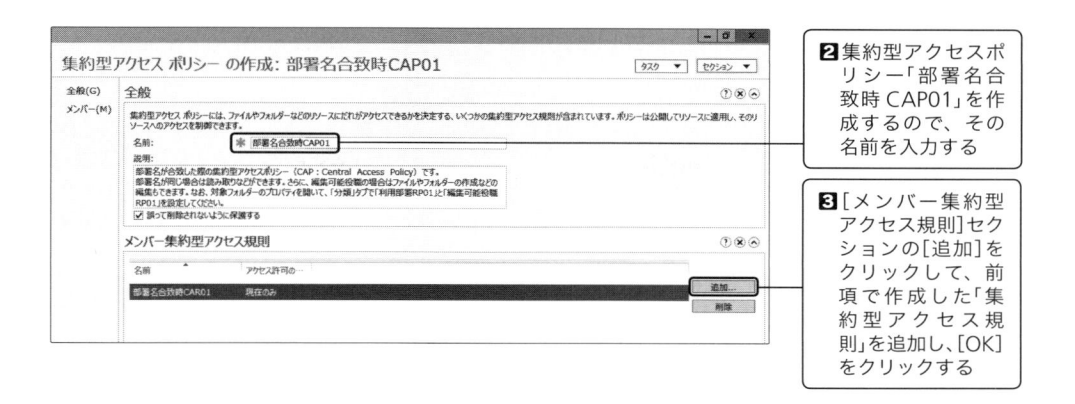

2 集約型アクセスポリシー「部署名合致時CAP01」を作成するので、その名前を入力する

3 [メンバー集約型アクセス規則]セクションの[追加]をクリックして、前項で作成した「集約型アクセス規則」を追加し、[OK]をクリックする

> **Tips** 作成したダイナミックアクセス制御のための各種設定は、[Active Directory管理センター]の左ペインで[ダイナミックアクセス制御]を開くと編集できます。

02-03 公開

グループポリシーを使用して、作成した「**集約型アクセスポリシー**」をファイルサーバーに公開します。GPMCを起動してファイルサーバーをまとめたOUを開き、[**コンピューターの構成**] → [**ポリシー**] → [**Windowsの設定**] → [**セキュリティの設定**] → [**ファイルシステム**] を展開して以下の手順を実行します。

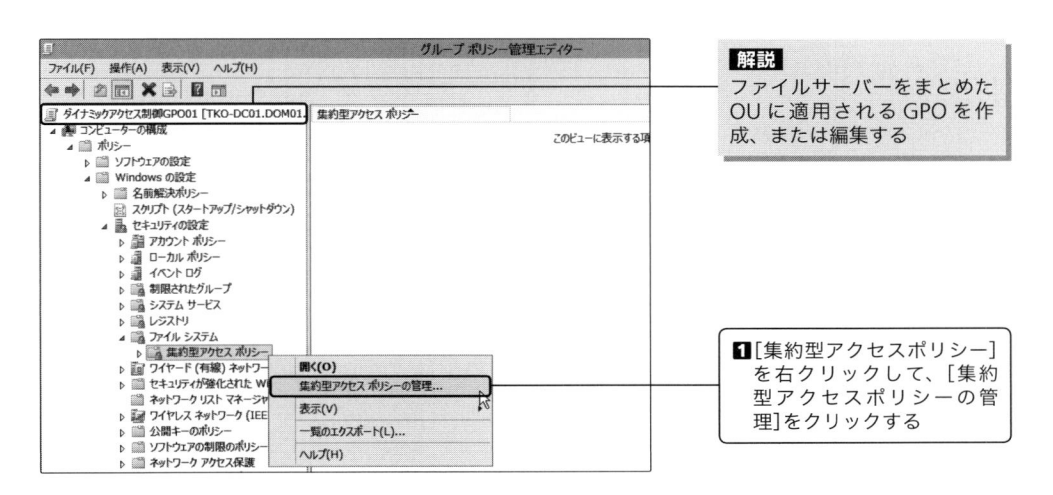

解説 ファイルサーバーをまとめたOUに適用されるGPOを作成、または編集する

1 [集約型アクセスポリシー]を右クリックして、[集約型アクセスポリシーの管理]をクリックする

> **Tips** ファイルサーバーをまとめるためのOUを用意していない場合は、作成したGPOの[セキュリティフィルター]を定義して、ファイルサーバーのコンピューターアカウントや、それらをまとめたグループだけに適用されるようにしてください。

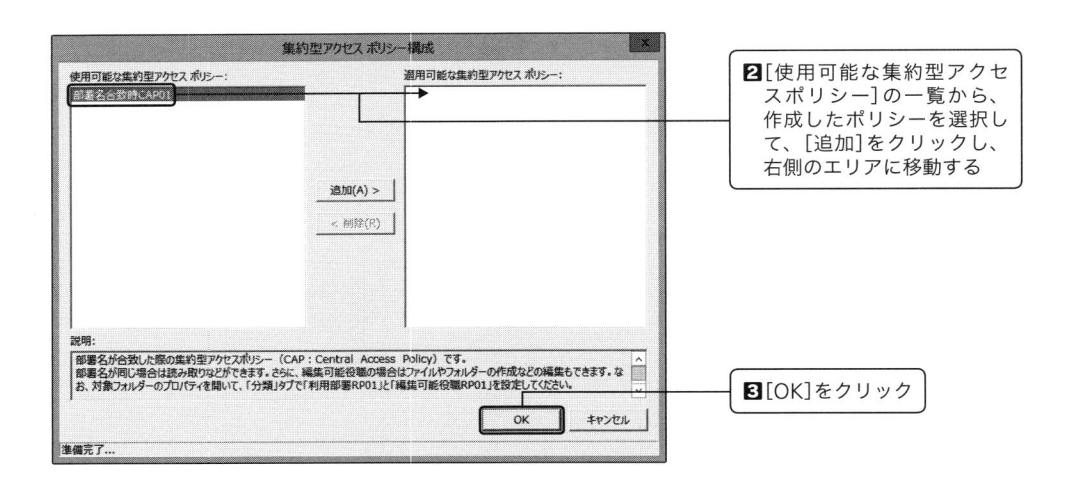

2 [使用可能な集約型アクセスポリシー]の一覧から、作成したポリシーを選択して、[追加]をクリックし、右側のエリアに移動する

3 [OK]をクリック

> **Tips** ダイナミックアクセス制御の監査機能を利用する際は、[コンピューターの構成]→[ポリシー]→[Windowsの設定]→[セキュリティの設定]→[監査ポリシーの詳細な構成]→[監査ポリシー]を選択して以下の手順を実行します。

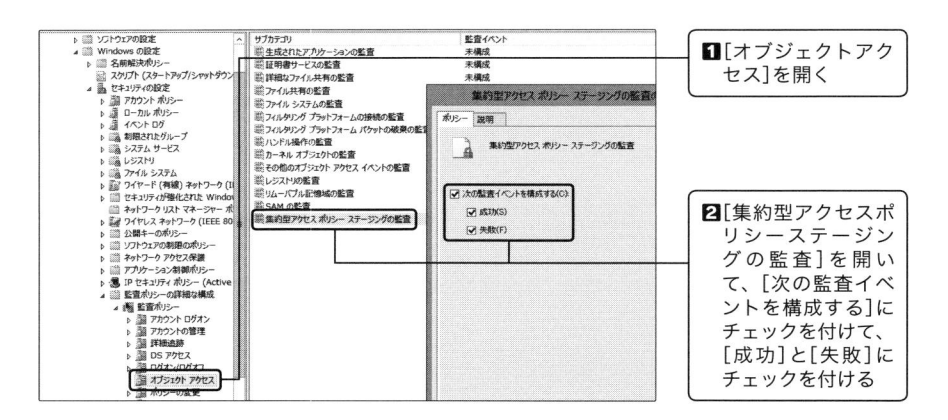

1 [オブジェクトアクセス]を開く

2 [集約型アクセスポリシーステージングの監査]を開いて、[次の監査イベントを構成する]にチェックを付けて、[成功]と[失敗]にチェックを付ける

02-04 ファイルサーバーでの設定

　ここからは、リソースを提供するファイルサーバー側での操作方法について解説します。[ファイルサーバー]と[ファイルサーバーリソースマネージャー]の役割がインストールされたWindows Server 2012以降のサーバーで操作します。

> **Tips** [ファイルサーバー]と[ファイルサーバーリソースマネージャー]の役割のインストール方法や、操作方法については「Chapter 27 ファイルサーバーの構築と管理」(⇒P.542)を参照してください。

共有フォルダーの作成

[新しい共有ウィザード]を使用して、共有フォルダーを作成します。サーバーマネージャーで[ファイルサービスと記憶域]→[共有]を開き、以下の手順を実行します。

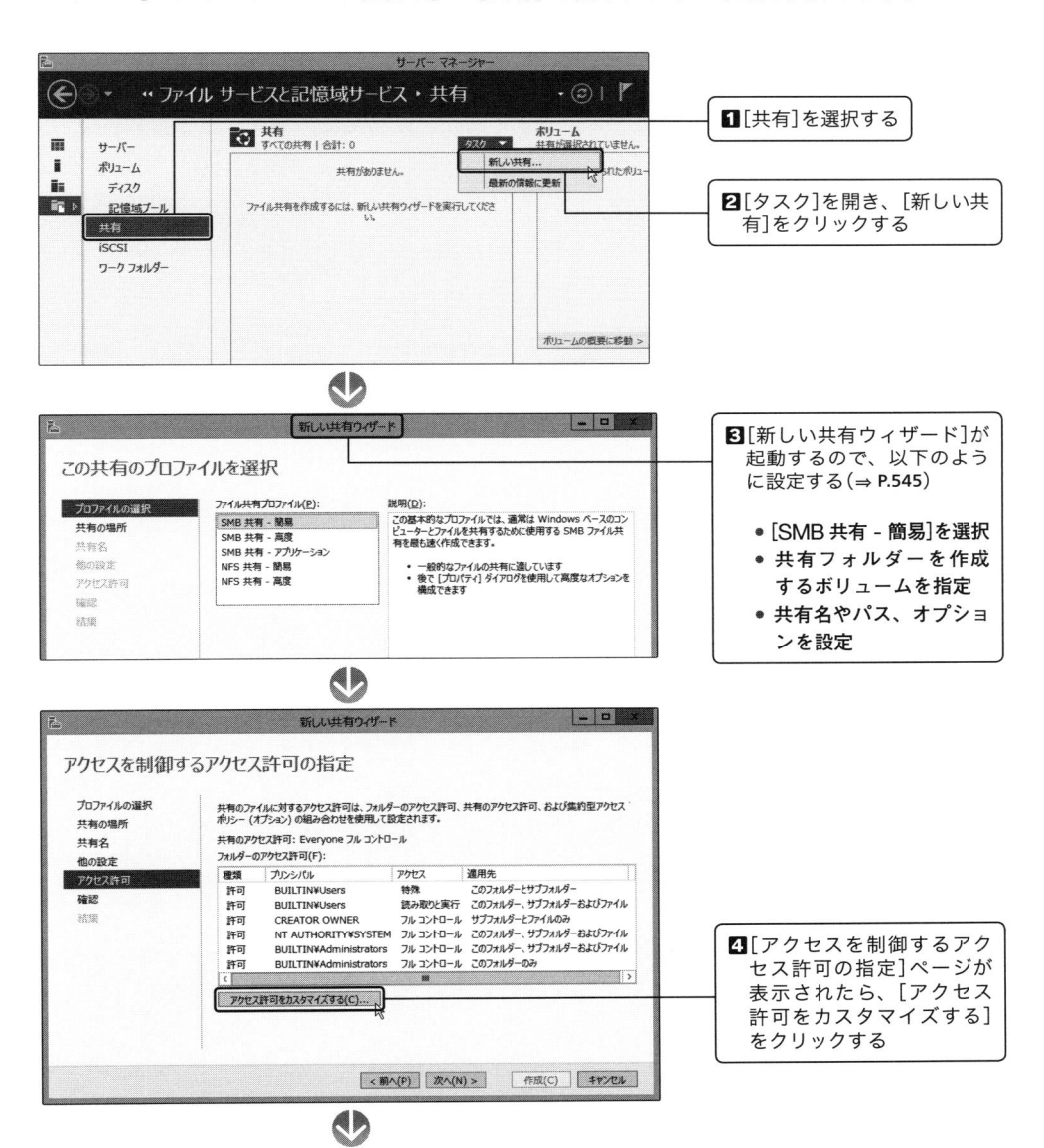

1 [共有]を選択する

2 [タスク]を開き、[新しい共有]をクリックする

3 [新しい共有ウィザード]が起動するので、以下のように設定する(⇒ P.545)

- [SMB 共有 - 簡易]を選択
- 共有フォルダーを作成するボリュームを指定
- 共有名やパス、オプションを設定

4 [アクセスを制御するアクセス許可の指定]ページが表示されたら、[アクセス許可をカスタマイズする]をクリックする

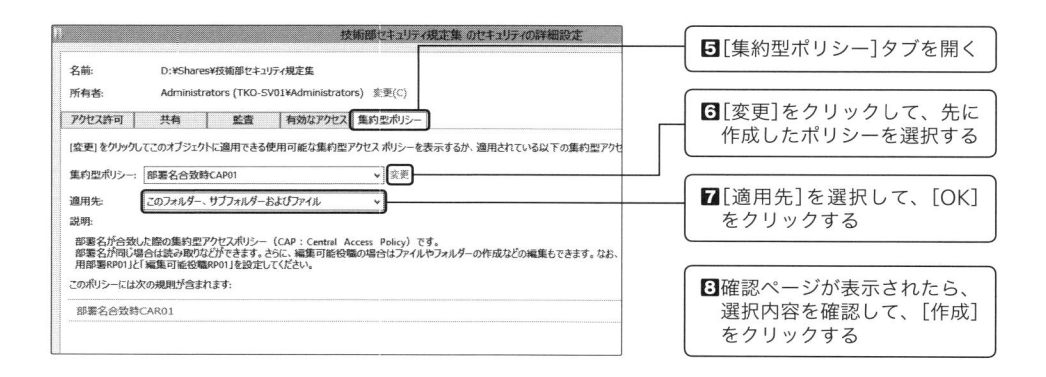

Part 07 各種サーバーサービスの構築と管理

5 [集約型ポリシー]タブを開く

6 [変更]をクリックして、先に作成したポリシーを選択する

7 [適用先]を選択して、[OK]をクリックする

8 確認ページが表示されたら、選択内容を確認して、[作成]をクリックする

> **Tips** [このポリシーには次の規則が含まれます]の規則をクリックすると、規則の適用先やアクセス許可エントリなどの詳細を確認できます。

リソースプロパティの設定

Windowsエクスプローラーで共有フォルダーとして指定したフォルダーのプロパティを開き、[分類]タブでリソースプロパティを設定します。

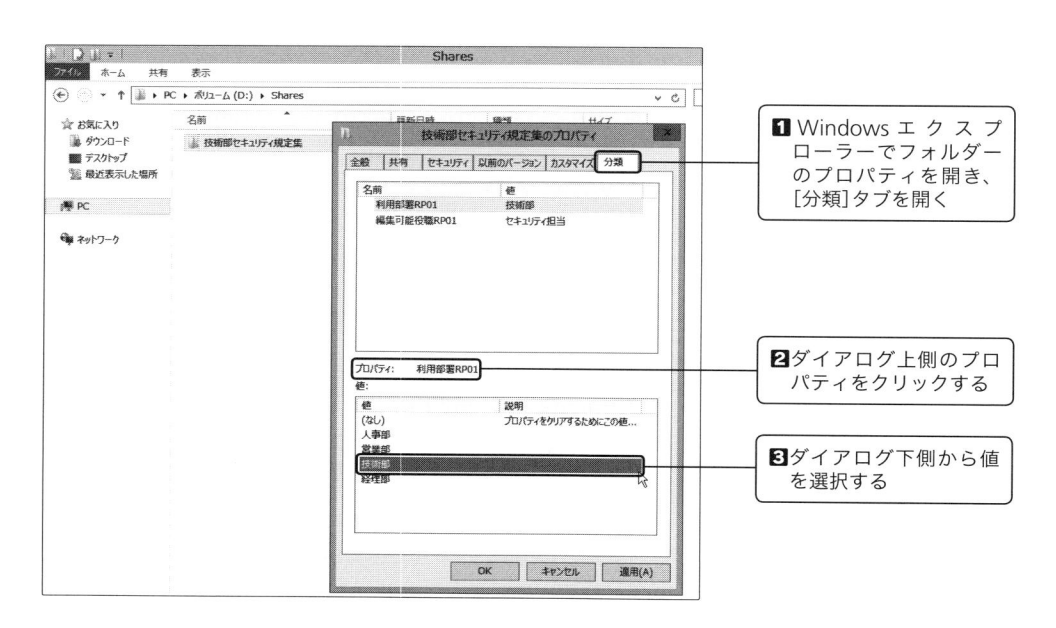

1 Windowsエクスプローラーでフォルダーのプロパティを開き、[分類]タブを開く

2 ダイアログ上側のプロパティをクリックする

3 ダイアログ下側から値を選択する

> **Tips** 本書の例では、ユーザーオブジェクトの[部署]属性に「技術部」が設定されているユーザーだけがこのフォルダーにアクセスできるようになります。また、[役職]属性に「セキュリティ担当」が設定されているユーザーは、変更なども実行可能です。

> **Tips** 本書の例ではフォルダーのリソースプロパティを手作業で設定しています。［ファイルサーバーリソースマネージャー］の分類規則機能を使用して指定した文字列を含むファイルを検出させて、自動的にリソースプロパティを設定することもできます。

> **重要！** ダイナミックアクセス制御を利用すると、ファイルサーバーの管理者はフォルダーの共有やポリシーの選択、リソースプロパティの設定のみ行うことになります。従来のファイルサーバーのような、ファイルサーバー管理者がグループや権限などをあれこれ指定する必要はありません。

02-05 動作確認

　ここまでの操作でダイナミックアクセス制御による共有フォルダーの作成は完了しました。最後に動作確認を行います。動作確認は実際にクライアントPCからログオンして、想定したようなアクセス制御ができているかを確認します。

　また、対象フォルダーの［セキュリティの詳細設定］を開いて、［有効なアクセス］タブで動作を確認することもできます。この機能を利用すると、アクセスができない理由を特定できます。

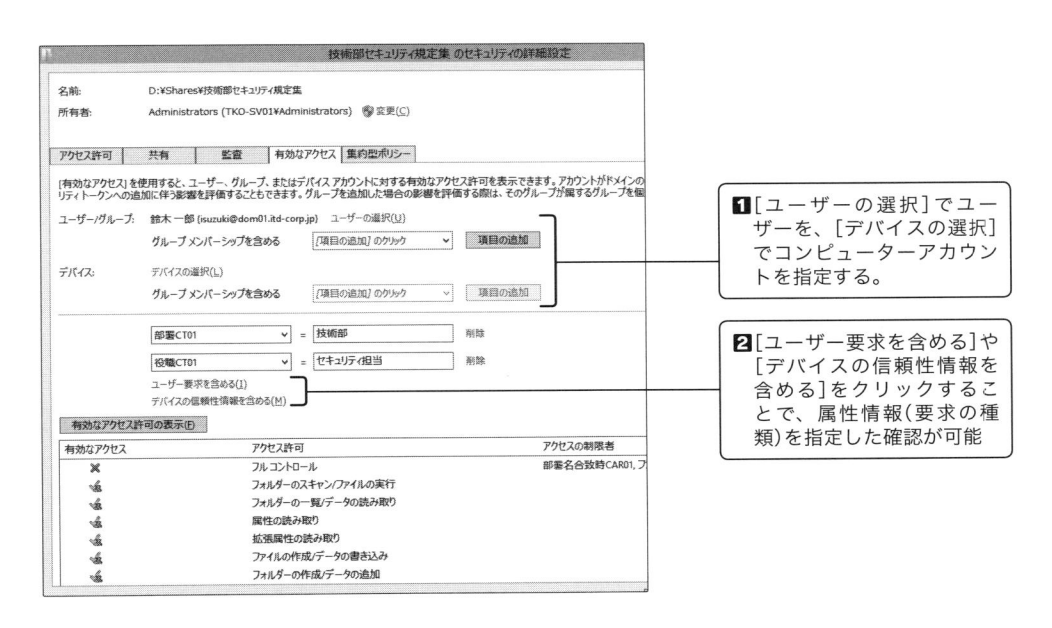

❶［ユーザーの選択］でユーザーを、［デバイスの選択］でコンピューターアカウントを指定する。

❷［ユーザー要求を含める］や［デバイスの信頼性情報を含める］をクリックすることで、属性情報（要求の種類）を指定した確認が可能

Chapter 29 iSCSIによるストレージエリアネットワークの構築

本章では、Windows Server 2012で標準装備され、Windows Server 2012 R2で機能強化された「iSCSIターゲット」を使用して、SAN（ストレージエリアネットワーク）環境を構築する方法について解説します。

01 iSCSIの概要

ネットワークを介してストレージにアクセスする方法には、**NAS**（Network Attached Storage）と**SAN**（Storage Area Network）の2種類があります。

●NAS (Network Attached Storage)

NASは、ストレージとファイルの共有機能に特化したコンピューターを、サーバー（ファイルサーバー専用機）として用いる技術であり、**ネットワークに接続するだけで利用できる**といった特徴があります。共有フォルダーには複数のコンピューターから同時にアクセスできます。

ただし、そのアクセスはあくまでも**ファイルレベルでのアクセス**となるため、サーバーアプリケーションの多くは、プログラムのインストール先やデータの保存先としては利用できないといった制約もあります。

●SAN (Storage Area Network)

対するSANは、専用ネットワークを介した**ブロックレベルでのアクセス**を実現するストレージ機能です。専用ネットワークを要するためコスト高になる可能性があり、またストレージの塊から切り出した領域である「**LUN**（Logical Unit Number）」は、基本的にはクライアントとなるコンピューターごとに用意する必要があるなど、NASにはない制約や課題がありますが、以下のような大きな優位点があります。

- LUNにはブロックレベルでアクセスするため、クライアントとなるコンピューターのローカルドライブのように見せることができる
- サーバーアプリケーションのプログラムのインストール先やデータの保存先として利用できる

SANはフェールオーバークラスター環境を構築する際にも必要となる、重要なテクノロジーの1つです。

■ NAS と SAN の違い

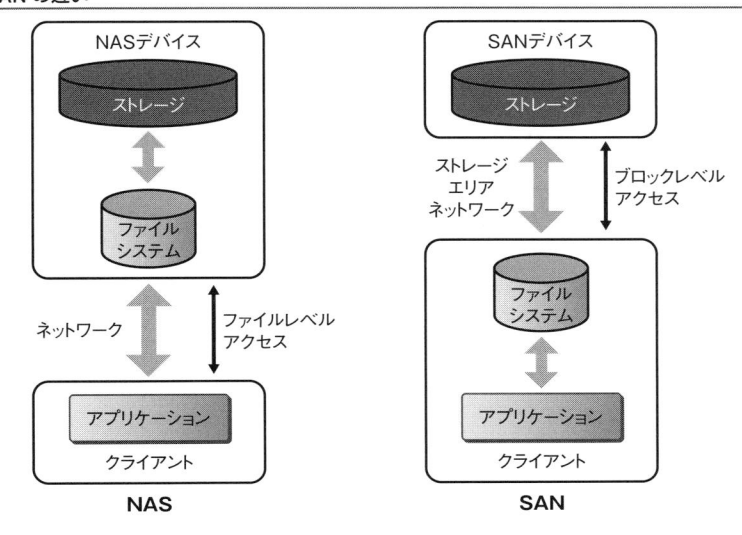

01-01 SANの種類とiSCSI機能

SANは大別すると以下の2種類に分類できます。

- ファイバーチャネルベースの「FC-SAN」
- IPベースの「IP-SAN」

FC-SANは高いパフォーマンスを有しますが、専用デバイスを要することから、よりコストがかかり、さらに高い構築・運用スキルを要するといった課題もあります。

対する**IP-SAN**は、一般のIPネットワークを利用できるため、比較的安価に、そして容易に導入できます。

Windows Server 2012 R2には、IP-SANである**iSCSI**(Internet Small Computer System Interface)のサーバー機能とクライアント機能が標準で搭載されているため、容易にSAN環境を構築できます。ストレージには**仮想ハードディスク**(VHDファイル)を使用します。

なお、iSCSIではサーバー機能のことを「**iSCSIターゲット**」、クライアント機能のことを「**iSCSIイニシエーター**」と呼びます。これらの用語についてはここで覚えておいてください。

02 iSCSIターゲットの構築

本書では、次の図のようなiSCSI専用のSANを想定して、その環境を構築・設定する方法を解説します。

なお、iSCSIによるSAN環境を構築する際は、専用ネットワークを用意して、より高速かつiSCSIに最適化されたネットワークデバイスで接続することが理想です。

■ iSCSI環境の構成例

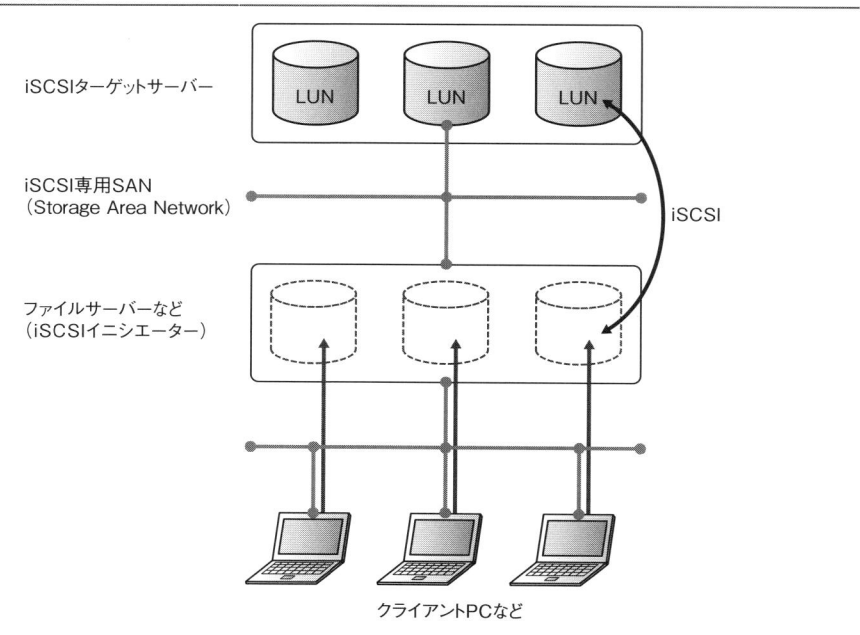

02-01 iSCSIターゲットの「役割」のインストール

Windows Server 2012 R2コンピューターに、iSCSIターゲットの役割をインストールします。管理者でサインインして、サーバーマネージャーから［役割と機能の追加ウィザード］（⇒P.52）を起動して、以下の手順を実行します。

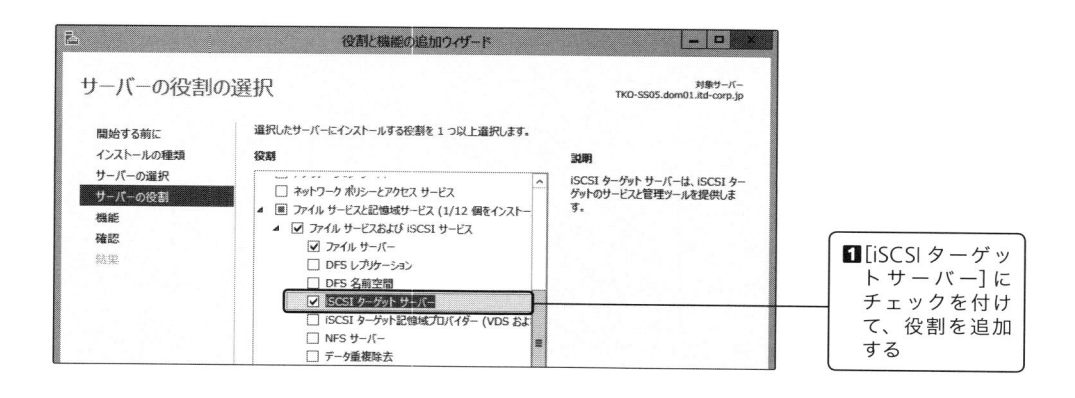

❶［iSCSI ターゲットサーバー］にチェックを付けて、役割を追加する

02-02 仮想ディスクとiSCSIターゲットの追加

続いて、仮想ディスクとiSCSIターゲットを追加します。サーバーマネージャーで［ファイルサービスと記憶域］→［iSCSI］を開いて、以下の手順を実行します。

1 ［iSCSI 仮想ディスク］セクション内のリンクをクリックする

2 ［新しいiSCSI仮想ディスクウィザード］が起動するので、［記憶域の場所］を指定して、［次へ］をクリックする

解説
本書の例では、［ボリュームで選択］を選択し、［D:］を選択している

Tips デフォルトでは、仮想ディスクは選択したボリュームの「￥iSCSIVirtualDisk」フォルダーに作成されます。

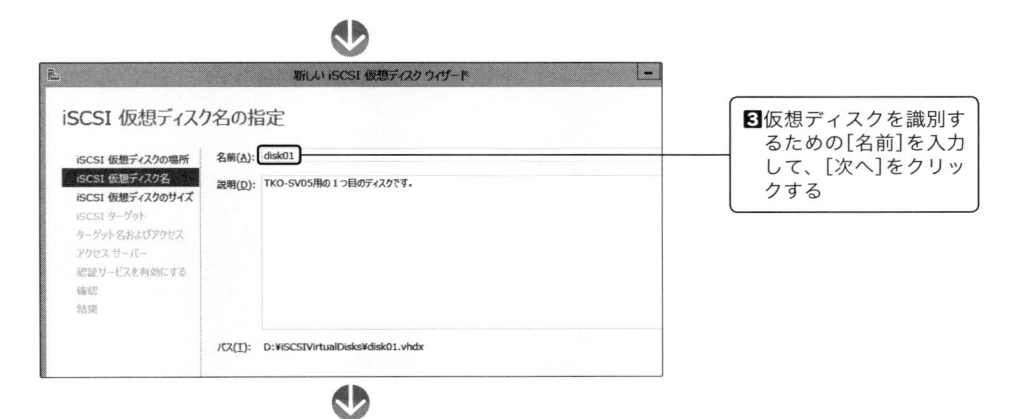

3 仮想ディスクを識別するための［名前］を入力して、［次へ］をクリックする

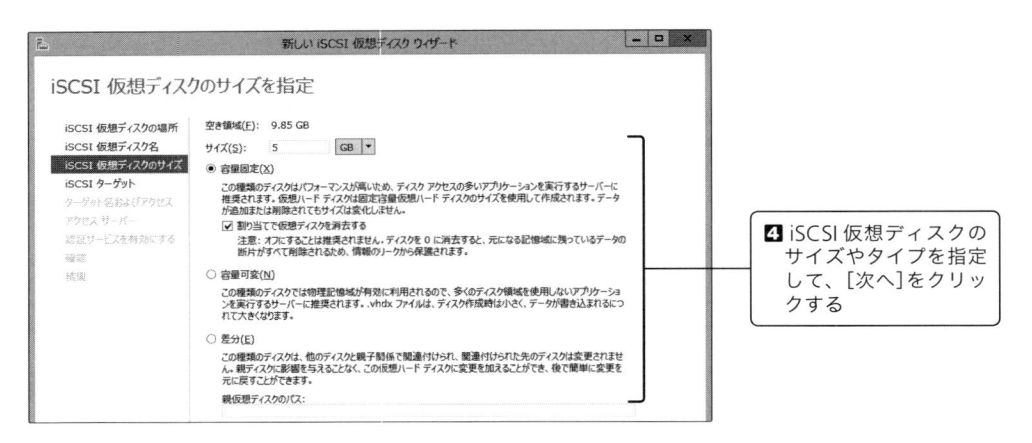

[画面: iSCSI 仮想ディスクのサイズを指定]

4 iSCSI 仮想ディスクのサイズやタイプを指定して、[次へ]をクリックする

■ iSCSI 仮想ディスクのタイプ

タイプ	説明
容量固定	仮想ハードディスクが**固定容量**で作成される。ディスクアクセスが多いアプリケーションを実行するサーバーでの利用が推奨される、パフォーマンスの高い仮想ディスク。[割り当てで仮想ディスクを消去する]を有効にすることを推奨
容量可変	仮想ハードディスクが**容量可変**で作成される。ディスクアクセスの少ないアプリケーションを実行するサーバーで使用するとディスクの有効利用が可能
差 分	仮想ハードディスクを**差分ディスク**として作成する。他の仮想ハードディスクを「親」とした、「子」の仮想ハードディスクとなる。例えば、SAN ブート環境のように同じイメージを多数のコンピューターで利用する場合などに有効

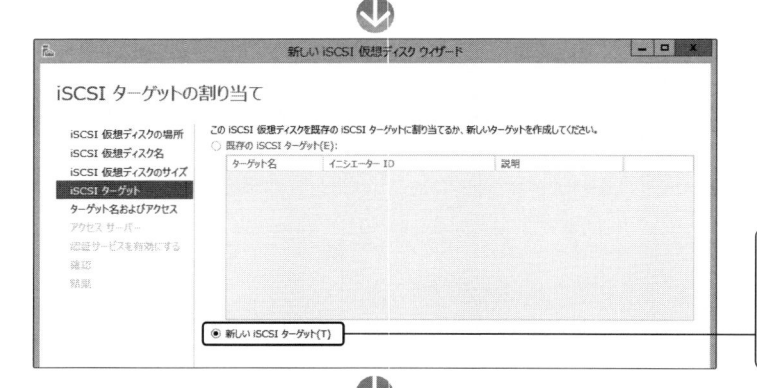

[画面: iSCSI ターゲットの割り当て]

5 iSCSI ターゲットの作成を行う。[新しい iSCSI ターゲット]を選択して、[次へ]をクリックする

[画面: ターゲット名の指定]

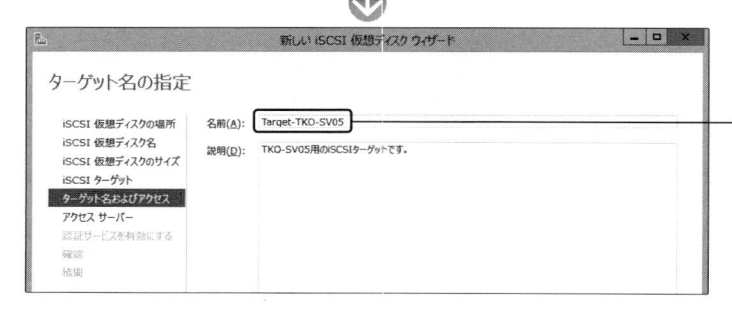

6 iSCSIターゲットの[名前]を入力して、[次へ]をクリックする

02 iSCSIターゲットの構築

7 この iSCSI ターゲットへのアクセスを許可する iSCSI イニシエーターを追加するので、[追加]をクリックする

8 イニシエーターを識別する方法を選択して、iSCSI イニシエーターを指定する

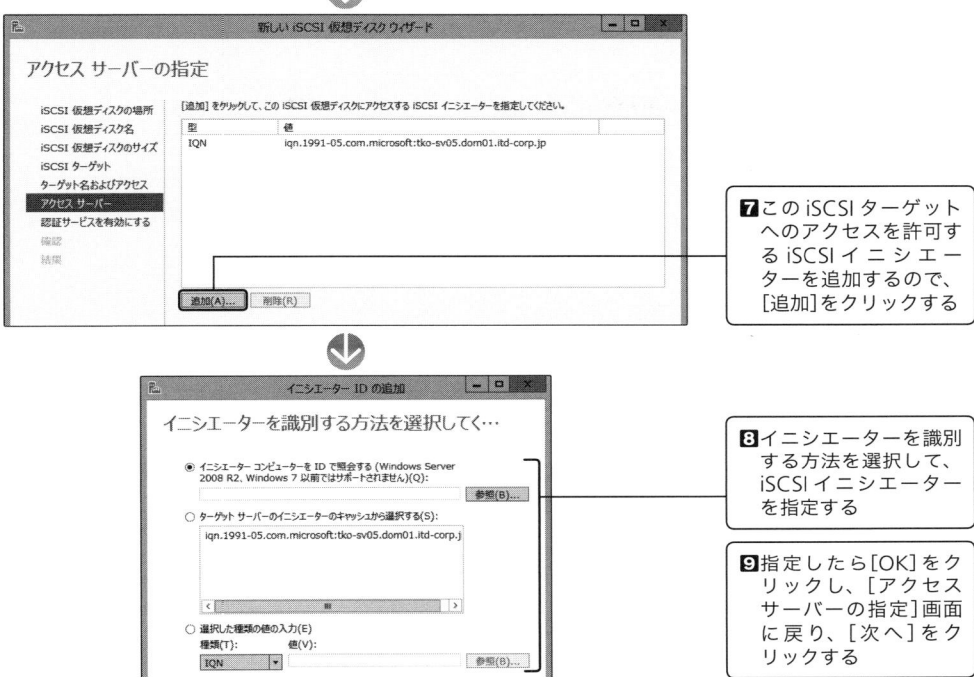

9 指定したら[OK]をクリックし、[アクセスサーバーの指定]画面に戻り、[次へ]をクリックする

■ iSCSI イニシエーターの指定方法

指定方法	説明
イニシエーターコンピューターを ID で照会する	Windows Server 2012 以降、Windows 8 以降であれば、コンピューター名などから指定できる
ターゲットサーバーのイニシエーターのキャッシュから選択する	先に iSCSI イニシエーター側から、仮でこの iSCSI ターゲットへ接続をしておくと、キャッシュから選択して指定できる
選択した種類の値の入力	IQN、DNS 名、IP アドレス、MAC アドレスのいずれかを指定して、その「値」を入力して指定できる

> **Tips** IQN (iSCSI Qualified Name) とは、クライアント側の [iSCSIイニシエーターのプロパティ] ダイアログの [構成] タブにある [イニシエーター名] です。

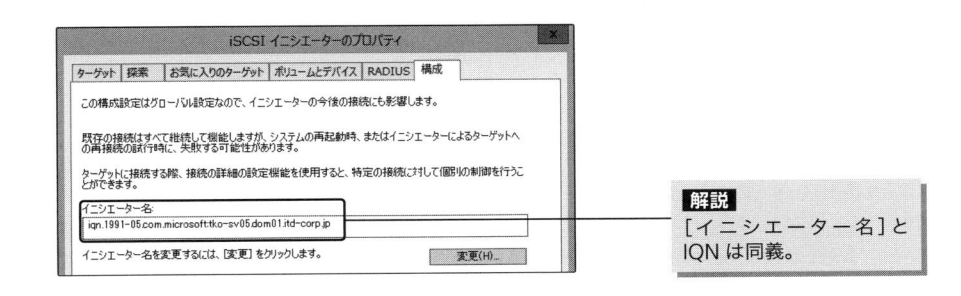

解説 [イニシエーター名]と IQN は同義。

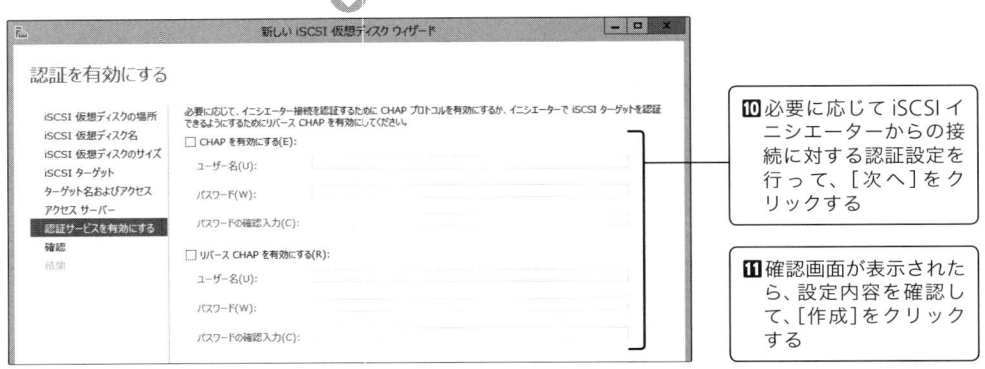

Part 07 各種サーバーサービスの構築と管理

10 必要に応じて iSCSI イニシエーターからの接続に対する認証設定を行って、[次へ]をクリックする

11 確認画面が表示されたら、設定内容を確認して、[作成]をクリックする

Tips CHAPとは、「チャレンジハンドシェイク認証プロトコル」という認証のためのプロトコルです。iSCSI イニシエーターとiSCSIターゲット間のセキュリティを向上させたい場合に双方で設定します。

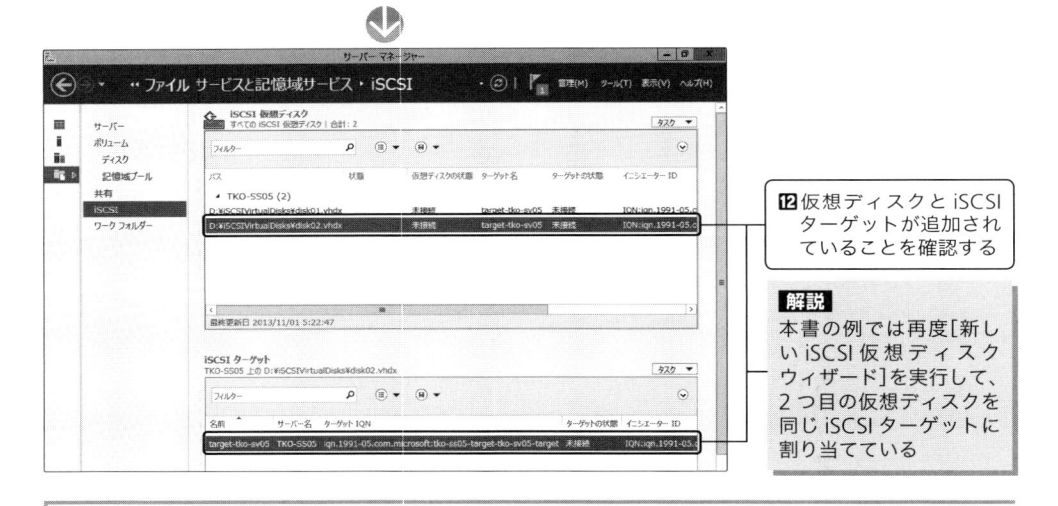

12 仮想ディスクと iSCSI ターゲットが追加されていることを確認する

解説
本書の例では再度[新しい iSCSI 仮想ディスク ウィザード]を実行して、2つ目の仮想ディスクを同じ iSCSI ターゲットに割り当てている

Tips iSCSIターゲットが使用するネットワークは限定できます。サーバーマネージャーで[ファイルサービスと記憶域]→[サーバー]を開き、[サーバー]セクションで対象サーバーを右クリックして[iSCSI ターゲット設定]を開きます。

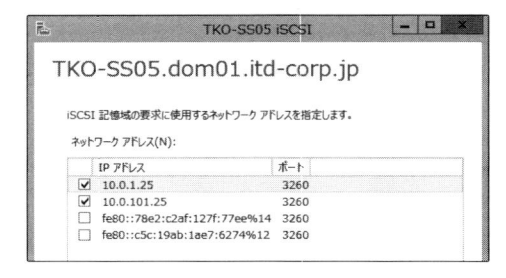

03 iSCSIイニシエーターの利用

iSCSIターゲットの準備が整ったら、次は別のコンピューターからiSCSIイニシエーターで接続を行います。

03-01 iSCSIイニシエーターの起動と接続

別のWindows Server 2012 R2コンピューターからiSCSIターゲットに接続するためのiSCSIイニシエーターの起動と接続設定を行います。

管理者でサインインして、サーバーマネージャーの[ツール]メニューから[iSCSIイニシエーター]を起動して、以下の手順を実行します。

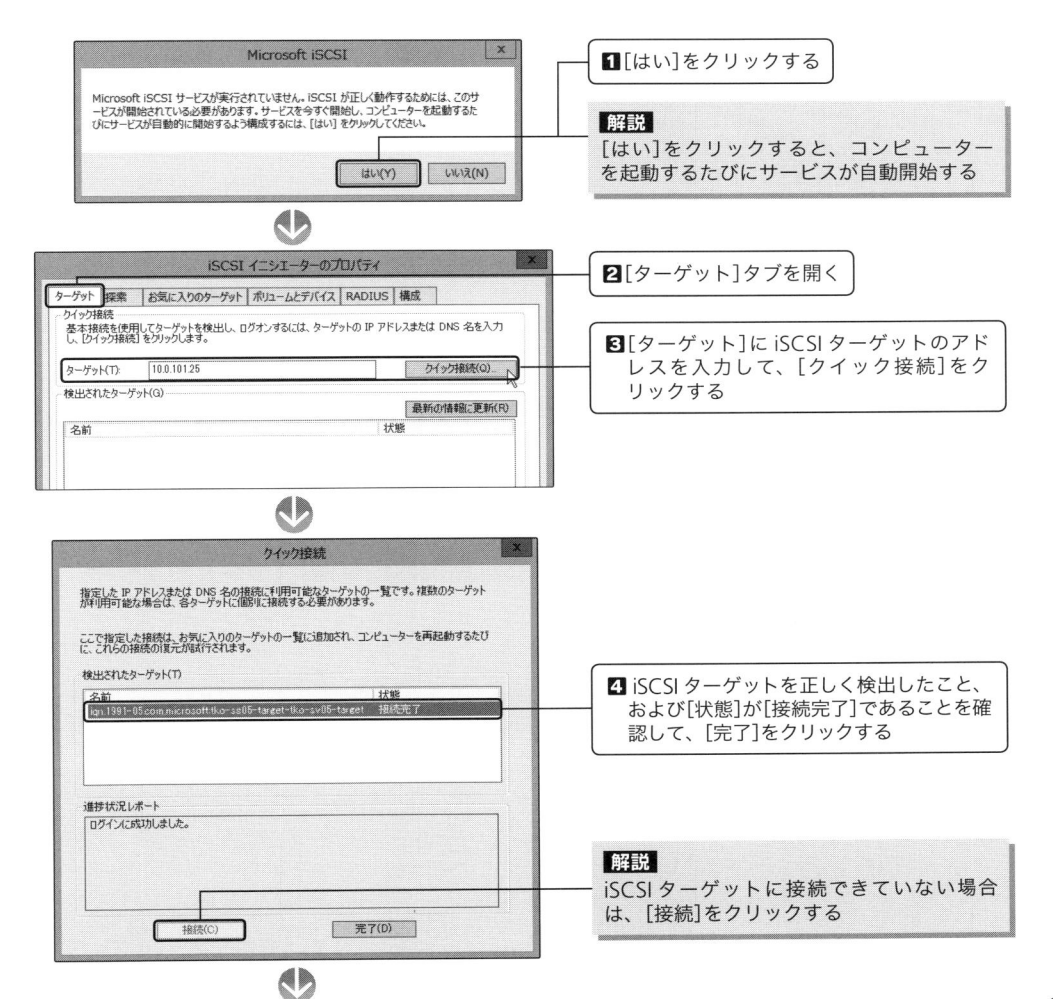

1 [はい]をクリックする

解説
[はい]をクリックすると、コンピューターを起動するたびにサービスが自動開始する

2 [ターゲット]タブを開く

3 [ターゲット]に iSCSI ターゲットのアドレスを入力して、[クイック接続]をクリックする

4 iSCSI ターゲットを正しく検出したこと、および[状態]が[接続完了]であることを確認して、[完了]をクリックする

解説
iSCSI ターゲットに接続できていない場合は、[接続]をクリックする

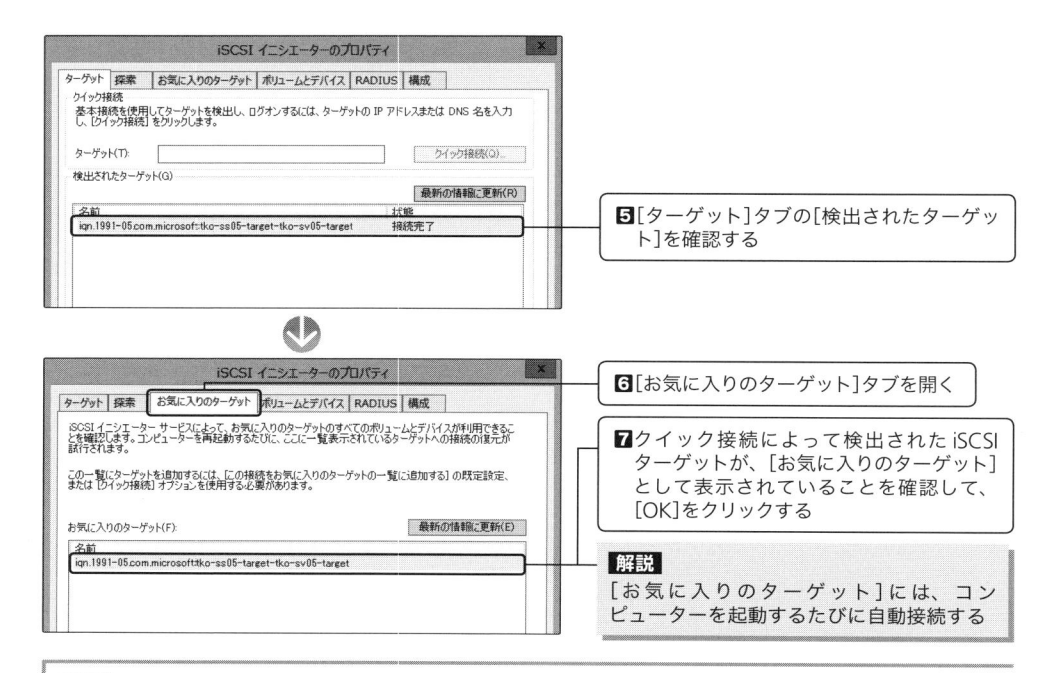

Part 07 各種サーバーサービスの構築と管理

5 [ターゲット]タブの[検出されたターゲット]を確認する

6 [お気に入りのターゲット]タブを開く

7 クイック接続によって検出されたiSCSIターゲットが、[お気に入りのターゲット]として表示されていることを確認して、[OK]をクリックする

解説
[お気に入りのターゲット]には、コンピューターを起動するたびに自動接続する

> **Tips** iSCSIターゲットの追加時に、「**CHAP**」の認証設定（⇒P.608）を行っている場合は、[構成]タブの[CHAP]をクリックして追加設定を行います。

03-02 ディスクの有効化とボリュームの作成

　iSCSIイニシエーターからiSCSIターゲットや仮想ディスクへ接続できたら、ローカルの物理ディスクと同様に、サーバーマネージャーや[コンピューターの管理]の[ディスクの管理]で、オンライン化や初期化を行ってボリュームを作成すると利用可能になります。

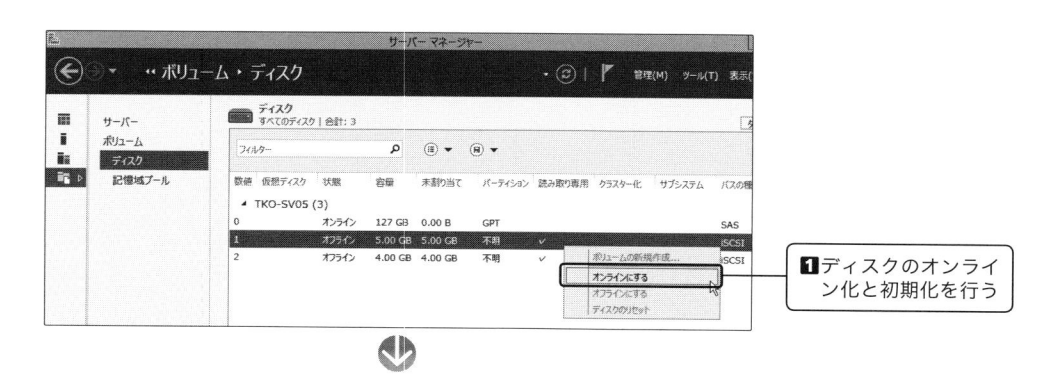

1 ディスクのオンライン化と初期化を行う

2 ボリュームを作成する

3 ボリュームを作成すると、iSCSIによって接続したディスクが、ローカルのディスクと同様に利用できるようになる

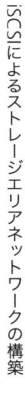

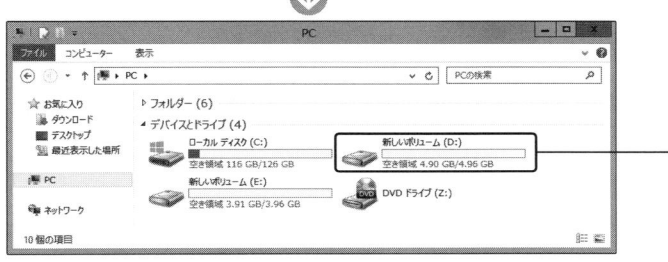

> **Column** iSCSI ターゲットの管理
>
> 　iSCSIターゲットの仮想ディスクは、iSCSIイニシエーターを使用してiSCSI接続しているクライアントコンピューターからは「ローカルディスク」と同等の扱いになります。そのため、iSCSIターゲットが不意にシャットダウンすると、クライアントコンピュータ側では一部のローカルディスクが突如切断状態になることと同義であるため、OSやアプリケーションの重大な障害につながる恐れがあります。iSCSIを利用する際は、このような事態にならないよう、iSCSIターゲットになっているWindows Server 2012 R2コンピューターの管理や運用には十分な注意が必要です。
> 　Windows Server 2012 R2では、フェールオーバークラスタリング機能を使用することで、iSCSIターゲットの可用性を高めることが可能です。
>
> **URL** iSCSI Target Block Storage, How To
> http://technet.microsoft.com/ja-jp/library/hh848268.aspx
>
> 　また、iSCSIに関わるシステムの起動や停止の順番にも注意が必要です。
> 　起動する際は、iSCSIターゲットになっているコンピューターが起動完了してから、iSCSIイニシエーターであるコンピューターを起動してください。
> 　一方で、停止する際は、iSCSIイニシエーターを先に停止してから、iSCSIターゲットを停止するようにしてください。

Chapter 30 Webサーバーと FTPサーバーの構築と管理

本章では、Windows Server 2012 R2に標準で搭載されている強力なWebサーバー「IIS 8.5」の構築方法や管理方法を解説します。また、ファイル転送のために古くから用いられているFTPサーバーについても解説します。

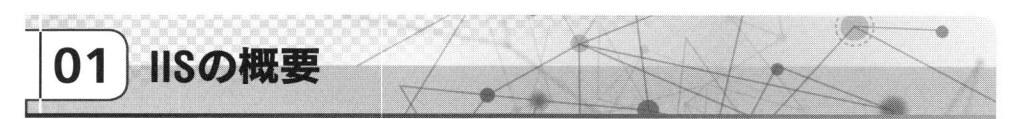

01 IISの概要

IIS(Internet Information Services)は、マイクロソフトが開発・提供しているWebサーバーです。Windows Server 2012 R2には**IIS 8.5**が搭載されています。

■ IIS 8.5 の特徴

特徴	説明
モジュール構造	40 を超える機能がモジュール化されており、必要なものだけを組み込むことができる
構成情報の共有	IIS の設定と ASP.NET の設定を 1 つの XML ファイルで管理でき、またこの構成情報を複数の IIS サーバーで共有できる
管理ツールの充実	高い管理性を実現する管理ツール(IIS マネージャーや APPCMD コマンドなど)が用意されている。Windows PowerShell コマンドレットも多数用意されている
診断機能の拡充	IIS サーバーの稼働状況や詳細なログを監視する機能が用意されている。システムの安定稼働やトラブル発生時のトラブルシューティングに有効

IIS 8.5は、Windows Server 2012に搭載されていた**IIS 8.0**をベースにしています。IIS8.0を旧バージョンと比較した際の特徴は下表の通りです。

■ IIS 8.0 を旧バージョンと比較した際の特徴

機能	説明
Centralized Certificates	サーバーファーム用の単一の SSL 証明書ストアを用意することで、SSL のバインドを簡素化
Dynamic IP Restrictions	指定した要求数を超過した IP アドレスのアクセスをブロックできる
FTP Logon Attempt Restrictions	ログインが失敗した場合に、指定の期間内に FTP アカウントに対して実行できるログインの回数を制限できる
Server Name Indication (SNI)	仮想ドメイン名またはホスト名を使用してネットワークエンドポイントを識別できるように SSL プロトコルと TSL プロトコルを拡張
Application Initialization	Web 管理者が Web アプリケーションを初期化するよう構成できる
NUMA-Aware Scalability	NUMA ハードウェアをサポート

IIS 8.5では、さらに下表の機能が追加されました。

■ IIS 8.5 の追加機能

機　能	説　明
Dynamic Website Activation	IIS の起動時の負荷を低減させるための機能。100（デフォルト値）を超える Web サイトを保持している際は、IIS のサービス起動時にはそれらをアクティブにはせず、最初のアクセスがあった際にアクティブ化する
Idle Worker Process Page-Out	アイドル状態のワーカープロセスを、終了せずに、中断させることが可能
Enhanced Logging for IIS 8.5	カスタムフィールドの追加が可能であるなど、ログ機能を強化
Logging to Event Tracing for Windows	ログを ETW (Event Tracing for Windows) に記録できる

02 IISのインストール

　Windows Server 2012 R2コンピューターにIISをインストールする方法を解説します。IISは40を超えるコンポーネントによって構成されていますが、インストール時に選択しない限り、不必要な機能は組み込まれません。

　管理者でサインインして、サーバーマネージャーから［役割と機能の追加ウィザード］（⇒P. 52）を起動し、以下の手順を実行します。

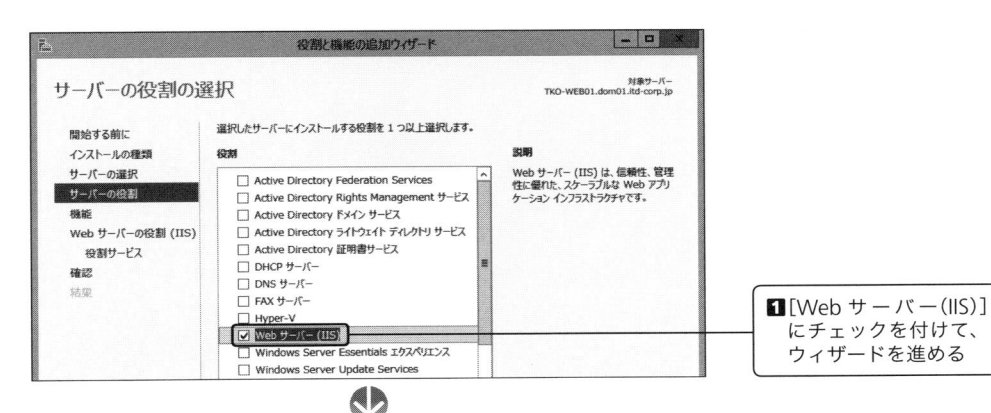

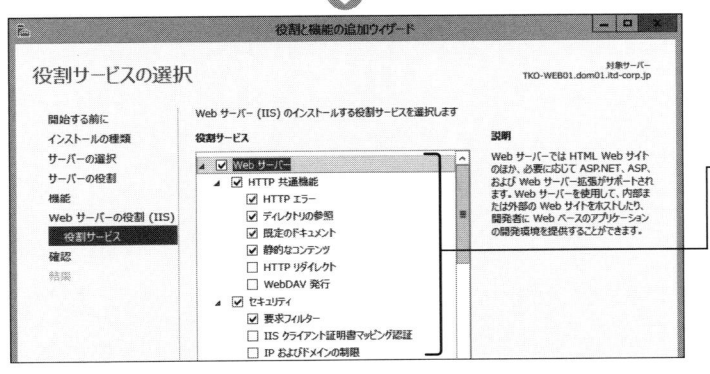

❶［Web サーバー(IIS)］にチェックを付けて、ウィザードを進める

❷ インストールする役割サービスを選択する

解説
デフォルトでは静的な HTML コンテンツ用の Web サーバー機能などが組み込まれる

■ IIS のコンポーネントの分類カテゴリー

カテゴリー	説　明
HTTP 共通機能	静的なコンテンツの配信などの基本的なコンポーネントが含まれる
セキュリティ	ユーザーを認証するためのコンポーネントや、セキュリティに関するコンポーネントが含まれる
パフォーマンス	出力キャッシュや、コンテンツを圧縮して IIS のパフォーマンスを向上させるコンポーネントが含まれる
状態と診断	IIS 自身や、その上で動作している Web サイトや Web アプリケーションの監視やトラブルシューティングを行うためのコンポーネントが含まれる
アプリケーション開発	.NET 拡張機能、ASP、ASP.NET、CGI、ISAPI など、Web アプリケーションを開発し、稼働させるためのコンポーネントが含まれる
FTP サーバー	FTP サーバーに関するコンポーネントが含まれる
管理ツール	IIS を管理するための GUI やスクリプトなどのコンポーネントが含まれる

　役割の追加が完了した時点でIISは起動しています。Webブラウザーを起動して「`http://localhost/`」を指定すると、デフォルトのページが表示されます。

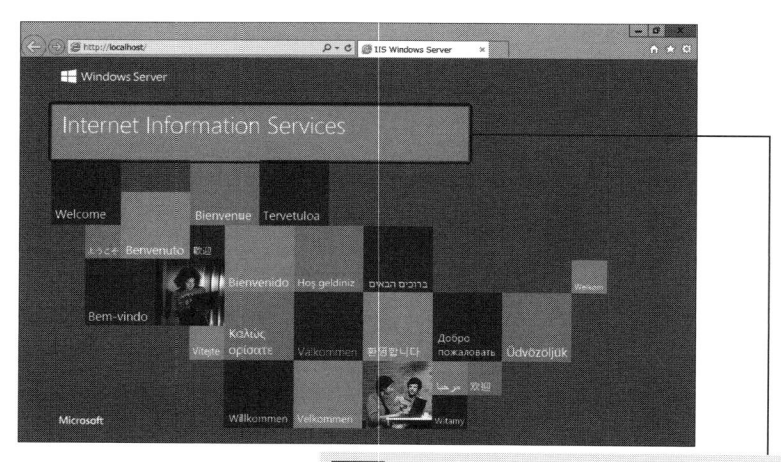

解説
デフォルトのページをクリックすると、IIS.NET コミュニティポータル（http://www.iis.net/）にジャンプする。これはマイクロソフトの公式ポータルサイトであり、IIS の拡張機能や各種技術情報を閲覧できる

Tips セットアップ済みのIISに対して、後からコンポーネントを追加する場合は、再度サーバーマネージャーの［役割と機能の追加ウィザード］を実行します。不要なコンポーネントを削除する場合は［役割と機能の削除ウィザード］を実行します。

Tips IIS8.5の追加機能の詳細や構成方法については、以下のIIS.NETコミュニティポータルの情報が参考になります。

URL What's New in IIS 8.5?
http://www.iis.net/learn/get-started/whats-new-in-iis-85

03 IISの管理

IISの管理作業は、Windows Server 2012 R2に標準で用意されている**IISマネージャー**（インターネットインフォメーションサービスマネージャー）やAPPCMDコマンド（appcmd.exe）、Windows PowerShellコマンドレットを使用して行います。本書ではIISマネージャーを中心にIISの管理方法を解説します。

03-01 IISマネージャーの基本構成

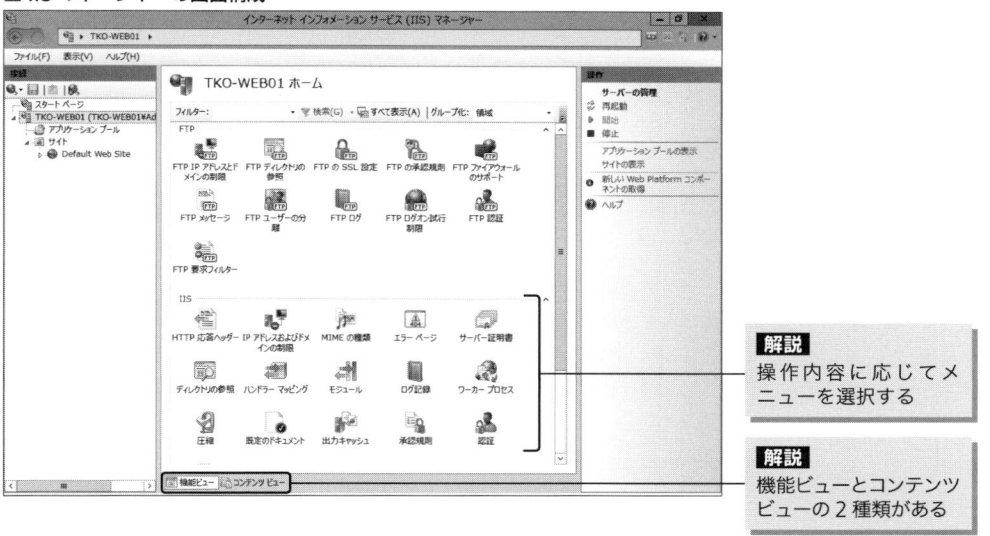

IISマネージャーは、サーバーマネージャーなどから起動します。画面は縦に3分割されており、中央のワークスペースには**機能ビュー**と**コンテンツビュー**の2種類が表示されます。また、IISマネージャーは、IISの構成を「**サーバー**」、「**サイト**」、「**ディレクトリ**」の階層構造で管理しています。そのため、上位の階層で設定を変更すると、その内容は下位に引き継がれます。設定を変更する際はこの点に注意してください。

■ IIS マネージャーの画面構成

解説：操作内容に応じてメニューを選択する

解説：機能ビューとコンテンツビューの2種類がある

> **Tips** IISマネージャーを起動すると、Microsoft Web Platformの使用に関するダイアログが表示されます。これはMicrosoft Web Platform Installer（Web PI）を使用してMicrosoft Web Platformの最新コンポーネントや各種Webアプリケーションのダウンロードおよびインストールを促すものです。特に予定がない場合は [いいえ] をクリックします。

03-02 Webサイトの開始と停止

　Webサイトはそれぞれ独立して動作しているため、個別に開始と停止を実行できます。IISマネージャーでサイト名を右クリックして［Webサイトの管理］→［開始］または［停止］をクリックします。

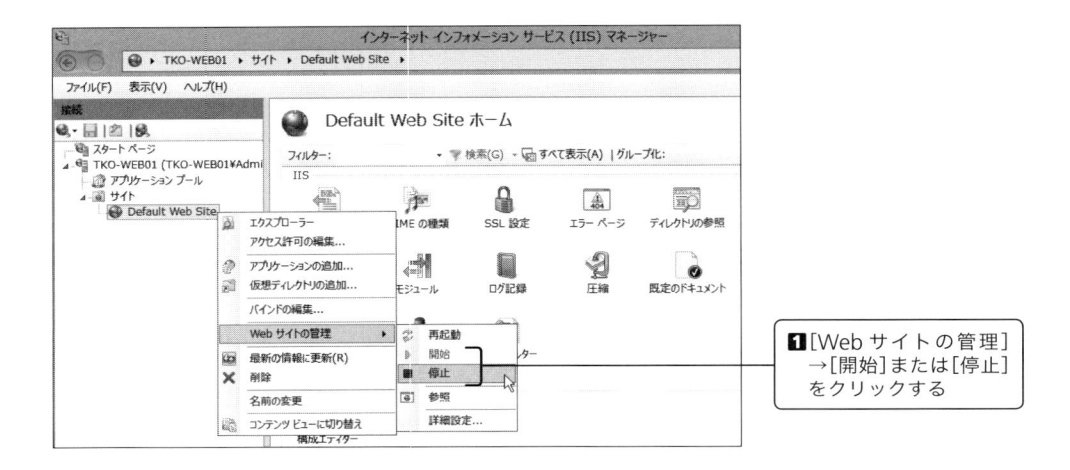

❶［Webサイトの管理］→［開始］または［停止］をクリックする

03-03 Webサイトの追加

　IISでは、複数のWebサイトを構築できます。Webサイトを追加するには、IISマネージャーを開き、［サイト］を右クリックして［Webサイトの追加］をクリックし、以下の手順を実行します。

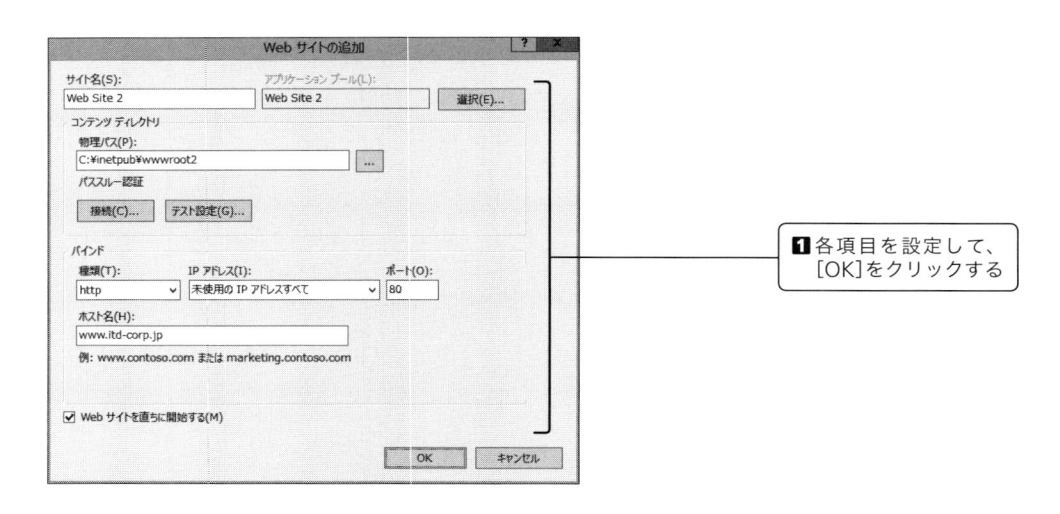

❶各項目を設定して、［OK］をクリックする

■ [Web サイトの追加]ダイアログの設定項目

項　目		説　明
サイト名		サイトの通称ともいえる**フレンドリ名**を入力する。サイトの目的がわかる名前で、他と重複しないものを設定する
アプリケーションプール		[サイト名]を入力すると、自動的に同じ名前のアプリケーションプールが作成される。[選択]をクリックすると、サイトが実行されるアプリケーションプールを選択できる
コンテンツディレクトリ	物理パス	サイトのコンテンツが保存されている**物理パス**を入力する
バインド	種　類	**使用するプロトコル**を選択する
	IP アドレス	IIS を実行するコンピューターに割り当てられている **IP アドレス**を選択する。[未使用の IP アドレスすべて]を選択すると、他の Web サイトに割り当てられていない IP アドレスに対する要求は、すべてこのサイトが受け付けることになる
	ポート	この Web サイトがリッスンする**ポート番号**を指定する。http の場合のデフォルトは「80」、https の場合のデフォルトは「443」。デフォルトのポート番号以外を設定した場合は「http://（Web サイトのアドレス）:8080」のように、ポート番号を URL の一部に指定してアクセスする必要がある
	ホスト名	**ホストヘッダー機能**を使用する際に指定する。同じ IP アドレス、同じポート番号であっても、[ホスト名]を指定しておくことで複数の Web サイトを作成できる
	SSL 証明書	バインドの[種類]に[https]を選択した場合は、SSL 証明書を選択する
Web サイトを直ちに開始する		このオプションを有効にすると、Web サイトを作成した時点で開始される

> **Tips**
> Web サイトを追加する場合は、[バインド]セクションの[種類]、[IPアドレス]、[ポート]のいずれかを他と重複しないものに設定することが一般的です。最も容易な方法はポート番号を変更することです。また、あらかじめネットワークインターフェイスに複数のIPアドレスを割り当てておけば、[IPアドレス]に異なるアドレスを設定してWebサイトを作成することもできます。
> バインド設定を後で変更するには、対象のWebサイトを右クリックして[バインドの編集]をクリックします。表示される[サイトバインド]ダイアログでは、複数のサイトバインドを1つのWebサイトに割り当てることも可能です。

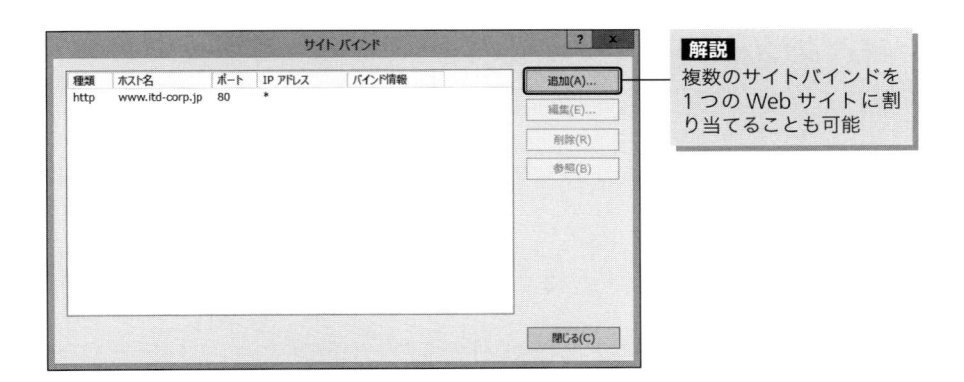

解説 複数のサイトバインドを 1 つの Web サイトに割り当てることも可能

03-04 仮想ディレクトリの追加

IISの**仮想ディレクトリ機能**を使用すると、Webサイトの物理パス配下には存在しないフォルダーを、下位のディレクトリのように見せることができます。

仮想ディレクトリを追加するには、IISマネージャーを開いて以下の手順を実行します。

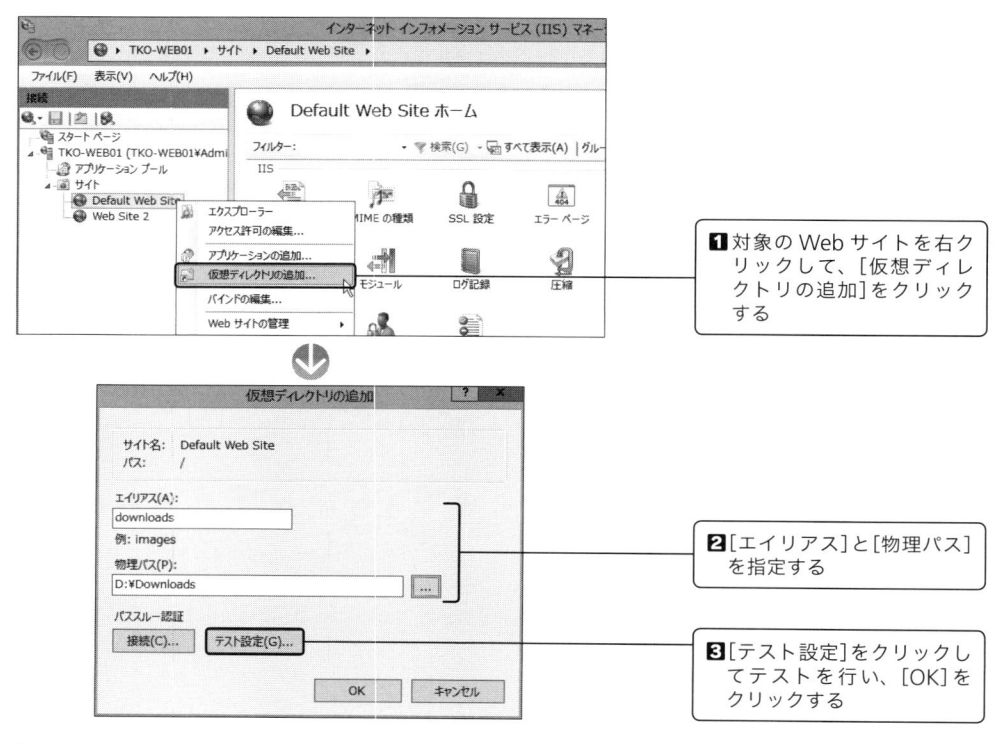

1 対象のWebサイトを右クリックして、[仮想ディレクトリの追加]をクリックする

2 [エイリアス]と[物理パス]を指定する

3 [テスト設定]をクリックしてテストを行い、[OK]をクリックする

■[仮想ディレクトリの追加]ダイアログの設定項目

設定項目	説明
エイリアス	仮想的なディレクトリ名を入力する
物理パス	仮想ディレクトリのコンテンツが保存されている物理パスを入力する

03-05 ディレクトリの参照設定

指定した参照先に「Default.htm」などのデフォルトのコンテンツが存在しない場合に、ディレクトリ中のファイルやフォルダーを表示するには、IISマネージャーを開き、次の手順を実行します。

03 IISの管理

1 サーバーやサイト、ディレクトリをクリックした状態で中央ペインの[ディレクトリの参照]を右クリックして、[機能を開く]をクリックする

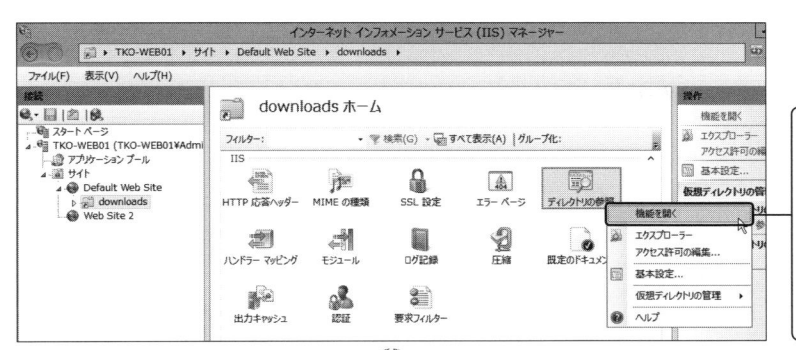

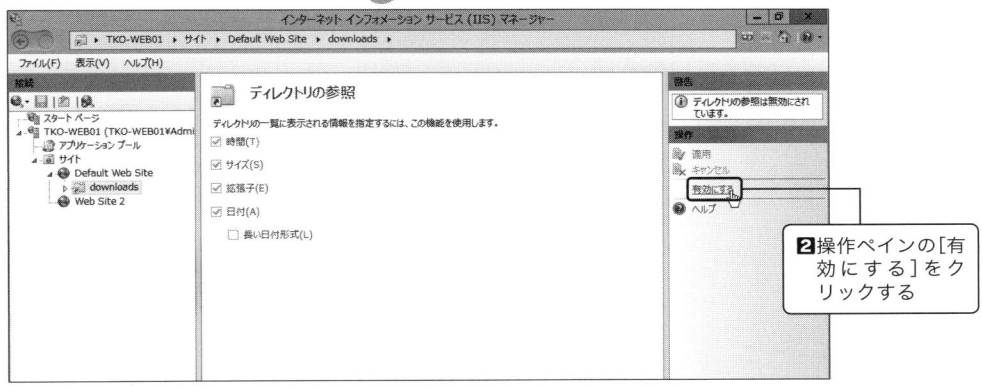

2 操作ペインの[有効にする]をクリックする

03-06　構成バックアップの作成と復元

　IISの構成バックアップの作成や復元は、Windows PowerShellコマンドレットで実行できます。障害に備えて定期的にバックアップを取得することをお勧めします。

書　式　IIS の構成バックアップの作成

```
Backup-WebConfiguration 〈フォルダー名〉
```

　指定したフォルダーは「%SystemRoot%¥System32¥inetsrv¥backup」(一般的にはC:¥Windows¥System32¥inetsrv¥backup)に作成されます。
　構成バックアップを復元するには、以下のコマンドレットを実行します。

書　式　構成バックアップからの復元

```
Restore-WebConfiguration 〈フォルダー名〉
```

04 IISの監視（ログ記録の管理）

IISの運用管理においては**ログの管理**は特に重要です。アクセス解析や不正アクセスの確認にもログを利用します。デフォルトの状態でもログを取得する設定になっていますが、必要に応じて設定内容を変更してください。

ログ記録の設定を行うには、IISマネージャーを開き、以下の手順を実行します。

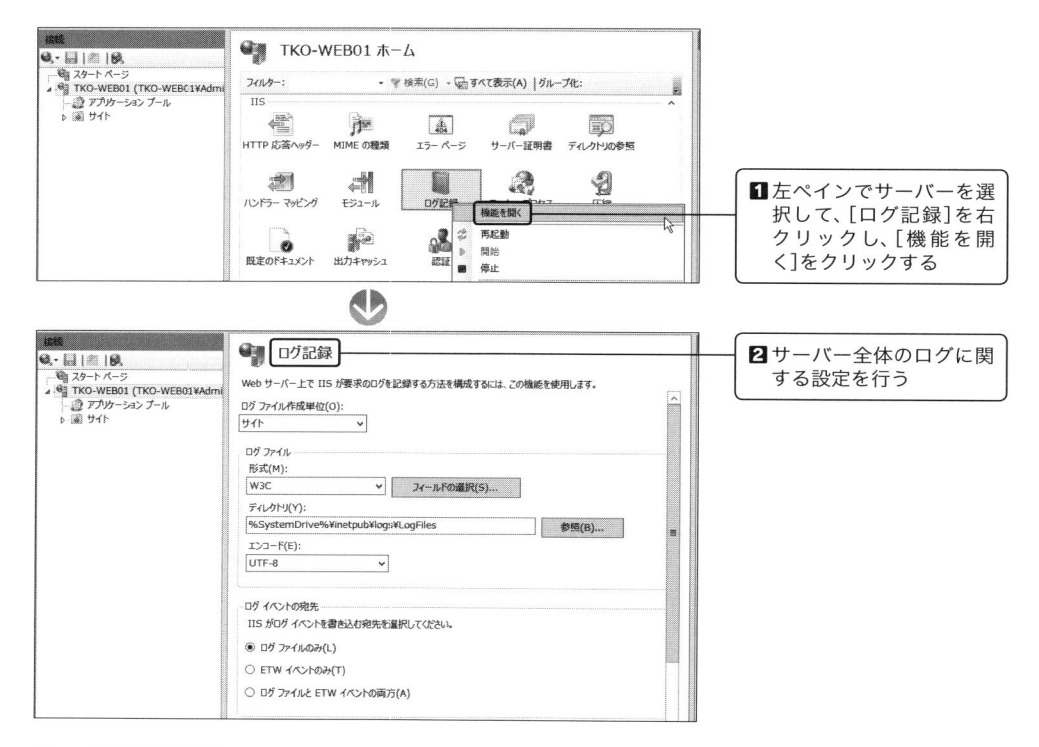

❶ 左ペインでサーバーを選択して、[ログ記録]を右クリックし、[機能を開く]をクリックする

❷ サーバー全体のログに関する設定を行う

■ [ログ記録]設定項目

設定項目		説　明
ログファイル作成単位		IIS が作成するログの単位を指定する。[サイト]を選択した場合は、サーバーレベルの設定がサイトレベルの設定のデフォルト値になる。サイトレベルでの変更も可能
ログファイル	形　式	ログファイルのフォーマットを選択する。[W3C]を選択した際は[フィールドの選択]をクリックして、ログに記録するフィールドを指定することもできる。ログ解析ソフトでアクセス解析を行う場合は、そのソフトウェアの指定に合わせたフォーマットやフィールドを選択する
	ディレクトリ	ログを保存するディレクトリを指定する。デフォルト値は「%SystemDrive%¥inetpub¥logs¥LogFiles」。アクセスが多い Web サイトではログファイルのサイズが短期間で非常に大きくなるので、領域に余裕のあるドライブを指定することを推奨

■ [ログ記録]設定項目(続き)

設定項目		説　明
ログファイル	エンコード	ログファイルのエンコードを選択する。デフォルト値はUTF-8。特に理由がない限りデフォルト値を変更しない
ログイベントの宛先		ログイベントが書き込まれる場所。[ログファイル]と[ETWイベント](Event Tracing for Windows)を指定できる
ログファイルロールオーバー		ログの切り替わりに関する設定。指定した条件にしたがって新しいログファイルが作成される。特に理由がない限りデフォルトの[スケジュール]、[毎日]を選択する
ファイル名およびロールオーバーに地域設定を使用する		ログファイルの名前やロールオーバーのタイミングなどに、サーバーの地域設定を使用する場合は有効にする

　ログ記録の設定を変更した際は、想定通りに記録が開始されていることを確認してください。なお、ログの形式に[W3C]を選択した場合は、ログに記録されるアクセス時間は協定世界時間(UTC)になります。日本の標準時間と9時間のずれがあることに注意してください。

> **Tips**　[ETWイベント]に書き出したログは、マイクロソフトが無償提供している以下のツールでリアルタイムに確認できます。Windows Server 2012 R2コンピューターにインストールする場合は64ビット版をダウンロードしてください。
>
> **URL** Microsoft Message Analyzer
> http://www.microsoft.com/en-us/download/details.aspx?id=40308

05　IISのセキュリティ管理

　ここからは**認証機能**や**アクセス制限**などの、IISのセキュリティに関する機能の設定・管理方法を解説します。なお、**AD CS**(Active Directory証明書サービス)を使用してWebサイトをSSL化する方法については「Chapter 18 AD CSによるPKI環境の構築」(⇒**P.359**)を参照してください。

05-01　IISの認証設定

　IISではWebサーバーやWebサイトにアクセスするユーザーを識別する方法として、さまざまな認証方法を利用できます。ユーザー認証を要するサイトを作成する際は、環境や用途、そしてセキュリティ要件を考慮して、最も適したものを選択してください。
　認証方法を設定する場合はIISマネージャーを開いて、次の手順を実行します。

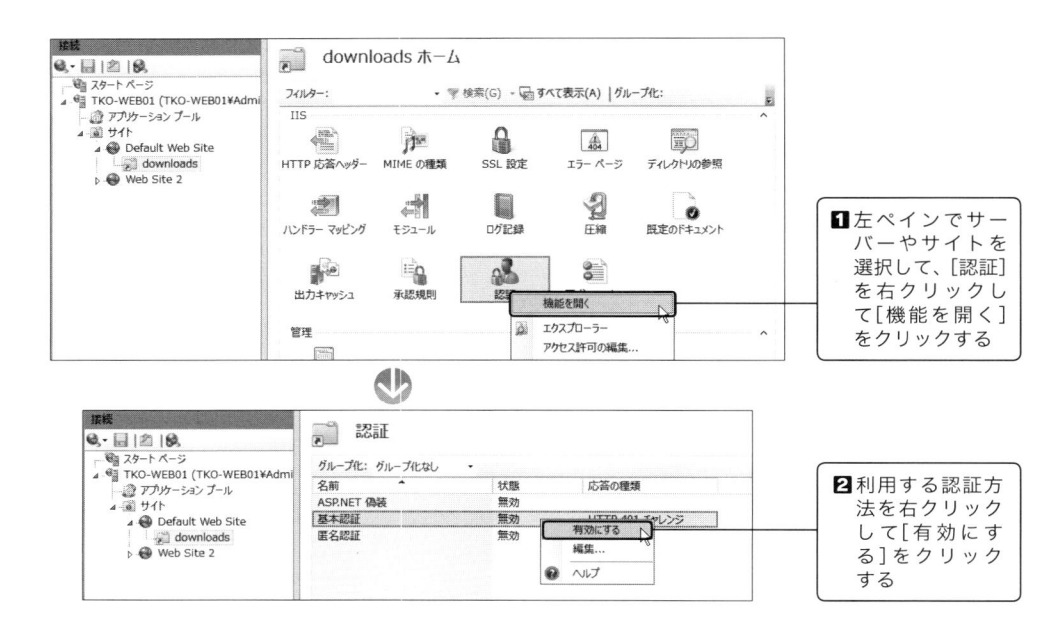

Part 07 各種サーバーサービスの構築と管理

❶ 左ペインでサーバーやサイトを選択して、[認証]を右クリックして[機能を開く]をクリックする

❷ 利用する認証方法を右クリックして[有効にする]をクリックする

■ 認証方法

認証方法	コンポーネント名	説 明
匿名認証	—	デフォルトの認証方法。すべてのユーザーはユーザー名とパスワードを入力することなく、コンテンツにアクセスできる
IIS クライアント証明書マッピング認証	Web-Cert-Auth	IIS のネイティブな機能によって、ユーザーをクライアント証明書にマップできる。ユーザーをクライアント証明書にマップすると、他の認証方式(基本認証、ダイジェスト認証、統合 Windows 認証など)を使用せずに、ユーザーは自動的に認証される。[クライアント証明書マッピング認証]よりもパフォーマンスが高い
クライアント証明書マッピング認証	Web-Client-Auth	Active Directory を使用してユーザーをクライアント証明書にマップできる。ユーザーをクライアント証明書にマップすると、他の認証方式(基本認証、ダイジェスト認証、統合 Windows 認証など)を使用せずに、ユーザーは自動的に認証される
ASP.NET 偽装	—	デフォルトの ASP.NET アカウントとは別のコンテキストで ASP.NET アプリケーションを実行できる。IIS の他の認証方式と一緒に偽装を使用することが可能。任意のユーザーアカウントをセットアップすることも可能
基本認証	Web-Basic-Auth	ブラウザーのタイプに依存しない認証方法。この認証では、ユーザーはコンテンツに対するアクセス権を取得するために、ユーザー名とパスワードを入力する必要がある。 ただし、基本認証では、パスワードは暗号化されないため、SSL などで暗号化することを推奨。なお、この認証を使用する際は匿名認証を無効にする必要がある
ダイジェスト認証	Web-Digest-Auth	ユーザーの認証に Active Directory を使用する。基本認証よりも強力なセキュリティを必要とする場合で、かつファイアウォールなどを介する通信を行う際に有効。 ただし、HTTP1.1 をサポートしないブラウザーでは利用できない。なお、この認証を使用する際は匿名認証を無効にしておく必要がある
Windows 認証	Web-Windows-Auth	ユーザーの認証に NTLM または Kerberos プロトコルを使用する。イントラネット環境に最も適した認証方式。ファイアウォールやプロキシサーバー経由でアクセスする環境での使用には適さない

> **重要！** デフォルトで組み込まれている認証方法は匿名認証とASP.NET偽装のみです。他の認証方法を使用するには、事前に使用する認証方法用のコンポーネントを組み込む必要があります（以下の［重要！］を参照）。

> **Tips** Windows Server 2008のIIS 7以降では「IUSR」というビルトインアカウントが匿名認証に利用されます。Windows Server 2003のIIS6までは、「IUSR_（コンピューター名）」といったインターネットゲストアカウントが匿名認証に利用されていました。

05-02 URL承認機能の利用

IISでは、**URL承認機能**と上記の**基本認証**を組み合わせることで、サーバー上のサイトやアプリケーション、ディレクトリ、ファイルへのアクセスを特定のユーザーやグループに対して許可したり、拒否したりできます。

URL承認機能を利用するには、**URL承認規則**を作成します。IISマネージャーを起動して、以下の手順を実行します。

> **重要！** URL承認機能と基本認証はデフォルトではIISに組み込まれていないので、事前に［役割と機能の追加ウィザード］（⇒P. 613）や、以下のコマンドレットを実行して、コンポーネントをインストールしておく必要があります。この作業はIISマネージャーを閉じた状態で実行します。また、アクセスを許可するユーザーアカウントやグループを登録しておいてください。

> **書式** URL 承認機能と基本認証のコンポーネントのインストール
>
> ```
> Install-WindowsFeature Web-Url-Auth, Web-Basic-Auth
> ```

❶左ペインでサーバーやサイトを選択して、［承認規則］を右クリックし、［機能を開く］をクリックする

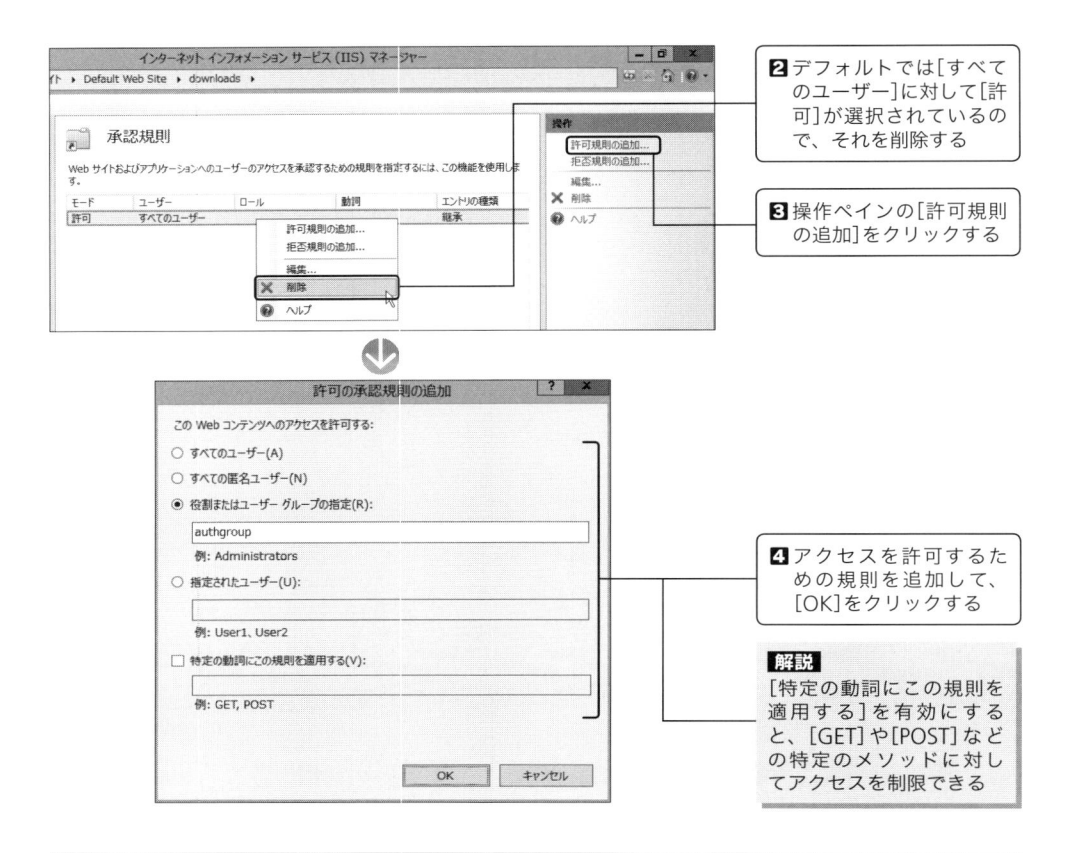

Part 07 各種サーバーサービスの構築と管理

2 デフォルトでは[すべてのユーザー]に対して[許可]が選択されているので、それを削除する

3 操作ペインの[許可規則の追加]をクリックする

4 アクセスを許可するための規則を追加して、[OK]をクリックする

解説
[特定の動詞にこの規則を適用する]を有効にすると、[GET]や[POST]などの特定のメソッドに対してアクセスを制限できる

認証設定

続いて、認証設定を行います。機能ビューに戻って以下の手順を実行します。

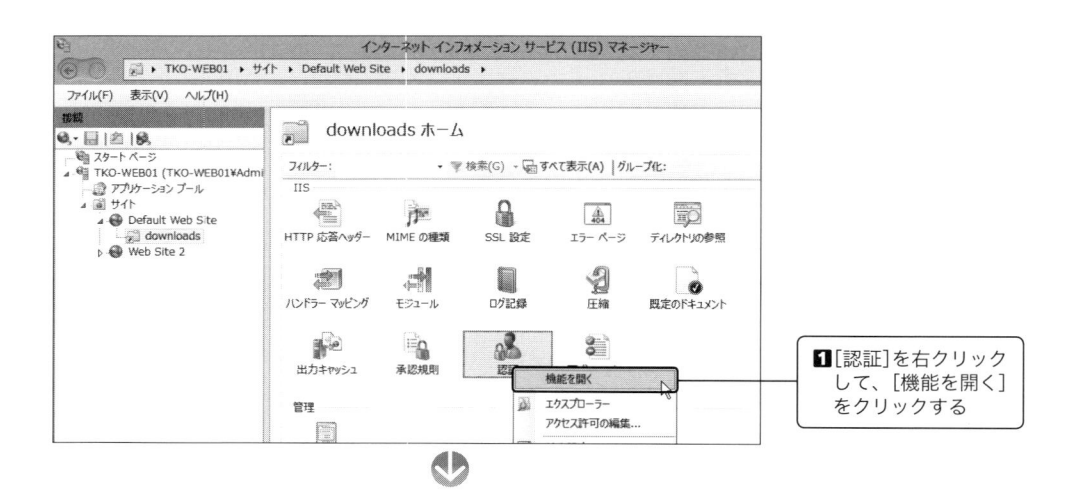

1 [認証]を右クリックして、[機能を開く]をクリックする

624

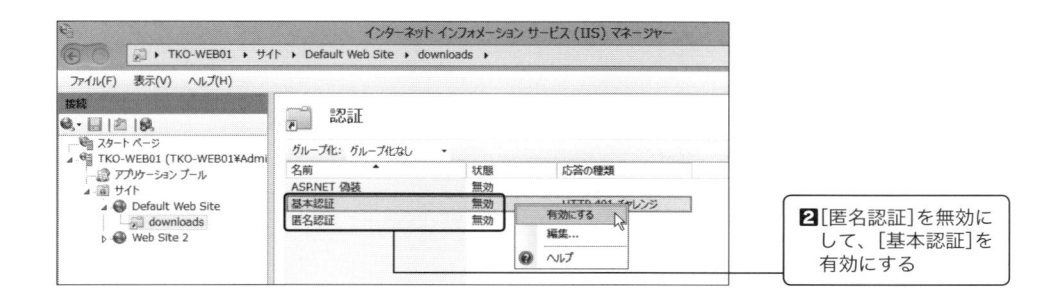

❷[匿名認証]を無効にして、[基本認証]を有効にする

動作確認

　最後に動作確認を行います。Webブラウザーで設定を行ったサイトにアクセスをすると、ユーザー認証のダイアログが表示されます。あらかじめ登録しておいたユーザー名とパスワードを入力すると目的のページが表示されます。

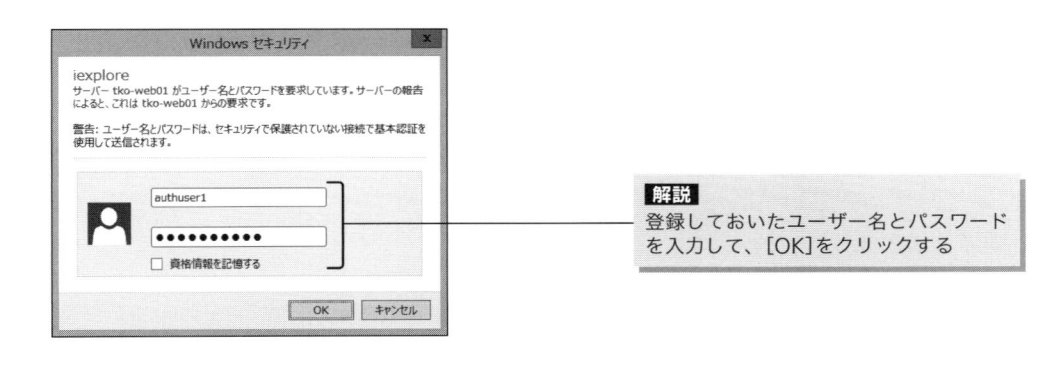

解説 登録しておいたユーザー名とパスワードを入力して、[OK]をクリックする

05-03　IPやドメインの制限

　IPおよびドメインの制限機能を使用すると、特定のIPアドレスやドメイン名からのアクセスを制限したり、許可したりできます。サーバーやサイトだけでなく、ディレクトリやファイルに対しても設定できます。ただし、ドメイン名で制限するとパフォーマンスやレスポンスが低下する恐れがあるので注意してください。

　IPやドメインを制限するには、IISマネージャーを起動して、次の手順を実行します。

> **重要！** IPおよびドメインの制限機能はデフォルトではIISに組み込まれていないので、事前に[役割と機能の追加ウィザード]や、以下のコマンドレットを実行してコンポーネントをインストールしておく必要があります。この作業はIISマネージャーを閉じた状態で実行してください。

書式　IPおよびドメインの制限機能のコンポーネントのインストール

```
Install-WindowsFeature Web-IP-Security
```

Part 07 各種サーバーサービスの構築と管理

1 左ペインでサーバーやサイトなど設定対象を選択して、[IPアドレスおよびドメインの制限]を右クリックし、[機能を開く]をクリックする

2 操作ペインの[機能設定の編集]をクリックする

3 送信元が特定できない場合のアクセス制限を設定する

解説
ドメイン名で制限する場合は[ドメイン名の制限の有効化]にチェックを付ける

解説
[拒否アクションの種類]では、アクセスを拒否する際にどのタイプのエラーを返すかを指定する

4 許可または拒否の制限規則を設定して、[OK]をクリックする

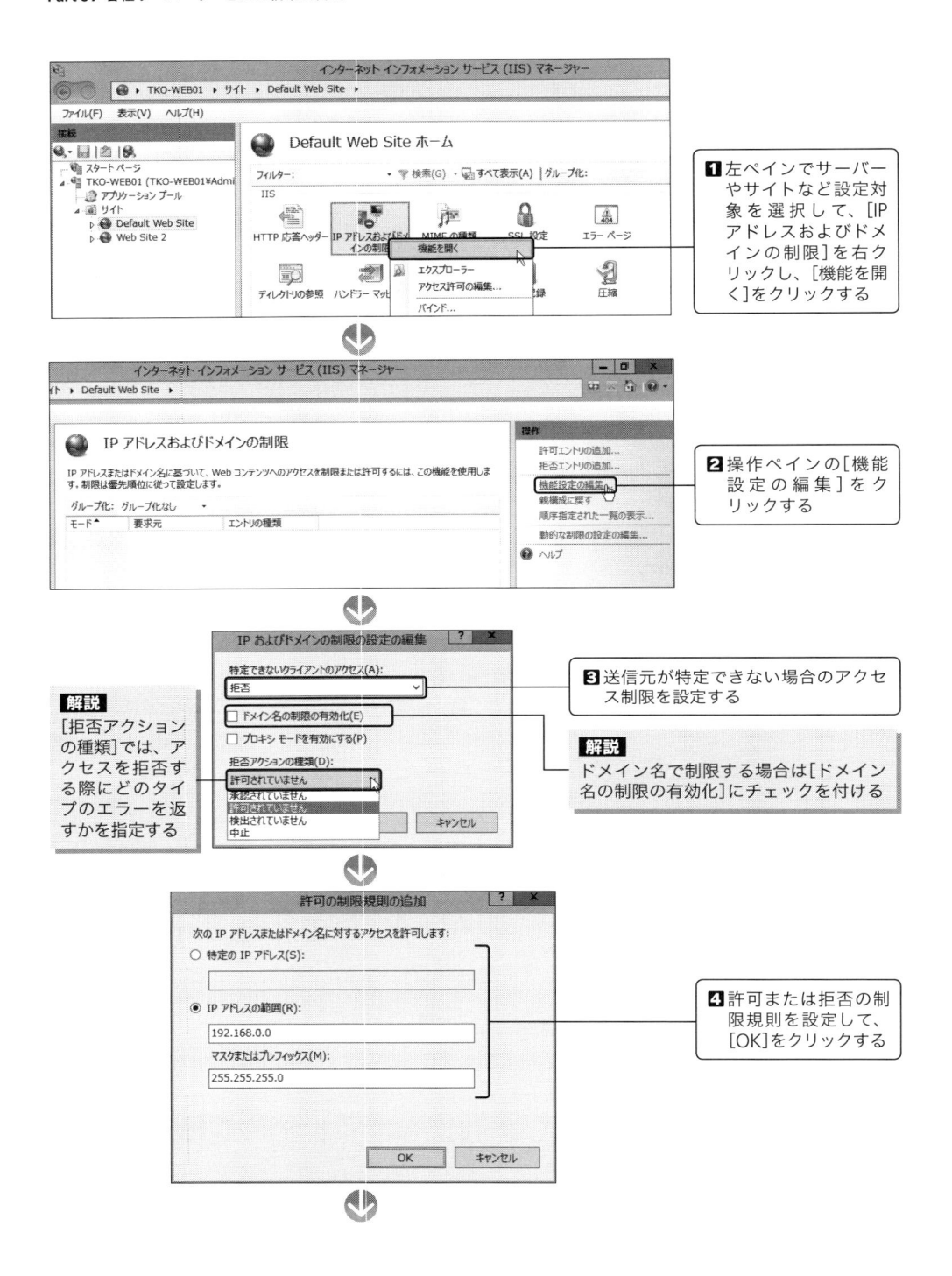

5 アクセスを拒否する設定にした場合は、[拒否アクションの種類]で指定したタイプのエラーページが表示される

> **Tips** 操作ペインにある[動的な制限の設定の編集]をクリックすると[動的IP制限の設定]ダイアログが表示されます。このダイアログでは**同時要求数を超えたIPアドレスの制限**や、**一定時間内の要求数を超えたIPアドレスの制限**などを設定できます。

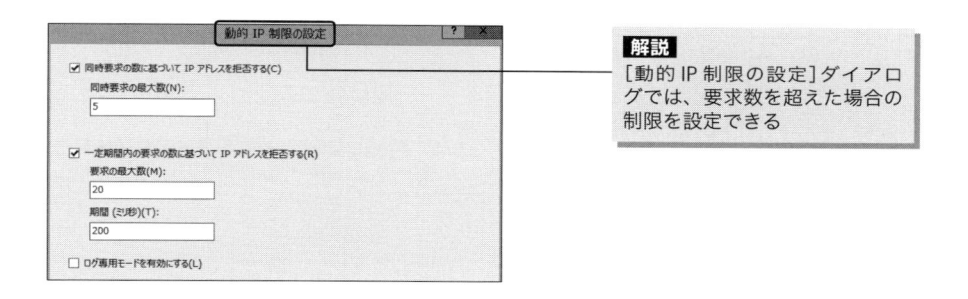

解説
[動的 IP 制限の設定]ダイアログでは、要求数を超えた場合の制限を設定できる

06 FTPサーバーの構築

FTPはファイル転送を行うために古くから利用されてきたプロトコル(サービス)です。Windows Server 2012 R2のIIS8.5は、高機能なFTPサーバー機能も備えています。

本書では、不特定多数の匿名ユーザーがダウンロードできるFTPサイトの作成方法を解説します。FTPでは匿名ユーザーのことを「**anonymous(アノニマス)**」と呼び、匿名アクセスが許可されたFTPサイトは「anonymous」でログインできます。

06-01 FTPサーバーの役割の追加

IISをインストールしただけでは、FTPサーバーは利用できません。利用するには[役割と機能の追加ウィザード]や以下のコマンドレットを実行して、FTPサーバーに関するコンポーネントをインストールしておくことが必要です。

書式 FTP サーバーや追加コンポーネントのインストール(コマンドは 1 行で実行)

```
Install-WindowsFeature
  Web-Ftp-Server, Web-Ftp-Service, Web-Ftp-Ext
```

FTPサーバーのコンポーネントが組み込まれると、IISマネージャーにFTPに関する多数のアイコンが表示されます。

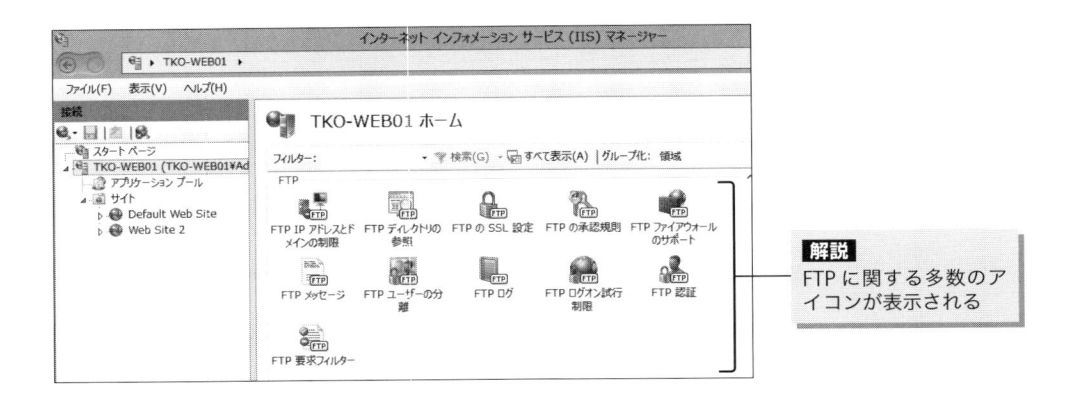

> **解説**
> FTPに関する多数のアイコンが表示される

コンポーネントの追加後は、IISマネージャーを使用してFTPサイトを追加するか、既存のWebサイトにFTPのポートをバインドします。

06-02 FTPサイトの追加

FTPサイトを追加する場合は、IISマネージャーを使用して、以下の手順を実行します。

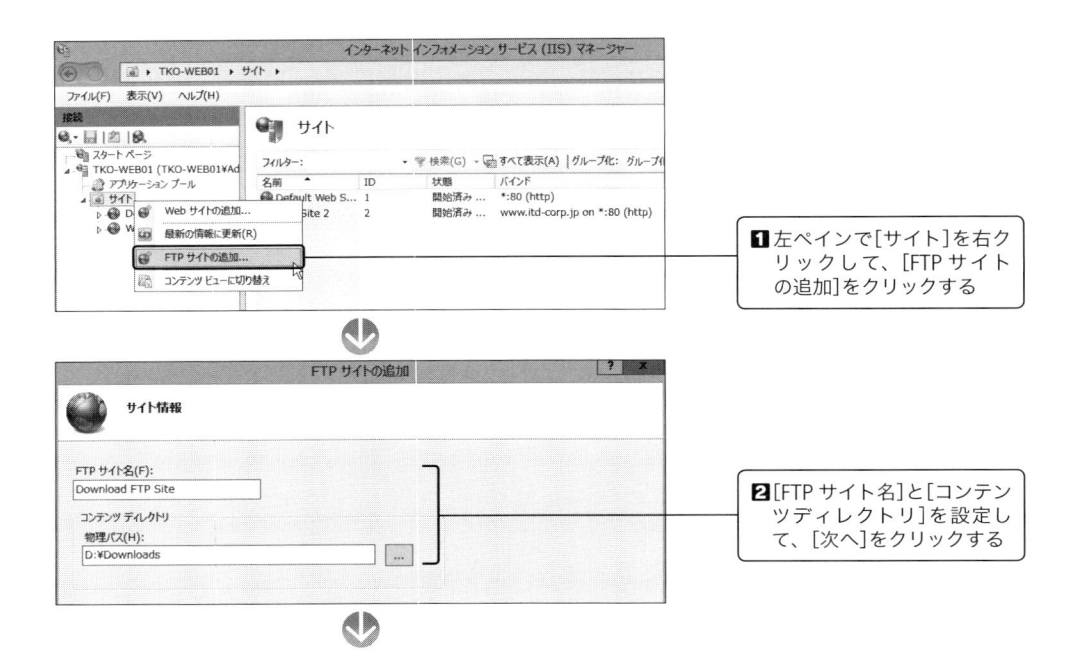

1 左ペインで[サイト]を右クリックして、[FTPサイトの追加]をクリックする

2 [FTPサイト名]と[コンテンツディレクトリ]を設定して、[次へ]をクリックする

06 FTPサーバーの構築

■ [サイト情報]ページの設定項目

設定項目	説明
サイト名	FTPサイトの通称ともいえるフレンドリ名を入力する。サイトの目的がわかる名前で、他とは重複しないものを設定する
物理パス	ファイル転送を許可する物理パスを入力する

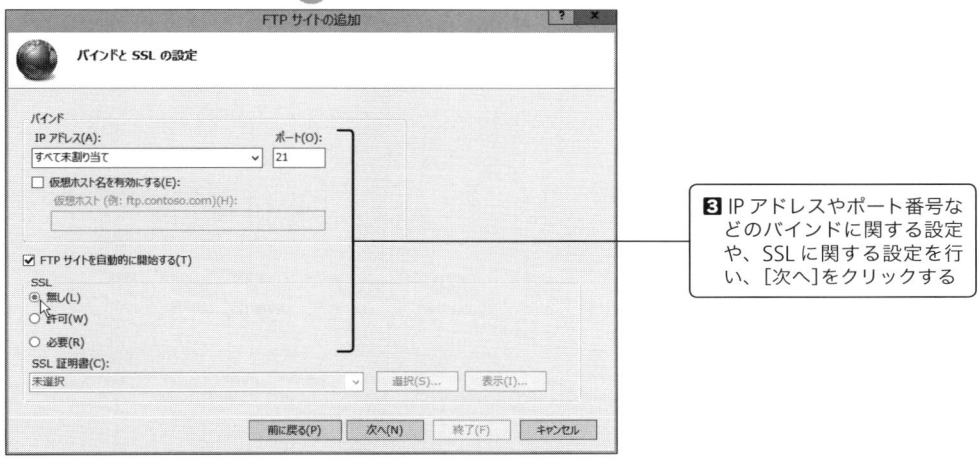

3 IPアドレスやポート番号などのバインドに関する設定や、SSLに関する設定を行い、[次へ]をクリックする

■ [バインドとSSLの設定]ページの設定項目

設定項目		説明
バインド	IPアドレス	IISを実行しているコンピューターに割り当てられているIPアドレスを選択する。[未使用のIPアドレスすべて]を選択すると、他に作成したFTPサイトに割り当てられていないIPアドレスに対する要求は、すべてこのサイトが受け付けることになる
	ポート	FTPサイトがリッスンするポート番号を指定する。デフォルト値は「21」
	仮想ホスト名を有効にする	このオプションを有効にすると、同じIPアドレス、同じポート番号でも、仮想ホスト名機能によって複数のFTPサイトを作成できる
	仮想ホスト	割り当てるホスト名を設定する
FTPサイトを自動的に開始する		このオプションを有効にすると、FTPサイトが作成されると同時にFTPサイトが開始される
SSL	無し	SSLを使用しない場合に指定する
	許可	SSLの使用有無をユーザーに選択させる場合に指定する。これを選択するためにはあらかじめSSL証明書が組み込まれている必要があり、[SSL証明書]で選択する必要がある
	必要	SSLの使用を強制する場合に指定する。これを選択するためにはあらかじめSSL証明書が組み込まれている必要があり、[SSL証明書]で選択する必要がある

[FTP サイトの追加ダイアログ - 認証および承認の情報]

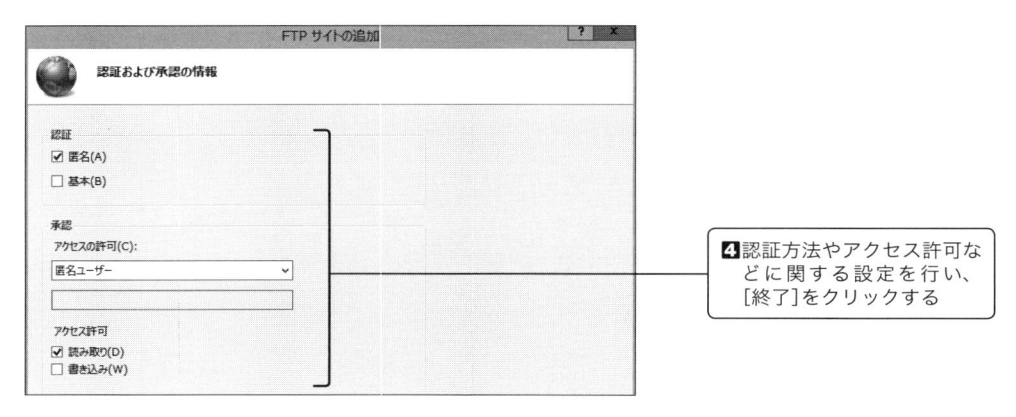

4 認証方法やアクセス許可などに関する設定を行い、[終了]をクリックする

■ [認証および承認の情報]ページの設定項目

設定項目		説 明
認証	匿名	匿名認証を許可する際に有効にする。デフォルトでは無効
	基本	基本認証を許可する際に有効にする。デフォルトでは無効
承認	アクセスの許可	FTPサイトへのアクセスを承認するユーザーを選択する。[指定された役割またはユーザーグループ]や[指定されたユーザー]を選択した場合はその対象も入力する。デフォルトでは[未選択]
	アクセス許可	[アクセスの許可]で指定されたユーザーに対してのアクセス許可として[読み取り]と[書き込み]を設定することができる

06-03 ファイアウォール機能の確認と設定変更

　FTPサーバーのWindowsファイアウォールが原因で、他のコンピューターからのFTP通信を受け付けることができない場合は、以下のコマンドレットを実行して受信を許可します。ここではFTPサイトが一般的に使用する「20/TCP」と「21/TCP」の受信を許可しています※。

※ファイアウォール機能の設定方法については「Chapter 37 セキュリティ管理」（⇒P.747）を参照してください。

実行例 ▶ ファイアウォール機能の設定を変更する（コマンドは1行で実行）

```
netsh advfirewall firewall add rule
  name="Allow FTP Inbound" dir=in
  protocol=tcp localport=20-21 action=allow
```

07 FTPによるWebサイトの制御

　IISでは、WebサイトにFTPをバインドして、コンテンツのアップロードなどを可能にします。バインドを編集する場合は、IISマネージャーを開いて、次の手順を実行します。

07 FTPによるWebサイトの制御

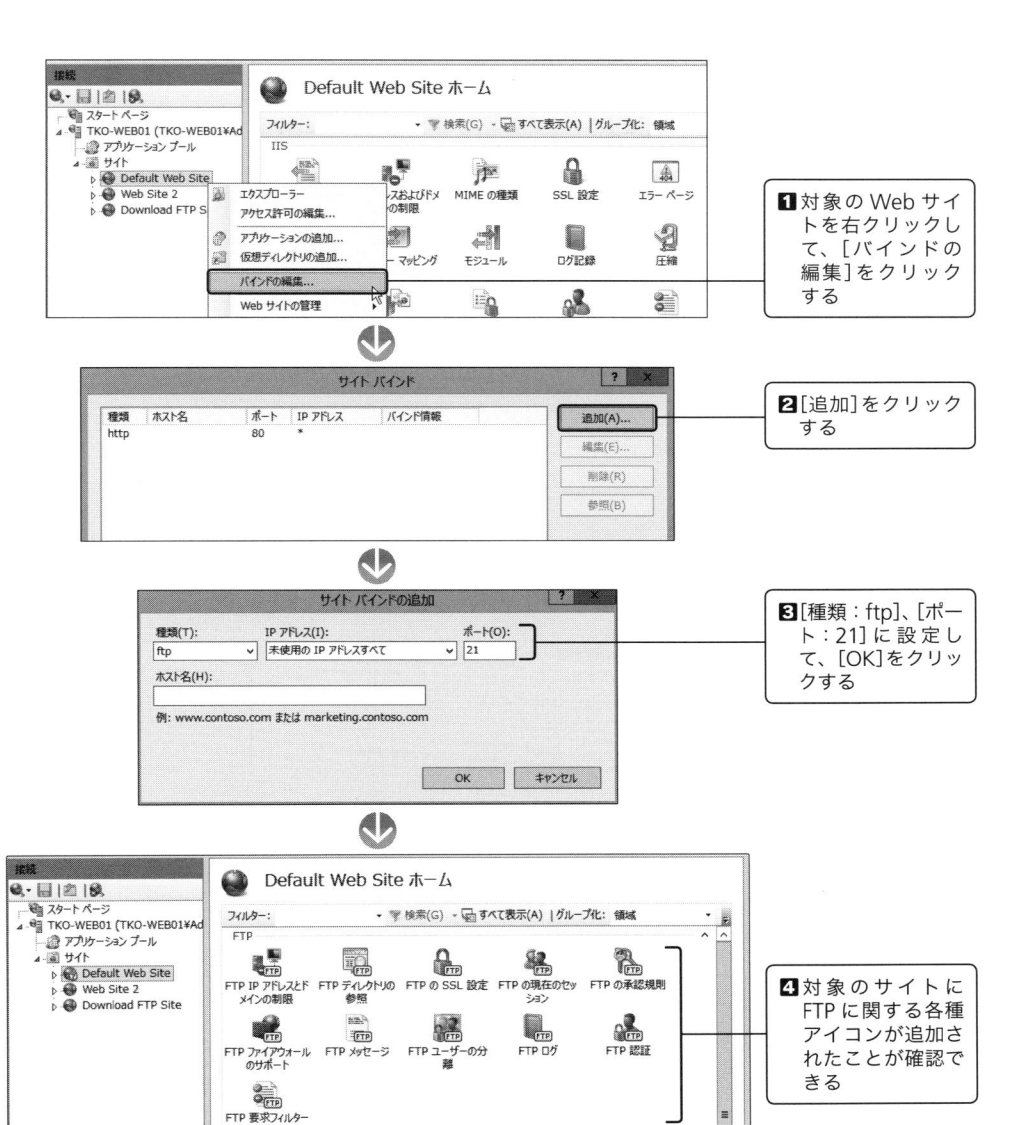

1 対象のWebサイトを右クリックして、[バインドの編集]をクリックする

2 [追加]をクリックする

3 [種類：ftp]、[ポート：21]に設定して、[OK]をクリックする

4 対象のサイトにFTPに関する各種アイコンが追加されたことが確認できる

■ 設定ページと実行できる制御内容の一部

ページ名	実行できる制御内容
FTP IP アドレスとドメインの制限	アクセスできる FTP クライアントの IP アドレスを限定する
FTP の SSL 設定	SSL を強制する
FTP の承認規則	特定のユーザーのみアクセスを許可する
FTP 認証	[匿名認証]を無効化し、[基本認証]を有効化する

Chapter 31 Server Coreの利用

本章では、Windows Server 2012 R2のインストールオプションの1つである「Server Core」の特徴やインストール方法、管理方法を解説します。Windows Server 2012からは再インストールすることなく、Server Coreとフルインストール（GUI使用サーバー）の切り替えが可能になったため、より多くのシーンで利用できます。

01 Server Core とは

Server Coreとは、Windows Server 2012 R2の**インストールオプションの1つ**です。Server Coreを選択すると、すべての機能がインストールされる**フルインストール**（GUI使用サーバー）とは異なり、大半のGUI環境がインストールされません。インストール規模が小さいので、フルインストールと比べ以下のメリットがあります。

■ Server Core のメリット

メリット	説 明
メンテナンス負荷の軽減	必要な役割や機能だけが組み込まれるため、フルインストールと比較してメンテナンスの負荷低減につながる
攻撃を受ける機会の縮小	実行されるアプリケーションやコンポーネントの数が少ないため、攻撃を受ける機会が減少する
管理負荷の軽減	組み込まれるアプリケーションやサービスが少なくなるため管理の必要性が軽減する
必要なディスク領域の低減	必要なディスク領域が約4GB程度ほどフルインストールと比較して少なくて済む

一方で、前バージョンのServer Coreにはデメリットもありました。以前のServer Coreでは大半のGUI環境がインストールされないため、各種構成・設定作業のすべてをCUI（コマンドラインユーザーインターフェイス）、つまりコマンドで実行しなければなりませんでした。また、Server Coreとフルインストールを切り替えるには**再インストールが必要**であったため、実質的には切り替え不可という大きな制約もありました。

しかし、これらのデメリットがWindows Server 2012で大幅に改善されました。現バージョンでは、必要なコンポーネントの追加と再起動のみでServer Coreとフルインストールを切り替えることができます。そのため、セットアップはフルインストールのGUI環境で行い、その後の運用はServer Coreで行う、といった利用方法が可能です。

01-01　Server Core で利用可能な役割と機能

　Server Coreでは、フルインストールと同様の役割と機能を利用できます。シェル（エクスプローラー）が組み込まれないため、管理操作はCUIが基本となりますが、メモ帳（notepad.exe）やレジストリーエディター（regedit.exe）は利用できます。

　また、他のWindowsコンピューターのサーバーマネージャーからネットワーク経由でアクセスして、GUIで管理操作することもできます。

> **重要！**　サードパーティのアプリケーションをインストールする予定がある場合は、事前にそのアプリケーションがServer Coreでの利用をサポートしているのかを確認してください。

01-02　Server Core とフルインストールとの違い

　Server Coreとフルインストールとの違いは、GUI環境である［ユーザーインターフェイスとインフラストラクチャ］コンポーネントのうちの下表の2つの機能が組み込まれていない点です。

■ Server Core に組み込まれていないコンポーネント

機能の表示名	機能名	説　明
グラフィック管理ツールとインフラストラクチャ	Server-Gui-Mgmt-Infra	GUI インフラストラクチャーや GUI 管理ツールをサポートする最小限のサーバーインターフェイスを提供する
サーバーグラフィックシェル	Server-Gui-Shell	エクスプローラーや Internet Explorer など、サーバー用のすべての Windows GUI を提供する

　なお、これら2つの機能のうち、［グラフィック管理ツールとインフラストラクチャ］(Server-Gui-Mgmt-Infra)のみを組み込んだ環境を作ることもできます。この機能を組み込むと、Server Coreで**サーバーマネージャー**や**MMC**（Microsoft管理コンソール）を利用できるようになります（このような環境を「**最少サーバーインターフェイス**」と呼びます）。あまり余計な機能は組み込みたくないけれど、各種機能の管理操作はGUIツールで行いたい、というニーズにあった形態といえます。

> **Tips**　［ユーザーインターフェイスとインフラストラクチャ］コンポーネントには、他にも**デスクトップエクスペリエンス機能**（Desktop-Experience）があります。これを組み込むと、Windows Media Playerやデスクトップテーマ、組み込みFlash Playerといった、Windows 8.1相当のデスクトップ機能を利用可能になります。

> **解説**
> 最少サーバーインターフェイスモードにすると一部のGUI機能を利用できる

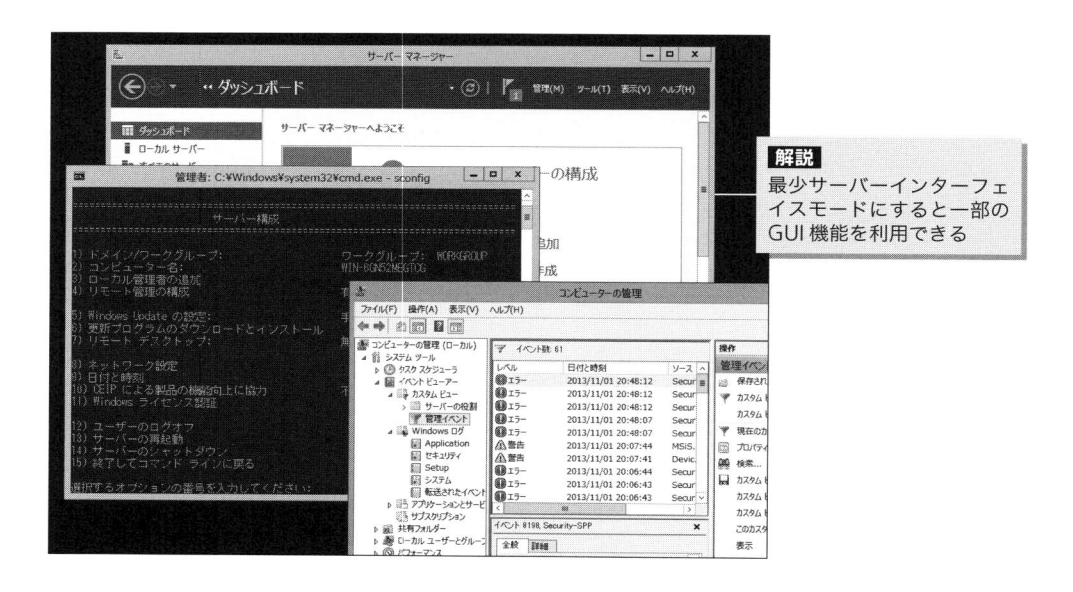

　このように、Windows Server 2012 R2では機能の追加・削除によって、下表の3つのモードを利用できます。それぞれの違いを把握したうえで、目的や用途に応じて使用するモードを切り替えてください（下表における「SC」はServer Core、「最小」は最小サーバーインターフェイス、「フル」はフルインストールをそれぞれ表しています）。

■ 3つのインストールモードの違い

		SC	最小	フル
GUIコンポーネントの有無	グラフィック管理ツールとインフラストラクチャ (Server-Gui-Mgmt-Infra)	なし	あり	あり
	サーバーグラフィックシェル (Server-Gui-Shell)	なし	なし	あり
利用可能な機能 ○：利用可能 △：一部利用可能 ×：利用不可	コマンドプロンプト	○	○	○
	Windows PowerShell／Microsoft .NET	○	○	○
	サーバーマネージャー	×	○	○
	MMC	×	○	○
	コントロールパネル	×	×	○
	コントロールパネルアプレット	×	△	○
	エクスプローラー	×	×	○
	タスクバー	×	×	○
	通知領域	×	×	○
	Internet Explorer	×	×	○
	組み込みのヘルプシステム	×	×	○

02 Server Core インストールの方法と構成

新規にServer Coreインストールを行う手順は、フルインストールの手順（⇒P.40）とほとんど同じです。異なるのは、インストールするエディションの選択画面で［Server Coreインストール］を選択するところだけです。

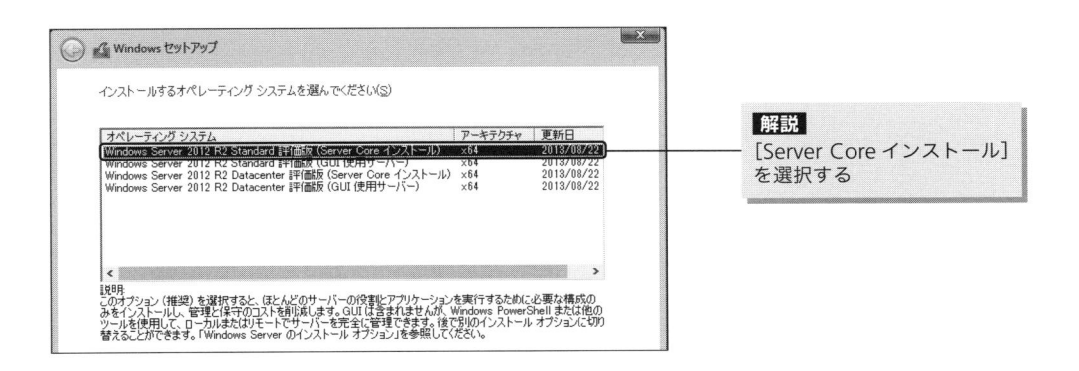

解説
［Server Core インストール］を選択する

インストールの完了後にAdministratorでサインインすると、コマンドプロンプトが表示されます。これがServer Coreです。基本的にはこのコマンドプロンプトから各種管理作業を行います。

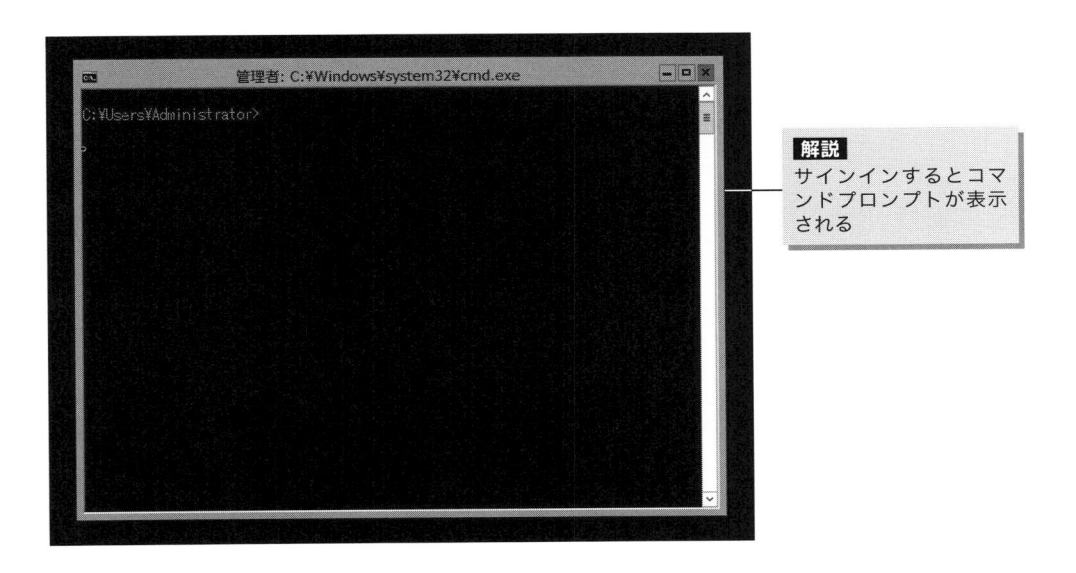

解説
サインインするとコマンドプロンプトが表示される

Tips 誤ってコマンドプロンプトを閉じた場合は、［Ctrl］＋［Alt］＋［Esc］キーを押してタスクマネージャーを起動し、［ファイル］メニューの［新しいタスクの実行］から［cmd］を実行して起動してください。

02-01 Server Core インストール後の初期設定

インストール後はフルインストールと同様に初期設定を行います。

コマンドプロンプトから、以下のコマンドを実行して**SCONFIGユーティリティ**（sconfig.exe）を起動します。SCONFIGユーティリティを使用すると、サーバーマネージャーの［ローカルサーバー］ページと近い管理操作や初期設定を実行できます。

書式 SCONFIG ユーティリティの起動

```
sconfig
```

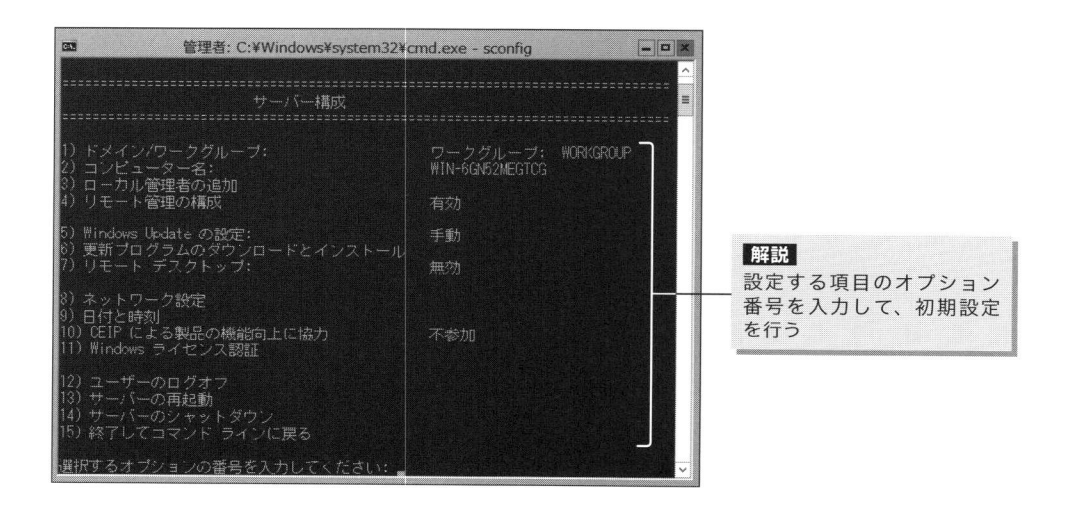

解説
設定する項目のオプション番号を入力して、初期設定を行う

Tips SCONFIGユーティリティはフルインストールのWindows Server 2012 R2でも利用可能です。

Server Core 環境のリモート管理の構成

Windows Server 2012 R2のServer Coreは、以下の機能を使用したリモート管理に対応しています。

- サーバーマネージャー
- リモートデスクトップ

●**サーバーマネージャーによるリモート管理**

サーバーマネージャーを使用すると、他のWindows Server 2012 R2コンピューターからServer Coreコンピューターの管理操作を実行できます。

サーバーマネージャーでリモート管理を行うには、事前に［リモート管理の構成］が［有効］になっている必要があります。SCONFIGユーティリティを起動して、**[4]**（リモート管理の構成）で確認や有効化を行います。

サーバーマネージャーで他のWindowsコンピューターをリモート管理する方法については「Chapter 02 Windows Server 2012 R2の導入」（⇒**P.56**）を参照してください。

●**リモートデスクトップによるリモート管理**

リモートデスクトップを使用すると、Windows 8.1コンピューターなど、他のコンピューターからServer Coreコンピューターをリモート管理できます。

リモートデスクトップでリモート管理を行うには、事前にSCONFIGユーティリティを起動して、**[7]**（リモートデスクトップ）が［有効］になっている必要があります。

03 Server Core の管理

Server CoreにはほとんどのGUI環境がないため、各種管理操作はコマンドベースで行います。コマンドプロンプトを起動して各種コマンドを実行してください。

なお、Windows Server 2012からは再インストールすることなく、フルインストール（GUI使用サーバー）への切り替えが可能です（⇒**P.641**）。

03-01 Server Core の基本管理

日々の管理業務で必要になる基本的な管理操作をいくつか紹介します。なお、サーバーの再起動やシャットダウン、ログオフ（サインアウト）操作などは**SCONFIGユーティリティ**で実行できます。

Windows PowerShell の実行

Server Coreコンピューターの管理作業の多くは、PowerShellコマンドレット群を使用することで実行できます。コマンドプロンプトからWindows PowerShellを起動するには、以下のコマンドを実行します。

書　式 Windows PowerShell の起動

```
powershell
```

プロキシの指定

Server Coreコンピューターに対して、ライセンス認証や更新プログラムの適用などをプロキシ経由で実行するには、事前に以下のコマンドを実行して、プロキシを指定する必要があります。

書式 プロキシの指定

```
netsh winhttp set proxy 〈サーバー名〉
```

実行例 ▶ プロキシサーバー「myproxy」に8080ポートで接続する

```
netsh winhttp set proxy myproxy:8080
```

実行例 ▶ プロキシを経由しない設定（直接アクセス）に戻す

```
netsh winhttp reset proxy
```

イベントログの監視

イベントログの確認・監視は、サーバー管理者が行う日々の管理業務の中でも特に重要です。イベントログを監視する方法はいくつかありますが、WEVTUTILコマンド（wevtutil.exe）の利用が基本です。

書式 イベントログの一覧表示

```
wevtutil el
```

書式 指定したログ内でのイベントの検索

```
wevtutil qe /f:text 〈ログ名〉
```

実際に確認する際は、すべてのログが一斉に表示されることを避けるために「/rd:true /c:5」（最新の5行のみ表示）のような追加パラメーターを指定することをお勧めします。

実行例 ▶ Systemログを検索する

```
wevtutil qe /f:text System /rd:true /c:5
```

イベントログのエクスポート

イベントログを**EVTX形式**のファイルでエクスポートすると、フルインストールされたWindows Server 2012 R2コンピューターなどで、GUIを使用して内容を確認できます。

書式 イベントログのエクスポート

```
wevtutil epl 〈ログ名〉 〈エクスポートファイル名〉
```

実行例 ▶ System ログを EVTX 形式でエクスポートする

```
wevtutil epl System system20131101.evtx
```

イベントログのクリア

イベントログをクリアする場合は、以下のコマンドを実行します。なお、クリアする前にエクスポートしておくことをお勧めします。

書式 イベントログのクリア

```
wevtutil cl 〈ログ名〉
```

実行例 ▶ Security ログをクリアする

```
wevtutil cl Security
```

> **Tips** Server Coreで実行できる管理タスクは以下のサイトにまとめられています。
>
> **URL** Server Core タスクのクイックリファレンス
> http://technet.microsoft.com/ja-jp/library/jj592694.aspx

03-02 役割や機能の追加と削除

Server Coreインストールが完了した時点では、すべての役割と機能が**未インストール状態**になっているので、必要な役割や機能を追加する必要があります。

役割や機能の追加

役割や機能は、`Install-WindowsFeature`コマンドレットを実行して追加します。

書 式 役割や機能の追加

```
Install-WindowsFeature 〈役割や機能名〉
```

多くの役割や機能は専用の管理ツールを持っています。これらのツールを同時に追加する場合は「-IncludeManagementTools」オプションを指定して実行します。

実行例 ▶ Active Directory ドメインサービスの役割と、各種管理ツールを追加する

```
Install-WindowsFeature AD-Domain-Services -IncludeManagementTools
```

役割や機能名をコンマで区切ると、複数のコンポーネントを一度にインストールすることもできます。

実行例 ▶ 複数のコンポーネントと管理ツールを追加する（コマンドは1行で実行）

```
Install-WindowsFeature
  FS-FileServer, FS-Resource-Manager,
  Search-Service -IncludeManagementTools
```

役割や機能は多数ありますが、本書で解説しているものを中心に一例を紹介します。

■ 役割や機能の例

役割や機能	名 前
Active Directory ドメインサービス	AD-Domain-Services
Active Directory 証明書サービス	AD-Certificate
Hyper-V	Hyper-V
DNS サーバー	DNS
DHCP サーバー	DHCP
ファイル サーバー	FS-FileServer
DFS レプリケーション	FS-DFS-Replication
DFS 名前空間	FS-DFS-Namespace
iSCSI ターゲットサーバー	FS-iSCSITarget-Server
Web サーバー（IIS）	Web-Server
ネットワーク負荷分散	NLB
フェールオーバークラスタリング	Failover-Clustering
Windows Server バックアップ	Windows-Server-Backup

Tips 追加できる役割や機能は他にも多数あります。役割名や機能名、およびそれらの追加状況などは、`Get-WindowsFeature`コマンドレットで確認できます。

役割や機能の削除

役割や機能を削除（アンインストール）するには、Uninstall-WindowsFeatureコマンドレットを実行します。

書式 役割や機能の削除

```
Uninstall-WindowsFeature 〈役割や機能名〉
```

「-remove」パラメーターを指定すると、関係するバイナリーファイルがディスクから削除されるため、空き容量を増やすことができます。

> **Tips** 不要な役割や機能のバイナリーファイルを削除したり、必要になった際に追加する機能のことを**オンデマンド機能**と呼びます。バイナリーファイルを削除した役割や機能をInstall-WindowsFeatureコマンドレットでインストールする際は、Windows Server 2012 R2のインストールメディアなどに含まれる「WIMファイル」から読み込む必要があります。詳しい手順については以下のサイトを参照してください。
>
> **URL** Server Core サーバーへのサーバーの役割と機能のインストール
> http://technet.microsoft.com/ja-jp/library/jj574158.aspx

03-03　フルインストールとの切り替え

Server Coreとフルインストールの切り替えは、以下の機能を追加・削除することで対応できます。つまり、以下の機能を追加すればフルインストールになり、削除するとServer Coreになります。

- ［グラフィック管理ツールとインフラストラクチャ］(Server-Gui-Mgmt-Infra)
- ［サーバーグラフィックシェル］(Server-Gui-Shell)

また、上記のうちの［グラフィック管理ツールとインフラストラクチャ］のみを組み込むと「**最少サーバーインターフェイス**」になります（⇒P.633）。

フルインストールへの切り替え

Server Coreに上記の2つの機能を追加すると、フルインストールになります。切り替えるには以下のコマンドレットを実行します。[-Restart]パラメーターを指定して、自動的に再起動させます。

書式 Server Core からフルインストールへの切り替え（コマンドは 1 行で実行）

```
Install-WindowsFeature
  Server-Gui-Mgmt-Infra, Server-Gui-Shell -Restart
```

Tips 必要なバイナリーファイルがディスクに存在しない場合は、**オンデマンド機能**（⇒P.641）を使用して追加してください。

Server Core への切り替え

　フルインストールから上記の2つの機能を削除すると、ServerCoreになります。切り替えるには以下のコマンドレットを実行します。［-Restart］パラメーターを指定して、自動的に再起動させます。なお、このコマンドレットを実行すると、依存関係がある［サーバーグラフィックシェル］（Server-Gui-Shell）機能も自動的に削除されます。

書式 フルインストールから Server Core への切り替え

```
Uninstall-WindowsFeature Server-Gui-Mgmt-Infra -Restart
```

Tips フルインストールからServer Coreへの切り替えは、サーバーマネージャーの［役割と機能の削除ウィザード］を使用してコンポーネントを削除することでも実行できます。

Chapter 32 NAPによる検疫ネットワークの構築と管理

本章では、Windows Server 2012 R2に標準で搭載されている、一種の検疫システムである「NAP」について、その基本的な概念と具体的な構築方法を解説します。

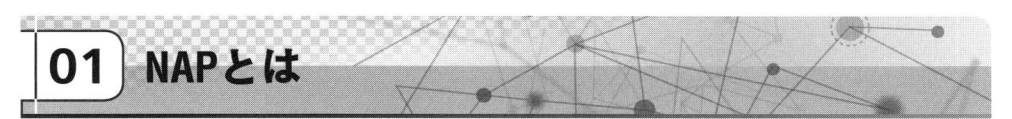

01 NAPとは

NAP (Network Access Protection) とは、ネットワーク上のコンピューターの健全性を検証し、事前に設定しておいたポリシーに基づいてアクセスを許可・制限する、一種の**検疫システム**です。NAPを使用すると、ネットワーク上のWindows 8/8.1やWindows 7、Windows Vistaコンピューターに設定されている以下の項目を確認し、設定したポリシーに合致していない場合に、ネットワーク接続を制限することができます。

- ファイアウォール機能の有効・無効
- ウイルス対策ソフトウェアの有効・無効
- ウイルス対策ソフトウェアの定義情報(パターンファイル)が最新か否か
- スパイウェア対策ソフトウェアの有効・無効
- スパイウェア対策ソフトウェアの定義情報(パターンファイル)が最新か否か
- 自動更新の有効・無効
- セキュリティ更新プログラムに一定のレベル以上のものが適用されているか否か

このように、NAPは非常に有用な機能ですが、関係するシステムやコンポーネントが多いためか、導入をためらう組織も多いようです。そこで本章では、Windows Server 2012 R2サーバーとWindows 8.1などのクライアントコンピューターのみで構成できるシンプルなNAPの構築方法を解説します。

> **重要!** Windows Server 2012 R2では、NAPは「非推奨」というステータスになりました。次期バージョンでは削除される可能性もあります。しかし現状では、他に簡易的に検疫システムを構築する方法がなく、またWindows Server 2012 R2のサポート(延長サポート)は2023年まで実施されるため、本書ではNAPについて解説しています。
>
> **URL** Windows Server 2012 R2 で削除された機能または推奨されなくなった機能
> http://technet.microsoft.com/ja-jp/library/dn303411.aspx

01-01　NAPの特徴と機能

NAPには下表の特徴があります。

■ NAPの特徴

特　徴	説　明
さまざまなネットワークに対応	有線LANや無線LAN、リモートアクセスなど、さまざまなネットワークに対応している
複数の制限機能	DHCPやIPSec、802.1x、VPN、RDゲートウェイ（Remote Desktop Gateway）など、ポリシーに準拠していないコンピューターを制限する方法が多数用意されている
拡張性	NAPのAPIは公開されているので、サードパーティがNAPの機能を拡張できる

また、NAPは下表の4つの機能を持っています。

■ NAPの機能

機　能	説　明
ポリシー検証	コンピューターがポリシーに「準拠」しているのか、「非準拠」なのかを判断する
ネットワークアクセス制限	ポリシーに準拠していないコンピューターのネットワークアクセスを制限する
自動修復	ポリシーに準拠していないコンピューターを自動的に修復する
継続的な準拠	コンピューターがネットワークに接続された際だけでなく、その後も継続的にポリシーへの準拠状況を確認する。また、ポリシーが変更された際に、その変更に準拠するように動的に更新を行う

01-02　NAPの動作イメージ

NAPでは、ネットワークを下表のゾーンに分離・階層化することで、クライアントコンピューターがアクセスできる範囲をその状況によって変更します。

■ NAPのゾーン

ゾーン	説　明
検疫ゾーン	NAPクライアントが一時的に接続するネットワークゾーン。ポリシーへの準拠状況の確認中や準拠していないコンピューター、NAP非対応のコンピューターが接続する
境界ゾーン	**「強制ポイント」**と呼ばれるシステムや、**「修復サーバー」**が配置されているネットワークゾーン。NAPクライアントの準拠状況の確認依頼や、準拠していない場合の修復のために利用する
セキュアゾーン	保護された組織内のネットワーク。NAPクライアントのNAPポリシーをチェックするネットワークポリシーサーバーやドメインコントローラー、ファイルサーバーなどの各種サーバーや社内リソースが含まれる

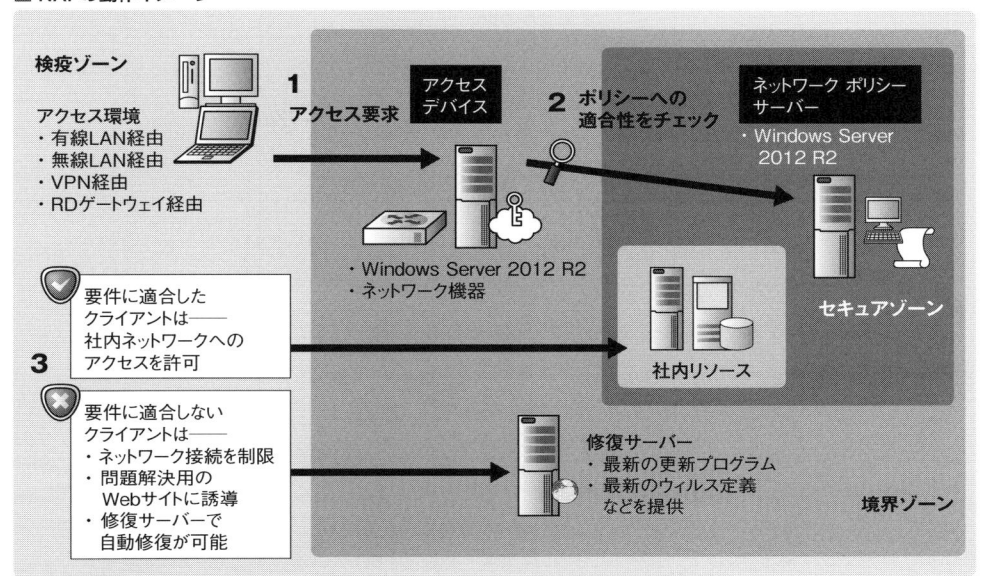

■ NAPの動作イメージ

検疫ゾーン
アクセス環境
・有線LAN経由
・無線LAN経由
・VPN経由
・RDゲートウェイ経由

1 アクセス要求 → アクセスデバイス
・Windows Server 2012 R2
・ネットワーク機器

2 ポリシーへの適合性をチェック → ネットワーク ポリシー サーバー
・Windows Server 2012 R2

セキュアゾーン
社内リソース

3 要件に適合したクライアントは──社内ネットワークへのアクセスを許可

要件に適合しないクライアントは──
・ネットワーク接続を制限
・問題解決用のWebサイトに誘導
・修復サーバーで自動修復が可能

修復サーバー
・最新の更新プログラム
・最新のウィルス定義などを提供

境界ゾーン

01-03 NAPのコンポーネント

　NAPは、クライアント側、サーバー側、またそれ以外のシステムで多数のコンポーネントが動作・連携することで機能します。NAPを構成する主なコンポーネントは「NAPクライアント」、「強制ポイント」、「ネットワークポリシーサーバー」、「修復サーバー」の4つです。

●NAPクライアント

　クライアントコンピューターでは「**NAPクライアント**」と呼ばれるコンポーネントが動作します。NAPクライアントは下表の3つのコンポーネントで構成されており、コンピューターの正常性や健全性の確認や、ポリシーへの準拠状況によるネットワークへの接続制御などを行います。

■ NAPクライアントの構成コンポーネント

コンポーネント名	説　明
システム正常性エージェント	**SHA**（System Health Agent）とも呼ぶ。クライアントコンピューターの正常性や健全性を確認する機能。主にコンピューターのセキュリティ機能が有効であるかを確認する。サードパーティが独自に開発することもできる
NAPエージェント	SHAが収集した「**状態ステートメント**（SoH）」を強制クライアントに渡し、強制クライアントから受け取った返事・応答（SoHR）をSHAに渡す機能
強制クライアント	**EC**（Enforcement Client）とも呼ぶ。実際にネットワーク接続や制限を強制する機能。複数のECが用意されている。強制ポイント上で動作している**ES**（Enforcement Server：強制サーバー）と連携する

● 強制ポイント

強制ポイントは、コンピューターのネットワーク接続を許可または制限するためのアクセスデバイスです。ソフトウェアのものもあれば、ネットワーク機器のようなハードウェアもあります。**ES**（Enforcement Server：強制サーバー）と呼ばれる以下の機能が存在しています。

- ES DHCP
- ES IPSec
- ES 802.1x
- ES VPN
- ES リモートデスクトップゲートウェイ

● ネットワークポリシーサーバー

ネットワークポリシーサーバー（NPS）は、NAPクライアントのポリシー準拠状況を確認するためのサーバーです。Windows Server 2012 R2上で動作します。ネットワークポリシーサーバーは下表の3つのコンポーネントで構成されます。

■ ネットワークポリシーサーバーの構成コンポーネント

コンポーネント名	説 明
システム正常性検証ツール	**SHV**（System Health Validator）とも呼ぶ。クライアントコンピューターから送られてきた「状態ステートメント（SoH）」を元に、ポリシーに準拠しているか非準拠かを検証する。サードパーティが独自に開発することもできる
NAP 管理サーバー	強制ポイントから送られてきたクライアントコンピューターのSoH を SHV に渡すなどの中継処理や各種管理を行う
NPS サービス	RADIUS をベースとしたサービス

● 修復サーバー

修復サーバーは、ポリシーに準拠していないコンピューターの修復を手助けするサーバーです。最新の更新プログラムを配信する**WSUSサーバー**（⇒P.462）や、最新のウイルス定義ファイルを提供する**マルウェア対策サーバー**が修復サーバーに含まれます。なお、修復サーバーはNAPを構成する際に必須ではありません。

> **Column WSHA と WSHV**
>
> **WSHA**（Windows SHA）と**WSHV**（Windows SHV）は、Windowsが持つ標準的なSHA（System Health Agent：正常性エージェント）とSHV（System Health Validator：正常性検証ツール）です。これらのツールがWindows 8/8.1やWindows 7のアクションセンターや、Windows Vistaのセキュリティセンターと連動して、クライアントコンピューターの正常性や健全性に関する情報の収集や、その検証を行います。
> WSHVはネットワークポリシーサーバー側で複数作成できます。検証する設定の組み合わせを変えたものを複数作成し、それを複数のポリシーに割り当てることができます。
> また、ポリシー側でそれが適用されるコンピューターグループなどを条件として設定しておけば、コンピューターの役割や用途によって使い分けることも可能です。

■ NAPのアーキテクチャーの全体図

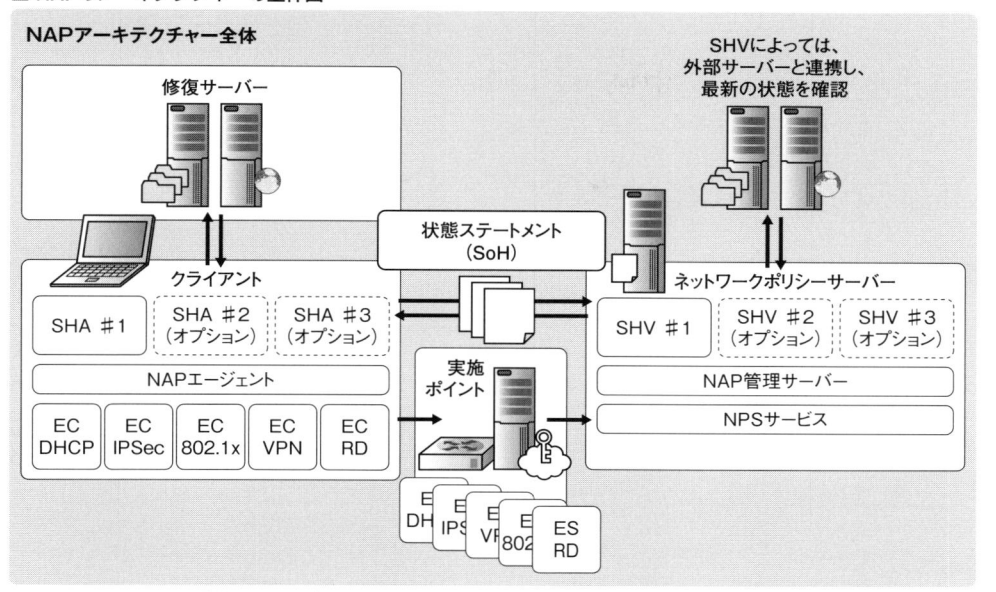

※SHA：システム正常性エージェント（System Health Agent）
※SHV：システム正常性検証ツール（System Health Validator）
※EC：強制クライアント（Enforcement Client）
※ES：強制サーバー（Enforcement Server）

01-04　NAPのポリシー

　ネットワークポリシーサーバーで管理される「**ポリシー**」には下表の3種類があります。NAP環境を効率よく、トラブルなく運用するには、各ポリシーの目的や連携方法を理解しておくことが必要です。

■ NAPのポリシー

ポリシー名	説明
接続要求ポリシー	RADIUS プロトコルのための標準的なポリシー。**NAP 強制オプション**として動作している DHCP サーバーや、IPSec のための HRA や 802.1x 対応デバイスからの RADIUS プロトコルによる要求に対応する
ネットワークポリシー	NAP クライアントへの制限を決定するポリシー。下記の「正常性ポリシー」の検証結果に応じて制限内容を決定する。RADIUS の標準的なポリシー
正常性ポリシー	NAP クライアントから送信されてきた SoH の情報と、SHV（システム正常性検証ツール）の設定の一致状況（すべて一致しているか、不一致なのか）を調べる NAP 独自のポリシー。標準の SHV である「Windows SHV」であれば、ファイアウォールやアンチウイルスなどの設定がすべて一致していれば「**準拠**」とみなし、1 つでも不一致であれば「**非準拠**」とみなす

01-05 NAPの強制オプション

NAPを使用してクライアントコンピューターのアクセス制限を行うには、「**NAPの強制オプション**」と呼ばれる**検疫方法**を選択して設定します。強制オプションには以下の5種類があります。それぞれにメリット・デメリットがあるので特徴を理解したうえで、適切なものを1つ、または複数選択して設定してください。

●DHCP強制

DHCP強制は、Windows Server 2012 R2などの**DHCPサーバーを強制ポイントにする構成**です。ポリシーに準拠しているコンピューターには通常のIPアドレスや各種情報を割り当てますが、非準拠のコンピューターにはデフォルトゲートウェイのIPアドレスを割り当てなかったり、他のコンピューターとの通信を制限したりします。

DHCP強制は比較的簡単に構築できますが、IPアドレスが固定で割り当てられているコンピューターには効果がなく、またIPv4にしか対応していません。

●IPSec強制

IPSec強制は、**HRA**（Health Registration Authority：正常性登録機関）と呼ばれる、Windows Server 2012 R2などの**特別な役割を強制ポイントとする構成**です。ポリシーに準拠したコンピューターにはHRAから発行された証明書を使用してIPSec通信を許可しますが、非準拠のコンピューターには証明書を発行しません。

IPSec強制は、すべての通信にIPSecを使用するので認証や暗号化が強力になりますが、HRAやPKI、IPSecなどの高度な技術を運用するだけの高いスキルを必要とします。

> **Tips** NAPのIPSec強制については、筆者が執筆した以下のマイクロソフトのホワイトペーパが参考になるはずです。このドキュメントでは、NAPのIPSec強制を用いて、DirectAccessによる組織内ネットワークへのアクセスを検査、検疫する方法について解説しています。
>
> **URL** Windows Server 2012 DirectAccess 環境のセキュリティ強化
> http://download.microsoft.com/download/B/F/4/BF474812-BE9E-41CE-9F5F-6C6E2F0B5B22/WS2012_DirectAccess_SecurityUp_StepByStepGuide.pdf

●802.1x強制

802.1x強制は、**802.1xに対応したネットワーク機器**を使用して、ポリシーに準拠したコンピューターには正しいVLANを、非準拠のコンピューターには制限のあるVLANを割り当てる構成です。

802.1x強制では、802.1xをサポートしているスイッチングハブや無線LANのアクセスポイントを利用してセキュアなネットワークを構築できますが、対応機器を別途調達したり、VLANを含めたネットワークの設計が必要になります。

● **VPN強制**

VPN強制は、Windows Server 2012 R2コンピューターを**VPNサーバー**として、外部ネットワークからアクセスしてきたコンピューターがポリシーに準拠していれば受け入れて、非準拠の場合は受け入れない、といった**フィルター機能を使った構成**です。

このオプションは、VPN環境を必要とする場合にしか選択できず、またWindows Server 2012 R2以外の機器（VPNルーターなど）が導入済みの場合はそのリプレースが必要になります。

● **リモートデスクトップゲートウェイ強制**

リモートデスクトップゲートウェイ強制は、Windows Server 2012 R2コンピューターを**リモートデスクトップゲートウェイ**（RDゲートウェイ）サーバーとして使用している場合に利用できる構成です。外部ネットワークからターミナルサービスにアクセスしてきたコンピューターがポリシーに準拠していればターミナルサーバーに中継し、準拠していなければ中継しません。

このオプションは、リモートデスクトップゲートウェイを使用した外部からのターミナルサービスへのアクセスを必要とするような環境でしか選択できず、また**自動修復機能**を利用できないとった制約もあります。

01-06　NAPの展開順序

NAP環境を構築すると、セキュリティレベルが低いコンピューターのネットワーク接続を制限できますが、構築手順を誤るとすべてのコンピューターがネットワーク接続できなくなる恐れもあります。そのため、いきなり制限をかけるのではなく、下表の3ステップで展開することをお勧めします。

■ NAPの展開順序

順　序	展開内容	説　明
1.	完全なネットワークアクセスを許可する	展開のための最初のステップ。NAP 強制（⇒ P.664）で[完全なネットワークアクセスを許可する]を選択する。この設定を選択すると、非準拠や非対応のネットワークポリシーに合致した場合でもネットワークへの接続が制限されることはない。 その一方で「このポリシーに合致した」ということはログに記録されるので、まずはこの設定で運用し、その間にログを確認する。なお、この設定は「報告モード」とも呼ばれている
2.	時間を限定して完全なネットワークアクセスを許可する	2番目のステップ。NAP 強制で[時間を限定して完全なネットワークアクセスを許可する]を選択し、ネットワーク接続制限を加え始める日時を指定する。これにより、指定した日時までは制限なくネットワークにアクセスすることが可能となる
3.	制限付きアクセスを許可する	最終ステップ。NAP 強制で[制限付きアクセスを許可する]を選択する。非準拠や非対応ポリシーに合致したコンピューターは制限されたネットワーク接続しかできなくなる。なお、[構成]をクリックすると表示される[修復サーバーとトラブルシューティングのURL]には、ユーザーが修復を行うための手助けとなるサーバーやWebページを登録しておくことができる

02 NAP DHCPの構築

　ここからはDHCP強制によるNAP環境である「**NAP DHCP**」を構築する手順を解説します。NAP DHCPはWindows Server 2012 R2コンピューターがあれば容易に構築できます。本書の例ではActive Directoryドメインのメンバーサーバー **TKO-NAP01** に対して、DHCPサーバーとネットワークポリシーサーバーをセットアップします※。

　※DHCPサーバーの設定方法については「Chapter 26 DHCPサーバーの構築と管理」(⇒P.521)を参照してください。

02-01 役割の追加

　[DHCPサーバー]と[ネットワークポリシーとアクセスサービス]の役割を追加します。管理者でサインインして、サーバーに静的IPアドレスが割り当てられていることを確認したうえで、サーバーマネージャーから[役割と機能の追加ウィザード](⇒P.52)を起動して、以下の手順を実行します。

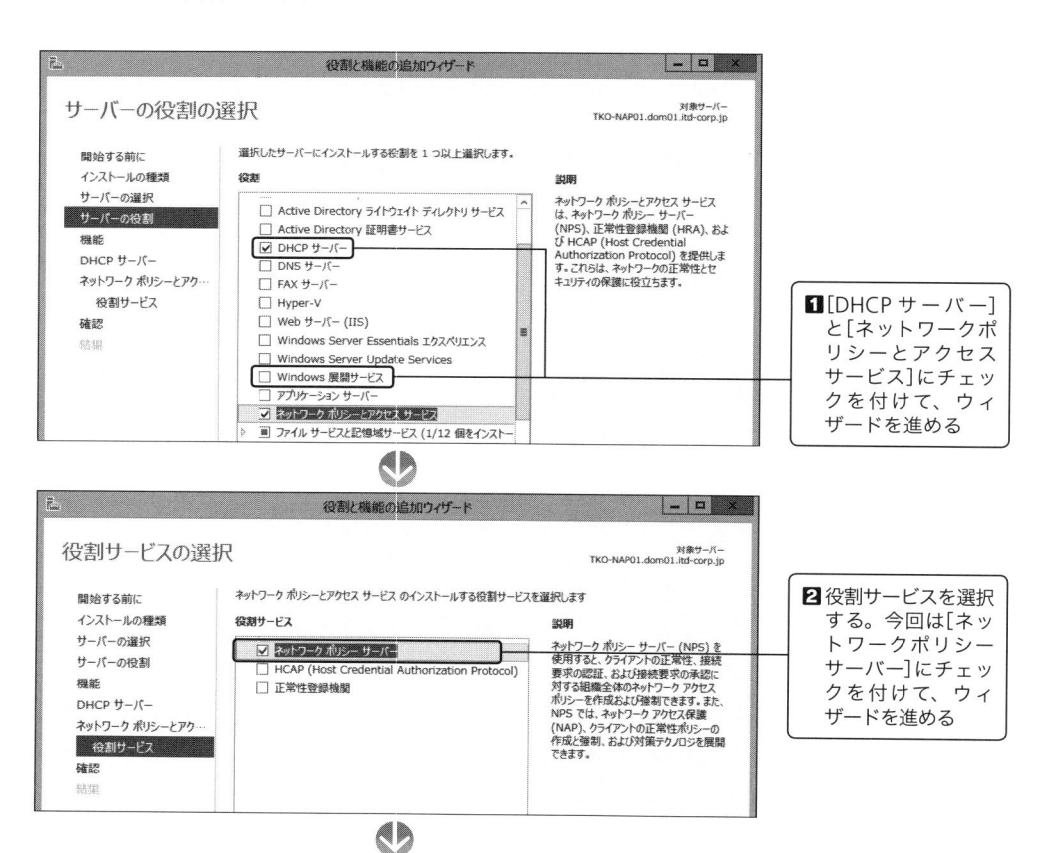

1 [DHCP サーバー]と[ネットワークポリシーとアクセスサービス]にチェックを付けて、ウィザードを進める

2 役割サービスを選択する。今回は[ネットワークポリシーサーバー]にチェックを付けて、ウィザードを進める

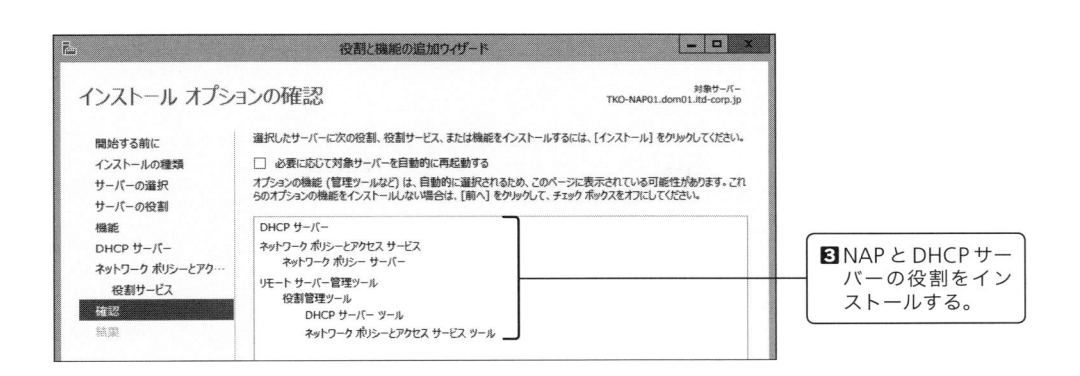

02 NAP DHCPの構築

❸ NAPとDHCPサーバーの役割をインストールする。

上記の手順を実行して必要な役割をインストールしたら、[DHCPインストール後の構成ウィザード]を使用して、DHCPサーバーの承認処理を行ってください(⇒P.522)。

02-02 ネットワークポリシーサーバーの構成

続いてネットワークポリシーサーバーの設定を行います。サーバーマネージャーの[ツール]メニューから[ネットワークポリシーサーバー]を開いて以下の手順を実行します。

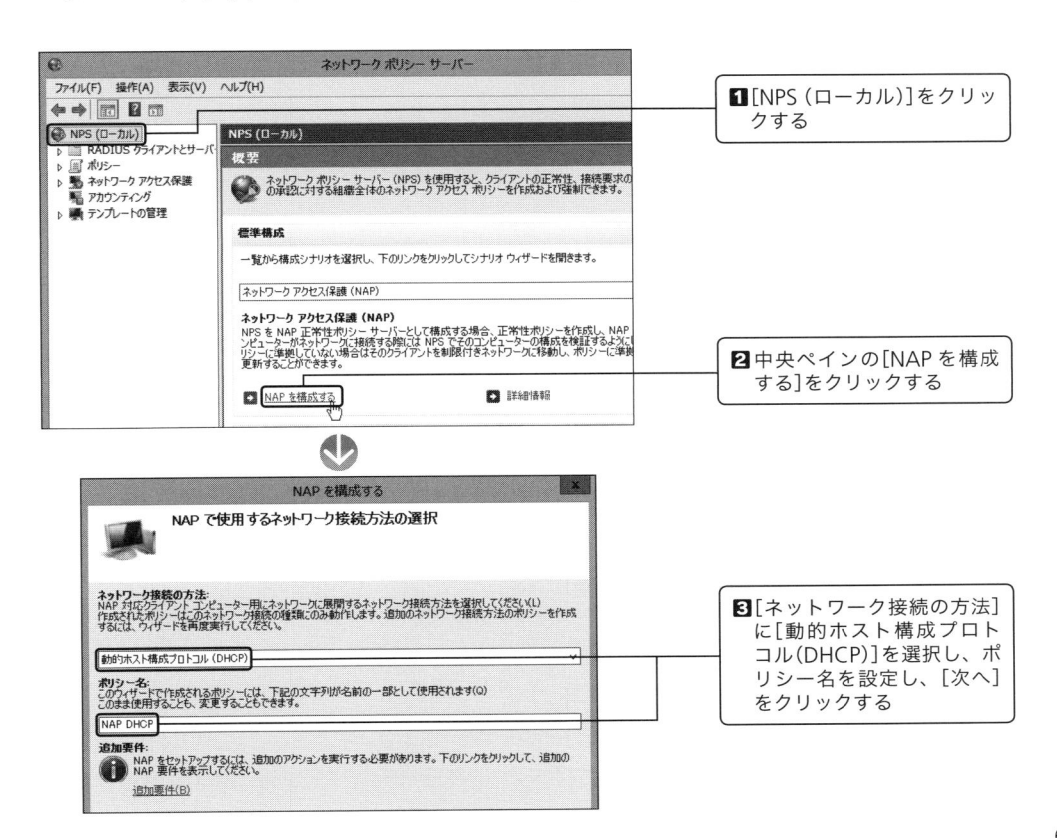

❶ [NPS(ローカル)]をクリックする

❷ 中央ペインの[NAPを構成する]をクリックする

❸ [ネットワーク接続の方法]に[動的ホスト構成プロトコル(DHCP)]を選択し、ポリシー名を設定し、[次へ]をクリックする

651

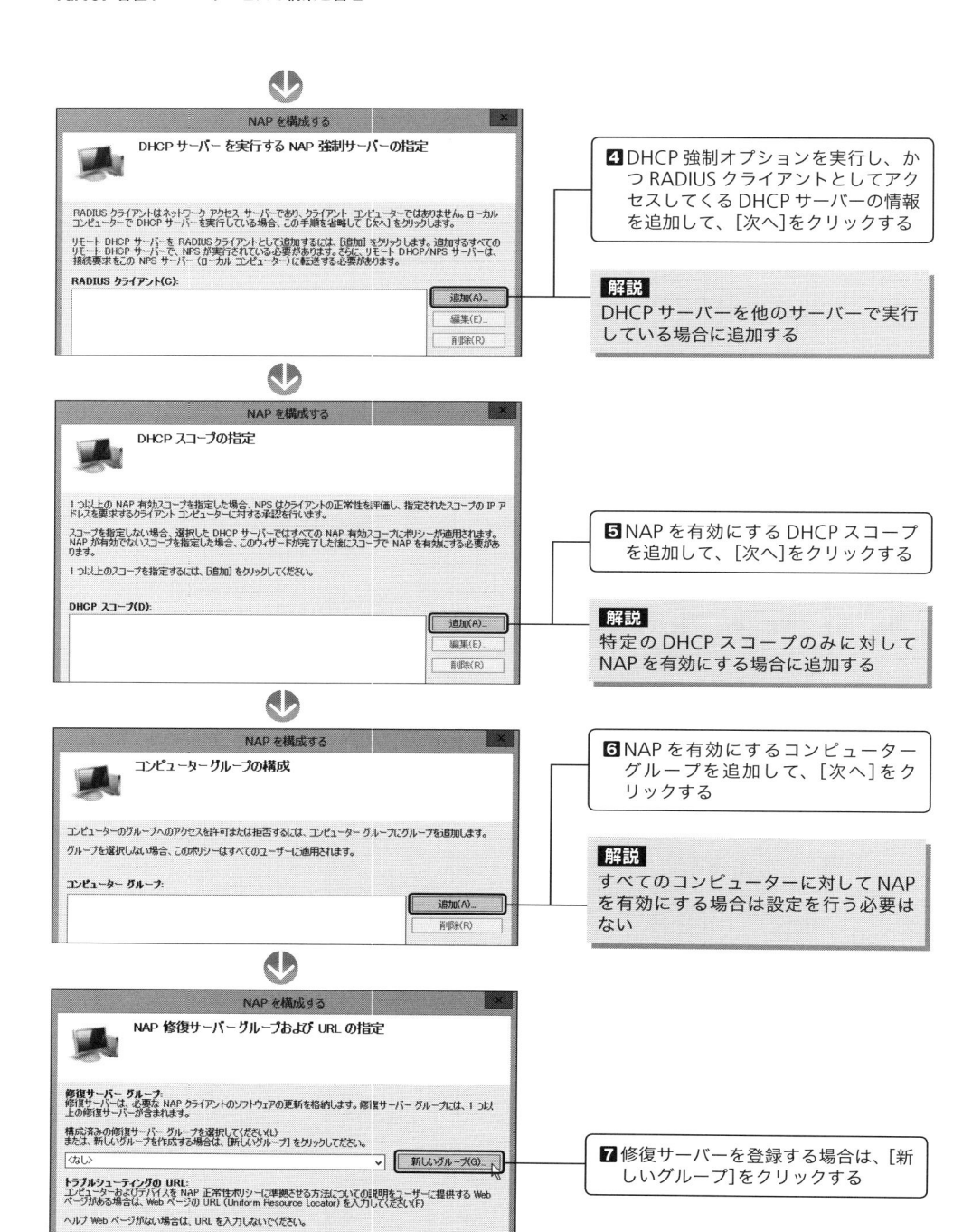

Part 07 各種サーバーサービスの構築と管理

4 DHCP 強制オプションを実行し、かつ RADIUS クライアントとしてアクセスしてくる DHCP サーバーの情報を追加して、[次へ]をクリックする

解説
DHCP サーバーを他のサーバーで実行している場合に追加する

5 NAP を有効にする DHCP スコープを追加して、[次へ]をクリックする

解説
特定の DHCP スコープのみに対して NAP を有効にする場合に追加する

6 NAP を有効にするコンピューターグループを追加して、[次へ]をクリックする

解説
すべてのコンピューターに対して NAP を有効にする場合は設定を行う必要はない

7 修復サーバーを登録する場合は、[新しいグループ]をクリックする

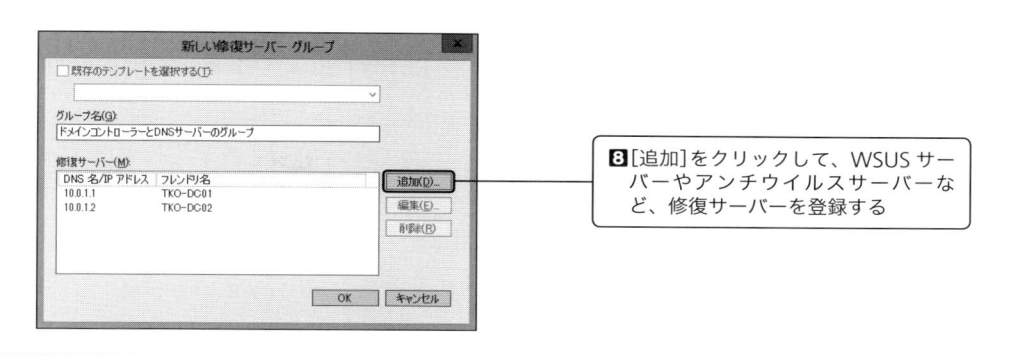

02 NAP DHCPの構築

8 [追加]をクリックして、WSUS サーバーやアンチウイルスサーバーなど、修復サーバーを登録する

> **Tips** WSUSサーバーやアンチウイルスサーバーを修復サーバーとして登録する場合は、[新しいグループ]をクリックして登録しておいてください。本書の例ではDNSサーバー兼ドメインコントローラーを修復サーバーグループとして登録します。

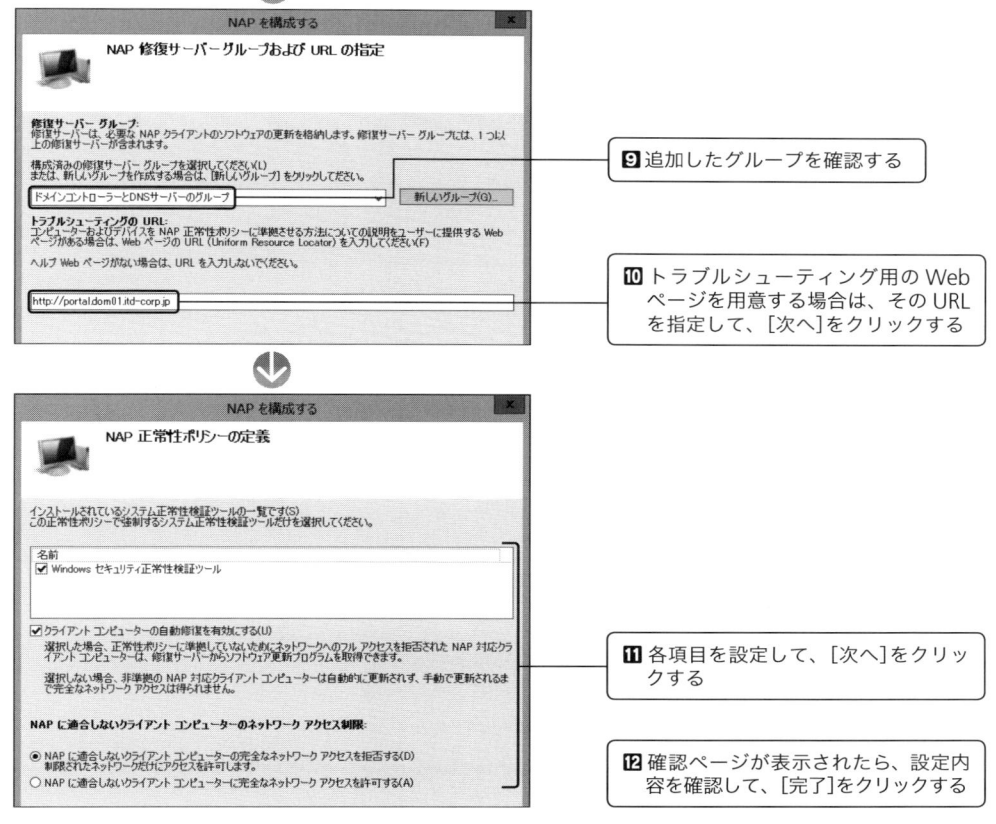

9 追加したグループを確認する

10 トラブルシューティング用の Web ページを用意する場合は、その URL を指定して、[次へ]をクリックする

11 各項目を設定して、[次へ]をクリックする

12 確認ページが表示されたら、設定内容を確認して、[完了]をクリックする

Part 07 各種サーバーサービスの構築と管理

■ [NAP正常性ポリシーの定義]ページの設定項目

設定項目	説　明
Windowsセキュリティ正常性検証ツール	インストールされているシステム正常性検証ツールが表示されるので、利用するツールにチェックを付ける
クライアントコンピューターの自動修復を有効にする	このオプションを有効にすると、正常性ポリシーに準拠していないNAPクライアントの自動修復が実行される。無効の場合は自動修復が行われないため、手動での修復が必要となる
NAPに適合しないクライアントコンピューターのネットワークアクセス制限	NAP非対応のクライアントコンピューターに対する動作を設定する。[NAPに適合しないクライアントコンピューターの完全なネットワークアクセスを拒否する]を選択すると、NAP非対応クライアントはネットワークアクセスができなくなる。 一方、[NAPに適合しないクライアントコンピューターに完全なネットワークアクセスを許可する]を選択すると、NAP非対応クライアントであってもネットワークアクセスはできるようになる

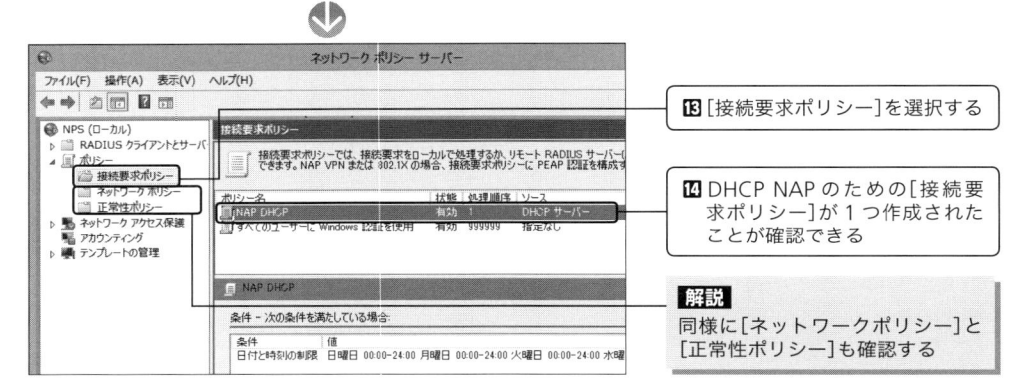

🔻

13 [接続要求ポリシー]を選択する

14 DHCP NAPのための[接続要求ポリシー]が1つ作成されたことが確認できる

解説
同様に[ネットワークポリシー]と[正常性ポリシー]も確認する

02-03 WSHVの設定

続いて、**WSHV**（Windows SHV）を設定します。[ネットワークポリシーサーバー]管理ツールで[**NPS（ローカル）**]→[**ネットワークアクセス保護**]→[**システム正常性検証ツール**]→[**Windowsセキュリティ正常性検証ツール**]を展開して、以下の手順を実行します。

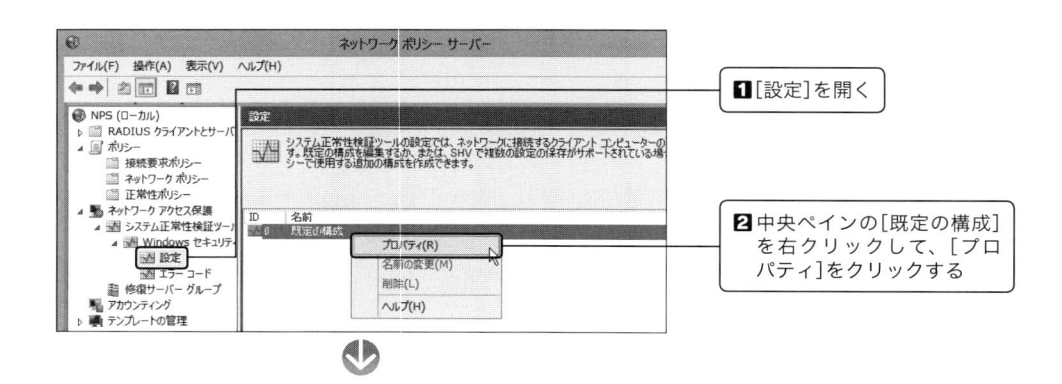

1 [設定]を開く

2 中央ペインの[既定の構成]を右クリックして、[プロパティ]をクリックする

🔻

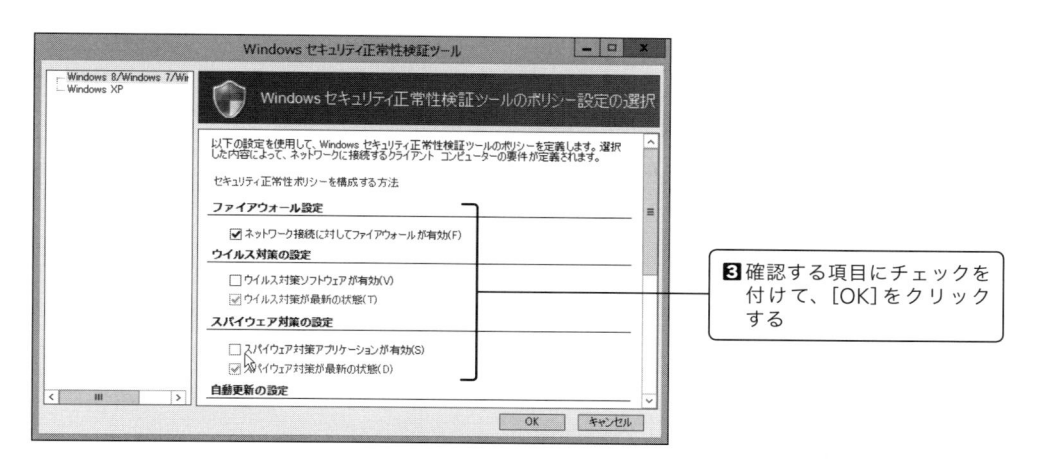

[画面: Windows セキュリティ正常性検証ツールのポリシー設定の選択]

❸ 確認する項目にチェックを付けて、[OK]をクリックする

02-04　DHCPサーバーの構成

　DHCP NAPを強制するために、DHCPサーバーの設定を行います。サーバーマネージャーの[ツール]メニューから[**DHCP**]を開いて、以下の手順を実行します。

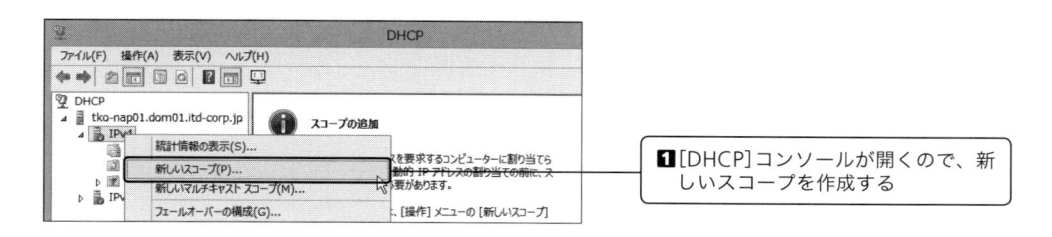

❶ [DHCP]コンソールが開くので、新しいスコープを作成する

> **Tips**　スコープの作成方法については「Chapter 26 DHCPサーバーの構築と管理(⇒P.522)を参照してください。

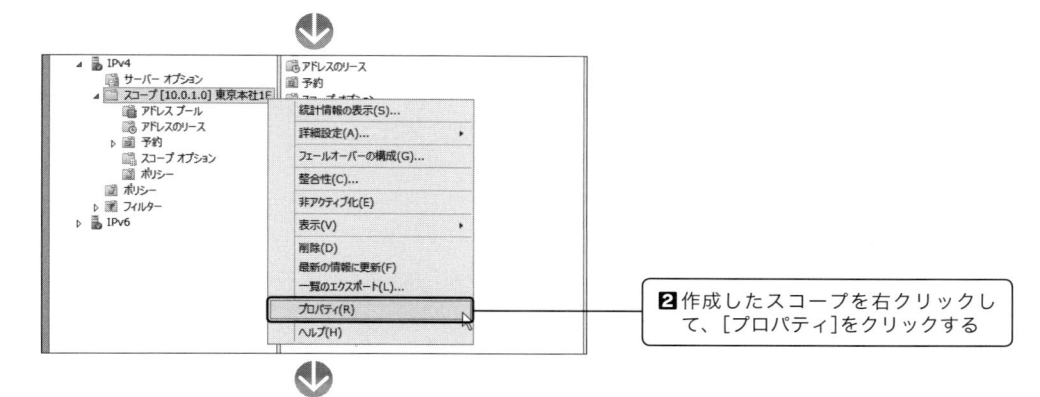

❷ 作成したスコープを右クリックして、[プロパティ]をクリックする

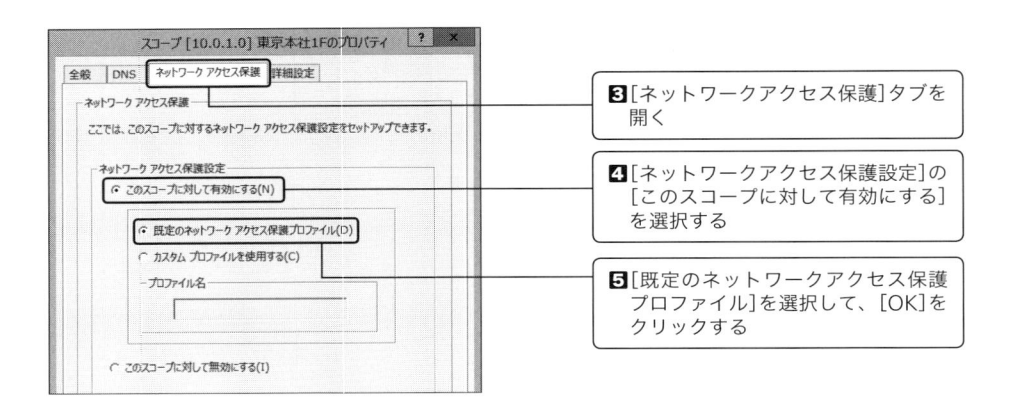

3 [ネットワークアクセス保護]タブを開く

4 [ネットワークアクセス保護設定]の[このスコープに対して有効にする]を選択する

5 [既定のネットワークアクセス保護プロファイル]を選択して、[OK]をクリックする

NAP準拠時のスコープオプションの確認

続いてスコープオプションの確認や設定を行います。最初にNAP準拠時のデフォルトのスコープオプションの設定を確認します。

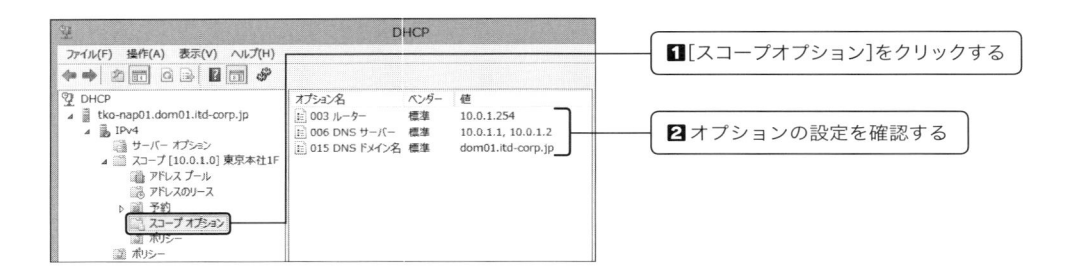

1 [スコープオプション]をクリックする

2 オプションの設定を確認する

本書の例では、NAPによって検疫・制限されない場合のデフォルトのスコープオプションを下表のように設定しています。

■ 本書の設定例

利用可能なオプション	設定値
003 ルーター	10.0.1.254
006 DNS サーバー	10.0.1.1 10.0.1.2
015 DNS ドメイン名	dom01.itd-corp.local

> **Tips** オプションの変更や追加などを行う場合は、[スコープオプション]を右クリックして、[オプションの構成]をクリックし、表示される[スコープオプション]画面で設定します。

NAP非準拠時のスコープオプションの設定

次に**NAP非準拠時**、つまり検疫された際に制限を行うためのスコープオプションを設定します。

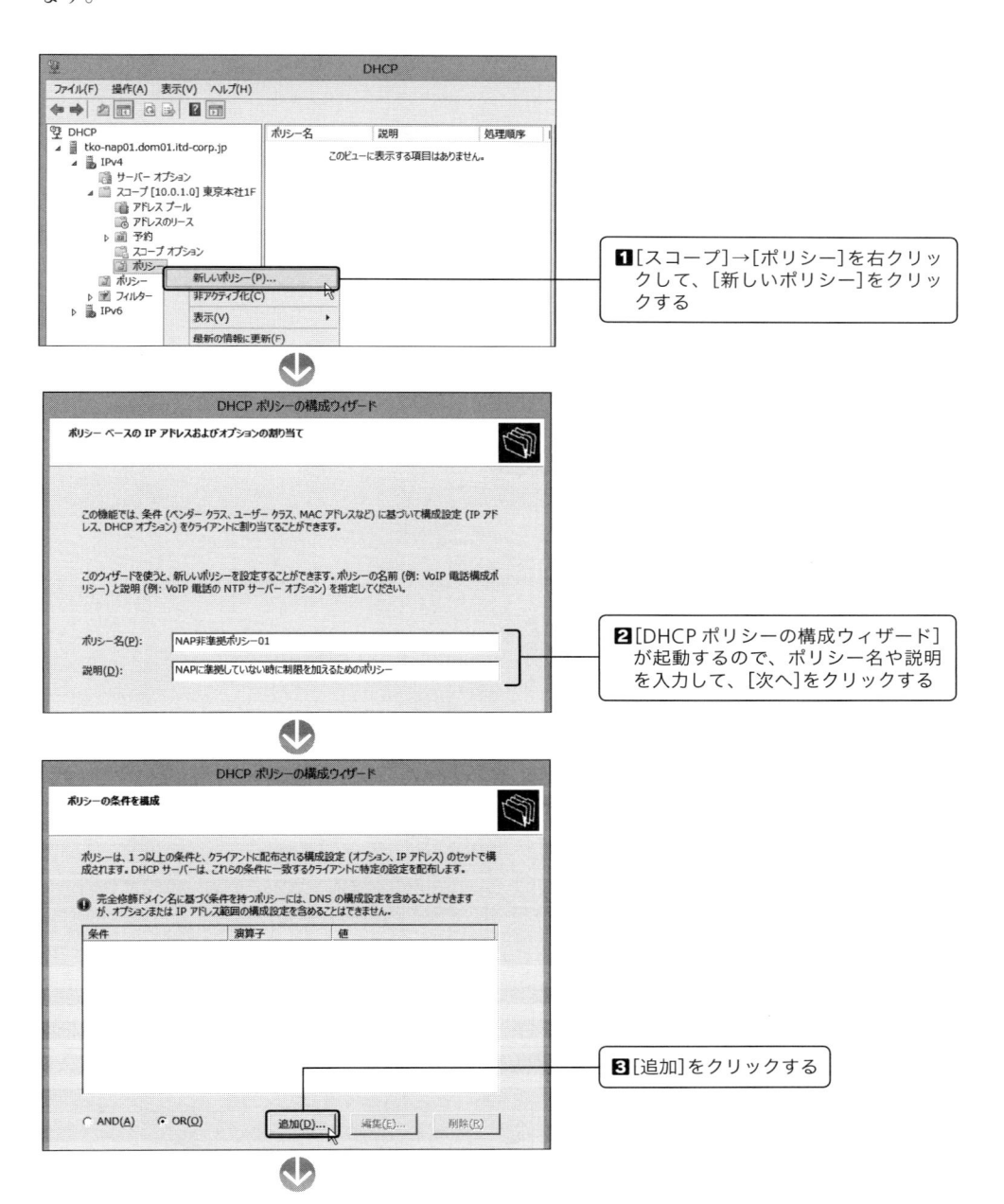

1 [スコープ]→[ポリシー]を右クリックして、[新しいポリシー]をクリックする

2 [DHCP ポリシーの構成ウィザード]が起動するので、ポリシー名や説明を入力して、[次へ]をクリックする

3 [追加]をクリックする

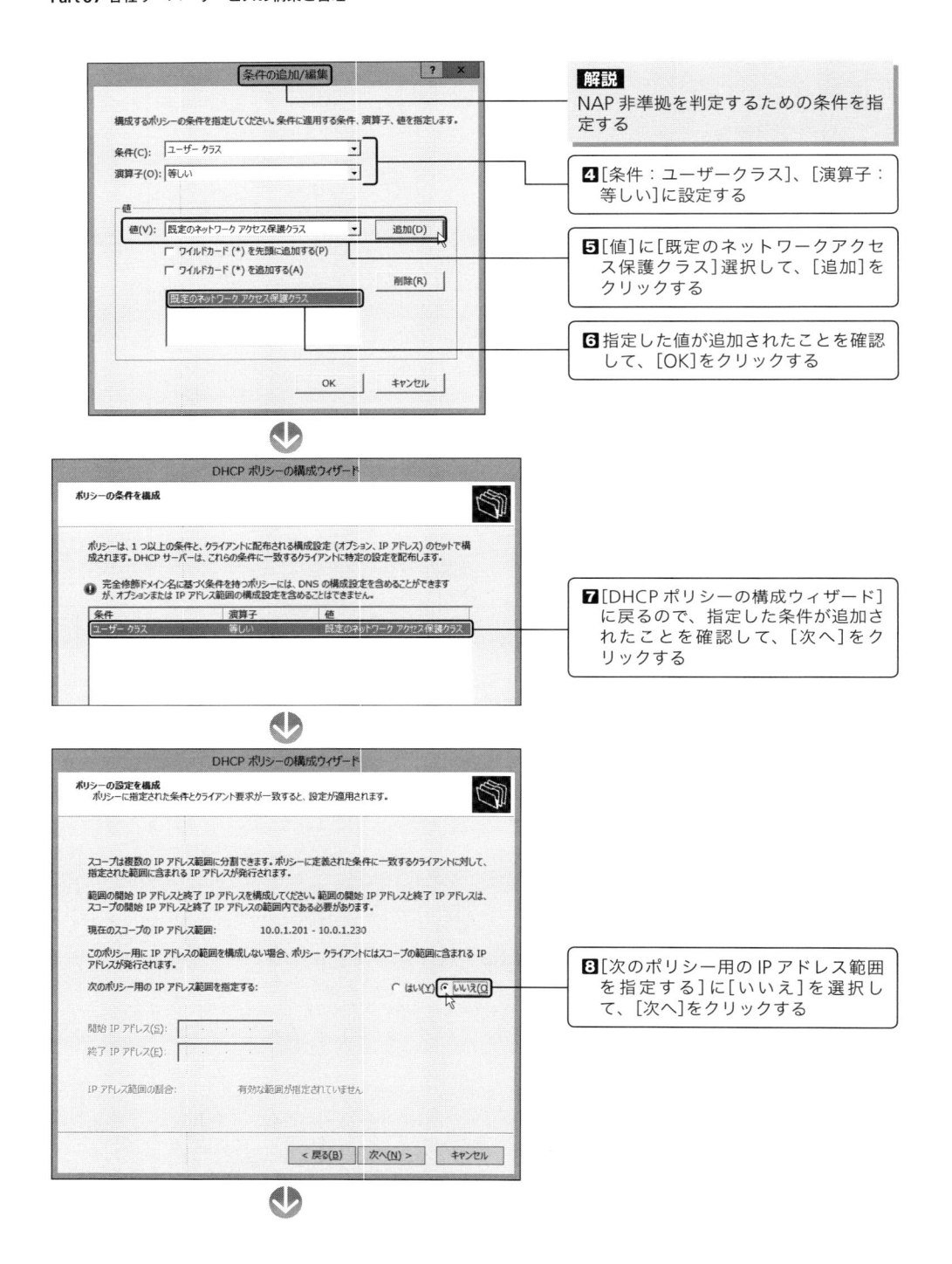

Part 07 各種サーバーサービスの構築と管理

解説
NAP 非準拠を判定するための条件を指定する

4 [条件：ユーザークラス]、[演算子：等しい]に設定する

5 [値]に[既定のネットワークアクセス保護クラス]選択して、[追加]をクリックする

6 指定した値が追加されたことを確認して、[OK]をクリックする

7 [DHCP ポリシーの構成ウィザード]に戻るので、指定した条件が追加されたことを確認して、[次へ]をクリックする

8 [次のポリシー用の IP アドレス範囲を指定する]に[いいえ]を選択して、[次へ]をクリックする

658

❾ NAP 非準拠時のスコープオプションを設定して、[次へ]をクリックする

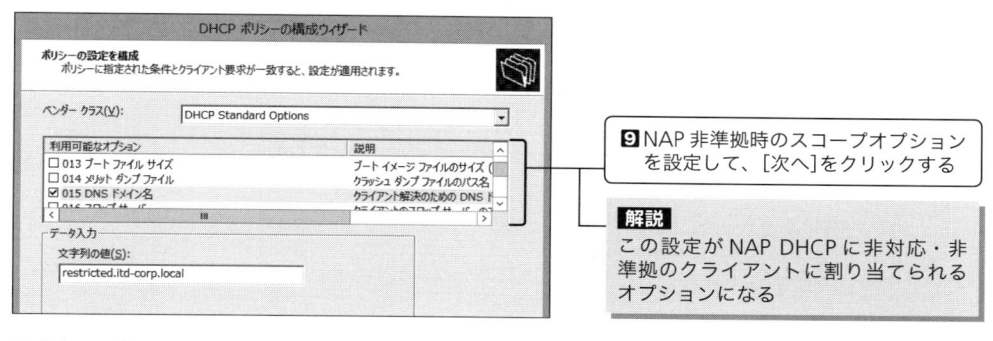

解説
この設定が NAP DHCP に非対応・非準拠のクライアントに割り当てられるオプションになる

■ 本書の設定例

利用可能なオプション※	設定値
006 DNS サーバー	10.0.1.1 10.0.1.2
015 DNS ドメイン名	restricted.itd-corp.local

※修復サーバーが他のネットワークセグメントにある場合は[003 ルーター]でデフォルトゲートウェイを指定することをお勧めします。

❿ 設定を確認して、[完了]をクリックして閉じる

以上でネットワークポリシーサーバーとDHCPサーバーの設定は完了です。続いてクライアントコンピューターの設定を行います。

02-05 グループポリシーによるNAPクライアントの設定

クライアントコンピューターで**NAPクライアント**を利用するには、いくつかの設定変更が必要です。ここではNAPクライアント用の**GPO**（グループポリシーオブジェクト）を作成してドメインにリンクし、NAPクライアントを設定する方法を解説します※。

ドメインコントローラーで以下の操作を実行します。

※手動でNAPクライアントを設定する方法についてはP.663を参照してください。

NAPクライアントをまとめるグループの作成

まず、［Active Directoryユーザーとコンピューター］を使用して、NAPクライアントにするコンピューターをまとめるためのグループを作成します。

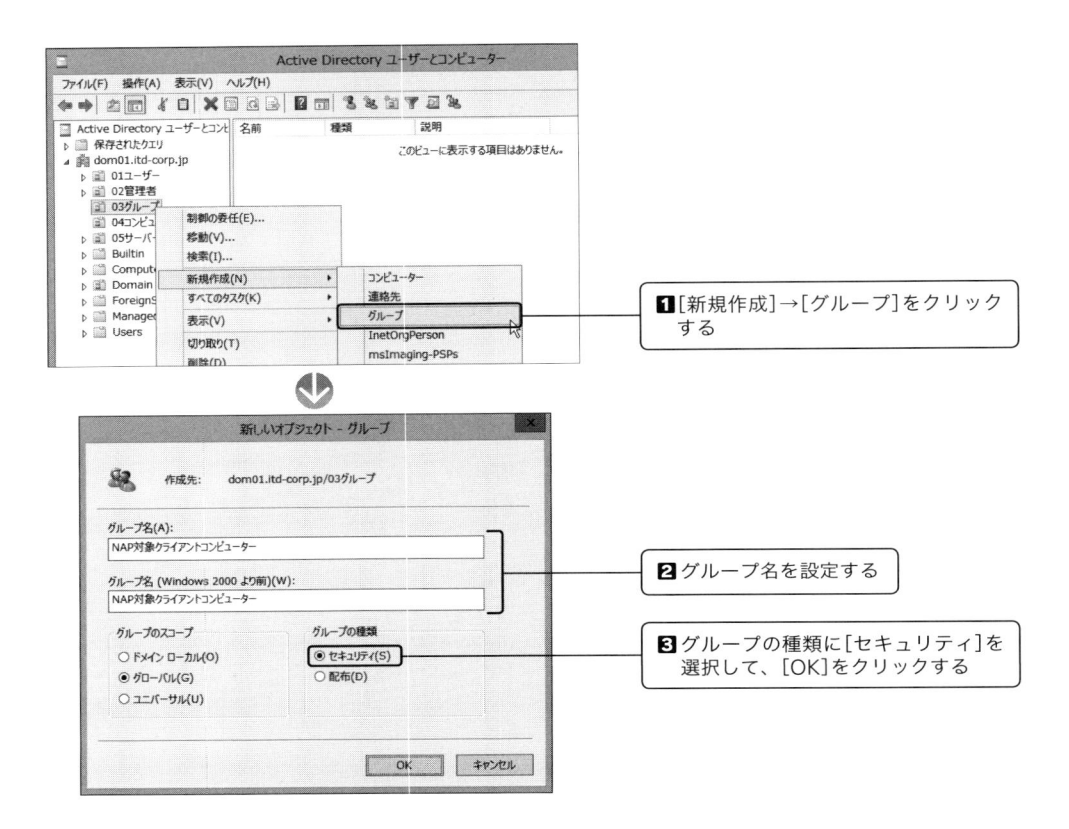

1 ［新規作成］→［グループ］をクリックする

2 グループ名を設定する

3 グループの種類に［セキュリティ］を選択して、［OK］をクリックする

グループを作成したら、NAPの対象とするコンピューターアカウントをメンバーに追加してください（⇒P.233）。

GPOの作成

続いて、**GPMC**（グループポリシー管理コンソール）を使用して、NAPのためのGPOを作成します。先に作成したNAPクライアントにするコンピューターをまとめたグループだけに適用されるようなセキュリティフィルターを設定します。

GPMCを起動して、GPOを新規に作成してから、次の手順を実行します。

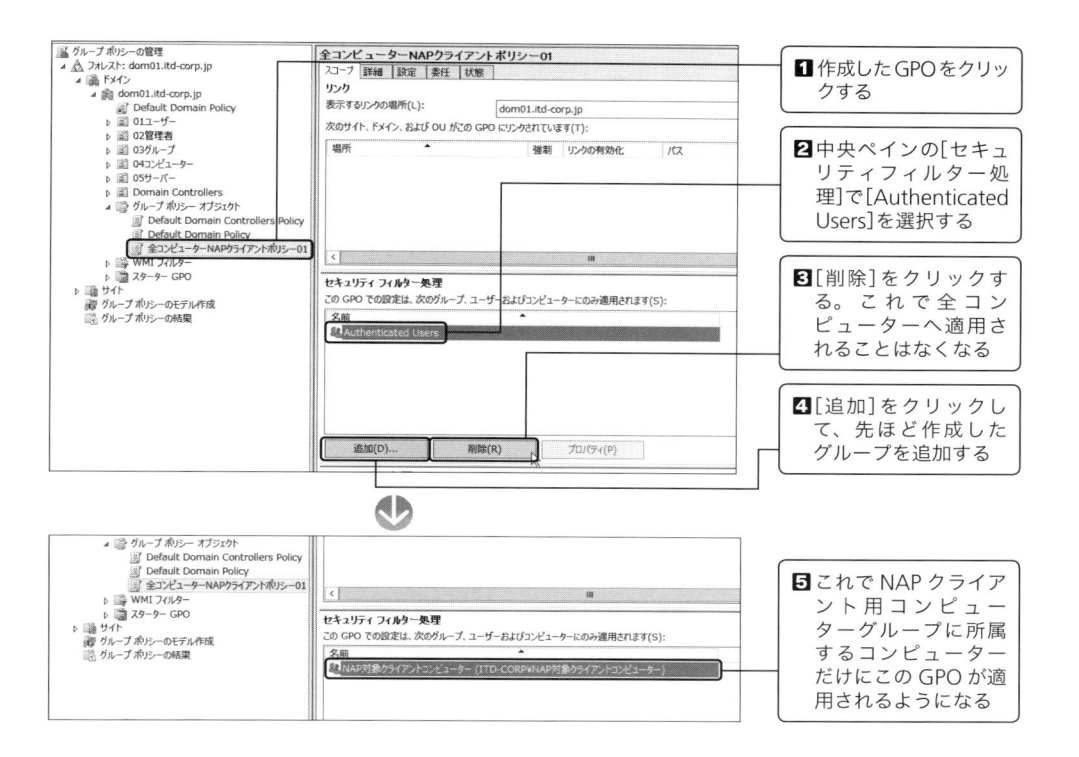

1 作成したGPOをクリックする

2 中央ペインの[セキュリティフィルター処理]で[Authenticated Users]を選択する

3 [削除]をクリックする。これで全コンピューターへ適用されることはなくなる

4 [追加]をクリックして、先ほど作成したグループを追加する

5 これでNAPクライアント用コンピューターグループに所属するコンピューターだけにこのGPOが適用されるようになる

GPOの編集

続いてGPOを編集します。ここでは、NAPクライアント用サービスを自動起動するための設定と、DHCP強制クライアントの有効化のための設定、セキュリティセンターの有効化のための設定を行います。**[コンピューターの構成]→[ポリシー]→[Windowsの設定]→[セキュリティの設定]**を展開して、以下の手順を実行します。

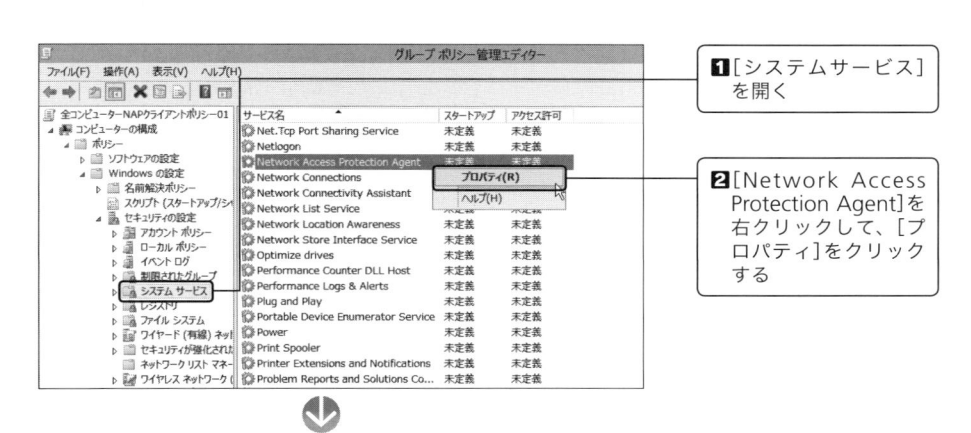

1 [システムサービス]を開く

2 [Network Access Protection Agent]を右クリックして、[プロパティ]をクリックする

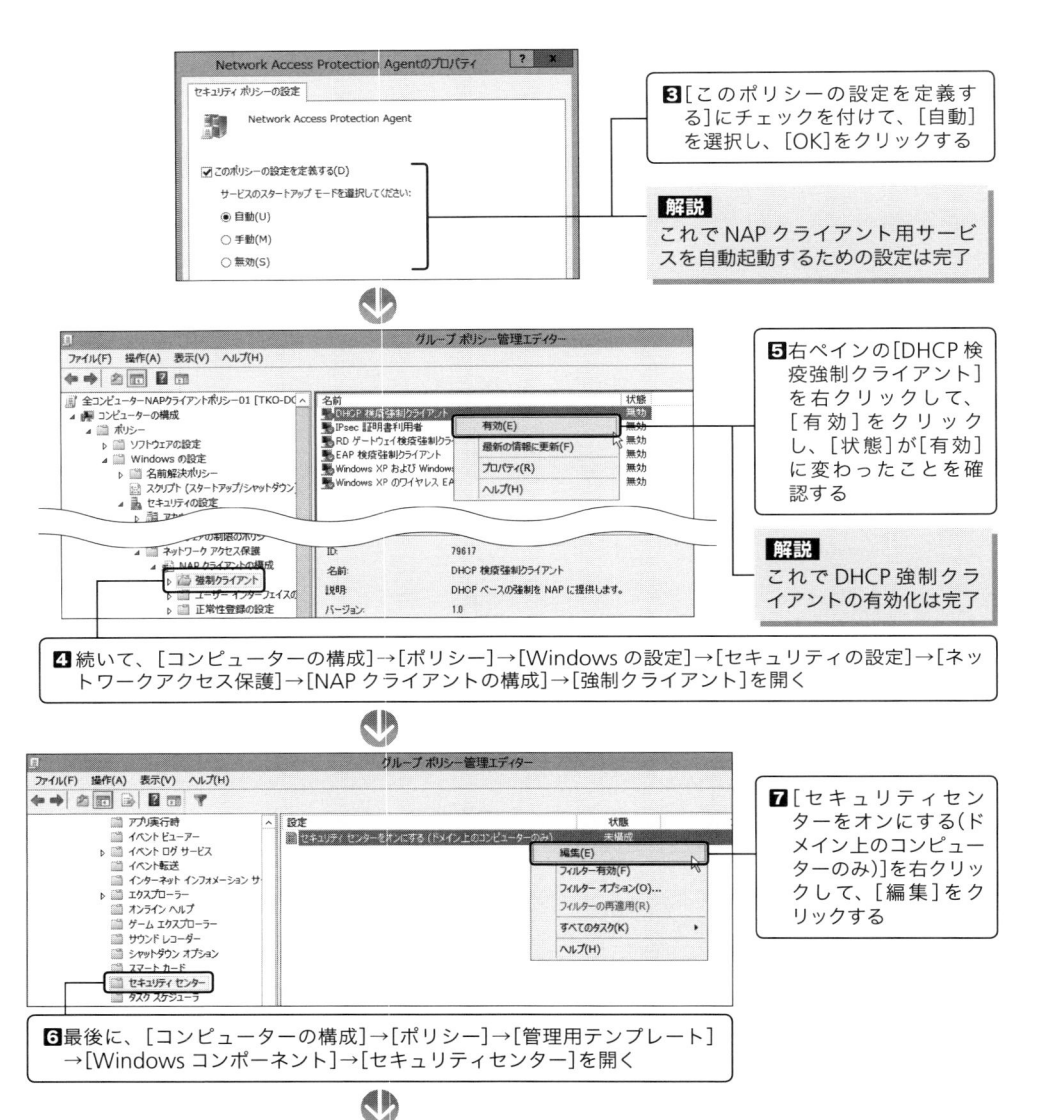

Part 07 各種サーバーサービスの構築と管理

3 [このポリシーの設定を定義する]にチェックを付けて、[自動]を選択し、[OK]をクリックする

解説
これで NAP クライアント用サービスを自動起動するための設定は完了

5 右ペインの[DHCP 検疫強制クライアント]を右クリックして、[有効]をクリックし、[状態]が[有効]に変わったことを確認する

解説
これで DHCP 強制クライアントの有効化は完了

4 続いて、[コンピューターの構成]→[ポリシー]→[Windows の設定]→[セキュリティの設定]→[ネットワークアクセス保護]→[NAP クライアントの構成]→[強制クライアント]を開く

7 [セキュリティセンターをオンにする(ドメイン上のコンピューターのみ)]を右クリックして、[編集]をクリックする

6 最後に、[コンピューターの構成]→[ポリシー]→[管理用テンプレート]→[Windows コンポーネント]→[セキュリティセンター]を開く

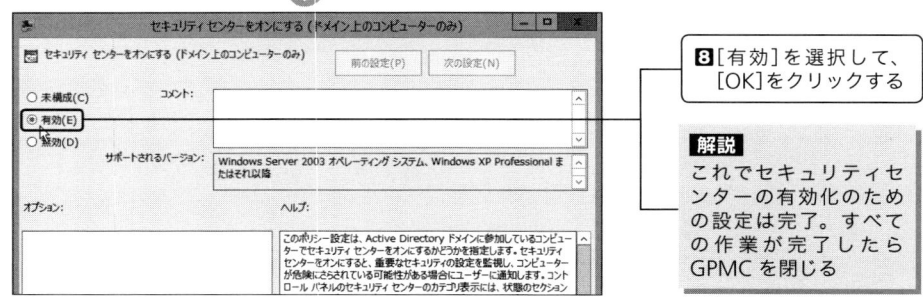

8 [有効]を選択して、[OK]をクリックする

解説
これでセキュリティセンターの有効化のための設定は完了。すべての作業が完了したら GPMC を閉じる

ドメインへのリンク

NAP用のGPOを作成ができたら、それをドメインにリンクします（⇒P.252）。

> **Tips**
> 本書の例ではグループポリシーのセキュリティフィルター機能を使って、NAPクライアント用コンピューターのグループにGPOに割り当てています。このようなグループ設定を行わずにドメインにNAP用のGPOをリンクすると、NAPの設定がすべてのコンピューターに適用されます。そのような動作を避けたい場合は、NAPクライアントをまとめるOUを作成してから、それにこのGPOをリンクするような設定にしてください。

以上でDHCP NAPを利用するための設定は完了です。このポリシーはすでに有効になっています。この後はドメインに参加しているWindows 8.1コンピューターを使用してDHCP NAPの動作を確認していきます。

Column 手動で NAP クライアントを設定する方法

グループポリシーを使用せずに、手動でNAPクライアントを設定する場合はクライアントコンピューターで以下の3つの操作を行います。

1. ［Network Access Protection Agent］サービスのスタートアップ設定を［自動］にして、このサービスを［開始］する
2. 以下のコマンドを実行して、DHCP強制クライアントを有効化する

書式 DHCP強制クライアントの有効化

```
netsh nap client set enforcement ID=79617 ADMIN="ENABLE"
```

3. ローカルグループポリシーエディター（gpedit.msc）を起動して、［コンピューターの構成］→［管理用テンプレート］→［Windows コンポーネント］→［セキュリティセンター］を開き、［セキュリティセンターをオンにする（ドメイン上のコンピューターのみ）］の状態を［有効］にする

なお、NETSHコマンドで指定する**enforcement ID**（上記の79617など）については以下のマイクロソフトのサイトを参照してください。

URL Configure NAP Enforcement Clients
http://technet.microsoft.com/en-us/library/cc770670.aspx

03 NAP DHCPの動作確認

構築したNAP DHCP環境の動作確認を行う手順を解説します。

03-01 NAP非対応時の動作確認

クライアントコンピューターがNAP非対応の場合の動作を確認します。

ここでは「**NAP非対応の場合はネットワーク接続を制限する**」というネットワークポリシーを設定している環境に対して、NAPクライアントが動作していないWindows 8.1コンピューター（ドメインに未参加）で接続してみます。

先に、構築したNAP DHCP環境の設定状況を確認します。［ネットワークポリシーサーバー］管理ツールで**［NPS（ローカル）］→［ポリシー］→［ネットワークポリシー］**を開き、［NAP DHCP NAP非対応のプロパティ］を開きます。

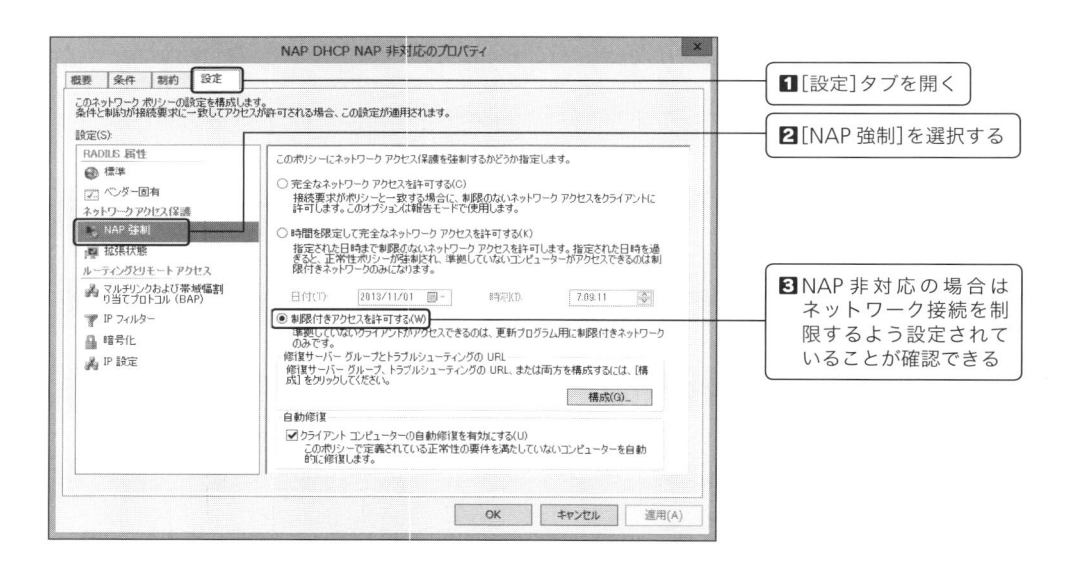

1 ［設定］タブを開く
2 ［NAP 強制］を選択する
3 NAP非対応の場合はネットワーク接続を制限するよう設定されていることが確認できる

上記の環境に対して、NAP非対応のコンピューターからIPCONFIGコマンドを実行します。

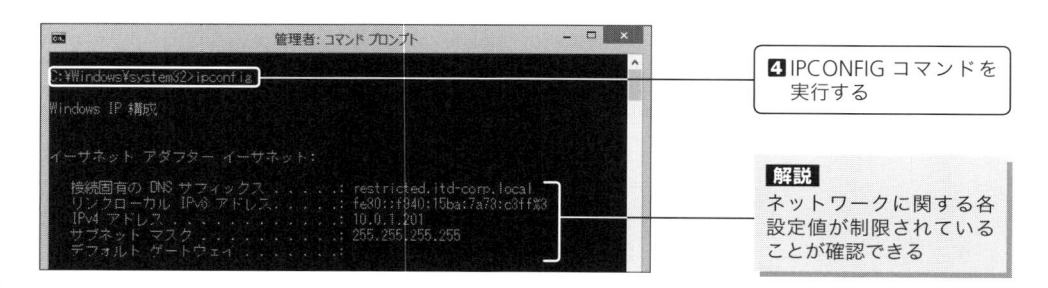

4 IPCONFIG コマンドを実行する

解説
ネットワークに関する各設定値が制限されていることが確認できる

実行結果を見ると以下のように各項目が設定されていることが確認できます。

- IPアドレスは正しく割り当てられている
- サブネットマスクが[255.255.255.255]になっている
- デフォルトゲートウェイが割り当てられていない
- DNSサフィックスがDHCPサーバーで追加設定を行った[restricted]付きになっている

この状態で「route print -4」を実行してルーティング情報を確認すると、ネットワークポリシーサーバーを実行しているサーバー（10.0.1.19）や、修復サーバーとして登録したDNSサーバー兼ドメインコントローラー（10.0.1.1と10.0.1.2）へのスタティックなルーティング情報が設定されていることが確認できます。

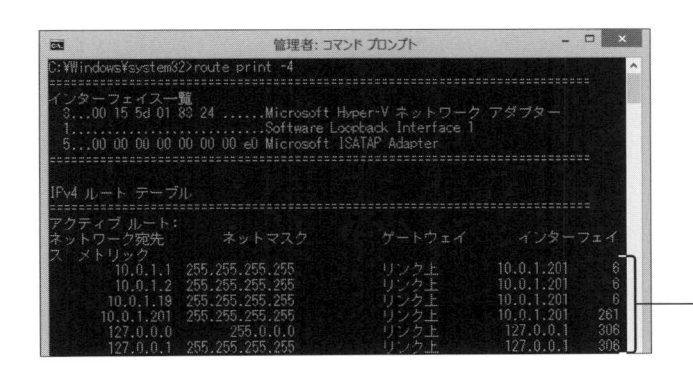

解説
スタティックなルーティング情報が設定されていることが確認できる

そのため、同じセグメントに存在しているにもかかわらず「10.0.1.11」のホストに対してPINGコマンドを実行しても返答はありませんが、スタティックなルーティング情報を持っている「10.0.1.1」などのホストに対してPINGコマンドを実行すると、相手がファイアウォールでPING通信を許可していれば、返答があることを確認できます。これらのことから、NAP DHCPによって制限された通信のみが許可されていることがわかります。

03-02 NAP準拠時の動作確認

続いて、NAPに準拠しているクライアントコンピューターに対する動作を確認します。
　上記のWindows 8.1コンピューターをドメインに参加させて、NAPクライアント用に設定したグループポリシーが適用されるように、[NAPクライアントコンピューター]グループのメンバーにします。
　Windows 8.1コンピューターを再起動後に、グループポリシーが適用されたことを確認したうえで、IPCONFIGコマンドや「route print -4」を実行すると、IPアドレスやサブネットマスク情報、デフォルトゲートウェイ情報、ルーティング情報などが正しく割り当てられていることが確認できます。この状態であればごく普通にネットワークアクセスが可能です。

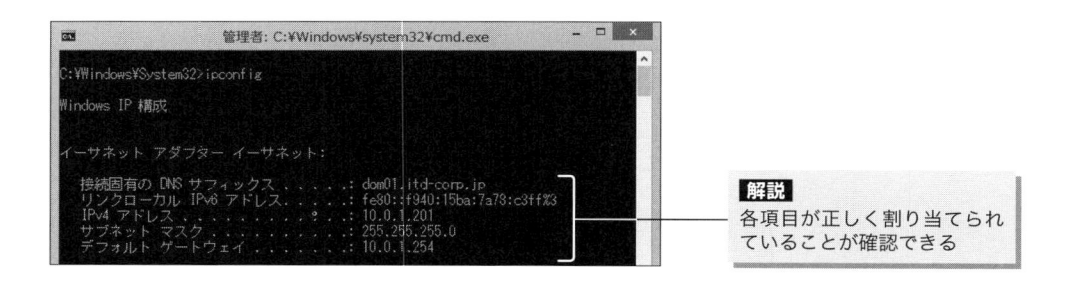

Part 07 各種サーバーサービスの構築と管理

[コマンドプロンプト画面：ipconfigの実行結果]

解説
各項目が正しく割り当てられていることが確認できる

03-03 NAP非準拠時の動作確認

クライアントコンピューターがNAPに準拠していない場合（非準拠）の動作を確認します。
ここでは［ネットワーク接続に対してファイアウォールが有効］を有効にしている環境に対して、ファイアウォール設定が無効になっているWindows 8.1コンピューターから接続してみます※。すると、タスクバーにネットワークアクセスが制限されていることを示すバルーンメッセージがポップアップ表示されることがわかります。

> ※ここでは、［クライアントコンピューターの自動修復を有効にする］の設定を無効にして確認作業を行っています。自動修復を有効にした場合の動作内容についてはP.667を参照してください。

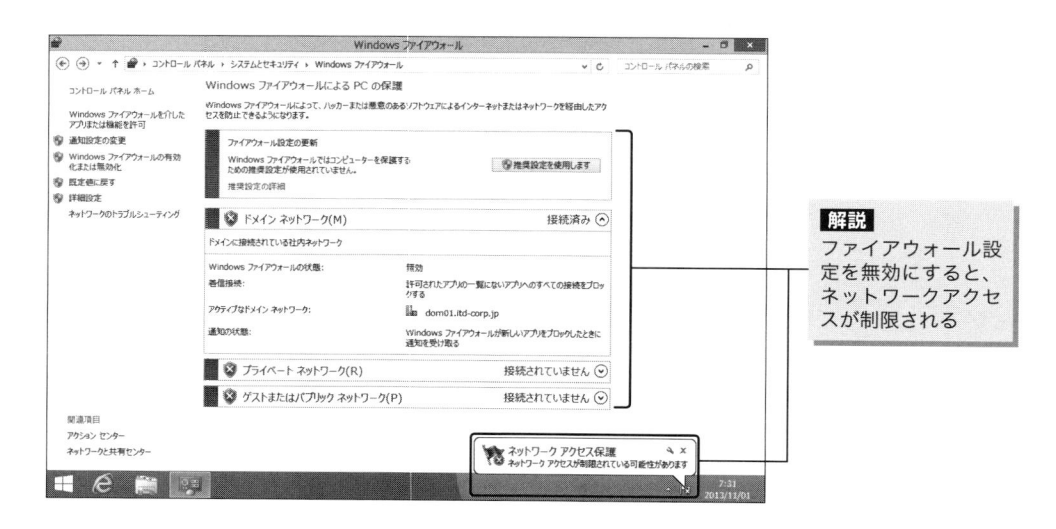

[Windowsファイアウォール画面]

解説
ファイアウォール設定を無効にすると、ネットワークアクセスが制限される

この状態でIPCONFIGコマンドを実行すると、先述のNAP非対応の場合と同様に、サブネットマスクやデフォルトゲートウェイが正しく割り当てられていないことが確認できます（⇒P.664）。「route print -4」の結果もNAP非対応の場合と同じです。

そして、**napstat.exe**を実行してNAPクライアントのステータスを確認すると、ファイアウォールが停止しているために検疫されていることがわかります。

解説
NAPによって制限されていることが確認できる

なお、無効になっているファイアウォール設定を有効にすると、［ネットワークアクセス保護］ダイアログの表示が変わり、IPアドレスやサブネットマスクなどのネットワーク接続に関する各項目も正しく割り当てられます。

03-04　自動修復の動作確認

自動修復機能の動作を確認します。上記の「NAP非準拠時の動作確認」(⇒P.666)では無効にしていた、［クライアントコンピューターの自動修復を有効にする］を有効にします。

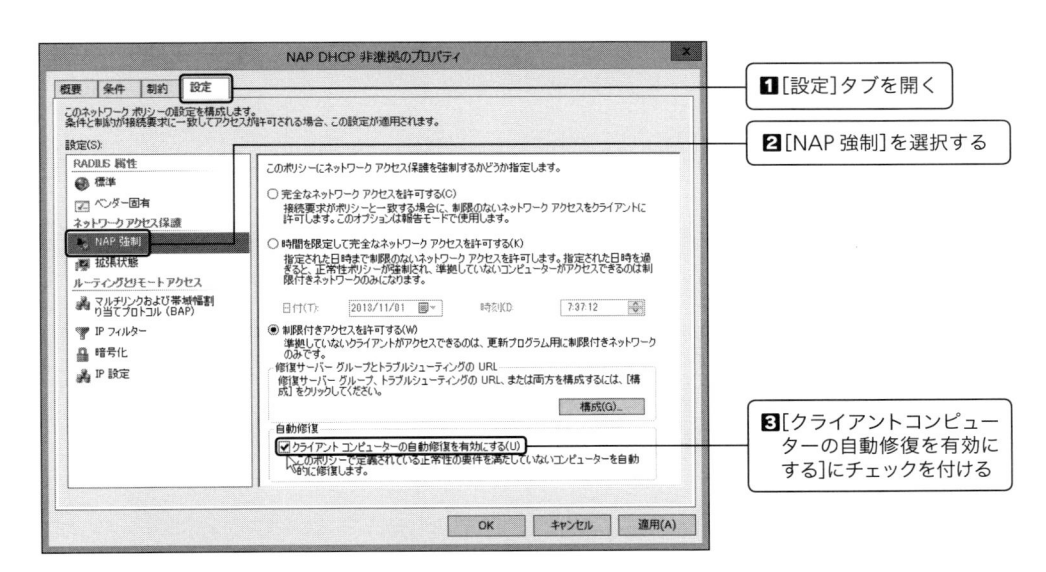

1 ［設定］タブを開く

2 ［NAP強制］を選択する

3 ［クライアントコンピューターの自動修復を有効にする］にチェックを付ける

この状態で、上記の「NAP非準拠時の動作確認」と同様に、ファイアウォール設定を無効にします。無効にした時点ではアクションセンターに「**ファイアウォール設定が無効になっています**」と表示されますが、数秒後には自動修復機能によってファイアウォール設定が自動的に有効化されることが確認できます。

本書の例では［ネットワーク接続に対してファイアウォールが有効］のみを対象に検証しましたが、これをウイルス対策やスパイウェア対策など他の項目に対しても有効にしておけば、可能な限り自動修復を実行してくれます。

03-05 NAPに関するログの確認

NAPのログは、ネットワークポリシーサーバー側とNAPクライアント側の両方にそれぞれ出力されます。NAPを設定した後で、正しく動作しているかを確認する場合や、NAPに関する障害が発生した場合は、それぞれのログを確認して対応策を検討します。

ネットワークポリシーサーバー側のログ

ネットワークポリシーサーバー側のNAPに関するログは、イベントビューアーの［**カスタムビュー**］→［**サーバーの役割**］→［**ネットワークポリシーとアクセスサービス**］などで確認できます。

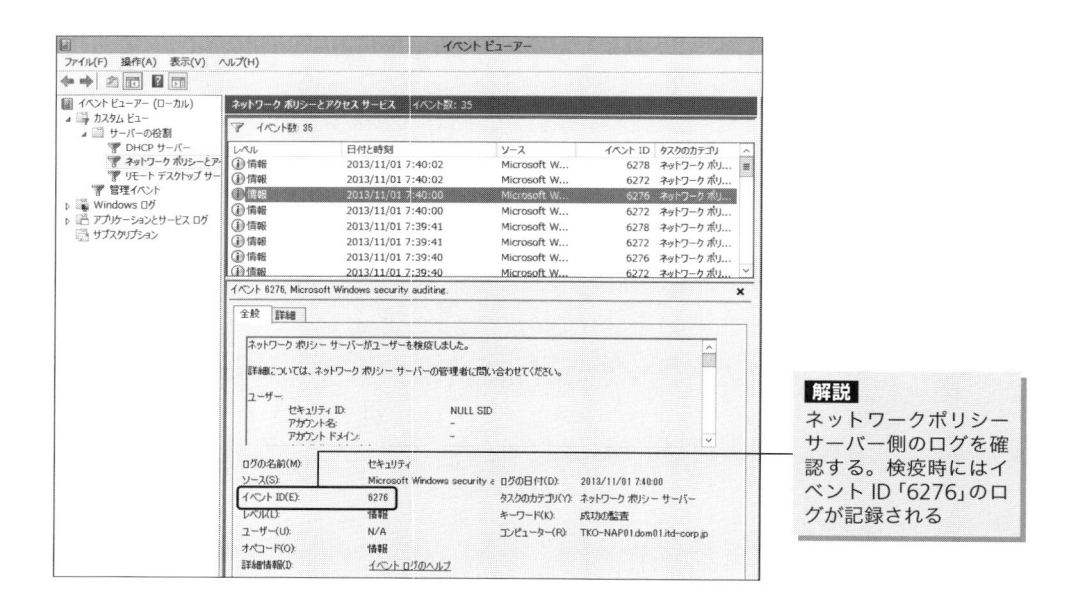

解説
ネットワークポリシーサーバー側のログを確認する。検疫時にはイベントID「6276」のログが記録される

NAP クライアントでの監視

NAPクライアント側のNAPに関するログは、イベントビューアーの［**アプリケーションとサービスログ**］→［**Microsoft**］→［**Windows**］→［**Network Access Protection**］→［**Operational**］で確認できます。

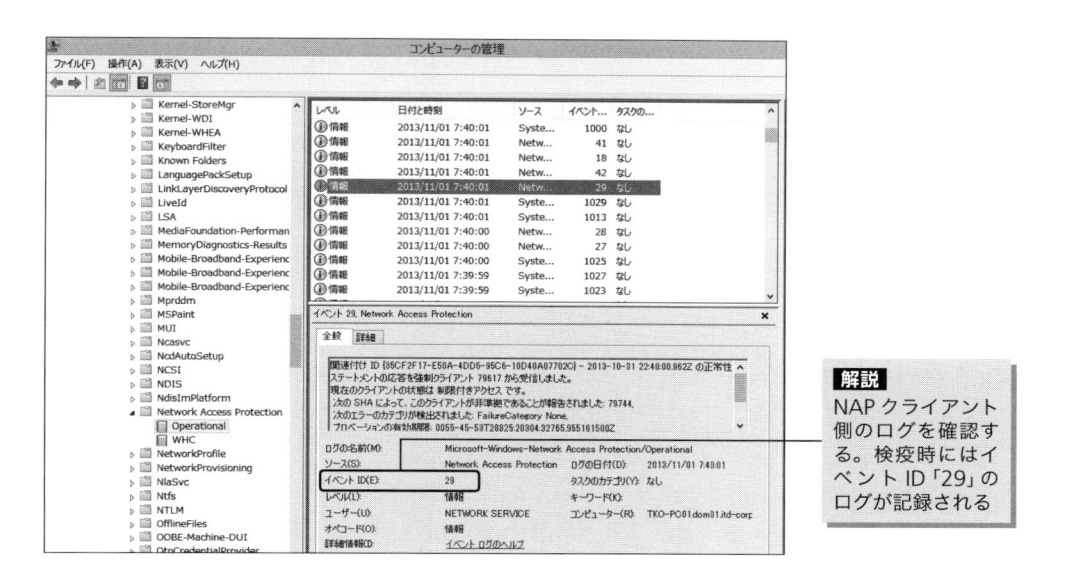

また、以下のコマンドを実行するとNAPクライアントの状態を確認できます。

書 式 NAPの状態の表示

```
netsh nap client show state
```

書 式 NAPに関するグループポリシーの構成の表示

```
netsh nap client show grouppolicy
```

Chapter 33 DirectAccess環境の構築

本章では、組織外に持ち出したWindowsコンピューターをインターネット経由で安全に組織内ネットワークに接続するための機能である「DirectAccess」の構築方法を解説します。

01 DirectAccessの概要

DirectAccessは、ドメインに参加しているWindowsコンピューターを、インターネット経由で安全に組織のネットワークに接続するための機能です。この機能を利用すると、ユーザーは組織内・組織外のいずれからでも社内システムにアクセスできます。これは、IPv6とIPsec（通信の暗号化機能）をベースとしたシステムです。

01-01 Windows Server 2012 R2 の DirectAccess

DirectAccessは、**VPN**（Virtual Private Network）**システム**のようにインターネットから組織内ネットワークに接続して、サーバーなどにアクセスするための機能ですが、多くのVPNシステムとは異なり、クライアントからの接続は**シームレスかつ透過的**です。DirectAccess環境を構築すると、クライアントがインターネットに接続した時点で自動的に組織内ネットワークにアクセスします。ユーザーは接続操作などを行う必要はありません。組織内にいるときと同じ感覚で組織外からシステムにアクセスできます。

また管理者は、ユーザーが組織内・組織外のどちらにいるかに関わらずクライアントの管理やセキュリティ更新プログラムの適用などを実行できます。そのため、組織のコンプライアンスを高い状態で維持できます。

DirectAccess の特徴

DirectAccessはWindows Server 2008 R2で登場した比較的新しい機能ですが、最初のバージョンには制約が多く、また構成を行うことも簡単ではありませんでした。

しかし、Windows Server 2012のDirectAccessでは、多くの制約が取り払われ、構成を簡単に行う方法や、より優れた機能が実装されるなど、進化しながらWindows Server 2012 R2に継承されています。

Windows Server 2012 R2のDirectAccessには次表に示す特徴があります。

■ Windows Server 2012 R2 の DirectAccess の特徴

特徴	説明
システム要件が緩和された	Windows Server 2008 R2 の DirectAccess とは異なり、2 つの連続した IPv4 アドレスや PKI 環境が必須といった要件がなくなり、導入の敷居が下がった
柔軟な配置が可能	ファイアウォールの内側に DirectAccess サーバーを配置するなど、複数の導入形態を選択可能
簡単に構成することが可能	[作業の開始ウィザード]によって、基本的な設定であれば容易に構成可能
IPv4 デバイスにアクセスできる	IPv6 スタックを持たない組織内の IPv4 サーバーにアクセス可能
ルーティングリモートアクセスサービスと共存可能	ルーティングとリモートアクセスサービス(RRAS)を 1 台のサーバーに共存させて、1 つの管理コンソールからまとめて管理可能。DirectAccess の要件を満たしていないクライアントに対して VPN サービスを提供することも可能

DirectAccess の機能

Windows Server 2012 R2のDirectAccessでは以下の機能を実現できます。

- マルチフォレスト、マルチサイトに対応可能(⇒ P.134)
- 冗長構成や負荷分散構成をサポート
- 強制トンネリングをサポート
- 外部管理(Manage-Out)をサポート
- 2 要素認証(スマートカードやワンタイムパスワード)をサポート
- NAP (⇒ P.643)と連携可能
- オフラインドメイン参加をサポート
- Windows To Go をサポート

強制トンネリングとは、DirectAccessクライアントからのインターネットアクセスを、**DirectAccessサーバーを介した組織内ネットワーク経由**に強制する機能です。ユーザーが組織で禁止されているサイトにアクセスすることなどを抑止できます。

また、**オフラインドメイン参加**とは、組織内ネットワークに一度も接続したことのない、つまりはActive DirectoryドメインにアクセスできないWindowsコンピューターのオフラインドメイン参加を、DirectAccessを介して行う方法です。以下のサイトが参考になります。

URL DirectAccess Offline Domain Join
http://technet.microsoft.com/library/jj574150.aspx

Windows To Goとは、USBデバイスからWindows 8.1などを起動する機能です。あらかじめ構成しておくことで、組織外のPCからUSBデバイスでWindowsを起動して、DirectAccessで組織内ネットワークに接続できます。

URL Windows To Go
http://www.microsoft.com/ja-jp/windows/enterprise/products-and-technologies/mobile-flws/windowstogo.aspx

> **Tips** 「NAPとの連携」については、筆者が執筆した以下のマイクロソフトのホワイトペーパーが参考になるはずです。このドキュメントでは、NAPと連携させてDirectAccessによる組織内ネットワークへのアクセスを検査、検疫する方法を解説しています。
>
> **URL** Windows Server 2012 DirectAccess 環境のセキュリティ強化
> http://download.microsoft.com/download/B/F/4/BF474812-BE9E-41CE-9F5F-6C6E2F0B5B22/WS2012_DirectAccess_SecurityUp_StepByStepGuide.pdf

01-02 DirectAccess のコンポーネント

DirectAccessは複数のコンポーネントから構成されています。ここでそれらについて簡単に概要を解説します。各コンポーネントのシステム要件については後述します。

●DirectAccess サーバー

DirectAccessのサーバー機能を実行するWindows Server 2012 R2コンピューターです。管理ツールである［リモートアクセス管理コンソール］では「リモートアクセスサーバー」と表現されています。**RRAS**（ルーティングとリモートアクセスサービス）と共存させて、VPNサーバーにすることもできます。

●DirectAccess クライアント

DirectAccess関連の設定が有効化されたWindowsコンピューターです。Active Directoryに参加している必要があり、DirectAccessの構成情報などはグループポリシーで適用されます。「**組織内ネットワークに接続していない**」かつ「**インターネットに接続できる**」場合に、DirectAccessサーバーへのアクセスを開始します。

●Active Directory

DirectAccessを利用するにはActive Directory環境が必須です。

●インフラストラクチャサーバー

DirectAccessクライアントが組織内ネットワークに接続する前にアクセスするサーバーです。ネットワークロケーションサーバー（⇒P.673）や、DNSサーバー、WSUS（⇒P.462）などの更新プログラム配信サーバー、マルウェア対策サーバーなどを登録できます。

●その他

業務アプリケーションや組織内ポータルを実行するサーバーやメールサーバーなど、組織内のアプリケーションサーバーです。なお、DirectAccessの構成によっては、証明書を発行するためのPKI環境が必要になることもあります。

> **Column** 「組織内ネットワークに接続していない」と
> 「インターネットに接続できる」の判断方法
>
> DirectAccessの設定が有効化されたWindowsコンピューターは、どのようにして「組織内ネットワークに接続していない」と「インターネットに接続できる」を判断しているのでしょうか。
> 「組織内ネットワークに接続していない」は、組織内の**NLS**（Network Location Server）という役割を持たせたWebサーバーへアクセスできるか否かよって判断します。事前に管理者が決めておいたWebサーバーに対してHTTPSでアクセスできなければ、組織内ネットワークに接続していないと判断され、DirectAccessを介した通信が必要と判断されます。
> 「インターネットに接続できる」か否かの判断は、**NCSI**（ネットワーク接続状態インジケーター）という機能を使用して行います。以下の2つの条件を満たした場合のみ、インターネットに接続できる（DirectAccessの通信を開始できる）と判断されます。
>
> - 「http://www.msftncsi.com/ncsi.txt」へアクセスすると「Microsoft NCSI」という文字列が返ってくる
> - 「dns.msftncsi.com」のDNS名前解決を要求すると「131.107.255.255」というIPアドレスが返ってくる
>
> そのため、もしDirectAccessの事前評価などの目的で「閉じたネットワーク」で動作検証を行う場合は、NCSIの疑似環境を用意しておくことがポイントになります。

01-03　DirectAccess の通信と暗号化

DirectAccessを構成するコンポーネントの通信と暗号化について解説します。

DirectAccess サーバーと組織内システム間の通信

DirectAccessサーバーと組織内システムは以下のように通信しています。

- IPv6 が展開されていれば IPv6 で通信
- IPv6 は展開されていないが IPv6 スタックは持っているという場合は、IPv6 を IPv4 にトンネリングして通信
- IPv6 が展開されておらず、IPv6 スタックも持っていない場合は、プロトコル変換

なお、デフォルトではDirectAccessサーバーと組織内システムの通信は暗号化されていません。設定を変更することで、通信をIPsecで暗号化できますが、その際は組織内にIPsec環境も構築することが必要です。

> **Tips** Windows Server 2012 R2のDirectAccess環境では、DirectAccessクライアントはIPv4しか利用できないサーバーへもアクセスできます。この場合はサーバーのFQDNを使用してアクセスします。DirectAccessサーバーは、目的のサーバーのIPv4アドレスを調べるために**DNS64**を使用して名前の解決を行います。そして、**NAT64**を使用してIPv6とIPv4のプロトコル変換を行い、アクセスします。DNS64での名前解決を成功させるために、対象サーバーのIPv4アドレス（Aレコード）をDNSサーバーに登録しておく必要があります（⇒**P.498**）。

DirectAccess クライアントと DirectAccess サーバー間の通信

DirectAccessクライアントとDirectAccessサーバーは以下のように通信しています。なお、DirectAccessクライアントとDirectAccessサーバー間の通信はデフォルトでIPsecで暗号化されています。

- IPv6 が展開されていれば IPv6 で通信
- IPv6 が展開されていなければ、IPv6 を IPv4 にカプセル／トンネリング化する「IPv6 移行テクノロジ」を使用して通信

> **Column　IPv6 移行テクノロジ**
>
> DirectAccessはIPv6をベースにしたシステムですが、IPv4のみの環境でも利用できます。その場合、システムはいくつかの「IPv6移行テクノロジ」の中から、環境や構成に合ったものを自動的に選択して通信しようとします。
>
> ■ IPv6 テクノロジ
>
> | IPv6 テクノロジ | 説　明 | 使用ポート |
> | --- | --- | --- |
> | IP-HTTPS | IPv6 トラフィックを HTTPS パケットにカプセル化。6to4 や Teredo を利用できない場合に利用。NAT を越えた通信が可能。IPv6 アドレスの形式は、[2002:]ではじまり、IP-HTTPS サーバーの IPv4 アドレスを含む形式 | 443/TCP |
> | 6to4 | IPv6 トラフィックを IPv4 でトンネリングする技術。IPv6 アドレスの形式は、[2002:〈IPv4 アドレス〉::〈IPv4 アドレス〉] | IP 41 |
> | Teredo | IPv6 トラフィックを IPv4 でトンネリングする技術。NAT を越えた通信が可能。ただし、デフォルトでは既定では無効化されている。IPv6 アドレスの形式は、[2001:0000:****] | 3544/UDP |
>
> 例えば、ビジネスホテルなどのインターネットサービスではHTTP/HTTPS以外の通信が許可されていないことが多々ありますが、この場合DirectAccessクライアントは「IP-HTTPS」でDirectAccessサーバーと接続します。なお、上記以外に「ISATAP」という、IPv4ネットワーク上でIPv6通信を行うためのトンネル技術もあります。

01-04　DirectAccess のシステム要件

Windows Server 2012 R2コンピューターでDirectAccess環境を構築する際のシステム要件は次表の通りです。

■ Windows Server 2012 R2 による DirectAccess のシステム要件

コンポーネント	要件
DirectAccess サーバー	・Active Directory に参加していること ・IPv6 および IPv6 移行テクノロジが有効であること ・IP ヘルパーサービスが起動していること ・Windows ファイアウォールが動作していること ・ネットワークが [ドメイン] プロファイルであること
DirectAccess クライアント	・Active Directory に参加していること ・IPv6 が有効化されていること ・以下のいずれかの OS、エディションであること 　・Windows 8.1 Enterprise 　・Windows 8 Enterprise 　・Windows 7 Enterprise/Ultimate
Active Directory	IPv6 が有効な以下の OS によるドメインコントローラーであること ・Windows Server 2012 R2 ・Windows Server 2012 ・Windows Server 2008 R2 ・Windows Server 2008
インフラストラクチャサーバー （DNS サーバー）	以下の OS による DNS サーバーが動作していること ・Windows Server 2012 R2 ・Windows Server 2012 ・Windows Server 2008 R2 ・Windows Server 2008
その他	・NAP 連携など証明書の発行が必要な場合は PKI 環境として AD CS が必要 ・NLS ※

※デフォルトではDirectAccessサーバーをNLS（Network Location Server）として兼用します。HTTPSが有効になっているWebサーバーをNLSにすることも可能です。

上記を見るとわかりますが、**Active Directoryドメインに参加できるすべてのWindowsコンピューターが、DirectAccessクライアントになれるわけではない**という点に注意してください。DirectAccessの要件を満たしていないコンピューターに対してもリモートアクセスの環境を用意する必要がある場合は、DirectAccessサーバーに**VPN機能**を共存させることを検討してください。

また、Windows 7のEnterpriseとUltimateはDirectAccessクライアントになることは可能ですが、その場合は**PKI環境**が必要です（⇒P.344）。

02 DirectAccessの設計

DirectAccess環境を構成する場合は、事前に**設計要素**と**展開方法**について検討しておく必要があります。

02-01 DirectAccess の設計要素

DirectAccess環境を構築する場合は、以下の構成要素について検討します。

●展開シナリオ

DirectAccessのデフォルトの構成では、インターネット上のDirectAccessクライアントはDirectAccessサーバー経由で内部ネットワークに接続できます。また管理者はDirectAccessクライアントであるWindowsコンピューターをリモートで管理できます。

これらの設定を変更したい場合は、DirectAccessの構成で設定します。例えば、「組織外に持ち出したWindowsコンピューターからのネットワークアクセスは拒否したいが、そのWindowsコンピューターの管理は行いたい」という場合は「**リモート管理用にのみDirectAccessを展開する**」という構成も可能です。

●ネットワークトポロジ

DirectAccess サーバーの配置場所と**ネットワークアダプターの枚数**を検討します。これらは後から変更するのが困難であるため、導入前に十分に検討してください。下表の3タイプから選択できます。

■ DirectAccess サーバーのネットワークトポロジ

ネットワークトポロジ	説　明
エッジ	DirectAccess サーバーにネットワークアダプターを2つ持たせて、1つはインターネットに接続し、もう1つは組織内ネットワークに接続する。Windows Server 2008 R2 ではこの構成しか選択できなかった
エッジデバイスの背後（ネットワークアダプター2つ）	DirectAccess サーバーにネットワークアダプターを2つ持たせて、エッジデバイス（ファイアウォールや NAT デバイス）の背後に配置する。パブリック IP はエッジデバイスに持たせて、NAT で DirectAccess サーバーをインターネットに公開する
エッジデバイスの背後（ネットワークアダプター1つ）	DirectAccess サーバーにネットワークアダプターを1つ持たせて、エッジデバイス（ファイアウォールや NAT デバイス）の背後に配置する。パブリック IP はエッジデバイスに持たせて、NAT で DirectAccess サーバーをインターネットに公開する

●DirectAccess サーバーの DNS 名や IP アドレス

DirectAccessクライアントがインターネット経由でDirectAccessサーバーにアクセスする際に指定するDNS名やIPアドレスを検討して、インターネットに公開しているDNSサーバーに登録します。

●NLS（Network Location Server）

DirectAccessクライアントが、組織内／組織外のどちらに接続しているかを判定するための**NLS**（Network Location Server）の構成を検討します。デフォルトではDirectAccessサーバーがNLSを兼用しますが、冗長性を持たせたい場合は別途HTTPSが有効になっているWebサーバー群を用意します。

● サポートするクライアント

DirectAccessクライアントにする予定のWindowsコンピューターのOSがDirectAccessの要件（⇒**P.675**）を満たしているかを確認します。

また、Active Directoryドメインに参加しているすべてのコンピューターをDirectAccessの対象に含めるのか否かを検討します。

DirectAccessの設定に関するGPO（グループポリシーオブジェクト）を受け取ったコンピューターが、DirectAccessクライアントになります。DirectAccessのデフォルトの構成では、該当GPOには以下のフィルター（⇒**P.258**）が設定されます。

- セキュリティフィルター処理によって、[Domain Computers]セキュリティグループのメンバー（＝ドメインのすべてのコンピューター）が対象
- WMIフィルターによって、モバイルコンピューターのみが対象

● 利用する機能の選択

2要素認証（スマートカートまたはワンタイムパスワード）や**NAP連携**などの拡張機能の利用について検討します。認証にコンピューター証明書を使用する場合は、AD CSなどのPKI環境の構築も必要になります。

なお、コンピューター証明書を認証に使用しない場合は、DirectAccessサーバーが**Kerberosプロキシ**として、代理でActive Directoryとの認証を行います。

02-02　展開方法

Windows Server 2012 R2のDirectAccessには、以下の2種類の展開方法が用意されています。それぞれの特徴を把握したうえで、構築前にどちらの方法で展開するのか検討してください。

- ［作業の開始ウィザード］を使用した展開
- 高度なリモートアクセスの展開

［作業の開始ウィザード］を使用した展開

DirectAccessの管理ツールである［リモートアクセス管理コンソール］を最初に実行した際のみ表示される［作業の開始ウィザード］を使用して展開する方法です。この方法を使用するとDirectAccess環境を簡単に構築できるため、次表の要件を満たしているのであれば、可能な限りこの方法での展開を推奨します。

■ [作業の開始ウィザード]を使用した展開の特徴と要件

特徴と要件	説　明
特徴	● 容易に展開できる ● PKI 環境は必須ではない。IP-HTTPS 用サーバー証明書は自己署名証明書が発行される ● 認証方式は Kerberos proxy 認証のみサポート ● 2 要素認証、ワンタイムパスワード、マルチサイトはサポートしない ● Windows 7 クライアントはサポートしない（Windows 8/8.1 をサポート）
要件	● インターネットに面した外部ファイアウォールで、IPsec ポート（UDP 500/4500）、TCP ポート 443 を開放する必要あり ● DirectAccess サーバーの Windows ファイアウォールで TCP ポート 443 を開放する必要あり

高度なリモートアクセスの展開

［リモートアクセス管理コンソール］から［リモートアクセスのセットアップウィザード］を実行して展開する方法です。難易度が高い展開方法ですが、［作業の開始ウィザード］では構築できない環境や機能に対応しています。

■ 高度なリモートアクセスの展開の特徴と要件

特徴と要件	説　明
特徴	● 難易度が高い ● PKI 環境が必須 ● 認証方式はコンピューター証明書認証 ● 2 要素認証、ワンタイムパスワード、マルチサイトをサポートする ● Windows 7 クライアントもサポートする
要件	● インターネットに面した外部ファイアウォールで、IPsec ポート（UDP 500/4500）、TCP ポート 443 を開放する必要あり。また、Teredo、6to4 を利用する場合は、IP 41、UDP 3544 の開放も必要 ● IP-HTTPS または NLS 用の自己署名証明書を使用しない場合や、クライアントの IPsec 認証にクライアント証明書を使用する場合は CA サーバー（AD CS）が必要

まずは［作業の開始ウィザード］を使用した展開で基本設定を行い、必要に応じて高度なリモートアクセスの展開を行うことを検討してください。

03　DirectAccess環境の構築

ここからはDirectAccess環境の構築方法について解説します。本書では次表の環境を想定し、1台のDirectAccessサーバーによる環境を構築します。

03 DirectAccess環境の構築

■ 想定しているDirectAccess構成

VPNとの共存	VPNと共存する(DirectAccessとVPNの両方を展開する)
展開シナリオ	デフォルトの構成(クライアントアクセスとリモート管理用)
ネットワークトポロジ	エッジ。ネットワークアダプターは2つ。インターネットと組織内ネットワークに接続
DirectAccessサーバーの名前	edge.itd-corp.jp(インターネットに公開しているDNSに登録)
NLS	デフォルトの構成(DirectAccessサーバー自身をNLSとする)
内部のアクセス	デフォルトの構成(すべてアクセス可)
利用する機能の選択	なし(2要素認証、ワンタイムパスワード、マルチサイトなどは使用しない)
サポートするクライアント	特定のセキュリティグループに属するコンピューターのみ
サポートするクライアントのOS	Windows 8.1 Enterprise
展開方法	作業の開始ウィザードを使った展開

03-01 事前準備

　Active Directoryに、DirectAccessクライアントをまとめるためのセキュリティグループを作成し、DirectAccessクライアントにするコンピューターをそのグループのメンバーとして登録します(⇒P.233)。

解説 DirectAccessクライアントのためのグループを作成して、コンピューターアカウントをメンバーとして追加する

　また、インターネット上のDNSサーバーに、DirectAccessサーバーに割り当てる名前やIPアドレスを登録しておきます。

> **Tips** Active Directoryにセキュリティグループを作成する方法についてはP.231を、グループにメンバーを登録する方法についてはP.233を参照してください。また、DNSサーバーに対象のサーバー名やIPアドレスを登録する方法についてはP.498を参照してください。

03-02 役割の追加

DirectAccess環境の構築に必要な役割を追加します。

管理者権限のあるユーザーでサインインして、[タスクマネージャー]から[役割と機能の追加ウィザード](⇒P.52)を起動して、以下の手順を実行します。

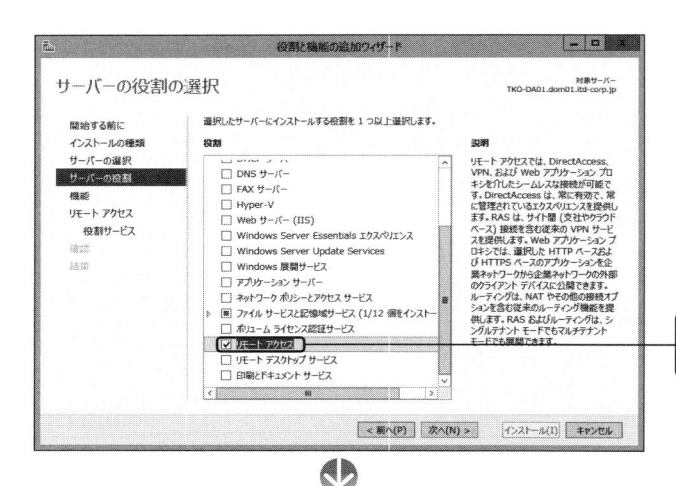

1 [リモートアクセス]にチェックを付けて、ウィザードを進める

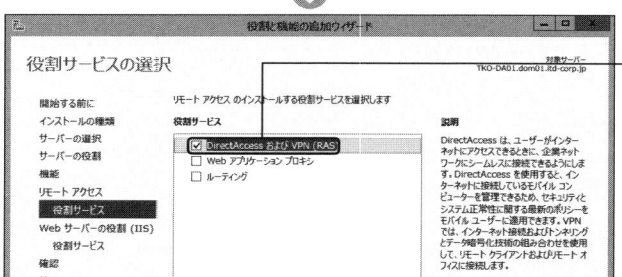

2 役割サービスとして、[DirectAccess および VPN (RAS)]にチェックを付けて、ウィザードを進める

解説
[Web アプリケーションプロキシ]や[ルーティング]もリモートアクセスの役割サービスであることが確認できる

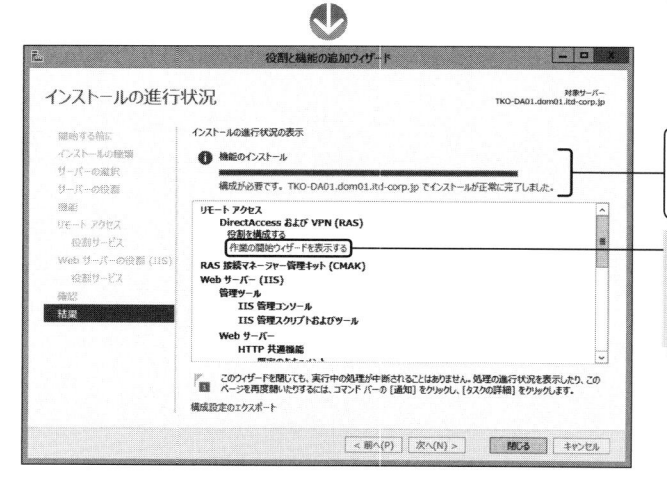

3 インストールが完了したら、[閉じる]をクリックしてウィザードを閉じる

解説
[作業の開始ウィザードを表示する]をクリックすると展開を続行できる

03-03 [作業の開始ウィザード]を使用した初期構成

続いて、[作業の開始ウィザード]を使用して初期構成を行います。サーバーマネージャーの[ツール]メニューから、[リモートアクセス管理]をクリックして、以下の手順を実行します。

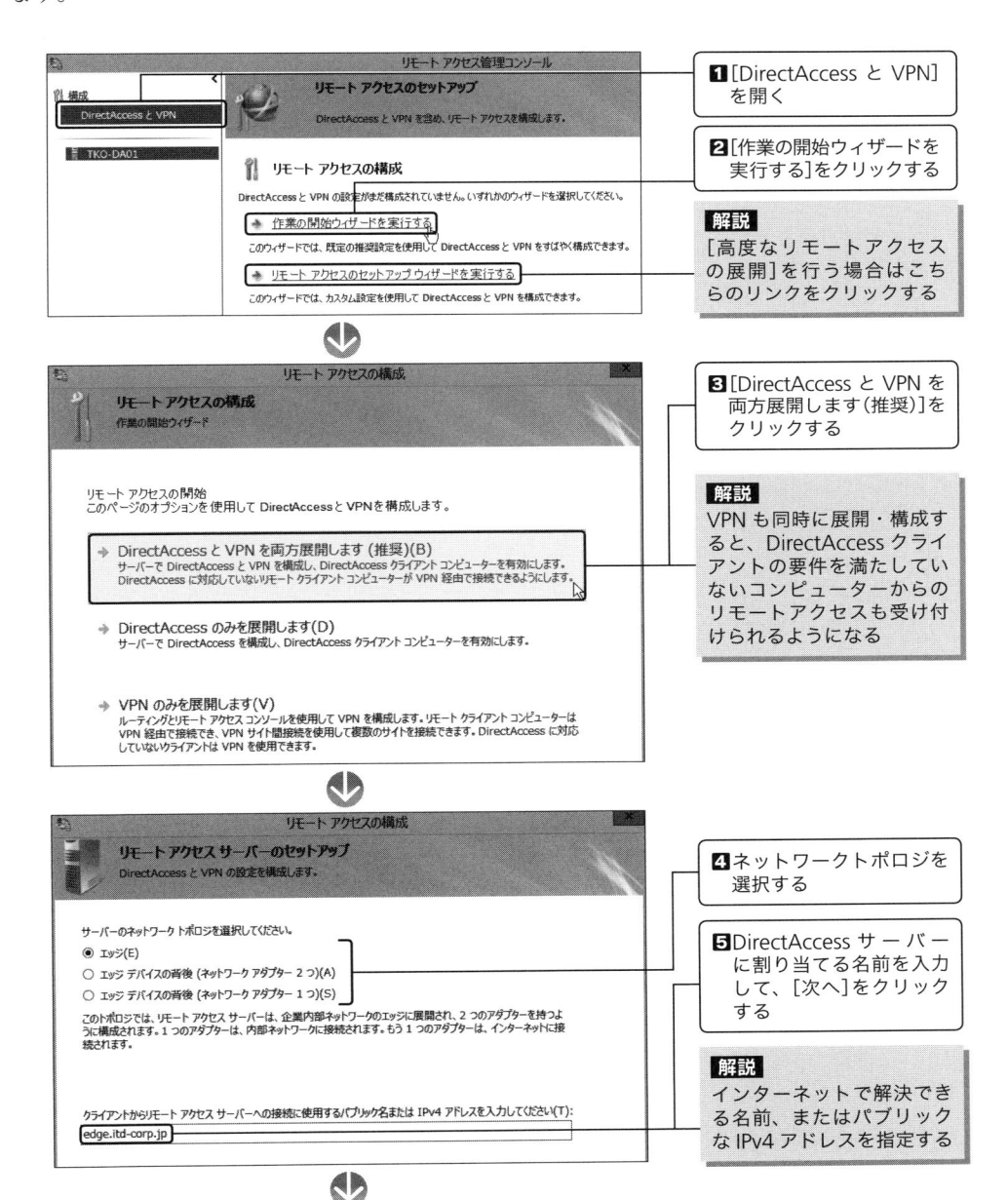

❶ [DirectAccess と VPN]を開く

❷ [作業の開始ウィザードを実行する]をクリックする

解説
[高度なリモートアクセスの展開]を行う場合はこちらのリンクをクリックする

❸ [DirectAccess と VPN を両方展開します(推奨)]をクリックする

解説
VPN も同時に展開・構成すると、DirectAccess クライアントの要件を満たしていないコンピューターからのリモートアクセスも受け付けられるようになる

❹ ネットワークトポロジを選択する

❺ DirectAccess サーバーに割り当てる名前を入力して、[次へ]をクリックする

解説
インターネットで解決できる名前、またはパブリックな IPv4 アドレスを指定する

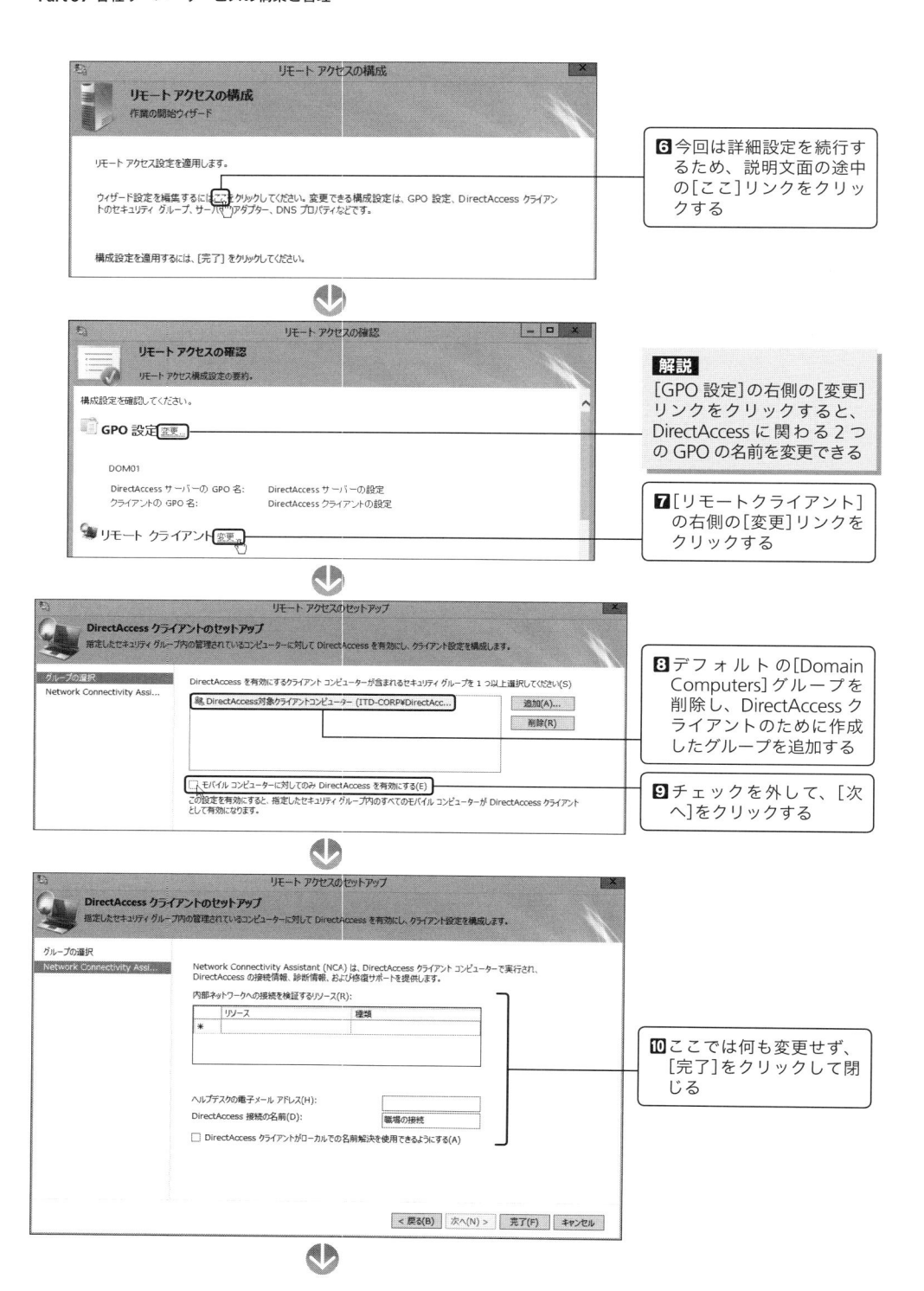

Part 07 各種サーバーサービスの構築と管理

6 今回は詳細設定を続行するため、説明文面の途中の[ここ]リンクをクリックする

解説
[GPO 設定]の右側の[変更]リンクをクリックすると、DirectAccess に関わる 2 つの GPO の名前を変更できる

7 [リモートクライアント]の右側の[変更]リンクをクリックする

8 デフォルトの[Domain Computers]グループを削除し、DirectAccess クライアントのために作成したグループを追加する

9 チェックを外して、[次へ]をクリックする

10 ここでは何も変更せず、[完了]をクリックして閉じる

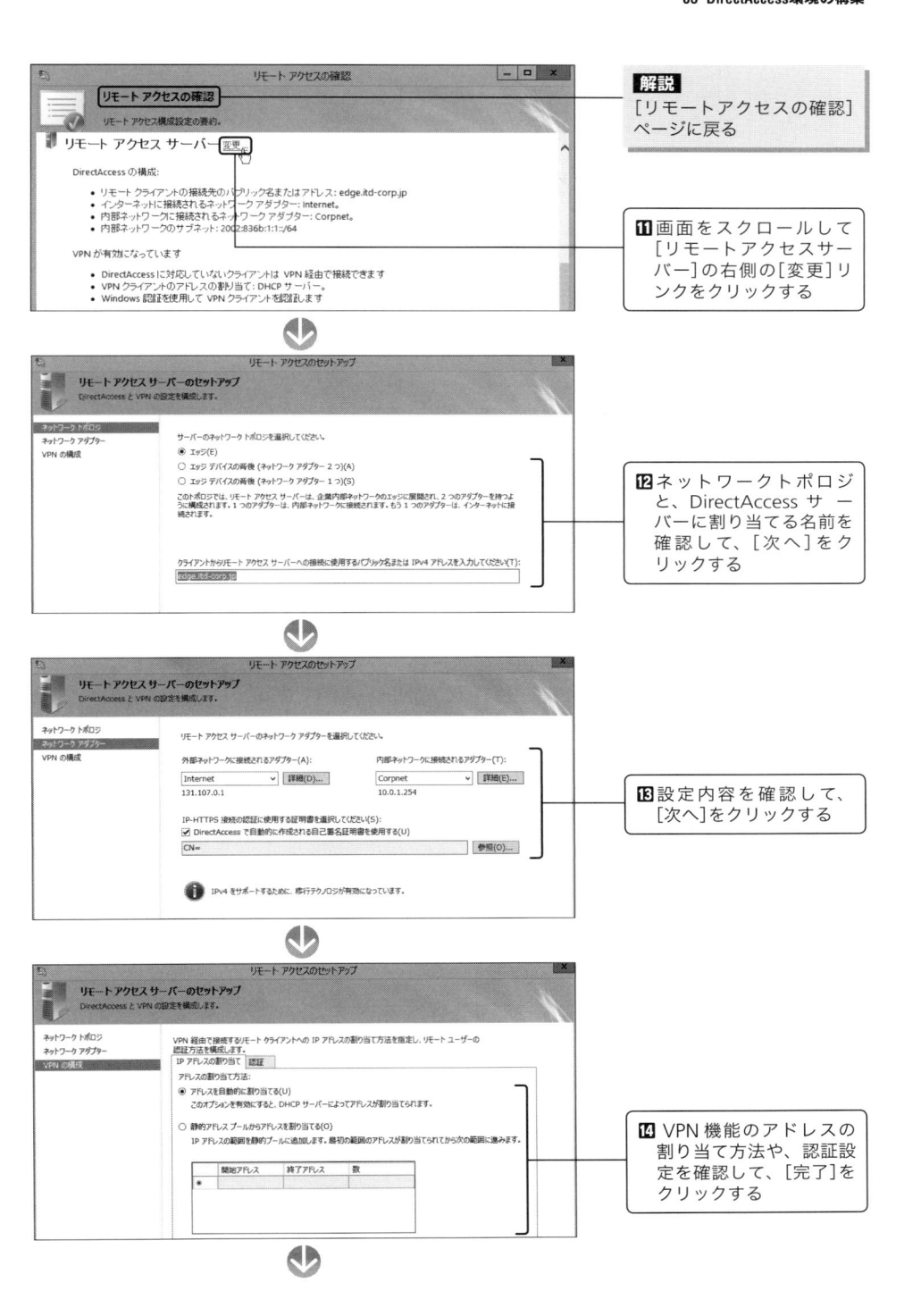

03 DirectAccess環境の構築

解説
[リモートアクセスの確認]ページに戻る

11 画面をスクロールして[リモートアクセスサーバー]の右側の[変更]リンクをクリックする

12 ネットワークトポロジと、DirectAccessサーバーに割り当てる名前を確認して、[次へ]をクリックする

13 設定内容を確認して、[次へ]をクリックする

14 VPN機能のアドレスの割り当て方法や、認証設定を確認して、[完了]をクリックする

Part 07 各種サーバーサービスの構築と管理

解説
[リモートアクセスの確認]ページに戻る

⓯ [インフラストラクチャサーバー]の右側の[変更]リンクをクリックする

⓰ 内容を確認して、[完了]をクリックする

解説
ここでは名前解決ポリシーテーブル(NRPT)に関する設定が可能

解説
[リモートアクセスの確認]ページに戻る

⓱ ウインドウを最大化して、最下部の[OK]をクリックする

⓲ DirectAccessに関わる各種設定や、GPOの作成、DNSのレコード登録などが自動実行される。処理が完了したら[閉じる]をクリックする

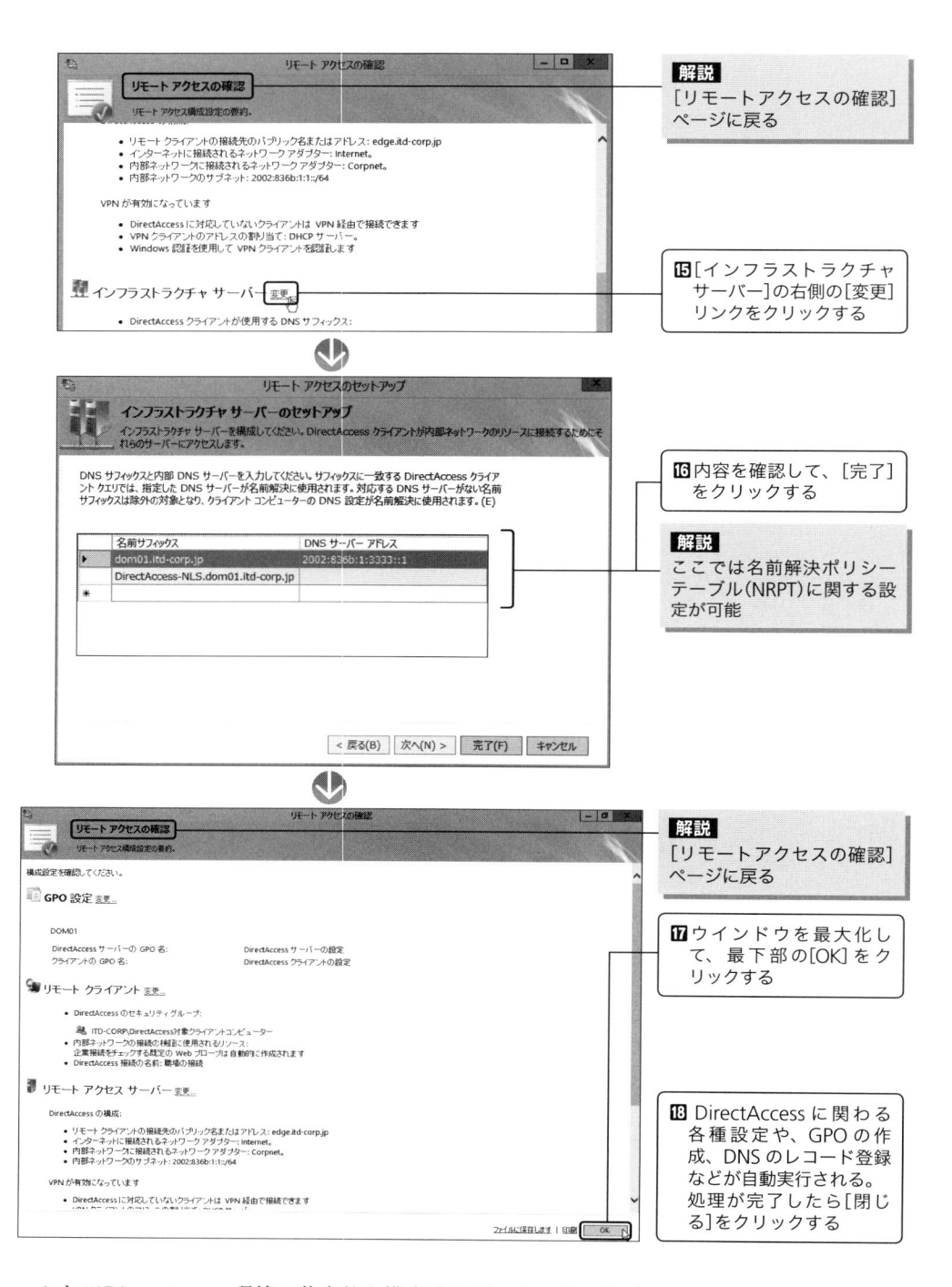

　これでDirectAccess環境の基本的な構成は完了です。後は必要に応じて環境ごとにカスタマイズなどを行ってください。

03-04 [リモートアクセス管理コンソール]による構成

DirectAccess環境のカスタマイズは、[リモートアクセス管理コンソール]を使用して行います。[リモートアクセス管理コンソール]を起動して**[構成]→[DirectAccessとVPN]**を展開すると、以下のように4つのステップにわかれた設定項目が表示されます。各項目を編集する場合は[編集]をクリックして手順を進めます。

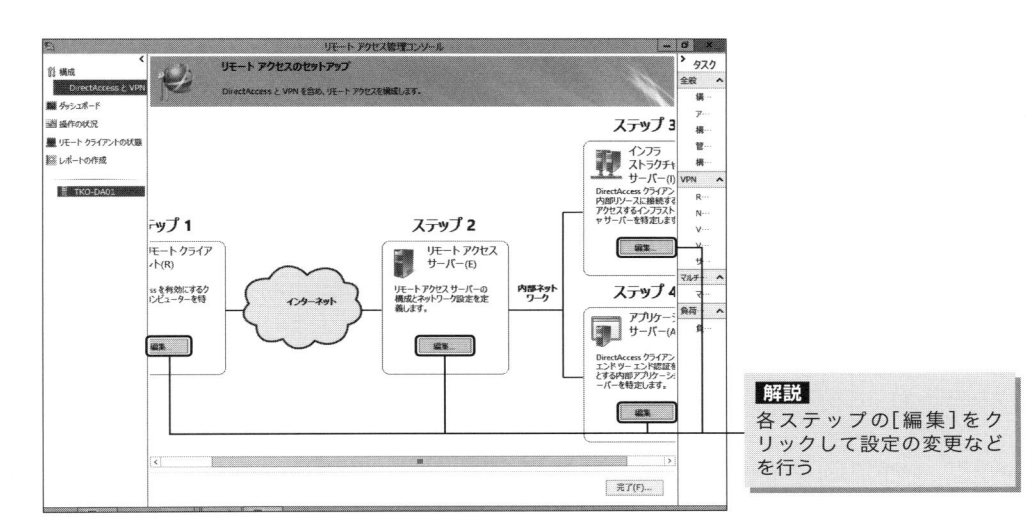

解説
各ステップの[編集]をクリックして設定の変更などを行う

03-05 設定内容の確認

DirectAccessの構築が完了したら、以下の項目が正しく設定されていることを確認します。

- [リモート管理コンソール]の確認(⇒ P.687)
- DirectAccess のための GPO の確認
- DirectAccess に関する DNS レコードの確認

DirectAccess のための GPO の確認

ドメインコントローラーで[グループポリシーの管理]を開いて、「作業の開始ウィザードを使った展開」で生成されたDirectAccessのためのGPOを確認します。

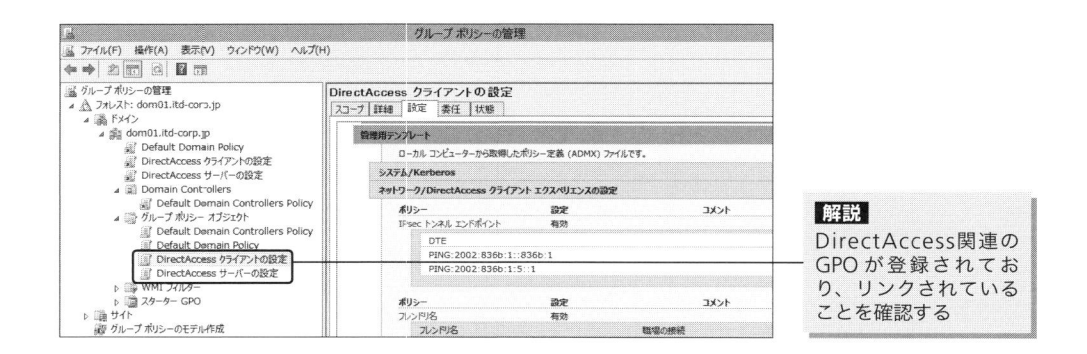

Part 07 各種サーバーサービスの構築と管理

> 解説
> DirectAccess関連のGPOが登録されており、リンクされていることを確認する

◉ DirectAccess に関する DNS レコードの確認

DNSサーバーにDirectAccessに関する各種レコードが登録されていることを確認します。

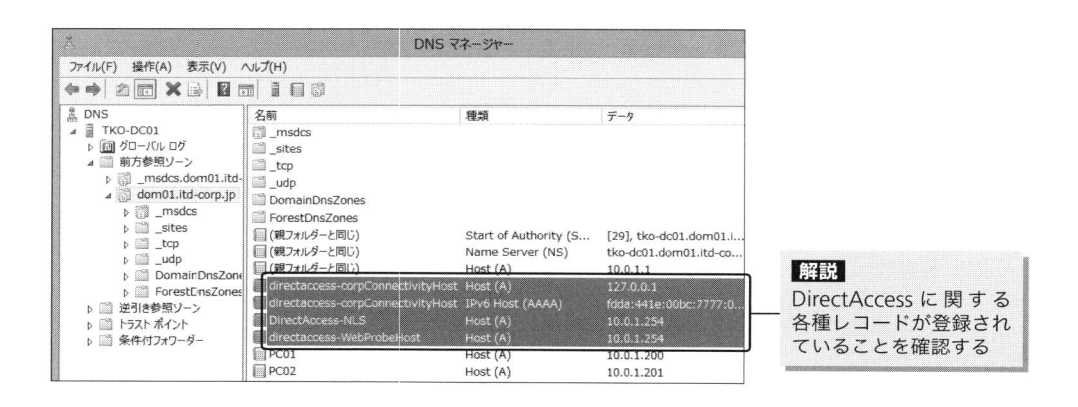

> 解説
> DirectAccess に関する各種レコードが登録されていることを確認する

> **Tips** DirectAccessの設定編集では、GPMC（グループポリシー管理コンソール）ではなく、[リモートアクセス管理コンソール]を利用することを推奨します。

04 DirectAccess クライアントの利用

　DirectAccessの設定はグループポリシーでWindowsコンピューターに適用されます。そのため、DirectAccessのためのGPOがWindowsコンピューターに適用されるまでDirectAccessは利用できません。利用時は、対象のGPOがすでに適用されていることを確認してください。

　なお、グループポリシーをすぐに適用したい場合は、Windowsコンピューターのコマンドプロンプトで次のコマンドを実行します。

書式　グループポリシーの手動更新

```
gpupdate /force
```

　DirectAccessの設定が有効になっているWindowsコンピューターで、タスクバーのネットワークアイコンをクリックすると、現在の接続状況を確認できます。

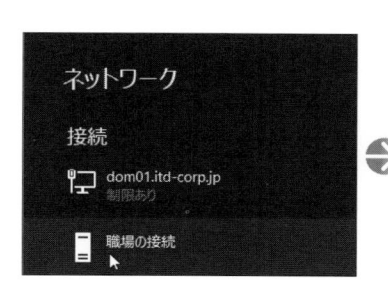

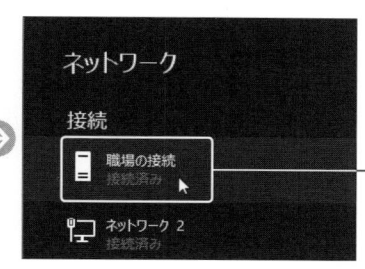

解説　現在の状況を確認できる。インターネットなど、組織外からDirectAccessへの接続が成功している場合には［職場の接続］が「接続済み」と表示される

　組織内ネットワークに接続している場合は、NLSにアクセスできるため、DirectAccessは機能しません。DirectAccessの動作を確認する場合は、Windowsコンピューターを組織内ネットワークから切り離してインターネットに接続します。すると、WindowsコンピューターはNLSにアクセスできないことから、DirectAccessサーバーに接続します。この際、ユーザーが行うべき操作は何もありません。ユーザーは組織内ネットワークに接続しているか否かに関わらず、同様の操作手順で組織内システムにアクセスできます。

05　DirectAccessの管理

　［リモートアクセス管理コンソール］を使用すると、DirectAccess環境に関する以下の管理操作を実行できます。

- DirectAccess の構成の変更（⇒ P.685）
- DirectAccess の状態の確認
- リモートクライアントの状態の確認

　各管理操作を実行するには、DirectAccessサーバーに管理者としてサインインして、サーバーマネージャーから［リモートアクセス管理コンソール］を起動して操作します。

05-01　DirectAccessの状態の確認

　DirectAccessサーバーやDirectAccessクライアントの状態は、［リモートアクセス管理コンソール］の［ダッシュボード］で確認できます。

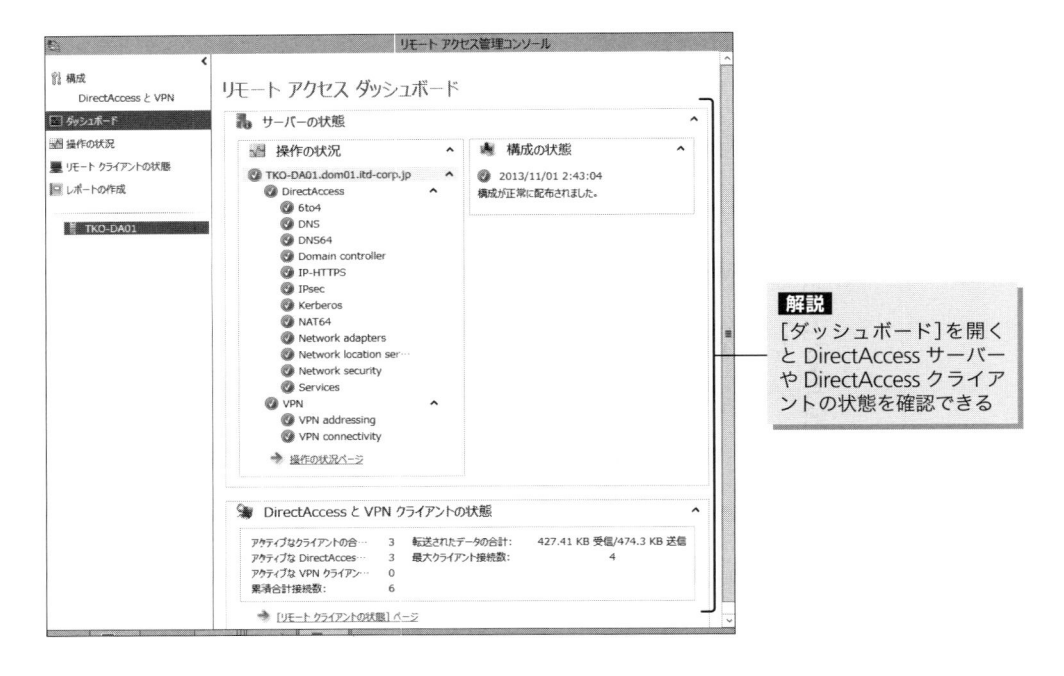

> 解説
> [ダッシュボード]を開くとDirectAccessサーバーやDirectAccessクライアントの状態を確認できる

05-02 リモートクライアントの状態の確認

DirectAccessやVPNを利用してサーバーにアクセスしているリモートクライアントの情報は、[リモートアクセス管理コンソール]の[リモートクライアントの状態]で確認できます。

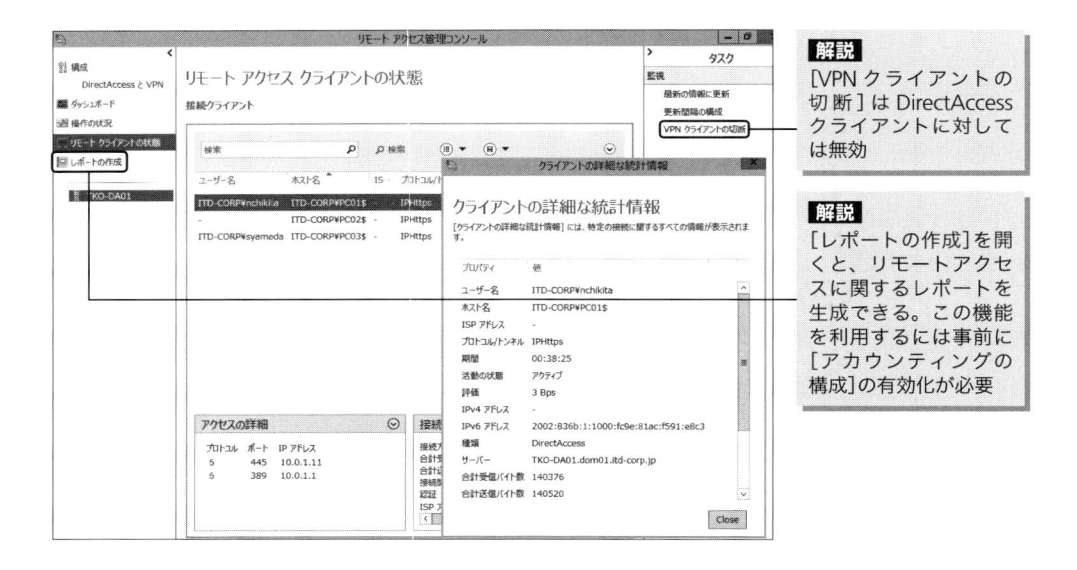

> 解説
> [VPNクライアントの切断]はDirectAccessクライアントに対しては無効

> 解説
> [レポートの作成]を開くと、リモートアクセスに関するレポートを生成できる。この機能を利用するには事前に[アカウンティングの構成]の有効化が必要

Column　IPv6 テクノロジの無効化

　ネットワーク構成などが原因で、期待通りにDirectAccessクライアントがDirectAccessサーバーにアクセスできない場合は、DirectAccessクライアント側で以下のPowerShellコマンドレットやNETSHコマンドを実行して、IPv6テクノロジの無効化を試してみてください。

実行例 ▶ 6to4 の無効化

```
Set-Net6to4Configuration -State disabled
   または
netsh interface 6to4 set state disabled
```

実行例 ▶ Teredo の無効化

```
Set-NetTeredoConfiguration -Type disabled
   または
netsh interface teredo set state disabled
```

実行例 ▶ ISATAP の無効化

```
Set-NetIsatapConfiguration -State disabled
   または
netsh interface isatap set state disabled
```

Chapter 34 NLBクラスターの構築と管理

本章では、Windows Server 2012 R2の標準機能である「NLB」を利用する方法を解説します。この機能を使用すると、複数サーバーのトラフィックの分散を実現できます。

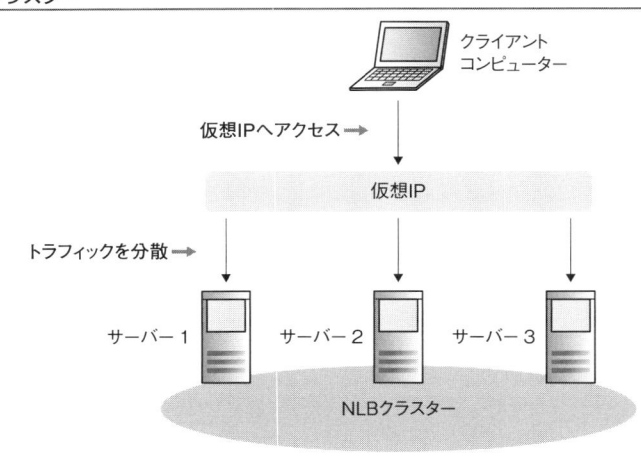

01 NLBクラスターの概要

　Webサーバーなどのパフォーマンスやフォールトトレランスを向上させる手段の1つに**ロードバランサー**を用いる方法があります。
　Windows Server 2012 R2に標準で搭載されている**NLB**(Network Load Balancing：ネットワーク負荷分散機能)は、TCP/IPを用いて複数のサーバー間でトラフィックを分散する機能です。NLBを有効にしたサーバーを複数まとめることで**NLBクラスター**を構成します。
　例えば、WebサーバーであるIISを実行する複数のサーバーそれぞれでNLBを有効化してNLBクラスターを構成すると、Webサーバーにアクセスする際のトラフィックを分散することができ、パフォーマンスとフォールトトレランスの向上が期待できます。
　クライアントコンピューターは、NLBクラスターによって生成される仮想的なIPアドレスに対して通信を行います。すると、そのトラフィックはNLBクラスターのメンバーになっているいずれかのサーバーで処理されます。

■ NLBクラスター

01 NLBクラスターの概要

01-01　NLBクラスターの対象

NLBクラスターによる負荷分散の主な対象は以下の通りです。

- IISによるWebサーバー
- WSUS
- SharePoint Server
- Exchange Serverの一部コンポーネント
- System Centerの一部コンポーネント
- DirectAccessサーバー

01-02　NLBクラスターの動作の仕組み

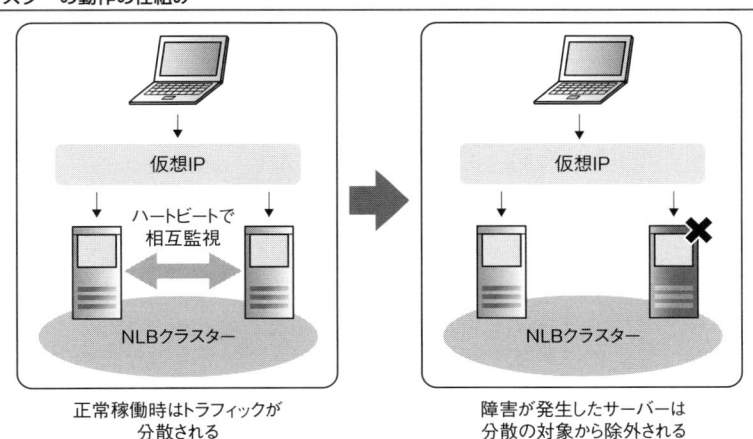

NLBクラスターに追加した各サーバーは「**ホスト**」と呼ばれ、それぞれのホストにはNLBの対象にするアプリケーションを**同じようにセットアップする**必要があります。

NLBは、クラスター内のすべてのホストで仮想IPアドレスを共有することでアクセスを分散します（各ホスト固有の専用IPアドレスは維持します）。各ホストは「**ハートビート**」と呼ばれる通信によってお互いに死活監視※を行っており、一部のホストがオフラインになると、稼働しているホスト間で負荷が自動的に再配分されます。

なお、NLBは**ホストそのもの**を死活監視しています。サーバーアプリケーションやサービス、プロセスレベルで監視しているわけではないことに注意してください。

※死活監視とは、コンピュータやシステムが正常に動作しているか否かを外部から継続的に調査（監視）することです。

■ NLBクラスターの動作の仕組み

正常稼働時はトラフィックが分散される

障害が発生したサーバーは分散の対象から除外される

> **Tips**　サーバーは動作しているものの、NLBの負荷分散対象のサーバーアプリケーションのみ停止した場合、NLBはそれを検知しないため、トラフィックの再配分処理は行われません。サーバーアプリケーションのエラー発生時は、回復設定などでサービスを自動的に再起動させることを検討してください。

01-03 NLBクラスターの設計要素

NLBでクラスターを構築する際は以下の構成要素について検討します。

サーバーアプリケーション

サーバーアプリケーションがNLBクラスターによる負荷分散に対応しているかを確認します。フロントエンドのWebサーバーなどの**ステートレスアプリケーション**が適しています。

なお、NLBクラスターのメンバーになるホストにはそれぞれ同じようにアプリケーションをセットアップする必要があります。アプリケーションによってはホストの台数分のライセンスを要する可能性があることに注意してください。

> **Tips**
> **ステートレスアプリケーション**とは、通信状態を保持せずに動作するアプリケーションです。例えば、WebブラウザーとWebサーバーの間のHTTP通信は、情報の要求とその応答を行う際に通信状態を保持しません。
> それに対して、データベースアプリケーションのようなクライアント／サーバータイプのアプリケーションでは、クライアントとサーバーの間で通信状態を保持しようとします。これを**ステートフルアプリケーション**と呼びますが、NLBでの負荷分散には向いていません。

クラスターの操作モード

NLBクラスターの動作を決定する「**クラスターの操作モード**」を検討します。下表の3種類から選択します。

■ クラスターの操作モード

操作モード	説明
ユニキャスト	デフォルトのモード。仮想MACアドレスによってNICのオリジナルのMACアドレスが上書きされる
マルチキャスト	仮想MACアドレスをマルチキャストアドレスに変換する。また、ARPによって仮想IPアドレスをマルチキャストアドレスに解決する。NICのMACアドレスはオリジナルを保持する
IGMPマルチキャスト	マルチキャストの操作モードで、IGMPサポートを有効化することにより、NLBクラスター向けのトラフィックが、すべてのスイッチポートではなく、クラスターのホストに接続しているポートだけに送信されるようになる

> **重要！** NLBクラスターの操作モードを決定する際は、使用するネットワーク機器（ルーターや、物理スイッチや仮想スイッチなど）の機能や仕様およびP.694のコラムに記載している制約などを考慮してください。

ホスト

NLBクラスターには、最大で**32台**のホストを追加できます（マイクロソフトは8台以下を推奨）。想定されるトラフィックを元にしてNLBクラスターに追加するホストのスペックや台数を決定します。

なお、ホストには**1枚以上のNIC**が必要であり、そのNICには**固定IPアドレス**を割り当てる必要があります（DHCP不可）。また、クラスターの操作モードに「ユニキャスト」を設定する場合は、MACアドレスの書き換えをサポートしているNICを使用する必要があります。

NLBクラスターの構成においてActive Directoryドメインは必須ではありませんが、システムの管理や構成を容易にするためにも、ドメインへの参加を推奨します。

> **Tips** Windows Server 2003 R2以前では、NICを1枚しか持たないホスト群でユニキャストのNLBを構成すると**同じ仮想MACアドレス**になるため、それらのホスト同士での通信ができなくなるといった制約がありましたが、Windows Server 2008以降ではそういった制約はありません。
> ただし、動作させるアプリケーションによっては、個別のMACアドレスを持たせるために、NICを複数枚構成にしたほうが良いケースもあります。

ポートの規則

NLBクラスターで負荷分散する**トラフィックのポート**を検討します。例えば、Webサーバーであれば「80/TCPのみ対象とする」といった**ポートの規則**を作ります。

［クラスターのプロパティ］でNLBクラスター全体に関わるポートの規則の設定を行い、［ホストのプロパティ］では、ポートの規則の追加設定、複数ホストのときの負荷配分、単一ホストのときの処理の優先度を設定します。

■ ポートの規則

ポートの規則の項目	説　明
ポートの範囲	TCP、UDP のポートの範囲。デフォルトは [0 ～ 65535]
プロトコル	TCP、UDP、または両方
フィルターのモード	トラフィックの分散方法。下表の３つから選択する
アフィニティ	フィルターのモードに［複数ホスト］を選択した場合に、クライアントと NLB クラスターのメンバーとなっているホストとの接続の維持方法。下表の３つから選択する

■ フィルターのモード

モード	説　明
複数ホスト	すべてのクラスター IP アドレスに向けられた TCP トラフィックを、クラスターのメンバーとなっているすべてのホストによって均一に分散する
単一ホスト	すべてのクラスター IP アドレスに向けられた TCP トラフィックを、このポートの規則の最小の処理の優先順位のアクティブなホストにより処理する
このポートの範囲を使用不可にする	すべてのクラスター IP アドレスに向けられた TCP トラフィックを、クラスターのメンバーとなっているすべてのホストで破棄する

■ アフィニティ

モード	説 明
なし	同じクライアントからの複数の接続を異なるホストで処理することができる。パフォーマンスは最も高いが、セッションを維持するアプリケーションや、プロトコルとして[UDP]や[両方（TCPとUDP）]を使用する場合には選択してはならない
単一	既定のアフィニティ。これは、同じクライアントからの複数の接続を、同じホストで処理することができる。サーバーCookieなどによって、ホストとサーバー間でのセッションを保持する必要がある場合に選択する
ネットワーク	クライアントIPアドレスのネットワークID（IPv4アドレスの場合はクラスCサブネット、IPv6アドレスの場合は64ビットのネットワークプレフィックス）によって、同じホストで処理する。クライアントからのアクセスが複数のプロキシを介する場合などに選択すると良い

ホストの優先順位

クラスターのネットワークトラフィックのうち、ポートの規則が適用されないトラフィックを処理するサーバーの優先順位を決定します。数値が小さいものが優先順位は高くなります。

> **Column　ネットワーク機器に関する制約**
>
> ネットワーク機器によっては以下のような制約がある場合があります。使用する際は事前に確認し、把握しておくことが大切です。
>
> - フラッディング現象が発生してパフォーマンスが低下するため、NLBのユニキャストを推奨しないスイッチがある
> - NLBのマルチキャストをサポートしてないスイッチがある
> - NLBのマルチキャストを使用している場合、異なるネットワークセグメントからのルーティングのために追加設定を要するルーターがある
>
> **URL** NLBがマルチキャストモードの場合のトラブルシューティング
> http://technet.microsoft.com/ja-jp/windowsserver/jj129527.aspx
>
> **URL** Catalystスイッチの Microsoft Network Load Balancing 用の設定例
> http://www.cisco.com/cisco/web/support/JP/106/1067/1067462_microsoft_nlb-j.html
>
> **URL** MS Windows 負荷バランシングサーバ：スイッチングおよびルーティングに関する問題
> http://www.cisco.com/cisco/web/support/JP/tech/legacy/100/1000/1000980_ms_wlbs.html
>
> **URL** Microsoft NLB not working properly in Unicast Mode（1556）
> http://kb.vmware.com/selfservice/microsites/search.do?language=en_US&cmd=displayKC&externalId=1556

🔹 クラスターIPアドレスとフルインターネット名

　NLBクラスターを構成するノード間で共有する仮想のIPアドレスである「**クラスターIPアドレス**」と、そのDNS名（FQDN）である「**フルインターネット名**」を検討します。クラスターIPアドレスは複数設定できます。なお、クラスターIPアドレスから**仮想MACアドレス**が自動生成されます。

> **Tips**　スイッチによっては、NLBクラスターのメンバーとなっているホストを接続する際にNLBの仮想MACアドレスを静的に登録しなければならないことがあります。そのような環境で、NLBに割り当てた仮想IPアドレスを変更すると、MACアドレスも自動的に変わるため、スイッチの設定変更が必要となる可能性があります。使用するスイッチにNLB環境での注意点や制約がないかを、メーカーのWebサイトやマニュアルで確認しておいてください。

02　NLB クラスターの構築

　ここからはNLBクラスター環境の構築方法について解説します。本書の例では、次の流れでIISのWebサーバーを負荷分散構成にする方法を説明します。

1. 準備
2. ネットワーク負荷分散の機能の追加
3. 新しい NLB クラスターの作成
4. NLB クラスターにホストを追加
5. 動作確認

　なお、本書では下表の構成を想定したNLBクラスター環境を構築します。

■ 想定している NLB クラスター構成

操作モード		ユニキャスト
ホスト数		2 台
Active Directory 環境		あり（ホストをドメインに参加させる）
クラスター IP アドレス（仮想 IP アドレス）		10.0.1.81
フルインターネット名（DNS 名）		nlbcluster.dom01.itd-corp.jp
ポートの規則	ポートの範囲	すべて（[0 〜 65535]）
	プロトコル	両方（TCP と UDP）
	フィルターのモード	複数ホスト
	アフィニティ	単一

■ 想定している NLB クラスター構成（続き）

ホスト1	コンピューター名	TKO-WEB03
	NIC 数	1つ
	IP アドレス	10.0.1.23
	ホストの優先順位	1
	負荷配分	50%
ホスト2	コンピューター名	TKO-WEB04
	NIC 数	1つ
	IP アドレス	10.0.1.24
	ホストの優先順位	2
	負荷配分	50%

02-01 準備

NLBクラスターのメンバーにするすべてのホストで以下の準備作業を行います。

- ハードウェアコンポーネントのセットアップ
- Windows Server 2012 R2 のインストール
- ネットワーク設定
- ドメインへの参加（任意）
- 負荷分散するアプリケーションのセットアップ

なお、本書の例では準備としてホストをActive Directoryドメインに参加させて、IISをセットアップしています（⇒P.613）。

また、NLBクラスターへのアクセスを仮想のIPアドレスではなく、DNS名で指定する場合は、NLBクラスターに割り当てる**フルインターネット名**のレコードをDNSサーバーに登録します（⇒P.498）。

02-02 ネットワーク負荷分散の機能の追加

任意のサーバーをNLBクラスターのメンバーにするには、そのサーバーに［ネットワーク負荷分散］機能をインストールしておくことが必要です。管理者でサインインして、サーバーマネージャーから［役割と機能の追加ウィザード］（⇒P.52）を起動し、次の手順を実行します。

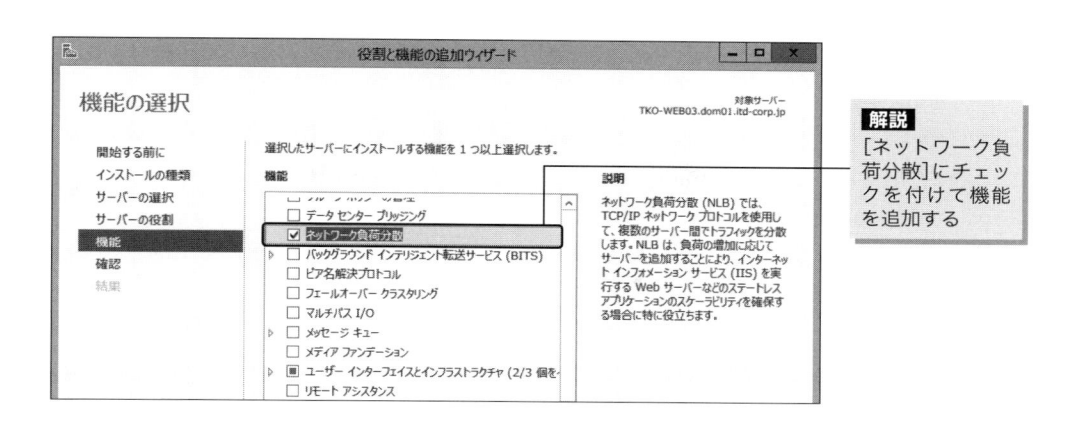

02 NLBクラスターの構築

解説
[ネットワーク負荷分散]にチェックを付けて機能を追加する

02-03 新しいNLBクラスターの作成

　NLBクラスターのメンバーとして追加するいずれかのホストを使用して、新しいNLBクラスターを作成します。管理者でサインインして、サーバーマネージャーの[ツール]メニューから[ネットワーク負荷分散マネージャー]を起動し、以下の手順を実行します。

1 [クラスター]→[新規]をクリックする

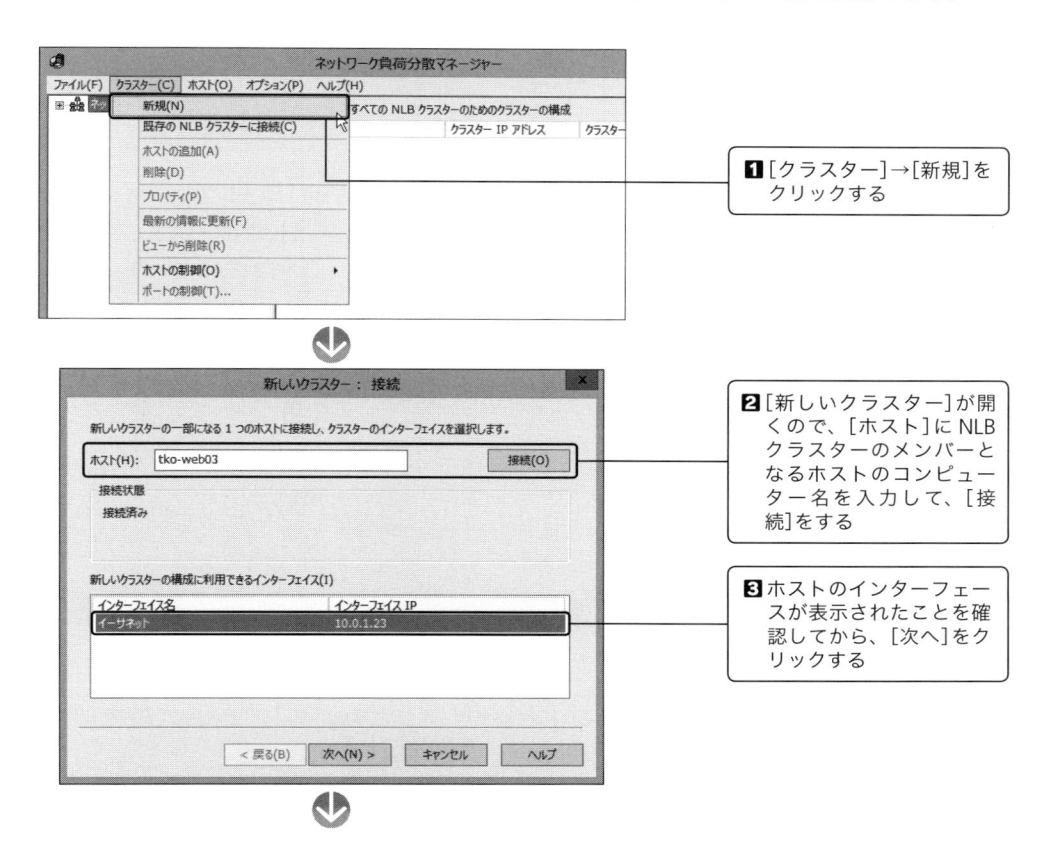

2 [新しいクラスター]が開くので、[ホスト]にNLBクラスターのメンバーとなるホストのコンピューター名を入力して、[接続]をする

3 ホストのインターフェイスが表示されたことを確認してから、[次へ]をクリックする

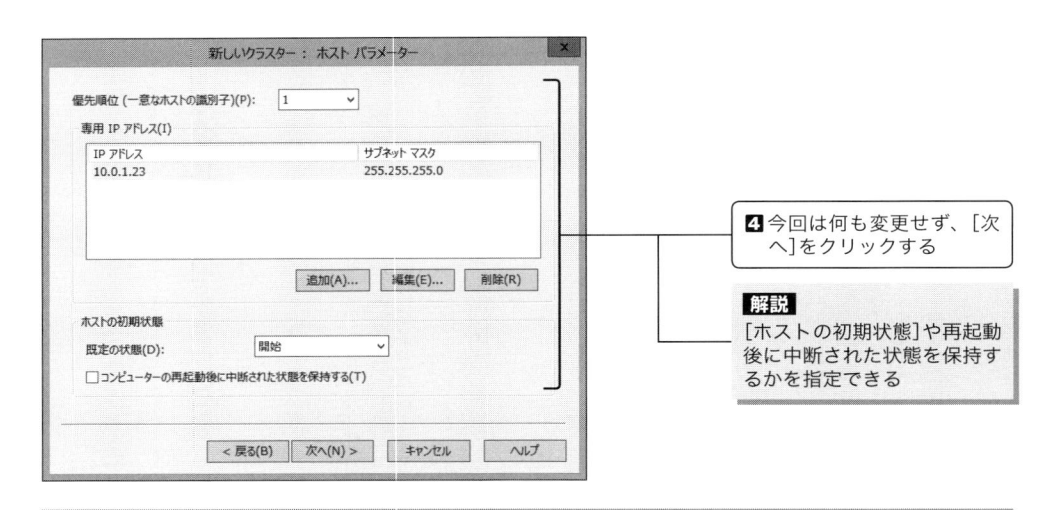

Part 07 各種サーバーサービスの構築と管理

4 今回は何も変更せず、[次へ]をクリックする

解説
[ホストの初期状態]や再起動後に中断された状態を保持するかを指定できる

> **Tips** [優先順位(一意なホストの識別子)]には、各ホストの一意なIDを指定します。NLBクラスターのメンバーの中で優先順位の数値が最も低いホストが、クラスターのネットワークトラフィックのうちポートの規則が適用されないトラフィックをすべて処理するようになります。

5 [追加]をクリックして、仮想IPアドレスを追加し、[次へ]をクリックする

解説
複数の仮想IPアドレスを持たせることもできる

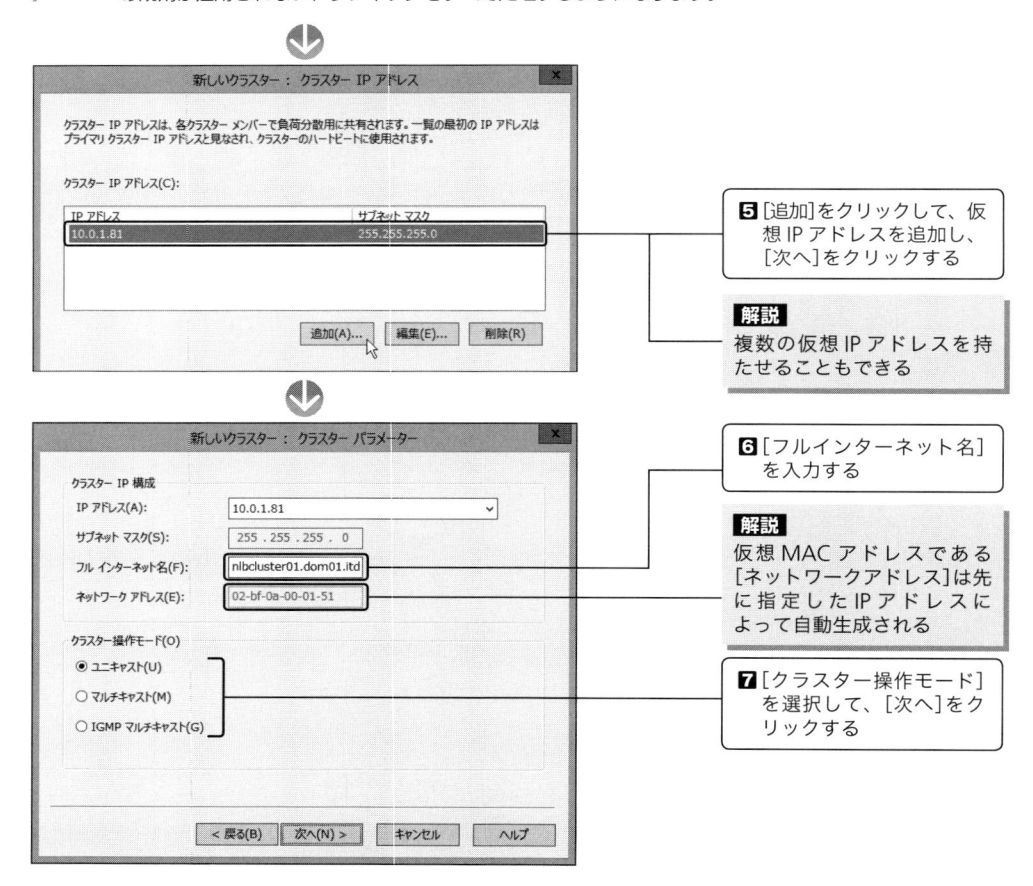

6 [フルインターネット名]を入力する

解説
仮想MACアドレスである[ネットワークアドレス]は先に指定したIPアドレスによって自動生成される

7 [クラスター操作モード]を選択して、[次へ]をクリックする

698

02 NLBクラスターの構築

Tips 操作モードに[ユニキャスト]を指定すると、NICのMACアドレスの書き換えが発生します。しかし、Hyper-Vはデフォルトではそれを許可していません。そこで、Hyper-V環境でこの設定を指定したい場合は、事前に仮想マシンのプロパティで対象NICの[高度な機能]を開いて、[MACアドレスのスプーフィングを有効にする]にチェックを付けておく必要があります。

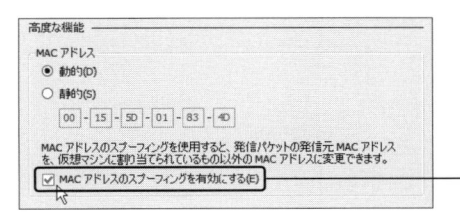

解説 Hyper-V 仮想マシンで[ユニキャスト]の NLB を構成する場合は、[MAC アドレスのスプーフィングを有効にする]にチェックを付ける

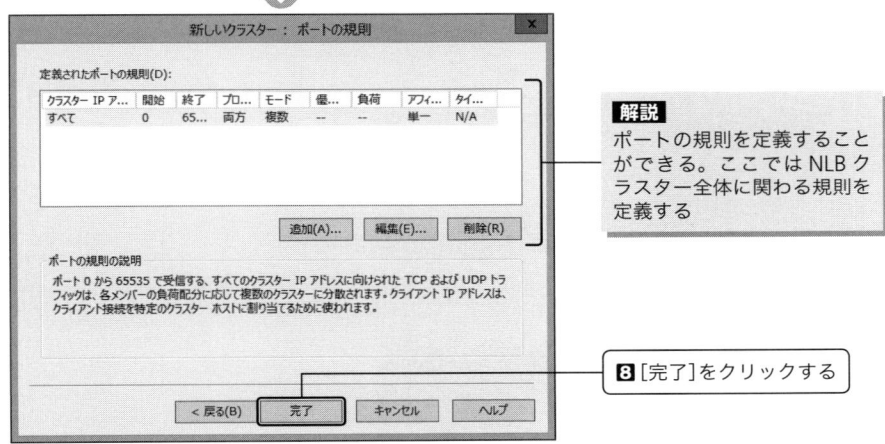

解説 ポートの規則を定義することができる。ここでは NLB クラスター全体に関わる規則を定義する

8 [完了]をクリックする

Tips [編集]をクリックすると、ポートの範囲やプロトコル、フィルターのモードなどの[ポートの規則]を変更できます。また、[追加]をクリックすると、複数のポートの規則を登録できます。

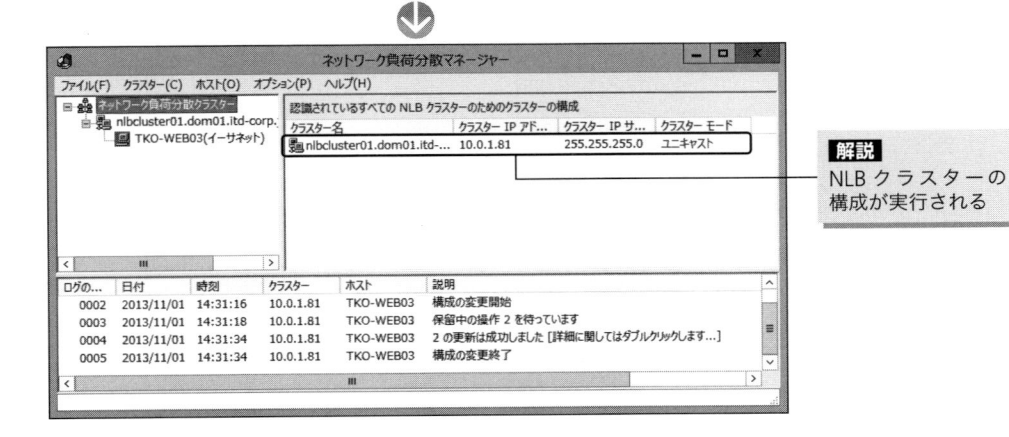

解説 NLB クラスターの構成が実行される

Part 07 各種サーバーサービスの構築と管理

優先順位や負荷配分の確認および変更

必要であれば、1台目のホストの優先順位や負荷配分の確認や変更を行います。

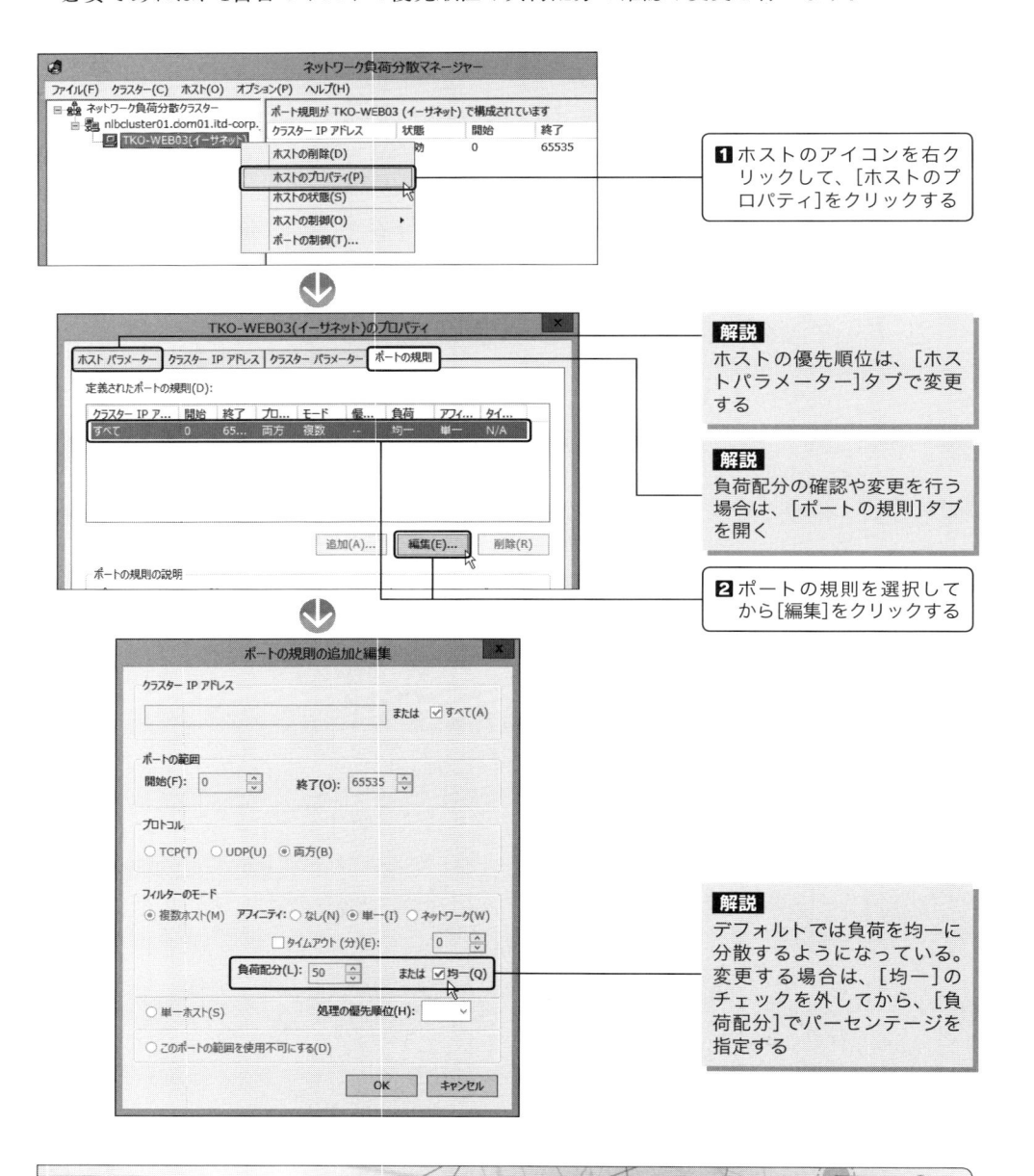

❶ ホストのアイコンを右クリックして、[ホストのプロパティ]をクリックする

解説
ホストの優先順位は、[ホストパラメーター]タブで変更する

解説
負荷配分の確認や変更を行う場合は、[ポートの規則]タブを開く

❷ ポートの規則を選択してから[編集]をクリックする

解説
デフォルトでは負荷を均一に分散するようになっている。変更する場合は、[均一]のチェックを外してから、[負荷配分]でパーセンテージを指定する

02-04 NLBクラスターにホストを追加

作成したNLBクラスターに2台目以降のホストを追加します。引き続き、[ネットワーク負荷分散マネージャー]で、次のように操作します。

02 NLBクラスターの構築

1 NLBクラスターのアイコンを右クリックして、[ホストをクラスターに追加]をクリックする

解説
[ホストをクラスターに追加]が開く

2 [ホスト]にNLBクラスターのメンバーとなる2台目以降のホストのコンピューター名を入力して、[接続]をする

解説
ドメインに参加していない場合は、認証情報を入力する必要がある

3 ホストのインターフェースが表示されたことを確認してから、[次へ]をクリックする

4 1台目のホストと同様に、優先順位やホストの初期状態を設定できる。今回は何も変更せずに[次へ]をクリックする

5 [ポートの規則]画面が表示されたら、何も変更せずに[完了]をクリックする

6 NLBクラスターへのホストの追加が行われる

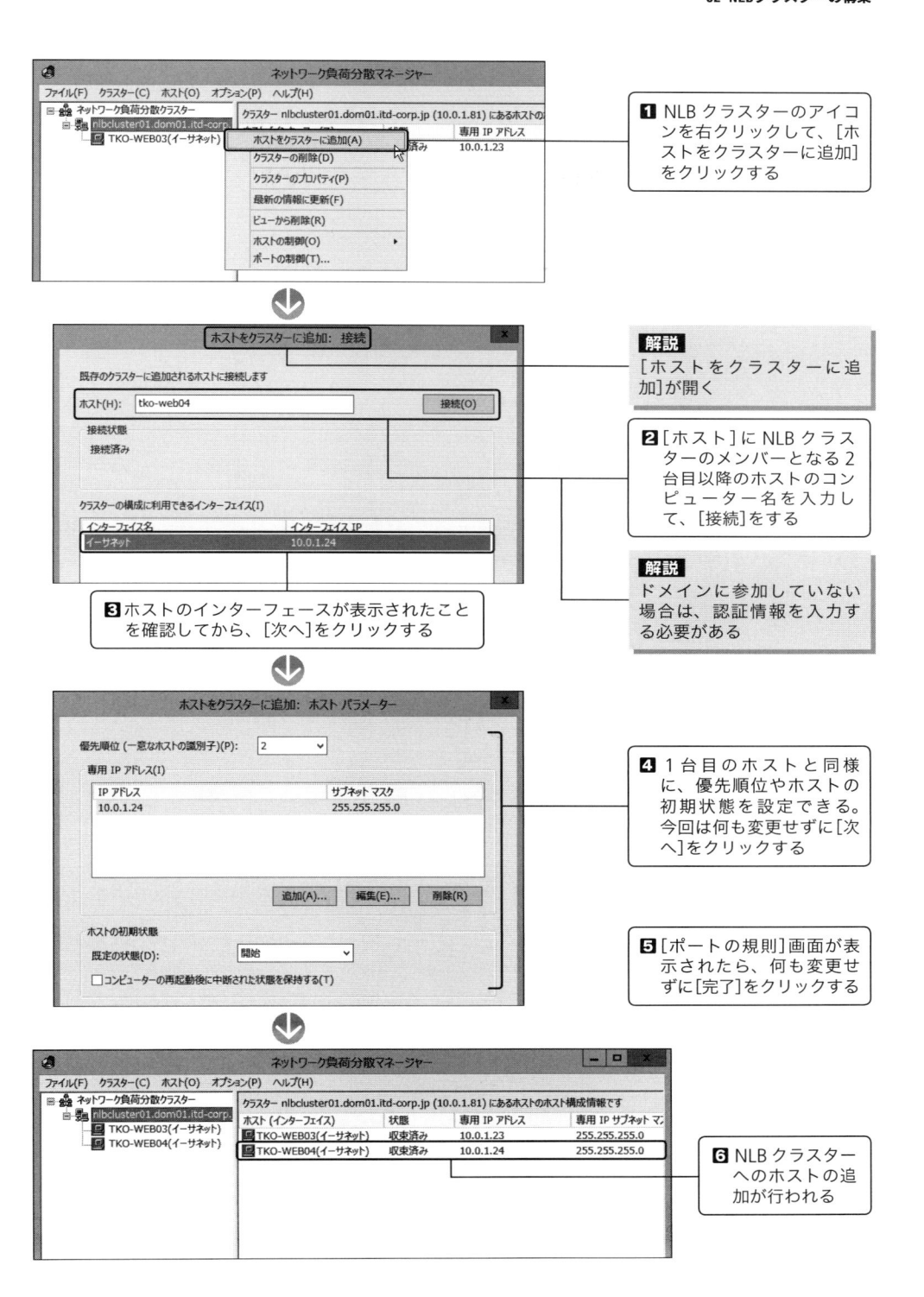

02-05 動作確認

クライアントコンピューターなどから、NLBクラスターの仮想IPアドレスやDNS名を指定して、アプリケーションにアクセスできることを確認します。

次に、NLBクラスターのホストを1台ずつ、シャットダウンするか、またはネットワークケーブルを切断し、引き続きアプリケーションにアクセスできることを確認します。接続状況は［ネットワーク負荷分散マネージャー］で確認できます。

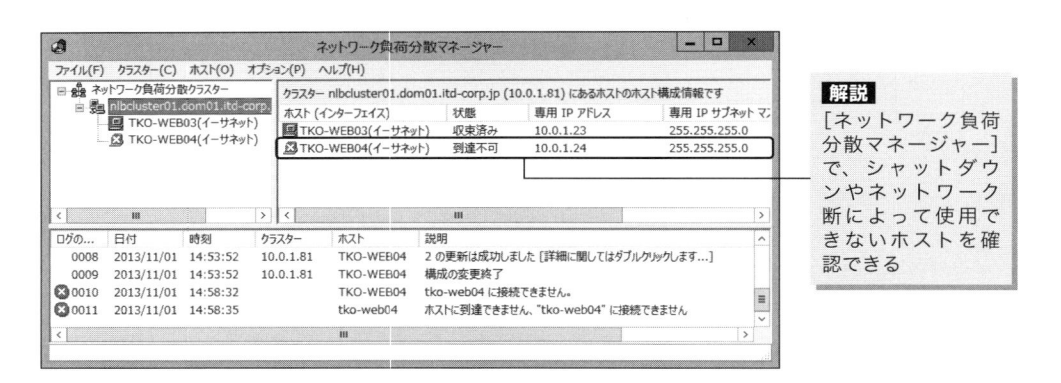

解説
［ネットワーク負荷分散マネージャー］で、シャットダウンやネットワーク断によって使用できないホストを確認できる

03 NLBクラスターの管理

ここではNLBクラスターの基本操作をいくつか紹介します。

03-01 トラフィック処理の停止と開始

NLBクラスター全体やメンバーとなっているホストを、メンテナンスなどで停止する際は、［ネットワーク負荷分散マネージャー］を使用してトラフィック処理をいったん停止し、メンテナンスが完了したら開始します。

また、NLBクラスターやホストとしては稼働させながら、特定のポートのトラフィック処理だけを無効化／有効化することもできます。

トラフィック処理の停止・開始を行うには、［ネットワーク負荷分散マネージャー］でNLBクラスター全体、またはホストのアイコンを右クリックして**［ポートの制御］**を開き、［有効］または［無効］をクリックします。また、新しいトラフィック処理を無効にしてネットワーク負荷分散を停止する場合は［ドレイン］を実行します。

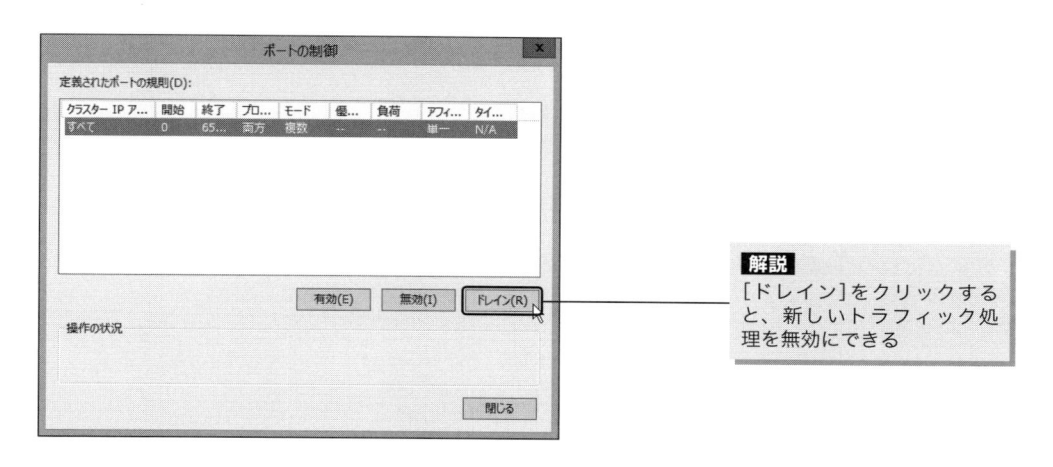

[解説] [ドレイン]をクリックすると、新しいトラフィック処理を無効にできる

03-02 ログの管理

　NLBクラスターに関するログは、システムイベントログに記録されます。イベントソースとしては「**NLB (Microsoft-Windows-NLB)**」や「**NLB (Microsoft-Windows-NLB-Diagnostic)**」があります。

　また、[ネットワーク負荷分散マネージャー]の[オプション]から**[ログの設定]**を開くことで、この管理ツールの操作に関するログをテキストファイルで記録できます。

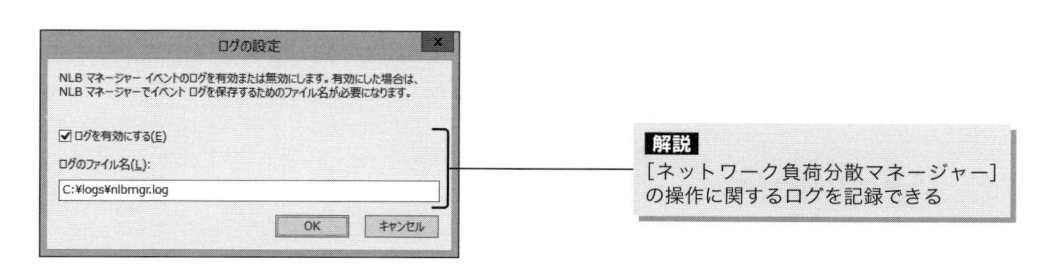

[解説] [ネットワーク負荷分散マネージャー]の操作に関するログを記録できる

Column　Windows PowerShell コマンドレットによる NLB の管理

　NLBクラスターも、Windows PowerShellコマンドレットで管理できます。定型的な繰り返し操作などを行う際にはとても便利です。

URL　Network Load Balancing Cmdlets in Windows PowerShell
http://technet.microsoft.com/en-us/library/hh801274.aspx

Chapter 35 フェールオーバークラスターの構築と管理

本章では、サーバーの役割や機能を高可用性構成にするフェールオーバークラスタリング機能を用いて複数のサーバー群をまとめる「フェールオーバークラスター」について解説します。

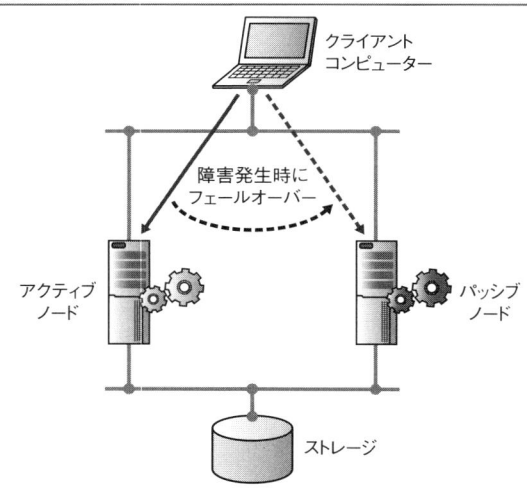

01 フェールオーバークラスターの概要

フェールオーバークラスターとは、さまざまな役割や機能を高可用性構成にする**フェールオーバークラスタリング機能**を使用して、複数台のノード（サーバー）をまとめたシステムです。

この機能を利用するとファイルサーバーやDHCPサーバー、Hyper-Vサーバーなどを高可用性構成にできます。例えば、2台のファイルサーバーをフェールオーバークラスターで構成しておけば、片方のサーバーがトラブルなどでダウンした場合でも処理を**フェールオーバー**することができるため、ユーザーは共有フォルダーへのアクセスを継続できます。

Windows Server 2012以降ではStandardエディションでもフェールオーバークラスターを構成できます。

■ フェールオーバークラスターの構成例

01-01　フェールオーバークラスターの基本動作

　フェールオーバークラスターを構成するコンピューターのことを「**ノード**」と呼び、各ノードは自身がオンラインであるということを**投票**によって宣言します。また、この投票できるクラスターの要素のことを「**クォーラム**(Quorum)」と呼びます。
　クォーラムはノードだけでなく、クラスターの監視および制御のための共有記憶域にも割り当てることができます(この共有記憶域のことを「**Witness**」と呼びます)。

クォーラムの割り当てと Dynamic Witness 機能

　フェールオーバークラスターは「**全体の過半数を超える投票がオンラインである場合**」にクラスターとして動作を継続しようとします。そのため、ノードが偶数(2台／4台など)になると**過半数の判断**が困難になるため、Witnessをクォーラムにすることで全体のクォーラムの台数を奇数にすることが推奨されています。
　なお、Windows Server 2012 R2の新機能「**Dynamic Witness**」を使用すると、クォーラムの合計を奇数にするための台数管理(Witnessをクォーラムにするか否か)が自動的に処理されるようになります。そのため、Windows Server 2012 R2においては、この機能を利用するためにも、ノード数が偶数であれ、奇数であれ、Witnessを用意することが推奨されています。

■ Dynamic Witness 機能によるクォーラムの台数管理

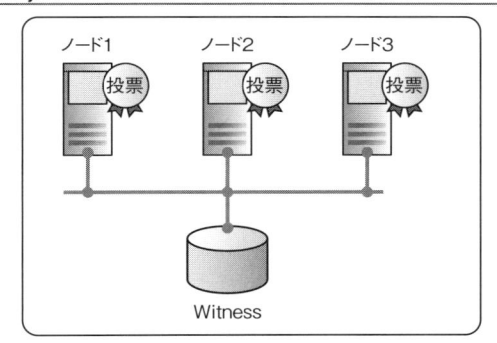

ノードが奇数台で、すべて正常動作しているときは投票数も奇数であるため、Witnessはクォーラムにはならない

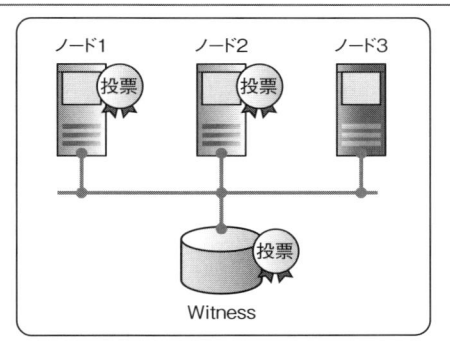

ノードが偶数台となったときは、投票数が奇数になるように、自動的にWitnessがクォーラムとなる

　Dynamic Witness機能は、起こり得るさまざまな状況の中で、できる限りクラスターを動作させ続けるための機能です。しかし、クラスターが動作していても、その上で動いているクラスター化された役割や機能が動作を続行できるか否かは、事前のサイジングや計画にかかっています。Dynamic Witness機能を使用しているからといって、システム全体の可用性を維持できるわけではありません。この点には十分に注意してください。

01-02 クラスター化できる役割と機能

　Windows Server 2012 R2では、以下の役割や機能を「**クラスター化された役割**」として高可用性構成にできます。

- ファイルサーバー
- DFS 名前空間サーバー
- Hyper-V 仮想マシン
- Hyper-V レプリカブローカー
- iSCSI ターゲットサーバー
- iSNS サーバー
- DHCP サーバー
- WINS サーバー
- 分散トランザクション コーディネーター（DTC）
- メッセージキュー

　また、以下の汎用的なコンポーネントを高可用性構成にすることもできます。

- 汎用アプリケーション
- 汎用サービス
- 汎用スクリプト

　これら以外にも、Exchange ServerやSQL Serverといったサーバーアプリケーションもフェールオーバークラスターで高可用性構成にできます。
　一方で、**IIS**についてはフェールオーバークラスターによる高可用性構成は推奨されていません。IISを高可用性構成にすることが必要な場合は、NLB（⇒P.690）の使用を検討してください。

> **Tips** 本章では「クラスター化されたファイルサーバー」を構築する方法を説明します。Hyper-V仮想マシンのクラスター（Hyper-Vホストクラスター）については「Chapter 22 ライブマイグレーション環境の構築とHyper-Vクラスター」（⇒P.432）を、Hyper-Vレプリカブローカーについては「Chapter 21 Hyper-VレプリカによるDR対策」（⇒P.417）を参照してください。

01-03 フェールオーバークラスターの設計要素

　フェールオーバークラスターを使用して高可用性環境を構築する際は、次の構成要素について検討します。

クラスター化する役割や機能

Windows Server 2012 R2では多数の役割や機能が高可用性構成に対応しています（前ページ参照）。実際に高可用性環境を構築する際は、事前にどの役割や機能をクラスター化するのか検討してください。

ノード

Windows Server 2012 R2では**最大で64台**のノードを使用してクラスターを構成できます（最少2台）。クラスター化された役割やその用途、トラブル発生時の状況などを想定しながら、ノードのスペックや台数を検討します。

また、同一のコンポーネントで構成されたサーバーコンピューターを準備します。例えば、仮想マシンを10台ずつ動作させている2台のHyper-Vサーバーでフェールオーバークラスターを構成している状況で1台のHyper-Vホストがトラブルなどでダウンすると、残りの1台で合計20台の仮想マシンを動作させることになるかもしれません。それだけの余裕を持ったCPUスペックや、メモリサイズが必要となります。もしくは、トラブル発生時には特定の仮想マシンのみを動作させることで、サーバーのスペックを抑えるといった設計や計画を事前に行います。

ドメイン環境

フェールオーバークラスターを使用するには、すべてのノードが**同一のActive Directoryドメイン**に参加していることが必要です。また、Active Directory の機能レベルを**Windows Server 2003以上**にする必要があります。

共有記憶域

共有記憶域（ノードが共有するストレージ）の構成とサイズを検討します。例えば、クラスター化されたファイルサーバーを構成する場合は、共有フォルダーを作成するための大きなストレージが必要になります。

またWindows Server 2012 R2では、先述した通り、クラスターの監視および制御用に使用する500MB以上の共有記憶域（**Witness**）を用意することが推奨されています（⇒P.705）。サイズを検討する際はWitness用の領域も加味してください。

なお、Windows Server 2012 R2のフェールオーバークラスターでは、SAS、iSCSI、ファイバーチャネル（FC）で接続されたストレージを利用可能です。これらを利用する際は、各ストレージへアクセスするための**HBA**（ホストバスアダプター）をサーバーハードウェア側に用意する必要があります。

ネットワーク

フェールオーバークラスターによる高可用性環境では、少なくとも2つのネットワークセグメントに接続することを推奨します。

1つは**パブリックネットワーク**として、クライアントコンピューターからのアクセスを受けたり、ドメインコントローラーやDNSサーバーとの通信に用い、もう1つは**プライベートネットワーク**として、ノード間の死活監視のためのハートビート通信など、クラスターの動作のために用います。

また、それぞれのネットワークセグメントの接続の冗長性を高めるためにも、**それぞれに複数のNIC**を用意することを推奨します。

なお、共有記憶域としてiSCSIなどの**IP-SAN**を使用する場合や、Hyper-Vホストクラスターの場合は、追加のネットワークセグメントを用意することを推奨します。

Column　iSCSIネットワークの冗長化

Windows Server 2012以降では、チーミングしたNICをiSCSI用として利用できます。しかし、使用するストレージやネットワーク機器によっては問題が発生する可能性があるため、iSCSIネットワークの冗長性を高めるためには、以前と同様に**MPIO**（Microsoft マルチパス I/O）を使用することを推奨します。MPIOとは、サーバーとストレージ間のパスを複数にして、可用性を高めるための機能です。

> **URL** Microsoft Multipath I/O (MPIO) Users Guide for Windows Server 2012
> http://www.microsoft.com/en-us/download/details.aspx?id=30450

CNOとVCO

クラスターを構成すると、仮想的なコンピューター名である**CNO**（クラスター名オブジェクト）が生成されて、Active Directoryにコンピューターアカウントとして登録されます。クラスターを管理する際はこのCNOにアクセスすることになるので、CNOのための仮想的なコンピューター名とIPアドレスを決定する必要があります。

また、多くのクラスター化された役割では、構成時に**VCO**（仮想コンピューターオブジェクト）が生成されます。サービスの提供を受ける際はVCOにアクセスすることになるので、VCOのための仮想的なコンピューター名とIPアドレスを決定しておきます。

02 フェールオーバークラスターの構築

ここからはフェールオーバークラスター環境の構築方法を解説します。先に「器」となるクラスターを作成し、それからクラスター化された役割の構成を行います。本書では、**クラスター化されたファイルサーバー**を構築する手順を説明します。

「器」となるクラスターは以下の流れで作成します。

1. 事前準備
2. 共有記憶域（Witness）の追加
3. フェールオーバークラスタリング機能の追加
4. フェールオーバークラスターの検証テスト
5. フェールオーバークラスターの作成
6. クラスターのネットワーク構成

本書では下表の構成を想定したフェールオーバークラスター環境を構築します。

■ 想定しているフェールオーバークラスター環境

Active Directory 環境	ドメイン名	dom01.itd-corp.jp
	機能レベル	ドメイン、フォレストともに Windows Server 2012 R2
共有記憶域	タイプ	iSCSI。iSCSI ターゲットを有効にした Windows Server 2012 R2 コンピューターを用意
	用途	クォーラム用
	サイズ	500MB
CNO（クラスター名オブジェクト）	名前	CLUSTER1
	IP アドレス	10.0.1.61
ノード数		2 台

■ ノードの構成

ノード1	コンピューター名	TKO-WSFC01
	ネットワーク接続数	以下の3つ ● パブリックネットワーク ● プライベートネットワーク ● ストレージネットワーク（iSCSI 用）
	パブリックネットワークの IP アドレス	10.0.1.51
	プライベートネットワークの IP アドレス	10.0.101.51
	ストレージネットワークの IP アドレス	10.0.201.51
ノード2	コンピューター名	TKO-WSFC02
	ネットワーク接続数	次の3つ ● パブリックネットワーク ● プライベートネットワーク ● ストレージネットワーク（iSCSI 用）
	パブリックネットワークの IP アドレス	10.0.1.52
	プライベートネットワークの IP アドレス	10.0.101.52
	ストレージネットワークの IP アドレス	10.0.201.52

> **Tips** フェールオーバークラスターには多数の機能や管理項目があるため、本書でそのすべてを詳細に解説することができません。フェールオーバークラスターの詳細については筆者が執筆した以下のマイクロソフトのホワイトペーパーも併せて参照してください。
>
> **URL** Windows Server 2012 R2 フェールオーバー クラスタリング構築・運用・管理ガイド
> http://download.microsoft.com/download/0/7/B/07BE7A3C-07B9-4173-B251-6865ADA98E5D/WS2012R2_MSFC_ConfigGuide_v1.0.docx

02-01 事前準備

フェールオーバークラスターを構成する各ノードで以下の準備を行います。

- ハードウェアコンポーネントのセットアップ
- Windows Server 2012 R2 のインストール
- ネットワーク設定
- 同一の Active Directory ドメインへの参加

> **Tips** 複数のNICを利用する場合は、設定ミスや操作ミスを防ぐためにも、NICの名前を変更しておくことを推奨します。また、複数のNICを構成していることが原因で起動時にドメインコントローラーとの通信に問題が発生する場合は**NICの優先度**を変更します。
> [ネットワーク接続]でキーボードの[Alt]キーを押してメニューを表示して[詳細設定]を選択し、[詳細設定]プロパティを開きます。[接続]の矢印ボタンをクリックして、パブリックネットワーク用のNICの優先順位を上げます。

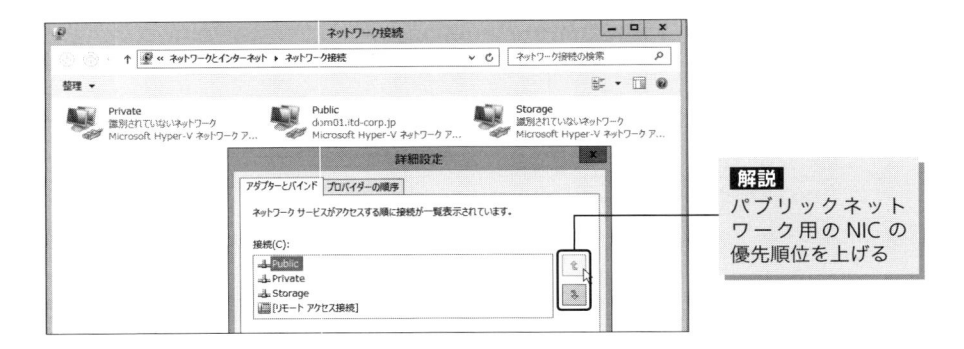

解説 パブリックネットワーク用の NIC の優先順位を上げる

02-02 共有記憶域（Witness）の追加

本書の例では、iSCSIターゲットを有効にしたWindows Server 2012 R2コンピューターにクォーラム用の500MBのディスクを追加し、それをフェールオーバークラスターの各ノードのiSCSIイニシエーターと接続します（⇒P.609）。

いずれかのノードのサーバーマネージャーや［コンピューターの管理］の［ディスクの管理］を起動して、次の手順を実行します。

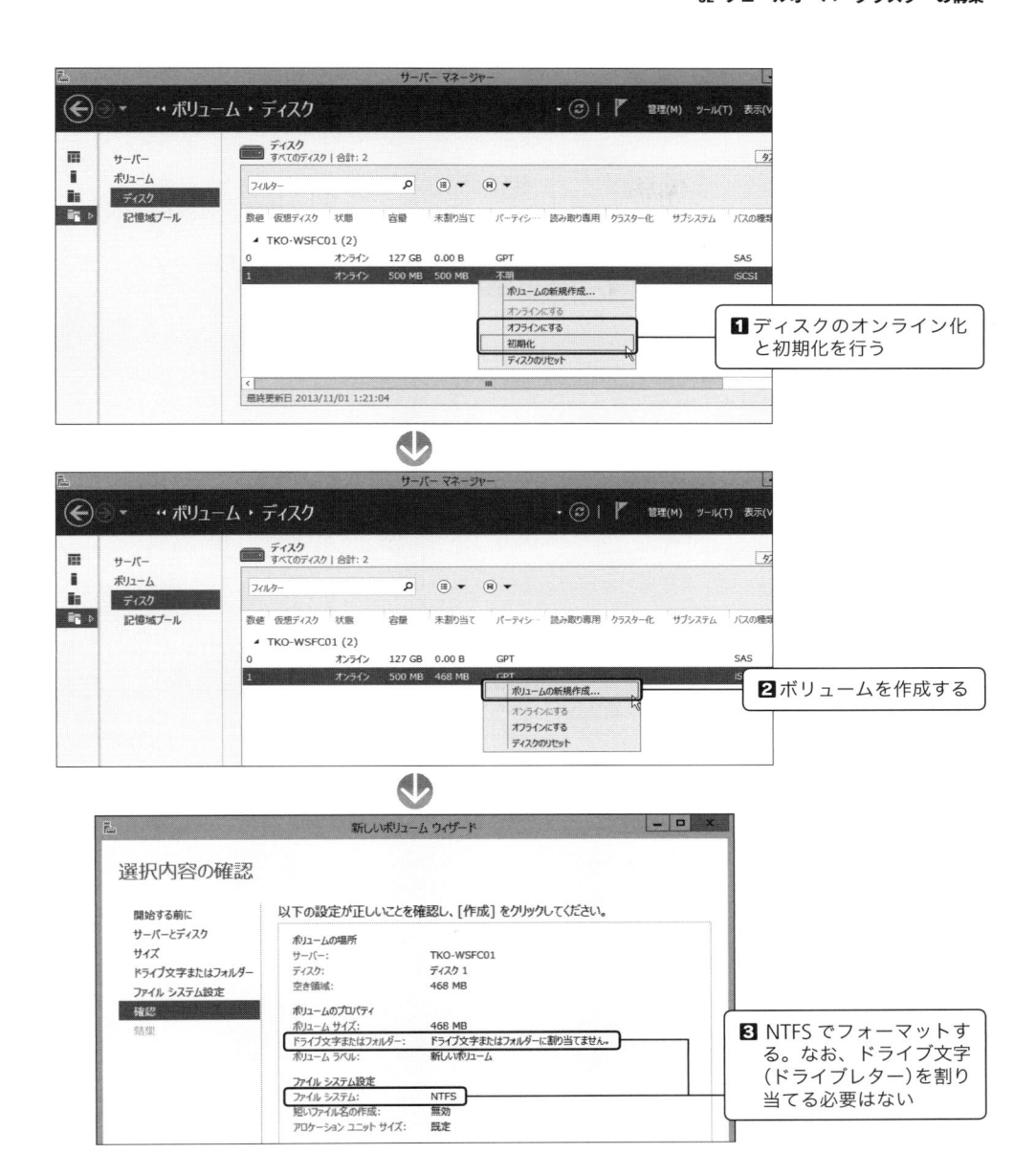

1 ディスクのオンライン化と初期化を行う

2 ボリュームを作成する

3 NTFS でフォーマットする。なお、ドライブ文字（ドライブレター）を割り当てる必要はない

　ディスクのオンライン化や初期化、フォーマットが完了したら、いったんオフラインにします。そして別のノードにサインインして同じディスクをオンラインにし、初期化やフォーマットが完了していることを確認しておきます。

02-03　フェールオーバークラスタリング機能の追加

　サーバーをフェールオーバークラスターのノードにするには、フェールオーバークラスタリング機能をインストールする必要があります。

管理者でサインインして、サーバーマネージャーから[役割と機能の追加ウィザード]（⇒P.52）を起動して、以下の手順を実行します。

解説
この時点でクラスター化する役割や機能をインストールしても構わない。「クラスター化されたファイルサーバー」を構築する場合は、この時点で[ファイルサーバー]の役割をインストールしておくことが可能

1 [フェールオーバークラスタリング]にチェックを付けて、ウィザードを進める

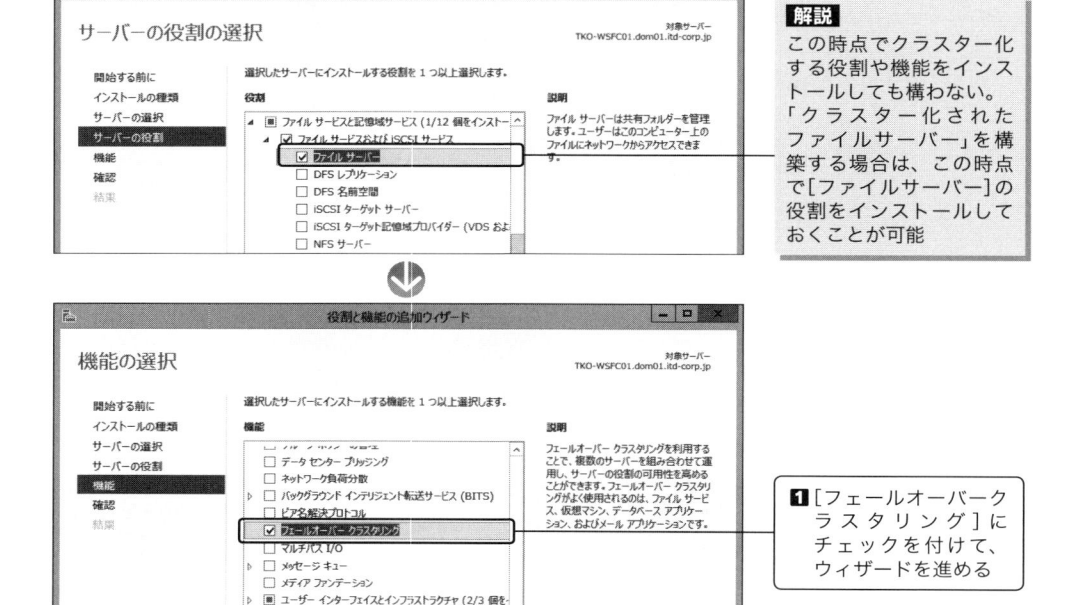

02-04　フェールオーバークラスターの検証テスト

フェールオーバークラスターを作成する前に検証テストにパスする必要があります。

いずれかのノードにドメインの管理者でサインインして、サーバーマネージャーの[ツール]メニューから[フェールオーバークラスターマネージャー]を起動し、以下の手順を実行します。

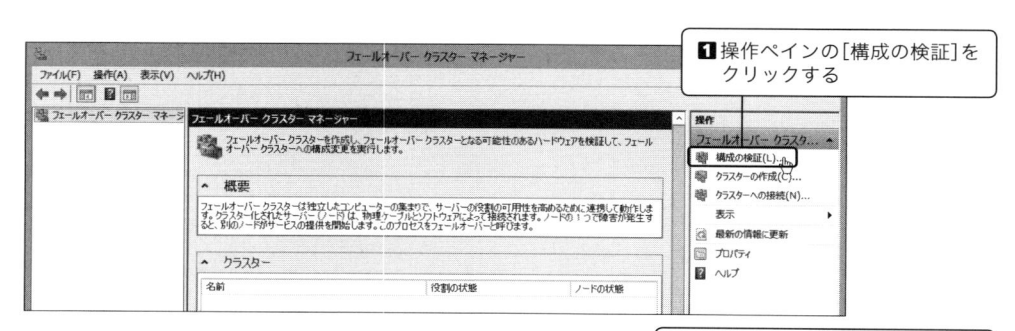

1 操作ペインの[構成の検証]をクリックする

2 [構成の検証ウィザード]が開くので、[次へ]をクリックする

02 フェールオーバークラスターの構築

3 ノードの名前を追加して、[次へ]をクリックする

解説
[参照]をクリックするとActive Directory ドメインから検索できる

4 [すべてのテストを実行する(推奨)]を選択して、[次へ]をクリックする

5 表示される設定内容を確認して、[次へ]をクリックする

6 検証テストが実行される。構成や選択したテストによっては、検証テストに多くの時間を要することがある

解説
チェックを付けると、このウィザード完了後すぐに次の操作に移ることができる。本書の例では説明の都合上[オフ]にして手順を進める

7 検証結果が表示される。内容を確認して[完了]をクリックする

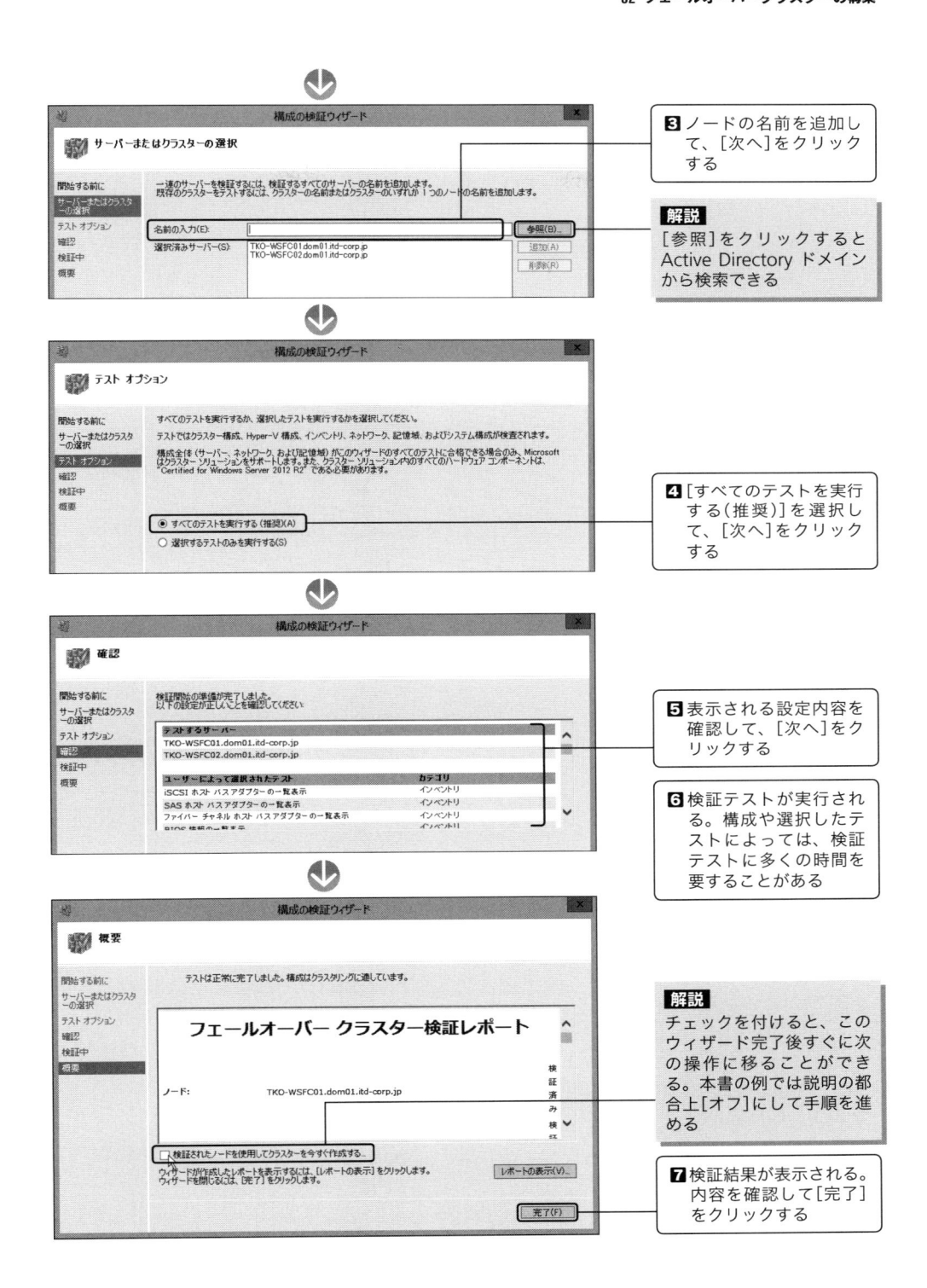

Part 07 各種サーバーサービスの構築と管理

検証テストにパスできなかった場合は、検証レポートを見て原因を確認して対処し、再度検証テストを実施してください。

02-05 フェールオーバークラスターの作成

フェールオーバークラスターの検証テストにパスできたらクラスターの作成に取り掛かります。引き続き［フェールオーバークラスターマネージャー］で以下の手順を実行します。

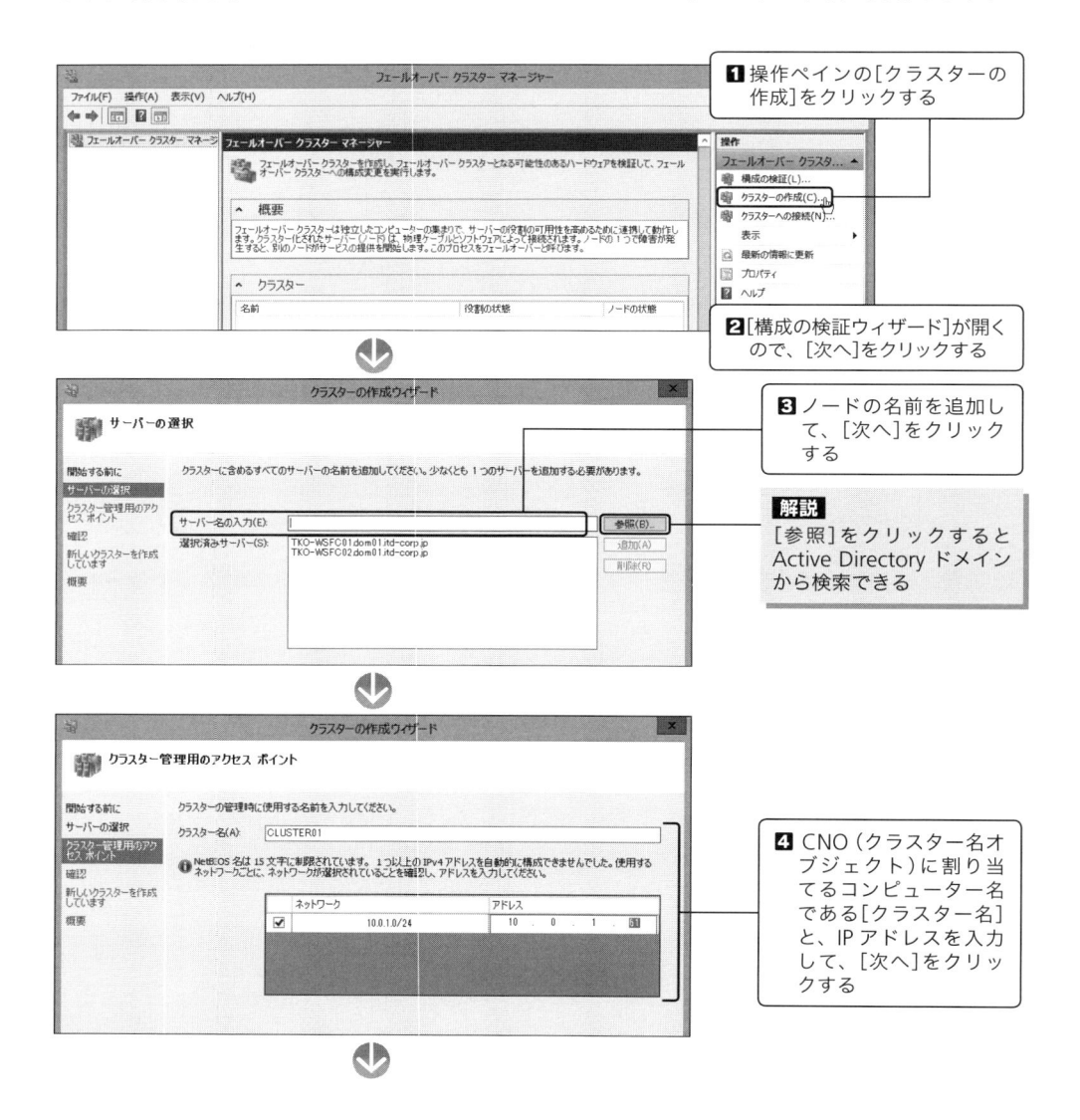

1 操作ペインの［クラスターの作成］をクリックする

2 ［構成の検証ウィザード］が開くので、［次へ］をクリックする

3 ノードの名前を追加して、［次へ］をクリックする

解説
［参照］をクリックするとActive Directoryドメインから検索できる

4 CNO（クラスター名オブジェクト）に割り当てるコンピューター名である［クラスター名］と、IPアドレスを入力して、［次へ］をクリックする

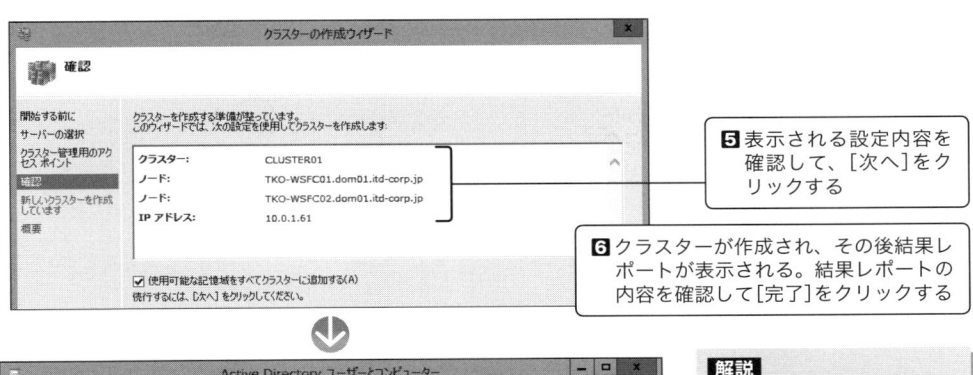

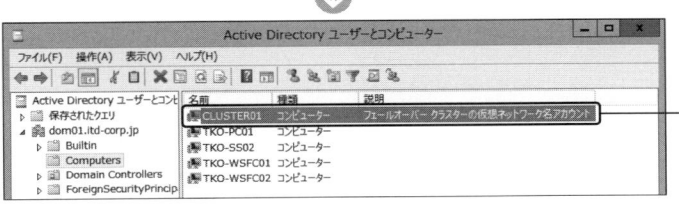

02-06 クラスターのネットワーク構成

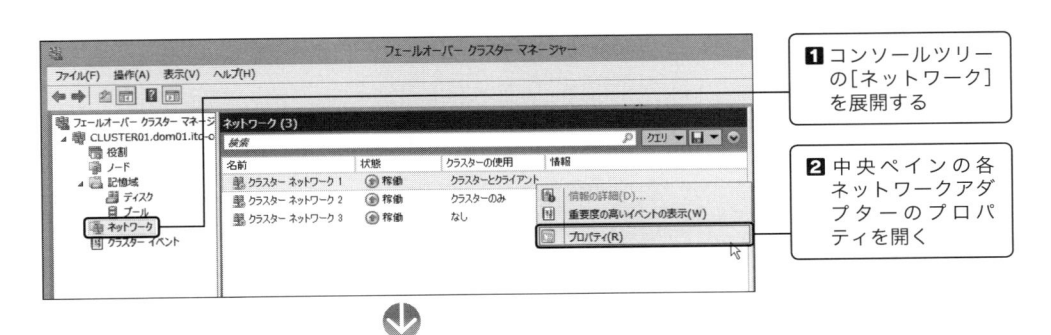

［フェールオーバークラスターマネージャー］を使用して、クラスターのネットワーク設定の確認や変更を行います。具体的には下表のように設定します。

■ クラスターのネットワーク構成

用途	設定
パブリックネットワーク	・［このネットワークでのクラスターネットワーク通信を許可する］を選択 ・［クライアントにこのネットワーク経由の接続を許可する］にチェックを付ける
プライベートネットワーク	・［このネットワークでのクラスターネットワーク通信を許可する］を選択 ・［クライアントにこのネットワーク経由の接続を許可する］のチェックを外す
ストレージネットワーク （iSCSI 用ネットワーク）	・［このネットワークでのクラスターネットワーク通信を許可しない］を選択

Part 07 各種サーバーサービスの構築と管理

解説
[サブネット]の IP アドレスから、[パブリックネットワーク]と判断できた場合の設定

3 [このネットワークでのクラスターネットワーク通信を許可する]を選択し、[クライアントにこのネットワーク経由の接続を許可する]にチェックを付ける。これでクライアントコンピューターからのアクセスを受けることができる。また、[名前]を変更しておく

解説
[サブネット]の IP アドレスから、[プライベートネットワーク]と判断できた場合の設定

4 [このネットワークでのクラスターネットワーク通信を許可する]を選択し、[クライアントにこのネットワーク経由の接続を許可する]のチェックを外す。これでノード間の内部通信に用いることができる。また、[名前]を変更しておく

解説
[サブネット]の IP アドレスから、[ストレージネットワーク(iSCSI 用ネットワーク)]と判断できた場合の設定

5 ストレージ用に使用するため、[このネットワークでのクラスターネットワーク通信を許可しない]を選択する。また、[名前]を変更しておく

6 各ネットワークの設定を確認する

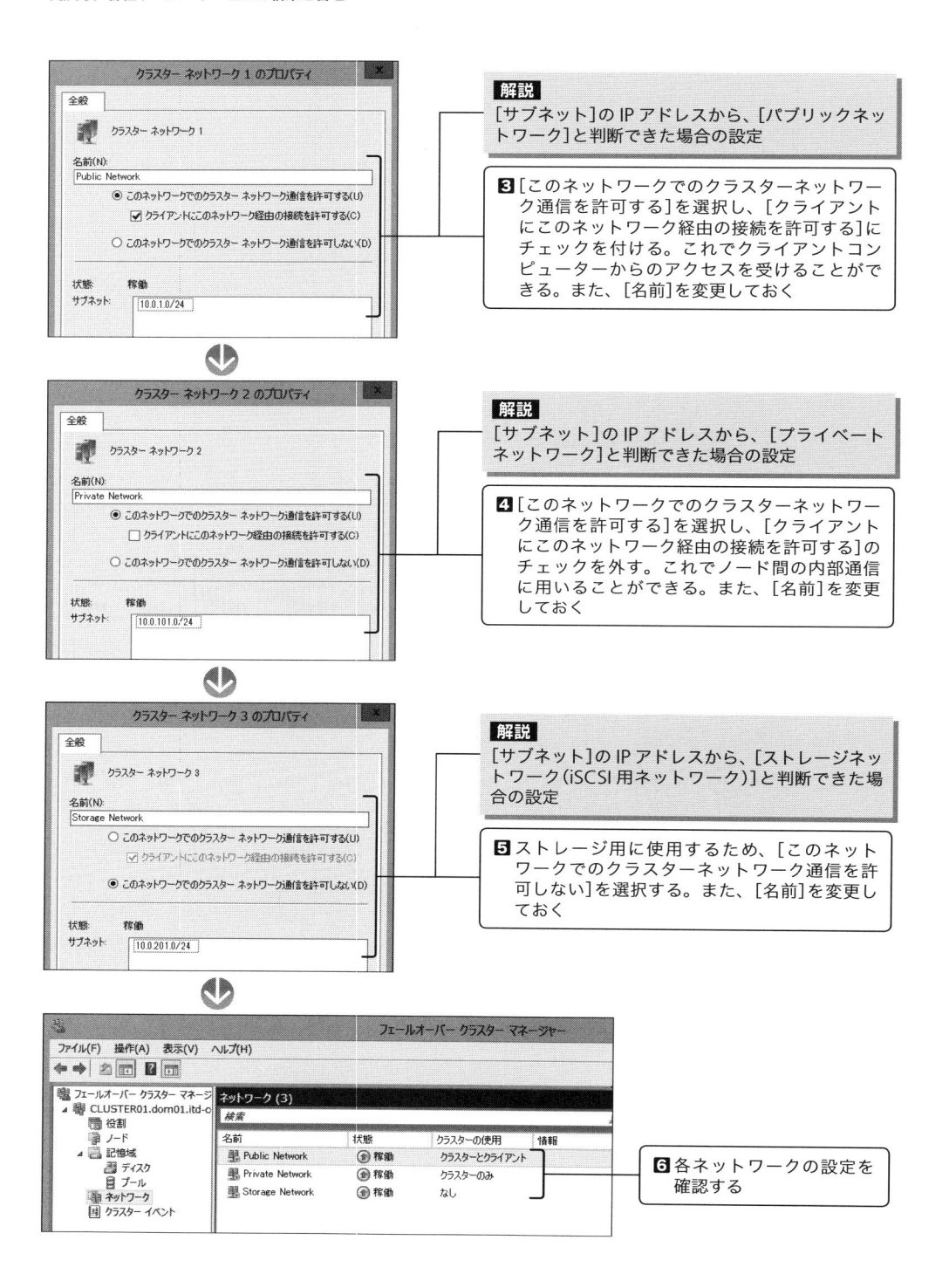

03 クラスター化されたファイルサーバーの構築

「器」となるフェールオーバークラスターを作成したら、続いてはクラスター化されたファイルサーバーを構築します。以下の流れで実行します。

1. 共有記憶域（ファイルサーバー用）の追加
2. クラスターへの共有記憶域の追加
3. ファイルサーバーの役割の追加
4. クラスター化されたファイルサーバーの構成
5. 新しい共有の設定
6. 動作確認

■ 想定しているフェールオーバークラスター構成

共有記憶域	タイプ	iSCSI。クォーラム用と同じiSCSIターゲットを有効にしたWindows Server 2012 R2 コンピューターを使用
	用途	ファイルサーバー用
	サイズ	1TB
VCO（仮想コンピューターオブジェクト）	名前	TKO-FSCLUSTER01
	IPアドレス	10.0.1.71

Column　2種類のクラスター化されたファイルサーバー

　Windows Server 2012 R2のフェールオーバークラスタリング機能を使用した高可用性ファイルサーバーには、**汎用ファイルサーバー**と**スケールアウトファイル サーバー**の2種類があります。
　汎用ファイルサーバーとは、アクティブ／パッシブで動作するファイル サーバーであり、以前のバージョンのWindowsサーバーによるクラスター化されたファイルサーバーと同様のものです。その名の通り、一般的なファイルを置くための汎用的な用途で利用します（通常の共有ファイル）。
　一方、スケールアウトファイルサーバーは、Windows Server 2012で新規追加されたものであり、アクティブ／アクティブで動作します。これにより、継続的に使用可能かつスケーラブルな記憶域を提供できます。ただし、利用には多くの制約事項があるため、用途としてはHyper-Vの仮想マシンやSQL Serverのデータベースの保存先などに限定されます。
　スケールアウトファイルサーバーの機能の詳細や、汎用ファイルサーバーとの違いについては、以下のサイトを参照してください。

URL Scale-Out File Server for Application Data Overview
http://technet.microsoft.com/en-us/library/hh831349.aspx

03-01 共有記憶域（ファイルサーバー用）の追加

　本書の例では、クォーラム用のディスクと同じiSCSIターゲットを有効化したWindows Server 2012 R2コンピューターに、ファイルサーバー用のディスク（本書の例では1TBのディスク）を追加します。そして、フェールオーバークラスターの各ノードのiSCSIイニシエーターで接続します（⇒P.609）。

　クォーラム用のディスクと同様に、サーバーマネージャーや［コンピューターの管理］の［ディスクの管理］でディスクのオンライン化と初期化、ボリュームの作成を行います。

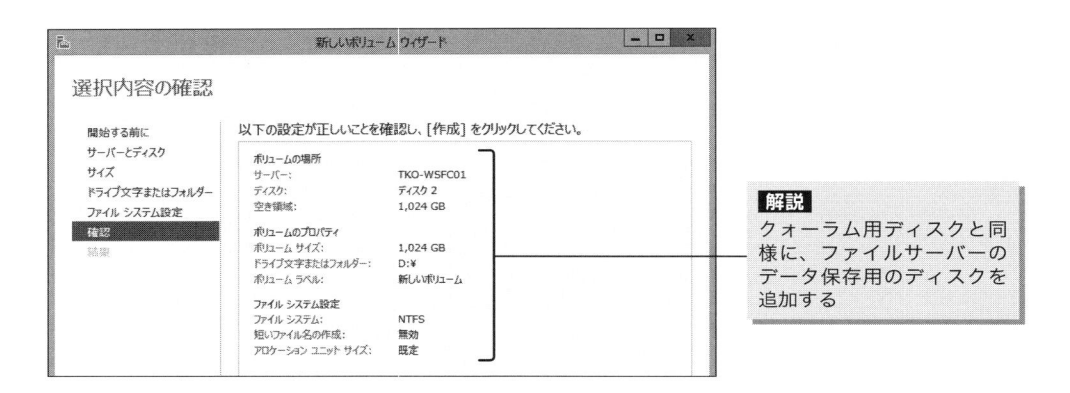

解説
クォーラム用ディスクと同様に、ファイルサーバーのデータ保存用のディスクを追加する

　ディスクのオンライン化や初期化、フォーマットが完了したら、いったんオフラインにします。そして、別のノードで同じディスクをオンラインにして、初期化やフォーマットができていることを確認します。

03-02 クラスターへの共有記憶域の追加

　ファイルサーバー用としてiSCSI接続したディスクを、クラスターで利用できるようにします。［フェールオーバークラスターマネージャー］を起動して、以下の手順を実行します。

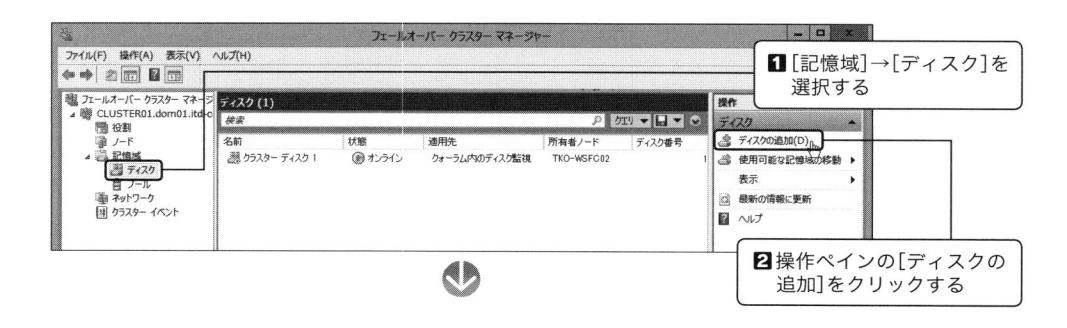

1［記憶域］→［ディスク］を選択する

2 操作ペインの［ディスクの追加］をクリックする

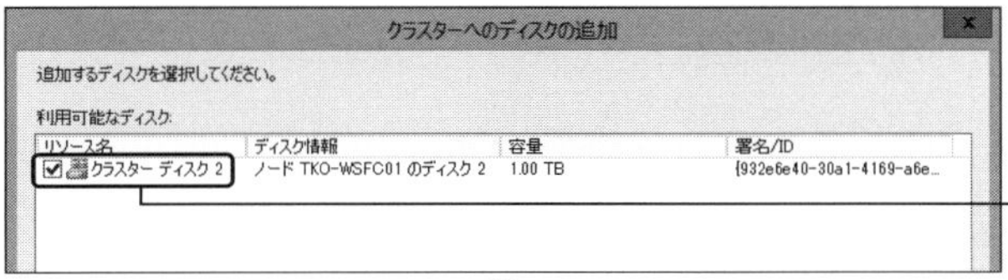

❸追加するディスクを選択して、[OK]をクリックする

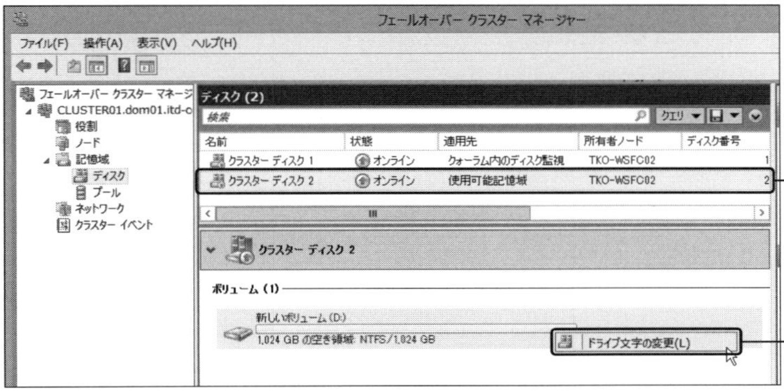

❹ディスクが追加されたことを確認する

解説
ボリュームを右クリックするとドライブ文字を変更できる

03-03 ファイルサーバーの役割の追加

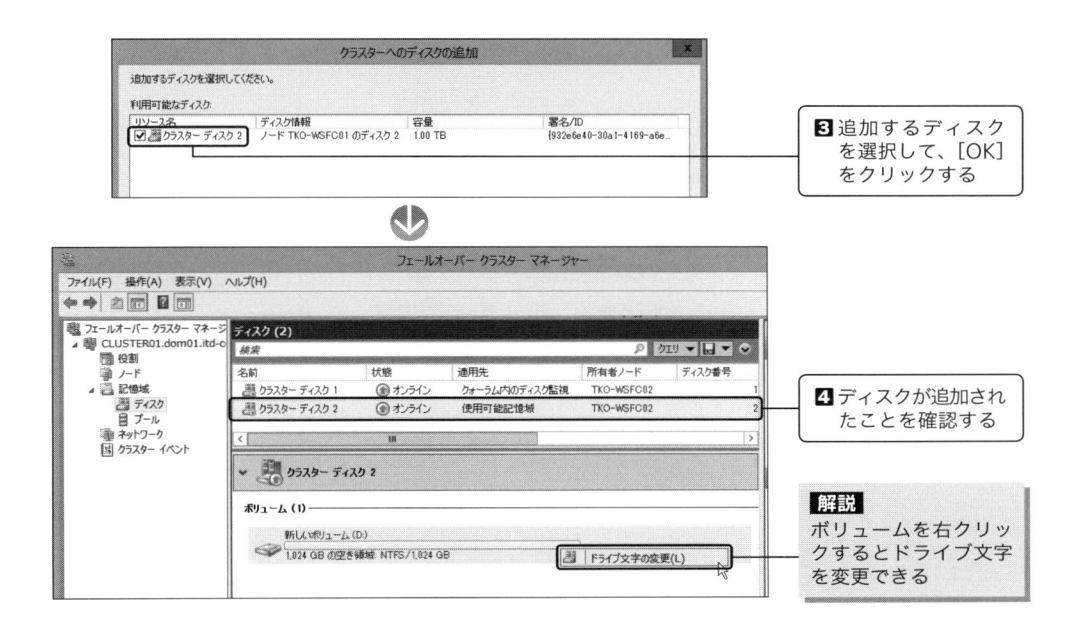

サーバーマネージャーの[役割と機能の追加ウィザード]を使用して、[ファイルサーバー]の役割をインストールします。なお、本書の例のように、[フェールオーバークラスタリング]機能のインストール時に[ファイルサーバー]の役割をインストールしている場合、この操作は不要です（⇒P.712）。

03-04 クラスター化されたファイルサーバーの構成

[フェールオーバークラスターマネージャー]を使用して、クラスター化されたファイルサーバーを構成します。以下の手順を実行します。

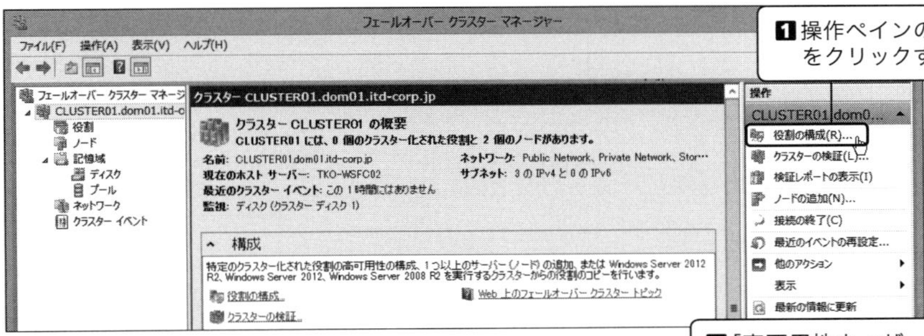

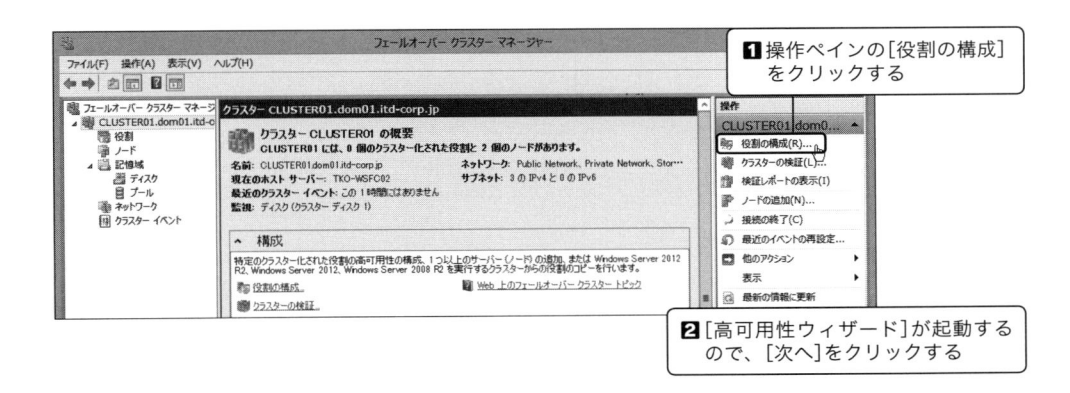

❶操作ペインの[役割の構成]をクリックする

❷[高可用性ウィザード]が起動するので、[次へ]をクリックする

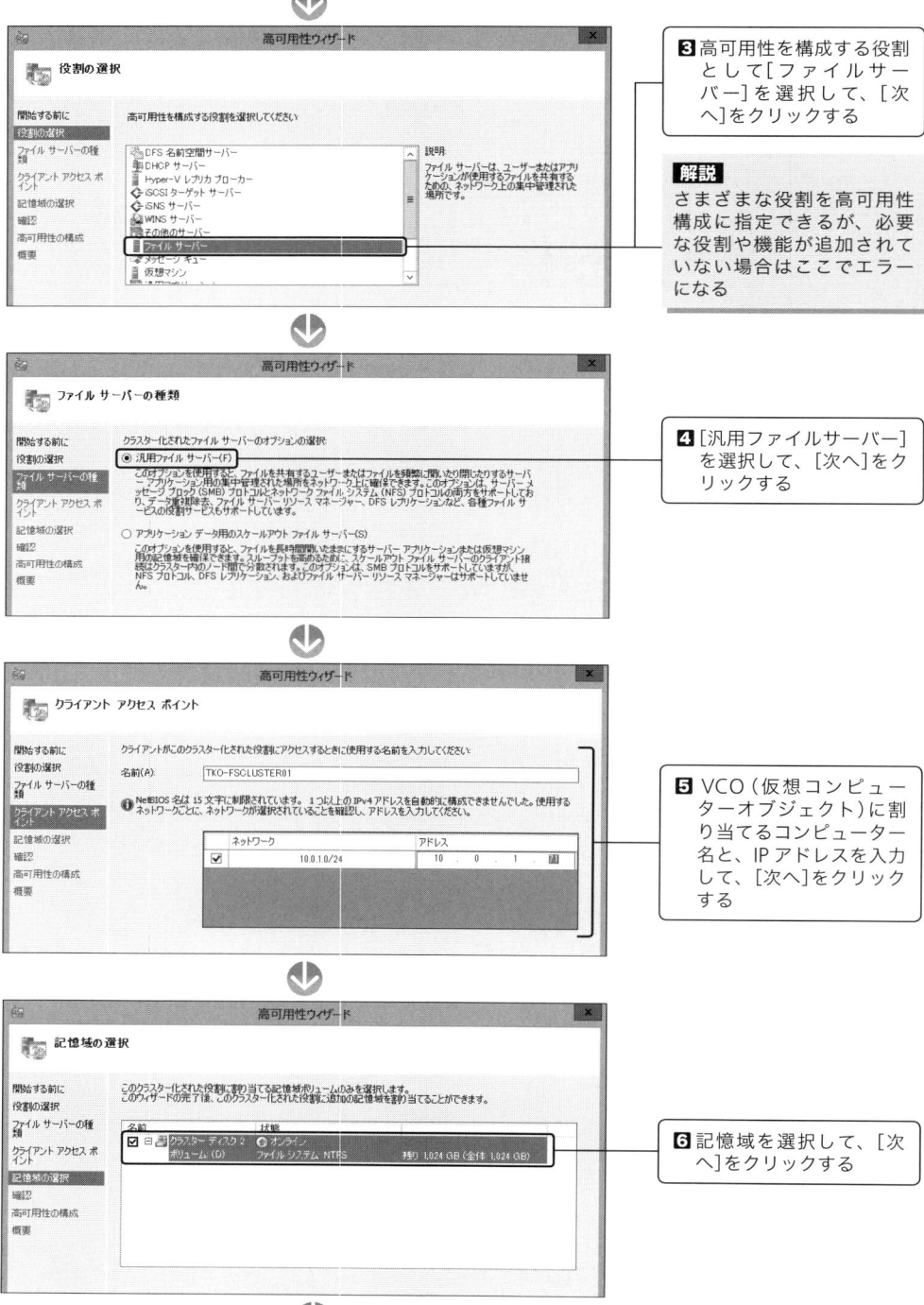

Part 07 各種サーバーサービスの構築と管理

3 高可用性を構成する役割として[ファイルサーバー]を選択して、[次へ]をクリックする

解説
さまざまな役割を高可用性構成に指定できるが、必要な役割や機能が追加されていない場合はここでエラーになる

4 [汎用ファイルサーバー]を選択して、[次へ]をクリックする

5 VCO(仮想コンピューターオブジェクト)に割り当てるコンピューター名と、IPアドレスを入力して、[次へ]をクリックする

6 記憶域を選択して、[次へ]をクリックする

03 クラスター化されたファイルサーバーの構築

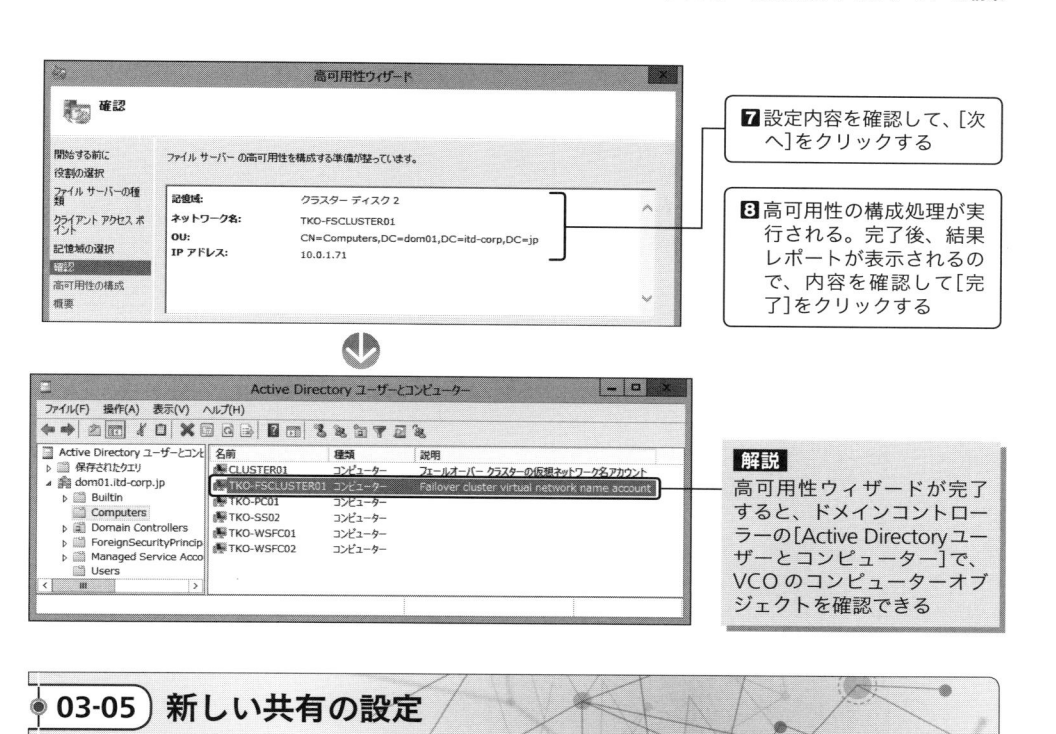

7 設定内容を確認して、[次へ]をクリックする

8 高可用性の構成処理が実行される。完了後、結果レポートが表示されるので、内容を確認して[完了]をクリックする

解説
高可用性ウィザードが完了すると、ドメインコントローラーの[Active Directory ユーザーとコンピューター]で、VCO のコンピューターオブジェクトを確認できる

03-05 新しい共有の設定

クラスター化されたファイルサーバーに共有を追加します。[フェールオーバークラスターマネージャー]を起動して以下の手順を実行します。

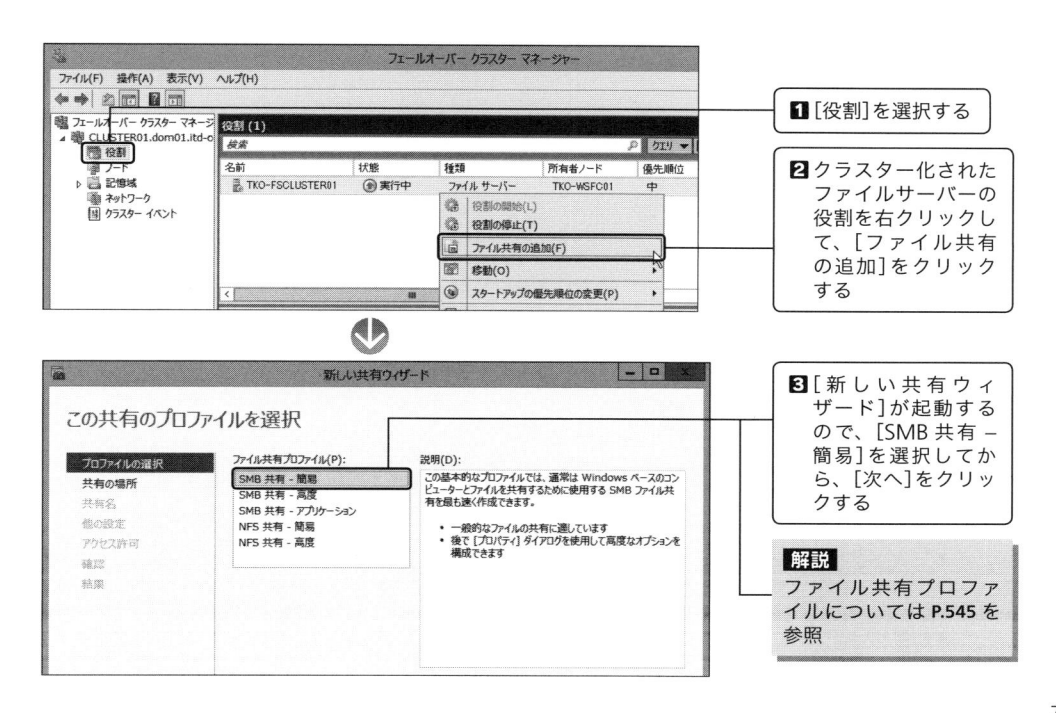

1 [役割]を選択する

2 クラスター化されたファイルサーバーの役割を右クリックして、[ファイル共有の追加]をクリックする

3 [新しい共有ウィザード]が起動するので、[SMB 共有 - 簡易]を選択してから、[次へ]をクリックする

解説
ファイル共有プロファイルについては P.545 を参照

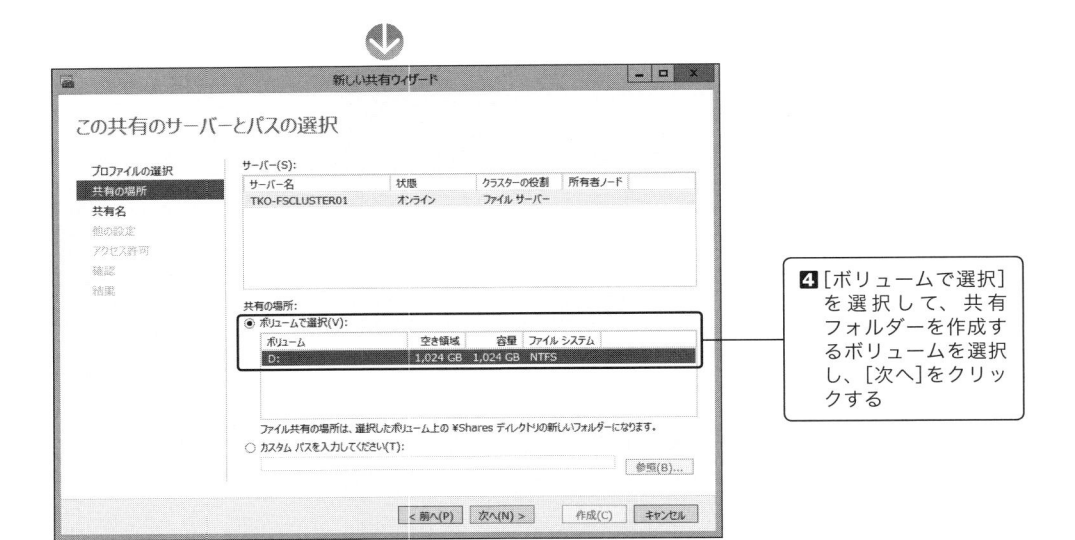

Part 07 各種サーバーサービスの構築と管理

4 [ボリュームで選択]を選択して、共有フォルダーを作成するボリュームを選択し、[次へ]をクリックする

> **Tips** [ボリュームで選択]を選択した場合は、指定したボリューム配下の「¥Share」ディレクトリに新しいフォルダーが作成されます。異なるパスを指定したい場合は[カスタムパスを入力してください]を選択します。

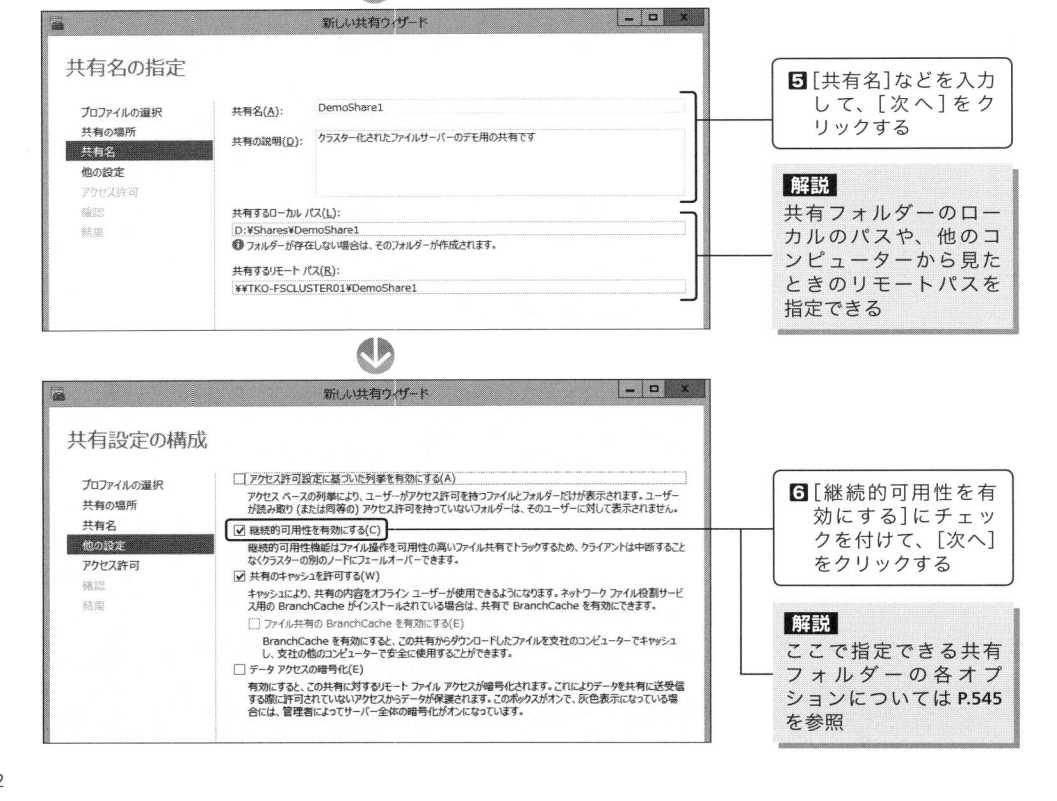

5 [共有名]などを入力して、[次へ]をクリックする

解説
共有フォルダーのローカルのパスや、他のコンピューターから見たときのリモートパスを指定できる

6 [継続的可用性を有効にする]にチェックを付けて、[次へ]をクリックする

解説
ここで指定できる共有フォルダーの各オプションについてはP.545を参照

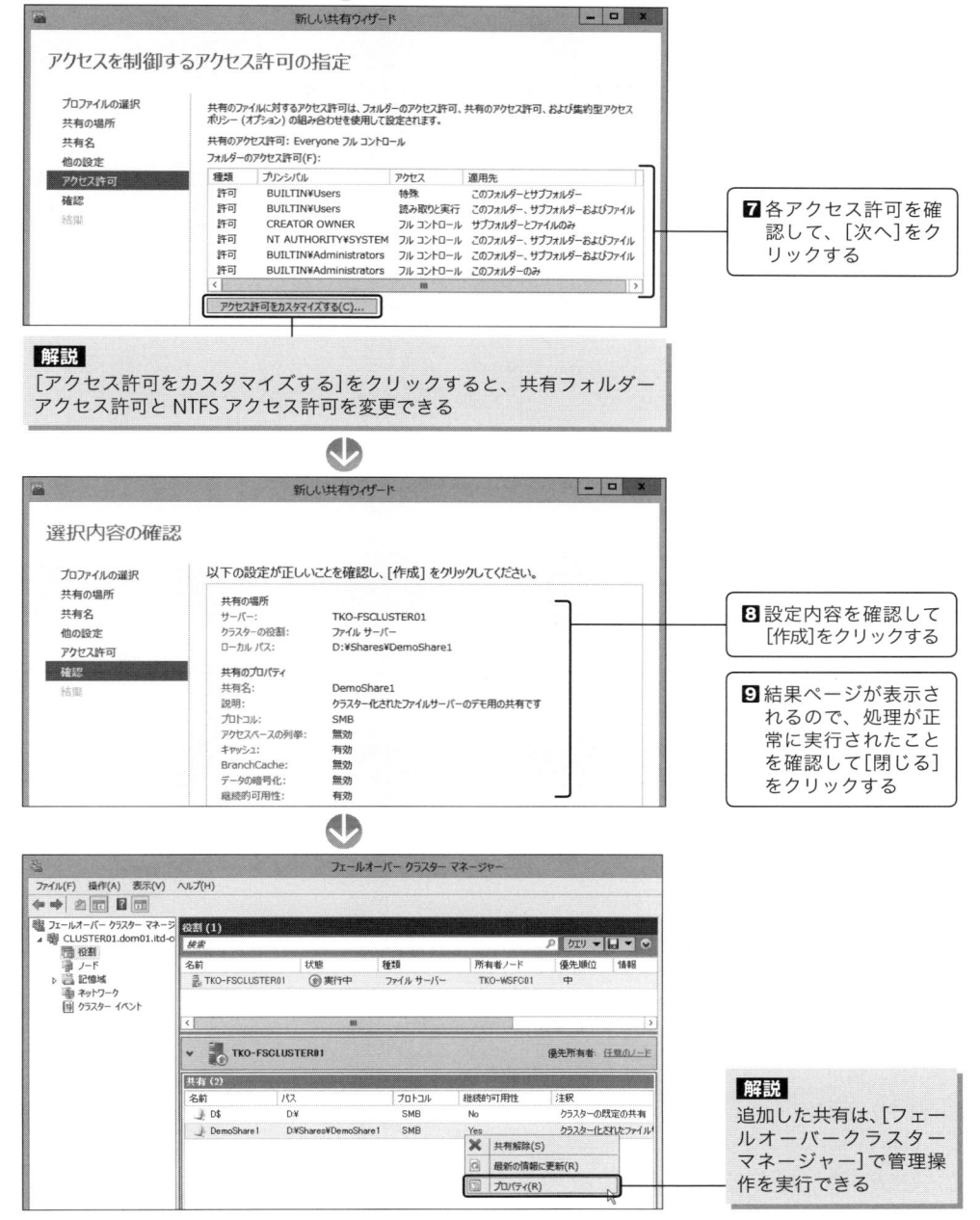

03 クラスター化されたファイルサーバーの構築

7 各アクセス許可を確認して、[次へ]をクリックする

解説
[アクセス許可をカスタマイズする]をクリックすると、共有フォルダーアクセス許可と NTFS アクセス許可を変更できる

8 設定内容を確認して[作成]をクリックする

9 結果ページが表示されるので、処理が正常に実行されたことを確認して[閉じる]をクリックする

解説
追加した共有は、[フェールオーバークラスターマネージャー]で管理操作を実行できる

Tips クラスター化されたファイルサーバーでもシャドウコピー機能 (⇒P.757) を利用できます。有効化や、スケジュールは [フェールオーバークラスターマネージャー] で対象の記憶域のプロパティを開いて設定します。

03-06 動作確認

フェールオーバークラスターによるクラスター化された役割は、いくつかの「**クラスターリソース**」によって構成されています。これらの各リソースが正しく動作することで、クラスター化された役割も機能することになります。

クラスター化されたファイルサーバーを構築したら、最後に以下の項目を確認し、クラスター化が成功しているか動作確認します。

- クライアントコンピューターから追加した共有へアクセスできること
- クラスター化されたファイルサーバーの役割を他のノードに移した際に、クライアントコンピューターからは継続してアクセスできること
- ノードを停止したり、ネットワークケーブルを切断するなどして、フェールオーバーが発生するか

Column　一定時間内に許容されるエラーの回数

フェールオーバークラスターでは、システムトラブルなどのエラーが繰り返し発生した際に、延々と何度もフェールオーバーすることはありません。クラスター化された役割そのものやクラスターリソースのプロパティで、**一定時間内に許容されるエラーの回数**が設定されています。それを超えるエラーが発生した場合、フェールオーバーは実行されません。動作確認を行う際は注意してください。

解説
一定時間に許容されるエラーの回数が設定されており、トラブル時にフェールオーバーが延々と繰り返されることはない

---

04 フェールオーバークラスターの管理

フェールオーバークラスターの基本的な管理操作をいくつか解説します。

04-01 フェールオーバーの実行

　ノードのメンテナンスや負荷の分散などの目的で、クラスター化された役割をノード間でフェールオーバーさせることができます。フェールオーバーを実行するには、［フェールオーバークラスターマネージャー］を起動して以下の手順を実行します。

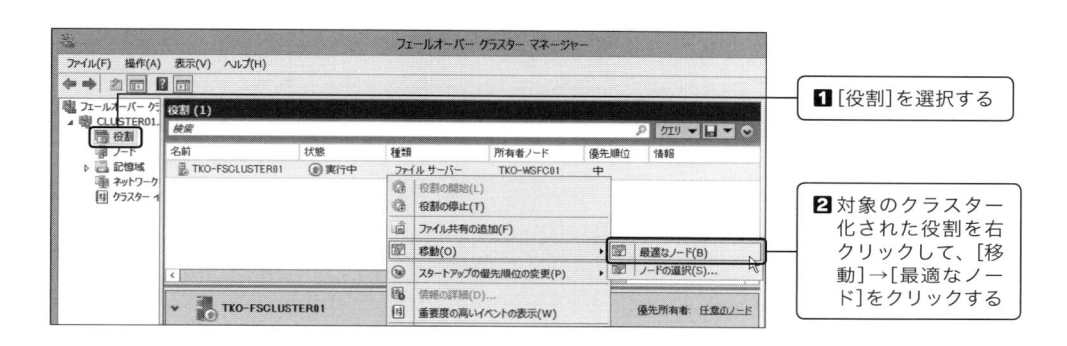

❶［役割］を選択する

❷ 対象のクラスター化された役割を右クリックして、［移動］→［最適なノード］をクリックする

04-02 起動と停止

　フェールオーバークラスターは多くのシステムによって構成されているため、起動や停止を行う際は操作手順について注意する必要があります。

起動

　起動時は特に操作手順に注意する必要があります。通常は以下の手順で起動します。

1. ドメインコントローラーを起動する
2. 記憶域（ストレージ）を起動する
3. クラスターノードを起動する

　起動後は［フェールオーバークラスターマネージャー］を使用して、正常に機能していることや、クラスター化された役割が想定したノードで動作していることなどを確認します。また、クライアントコンピューターから利用できることを確認することも重要です。

一部のノードの停止

　フェールオーバークラスターを構成するノードの一部を停止する際は、［フェールオーバークラスターマネージャー］を使用して、クラスター化された役割が対象ノードで実行されていないことを確認します。必要であれば、他のノードへフェールオーバーします。
　そのうえで、対象のノードを右クリックして、**［他のアクション］→［クラスターサービスの**

停止]をクリックします。フェールオーバークラスタリング機能の停止後に、対象ノードをシャットダウンします。

全てのノードの停止

フェールオーバークラスターを構成するすべてのノードを停止する際は、[フェールオーバークラスターマネージャー]を使用して、クラスターのシャットダウン操作を行い、その後ノードをシャットダウンします。

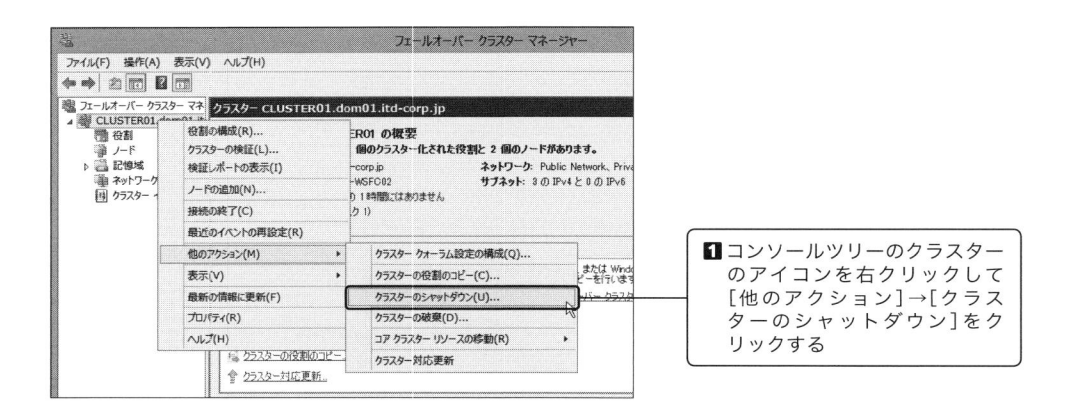

1 コンソールツリーのクラスターのアイコンを右クリックして[他のアクション]→[クラスターのシャットダウン]をクリックする

Column　クラスター対応更新機能（Cluster-Aware Updating）

Windows Server 2012以降に実装されている**クラスター対応更新機能**（CAU：Cluster-Aware Updating）を使用すると、動作中のクラスター化された役割のフェールオーバーや、各ノードに対する更新プログラムの適用や再起動を自動化できます。この機能には下表の2つのモードがあります。

■ クラスター対応更新機能のモード

モード	説　明
リモート更新モード	[オーケストレーター]という役割を持たせた、フェールオーバークラスターに参加していないコンピューターから制御を行うモード。専用の管理ツールを使用すると、処理をリアルタイムで確認したり、Server Core のフェールオーバークラスター環境でも利用できる
自己更新モード	フェールオーバークラスターに参加しているノードのみで利用できるモード。管理用のコンピューターを必要としないことが特徴

URL Cluster-Aware Updating Overview
http://technet.microsoft.com/en-us/library/hh831694.aspx

04-03　クラスターイベントの確認

　フェールオーバークラスターは複数のノードで構成されているため、正常性の確認やトラブル発生時の状況確認は、すべてのノードに対して行うことになります。

　イベントログに記録される情報のうち、フェールオーバークラスターに関するものを「**クラスターイベント**」と呼びます。管理者は適宜これを確認します。

　[フェールオーバークラスターマネージャー]のコンソールツリーにある[クラスターイベント]から、すべてのノードを対象としてクラスターイベントのフィルタリングや表示を行い、エラーや警告の有無を確認します。

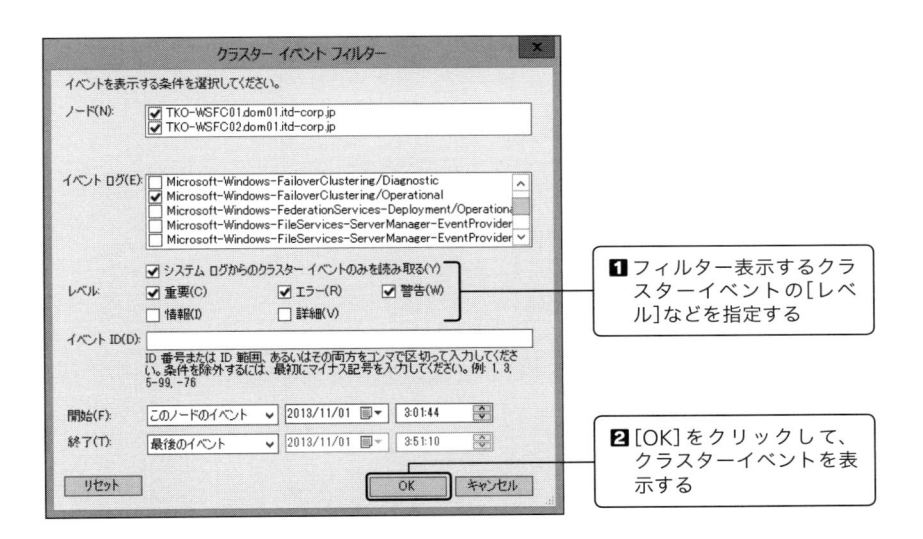

❶ フィルター表示するクラスターイベントの[レベル]などを指定する

❷ [OK]をクリックして、クラスターイベントを表示する

Column　コマンドによるフェールオーバークラスターの管理

　フェールオーバークラスターも、多数のWindows PowerShellコマンドレットを使用して管理できます。定型的な繰り返し操作などを行う際に利用すると効率的かつ正確に作業を進められます。

　フェールオーバークラスター関連のWindows PowerShellコマンドレットについては以下のサイトが参考になります。

URL　Failover Clusters Cmdlets in Windows PowerShell
http://technet.microsoft.com/en-us/library/hh847239.aspx

URL　Cluster-Aware Updating Cmdlets in Windows PowerShell
http://technet.microsoft.com/en-us/library/hh847221.aspx

Part 08

セキュリティ管理と障害復旧

Chapter 36　パフォーマンス監視
Chapter 37　セキュリティ管理
Chapter 38　バックアップと回復
Chapter 39　障害復旧

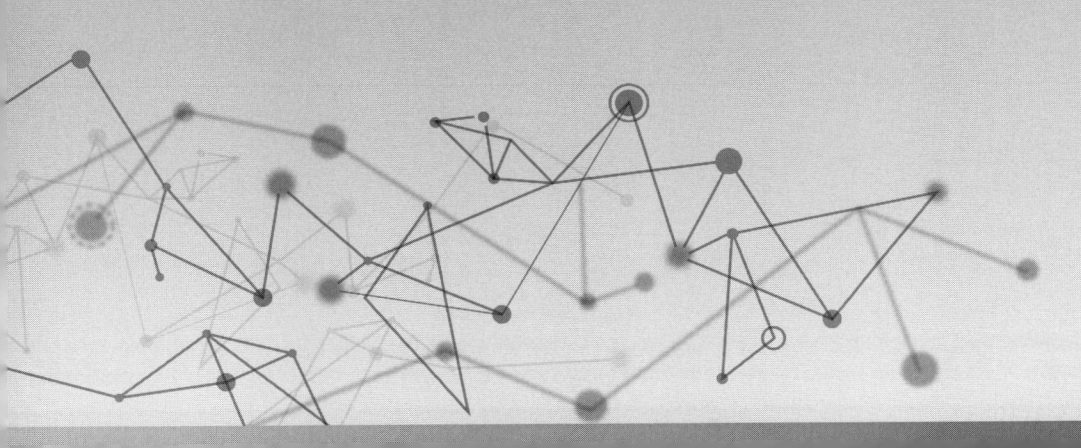

Chapter 36 パフォーマンス監視

本章では、サーバーのパフォーマンス監視を行う方法を解説します。また、監視すべき情報の決定指針や、その情報の正常値・異常値についても詳しく解説します。

01 パフォーマンス監視の概要

システムの運用を長期間続けると必ずトラブルが発生します。その中には、突発的なハードウェアの故障などの避けられないものもありますが、それ以外の多くのトラブルについては以下のような、何らかの「前兆」があります。

- ログオン認証に時間がかかるようになった
- データのバックアップに時間がかかるようになった
- 各種アプリケーションやサービスのレスポンスが悪くなった
- OSのイベントログやアプリケーションのログに記録されるエラーが増えた

これらの前兆を把握するためにも**パフォーマンス監視**は重要です。パフォーマンス監視を行うことで、ある程度サーバーの状態を把握できるので、場合によってはハードウェアの故障を予測することもできます。

また、避けられないトラブルであれば、トラブルが発生する前にバックアップの強化や重要なデータの退避などの対策を講じることもできます。さらに、日ごろからパフォーマンスを監視しておけば、ハードウェアリソースの能力を把握できるので、ハードウェアの増強時やリプレース時に適切に判断できます。

なお、マイクロソフトはWindows Server 2012 R2向けのパフォーマンスチューニングに関するガイドラインを公開しています。これらの情報も参考にしてシステムを最適化してください。

> **URL** Performance Tuning Guidelines for Windows Server 2012 R2
> http://msdn.microsoft.com/en-us/library/windows/hardware/dn529133.aspx

パフォーマンス監視には、監視を行う対象や期間によって、**リアルタイムのパフォーマンス監視**と**長期のパフォーマンス監視**の2種類があります。

01-01 リアルタイムのパフォーマンス監視

リアルタイムのパフォーマンス監視とは、プロセス／サービスの稼働状況、CPUやメモリの利用状況といった、**現在のサーバーの状態**を確認するための監視方法です。

Windows Server 2012 R2では以下のツールを使用してリアルタイムのパフォーマンス監視を行います。

- タスクマネージャー
- リソースモニター
- サーバーマネージャー
- パフォーマンスモニター

タスクマネージャー

タスクマネージャーを使用すると、実行中のアプリケーション、プロセス、サービスの状況確認や強制終了を実行できます。そのため、トラブル発生時の負荷状況の監視や、不要なプロセスの強制終了を実行する際によく利用します。

タスクマネージャーでは以下の管理操作を実行できます。

- 実行中のアプリケーションの確認／終了、および該当プロセスの表示
- プロセスの稼働状況の確認／強制終了、および該当サービスの表示
- サービスの稼働状況の確認／終了、および該当プロセスの表示
- CPUやメモリの利用状況の確認やリソースモニターの起動
- ネットワークアダプターの利用状況の確認
- ログオン中のユーザーの確認／強制切断、およびメッセージ送信

タスクマネージャーを起動するには、[Ctrl] + [Shift] + [Esc] キーを押すか、タスクバーで右クリックして [タスクマネージャー] をクリックします。

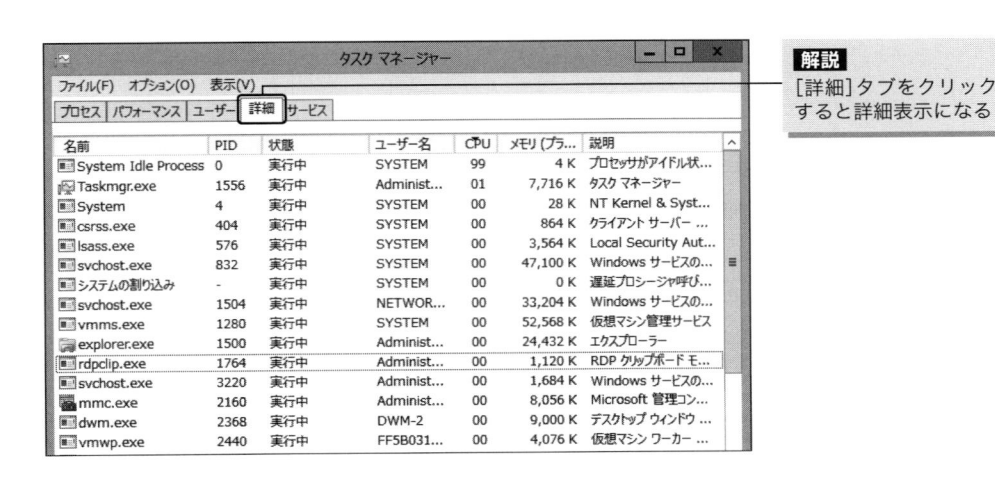

解説
[詳細]タブをクリックすると詳細表示になる

タスクマネージャーを使用すると現在のシステムに関するさまざまな情報を確認できますが、パフォーマンス監視において重要なのは **[詳細]タブ** です。このタブには稼動中のプロセスの一覧が表示されます。［CPU］列で並べ替えれば、負荷の高いものを特定できます。特定のプロセスが暴走している場合は［タスクの終了］をクリックして強制終了します。

なお、タイトル部分を右クリックして［列の選択］をクリックすると、［詳細］タブにプロセスに関するより多くの情報を表示させることができます。

> **Tips** ［System Idle Process］が100%近いCPU負荷をかけているように見えますが、このプロセスはCPUのアイドル状態を表しているものなので、これが100%に近い状態であればシステムは正常に動作しているはずです。それ以外のプロセスが高い負荷をかけていて、他の機能が正常に動作しないような場合は、そのプロセスは「異常」である可能性が高いといえるでしょう。

リソースモニター

リソースモニターを使用すると、リソースに関する以下の管理操作を実行できます。

- プロセスごとのCPU使用状況の確認と分析
- プロセスごとのメモリ使用状況の確認と分析
- 物理メモリ全体の利用状況の確認
- プロセスごとのディスク使用状況の確認と分析
- ディスク全体の利用状況の確認
- プロセスごとのネットワーク活動状況の確認と分析
- リッスンポートの確認
- プロセスの強制終了

リソースモニターを起動するには、タスクマネージャーの［パフォーマンス］タブにある［リソースモニター］をクリックします。パフォーマンスモニターから起動することもできます。

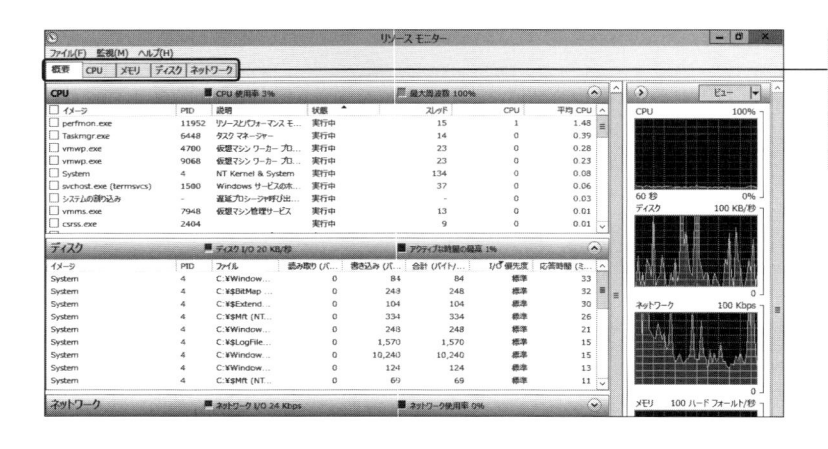

解説
タブを選択することで各項目の状況をより細かく確認できる

🌑 サーバーマネージャー

　サーバーマネージャーの［パフォーマンス］セクションでもリアルタイムなパフォーマンス状況を確認できます。パフォーマンス警告の設定などができます。

解説
CPU使用率や使用可能なメモリのしきい値を設定できる

🌑 パフォーマンスモニター

　上記のタスクマネージャー、リソースモニター、サーバーマネージャーではあらかじめ決められたリソースやコンポーネントの稼働状況しか確認できませんが、**パフォーマンスモニター**を使用するとWindows Server 2012 R2コンピューター上で動作しているほぼすべての機能のリアルタイムなパフォーマンス状況を確認できます。

　パフォーマンスモニターはサーバーマネージャーなどから起動します。なお、パフォーマンスモニターついてはこの後で詳しく解説します。

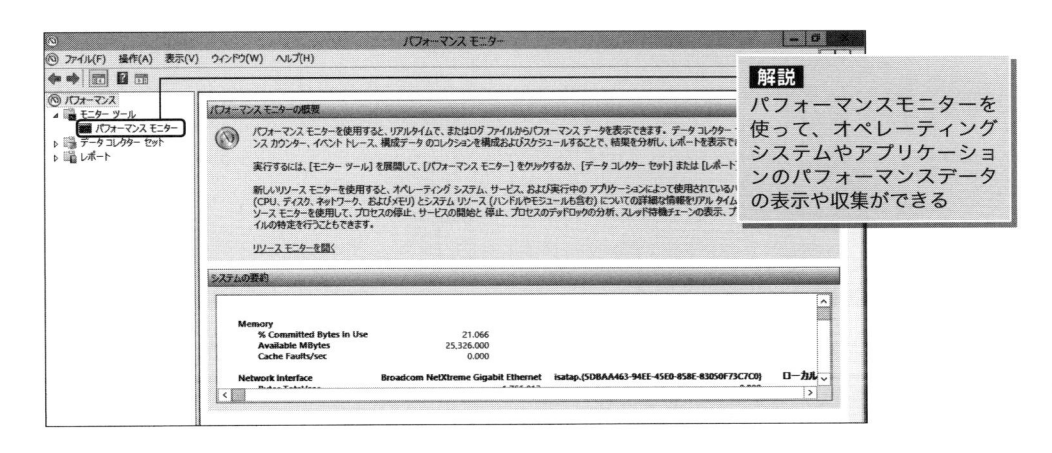

解説
パフォーマンスモニターを使って、オペレーティングシステムやアプリケーションのパフォーマンスデータの表示や収集ができる

01-02 長期のパフォーマンス監視

長期のパフォーマンス監視とは、長期間に渡ってサーバーの利用状況や負荷状況を取得し、それらの推移を確認する監視方法です。管理者がログオンしていないときも監視を続けます。主に**パフォーマンスモニター**と**データコレクターセット**を利用して、監視を行います。

パフォーマンスモニターを利用すると、先述したようなリアルタイムな監視ができます。また、データコレクターセットを利用すると、長期的な監視や、データの収集を行うことができます。そして、収集したデータを読み込んで解析することもできます。

01-03 パフォーマンスモニターによるパフォーマンス監視

パフォーマンスモニターは「**パフォーマンスカウンター**」と呼ばれる、システムの状態や動作内容を計測する機能を用いて、パフォーマンスを測定します。

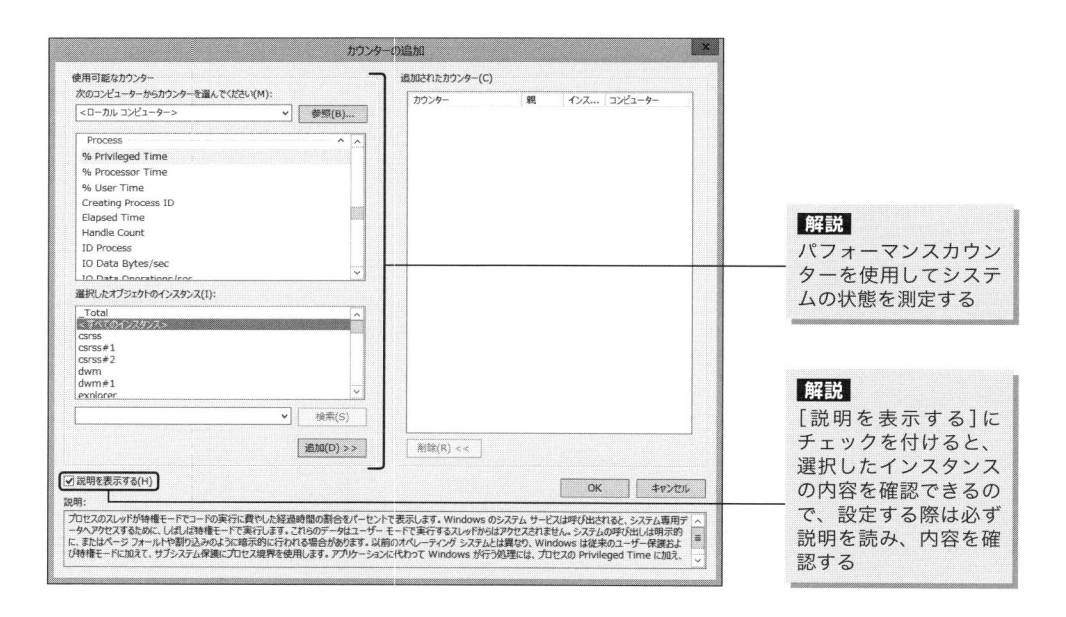

解説
パフォーマンスカウンターを使用してシステムの状態を測定する

解説
[説明を表示する]にチェックを付けると、選択したインスタンスの内容を確認できるので、設定する際は必ず説明を読み、内容を確認する

上図の左上半分を見ると、パフォーマンスカウンターが多数の**オブジェクト**と**カウンター**によって構成されていることがわかります。例えば[Process]というオブジェクトには[% Privileged Time]や[% Processor Time]などのカウンターが含まれています。さらに、各カウンターは複数の**インスタンス**([_Total]や[<すべてのインスタンス>]など)を持っています。

インスタンスは、カウンターにおける実体です。例えば[% Processor Time]カウンターのインスタンスは[動作している各プロセス]であり、[Processor]カウンターのインスタンスは[CPUコア]です。

01 パフォーマンス監視の概要

データ収集の期間と間隔

パフォーマンスモニターは、指定した間隔でパフォーマンスカウンターの現在の値を収集し、ディスク上にファイルとして保存するので、長期間に渡ってパフォーマンス監視を行う際に、データ収集間隔を短くするとディスク領域を圧迫します。下表の目安を参考に、データの収集期間と収集間隔を決定してください。

■ データの収集期間と収集間隔の目安

データの収集期間	収集間隔の目安
数時間程度	15 秒間隔
1 日程度	5 分間隔
数日から数週間程度	15 分間隔

パフォーマンスカウンターのしきい値の例

一般的なWindowsサーバーのパフォーマンス監視を行う際に収集するパフォーマンスカウンターと、そのしきい値の例を下表にまとめます。なお、実際のしきい値はサーバーの用途やスペック、利用環境などによって異なるので、下表の値を参考にして適宜修正しながら判断してください。

■ ディスク関連のパフォーマンスカウンターとしきい値の例

カウンター	しきい値の例	説明と対策案
LogicalDisk¥ % Free Space	15%	論理ドライブの空き容量。しきい値を下回る場合は不要なファイルの削除やディスクの増設を検討する
Memory¥ Cache Bytes	200MB	ファイルシステムのキャッシュに利用されるメモリのサイズ。しきい値を上回る場合はディスクの利用量が多いアプリケーションを他のサーバーに移すか、高速なハードディスクへの交換を検討する
PhysicalDisk¥ % Idle Time	20%	ハードディスクのアイドル状態の割合。しきい値を下回る場合はハードディスクの使用率が高いアプリケーションを他のサーバーに移すか、高速なハードディスクへの交換を検討する
PhysicalDisk¥ Avg.Disk Queue Length	ハードディスクのスピンドルに2を加えた数	ハードディスクのキューに入った読み取りと書き込み要求数の平均値。しきい値を上回る場合はハードディスクの使用率が高いアプリケーションを他のサーバーに移すか、高速なハードディスクへの交換を検討する
PhysicalDisk¥ Avg.Disk Sec/Read	25 ミリ秒	ハードディスクからのデータの読み取り時間の平均秒数。しきい値を上回る場合はハードディスクの使用率が高いアプリケーションを他のサーバーに移すか、高速なハードディスクへの交換を検討する
PhysicalDisk¥ Avg.Disk Sec/Write	25 ミリ秒	ハードディスクへのデータの書き込み時間の平均秒数。しきい値を上回る場合はハードディスクの使用率が高いアプリケーションを他のサーバーに移すか、高速なハードディスクへの交換を検討する

■ メモリ関連のパフォーマンスカウンターとしきい値の例

カウンター	しきい値の例	説明と対策案
Memory¥ % Committed Bytes in Use	80%	ページングファイルに領域が予約されているサイズ。しきい値を上回る場合はメモリ不足が考えらるので、メモリを大量に消費しているアプリケーションを他のサーバーに移すか、メモリの増設を検討する
Memory¥ Available Mbytes	搭載物理メモリの5%（MB単位）	プロセスに割り当て可能なメモリサイズ。しきい値を下回る場合はメモリ不足が考えらるので、メモリを大量に消費しているアプリケーションを他のサーバーに移すか、メモリの増設を検討する
Memory¥ Free System Page Table Entries	5000	使用されていないPTE（ページテーブルエントリー）の数。しきい値を下回る場合はメモリリークが発生している可能性があるので、ユーザーレベルでの対処は困難。サポートセンターに問い合わせる

■ プロセッサー関連のパフォーマンスカウンターとしきい値の例

カウンター	しきい値の例	説明と対策案
Processor¥ % Interrupt Time	15%	プロセッサーがハードウェア割り込みを受け取り、処理するのに費やした時間の割合。しきい値を上回る場合はハードウェア障害が発生している可能性があるので、ハードウェアの状況を確認する
Processor¥ % Processor Time	85%	プロセッサーがIdle以外のスレッドを実行するのに使用した経過時間の割合。長時間にわたってしきい値を上回る場合はプロセッサーの能力不足の可能性があるので、負荷をかけているアプリケーションを他のサーバーに移すか、高性能なプロセッサーへの交換や増設を検討する
System¥ Processor Queue Length	プロセッサー数の2倍	プロセッサーキューにある実行準備ができているスレッドの数。長時間にわたってしきい値を上回る場合はプロセッサーの能力不足の可能性があるので、負荷をかけているアプリケーションを他のサーバーに移すか、高性能なプロセッサーへの交換や増設を検討する

■ ネットワーク関連のパフォーマンスカウンターとしきい値の例

カウンター	しきい値の例	説明と対策案
Network Interface¥ Bytes Total/Sec	70%	ネットワークアダプター上の送受信データのバイト単位の率。しきい値を上回る場合はネットワークが飽和状態の可能性があるので、より高速なネットワークカードへの交換やネットワークセグメントの分割を検討する
Network Interface¥ Output Queue Length	2	発信パケットのキューの長さをパケット単位で表したもの。しきい値を上回る場合はネットワークが飽和状態の可能性があるので、より高速なネットワークカードへの交換やネットワークセグメントの分割を検討する

■ プロセス関連のパフォーマンスカウンターとしきい値の例

カウンター	しきい値の例	説明と対策案
Process¥ Handle Count	10000	プロセスが現在オープンしているハンドルの総数。しきい値を上回る場合はハンドルリークが発生している可能性があるので、ユーザーレベルでの対処は困難。サポートセンターに問い合わせる
Process¥ Private Bytes	250	他のプロセスと共有できないメモリサイズ。しきい値を上回る場合はメモリリークが発生している可能性があるので、ユーザーレベルでの対処は困難。サポートセンターに問い合わせる
Process¥ Thread Count	500	プロセスで現在アクティブ状態にあるスレッドの数。しきい値を上回る場合はスレッドリークが発生している可能性があるので、ユーザーレベルでの対処は困難。サポートセンターに問い合わせる

02 パフォーマンスモニターの使用方法

パフォーマンスモニターを使用して、パフォーマンス監視を行うには、サーバーマネージャーなどからパフォーマンスモニターを起動して、以下の手順を実行します。

1 [パフォーマンス]→[モニターツール]→[パフォーマンスモニター]を開く

2 右ペイン上で右クリックして[カウンターの追加]をクリックする

3 カウンターやインスタンスを選択する。同時に複数を選択可

解説
本書ではWindowsサーバーのパフォーマンス監視で用いられることが多いカウンターを追加している

4 [追加]をクリックして追加し、[OK]をクリックする

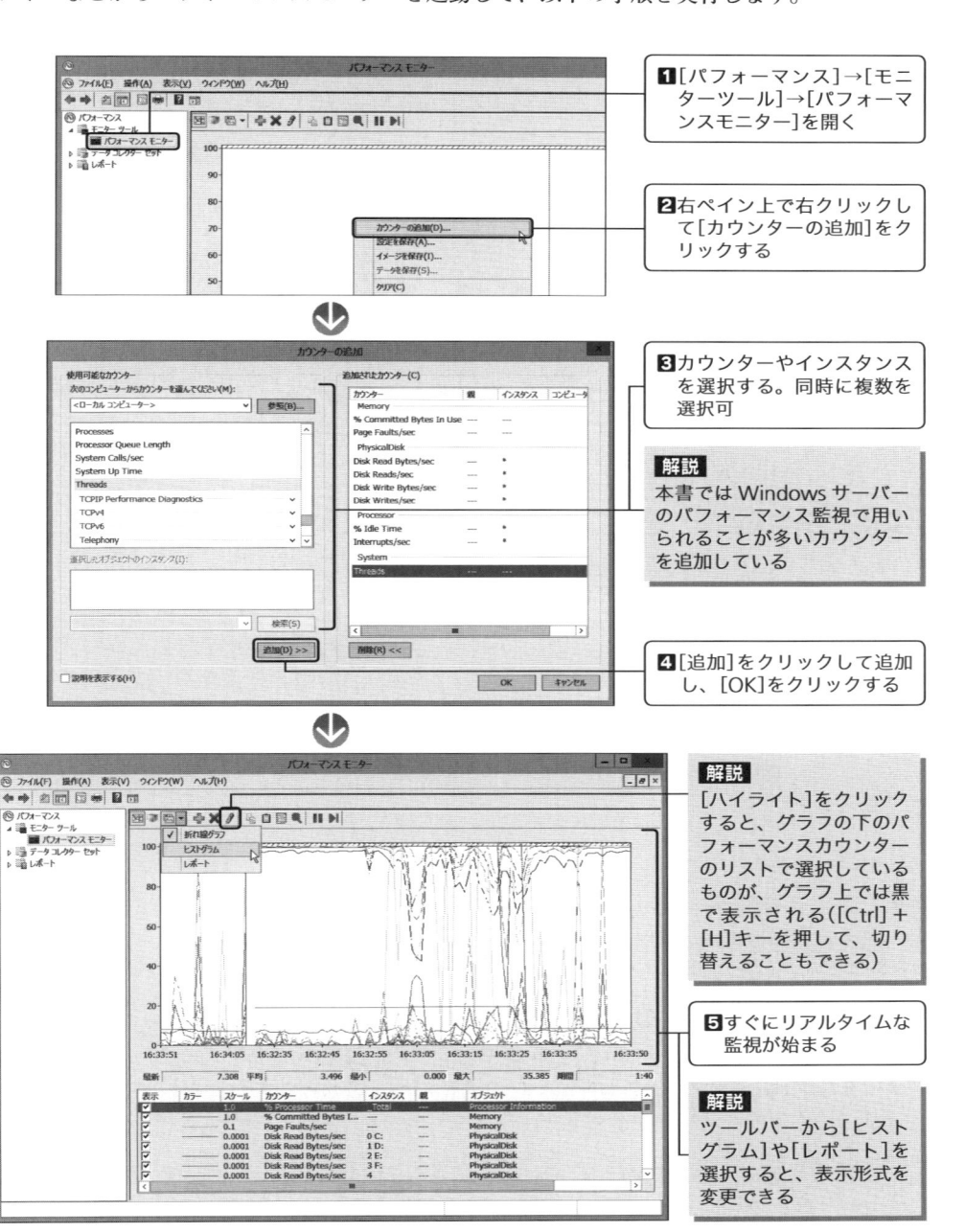

解説
[ハイライト]をクリックすると、グラフの下のパフォーマンスカウンターのリストで選択しているものが、グラフ上では黒で表示される([Ctrl]+[H]キーを押して、切り替えることもできる)

5 すぐにリアルタイムな監視が始まる

解説
ツールバーから[ヒストグラム]や[レポート]を選択すると、表示形式を変更できる

■ パフォーマンスモニターの表示形式

表示形式	説 明
折れ線グラフ	各パフォーマンスカウンターの変化を折れ線グラフでリアルタイムに確認できる
ヒストグラム	各パフォーマンスカウンターの変化をリアルタイムに確認できる
レポート	各パフォーマンスカウンターの現在値をリアルタイムに確認できる

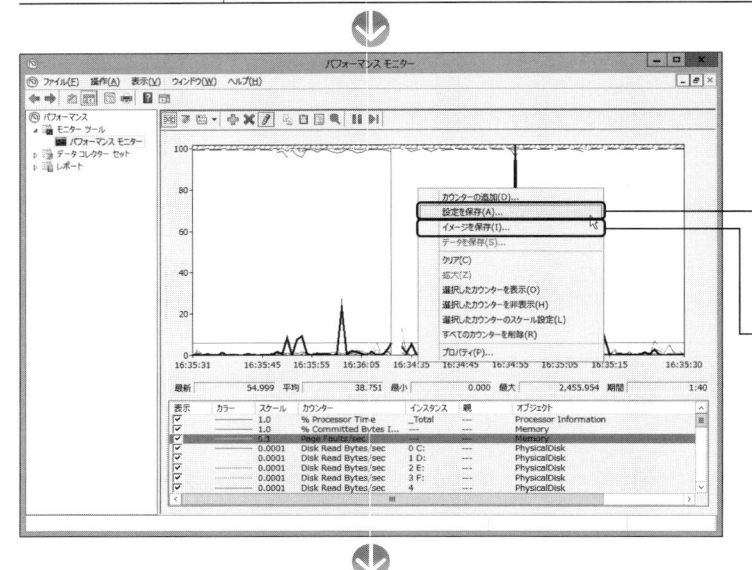

解説 右ペイン上で右クリックして、[設定を保存]をクリックするとHTMLファイルに設定内容を保存できる

解説 [イメージを保存]をクリックするとGifイメージファイルに設定内容を保存できる

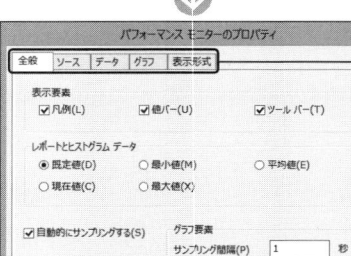

解説 左ペインの[パフォーマンスモニター]を右クリックして[プロパティ]をクリックすると、[パフォーマンスモニター]の表示形式などの各種設定を変更できる

03 データコレクターセットの利用

データコレクターセットは、パフォーマンスモニターを使用して長期的にデータを収集する機能です。この機能を使用すると、パフォーマンスデータやシステムの構成情報を一定期間継続して収集し続けたり、しきい値を超えた際に警告を通知することができます。

03 データコレクターセットの利用

03-01　データコレクターセットの作成

データコレクターセットを作成するには、パフォーマンスモニターでリアルタイムな監視を行っている状態で以下の手順を実行します。

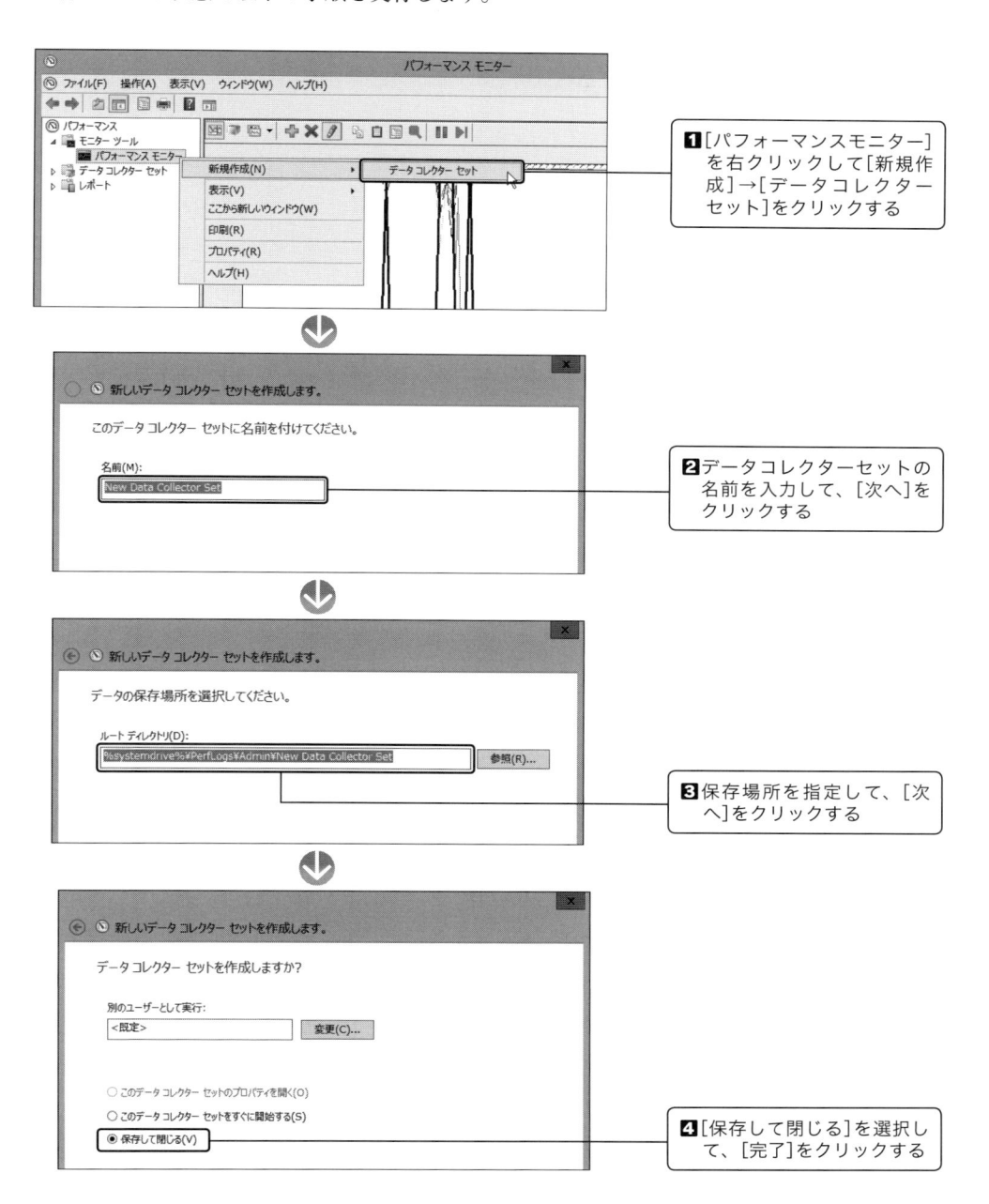

❶ [パフォーマンスモニター]を右クリックして[新規作成]→[データコレクターセット]をクリックする

❷ データコレクターセットの名前を入力して、[次へ]をクリックする

❸ 保存場所を指定して、[次へ]をクリックする

❹ [保存して閉じる]を選択して、[完了]をクリックする

03-02 データコレクターセットの編集

作成したデータコレクターセットの**データの保存場所**や**実行スケジュール**などを編集するには、パフォーマンスモニターを起動して以下の手順を実行します。

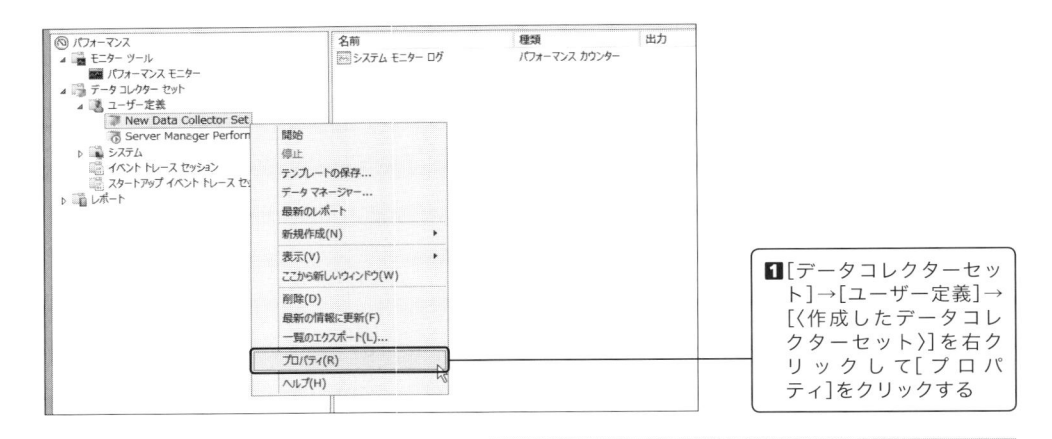

1 [データコレクターセット]→[ユーザー定義]→[〈作成したデータコレクターセット〉]を右クリックして[プロパティ]をクリックする

Tips [ユーザー定義]には、サーバーマネージャーのパフォーマンスモニター機能(⇒P.733)に関するデータコレクターセットである[Server Manager Performance Monitor]が登録されています。

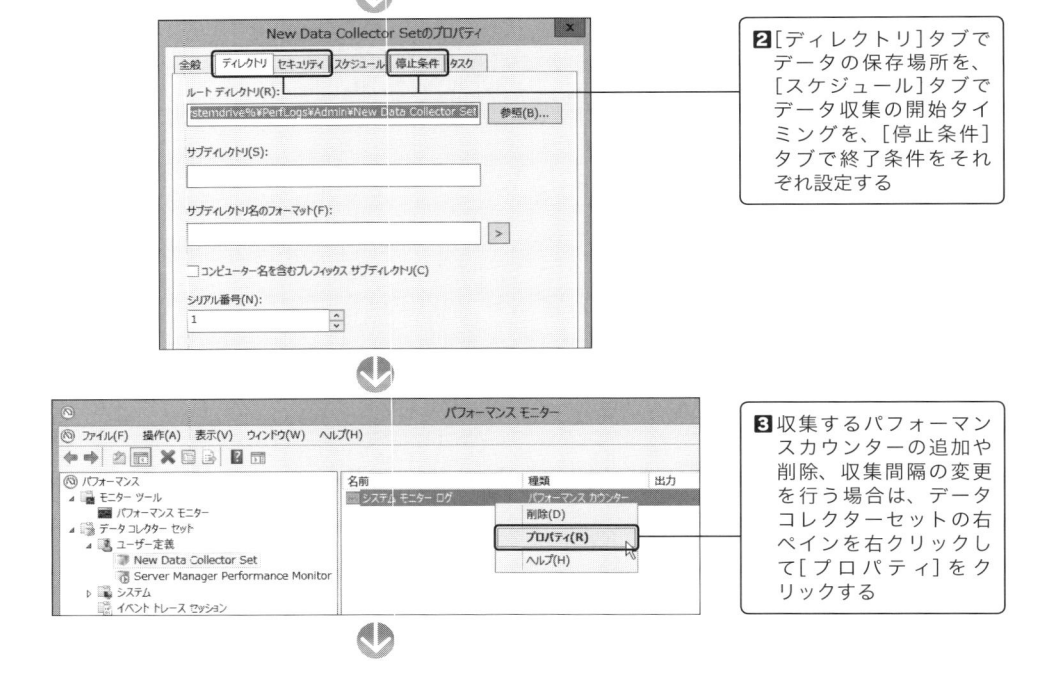

2 [ディレクトリ]タブでデータの保存場所を、[スケジュール]タブでデータ収集の開始タイミングを、[停止条件]タブで終了条件をそれぞれ設定する

3 収集するパフォーマンスカウンターの追加や削除、収集間隔の変更を行う場合は、データコレクターセットの右ペインを右クリックして[プロパティ]をクリックする

03 データコレクターセットの利用

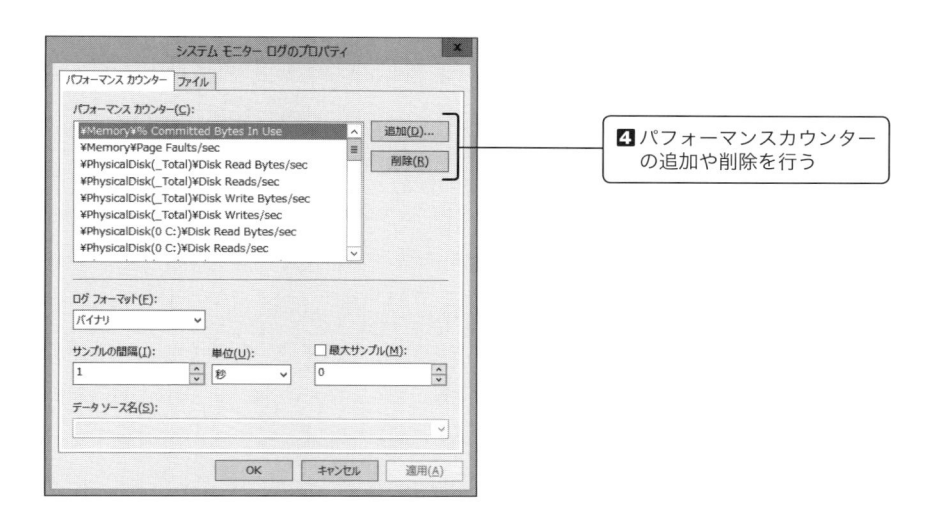

4 パフォーマンスカウンターの追加や削除を行う

03-03 手動でのパフォーマンスデータの収集

データコレクターセットを使用して、手動でパフォーマンスデータを収集するには、パフォーマンスモニターを起動して以下の手順を実行します。

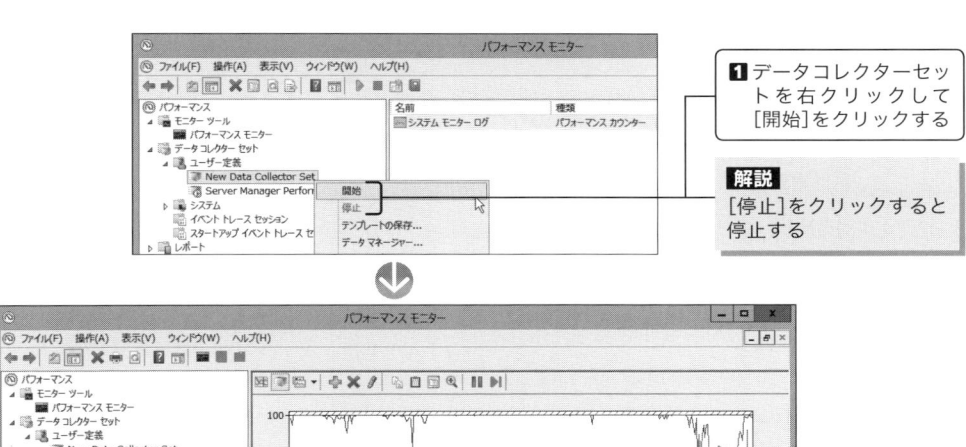

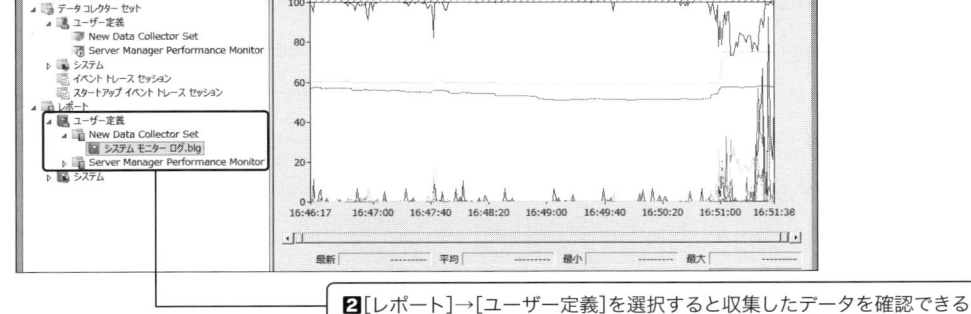

1 データコレクターセットを右クリックして[開始]をクリックする

解説
[停止]をクリックすると停止する

2 [レポート]→[ユーザー定義]を選択すると収集したデータを確認できる

03-04 データコレクターセットによるその他の情報の収集

　データコレクターセットを使用すると、パフォーマンスカウンター情報以外に、**イベントトレースデータ**や**システム構成情報**を収集することもできます。Windows Server 2012 R2には、それらの収集データが「テンプレート」として用意されています。データコレクターセットの新規作成時にテンプレートを使用することもできます。

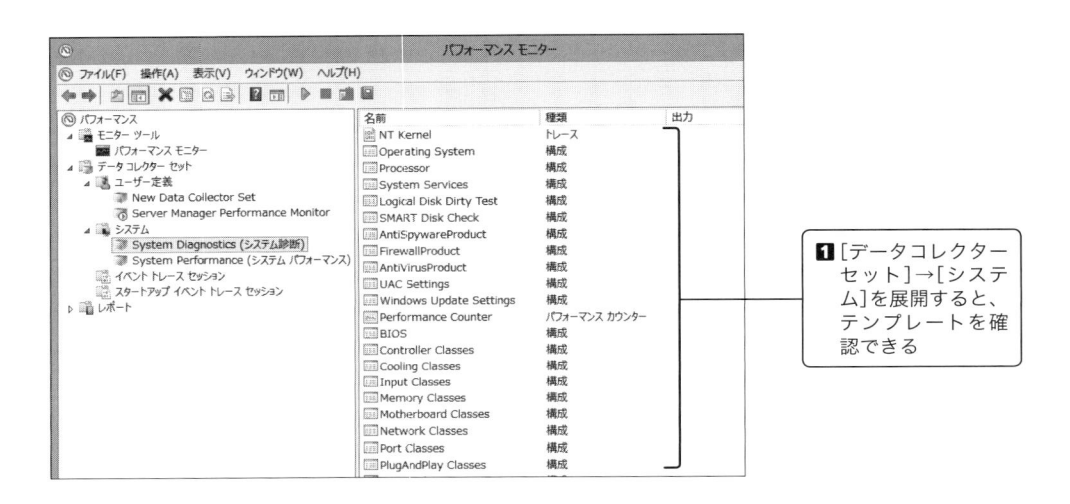

❶ [データコレクターセット]→[システム]を展開すると、テンプレートを確認できる

03-05 警告するデータコレクターセットの作成

　データコレクターセットの「**パフォーマンスカウンターの警告**」を設定すると、取得したデータが設定したしきい値を超えた際に、その値をイベントログに記録したり、タスクを実行したりすることができます。
　警告するデータコレクターセットを作成するには、パフォーマンスモニターを起動して以下の手順を実行します。

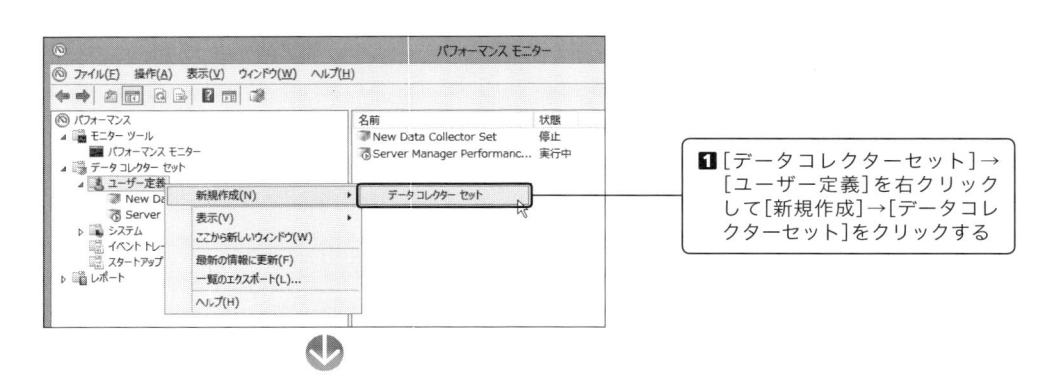

❶ [データコレクターセット]→[ユーザー定義]を右クリックして[新規作成]→[データコレクターセット]をクリックする

03 データコレクターセットの利用

2 [手動で作成する]を選択して、[次へ]をクリックする

3 [パフォーマンスカウンターの警告]を選択して、[次へ]をクリックする

4 監視するパフォーマンスカウンターを追加して、[次へ]をクリックする

5 しきい値を設定して、[次へ]をクリックする

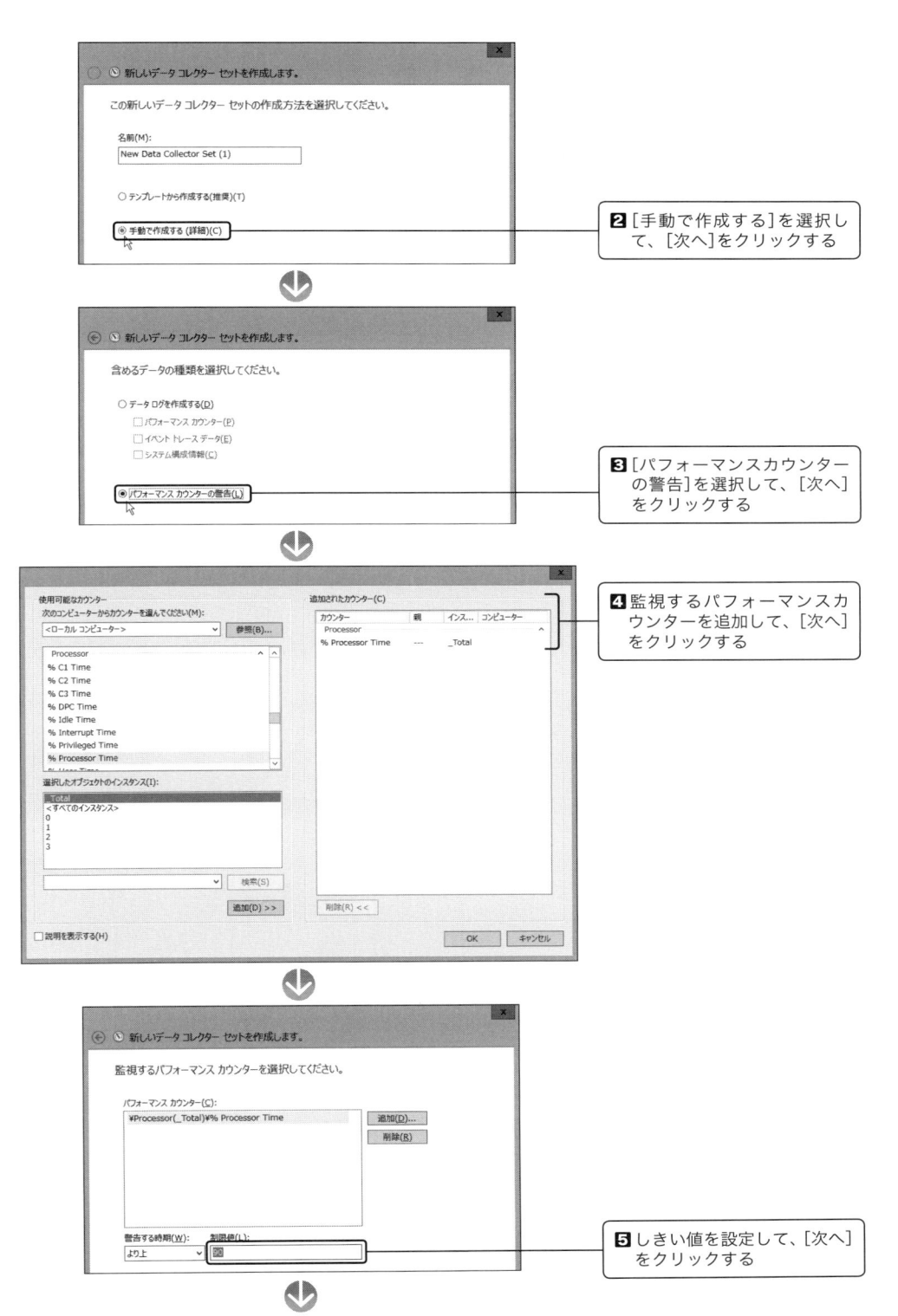

Part 08 セキュリティ管理と障害復旧

6 [保存して閉じる]を選択して、[完了]をクリックする

確認 [警告]のデータコレクターセットが確認できる

7 データコレクターセットを右クリックして[プロパティ]をクリックする

8 [警告の動作]タブで、しきい値を超えた際の動作を指定する

9 [警告のタスク]タブで、しきい値を超えた際に実行するタスク(スクリプト)を指定する

解説 作成した警告のデータコレクターセットを開始すると、指定したしきい値を超えた際に、その値をイベントログに記録したり、タスクを実行する

Column Windows Sysinternals の利用

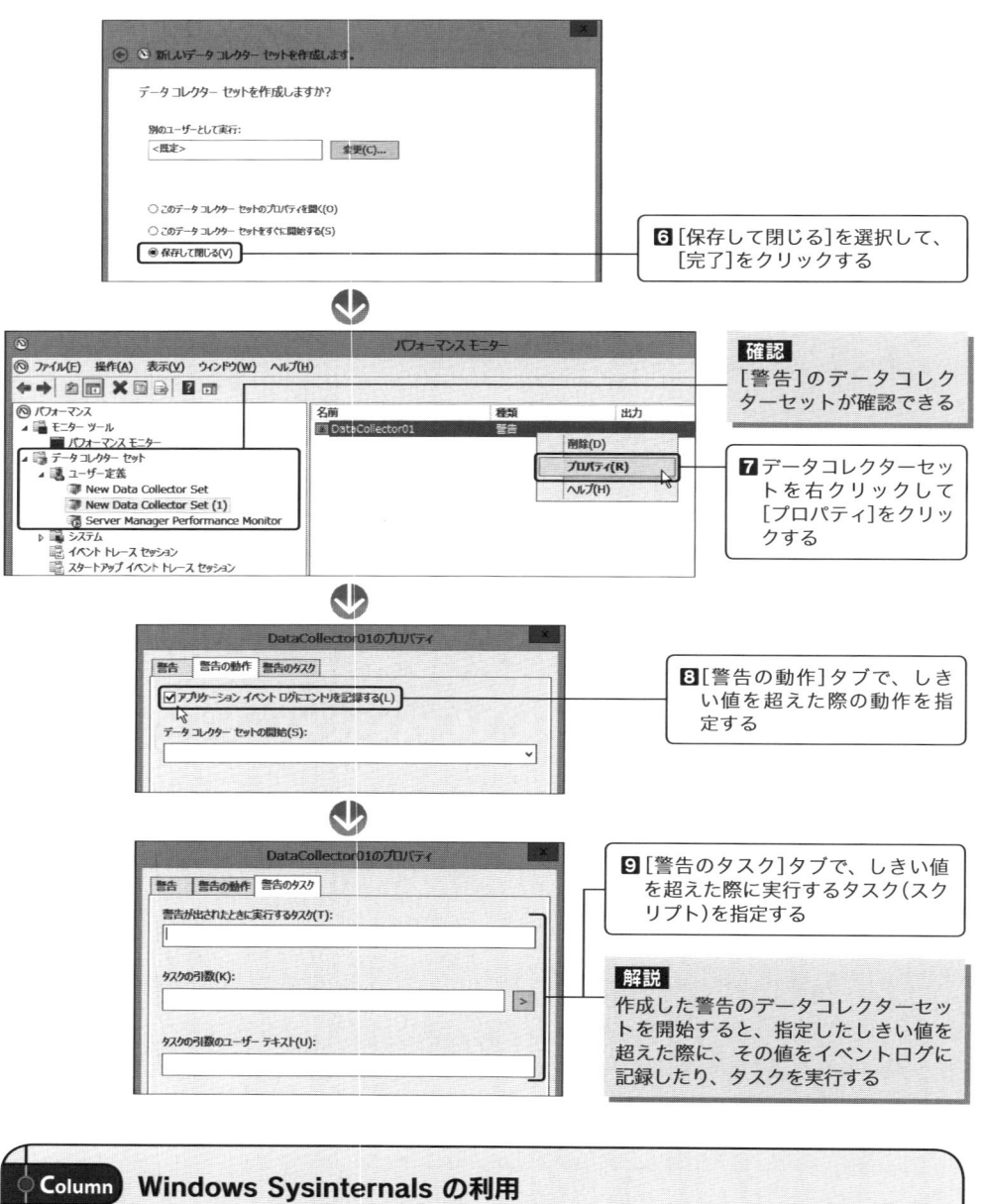

Windows Sysinternalsは、サーバーの管理やトラブルシューティング、パフォーマンス監視などを可能にする、マイクロソフトが提供している無償のツール集です。プロセスやタスクの管理・監視を行うツールなど、標準機能では物足りない機能を補うツールが多数用意されています。例えば、**Process Explorer**は、タスクマネージャーの高機能版として利用できます。

URL Windows Sysinternals
http://technet.microsoft.com/ja-jp/sysinternals/default.aspx

Chapter 37 セキュリティ管理

本章では、必須の管理業務の1つである「システムのセキュリティ管理」について解説します。セキュリティ管理は重要かつ大変な管理項目ですが、Windows Server 2012 R2には管理者の作業負荷を軽減する便利なツールが用意されています。なお、Active Directory環境のセキュリティ対策については、「Chapter 06 Active Directoryの概要」（⇒P.133）で紹介します。

01 更新プログラムの管理

マイクロソフトは通常、米国時間の第2火曜日（日本ではその翌日）にマイクロソフト製品に関する**更新プログラム**をリリースします。ただし、急を要する場合は別のタイミングでリリースすることもあります。

更新プログラムは、その重要度に応じて下表の4つのレベルに分類されます。どのレベルであっても、リリースされた際は早めに適用することが求められますが、中でも**緊急**や**重要**の更新プログラムは、可能な限り迅速に適用してください。

■更新プログラムの重要性のレベル（深刻度評価定義）

レベル	定　義
緊急（Critical）	この脆弱性が悪用された場合、インターネットワームがユーザーの操作なしで蔓延する可能性がある
重要（Important）	この脆弱性が悪用された場合、ユーザーのデータの機密性、完全性またはアベイラビリティ（可用性）が侵害される可能性がある。または、処理中のリソースの完全性またはアベイラビリティが侵害される可能性がある
警告（Moderate）	この脆弱性の悪用は困難。また、回避策があるため更新プログラムをインストールしなくても対策ができる
注意（Low）	この脆弱性の悪用は非常に困難。または影響はわずか

> **Tips** 更新プログラムのレベルの詳細については、マイクロソフトの以下のページを参照してください。
>
> **URL** セキュリティ情報の深刻度評価システム
> http://technet.microsoft.com/ja-jp/security/gg309177

なお、多くの場合で更新プログラムの適用時にはサーバーの再起動が必要になるため、実施タイミングの調整や、ユーザーへの告知を忘れないでください。また、適用したことによって、サーバーの動作が不安定になる可能性もあるので、あらかじめデータのバックアップを取得しておいてください。可能であれば、本番サーバーと同じ環境の予備サーバー（検証用サーバー）を用意し、先に予備サーバーで適用試験を行うことをお勧めします。

01-01　更新プログラムの適用方法

　Windows Server 2012 R2には、更新プログラムを自動的に適用する機能が用意されています。しかし、自動的に更新プログラムの適用やサーバーの再起動が実行されると、トラブルの原因になるので、運用環境では管理者が手動で適用することをお勧めします。

> **Tips** WSUS（⇒P.462）を使用して更新プログラムを配布している環境では、その対象にサーバーが含まれないように設定しておくことも推奨します。

● Windows Updateによる更新プログラムの適用

　更新プログラムを手動で適用するには、サーバーマネージャーの［ローカル］や［コントロールパネル］から［Windows Update］を開き、以下の手順を実行します。
　なお、この手順を行うとOSだけでなく、Microsoft Office製品やExchange Server、SQL Serverなどのマイクロソフトのサーバー製品の更新プログラムも適用できる「**Microsoft Update**」も利用可能になります。

❶［設定の変更］をクリックする

❷ 設定対象がサーバーの場合は、自動更新を選択しないことを推奨

❸［推奨される更新プログラム］や［Microsoft Update］も対象にすることができる。必要に応じて設定して、［OK］をクリックする

> **4** [更新プログラムのインストール]をクリックすると、更新プログラムのダウンロードとインストールが実行される。多くの場合、インストール後に再起動を要する

01-02　更新プログラムの適用状況の確認

　更新プログラムの適用状況を確認する最も単純な方法は、対象のコンピューターでWindows UpdateやMicrosoft Updateを実行することです。適用されていない更新プログラムがあればリストアップされます。

　しかし、多数のコンピューターの適用状況を確認する場合は**MBSA**（Microsoft Baseline Security Analyzer）を使用したほうが良いでしょう。MBSAを使用すると、ネットワーク越しに他のコンピューターの更新プログラムの適用状況を確認できます。また、セキュリティ上の誤った設定をスキャンすることもできます。

　MBSAは以下のマイクロソフトのダウンロードサイトから無償で入手できます（キーワード「MBSA」で検索してください）。

> **URL** マイクロソフトのダウンロードサイト
> http://www.microsoft.com/ja-jp/download/default.aspx

> **Column　マルウェア対策の必要性**
>
> 　Windows Server 2012 R2コンピューターも、Windowsクライアントコンピューターと同様に、アンチウイルスソフトウェアのインストールといったマルウェア対策の実施を推奨します。
> 　例えば、System Center 2012 R2（⇒P.30）のEndpoint Protectionを導入することにより、クライアントコンピューターだけでなくサーバーのマルウェア対策も実現できます。

02　Windowsファイアウォールの利用

　Windows Server 2012 R2に実装されている**Windowsファイアウォール機能**を使用すると、通信パケットのフィルタリングを行うことができます。Windowsファイアウォールはデフォルトでインストール・有効化されているので、使用する際に新たに何かをインストールする必要はありません。

Windowsファイアウォールの設定はグループポリシーを使用してドメインのコンピューターに展開することもできます（⇒P.278）が、本章では各コンピューターで利用する方法を解説します。

> **Tips** Windows Server 2012以降では、WindowsストアアプリのためのWindowsファイアウォール機能が強化されています。
>
> **URL** ネットワーク上の Windows ストアアプリの分離
> http://technet.microsoft.com/ja-jp/library/hh831418.aspx

02-01 Windows ファイアウォールの基本管理

Windowsファイアウォールの管理は［セキュリティが強化されたWindowsファイアウォール］コンソールで行います。コントロールパネルで［Windowsファイアウォール］を起動して、［詳細設定］を開くと表示されます。

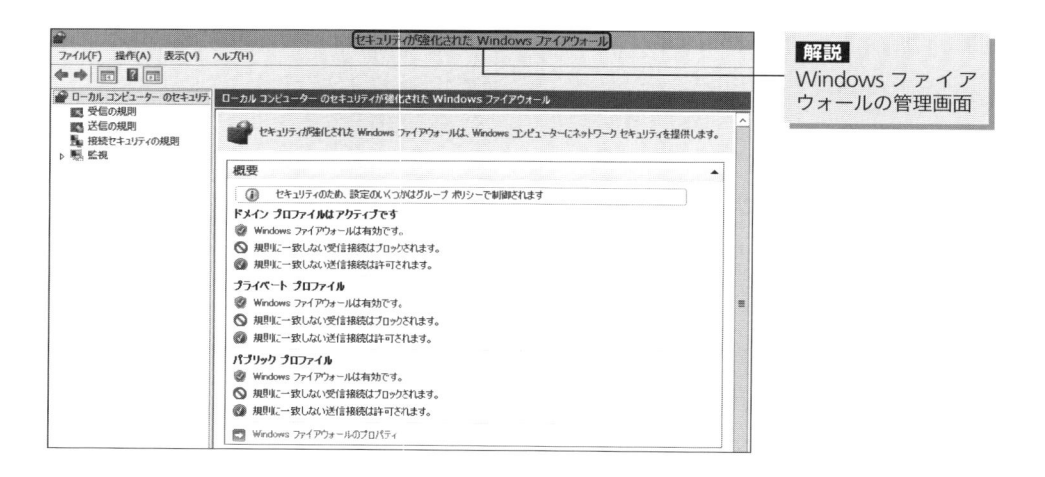

解説 Windows ファイアウォールの管理画面

02-02 ネットワークの場所とプロファイル

Windows Server 2012 R2では、ネットワークインターフェイスごとに、ネットワークの用途や環境によって3種類の「**ネットワークの場所**」が定義されています。

一方、Windowsファイアウォールにはデフォルトのファイアウォール設定が定義された3種類の「**プロファイル**」が用意されており、これは「ネットワークの場所」に割り当てられています。そのため、利用環境に応じて「ネットワークの場所」を切り替えるだけで、簡単にWindowsファイアウォールのプロファイル（デフォルトのファイアウォールの設定）を変更できます。

■「ネットワークの場所」と「プロファイル」

ネットワークの場所	説　明
ドメイン	Active Directoryに接続している場合に、ネットワークの場所として「ドメイン」が自動的に選択される。変更はできない。Active Directoryに接続されている環境での使用に適したファイアウォール設定が「ドメイン」プロファイルとして定義されている
プライベート	ドメインが構成されていない小規模な組織で使用する場合に、ネットワークの場所として「**プライベート**」を選択できる。これにはWindowsファイアウォールの「プライベート」プロファイルが割り当てられており、Active Directoryに接続していない環境での使用に適したファイアウォール設定が定義されている。「ドメイン」プロファイルよりも強固
パブリック	空港、喫茶店など、公共の場のネットワークの場所として「**パブリック**」を選択できる。サーバーの場合はインターネットに直接公開しているような環境で選択する。これにはWindowsファイアウォールの「パブリック」プロファイルが割り当てられている。公共の場のネットワークで使用することに適した最も強固なファイアウォール設定が定義されている

プロファイルの基本設定

　各プロファイルの基本的な動作は、[セキュリティが強化されたWindowsファイアウォール] コンソールの [概要] にある [Windowsファイアウォールのプロパティ] をクリックすることで設定できます。

解説
各プロファイルの動作はWindowsファイアウォールのプロパティダイアログで設定できる

> **Tips**　「ネットワークの場所」の判断は**Network Location Awareness**サービスが行っています。コンピューターの起動時などにネットワークの場所が期待通りに選択されていない場合、例えば、Active Directoryドメインに参加しており、ドメインコントローラーと通信できる状況にありながら「プライベート」が選択されている場合は、このサービスを再起動してください。

02-03　受信の規則と送信の規則

　[セキュリティが強化されたWindowsファイアウォール] コンソールの [受信の規則] を開くと、**受信トラフィックに関する規則**の確認や新規作成を実行できます。前ページのプロファ

イルのプロパティダイアログで［受信接続：ブロック（既定）］に設定している場合は、この
［受信の規則］で許可された通信だけが受信できます。

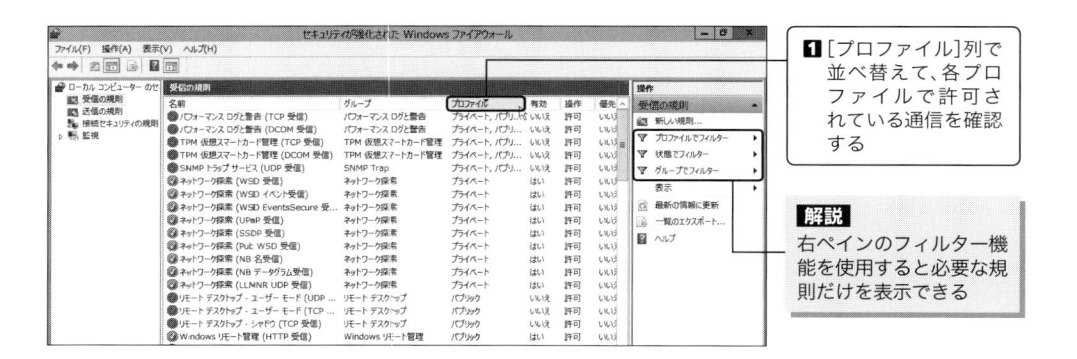

1 ［プロファイル］列で並べ替えて、各プロファイルで許可されている通信を確認する

解説 右ペインのフィルター機能を使用すると必要な規則だけを表示できる

　また、［セキュリティが強化されたWindowsファイアウォール］コンソールの［送信の規則］を開くと、送信トラフィックに関する規則の確認や、新規作成ができます。
　なお、前ページのプロファイルのプロパティダイアログで［送信接続：許可（既定）］に設定している場合は、［送信の規則］の設定値に関わりなく、すべての通信を送信できます。送信トラフィックを制御する場合は、先にプロファイルの設定を変更する必要があるので注意してください。

02-04 規則の追加

　サーバーマネージャーの［役割と機能の追加ウィザード］を使用して役割や機能を追加した場合は、それに関わるトラフィックの規則も自動的に追加されます。反面、サードパーティのアプリケーションをインストールした場合は、これらに関わるトラフィックの規則は自動的に追加されないことが多いため、その場合は手動で規則を追加する必要があります。
　Windowsファイアウォールに新しい規則を追加するには、［セキュリティが強化されたWindowsファイアウォール］コンソールを開き、以下の手順を実行します。ここでは、IIS用に追加した「TCPポート81番」の受信を許可する規則を追加します※。

※IISの役割を追加した時点でHTTPの標準ポートである［TCPポート80番］の受信は許可されています。

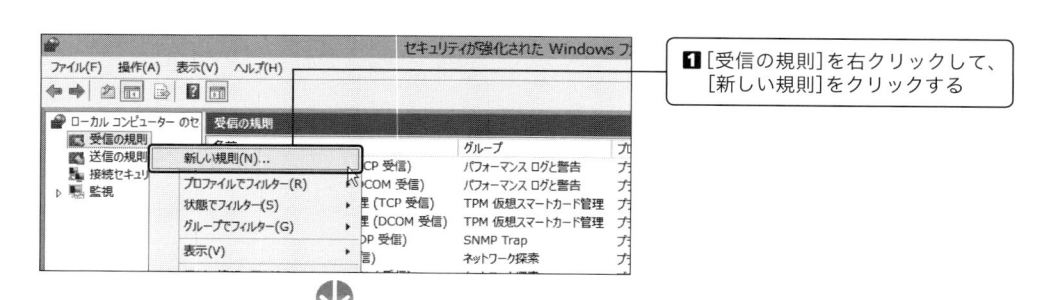

1 ［受信の規則］を右クリックして、［新しい規則］をクリックする

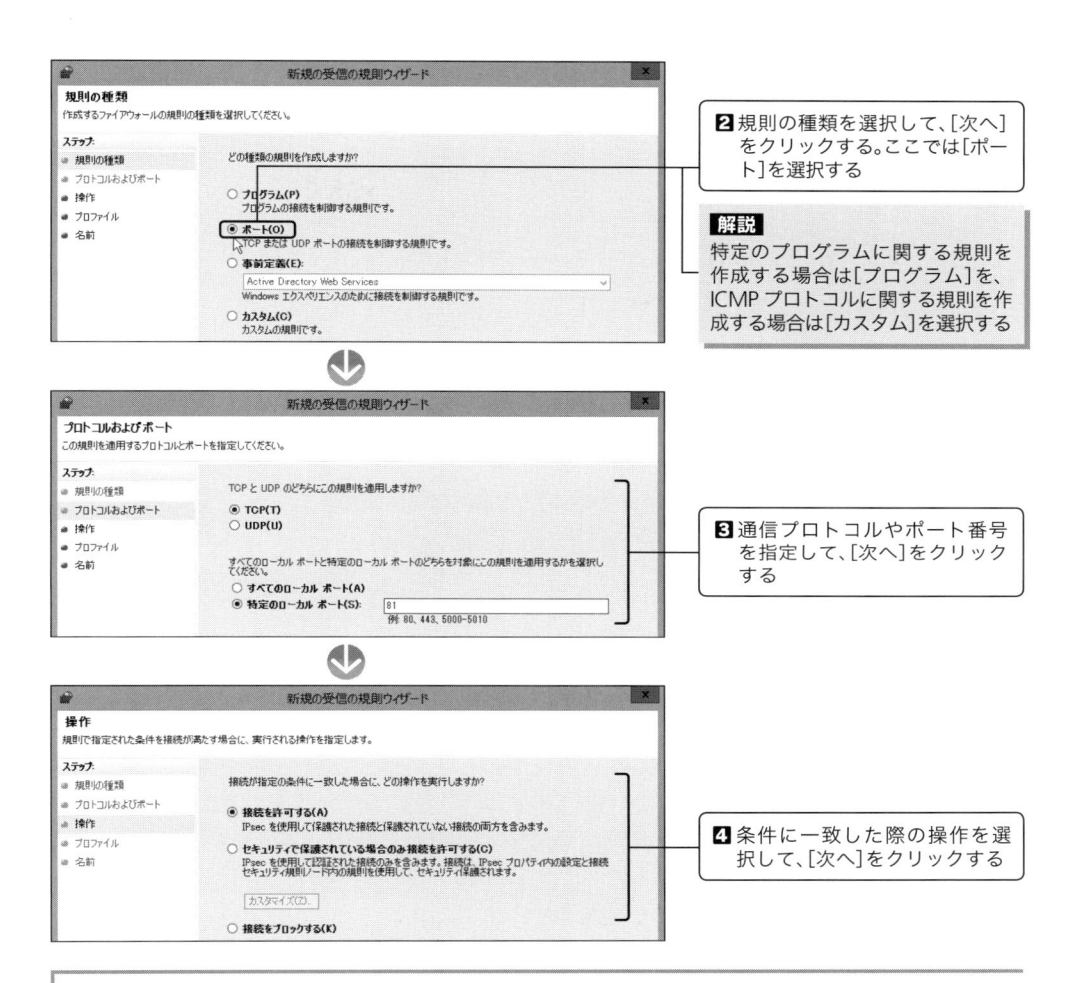

02 Windowsファイアウォールの利用

2 規則の種類を選択して、[次へ]をクリックする。ここでは[ポート]を選択する

解説
特定のプログラムに関する規則を作成する場合は[プログラム]を、ICMPプロトコルに関する規則を作成する場合は[カスタム]を選択する

3 通信プロトコルやポート番号を指定して、[次へ]をクリックする

4 条件に一致した際の操作を選択して、[次へ]をクリックする

Tips IPsec使用時のみ許可する場合は[セキュリティで保護されている場合のみ接続を許可する]を選択します。また、条件に一致した通信を拒否する場合は[接続をブロックする]を選択します。

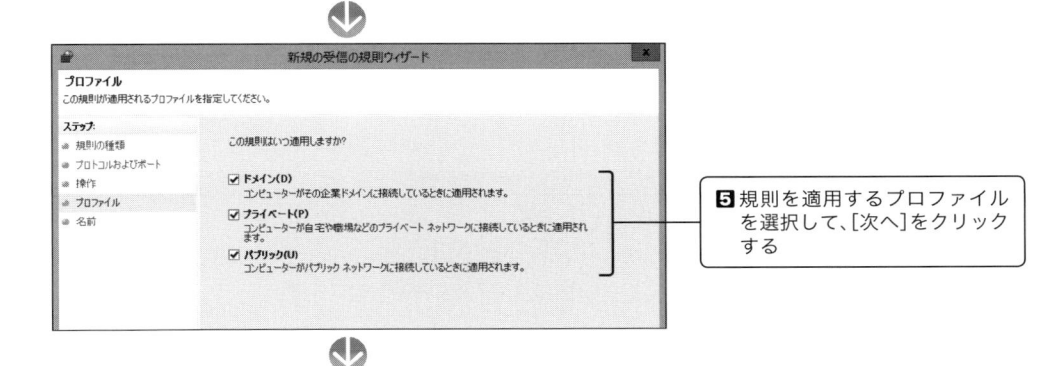

5 規則を適用するプロファイルを選択して、[次へ]をクリックする

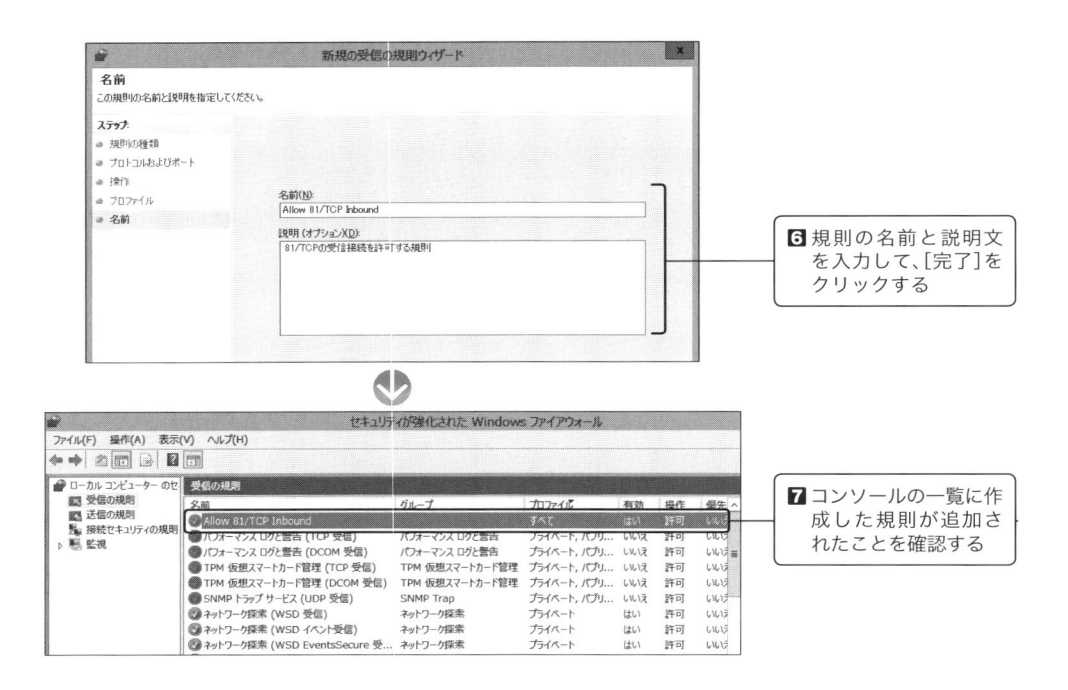

Part 08 セキュリティ管理と障害復旧

6 規則の名前と説明文を入力して、[完了]をクリックする

7 コンソールの一覧に作成した規則が追加されたことを確認する

コマンドによる規則の追加

　Windows PowerShellコマンドレットを使用すると簡単に規則を作成できます。例えば以下のようなコマンドを実行します。なお、**各コマンドは1行で実行してください**。

書　式　プロトコルやポート番号を指定した規則の作成

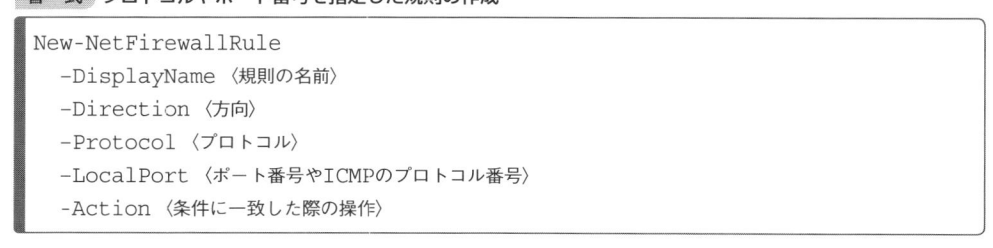

```
New-NetFirewallRule
    -DisplayName 〈規則の名前〉
    -Direction 〈方向〉
    -Protocol 〈プロトコル〉
    -LocalPort 〈ポート番号やICMPのプロトコル番号〉
    -Action 〈条件に一致した際の操作〉
```

実行例 ▶ UDPポート5000から5100番までの受信トラフィックを許可する規則を作成する

```
New-NetFirewallRule
    -DisplayName "Allow 5000-5100/UDP Inbound"
    -Direction Inbound
    -Protocol TCP
    -LocalPort 5000-5100
    -Action Allow
```

実行例 ▶ C:¥App¥application.exe からの送信トラフィックを許可する規則を作成する

```
New-NetFirewallRule
  -DisplayName "Allow Application.exe Outbound"
  -Direction Outbound
  -Program "C:¥App¥application.exe"
  -Action allow
```

Windowsファイアウォールに関するWindows PowerShellコマンドレットについては、マイクロソフトの以下のページで詳しく紹介されています。

URL Network Security Cmdlets in Windows PowerShell
http://technet.microsoft.com/en-us/library/jj554906.aspx

Tips 規則の作成は、NETSHコマンドにadvfirewallコンテキスト（オプション）を指定することでも簡単に作成できますが、このコマンドは将来削除される可能性があるため、Windows PowerShellコマンドレットの使用をお勧めします。

02-05 Windowsファイアウォールの無効化

他のコンピューターと通信できない場合など、一時的にWindowsファイアウォールを無効化してトラブルシューティングを行うことがあります。永続的なWindowsファイアウォールの無効化はお勧めできませんが、一時的であれば必要な操作でしょう。

Windowsファイアウォールを無効化するには、コントロールパネルからWindowsファイアウォールを起動して、［Windowsファイアウォールの有効化または無効化］をクリックします。

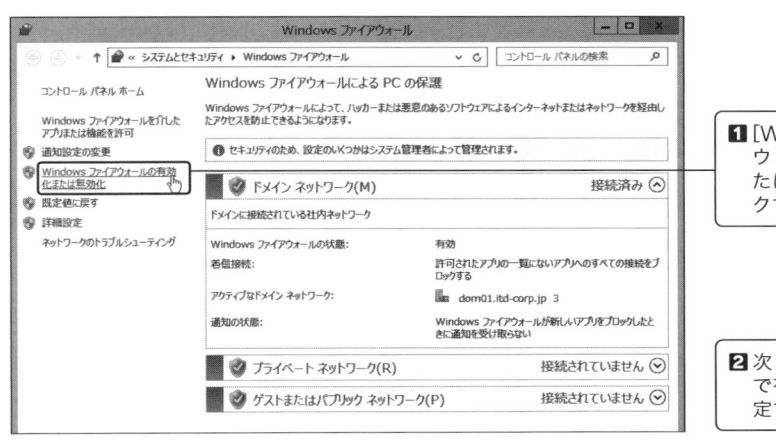

❶ ［Windows ファイアウォールの有効化または無効化］をクリックする

❷ 次に表示される画面で有効化、無効化を設定できる

コマンドによる無効化

Windows PowerShellコマンドレットでWindowsファイアウォールの無効化・有効化を行う場合は以下のコマンドを実行します。

書 式 Windows ファイアウォールの無効化

```
Set-NetFirewallProfile
   -Profile Domain, Public, Private
   -Enabled False
```

書 式 Windows ファイアウォールの有効化

```
Set-NetFirewallProfile
   -Profile Domain, Public, Private
   -Enabled True
```

Column　SCW (Security Configuration Wizard)の利用

Windows Server 2012 R2には、セキュリティ管理に関する以下の作業項目をサーバーの用途に合わせて実行することができる、SCW (Security Configuration Wizard：セキュリティの構成ウィザード) という機能が搭載されています。

- 不要なサービスの無効化
- 未使用のファイアウォール規制の削除や既存のファイアウォール規制の制限
- 制限付き監査ポリシーの定義

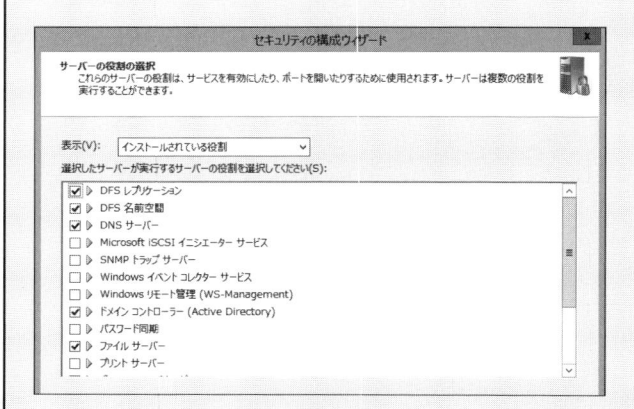

ウィザード形式で「セキュリティポリシー」を作成・編集し、そのセキュリティポリシーをサーバーに適用することで、上記の機能を実現します。複数のサーバーで同様のセキュリティポリシーを展開する場合などに有効なツールです。

Chapter 38 バックアップと回復

本章では、数あるサーバー管理者の業務の中でも特に重要な「バックアップ」の取得方法と、取得したバックアップデータを使用してサーバーを正常な状態に戻す「回復（復元／リストア）」を行う方法を解説します。

01 VSS（Volume Shadow Copy Service）

Windows Server 2012 R2には標準で以下のバックアップ・回復に関する機能が搭載されています。

- VSS（Volume Shadow Copy Service）
- Windows Server バックアップ

これらの機能を使用すると、簡単な操作でバックアップ・回復作業を確実に実行できます。なお、Windows Serverバックアップは一部でVSS機能を利用しているので、本書では先にVSSについて解説します。

> **Tips** Active Directoryのバックアップ・回復の方法については「Chapter 16 Active Directoryの保守」（⇒P.319）を参照してください。また、システムのイメージレベルでの復元である**ベアメタル回復**については「Chapter 39 障害復旧」（⇒P.790）を参照してください。

01-01 VSSの仕組み

VSS（Volume Shadow Copy Service）とは、システムの稼働中にバックアップソフトウェアが各種データ群をバックアップできるように、データ群の**シャドウコピー**（一時コピー）を生成する機能です。Windows Server 2012 R2に標準で搭載されています。

VSSを利用したバックアップには以下の特長があります。

- システムを稼働した状態でバックアップを取得できる
- 少ない容量で複数世代のファイルを保持できる

そのため、無停止の連続稼働が求められるシステムでバックアップを取得する際は非常に重宝します。

なお、**VSS自体はバックアップを行う機能ではありません**。あくまでも他のバックアップソ

フトウェアがデータ群をバックアップする際に利用する「シャドウコピーを作成する機能」です。この点は間違えやすいので注意してください。

VSSと連携するコンポーネント

VSSは以下のコンポーネントと連携して下図のように動作し、稼働中やオープン中のファイルのバックアップを取得します。

- VSS リクエスター（バックアップソフトウェアなど）
- VSS ライター（VSS 対応のアプリケーション）
- VSS プロバイダー（Windows Server など）

■ VSS の仕組み

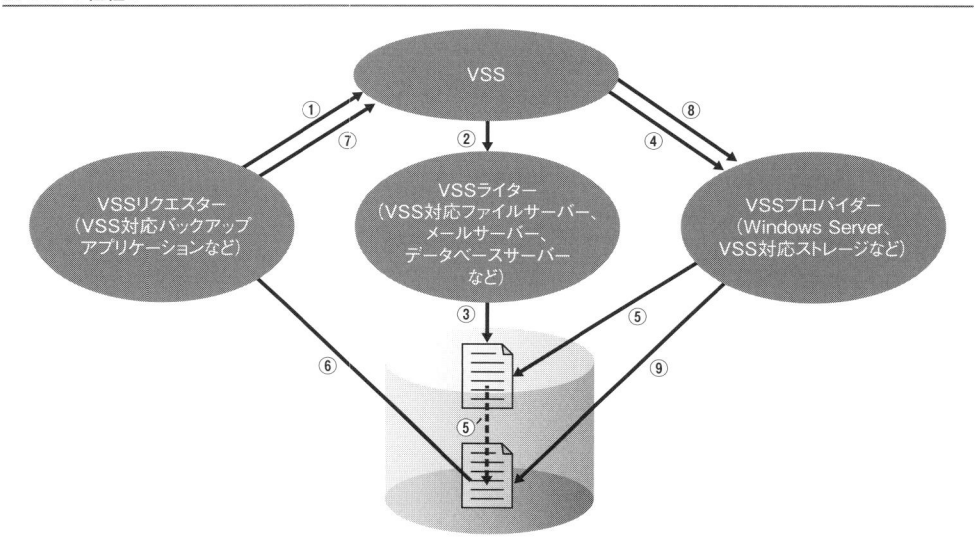

① VSS リクエスターが VSS に対してボリュームのシャドウコピー作成を依頼する
② VSS が VSS ライターに対して処理中断とデータのフラッシュを依頼する
③ VSS ライターはすべての書き込み処理を中断して既存の更新データをキャッシュからディスクへフラッシュする
④ データフラッシュ完了後、VSS が VSS プロバイダーに対してシャドウコピーの作成を依頼する
⑤ VSS プロバイダーがシャドウコピーを作成する
⑥ シャドウコピーを作成後、VSS リクエスターがバックアップを実行する
⑦ VSS リクエスターが VSS に対して、バックアップ終了を通知する
⑧ VSS が VSS プロバイダーに対して、シャドウコピーの消去を依頼する
⑨ VSS プロバイダーがシャドウコピーを消去する

> **Tips** VSSは、シャドウコピーを作成する際に常にボリューム内のすべてのデータをコピーしているわけではありません。すでにシャドウコピーを作成している場合は**前回からの変更点のみ**をブロック単位でコピーし、履歴データとして保存します。そのため、少ない容量で複数世代のファイルを保持することができます。

01-02 ボリュームのシャドウコピーの有効化

共有フォルダーとして利用しているボリュームに対して、シャドウコピー(VSS)を有効にすると、ユーザーが誤ってファイルを更新したり、削除した場合に、ユーザー自身がそのファイルを復元できるようになります。これはユーザーにとってもとても便利ですし、管理者の作業負荷の軽減にもつながります。

ボリュームのシャドウコピーはデフォルトでは有効になっていません。有効化するには、以下の手順を実行します。

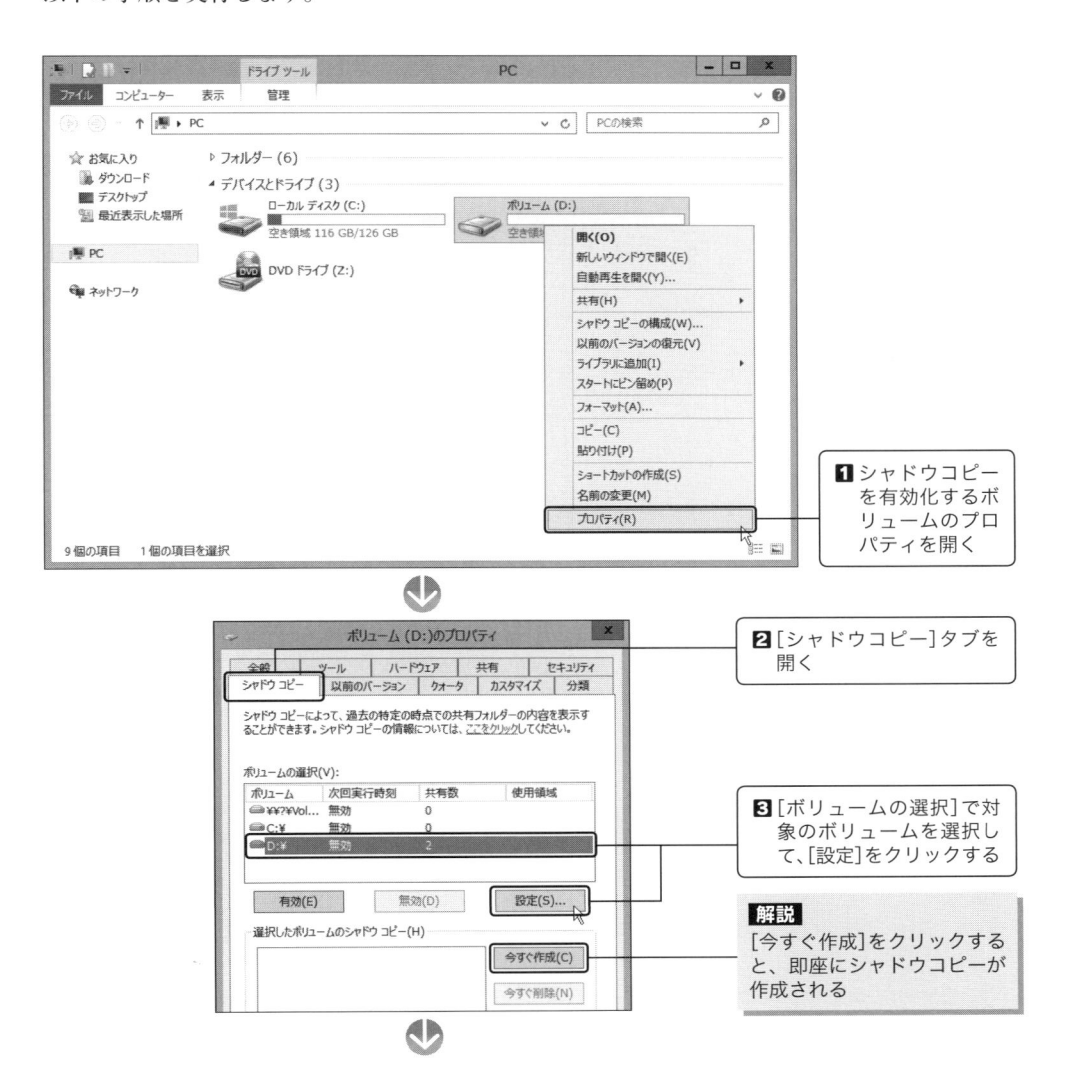

1 シャドウコピーを有効化するボリュームのプロパティを開く

⬇

2 [シャドウコピー]タブを開く

3 [ボリュームの選択]で対象のボリュームを選択して、[設定]をクリックする

解説
[今すぐ作成]をクリックすると、即座にシャドウコピーが作成される

⬇

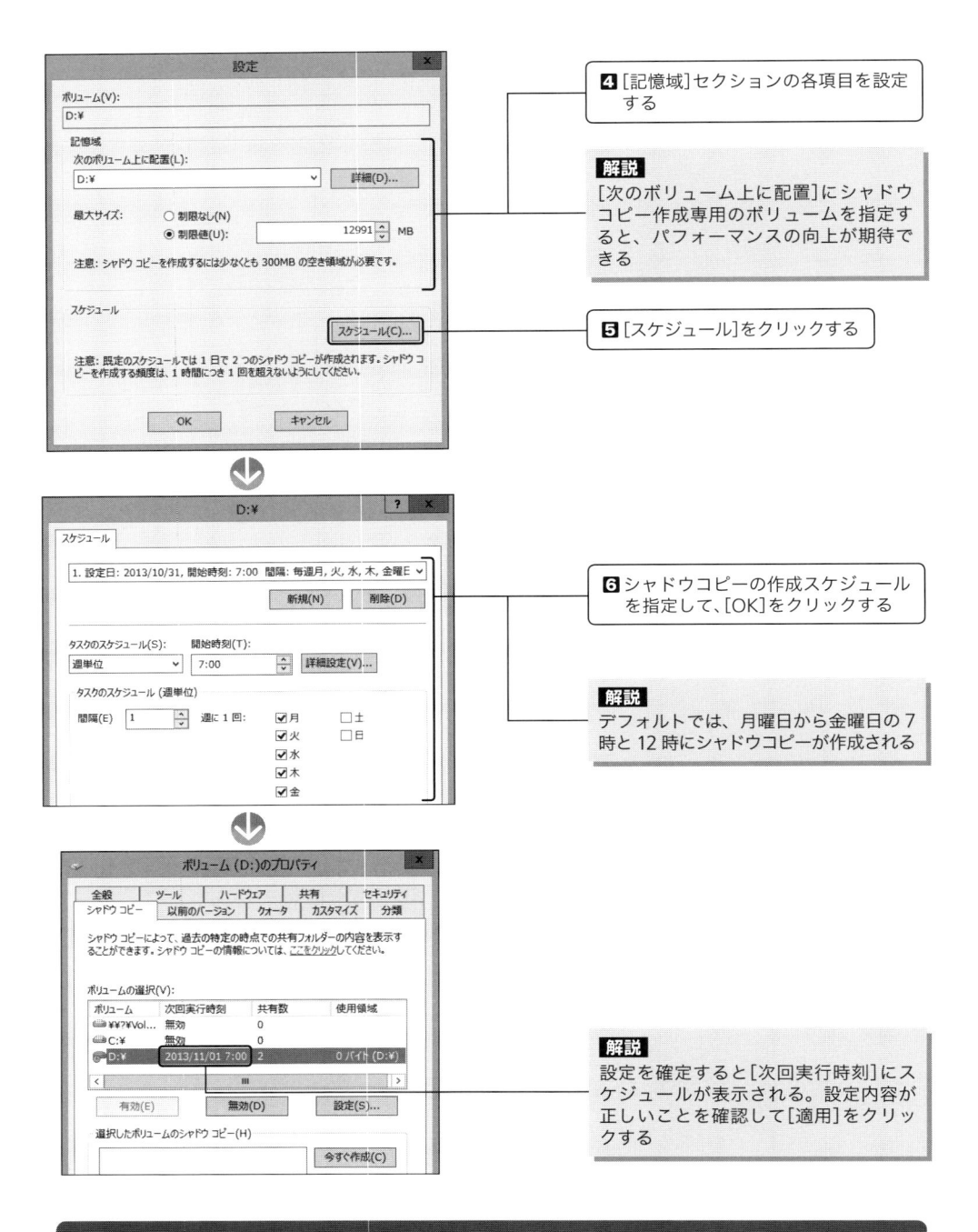

Part 08 セキュリティ管理と障害復旧

4 [記憶域]セクションの各項目を設定する

解説
[次のボリューム上に配置]にシャドウコピー作成専用のボリュームを指定すると、パフォーマンスの向上が期待できる

5 [スケジュール]をクリックする

6 シャドウコピーの作成スケジュールを指定して、[OK]をクリックする

解説
デフォルトでは、月曜日から金曜日の7時と12時にシャドウコピーが作成される

解説
設定を確定すると[次回実行時刻]にスケジュールが表示される。設定内容が正しいことを確認して[適用]をクリックする

重要! 共有フォルダーのシャドウコピーを有効にした場合でも、バックアップは必ず取得してください。ボリュームそのものが破損した場合は、バックアップデータから復旧する必要があります。

01-03　シャドウコピーを使用した回復

ボリュームをすべて元の状態に戻すには、元に戻すボリュームのプロパティを開いて、以下の手順を実行します。

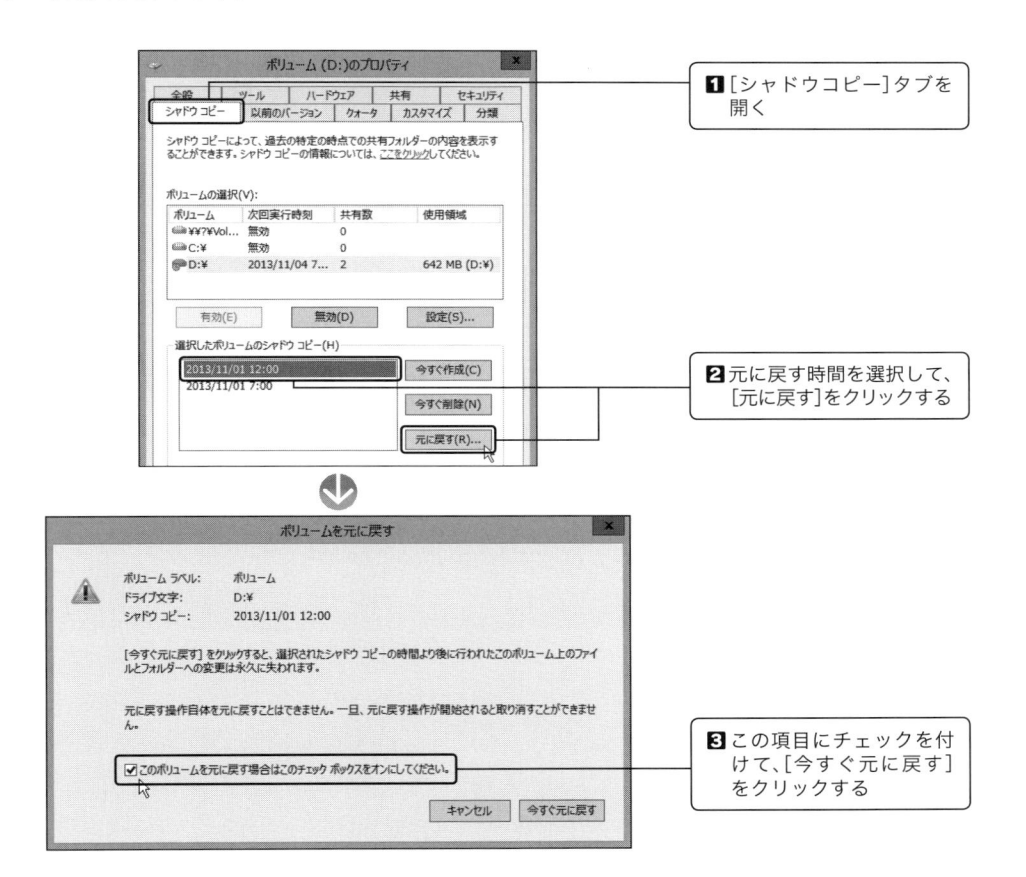

1 [シャドウコピー]タブを開く

2 元に戻す時間を選択して、[元に戻す]をクリックする

3 この項目にチェックを付けて、[今すぐ元に戻す]をクリックする

> **重要！** この操作を行うと、選択した時間よりも後に行ったこのボリューム上のファイルやフォルダーに対する変更（作成、変更、削除などの操作）はすべて失われます。また、この元に戻す行為そのものはやり直せないので、十分に検討してから実行してください。

01-04　上書きしたファイルを元に戻す

ユーザーが操作を誤って上書きしたファイルサーバー上のファイルを、ユーザー自身がWindows 8.1などのクライアントコンピューターを使用して以前の状態に戻すには、該当ファイルのプロパティダイアログを開いて次の手順を実行します。

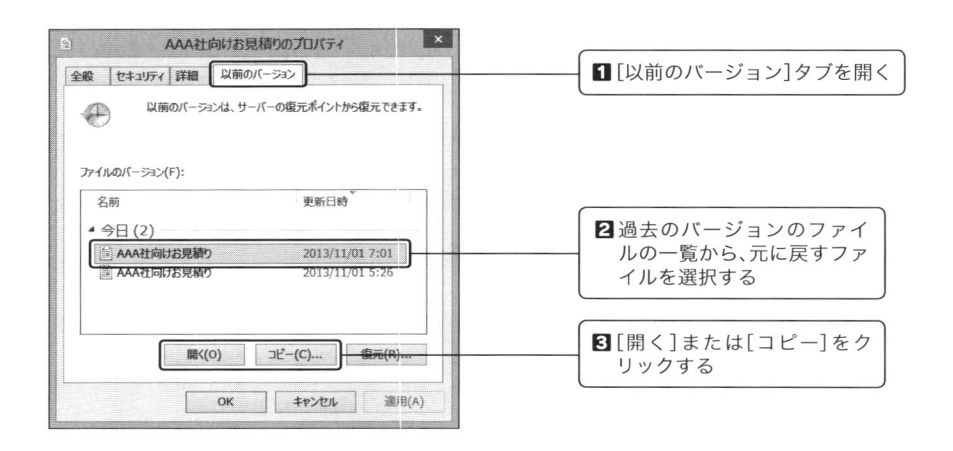

[1] [以前のバージョン]タブを開く

[2] 過去のバージョンのファイルの一覧から、元に戻すファイルを選択する

[3] [開く]または[コピー]をクリックする

■ 各ボタンの違い

ボタン	説　明
[開く]	対象ファイルを開いて内容を確認できる。目的のものであれば対象ファイルに上書き保存する
[コピー]	対象ファイルを別のファイルとして取り出すことができる
[復元]	対象ファイルを指定したバージョンのものに上書きする

> **重要！** [復元]の操作は元に戻せないため十分な注意が必要です。特に、フォルダーに対して[復元]を実行すると、対象フォルダーの状態が以前の状態に上書きされてしまいます。フォルダーに対しては[復元]は行わないことを推奨します。

01-05　削除したファイルの復元

ユーザーが誤って削除したファイルやフォルダーを、ユーザー自身が復元するには、対象のファイルやフォルダーが保存されていた上位のフォルダーや、共有フォルダーのプロパティダイアログを開いて以下の手順を実行します。

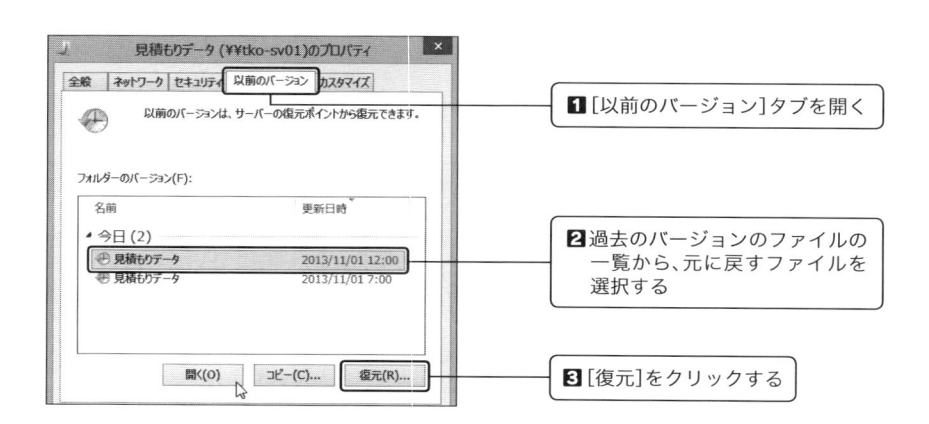

[1] [以前のバージョン]タブを開く

[2] 過去のバージョンのファイルの一覧から、元に戻すファイルを選択する

[3] [復元]をクリックする

01-06 ボリュームのシャドウコピーの無効化

ボリュームのシャドウコピーを無効化するには、ボリュームのプロパティダイアログを開いて、以下の手順を実行します。

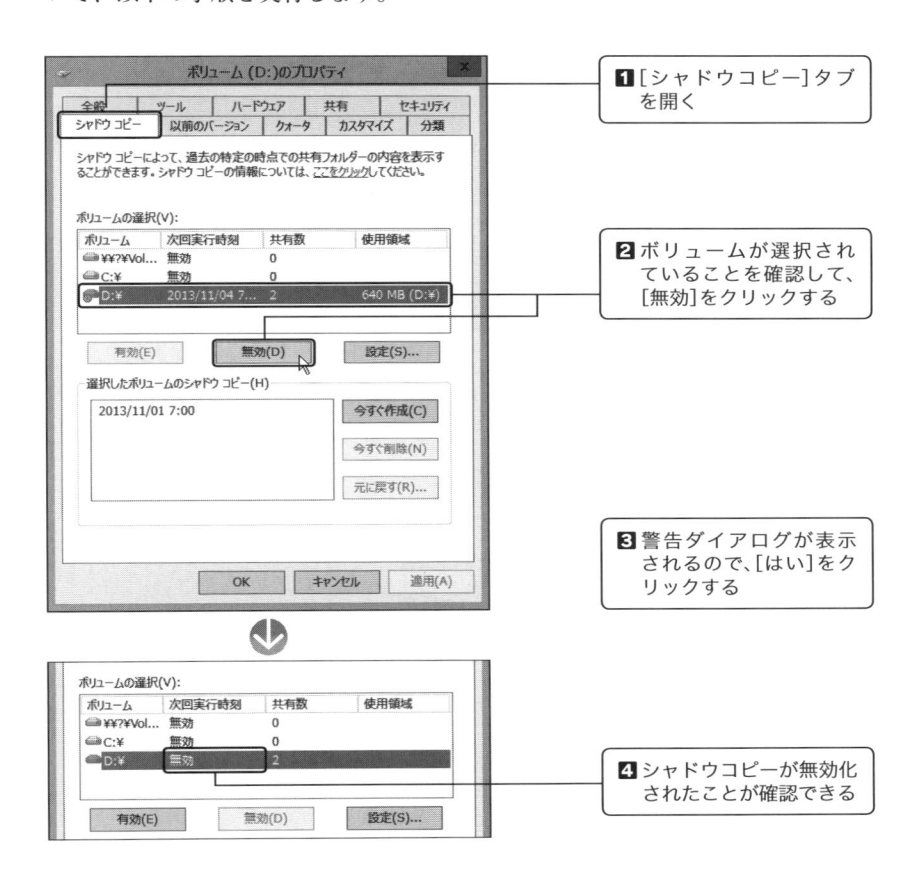

1 [シャドウコピー]タブを開く

2 ボリュームが選択されていることを確認して、[無効]をクリックする

3 警告ダイアログが表示されるので、[はい]をクリックする

4 シャドウコピーが無効化されたことが確認できる

> **Tips** シャドウコピーを有効にしていたボリュームを削除する際は、削除する前にシャドウコピーを無効化することをお勧めします。無効化せずにボリュームを削除すると、シャドウコピーを作成するタスクがタスクスケジューラに残ったままとなり、エラーの原因になることがあります。

02 Windows Server バックアップ

Windows Serverバックアップは、Windows Server 2012 R2に標準で搭載されている**バックアップ・回復を行う機能**です。この機能を使用すると、管理者は簡単な手順でサーバーのバックアップや回復を実行できます。

Windows Server バックアップには次の特徴があります。

- 操作が簡単
- ディスクへ高速バックアップが可能
- 「単発バックアップ」で一度限りのバックアップが可能
- 「スケジュールバックアップ」で日々繰り返し実行されるバックアップの予約が可能
- テープへはバックアップできない
- GUIとコマンドによるバックアップ・回復操作が可能
- シャドウコピーで複数世代のバックアップを保持できる

　上記のように、さまざまな特徴を持つWindows Serverバックアップですが、最大の特徴は「**バックアップの作成先がローカルドライブの場合は、シャドウコピーで複数世代のバックアップファイルを保持できる**」という点です。かつてのバックアップソフトウェアを使用してバックアップファイルを取得した場合は、回復する際に複数のバックアップファイルを使用する必要がありました。一方、この機能を使用すると、常に最適なバックアップが実行されるので、1回の作業で元の状態に復元できます。

> **Tips** テープへのバックアップが必要な場合はSystem Center 2012 R2 Data Protection Manager、またはサードパーティーのバックアップソフトウェアの利用を検討してください。
>
> **URL** System Center 2012 R2 Data Protection Manager
> http://technet.microsoft.com/en-us/library/hh758173.aspx

02-01 バックアップと回復のポリシー

　理想のバックアップとは「（ほぼ）リアルタイムに、サーバー上のすべてのデータを、複数のメディアにバックアップする」ことかもしれません。また、理想の回復とは「（少しでも）早く、完全に元の状態に戻す」ことでしょう。
　しかし、現実的には、コストや手間の問題もあり、上記のようなバックアップや回復を行うことは困難です。現実的には、バックアップ対象のサーバーや、保存されているデータの用途や重要度など、下表の4点を考慮してポリシー（方針）を決定します。

■ バックアップポリシーの検討事項

検討事項	説　明
バックアップ対象	「**何をバックアップするのか**」を検討する。理想は「すべて」だが、それが難しい場合は、データの重要度や回復するまでの猶予期間などを考慮して決定する
バックアップ先	「**どこにバックアップするのか**」を検討する。Windows Serverバックアップではローカルディスクだけでなく、ネットワーク上の共有フォルダーを対象にすることもできる
スケジュール	「**いつバックアップするのか**」を検討する。毎日1回バックアップするのか、1週間に1回なのか、1カ月に1回なのかをデータの重要度を考慮して決定する。可能な限り短い間隔でバックアップを取得することが理想
回復方法	「**どうやって回復するのか**」を検討する。個別のデータやファイルレベルで回復するのか、それともシステムのイメージごとを回復するのかを検討する

具体的には、下表のようなポリシーを決定します。バックアップを実行するタイミング別に2つのバックアップポリシーの例を紹介します。

■ システム導入直後や更新プログラムの適用前のバックアップポリシー例

検討事項	説　明
バックアップ対象	システムをイメージレベルで回復できる「**ベアメタル回復**」のための情報やシステム状態を含めた、すべてのファイル
バックアップ先	ハードディスクやDVDメディア
スケジュール	1回のみ
回復方法	ベアメタル回復など、システムイメージレベルでの回復

■ 通常運用時のバックアップポリシー例

検討事項	説　明
バックアップ対象	最初は「**フルバックアップ**」、2回目以降は「**増分バックアップ**」
バックアップ先	外付けタイプのハードディスク。可能であれば、サーバーとは別の場所に保管する。また、複数のハードディスクを用意してローテーションして利用する
スケジュール	少なくとも1日1回。重要度の高いデータを持つサーバーの場合は数時間ごと
回復方法	個別のデータやファイルレベル

02-02　Windows Server バックアップのインストール

　Windows Serverバックアップを利用するには、最初に機能の追加が必要です。管理者でサインインして、サーバーマネージャーから［役割と機能の追加ウィザード］（⇒P.52）を起動して、［Windows Server バックアップ］の機能を追加します。

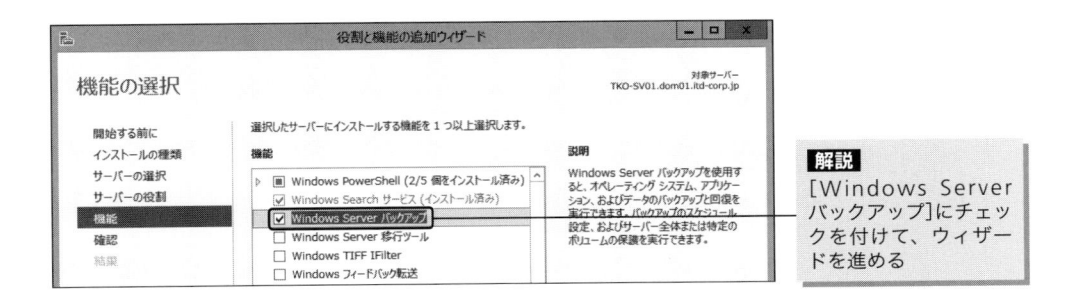

解説
［Windows Server バックアップ］にチェックを付けて、ウィザードを進める

　［Windows Server バックアップ］の機能を追加したら、次は「**バックアップ先**」を用意します。ローカルの記憶域やネットワーク上の記憶域などを指定できます。
　ローカルの記憶域を使用する場合はディスクの初期化やフォーマットを行います（⇒P.83）。また、ネットワーク上の記憶域を使用する場合は共有フォルダーの作成などを行います（⇒P.544）。

03 単発バックアップの実行

単発バックアップを実行するには、[サーバーマネージャー]から[Windows Server バックアップ]を起動して、以下の手順を実行します。

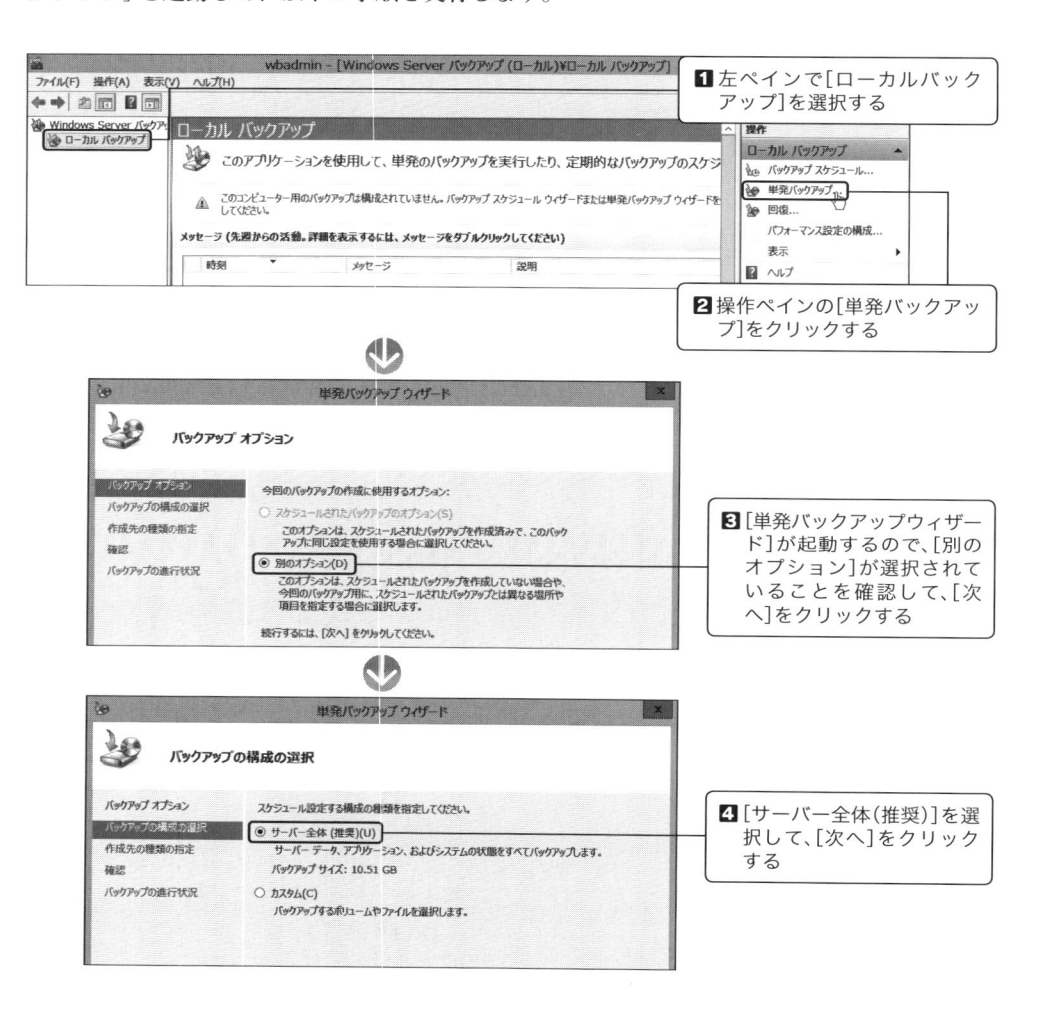

1 左ペインで[ローカルバックアップ]を選択する

2 操作ペインの[単発バックアップ]をクリックする

3 [単発バックアップウィザード]が起動するので、[別のオプション]が選択されていることを確認して、[次へ]をクリックする

4 [サーバー全体(推奨)]を選択して、[次へ]をクリックする

■ バックアップ対象

構成の種類	説明
サーバー全体(推奨)	サーバーデータやアプリケーション、システム状態など、すべてをバックアップする方法。推奨される選択肢。なお、USBタイプのハードディスクなどが接続されていると、それもバックアップの対象として自動選択されるので、不要なデバイスは取り外しておく
カスタム	バックアップするボリュームやファイルを選択する方法。詳細はP.765のコラムを参照

Column　バックアップのオプション

[バックアップの構成の選択] ページ (⇒P.764) で [カスタム] を選択すると、バックアップするボリュームやフォルダーを選択できます。

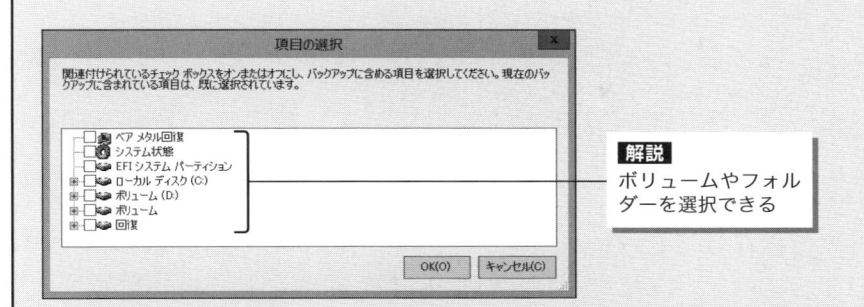

解説　ボリュームやフォルダーを選択できる

また、続く [バックアップする項目を選択] ページの [詳細設定] をクリックすると、バックアップに関する細かい設定が可能です。

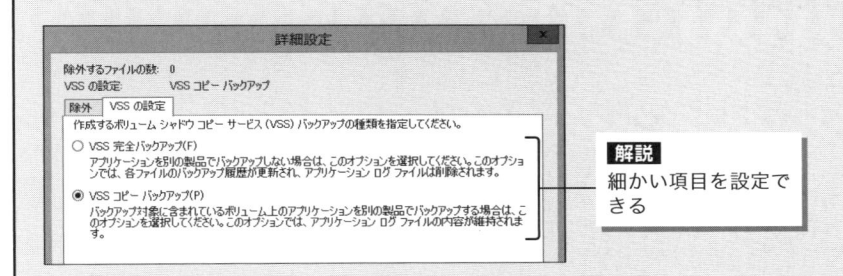

解説　細かい項目を設定できる

■[詳細設定]ダイアログのタブ

タブ名	説明
除外	バックアップ対象から除外するファイルの種類を拡張子で指定できる
VSS の設定	作成する VSS バックアップの種類を指定できる。種類については下表参照

■[VSS の設定]タブの設定項目

VSS バックアップの種類	説明
VSS 完全バックアップ	アプリケーションログファイルを上書きするか切り捨てる。他のバックアップアプリケーションを使用してアプリケーションのバックアップを行うことがない場合は、このオプションを選択する
VSS コピーバックアップ	アプリケーションログファイルをそのまま残す。他のバックアップアプリケーションを使用してアプリケーションのバックアップを行う場合は、このオプションを選択する

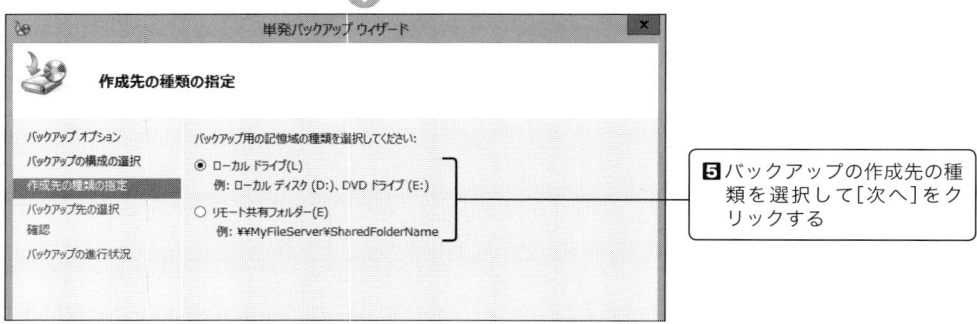

Part 08 セキュリティ管理と障害復旧

⬇

5 バックアップの作成先の種類を選択して[次へ]をクリックする

■ バックアップの作成先

記憶域の種類	説 明
ローカルドライブ	ローカルのハードディスクや書き込み可能な DVD ドライブなどを利用する際に選択する
リモート共有フォルダー	ネットワークを介してファイルサーバーの共有フォルダーなどを利用する際に選択する。このオプションを選択してウィザードを進めると、保存先のパスを入力する画面が表示される

> **Tips** DVDにバックアップした場合は、フルボリュームのみ回復できます。ファイルやフォルダー単位での回復はできません。注意してください。

> **Tips** 記憶域の種類に[リモート共有フォルダー]を選択した場合は、保存先のパスを入力します。なお、リモート共有フォルダーにバックアップを作成すると、ネットワーク上の他のユーザーもそのバックアップへアクセスできる可能性があるため、十分なセキュリティ対策が必要です。

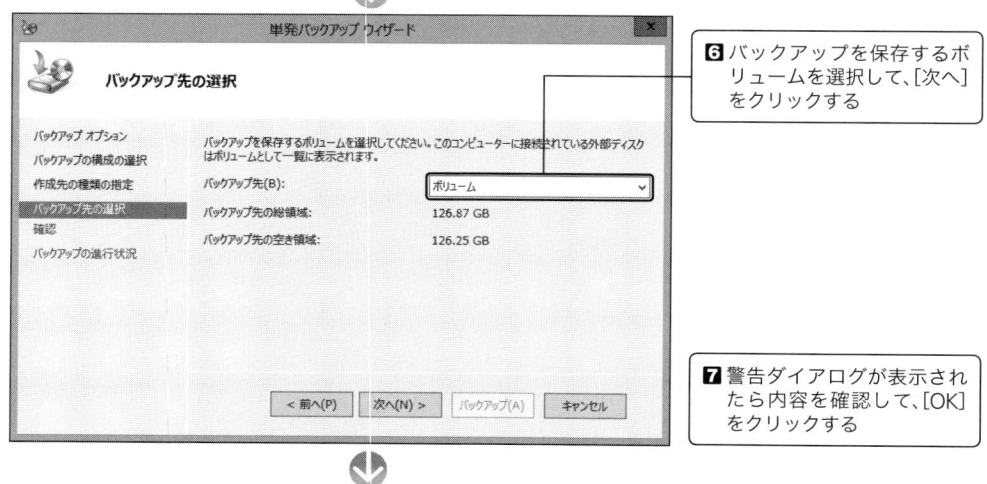

⬇

6 バックアップを保存するボリュームを選択して、[次へ]をクリックする

7 警告ダイアログが表示されたら内容を確認して、[OK]をクリックする

⬇

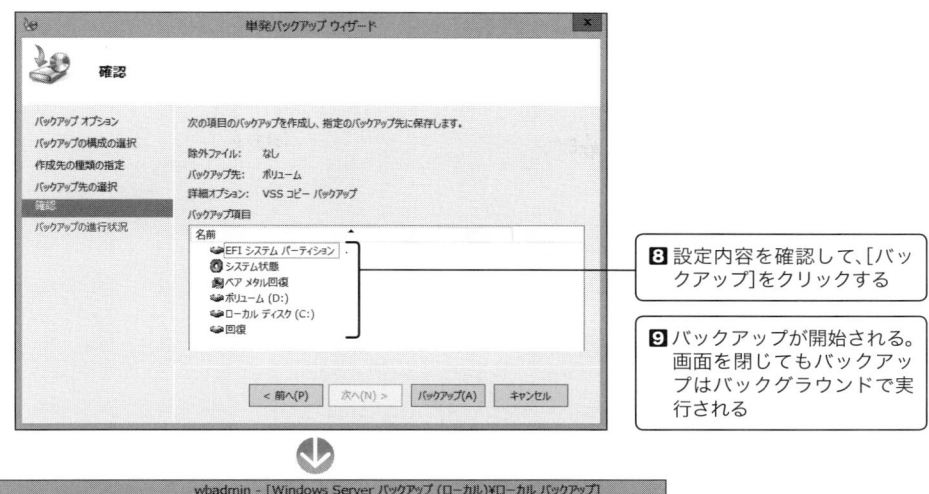

04 スケジュールバックアップの設定

8 設定内容を確認して、[バックアップ]をクリックする

9 バックアップが開始される。画面を閉じてもバックアップはバックグラウンドで実行される

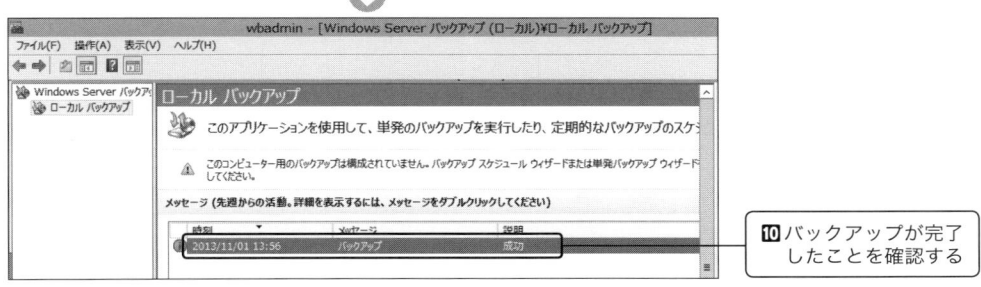

10 バックアップが完了したことを確認する

04 スケジュールバックアップの設定

バックアップを定期的に行うには、サーバーマネージャーから[Windows Serverバックアップ]を起動して、以下の手順でスケジュールを設定します。

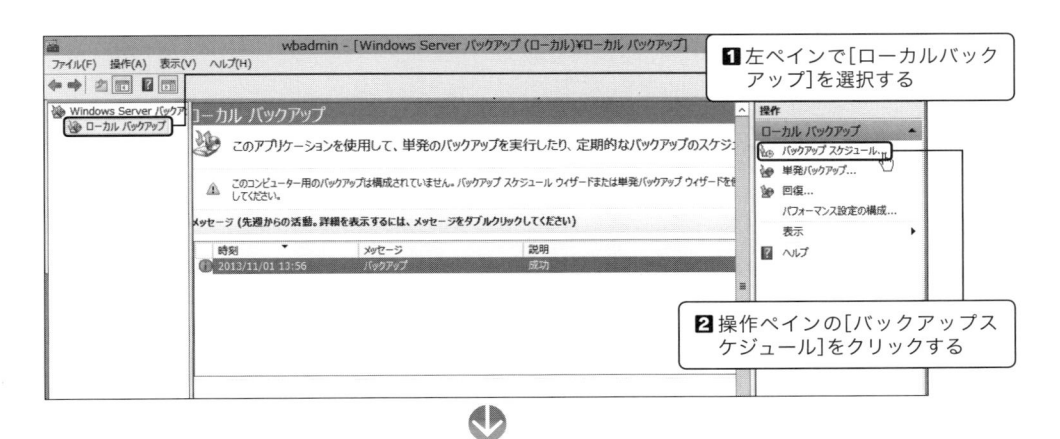

1 左ペインで[ローカルバックアップ]を選択する

2 操作ペインの[バックアップスケジュール]をクリックする

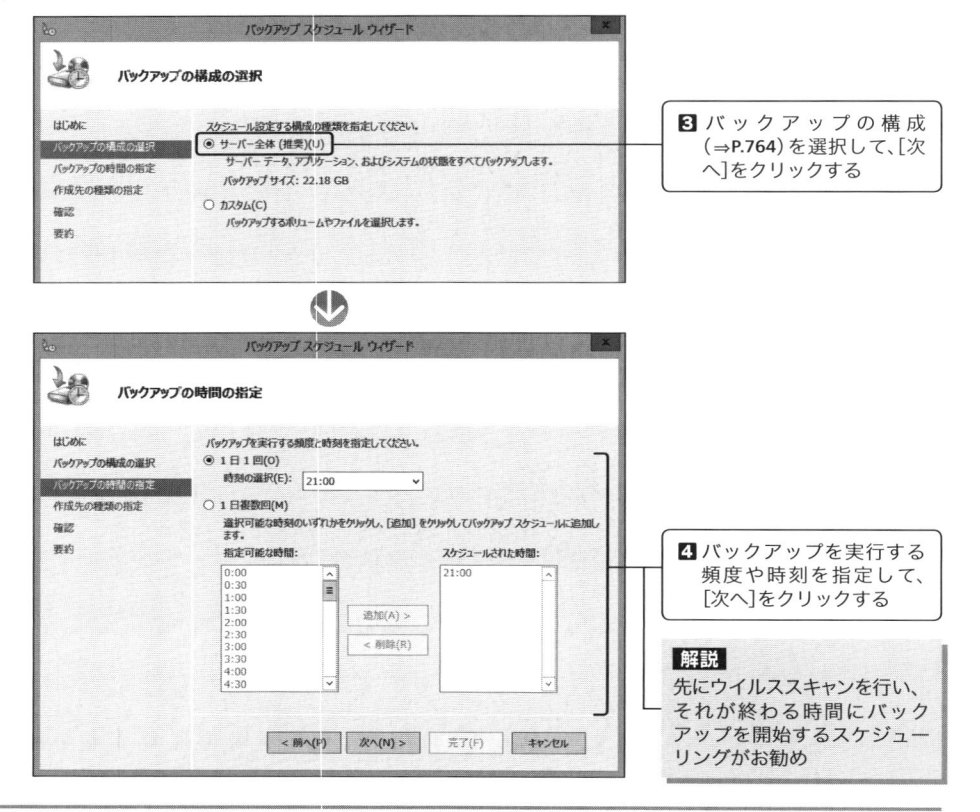

3 バックアップの構成（⇒P.764）を選択して、[次へ]をクリックする

4 バックアップを実行する頻度や時刻を指定して、[次へ]をクリックする

解説
先にウイルススキャンを行い、それが終わる時間にバックアップを開始するスケジューリングがお勧め

Tips Windows Server バックアップは、VSSのシャドウコピー機能を使用して増分データの世代管理を行うため、その世代数には上限があります。上限を超えると古いデータから上書きされるので、定期バックアップを[1日複数回]に設定する際は注意してください。
また、バックアップの実行中はサーバーに負荷がかかります。そのため、業務時間外やそのサーバーで他の定時処理が実行されていないタイミングを選択したほうが良いでしょう。

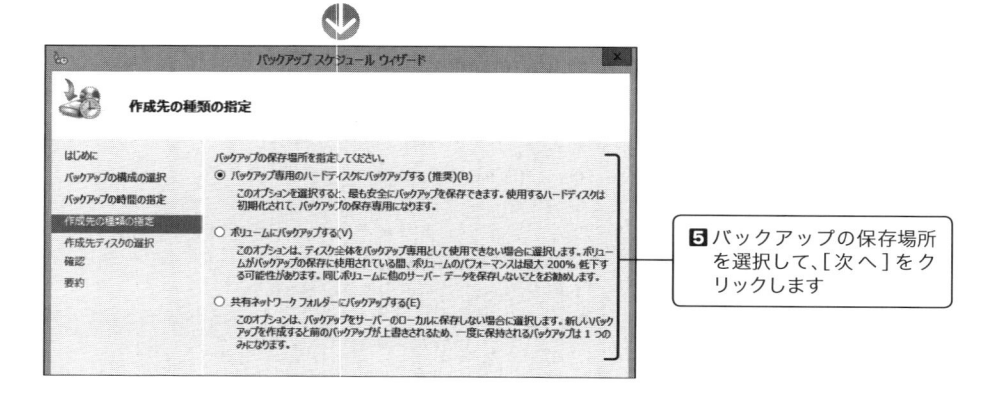

5 バックアップの保存場所を選択して、[次へ]をクリックします

04 スケジュールバックアップの設定

■ バックアップの保存場所

保存場所	説 明
バックアップ専用のハードディスクにバックアップする（推奨）	コンピューターに接続されているハードディスクの1つをバックアップ専用にする。推奨の保存場所。ただし、そのハードディスクは他の用途には利用できなくなるので注意が必要
ボリュームにバックアップする	ディスク上のボリュームに保存する。ディスク全体をバックアップ用として利用できない場合に選択する。なお、このオプションを選択してバックアップを行うと、そのボリュームのパフォーマンスは低下する
共有ネットワークフォルダーにバックアップする	ファイルサーバーの共有フォルダーに保存する。このオプションを選択して新しいバックアップを作成すると、以前のバックアップは上書きされる

重要！ 自動バックアップの保存先に共有ネットワークフォルダーを指定すると、一世代しかバックアップを保持できないので注意してください。数世代前のデータに回復する可能性がある場合はローカルのハードディスクを選択してください。

Tips 自動バックアップの保存先に共有ネットワークフォルダーしか指定できず、また、複数世代のバックアップが必要な場合は、保存先のサブフォルダーを毎回変更するような仕組みが必要です。
共有ネットワークフォルダーを作成するサーバーがWindows Server 2012 R2のようなiSCSIターゲットになり得るものであれば、iSCSIで接続してローカルディスクのように見せかけて複数世代のバックアップを取る、という方法も検討してください。

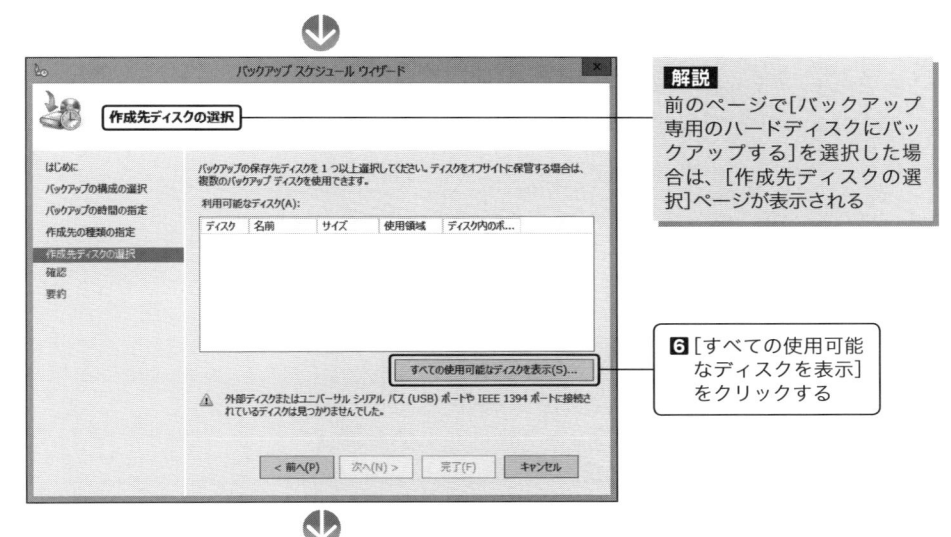

解説 前のページで[バックアップ専用のハードディスクにバックアップする]を選択した場合は、[作成先ディスクの選択]ページが表示される

6 [すべての使用可能なディスクを表示]をクリックする

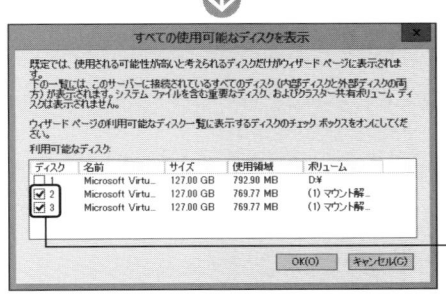

7 利用するディスクを選択して[OK]をクリックし、指定したディスクが表示されていることを確認して[次へ]をクリックする

Part 08 セキュリティ管理と障害復旧

> **Tips** 複数のディスクを使用してローテーションを行う場合は、ここで対象のディスクをすべて選択します。ただし、複数のディスクを選択しても、一度のバックアップですべてのディスクにバックアップデータが書き込まれるわけではありません。注意してください。

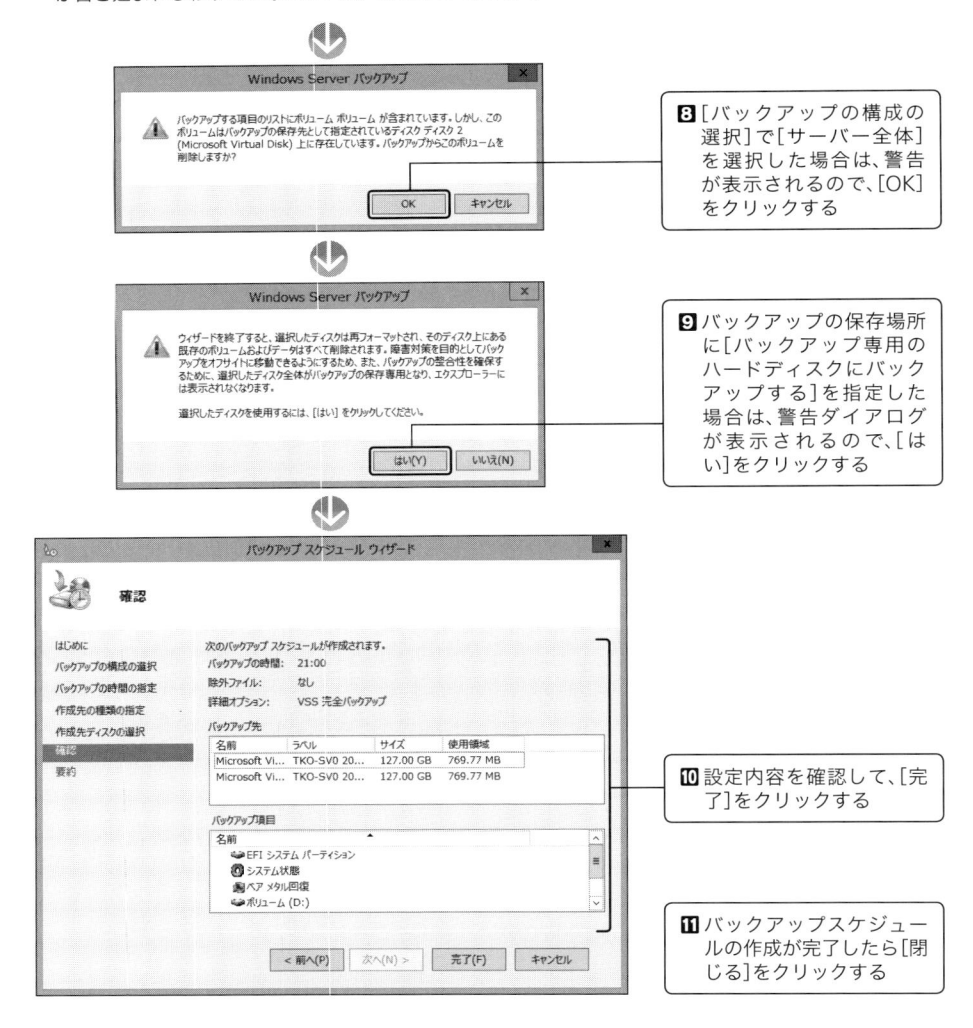

8 [バックアップの構成の選択]で[サーバー全体]を選択した場合は、警告が表示されるので、[OK]をクリックする

9 バックアップの保存場所に[バックアップ専用のハードディスクにバックアップする]を指定した場合は、警告ダイアログが表示されるので、[はい]をクリックする

10 設定内容を確認して、[完了]をクリックする

11 バックアップスケジュールの作成が完了したら[閉じる]をクリックする

スケジュールバックアップの設定変更やキャンセル

スケジュールバックアップの頻度や開始時刻などの設定は、操作ペインの[バックアップスケジュール]から変更できます。

また、実行中のスケジュールバックアップをキャンセルする場合は、バックアップの実行中に[メッセージ]の中にある該当メッセージをダブルクリックして[進行状況]ダイアログを開き、次の手順を実行します。

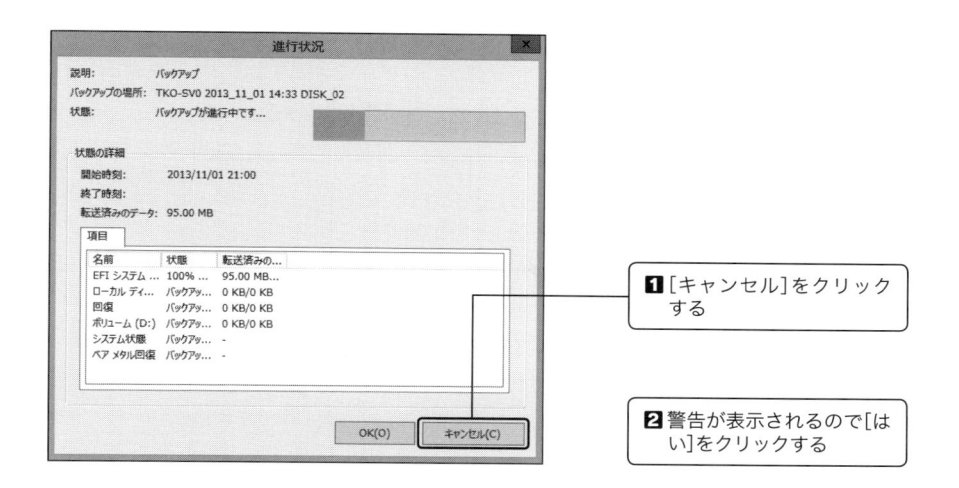

1 [キャンセル]をクリックする

2 警告が表示されるので[はい]をクリックする

05 バックアップパフォーマンスの最適化

　Windows Serverバックアップでは、バックアップにボリューム全体が含まれている場合に限り、バックアップ時のパフォーマンスを最適化できます。サーバーマネージャーから［Windows Serverバックアップ］を起動して、以下の手順を実行します。

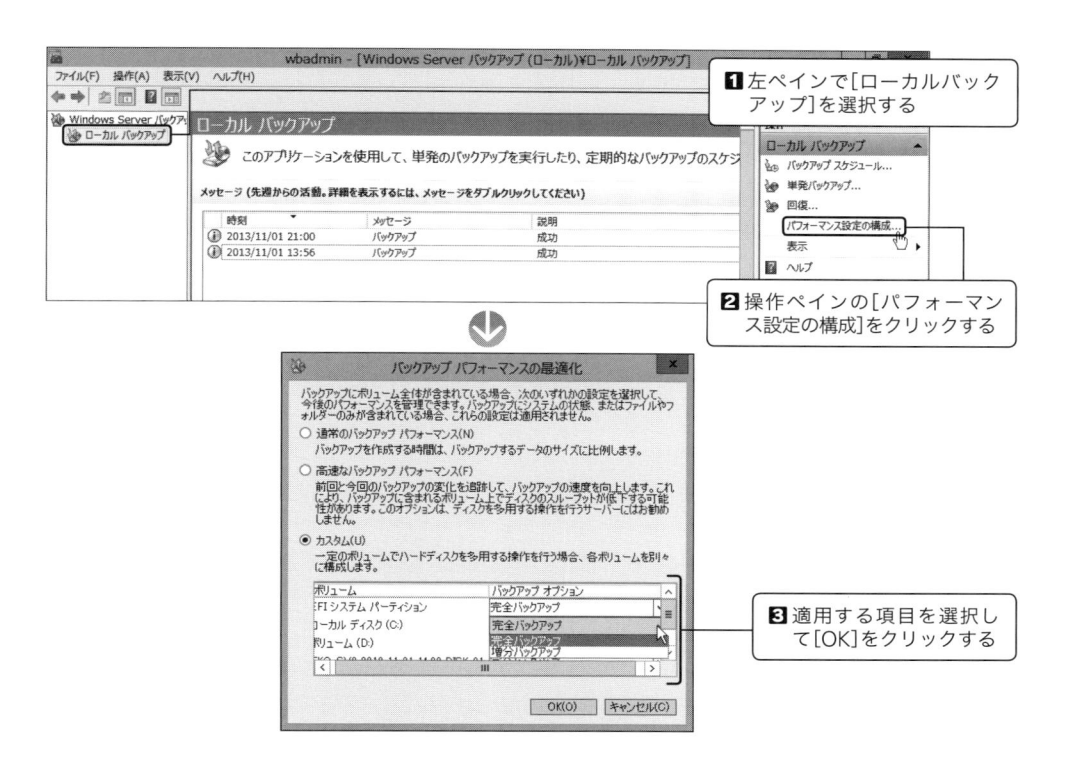

1 左ペインで[ローカルバックアップ]を選択する

2 操作ペインの[パフォーマンス設定の構成]をクリックする

3 適用する項目を選択して[OK]をクリックする

771

■ [バックアップパフォーマンスの最適化]ダイアログの設定項目

設定項目	説明
通常のバックアップパフォーマンス	対象のすべてをバックアップする「**完全バックアップ**」が常に実行される。バックアップの速度は遅くなるが、パフォーマンスに対する影響が少ない
高速なバックアップパフォーマンス	前回のバックアップからの変更箇所だけをバックアップする「**増分バックアップ**」が実行される。バックアップの速度は速くなるが、前回のバックアップからの変更を追跡するためディスクのパフォーマンスが低下する恐れがある
カスタム	バックアップ対象のボリュームごとに「完全バックアップ」か「増分バックアップ」を指定できる

06 Windows Serverバックアップによる回復

　Windows Serverバックアップで取得したバックアップデータは、VSSによって自動的に世代管理されるので、たった1つのバックアップデータを回復するだけで目的のデータに戻すことができます。

　Windows Serverバックアップを使用して回復を行うには、サーバーマネージャーから[Windows Serverバックアップ]を起動して、以下の手順を実行します。

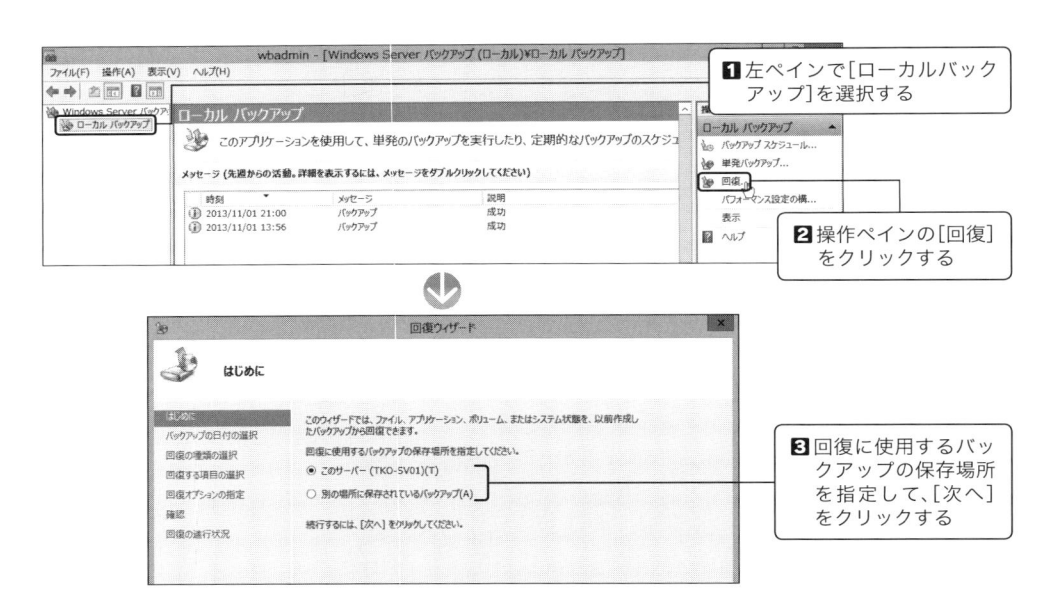

1 左ペインで[ローカルバックアップ]を選択する

2 操作ペインの[回復]をクリックする

3 回復に使用するバックアップの保存場所を指定して、[次へ]をクリックする

■ バックアップの保存場所

バックアップの保存場所	説明
このサーバー	回復処理を実行しているサーバーに保存されているバックアップデータを利用する
別の場所に保存されているバックアップ	ネットワーク上の共有フォルダーなどに保存されているバックアップデータを利用する

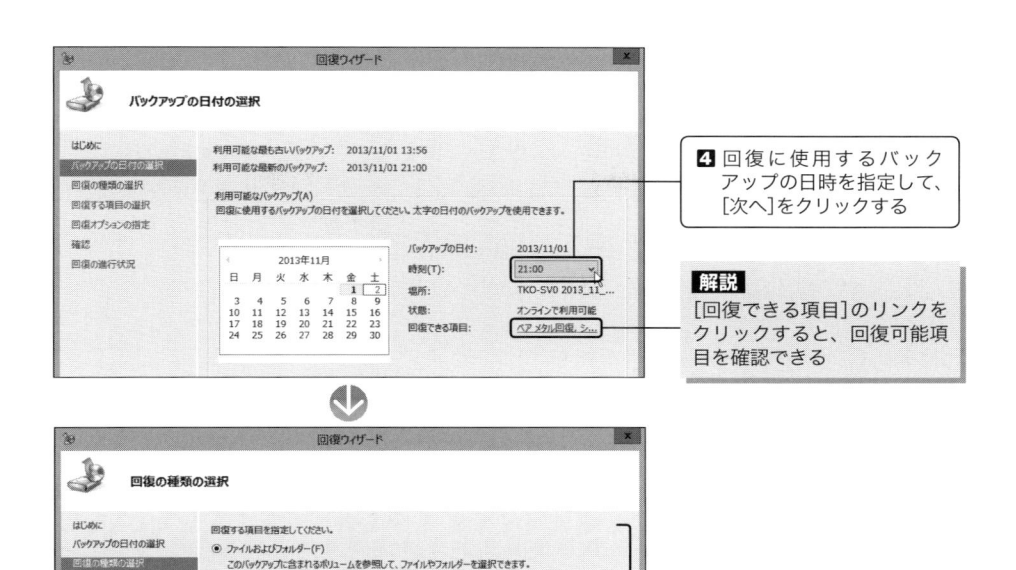

06 Windows Serverバックアップによる回復

4 回復に使用するバックアップの日時を指定して、[次へ]をクリックする

解説
[回復できる項目]のリンクをクリックすると、回復可能項目を確認できる

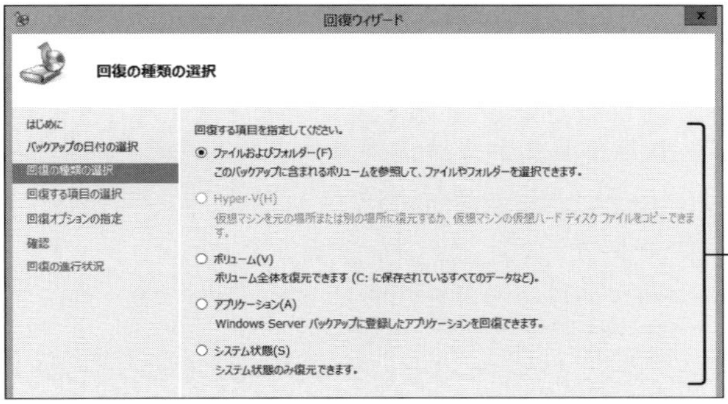

5 回復する項目を指定して、[次へ]をクリックする

■ 回復する項目

回復する項目	説 明
ファイルおよびフォルダー	ファイル単位、フォルダー単位で回復するときに選択する
Hyper-V	Hyper-V が有効なサーバーで指定可能。仮想マシンを復元する場所を指定できる。また、仮想マシンの仮想ハードディスクファイルをコピーすることも可能
ボリューム	ボリュームを丸ごと回復するときに選択する
アプリケーション	VSS ライターとして登録されたアプリケーションのデータを回復するときに選択する
システム状態	システム状態のみを回復するときに選択する

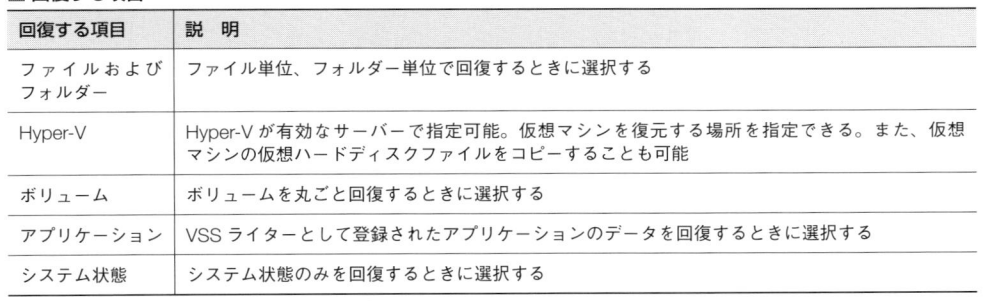

6 回復する項目を選択して、[次へ]をクリックする

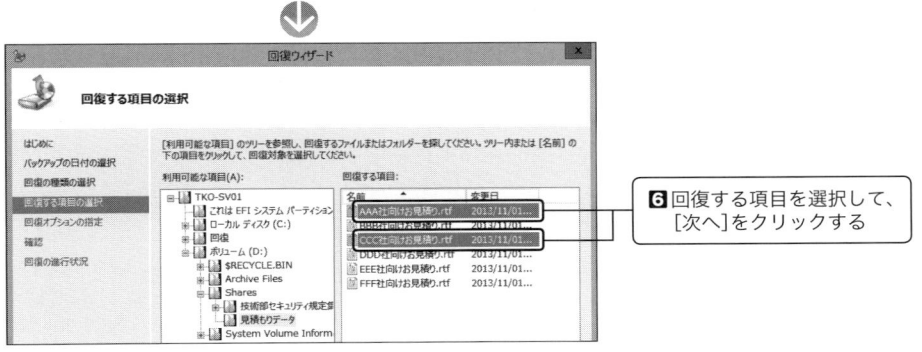

Part 08 セキュリティ管理と障害復旧

7 回復オプションを指定して、[次へ]をクリックする

8 確認ページが表示されたら、設定内容を確認して[回復]をクリックする

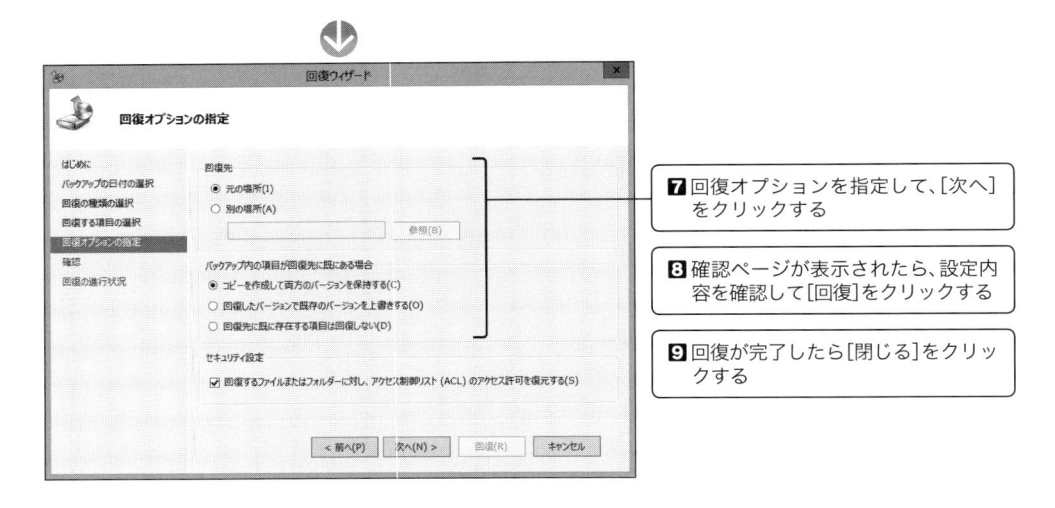

9 回復が完了したら[閉じる]をクリックする

■ 回復オプション

回復オプション	説　明
回復先	データの回復場所を指定する。[元の場所]を指定するとバックアップ時と同じ場所に回復される。[別の場所]を選択してパスを指定すると、指定した場所に回復できる。回復後に必要なファイルのみを取り出したい場合に選択する
バックアップ内の項目が回復先に既にある場合	回復しようとしているファイルが既に存在しているときの動作を指定する。[回復先に既に存在する項目は回復しない]を選択すると、すでにファイルが存在している場合は回復が実行されない
セキュリティ設定	このオプションを有効にするとアクセス権も回復される

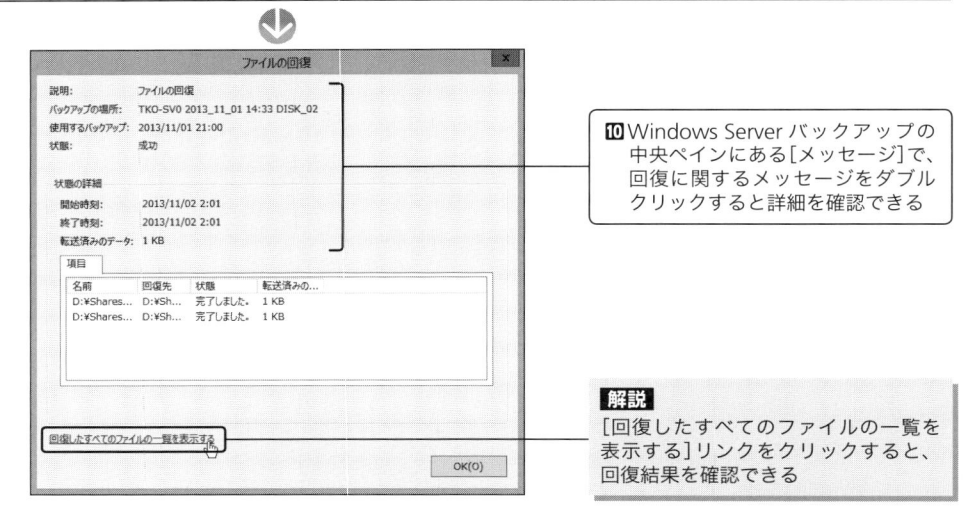

10 Windows Server バックアップの中央ペインにある[メッセージ]で、回復に関するメッセージをダブルクリックすると詳細を確認できる

解説
[回復したすべてのファイルの一覧を表示する]リンクをクリックすると、回復結果を確認できる

07 Windows PowerShellによるバックアップの管理

Windows Server 2012 R2では、WBADMINコマンド(wbadmin.exe)や、Windows PowerShellコマンドレットを使用してWindows Serverバックアップの管理や操作を実行できます。ここではWindows PowerShellコマンドレットを使用して以下のスケジュールバックアップを設定する方法を紹介します。

■ スケジュールバックアップの設定

項目	設定例
バックアップ対象	システム状態
バックアップ先	ネットワーク共有フォルダー[\\TKO-SV02\Backups]
スケジュール	毎日 12:00、18:00

以下のコマンドレット群を実行すると、Windows Serverバックアップのスケジュールバックアップを設定できます。

書式 スケジュールバックアップの設定(各コマンドは1行で実行)

```
$Policy = 〈ポリシー名〉
$Cred = Get-Credential
$BackupTargetPath
  = New-WBBackupTarget -NetworkPath 〈バックアップ先〉
                       -Credential $Cred
Set-WBSchedule -Policy $Policy
               -Schedule 〈スケジュール(バックアップの開始時刻)〉
Add-WBSystemState -Policy $Policy
Add-WBBackupTarget -Target $BackupTargetPath -Policy $Policy
Set-WBPolicy -Policy $Policy
```

実行例 ▶ スケジュールバックアップを設定する(各コマンドは1行で実行)

```
$Policy = New-WBPolicy
$Cred = Get-Credential
$BackupTargetPath
  = New-WBBackupTarget -NetworkPath "\\TKO-SV02\Backups" -Credential $Cred
Set-WBSchedule -Policy $Policy -Schedule 12:00,18:00
Add-WBSystemState -Policy $Policy
Add-WBBackupTarget -Target $BackupTargetPath -Policy $Policy
Set-WBPolicy -Policy $Policy
```

現在の設定を確認する場合は以下のコマンドレットを実行します。

書　式　バックアップ設定の確認

```
Get-WBPolicy
```

　Windows Serverバックアップに関連するWindows PowerShellコマンドレットについては、マイクロソフトの以下のページで詳しく紹介されています。

URL　Windows Server Backup Cmdlets in Windows PowerShell
http://technet.microsoft.com/en-us/library/jj902428.aspx

Column　Azure Backupの利用

　Windowsサーバーのデータは、マイクロソフトのパブリッククラウドサービスであるMicrosoft Azureの1つの機能である「**Azure Backup**」を使用することでもバックアップできます。この機能はMicrosoft Azureへのサインアップ手続きと、専用のエージェントのインストールを行うだけですぐに利用できます。Windows Serverバックアップを使用したローカルのバックアップと併用することで、**BCP**（事業継続計画）や**DR**（災害復旧）対策が実現できます。

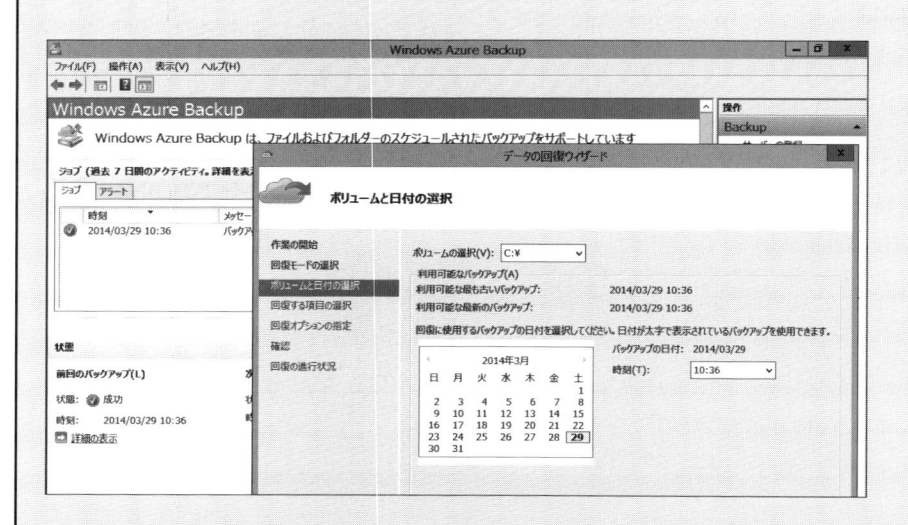

　Windows Serverバックアップとの機能の違いや制約事項、課金形態やコストについてはマイクロソフトのWebサイトから最新情報を確認してください。

URL　Azure Backupの概要
http://technet.microsoft.com/ja-jp/library/hh831419.aspx

Chapter 39 障害復旧

本章では、発生した障害の原因の切り分け方法やその対処方法、さらに障害復旧の最終手段ともいえる「システムイメージファイルの回復」について解説します。

01 障害発生時の対処

　サーバーを長期間運用していると高い確率で何らかの障害に遭遇します。障害の度合いは軽微なものから、正常起動できなくなるほどの重度なものまでさまざまです。そして、多くの障害は突発的に発生しますが、発生時には迅速な対応が求められます。
　障害が発生した場合、まずは障害の状況や内容をできるだけ詳細に調査し、記録します。少なくとも以下の点については可能な限り詳しく調査することが必要です。

- どのような不具合が発生しているのか
- いつから発生しているのか
- どのような影響があるのか
- 他のコンピューターやネットワーク機器に異常はないか
- イベントビューアーにエラーや警告が発生していないか[※]

　　※イベントビューアーに多数のエラーや警告が発生している場合は、その「最初のエラー」がいつ発生したのかを確認してください。

　障害の内容や発生時間帯が特定できたら、その直前に行った管理操作を確認します。「設定を変更した」、「新しいアプリケーションや更新プログラムをインストールした」、「新しいデバイスを取り付けた」といった管理操作を行っていたのであれば、それらが障害の原因に関係している可能性が高いと考えられます。元の状態に戻すなどの回避策を検討してください。
　一方で、障害発生の直前に管理操作を行っていない場合は、以下のような要因が考えられます。各内容に沿って原因究明を行い、必要に応じて本書で解説している各手順を行ってください。

●ハードウェアの故障

　物理的にハードウェアが故障している可能性があります。サーバー本体はもとより、周辺機器が故障していないかを確認してください。ハードウェアメーカーが提供している診断ツールを使用すると、詳しい状態を把握できることがあります。また、起動時にハードウェアのエラーが表示されていないかも確認してください。

Part 08 セキュリティ管理と障害復旧

●コンピューターの連続稼働による影響

コンピューターを連続稼働すると、アプリケーションやサービスのログが膨大になり、ディスクの空き領域を圧迫することがあります。また、プログラムの不具合によってメモリリークが発生していることも考えられます。長期間にわたって連続稼働している場合は、ディスクの空き領域や、メモリの使用率などを確認してください。これらの状況は**タスクマネージャー**（⇒P.731）や**パフォーマンスモニター**（⇒P.733）で確認できます。

●他のコンピューターやネットワーク機器の障害による影響

ドメインコントローラーとして動作しているコンピューターに異常が発生すると、ドメインに参加しているメンバーサーバーにも何らかの影響が生じます。また、スイッチングハブやルーター、ネットワークケーブルなどに異常が発生すると、他の機器やネットワーク（インターネットなど）と通信ができなくなるため、このことに起因して障害が発生する可能性があります。他にも、落雷などによる商用電源の供給が停止したことが障害の原因になることもあります。

01-01 イベントビューアーのログの確認と保存

障害が発生した場合は、最初にサーバーマネージャーから［イベントビューアー］を起動して、障害に関するログを確認します。以下の手順を実行します。

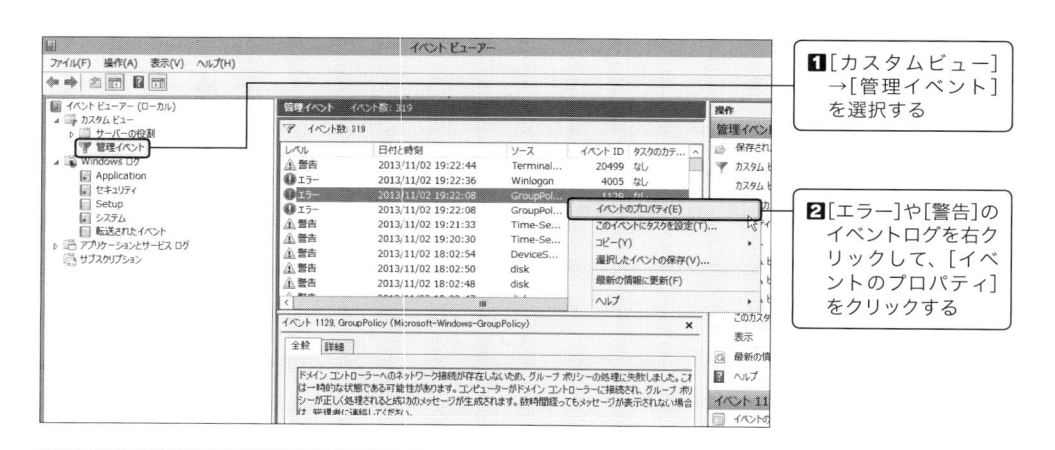

1 ［カスタムビュー］→［管理イベント］を選択する

2 ［エラー］や［警告］のイベントログを右クリックして、［イベントのプロパティ］をクリックする

> **Tips**
> ［管理イベント］には、システムログやアプリケーションログなどの主要なイベントログの中からエラーや警告のログだけがフィルタリングされて表示されるため、障害に関わるログを短時間で見つけたい場合に便利です。前後関係などを調べる場合はシステムログやアプリケーションログなどを個別に確認してください。
> また、障害に関わるログが上書きされてしまわないように、［Windowsログ］の［システム］や［Application］を右クリックして、［すべてのイベントを名前を付けて保存］を実行し、システムログやアプリケーションログを［EVTX］形式や［CSV］形式で保存しておくことを推奨します。

01 障害発生時の対処

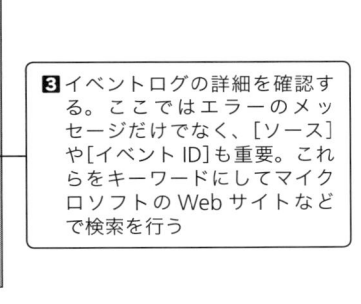

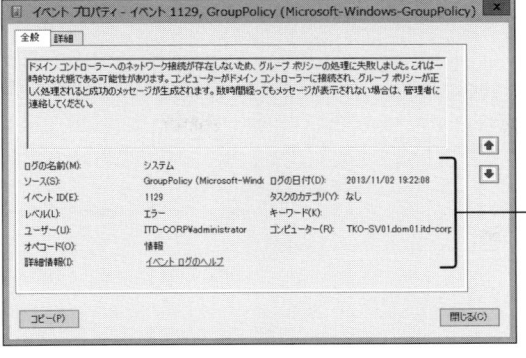

❸イベントログの詳細を確認する。ここではエラーのメッセージだけでなく、[ソース]や[イベントID]も重要。これらをキーワードにしてマイクロソフトのWebサイトなどで検索を行う

01-02 システム構成ユーティリティによる診断

「**システム構成ユーティリティ**」と呼ばれる診断ツールを利用すると、特定のサービスやスタートアッププログラムの起動を**オフ**にしてWindowsを起動できます。このツールを使用して起動するサービスやスタートアッププログラムの切り分けを行えば、Windowsの正常起動を妨げているサービスやスタートアッププログラムを特定できます。

最初に、すべてのサービスやスタートアッププログラムをオフにしてWindowsを起動し、問題なく起動できることを確認したうえで、特定のサービスやスタートアッププログラムを**1つだけオン**にして起動できるかを確認してください。

システム構成ユーティリティは[スタート]画面や、[ファイル名を指定して実行]から**msconfig.exe**を実行すると起動できます。

[全般] タブ

[全般]タブでは、Windowsの**スタートアップ方法**を選択します。いずれかのスタートアップ方法を選択してWindowsを再起動し、状況を確認します。

解説
[全般]タブを選択する

■ [全般]タブの設定項目

スタートアップの選択	説　明
通常スタートアップ	通常の方法でWindowsを起動するモード。障害が復旧した後はこのモードに戻す
診断スタートアップ	基本的なサービスやドライバーを使用してWindowsを起動するモード。このモードで問題なく起動できれば、Windowsに関する基本的なファイルには問題がないと判断できる
スタートアップのオプションを選択	基本的なサービスやドライバーと、選択したサービスやスタートアッププログラムを使用してWindowsを起動するモード。少しずつ設定を変えながらWindowsを起動することで、障害の原因となっているサービスやスタートアッププログラムを特定する

[ブート]タブ

[ブート]タブでは、Windowsの**ブート方法**を選択します。用語は異なりますが、[詳細ブートオプション]（⇒P.787）と同様の目的のオプションです。

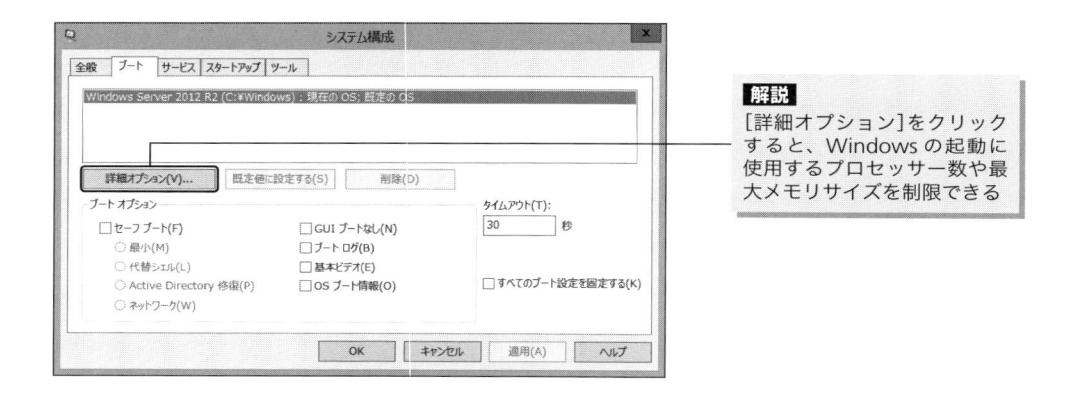

解説
[詳細オプション]をクリックすると、Windowsの起動に使用するプロセッサー数や最大メモリサイズを制限できる

[サービス]タブ

[サービス]タブでは、コンピューターに組み込まれている**サービスの一覧**を確認できます。

解説
チェックのオン、オフを切り替えることで、Windowsを起動する際のサービスの有効・無効を指定できる

解説
[Microsoftのサービスをすべて隠す]にチェックを付けると、サードパーティのアプリケーションに関するサービスのみが表示される

● [スタートアップ] タブ

[スタートアップ] タブでは、スタートアップ項目が有効な場合に、Windowsの起動時に自動的に実行されるアプリケーションの一覧の確認や、Windows起動時にアプリケーションも起動するか否かを指定できます。

● [ツール] タブ

[ツール] タブでは、診断ツールなどの**各種ツールの一覧**を確認できます。特定のツールを選択して [起動] をクリックすると、そのツールを起動できます。障害の原因を探る際に利用します。

解説 トラブルシューティングやシステムの診断に利用できるさまざまなツールを起動することができる

01-03 トラブルシューティングツールの利用

[コントロールパネル] から [トラブルシューティング] を起動すると、いくつかのトラブルシューティングツールにアクセスできます。

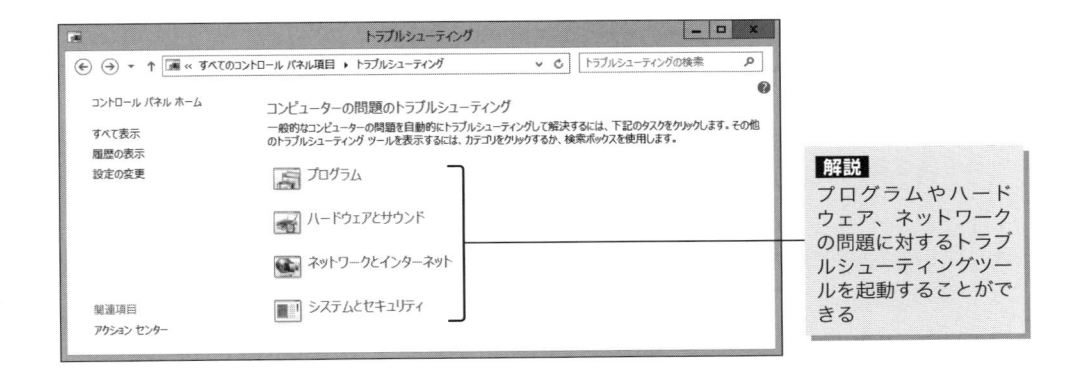

解説 プログラムやハードウェア、ネットワークの問題に対するトラブルシューティングツールを起動することができる

01-04 更新プログラムのアンインストール

　Windows UpdateやMicrosoft Updateを使用して更新プログラムを適用したことが障害の原因になっている可能性もあります。障害発生時の直前に更新プログラムを適用している場合は、該当する更新プログラムのアンインストールを検討してください。

　更新プログラムをアンインストールするには、［コントロールパネル］から［プログラムと機能］を起動して［インストールされた更新プログラムを表示］を開き、以下の手順を実行します。

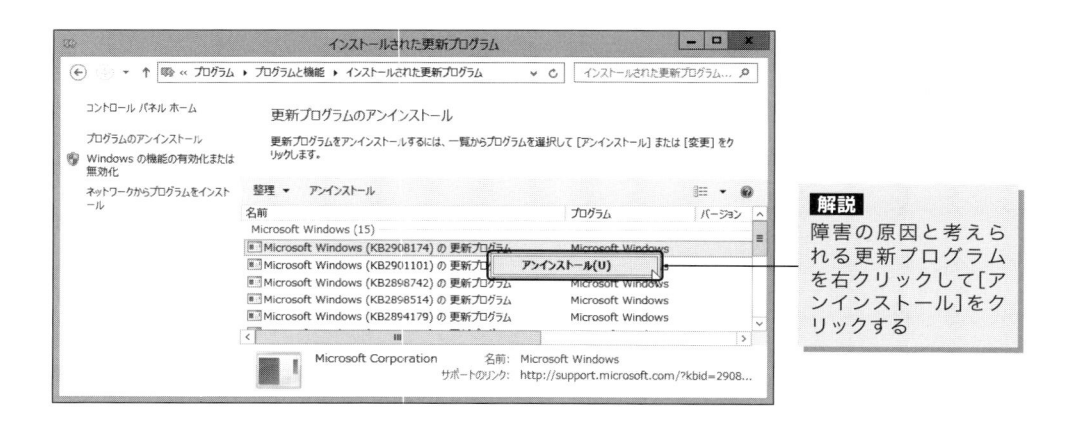

　解説：障害の原因と考えられる更新プログラムを右クリックして［アンインストール］をクリックする

　アンインストール後はコンピューターを再起動して、動作を確認します。アンインストールした更新プログラムが障害の原因であった場合は、今後その更新プログラムがインストールされないように注意してください。逆に、その更新プログラムが原因ではなかった場合は、再度インストールすることをお勧めします。

01-05 ハードディスクの診断

　ハードディスクに障害が発生した場合はCHKDSKやSFCコマンド（sfc.exe：システムファイルチェッカー）を使用して、ハードディスクの状況の確認や、修復、整合性のチェックを行います。

ディスクエラーの確認と修復

　CHKDSKを使用すると**ハードディスクのエラーや不良セクター**を修復できます。
　なお、以前のWindows Serverでは、CHKDSK実行時にシステムを長時間オフラインにする必要がありましたが、Windows Server 2012 R2コンピューターではシステムのオフライン時間を少しでも短くするようになっています。また、Windows Server 2012からは

CHKDSKの機能が大きく拡張され、可能な限り自己診断し、自己修復するようになっています。

CHKDSKによるハードディスクの診断結果は、ドライブのプロパティの［ツール］タブから［エラーチェック］の［チェック］ボタンをクリックすることで確認できます。またここで、［ドライブのスキャン］をクリックすることで手動での診断も可能です。

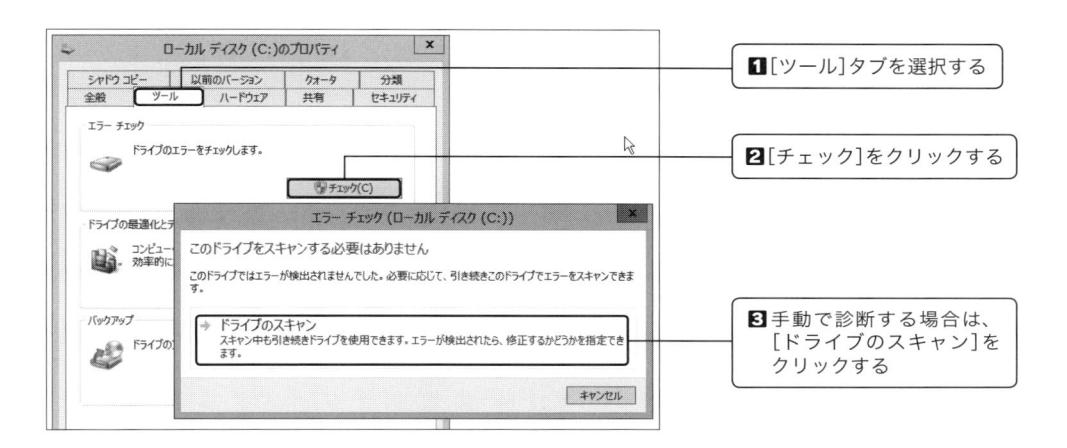

❶［ツール］タブを選択する

❷［チェック］をクリックする

❸ 手動で診断する場合は、［ドライブのスキャン］をクリックする

システムファイルの整合性のチェックと修復

SFCコマンドを使用すると、システムファイルの整合性のチェックと修復を実行できます。管理者でサインインし、コマンドプロンプトで以下のコマンドを実行します。

書　式 システムファイルの整合性のチェック

```
sfc /VERIFYONLY
```

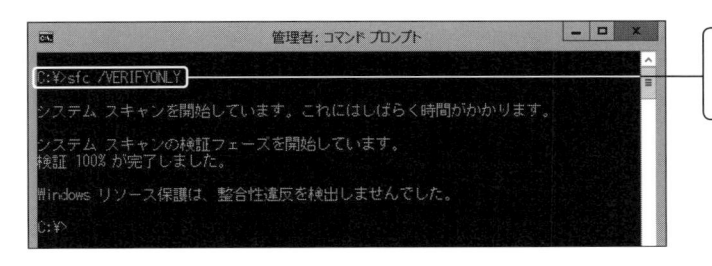

❶「/VERIFYONLY」オプションを指定して SFC コマンドを実行する

書　式 問題のあるシステムファイルの修復

```
sfc /SCANNOW
```

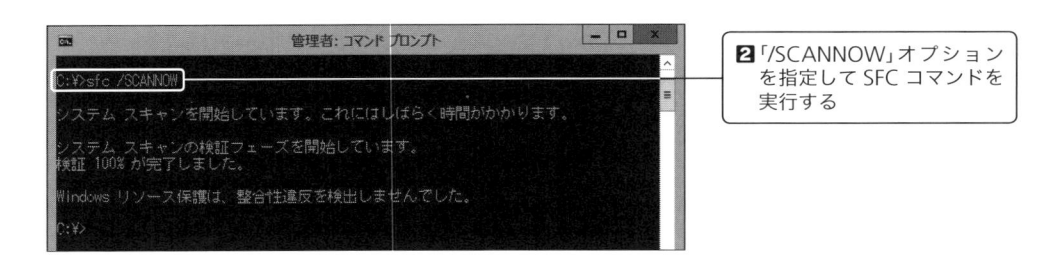

2「/SCANNOW」オプションを指定して SFC コマンドを実行する

01-06　メモリの診断

　メモリに障害が発生した場合は、**Windowsメモリ診断ツール**を使用して、メモリを診断します。Windowsメモリ診断ツールを起動するには、[スタート] メニューから [ファイル名を指定して実行] を起動して**mdsched.exe**を実行します。

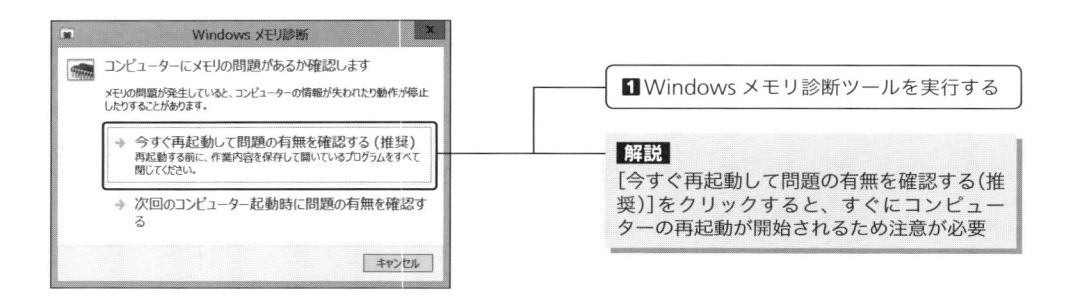

1 Windows メモリ診断ツールを実行する

解説
[今すぐ再起動して問題の有無を確認する(推奨)] をクリックすると、すぐにコンピューターの再起動が開始されるため注意が必要

■ Windows メモリ診断ツールの設定項目

項目	説明
今すぐ再起動して問題の有無を確認する（推奨）	すぐにコンピューターを再起動してメモリ診断を行う。これをクリックするとすぐに再起動するため、注意が必要
次回のコンピューター起動時に問題の有無を確認する	次回コンピューター起動時にメモリ診断を行う

　コンピューターを再起動すると、Windowsメモリ診断ツールが実行されます。診断中に [F1] キーを押すと、より詳細なテストを実行できます。
　なお、搭載しているメモリのサイズによっては診断に長時間を要することがあります。実行のタイミングには十分に注意してください。
　Windowsメモリ診断ツールの診断結果は診断後のサインイン時にバルーン表示で確認できます。また、イベントビューアーの [システム] ログで [ソース] が [MemoryDiagnostics-Results] のログを検索して確認することもできます。

解説
Windows メモリ診断ツールの診断結果はバルーン表示で確認できる

Tips	複数枚のメモリが搭載されている場合は、メモリを交互に挿してWindowsメモリ診断ツールを実行することで、不具合のあるメモリを特定できます。ただし、ハードウェアを分解する作業自体が別の障害の原因にもなり得るので、十分に注意してください。

02 Windows回復環境の利用

　Windows Server 2012 R2には「**Windows回復環境（Windows RE）**」と呼ばれる、OSを起動できない場合に利用できる回復環境が搭載されています。これを起動することで、トラブルシューティング機能の利用や、システムイメージの回復などを実行できます。

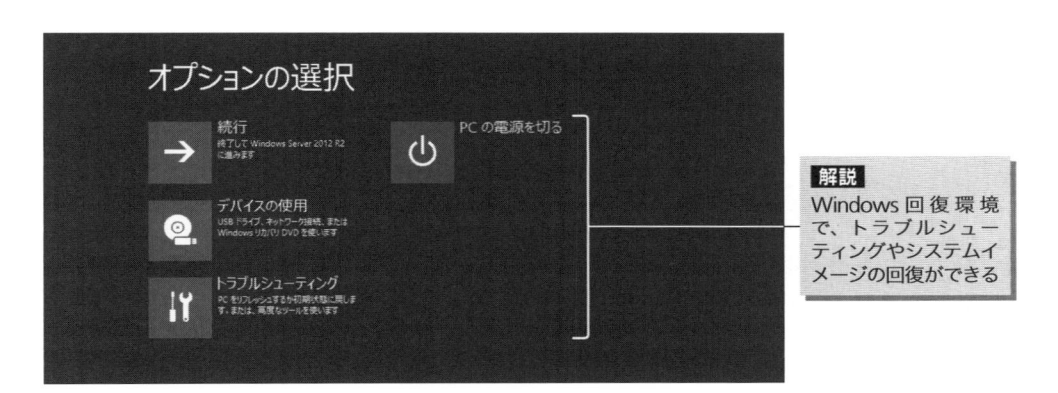

解説：Windows回復環境で、トラブルシューティングやシステムイメージの回復ができる

02-01　Windows回復環境へのアクセス方法

　Windows回復環境へアクセスする方法は、以下の通り複数種類あります。
　なお、Windowsの起動が2回失敗した場合など、自動的にWindows回復環境が起動する場合もあります。

［設定］チャームからアクセス

　管理者でサインインしている状態で、［設定］チャームの［電源］をクリックし、［Shift］キーを押しながら［再起動］をクリックして、コンピューターを再起動します。

解説：［Shift］キーを押しながら［再起動］をクリックする

SHUTDOWNコマンドを実行してアクセス

　管理者でサインインしている状態で、コマンドプロンプトで以下のパラメーターを指定してSHUTDOWNコマンドを実行して、コンピューターを再起動します。

書　式 Windows 回復環境へのアクセス

```
shutdown /r /o
```

インストールイメージからブートしてアクセス

　Windows Server 2012 R2のインストールイメージDVDなどを使用してブートすることでも、Windows回復環境へアクセスできます。

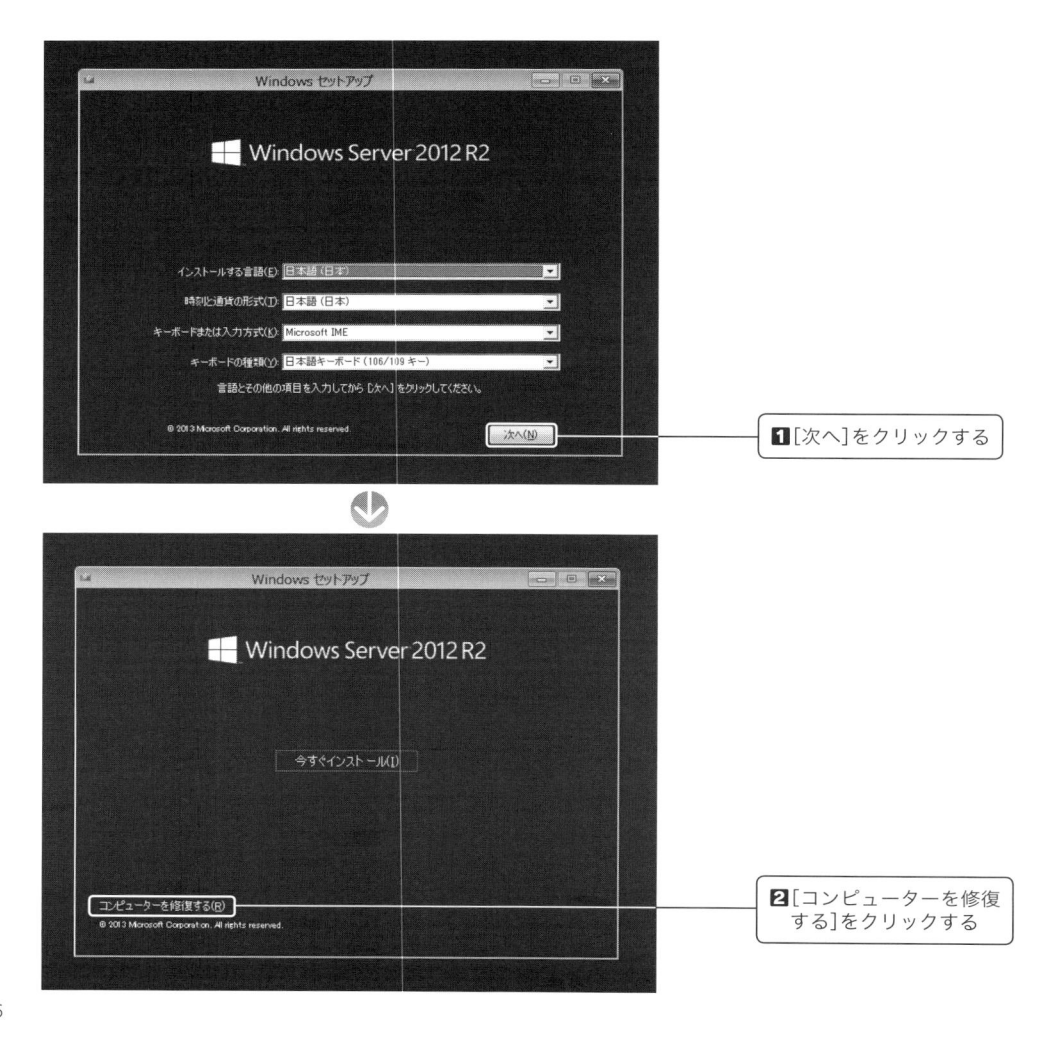

1 [次へ]をクリックする

2 [コンピューターを修復する]をクリックする

02-02　Windows回復環境の機能

　Windows回復環境には下表の機能が搭載されています。なお、これらに加えて、ハードウェアメーカーが独自のトラブルシューティングツールを組み込んでいる場合もあります。

■ Windows 回復環境の機能

機　能	説　明
続行	Windows 回復環境を終了して、Windows Server 2012 R2 を起動する
デバイスの使用	USB ドライブ、ネットワーク接続、Windows リカバリ DVD を使用する。ファームウェアが EFI の場合に利用可能
トラブルシューティング	システムイメージファイルによる復元（回復）、詳細ブートオプションの起動、コマンドプロンプトの実行などが可能
PC の電源を切る	PC の電源を切る

> **Tips** Windows回復環境（Windows RE）は**Windows PE**をベースにしています。独自のトラブルシューティングツールを組み込むことも可能です。
>
> **URL** Windows RE のカスタマイズ
> http://technet.microsoft.com/ja-jp/library/hh825125.aspx

03　詳細ブートオプションの利用

　障害によってサーバーを正常に起動できない場合は**詳細ブートオプション**（Windowsのスタートアップ設定）を使用してサーバーを通常とは異なるモードで起動します。Windows Server 2012 R2には、通常の起動方法を含めて全部で13種類の詳細ブートオプションが用意されています。

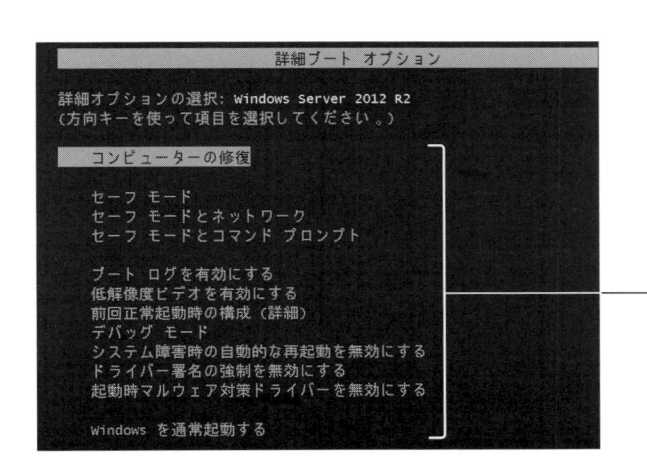

```
                    詳細ブート オプション

詳細オプションの選択: Windows Server 2012 R2
（方向キーを使って項目を選択してください 。）

    コンピューターの修復

    セーフ モード
    セーフ モードとネットワーク
    セーフ モードとコマンド プロンプト

    ブート ログを有効にする
    低解像度ビデオを有効にする
    前回正常起動時の構成（詳細）
    デバッグ モード
    システム障害時の自動的な再起動を無効にする
    ドライバー署名の強制を無効にする
    起動時マルウェア対策ドライバーを無効にする

    Windows を通常起動する
```

解説 13種類の詳細ブートオプションがある

■ 詳細ブートオプション

オプション	説　明
コンピューターの修復	スタートアップ問題の修復や、診断の実行、システム回復ツールの一覧を表示する
セーフモード	コアのドライバーとサービスのみで Windows を起動する。新しいデバイスやドライバーをインストールした後で Windows を起動できない場合に使用する
セーフモードとネットワーク	セーフモードにネットワーク機能を追加したモード
セーフモードとコマンドプロンプト	セーフモードをコマンドプロンプトのみで起動する
ブートログを有効にする	起動中に読み込むすべてのドライバーの一覧と、エラー前に読み込んだファイルを含むログ(ntbtlog.txt)を作成する。デフォルトでは「%SystemRoot%」(通常は C:¥Windows)に作成される
低解像度ビデオを有効にする	ディスプレイを低解像度で表示する。解像度の設定に失敗した場合に利用する
前回正常起動時の構成(詳細)	前回成功した起動の設定を使用して Windows を起動する。なお、「前回正常起動」とは前回ログオンを指す
ディレクトリサービス復元モード	ドメインコントローラー用のオプション。Active Directory のデータベースをメンテナンスする際に利用する
デバッグモード	「**カーネルデバッガー**」と呼ばれる機能を有効にする。サポートセンターに解析を依頼する際に利用する
システム障害時の自動的な再起動を無効にする	致命的な障害が発生した後に、Windows を自動的に再起動しないように設定する
ドライバー署名の強制を無効にする	署名のないドライバーの読み込みを許可する
起動時のマルウェア対策ドライバーを無効にする	マルウェア対策ドライバーによる評価なしでのドライバーの初期化を許可する
Windows を通常起動する	Windows を通常起動する

●前回正常起動時の構成で起動(詳細)

　Windowsは前回ログオン時のレジストリー情報を「**前回正常起動**」として記録しています。アプリケーションのインストールやドライバーのアップデートなどによってレジストリーに異常が発生してログオンすらできなくなった場合は、このモードで起動するとログオンできる可能性があります。ログオン後は問題を取り除く必要があります。

03-01　詳細ブートオプションの起動方法

　詳細ブートオプションを起動するには、Windows回復環境にアクセスして(⇒P.785)、［トラブルシューティング］をクリックし、以下の手順を実行します。

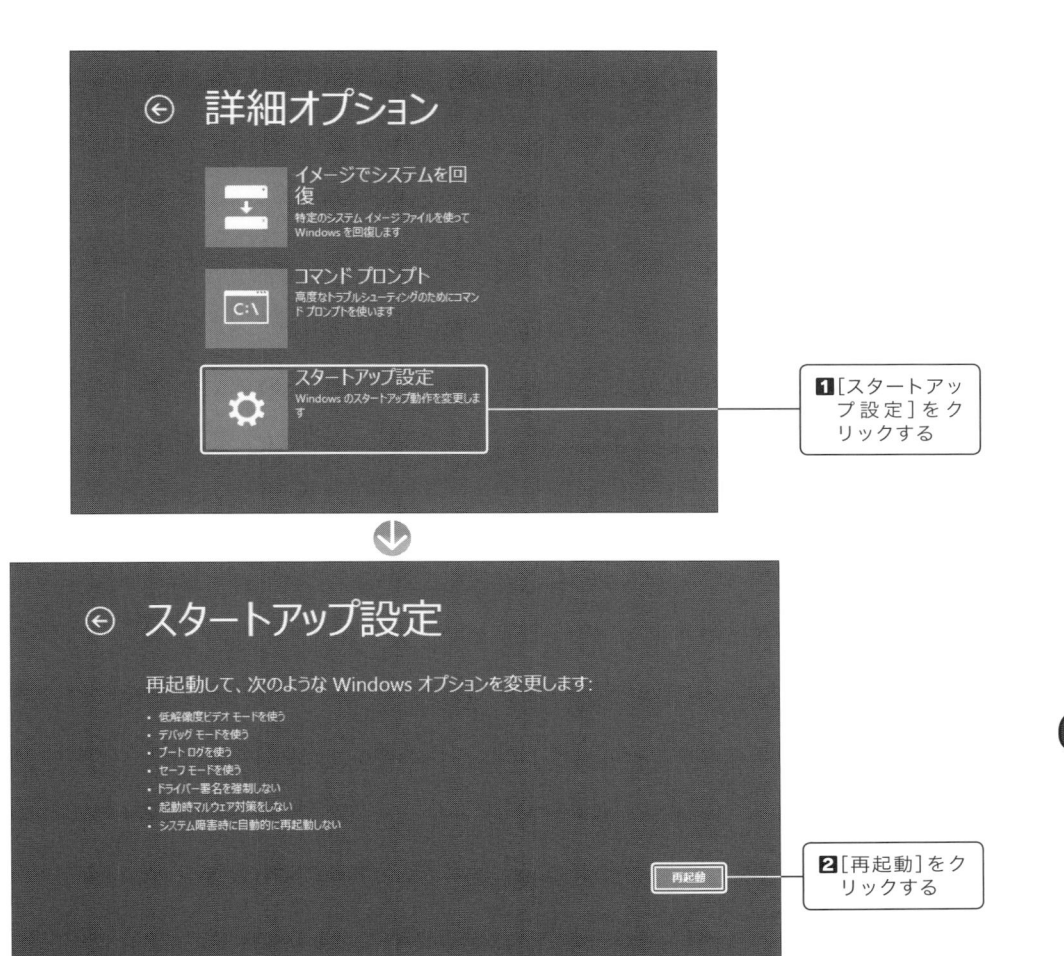

1 [スタートアップ設定]をクリックする

2 [再起動]をクリックする

| Tips | 詳細ブートオプションは、コンピューター起動時に[F8]キーを押すことでも起動できます。

●セーフモードの起動

　Windowsを正常に起動できない場合でも、セーフモードなら起動できる場合があります。詳細ブートオプションで[セーフモード]や[セーフモードとネットワーク]を選択して、[Enter]キーを押します。

　セーフモードで起動すると[Windowsのスタートアップ設定(セーフモードなど)]に関するヘルプが表示されます。

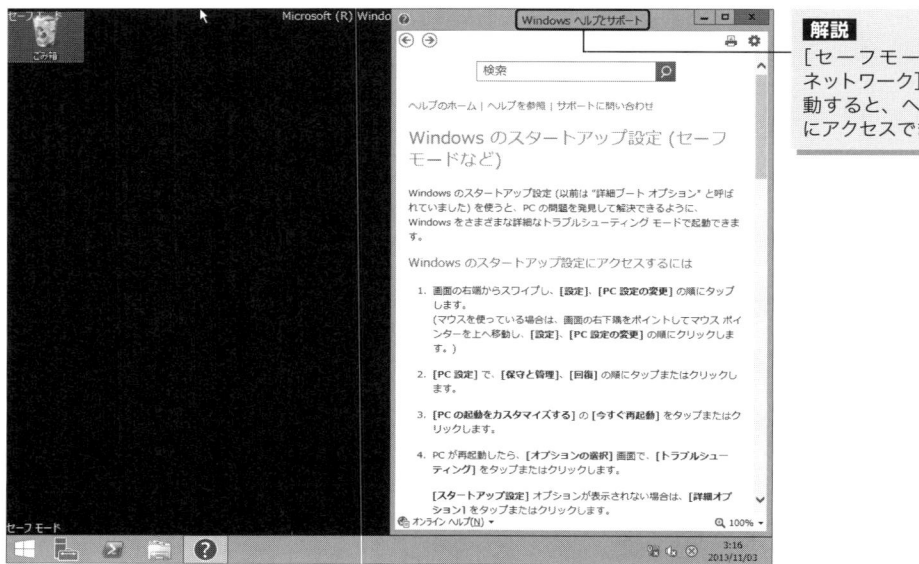

> **解説**
> ［セーフモードとネットワーク］で起動すると、ヘルプにアクセスできる

04 システムイメージファイルの回復

　致命的な障害（ハードディスクのクラッシュなど）によって、どうしてもWindowsを復旧できない場合は、最終手段として「**システムイメージファイルの回復**」の実行を検討します。なお、ハードディスクを交換する場合は、元のハードディスクと同じかそれ以上のサイズが必要になるので注意してください。また、ファームウェア（BIOS／EFI）が異なる環境に回復することはできません。

> **Tips**　バックアップデータからイメージレベルで回復するには、当然ながら、システムイメージのバックアップが必要です。そのためにもWindows Server バックアップを使用して「**ベアメタル回復**」をバックアップしておいてください。ベアメタル回復とは、新品のハードディスクなどに対して、システムをイメージレベルで回復する方法です。
> 　障害はいつ発生するか予想できないので、可能な限り短い間隔で定期的にバックアップを取得することが大切です。システムイメージのバックアップの方法については「Chapter 38 バックアップと回復」（⇒P.761）で解説しています。

04-01 システムイメージファイルの回復の実行

　バックアップデータからイメージレベルで回復するには、Windows回復環境（⇒P.785）にアクセスして［トラブルシューティング］をクリックし、次の手順を実行します。

04 システムイメージファイルの回復

■1 [イメージでシステムを回復]をクリックする

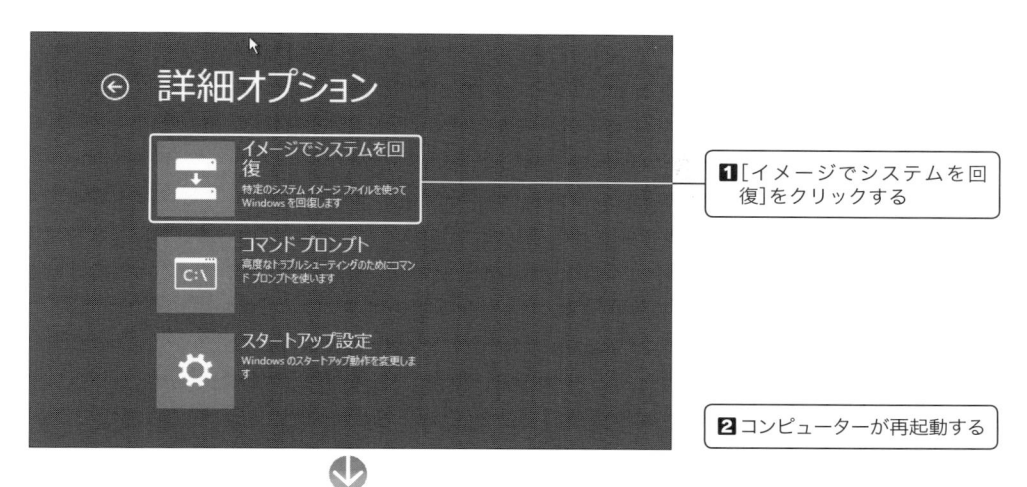

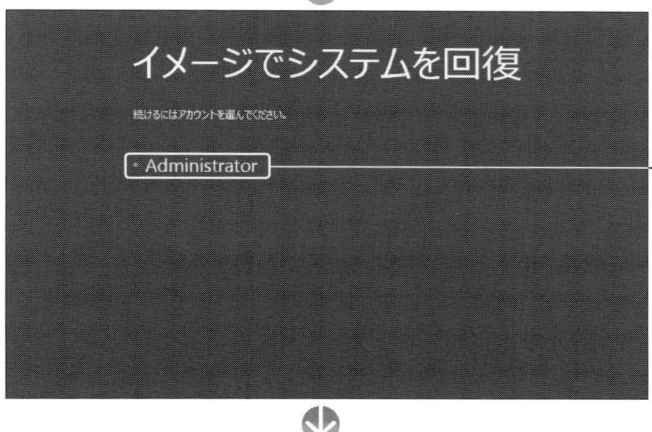

■2 コンピューターが再起動する

■3 アカウントを選択(クリック)する

■4 パスワードを入力して、[続行]をクリックする

■5 [利用可能なシステムイメージのうち最新のものを使用する(推奨)]を選択して、[次へ]をクリックする

解説
[システムイメージを選択する]を選択すると、回復するシステムイメージを選択できる

6 復元方法を選択して、[次へ]をクリックする

解説
[詳細設定]をクリックすると、復元完了時のコンピューターの自動再起動や、ディスクエラーの自動確認に関する項目を指定できる

7 [完了]をクリックするとシステムイメージの回復が開始される

解説
警告が表示された場合は、内容を確認して[はい]をクリックする

8 システムイメージの回復が完了したら、コンピューターを再起動して、正常に動作することを確認する

04-02 ネットワーク共有フォルダーからの回復

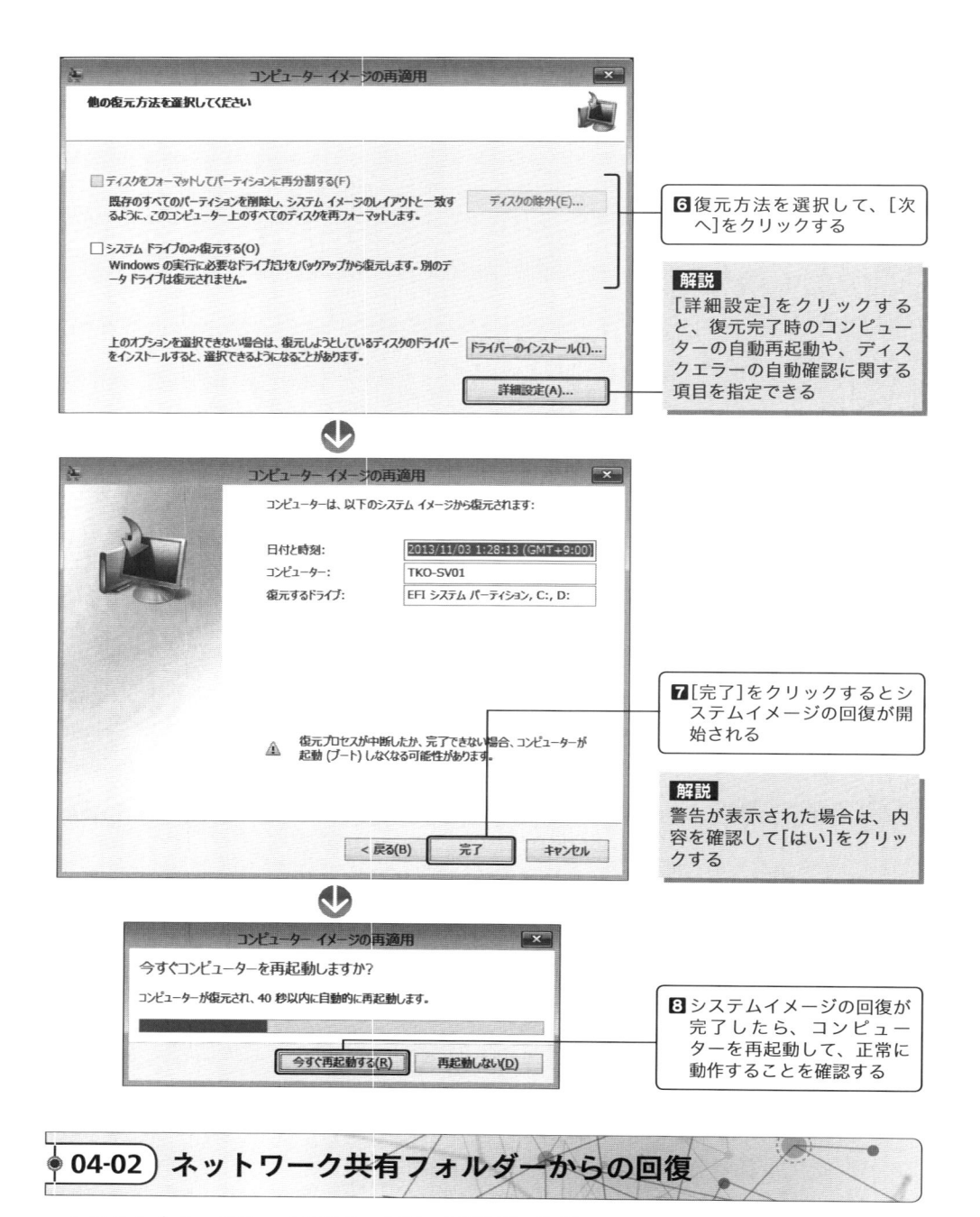

　システムイメージファイルを**ネットワーク共有フォルダー**にバックアップしていた場合には、回復時に追加の操作が必要です。
　Windows回復環境（⇒P.785）にアクセスして、[オプションの選択]から[トラブルシュー

ティング]をクリックして、以下の手順を実行します。

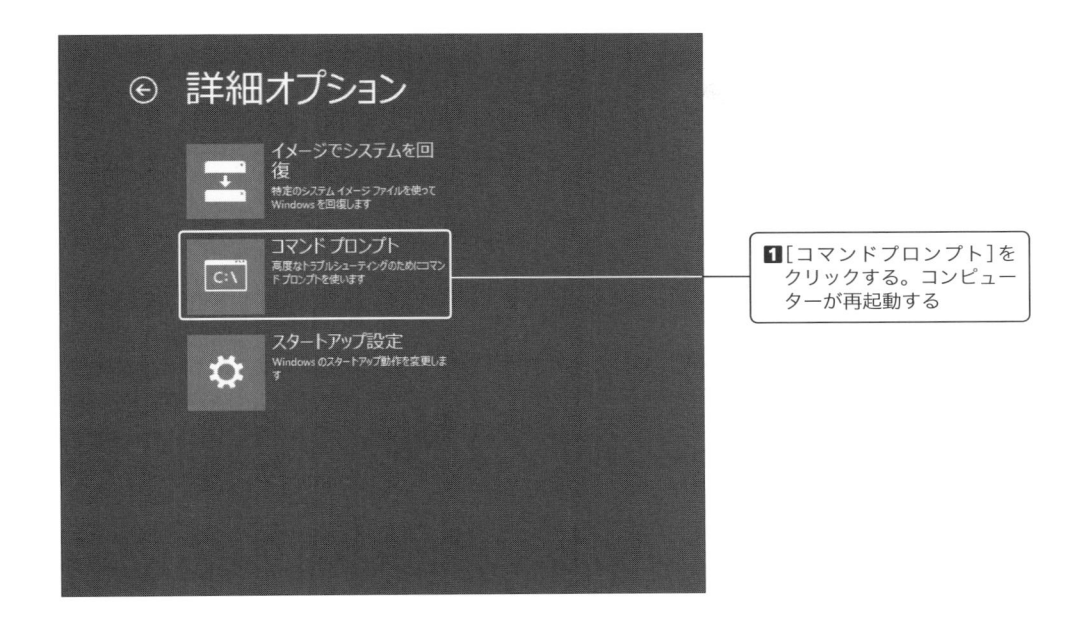

1 [コマンドプロンプト]をクリックする。コンピューターが再起動する

アカウントを指定してパスワードを入力し、サインインします。
　表示されるコマンドプロンプトでSTARTNET.CMDコマンドを実行して、ネットワーク機能を起動します。
　続いて、以下のコマンドを実行して、ネットワークインターフェースの番号を調べます。

実行例 ▶ ネットワークインターフェースの番号を確認する
```
netsh interface ipv4 show interfaces
```

　次に、IPアドレスを設定します。調べたネットワークインターフェースの番号が「3」であった場合は以下のコマンドを実行します。

実行例 ▶ IPアドレスを設定する(コマンドは1行で実行)
```
netsh interface ipv4 set address name=3
              static 10.0.1.11 255.255.255.0
```

　IPCONFIGコマンドや、PINGコマンドで、正しく設定できているかを確認してから、EXITコマンドを実行してコマンドプロンプトを閉じます。
　すると、再びWindows回復環境の[オプションの選択]が表示されます。[トラブルシューティング]→[イメージでシステムを回復]をクリックして、次の手順を実行します。

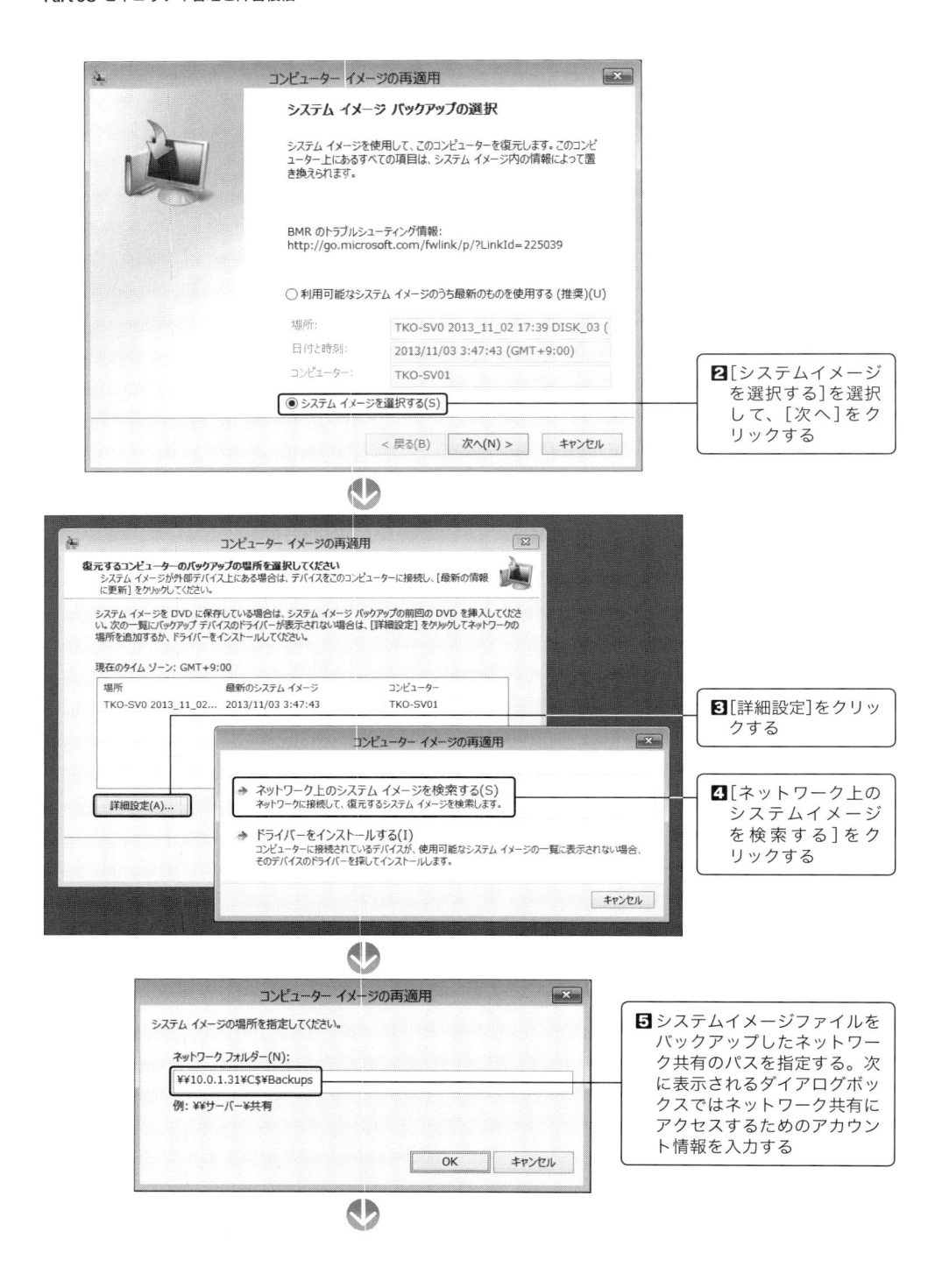

Part 08 セキュリティ管理と障害復旧

2 [システムイメージを選択する]を選択して、[次へ]をクリックする

3 [詳細設定]をクリックする

4 [ネットワーク上のシステムイメージを検索する]をクリックする

5 システムイメージファイルをバックアップしたネットワーク共有のパスを指定する。次に表示されるダイアログボックスではネットワーク共有にアクセスするためのアカウント情報を入力する

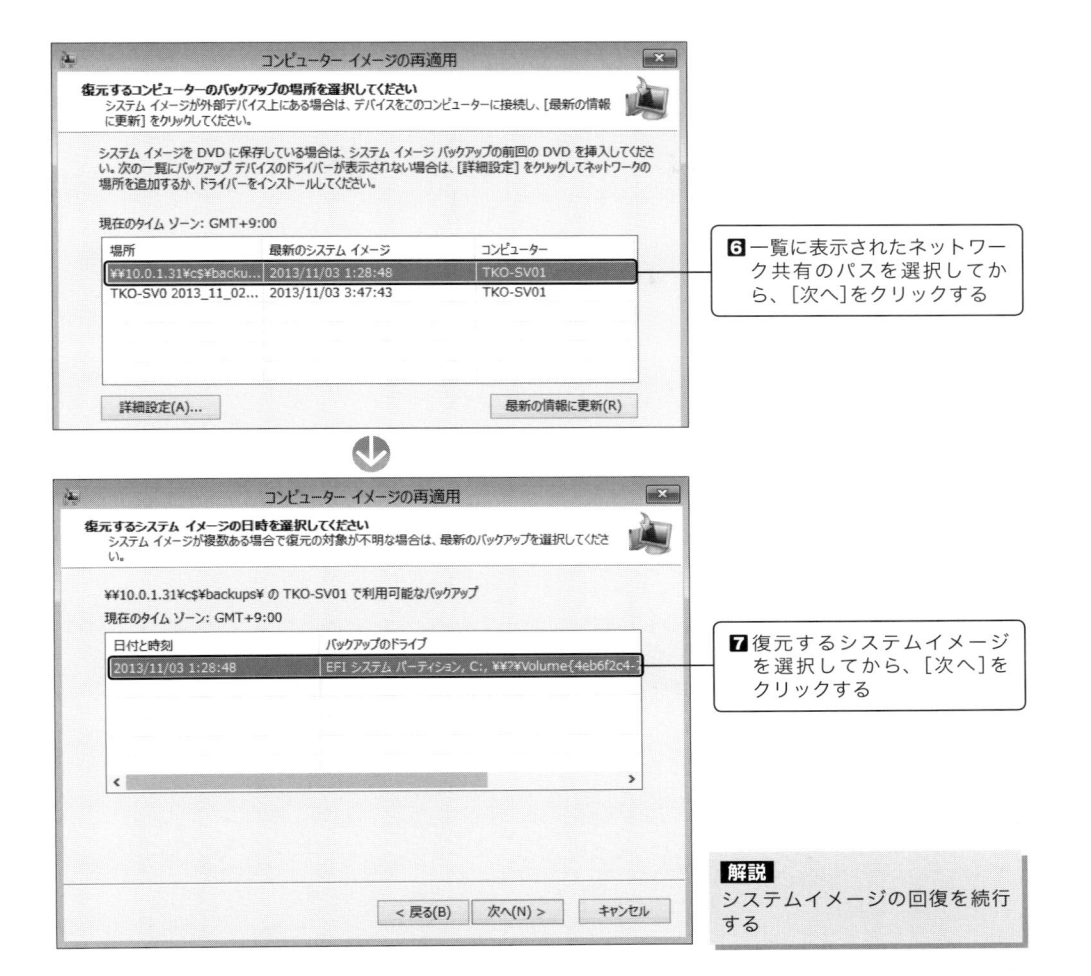

04 システムイメージファイルの回復

6 一覧に表示されたネットワーク共有のパスを選択してから、[次へ]をクリックする

7 復元するシステムイメージを選択してから、[次へ]をクリックする

解説
システムイメージの回復を続行する

INDEX

2 要素間認証 ·· 671, 677
6to4 ··· 674
802.1x 強制 ·· 648

A

A、または AAAA（ホスト）レコード ····················· 498
ABE（Access-Based Enumeratin）····················· 545
ACL（Access Control List）······························ 585
Active Directory Rights Management サービス ········ 133
Active Directory 証明書サービス ············· 133, 344
Active Directory 統合ゾーン······························ 481
Active Directory ドメインサービス ········· 133, 154, 176
Active Directory の概要 ···································· 130
Active Directory の監査 ···································· 169
Active Directory の管理ツール ·························· 152
Active Directory のごみ箱機能 ············· 141, 171, 330
Active Directory の削除 ······················· 176, 183
Active Directory のバックアップ ························ 319
Active Directory フェデレーションサービス ········ 133
Active Directory ベースの GPO ························ 245
Active Directory ライトウエイトディレクトリサービス
··· 133
AD BA·· 132
AD CS ·· 133, 344
AD DS·· 133
AD FS ·· 132, 133, 149
AD LDS·· 133, 311
AD RMS·· 97, 133
ADBA··· 36
Add-NetLbfoTeamNic コマンドレット ················· 113
Add-VMNetworkAdapter コマンドレット ············ 434
ADMX／ADM ··· 263
adprep コマンド ······································· 203, 336

ADSI エディター ··································· 152, 338
Anywhere Access 機能 ···································· 454
APIPA（Automatic Private IP Addressing）········ 518
ASP.NET 偽装 ··· 622
Authoritative Restore ······································· 323
AVAM 機能·· 37
Azure Backup ··· 776

B

Backup-WebConfiguration コマンドレット ············ 619
BIND ·· 480
BIOS ファームウェア······································· 390
BitLocker·· 97
BPA（Best Practice Analyzer）························· 175
BranchCache··· 457, 545
BYOD··· 27

C

CA（Certification Authority）··············· 344, 369, 370
CAL（Client Access License）···················· 30, 32
CAU（Cluster-Aware Updating）······················ 726
Certreq コマンド ·· 370
certsrv ·· 353
Certutil コマンド ·· 370
CHAP·· 275, 608
CHKDSK··· 782
Clonerable Domain Controllers グループ ··············· 312
CNO（クラスター名オブジェクト）····················· 708
CONVERT コマンド ·· 90
CRL（Certificate Revocation List）····················· 367
CRL 配布ポイント ·· 367
CSR（Certificate Signing Request）·················· 361
CSV（Cluster Shared Volumes）··············· 93, 433

INDEX

D

- DAC (Dynamic Access Control) ... 585
- DC (Domain Controller) ... 134
- DCCloneConfig.xml ... 314
- DcGPOFix.exe ... 246
- DDPEval.exe ... 94
- Default Domain Controllers Policy ... 246, 270
- Default Domain Policy ... 246, 270
- Default-First-Site-Name ... 190
- DEFAULTIPSITELINK ... 197
- Deleted Objects ... 320
- Delta CRL ... 367
- Deploy Hyper-V Replica ... 408
- Desktop-Experience ... 633
- DFS (Distributed File System) ... 578
- DFS-R (DFS Replication) ... 315, 583
- DFSRMIG コマンド ... 315
- DFS 名前空間の構築 ... 580
- DFS レプリケーション ... 583
- DHCPv6 ... 520
- DHCP オプション ... 519, 529
- DHCP 強制 ... 648
- DHCP サーバー ... 517, 521
- DHCP サービス監査ログ ... 526
- DHCP 承認メッセージ ... 518
- DHCP データベースのバックアップ ... 535
- DHCP の確認 ... 525
- DHCP フェールオーバー ... 536
- DirectAccess 機能 ... 27, 670
- Disaster Recovery ... 406
- Disk2vhd ... 396
- Djoin.exe コマンド ... 173
- DNSSEC ... 488
- DNS キャッシュの汚染 ... 488
- DNS クライアント (リゾルバ) ... 513
- DNS サーバー ... 146, 480
- DNS ゾーン ... 491
- DNS マネージャー ... 485
- DRS (Device Registration Service) ... 132, 149
- DR 対策 ... 406
- DSADD コマンド ... 224, 244
- DSGET コマンド ... 244
- DSMGMT コマンド ... 212
- DSMOD コマンド ... 244
- DSMOVE コマンド ... 244
- DSQUERY コマンド ... 244
- DSRM コマンド ... 224, 244, 324
- Dynamic Witness ... 705

E

- EC (Enforcement Client) ... 645
- EFI ファームウェア ... 390
- EFS ... 97, 393
- enforcement ID ... 663
- Enterprise Admins グループ ... 332
- Essentials エクスペリエンス ... 452
- ETW (Event Tracing for Windows) ... 613, 621
- EVTX 形式 ... 639

F

- FAT ... 89
- FAX サーバー ... 373
- FC-SAN ... 603
- Feature Packs ... 463
- ForeignSecurityPrincipals ... 215
- FQDN (Fully Qualified Domain Name) ... 480
- FRS (File Replication Service) ... 315
- FSMO ロール ... 145
- FTP サーバー ... 627

G

- GC (Global Catalog) ... 144
- Get-ADDCCloningExcludedApplicationList コマンドレット ... 313
- Get-ADDomain コマンドレット ... 301
- Get-ADForest コマンドレット ... 301
- Get-ADObject コマンドレット ... 320
- Get-ADUser コマンドレット ... 243
- Get-Command コマンドレット ... 58
- Get-DedupJob コマンドレット ... 96
- Get-DedupStatus コマンドレット ... 96
- Get-DnsClientCache コマンドレット ... 516
- Get-DnsClientServerAddress コマンドレット ... 516
- Get-Help コマンドレット ... 58
- Get-NetIPAddress コマンドレット ... 58
- Get-WBPolicy コマンドレット ... 776
- Get-WindowsFeature コマンドレット ... 640

INDEX

Global Resource Property List ······ 593
GlobalNames ゾーン ······ 510
gMSA (group Managed Service Accounts) ······ 240
GPMC ······ 247
GPO (Group Policy Object) ······ 245, 254, 258
gpresult コマンド ······ 267
GPT (GUID Partition Table) ······ 67, 88
gpupdate コマンド ······ 267, 471

H

HBA ······ 707
HRA (Health Registration Authority) ······ 648
Hyper-V Server 2012 R2 ······ 376
Hyper-V ゲストクラスター ······ 444
Hyper-V の概要 ······ 372
Hyper-V の構築 ······ 381
Hyper-V ポート ······ 110
Hyper-V ホストクラスター環境 ······ 417, 432
Hyper-V マネージャー ······ 384
Hyper-V レプリカ ······ 375, 406
Hyper-V レプリカの監視 ······ 418

I

IAS/NPS ······ 275
ICACLS コマンド ······ 554
IdP (Identity Provider) ······ 130
IGMP マルチキャスト ······ 692
IIS (Internet Information Services) ······ 612
IIS マネージャー ······ 615
inetOrgPerson ······ 140
INF ファイル ······ 265
INI ファイル ······ 265
Install-WindowsFeature コマンドレット ······ 623, 639
IPAM (IP アドレス管理) ······ 541
IPCONFIG コマンド ······ 104, 515
IP-HTTPS ······ 674
IP-SAN ······ 603
IPSec 強制 ······ 648
IPv4 逆引き参照ゾーン ······ 160
IPv4 スコープの設定変更 ······ 526
IPv6 移行テクノロジ ······ 674
IPv6 逆引き参照ゾーン ······ 160
IQN (iSCSI Qualified Name) ······ 607
iSCSI ······ 602

iSCSI イニシエーター ······ 603, 609
iSCSI ターゲット ······ 603
isDeleted 属性 ······ 320

J

JPNIC ······ 99

K

KCC (知識整合性チェッカー) ······ 139, 198
kdssvc.dll ······ 240
KDS ルートキー ······ 240
Kerberos 制御 ······ 140
Kerberos 認証 ······ 408, 588
Kerberos プロキシ ······ 677
KMS ホスト ······ 36

L

LACP ······ 109
lastLogonTimestamp ······ 140
LBFO (Load Balancing and Failover) ······ 108
LDAP ······ 130
Linux Integration Service ······ 380
LIS ······ 380
LUN (Logical Unit Number) ······ 602

M

MAC アドレスの範囲 ······ 388
MAC アドレスのフィルター機能 ······ 519
Managed Service Accounts ······ 215
Master Root Keys コンテナー ······ 241
MBR (Master Boot Record) ······ 67, 88
MBSA (Microsoft Baseline Security Analyzer) ······ 747
MCLT (Maximum Client Lead Time) ······ 539
mdsched.exe ······ 784
Microsoft Azure ······ 27
Microsoft Azure Site Recovery ······ 424
Microsoft Online Services ······ 454
Microsoft Report Viewer ······ 463
Microsoft Update ······ 746
Microsoft キー配布サービス ······ 240
Microsoft マルチパス I/O ······ 708
MMC (Microsoft 管理コンソール) ······ 355, 633
MSA (Managed Service Accounts) ······ 240
msconfig.exe ······ 324, 779

INDEX

ms-DS-MachineAccountQuota 属性 ············· 238
MVMC（Microsoft Virtual Machine Converter）········ 396

N

NAP DHCP の構築 ································· 650
NAP DHCP の動作確認 ··························· 664
NAP（Network Access Protection）············· 643
NAP クライアント ································· 645
NAP クライアントの設定（手動）················ 663
NAP 正常性ポリシーの定義 ······················ 654
NAP の強制オプション ··························· 648
NAS（Network Attached Storage）·············· 602
NAT（Network Address Translation）············ 100
NET LOCALGROUP コマンド ·················· 128
NET USER コマンド ······························ 128
NetBIOS 名 ································· 137, 484
netdom query fsmo コマンド ··················· 309
netsh コマンド ····································· 638
Network Location Awareness サービス ········ 749
Network Service ··································· 239
New-ADOrganizationalUnit コマンドレット ···· 224
New-ADServiceAccount コマンドレット ······· 241
New-ADUser コマンドレット ···················· 243
New-NetFirewallRule コマンドレット ··········· 752
New-NetIPAddress コマンドレット ············· 102
NFS 共有 ·· 545
NIC チーミング ······························ 107, 388
NLB（Network Load Balancing）········· 401, 690
NLS（Network Location Server）········· 673, 676
NS（ネームサーバー）レコード ·················· 498
NSLOOKUP コマンド ······················ 107, 513
NTDS Settings ···································· 199
NTDSUTIL コマンド ················ 183, 308, 328
NTFS ··· 89
NTFS アクセス許可 ······························ 549
NTFS アクセス権 ································· 281
NTFS 圧縮 ··· 91
NTFS ディスククォータ ···················· 557, 576
NTP サーバー ····································· 147
NUMA ·· 385, 400

O

objectVersion 属性 ································ 340
OneDrive ··· 248

On-Premises ·· 27
OU（組織単位）······························· 148, 214
OU の移動 ··· 219
OU の削除 ··· 220
OU の作成 ··· 218

P

P2V（Phisical to Virtual）························ 396
PDC エミュレーター ···················· 146, 163, 306
PING コマンド ···································· 104
PKI 環境 ·· 344
Primordial ·· 77
Protected Users グループ ······················· 140
PSO（Password Settings Container）·········· 277
PTR（ポインター）レコード ················ 499, 527

Q

QoS サポート ······································ 376

R

RAID ··· 63
RDS CAL ·· 35
RD ゲートウェイ ·································· 644
REDIRCMP コマンド ····························· 239
REDIRUSR コマンド ····························· 239
ReFS ··· 89
Register-DnsClient コマンドレット ············· 516
regsvr32 ·· 301
Remote Desktop Gateway ······················ 644
Remote FX ·· 377
Remove-ADOrganizationalUnit コマンドレット ······ 224
Remove-ADUser コマンドレット ··············· 243
Resolve-DnsName コマンドレット ············· 516
Restart-Service ····································· 58
Restore-WebConfiguration コマンドレット ···· 619
RID マスター ································ 146, 306
Rights Management サービス CAL ············ 35
RMS CAL ·· 35
ROBOCOPY コマンド ··························· 544
RODC ·· 144, 200
RODC で除外される属性セット ················· 201
RODC の削除 ····································· 212
ROUTE コマンド ·································· 105
RPC-EPMAP ······································ 268

INDEX

RRAS ... 672
RSoP ... 261
RSTAT ... 247

S

SAN (Storage Area Network) ... 602
SAS (Serial Attached SCSI) ... 63
schmmgmt.dll ... 301
SCONFIG ユーティリティ ... 636
SCVMM ... 444
SCW (Security Configuration Wizard) ... 754
Server Core ... 632
Service Packs ... 463
Set-ADDomainMode コマンドレット ... 300
Set-ADForestmMode コマンドレット ... 300
Set-ADUser コマンドレット ... 243
Set-DnsClientServerAddress コマンドレット ... 102
Set-NetFirewallProfile コマンドレット ... 754
Set-PhysicalDisk コマンドレット ... 79
Set-VMNetworkAdapter コマンドレット ... 435
SFC コマンド ... 782
SHA (System Health Agent) ... 645
Show-Command ... 58
SHUTDOWN コマンド ... 786
SHV (System Health Validator) ... 646
SID ... 119
SkyDrive ... 248
SMB (Server Message Block) ... 545, 584
SMB3.0 ... 375
SOA (Start of Authority) レコード ... 496
SoH ... 645
SPF (Sender Policy Framework) ... 502
SR-IOV ... 375, 401
Start-DedupJob コマンドレット ... 96
Sysprep ... 60
System Center 2012 R2, 29
SYSVOL ... 251, 315
SYSVOL_DFSR フォルダー ... 317

T

Teredo ... 674
Text (TXT) レコード ... 502
Tombstone ... 320
TRACERT コマンド ... 107

TTL ... 503

U

UAC ... 116
UEFI ファームウェア ... 375
UNC (Universal Naming Convention) ... 554
Uninstall-WindowsFeature コマンドレット ... 641
URL 承認機能 ... 623
userPassword 属性 ... 140
USN (Update Sequence Number) ... 324

V

V2V (Virtual to Virtual) ... 396
VCO (仮想コンピューターオブジェクト) ... 708
VDI ... 24, 291
VHDX ... 375, 390
VHD ... 70, 72, 603
VLAN ... 401, 434
VLAN (NIC チーミング) ... 112
VMBus ... 383
VM-GenerationID ... 132, 311
VPN (Virtual Private Network) ... 649, 670
VSP ... 383
VSS (Volume Shadow Copy Service) ... 755, 761
VSS 完全バックアップ ... 765
VSS コピーバックアップ ... 765

W

w32tm コマンド ... 163
WBADMIN コマンド ... 775
Web アプリケーションプロキシ機能 ... 27
Web サーバー ... 612
wevtutil コマンド ... 638
WID (Windows Internal Database) ... 464
Windows Intune ... 454
Windows PowerShell ... 25, 57
Windows Search サービス ... 575
Windows Server Essentials エクスペリエンス ... 452
Windows Server 移行ツール ... 544
Windows Server バックアップ ... 761
Windows Server フェールオーバークラスター ... 520
Windows Sysinternals ... 396, 744
Windows Time サービス ... 163
Windows To Go ... 671

INDEX

Windows Update ································· 49
Windows インストーラーパッケージ形式 ········· 280
Windows 回復環境 ······························· 785
Windows 認証 ···································· 622
Windows の設定(GPO) ························· 265
Windows ファイアウォール ·········· 278, 413, 747
Windows メモリ診断ツール ····················· 784
WINS サーバー ··································· 481
Witness ··· 705
WMI 受信 ··· 268
WMI フィルター ································· 259
Workplace Join 環境 ···························· 149
WSHA／WSHV ·································· 646
WSUS ································· 131, 462, 464

あ行

アカウント ································· 225, 237
アカウントロックアウトポリシー ··············· 276
アクセス許可の設定 ······························· 548
アクセスパス ······································· 89
アクティブスクリーン処理 ······················· 560
アクティブパーティション ························ 66
アフィニティ ····································· 694
アロケーションユニットサイズ ··················· 85
暗号化機能 ··· 97
暗号化ファイルシステム ························· 393
移動ユーザープロファイル ······················· 295
委任状況 ·· 222
イベントトレースデータ ························· 742
イベントビューアーのログ ······················· 778
イベントログの監視 ······························· 638
インターネット認証サービス ····················· 275
インフラストラクチャマスター ·········· 146, 306
インプレースアップグレード ····················· 336
ウィルス対策ソフトウェア ······················· 643
エイリアス(CNAME)レコード ·················· 500
エージング ································· 483, 511
エクスターナルコネクタライセンス ··············· 35
エッジデバイス ··································· 676
エンタープライズ CA ···························· 345
オブジェクトアクセスの監査 ····················· 557
オフラインドメイン参加 ························· 671
親ドメイン ······································· 134
親パーティション ································· 383

オンデマンド機能 ································· 641
オンラインバックアップ機能 ······················ 27
オンラインレスポンダー ························· 344

か行

カーネルデバッガー ······························· 788
下位 CA ·· 345
外部管理(Manage-Out) ························· 671
回復(リストア) ·································· 755
回復証明書 ·· 97
回復ポイント ····································· 408
外部ユーザー ······································ 35
隠し共有 ·· 554
拡張セッションモード ···················· 376, 397
拡張パーティション ································ 67
仮想 MAC アドレス ······························ 695
仮想 NUMA ······································· 375
仮想化アシスト機能 ······························· 381
仮想化のメリット ································· 372
仮想スイッチ ····································· 386
仮想ディレクトリ機能 ···························· 618
仮想デスクトップインフラストラクチャ ······ 24, 291
仮想ネットワーク ································· 387
仮想ハードディスク ···················· 70, 393, 603
仮想ファイバーチャネル ························· 375
仮想マシン ······················· 372, 400, 442
仮想マシンのインポート／エクスポート ········ 404
監査機能(ダイナミックアクセス制御) ·········· 598
監査機能(ファイルサーバー) ···················· 554
完全修飾ドメイン名 ······················ 480, 499
管理者の委任(RODC) ··························· 211
管理用テンプレートファイル ····················· 263
記憶域階層機能 ································ 26, 75
記憶域スペース ···································· 73
記憶域プール機能 ······························ 26, 73
記憶域レポート機能 ······························· 573
規則の追加 ······································· 750
機能ビュー(IIS) ·································· 615
機能レベル ································· 138, 298
きめ細かなパスワードポリシー ·················· 277
逆引き参照ゾーン ···························· 159, 483
キャッシュサーバー ······························· 481
境界ゾーン ······································· 644
強制オプション ··································· 648

801

INDEX

強制サーバー························· 645
強制トンネリング······················ 671
強制ポイント···················· 644, 646
共有 VHDX························ 25, 445
共有仮想ハードディスク·················· 375
共有フォルダーアクセス許可············· 548
共有フォルダーアクセス権··············· 281
共有フォルダーの作成··············· 292, 544
共有フォルダーのドライブマップ·········· 290
クイックマイグレーション··············· 444
クォータテンプレート··················· 557
クォータ······················· 543, 557
クォーラム（Quorum）·················· 705
クラウドアカウント····················· 461
クラス（更新プログラム）················ 463
クラスター IP アドレス················· 695
クラスターイベント···················· 727
クラスター化されたファイルサーバー······· 717
クラスター化された役割················· 706
クラスターシェアードボリューム··········· 93
クラスター操作モード··················· 692
クラスター対応更新機能················· 726
クラスターの共有ボリューム·············· 433
グラフィック管理ツール················· 633
クリーンインストール····················· 40
グループアカウント····················· 225
グループのスコープ····················· 234
グループポリシー··············· 131, 149, 245
グループポリシーインフラストラクチャ···· 251
グループポリシー管理コンソール·········· 247
グループポリシーコンテナー············· 251
グループポリシーテンプレート··········· 251
グループポリシーの結果機能············· 261
グループポリシーの更新············ 267, 269
グループポリシーのモデル作成機能······· 261
グローバル IP アドレス·················· 99
グローバルカタログ··············· 144, 310
グローバル状態························ 315
グローバルネットワーク設定············· 388
クローン機能··························· 310
計画フェールオーバー機能··············· 418
継承のブロック························ 256
ゲスト OS························ 372, 394
検疫システム·························· 643

権限のある復元···················· 323, 328
権限のない復元···················· 323, 326
権限付与······························· 116
厳密な RFC（ANSI）···················· 488
公開キー基盤··························· 344
更新シーケンス番号····················· 324
更新ビュー····························· 474
更新プログラム················· 49, 462, 745
更新プログラムのアンインストール········ 782
構成管理データベース···················· 30
構成バックアップ（IIS）················· 619
高速転送形式··························· 488
コールドデータ·························· 75
コスト··························· 197, 198
固定 IP の設定······················· 100
固定プロビジョニング····················· 74
子ドメイン···························· 134
コネクターソフトウェア················· 458
子パーティション······················ 383
ごみ箱機能······················· 141, 330
コンテナー···························· 246
コンテンツサーバー···················· 480
コンテンツビュー（IIS）················· 615
コントロールパネルの設定（GPO）········ 266
コンピューターアカウント·········· 225, 234
コンピューター名の設定·················· 45
コンピューター用 GPO·················· 258

さ行

サーバーオプション··············· 487, 519
サーバーコンポーネント·················· 51
サーバーマネージャー················ 56, 733
サーバーライセンス······················ 30
サーバーレベルのフォワーダー··········· 163
サービスアカウント···················· 239
サービスロケーション（SRV）レコード··· 481, 501
再帰クエリー·························· 482
最小サーバーインターフェイス··········· 633
最大リードタイム······················ 539
再展開（パッケージ）··················· 289
サイト···························· 142, 190
サイトリンク·························· 191
サブドメイン················ 483, 508, 509
サブネット···························· 194

INDEX

差分仮想ディスク ……………………………… 390
参照先 DNS の変更 …………………………… 167
資格情報のキャッシュ設定 …………………… 206
資格情報の事前キャッシュ …………………… 209
死活監視 ………………………………………… 691
自己更新モード ………………………………… 726
システムイメージファイル …………………… 790
システム構成情報 ……………………………… 742
システム構成ユーティリティ ………………… 779
システム準備ツール ……………………………… 60
システム状態 …………………………………… 321
システムパーティション ……………………… 66
システムファイルチェッカー ………………… 782
システム要件 ……………………………………… 38
自動開始アクション …………………………… 441
自動更新の構成 ………………………………… 470
自動更新の設定 …………………………………… 49
自動修復（NAP） ………………………… 644, 667
自動承認（更新プログラム） ………………… 477
自動登録機能（証明書） ……………………… 352
自動フェールオーバー ………………………… 424
シャドウコピー …………………………… 575, 755
修正プログラム集 ……………………………… 463
修復サーバー ……………………………… 644, 646
集約型アクセス規則 ……………………… 585, 593
集約型アクセスポリシー ………………… 585, 596
受信の規則 ……………………………………… 749
障害復旧 ………………………………………… 777
条件付きフォワーダー ………… 163, 482, 490
詳細展開オプション …………………………… 287
詳細ブートオプション ………………………… 787
状態ステートメント …………………………… 645
冗長化 ……………………………………………… 63
証明機関 …………………………………… 344, 359
証明書テンプレート …………………………… 346
証明書の自動登録機能 ………………………… 352
証明書ベース認証 ……………………………… 408
除外ファイル …………………………………… 313
初期レプリケーション方式 …………………… 409
シングルサインオン …………………………… 131
シングルドメイン ……………………………… 135
シングルフォレスト …………………………… 135
シングルルート I/O 仮想化 …………………… 401
深刻度評価定義 ………………………………… 745

シンプルボリューム …………………………… 68
シンプロビジョニング ………………………… 74
信頼関係 ………………………………………… 137
スキーマ拡張 …………………………………… 203
スキーマ情報 …………………………………… 141
スキーマの確認 ………………………………… 338
スキーママスター ………………… 146, 301, 303
スケールアウトファイルサーバー …… 445, 717
スケジュールバックアップ …………………… 767
スコープ …………………………………… 518, 519
スターター GPO ……………………………… 248
スタートパッド ………………………………… 460
スタティックルート …………………………… 106
スタブゾーン ……………………………… 482, 510
スタンドアロン CA …………………………… 345
スタンバイアダプター ………………………… 110
ステートフルモード …………………………… 520
ステートレスアプリケーション ……………… 692
ステートレスモード …………………………… 520
ストライピング ………………………………… 63
ストライプボリューム ………………………… 68
ストレージ ……………………………………… 62
ストレージエリアネットワーク ……………… 602
スナップショット ……………………………… 333
スパンボリューム ……………………………… 68
正常性エージェント …………………………… 646
正常性検証ツール ……………………………… 646
正常性登録機関 ………………………………… 648
正常性ポリシー ………………………………… 647
清掃 ………………………………………… 483, 511
静的 IP アドレス ……………………………… 484
静的チーミング ………………………………… 109
制約付き委任 ……………………………… 140, 428
セカンダリゾーン ………………………… 482, 504
セキュアゾーン ………………………………… 644
セキュアチャネル ……………………………… 320
セキュアブート ………………………………… 390
セキュリティ管理 ……………………………… 745
セキュリティグループ ………………………… 542
セキュリティの構成ウィザード（SCW） … 754
セキュリティフィルター ………………… 258, 597
接続要求ポリシー ……………………………… 647
セントラルサイト ……………………………… 200
前方参照ゾーン …………………………… 482, 491

803

INDEX

操作マスター 145, 301
送信の規則 749
ゾーン転送 482, 506
ゾーンの種類 147
属性エディター 238
組織単位(OU) 148, 214
ソフトウェア RAID 66
ソフトウェアアシュアランス 36
ソフトウェアインストール機能 279
ソフトウェア配布ポイント 281

た行

第2世代仮想マシン 389
帯域幅管理 401
ダイジェスト認証 622
ダイナミックアクセス制御 27, 585
ダイナミックディスク 67, 68
タスクマネージャー 731
ダッシュボード 452
多要素認証 132
単純クエリ 487
単発バックアップ 764
チーミングモード 109
知識整合性チェッカー 198
チャレンジハンドシェイク認証プロトコル 275, 608
チャンク 93
中間証明機関 366
重複除去評価ツール 94
重複排除機能 26
追加の回復ポイント 408
通信チャネル 237
通信プロトコル 99
通知設定 507
定義更新プログラム 463
ディスクの断片化 576
ディレクトリサービス 130, 244, 324
ディレクトリデータベース 141
ディレクトリの参照設定(IIS) 618
ディレクトリ複製 141
データコレクターセット 738
データ重複除去 93, 95
デスクトップエクスペリエンス機能 633
テストフェールオーバー機能 409, 422
デバイス CAL 32

デフォルトの GPO 246
デフォルトのコンテナー 214
デフォルトのユーザーアカウント 225
デフォルトのローカルユーザー 114
デフラグ 576
展開オプション 286
展開シナリオ 676
展開順序(NAP) 649
電子メール通知 475
同期アカウント 461
統合サービス 379, 383, 395
同時ライブマイグレーション数 438
動的 IP 制限の設定 627
動的更新 481, 493
導入シナリオ 39
投票(フェールオーバークラスター) 705
匿名認証 622
ドメイン 134, 480
ドメインコントローラー 134, 143
ドメインコントローラーの強制削除 182
ドメインコントローラーの降格 176
ドメイン情報 141
ドメインツリー 134
ドメイン名前付けマスター 146, 304
ドメインの機能レベル 140
ドメインのパスワード設定オブジェクト 277
ドメインへの参加 171
ドメイン名 47, 136
ドライブマップ 290
ドライブレター 89
トラブルシューティングツール 781

な行

名前解決 480
名前空間サーバー 578
認証設定 408, 621
ネーミングルール 227
ネットワークアクセス制限 644
ネットワークオプション 266
ネットワーク共有フォルダー 792
ネットワーク接続状態インジケーター 673
ネットワークデバイス登録サービス 344
ネットワークトポロジ 676
ネットワーク負荷分散機能 690

INDEX

ネットワークポリシー ……………………… 646, 647
ノード ………………………………………………… 705

は行

パーティション …………………………………… 66, 374
パーティションスタイル ………………………… 67, 87
ハードウェア DEP 機能 …………………… 377, 381
ハードウェア RAID ……………………………………… 65
ハードウェアデータ実行防止機能 ……… 377, 381
ハートビート ………………………………………………… 691
ハイパーバイザー型の仮想化 ………………………… 374
配布グループ ……………………………………………… 542
ハイブリッドクラウド環境 ………………………………… 27
パススルーディスク ……………………………………… 390
パスワードポリシー ……………………………………… 272
パスワードリセットディスク …………………………… 124
パスワードレプリケーションポリシー …………… 201
バックアップ ……………………………………………… 755
バックアップ・リストア (GPO) …………………… 270
バックアップパフォーマンスの最適化 ………… 771
パッケージ ………………………………… 285, 288, 289
パッシブスクリーン処理 ……………………………… 560
パフォーマンスカウンター ………………… 734, 742
パフォーマンス監視 …………………………………… 730
パフォーマンスモニター …………………… 733, 737
汎用ファイルサーバー ………………………………… 717
非 Authoritative Restore …………………………… 323
非 RFC ………………………………………………………… 488
評価の種類 (分類規則) ……………………………… 568
標準回復ポイント ……………………………………… 409
ビルトインアカウント ………………………………… 225
ビルトイングループ …………………………………… 230
ファイアウォール機能 ………………………… 630, 643
ファイル管理タスク機能 ……………………… 543, 563
ファイル共有プロファイル …………………………… 545
ファイルサーバー移行ツールキット ……………… 544
ファイルサーバーリソースマネージャー ……… 557
ファイルサービス ……………………………………… 289
ファイルシステム ………………………………………… 89
ファイルスクリーン ………………………… 543, 560, 562
ファイルの復元 ………………………………………… 760
フィルター機能 ………………………………………… 530
ブートパーティション ………………………………… 66

フェールオーバー機能 ………………… 409, 419, 442
フェールオーバークラスター ……………………… 704
フェールオーバーリレーションシップ …………… 538
フェールバック …………………………………………… 442
フォルダーオプション ………………………………… 266
フォルダーターゲット ………………………………… 578
フォルダーリダイレクト ……………………………… 290
フォレスト ……………………………………… 134, 139
フォワーダー ……………………………………… 162, 481
負荷共有モード ………………………………………… 537
負荷分散モード ………………………………………… 109
復元 …………………………………………………………… 755
物理ディスク ……………………………………………… 68
プライベート IP アドレス …………………………… 100
プライマリ DNS サフィックス ……………………… 484
プライマリサイト ………………………………………… 406
プライマリゾーン ……………………… 160, 482, 491
プライマリパーティション ……………………………… 67
ブランチオフィスサイト ……………………………… 200
ブリッジヘッドサーバー ……………………………… 199
フルインストール ……………………………………… 632
フレンドリ名 ……………………………………………… 617
プロセッサライセンス …………………………………… 31
プロビジョニング ……………………………… 74, 173
分散ファイルシステム ………………………………… 578
分類管理機能 ……………………………………… 543, 563
分類規制 …………………………………………………… 566
分類ポリシー ……………………………………………… 566
ベアメタル回復 ………………………………… 755, 790
ベーシックディスク ……………………………………… 67
ベストプラクティスアナライザー …………………… 175
ポートの規則 ……………………………………………… 693
ポートミラーリング …………………………………… 401
ホスト型の仮想化 ……………………………………… 373
ホストバスアダプター ………………………………… 707
ホストヘッダー機能 …………………………………… 617
ホットスタンバイモード ……………………………… 537
ホットスペア (記憶域スペース) ……………………… 75
ホットデータ ………………………………………………… 75
ポリシー (GPO) ………………………………………… 262
ポリシー検証 ……………………………………………… 644
ポリシーベースの割り当て ………………………… 532
ボリューム ………………………………………… 68, 83

805

INDEX

ま行

- マイグレーション …………………………… 334
- マルウェア対策 ………………………… 30, 747
- マルチドメイン ……………………………… 136
- マルチフォレスト …………………………… 136
- マルチマスター ……………………………… 481
- ミラーリング ……………………………… 64, 68
- メールエクスチェンジャー(MX)レコード ……… 500
- メタデータのクリーンアップ ………………… 182
- メディアタイプ ………………………………… 62
- メンバーサーバー …………………………… 176
- モノリシック型 ……………………………… 374

や行

- 役割 …………………………………………… 51
- 役割サービス ……………………………… 55, 344
- ユーザー CAL ………………………………… 32
- ユーザーアカウント ………………………… 116, 225
- ユーザーアカウントの無効化・削除 ……… 229, 230
- ユーザー用 GPO ……………………………… 258
- 優先ブリッジヘッドサーバー ………………… 199
- ユニキャスト ……………………………… 518, 692
- 予備サーバー ………………………………… 745
- 読み取り専用ドメインコントローラー …… 144, 200
- 予約機能(DHPC) …………………………… 528

ら行

- ライセンス ……………………………… 30, 36, 50
- ライブマイグレーション …………………… 425
- ラウンドロビン ……………………………… 488
- リース期間 …………………………………… 518
- リストア ……………………………………… 755
- リソースプロパティ ……………………… 592, 600
- リソースモニター …………………………… 732
- リソースレコード ………………………… 483, 496
- リモートアクセス管理コンソール …………… 685
- リモート管理の有効化 ………………………… 48
- リモートクライアント ………………………… 688
- リモート更新(グループポリシー) …………… 268
- リモートサーバー管理ツール …………… 57, 247
- リモートデスクトップ ………………………… 56
- リモートデスクトップゲートウェイ強制 …… 649
- リモートデスクトップサービス CAL ………… 35
- リモートデスクトップの有効化 ……………… 48
- リンク …………………………………… 246, 255
- ルーターガード ……………………………… 401
- ルート CA …………………………………… 345
- ルートサーバー ……………………………… 486
- ルート証明書 ………………………………… 351
- ルートヒント ………………………………… 486
- ルートプール ………………………………… 77
- ループバック処理 …………………………… 257
- レジストリーエディター ……………………… 633
- レプリカサーバー …………………………… 411
- レプリカサイト ……………………………… 406
- レプリケーション状態の確認 ………………… 251
- レプリケーショントポロジ ………………… 199
- レプリケーションの反転 …………………… 420
- レプリケーションの頻度 …………………… 407
- レプリケーションの有効化 ………………… 412
- レプリケート間隔 …………………………… 197
- レプリケート方法 …………………………… 494
- ローカル GPO ……………………………… 245
- ローカルセキュリティポリシー ……………… 121
- ローカルプロパティ ………………………… 564
- ローカル分類プロパティ …………………… 565
- ローカルユーザー ………………………… 114, 119
- ログ記録(IIS) ……………………………… 620
- ログの管理(NLB) …………………………… 703
- ロックアウト ……………………………… 120, 276

わ行

- ワークグループの設定 ………………………… 47
- ワークプレースジョイン機能 ………………… 27

■著者プロフィール

知北 直宏(ちきた なおひろ)

アイティデザイン株式会社 代表取締役社長
Microsoft MVP(Directory Services)
IT Pro系コミュニティ「Win.tech.q」代表

数年間のソフトウェア開発の後、ソフトバンクグループのインテグレーターに十数年間勤務。MCTとしてマイクロソフトの認定トレーナーを行いながら、Windows ServerやExchange Serverなどの書籍の執筆や監訳、そしてフィールドでのWindows Serverを中心としたサーバーシステムや各社ファイアウォール、アンチウイルス、IDS/IPSなどセキュリティシステムの提案、設計、構築、サポートを行う。
2009年1月に独立・起業して、福岡を中心としてシステムインテグレーションを行うアイティデザインを立ち上げる。
2011年からはマイクロソフトのアワードである「Microsoft MVP」を受賞しており、システムインテグレーションの傍ら、書籍やマイクロソフトのホワイトペーパー執筆、マイクロソフト主催イベントでの登壇なども行っている。
MCITP、MCSE、MCSA、MCP、MCA、Hyper-V導入アドバイザーなど、マイクロソフト認定の各種資格や、各社ベンダーの認定資格も多数取得、所持。

■監修者プロフィール

日本マイクロソフト株式会社

カスタマーサービス＆サポート
エンタープライズ プラットフォーム サポート

日本マイクロソフトにおいて、主に企業ユーザーを対象に技術支援サポートサービスを展開。
現在は、これまでの専門分野であったWindowsに加えて、Office 365やAzureといったクラウド技術も担当。従来のサポートセンターという位置付けを超えて、クライアントのビジネスそのものも支援できるよう、一般的な技術Q&Aに留まらない価値を提供すべく、日々努めている。

■本書サポートページ

http://isbn.sbcr.jp/77040/

本書をお読みになりましたご感想、ご意見を上記URLからお寄せください。

■注意事項

○本書内の内容の実行については、すべて自己責任のもとでおこなってください。内容の実行により発生したいかなる直接、間接的被害について、筆者およびSBクリエイティブ株式会社、製品メーカー、購入した書店、ショップはその責を負いません。

○本書の内容に関するお問い合わせに関して、編集部への電話によるお問い合わせはご遠慮ください。

○お問い合わせに関しては、封書のみでお受けしております。なお、質問の回答に関しては原則として著者に転送いたしますので、多少のお時間を頂戴、もしくは返答できない場合もありますのであらかじめご了解ください。また、本書を逸脱したご質問に関しては、お答えいたしかねますのでご了承ください。

標準テキスト Windows Server 2012 R2 構築・運用・管理パーフェクトガイド

2014年10月10日 初版第1刷発行

著　者	知北 直宏
監　修	日本マイクロソフト株式会社
発行者	小川 淳
発行所	SBクリエイティブ株式会社 〒106-0032　東京都港区六本木 2-4-5 TEL 03-5549-1201（営業部） http://www.sbcr.jp
印刷・製本	株式会社 シナノ
カバーデザイン	河原田 智（polternhaus）
本文デザイン・組版	クニメディア株式会社

落丁本、乱丁本は小社営業部にてお取り替えいたします。定価はカバーに記載されております。

Printed in Japan　ISBN978-4-7973-7704-0